W0386950

Hans Haase

Ratgeber für den praktischen Landwirt

Die Landwirtschaft. Ein Dopingfall.

Seit dem Erscheinen dieses Buches im Jahre 1949 sind dem Bauern viele Kränze gewunden worden zur Feier des Umstands, daß er nicht mehr nur wie damals 10, sondern heute glatt 100 agrarisch müßige Mitmenschen durchfüttert – eine tatsächlich phantastische Leistungssteigerung, die sich allerdings ein wenig relativiert, wenn man zum Beispiel die Bestellung eines kleinen 3-ha-Schlages mit Silomais im Jahreslauf verfolgt: Den Segen dieses Stückchens Erde bringt unser Landmann – nachdem er den Fruchtbarkeitsgöttern im Frühjahr 1,5 Tonnen an Mineraldünger und einige Zentner an synthetischen Giften geopfert hat – im Herbst mithilfe von ca. 800 Pferden ein, die ihre Stärken drei Traktoren, einer Feldmühle und einem Häcksler leihen.
Wer sich ein realistisches Bild machen will von der hochkomplex-undurchsichtigen Funktionsweise unserer Wirtschaft und der von ihr bewirkten „Wohlstandsexplosion", tut das am besten mit einem Blick auf die moderne Landwirtschaft. Anders als etwa in der Kosmetik- oder in der Unterhaltungsindustrie lassen sich bei der Lebensmittelproduktion Input- und Outputgrößen auf einen gemeinsamen, nämlich energetischen Nenner bringen.
Und in dieser Rechnung hat die landwirtschaftliche Produktion seit 50 Jahren um den Faktor 1,5 zugenommen, während sich ihr Fremdenergieeinsatz im selben Zeitraum um den Faktor 4,5 erhöhte[1] – ein mindestens „prekär" zu nennendes Verhältnis, das sich selbstverständlich nur so lange halten läßt, wie es billigen Kredit gibt, Energiekredit in diesem Falle. Und gleichzeitig wurde das eigentliche Kapital, der ehemals fruchtbare Ackerboden, zu einem sterilen, mit Mineraldüngern geimpften Substrat, immer ähnlicher den Steinwollmatten holländischer Bauern, die nicht nur uns mit Gemüse, sondern eine eigene Müllaufbereitungsindustrie mit Arbeit versorgen.
Also hier wie überall: Substanzabbau, der mit forciertem Dauerdoping (noch) mühsamst ausgeglichen wird, und ein Wachstum, nur noch getrieben von der Bewirtschaftung seiner steil wachsenden Lateralschäden.
Es wirkt also wie ein zarter Lichtstrahl der Vernunft in tiefster Umnachtung, wenn jetzt zumindest in der Landwirtschaft über eine andere Logik wirtschaftlichen Handelns nachgedacht wird. „Low Input" heißt das Schlagwort, und es bezeichnet die Strategie, den irrsinnig gewordenen „Einsatz" zu senken unter bewußter Inkaufnahme eines deutlichen, wenn auch unterproportionalen Rückgangs des „Outputs". Die wenigen deutschen, neuseeländischen und irischen, meist milchwirtschaftlichen Beispiele zeigen eines: Der Ausstieg aus dem Hamsterrad der Mengen- und Stückkostenorientierung gibt Luft zum Atmen, Zeit zum Denken und Kraft zu originellen, schöpferischen Problemlösungen.
Die sind auch nötig, denn die Gefahr einer gerade für die Landwirtschaft fatalen Stockung der globalen Energie- und Rohstoffflüsse ist keine abstrakte mehr; mögliche Auslöser stecken überall, in den Zahlungs- und Kreditsystemen, in geopolitischen Konfliktlagen, in der abnehmenden stofflichen Ergiebigkeit der fossilen Energiequellen, in der Fragilität der weltweiten Logistiknetze – und sie sind alle fähig, den Funken im Pulverfaß zu spielen und damit Unmassen an lang gestauten, freien Destruktivenergien zur Explosion zu bringen. Die moderne Landwirtschaft, die in ihren avanciertesten Formen in hektargroßen, klimatisierten Hallen 8000 Kühe von Fütterungs- und Melkrobotern umsorgen läßt, bräche dabei als erstes und auf einen Schlag zusammen. Nichts ginge mehr. Mit leeren Dieseltanks und Düngerlagern steht auch der weniger avancierte Durchschnittsbauer vor seinem steril gewordenen Acker ganz so rat- und tatlos wie der Ochs vorm Berge. Es ist ihm alles abhanden gekommen an grundlegendsten Voraussetzungen (Saatgut, Bodenfruchtbarkeit), Kenntnissen und Verfahrenstechniken, was seine Vorfahren in den Stand setzte, unter allen, auch den katastrophischsten Umständen fürs tägliche, wenn auch karge Brot zu sorgen. Innerhalb weniger Jahrzehnte sind die Bauern am EU-bürokratischen Gängelband energetisch und monetär an den Tropf bugsiert und angeschlossen worden und nun völlig darauf angewiesen, daß beide Infusionen weiterlaufen.
Die Landwirtschaft in der Periode davor, die energetisch selbstgenügsame und ihre eigenen Voraussetzungen kontrollierende Landwirtschaft, kommt in Haases großem „Ratgeber" ins Bild. Die ersten acht Auflagen erschienen im Berliner Siebeneicher Verlag, dessen Programm in der Tradition des „Organischen Landbaus" steht, einer Tradition, die von Albrecht Thaer, Raoul Francé, Rudolf Steiner, dem Engländer Albert Howard, Hans Peter Rusch und anderen bis in die heutige „ökologische Landwirtschaft" reicht. Die aber hat eine merkwürdige Schlagseite und ist in ein Bündnis mit Verbrauchergruppen getreten, deren „Umweltsensibilität" sich vor allem in einer allzeit wachen, hypochondrischen Sorge um die völlige Unversehrtheit des höchsteigenen Selbst ausdrückt. Das – und der daraus resultierende Zwang zur Ökonormgerechtigkeit – macht sie kurzsichtig und kurzatmig und hindert sie, wieder an einer echten Kreislaufwirtschaft zu arbeiten und unablässig in den Boden zu investieren.[2]
Gerade darüber aber kann man alles von Hans Haase lernen, denn Bodenverbesserung, Bodenpflege und Erhalt der Bodengare waren die ersten Imperative für eine Landwirtschaft, der Kurzfrist-Dopingmittel noch nicht in Massen zur Verfügung standen. Was der „Ratgeber" da bietet, sind die kumulierten Erfahrungen von Generationen, aber in des Autors eigener 50jähriger praktischer Berufstätigkeit immer wieder erprobt, erhärtet oder aktualisiert. Nicht alles kann man 1 : 1 übernehmen, denn zu den damals angewandten Insektiziden und Holzschutzmitteln hat auch Haase das zeittypisch ungebrochene Verhältnis. Keine Bibel also, aber ein reicher Steinbruch – nutzbar für nicht weniger als für den Bau von Rettungsinseln.

Thomas Hoof

[1] Pommeresche, Herwig: Humussphäre. Xanten 2004, S. 10, 61.

[2] Es gibt Ausnahmen wie den vielbestaunten Bauern Sepp Braun, der im Freisinger Moos eine Ökolandwirtschaft mit strikter Bodenbelebungsorientierung betreibt (zuerst das Mikroleben im Boden füttern). Seine Erfolge, meß- und sichtbar u. a. an der erstaunlichen Regenwurmdichte in seinen Böden, sind ein Weckruf für eine Ökolandwirtschaft, die für eine solche Substanzpolitik bisher wenig Nerv zeigte.

Hans Haase

Ratgeber für den praktischen Landwirt

Manuscriptum

Neuausgabe der achten Auflage,
Berlin-Charlottenburg: Siebeneicher 1960

Die Deutsche Nationalbibliothek verzeichnet diese Publikation
in der Deutschen National-bibliographie; detaillierte bibliographische Daten
sind im Internet über http://dnb.d-nb.de abrufbar.

Das Werk ist in allen seinen Teilen urheberrechtlich geschützt.
Jede Verwertung ist ohne Zustimmung des Verlags unzulässig.
Das gilt insbesondere für Vervielfältigungen, Übersetzungen,
Mikroverfilmungen und die Einspeicherung in und Verarbeitung
durch elektronische Systeme.

ISBN 978-3-937801-59-9
© Manuscriptum Verlagsbuchhandlung
Thomas Hoof KG · Waltrop und Leipzig 2009
Einbandgestaltung: Achim Schmidt, Waltrop

Aus den Vorworten zur 2. bis 7. Auflage

Die 2. Auflage wurde völlig neu bearbeitet und erweitert. Neu hinzugefügt wurde: Kartoffelkrankheiten und Schädlinge, Senfanbau, Schweinehüten, Schafpferch.

Die nochmals erweiterte 3. Auflage wurde im Text- und Bildteil und in der Ausstattung verbessert. Neu aufgenommene Themen: Pflege des Schleppers, Beregnung, Silage unter Zusatz von Kohlensäure, neuzeitliche Kälbermast, Behandlung der Melkmaschine, Schweinerassen, Abferkelkasten, Gitterräder am Schlepper, Kraftheber und Aufhängung der Schleppergeräte, Betriebsstundenzähler, Erhöhung des Achsdruckes beim Schlepper durch Gleitschutzketten usw.

Die 5. Auflage brachte weitere Verbesserungen, vor allem in den Abschnitten Düngung und Schädlingsbekämpfung. Ergänzt wurden die Abschnitte: Getreide- und Kartoffelsorten, Beregnung, Futterbau, Unkraut- und Schädlingsbekämpfung sowie Viehhaltung.

Bei der 7. Auflage wurden die Themen Blattdüngung, Unterdachtrocknung, pilliertes Saatgut, Vorkeimen durch Leuchtstofflampen, Pferde- und Rinderrassen, Antibiotika, ergänzende Düngungsmaßnahmen sowie neuzeitliche Fütterungsmethoden in der Kälber- und Kükenaufzucht eingefügt.

Vorwort zur 8. Auflage

Die gründlich überarbeitete 8. Auflage wurde in ihrem Umfang durch folgende Themen erweitert: Mähdrusch, Feldhäcksler, Getreidetrocknung, Betriebswirtschaft und Betriebsorganisation. Einzelne Kapitel, zum Beispiel Stalldung, Gärfutter, Kälber- und Rindermast, Hühnerhaltung, Maschinen und Geräte, bauliche Anlagen, erfuhren wesentliche Änderungen, die sich auf Grund heutiger Erkenntnisse von Wissenschaft und Praxis als notwendig erwiesen. Die Sortenbeschreibungen der einzelnen Kulturpflanzen, die Düngemitteltabellen und die Hinweise zur Schädlingsbekämpfung wurden auf den neuesten Stand gebracht.

Zahlreiche Fotos konnten durch neue Aufnahmen ersetzt werden. Erstmalig sind acht Farbtafeln mit Schnittbildern von Schleppern, Mähdreschern u. a. eingefügt, die zum besseren Verständnis der Arbeitsweise einzelner Maschinen beitragen dürften.

Wie schon bei den vorangegangenen Auflagen hat mich auch bei der Bearbeitung der 8. Auflage meine Frau tatkräftig unterstützt.

Größere Erfolge in der Landbewirtschaftung setzen heute mehr denn je entsprechende Kenntnisse voraus. Diese zu vermitteln soll Aufgabe des Ratgebers sein.

Berlin-Wilmersdorf, im Herbst 1960

Hans Haase

Inhaltsverzeichnis

Das Inhaltsverzeichnis gibt nur den großen Überblick. Zum Aufsuchen aller Sachgebiete und Einzelfragen wird das Stichwortverzeichnis am Schluß des Buches zur Benutzung empfohlen.
Es wird gebeten, die Berichtigungen Seite 12 unten zu beachten.

Berichtigungen: Das Randstichwort „Ölrettich" (Siletta) auf Seite 307 gehört neben die 17. Zeile von oben (Vorzüge gegenüber Ackersenf: . . .). — Auf Seite 580, 19. Zeile von unten, muß es richtig heißen „Cochin" statt Cockin. — Auf Seite 611, 21. Zeile, richtig: „Zelio-Giftkörner". — Das Randstichwort „Kükenbühne" auf S. 606 gehört 1 Zeile tiefer (20 cm hohe Sitzroste . . .).— Es entfallen die Bild-Hinweise S. 148 und 149 (Maiskralle, Trockenschuppen), S. 571 Schafpferch, S. 616 bei dem Randstichwort Maschinenschuppen der Hinweis auf S. 639.

Verzeichnis der Abbildungen

Die in ( ) stehende Ziffer gibt die Anzahl der Abbildungen zu dem betreffenden Thema an

Bildnachweis: Soweit keine anderen Quellen jeweils angegeben: Dipl.-Landwirt Dr. Hubmann, Berlin (69), Dr. Lucas, Berlin (9), Landbild Dr. Gutschow, Hamburg (1). Zeichnungen der Gräsertafeln: Else Koch (21) und Annemarie Tröger (4), Berlin. – Lat. Pflanzennamen der Gräsertafeln nach Bezeichnungen der internationalen Nomenklatur (1952).

ZEITPUNKT DES PFLÜGENS

Links oben: Zu naß gepflügter Boden bildet glänzende Schwarten. Links unten: Im Frühjahr zu naß gepflügter Boden. Durch nachfolgende Trockenheit konnte dieser Boden bis Anfang Juli nicht bestellt werden. (Siehe S. 13 und 17)

Rechts oben: Zu trocken gepflügter Boden. (Siehe S. 13)

Links: Breite der gehärteten Zone zu schmal und ungleichmäßig, daher bald Arbeit des Schares mit dem weichen, hinteren Teil und dadurch hoher Verschleiß. Rechts: Gleichmäßige Breite der gehärteten Zone, etwa 2 bis 4 cm.

BODENBEARBEITUNG

O b e n : Mehrteilige Riegelschleppe (links), Rasier- oder Gestellschleppe (rechts). – U n t e n l i n k s : Kombi-Krümler zur Saatbettherrichtung, bewirkt gute Krümelung der oberen Ackerkrume und guten Bodenschluß. (Werkfoto Becker) – U n t e n r e c h t s : Grubber mit Arnszinken. (Siehe Beschreibung aller Geräte Seite 15–17)

Zug- und Tragschlepper. (Hanomag C 224, 24 PS)

1 Kühler
2 Wasserpumpe
3 Thermostat
4 Zylinderkopf
5 Einspritzdüse
6 Wirbelkammer
7 Einlaßspülschlitze
8 Zylinder
9 Lenkung
10 Handgashebel
11 Schalthebel für Differentialsperre
12 Schalthebel für Getriebe
13 Schalthebel für Zapfwelle
14 Hubarm des Krafthebers
15 Bremsbacken
16 Batterie
17 Differentialgetriebe
18 Schaltgetriebe
19 Hubhebel
20 Hubzylinder
21 Hydraulikleitungen
22 Hubwelle
23 Kraftstoffhahn
24 Einscheibenkupplung
25 Antriebsrad für Nockenwelle der Einspritzpumpe
26 Anlasserzahnkranz auf der Schwungscheibe
27 Ölwanne mit Ablaßschraube
28 Achsschenkel
29 Lenkgestänge
30 Auspufftopf
31 Hydraulikpumpe
32 Ölbad-Luftfilter
33 Geräuschdämpfer für Luftfilter

I.

Der Ackerbau

Grundsätzliches zur Bodenbearbeitung

An erster Stelle steht die Bodenbearbeitung oder besser gesagt die „Bodenpflege", an zweiter Stelle die Düngung! Eine gute Bodenbearbeitung läßt die mineralischen Düngemittel zur vollen Wirkung kommen. Sie ist daher erste Voraussetzung zur Erzielung hoher und sicherer Ernteerträge.

Günstige Verhältnisse für das Pflanzenwachstum liegen dann vor, wenn etwa 50% des gesamten Bodenvolumens von der festen Masse und 50% von den Poren eingenommen werden, und wenn die Hohlräume zwischen den festen Teilchen etwa zur Hälfte mit Luft und zur Hälfte mit Wasser ausgefüllt sind. Diese idealen Verhältnisse werden praktisch am besten durch die Krümelstruktur geschaffen, bei der größere Zwischenräume zwischen den Krümeln mit kleineren innerhalb der Krümel abwechseln. Das ermöglicht eine gute Durchlüftung und Wasserbeweglichkeit mit hoher Wasseraufnahme und Wasserhaltungsfähigkeit. Je krümeliger der Boden ist, desto gleichmäßiger und umfangreicher wird das Wurzelsystem der Pflanzen entwickelt. Die Krümelung des Bodens muß also recht lange erhalten bleiben, was nur in einem garen Boden möglich ist und eine genügende Humuszufuhr des Bodens zur Voraussetzung hat. Ohne diese ist die Krümel- und Garebildung nicht möglich.

Der Pflug ist das wichtigste Gerät für die Bodenbearbeitung. Eine sachgemäße Pflugfurche sowie genügende Vorbereitung des Saatbettes sind mit die größten Vorbedingungen für Erstellung einer guten Ernte! Sauberes Stoppelschälen ermöglicht die Durchführung einer sauberen, einwandfreien Saatfurche, was die nachfolgenden Bestellungsarbeiten ganz wesentlich erleichtert. Dies trifft auch für die Winterfurche zu. Schlechtes Pflügen läßt sich niemals durch Eggen oder Walzen verbessern, wohl aber kann das Bakterienleben dadurch empfindlich gestört werden! Nur scharfe Schare und ein richtig eingestellter Pflug leisten saubere Arbeit.

Zeitpunkt des Pflügens

Boden, der infolge übergroßer Feuchtigkeit schmiert, darf — auch im Herbst und Winter — nicht gepflügt, geeggt oder gekrümmert werden. Auch bei starker Reifbildung sollte der Acker nicht zu früh mit Geräten betreten werden. Selbst wenn der Tau an der Oberfläche verschwunden ist, kann bis gegen Mittag noch Reifbildung in einer Tiefe von 5—6 cm vorhanden sein. Dies läßt sich am besten an Hand eines mit einem Spaten genommenen Querschnittes des Bodens feststellen.

Schollige Böden und das Auftreten von Hundskamille sind Anzeichen für zu naß gepflügtes Land. (Abb. neben S. 12.) Nasses Pflügen schadet der Gare! Der Boden verkrustet, so daß es den Pflanzenwurzeln und kleinen Lebewesen an der nötigen Luftzufuhr mangelt. Auch der leichteste Boden muß genügend abgetrocknet sein. Das ist die Grundlage jeder Bodenbearbeitung.

Aber auch das Pflügen von zu trockenem Boden wirkt sich für die Gare nachteilig aus und sollte, schon zur Vermeidung großer, steinharter Schollen, möglichst unterbleiben. (Siehe Abb. neben S. 12.) Das gewaltsame Zertrümmern der Klumpen und Schollen durch den Einsatz von schweren Walzen usw. kann niemals die garefördernden Vorgänge ersetzen.

Bei der Beurteilung der Pflugfähigkeit ist nicht nur der Zustand der oberen Bodenschicht maßgebend. Verdichtete untere Schichten sind häufig noch zu trocken oder nach stärkeren Regenfällen zu stark gesättigt. Der Boden muß beim Pflügen locker fallen und darf auch in den tieferen Schichten und auf der Pflugsohle nicht schmieren, um ungaren Stellen und Verhärtungen vorzubeugen. In diese vermögen Pflanzenwurzeln, die schon bei geringerer Bodenverdichtung in ihrer Entwicklung beeinträchtigt werden, nicht einzudringen. Die Tiefe der Bodenbearbeitung hängt daher auch von dem Wassergehalt des Bodens ab. Nasses Pflügen begünstigt Pflugsohlenbildung.

Verhärtete Pflugsohlen sind also für das Pflanzenwachstum außerordentlich schädlich. Ihre Beseitigung bringt nach Roemer 17 bis 19% Mehrerträge im Durchschnitt aller Fruchtarten! Von großer Wichtigkeit ist auch häufiger Wechsel der Pflugtiefe (siehe auch S. 34) und Bearbeitungsmethoden sowie öfters wechselnde Richtung der Pflugfurche und Bearbeitungsgeräte.

Zur Frühjahrs- oder Herbstaussaat frisch gepflügtes Land wird am besten sofort abgeeggt oder abgeschleppt, eine Maßnahme, die sich durch Anhängen von Egge oder Schleppbalken an den Pflug leicht durchführen läßt.

Breite der Pflugfurche

Die Pflugfurche darf bei tierischer Zugkraft nicht breiter als etwa 25 cm genommen werden, da sonst auf der Furchensohle ein fester Kamm stehenbleibt und meist auch zu flach gepflügt wird. (Auf ganz schwerem Boden nur etwa 20 cm breit, damit der Boden besser schüttet.) Beim Schlepper mit seiner schnellen Gangart und dem Platzbedarf der Reifen sind etwa 28 cm Furchenbreite zweckmäßig.

Form des Streichbleches

Je steiler der Pflugkörper, um so besser die Lockerung und Mischung des Bodens. Daher stets die steilste Form des Streichbleches wählen, die gerade noch gut deckt. Liegende und gewundene Formen nur auf schwerem Boden sowie für Wiesenumbruch und Hanglage verwenden.

Bodendruck

Frischgepflügter Acker ist am empfindlichsten gegen Bodendruck. Gerätekopplung vermindert den Bodendruck und erspart Arbeitskosten.

Auch Gitterräder (Abb. neben S. 33) vermindern infolge größerer Auflagefläche den Bodendruck. Ihr Durchmesser ist einige Zentimeter kleiner als der des Schlepperreifens, so daß sie bei Straßenfahrt nicht abgenommen zu werden brauchen. Auf dem Feld wird der Luftdruck der Schlepperreifen auf 0,8 atü vermindert, damit die Gitterräder mit belastet werden und die Reifen nicht tiefer in den Boden eindrücken als die Sprossen (zapfwellenangetriebene Luftpumpe). Dadurch Verdopplung der Auflagefläche des Reifens und höhere Zugkraft des Schleppers. Verwendung: zur Bestellung und zur Saatenpflege.

Ein schweres Pferd drückt mit mehr kg auf den Quadratzentimeter als eine mittelschwere Zugmaschine. Je schmaler die Räder, um so stärker deren Druck, welcher bei den Raupenschleppern am günstigsten ist, und zwar weit günstiger als beim Pferd. (Druck des Schlepperrades auf Lehmböden bis zu 60—70 cm tief, Verfestigung des Bodens bis etwa 30 Prozent möglich.) Druck eines beladenen Dungwagens je Rad bis zu

25 Zentner! Während der Untergrundpacker den Boden in 20—25 cm Tiefe dichtet, drückt die Walze bei trockenem Boden nur 10—12 cm tief. Ihre Wirkung beschränkt sich daher auf eine Pressung der Bodenoberfläche. Jede Pressung bzw. Festigung der oberen Bodenschicht bewirkt aber Wasseraufstieg, also Wasserverdunstung. Dem Walzstrich soll daher sofort die leichte Egge folgen.

a) Die Frühjahrsbestellung

Das Schleppen

Die erste und wichtigste Frühjahrsarbeit ist das Schleppen aller in rauher Furche liegender Ackerschläge einschließlich der Rüben- und Kartoffelfelder, und zwar möglichst schräg zur Pflugfurche über Kreuz. Es wird dadurch erreicht, daß

1. der Acker eingeebnet wird, rascher abtrocknet und sich schneller erwärmt,
2. das Unkraut durch Schaffung eines günstigen Keimbettes frühzeitig aufläuft,
3. eine zu starke Verdunstung der Winterfeuchtigkeit durch Schaffung einer feinen Krümelschicht unterbunden wird. Letzteres ist für leichtere Böden und Trockengebiete besonders wichtig.
4. Schollen und Klumpen in die Krume hineingedrückt werden, so daß sie durch Sonne und Wind nicht austrocknen. Eine Zerkleinerung erfolgt dann durch die weitere Bodenbearbeitung.

Zeitpunkt des Schleppens

Meist wird zu spät geschleppt. Der richtige Zeitpunkt ist auf ungleichen Böden der des Scheckigwerdens, sonst die beginnende Krümelfähigkeit. Die Furchenkämme werden grau und bekommen helle Köpfe. Sehr nasse und stark verschlämmte Böden, die im Frühjahr nur schwer abtrocknen und auf denen die Schleppe nicht genügend angreift oder schmiert, werden vor dem Schleppen mit schweren, kurzzinkigen Eggen bearbeitet oder erst flach durchgegrubbert. Auf keinen Fall darf geschleppt werden, wenn beim Abstreichen der hellwerdenden Furchenköpfe die darunter noch feuchte Erde verschmiert. Das ist namentlich auf schwerem Tonboden leicht der Fall.

Man achte darauf, daß die Schleppen richtig angreifen und nicht zu viel Boden vor sich herschieben.

Selbstverständlich darf der Acker erst dann von Gespannen betreten werden, wenn er genügend abgetrocknet ist. Bearbeitung des schweren Bodens in nassem Zustand führt zur Vernichtung der Bodengare, von der sich der Acker so schnell nicht wieder erholt.

Im Frühjahr frisch gepflügter Boden muß zur Vermeidung der Oberflächenverdunstung ebenfalls sofort abgeschleppt werden. Er darf auch nicht über Mittag in rauher Furche liegen bleiben. Das Einebnen der rauhen Furche bedeutet eine Verringerung der Bodenoberfläche und erleichtert die nachfolgenden Bestellungsarbeiten wesentlich.

Art der Schleppen (Abb. nach S. 12)

Die üblichen Balkenschleppen (Kasten- oder Bohlenschleppen) sind für den Acker schädlich, da sie, wenn zu schwer, den Boden quetschen bzw. verpappen, wenn zu leicht, keine Wirkung haben.

Man verwende entweder Rasier(Gestell-)schleppen, die mit einstellbaren Schneidschienen die Bodenunebenheiten (Köpfe) wegrasieren und mit Streichschienen den Acker glätten, oder Riegelschleppen, deren zwei Felder an einem Zugbalken befestigt sind. Die Felder bestehen aus fünf 8 — 10 cm starken und 1 — 1,5 m langen, eisenbeschlagenen Vierkanthölzern. Die Hölzer (Riegel) sind durch kurze Kettenenden verbunden und laufen hintereinander. (Siehe Bildtafel nach S. 12.)

Auch eine möglichst schwere oder beschwerte, umgelegte, mehrteilige eiserne Egge leistet gute Arbeit, gegebenenfalls auch drei aneinander gekettete, abgefahrene Wagenreifen. Diese werden mit Draht oder kleinen Ketten derart miteinander verbunden, daß ein Reifen vorn an der Zugvorrichtung der Tiere (Eggenbalken) befestigt wird — und zwar mit nicht zu kurzer Kette, da der vordere Reifen sonst beim Zug in die Höhe gehoben wird — während die anderen beiden Reifen dahinter nebeneinander zu liegen kommen oder umgekehrt. (Abb. neben S. 352.) Gute Schlepparbeit leistet eine auf den Rücken gelegte Netzegge.

Egge statt Schleppe

Auf ganz leichten Sandböden kann das Abschleppen ungünstig wirken, weil die Gefahr der Verwehung des völlig eingeebneten und abgetrockneten Bodens erhöht wird. Hier ist die Egge zu bevorzugen.

Anwendung des Grubbers

Bei rechtzeitig gepflügten, leichteren Böden gelingt es fast stets, das Saatbett im Frühjahr für Getreide und Hülsenfrüchte durch Schleppen und mehrfaches Eggen herzurichten. In vielen Fällen aber, auf den mittleren und besseren Böden, erweist sich der Einsatz des Grubbers als notwendig (schräg oder quer zur Pflugfurche), sobald der Boden genügend abgetrocknet ist. Dadurch wird eine schnellere Erwärmung des Bodens erreicht. In einem gut gelockerten, krümeligen Boden wird den Pflanzenwurzeln auch während der niederschlagarmen Zeit durch das leichte Eindringen kalter und warmer Luft in den Boden etwas Feuchtigkeit zugeführt. (Oft genügt statt Grubber die Löffelegge.)

Auf bindigen Böden sind — aber erst nach dem Abtrocknen der obersten Bodenschichten — möglichst nur Grubber mit federnd aufgehängten, in sich starren Zinken zu verwenden. (Arnszinken.) Diese arbeiten mit ihren Gänsefußscharen den Boden gleichmäßig, 8—10 cm tief durch, bringen keinen nassen Boden nach oben, und die Wasserverluste sind infolge nicht so großer Wühlwirkung verhältnismäßig gering. (Siehe Abb. nach S. 12.)

Der Federzahnkultivator dagegen, dessen S-förmig gekrümmte Zinken sich bei der Tiefenarbeit nach hinten biegen und auf die Scharspitze stellen, holt aus den im Frühjahr oft noch ziemlich nassen unteren Schichten der Krume Klumpen oder „Würste" an die Oberfläche, die schnell erhärten. Er ist daher nur beschränkt auf leichterem Boden zu verwenden, wo er allerdings Wasserverluste verursacht.

Dem Grubber muß sofort die Egge oder Schleppe (Eisenschiene) folgen, die, zumal bei dem Federzahnkultivator mit seiner stärkeren Wühlwirkung, am besten gleich mit diesem zu koppeln ist, um dem Boden die Winterfeuchtigkeit zu erhalten. Dadurch wird gleichzeitig ein Arbeitsgang erspart und der Bodendruck nicht durch zusätzliche Gespanntiere verstärkt.

Eggen (Siehe auch S. 33)

Eggen lockern den Boden und zerkleinern Schollen und Klumpen. Am besten wird über Kreuz oder quer zur Pflugfurche gearbeitet. Je schneller das Arbeitstempo, desto besser die Wirkung. Beim Eggen darf der Boden weder zu naß (schmieren) noch zu trocken sein. Durch häufiges Eggen von zu trockenem Boden werden die groben Schollen nach oben gebracht, während die Feinerde nach unten absinkt. Dieses „Toteggen" des Bodens wird bei Verwendung von feinzinkigen Eggen beschleunigt. In solchen Fällen sind Löffeleggen zweckmäßig.

PFLEGE DER SAATEN IM FRÜHJAHR

Durch den Winterfrost aufgesprungener Boden in einem Winterweizenfeld

Walzen und Eggen eines über Winter hochgefrorenen Weizenschlages im Frühjahr in einem Arbeitsgang (siehe Seite 22)

Anbau-Ackerbürste mit federnden Zinken zur Bodenlüftung u. Unkrautvernichtung

Oben: Grasmäher mit Ablegevorrichtung beim Mähen von Sommergetreide

Unten: Einmann-Zapfwellenbinder „Puck". Zugkraftbedarf bei 1,5 m Schnittbreite 10 PS. Bedienung vom Schleppersitz möglich. Für den Transport wird die Plattform hochgeklappt, so daß kein Umbau von Transport- in Arbeitsstellung erforderlich ist. (Fella-Werke, Feucht)

GETREIDEERNTE I

Rechts oben: Grasmäher mit Anhaublech zum Abmähen von Lagergetreide

Rechts unten: Garbensammelwagen, mit dem es möglich ist, immer mehrere Garben gleichzeitig abzulegen

Der durch Schlepperzapfwelle angetriebene, rotierende Krümler lockert, mischt und krümelt den Boden ohne schädigende Schlagwirkung. Die Fräse dagegen beeinträchtigt Krümelstruktur und ausreichende Durchlüftung oberer Bodenschichten. Einsatz des Krümlers: Saatbettvorbereitung, Stoppelumbruch, Unterarbeiten von Strohhäcksel, Stalldung usw. Ähnlich arbeitet die Spatenegge. (Abb. S. 33.) **Krümler**

Jede tiefgreifende Bodenbewegung, also durch den Pflug, ist im Frühjahr auf das Notwendigste zu beschränken. Wenn nicht zu umgehen, soll so flach wie möglich gepflügt werden (nicht tiefer als 20 cm), und darf der Boden weder zu feucht noch zu trocken sein. Zur Vermeidung von Schollenbildung, und damit der Boden besser krümelt, ist eine schmale Pflugfurche angebracht, desgleichen eine an den Pflug angehängte, schmale Schleppe oder Egge. (S. S. 14.) **Frühjahrsfurche**

Auch die Walze sollte im Frühjahr, besonders auf dem schweren Boden, nur sehr beschränkt zur Anwendung kommen. (Aber keine Glattwalze.) Trockener Boden ist Voraussetzung, auch muß zur Vermeidung von Wasserverlusten unverzüglich die Egge folgen. Zu bevorzugen sind dreiteilige Walzen, gegenüber der breiten, einteiligen Walze, die sich leichter wenden lassen und sich auch allen Unebenheiten besser anpassen. **Anwendung der Walze**

Die Stachelwalze oder Notzonegge (Walzenkrümelegge) schafft bei trockenem Wetter und trockenem Bodengefüge eine leicht angedrückte, fein gekräuselte Oberfläche und liefert daher bei jeder Saatfurche zur Frühjahrs- oder Herbstbestellung einen vorzüglichen Saatacker. Auch zur Brechung von Oberflächenverkrustung bereits bestellter Flächen ist sie bestens geeignet. Bei Nässe oder feucht fallender Furche ist die Stachelwalze natürlich nicht anwendbar, aber in solchen Fällen hat jede Bodenbearbeitung zu unterbleiben. Die Stachelwalze scheidet auch auf allen Böden aus, deren Bodenwiderstand nicht groß genug ist, um die Stollen der Stachelwalze zum gleichmäßigen Drehen zu bringen (z. B. Sandböden oder moorige Böden). Daher ist sie auch zum Andrücken zu loser Saaten nicht geeignet.

Die Cambridgewalze besteht aus einzelnen, unabhängig voneinander beweglichen, glatten und gezahnten, eisernen Ringen, die sich selbständig reinigen und den Bodenunebenheiten bestens anpassen. Sie bietet mit ihren Kanten und Vorsprüngen eine gute Schlagwirkung zum Zerkleinern von Ackerschollen, besonders auf schwerem Boden. Auch zum Brechen von verschlämmten Erdkrusten oder Andrücken aufgefrorener Wintersaaten eignet sich die Cambridgewalze gut.

Die Ringelwalze, deren Gewicht ungleichmäßig auf den Kanten der eisernen Ringel lastet, ist für die vorgenannten Zwecke ebenfalls geeignet. Ihre Wirkung ist weniger stark wie die der Cambridgewalze.

Die Glattwalze, die stark bodenverdichtend wirkt, ist für den Acker weniger geeignet. Sie dient in der Hauptsache zum Festigen der hochgefrorenen Grünlandnarbe (S. 352) und zum Walzen der Roggensaat (S. 128).

Von dem rechtzeitigen Beginn der Frühjahrsbestellung hängt in hohem Maße der Ausfall der Ernte ab. Die Angst vor dem Erfrieren der zeitigen Saat ist in den meisten Fällen unbegründet. Frühzeitig gedrillte Sommersaaten überstehen die späteren Trockenperioden besser als die später gedrillten, da sich die Pflanzen kräftiger **Aussaatzeit** bestocken. Bei Frühsaaten entwickelt sich zunächst nur der Wurzelkeim, es findet eine ausreichende Bestockung statt. Bei Spätsaaten entwickelt sich infolge der bereits vorhandenen Wärme der Blattkeim ebenso schnell wie der Wurzelkeim, infolgedessen mangelt es der Pflanze an einer ausreichenden Bestockung. Frühsaaten wachsen auch den Schädlingen eher aus den Zähnen. Spätsaaten bringen keinen vollen Ertrag, da die Pflanze eine Saatverspätung nicht durch spätere Reife, sondern durch eine ertragsdrückende Entwicklungsbeschleunigung ausgleicht.

Wichtig ist also, so früh zu bestellen, als es Bodenzustand und Witterung in einem Jahr zulassen, besonders auf leichtem Boden, dessen Untergrund bei der Bestellung nicht unbedingt frostfrei sein muß.

Abgesehen von der frühzeitig in Winterroggen oder Wintergerste (auch Winterraps) vorzunehmenden Klee-Einsaat (Rot-, Weiß-, Schwedenklee) gehören Sommerweizen, Sommerroggen und Erbsen zuerst in den Boden. Dann folgen Möhren, Mohn, Ackerbohnen, Hafer, Flachs, Süßlupinen, Senf und anschließend Sommergerste. Die Reihenfolge der wärmeliebenden Pflanzen ist: Frühkartoffeln, Zucker- und Futterrüben, Spätkartoffeln, Mais und Hanf. (Siehe weitere Angaben bei den einzelnen Kulturarten.)

Mindestkeimtemperaturen für Sommerfrüchte

Erforderliche Keimtemperaturen

Roggen	1— 2° C	Ackerbohnen	3— 4° C
Weizen	3— 4° C	Lupinen	4— 5° C
Gerste	3— 4° C	Zuckerrüben-Runkeln	4— 5° C
Hafer	4— 5° C	Kartoffeln (Austreib.)	8—10° C
Mais	8—10° C	Rotklee	1° C
Erbsen	1— 2° C	Luzerne	1° C

Saatgutreinigung

Nur bestgereinigtes Saatgut verwenden! Hinterkorn bzw. Schmachtkörner ergeben nur schwächliche, anfällige Pflanzen, sind also für die Aussaat völlig ungeeignet. Zur Probe schütte man ein wenig Getreide auf einen weißen Papierbogen und sortiere dann die ganzen Körner heraus. Gut vorbereitete Saat enthält weder halbe und flache Körner noch Unkrautsamen, Spreu und andere Unreinlichkeiten. Getreide darf daher auf keinen Fall so, wie es von der Dreschmaschine kommt, für Saatgutzwecke Verwendung finden! Selbst bei den besten Reinigungsvorrichtungen an den Dreschmaschinen ist es nicht möglich, damit einwandfreies Saatgut herzurichten. Die geringen Kosten der Reinigung machen sich auf jeden Fall bezahlt, weil der Abfall, der sonst auf dem Acker verkommen würde, einen wesentlich höheren Futterwert darstellt, als die Reinigungskosten betragen. Gleichzeitig kann das Getreide vorbeugend gebeizt werden.

Saatgutbeizen

Selbst das hochwertigste Saatgut kann versagen, wenn es nicht vorschriftsmäßig gebeizt wird! Die Beizkosten für Getreide betragen je ha nur etwa 2 bis 2,50 DM. Demgegenüber sind Ausfälle durch Getreidekrankheiten bis zu 10% des Ertrages nicht selten. Aber nicht nur Krankheiten werden durch das Beizen verhütet, sondern infolge der in den meisten Beizmitteln enthaltenen Spurenelemente wird auch das Auflaufen des Getreides beschleunigt und die Jugendentwicklung sowie das spätere Wachstum der Pflanzen durch eine verstärkte Wurzelbildung und Anregung der Bestockung gefördert. Angestellte Versuche ergaben bei gebeiztem Sommergetreide gegenüber dem ungebeizten Mehrerträge von 1,25 — 2,25 dz/ha. Die Ergebnisse bei Wintergetreide sind meist noch günstiger! Auch bilden sich im kranken Bestand Lücken, die verunkrauten. Beizung macht sich also auf jeden Fall bezahlt! Kombinierte Beizmittel schützen das Saatgut gleichzeitig gegen bestimmte tierische Bodenschädlinge (siehe nächsten Absatz).

Pilzkeimtötende Beizmittel, wie Abavit, Albertan 52, Ceresan, Dynamal, Fusariol, Germisan, die trocken (100 g auf 50 kg Weizen, Roggen, Gerste bzw. 150 g auf 50 kg Hafer) oder auch naß anzuwenden sind, dienen zur Bekämpfung von Getreidekrankheiten, wie Schneeschimmel bei Winterroggen und Winterweizen, Roggenstengelbrand, Weizensteinbrand, Streifenkrankheit und Hartbrand der Gerste und Haferflugbrand. Abavit-Neu, Ceresan-Gamma, Kombi-Albertan, Kombi-Fusariol u. a. bieten durch besonderen Wirkstoff gleichzeitig Schutz gegen Drahtwurm, Fritfliege, Haarmückenlarve und Roggengallmücke. Abavit-Corbin, Ceresan-Morkit, Kombi-Germisan- Aldrin u. a. schützen vor Pilzkrankheiten und Krähenfraß.

Das einfachste und bequemste, aber trotzdem wirksame Beizverfahren ist die mittels einer Beiztrommel durchzuführende T r o c k e n b e i z e. Das mit dem Saatkorn staubförmig in Verbindung gebrachte Beizpulver löst sich nach Aussaat durch Bodenfeuchtigkeit auf und wirkt auf alle dem Korn äußerlich anhaftenden Krankheitserreger ein. Beizung in einem Arbeitsgang auf größeren Reinigungsanlagen möglich.

Die K u r z n a ß b e i z e (Benetzungsverfahren) hat einen ähnlichen Beizvorgang und ermöglicht ebenfalls eine weitere Aufbewahrung oder sofortige Verwendung des Saatgutes ohne Nachtrocknen desselben (3—4 l Flüssigkeit/dz). T a u c h b e i z e umständlich und überholt.

Das Beizen selbst muß sorgfältig in einem B e i z (T r o m m e l -) - a p p a r a t erfolgen. Das Einmischen der Beize in die Drillmaschine auf dem Feld bzw. das Mischen in einem offenen Behälter (Wanne, Faß usw.), oder auch das Umschaufeln des Getreides auf der Scheunentenne zusammen mit dem Beizmittel, stellt dessen Wirksamkeit von vornherein in Frage. Denn es ist von größter Wichtigkeit, daß jedes einzelne Korn von dem Beizmittel hauchdünn eingehüllt wird und so eine Infektion von Brandsporen usw. ausgeschlossen ist.

Um „Totbeizen" (Zerstörung der Keimfähigkeit des Getreides) zu vermeiden, sind die vorgeschriebene Beizmenge und die Dauer der Beizung genau einzuhalten (mindestens 3 Minuten). Die meist quecksilberhaltigen Beizmittel sind giftig! (Daher beim Beizen weder essen noch rauchen.) Bei längerer Aufbewahrung verlieren sie an Wirkung. Übriggebliebene Reste von gebeiztem Saatgut können nach mehrmaligem Waschen in warmem Wasser in kleinen Mengen an Schweine und Hühner verfüttert werden.

Gegen Weizen- und Gerstenflugbrand ist nur die Heißwasserbeizung bzw. -behandlung wirksam, da die Infektion des Getreidekornes im Blühzustand der Pflanze erfolgt. Der Erreger der Krankheit befindet sich also nicht an der äußeren Oberfläche des Korns, sondern im Korn selbst bzw. in der Keimanlage, wird also von der wachsenden Frucht eingeschlossen. Chemische Beizmittel haben aber keine Tiefenwirkung.

Bei H e i ß w a s s e r beize ist Einhalten bestimmter Temperaturen wichtig, um einerseits den Schädling abzutöten, andererseits aber den Keimling nicht zu schädigen. Das Saatgut muß zwei Stunden in Wasser von 35—40° C (oder vier Stunden in Wasser mit 25—30° C) vorgequollen und durch Zuführen von wärmerem Wasser 10 Minuten lang einer Temperatur von 52° C ausgesetzt werden. Darauf läßt man es in kaltem Wasser abkühlen und danach trocknen. Das komplizierte Verfahren wird nur von Züchtern und Vermehrungsbetrieben durchgeführt. Es erfordert größte Genauigkeit, sonst leidet die Keimfähigkeit des Kornes.

Saatgutwechsel, Saatgutwert

Sehr wichtig ist Saatgutwechsel. Roggen als Fremdbefruchter und Kartoffeln bauen besonders leicht ab. Bei Verwendung von Qualitätssaatgut kann in der Regel mit mindestens 10% Mehrertrag gerechnet werden. Getreidehochzuchtsaatgut hat eine Reinheit von 98% und eine Keimfähigkeit von mindestens 95% (in 10 Tagen). Die Triebkraft (Durchbruchsvermögen der Samenkörner durch die deckende Bodenschicht) soll mindestens 85% betragen.

Keimprobe

Einfache Keimprobe zur Feststellung der Saatgutbeschaffenheit und Saatmenge: Suppenteller mit feuchtem Sand füllen, 100 Körner zur Keimung flach in den Sand drükken, Teller mit Glasscheibe oder Brettchen abdecken.

Die beste Bodenbearbeitung und Düngung nutzt nichts, wenn nicht bestes Saatgut verwendet wird!

Dauer der für Saatgut erforderlichen Keimfähigkeit (nach Eggebrecht)
(bei trockener, kühler Aufbewahrung)

Roggen	etwa	1—2	Jahre
Winterweizen, Wintergerste	„	3—4	„
Luzerne, Horn- und Sumpfschotenklee .	„	4—5	„
Sommerweizen, Sommergerste, Mais . .	„	3	„
Rot-, Gelb-, Weiß-, Schweden-, Inkarnatklee	„	3	„
Hafer	„	2—3	„
Serradella, Esparsette, Wundklee . . .	„	2	„
Ackerbohnen, Felderbsen, Zottelwicke .	„	4—5	„
Zucker- und Futterrüben	„	4—5	„
Lupinen, Saatwicken	„	2—3	„
Kohl-, Stoppelrüben, Markstammkohl .	„	3—4	„
Raps, Rübsen, Lein, gelber Senf . . .	„	3—4	„
Futtermöhren	„	3	„
Mohn, Hanf	„	2—3	„
Gräserarten (nach Hübner - siehe S. 368)	„	2—6	„

B a u e n u r l a g e r f e s t e H a l m f r ü c h t e a n, selbst wenn diese ertragsmäßig nicht immer an erster Stelle stehen. Lagergetreide kann, abgesehen von den oft sehr hohen Körnerverlusten, die ganze Arbeitseinteilung der Getreideernte über den Haufen werfen! Stroh leidet infolge der durch Lager begünstigten Rostbildung im Futterwert. Zur Risikominderung mehrere Sorten anbauen. Späte N-Gabe! (S. 83.)

Getreide-Bereinigung für Absaatzwecke

Kranke Pflanzen sind r e c h t z e i t i g zu entfernen. Dies trifft besonders für Flugbrand bei Weizen und Gerste zu. Das Entfernen muß erfolgen, bevor die Sporen stäuben; in einem späteren Stadium ist die Infektion erfolgt, ein Entfernen der Pflanzen mit leeren Spindeln daher zwecklos. Bei der Bestandsbereinigung kommt es auch darauf an, eine Säuberung der angrenzenden Flächen vorzunehmen, um einer Infektion durch Wind vorzubeugen. — Nicht vermehrt werden soll Roggen nach Weizen oder Wintergerste, da eine Bereinigung wegen des unterschiedlichen Längenwachstums dieser Getreidearten später unmöglich ist. Ungeeignet ist die Vermehrung von Wintergerste nach Weizen. Auch der Anbau von Wintergetreide nach Sommergetreide hat zu unterbleiben, da der Ausfall von Sommerhalmfrüchten milde Winter übersteht und die Bestände verunreinigt. — Auf einem Betrieb dürfen nicht mehrere Sorten ein und derselben Getreideart vermehrt werden. — Bei Roggen als Fremdbefruchter ist ein Abstand von 300 m von anderen Roggenflächen einzuhalten.

Drillrichtung

Auf leichten Böden ist die Ost-West-Richtung vorzuziehen, da hierdurch günstige Mittagsschattenwirkung eintritt und ein Austrocknen des Bodens durch Sonnenstrahlen stark herabgesetzt wird. Auf schweren, kalten oder nassen Böden dagegen Nord-Süd-Richtung wählen. Dadurch bessere Belichtung der Pflanzen in den Morgen- und Abendstunden, größere Wärmewirkung sowie Schutz gegen Westwinde.

Zur Saatgutersparnis und Verminderung der Lagergefahr durch Geilstellen empfiehlt es sich, das Vorgewende nicht wie üblich zum Schluß, sondern zu Beginn der Einsaat des Getreideschlags zu drillen. Durch die sichtbaren Drillreihen am Ende des Schlages wird ein doppeltes Übersäen der Getreidefrucht vermieden.

Drillweite

Sofern das Getreide nicht gehackt wird — meist genügt Einsatz der Netzegge — ist auf leichten Böden und für Höhengebiete eine Reihenentfernung von 11—12 cm richtig. In den Reihen enggestelltes Getreide wird sich durch die schnell zu erzielende Schattengare gegenüber weit auseinanderliegenden Beständen bei Dürreperioden stets im Vorteil befinden. Für mittlere und bessere Böden werden unter normalen Verhältnissen 15—16 cm Abstand empfohlen. Bei Anwendung der Hackmaschine 18—20 cm.

Saatmenge

Die Aussaatmenge ist abhängig von der Qualität und Korngröße des Saatgutes, vom Boden, von der Düngung und Aussaatzeit. Je ungünstiger die Bodenverhältnisse, je weniger Nährstoffe und Feuchtigkeit vorhanden sind, desto stärker muß die Aussaat je ha erfolgen, da die einzelne Pflanze sich weniger bestockt und auch im Wuchs zurückbleibt. Bei Getreide sollen auf 1 qm 300—350 gut triebfähige Körner bei möglichst gleichmäßiger Verteilung ausgesät werden. (Genaue Mengenangaben siehe bei den einzelnen Kulturarten.)

Saattiefe

Siehe Angaben bei den einzelnen Fruchtarten.

Im Herbst, wenn die Erde meistens genügend feucht ist, keimen flach liegende Samen leichter. Dann können Luft und Wärme der bereits schwächer wirkenden Sonnenstrahlen besser auf das Samenkorn einwirken. Das Keimblatt erreicht schneller die Oberfläche und fördert die weitere Entwicklung der Pflanze. Bei tiefliegenden Körnern dagegen verbraucht der Keimling zum Durchstoßen der verhältnismäßig dicken Erdschicht viel Kraft und erreicht auch erst später die Oberfläche.

Die erforderliche flache Aussaat bei einzelnen Pflanzenarten läßt sich am besten mit Hilfe abgeschliffener Drillschare erreichen, die in einer Flucht mit der Unterkante der beiden Seitenflügel des Schares liegen. Drillschare mit scharfen und spitzen Sohlen sollten besonders zur Aussaat von Winterroggen nicht zur Anwendung kommen. Gegebenenfalls sind die beiden Flügel an der Außenkante auseinanderzubiegen, um das Drillschar am Tiefgang zu behindern. Tiefbegrenzer verwenden!

Zur Beseitigung der Trittspuren der Zugtiere lassen sich an dem Vorderwagen der Drillmaschine zwei Felder einer leichten Saategge oder eisenbeschlagene Schlepphölzer mit Ketten oder Draht befestigen.

Dann kommt das Saatgut gleichmäßig tief in die Erde.

Zudecken der Samenkörner

Das zusätzliche Eineggen der Saat läßt sich durch Befestigen von Druckrollen oder Eggen an die Drillmaschine ersparen. Druckrollen, die nur die Drillreihen andrücken und den Acker dazwischen locker lassen, beschleunigen auch das Auflaufen der Saat bei Trockenheit. Ferner können Zustreicher in Form von gedrehten Schleifen, U-förmigen Eisenbügeln oder leichten Ketten angehängt werden, die 3—4 Drillschare umfassen. Druckrollen ermöglichen auch Blindhacke bei Rüben.

Auf leichteren, sandigen Böden erübrigt sich vielfach ein Abeggen nach der Drillmaschine, damit das Saatgut durch die Egge nicht zu tief in die Erde kommt. Gegebenenfalls bildet ein leichter Ringelwalzenstrich den Abschluß. Ein solcher ist besonders auch dann anzuraten, wenn die Gefahr besteht, daß im Herbst infolge anhaltender trockener Witterung die Saat sehr unregelmäßig aufläuft. Dann leisten auch Druckrollen gute Dienste.

Wurde die Saat nach der Drillmaschine zur Beschleunigung des Auflaufens angewalzt, muß der Walzstrich durch eine leichte Egge (Unkrautstriegel) wieder gelockert werden, spätestens sobald die Saat spitzt, um eine übermäßige Wasserverdunstung zu verhindern.

b) Die Pflege der Saaten

Walzen und Eggen der Wintersaaten (Abb. neben S. 16)

Sobald der Acker im Frühjahr abgetrocknet ist, werden zunächst die hochgefrorenen Saaten, besonders auf anmoorigen Böden, durch einen Walzstrich (am besten Cambridgewalze) wieder an den Boden angedrückt. Dadurch lassen sich viele Auswinterungsschäden vermeiden, die nur selten durch Kältetod der Pflanze, sondern meist durch Wassermangel eintreten. Im hochgefrorenen Boden haben die bloßgelegten und teilweise abgerissenen Pflanzenwurzeln mit den wasserführenden Bodenschichten keine Verbindung mehr. Bei wiederholtem Frieren und Auftauen im Frühjahr kann mehrfaches Walzen erforderlich sein.

Anschließend folgt dann, ebenfalls nur bei trockenem Boden, das Eggen des Winterweizens. Dieser ist für eine gute Entlüftung des über Winter mehr oder weniger verschlämmten Bodens dankbar und soll, je nach Entwicklungsstand, mehrmals kräftig geeggt werden. Auf losem Acker muß ebenfalls erst die Walze vorweggehen.

Roggen und Wintergerste dürfen dagegen als Flachwurzler nur bei starker Verkrustung oder Verunkrautung des Bodens vorsichtig übereggt werden.

Der Eggenstrich wird am besten schräg zu den Drillreihen gegeben. Bei stärkerer Krustenbildung wird vor der Egge die Walze eingesetzt. (Ringel- oder besser noch Stachelwalze - siehe S. 17.) Das Eggen hat zu unterbleiben, wenn der Boden steinhart abgebunden ist. *Auch wenn Nachtfrostgefahr besteht, darf nicht geeggt werden*, da aufgerauhter Boden die Ausbildung niedriger Temperaturen begünstigt und damit die Frostgefahr erhöht.

Beim Roggen empfiehlt sich im Frühjahr zur besseren Bestockung das Anwalzen der Saat mit der Glattwalze. (Siehe S. 128.)

Eggen des Sommergetreides

Etwa 5 Tage nach der Aussaat bis zum Spitzen der Saaten, d. h. wenn der Keim gerade die Oberfläche durchbrechen will, ist es Zeit, kreuz und quer mit einer leichten, reich verzinkten Netzegge (Unkrautstriegel) das Feld zu bearbeiten. Das zu diesem Zeitpunkt ebenfalls keimende Unkraut kann so nach dem alten Grundsatz: „Vernichte das Unkraut, bevor du es siehst", weitgehend zerstört werden. Man beachte die hinter jedem Eggenstrich freigelegten weißen Unkrautfäden! Die besssere Durchlüftung des Bodens fördert auch die Pflanzenentwicklung.

Das Eggen kann noch erfolgen, wenn das erste Blatt spitzt, sich aber noch nicht entfaltet hat, die Saat also etwa 1 cm hoch ist. Von der Entfaltung des 1. bis zum Erscheinen des 3. Blattes ist das Eggen auf jeden Fall zu unterlassen, da die Pflanzen in diesem Zustand sehr empfindlich sind und leicht verschüttet werden. — Späteres Eggen, d. h. nach Erscheinen des 3. Blattes, wenn die Saat mindestens 5 cm hoch ist (bei Sommerweizen erst nach Bildung des 4. Blattes), hat nur auf schweren Böden noch Erfolg, während auf leichterem, losem Boden nur zu oft die Pflanzen mit Erde zugeschüttet bzw. vereggt werden. Dieses „Toteggen" hat unbedingt Ertragsminderung zur Folge! Auf losen Böden kann Anwalzen vor dem Eggen, selbst nach Bildung des 3. Blattes, noch angebracht sein. — Eggen schräg zu den Drillreihen ansetzen. Sommerung wird am besten mit dem Unkrautstriegel bearbeitet, nur auf schwerem Boden nach starkem Regen erfolgt Einsatz der Hackmaschine (auch wenn häufige Niederschläge rechtzeitiges Eggen verhinderten).

Eggen der Hülsenfrüchte

Ackerbohnen, Erbsen und Lupinen sollen zur Unkrautbekämpfung zwischen Saat und Aufgang der Pflanzen ebenfalls geeggt werden. Bohnen und Erbsen vertragen auch nach dem Auflaufen ein wiederholtes Eggen. (Siehe Pflegemaßnahmen der einzelnen Kulturarten.)

Das Hacken der Saaten

Das Hacken der jungen, im Wachstum befindlichen Pflanzenbestände dient zur Vermeidung oder Behebung der Krustenbildung, zur Bodenlockerung (dadurch schnellere Erwärmung und leichteres Eindringen von Niederschlägen) und zur Erhaltung der Bodenfeuchtigkeit. Gleichzeitig soll das Unkraut vernichtet werden.

Die viel Arbeitskraft erfordernde Handhacke läßt sich zum großen Teil durch die Hackmaschine ersetzen, deren Leistung ein Vielfaches beträgt. Beim Getreide wird, sofern ohne Hackarbeit nicht auszukommen ist, dem Maschineneinsatz auf jeden Fall der Vorzug zu geben sein.

Bei Verwendung der üblichen Handhacken müssen die hackenden Personen im „Kranichzug" arbeiten, d. h. es wird nicht die Reihe, in welcher der Arbeiter geht, sondern diejenige rechts oder links daneben gehackt. Dadurch wird nachträgliches Festtreten des Bodens vermieden.

Bei der Arbeit mit den leichten, handlichen Ziehhacken auf garem, nicht verklumptem Acker beträgt die Leistung gegenüber derjenigen mit den veralteten Schlaghacken etwa das Doppelte bei halber Anstrengung (lange Züge). Ferner wird der gelockerte Boden nicht mehr betreten.

Bei der Maschinenhacke müssen die Hackschare genau nach den Drillreihen eingestellt werden, deren Abstand bei Getreide 18—20 cm betragen muß. Ferner muß die Arbeitsbreite der Hackmaschine mit derjenigen der Drillmaschine übereinstimmen. Schutzrollen (Hohlschutzscheiben) verhindern ein Zuschütten der jungen Rübenpflänzchen, so daß bis dicht an die Rübenreihen herangehackt werden kann.

Selbstverständlich ist es, auf scharfe Messer und Hackblätter zu achten. Auch darf der Boden beim Hacken weder zu feucht noch zu trocken sein und muß gut krümeln.

Wenn durch Hacken gelockerter Boden schneller abtrocknet, so darf dies nicht zu dem Trugschluß führen, daß gehacktes Land mehr Wasser verdunstet. Dies trifft nur für die oberflächlich gelockerte Bodenschicht zu, während der Wasseraufstieg aus der Tiefe des Ackers bis an die Oberfläche unterbunden ist. — Bodenlüftung (Eggen und Hacken) rechtzeitig durchführen, niemals vom Unkraut abhängig machen!

(Über weitere Pflegemaßnahmen, wie Häufeln usw. siehe Angaben bei den einzelnen Kulturfrüchten.)

Stäubezeit des Getreides

Roggen:	Zwischen 6 und 7 Uhr morgens
Weizen und Gerste:	„ 5 und 6 „ „
Hafer:	„ 7 und 8 „ „

Der Vorgang selbst dauert 15 bis 20 Minuten. Bei Sturm und Regen bleiben die Staubbeutel geschlossen. Gleich nach der Befruchtung schließen sich die Blütenspelzen wieder fest zusammen.

c) Die Getreideernte

Von der verlustlosen Einbringung des reifen Getreides hängt viel für den Erfolg der ganzen Jahresarbeit ab. Dem Reifestadium des Getreides ist daher zur Erntezeit besondere Aufmerksamkeit zu schenken. Mit der Mahd darf nicht erst begonnen werden, wenn der Reifezustand des Getreides dazu zwingt, sondern sobald er dies erfordert.

Die versch. Reifestadien

1. Milchreife, das Korn hat noch breiigen Inhalt und läßt sich zwischen den Fingern zerdrücken. Korn und Halm noch grünlich gefärbt, etwa 50% Wasser enthaltend, Nährstoffzufuhr noch nicht beendet.

2. Gelbreife, Korn und Halm haben die grüne Farbe verloren, nur der obere Blattknoten ist noch grün. Korn bricht über dem Nagel, Wassergehalt noch 30—25%. Nährstoffzufuhr beendet.

3. Vollreife, Korn ganz hart, Stroh völlig gclb. Wassergehalt etwa 20% und darunter.

4. Totreife, Wassergehalt des Kornes nur noch 15—14%. Es kann auf jeden Fall nach dem Mähen sofort gebunden werden. Günstigster Zeitpunkt für den Mähdrescher (S. 627).

5. Notreife, wird durch anhaltende Trockenheit, Entwicklungsstörungen der Pflanze (Krankheiten, Schädlinge) vor der Ernte, vorzeitiges Lagern oder zu frühe Mahd hervorgerufen. Die Körner bleiben klein (Schmacht-, Schrumpf-, Hinterkorn), sind als Saatgut nicht geeignet und auch als Mahlgut minderwertig. Der Flächenertrag ist gedrückt.

Richtiger Zeitpunkt des Mähens

Das Getreide ist schnittreif, wenn die Einlagerung der Nährstoffe beendet ist, die Körner aber noch genügend fest in dem Fruchtstand und an der Ähre sitzen. Dann ist das Stadium der „Milchreife“ bereits überschritten und die sogenannte „Gelbreife“ herangekommen. Mit zunehmendem Reifegrad lösen sich durch den raschen Wasserverlust, bei den einzelnen Getreidearten und Sorten verschieden schnell, die Körner mehr oder weniger leicht aus den Spelzen (Spelzenschluß) und fallen aus.

In der „Vollreife“, die bei sehr warmem Wetter der Gelbreife in wenigen Tagen folgt, und in der bei manchen Getreidesorten die Körner bereits zum Ausfallen neigen, läßt sich das Korn, welches jetzt nur etwa 20% Wasser enthält, nicht mehr über den Daumennagel brechen. In diesem Stadium ist die größte Eile zum Schnitt geboten, um Verluste zu vermeiden.

„Totreifes“ Getreide dagegen, das letzte Stadium der Reife, ist durch den geringen Wassergehalt von nur 14—15% so hart und spröde geworden, daß es wieder über den Nagel bricht. Das Stroh nimmt eine weißliche Färbung an, es bricht ebenfalls wie die Ähren leicht, und das Korn fällt besonders bei empfindlichen Sorten leicht aus.

R o g g e n soll möglichst erst im Stadium zwischen Gelb- und Vollreife geschnitten werden. (Geringere Gewichtsverluste.) Dann läßt sich das Korn nur noch schwer über den Fingernagel brechen, das Stroh ist ziemlich gelb. Dieser Zeitpunkt ist auch für den Binder der richtige, da bei diesem das Getreide viel fester zusammengebunden wird als mit der Hand. Das Stroh muß also mehr ausgereift und trockener sein, weil die Luft nicht mehr so durchzieht. Auch für Saatzwecke bestimmter Roggen wird etwas später gemäht, desgleichen Tetraroggen (S. 125).

Schnitt des W i n t e r w e i z e n s: gegen Ende der Gelbreife, im Übergang zur Vollreife. Zu früher Schnitt ergibt flache Körner mit wenig Kleber (Kümmerkorn). Zu später Schnitt führt bei manchen Sorten, insbesondere den frühen mit ihrem geringen Spelzenschluß, zu erheblichen Ausfallverlusten. Im allgemeinen ist der Spelzenschluß um so fester, je standfester eine Sorte ist.

S o m m e r w e i z e n muß bei Beginn, spätestens Mitte der Gelbreife gemäht werden, da bei späterem Schnitt — besonders bei einigen Sorten — erhebliche Kornverluste eintreten.

Für W i n t e r g e r s t e ist die Gelbreife der günstigste Schnittzeitpunkt. Bei späterer Mahd fallen zwar keine Körner aus, doch brechen leicht die ganzen Ähren ab, so daß in diesem Fall nur während der taureichen Morgen- und Abendstunden gemäht werden soll. Am besten wird W.-Gerste bei voller Gelbreife gemäht.

S o m m e r g e r s t e, insbesondere hochwertige Braugerste, wird dagegen erst im Stadium der „Totreife“ gemäht, damit das Korn seine helle, glänzende Farbe behält und möglichst bald eingefahren werden kann. Ausfallgefahr besteht bei Sommergerste mit ihrem festen Spelzenschluß nicht. In der Gelbreife geschnittene Sommergerste wird dagegen leicht „stockrot“, d. h. das Korn verfärbt sich in der Scheune an den Spitzen braun bis rotbraun. Daher unbedingt Totreife abwarten.

H a f e r muß auf jeden Fall in der Gelbreife geschnitten werden, wenn Körner und Rispen gelb sind. „Vollreifer“ Hafer streut schon bei mäßigen Winden, da die Körner verhältnismäßig lose an den Rispen sitzen. Der Reifezustand des Strohes, der bei Hafer meist hinter dem des Kornes zurückbleibt, darf nicht maßgebend sein! Verspäteter Schnitt führt bei Hafer stets zu Verlusten! — Der Schnitt des G e t r e i d e g e m e n g e s richtet sich nach der Reife der Hauptfrucht.

Nicht zu früher Schnitt

Zusammenfassend sei gesagt, daß es ratsam ist, bei kühler und feuchter Witterung den Getreideschnitt, vornehmlich beim Roggen, ruhig etwas hinauszuzögern. Denn auf dem Halm sind die Früchte am sichersten gegen schlechte Witterung geschützt. Außerdem kann das Getreide, je reifer es gemäht wird, um so eher eingefahren werden und vermindert sich dadurch das Risiko des langen Stehenlassens auf dem Felde und somit auch die Gefahr des Auswachsens.

Nur wenn es sich um größere Flächen handelt, und keine entsprechenden Arbeitskräfte vorhanden sind, darf die Mahd nicht zu spät erfolgen. Denn bei sehr warmem Wetter reift das Getreide außerordentlich schnell.

Andererseits sei man nicht zu ängstlich, wenn beim Mähen ein paar Körner spritzen. Schon der bekannte Roggenzüchter von Lochow-Petkus wies darauf hin, wie groß die G e w i c h t s z u n a h m e d e s G etreides gerade noch in den letzten Tagen der Vollreife sei, und daß man sich diesen Vorteil auf keinen Fall entgehen lassen dürfte, selbst wenn nachher einige Körner auf dem Boden lägen.

Die Verluste des Eintrocknens und Zusammenschrumpfens, namentlich beim Roggen, sind tatsächlich größer, als man glaubt. Man vergleiche einmal zu zeitig gemähtes Korn mit völlig ausgereiftem. Nur letzteres ergibt aber auch vollwertiges Saatgut.

Bei der Beurteilung der Reife sind nicht nur am Rande des Schlages Proben zu nehmen, sondern auch an mehreren Stellen innerhalb des Bestandes, vor allem bei stark wechselnden Bodenverhältnissen. Bei Roggen, Weizen und Gerste werden die Probekörner der Mitte der Ähre entnommen, bei Hafer aus der Spitze der Rispe.

Eosinprobe

Einige Getreidehalme etwa 20 cm unterhalb der Ähre abschneiden und sofort in ein Fläschchen mit 1% „Eosinlösung" (in Drogerie erhältlich) stellen. Steigt der rote Farbstoff nicht innerhalb von 30 Minuten bis in die Ähre, ist das Getreide „bindereif".

Mähverluste

Einschließlich Aufstellen des Getreides durchschnittlich (nach Kirste):

Handmähen und Handbinden . .	5,7%	Verlust
Grasmäher	4,2%	„
Ableger	3,4%	„
Mähbinder	1,7%	„

Mehrertrag beim Mähdrescher gegenüber dem Binder 1 dz/ha und darüber.

Mähen von Lagergetreide (Abb. neben S. 17 u. S. 32)

Für Lagergetreide sind besondere Maßnahmen beim Schnitt erforderlich. Mit der Mähmaschine muß genau die Lagerrichtung des Getreides gefahren werden Ablegemaschinen sind weniger gut brauchbar als Bindemäher, die mit Ährenheber und Außenabteiler versehen sind oder Legebinder mit umlaufendem Stabwerk. Auch der Grasmäher mit Anhaublech leistet hierbei vorzügliche Arbeit, erfordert aber entsprechende Hilfskräfte, die das Getreide sofort aufbinden. Sehr gut arbeitet der Mähdrescher bei Lagergetreide!

Stoppellänge

Die Stoppellänge soll mit Ausnahme bei Untersaaten nicht mehr als etwa 10 cm betragen, also möglichst kurz sein. (Je nach der Oberflächenbeschaffenheit.) Selbstverständlich dürfen weder Erde noch Steine zwischen Messer und Finger des Mähbalkens kommen. Jetzt zeigt sich der *Erfolg einer sorgfältigen Saatbettvorbereitung*, zu der auch das Ablesen der Steine bis etwa Faustgröße gehört. Bei weichhalmigem Getreide und Getreideuntersaaten sind besonders scharfe Mähmesser erforderlich! (Reservemesser).

Binden und Aufstellen des Getreides

Nach der Mahd mit dem Grasmäher oder Ableger soll das Getreide baldmöglichst gebunden und aufgestellt werden. Nur wenn sich die Klee- oder Serradella-Einsaat zu üppig entwickelt hat oder das Getreide zu stark verunkrautet ist, bleibt der Schwad zum Nachtrocknen noch kurze Zeit unaufgebunden liegen. Bei Untersaat sind kleinere Garben zweckmäßig, deren Band mehr nach den Ähren zu liegen soll, damit die Stoppelenden locker bleiben und die Luft gut durchziehen kann.

Das Getreide ist sorgfältig in Hocken, Stiegen, Puppen oder Mandeln aufzustellen! (Am zeitsparendsten in Doppelreihen, zwischen denen der Wagen zum Aufladen fährt.) Schon bei mäßigen Winden sieht man oft frisch aufgestellte Garben und auch ganze Hocken am Boden liegen. Jedes erforderliche Umstellen oder Neuaufstellen ergibt aber Kornverluste! In windigen Lagen Hocken im oberen Teil mit Strohseil zusammenbinden. In regenreichen Gebieten Hocken mit Sturzgarben oder mit in der Höhe des Bandes geknickten Garben abdecken. Dann schaden selbst größere Niederschläge nicht (siehe Abb. neben S. 32).

Umgefallene und zusammengesunkene Hocken sind bald wieder aufzurichten. Hierauf ist besonders bei anhaltendem schlechtem Wetter zu achten. (Auswuchsgefahr, namentlich bei Hafer und Roggen!) Ausgewachsenes Getreide verliert Stärke und besonders viel verdauliches Eiweiß. Denn der Keim wächst auf Kosten der im Korn enthaltenen Nährstoffe. Bei 1½ cm langen Keimen wurde ein Verlust von 50% und bei 3 cm langen Keimen ein solcher von 68% festgestellt. Für Saatzwecke ist derartiges Getreide nicht mehr geeignet, auch die Backfähigkeit von Brotgetreide wird stark vermindert, selbst wenn die Keimung noch nicht sichtbar, aber schon eingeleitet ist.

Zeitpunkt des Einfahrens

Das Einfahren soll nicht überstürzt vorgenommen werden. Im Zweifelsfall ist es immer richtiger, das Getreide lieber noch einen Tag länger draußen stehen zu lassen. Auf dem Felde verdirbt meist weniger Korn als in der Scheune. Wer hierbei die Nerven verliert, wird oft durch den Geruch in der Scheune eines Besseren belehrt. In dieser Hinsicht ist Hafer besonders empfindlich, der sehr leicht zur Selbstentzündung neigt. Das sehr wasserreiche Haferstroh braucht unbedingt längere Zeit zum Nachtrocknen in der Hocke, zumal der hohe Anteil an großen Spelzen das Wasser besonders gut festhält. Zu früh eingefahrene Gerste wird braunspitzig. Gerste zeigt am wenigsten Auswuchsgefahr. Ihre Grannen lösen sich beim Dreschen leichter, wenn es einmal in die Stiege geregnet hat (Wintergerste).

Eingefahren wird, wenn das Korn hart ist und die Halmknoten sowie das Stroh unter dem Seil und im Bund trocken sind. Im Zweifelsfall, ob man einfahren soll oder nicht, entscheide man sich immer für eine andere Arbeit. Man halte sich stets den Spruch vor Augen:

„Fahre nichts zur Scheune ein,
was draußen könnte sicher sein."
„Was mühsam auf dem Feld erworben,
oft unterm Scheunendach verdorben."

Nur bei dem Drusch aus der Hocke, der gegenüber dem Scheunendrusch mit den geringsten Körnerverlusten verbunden ist, und bis zu 5% mehr an Körnern vom Hektar erbringt, kann eher eingefahren werden, selbst wenn das Stroh noch etwas klamm ist. Hockendrusch erspart auch Arbeit und Lagerraum.

Roggen und Weizen können unbedenklich im Morgentau eingefahren werden, Hafer und Gerste müssen erst abtrocknen.

Wenn erforderlich, können die Hocken einige Stunden vor dem Einfahren nach der dem Wind und der Sonne entgegengesetzten Seite vorsichtig umgelegt werden, damit die Garben von unten her noch etwas austrocknen.

Über die Ernteverfahren der übrigen Kulturarten siehe unter den einzelnen Abschnitten. Man halte sich stets vor Augen, daß die reife Ernte, die viele Kosten und Mühe durch Bestellung, Düngung und Pflege der Pflanzen verursacht hat, auch gut eingebracht werden muß.

Setzen von Getreidemieten (Schober, Diemen)

Als Standplatz ist keine Bodensenke zu wählen, wo sich nach Niederschlägen Wasser sammelt, sondern ebener, trockener Boden. Zur Abhaltung der Bodenfeuchtigkeit wird eine etwa 50 cm starke Stroh- oder Reisigschicht als Unterlage genommen. Am gebräuchlichsten sind Rundmieten, seltener viereckige Mieten.

Das Packen der Garben beginnt in der Mitte, und zwar so, daß die Ähren nach innen und oben liegen, so daß die Miete in der Mitte höher ist als am Rande und erforderlichenfalls das Wasser durch leichtes Gefälle nach außen ablaufen kann. Ab und zu wird eine Garbe aufrecht gestellt, wodurch sich eine bessere Verbindung erreichen läßt, wie überhaupt auf einen guten Verband zu achten ist, damit die Ränder nicht durch die große Last abrutschen können. Außenkanten fest andrücken.

Die Mietenhöhe ohne Dach soll etwa das Eineinhalbfache des Durchmessers betragen. Dann wird die Miete zugespitzt, und zwar so, daß die Ähren nach oben stehen, damit das Regenwasser ablaufen kann. Den Abschluß bildet eine Strohhaube, die vor dem Abheben durch den Wind in der Weise geschützt wird, daß Ernteleinen, Drähte oder Strohseile über Kreuz gelegt und diese mit Gewichten, Steinen oder Hölzern an den Außenrändern des Schobers niedergezogen werden.

Bei größeren Mieten wird das Abladen und Weiterreichen der Garben durch Einbau eines behelfsmäßigen Standes aus Stangen und Brettern erleichtert, sofern kein Höhenförderer zur Verfügung steht.

Ein steilwandiger Graben rings um die Miete, in dessen Sohle in Abständen von etwa 2 m senkrecht Drainröhren eingelassen werden, bietet Schutz gegen Mäusefraß und leitet gleichzeitig auch das Regenwasser ab. (Einmieten von Lupinen sieht Seite 161.)

Zur Vermeidung von Feuersgefahr sollen die Mietenabstände betragen:

150 m von Gebäuden
50 m von Eisenbahnlinien, Waldungen und von anderen Mieten und Strohschobern
25 m von Starkstrom-Hochspannungen.

Das Nebeneinandersetzen von zwei Mieten, um das Umstellen des Dreschsatzes zu ersparen, ist also nicht statthaft, da im Falle eines Brandes beide Mieten abbrennen können.

Erkrankungen durch Strahlenpilz!

Das In-den-Mund-nehmen von Kornähren ist gefährlich, da durch kleinste Verletzungen in der Schleimhaut oder durch hohle Zähne der zwischen den Grannen sitzende Strahlenpilz schwere bis tödliche Erkrankungen hervorrufen kann. (Bildung von Geschwüren in den Kieferdrüsen, die zu Eiterungen führen können usw.).

Hagelschätzung

Auf 1 qm liegen bei einem Ausfall von 2 dz/ha:

Fruchtart:	Körnerzahl:	Fruchtart:	Körnerzahl:
Weizen	250—320	Gerste	280—320
Roggen	400—520	Bohnen	40— 50
Hafer	360—440		

d) Die Lagerung des Getreides

Getreideboden

Kornböden und Speicher sind vor der Getreideeinlagerung gründlich zu reinigen. Sauberkeit ist überall dort, wo Getreide aufbewahrt wird, unbedingtes Erfordernis. Sonst nistet sich leicht Ungeziefer ein. Alle Dinge, die nicht auf den Speicher gehören, sind zu entfernen. Der Kornboden darf keine Rumpelkammer sein! Die vorhandenen Reinigungsmaschinen sind in Ordnung zu halten, desgleichen Säcke und sonstige Arbeitsgeräte.

Besonderes Augenmerk ist auf das Vorkommen von Kornkäfer und Kornmotte zu richten, die sich gern in Ritzen, Ecken und Winkeln aufhalten, aus denen daher auch alle Getreidereste zu entfernen sind. Fleißiges Lüften des Speichers und häufiges Umschaufeln des Getreides, das der Käfer nicht verträgt, sowie Trockenheit im Lagerraum sind weitere Bekämpfungsmaßnahmen. Bei stärkerem Befall (zur Feststellung Fanghäufchen aus Getreide anlegen) hilft durchgreifend nur die Anwendung von chemischen Mitteln. (Siehe Seite 610).

Mäuse und Ratten können ebenfalls erheblichen Schaden anrichten. Die Haltung einiger guter Hauskatzen (Schlupflöcher in den Türen) sowie das Aufstellen von Fallen und Auslegen von Giftködern hilft dieses Ungeziefer kurzhalten. (Siehe Seite 612). Durch Einsetzen von Drahtfenstern wird Spatzen und Tauben die Einflugmöglichkeit genommen.

Behandlung des Getreides (Künstliche Trocknung Abb. bei S. 144)

Frisch gedroschenes Getreide muß auf dem Boden mindestens jeden zweiten Tag in hohem Bogen bei offenem Fenster umgeschaufelt werden. Erst Getreide mit einem Wassergehalt von 14—15% ist lagerfest. Wenn die Wärme im Kornhaufen die Temperatur der umgebenden Luft um 2—3° C übersteigt, ist auch abgelagertes Getreide umzuschaufeln. Nachstehende Tabelle dient als Anhaltspunkt:

Wassergehalt	Schütthöhe	Umarbeitungszeit
	Sommer	
14—15%	bis 1,20 m	alle 4 Wochen
16—18%	bis 0,80 m	alle 10—14 Tage
18—20%	bis 0,50 m	wöchentlich
	Winter	
14—15%	bis 1,00 m	alle 2 Wochen
16—18%	bis 0,60 m	wöchentlich
18—20%	bis 0,25 m	täglich

Schütthöhe bei Raps 15—20 cm

Bei Regen, Nebel und des Nachts sind die Kornbödenfenster zu schließen, um die feuchte Luft vom Speicher fernzuhalten. Während der kälteren Jahreszeit werden die Fenster nur geöffnet, wenn die Außenluft kühler ist als die Innenluft. Sonst beschlägt das eingelagerte Getreide und wird mit der Zeit muffig. — Hat Getreide Geruch bekommen, wird es flach ausgebreitet und mit Staubkalk bzw. gemahlenem Branntkalk oder besser noch mit feinkörniger Holzkohle bestreut. Bei täglichem Umschaufeln des Getreides verliert sich der muffige Geruch bald. Durch eine Windfege lassen sich Kalk und Holzkohle wieder leicht entfernen. (Bei Futtergetreide nicht erforderlich.)

Lagerverluste innerhalb eines Wirtschaftsjahres:

Getreide 3—4% Hülsenfrüchte 5—6% Ölfrüchte 12—15%

Spezifische Gewichte
(im Mittel)

	kg/hl		kg/hl
Winterweizen	76	Wintergerste	60
Sommerweizen	77	Sommergerste (zweizeilig)	69
Winterroggen	72	Hafer	49
Sommerroggen	66	Mais	74

Mittlerer Strohanfall in normalen Jahren auf 1 dz Korn:

	dz Stroh		dz Stroh
Winterweizen . . .	1,8—2	Winterraps	1,8—2,0
Sommerweizen . .	1,7—1,8	Sommerraps . . .	2,0—2,1
Winterroggen . . .	2,2—2,5	Winterrübsen . . .	1,9—2,0
Sommerroggen . .	1,9—2,0	Sommerrübsen . . .	1,8—2,0
Wintergerste . . .	1,2—1,5	Lupine, gelbe . . .	1,9—2,0
Sommergerste . . .	1,4—1,6	Lupine, blaue . . .	1,4—1,6
Hafer	1,5—1,6	Lupine, weiße . . .	1,5—1,8
Mais	1,5—1,8	Mohn	2,2—2,3
Erbse	1,4—1,6	Faserlein	4,5—5,0
Ackerbohne	2,0—2,1	Öllein	1,7—1,8
Sommerwicke . . .	1,4—1,6	Hanf	7,6—8,0

In trockenen Jahren ist der Strohanfall kleiner, in nassen Jahren größer. Im großen Durchschnitt kann man bei Getreide einen Strohertrag von 36 dz/ha zugrundelegen.

Zur ausreichenden Strohbeschaffung empfiehlt es sich, Roggen statt Weizen und Hafer statt Gerste anzubauen. Sommerung liefert im Durchschnitt ein Drittel weniger an Stroh als Winterung (für stroharme und viehstarke Betriebe wichtig).

e) Das Schälen der Getreidestoppeln

Eine der wichtigsten Maßnahmen zur Erhaltung der Bodenfruchtbarkeit ist das Schälen der Getreidestoppeln. Diese Tatsache müßte jedem Landwirt geläufig sein. Trotzdem sieht man in der Praxis immer wieder, daß nur ein gewisser Prozentsatz der Betriebe der Mähmaschine gleich den Schälpflug folgen läßt. Ein großer Teil schält in der Hauptsache erst, nachdem das Getreide eingefahren bzw. das Feld völlig geräumt ist, während es ganz rückständige Bauern erst gar nicht zur Schälfurche kommen lassen.

Welche Vorteile bietet das sofortige Stoppelschälen?

Zunächst bleiben die unter dem Schutz der Pflanzendecke entwickelte Beschattungsgare sowie die Bodenbakterien erhalten. Diese werden zu neuer Tätigkeit angeregt, die Voraussetzung zur Förderung der Gare. Unterbleibt dagegen das Schälen, geht die unter der Getreidesaat entstandene Beschattungsgare verloren bzw. wird das Bakterienleben durch das ungehinderte Einwirken von Sonne, Wind und heftigen Regenfällen oftmals in kurzer Zeit zerstört. Dann können Jahre vergehen, bis der Boden seine alte Fruchtbarkeit wieder erreicht hat. Aus gleichem Grund sind Grünfutterstoppeln (Raps, Futterroggen, Landsberger Gemenge usw.) beim Grünfutterholen möglichst noch am selben Tag umzubrechen.

Zeitpunkt des Schälens

Je zeitiger mit dem Schälen begonnen wird, um so leichter und besser läßt sich diese Arbeit ausführen. (Geringer Widerstand des noch feuchten Bodens.) Das trifft besonders für die schweren, bindigen Böden zu. Denn der feuchte Zustand des Bodens hält in den heißen Sommertagen meist nur einige Tage nach Aberntung der Getreidefrucht an. Daher ist es auf derartigen

Böden meist zu spät, die Stoppel erst zu schälen, wenn die Garben vom Felde sind. Dann ist der Boden bereits derart ausgetrocknet und so verhärtet, daß der Schälpflug nicht mehr greifen will. Es muß meist sehr tief gearbeitet und die verhärtete Schicht unterfahren werden, der Boden wird schollig und hat viel von seiner Gare verloren.

Rechtzeitiges Schälen beschleunigt auch den Aufgang von Unkrautsamen und Ausfallkörnern des Getreides sowie das Zersetzen der Stoppel- und Wurzelrückstände, vernichtet tierische Schädlinge, wie z. B. die Fritfliege und die Getreidehalmwespe und auch pflanzliche Schädlinge (Rostarten und Mehltaupilze). Ein besonderer Vorteil einer baldigen Schälfurche ist, daß das Eindringen von Niederschlägen (auch tausammelnde Wirkung) begünstigt und eine Herabsetzung der Verdunstung des Bodenwassers erreicht wird.

Sehr wichtig ist aber auch, daß sich auf einem rechtzeitig geschälten und entsprechend bearbeiteten Acker gegenüber dem unbehandelten Feld fast immer eine bessere Saatfurche erzielen läßt. Besonders bei anhaltender Trockenheit erleichtert eine vorangegangene Schälfurche das Tiefpflügen zur Herbstbestellung ganz außerordentlich (Kraft- bzw. Treibstoffersparnis) und macht dies auf den schweren Böden oftmals überhaupt erst möglich!

Was ist beim Schälen zu beachten?

Tiefe der Schälfurche

Da die Stoppelrückstände nur leicht bedeckt werden sollen, genügt eine 4—6 cm tiefe Schälfurche. Der Pflug muß aber so tief eingestellt werden, daß er unter die Wurzeln der Stoppeln greift, da sonst leicht Verstopfungen auftreten, wodurch sich auch der Zugkräftebedarf erhöht. Wird zu tief geschält, kommen auch die Unkrautsamen zu tief in die Erde, so daß sie nicht sofort, sondern großenteils erst im kommenden Frühjahr auflaufen, wenn auf dem Acker bereits wieder eine andere Frucht wächst. Allerdings sind viele Unkrautsämereien hartschalig und brauchen mehrere Jahre bis zum Auskeimen. Da sie auch unter günstigen Bedingungen im Jahr der Reife also nur zu einem kleinen Prozentsatz auskeimen (Kornblumen z. B. nur zu 20%), ist das, was nach einer Schälfurche aufläuft, überwiegend älterer Unkrautsamen. *Flaches Schälen*, das auch Zugkraft erspart, *gelingt aber nur mit scharfen Scharen!* — Niemals darf bei nassem Wetter geschält werden! (Besonders auf schwerem Boden.)

Größere, leere Schläge werden zur Erzielung höherer Flächenleistungen rundherum geschält und anschließend dann die Ecken aufgegrubbert.

Bearbeitung des Schälackers

Der Schälfurche, die nur locker auf den unteren Bodenschichten aufliegt, soll auf jeden Fall die Egge, Schleppe (am besten an Schälpflug hängen) oder bei scholligen Böden die Ringel- bzw. Cambridgewalze folgen, damit der erforderliche Bodenschluß das Unkraut beschleunigt zum Keimen bringt. An den Walzstrich muß sich aber zur Vermeidung von Wasserverlusten sofort die Egge anschließen, die zur Arbeitsersparnis zweckmäßig direkt mit der Walze gekoppelt wird. Grubber mit anhängender Gliederegge sorgen dann für rechtzeitiges Zerstören des inzwischen aufgelaufenen Unkrautes, damit sich dieses nicht festwurzelt und damit neues Unkraut keimen kann. Bleibt dagegen der Acker in rauher Schälfurche liegen, trocknet der Boden aus, verliert seine Gare und das Unkraut läuft nur wenig auf. Das Schälen allein genügt also nicht!

Schälfurche zur Zwischenfrucht-Aussaat

Wenn irgend möglich, soll der Schälpflug bereits zwischen den zu diesem Zweck in weiten Reihenabständen auseinandergestellten Getreidehocken eingesetzt werden. Das ist besonders auch bei der vorgesehenen Einsaat von Stoppelzwischenfrüchten wichtig. In diesem Fall wird die Stoppel am besten mit dem Zweischar sauber 14—16 cm tief gepflügt, um sorgfältige Bestellung der Zweitfrüchte zu gewährleisten und den Pflanzen günstige Wachstumsbedingungen zu schaffen. Jedenfalls gelingt der Stoppelfruchtanbau umso sicherer, je sorgfältiger die Bestellung durchgeführt wird! Da aber von der schnellen Einbringung der Stoppelsaat deren Gelingen ebenfalls in hohem Maße abhängt, kann es unter Umständen geraten sein, nur so viel zu mähen, wie am gleichen, spätestens aber folgenden Tag geschält und neu bestellt werden kann. Wer sich einmal von dem durch diese Arbeitsmethode erzielten Wachstumsvorsprung und der üppigeren Entwicklung der Zwischenfrüchte überzeugt hat, wird stets bestrebt sein, die Stoppelsaat beschleunigt durchzuführen. Darum: „Nach der Mahd sogleich die Stoppelsaat!“ (Siehe auch S. 302.)

Scheibenegge oder Kultivator statt Schälpflug

Kultivator (am besten mit halbstarren Zinken), Schälgrubber oder auch Scheibenegge (auf steinfreiem Boden) bieten einen, allerdings nicht vollwertigen Ersatz für den Schälpflug. Sie haben zwar eine größere Flächenleistung, doch läßt sich der Boden mit diesen Geräten weniger gut bearbeiten, so daß nur unkrautfreier Acker in gutem Kulturzustand dafür in Frage kommt. Auch bleiben die Stoppeln oben liegen und verrotten nicht. Besser arbeitet der Scheibenschälpflug.

Bei Verwendung der Scheibenegge, die fast dreimal soviel wie der Schälpflug leistet, (1 Scheibe je vorhand. Schlepper-PS) während der Arbeitsaufwand oft nur den fünften Teil ausmacht, ist darauf zu achten, daß diese bei entsprechender Belastung nicht zu langsam gefahren wird (8 km/Std. und mehr). Bei langsamer Geschwindigkeit richten sich die Scheiben an den Stoppelreihen auf. Es werden nur dreieckige Rillen zwischen den Stoppelreihen in den Boden geschnitten, während die Stoppeln selbst zum größten Teil stehenbleiben. Auch die Krümelung des Bodens ist vielfach ungenügend. Scheibeneggen dürfen niemals auf verquecktem Boden eingesetzt werden! (Siehe Seite 110.)

Unterpflügen der Getreidestoppeln statt Schälen

Nicht immer wird sich der sofortige Umbruch der gesamten Stoppelfläche ermöglichen lassen, besonders bei Mangel an Zugkräften. Auch bei verspäteter Ernte zieht sich der Stoppelumbruch oftmals bis Ende August / Anfang September hinaus. Dann hat das Schälen auf Schlägen, die anschließend mit Wintergetreide bestellt werden sollen, aber keinen Zweck mehr. Denn weder Unkrautsamen und Ausfallgetreide gehen, besonders bei trockenem Wetter, in dieser kurzen Zeit zwischen Schälfurche und Saatfurche auf, noch verrotten die Stoppeln. In solchen Fällen ist es richtiger, nur einen Teil der zur Herbstaussaat vorgesehenen Getreideschläge sofort zu schälen und diese anschließend mit der Egge oder besser noch mit der Scheibenegge oder Schleppe (beim Eggen werden die Stoppeln wieder nach oben gebracht und verrotten nicht) und nachfolgender Ringel- oder Cambridgewalze ordnungsgemäß zu bearbeiten.

tz der Puppe durch eine Sturzgarbe (s. S. 26/27)

Schutz der Getreidepuppe in regenreichen Gebieten gegen Niederschläge durch eine übergelegte und in der Mitte geknickte Garbe

GETREIDEERNTE II

Fella-Leege-Zapfwellenbinder mit Stabkreuzvorrichtung. Bewältigt auch starke Lagerfrucht durch einwandfreie Trenn- und Schnittarbeit

-Eintuchbinder „Peggy", arbeitet nur mit
n Plattformtuch, Förderwalze und Abnahme-
e. Sehr leichte Bauart, daher geringe Zug-
erforderlich (2 leichte Pferde oder Kühe,
Zapfwellen-Maschine Schlepper ab 10 PS).
ge niedriger Bauart geringe Abwurfhöhe
Garben und einwandfreies Arbeiten auch an
gen. (2 Fotos Fella-Werke, Feucht/Bayern)

Der ein- und mehrscharige Scheibenpflug arbeitet mit schrägliegenden, stets scharfen Hohlscheiben. Er krümelt den Boden sehr gut, wendet ihn nur wenig, verursacht aber keine Pflugsohle. Einsatz vorwiegend auf harten, steinigen und durchwurzelten Waldböden.
(Werkfoto McCormick)

18-PS-Lanz-Alldog mit Anbau-Tellerdüngerstreuer und Egge. Zur Verm derung des Bodendruckes ist der Alldog mit Gitterrädern ausgerüs Sie können mit wenigen Handgriffen angebracht werden. Gitterrä lohnen besonders auf Moor- und bindigen Böden. Im Herbst kön Gitterräder unter schwierigen Bodenverhältnissen die Zugfähigkeit Schleppers erheblich steigern. (Siehe S. 14)

BESTELLUNGSARBEITEN

Fahr-Spatenegge mit einem Satz Hacksterne. Arbeitsbreite 1,80 m, max. Arbeitstiefe bei Verwendung von Hacksternen 15 cm. Diese dienen zur intensiven Bodenbearbeitung, vor allem auch beim Unterarbeiten von Stalldung, Gründung und Mähdrescherstroh. (Werkfoto FAHR AG., Gottmadingen Kr. Konstanz)

Bei den übrigen mit Winterung zu bestellenden Flächen wird die Stoppel sofort tief untergepflügt. Dann hat der Boden auch mehr Zeit zum Setzen. (Für schweren Boden besonders wichtig!) Bei Hackfruchtschlägen, insbesondere denen, die für Kartoffeln bestimmt sind, läßt sich der infolge nicht gegebener Schälfurche entstandene Gareschwund noch am ehesten durch die spätere Mistzufuhr ausgleichen.

Beim Auftreten von Getreidefußkrankheiten verzichtet man ebenfalls auf das Schälen und pflügt gleich tief mit Vorschäler.

Die Vorteile einer rechtzeitigen Schälfurche sind für jeden Betrieb sehr wesentlich. Nicht zu Unrecht heißt es, daß richtiges Schälen eine halbe Brache ersetzt. Geschälte Stoppelfelder sind das Spiegelbild fortschrittlicher Ackerwirtschaft!

f) Herbstbestellung

Untergrundpacker

Auswinterungsschäden sind meist nicht so sehr die Folge einer nicht winterfesten Sorte als eines zu lockeren Ackers, der Hohlräume bildet, in denen die Wurzeln dann verdursten. Bei verspäteter Saatfurche wird der zu lockere Boden, besonders zu Roggen und Wintergerste, möglichst mit dem Untergrundpacker in Richtung der Pflugfurche gefestigt (Gewicht je m Arbeitsbreite 500 kg), dessen scharfkantige, kreisende Tellerscheiben in den Boden einschneiden und dadurch die tieferen Hohlräume beseitigen und Erdbrocken tieferer Schichten zerdrücken, ohne die obere Krume festzuwalzen, also Bodenschluß geben und doch ein gut gekrümeltes Saatbett hinterlassen. Allerdings kann die natürliche Ablagerung des Bodens selbst durch den Untergrundpacker nicht voll ersetzt werden. — Je später die Saatfurche im Herbst gezogen wird, um so flacher soll sie zur Erzielung des erforderlichen Bodenschlusses auch sein. Zu Wintergetreide nach Hackfrucht ist auf jeden Fall eine nur flache Saatfurche angebracht. Dadurch wird auch vermieden, daß der gare Boden mitsamt den unverbrauchten Nährstoffen untergraben und dafür der tote Boden des Untergrundes hervorgebracht wird. Nach Kartoffeln genügt zur Roggenaussaat meist eine flache Schälfurche, während eine Bearbeitung des Bodens nur mit schweren Eggen oder dem Kultivator nicht ausreicht, selbst wenn das Land unkrautfrei ist. (Siehe S. 124.)

Langzinkige Eggen (sogenannte Schotten), deren grobe Eisenzinken durch den, evtl. noch beschwerten Holzrahmen, an dem die Zinken befestigt sind, in die Erde gedrückt werden, üben auf frischgepflügtem, losem Acker ebenfalls einen Druck auf die lockere Erde aus. Dazu kommt, daß die im Boden sich bewegenden Eggenzähne, schiebend und vorwärts drückend, Hohlräume schließen. Deshalb empfiehlt es sich, besonders auf nicht zu leichtem Boden, bald nach dem Pflügen den Acker im spitzen Winkel zur Pflugfurche über Kreuz mit langzinkigen Eggen in schneller Gangart zu bearbeiten. Das beschleunigt das gleichmäßige Setzen des gepflügten Ackers. Anschließend folgt die Schleppe. (Über Aussaat usw. siehe bei den einzelnen Kulturarten.)

Winterfurche

Das Pflügen des Ackers für Sommerung (Getreide, Hülsen- und Ölfrüchte), Rüben und Frühkartoffeln muß vor Eintritt des Winters beendet sein. Dies trifft für alle Bodenarten zu. Eine alte Bauernregel sagt: „Vor Winter gepflügt, ist halb gedüngt.“ Eine Frühjahrsfurche entzieht dem Boden sehr viel Feuchtigkeit.

Es können auch infolge ungenügender Gare bis zu 20% und mehr Ertragseinbußen eintreten! Außerdem kann sich der Boden nicht in dem Maße mit Winterfeuchtigkeit anreichern, da die Niederschläge zum großen Teil oberflächlich verdunsten. Der im Herbst gepflügte Acker trocknet im Frühjahr viel schneller ab und erwärmt sich (für schwere Böden besonders wichtig), so daß zeitigere Bestellung möglich ist. Im Herbst keimen bereits Unkräuter, die der Frost dann vernichtet.

Reicht der Stallmist zu Rüben nicht aus, wird im Herbst auf jeden Fall tief gepflügt und der Dung im Frühjahr flach eingepflügt oder mit der Scheibenegge eingebracht, sofern er gut verrottet ist.

Stallmist zu Kartoffeln wird im Herbst am besten flach untergeschält. Der Acker bleibt dann über Winter in rauher Erde liegen. Im Frühjahr wird bei trockenem Wetter geeggt und dann mit mitteltiefer Furche gepflügt, da die Kartoffel lockeren Boden liebt und gegen Trockenheit im Anfang ihrer Entwicklung nicht so empfindlich ist. (S. auch S. 193.)

Auch bei der Winterfurche ist nasses Pflügen schädlich! Totgepflügte Bakterien kann kein Frost wieder zu neuem Leben erwecken. (Schnee einpflügen siehe S. 60.)

Tiefe der Winterfurche

Die Winterfurche soll in schmalen Furchen liegen. Tiefe je nach Bodenart und Zustand (S. 14), an der ungepflügten Landseite gemessen:

Zu Getreide und anderen Früchten etwa 20—22 cm.

Zu Hackfrucht (besonders Zuckerrüben!) etwa 25 cm und auf ausgesprochenen Sandböden bis 30 cm. (Auf kalkreichen, tiefgründigen Löß- und Aueböden 30—35 cm.)

Untergrund-lockerer (siehe Abb. neben S. 33)

Von größter Wichtigkeit ist, daß kein toter Boden aufgepflügt wird. Jedes tiefere Wenden beim Pflügen, welches oftmals den garen Boden verschüttet und die Bodenstruktur schädigt, darf nur ganz allmählich erfolgen. (Am wenigsten empfindlich gegen ein Tiefergreifen sind Kartoffeln und Hafer.) Nach Görbing, dem Meister der praktischen Bodenkultur, bildet sich die Gare nur in der obersten 22 cm starken Bodenschicht aus. Er lehnt daher ein tieferes Wenden des Ackers als 22 cm ab und empfiehlt, tiefere Bodenschichten mit einem Wühlschar zusätzlich 10—12 cm tief zu lockern. Also flach wenden, tief lockern. Dies ist besonders zu Hackfrucht in Abständen von 2—3 Jahren angebracht. Fortgesetzt flaches Pflügen ruft nicht nur Verdichtungen hervor, sondern es wird auch Kalk ausgewaschen und dadurch Phosphorsäure festgelegt.

Vorschäler (siehe S. 33 u. S. 164)

Bei Verwendung des Vorschälers krümelt der Boden sehr gut, das Niederschlagswasser kann sich besser verteilen und läuft nicht gleich in die Pflugsohle ab. Daher ist der Vorschäler bei der Winterfurche auf schweren Böden sehr angebracht. Für einwandfreie Arbeit des Vorschälers ist allerdings eine Pflugtiefe von nicht weniger als 20 cm erforderlich, wobei der Vorschäler etwa 10 cm tief greifen soll.

Rauhe oder abgeschleppte Winterfurche

Im allgemeinen soll der Acker über Winter in rauher Furche liegen bleiben, weil

1. der Regen besser in die Hohlräume des Bodens eindringen kann, auch der Schnee besser liegenbleibt;
2. dadurch die Winterfeuchtigkeit besser aufgespeichert wird;
3. die Gefahr einer Verschlämmung der Bodenoberfläche geringer ist;
4. die rauhe Furche den Schneedruck besser mildert als ein abgeschleppter Acker;

5. ein in rauher Furche liegendes Feld im Frühjahr schneller abtrocknet (besonders für schwere, nasse Böden wichtig) und infolgedessen auch zeitiger abgeschleppt werden kann.

Dagegen wird der Boden, trockene Witterung vorausgesetzt, dann besser abgeschleppt, wenn während des Frostes Mist oder Kalk auf den Acker gebracht werden soll. Die Frosteinwirkung ist zwar die gleiche, doch trocknet der Acker im Frühjahr etwas langsamer ab.

Bei zur Verschlämmung oder Vertrocknung neigenden Böden, bei Böden, die im Frühjahr schwer abtrocknen, sowie bei unebenem und hängigem Gelände ist von Verwendung der Schleppe abzusehen.

Wasserfurchen

Auf hängigem Gelände und in Senken bzw. tiefer gelegenen Stellen der Wintergetreideschläge ist es zweckmäßig, nach der Herbstaussaat Wasserfurchen zu ziehen. Dadurch wird ein Abschwemmen des Ackerbodens bzw. eine Anstauung von Wasser nach starken Regengüssen oder plötzlich einsetzender Schneeschmelze vermieden. Die im Wasser stehenden Pflanzen würden faulen. Damit das Wasser keine Gewalt bekommt und sich selbst einen Weg bahnt, Wasserfurchen zur Abschwächung des Gefälles, am oberen Feldrand beginnend, schräg zum Hang führen. — Wasserfurchen können auch bei Frühjahrssaaten notwendig sein.

Je länger die Feldstücke und je mehr sie gegen das Gefälle gerichtet sind, um so notwendiger sind W a s s e r f u r c h e n, die mit Hilfe eines Häufelpfluges oder Hakens gezogen werden. Auch ein Wendepflug, der etwas geneigt gehalten wird, um eine dreieckige Furche zu bekommen, läßt sich verwenden. Die erforderlichen Nachbesserungsarbeiten, wie Beseitigung des Auswurfes usw., werden mit Hilfe von Schaufel, Spaten und Harke vorgenommen. Von Zeit zu Zeit ist eine Kontrolle der Wasserfurchen erforderlich, um sie offenzuhalten.

Ortstein

Ortstein ist unter Mitwirkung von Säuren (Eisenverbindungen) entstandener, verkitteter Sand von bräunlicher, harter Beschaffenheit. Er bildet sich bei Sauerstoffmangel in einer von bestimmten Kältegraden nicht mehr berührten Tiefe in Schichten von 13—30 cm Stärke und zerfällt bei Frost an der Oberfläche. Durch Ortstein wird die Wasserversorgung der Pflanzenwurzeln, die selbst bei geringer Bodenverdichtung in ihrer Entwicklung gehemmt werden, aus den tieferen Bodenschichten unterbunden, was sich besonders in Trockenzeiten sehr nachteilig auswirken kann. Selbst Tiefwurzler vermögen Ortsteinschichten nicht zu durchdringen. Ferner kann der Untergrund nicht genügend Winterfeuchtigkeit aufsaugen, so daß erhebliche Wassermengen wieder verdunsten. Bei anhaltenden Niederschlägen und nach der Schneeschmelze bleibt das Wasser länger auf dem ebenen Acker stehen, da es ja nicht abziehen kann. Auch Beinigkeit der Rüben wird durch Ortsteinbildung begünstigt. Die Beseitigung derartiger Schichten erfolgt, je nach Mächtigkeit, durch Tiefenlockerung mit Spitzhacke, Kraftgeräte, Sprengung.

g) N i e d e r s c h l ä g e

1 mm Regen = 1 Liter Wasser je Quadratmeter.

Während nur etwa 10—15 Prozent der in Regenform fallenden Niederschläge in den Erdboden eindringen — das übrige verdunstet —, werden vom Schmelzwasser des Schnees etwa 75 Prozent von der Erde aufgenommen. S c h n e e i s t a l s o u m d a s F ü n f f a c h e w e r t v o l l e r f ü r A c k e r b ö d e n a l s R e g e n. Der Tau macht 10—15

Prozent der jährlichen Niederschlagsmengen aus. Auf sandigen Böden kann die Taubildung mengenmäßig aber bis 75% der Jahresniederschläge betragen! Reichlicher Tau ist für den Pflanzenbestand oftmals mehr wert als vorübergehender Strichregen.

Drainage

Vorteile der Drainage: Der Boden trocknet schneller ab, erwärmt sich eher und durchlüftet besser. Dadurch frühere Saat und günstigeres Pflanzenwachstum. Das Wasser wird nicht durch die Wände, sondern durch die Stoßfugen der Drainrohre aufgenommen.

Saugstränge (Durchmesser etwa 5 cm) sollen, je nach Bodenart, eine Tiefe von 80—130 cm sowie eine Entfernung von 10 m (Tonboden) bis 20 m (lehmiger Sand) haben. Außerdem müssen sie quer zum Gefälle des Geländes liegen, damit die wasserführenden Adern geschnitten werden und das Wasser in den Gräben bzw. Drains abgeführt wird. Zur Erhöhung der Wirksamkeit sind Drainrohre auf schweren Böden mit feinem Schotter, Feldlesesteinen, Kies oder aschefreier Schlacke zu überdecken. Dann dringen auch Sand und Schlamm nicht so schnell ein.

In unmittelbarer Nähe von Drains keine Bäume und Sträucher dulden (hineinwachsende Wurzeln!). Ausmündungen der Sammeldrains (Durchmesser etwa 8—16 cm) in Graben mit Schutzgitter oder Klappe gegen Eindringen von Fröschen usw. versehen. Ferner mit einigen Steinen umpflastern (gegen Zuwachsen) und zum besseren Auffinden mit hochstehendem Stein oder kräftigem Pfahl kennzeichnen.

Ursachen verstopfter Drainagen: Schlamm- oder Sandablagerung, Wurzelzopf in der Nähe befindlicher Bäume, Sträucher oder tiefwurzelnder Pflanzen (Unkräuter). Auf frisch drainierten Flächen keine Tiefwurzler (Zuckerrüben, Luzerne usw.) anbauen. Der Boden muß sich erst setzen. Instandsetzungsarbeiten im Frühjahr vornehmen. Dann sind die später abtrocknenden schadhaften Stellen besser zu erkennen. — Lebensdauer einer Drainage: 40—50 Jahre.

Beregnung (Bilder bei S. 577)

In Trockengebieten, bei niedrigem Grundwasserstand sowie in niederschlagsarmen Jahren ist Beregnung, besonders auf leichteren Böden, sehr vorteilhaft. Sie erfolgt durch Motor-Pumpen unter Verwendung von Rohrleitungen und entsprechenden Regnern (Düsen). Die Entwicklung der Beregnungstechnik führte von der Starkberegnung zur Schwachberegnung (Langsamberegnung). Die Verwendung von Schwachregnern bringt arbeitswirtschaftliche Vorteile, weil Regner während der Nacht keine Umsetzung erfordern. (3,5 mm Niederschlagsdichte × 8 Stunden = 28 mm.)

Beregnung erfordert erhöhte Nährstoffzufuhr, bewirkt aber bedeutende Ertragssteigerung. Durchschnittliche Mehrerträge: Getreide 20%, Obst 30%, Kartoffeln 35%, Futterrüben 40%, Zuckerrüben 45%, Gemüse 50%, Luzerne 100%, Dauerweide 100%. Besonders lohnend ist Beregnung von Milchviehweiden mit reichlichem Kleebestand (Verbesserung der Roheinnahmen um 300—400 DM/ha) sowie von Zwischenfrüchten. Ferner Frühkartoffeln, Frühgemüse und Feldfutter. Je leichter und durchlässiger der Boden, desto größer der zu erwartende Erfolg. Sandige Lehmböden und lehmige Sandböden lohnen Beregnung am besten.

Getreide zur Vermeidung der Lagergefahr nicht zu dicht aussäen. — Nur bei genügender Boden- und Luftwärme beregnen, bei mindestens 16° C Lufttemperatur, damit sich das aus dem Untergrund entnommene Wasser beim Verregnen erwärmt, sonst leidet Pflanzenwachstum (Kälteschock).

Vorteilhaft ist die Beregnung zwischen 16 und 22 Uhr oder bei bedecktem Himmel, am günstigsten während der Nachtstunden (Sonnenuntergang bis Sonnenaufgang — geringe Wasserverdunstung wegen niedriger Luft- und Bodentemperatur, gute Wasserverteilung infolge geringer Luftbewegung, billiger Nachtstrom). — Künstlich beregnetes Wasser verdunstet etwa 3½—4mal so rasch aus dem Boden wie natürlicher Regen, da dieser bei starker Luftfeuchtigkeit fällt.

Beregnungstabelle (nach Prof. Brouwer)

Kultur	Zeitraum für eine wirtschaftliche Beregnung	Bemerkungen 1 Regengabe = 20 mm
Hafer, Sommergerste	Anfang Mai — Mitte Juni	1 Gabe ca. 3 Wochen nach Aufgang bei warmem Wetter, 1—2 Gaben während des Schossens
Kleegras	Anfang Mai — Mitte August	1—2 Gaben zum 1. Schnitt, Mitte Mai beginnend
Luzerne		1—2 Gaben zum 1. Schnitt, wenn Temperatur 15 °C erreicht hat, etwa 3 Wochen vor der Heumahd beginnend
Wiese	Mitte Mai — Mitte Juni	1—2 Gaben ca. 3 Wochen vor der Mahd des 1. Schnittes beginnend, Mindesttemperatur 17 °C.
	Anfang Juli — Ende Juli	1—3 Gaben etwa 14 Tage nach der Heumahd beginnend
Weide (5 Weideperioden)	Mitte Mai — Mitte September	4—8 Gaben etwa 2—3 Wochen nach dem 1. Abweiden beginnend
Erbsen, Ackerbohnen	Anfang Juni — Ende Juni	1—3 Gaben bei Blüte beginnend
Spinat, Senf		1—3 Gaben während der Blütezeit
Frühkartoffel	Mitte Juni — Mitte Juli	1—3 Gaben bei Blüte bzw. Knollenansatz beginnend
Spätkartoffel	Anfang Juli — Mitte August	2—4 Gaben bei Blüte bzw. Knollenansatz beginnend
Futter- und Zuckerrüben	Mitte Juni — Ende August	2—4 Gaben nach frühestens 80tägigem Wachstum beginnend (nach dem Vereinzeln)
Weißkohl, Rotkohl, Wirsing		2—4 Gaben ab Mitte Juli

Jede Regengabe soll im Sommer 20 bis höchstens 30 mm stark sein. Roggen in Kniehöhe, kurz vor dem Schossen und wenn möglich nach der Blüte beregnen. Zuckerrüben erhalten etwa 120 mm (am wirtschaftlichsten) in vier Gaben, nach dem Vereinzeln beginnend, bis Ende August / Anfang September, je nach Witterung. Grünland hat 2—3fachen Wasserbedarf gegenüber Getreide. Nach der Grummeternte Beregnung einstellen. Unmittelbar nach dem Abweiden nicht beregnen. — Beregnung von Obstbäumen erfolgt mit Beginn der Blüte. — Vorteilhaft ist Verregnung von verdünnter Jauche.

Sehr wirtschaftlich ist Frostschutzberegnung von Frühkartoffeln, Gemüse, Obst und Reben (bis zu —7 °C wirksam). Das gefrierende Wasser umschließt die frostempfindlichen Teile wie Blüten, Knospen und Triebe mit einer Eishülle, in der die Temperatur durch die beim Gefrieren freiwerdende Erstarrungswärme nicht unter —0,5 °C absinkt. Für sicheren Frostschutz einer Fläche von 1 ha genügen etwa 20—30 cbm Wasser in der Stunde. Zweckmäßig ist Verwendung von Schwachregner (geringe Regendichte). Beginn der Beregnung vor Einsetzen des Nachtfrostes, wenn Lufttemperatur in Höhe der zu schützenden Pflanzen 0° C erreicht. Ende der Beregnung erst, wenn Eis von Pflanzenteilen abtaut und abbröckelt.

II.

Die Fruchtfolge

Die Nutzpflanzen bringen auf die Dauer nur dann Höchsterträge, wenn sie im Wechsel miteinander angebaut werden, und zwar liegen die Flächenerträge um so höher, je weniger oft dieselbe Fruchtart auf dem gleichen Ackerstück erscheint.

Der Vorfruchtwert ist die Summe mehrerer Eigenschaften einer Pflanze, so vor allem der Bodenbeschattung, des Wasser- und Nährstoffentzuges, der Stickstoffsammlung, des Ertrages an Wurzelmasse und des Durchwurzelungsvermögens der verschiedenen Bodenschichten.

Im allgemeinen wird sich die Gestaltung der Fruchtfolge weitgehend nach der Zahl der vorhandenen Ackerschläge richten.

Fruchtfolge planung

Bei Beurteilung und Aufstellung einer Fruchtfolge sind folgende Gesichtspunkte zu berücksichtigen:

1. Der Grundfutterbedarf (Saft- und Rauhfutter) muß unter Berücksichtigung des vorhandenen natürlichen Grünlandes voll gedeckt werden.
2. Streustroh muß, insbesondere in bäuerlichen Wirtschaften, ausreichend zur Verfügung stehen.
3. Arbeitsbesatz berücksichtigen (Leute und Zugkräfte). Arbeitsspitzen nach Möglichkeit vermeiden. Bestellungs- und Erntearbeiten müssen mit den verfügbaren Arbeitskräften ordnungsgemäß durchgeführt werden können.
4. Der Anbau von unsicheren Früchten ist zu vermeiden oder doch einzuschränken.
5. Auf Vorfrüchte, die einen hohen Wasserverbrauch haben, sollen Früchte folgen, die wenigstens in ihrer Jugendentwicklung keine zu hohen Wasseransprüche stellen.
6. Auf den Wechsel von bodenverbessernden (Blattfrüchte) und bodenverschlechternden (Halmfrüchte) Pflanzen achten.

Zu den Blattfrüchten rechnen: Hackfrüchte, Hülsenfrüchte, Futterpflanzen, Ölfrüchte, Faserpflanzen. Zu den Halmfrüchten: sämtliches Getreide.

Etwa 50% der Ackerfläche müssen mit guter Vorfrucht bestanden sein. (Hackfrüchte, Klee, Leguminosen, Raps, Flachs, Hanf.) Getreide möglichst nicht zweimal hintereinander stellen. Nach Hackfrucht wächst das beste Getreide mit geringsten Kosten! Getreide bestockt sich nach Blattfrucht stärker als nach Getreide. Nach Roemer bringt Getreide nach Getreide gegenüber Getreide nach Hackfrucht oder Leguminosen im Durchschnitt einen Minderertrag von 15—20%. Daher sollte der Getreidebau möglichst auf 50% der Ackerfläche beschränkt bleiben. Korn- und Stroherträge werden bei guten Vorfrüchten dann um ein Wesentliches über den bisherigen Ernten liegen und den Flächenausfall wieder wettmachen.*

* Nach Berechnungen von R. Hoffmann muß bei 0,6 — 1 Stück Großvieh / ha fast die Hälfte des Ackerlandes mit Getreide bestellt werden, um die für die Humuswirtschaft des Betriebes erforderliche Strohmenge zu erzeugen.

Zu erstrebendes Anbauverhältnis (nach Roemer) in % Ackerland: **Anbauverhältnis**

Getreide	50	(2/3 Winterung, 1/3 Sommerung)
Ölfrucht	3—4	(85% Winterölfrucht)
Hackfrucht	25—30	(20% Kartoffeln und Gemüse, 5% Zuckerrüben, 5% Futterrüben)
Hülsenfrüchte	4—5	und mehr
Feldfutterbau	10—15	(je nach Grünland-Anteil)

Im Interesse einer ausreichenden Stroherzeugung als Voraussetzung für möglichst hohe Stalldüngererzeugung liegt es, daß wenigstens 25% der Ackerfläche, besser aber 3/5 der gesamten Getreideanbaufläche und darüber mit Winterung bestellt werden (60—66% Winterung und 40 bis 34% Sommerung). Wintergetreide bringt im Durchschnitt 3—4 dz/ha mehr Korn und 10—12 dz/ha mehr Stroh und verunkrautet auch weniger als Sommergetreide.

Der große Wert einer mit Luzerne, Klee, Kleegras oder Gründüngung durchsetzten Fruchtfolge liegt darin, daß

1. diese Pflanzen Luftstickstoff zu binden vermögen und ihn in langsam fließender Form den Nachfrüchten zur Verfügung stellen;

2. diese Pflanzen die physikalischen Eigenschaften des Bodens, insbesondere die Bodengare, günstig beeinflussen und die bakteriellen Vorgänge im Boden zu beleben vermögen und

3. den Boden, besonders bei Kleegras und Luzerne, mit großen Mengen an Nährhumus und Dauerhumus anreichern, welche für die kommenden Pflanzen der Fruchtfolge, insbesondere die humusbedürftigen Hackfrüchte Rüben, Kohl und Kartoffeln von allergrößter Bedeutung sind. Auch Grassamen ist als gute Vorfrucht anzusprechen. Besonders gute Humuslieferanten sind einjähriges Weidelgras, Deutsches Weidelgras und Schafschwingel.

Grundsatz der Fruchtfolge muß sein, möglichst oft, d. h. alle drei Jahre, garemehrende Früchte, die den Boden bald und lange Zeit bedecken, einzuschalten.

Hierzu gehören in erster Linie die den Boden stark beschattenden Blattpflanzen, wie Kartoffeln, Rüben und Hülsenfrüchte, ferner Raps, Lein, Hanf, sofern diese einen lückenlosen Stand aufweisen. Schlechtstehende Hülsenfrüchte z. B. sind dagegen in ihrer Vorfruchtwirkung trotz der stickstoffsammelnden Fähigkeiten geringer zu bewerten als gutstehendes, den Boden ausreichend beschattendes Getreide. Ferner ist die Nachfruchtwirkung der einzelnen Kartoffelsorten je nach ihrer starken oder schwachen Krautentwicklung verschieden.

Stark abgehütete Kleeschläge sind trotz der Stickstoffanreicherung des Bodens infolge der schlechten Beschattung keine guten Vorfrüchte. Deshalb ist auch die Form des zweijährigen Kleeanbaues, abgesehen von Futternotzeiten, grundsätzlich abzulehnen. Denn die Sonnenstrahlen, die ungehindert auf den Boden brennen, zerstören das Bakterienleben bzw. die Gare des Bodens und heben so die gute Vorfruchtwirkung, die dem einjährigen Klee zu eigen ist, völlig wieder auf. Lückigen, vergrasten Kleebeständen folgen am besten Hackfrüchte, insbesondere Kartoffeln.

In ähnlicher Weise wirken sich auch lückenhaft stehende Zwischenfrüchte aus.

Auf gleicher Grundlage beruht schließlich auch die Tatsache, daß die Wirkung der besten Vorfrucht versagt, wenn nach ihrer Aberntung die Stoppel nicht sogleich umgebrochen wird. Nur durch das sofortige Stoppelschälen bleibt die während des Wachstums der Pflanzen erzielte Schattengare erhalten. Dies trifft auch für den Winterzwischenfruchtbau bzw. abgeerntete Grünfutterschläge zu. Auch hier muß der Mähmaschine sofort der Schälpflug folgen.

Vorfruchtwert der Getreidearten

Von den Getreidearten steht hinsichtlich Bodenbeschattung der Hafer mit seinen breiten Blättern an erster Stelle. Gut bestandener Hackfruchthafer hinterläßt einen sauberen, garen Acker und ist daher auch eine gute Vorfrucht für Weizen. In zweiter Linie folgt gutstehender Roggen, während Weizen und insbesondere Sommergerste, die sich infolge ihres geringen Beschattungsvermögens bereits frühzeitig lichtet (der Boden schlägt durch Regen zusammen bzw. verkrustet infolge starker Sonnenbestrahlung), zu den schlechten Vorfrüchten gehören.

Hafer ist also für Roggen eine bessere Vorfrucht als Weizen, so daß z. B. der Fruchtfolge Rüben — Hafer — Roggen bei sicherem Haferboden der Folge Rüben — Weizen — Roggen der Vorzug zu geben ist.

Da ferner, wie schon gesagt, Roggen den Boden meist in einem bedeutend günstigeren Zustand als Weizen hinterläßt, bringen z. B. Zuckerrüben nach Roggen im allgemeinen bessere Erträge als nach Weizen (nach Roemer 10—20% Mehrertrag!).

Auch die Einschaltung des Zwischenfruchtbaues muß in diesem Zusammenhang erwähnt werden. Denn je schneller der Boden nach der Ernte wieder beschattet wird, desto günstiger wirkt sich dies auf die Erhaltung des Bakterienlebens aus.

Zusammenfassend bleibt also festzustellen, daß die Nachfruchtwirkung einer Pflanze weniger von der Nährstoffanreicherung des Bodens bzw. dem Nährstoffentzug beeinflußt wird. Wesentlich für den Garezustand des Ackers ist, abgesehen von einer guten Durchwurzelung des Bodens, die Schattenwirkung einer Pflanze.

Läßt es sich nicht vermeiden, in einem Jahr auf dem gleichen Schlag mehrere Fruchtarten nebeneinander anzubauen (auch infolge wechselnder Bodenverhältnisse), so ist darauf zu achten, daß der Vorfruchtwert dieser Pflanzen etwa gleichwertig ist (z. B. Rüben für besseren, Kartoffeln für leichteren Boden usw.).

Die Fruchtfolge Hackfrucht-Sommerung bringt im Durchschnitt der Jahre bessere Erträge als die Fruchtfolge Hackfrucht-Winterung, da eine zu späte Aussaat von Wintergetreide fast immer mit geringeren Ernten erkauft wird. Bei dem Anbau von Sommergetreide nach Hackfrüchten lassen sich auch allzu große Arbeitsspitzen vermeiden. Die Folge Zuckerrüben — Hafer — Weizen ist also wegen der oftmals verspäteten und schlecht ausgeführten Bestellung (reinschmieren) des Weizens, der Folge Zuckerrüben — Weizen — Hafer vorzuziehen, und kann Weizen, besonders nach üppig gewachsenem Hafer, sehr gute Erträge abwerfen. Auch für Spätkartoffeln mit nachfolgendem Roggen trifft dies zu, wobei zu beachten ist, daß Schwarzwildschäden z. T. vermieden werden, wenn die Kartoffelschläge über Winter unbestellt liegenbleiben.

Da Rüben- und Hafernematoden zwei ganz verschiedene Gattungen sind und sich daher ihre Verbreitung unabhängig voneinander entwikkelt, bestehen gegen die Folge Zuckerrüben — Hafer keine Bedenken.

Weizen nach Raps ist in intensiven Betrieben nach Möglichkeit zu vermeiden, da der früh das Feld räumende Raps, ähnlich der Wintergerste, oft die einzige Möglichkeit eines sicheren Zwischenfruchtbaues, gegebenenfalls mit Gemüse, bietet.

Sommergetreide auf Sommergetreide führt zur Verunkrautung des Bodens, insbesondere mit Hederich und Ackersenf. Läßt es sich nicht umgehen, so ist im 2. Getreidejahr möglichst nur Hafer zu wählen.

Die Fruchtfolge Klee — Hafer — Weizen oder Roggen ist besser als Klee — Weizen bzw. Roggen — Hafer, da der Klee infolge Trockenheit oftmals im Sommer nach dem ersten Schnitt ausbrennt und eine schlechte Gare aufweist, die sich erst über Winter wiederfindet, während Hafer infolge guter Bodenbeschattung eine gute Vorfrucht für die Winterung ist, außerdem der zweite Kleeschnitt verlorengeht. Auch ergeben sich im Herbst vor der Weizen- und Roggenbestellung Arbeitsspitzen. In Trockengebieten ist es allerdings nicht ratsam, dem wasseranspruchsvollen Rot- oder Gelbklee Hafer folgen zu lassen, der von allen Getreidearten das höchste Wasserbedürfnis hat. Hier sind Kartoffeln besser geeignet (auch nach Luzerne in Trockenlagen).

Weizen, Gerste und Hafer sind für Mais gute Nachfrüchte.

Als abbauende Früchte kommen in erster Linie Roggen und Hafer in Frage.

Getreide nach Getreide

Zusammenfassend sei festgestellt, daß ein Nachbau von Getreide nach Getreide wie folgt möglich ist:

1. W. Weizen	2. Hafer	3. Hafer	4. W. Weizen	5. W. Roggen
Hafer	W. Weizen	W. Roggen	W. Roggen	W. Roggen

Ungünstiger, aber ebenfalls noch möglich, sind die Folgen:

1. W. Weizen	2. W. Roggen	3. Hafer
W. Gerste	W. Weizen	W. Gerste

Unterbleiben soll dagegen auf jeden Fall die Folge:

1. S. Gerste	2. W. Gerste	3. S. Gerste	4. W. Roggen
W. Gerste	S. Gerste	W. Weizen	W. Gerste
5. S. Weizen	6. W. Gerste	7. W. Weizen	8. W. Gerste
W. Weizen	W. Weizen	S. Gerste	Hafer

Hülsenfrüchte in der Fruchtfolge

Leguminosen, insbesondere Erbsen, baue man unmittelbar nach einer tiefwurzelnden Hackfrucht, am besten Zuckerrüben, an, da die Erträge der Erbsen, abgesehen von der Unkrautfreiheit des Ackers, mit ihrer Entfernung in der Fruchtfolge vom Hackfruchtschlag fallen. Erbsen nach Zuckerrüben ergeben gegenüber Getreidevorfrucht 12 bis 14% Mehrertrag (ferner geringere Verunkrautung).

Wintergetreide steht am besten nach Drusch- und Futterleguminosen, Ölfrucht und nach Faserpflanzen. Die Leguminosen hinterlassen nicht nur einen mit Stickstoff, sondern vor allen Dingen mit Bakterien angereicherten Boden. Da Rüben und Kartoffeln nur auf den Stickstoff reagieren, Getreide hingegen auch auf die Bakterien, kommt als Nachfrucht für Leguminosen in erster Linie das im Vergleich zu einer Normalernte relativ höhere Erträge versprechende Getreide in Betracht, und zwar ausschließlich Wintergetreide. Abgesehen davon wird der durch die Zersetzung der Wurzelmasse der Leguminosen frei werdende Stickstoff laufend von den Herbstsaaten aufgenommen, kann also über Winter nicht in den Untergrund verlorengehen. Nach Erbsen oder Ackerbohnen z. B. ist also unbedingt eine Winterfrucht anzubauen.

Es beträgt der Stickstoffaufwand bei der Fruchtfolge:

Getreide nach Getreide	=	**100**
Getreide nach Klee	=	75
Getreide nach Raps	=	75
Getreide nach Hackfrucht	=	65
Getreide nach Leguminosen	=	50 !
Rüben nach Getreide	=	**100**
Rüben nach Leguminosen	=	60 !
Kartoffeln nach Getreide	=	**100**
Kartoffeln nach Leguminosen	=	80 !
Raps nach Wintergerste	=	**100**
Raps nach Klee	=	65
Raps nach Leguminosen	=	60 !

Hülsenfrüchte bilden durch den größeren Wurzelanteil auch noch zusätzlich Humusstoffe.

Stickstoffsparende Fruchtfolge	**und nicht**
Rüben	Rüben
Hafer	Bohnen
Bohnen	Weizen
Weizen	Hafer

Die Ackerbohne ist eine ausgezeichnete Vorfrucht für Winterweizen. (Der Stickstoff kann gegebenenfalls ganz eingespart werden.) Allerdings besteht auf den in guter Kultur befindlichen schweren Böden Lagergefahr.

Erbsen sind eine sehr gute Vorfrucht für Raps und Wintergerste. Beste Folge ist z. B. Erbsen — Raps — Wintergerste. Für Winterweizen sind Erbsen vor allem dann gefährlich, wenn die Weizenaussaat früh erfolgt (Fußkrankheit) oder wenn es sich um gute Böden in bestem Kulturzustand handelt (Lagergefahr).

Die Folge Erbsen — Zuckerrüben ist, wenn auch nur bedingt (Vorfruchtvergeudung), nur dann gut zu heißen, wenn nach Erbsen noch eine Zwischenfrucht (Mais, Sonnenblumen, Senf usw.) eingeschaltet wird. Andernfalls geht wertvoller Leguminosenstickstoff in der langen Brachezeit von August bis April des nächsten Jahres, also reichlich 8 Monate, verloren. (Etwa 50%, bei sehr viel Niederschlägen fast aller Stickstoff.) — Erbsen gehören auf trockene (nasse Böden reifeverzögernd), Bohnen auf feuchtere Böden (tiefe Lagen).

Winterraps besitzt gute Wurzelbildung und ruft ausgezeichnete Beschattungsgare hervor. Beste Vorfrucht für Wintergerste. Winterraps kann auf schwerem Boden die Hackfrucht ersetzen. Rapsanbau wirkt arbeitsverteilend und ermöglicht (Gemüse-) Zwischenfruchtbau.

Flachs hinterläßt der Nachfrucht einen besser gedüngten Boden als die meisten anderen landwirtschaftlichen Pflanzen, da die Nährstoffe nach der Blüte wieder in größeren Mengen in den Boden zurückwandern, als sie von der Pflanze aufgenommen wurden.

Zeitlicher Abstand zwischen gleichen Früchten

Zur Verhütung von Krankheiten und Schädlingen sollen auf den gleichen Schlag erst wieder angebaut werden:

Weizen, Gerste, Rübsen, Raps, Senf, Serradella nach 3—4 Jahren,
Weißklee nach 2, Gelb- und Schwedenklee nach . . 3 Jahren,
Rüben, Mais, Hafer (bei letzterem Nematodengefahr) nach 4 Jahren,
Bohnen, Erbsen, Flachs, Inkarnatklee, Rotklee . . nach 6 Jahren,

Luzerne soll solange dem betreffenden Ackerstück fernbleiben, als sie dort gestanden hat (3—4 Jahre).

Nach Rotklee gedeiht Serradella schlecht, was auch umgekehrt der Fall ist. Auch nach Inkarnatklee kommt Rotklee auf schwerem Boden nicht gut fort. Desgleichen sind Leguminosen als Vorfrucht für Rotklee ungeeignet. Nach Erbsen, Wicken, Peluschken, Bohnen und Lupinen ist daher ein Abstand von 4 Jahren einzuhalten.

Zuckerrüben und Raps mit gleichen Nematodenarten dürfen nicht unmittelbar oder im kurzjährigen Abstand bei Einschaltung einer Zwischenfrucht aufeinander folgen.

Lein und Erbsen sind ebenfalls unverträglich miteinander (Schädlingshäufung).

Nach Kartoffeln gedeiht Mohn schlecht (Entwicklungsstörungen). (Siehe Seite 178.)

Mit sich selbst verträglich sind: Roggen, Mais, Kartoffeln, Buschbohnen, Wicken, Hanf, Hirse, Serradella, Tabak. Trotzdem sollen diese wegen Schädlingsbefall nicht zu oft hintereinander angebaut werden. Lupinen, Ackerbohnen, Raps und Kohlrüben gedeihen, auf dem gleichen Feldstück angebaut, oft recht gut, versagen jedoch manchmal gänzlich.

Landsberger Gemenge

Das stark an der Bodenfeuchtigkeit zehrende Landsberger Gemenge ist als Vorfrucht für Hackfrüchte nicht geeignet. Ebenso hinterlassen Wicken- und Inkarnatkleegemische den Boden oftmals in einem schlechteren Garezustand als Futterroggen, Futterraps und Futterrübsen, obwohl letztere Stickstoffzehrer sind. Als Zweitfrucht nach Landsberger Gemenge kommen am besten Futterpflanzen wie Futtermais, Süßlupinen oder Markstammkohl in Frage.

Arbeitswirtschaftliche Überlegungen

Raps, Erbsen usw. mit wesentlich geringeren Zentnererträgen je Flächeneinheit müssen möglichst auf die weit vom Hof entfernten Felder bzw. Außenpläne gebracht werden. Dagegen werden zur Transportersparnis die Massenerträge liefernden Früchte wie Kartoffeln, Rüben, Grünfutter usw. mehr in die Nähe des Hofes gelegt, zumal diese auch die häufigsten Arbeitsgänge bzw. Pflegearbeiten erfordern.

Die Einhaltung einer bestimmten Fruchtfolge ist im allgemeinen einer freien, d. h. beliebigen Fruchtfolge vorzuziehen. Selbstverständlich lassen sich auch bei einer vorher eingeplanten Folge Abänderungen vornehmen, wenn es die Verhältnisse erfordern. Ein Betriebsleiter beweist aber sein Können nicht dadurch, daß er alljährlich einen neuen Anbauplan aufstellt. Es ist vielmehr richtiger, sich auf längere Sicht ein Bild über die Anbaumöglichkeiten der einzelnen Jahre zu verschaffen. Es heißt also auch hier, Vorratswirtschaft zu betreiben.

Fruchtfolge Beispiele

Die verbesserte Dreifelderwirtschaft:

a) Auf leichtem Boden:		b) Auf mittelschwerem Boden:	
Kartoffeln	Lupinen	Hackfrucht	Rotklee
Hafer	Wintergerste	Winterung	Winterung
Roggen	Roggen	Sommerung	Sommerung

Nach Luzerne:

Luzerne	Hafer	Roggen	S.-Gerste oder S.-Weizen
Luzerne	Kartoffeln	Zuckerrüben	Roggen
Luzerne	Weizen		

Für leichte Böden:

a) Hackfrucht (Kartoffeln)
Sommerung (Hafer)
Winterung (Roggen mit Kleegemisch oder Serradellauntersaat)
Hackfrucht (Kartoffeln — Futterrüben)
Winterung (Roggen)
Futterschlag (Gemenge, danach Grünmais)
Getreide 50%, Hackfrucht 33%, Futterbau 17%

b) Kartoffeln
Roggen
Süßlupinen, Grünfutter
Roggen
Kartoffeln
Hafer
Getreide 50%, Hackfrucht 33%, Leguminosen einschl. Futterbau 17%

Für mittlere Böden:

a) Klee
Sommerung
Winterung
Hackfrucht
Sommerung
Hackfrucht, Grünfutter, Sonstiges (Stalldung)
Winterung
Getreide 50%, Hackfrucht 33%, Leguminosen einschl. Futterbau 17%

b) Hackfrucht (Kartoffeln)
Winterung (Weizen)
Sommerung (Hafer)
Hackfrucht (Rüben)
Sommerung (Gerste)
Winterung (Roggen)
Leguminosen (Klee)
Winterung (Gerste und Zwischenfruchtanbau)
Getreide 62%, Hackfrucht 25%, Leguminosen 13%

Für gute Böden:

a) Hackfrucht (Kartoffeln)
Winterung (Weizen)
Hackfrucht (Rüben — Gemüse)
Sommerung (Gerste — Hafer)
Leguminosen (Klee — Erbsen)
Winterung (Roggen — Raps)
Getreide 50%, Hackfrucht 33%, Leguminosen 17%

b) Zuckerrüben
Hülsenfrüchte
Wintergerste / Zw.
Kartoffeln
Winterweizen
Hafer
Getreide 50%, Hackfrucht 33%, Leguminosen 17%

Doppelfruchtwechsel

Eine besondere Form der Fruchtfolge, d. h. zweimal Blattfrucht — zweimal Getreide. Z. B. Kartoffeln — Zuckerrüben — zweimal Getreide: Klee bzw. Luzerne — Kartoffeln oder Zuckerrüben — zweimal Getreide; (Pflück-) Erbsen bzw. Frühkartoffeln — Raps — zweimal Getreide; Zuckerrüben — Erbsen — zweimal Getreide; Körnerlupinen — Kartoffeln — zweimal Getreide; Hanf — Kartoffeln oder Zuckerrüben — zweimal Getreide.

Vorteile des Doppelfruchtwechsels: Arbeitsersparnis, weniger Unkraut und Schädlinge (z. B. Fußkrankheiten), Düngereinsparung. Rüben nach Kartoffeln können ohne Stallmist bleiben, dadurch geringere Gefahr der Beinigkeit (S. 241) und weniger Pflegearbeiten. Bestellung der Sommerung läßt sich infolge größerer Zeitspanne im Gegensatz zur Folge Hackfrucht — Wintergetreide sorgfältiger durchführen. Gute Ertragsmöglichkeit des Getreides nach zweimal Blattfrucht. Um dreimalige Getreidefolge zu vermeiden, soll Doppelfruchtwechsel bei mehr als 60 Prozent Getreideanbau unterbleiben.

III.

Die Düngung

a) Der Stalldung

Allgemeines

Der Wert der wirtschaftseigenen Düngemittel, wie Stalldung, Kompost, Jauche, aber auch Gründüngung, die bestimmten Bodenbakterien zur Nahrung dienen und zu Humus verarbeitet werden, kann nicht hoch genug eingeschätzt werden.

Der Humus hat zwei Hauptaufgaben zu erfüllen:

1. Eine langsam fließende Nährstoffquelle für die Pflanzen zu sein.
2. Verbesserung der physikalischen Eigenschaften des Bodens.

Daher ist die Humusversorgung des Bodens für den Wasserhaushalt, das Bakterienleben, den Garezustand und damit für die Ernährung der Pflanzen von größter Bedeutung. Auf fruchtbarem Boden wachsen fruchtbare Pflanzen, die fruchtbares Vieh erzeugen. Eine geregelte Humuswirtschaft ist somit neben einer ausreichenden Kalkversorgung die Voraussetzung für die Fruchtbarkeit unserer Böden bzw. zur Erzielung hoher Ernten. Ein Boden ist aber fruchtbar, wenn er bei sachgemäßer Pflege und Düngung alljährlich sichere, mittlere bis gute Ernten bringt, deren Erzeugnisse gesund und vollwertig sind.

Selbst geringe Handelsdüngergaben werden in einem mit organischen Stoffen angereicherten Boden zur vollen Wirkung gebracht. (Bei angestellten Versuchen war die Wirkung des Düngerstickstoffes bei Kartoffeln neben Stallmist bis zu 23% höher als ohne diesen. Bei Getreide lag die Leistung des Stickstoffes nach den mit Stallmist gedüngten Hackfrüchten durchschnittlich um 7% höher als nach Getreide.) Daher ist der Gewinnung und Anwendung der Wirtschaftsdünger, welche die Grundlage der gesamten Düngung überhaupt bilden, die größte Aufmerksamkeit zuzuwenden.

Der Stalldung gehört mit zu den wertvollsten wirtschaftseigenen Produktionsmitteln! Trotzdem werden mit keinem Düngemittel so viele Fehler gemacht wie mit dem wirtschaftseigenen Dünger.

Welche Eigenschaften besitzt Stallmist?

Neben der organischen Masse — etwa 30% Dauerhumus und 70% Nährhumus — erhalten die Pflanzen einen Teil aller Nährstoffe, wie Stickstoff, Phosphorsäure, Kali, Kalk und Magnesia durch den Stallmist. Der schwere Boden wird gelockert und der leichte Boden wird bindiger. Von besonderer Bedeutung, namentlich für leichtere Böden, ist eine Erhöhung der wasserfassenden und wasserhaltenden Kraft. Ferner gutes Festhaltevermögen der dem Boden zugeführten Nährstoffe. Die durch die Humusstoffe dunkler gefärbten Böden erwärmen sich schneller als heller gefärbte, die auch schneller abkühlen als dunkel gefärbte Böden. Je mehr der Acker mit gut verrottetem Stalldung und anderen organischen Stoffen angereichert wird, um so wirksamer sind die Handelsdünger.

Sofern nicht ganz besonders günstige Absatzverhältnisse vorliegen, kann Stroh, soweit es nicht zu Futterzwecken benötigt wird, nicht rentabler als zur Einstreu und somit als organische Dungmasse bzw. als Strohdünger (S. 56) für den Acker Verwendung finden!

Zusammensetzung des Stalldüngers

Die Zusammensetzung des Stallmistes ist je nach der Tierart, von der er stammt, verschieden. Auch das Alter und die Haltung der Tiere sowie die Fütterungsart üben einen Einfluß aus, denn „wer gut füttert, der gut düngt", ferner die Einstreu und deren Höhe, die Art der Dungbehandlung und Aufbewahrung. Bei knapper Einstreu wird gegenüber reichlichem Streustroh ein stickstoff- und vor allem phosphorreicher Mist gewonnen. Im allgemeinen ist auch, bedingt durch die eiweißreichere Grünfütterung, der im Sommer gewonnene Mist nährstoffreicher als der im Winter anfallende.

Von dem Gesamtfutter, welches das Vieh verzehrt, scheidet es durchschnittlich 43% im Kot und 6—7% im Harn wieder aus. Etwa 85% des Gehaltes des Futters an Stickstoff und Phosphorsäure sowie 95% des Gehaltes an Kali werden durch den Dung und die Jauche dem Betrieb wieder zugeführt. Je besser also die Fütterung der Tiere ist, desto höhere Mengen an Pflanzennährstoffen erhält der Boden wieder zurück.

Der Stickstoffgehalt ist in erster Linie abhängig von der Eiweißfütterung. Den meisten Stickstoff enthält Schafmist; es folgen Pferdemist, Schweinemist und an letzter Stelle Kuhmist. — Nach von Mitscherlich getroffenen Feststellungen können Kartoffeln und Mais bei einer Düngung mit Schafmist gegenüber einer solchen mit frischem Pferdemist um 100% höhere Erträge bringen, da der sich fortlaufend im Schafmist bildende Salpeterstickstoff den Pflanzen über die ganze Vegetationsperiode verteilt zugeführt wird.

Reihenfolge der Wertigkeit des Rinderdunges:

1. Ausgewachsenes Mastvieh (bei eiweißreicher Fütterung)

2. Arbeitsvieh (reichliche Ausscheidungen von Stickstoff und mineralischen Stoffen)

3. Milchvieh (stärkerer Entzug von Stickstoff und Phosphorsäure durch die Milch)

4. Jungvieh (verwendet die Nährstoffe des Futters fast ganz zum Aufbau des Körpers).

Wichtiger jedoch als die Fütterung und Einstreu für die gesamte Stallmisterzeugung des Betriebes sind die Behandlung und Aufbewahrung des Stalldunges.

Mittlerer Nährstoffgehalt des frischen Stalldüngers der einzelnen Viehgattungen

Nährstoffgehalt

In 1000 kg Stallmist sind enthalten kg:

	Stickstoff (N)	Phosphorsäure (P_2O_5)	Kali (K_2O)	Kalk (CaO)
Rind	4,5	2,5	5,5	4,5
Pferd	5,8	2,8	5,3	3,0
Schaf	8,5	2,5	6,7	3,0
Schwein	4,5	1,9	5,5	0,5
Huhn	17,0	16,0	9,0	20,0

Bei ordnungsmäßiger Stallmist- und Jauchepflege entsprechen die in den Ausscheidungen enthaltenen Nährstoffe je Stück Großvieh und Jahr etwa: 3 dz Stickstoff- (20prozentig), 1,5 dz Phosphat- (16prozentig), 2,5 dz Kali-Dünger (40prozentig). Diese Nährstoffe dürfen aber in ihrer Ausnützung den Mineraldüngern nicht gleichgestellt werden.

Stallmistbewertung nach seinem Nährstoffgehalt (Beinert-Sauerlandt)
(bezogen auf einen Stalldünger mit 25% Trockenmasse)
Auf 1000 kg Stallmist entfallen kg:

Nährstoffgehalt des Mistes	arm	mittel	reich
Stickstoff (N)	0—4	4—6	mehr als 6
Phosphorsäure (P_2O_5)	0—2	2—3	mehr als 3
Kali (K_2O)	0—5	5—8	mehr als 8

(Tiefstallmist enthält bis zu 9 kg Stickstoff auf 100 kg)

Nährstoffzufuhr durch Stalldung

Bei einer mittleren Stallmistgabe von 200 dz/ha (Stapeldung) werden dem Acker an wirksamen Nährstoffen etwa zugeführt:

100 kg Stickstoff (N) (5 dz eines 20%igen Stickstoffdüngers, davon 5 kg als Salpeterstickstoff)
50 kg Phosphorsäure (P_2O_5) (3 dz 16%iger Phosphatdünger)
120 kg Kali (K_2O) (3 dz 40%iger Kalidünger)
100 kg Kalk (CaO) (2 dz kohlensaurer Kalk)

Hiervon werden im ersten Jahr etwa ausgenutzt:

25—30% N = 25—30 kg gegenüber 80% des Handelsstickstoffs
25% P_2O_5 = 12 kg gegenüber 15—30% der Handelsphosphorsäure
50% K_2O = 60 kg etwa das gleiche wie bei Mineralkali
30% CaO = 30 kg

Von dem Stallmist-Stickstoff gehen weitere etwa 25% in den Bodenhumus über und stehen den Pflanzen in späteren Jahren zur Verfügung, während 40—50% durch Auswaschung usw. verlorengehen dürften.

Pferde- und Schafmist sind infolge ihres höheren Stickstoffgehaltes hitzige Dünger. Sie eignen sich daher besonders für schwere, kalte Böden, die sie locker und warm machen. Rinder- und insbesondere Schweinemist sind kalte Dünger (langsamere Zersetzung) und passen besser für leichte Böden.

Streumaterial W i n t e r g e t r e i d e s t r o h besitzt infolge seiner röhrenartigen Beschaffenheit ein gutes Aufsaugvermögen für den tierischen Harn, die Jauche. Durch zwei- bis dreimaliges Zerschneiden des Strohes in 20—30 cm lange Stücke können rund 15% an Streustroh eingespart werden (für stroharme Betriebe besonders wichtig), da hierdurch die Hohlräume zwischen den Halmknoten für das Eindringen des Harns freigelegt werden. Noch vorteilhafter ist die Verwendung von kurzgehäckseltem Stroh (6—7 cm lang, bei Schwemmentmistung etwa 3 cm — S. 54).

Auf jeden Fall nimmt kurzgeschnittenes Stroh die Feuchtigkeit besser auf (bessere Jaucheverteilung und bessere Ausnutzung der an Stroh gebundenen Jauche), auch lassen sich alle Arbeiten, wie Ausmisten, Stapeln, Auf- und Abladen, Ausbreiten und Unterpflügen bei kurzstrohigem Mist leichter durchführen.

T o r f übertrifft die Aufsaugfähigkeit des Strohes um etwa das Drei- bis Vierfache! Infolge der sehr schnellen und vollkommenen Bindung des Harns treten hier gegenüber Stroh und sonstigen Einstreumitteln keine wesentlichen Stickstoffverluste ein (Torf hat die Fähigkeit, Ammoniak festzuhalten). Torf läßt sich gegebenenfalls auch als Zusatz von Streustroh auf dem Langstand zur Bindung der anfallenden Jauche verwenden. Torfmist ist wertvoller als Strohmist infolge seiner größeren organischen Massen und Mengen an Dauerhumus, die er dem Boden zuführt.

K a r t o f f e l k r a u t wird zur Erhöhung der Aufsaugfähigkeit am besten zusammen mit geschnittenem Stroh verwendet. Es ist dabei auf ausreichende feucht-feste Lagerung auf der Dungstätte zu achten, da sonst infolge der Sperrigkeit des Materials zuviel Luft im Stapel bleibt.

S ä g e m e h l hat zwar ein höheres Aufsaugevermögen als Stroh, ist aber im Boden schwer zersetzbar und begünstigt das Auftreten von Drahtwürmern. Wie bei strohigem, d. h. schlecht vergorenem Stallmist, wird der Bodenstickstoff durch die das Holz zersetzenden Bakterien erst festgelegt und geht somit den Pflanzen zunächst verloren. (Siehe S. 50.)

Bei Einstreumangel ist Sägemehl aus Laubholz zu bevorzugen, da solches aus Nadelholz sich wegen seines hohen Gehaltes an Harzen nur sehr langsam — nach jahrelanger Kompostierung — in brauchbare Humusformen umwandelt. Bei starker und alleiniger Verwendung von Nadelholz-Sägemehl können nachteilige Einwirkungen auf Bodenstruktur und -reaktion eintreten. Sägemehl ist sehr stickstoffarm.

Mist aus Sägemehl wird zweckmäßig zur Abdüngung des Grünlandes verwendet. Hier dient er dann mit als Schutz gegen Kälte und Dürre. Am besten ist aber, Sägemehl und Stroh im gleichen Gewichtsverhältnis zusammen einzustreuen und dann unter Zusatz von Erde zu kompostieren.

N a d e l s t r e u ergibt ein hartes Lager für Tiere, hat nur eine geringe Aufnahmefähigkeit für tierische Ausscheidungen (auch schlechtes Bindungsvermögen für gasförmiges Ammoniak) und hält schlecht zusammen (Transportverluste). Der Düngerwert des einen klumpigen, sauren Humus bildenden, langsam verwesenden, kalten Mistes ist gering. Der Harzgehalt der Nadeln hemmt das Bakterienleben im Boden. Der Acker trocknet stärker aus und versauert. Nadelstreu begünstigt ebenfalls das Auftreten von Drahtwürmern.

·äumat" (Lythall) fördert den Dung aus zwei Kotrinnen direkt den Wagen. (2 Werkfotos Lythall, Bad Oldesloe/Holstein)

Der Antrieb für die beiden gemeinsam bewegten Kotrinnengestänge ist unter Flur verlegt und mit Riffelblech abgedeckt.

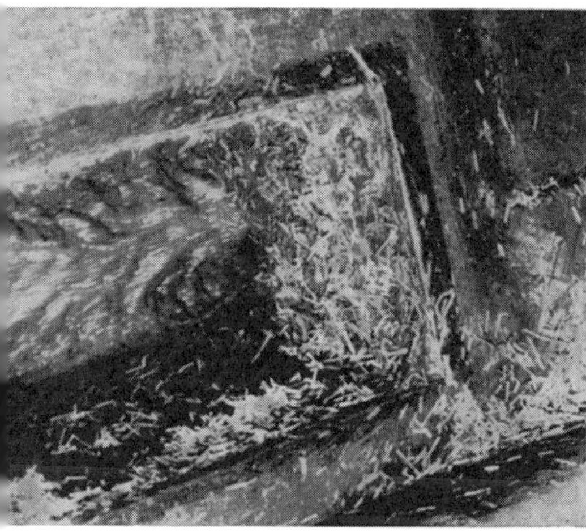

ımentmistung System Schmidt-Eggersglüß. Einwurfschacht Kotplatte. Die spülende Wirkung ist deutlich sichtbar.

Beim Entmisten der Kotplatte. (Fotos Ferd. Schmidt, Deutsche Bihugas-Ges.m.b.H., Verden/Aller)

ıschlossene Mengele-Mist- nit der Stallentmistungs- „Mistraupe", dem stat. ıder „Lade-Trumpf" und talldungstreuer „Doppel- ". (Bild Mengele, ırg/Donau)

Schwemmentmistung „System Hölz" mit Gitterrost

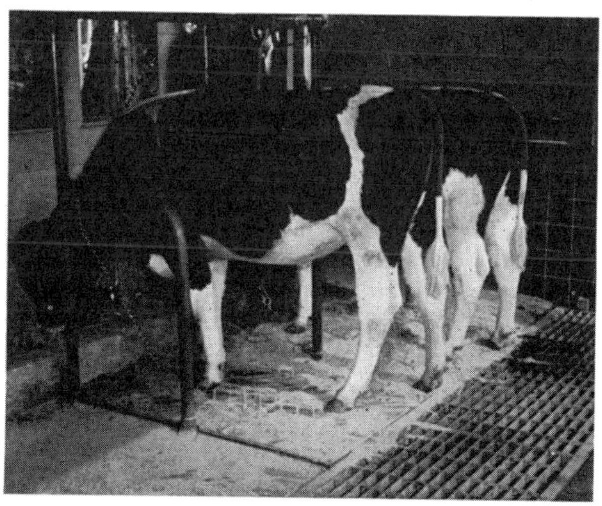

Kalk- und Düngerstreumaschine „Rotina", passend für Stallmiststreuer sämtlicher Fabrikate, zum direkten Anbau an den Stallmiststreuer. (Foto Petzold & Weinert)

Hanomag-Schlepper mit „Alligator-Zange". Beim Anhebe Frontladers greift diese Zange automatisch zu und hä Ladegut fest. Öffnen und Schließen erfolgt automatisch dur Hydraulik beim Anheben und Absetzen des Frontladers

DÜNGUNG II

Zentrifugalstreuer mit zwei sich gegenseitig ausgleichenden Streuscheiben. Fassungsvermögen 350 Liter, Streubreite bis zu 12 m, Flächenleistung bis 5 ha/Std. (S. 79). (Foto Amazonen-Werke)

Schleuderdüngerstreuer „Rotina" mit Bo antrieb (S. 79). (Werkfoto Petzold & Wei

Mahl- und Mischvorrichtung des Mehrsortenstreuers „Spitzenreiter". Düngerklumpen werden beim Streuen zwangsläufig gemahlen, 2–4 Einzeldünger gemischt. Siehe auch Seite 104.

(2 Werkfotos Rausch)

Mehrsortendüngerstreuer „Spitzenreiter" streut stäubt Mineraldünger und Kalk. Fassungsverm 12 bis 15 dz, Streubreite 3–4 m, hohe Flächenleis

Jede Entnahme von Streu, dem Dünger des Waldes, schädigt den Waldbestand. Bäume, die auf Waldboden wachsen, der von jeglicher Waldstreu entblößt ist, haben infolge verringerter Wasser- und Nährstoffzufuhr um 30—50% geringeren Zuwachs und verkrüppeln allmählich. (An Laubhölzern trockene Astspitzen.)

Aus den genannten Gründen sollte Nadelstreu, besonders auf armen Böden, möglichst nicht zur Einstreu herangezogen werden. Geschieht dies doch, ist auf gute Verrottung auf der Dungstätte, die nur sehr langsam vor sich geht (besser ist Kompostierung unter Zusatz von Kalk, Mist und Jauche), zu achten, da andernfalls infolge der langsamen Zersetzungsvorgänge die Gefahr der Vertorfung im Boden besteht. Leichtere Böden vertragen Nadelstreu eher als schwere. Am besten wird Nadelstreumist zu Kartoffeln gegeben, weil durch die wiederholte Bodenbearbeitung bzw. Durchlüftung eine schnellere Zersetzung erfolgt.

100 Teile lufttrockene Streu saugen Gewichtsteile Wasser auf:

		Nährstoffgehalt in Prozent			
		Stickstoff	Phosphorsäure	Kali	Kalk
Winterhalmstroh	220—250	0,6	0,3	1,1	0,3
zerschnitten	250—300	—	—	—	—
gehäckselt	300—350	—	—	—	—
Torfstreu	**700—1000**	0,7	0,1	0,1	0,3
Sägemehl	350—450	0,2	0,1	0,2	0,8
Laubstreu	200—300	0,9	0,3	0,3	1,5
Nadelstreu	150—250	0,8	0,2	0,2	1,2
Moosstreu	250—300	0,1	0,1	0,3	0,3
Kartoffelkraut	200—250	1,3	0,3	2,0	3,7
Erde	55	—	—	—	—

Je Stück Großvieh Rind und Tag

Streustrohbedarf

	(bei ganzjähriger Stallhaltung)	dz/Jahr
Kurzstand	2— 3 kg	7—11
Mittelstand	3— 5 kg	11—18
Langstand	4— 8 kg	15—29
Tiefstall	10—15 kg	36—54

Im Durchschnitt werden je Tag gerechnet:

Milchkuh im Flachstall	5 kg	Arbeitspferd	3 kg
Milchkuh im Tiefstall	12 kg	Schwein	1,5 kg
		Schaf	0,2 kg

Dunganfall

Bei guter Viehwirtschaft und entsprechender Stallmistpflege kann im Großbetrieb mit einer Stalldungproduktion von 125—175 dz je Stück Großvieh gerechnet werden, während im bäuerlichen Betrieb nur etwa 75—100 dz anzunehmen sind. Erwünscht ist ein Mistanfall von etwa 80 dz/ha.

Bei durchschnittlich 5 kg Einstreu fallen täglich je Großvieh Rind etwa 40 kg Frischmist an.

Jährlicher Dunganfall bei den einzelnen Tierarten
je Kopf (bei normaler Einstreu)

Arbeitspferd	60— 80 dz	Schaf	10 dz
Zugochse	80—100 dz	Schwein	15 dz
Mastochse (Stallfutter)	140—160 dz	Gans	11,5 kg
Ochse (Weidegang)	60 dz	Ente	8,5 kg
Kuh (Stallfutter)	110—130 dz	Huhn	5,5 kg
Kuh (Weidegang)	60— 80 dz	Taube	2,5 kg
Jungvieh (Stallfutter)	80 dz		
Jungvieh (Weidegang)	40 dz		

Im Tiefstall kann mit 40—50% höherem Dunganfall gerechnet werden.

Täglicher Kotanfall (je Stück Großvieh)

Rind	20—25 kg	Schaf	10 kg
Pferd	10—15 kg	Schwein	5—15 kg

Stall-entmistung

Siehe Abbildungen neben Seite 48.

Behandlung des Stalldungs

Verluste durch falsche Dung-aufbewahrung

In zahlreichen landwirtschaftlichen Betrieben treten jahraus, jahrein infolge unbedeckter oder nicht sachgemäß gestapelter und im Jauchewasser sitzender Misthaufen unvorstellbare Substanz- und Nährstoffverluste ein. Diese können sich bis auf 70% der organischen Masse und 70% des Stickstoffgehaltes — durch Ammoniakverdunstung und Salpeterzersetzung — belaufen, während die Verluste bei Stapelmist nur etwa 25—35% bzw. 20—25% betragen

Infolgedessen wirkt sich vielfach die auf bäuerlichen Betrieben oftmals sehr starke Viehhaltung mit ihrem erhöhten Dunganfall nicht wesentlich auf die Versorgung des Ackers mit Humusstoffen aus.

Strohiger Dung schadet dem Acker

Wird strohiger, d. h. schlecht verrotteter Stallmist ausgefahren — Stroh enthält viel Kohlehydrate, aber nur wenig Stickstoff (0,6%) — stürzen sich die Rottebakterien des Stallmistes, die zu dessen Zersetzung Stickstoff benötigen, auf den im Boden vorhandenen, leichtlöslichen Stickstoff (besonders wenn vorher oder bald danach Mineraldüngerstickstoff ausgestreut wird), verzehren ihn und machen Bakterieneiweiß daraus. Dieser Stickstoff geht dem Acker also zunächst mehr oder weniger verloren. Erst wenn die Umsetzungen beendet und die Bakterien abgestorben sind, wird wieder Boden-Stickstoff frei. Bei diesen Vorgängen entstehen aber Umsetzungsverluste. Außerdem lockert Stroh den Sandboden zu sehr auf, was sich auf Wasserführung und Bodenschluß ungünstig auswirkt. (Strohdüngung siehe Seite 56.)

Strohiger Dung bringt dem Acker (vor allen Dingen den leichteren Böden) also *keine Vorteile*, sondern greift im Gegenteil zu seiner Umsetzung noch dessen Stickstoffvorrat an, entzieht den Pflanzenwurzeln also wertvolle Nährstoffe! Der Unkrautsamen kommt im strohigen Mist unzerstört in den Boden. Auch werden schädliche Krankheitserreger, wie die der Fußkrankheit des Weizens oder des Maisbrandes, der Kraut- und Knollenfäule der Kartoffeln sowie tierische Schädlinge, wie Nematoden, die Zwiebelfliege usw., durch strohigen Dünger in ihrer Entwicklung wesentlich gefördert. Auf leichten Böden bewirkt eine Düngung mit gut verrottetem Mist das

Zurückgehen der Schwarzbeinigkeit der Kartoffeln. Daher ist nur gut verrotteter Stallmist auszufahren. Feuchtes Stroh nützt dem Acker nichts! (Strohdüngung siehe S. 56.)

Zwischen den Ackerschollen herausragende Strohwische sollten also auf einem Betrieb mit geordneter Humuswirtschaft nicht zu finden sein. Nur zu Leguminosen übt Stroh bzw. Frischdung keinen schädigenden Einfluß aus, so daß z. B. zu Erbsen (wenn überhaupt) oder Bohnen strohiger Dünger noch am ehesten verwendet werden kann, wenn es sich nicht vermeiden läßt.

Grundregeln der Dungbehandlung

Die ordnungsmäßige Aufbewahrung des Stallmistes gehört zu den wichtigsten landwirtschaftlichen Arbeiten überhaupt! Sie ist für die Ertragsgüte des Bodens und somit für den Reinertrag des Betriebes von ausschlaggebender Bedeutung! Eine ungepflegte Miststätte, auf welcher der Dung tagelang unausgebreitet liegen bleibt, und vom Hofe rinnende Jauche zeugen von der Unfähigkeit des Betriebsleiters!

„Zeige mir Deinen Mist, dann sage ich Dir, was für ein Bauer Du bist!“

Eine gänzlich unbearbeitete Düngerstätte sollte es heute jedenfalls nicht mehr geben. Zumindest muß der täglich anfallende Mist sofort eingeebnet und festgetreten werden. Für genügendes Feuchtbleiben des Dunges ist Sorge zu tragen. Einebnen, Festtreten und Feuchthalten sollen zur Entfernung der Luft aus der Dungmasse führen. Bei zu lokkerer Lagerung (zu luftreich) und dem dadurch hervorgerufenen stürmischen Abbau durch die luftliebenden Bakterien erwärmt sich der Mist sehr stark, er verrottet nicht, sondern zersetzt sich und verbrennt. (Dampfende Dunghaufen.) Die Folge davon sind starke Austrocknung und Verluste an Substanz und Ammoniak-Stickstoff, der zum größten Teil in die Luft entweicht. „Was man in der Nase spürt, kommt nicht in den Acker.“

Darum: „Halt' ihn feucht und tritt ihn fest,
Das ist für den Mist das allerbest!“

Stapeldung

In einem fortschrittlichen Betrieb sollte heute aber, sofern keine Tiefställe vorhanden sind, nur noch sachgemäße Stapelung des Stallmistes in Frage kommen. (Mist also nicht über die ganze Dungstätte ausbreiten.)

Die Vorteile des Stapeldunges gegenüber der einfachen Lagerung des Stallmistes auf einem Haufen sind:

1. Erzeugung eines bedeutend humus- und nährstoffreicheren Mistes.
2. Verringerung der Auswaschungsverluste an wichtigen Pflanzennährstoffen im Herbst und Winter.
3. Verringerung der Lagerungsverluste durch Sonne, Wind und Niederschläge. (Auch infolge der wesentlich kleineren Oberfläche des Dunghaufens.)
4. Die zuletzt ausgebrachten Dungschichten brauchen nicht wie bei der sonst üblichen Lagerung in noch unvergorenem Zustand ausgefahren zu werden, sondern bleiben bis zur völligen Reife liegen.
5. Weitgehende Vernichtung der Keimfähigkeit von Unkrautsamen.
6. Abdüngung einer größeren Fläche infolge geringerer Dungverluste und bessere Streubarkeit. (Jährlich $^1/_4$ bis $^1/_3$ mehr.)

Weitere Vorteile sind, daß der Dung in größeren Mengen auf dem Hof gelagert werden kann (bei enger Hoflage besonders wichtig), also eine Vorratswirtschaft möglich ist und somit das Dungfahren nicht zu unpassender Zeit zu erfolgen braucht.

Anlage eines Dunghaufens

Die Dungstätte soll zu allen Ställen möglichst zentral liegen und besonders vom Kuhstall nicht zu weit abgelegen sein. Dungstätten werden zur Vermeidung von zu starker Sonnenbestrahlung am besten an der Nordseite des Stalles, und zwar mindestens 2 m von diesem entfernt oder im Schatten von Bäumen errichtet. Bei der Anlage ist darauf zu achten, daß die Stapel nicht gerade der herrschenden Windrichtung ausgesetzt sind. Die Dungsohle soll eben und undurchlässig sein (Zementbeton, Ziegel- oder Natursteinpflaster) und keinen Zufluß von Regenwasser haben, also nicht tiefer als die Umgebung liegen. Oberflächenwasser ist durch Randmauern oder einen etwa 50 cm breiten und 10 cm hohen gepflasterten Wall bzw. wulstförmige Bodenerhöhung abzuhalten. Dadurch wird auch Abfließen des Sickersaftes verhindert. Bei stärkeren Niederschlägen, besonders im Winter, unter Wasser stehende Dunggruben sind aufzufüllen. In der Mitte der Dungstätte dient eine Grube zum Auffangen der anfallenden Sickerjauche aus dem Miststapel, wozu die Dungstätte ein Gefälle von 5—8% nach der Grube hin erhalten muß.

In regenreichen Gegenden ist Überdachen der Dungstätte zweckmäßig, in trockenen Lagen dagegen nicht, es sei denn, daß der Dünger durch Übergießen mit Wasser genügend feucht gehalten wird.

Herstellung von Stapeldung (Abb. neben S. 64)

In erster Linie ist das sogenannte Kaltgärverfahren zu empfehlen, bei dem sich die Rotte bei niedrigeren Temperaturen zwischen 25 bis 30° C vollzieht. Die Keimfähigkeit der Unkrautsamen wird nach Roemer nicht so sehr durch die Verrottungstemperatur als durch den Druck und die umlaufenden ammoniakhaltigen Säfte zerstört. Für jeden Betrieb sind, je nach Wirtschaftsgröße, 4—6 Stapel erforderlich.

Das Setzen eines Stapels

Sofortige feste und hohe Stapelung (2,5—4 m) auf kleiner Grundfläche (3×3 m oder besser 5×5 m) bei gleichzeitiger Mischung des von Pferden, Kühen, Schweinen und gegebenenfalls auch von Schafen anfallenden Mistes ist eine der wichtigsten Forderungen. Schweinemist ist bei fehlendem Pferdemist besonders gut zu verteilen. Die Außenränder müssen sauber und dicht gesetzt bzw. umgeschlagen und besonders gut festgetreten werden, um Randverluste durch Austrocknen zu verhindern. Beim Setzen der Ränder sind möglichst stroharme, breiig feuchte Mistteile zu verwenden.

In kleinbäuerlichen Betrieben, bis etwa 10 Stück Großvieh, empfiehlt es sich, 3—5 feste, umwandete Stapelboxen aus Beton oder Holz zu bauen (Dunglegen), deren Vorderwand oder auch Seitenwände beim Dungladen abgenommen werden können. Dadurch wird eine Verminderung der der Luft und Witterung ausgesetzten Randfläche, die bei kleinen Stapeln besonders groß ist, erreicht (Bohlen sind Rundholz zur Vermeidung größerer Randverluste vorzuziehen).

Bei Neuanlage eines Dungstapels ist es zweckmäßig, auf der Sohle der Dungstätte eine Schicht eines älteren, bereits tüchtig in Gärung befindlichen Düngers auszubreiten, um so die Kohlensäurebildung schneller einzuleiten, da die bei der Verrottung gebildete Kohlensäure der Ammoniakverflüchtigung entgegenwirkt.

Strohreicher Mist, insbesondere Pferdemist, muß nach Bedarf genügend mit Wasser (notfalls verwässerter Jauche) gleichmäßig angefeuchtet und tüchtig festgetreten werden, um eine zu starke Durchlüftung und Erhitzung (Verbrennen), Austrocknen und Verschimmeln zu verhindern und eine gute und gleichmäßige Vergärung zu erreichen. Der Wassergehalt des Mistes soll 75—80% betragen. Ausreichender Wassergehalt erleichtert auch die Arbeit des Festtretens. Zur Feuchhaltung darf Stalldung — insbesondere flachlagernder — nie mit reiner Jauche besprengt werden (hohe Stickstoffverluste — Ammoniak wird gleichsam abdestilliert und geht in die Luft — auch Festlegung löslichen Stickstoffs als Bakterieneiweiß).

Zum Bewässern keine Jauche!

Kotreicher, schwerer Mist muß gut verschüttelt, darf aber nicht festgetreten werden, um eine genügende Durchlüftung und Vergärung zu ermöglichen.

Speckiger Mist, hervorgerufen durch stauende, überschüssige Jauche, die der Dung nicht mehr aufnehmen kann, läßt sich auf dem Acker nur schwer verteilen, zersetzt sich im Boden nur sehr schwer und vertorft meistens.

Um die Speckbildung der unteren Schichten zu vermeiden, ist der Sickersaft entweder durch Drainrohre, Reisigfaschinen, Stangenbündel oder Holzroste in die Jauchegrube abzuleiten. Daher muß die Dungplatte etwa 5% Gefälle haben. Es genügt auch, in den untersten Schichten sehr strohigen Dünger bzw. möglichst schon in der Verrottung begriffenes Mietenstroh, Kartoffelkraut oder Rapsstroh dazwischenzuschichten. Dies gilt auch für Tiefställe; doch hüte man sich vor Übertreibungen, sonst bleibt der Dung in diesen Schichten zu trocken und wird schimmlig.

Durch das Zwischenschichten von etwa 10—20% lehmiger oder humoser Erde bei der Herstellung von Stapeldung wird nicht nur entweichender Stickstoff aufgefangen, sondern in der Erde selbst wird Phosphorsäure aufgeschlossen, d. h. pflanzenaufnehmbar.

Der fertige Stapel wird zur Vermeidung des Austrocknens der oberen Schichten und zur Verhütung von Stickstoffverlusten mit einer 5—10 cm starken Erdschicht bedeckt. Zumindest ist aber eine Abdeckung mit Brettern, Dachpappe, unbrauchbaren Säcken, Strohballen oder ähnlichem erforderlich.

Nach 8—10wöchiger Lagerung soll der Dung ausgefahren werden. Dann hat er im allgemeinen auch die beste Stickstoffwirkung. Bei längerer Lagerung gehen leicht umsetzbare Stoffe verloren.

Einstreu von Superphosphat (Super-Stallmist)

Morgens und abends pro Großvieh 0,5—1 kg Superph. auf Kotplatte und Jaucherinne streuen. (Ammoniak-Bindung, bessere Stalluft, geringere Fliegenplage). Dann erübrigt sich Phosphorsäure zu Hackfrüchten. (Bei einer Stallmistgabe von 300 dz/ha = 0,5 kg, bei 200 dz/ha = 1 kg.)

Raumbedarf

Für ein Stück Großvieh werden bei ausschließlicher Stallhaltung und 2,5—4 m Stapelhöhe 3—3,5 qm Düngerstätte und 3 cbm Jaucheraum benötigt. (Für 4—6 Monate Jaucheanfall.) Bei Weidegang 2 qm bzw. 2 cbm.

1 cbm Stapelmist wiegt etwa 8—10 dz! Infolge des hohen Feuchtigkeitsgehaltes muß etwa dreimal soviel an Gewicht vom Hof auf den Acker gefahren werden, wie Streustroh vom Acker auf den Hof transportiert wird.

In Ausnahmefällen, d. h. wenn die Dungstätte als Auslauf für die Tiere dienen soll (bei Fehlen jeglicher Grünlandfläche und räumlich begrenzter Hoflage), kann Stapelmist einmal fehl am Platze sein.

Tiefstallmist

Der in Tiefställen gewonnene Mist ist am wertvollsten, denn er hat hohen Stickstoffgehalt, da er gegen Verluste durch Sonne, Wind und Regen geschützt ist und durch den Tritt der Tiere ständig feucht und fest gehalten wird. Versuche ergaben einen Stickstoffverlust von nur 13% gegenüber von 36—37% bei gewöhnlicher Lagerung. Weitere Vorteile sind, daß das tägliche Ausmisten, Dungstapeln und Jauchefahren wegfallen. Das Melken wird auf einem besonderen Melkstand durchgeführt. — Nachteilig für das Vieh wirkt sich die Luftverschlechterung im geschlossenen Stall durch Kohlensäure und Ammoniak aus. Denn der Dung muß im Tiefstall wenigstens 3 Monate lagern, um genügend durchzurotten. Offenstall günstiger (S. 529).

Tieflaufstall

Für Jungvieh (Rinder S. 456/58, Fohlen S. 421), aber auch für Kühe sind daher offene Laufställe anzustreben (7—9 qm Lauffläche je Kuh, ohne Krippe und Futtertisch). Stallhöhe: über Oberkante höchster Miststapel 2,80—3 m. Befestigung des Fußbodens ist bei Einsatz von Schlepper mit Front- oder Hecklader erforderlich. Der Bedarf an Stroh oder sonstigem Streumaterial ist groß und beträgt reichlich das Doppelte wie im Flachstall. Sonst sind die Tiere schwer sauberzuhalten. Allerdings darf auch nicht zu viel eingestreut werden, sonst verrottet der Dung nicht richtig. (10—12 kg pro Tag und Großvieh.)

Schwemmentmistung (Abb. neben S. 48)

Ein arbeitserleichterndes Verfahren der Stallentmistung durch Abschwemmen des Mistes mit Wasser- und Jauchegemisch, flüssige Speicherung in Sammelbehälter oder Dungsilos und Ausbringen durch Tankwagen oder Verregnen.

Arbeitsvorgang

Der unter Verwendung von etwa 3 cm langem Häckselstroh täglich anfallende Frischmist wird mittels Schieber in vorgesehene Einwurföffnungen der etwa 60 cm breiten Kotplatte geschoben. Er fällt in einen darunter befindlichen Abschwemmkanal. Bei der Anlage von Hölz fällt der Dung durch ein hinter dem Stand der Tiere befindliches, 80 cm breites Gitterrost in die darunter liegende Schwemmrinne. Nach Einschalten einer Pumpe fließt aus dem Misch- oder Sammelbehälter Flüssigkeit in den Schwemmkanal und befördert den Dung in den Mischbehälter. Hier sorgt ein elektrisches Rührwerk für Zerkleinerung und Mischung von Kot, Stroh, Jauche, Wasser und verhindert Bildung einer Schwimmdecke der nach oben steigenden leichteren Stroh- und Kotteilchen. Dann wird das Gemisch in (Hoch-) Behälter (Silos) gepumpt — 3—5 cbm/GV — und 2—3 Monate später ausgebracht. Bei arrondierter Feldlage ist Verregnen möglich, besonders zweckmäßig bei Überwindung von Höhenunterschieden (Bergland) oder bei unwegsamem Gelände. Andernfalls Jauchewagen verwenden.

Vorteile

Tägliches Auskarren des Mistes, Dungstapeln, Auf- und Abladen des Mistwagens sowie Dungbreiten fällt fort. Arbeitsersparnis im Kuhstall rund 48 Std/GV und Jahr, einschließlich Laden, Breiten usw. etwa 60 Std. Keine wesentlichen Stickstoffverluste! Keine offene Dungstätte mit der oft lästigen Fliegenplage.

Stallmistkompost (Abb. neben S. 64)

Der Dung wird mittels gummibereifter Karre (oder Stallbahn) aus dem Stall transportiert und an einer Rampe oder Bodenvertiefung mühelos auf den zapfwellengetriebenen Dungstreuer entleert. Außer Stroh lassen sich alle Hofabfälle kompostieren (auch Sägemehl, Hobelspäne, Reisig, alte Säcke usw.). Tiefstallmist ist nicht geeignet. Von 35 GV fällt täglich ein Dungstreuer voll Mist an. Dieser erhält auf dem Feld in Nähe des später abzudüngenden Schlages einen Zusatz von Erde (auch Grabenaushub, Teichschlamm usw.) im Verhältnis 4 Gew.-Teile Mist : 1 Gew.-Teil Erde. Bei einem Fassungsvermögen des Dungstreuers von 2,5—3 cbm Mist werden etwa 40 Schaufeln Erde zugesetzt. (1 cbm Frischmist wiegt rund 3,5 dz.) Durch Beigabe von etwas Stammkompost, der mit Regenwürmern und anderen Kleintieren belebt ist, wird die Umsetzung gefördert. Beim Abladen des auf dem Stand angetriebenen Stalldungstreuers — Dauer 6—7 Minuten — erfolgt gute Vermischung von Mist und Erde mit geringem Arbeitsaufwand. In der Folge wird der Dungstreuer rückwärts durch den Schlepper an die Kompostmiete herangeschoben. Diese soll die Form einer Kartoffelmiete haben (2,00 m breit, 1,20 m hoch). Miete abschließend zum Schutz gegen direkte Sonneneinstrahlung und scharfe Winde ganz leicht mit Kartoffelkraut oder altem Mietenstroh abdecken.

Temperaturen in der Miete, je nach Jahreszeit, in 8—14 Tagen auf 40—60 Grad C ansteigend. Abklingen nach weiteren 14—20 Tagen und Angleichen an Außentemperatur. Reife ohne jede weitere Bearbeitung in 4—6 Monaten, bei sehr kaltem Winter bis 8 Monate. Schwundverlust etwa 50% organische Masse.

Ausbringen: Ähnlich wie Handelsdünger als Kopfdünger für Grünland, Getreide, Zwischenfrüchte u. a. Für Hackfrüchte vor Bestellung flach einarbeiten, niemals einpflügen!

Vorteile

Geringere Nährstoffverluste während der Rotte gegenüber Stapelmist, nach Abschluß der Rotte bedeutend größere Lagerfähigkeit ohne nennenswerten Abbau organischer Stoffe bzw. Stickstoffverluste. Im Boden selbst langsamerer Abbau als Stapel- und Frischmist sowie hohe biologische, physikalische und chemische Wirkung. Daher 10 bis 20% höhere Ertragssteigerung als mit Stapelmist. Bester Ergänzungsdünger für die leicht im Boden an organischen Stoffen abbauende Gründüngung. Da völlig geruchlos, keine Beeinträchtigung der Freßlust der Tiere beim Ausstreuen auf der Weide. Kein Mehraufwand an Handarbeit gegenüber Stapelmist, wenn der Stalldungstreuer, sobald er voll ist, mit dem auf das Feld zur Arbeit fahrenden Schlepper mitgenommen wird. Um unnötiges Hin- und Herfahren zu vermeiden, sollen an allen größeren Schlägen Mistkompostmieten angelegt werden. Es können jährlich größere Flächen abgedüngt werden.

Stallmistvererdung

Dieses Verfahren ist gegenüber einfacher Miststapelung bedeutend vorteilhafter für die Humusversorgung der Böden. Auch gute Verwertung der Jauche. Nachteilig ist der hohe Arbeitsaufwand!

Auf etwa 4 dz Mist kommt 1 dz trockene Erde, die auf den täglichen, 30—35 cm hoch geschichteten Mistanfall gebracht und durch Aufschütteln desselben mit der Dunggabel gut miteinander vermischt, aber nicht festgetreten wird. Sobald der Stapel etwa 2 m hoch ist, wird er schwach mit Erde abgedeckt. Die Temperatur steigt schnell bis auf 60—65 Grad.

Dann wird die Luft aus dem Stapel durch Bejauchen herausgedrückt. Die Jauche wird solange zugesetzt, bis diese anfängt, unten abzutropfen. Stickstoffverluste entstehen, im Gegensatz zu dem Bejauchen gewöhnlicher Stapel, infolge der Erdbeimischungen nicht. Die Temperaturen gehen durch Bejauchen meist auf etwa 35 Grad zurück. Allmählich steigen sie wieder an, und es kann von neuem bejaucht werden. Prozeß wiederholt sich mehrmals (2—3mal), dann kommt Stapel zur Ruhe, und bleibt eine mittlere Temperatur von etwa 35 °C erhalten. Von Zeit zu Zeit kann nachgejaucht werden.

Nach 8—10 Wochen ist die Vererdung abgeschlossen, doch gewinnt Erdmist durch weitere Lagerung an Güte. Umsetzungsverluste entstehen nicht. Der Umfang des Stapels soll nicht über 3 m Breite und etwa 2 m Höhe hinausgehen, damit der Eigendruck nicht zu hoch wird und der Stapel atmen kann. — Die Mistvererdung läßt sich auch auf dem Feld durchführen. Erdmist wird nicht untergepflügt, sondern nur oben aufgebracht (siehe Stallmistkompost). Von großem Vorteil ist, daß der größte Teil der anfallenden Jauche mit Stallmist verarbeitet werden kann.

Strohdüngung

Das Stroh kann nach dem Mähdrescher auf dem Acker liegenbleiben. Dadurch entstehen gegenüber der Strohverwertung über den Stallmist ganz erhebliche arbeitswirtschaftliche Vorteile. Aus diesem Grunde empfiehlt sich die unmittelbare Stroheinbringung in den Boden, wenn die Voraussetzung hierfür — Strohüberschuß, Mähdrusch, geeigneter Boden — gegeben sind.

A r b e i t s v e r f a h r e n: Das Stroh soll nach dem Mähdrusch in zerkleinertem Zustand — gehäckselt oder gerissen — und guter Verteilung auf den Boden gebracht werden. In erster Linie soll Stroh dann auf dem Acker liegenbleiben, wenn Sommergetreide oder Hackfrucht folgen.

Um eine möglichst gute Umwandlung in günstige Humusstoffe zu erreichen und gleichzeitig die Bildung organischer Stickstoffverbindungen zu begünstigen, ist es notwendig, das relativ N-arme Stroh mit mineralischem Stickstoff möglichst mit basischen Eigenschaften, wie z. B. Kalkstickstoff, zu versorgen. Die hierfür notwendigen Reaktionen verlaufen am besten, wenn sich das Stroh bereits in etwas angerottetem und feuchtem Zustand befindet. Außerdem wirkt nach den bisherigen Erfahrungen Kalkstickstoff einer Ausbreitung von Fußkrankheiten entgegen.

Das Stroh kann hinter dem Mähdrescher in zerrissenem Zustand entweder als Strohdecke liegenbleiben oder mit Scheibenegge, Spatenegge, Scheibenschälpflug usw. flach eingemulcht werden. Das Einmulchen empfiehlt sich besonders in trockenen Lagen und bei Verunkrautung.

Kurz vor der Pflugfurche im Spätherbst — bei leichteren Böden auch im Frühjahr — werden auf das verrottete Stroh etwa 2—3 dz/ha Kalkstickstoff (Kalkammonsalpeter, schwefelsaures Ammoniak) gegeben. Je untätiger der Boden, um so mehr N. Bei nachfolgender Winterung sollte das Stroh soweit möglich gleich nach dem Mähdrescher eingemulcht werden, wobei die N-Gabe ebenfalls kurz vor der Pflugfurche erfolgt. Sehr phosphorarme Böden benötigen zusätzlich 1/2—1 dz/ha Phosphordünger. Saure Böden kalken.

Zu empfehlen ist besonders eine Klee- bzw. Kleegras-Untersaat, in die das zerkleinerte Stroh hineinfällt, einwächst und im Schatten des Klee ausgezeichnet verrottet. Hierbei fällt naturgemäß das Einmulchen fort.

Wo die klimatischen Voraussetzungen vorliegen, kann beim Einmulchen z. B. mit Hilfe eines Säkastens auch eine Zwischenfrucht eingesät werden. Die N-Gabe erfolgt hierbei ebenfalls kurz vor der Pflugfurche.

Für Strohdüngung nicht geeignet: Sehr schwere oder sehr leichte, nasse, kalte Böden, sehr trockene sowie höhere Lagen mit kürzerer Vegetationszeit.

Kunstmist (Mehrungsmist) (Abb. neben S. 64)

Das Ausgangsmaterial, wie Stroh usw., muß mit Hilfe von Bakterien einen Gärungs- bzw. Rotteprozeß durchmachen. Hierzu sind Stickstoff und Feuchtigkeit bei Temperaturen von 40—60° C im Stapel erforderlich.

Zu verwendendes Material

Außer Stroh, welches in 1—2mal geschnittenem, zerrissenem oder schon etwas angerottetem Zustand (Kartoffelmietenstroh) schneller verrottet, kommt zur Kunstmistbereitung auch möglichst schon verrottetes Kartoffelkraut, Laub, Spreu und Unkräuter wie Quecken usw. in Frage. Bei Verwendung von Raps-, Mais- und Mohnstroh wird dieses entweder im Freien ebenfalls vorgerottet (einige Zeit vorher auf Haufen setzen und feucht halten) oder aber etwas zerkleinert und im Gemisch mit feinerem Rottegut verarbeitet.

Auswahl des Stapelplatzes

Der Stapel wird an einer schattigen, vor Tageswasser und Wind geschützten Stelle errichtet, und zwar zur Arbeitserleichterung wegen des hohen Wasserverbrauchs möglichst in der Nähe einer Jauchegrube bzw. Wasserentnahmestelle. Das nährstoffreichere Wasser aus Gräben, Teichen usw. ist dem Leitungswasser vorzuziehen.

Breite des Stapels: nicht größer als 6 m, um bei beiderseitiger Anfahrtmöglichkeit das Material nicht zu weit über den Stapel befördern zu müssen.

Ansetzen des Strohhaufens

Zunächst kommt zur Aufnahme des Sickersaftes eine etwa 50 cm hohe Unterlage von Stroh oder besser von Spreu oder Torfmull (letztere besonders dann erforderlich, wenn der Sickersaft nicht gesondert aufgefangen werden kann), dann folgt eine Lage Stallmist, und zwar möglichst Pferdedünger. Dadurch kommt die erforderliche Gärung auch in der kalten Jahreszeit schneller in Gang. Darüber wieder eine Strohschicht von 50—70 cm, die beim Aufbringen ständig mit Jauche zu durchfeuchten und festzutreten ist. In gleicher Weise wird noch zwei- bis dreimal Pferdedünger und Stroh aufgebracht und festgetreten, bis der Haufen etwa 2 m hoch ist (nicht höher, sonst werden die unteren Schichten zu stark zusammengepreßt und die Vergärung kommt nicht in Gang).

Zur Vermeidung von Wärme- und Stickstoffverlusten wird das Ganze mit Stroh oder leichten Brettern abgedeckt. Die Temperatur steigt dann in 3 bis 5 Tagen bis auf 50—55° C. Dann werden nochmals einige mit Jauche durchfeuchtete Schichten aufgebracht und der fertige 3—4 m hohe Haufen mit 20—30 cm Erde, Brettern oder anderem abgedeckt. Auf eine ausreichende Durchfeuchtung der Stapelränder, die vor allem auch genügend festzutreten sind, ist zu achten. Steigt die Temperatur in der ersten Woche über 60° C an (Mietenthermometer verwenden), ist nochmals nachzujauchen und festzutreten.

In größerer Menge auftretende Schimmelpilze sind ein Zeichen dafür, daß das Rottegut zu trocken geworden ist. Dann muß nachgewässert werden. Reichliche Durchfeuchtung des Rottematerials, das sich durch das Dazwischenschichten von etwas Erde verbessern läßt, ist eine der wichtigsten Voraussetzungen für das Gelingen der Kunstmistbereitung. Der Stapel sackt allmählich bis auf 50 bis 60% seiner ursprünglichen Höhe zusammen.

Steht keine Jauche zur Verfügung (300 l/dz, und zwar unverdünnt), werden je dz trockenes Verrottungsmaterial 3—4 kg Kalkstickstoff fein dazwischengestreut (auf 1 qm 1 kg), bei genügender Durchfeuchtung des Strohes mit Wasser (250 bis 300 l) (Gießkanne). Die Stickstoffzugabe in Form von Jauche oder auch Kalkstickstoff dient den Rottebakterien, die die Rohfaser des Strohes zersetzen sollen, neben der Feuchtigkeit als Nahrung zu ihrer Lebensfähigkeit und beschleunigt die Verrottung. Eine Beigabe von etwas Pferdemist in den unteren beiden Strohschichten beschleunigt auch hierbei den Vorgang. Bei feuchtem Material genügt etwa die Hälfte der Flüssigkeit. Der Haufen darf nicht triefen, weil sonst mit dem weglaufenden Wasser auch ein Teil des zugesetzten Kalkstickstoffes mit ausgewaschen würde.

Salpeterhaltige Düngemittel sind nicht geeignet, da sie in Gegenwart unzersetzten Strohes bei Luftabschluß bis zu gasförmigem Stickstoffoxyd abgebaut werden, das in die Luft entweicht. Unzweckmäßig ist auch schwefelsaures Ammoniak wegen seines Säurerestes. Harnstoff verwendbar (1,5 kg/dz).

Nach Fertigstellung von vier übereinanderliegenden Strohlagen von je 50—70 cm Höhe wird nach Zugabe der doppelten Kalkstickstoffmenge nochmals gut durchfeuchtet. Sobald sich diese Schicht auf 50 bis 55° erwärmt hat, wird sie festgetreten und werden wiederum vier Strohlagen in gleicher Weise aufgebracht. Der Vorgang wiederholt sich, bis eine Stapelhöhe von 3—4 m erreicht ist. Die Abdeckung erfolgt, wie bereits bei Verwendung von Jauche angegeben.

Stickstoff- und Wasserbedarf

Für 100 dz trockenes Stroh werden also etwa 3,5 dz Kalkstickstoff und 25 000 l Wasser oder 30 000 l Jauche benötigt. Die daraus gewonnene Menge an Kunstmist beläuft sich auf etwa 250 dz. 1 dz Stroh ergibt also ca. 2,5 dz Kunstmist. Bei 3—4 m Stapelhöhe werden etwa 20 bis 30 qm Stapelraum benötigt. Es empfiehlt sich aber, keine größeren Stapel zu wählen, sondern mehrere kleine à 50 dz Stroh.

Dauer der Rotte

Die Herstellung von Kunstmist erfordert je nach der Jahreszeit etwa 3—4 Monate Verrottungszeit. Sie kann als abgeschlossen gelten, wenn die Temperatur des Haufens der Außentemperatur entspricht. Dann hat der Kunstmist ein stallmistähnliches Aussehen erhalten, ist fast geruchlos, mürbe geworden und daher gut streubar. Unkrautsamen sind infolge der bei der Verrottung entstandenen Wärme und chemischen Umsetzungen nicht mehr keimfähig, auch viele Krankheitserreger werden vernichtet. Bei einer zu lange währenden Verrottung entsteht ein nicht erwünschtes, kompostähnliches Produkt. — Kunstmist ist in erster Linie Humusdünger und nicht Nährstoffträger.

Behandlung von Schafdung

Siehe unter Schafhaltung Seite 576.

Die sorgfältige Pflege bzw. Stapelung des anfallenden Stallmistes genügt allein nicht, um diesen vor Nährstoffverlusten zu bewahren. Von ebenfalls großer Wichtigkeit ist die ordnungsmäßige Unterbringung des vergorenen Mistes in den Acker.

Zeitpunkt des Ausfahrens von Stalldung

Mist soll nur dann ausgefahren werden, wenn die höchste Wirkung zu erwarten ist. Auf mittleren und schweren Böden mit ihrem guten Festhaltvermögen für alle Nährstoffe wird in erster Linie der für Rüben und Frühkartoffeln benötigte Stalldung im Herbst und Vorwinter gegeben. (Zu Rüben gegebenenfalls nach der Getreideernte auf die Stoppel fahren und sofort unterschälen.) Auf leichteren Böden ist er dagegen zwecks Vermeidung von Stickstoffverlusten möglichst nur im Frühjahr (März—April), 15—20 cm tief, auszubringen. (Siehe auch S. 61/62.)

Die geringsten Verluste an dem leicht flüchtigen Stickstoff entstehen dann, wenn beim Dungausfahren kühle, bewölkte bzw. neblige und vor allem windstille Witterung herrscht. Bei anhaltendem Regenwetter soll diese Arbeit zur Vermeidung von Gareschäden dagegen unterbleiben, zumal Dung nach dem Ausbringen zur Erhaltung des Stickstoffes baldmöglichst einzupflügen ist. Düngerfahren auf aufgeweichtem Acker ist eine Bodenmißhandlung!

Das Ausfahren des Stallmistes auf den Acker soll also erst erfolgen, wenn er sofort eingepflügt werden kann! Ist dies nicht möglich, z. B. bei weitentfernten Außenschlägen, muß er, um größere Verluste zu vermeiden, auf oder in der Nähe des zu düngenden Ackers in mit Erde bedeckten Stapeln nochmals gelagert werden. (Dung wieder festtreten, um die infolge neuer Erwärmung entstehenden Verluste an organischer Masse und Stickstoff möglichst niedrig zu halten!) Dies gilt besonders für Dünger aus Tief- oder Laufställen, der infolge vollständiger Harnaufnahme einen hohen Gehalt an flüchtigem Stickstoff aufweist. Die Mietensohle ist zum Aufsaugen der entstehenden Sickersäfte mit Stroh oder ähnlichem abzudecken, um Geilstellen zu vermeiden.

Auch im Winter wird Dung bei Frost am besten auf größere Haufen gefahren, die mit Erde abgedeckt werden. Bleibt er dagegen in kleinen Häufchen abgeschlagen auf dem Acker liegen, entstehen erhebliche Stickstoffverluste. Diese sind zwar bei ausgebreitetem Mist geringer, wesentlich geringer aber nur dann, wenn der Dung durch eine Schneedecke geschützt ist.

Zu beachten bleibt, daß ein mit Stallmist bedeckter Boden im Frühjahr später abtrocknet.

Dungausfahren und -breiten

Auf dem Acker wird der Dung, sofern das Streuen nicht maschinell erfolgt, am besten vom Wagen ausgebreitet bzw. grob ausgestreut und hinterher fein verteilt oder mit dem Dunghaken von den langsam weiterfahrenden Wagen auf Reihen abgezogen und anschließend gebreitet.

Das oftmals noch übliche Abschlagen in kleine Haufen erschwert das Streuen des Dungs (bei etwa ein Drittel geringerer Leistung) und schafft Geilstellen im Pflanzenbestand, wenn der Mist nicht sogleich gebreitet wird. Die größten Verluste entstehen, wenn der Dung tage-

oder gar wochenlang in kleinen Häufchen auf dem Feld liegenbleibt und Regen, Sonne und Wind dadurch viele Angriffsflächen bietet.

Mist muß also nach dem Ausfahren sofort gestreut werden, wobei auf sauberes Dungbreiten ganz besonders zu achten ist! Bei der nächstjährigen Herbstfurche wieder ausgepflügte Dungreste sind ein Zeichen für nicht sorgfältig durchgeführtes Dungbreiten.

Während die Stallmistgewinnung einschließlich Ausfahren und Breiten zur Zeit noch mit etwa 50 Arbeitsstunden je Großvieheinheit belastet ist, lassen sich bei Vollmechanisierung der einzelnen Arbeitsgänge (Entmister, Höhenförderer, Schlepperlader, Dungstreuer) gegenüber reiner Handarbeit, wie sie heute noch überwiegend üblich ist, etwa 50% Arbeitsersparnis erzielen. (Siehe Abb. neben S. 49.)

Stärke der Düngung

Ein Hektar Ackerland mit mehr als etwa 300 dz Stallmist abzudüngen ist unwirtschaftlich. Auf Grünland beträgt die Höchstmenge nur 120 dz. (Auf dem Dauergrünland soll möglichst nur gut vergorener Stallmist von der Düngerstätte, grundsätzlich aber kein Mist aus Tief- oder Laufställen zur Verwendung kommen.) Kleinere Gaben in kürzeren Abständen, d. h. 150 bis 200 dz/ha alle 2—3 Jahre, werden besser ausgenutzt als nur wenige große in längerem Zeitraum. (Dadurch gelingt es auch, jährlich eine größere Fläche abzumisten.) Denn die Humusnachwirkung von Stallmist ist nur gering, so daß bereits im 2. Jahr zumeist nicht mehr viel davon zu spüren ist. Zu starke Dunggaben sind, namentlich auf leichteren Böden, eine Verschwendung und können sich für den Acker schädlich auswirken. (Mehltau, Rostpilze, Fußkrankheiten usw.)

Humose, nährstoffreiche Senken erhalten weniger Dung als etwa vorhandene Kuppen (Erhebungen).

Bei einer guten Gründüngung mit Stickstoffsammlern genügt eine ganz schwache Dungzugabe, die aber auch ganz unterbleiben kann. Allerdings wird die Wirkung der Gründüngung durch eine kleine Prise Stallmist erheblich verbessert.

Zeitpunkt des Einpflügens

Wie schon erwähnt, entstehen bei sofortiger Unterbringung des Stallmistes die geringsten Nährstoffverluste.

Mehrertrag in dz/ha gegen ungedüngt (Roemer-Scheffer):

	sofort eingepflügt	eingepflügt nach 3 Tagen	eingepflügt nach 9 Tagen	über Winter liegen gelassen
Kartoffeln	38,1	29,9	26,7	17,5
Zuckerrüben	48,2	35,5	32,0	27,5

Am ersten Tag nach dem Ausfahren sind die Verluste an Stickstoff und Trockensubstanz am größten! Namentlich bei Tiefstallmist, der infolge reichlicher Harnbeimischung viel leichtflüchtigen Ammoniak-Stickstoff enthält. Daher soll Stallmist stets in langen, schmalen Streifen ausgefahren werden, damit der Pflug sofort folgen kann und nicht abgewartet werden muß, bis der ganze Schlag abgedüngt ist. Dungfahren, Breiten und Einpflügen soll also möglichst noch am gleichen Tag erfolgen, vorausgesetzt, daß der Boden ausreichend trocken ist. Das Pflügen von nassem oder mit Schnee bedecktem Boden (besonders im Nachwinter!) führt zu Gareschäden, muß also auf jeden Fall unterbleiben. Auch nachfolgender Frost vermag hier keinen Ausgleich zu schaffen.

Bei Zeitmangel ist sofortiges Unterschälen anzuraten. Späterhin wird die Saatfurche gegeben. Der Mist kommt dann in eine höhere Lage als beim sofortigen Tiefpflügen. (Siehe auch Seite 34.)

Tiefe der Unterbringung

Stalldung soll flach untergebracht werden, denn er gehört, bildlich gesprochen, in den Mund und nicht in den Magen des Ackers (Vertorfungsgefahr).

1. Auf untätigen Böden 5—10 cm.
2. Bei schweren, schlechtdurchlüfteten bis mittleren Böden 10-15 cm.
3. Auf tätigen Böden 15—20 cm, desgleichen in trockenen Gebieten und auf Sandböden. (Die Bakterien bedürfen für ihre Arbeit einer feuchten Bodenschicht.)

Bei Unterbringung von organischem Dünger muß vermieden werden, ihn auf die Furchensohle zu kippen (also nicht auf die Pflugsohle einlegen, sondern an die Seitenwand der letzten Furche). Es besteht sonst die Gefahr, daß der Dung nicht verwest, sondern vertorft, was in den unteren, von der Luft abgeschlossenen oder kaum berührten Bodenschichten leicht geschehen kann. Dann bildet der Dünger im Boden eine Isolierschicht, die den Wasseraufstieg in die Ackerkrume hemmt. Daher zum Dungeinpflügen keinen Vorschäler oder Einleger verwenden, sonst wird der Dung vergraben. Schlecht eingepflügter Stallmist bildet im Boden auch sogenannte Luftlöcher und beeinträchtigt die Wasserführung erheblich!

Einlegedraht

Bei langem Dünger ist das Anbringen eines 2—3 m langen, etwa 1,5 mm starken Einlegedrahtes zweckmäßig. Der Draht, Koppel- oder Strohballendraht, wird in der Mitte der Vorderkarre angebracht und zwischen Schar und Streichblech außen eingelegt.

Auf mittleren und schweren Böden läßt sich Stallmist auch mit Spatenegge oder Rotorkrümler in die Ackerkrume einarbeiten.

Auf jeden Fall ist größte Sorgfalt beim Ausfahren und Unterbringen des Stalldunges erforderlich, damit die aufgewandte Arbeit und Zeit zur Mistgewinnung bzw. Aufbewahrung nicht nutzlos vertan wurde.

Kalk und Stalldung

Zwecks Vermeidung von Stickstoffverlusten darf Kalk nicht unmittelbar auf den Stalldünger gestreut werden, ist also vor der Mistgabe wenigstens einzueggen, besser aber einzuschälen oder umgekehrt. Ein zeitlicher Abstand zwischen Mist- und Kalkgabe ist dann nicht erforderlich. (Siehe auch S. 98.) Eine Mergelung bzw. Kalkung mit kohlensaurem Kalk führt rasch zum Ziel, wenn man nach einigen Wochen eine Stallmistdüngung folgen läßt. Die sich infolge Zersetzung der organischen Masse nach Stallmist reichlich bildende Kohlensäure bringt den Kalk in Lösung (doppelt kohlensaurer Kalk) und damit zur raschen Wirkung. Das gleiche trifft für Gründüngung zu.

Anwendung des Stalldunges

Stallmist gehört in erster Linie zu Hackfrüchten, die ihn am besten verwerten. Auch auf Grünlandflächen findet er in schwachen Gaben (bis zu 120 dz/ha) mit Erfolg Verwendung.

Stallmist zu Wintergetreide dagegen verhindert ein gutes Absetzen des Bodens und macht ihn zu locker, wodurch erhöhte Gefahr des Ausfrierens besteht. Das Getreide ist also ausschließlich auf die Nachwirkung zu verweisen, welche sich durch periodische Kalkdüngungen noch steigern läßt. Durch sie werden ältere Stickstoffreste im Boden mobil und die Stallmistphosphorsäure zugänglicher gemacht.

Reihenfolge der Anwendung des Stalldüngers

Gemüse, Hackfrüchte (Kartoffeln brauchen dringender Stallmist als Zuckerrüben), Mais, Grünland, Bohnen. Bei den letztgenannten drei Fruchtarten genügt eine schwache Gabe. Von den Leguminosen verwertet die Ackerbohne den Dung am besten, von den Halmfrüchten Hafer, Winterweizen und Wintergerste. Im allgemeinen gehört aber zu Getreide kein Stalldung. (Schlechte Ausnutzung.)

b) Die Jauche

Nährstoffgehalt

Jauche ist ein Stickstoff-Kalidünger. Sie enthält nur sehr wenig Phosphorsäure und Kalk, aber gewisse Wuchs- und Wirkstoffe.

Der Wert der Jauche richtet sich nach der Tiergattung, der Fütterung, der Düngerbehandlung und der Aufbewahrung der Jauche, unterliegt also erheblichen Schwankungen. Schweinejauche z. B. ist sehr stickstoffarm.

Längere Zeit in warmen Ställen stehende Jauche verliert erheblich an Stickstoff, nicht aber an Kali und Phosphorsäure, da diese Stoffe nicht flüchtig sind. Auch größere Mengen wasserreichen Saftfutters, Schlempe und viel Tränke vermindern den Stickstoffgehalt, während eiweißreiches Trockenfutter den Nährstoffgehalt der Jauche erhöht.

Mittlerer Nährstoffgehalt von frischem Harn der einzelnen Viehgattungen (auf 1000 kg berechnet)

	Stickstoff (N)	Phosphorsäure (P_2O_5)	Kali (K_2O)	Kalk (CaO)
	kg	kg	kg	kg
Rind . . .	10	1,0	15	0,4
Pferd . . .	12	0,5	15	1,5
Schaf . . .	15	1,0	18	1,6
Schwein . .	5	0,5	10	0,1
Ziege . . .	19	1,2	5,9	Spuren

Bei eiweißarmer Fütterung fällt der Stickstoffgehalt selbst bei sehr gut konservierter Jauche sehr erheblich. Im allgemeinen besteht nur etwa ein Drittel bis die Hälfte der Jauche aus Harn, da der Sickersaft des auf der Dungstätte lagernden Stallmistes sowie Niederschläge und das Spülwasser aus den Ställen meist mit in die Jauchegrube fließen und somit den Nährstoffgehalt mindern.

Jauchebewertung nach ihrem Nährstoffgehalt (Beinert-Sauerlandt)

kg je cbm

	arm	mittel	reich
organische Masse . .	0—6	6,1—9	mehr als 9
N	0—2	2,1—3	mehr als 3
K_2O	0—4	4,1—8	mehr als 8

Der Jauchestickstoff darf in seiner Wirkung bzw. seinem Wert dem Ammoniakstickstoff gleichgesetzt werden. Er wird von den Pflanzen viel rascher aufgenommen als der im Stalldung enthaltene Stickstoff und wirkt infolge seiner wässerigen Lösung von allen Stickstoffdüngemitteln am raschesten. Der Kaligehalt der Jauche beträgt in der Regel das 2- bis $2^1/_2$fache des Stickstoffgehaltes. Zu empfehlen ist die Anschaffung einer Jauchespindel, mit welcher sich der ungefähre Stickstoffgehalt der Jauche feststellen läßt. Phosphorsäurearme Böden müssen eine zusätzliche Düngung mit Phosphorsäure erhalten!

Täglicher Harnanfall etwa:

Harnanfall

Rind 10—30 kg. (Bei reichlicher Rübenblattfütterung gibt eine Kuh 40—50 kg Harn.)

Pferd 4—5 kg. (Unter Berücksichtigung, daß die Pferde tagsüber meist nicht im Stall sind.) — Schwein 2—6 kg; Schaf 1—1,5 kg.

Im Durchschnitt rund 15 kg, wovon etwa die Hälfte durch die Streu aufgesaugt wird.

Nach längerer Lagerung enthalten 1000 kg Jauche durchschnittlich:

2—4 kg Stickstoff 0,1 kg Phosphorsäure
4—8 kg Kali 0,3 kg Kalk
6—9 kg organische Substanz und etwa 98% Wasser.

Im Sickersaft des Stallmistes sind dagegen nur etwa 1 kg Stickstoff und 4—5 kg Kali enthalten.

Ableitung der Jauche aus dem Stall

Durch Einstreu von Torf in die möglichst 30—35 cm breite und 10 bis 15 cm tiefe Jaucherinne läßt sich die abfließende Jauche binden und somit die Stickstoffverluste auf das geringste Maß herabsetzen! (Torfbedarf je Tier und Tag 1—3 kg.) Andernfalls muß Jauche zur Vermeidung von Stickstoffverlusten (Harnstoff setzt sich an der Luft in kohlensaures Ammoniak um) aus dem Stall sofort in eine dichte Grube geleitet werden. Wichtig sind genügend breite, glatte und dichte Abflußrinnen (nicht Pflastersteine mit großen Fugen, sondern glasierte Klinker, Tonschalen oder solche aus gut geglättetem Beton) oder Rohre vom Stall zur gemauerten bzw. zementierten Jauchegrube mit entsprechendem Gefälle (2—2,5 cm auf 1 m, bei Schweinebuchten 3—5 cm). Diese tragen dazu bei, daß die Jauche schnell abgeleitet wird und so wenig wie möglich mit der Luft in Berührung kommt. Daher soll das Abflußrohr auch möglichst tief unter den Flüssigkeitsspiegel in die Grube eintauchen, um dauerndes Hineinplätschern der Jauche zu verhindern.

Kot- und Strohteilchen gehören nicht in die Jauche. Sie rufen unerwünschte Gärungs- und Zersetzungsvorgänge hervor. Jauche soll keine Vergärung durchmachen. Im Gegensatz zu Stalldung, der zur Verrottung längere Zeit benötigt, hat Jauche ihre beste Wirkung im frischen Zustand. Dann enthält sie zwei- bis viermal soviel Stickstoff als vergorene Jauche. Da die Verwendungsmöglichkeit frischer Jauche aber begrenzt ist, muß diese mehr oder weniger lange aufbewahrt werden.

Jaucheanfall

Jaucheanfall einschließlich Sickersaft und Stall-Spülwasser (etwa $^1/_3$—$^1/_2$ Anteil) je Haupt Großvieh und Jahr 4000—6500 Ltr. (Die höhere Zahl gilt für Rindvieh.) Diese Menge reicht zur Abdüngung von 0,5 ha und entspricht etwa einer Gabe von 1 dz eines 20%igen Stickstoffdüngers.

Jaucheraum

Für 1 Stück Großvieh werden bei ausschließlicher Stallhaltung einschließlich Mistsickersaft und Stallreinigungswasser 3 cbm Jaucheraum benötigt. Dies entspricht einem 4—6monatigen Jaucheanfall. Dadurch ist die Möglichkeit einer sachgemäßen Anwendung der Jauche gegeben.

Zweckmäßig ist die Anlage einer Jauchegrube mit kleiner Oberfläche unmittelbar unter der Dungstätte. Dadurch kann der Sickersaft direkt zufließen, ohne viel mit Luft in Berührung zu kommen.

Richtig ist es allerdings, die Bildung von Sickersaft durch Zuführung von entsprechenden Mengen von aufsaugfähigem Material, wie kurzgeschnittenes Stroh usw., zu dem Dungstapel zu unterbinden.

Für luftdichten Abschluß der Jauchegrube ist unbedingt Sorge zu tragen, da sonst bis zu 75% Stickstoffverluste eintreten können!

Jauche-Konservierungsmittel (Superjauche)

Durch Beigabe von Superphospat (auf 1000 l Jauche 25—30 kg) läßt sich eine gewisse Bindung des Jauchestickstoffs erreichen. Dadurch wird auch die phosphorsäurearme Jauche mit diesem Nährstoff angereichert.

Das Verfahren, die Verdunstung des Ammoniak-Stickstoffes aus der Jauche durch eine 1/2 mm dicke Ölschwimmschicht zu verhindern, ist nicht zweckmäßig. Der Ölgehalt einer so geschützten Jauche wirkt sich nachteilig für Boden und Pflanze aus.

Zeitpunkt der Jaucheausfuhr

Ein Ausbringen der Jauche im Herbst ist, besonders auf den leichten Böden, nicht zu empfehlen, da die Nährstoffe mit Abklingen der Vegetation nicht mehr zur Geltung kommen und bis zum Frühjahr größtenteils ausgewaschen werden. (September bis Anfang März im allgemeinen ungünstig.) Die im Herbst angewandte Jauche hat also stets eine geringere Nährstoffwirkung als die im Frühjahr angewandte.

Auch das Ausfahren der Jauche auf Schnee oder gefrorenen Boden bringt erhebliche Verluste mit sich und ist daher zu vermeiden.

Richtig ist dagegen, die Jauche im Frühjahr vor der Bestellung auf den offenen, aber nicht nassen Boden zu fahren, da die günstigste Wirkungszeit der Jauche im Frühjahr vor Beginn des Pflanzenwachstums ist. Denn die Nährstoffe sind ja bereits in gelöster, also besonders schnell wirkender Form vorhanden. Bei dänischen Versuchen beliefen sich die Mehrerträge bei der Jaucheanwendung im Frühjahr auf 100%, im Sommer auf 25%, im Winter auf gefrorenen Boden auf 50% und auf ungefrorenen Boden auf 67%. Der Zeitpunkt des Ausbringens der Jauche und der Beginn des Pflanzenwachstums sollen also möglichst nahe beieinander liegen.

Man verwende nach Möglichkeit einen Jauchedrill (auch Jauchegrubber), bei welchem die Jauche aus besonderen Scharen herausfließt und wobei fast keine Stickstoffverluste entstehen (Abb. neben S. 128), oder wenigstens tiefliegende Jaucheverteiler. Die meist üblichen Verteilergeräte, wie unterhalb des Spundloches angebrachte Prallbretter und -bleche, sind dagegen völlig ungeeignet (hohe Stickstoffverluste und ungleichmäßige Verteilung). Zu achten ist darauf, daß der Wagen beim Öffnen des Jauchehahnes sofort anfährt.

Eine arbeitswirtschaftlich gute Lösung ist das Verregnen von Jauche im Verhältnis 1 Teil Jauche : 10 Teile Wasser. Hierbei wird Ammoniak an Wasser gebunden, also Stickstoffverluste vermieden.

Zur Vermeidung von Stickstoffverlusten soll Jauche möglichst nur bei windstillen Tagen und bedecktem Himmel ausgefahren werden. Dies ist besonders wichtig, wenn Jauche auf das Grünland gefahren wird, da sie hier nicht durch Einschälen usw. in den Boden gebracht werden kann.

lhaft angelegte Düngerstätte. Der Dünger in zwei Stufen abwärts befördert: aus dem in die Düngerstätte, dann auf das Fahrzeug

ürttemberger Dunglege. Die Bohlen an der rseite sind herausnehmbar. (Siehe S. 52/53)

en: Regenwurmkot und Regenwurm im ompost. – Beladen eines Dungstreuers mit ist und Boden (Gewichtsteile 4:1, Untererde, Grabenaushub u. a.). – Dungstreuer Ansetzen einer Stallmist-Kompostmiete 2 m, Höhe 1,20 m). Abstreuen von ca. Mist und 3,5 dz Erde in rd. 7 Min.

Stallmistkompost: Temperaturen in der Miete, je nach Jahreszeit, in 8–14 Tagen auf 40–60 Grad C ansteigend. Abklingen nach weiteren 14–20 Tagen auf Außentemperatur. Reife (ohne Bearbeitung) in 4–6 Monaten. Vorteile: Keine wesentlichen Verluste nach Abschluß der Rotte in der Miete. Organische Masse baut im Boden langsamer ab als Frisch- und Stapelmist. Förderung der biologischen, chemischen und physikalischen Vorgänge im Boden, daher höhere Düngerwirkung als Stapelmist. Geruchlos, daher keine Beeinträchtigung der Freßlust der Tiere, wenn auf Weiden ausgebracht. Verwendung: Zu allen Kulturen (auch Getreide), möglichst jährlich, auch als Kopfdünger. Niemals einpflügen, nur flach einarbeiten. (3 Fotos: Institut für Humuswirtschaft, Braunschweig-Völkenrode)

Ackerschlepper in Blockbauweise (Schnitt durch Deutz D 25 S)

Vorderachsbock, Motor, Kupplungsgehäuse und Triebwerk unmittelbar miteinander verflanscht. Luftgekühlter DEUTZ Dieselmotor F2L 712 mit Schwungradradialgebläse, Druckumlaufschmierung, DEUTZ-Einspritzpumpe, Wirbelkammer mit Einlochzapfendüse, Einscheibentrockenkupplung im Schwungrad, Ölspülluftfilter, funkensicherer Auspufftopf, Schmier- und Kraftstoffilter. Schaltgetriebe mit 10 Vorwärts- und 2 Rückwärtsgängen. Mähantrieb. Zapfwelle. Ausgleichsgetriebesperre. Einzelradfederung. Lenkbremse. Hydraulischer DEUTZ-Bosch-Block-Kraftheber mit DEUTZ-Transferrer.

Höhe der Jauchegabe

Bei ordnungsmäßiger Gewinnung und Lagerung sowie Ausbringung werden dem Boden bei einer mittleren Jauchegabe von 10 000 Ltr./ha (entspricht 1 mm Regen) also 1—2 dz/ha 20% Stickstoffdünger und 1—2 dz/ha 40% Kali sowie geringe Mengen Phosphorsäure und Kalk zugeführt. Bei schlechten Verteilergeräten werden aber oftmals auch 20 000 Ltr./ha und mehr, vornehmlich zu Futterzwischenfrüchten, ausgefahren. Derartig hohe Gaben sind aber nicht mehr wirtschaftlich. Auch besteht bei den hohen Wassermengen Auswaschungsgefahr.

Unterbringung der Jauche

Jauche ist nach dem Ausfahren durch einen Eggenstrich oder Kultivator — besser noch ist Einschälen bzw. Einpflügen — sogleich unterzubringen, sonst entstehen sofort hohe Stickstoffverluste! Hierauf ist besonders bei warmem, trockenem Wetter zu achten, auch wenn die Jauche nur langsam in den Boden eindringen kann. Daher darf eine Jauchedüngung nicht auf Stoppelfelder, sondern nur auf geschälten oder gepflügten Acker gegeben werden, zumal durch Anhaften der Jauche an der Stoppel große Stickstoffverluste entstehen.

Sehr gut läßt sich Jauche auch in Verbindung mit Kompost verwerten. Die beste Art der Jaucheverwertung ist aber, abgesehen von einer Verregnung, bei der durch Wasserzusatz Verluste vermieden werden, da Ammoniak an Wasser gebunden wird, die der Verarbeitung auf der Düngerstätte bei der Mistvererdung. (Siehe S. 55.) Je weniger die Jauche auf dem Wege vom Stall bis in den Ackerboden mit Luft in Berührung kommt, um so stickstoffhaltiger ist sie.

Das Jauchefaß

Bei sorgfältiger Pflege kann ein Holzfaß (Lärchenholz) jahrzehntelang halten. Jauche wirkt nicht zerstörend auf das Holz, sondern schützt es gegen Fäulnis. Das Faß muß sowohl auf dem Wagen als auch beim Abstellen nach dem Gebrauch auf Lagerkufen ruhen. Diese sollen sich auf die ganze Länge des Fasses erstrecken. Sonst werden die Fässer auf der Erde rissig und faulen von außen. Das trifft auch bei starker Sonnenbestrahlung zu. Reifen (verzinkte) mit nachstellbaren Schraubbändern sichern das Dichthalten der Fässer. (Ovale Form bevorzugen.)

Die Haltbarkeit der Eisenfässer hängt sehr von der Güte der Verzinkung ab, da Jauche das Eisen leicht angreift. Schwachwandige Fässer verbeulen leicht, auch entstehen bei diesen leicht Beschädigungen der Zinkauflage.

Anwendung der Jauche

Jauchestickstoff wird am besten genutzt von: Rüben, Gemüse (Kohlarten), Mohn, Sommer- und Winterraps, Mais, Futterroggen, Futterraps und -rübsen sowie anderen Winterzwischenfrüchten und dem Grünland. Nach Verdünnen der Jauche kann diese auch zu Winterweizen gegeben werden, andernfalls verbrennen die Pflanzen. Zu Kartoffeln keine Jauche verwenden, da der Chloridgehalt der Jauche den Stärkegehalt herabdrückt. Bei Jaucheüberfluß im Vorsommer wird diese am besten auf die abgeerntete Wiese gefahren. Einseitige Anwendung von Jauche zu Grünland fördert aber die Verunkrautung (S. 353)!

In Obstanlagen vermeide man eine zu starke Jauchedüngung, die die Bäume gegen Krankheiten anfällig macht.

Auch die Jauchegrube ist eine Sparbüchse des Betriebes. Gib acht, daß die Jauche nicht zum Hoftor hinausfließt, da dem Betrieb dadurch wertvolle Pflanzennährstoffe verlorengehen.

c) Die Gülle

Als Gülle wird ein in einer Grube gesammeltes Gemisch aus Kot, Harn und geringen Streuteilchen (meist Torf und Sägemehl) unter Zusatz von etwa zwei Drittel Wasser bezeichnet. Gülle ist ein Stickstoff-Kalidünger mit hohem Humusanteil. (Im Sommer mehr Wasserzusatz als im Frühjahr oder Herbst.) In bergigen Gegenden mit meist geringem Strohanfall und den Schwierigkeiten einer Dung- und Jaucheausfuhr wird die Güllebereitung aus anfallendem Kot und Harn der Tiere bevorzugt betrieben. Das Ausbringen erfolgt, nachdem die Gülle eine Gärung durchgemacht hat, über Rohrleitungen unter Ausnutzung des natürlichen Gefälles oder mittels Pumpvorrichtungen (Verschlauchung). Gülle wird vorwiegend auf Grünland angewendet, doch findet sie auch auf dem Acker Verwendung. Je nach Zusammensetzung werden jährlich bei dreimaliger Güllung etwa 100 cbm/ha und mehr ausgebracht (nur bei bedecktem Himmel). Erforderlicher Behälterraum 5—6 cbm je Großvieheinheit.

Durch Zusatz von Superphosphat lassen sich, namentlich bei kotarmer Gülle, erhebliche Mehrerträge erzielen. Entweder in die Kotrinne je Tier und Tag 0,5—1 kg Superphosphat einstreuen oder je cbm vollen Grubenraum 20—30 kg Superphosphat vor dem Verschlauchen in die Gülle einrühren.

Auch Thomasphosphat läßt sich gemeinsam mit der Gülle verschlauchen. Dabei schüttet man nach Anlauf des Rührwerks 50 kg Thomasphosphat je 5 cbm Dünngülle langsam in die Mischgrube ein. Wird die Thomasphosphatdüngung gesondert ausgebracht, so kann diese kurz vor der Begüllung erfolgen, aber auch unmittelbar danach. Die Stickstoffwirkung der Gülle oder Jauche wird dadurch nicht gemindert. Ähnlich anzuwenden sind Rhenania-Phosphat und Hyperphos. Gülle ist auch kalkarm!

d) Der Kompost

Allgemeines

Der Idealdünger der Sandböden ist der Kompostdünger, der auf diesen, aber auch auf allen anderen Böden, von nachhaltiger und überlegener Wirkung ist. Kompost ist Augenblicks- und Vorratsdünger zugleich, für Wiesen und Weiden gleich gut geeignet. Er ist in erster Linie ein Bodenverbesserungsmittel (Humusdünger), führt dem Boden aber auch Nährstoffe zu, deren Wirkung allerdings im wesentlichen auf das erste Jahr seiner Anwendung beschränkt bleibt. Sein Hauptwert liegt in der Belebung der Bakterienwelt des Bodens. Roemer sagt ganz richtig, daß nicht nur die Pflanze, sondern auch die Bodenlebewesen ernährt werden müssen, wenn die Bodenkultur erhalten bleiben soll.

Die Herstellung von Kompost ist für jeden Betrieb mit natürlichen Grünlandflächen ein unbedingtes Erfordernis. Auf Ackerland sollte Kompost in Anbetracht der Verunkrautungsgefahr dagegen nur beschränkt (bei Stallmistmangel) zur Anwendung kommen. In jedem Betrieb lassen sich erhebliche Kompostmengen gewinnen, die oftmals auf Schuttabladeplätzen und

Müllhaufen verkommen oder verbrannt werden. Wichtig ist, darauf zu achten, daß der Komposthaufen regelmäßig bearbeitet wird; und nicht nur dann, wenn vorhandene Arbeitskräfte nicht anders zu verwenden sind. Die für die Kompostbereitung erforderliche Kleinarbeit macht sich hundertfach bezahlt! Der Komposthaufen ist die Sparbüchse des Landwirts!

In wenig gepflegten Komposthaufen finden sich auch viele schädliche Insektenlarven, wie Engerlinge und Drahtwürmer; am richtig angesetzten und behandelten Haufen dagegen humusbildende Bodenlebewesen, wie Hutpilze, Fadenpilze, Strahlenpilze und insbesondere auch die so überaus nützlichen Regenwürmer, die zur Erhaltung der Bodenfruchtbarkeit wesentlich beitragen. Schon Darwin schrieb einst: „Ohne den unscheinbaren Regenwurm, der nichts von dem Segen ahnt, den er der Menschheit beschert, wären Garten- und Landbau, so wie wir sie kennen, überhaupt nicht möglich." Regenwürmer weisen mithin auf milde und Insektenlarven auf saure Humusverbindungen hin. Die eigentliche Nahrung des Regenwurmes sind die organischen Bestandteile des Bodens, daher hängt sein Auftreten ganz eng mit der Humusversorgung zusammen.

Man rechnet mit einem Auftreten von etwa 400 kg/ha Regenwürmer. Nichts ist törichter, als die Regenwürmer den Hühnern vorzuwerfen. („Erst hundert Regenwürmer geben ein Ei".)

In 100 dz Kompost sind an leichtlöslichen Nährstoffen etwa enthalten:

Nährstoffgehalt

30 kg Stickstoff (1½ dz eines 20%igen Stickstoffdüngers)
20 kg Phosphorsäure (1,2 dz eines 16%igen Phosphatdüngers)
25 kg Kali (65 kg 40% Kali)
375 kg Kalk (7,50 dz kohlensaurer Kalk)

2 dz Kompost entsprechen im Wirkungswert etwa 1 dz verrottetem Stallmist!

Das im Nachfolgenden beschriebene Kompostverfahren stützt sich im wesentlichen auf die von Sir Albert Howard in den Jahren 1924—1931 entwickelte Methode, das sogenannte „Indoreverfahren".*

Von besonderer Wichtigkeit ist:

Anlage eines Kompoststapels

1. Die An- und Abfahrt muß günstig sein.

2. Auf Schutz vor austrocknenden Winden und zu starker Sonnenbestrahlung durch Gebäude — aber möglichst nicht deren Nordseite, die meist zu kalt ist —, Baumgruppen, Hecken usw. achten. (Schattige Bäume lassen die Wärme im Herbst und Frühjahr durch — für Birken und Buchen hat der sehr nützliche Regenwurm eine besondere Vorliebe, er wird durch diese angelockt.)

3. Anlage im Südwest—Nordwest (oder Süd—Nord)-Richtung. Hühner werden durch geeignete Umzäunung ferngehalten.

4. Es sind keine gemauerten oder zementierten Unterlagen zu verwenden, die das Einwandern der Regenwürmer und das Nachobensteigen der Bodenfeuchtigkeit verhindern, sondern der gewachsene Erdboden.

5. Bei Verwendung von viel trockenem Material ist die unmittelbare Nähe einer Jauchegrube oder eines Wasseranschlusses wichtig.

* Es wird auf das im Siebeneicher Verlag erschienene Buch von Sir Albert Howard „Mein landwirtschaftliches Testament" (1948) verwiesen.

Das nährstoffreiche Regenwasser und Wasser aus Gräben, Teichen usw. ist dem Leitungswasser vorzuziehen.

6. Der Komposthaufen ist kein Schuttabladeplatz (Scherben, Blech, Steine usw. sind vorher auszusortieren) und darf auch nicht mit Unkraut bewachsen sein (Nährstoffentzug).

7. Je verschiedenartiger die für den Komposthaufen bestimmten Stoffe sind und je besser diese vor dem Ansetzen zerkleinert und gemischt werden, desto schneller gelingt die Gewinnung hochwertiger Komposterde.

8. Alle anfallenden organischen Stoffe sollen sofort kompostiert werden und nicht lange herumliegen, sonst entstehen durch vorzeitigen Eiweiß- bzw. Ammoniakabbau der Masse große Verluste.

Hauptrohmaterialien:

Rückstände von Feld und Garten, wie Unkräuter, insbesondere Brennesseln, für die der Regenwurm eine Vorliebe zeigt, Quecken, Franzosenkraut, Melde, Vogelmiere usw., Kohlstrünke, Tomatenkraut u. a. Ferner Mais- und Mohnstroh, Dreschabfälle, Kartoffelkraut, Grasnarben, vor allem süßgräser- und kräuterreiche (überflüssige Wälle, Raine, Ödflächen), welche die wichtigsten Ausgangspunkte für milden Dauerhumus sind. Obst- und Weintrester, Woll- und Lederabfälle, Erde von Wegrändern, Mieten und Rübenkellern, Laub (Birken-, Kirsch- und Buchenblätter bevorzugt der Regenwurm), Graben- und Teichaushub, Schlamm, Seeschlick, Hof- und Straßenkehricht, Bauschutt (Trümmerkalk), Schlachtabfälle, gemahlene Knochen, verdorbene Nahrungs- und Futtermittel, Geflügelmist, menschliche Fäkalien (ein erwachsener Mensch liefert jährlich etwa 5 dz), Jauche usw. Durch Zugabe geringer Mengen Rindviehdünger — für Kuhmist (karotinreich) hat der Regenwurm eine besondere Vorliebe, weniger für Pferdedünger —, lassen sich die Umsetzungen im Komposthaufen wesentlich beschleunigen. Für den Kompost zu verwenden sind auch Ofenruß, Holz- und Braunkohlenasche, Steinkohlen- und Koksasche; letztere kann bis zu 15% dem Kompost zugesetzt werden.

Nährstoffgehalt der Asche

	Phosphorsäure	Kali	Kalk	organische Substanz
Laubholzasche	3,5%	10 %	30 %	5%
Nadelholzasche	2,5%	6 %	35 %	5%
Braunkohlenasche	0,6%	0,7%	16 %	
Brikettasche	0,6%	0,7%	16 %	
Steinkohlenasche	0,5%	0,1%	3,5%	
Ofenruß	0,4%	1,2%	7,0%	1,8% N

Braunkohlen- und Brikettasche enthält ferner Spurenelemente und reichlich Bor (Bekämpfung der Herz- und Trockenfäule der Rüben, auch Mittel gegen Kohlhernie). Brikettasche soll vor ihrer Verwendung erst im Freien ablagern. Steinkohlen- und Koksasche ist auf schweren, bindigen Boden von großer Wichtigkeit, denn sie lüftet den Boden. Auch diese Asche muß vor ihrer Verwendung erst der Witterung ausgesetzt sein, damit die Schwefelsäure verflüchtet, die sehr stark wasserlöslich ist. Holzasche macht leichten Boden wasserhaltender und bindiger, verkleistert aber schweren Boden bei reinen Gaben.

Nicht geeignet sind dagegen: Alle schwer zersetzbaren Stoffe, wie Holz, Zweige, Nadelstreu (Kiefern- und Fichtennadeln werden vom Regenwurm gemieden), Papier, Knochen, Seifenwasser u. ä.

Höhe und Breite des Stapels

Ansetzen eines Stapels

Form und Größe des Stapels: Langgestreckt mietenartig; unten etwa 1,5—2 m, oben 0,75—1 m breit, Höhe 1 m. Kleinere Haufen sind infolge besserer Luftzufuhr und dadurch schnellerer Zersetzung eher verwendungsfähig. Die Länge kann, je nach dem Anfall von Material, beliebig sein, wobei das Ansetzen in Abschnitten von jeweils 1,50 m erfolgt. Da kleinere Haufen leichter austrocknen, ist ein Bepflanzen oder Abdecken, wie weiter unten beschrieben, sehr anzuraten.

Umpflügen statt Umsetzen

Das Umpflügen breiter, ganz flacher, 40—50 cm hoher Komposthaufen auf zwei Furchen tief kann nur als Notbehelf angesehen werden, erfordert aber wenig Handarbeit. Der Haufen darf nur so hoch sein, daß durch das Pflügen auch die unteren Schichten erfaßt werden.

Kalk- und Jauchebeigabe

Zur unteren guten Durchlüftung des Komposthaufens empfiehlt es sich, mit Hilfe von zwei Brettern einen unten offenen Winkelkasten herzustellen, wie er gelegentlich zur Lüftung von Kartoffelmieten Verwendung findet. Auch eine Unterlage von Reisig und Astabfällen dient zur besseren Durchlüftung des Haufens. Ferner kann eine etwa 20 cm starke, gut aufsaugfähige Schicht von Torf oder Spreu Verwendung finden. Auf diese wird das Material (20—25 cm) schichtweise mit Erde (4—5 cm) unter wechselnder Zugabe von 5—10 kg/cbm Branntkalk bzw. 10—20 kg kohlensaurem Kalk und Wasser oder besser noch Jauche, möglichst locker aufgesetzt. Kalk fördert die Zersetzung und stumpft Säuren ab, die sich bei den Umsetzungen bilden. Damit der Humusabbau nicht zu rasch vor sich geht, dürfen die angeführten Kalkmengen nicht überschritten werden. Kalk und Jauche getrennt nach Zwischenschichtung von etwas Erde aufbringen, damit keine Stickstoffverluste entstehen. Jauche fördert den Reifeprozeß.

Besonders trockene Stoffe sind gut anzufeuchten. Der Kompost darf aber nicht so feucht sein, daß er an den Geräten klebt, sondern muß eine gute, krümelige Struktur aufweisen. Gestank und Fliegen sind das Zeichen einer zu reichlichen Wasserzugabe. Im Spätherbst und Winter ist das anfallende Material meist feucht genug. Auch grüne Pflanzenteile, z. B. Unkraut, können ohne Wasserzugabe kompostiert werden. Tritt dagegen beim starken Zusammendrücken einer Handvoll Komposterde kein Wasser hervor, mangelt es an Feuchtigkeit, was eine starke Entwicklung von Schimmelpilzen zur Folge hat.

Die Beimengung von etwas altem, reifem Kompost oder gut verrottetem Stalldung (Kuhmist ist Regenwurmnahrung) zur Impfung ist sehr vorteilhaft. Auch gute Muttererde läßt sich mit Erfolg verwenden und fördert die Verrottung, wie es überhaupt von großem Wert ist, daß dem Kompostmaterial genügend Boden beigemischt wird, und zwar bei sandigem Boden möglichst kalkhaltiger Ton oder Lehm, die vom Regenwurm bevorzugten Bodenarten. Wichtig ist, daß die Erde durch Aufschütteln des Materials zum größten Teil zwischen die kompostierten Massen gelangt, damit die Lüftung nicht beeinträchtigt wird.

Kompost locker ansetzen

Kompost besteht nur zu $1/4$ bis $1/3$ aus Wasser, während Stalldung etwa $3/4$ seines Gewichtes an Wasser enthält. Kompost neigt daher infolge seiner erdigen Beschaffenheit zu einer festen Lagerung, welche eine schnelle Zersetzung der in ihm enthaltenen Stoffe infolge Luftabschluß verhindert. Dadurch wird die Entwicklung luftscheuender, schädlicher Kleinlebewesen gefördert; der Kompost versauert und verfault, er wird unbrauchbar. (Die Kompostbereitung ist keine Einsäuerung.) Kompost darf daher im Gegensatz zu Stalldung nicht festgetreten werden, sondern ist möglichst locker zu lagern, damit die nützlichen, luftliebenden Kleinlebewesen die erforderliche Umsetzung (Verwesung) der Kompostmassen bewirken.

Im Winter sind dem Kompost keine gefrorenen Substanzen dazwischen zu mischen, da diese dem Haufen zuviel Wärme entziehen, wodurch die Kleinlebewesen in ihrer Entwicklung gehemmt werden.

Lüftungskanäle

Auf jeden Fall ist die Anlage von Lüftungskanälen erforderlich, da Luft gärende Massen nur etwa 50 cm tief durchdringt. Zu diesem Zweck werden von der Kronenfläche bis zum Haufengrund mit Hilfe einer etwa 2 m langen Brechstange ungefähr 1 m im Verband auf Lücke entsprechende Luftlöcher gestoßen. Man stellt sich am besten auf ein 4 bis 5 m langes und etwa 30 cm breites Brett, welches auf der Krone des Haufens liegt, und stößt dann je eine 10 cm vom Brettrand entfernte Reihe von Luftschächten mit 1 m Abstand auf jeder Brettseite in den Haufen.

Nach außen wird der Komposthaufen zur besseren Verrottung der Randschichten mit einem etwa 5 cm dicken Erdmantel versehen, der auch nach jedesmaligem Umsetzen wieder anzulegen ist. Auf diese Erdschicht kommt dann Laub, Stroh usw., wie weiter unten beschrieben.

Bepflanzen bzw. Abdecken des Komposthaufens

Um ein Austrocknen zu vermeiden (der Regenwurm ist auch gegen Wind sehr empfindlich) und den Unkrautwuchs zu unterdrücken, dessen Wurzeln der kompostierten Masse Wasser und Sauerstoff entziehen, ist es zweckmäßig, den Komposthaufen besonders bei längerer Lagerung mit Kürbis, Gurken, Mais oder sonstigen Blattpflanzen indirekt zu bepflanzen. Das heißt, es wird neben bzw. am Fuße des Haufens gepflanzt, damit die Wurzeln dem Haufen nicht die Nährstoffe entziehen, sondern nur die nach unten sickernden verwerten. Kürbis- und Gurkenranken werden hierbei über den Haufen geleitet. Eine gute Beschattung läßt sich auch durch das Setzen von Stangenbohnen um den Komposthaufen erreichen.

Stickstoffanreicherung und Aufschließung der Komposterde wird durch das direkte Bepflanzen oder Aussäen von Hülsenfrüchten ($1/4$ Erbsen, $1/4$ Wicken, $1/2$ Buschbohnen), bei leichtem Boden mit Lupinen oder Serradella, erzielt. In der Blüte werden die Pflanzen dann gemäht und bleiben auf dem Haufen liegen. Durch Leguminosen wird der Regenwurm angelockt.

Einen noch besseren Schutz gegen Sonne, Wind, Schlagregen und Kälte bietet die Abdeckung des Haufens mit Laub, Stroh oder Kartoffelkraut in etwa 10 cm Stärke. Dadurch bleibt die Feuchtigkeit erhalten und die Verrottung wird gefördert. Auch die Entwicklung des Regenwurmes wird begünstigt, da dieser am besten unter der Bodenbedeckung gedeiht. (Besonders über Winter.) Birkenreisig ist zur Bedeckung ebenfalls sehr geeignet.

Die Temperatur der kompostierten Massen steigt 2—10 Tage nach dem Ansetzen auf 60° C und geht dann allmählich in der zweiten oder dritten Woche nach dem Ansetzen auf 25—30° C zurück.

Stockprobe

Mit Hilfe der „Stockprobe" läßt sich die Beschaffenheit der inneren Schichten des Komposthaufens feststellen. Zur Verwendung kommt ein spitzer, 1,5 cm starker, etwa 2 m langer Eisen- oder Holzstock, den man in den Haufen stößt und kurze Zeit danach wieder herauszieht. Die Oberfläche des Stockes soll trocken bleiben. Anhaftende schmierige, sauer riechende, organische Bestandteile sind ein Zeichen dafür, daß der Kompostmasse zuviel Wasser zugesetzt wurde und nicht genügend Sauerstoff vorhanden ist. In diesem Falle ist der Haufen unter Beigabe von etwas Kalk sofort umzusetzen.

Tätigkeit des Regenwurms im Kompost

In zu trockenen Komposthaufen treten neben Schimmelbildung meist Asseln auf, während sich in einem genügend feuchten Kompost bald massenhaft (bis zu 150 Stück je kg Kompost!) Regenwürmer einfinden. Je eher und je mehr Regenwürmer gefunden werden, desto besser ist die angewendete Arbeitsmethode!

Der Regenwurm verbessert den Boden, indem er ihn durchmischt, bis zu 1 m Tiefe lockert, mit Kalk anreichert und fein zerkleinert, ihn also regelrecht verdaut. Die Entwicklung des Regenwurms ist deshalb in jeder Weise zu fördern, durch ausreichende Bewässerung, gute Versorgung mit Kalk und Beigabe von grünen Blättern, vor allem Brennesseln, für die der Regenwurm eine Vorliebe hat. Ferner sind Kirsch-, Buchen- und Birkenblätter geeignet, auch Baldrian- und Kamilleblüten sowie Löwenzahn. Letztere beiden wirken zugleich der Fäulnis entgegen. Der Regenwurm benötigt Temperaturen von 10—15 Grad, er betätigt sich deshalb vorzugsweise im September bis November, in abgedeckten, frostgeschützten Kompoststätten jedoch auch im Winter.

In Deutschland gibt es etwa 60 Arten, von denen aber nur ungefähr 3 Arten von Bedeutung sind. Der Mistwurm läßt den Kot da, wo er frißt, er ist der für die Landwirtschaft brauchbare Wurm. Der Regenwurm erzeugt bis zu 150 Nachkommen. Nachdem die Regenwürmer ihre Arbeit verrichtet haben, verschwinden sie vor der unmittelbaren Reife des Kompostes allmählich wieder.*)

1. Umstechen

Der Komposthaufen soll zur besseren Durchlüftung und Beschleunigung der Verrottung erstmalig bereits nach etwa 3 Wochen, unter Zusatz von etwa 5 kg Branntkalk je cbm und möglichst auch etwas Thomasphosphat, wieder umgesetzt werden (Kalk und Thomasphosphat fein verteilen). Wenn erforderlich, ist erneut Jauche oder Wasser hinzuzugeben.

Vor dem Umsetzen wird zur späteren Wiederverwendung zunächst die Deckschicht abgenommen. Beim Umsetzen ist stets zuerst die Masse von unten wegzunehmen, so daß durch das Zusammenfallen von oben her alles gründlich miteinander gemischt wird.

Zweckmäßig ist die Benutzung einer Grabforke, da die Verrottung noch nicht so weit fortgeschritten ist, daß mit Spaten und Schaufel

*) Näheres über die Biologie und Nutzung des Regenwurmes s. „Neues vom Regenwurm" von Dr. E. W. Schmidt in Jahrbuch „Unser Hof 1950". Siebeneicher Verlag.

gearbeitet werden kann. Bei sehr verfilzter Masse läßt sich zum Lockern und Auseinanderziehen sehr gut ein mit etwa 10 cm langen Zinken versehener Misthaken verwenden.

Nach beendigtem Umsetzen werden wieder die schon erwähnten Lüftungslöcher in den Haufen gestoßen.

2. Umstechen

Nach 5—6 Wochen wird der Haufen zum zweiten Mal umgestochen, und zwar in entgegengesetzter Richtung. Jetzt sind keine Lüftungskanäle mehr erforderlich, auch kein Kalk. Stapel erneut abdecken!

Reife des Komposthaufens

Im Gegensatz zu dem in der Landwirtschaft bisher meist gebräuchlichen Kompostverfahren, das eine 2—3jährige Verrottungszeit erfordert, ist Indore-Kompost bereits nach etwa 6 Monaten reif und damit verwendungsfähig. Er soll baldmöglichst ausgefahren werden. Andernfalls treten Umsetzungsverluste ein. Bei längerer Lagerung ist der Komposthaufen auf jeden Fall, wie weiter vorn beschrieben, abzudecken und gelegentlich auch umzustechen.

Reifer, d. h. verwendungsfähiger Kompost, läßt die Herkunft der verschiedenen Abfälle nicht mehr erkennen. Er ist gleichmäßig durchgerottet, gartenerdig, dunkelschwarzbraun, feucht wie Gartenerde und riecht würzig nach Waldboden (Humus). Schlecht riechender Kompost dagegen ist ein Zeichen dafür, daß die Umsetzungen infolge falscher Zusammensetzung bzw. Behandlung des Haufens nicht richtig verlaufen sind. Gestankentwicklung läßt darauf schließen, daß zu reichliche Wassergaben die Durchlüftung der Kompostmasse gehemmt und zu unerwünschten Zersetzungsvorgängen geführt haben.

Zu warnen ist vor einer Verwendung von noch nicht „fertigem“ Kompost, der einer starken Verunkrautung der Ländereien Vorschub leistet. Das trifft auch dann zu, wenn auf dem Komposthaufen gewachsene Unkräuter nicht vor der Samenreife abgemäht werden, also zum Aussamen kommen.

Günstigste Ausfahrzeit

Zur Erzielung einer höheren Bakterienwirkung soll Kompost nicht bei scharfem Frost, sondern während milden Wetters ausgefahren werden. Der durch die Wagenspuren auf dem Grünland hervorgerufene Schaden steht in keinem Verhältnis zu der günstigen Bakterienwirkung. Kompost wird entweder im frühen Herbst oder kurz vor Beginn der Vegetation im Frühjahr oder auch auf den Kopf gegeben. Auch nach dem ersten Schnitt oder Weideumtrieb ist die Anwendung erfolgreich, vorausgesetzt, daß diese nicht in eine Trockenzeit fällt. Gutes Einreiben mittels Strauchegge oder -schleppe in die Grasnarbe ist in jedem Fall zu empfehlen. Wird Kompost auf den Acker gefahren, so ist er nicht einzupflügen, sondern nur einzueggen oder einzugrubbern.

Stärke der Kompostgaben

Guter Kompost soll nicht übermäßig stark ausgefahren werden, um eine Überdüngung zu vermeiden.

300 dz (30 cbm) Kompost je ha in 2—3jähriger Wiederholung sind eine gute Düngung des Dauergrünlandes. Eine Zweispännerfuhre faßt etwa 1,5 cbm = 15 — 18 dz.

e) Die Gründüngung

Was ist Gründung?

Der Anbau von Pflanzen, die in grünem oder bereits abgestorbenem unreifem Zustand untergepflügt werden sollen, wird mit „Gründung“ bezeichnet. Unter „Gründüngung“ versteht man also das Einpflügen dieser Pflanzenmassen, die sich vorwiegend aus den luftstickstoffsammelnden Schmetterlingsblütlern, wie Lupinen, Serradella und Peluschken für die leichteren Böden, sowie Klee, Wicken, Erbsen und Bohnen für die schwereren Böden zusammensetzen sollen. Die an dem Stickstoffvorrat des Bodens zehrenden, nichtstickstoffsammelnden Pflanzen wie Senf, Raps, Rübsen, Buchweizen und Spörgel, die nur den Humusvorrat des Bodens ergänzen und ohne eine kräftige Stickstoffdüngung nicht gut gedeihen, sind dagegen erst in zweiter Linie zu verwenden.

Vorteile und Wirkung der Gründüngung

1. *Humuszufuhr.* Im Durchschnitt werden dem Acker 40 dz/ha leichtzersetzte Humus-Trockenmasse zugeführt, was einer knapp mittleren Stalldunggabe von etwa 170 dz/ha entspricht. Dadurch wird der leichtere Boden bindiger und in die Lage versetzt, Wasser und Nährstoffe besser festzuhalten, während auf dem schweren Boden eine Lokkerung und Erwärmung eintritt. Allerdings *liefert der Stallmist Dauerhumus und Nährhumus, die Gründüngung dagegen nur leicht zersetzbaren Nährhumus.* Es erfolgt also keine Humusanreicherung des Bodens. Daher ist die Gründüngung von nur kurzer Dauer und bleibt auf leichten Böden in Jahren nach hoher Winterfeuchtigkeit eine Nachwirkung oft aus.

2. *Stickstoffanreicherung des Bodens* durch die Tätigkeit der Knöllchenbakterien der stickstoffsammelnden Pflanzen, durchschnittlich 100 kg/ha Reinstickstoff = 5 dz eines 20% Stickstoffdüngemittels (z. B. Kalkammonsalpeter oder Schwefelsaures Ammoniak), von welchem etwa ein Drittel der Nachfrucht unmittelbar zur Verfügung steht. 0,50—0,75 ha Gründüngung ersetzen etwa den Mist von 1 Stück Großvieh, wenn etwas Phosphorsäure und Kali dazugegeben wird.

3. In sehr durchlässigen Böden werden die leicht löslichen Stickstoffverbindungen vor dem Versickern geschützt.

4 *Aufschließung des Untergrundes* für die nachfolgende Frucht durch die tiefgehenden Wurzeln der Schmetterlingsblütler. Hierdurch werden auch gleichzeitig Nährstoffe, die in den tieferen Bodenschichten lagern, in den Bereich der flacher wurzelnden Kulturfrüchte gebracht.

5. *Beschattung des Bodens* und damit Erhaltung und Förderung der Gare.

6. *Unterdrückung des Unkrautes,* sofern ein dichter, lückenloser Bestand erzielt wird. Mißratene Gründüngungsschläge können dagegen eine starke Verunkrautung des Ackers zur Folge haben.

7. *Verbesserung der Fruchtfolge* und leichtere Bewirtschaftung entlegener Feldstücke, die selten oder gar nicht Stallmist erhalten.

8. *Erhöhter Futteranfall,* sofern die oberirdischen Pflanzenmassen abgemäht und grün verfüttert oder eingesäuert werden, was auf jeden Fall anzuraten ist! Die Wirkung der Gründüngung bleibt trotzdem noch zu 50—60% erhalten, obwohl rein gewichtsmäßig gesehen der Stoppel- und Wurzelanteil an der Gesamtmasse der Gründüngung ein viel geringerer ist. *Der Hauptwert der Gründüngung liegt* nicht so sehr in der Zufuhr organischer Substanz, als vielmehr *in der Bodenbedeckung und Bodendurchwurzelung.* Daher wirkt sich eine Verfütterung der oberirdischen Pflanzenteile für die Nachfrucht nicht so nachteilig aus. So brachte z. B. nach angestellten

Versuchen die volle Gründüngung einen Mehrertrag von 50 dz/ha Zuckerrüben und die abgefütterte Gründüngung einen Mehrertrag von 30 dz/ha. Die Stoppelrückstände ergaben somit 60% des vollen Ertrages.

Außerdem erscheinen etwa 50% der Trockenmasse des Futters im Stallmist, kommen also dem Acker wieder zugute.

Wert der Gründüngung

Die Bedeutung des Gründüngungsanbaues kann bei Betrieben mit geringerem Viehbesatz und dem dadurch bedingten Stallmistmangel gar nicht hoch genug eingeschätzt werden. Auf leichten Böden kann eine gut geratene Gründüngung eine Stallmistdüngung voll ersetzen, auf besserem Boden dagegen nicht. Die Erzeugung großer Massen organischer Substanz ist das einzige, sichere Mittel, stark beanspruchte Böden gesund zu erhalten.

Gründüngung lohnt den erhöhten Arbeitsaufwand besonders dann, wenn sie den Boden nicht nur mit organischer Masse, sondern zugleich auch mit Stickstoff anreichert.

Die Verwertung des Naturstickstoffes (Luft) durch die Pflanze

Knöllchenbakterien

Über jedem Quadratmeter Boden liegen rd. 8000 kg reiner Luftstickstoff, von denen aber nur geringe Teile auf dem Wege über die Kleinlebewesen des Ackers dem Boden als Pflanzennährstoff zugeführt werden. Im Gegensatz hierzu kommt der Stickstoff, den die Schmetterlingsblütler mit Hilfe ihrer Knöllchenbakterien sammeln, auch den nachfolgenden Pflanzen weitgehend zugute.

Bei fast allen Schmetterlingsblütlern finden sich an den Wurzeln stecknadelknopf- (Klee) bis erbsengroße (Lupinen) „Knöllchen". Es sind gallenartige Verdickungen, die die Pflanzen durch den von den Bakterien ausgeübten Reiz bilden. Diese Gebilde beherbergen Millionen von mikroskopisch kleinen Lebewesen, eben diese Knöllchenbakterien, die die Fähigkeit haben, den freien Stickstoff aus der Luft aufzunehmen, den dann die Pflanze verwertet. Ihre Nahrung entnehmen sie aus den Wurzelsaftströmen der Wirtspflanze. (Symbiose — Lebensgemeinschaft der Pflanzen mit stickstoffsammelnden Bakterien.)

Durch sehr reichliche Stickstoffdüngung junger Leguminosen kann aber deren Knöllchenansatz völlig verhindert werden.

In 1 000 kg frischer Gründüngungspflanzen (ohne Wurzeln) sind durchschnittlich 4—5 kg Stickstoff enthalten.

Zu den wichtigsten Hülsenfrüchten, den stickstoffsammelnden Schmetterlingsblütlern oder Leguminosen, zählen Luzerne, die Kleearten, Erbsen, Linsen, Wicken, Peluschken und Lupinen, Serradella, Acker- und Sojabohnen.

Die größten Stickstoffmengen hinterläßt mehrjährige Luzerne, dann folgt gut bestandener Rotklee (150—250 kg = 7,5—12,5 Kalkammonsalpeter/ha). *Unter der Voraussetzung einer normalen Ernte an Gründüngungsmasse werden gebunden durch:*

Lupinen etwa 180 kg	Reinstickstoff/ha
Erbse, Wicke etwa 125—150 kg	„ „
Serradella „ 120 kg	„ „
Kleearten (außer Rotklee), Bohnen, Peluschken etwa 100 kg	„ „

Davon werden etwa 1/3 des mit der Gründüngung zugeführten Stickstoffs von der Nachfrucht ausgenutzt, vorausgesetzt, daß die Unterbringung flach erfolgt. Bei gelben Lupinen z. B. werden bei flacher Unterbringung 34% Stickstoff ausgenutzt, bei tiefem Einbringen dagegen nur 22%.

Bei ausgesprochen leichtem Boden brachte eine gutgeratene Gründüngung mit gelben Lupinen zu Kartoffeln den gleichen Mehrertrag wie eine Stalldüngergabe von 200 dz/ha + 4 dz Salpeterstickstoff.

Für eine gelungene Leguminosengründüngung können also etwa 30 bis 40 kg Reinstickstoff je ha in Anrechnung gebracht werden. Wurde das Leguminosengemenge verfüttert, so sind nicht mehr als 10—15 kg Reinstickstoff in Abzug zu bringen. Bei einem Süßlupinenbestand würde durch die Grünfutterernte gegenüber der vollen Gründüngung ein Verlust von 20 kg/ha ausnutzbarem Reinstickstoff entstehen. Demgegenüber wird eine Futtermenge gewonnen, die je Hektar etwa dem Wert von 50 dz Kleeheu entspricht. (Und zusätzliche Stallmistgewinnung!) Allerdings sind die Wurzelrückstände verschieden groß und betragen z. B. bei der blauen Lupine rd. 30% der oberirdischen Pflanzenmasse gegenüber 19% bei der Serradella.

Da aber Lupinenwurzeln und -stoppeln oftmals die gleiche Nachfruchtwirkung zeigen wie frisch untergepflügte Grünlupinen, ist es gewöhnlich richtiger, zeitig Körnerlupinen anzubauen und nicht Grünlupinen unterzupflügen.

Wurzel- und Stoppelrückstände

Die jährlich bei Anwendung einer Volldüngung verbleibenden erheblichen Mengen an organischer Wurzel- und Stoppelsubstanz entsprechen ungefähr einer Stallmistgabe von 170 dz/ha. Es betragen die Wurzel- und Stoppelrückstände (Trockenmasse) je nach Stoppelhöhe und erfaßter Bodentiefe je ha etwa:

a) Winterroggen	41 dz	Dies entspricht bei Getreide im Durchschnitt fast der Hälfte der Erntemasse an Stroh und Körnern.
Winterweizen	36 dz	
Wintergerste	32 dz	
Sommergerste	22 dz	
Hafer	33 dz	

Die darin enthaltenen Nährstoffmengen an Stickstoff und Phosphorsäure entsprechen denen, die in 50 dz Stallmist enthalten sind.

b) Roggen-Wick-Gemenge	29 dz	Winterraps	30 dz
Landsberger Gemenge	33 dz	Sprengelrübsen	22 dz
Rapko	40 dz		

Die hierin enthaltenen Nährstoffmengen an Stickstoff und Phosphorsäure kommen einer Stallmistgabe von 100 dz gleich.

c) Rüben, Kartoffeln	3— 5 dz
Lupinen	40—60 dz
Erbsen, Serradella	35 dz
Weißklee	50 dz
Wundklee	55 dz
1—2jähriges Weidegras	60 dz
Grassamen	60—90 dz
2—3jähr. Wiesenschwingel	135 dz
4jährige Wiesenrispe	250 dz

Rotklee	40—50 dz	und mehr, je nach
Luzerne	60—80 dz	Schnitthäufigkeit
Esparsette	60—70 dz	
Kartoffelkraut	15—25 dz	

Im Vergleich dazu enthalten 100 dz Stallmist nach einer Lagerzeit von 3—4 Monaten nur noch etwa 15—20 dz organische Trockenmasse. Bei einer Stalldunggabe von 240—300 dz alle 3 Jahre = 80—100 dz jährlich werden dem Boden nur 36—60 dz bzw. 12—20 dz/ha Trockensubstanz zugeführt.

Im allgemeinen reichen die auf dem Felde verbleibenden Ernterückstände aus, etwa 1/3 bis 1/2 derjenigen Humusmenge zu liefern, die jährlich im Boden verbraucht wird. 1/2 bis 2/3 müssen als Stallmist oder Gründünger zugeführt werden. (Jährlich 100—150 dz organische Masse in wasserhaltigem Zustand = 25 bis 40 dz Trockenmasse.)

Die dem Boden zugeführte organische Trockenmasse beträgt in:

Stallmist	20—40%	Zwischenfrucht-Grünfutter	7—37%
Getreidewurzeln	20—40%	Hackfruchtwurzeln	1— 5%

Wurzeltiefe

Erreichbare Wurzeltiefe verschiedener Pflanzenarten

Weizen	bis zu 275 cm	
Roggen	„ „ 200 „	
Sommergerste . . .	„ „ 260 „	
Hafer	„ „ 250 „	
Raps	„ „ 200 „	
Mais	„ „ 500 „	
Kartoffeln	„ „ 150 „	und mehr
Zuckerrüben . . .	„ „ 175 „	und mehr
Rotklee	„ „ 200 „	und mehr
Bokharaklee . . .	„ „ 200 „	und mehr
Lupine, gelbe . . .	„ „ 200 „	
Lupine, blaue und weiße	„ „ 250 „	
Saatwicke	„ „ 195 „	
Serradella	„ „ 160 „	
Wiesengräser	30—200 cm	
Luzerne	bis zu 12 m	

Zu bemerken ist, daß die Hauptmasse der Wurzeln von Weizen, Roggen, Gerste, Kartoffeln und Gräsern in der Ackerkrume verbleibt. Hafer und Mais dringen dagegen in etwas tiefere Bodenschichten ein.

Erbsen und Wicken hatten auf humosem Sandboden und bei günstiger Witterung bereits 6 Tage nach dem Drillen Wurzellängen von 7—9 cm, Roggen 16 Tage nach dem Drillen 30 cm. Die Wurzeln vermögen in gut lockerem Boden je Tag 2—2½ cm zu wachsen.

Phosphorsäure-, Kali- u. Kalkentzug

Durch eine Gründüngung wird dem Boden, abgesehen von der Aufschließung des Untergrundes, keine Phosphorsäure und kein Kali zugeführt. Bei Verfütterung der oberirdischen Teile werden dem Boden sogar beträchtliche Mengen dieser Nährstoffe entzogen, die also durch zusätzliche Mineraldüngung ersetzt werden müssen. Da häufige Gründüngung auf den Boden leicht ansäuernd wirkt, ist außerdem dem Kalkzustand besondere Aufmerksamkeit zu widmen.

Nachfrüchte nach Gründüngung

In erster Linie Kartoffeln, und zwar die spätreifen Sorten. Nach ihnen auf leichteren und milderen Böden Rüben. Von den Getreidearten nutzt vor allem Hafer die Gründüngung vorteilhaft aus, in zweiter Linie Mais und gegebenenfalls Roggen.

(Über Anbautechnik usw. siehe unter „Zwischenfruchtbau“ S. 286.)

Durch eine kleine Gabe Stallmist wird die Wirkung bzw. Umsetzung der Gründüngung im Boden wesentlich verbessert.

Zeitpunkt der Unterbringung

Während Gründüngung auf den schweren Böden, bei denen die Zersetzung langsamer verläuft, bereits im Herbst flach eingepflügt werden soll, geschieht dies auf den tätigen, mittleren und leichteren Böden, zur Vermeidung von Nährstoffverlusten durch Auswaschung in den Untergrund, besser erst im Frühjahr. Zweckmäßig ist aber ein Niederwalzen von sehr sperrigem Material im Herbst, dann bildet sich eine Deckschicht, die fördernd auf die Bodengare wirkt. Anderseits dienen die auf dem Felde über Winter stehenden Pflanzen gleichzeitig als Schneefang (Wasserspeicherung). Ferner Schonung der Bodenstruktur bei Niederschlägen über Winter (kein Verschlämmen). Die durch Witterungseinflüsse über Winter mürbe gewordenen Pflanzenteile lassen sich im Gegensatz zu den im Herbst grün einzupflügenden im Frühjahr ohne große Schwierigkeiten in den Boden bringen. (Siehe auch S. 193.)

Im Herbst ist Gründüngung erst dann einzupflügen, wenn das Wachstum durch den eintretenden Frost unterbrochen wird. Solange die Pflanzen noch wachsen, sammeln sie Nährstoffe und nehmen an organischer Masse zu. Weiches Material, welches sich sehr schnell im Boden zersetzt (besonders bei warmer, feuchter Witterung), wie z. B. Serradella, ist zur Vermeidung von Nährstoffverlusten möglichst spät einzupflügen. Verholzte Pflanzen dagegen, die längere Zeit zur Zersetzung im Boden brauchen, wie z. B. Pferdebohnen und weiße Lupinen, sind zeitiger unterzubringen. Hinzu kommt, daß spätes Pflügen von sperrigem Material die Wasserführung im Boden stört.

Frische, sperrige Bestände sind im Herbst gegebenenfalls durch schwere, vor dem Pflugschar schleifende Ketten niederzudrücken. Sehr üppig gewachsene Bestände werden vor dem Einpflügen niedergewalzt oder mit der Scheibenegge bearbeitet. Die Unterbringungstiefe soll nur 10 bis höchstens 20 cm betragen. Tieferes Einpflügen unterbindet die Zersetzung auf schweren Böden und begünstigt die Auswaschungsgefahr auf leichtem Boden. Gründüngung niemals naß einpflügen!

Noch zu Beachtendes: Bei der Wahl der Gründüngungspflanzen ist die Unverträglichkeit einzelner Pflanzenarten, wie Rotklee, Bohnen und Erbsen, zu berücksichtigen, die in Reinsaat erst nach etwa 6 Jahren auf dem gleichen Schlag wieder angebaut werden dürfen.

Im übrigen wird sich zur Saatgutersparnis und Risikoverteilung ein Gemengebau verschiedener, möglichst kleinkörniger Pflanzenarten gegenüber der Reinsaat meist als vorteilhafter erweisen.

f) Handelsdüngemittel

An erster Stelle steht die Bodenbearbeitung und erst an zweiter Stelle die Düngung! Allerdings setzt eine intensive Bewirtschaftung des Ackerlandes eine sachgemäße Düngung voraus, so daß nur bei Anwendung von Mineraldünger Höchsternten der anspruchsvollen Kulturpflanzen zu erwarten sind. Dies hat aber einen ausreichenden Humus- und Kalkgehalt des Bodens zur Voraussetzung. Die Ausnutzung der mineralischen Düngung ist um so höher, je besser der Kulturzustand des Bodens ist. Ähnlich wie die Leistungsfütterung im Milchviehstall sollte auch auf dem Acker eine Düngung nach Leistung, d. h. nach dem Ernteertragsvermögen der einzelnen Feldstücke bzw. Böden durchgeführt werden.

Zu beachten ist ferner, daß eine mineralische Volldüngung bei Getreide sich gegenüber ungedüngt sowohl bezüglich des Hektolitergewichtes wie auch des Tausendkorngewichtes sehr günstig auswirkt. (Im Mittel bis über 5% bei angestellten Versuchen.) Auch wird der Gehalt des Kornes an Mineralstoffen und Eiweiß und die Backfähigkeit des Mehles erhöht.

Auch bei den Hackfrüchten werden durch eine mineralische Düngung deutliche Qualitätsverbesserungen hervorgerufen. (Erhöhung des Stärkegehaltes der Kartoffeln durch Phosphorgaben, höherer Zuckergehalt der Rüben durch kräftige Kaligaben.) Weitere Vorteile sind Förderung der Frühreife, Verbesserung der Haltbarkeit im Winterlager, Schutz gegen Krankheitsbefall und Erhöhung des Pflanzgutwertes. Auf Ölfrüchte, Wiesengras und Heu, Kleearten und Gemüse übt Mineraldünger ebenfalls eine günstige Wirkung aus.

Höhe der Düngung

Die Höhe der Düngung ist abhängig von

1. dem Nährstoffbedarf der Pflanze
2. der Fähigkeit der Pflanze, den Nährstoff auszunutzen (aufzunehmen)
3. der Dauer der Vegetationsperiode
4. dem Nährstoffgehalt und Kulturzustand des Bodens
5. der Bodenart (besserer Boden = höhere Ernten = höherer Nährstoffentzug — Fähigkeit des Bodens, den Nährstoff mehr oder weniger rasch abzugeben)
6. der Vorfrucht. Vorratsdüngung bei Phosphorsäure und Kali ist möglich, bei Stickstoff dagegen nicht (Auswaschungsverluste).

Stets ist auf eine ausreichende Nährstoffversorgung der Böden zu achten. Denn schwache Phosphatgaben kommen z. B. auf phosphatarmen Böden nicht zur Wirkung, weil hier die Phosphorsäure vom Boden festgelegt wird und dann für die Pflanzenwurzeln nicht mehr verfügbar ist. Hohe Gaben eines Nährstoffes bringen nur dann den gewünschten Erfolg, wenn nicht ein anderer Nährstoff im Minimum steht; sonst können sie sich nachteilig auf Ertrag und Qualität auswirken.

Gesetz vom Minimum

Mitscherlich hat das Liebigsche Gesetz vom Minimum dahingehend berichtigt, daß der Pflanzenertrag nicht nur von dem im Minimum befindlichen, sondern von allen Wachstumsfaktoren gleichzeitig abhängt; und zwar in der Weise, daß der Pflanzenertrag zunimmt mit der Steigerung eines jeden Wachstumsfaktoren, und zwar im gleichen Verhältnis zu dem Ertrag, der an dem jeweilig mit diesem Wachtstumsfaktor erreichbaren Höchstertrag fehlt.

Düngerstreuen mit der Hand

Streifige Getreidefelder sind stets das Zeichen einer schlechten Düngerverteilung! Nur sauberes, gleichmäßiges Düngerstreuen (bei leichtlöslichen Düngemitteln besonders wichtig) läßt die

Handelsdünger zur vollen Wirkung kommen, wobei zu bedenken ist, daß bei einer Gabe von 2 dz/ha nur 20 g je qm fallen. Bei einmaligem Streuen mit der Hand lassen sich bis zu 4 dz/ha ausstreuen. Müssen größere Mengen mit der Hand ausgestreut werden, verabreiche man diese in zwei Gaben, und zwar möglichst kreuzweise.

Streuschippe (Abb. neben S. 128)

Die Anwendung der Streuschippe verschiedener Größen erleichtert das Handstreuen wesentlich! Ferner wird dadurch eine viel bessere und gleichmäßigere Verteilung selbst kleinster Düngermengen auf großer Streubreite erreicht. Der Dünger rieselt beim allmählichen Ermüden der Hand im Laufe des Tages nicht zwischen den Fingern durch. Auch treten bei kalter und feuchter Witterung bzw. nässendem Dünger nicht die lästigen Nebenerscheinungen, wie Risse in den Händen, Gefahr der Blutvergiftung bei kleinen Wunden usw. auf. Auch das Tragen von Handschuhen bei stärkerer Kälte behindert die Arbeit bei Verwendung einer Streuschippe nicht. Die Wurfweite beträgt etwa 6 m.

Vorsichtsmaßnahmen beim Düngerstreuen

Beim Streuen von Branntkalk und Kalkstickstoff ist besondere Vorsicht geboten, um Gesundheitsschädigungen zu verhüten. (Schutzbrille tragen, dichtes Schuhzeug und geschlossene Kleidung anziehen, Hände und Gesicht einfetten.) Nach dem Düngerstreuen sind Hände und Gesicht sofort zu reinigen, zunächst mit klarem Wasser, dann erst mit Seife.

Alkohol während und nach dem Streuen meiden, da bereits geringste Mengen Kalkstickstoff im Körper die Wirkung des Alkohols vervielfachen. (Blutandrang zum Kopf, Schwindelgefühl, Luftmangel.)

Selbstverständlich ist, daß je nach der Windrichtung mit der rechten oder linken Hand, also nicht gegen den Wind, gestreut wird. Der Wurf erfolgt mit der rechten Hand beim Auftreten des rechten Fußes, mit der linken Hand beim Auftreten des linken Fußes. Dadurch größere Wurfkraft und bessere Düngerverteilung.

Düngerstreuen mit der Maschine (Abb. neben S. 49)

Bei stark staubenden oder ätzenden Düngemitteln sowie bei Verabreichung stärkerer Düngergaben wird der Düngerstreuer bevorzugt, ferner wenn größere Schläge abzustreuen sind. Es soll möglichst quer zur Drillrichtung gefahren werden, da die Radspurschäden beim Fahren mit der Drillrichtung bedeutend größer sind.

Eine hohe Arbeitsleistung läßt sich mit dem preisgünstigen Schleuder- oder Kreiseldüngerstreuer erzielen (Abb. neben S. 49). Er eignet sich besonders für gekörnte Düngemittel. Die meisten Fabrikate werden auf den Schlepper aufgesattelt, einzelne auch als Anhängestreuer mit einem Fahrwerk versehen.

Kontrolle der Streumenge

Die wirklich ausgestreute Düngermenge hängt sehr stark vom Zustand des Düngers ab. So übt z. B. das Wetter auf den Feuchtigkeitsgehalt der Mineraldünger und somit auf deren Streubarkeit einen Einfluß aus. Bei gewissen Düngersorten genügt schon eine Wetterveränderung von trübem zu sonnigem Wetter, um auch bei einem guten Kettenstreuer die Streumenge zu ändern. *Daher ist es ratsam, die eingestellte Düngermenge* besonders bei Wetterwechsel bzw. Luftveränderungen *laufend zu überprüfen* (auch bei Neubezug von Dünger).

Düngersäcke bei Mitnahme auf sehr langgestreckten Schlägen nicht auf die Mitte des Düngerstreuers stellen. Sonst biegt sich die Maschine durch und streut ungleichmäßig. — Düngerstreuer nach Gebrauch sofort gründlich reinigen. (Siehe Seite 615.)

Die einzelnen Düngerarten

Stickstoff

Die spezifische Wirkung des Nährstoffes Stickstoff besteht darin, die Entwicklungs- und Wachstumsgeschwindigkeit der Pflanzen, insbesondere der Blätter, aber auch der Wurzeln, maßgeblich zu fördern und somit unmittelbaren Einfluß auf eine Steigerung des Ernteertrages auszuüben. Stickstoff, der Hauptbestandteil des Eiweiß, ist vor allem für junge Pflanzen und Blattfrüchte wichtig. Reichliche Stickstoffgaben verlängern Vegetationszeit und damit Reifezeit der Früchte.

Der Stickstoff, den die Pflanze nicht mehr für das Wachstum benötigt, wird in der Frucht als Eiweiß gespeichert (namentlich bei Getreide, Futterpflanzen und Rübenblättern). Einseitig vermindern hohe Stickstoffgaben die Standfestigkeit der Pflanze, treiben den Halm in die Höhe, so daß der Ausbau der Stützgewebe nur mangelhaft erfolgt, und begünstigen Lagergefahr infolge Vergeilung der Stengel bei Lichtmangel und zu üppiger Jugendernährung. Die Pflanzen werden anfälliger gegen Krankheiten, Haltbarkeit und Qualität der Ernteerzeugnisse leiden (bei Getreide geringeres Hektolitergewicht).

Auf trockenen Sandböden mit geringer Wasserkapazität ist die Höhe der Stickstoffgaben bei Getreide vorsichtig zu bemessen. Hier besteht die Gefahr, daß der durch höhere Stickstoffgaben sich im Frühjahr infolge der Winterfeuchtigkeit stärker entwickelnde üppigere Blattwuchs bzw. Pflanzenbestand, der mehr Wasser verdunstet, in Trockenzeiten beim Schossen und Blühen des Getreides nicht durchgehalten werden kann. (Geteilte Gaben! Siehe S. 83/84.)

Der Anbau von stickstoffsammelnden Pflanzen als Haupt- und Zwischenfrüchte trägt zur Stickstoffversorgung bei, desgl. ein zweckmäßiger Fruchtwechsel zwischen Getreide und Hackfrüchten bzw. Leguminosen.

Eine erhöhte Stickstoffgabe sichert am besten die Rentabilität jeden anderen Düngungs- und Arbeitsaufwandes. Stickstoff macht sich bei Zucker- und Futterrüben, Kartoffeln, Ölfrüchten, insbesondere Winterraps, den meisten Gemüsearten (außer den zur Gruppe der Leguminosen gehörigen) und zu Grünland (selbst in stärkeren Gaben) am besten bezahlt, da hier die Wirkung am größten und das Risiko am kleinsten ist. Bei Getreide sind lagerfeste Sorten die Voraussetzung für stärkere Stickstoffgaben.

1 kg Stickstoff (N) erzeugt: 18 kg Getreide und 35 kg Stroh, 90 kg Kartoffeln, 90 kg Zuckerrüben, 200 kg Futterrüben, 9 kg Raps oder 30 kg Wiesenheu.

Zeitpunkt des Ausstreuens

Die Entwicklung einer Pflanze wird von dem Zeitpunkt des Ausstreuens der Handelsdünger, insbesondere Stickstoff, wesentlich beeinflußt. Eine große Rolle spielen auch die Löslichkeit der Düngemittel, Bodenart und Bodenbeschaffenheit sowie die Witterungsverhältnisse.

Zu Winterung

W i n t e r g e t r e i d e, namentlich Wintergerste und Raps, v e r w e r t e t, besonders auf leichteren und mittleren Böden, **d e n i m z e i t i g e n F r ü h j a h r** — etwa Monat März (sobald sich die ersten Frühjahrswurzeln zeigen, was unter Umständen aber auch schon Mitte Februar der Fall sein kann) — **g e g e b e n e n S t i c k s t o f f b e s s e r a l s i m H e r b s t v e r a b r e i c h t e G a b e n.** Bei einem Versuch brachten die durch Stickstoff erzeugten Mehrerträge zu Winterraps bei Frühjahrsdüngung bis zu 40,1% mehr als reine Herbstgaben. Ähnliche Ergebnisse wurden bei Wintergerste erzielt.

Auch bei Weizen, selbst auf gutem absorptionskräftigem Boden, ist es richtiger, den gesamten Stickstoff erst im Frühjahr zu streuen. Das gleiche trifft für Roggen zu.

Bei Wintergerste und Raps besteht — abgesehen von der besseren Nährstoffwirkung der im Frühjahr in voller Höhe verabreichten Stickstoffmenge — auch die Gefahr, daß bei zu üppiger Herbstentwicklung der Pflanzen infolge Stickstoffanreicherung eine Auswinterung der zu geil gewachsenen Bestände begünstigt wird und somit der im Herbst gestreute Stickstoff verlorengeht, besonders bei sehr frühzeitigen Aussaaten.

Finden Pflanzen dagegen ungünstige Wachstumsbedingungen vor, wie schlechten Kulturzustand und Nährstoffarmut des Bodens sowie ungünstige Vorfrucht, ist eine Stickstoffgabe im Herbst stets zu empfehlen. Es werden dann ein Viertel bis ein Drittel der vorgesehenen Gesamtstickstoffmenge in Form von nachhaltig wirkenden Düngemitteln, wie Kalkstickstoff oder schwefelsaures Ammoniak, mit ihrer geringeren Auswaschungsgefahr rechtzeitig vor der Saat verabfolgt.

Infolge des früheren Erwachens der Vegetation (schnellere Erwärmung) wird Stickstoff zu Wintergetreide im Frühjahr stets zuerst auf den leichten Boden mit seiner geringen Winterfeuchtigkeit verabfolgt. Besonders nach ungünstigen Vorfrüchten, wie Getreide usw., ist die erste Stickstoffgabe im Frühjahr rechtzeitig zu geben. Sie kommt dann nie früh genug! Aber keine Stickstoffdüngemittel auf Schnee ausstreuen, wodurch ein vorzeitiges, unerwünschtes Forttauen der Schneeschutzschicht hervorgerufen wird, besonders bei dunkelgefärbtem Stickstoffdünger. Auch besteht die Gefahr, daß — namentlich auf unebenem Gelände — bei eintretender Schneeschmelze Dünger mit fortgeschwemmt wird.

Bei spätem Streutermin sowie zur Kräftigung der Saat bei Krankheit und Schädlingsbefall sind salpeterhaltige Düngemittel, wie Kalkammonsalpeter usw., zu verwenden. Die Winterung beginnt mit der Nahrungsaufnahme im Frühjahr eher, als die Bakterientätigkeit einsetzt. Dies ist von besonderer Bedeutung bei spätem Frühjahrsbeginn auf kalten, schweren Böden. Zur Überbrückung solcher Perioden sollte deshalb schnell verwertbarer Salpeterstickstoff zur Verfügung stehen.

Volldünger mit niedrigem Stickstoffgehalt (S. 102) können mit Erfolg auch bei der Herbstdüngung verabreicht werden.

Ausstreutermine

Winterung

1. Unter günstigen Verhältnissen Mitte Februar bis Mitte März (klimatisch bevorzugte Gegenden mit warmen Böden).
2. Unter mittleren Verhältnissen Ende Februar bis Mitte März.
3. Unter ungünstigen Verhältnissen Ende März bis Ende April (kalte Lagen, Vorgebirge).

Im allgemeinen wird der langsam, aber anhaltend wirkende Kalkstickstoff zuerst ausgestreut (Mitte Februar bis Ende März). Streuzeit für Kalkammonsalpeter und Schwefelsaures Ammoniak etwa 14 Tage später als die des Kalkstickstoffs. Reine Salpeterdünger (Kalksalpeter usw.) werden zuletzt, also Ende März — Anfang April, gestreut. Will man trotz schwacher Wintersaaten Kalkstickstoff zur Unkrautbekämpfung anwenden, scheut man sich aber, ihn gleich zu streuen, wird vorneweg zur Kräftigung der Saaten eine Salpetergabe Anfang März verabreicht. Ende März bis Anfang April kann dann noch zur Düngung und gleichzeitigen Unkrautbekämpfung Kalkstickstoff mit 2—2,5 dz/ha gestreut werden.

Sommerung

Zur Sommerung können Stickstoffdünger vor und nach der Saat gegeben werden. Der Saattermin (möglichst früh) ist für den Ertrag entscheidender als der Düngerstreutermin. Im allgemeinen werden die langsamer wirkenden Ammoniakarten sowie Kalkstickstoff vor der Bestellung ausgebracht und mit in den Boden eingearbeitet. Salpeterstickstoff wird dagegen auf leichten, humusarmen Böden erst nach der Saat als Kopfdünger gestreut, um Auswaschungsverlusten vorzubeugen. Soweit Kalkstickstoff zur Düngung und gleichzeitigen Unkrautbekämpfung gegeben werden soll, kann man alle Kalkstickstoff-Formen zur Zeit des Auflaufens der Saaten auf feuchten Boden streuen oder man streut 2—2,5 dz/ha ungeölten Kalkstickstoff (auch im Gemisch mit Hederichkainit) auf taufeuchte Saaten, wenn sie das 3. oder 4. Blatt gebildet haben. Näheres S. 112.

Hackfrüchte

Bei Frühkartoffeln empfiehlt sich Anwendung von schneller wirkenden Stickstoffdüngern (z. B. Kalkammonsalpeter) und Schwefelsaurem Ammoniak. Bei allen anderen Kartoffelsorten sind Schwefelsaures Ammoniak und, besonders bei starker Verunkrautung, Kalkstickstoff zu bevorzugen. Schwefelsaures Ammoniak wird in einer Gabe vor dem Auspflanzen ausgestreut, auf leichten Böden in nicht zu trockener Lage auch als Kopfdünger (S. 194).

Z u c k e r r ü b e n erhalten etwa die Hälfte der vorgesehenen Stickstoffmenge vor der Aussaat, auf besseren Böden auch mehr. Der Rest muß bis spätestens Mitte Juni gestreut sein, da der Zucker- und Stärkegehalt der Rübe durch zu spät erfolgte Stickstoffgaben herabgedrückt wird und eine Reifeverzögerung eintritt. Bei unkrautwüchsigen Böden wird am besten 2 Wochen vor der Saat Kalkstickstoff gestreut und reiner Salpeterstickstoff erst nach Vereinzeln der Rüben auf den Kopf gegeben, um den Unkrautwuchs nicht vorzeitig zu fördern, wodurch auch Stickstoff verbraucht wird. — In vergilbungsverseuchten Gebieten Ammonsulfatsalpeter in einer Gabe vor der Saat streuen (schnellere Jugendentwicklung, erhöhte Widerstandskraft gegen Vergilbung — S. 259).

Grünland

W i e s e n erhalten zwei Drittel des Stickstoffs im zeitigen Frühjahr, da größere Wirkung infolge stärkerer Wuchskraft der Wiesenpflanzen und ein Drittel nach dem ersten Schnitt. (Mitte bis Ende Juni)

W e i d e n erhalten im zeitigen Frühjahr eine Gabe und wenn möglich nach jedem Umtrieb eine weitere Gabe (bis spätestens Ende Juli). In ausgesprochen trockenen Sommern sind dagegen nur etwa drei Gaben zu verabreichen.

In wieviel Gaben zu Getreide ausstreuen?

Auf schweren Böden mit geringerer Ertragsfähigkeit kann die vorgesehene Stickstoffmenge zur Winterung und Sommerung (bei letzterer kurz vor der Bestellung) in einer Gabe ausgestreut werden. Auf allen anderen Böden, insbesondere in niederschlagsreichen Gegenden, soll Stickstoff in zwei Gaben von zuerst zwei Drittel und später einem Drittel geteilt werden. (Siehe nächste Seite.)

1. Raps und Roggen, 2. Winterzwischenfrüchte, die der Grünfutternutzung dienen, 3. Wintergerste und Winterweizen.

Reihenfolge der N-Bedürftigkeit im Frühj.

Stickstoff-Spätdüngung

Anwendung und Wirkung später Stickstoffgaben (S. 100)

Wenn die Pflanzen im Jugendstadium ausreichend mit Stickstoff versorgt wurden, vermag eine zusätzliche späte Stickstoffdüngung zwischen Schossen und Ährenschieben den Körnerertrag des Getreides um 2—4 dz/ha bei meist höherem Hektolitergewicht und den bei Weizen, Gerste und Hafer erzielbaren Eiweißertrag je Flächeneinheit um 20 bis 50 % zu steigern. Auch der Klebergehalt des Weizens wird günstig beeinflußt. Ferner wirken sich späte Stickstoffgaben auf Eiweißgehalt und Verdaulichkeit des Strohes günstig aus, so daß der Futterwert derartig gewonnenen Sommerhalmstrohes dem eines mäßigen bis knapp mittleren Wiesenheues gleichkommt. (Dadurch auch stickstoffreicherer Stalldünger.) Der Strohertrag selbst wird dagegen weniger beeinflußt.

Zusätzliche späte Stickstoffgaben sind besonders auf sehr leichten Böden in trockener Lage angebracht (namentlich bei Wintergetreide), wo die Gefahr besteht, daß frühzeitig verabreichte höhere Gaben einen starken Pflanzenwuchs hervorrufen würden, der der Pflanze bei anhaltender Trockenheit infolge Wassermangels gefährlich werden könnte. Auch in sehr niederschlagsreichen Gegenden, in denen die Stickstoffgaben infolge Auswaschungsgefahr oder erhöhter Lagergefahr niedrig gehalten werden müssen, bewährt sich eine zusätzliche Spätdüngung mit Stickstoff. Ferner wenn Getreide nach Getreide steht. Roggen spricht auf eine Zusatzdüngung besonders gut an, es folgen W.-Gerste, W.-Weizen und zuletzt Sommergetreide.

Die Standfestigkeit des Getreides wird bei späten Stickstoffgaben nicht mehr wesentlich beeinflußt. Die Reifeverzögerung beträgt nur 1—2 Tage.

Zu Raps hat sich eine späte Stickstoffanwendung in der Blüte sehr bewährt. Die zusätzliche späte Stickstoffgabe soll bei Raps etwas schwächer sein als die Frühjahrsgabe.

Zeitpunkt

Bei schwächeren Getreidebeständen, in Trockengebieten sowie auf leichteren Böden soll der Zusatzstickstoff bereits zum Schossen verabreicht werden. Dagegen ist bei kräftiger entwickelten Beständen, in feuchterem Klima, auf besserem Boden, bei spätem Frühjahr und kalten Böden mit der Spätdüngung bis zum Ährenschieben zu warten. Stickstoff zur Zeit der Blüte verabreicht, wirkt sich meist stärker auf den Eiweißgehalt als auf den Körnerertrag aus.

Die praktische Durchführung

Zunächst wird im Frühjahr, wie üblich, die normalerweise vorgesehene, die Lagergrenze nicht überschreitende Stickstoffgabe verabfolgt. Später (siehe weiter oben), sobald es die Witterung erlaubt, und der Boden möglichst durch vorangegangene Niederschläge genügend feucht ist oder Regen bevorsteht (spätestens in 8 bis 10 Tagen), erfolgt dann das Ausstreuen der zusätzlichen Stickstoffmenge mit der Hand oder Maschine. Die Pflanzen zeichnen sich bald durch eine sattere Grünfärbung aus.

Welche Stickstoffart?

In Frage kommen nur schnell wirkende salpeterhaltige Düngemittel, in erster Linie Kalksalpeter, dann Kalkammonsalpeter.

Höhe der Stickstoffmenge

Mittlere Gaben von 20—30 kg/ha Reinstickstoff (1½—2 dz/ha Kalksalpeter oder 1—1½ dz/ha Kalkammonsalpeter) sind zu empfehlen. Unter besonders günstigen Verhältnissen können aber auch Gaben bis zu 40 kg/ha angebracht sein. Das zu dieser Zeit bereits voll entwickelte Wurzelsystem befähigt die Pflanze zur schnellen Aufnahme des Stickstoffes und läßt Auswaschungsverluste nicht befürchten. Im allgemeinen erhält Winterung die stärkere Gabe.

Es sei nochmals betont, daß bei diesem Zufütterungssystem der Pflanzen während ihrer Wachstumsperiode späte Stickstoffgaben die normalen zeitigen Gaben nicht ersetzen, sondern nur ergänzen sollen.

Über Blattdüngung siehe Seite 100.

Bei Stickstoffüberschuß:

Äußere Kennzeichen für das Stickstoffbedürfnis des Bodens

a) An der Pflanze: Breite, üppige Blattform sowie tief blaugrünglänzende Farbe.

b) Stärkeres Auftreten verschiedener Ackerunkräuter, wie: Gemeiner Erdrauch, Klebkraut (Klettenlabkraut), Rote Taubnessel, Vogelmiere.

c) Auf Wiesen starkes Auftreten von Bärenklau, großblättrigem Ampfer, Kälberkropf, Kümmel, Pastinak, Wiesenkerbel, Wiesenmöhre (insbesondere bei starker, einseitiger Jauchedüngung; siehe auch S. 353).

Bei reichlichem Gehalt des Bodens an Salpeterstickstoff treten auf: Brennessel und Melde.

Bei Stickstoffmangel:

a) An der Pflanze: Blasse, hellgrüne bis gelbgrüne, manchmal rötlichgrüne Farbe der Blätter oder Rötlichfärbung der Blattenden bei zurückbleibender Entwicklung (gehemmtes Wachstum). Hellgrüne Saaten im Frühjahr weisen auf Stickstoffmangel hin. Kleine, schmale Blätter, dünne, in die Länge schießende, auch kurze Stengel, stark hervortretende Blattnerven. Die Blätter sind im Vergleich zu normal entwickelten Pflanzen stark nach oben gerichtet. Frühes Abwelken sowie Abfallen der unteren Blätter, die beim Verdorren hellgelb werden. Bei Rüben vorherrschend rote Tönung der Blätter.

Blütenbildung und Bestockung des Getreides äußerst mangelhaft. Die weichen, saftigen Gewebeteile der oberirdischen Pflanzenmasse verschwinden. Bei den Wurzeln zeigen sich ähnliche Erscheinungen. Rübenpflanzen neigen zur Verholzung und verlieren an Schmackhaftigkeit.

b) Auftreten von: Ackergauchheil, Ackerhundskamille, Ackerröte, Ackerschachtelhalen, Ackerspörgel, Ackervergißmeinnicht, Hopfenklee, Kleiner Knäuel, Kleines Leinkraut, Quendelsandkraut, Rainkohl, Schmalblättrige Wicke, Zweisamige Wicke.

Stickstoffdünger

a) Langsam und nachhaltig wirken:

Kalkstickstoff enthält etwa 21% Reinstickstoff (N) und 60% Kalk (CaO) in wirksamer Form. Er wird in ungeölter, geölter (nicht stäubender), gekörnter (Kornkalkstickstoff) sowie in geperlter Form (salpeterhaltig) geliefert. Der Vorteil dieses Düngers liegt in der Möglichkeit, neben einer Stickstoffdüngung gleichzeitig eine Unkraut- und Schädlingsbekämpfung durchführen zu können.

Die besonders nachhaltige Düngewirkung des Kalkstickstoffs beruht auf den sich allmählich im Boden abspielenden Umsetzungsvorgängen. Dabei entsteht aus dem Cyanamid-Stickstoff zunächst Harnstoff, der dann zu Ammoniak und Salpeterstickstoff umgewandelt wird.

Die unkrautvernichtende Wirkung des Kalkstickstoffs (S. 111) ist auf die mit dem Namen „Cyanamid" bezeichnete Stickstoff-Form zurückzuführen. Cyanamid entsteht als erstes Zwischenprodukt bei der Umwandlung des Kalkstickstoffs im Boden. Es zerstört bei sachgemäßer Anwendung dieses Düngers die Blätter der jungen Unkrautpflanzen (Blattwirkung) und tötet deren Keimlinge und Wurzeln im Boden (Wurzelwirkung). Der schnell und energisch wirkende Kalk verleiht dem Düngemittel bodenverbessernde Eigenschaften. (Vorsichtsmaßnahmen beim Ausstreuen S. 79.)

Zur Grunddüngung des Getreides gibt man Kalkstickstoff etwa 1—2 Wochen vor der Saat. Er eignet sich besonders gut zur Herbstdüngung der Wintersaaten (geringe Auswaschungsgefahr), ferner zur Düngung der Wintersaaten und des Grünlandes im zeitigen Frühjahr und zur Krumendüngung der Sommerfrüchte. Streutermin zu Rüben etwa 8—14 Tage vor dem Drillen bzw. Pflanzen; zu Kartoffeln siehe S. 194.

Harnstoff enthält 46% Stickstoff, der nach Umwandlung im Boden in Ammoniak- und Salpeterstickstoff von den Pflanzen aufgenommen wird. Bevorzugte Anwendung für Gemüse, Hopfen, Tabak, Reben und zur Blattdüngung (S. 100). Herstellung von Kunstmist (S. 58).

Schwefelsaures Ammoniak enthält 21% Stickstoff. Bevorzugter Kartoffeldünger; findet auch für andere Kulturen, wie Roggen, Hafer, Mais usw. Verwendung. Seine höchste Wirkung erreicht er nur bei einem gesunden Kalkzustand des Bodens.

Zur Beschleunigung der Umsetzung des Ammoniaks in Salpeterstickstoff soll schwefelsaures Ammoniak als Kopfdünger stets eingehackt, zumindest aber eingeeggt werden. Besonders wichtig ist dies auf kalkhaltigen Böden, da sonst Stickstoffverluste entstehen können.

Ammoniakdünger wirken langsamer als Salpeterdünger und werden nicht so leicht ausgewaschen, da das Ammoniak von den tonigen Bestandteilen des Bodens und der Humussubstanz, besonders auch auf Moorboden festgehalten wird. Ausgesprochene Vorratsdünger sind Ammoniaksalze aber nicht. Ammoniak-Stickstoff ist wasserlöslich und von der Pflanze direkt aufnehmbar.

Wurde Kalk gestreut und mit Grubber oder Egge in den Boden eingearbeitet, können ammoniakhaltige Dünger folgen: Bei kohlensaurem Kalk nach 2—3 Tagen, bei Branntkalk nach etwa 14 Tagen. Nach den kalkhaltigen Düngemitteln Thomasphosphat und Rhenaniaphosphat können Ammoniakdünger sofort gestreut werden.

Ruhr-Stickstoffmagnesia enthält, je nach Zusammensetzung, entweder 15% Ammoniakstickstoff und 4% Magnesia oder 10% Ammoniakstickstoff und 8% Magnesia. Beide Formen sollen auf magnesiaarmen Böden, zu denen in erster Linie leichte saure Böden, Sand- und Hochmoorböden gehören, Verwendung finden. Anwendungsbereich: Getreide, Hackfrüchte, Gemüse, insbesondere Kohlarten, Reben, Obstbäume und Forstgehölze. Anwendungszeit zur Bestellung, auch als Kopfdünger. Ruhr-Stickstoffmagnesia ist von hellgrauer Farbe, gut streu- und lagerfähig. (Schäden durch Magnesiamangel S. 92 und S. 195.)

b) Schnell und nachhaltig wirken:

Kalkammonsalpeter, je nach Herstellungsort Ruhr-Korn grün, Grünkorn oder Rieselkorn (ockergelb — bräunlich) genannt, enthält 20,5% Stickstoff (1/2 Salpeter-, 1/2 Ammoniak-N), ca. 6% Magnesiumkarbonat, ferner 33—38% Kohlensauren Kalk. Ein sehr beliebter, vielseitig anwendbarer Stickstoffdünger von körniger Beschaffenheit, daher gut streufähig. Infolge seiner schnellen Löslichkeit dringen die Stickstoffbestandteile selbst bei trockenem Wetter mit der Taufeuchtigkeit in wenigen Tagen in den Boden ein. Zurück bleibt lediglich der sichtbare Kalkrest. Als Kopf- und Krumendünger gleich gut geeignet.

Ammonsulfatsalpeter (Montansalpeter) ist hochprozentiger Stickstoffdünger mit 26% N, davon 1/4 als Salpeter und 3/4 als Ammoniakstickstoff. Vielseitig verwendungsfähig, für Zuckerrüben in vergilbungsverseuchten Gebieten besonders geeignet. Ausreichender Kalkgehalt des Bodens Voraussetzung für gute Wirkung. Nach dem Streuen Ammonsulfatsalpeter möglichst durch Egge oder Grubber in den Boden einbringen. Als Kopfdünger für Winterung im Frühjahr zeitig streuen!

c) Schnell wirken:

Kalksalpeter mit 15,5% Stickstoff und 28% Kalk (CaO), ein ausgezeichneter, schnell wirkender Kopfdünger. Im Wachstum zurückgebliebene Saaten, bei Krankheits- und Schädlingsbefall, bei verspäteter Düngung, für kurzlebige Zwischenfrüchte, im Rübenbau, in trockenen Lagen und zur Nachdüngung der Weiden hat sich Kalksalpeter bestens bewährt. Da er aus der Luft leicht Feuchtigkeit anzieht, dann schmierig wird, erfolgt Lieferung in Spezialsäcken, die bis zum Gebrauch fest verschlossen bleiben müssen. Beim Ausstreuen während heißer Witterung Schutzkleidung tragen, Hände und Unterarme mit Vaseline leicht einfetten. Es dürfen keine offenen Wunden vorhanden sein. Nach beendeter Arbeit Hände und Arme gründlich mit viel warmem Wasser waschen.

Natronsalpeter enthält 16% Stickstoff. Anwendung wie Kalksalpeter, bevorzugt als Kopfdünger, besonders zu Rüben, die das Natrium ausnutzen können. Auf schwerem Boden ist Kalksalpeter vorzuziehen, da Natronsalpeter verschlämmend und verkrustend wirkt. Um Auswaschungsverlusten vorzubeugen, sind auf durchlässigen Böden geteilte Gaben ratsam. Unkrautbekämpfung mit N. in Zuckerrüben S. 251.

Phosphorsäure

Phosphorsäure gehört zu den Hauptnährstoffen der Pflanze und dient besonders zum Aufbau von Eiweiß. Die ertragssteigernde Wirkung kommt ganz besonders bei den eiweißreichen Körnern zur Geltung. Posphorsäuredüngung fördert sowohl Blütenbildung wie auch Fruchtansatz und Fruchtentwicklung. Die Samen werden vollkommener ausgebildet, wodurch sich Keimfähigkeit wie auch Korngewicht erhöhen. Durch die reifebeschleunigende Wirkung der Phosphorsäuredüngung — Verkürzung der Wachstumsperiode — wird die Ablagerung der aufgenommenen und in Zucker und Stärke umgewandelten Nährstoffe begünstigt. Kartoffeln und Rüben werden also stärke- und zuckerreicher, sie haben dadurch höheren Nährwert und größere Haltbarkeit.

Phosphorsäure verbessert den Geschmack von Kartoffeln, Obst und Gemüse. Sie fördert die Blühwilligkeit und Farbenfülle der Blumen und Ziersträucher. Ertragshöhe, Qualität und Haltbarkeit werden also günstig beeinflußt. Die Pflanzen sind gegen Krankheiten weniger anfällig. Das Wurzelsystem wird durch Phosphorsäuredüngung gekräftigt. Phosporsäure hat auf die Lagerfähigkeit großen Einfluß durch Ausbildung eines kleinzelligen, festen, kernigen Gewebes. Die Standfestigkeit der Halmfrüchte wird also verbessert. Blüten und Samen sowie die jungen Pflanzenteile sind besonders reich an Phosphorsäure.

1 kg Phosphorsäure (P_2O_5) erzeugt: 6 kg Getreidekorn und 11,2 kg Stroh, 46,0 kg Kartoffeln, 51,0 kg Zuckerrüben, 125,0 kg Futterrüben, 5,3 kg Raps, 26,3 kg Wiesenheu oder 22 kg Kleeheu.

Keine Auswaschungsverluste

Phosphorsäure, und zwar sowohl die zitronensäurelösliche (Thomasphosphat) und zitratlösliche (Rhenaniaphosphat) als auch die wasserlösliche Form (Superphosphat) unterliegt selbst auf leichten Böden praktisch so gut wie gar nicht der Auswaschung und kann daher beliebig auf Vorrat gedüngt werden. (Phosphorsäure geht mit den Bodenbestandteilen eine für die Pflanzen aufnehmbare Verbindung ein.) Dies ist auch deshalb wichtig, weil Phosphorsäure im Jahr der Anwendung von den Pflanzen nur zu 10—20% ausgenutzt wird. („Mit Stickstoff wird die Pflanze gedüngt, mit Phosphorsäure der Boden.")

Schädigungen durch eine Phosphorsäure-Überdüngung sind kaum zu befürchten.

Phosphorsäure und Kalkzustand

Auf sauren Böden (pH unter 5,5) kommt eine Phosphatdüngung nicht zu voller Wirkung; die Phosphorsäure wird dann in für die Pflanzen schwer aufnehmbare Aluminium- und Eisenphosphate festgelegt. Kalkböden bzw. überkalkte Böden bilden aus der Phosphorsäure das ebenfalls schwerlösliche Kalkphosphat.

Auf Böden, deren Kalkzustand nicht in Ordnung ist, wirkt Phosphorsäure meist um so besser, je weniger Zeitraum zwischen Ausstreuen und Einsaat liegt. Denn je länger Phosphorsäure im Boden liegt, desto mehr wird von ihr festgelegt. Daher Phosphorsäure auf Kalkmangelböden zu Frühjahrskulturen nicht schon im Herbst ausstreuen. Winterung erhält dagegen Phosphorsäure bereits im Herbst, Sommerung im Frühjahr vor der Saat, um sie mit den Bestellungsarbeiten einzubringen. Böden mit geordneten Kalkverhältnissen, welche sehr arm an Phosphorsäure sind, lohnen eine Phosphatdüngung am besten. Allerdings haben hier geringe P_2O_5-Gaben keinen Erfolg (etwa unter 3 dz/ha Phophatdünger), da der größte Teil dieser geringen Phosphatmenge im Boden in einer von der Pflanze schwer aufnehmbaren Form festgelegt wird. Daher sind auf sehr phosphorsäurearmen Böden stärkere Gaben erforderlich.

Tiefe der Unterbringung

Phosphorsäure ist im Boden sehr schwer beweglich. Da besonders bei geringen Niederschlägen die oberste Schicht der Ackerkrume für die Nährstoffversorgung der Pflanzen mehr oder weniger ausfällt, muß Phosphorsäure, um zur vollen Wirkung zu kommen, durch Banddüngung (S. 79), Grubbern oder Schälen tiefer in den Boden gebracht werden. Sehr zweckmäßig ist Stoppeldüngung (S. 90), zusammen mit Kali, besonders für Zuckerrüben (Rückgang der Beinigkeit), aber auch für Zwischenfrüchte, Winterraps und Wintergerste. Rechtzeitig vor der Saat gestreut, läßt sich durch die verschiedenen Arbeitsgänge gute Vermischung des Phosphorsäuredüngers mit der Ackerkrume erreichen.

Reihenfolge der Phosphorsäurebedürftigkeit

Ölfrüchte, Rüben, Kartoffeln sowie die anspruchsvollen Gemüsearten sind besonders phosphorsäurebedürftig. Es folgen Klee, Mais, Erbsen, Bohnen, Samenrüben, Luzerne im 1. Nutzungsjahr und das Grünland. (Durch Phosphorsäuredüngung tritt auch Verbesserung des Futters ein.)

Ein gutes Aufschlußvermögen für Phosphorsäure (daher wenig phosphorsäurebedürftig) hat das Wurzelsystem der Lupine und des Senfes, ein schlechtes die Sommergerste.

Phosphorsäuremangel der Grünland- und Futterflächen kann Erkrankung der Tiere an Knochenweiche, Knochenbrüchigkeit, Verkalben usw. zur Folge haben! Eine Milchkuh gibt bei einer Leistung von 20 kg Milch täglich allein 40 g Phosphorsäure ab! Auch die Entwicklung der Klee- und Wickenarten auf Grünland wird durch Phosphorsäure sehr gefördert. Phosphorsäure hat bei Hackfrüchten gegenüber dem Getreide doppelten Wirkungswert.

Düngerwirkung bei Phosphorsäure (Ausnutzung 90%) etwa 20 Jahre, davon im 1. und 2. Jahr je 15%, 3. Jahr 10%, 4. Jahr 8%.

Man düngt also mit Phoshorsäure nicht die einzelne Frucht, sondern im gewissen Sinne die Fruchtfolge.

Phosphorsäure-Mangelerscheinung der Pflanzen

Äußere Pflanzenmerkmale bei Phosphorsäuremangel: Verspätete Entwicklung der Pflanze, auch in der Bildung neuer Blätter. Infolgedessen auch Blüte- und Reifeverzögerung. Die Pflanzen bleiben schwach und klein und zeigen einen zarten Aufbau. Die Stiele der Blätter sind länger als normal und stehen mehr waagerecht. Wurzelwachstum und Bestockung sind gering.

Die Pflanze zeigt eine tief dunkelgrüne, undurchsichtige, glanzlose Färbung. Im weiteren Verlauf bekommen die Blätter unregelmäßig geformte, dunkelbraune Stellen, um schließlich ohne Krümmung der Blattrippen mit schwarzbrauner oder schwarzgrüner Farbe lederartig, nicht brüchig zu vertrocknen, während die Stengel eine rote und blaue Färbung annehmen.

Bei Getreide treten ähnlich wie bei Kalimangel rötlichbraune Flecke des Stengels und der Blätter auf. Aufrechtstehende Ähren und Vergilben der Blätter nach vorübergehender Rotfärbung sind weitere Anzeichen.

Phosphorsäuredünger

Superphosphat enthält 18% schnell und nachhaltig wirkende Phosphorsäure. Die beste Wirkung erzielt Superphosphat auf kalkhaltigen bis schwach sauren Böden. Infolge seiner leichten Löslichkeit läßt sich Superphosphat auch bei verspäteter Düngung noch als Kopfdünger verwenden. In gekörnter Form ergibt sich bessere Streubarkeit und günstigere Ausnutzung der Phosphorsäure durch die Pflanzen, auch auf phosphat- und kalkarmen Böden. Superphosphat und Kalk sind möglichst getrennt in den Boden einzuarbeiten. (S. 97 und S. 103.) Ammoniak-Bindung durch Superphophat bei Stallmist S. 54, bei Jauche S. 64.

Thomasphosphat enthält 14—16% leicht aufnehmbare Phosphorsäure, außerdem ca. 45% wirksamen Kalk sowie Magnesia, Mangan und andere wichtige Mikronährstoffe. Die im Thomasphosphat enthaltene Kieselsäure verhindert die Festlegung der Phosphorsäure im Boden. Es paßt für alle Böden und Pflanzen und ist auf kalkarmen Böden dem Superphosphat vorzuziehen. Thomasphosphat wird vor der Bestellung im Herbst oder Frühjahr ausgestreut. Es ist unbegrenzt lagerfähig, eignet sich gut zur Vorratsdüngung und Anreicherung des Bodens mit Phosphorsäure und findet daher auch zur Stoppeldüngung Verwendung. Wiesen und Weiden können sowohl im Herbst und Winter als auch im zeitigen Frühjahr mit Thomasphosphat abgedüngt werden.

Rhenania-Phosphat, (Glühphosphat), enthält 26—28% schnell und nachhaltig wirkende (ammonzitratlösliche) Phosphorsäure sowie etwa 40% Kalk. Infolge Hochprozentigkeit sind Transport-, Streu- und Lagerungskosten geringer als bei anderen Phosphat-Düngemitteln. Es läßt sich auf allen Böden, für alle Früchte und zu jeder Jahreszeit mit bestem Erfolg anwenden. (Zur Vorratsdüngung besonders geeignet.) Aufgrund des hohen Gehaltes an löslicher Kieselsäure kann Rhenania-Phosphat auch auf zur Festlegung der Phosphorsäure neigenden (meist sauren) Böden mit gutem Erfolg angewandt werden.

Hyperphos, enthält 30% Gesamtphosphorsäure und 45% Gesamtkalk (CaO), davon ca. 15% freier kohlensaurer Kalk ($CaCO_3$). Hyperphos ist geeignet für Acker- und Grünland, enthält eine nachhaltig wirkende Phosphatform und ist besonders geeignet für Kulturen mit längerer Wachstumszeit. Auf dem Grünland wirkt es kleefördernd und trägt zur Verbesserung der Grasnarbe bei. Infolge hohen Prozentgehaltes verhältnismäßig günstige Fracht- und Streukosten. Anwendungszeit Herbst und Frühjahr.

Kali

Kali benötigt die Pflanze zur Stärke- und Zuckerbildung. Das ist besonders bei Kartoffeln und Zuckerrüben, aber auch beim Getreide für Ertrag, Qualität und Haltbarkeit wichtig. Ausreichend mit Kali versorgte Pflanzen sind standfester sowie winterhärter und besitzen bessere Widerstandskraft gegen Dürre. Sie zeichnen sich auch durch erhöhte Widerstandsfähigkeit gegen Befall von gewissen pflanzlichen und tierischen Schädlingen aus, wie Rost, Schneeschimmel, Steinbrand und Blattlausbefall. Bei Kalimangel wird die Bildung von Eiweißstoffen gehemmt, da nicht genügend Kohlenhydrate gebildet werden. Kali wird vorwiegend in Blättern und Stengeln abgelagert. Daher ist Getreidestroh reicher an Kali als die Körner, so daß Kali beim Verfüttern und Einstreuen von Stroh großenteils als Dünger wieder in den Boden zurückkehrt.

1 kg Kali (K_2O) erzeugt: 2,8 kg Getreide und die entsprechende Menge Stroh, 19,2 kg Kartoffeln, 29,0 kg Zuckerrüben, 68,9 kg Futterrüben, 1,7 kg Raps oder 12,4 kg Wiesenheu. — Bei Mangel an Stickstoff und Phosphorsäure sinkt auch die absolute Leistung des Kalis.

Kali im Boden

Auswaschungsgefahr besteht bei Kali im allgemeinen nicht. Sobald der Boden nur über einen geringen Ton- und Humusanteil verfügt und sich in gutem Kulturzustand befindet, wird Kali in pflanzenaufnehmbarer Form zurückgehalten. Sehr kalibedürftig sind Niederungsmoorböden, weshalb vor Inkulturnahme solcher Böden starke Vorratsdüngung an Kali zu verabfolgen ist.

Tiefe der Unterbringung

Kali braucht nicht unbedingt so tief in den Boden gebracht zu werden wie Phosphorsäure. Es hat sich aber auf allen Böden, abgesehen von leichtesten Sand- und Moorböden sowie in überschwemmungsgefährdeten Lagen, insbesondere beim Anbau von Kartoffeln und Rüben, die Stoppeldüngung mit Kali und Phosphorsäure bestens bewährt; dies ist insbesondere der Fall, wenn vor den Hackfrüchten Winterzwischenfrüchte angebaut werden. Infolge der durch Schälen der Stoppel gleichmäßig in den Boden eingebrachten Dünger entwickeln sich die Pflanzenwurzeln in der nährstoffreichen Bodenschicht besonders üppig. Da die tieferen Bodenschichten weniger leicht austrocknen, können die Nährstoffe von den Pflanzen auch in Trockenzeiten leichter aufgenommen werden. Die Bestockung wird somit gefördert und die jungen Saaten werden gegen Auffrieren im Winter besser geschützt. Nährstoffverluste sind nicht zu befürchten. Darüber hinaus bietet Stoppeldüngung durch den möglichen Frühbezug der Dünger wesentliche geldliche Vorteile.

Stoppeldüngung (siehe auch S. 243)

Zur Winterung wird Kali bereits als Stoppeldüngung oder spätestens 2—3 Wochen vor der Bestellung gegeben. Kopfdüngung mit Kali bleibt, abgesehen von der Unkrautbekämpfung mit Hederich-Kainit, ein Notbehelf; sie sollte aber dann stets angewandt werden, wenn durch besondere Umstände eine Kalidüngung vor der Saat nicht möglich gewesen ist. Es ist zu beachten, daß Kali wegen eventuell eintretender Unterkühlung der Pflanzen nicht auf gefrorene oder schneebedeckte Böden gestreut wird.

Kali und Kalk

Von wesentlicher Bedeutung ist im Boden ein harmonisches Verhältnis von Kali zu Kalk. Wird für nur schwach mit Kali versorgte Pflanzen die Kalkzufuhr erheblich gesteigert, so tritt hierdurch eine Zurückdrängung der Kaliaufnahme ein, was erhebliche Ertragsausfälle im Gefolge haben kann.

Anderseits vermögen kalihaltige Düngemittel nur bei gesundem Kalkzustand des Bodens zur vollen Wirkung zu kommen. Bei Verwendung von Kainit ist der Kalkzufuhr besondere Beachtung zu schenken.

Kalibedürfnis der Pflanzen

Hohes Kalibedürfnis haben: Kartoffeln, Zucker-, Futter- und Kohlrüben, Raps, Faserlein, Mais und ferner insbesondere Leguminosen, wie vor allem Luzerne, Klee und Lupine. Roggen und Hafer haben für Kali besseres Ausnutzungsvermögen als Gerste und Weizen. Kartoffeln haben stärkeren Kalibedarf als Zuckerrüben, Futterrüben einen höheren als Zuckerrüben. — Der Wirkungswert des Kalis ist bei Hackfrüchten etwa dreimal so groß wie bei Getreide.

Kalimangelerscheinungen der Pflanzen

Zuerst zeigen Pflanzen im Jugendstadium häufig eine mastige Entwicklung und dunkelgrüne Färbung (ähnlich wie bei Stickstoffüberdüngung). Später macht sich Krümmung der Blätter nach oben bemerkbar, verbunden mit hell- bis gelbgrüner Verfärbung der Blattfläche und Auftreten von intensiv violetten bzw. gelbbraunen und grauen Flecken oder Streifen (insbesondere bei Zuckerrüben). Auch braunschwarze Verfärbung und Weißfleckigkeit tritt ein, hauptsächlich zwischen den Blattnerven bzw. -adern und an den Blattspitzen unter Eintrocknen des Blattrandes, was nicht mit Dürreschäden zu verwechseln ist; Blätter reißen ein und Blattoberfläche zeigt wellige Gestaltung, gelegentlich auch Einrollen und spiraliges Verwinden der Blätter. Blätter sterben meistens zu mehreren plötzlich ab. Sie vertrocknen, werden brüchig und fallen ab. Bei Obst ist Holzbildung unzureichend, so daß Äste schwach und dünn bleiben; Sproßentwicklung mangelhaft. Blätter von Kartoffeln und Rüben zeigen deutlich gekräuseltes Aussehen und braune Flecke, auch an den Stielen. Bei Rüben ruft Kalimangel statt der normalen saftigen, grünen Farbe dunkleren, himbeerfarbigen Ton der Blätter hervor. Bei Möhren werden Blätter erst gelblich, darauf werden Blattspitzen braun und vertrocknen, Ränder der Blattspreite bekommen allmählich brandiges Aussehen. Kalimangel übt bei Rüben und Möhren auf die Wurzeln stärkere Depression aus als auf das Kraut. Kartoffeln und Rüben neigen bei Kalimangel stark zu Fäulnis, vor allem bei feuchter Witterung.

Kalidüngemittel

Kainit (Kalirohsalz) mit 10—15% K_2O. Enthält als Nebenbestandteil Chlornatrium (Kochsalz), welches die Struktur leichter Sandböden verbessert, diese somit bindiger macht. Infolge Erhöhung der wasserhaltenden Kraft können Pflanzen auf mit Kainit gedüngten Sandböden Dürreperioden besser überstehen. Für schwerere Lehm- und Tonböden ist Kainit infolge Verschlechterung der Bodengare nicht geeignet. Anwendung von Kainit empfiehlt sich aber im Wechsel mit hochprozentigen Kalidüngemitteln zu Grünland und den salzliebenden Futterrüben.

Hederich-Kainit (12—15% K_2O), ein Kalirohsalz in besonders feiner, staubförmiger Mahlung, das sich neben seiner Nährstoffwirkung auch als Bekämpfungsmittel gegen verschiedene Unkräuter (Hederich, Ackersenf, Windhalm u. a. — S. 111) bestens bewährt. In Hack- und Hülsenfruchtbeständen sowie in Getreideschlägen mit Klee-Einsaat können Hederich-Kainit allein als auch im Gemisch mit Kalkstickstoff (Verhältnis 4:1) auf Grund ihrer Wirkungsweise zur Unkrautbekämpfung nicht herangezogen werden. Bekämpfung von Ackerschnecken, Drahtwürmern (S. 607), Fliegen (S. 609).

40er Kalidüngesalz mit 40% K_2O ist das meist verwendete Kalidüngemittel. Es empfiehlt sich, diesen Dünger wie überhaupt alle Kalidüngemittel mit chloridischen Nebenbestandteilen (S. 101) rechtzeitig vor der Aussaat, mindestens aber 3—4 Wochen vorher, vor allem bei chloridempfindlichen Pflanzen wie Kartoffeln, Tabak, Tomaten und Beerenobst auszustreuen.

50er Kalidüngesalz mit 50% K_2O; es bietet gegenüber dem 40er Kalidüngesalz betriebs- und arbeitswirtschaftliche Vorteile, da die Kosten für Verpackung, Transport, Lagerraum, Mischen und Ausstreuen niedriger liegen. Bei gleichen K_2O-Gaben brauchen somit geringere Düngermengen gestreut zu werden, was insbesondere bei der Düngung zu kalizehrenden Pflanzen und auf stark an Kali verarmten Böden von Bedeutung ist.

Farbunterschiede bei Kainit und anderen Kalidüngemitteln mit chloridischen Nebenbestandteilen werden durch eisenhaltige und andere färbende Bestandteile der zur fabrikatorischen Verarbeitung benutzten Kalirohsalze hervorgerufen; sie haben auf die Düngewirkung keinen Einfluß.

Schwefelsaures Kali mit 48—52% K_2O. Dieser Kalidünger zeichnet sich durch seinen Sulfatanteil aus und empfiehlt sich deshalb insbesondere für chloridempfindliche Kulturen, in erster Linie also Tabak, Reben, Obst, Gemüse und auch Hopfen; es übt einen besonders günstigen Einfluß auf Ertrag, Qualität und Haltbarkeit dieser Kulturen aus.

K a l i m a g n e s i a (Patentkali) mit 26—30% K_2O und 25—38% schwefelsaurer Magnesia. Patentkali besitzt dieselben Vorzüge wie Schwefelsaures Kali, zeichnet sich letzterem gegenüber aber außerdem noch durch hohen Gehalt an Magnesia aus; so werden bei einer Düngung von 150 kg Kali in Form von Patentkali (etwa 6 dz) dem Boden und den Pflanzen etwa 50—60 kg reine Magnesia (MgO) zugeführt, was nicht nur genügt, um den jährlichen Magnesiaentzug durch die Ernten zu decken, sondern darüber hinaus, insbesondere auf leichten sauren Böden, den abgesunkenen Magnesiaspiegel dieser Böden sogar wieder aufzufüllen.

Patentkali ist der geeignete Kartoffeldünger (wirkt günstig auf den Stärkegehalt) und empfiehlt sich ferner für Düngung von Obst, Gemüse, Hopfen und Tabak; Ertrag, Qualität und Haltbarkeit werden dadurch wesentlich verbessert. Im Boden hemmt Magnesia eine Festlegung der Phosphorsäure und macht diese dadurch für Pflanzen leichter aufnehmbar.

Magnesiamangelerscheinungen der Pflanze

M a n g e l e r s c h e i n u n g e n a n M a g n e s i a machen sich durch auffällig feine Fleckung an den Blattflächen, ähnlich der Mosaikkrankheit der Kartoffeln und virösen Vergilbungskrankheit der Rüben bemerkbar. Die hell- bis gelbgrünen Flecke verleihen der Blattfläche ein marmoriertes Aussehen, was auf eine gehemmte Bildung des Blattgrüns, dessen wesentlicher Bestandteil Magnesium ist, zurückgeführt wird.

Auf sauren, insbesondere leichten Böden, wo Magnesium stärker der Auswaschung unterliegt, treten immer häufiger mit Ertrags- und Qualitätsrückgängen einhergehende Magnesiamangelerscheinungen auf. (Siehe S. 195.)

Die Ausnutzung des Kalis aus den mineralischen Kalidüngemitteln beträgt bereits im ersten Jahr etwa 70—80%.

Kalk

K a l k i s t i n e r s t e r L i n i e B o d e n d ü n g e r. Er dient also vornehmlich zur Verbesserung des Bodengefüges und der Luft- und Wasserführung des Bodens und erst in zweiter Linie als Pflanzennährstoff. Ausreichende und rechtzeitige Kalkung beseitigt jede für die Pflanzen schädliche Bodensäuerung (die Bodensäuren werden an den Kalk gebunden) und ermöglicht dadurch Humusbildung und Vermehrung der Bodenbakterien.

K a l k m a c h t s c h w e r e n B o d e n l o c k e r u n d l e i c h t e n B o d e n b i n d i g e r. Zugleich erwärmt er die Böden. Er trägt wesentlich zur Entstehung und Erhaltung der Gare bei und schafft die Voraussetzung für eine volle Wirkung der Wirtschafts- und Handelsdüngemittel.

Bei K a l k m a n g e l vertorft der Humus im Boden. Kalkmangelböden verwerten Stickstoff und andere Nährstoffe sehr schlecht. (Ungenügende Wurzelentwicklung, schwächlicher Pflanzenwuchs.) Das Getreide zeigt Kümmerwuchs, helle Blattspitzen und im ersten Wachstumsstadium eine lang anhaltende Rotfärbung der jungen Pflänzchen infolge Anthocyanbildung (auch erhöhte Lagergefahr).

Schwere Bodenarten sind gewöhnlich reicher an Kalk als Moor- und leichte Sandböden. Moorböden werden langsam aufgekalkt, weil sich sonst die organische Substanz zu rasch zersetzt. Nur bei Neukulturen, und wenn die Moorschicht sehr mächtig ist, sind Ausnahmen zulässig. Bei anmoorigen Sand- und Kiesböden ist ebenfalls allmähliche Aufkalkung zu empfehlen. Man streut daher in kurzen, regelmäßigen Abständen kleinere Gaben.

Der billigste und natürlichste Futterkalk ist der Düngekalk auf den Futterflächen, den die Haustiere für ihre Knochenbildung unbedingt benötigen.

Kalkhaltige Düngemittel können die Wirkung einer Kalkung wohl unterstützen, aber nicht ersetzen!

Kalkdünger

Verzeichnis der handelsüblichen Düngekalke
gemäß Düngekalkabkommen vom 1. 1. 1957

Name	Gehaltslage	Mahlfeinheit
Kohlensaurer Kalk (Kalkmergel)	80 — 95% $CaCO_3$ entsprechend 45 — 53% CaO	A: Weicherdige Kalkmergel: 0% Rückstand auf DIN-Sieb 2
Kohlensaurer Kalk (Kalkmergel)	80 — 95% $CaCO_3$ + $MgCO_3$ davon 5 — 15% $MgCO_3$ = 45 — 53% CaO + MgO davon 2 — 7% MgO	bis 40% Rückstand auf DIN-Sieb 0,75 B: Hartkalkstein: 0% Rückstand auf DIN-Sieb 1 bis 20% Rückstand auf DIN-Sieb 0,3
Kohlensaurer Magnesiumkalk (Magnesiummergel)	80 — 95% $CaCO_3$ + $MgCO_3$ davon 15 — 40% $MgCO_3$ = 45 — 53% CaO + MgO davon 7 — 20% MgO	
Torfmergel (kohlensaurer Kalk mit Torfzusatz)	70 — 85% $CaCO_3$ = 39 — 48% CaO 2% Torftrockenmasse	
Stückkalk	mindestens 85% CoO	
Gemahlener Branntkalk	70 — 95% CaO	0% Rückstand auf DIN-Sieb 4 bis 10% Rückstand auf DIN-Sieb 2
Gemahlener Branntkalk	70 — 95% CaO + MgO davon 5 — 15% MgO	
Magnesium-Branntkalk	70 — 95% CaO + MgO davon 15 — 40% MgO	
Löschkalk	60 — 70% CaO	
Magnesium-Löschkalk	60 — 70% CaO + MgO davon 15 — 25% MgO	
Mischkalk	60 — 65% CaO	entsprechend den Ausgangsprodukten (Kalkmergel und gemahlener Branntkalk)
Magnesium-Mischkalk	60 — 65% CaO + MgO davon 15 — 25% MgO	

Garantierte Gehalte: bei kohlensauren Kalken, Branntkalken und Löschkalken sind die Kalkgehalte von 5 zu 5% abgestuft.

In Magnesiumkalken werden gemäß Düngekalkabkommen vom 1. 1. 1957 bei ungebrannten Kalken 1 Teil $MgCO_3$ = einem Teil $CaCO_3$ und in gebrannten Kalken 1 Teil MgO = einem Teil CaO gesetzt.

„Farbunterschiede sind für die Güte der Düngekalke belanglos. Eine Beanstandung wegen der Farbe ist daher nicht zulässig.“

Nur diese Düngekalke werden lt. DKA von Landwirtschaftlichen Untersuchungs- und Forschungsanstalten laufend auf Gehalt und Mahlfeinheit kontrolliert und dürfen in roten Säcken mit dem Aufdruck des Gütezeichens verpackt werden. Bei loser Verladung hängt das Gütezeichen am plombierten Waggon.

Kohlensaurer Kalk ist besonders für leichte Böden und Grünland geeignet. Seine Umsetzung im Boden geht langsam vor sich, daher frühzeitig anwenden. Je feiner die Mahlung, desto schneller die Wirkung.

G e m a h l e n e r B r a n n t k a l k entsteht durch Brennen natürlicher Kalksteine bei Temperaturen um 1100° ($CaCO^3 = CaO + CO_2$) und anschließendes Vermahlen auf genormte Feinheitsgrade. Im Boden geht gemahlener Branntkalk zum großen Teil wieder in kohlensauren Kalk über. Gemahlener Branntkalk kommt nur dann zur vollen Wirkung, wenn er auf trockenen Acker gestreut und sofort trocken und flach in den Boden eingebracht wird (eggen, grubbern, schälen).

Zur Vermeidung von Nährstoffverlusten sollten gebrannte Kalke stets zwei Wochen vor oder nach Stallmist, Jauche, ammoniakhaltigen Stickstoffdüngern und aufgeschlossenen Phosphaten gegeben werden. Die Wirkung zu der betreffenden Frucht ist dann besser, auch treten niemals Keimschäden auf.

B r a n n t-, L ö s c h- u n d M i s c h k a l k gehören auf schwerere Böden sowie stark versauerte Ackerflächen, wenn schnelle Bodenentsäuerung erforderlich ist, oder bei verspäteter Frühjahrskalkung sowie in Höhenlagen mit rauherem Klima, wo kohlensaurer Kalk infolge der fehlenden Bodenwärme langsamer wirkt. Allerdings kann sich die durch diese Düngemittel auf leichten Böden hervorgerufene zu starke und plötzliche Reaktionsverschiebung ungünstig für die Pflanzen auswirken. Auch die an sich geringen Humus- und Nährstoffvorräte werden zu schnell mobilisiert und umgesetzt.

D a h e r v e r w e n d e t m a n a u f l e i c h t e n B ö d e n B r a n n t- u n d L ö s c h k a l k n u r i n k l e i n e r e n G a b e n. Diese werden am zweckmäßigsten erst im Herbst ausgebracht, weil bei Verwendung von Branntkalk die Wasserbewegung im Boden erhöht wird, was sich während der Vegetationszeit der Pflanzen, besonders bei anhaltender Trockenheit, sehr ungünstig auswirken kann. Dagegen ist eine stärkere Wasserverdunstung bei den niedrigeren und verhältnismäßig gleichbleibenden Temperaturen im Herbst nicht mehr zu befürchten.

100 kg 95% gemahlener Branntkalk entsprechen bei einer etwa drei Jahre verteilten Wirkung: 146 kg 65% Löschkalk oder 151 kg 60/65% Mischkalk oder 178 kg 95% kohlensauren Kalk.

H ü t t e n k a l k — feingemahlene Hochofenschlacke (mindestens 45% CaO+MgO) entsteht durch das Zusammenschmelzen des in den Hochofen eingebrachten Kalkes mit den Gesteinsresten des Eisenerzes. Der Kalk ist in der Hauptsache an Kieselsäure und Tonerde gebunden. Wegen seiner milden Wirkung eignet er sich besonders für die kalkempfindlichen Böden (Sand, Moor, Wald, Grünland). Eine Ü b e r k a l k u n g ist selbst bei Verwendung größerer Mengen nicht zu befürchten (Gesundungskalkung stärker versauerter Böden).

Die Standfestigkeit des Getreidehalmes wird durch den hohen Kieselsäuregehalt (etwa 30%) des Hüttenkalkes erhöht. Auch das Blattgewebe erhält dadurch erhöhte Widerstandsfähigkeit gegen Pilzkrankheiten. Der Gehalt an Spurennährstoffen (Mangan, Kupfer, Zink, Bor u. a.) trägt zur Heilung von Mangelschäden bei und beugt der Bodenerschöpfung an diesen Stoffen vor. Der garantierte Gehalt muß 45% betragen, darin mindestens 3% Magnesia (MgO). Man verabfolgt etwa die doppelte Menge wie die für Branntkalk übliche.

K a r b i d k a l k (40% Wasser enthaltend, fällt bei der Azetylenerzeugung an) 35% CaO (in Form von Löschkalk).

Wird am besten zur Kompostierung verwendet, da er unter Umständen noch unzersetzte Karbidstücke, Kalziumsulfid und andere pflanzenschädigende Bestandteile enthalten kann, die erst durch Zersetzung unschädlich gemacht werden müssen. In Anbetracht des hohen Wassergehaltes lohnt sich Bahntransport nicht.

Scheideschlamm oder Scheidekalk (Abfall der Reinigung des Zuckersaftes in den Zuckerfabriken) enthält 22—25% CaO (25% Löschkalk und 75% kohlensaurer Kalk), ferner etwa 0,4% Stickstoff, 0,5% Phosphorsäure, 0,2% Kali.

Scheideschlamm enthält bis zu 40% Wasser. Versand auf weite Entfernung lohnt sich nicht, so daß sich seine Verwendung auf die unmittelbare Umgebung der Zuckerfabrik beschränkt. Zur besseren Verteilung im Boden ist Scheideschlamm vor der Anwendung auf das zu kalkende Feld in kleine Haufen zu fahren, damit diese durchfrieren. Im Durchschnitt werden etwa 100 dz/ha gestreut, im Höchstfall 200 dz/ha.

Wieviel Reinkalk enthält kohlensaurer Kalk?

Zur Berechnung des Gehaltes von CaO ist der $CaCO_3$-Gehalt mit dem Faktor 0,56 zu multiplizieren, das heißt also 100 Raumteile $CaCO_3$ entsprechen 56 Raumteilen CaO. (85 kg kohlensaurer Kalk = rd. 50 kg Branntkalk.) Maßgeblich für die Bewertung des Kalkes ist neben dem Gehalt auch der Feinheitsgrad der Vermahlung, da von ihm die Geschwindigkeit, mit der er im Boden reagieren kann, abhängt.

Kohlensaurer Kalk ist im Wasser unlöslich, gem. Branntkalk und Löschkalk aber zum Teil doch. Daher sind diese auch schneller wirksam.

Was bedeutet die pH-Zahl?

Die Reaktion des Bodens wird in der chemischen Bezeichnung pH mit einer Zahl angegeben. (pH bedeutet Wasserstoffexponent — pH = pondus Hydrogenium, Wasserstoffgewicht.)

Es bedeuten:

pH-Zahl	Säuregrad	Kalkbedarf
4,0 und darunter	sehr stark sauer	sehr groß
4,1—4,5:	stark sauer	groß
4,6—5,2:	sauer	mittel
5,3—6,4:	schwach sauer	gering
6,5—7,4:	neutral	nur bei schweren Böden
7,5 und mehr	alkalisch	keiner

Auf einem leichteren Boden ist eine pH-Zahl zwischen 5,5 und 6,5 am besten, auf schweren Böden eine solche von 6,5 bis 7,4.

Eine Gesundungskalkung ist erforderlich bei:
leichten Böden mit einem pH-Wert von weniger als 5,5
schweren Böden mit einem pH-Wert von weniger als 6,5,
und zwar in folgender Weise / ha:

	Leichte Böden	Schwere Böden
gem. Branntkalk	10—12 dz	20 dz
Löschkalk oder Mischkalk	13—15 dz	25 dz
Kohlensaurer Kalk	20—25 dz	—

Im anderen Falle genügt eine Erhaltungskalkung, die regelmäßig alle 3—4 Jahre in nachstehender Höhe/ha erfolgen soll:

	Leichte Böden	Schwere Böden
gem. Branntkalk	—	10—12 dz
Löschkalk	—	15 dz
Kohlensaurer Kalk	10—15 dz	25—30 dz

Auf gesunden Böden (namentlich leichteren Sandböden) *sind nicht zu hohe Kalkgaben auf einmal zu verabreichen*, da sonst leicht Schaden angerichtet wird, sondern lieber öfter und kleine Mengen zu streuen! (Siehe Seite 94.)

Wenn nur geringe Mengen Kalk zur Verfügung stehen, ist es richtiger, zu den anspruchsvolleren Früchten jedem Schlag etwas zu geben, da schon kleinste Gaben zur Wirkung kommen.

Schäden einer Überkalkung

Bei einer pH-Zahl von 7 unterbleibt das Kalken besser, es sei denn, daß es sich um schwersten Tonboden handelt. Überkalkung, besonders auf leichten Sandböden, verursacht zu schnellen Humusabbau im Boden, ohne daß der Humus zur vollen Wirkung kommen kann, legt wurzellösliche Phosphorsäure und andere lebenswichtige Stoffe (Spurenelemente) im Boden fest und beeinflußt auch den Wasserhaushalt der Pflanzen ungünstig. (Hemmung der Wasseraufnahme durch die Pflanze und verstärkte Transpiration.) Ein *Übermaß an Kalk* ruft Herz- und Trockenfäule bei Rüben, Schorf bei Kartoffeln und Dörrfleckenkrankheit bei Hafer hervor. (Bekämpfung siehe S. 137, 224, 256.)

Reihenfolge der Kalkbedürftigkeit

Den *geringsten Kalkbedarf* zeigen gelbe Lupinen (die Süßlupine ist kalkfreundlicher als die Bitterlupine), Serradella, Hafer, Roggen, Flachs, Kartoffeln.

Höhere Ansprüche an den Kalkgehalt des Bodens stellen Zuckerrüben, Raps, Rübsen, Wintergerste, Weizen, Hülsenfrüchte (Erbsen, Bohnen) und Klee.

Den größten Kalkbedarf haben Luzerne und besonders Steinklee und Esparsette.

Die Kalkbedürftigkeit der einzelnen Pflanzen kommt auch in den nachfolgenden pH-Zahlen zum Ausdruck, die den der Pflanze am besten zusagenden Säuregrad des Bodens annähernd wiedergeben (je nach Bodenart und Sorte schwankend):

Gelbe Süßlupine . .	4,5—6 pH	Kohlrüben	6 —7 pH
Blaue Lupine . . .	5 —6,5 „	Futterrüben . . .	5,8—7,4 „
Hafer	5,5—6,5 „	Möhren	6,5—7,5 „
Kartoffeln	5,5—6,5 „	Weiße Lupinen . .	6 —7 „
Roggen	5,8—7 „	Sommergerste . . .	6 —7 „
Serradella	5,3—6,5 „	Flachs	5,5—7 „
Mohn	6 —7 „	Weizen	6 —7,5 „
Hanf	5,6—6,5 „	Zuckerrüben . . .	6,5—7,5 „
Mais	5 —6,8 „	Wintergerste . . .	6,5—8 „
Ackerbohnen . . .	6 —7,5 „	Senf	7 —8 „
Erbsen	6 —7,5 „	Raps	7 —8 „
Rotklee (Weiß-Gelb)	6 —7,5 „	Luzerne	6,5—8 „
Wiesen	5,6—6,5 „	Esparsette	6 —8 „
Weiden	5,6—6,5 „	Steinklee	7 —8 „

Kalk- und Magnesiumentzug durch Ernten

	CaO/ha	MgO/ha
Getreide	etwa 20—30 kg	10—15
Hülsenfrüchte	etwa 45—75 kg	15—20
Hackfrüchte	etwa 60—90 kg	20—60
Rotklee	etwa 140—180 kg	45—60
Luzerne	etwa 250—300 kg	(45—60, zusammen mit Rotklee)

Kalkverluste durch Auswaschung sind aber weit erheblicher, hervorgerufen im wesentlichen durch die lösende Wirkung der im Boden durch Pflanzenwurzeln und Bodenbakterien entwickelten Kohlensäure, die einen großen Teil des kohlensauren Kalkes des Bodens in wasserlöslichen, doppeltkohlensauren Kalk verwandelt. Diese Verluste werden bei einer ordnungsgemäßen Bestellung und Düngung auf 3—5 dz CaO/ha geschätzt. Je höher der Humusgehalt des Bodens und je größer die Menge des Sickerwassers ist, um so größer sind die Verluste. Im Drainagewasser fand Seelhorst einen Verlust von 6 dz/ha. (Auf Grund von Kalkbestimmungen.) 1 cbm Drainagewasser enthält durchschnittlich 200 g Kalk.

Kalkauswaschungsverluste

Infolge der geringen festhaltenden Kraft der leichten Böden sind die Auswaschungverluste auf leichten Böden viel größer als auf mittleren und schweren Böden. Daher weisen leichte Böden im allgemeinen einen geringeren Kalkgehalt auf gegenüber den besseren Böden. Aus gleichem Grund wirkt eine Kalkdüngung in einem leichten Boden auch nicht so lange nach wie in einem schweren Boden.

Kalkverluste können im Ackerboden auch dadurch entstehen, daß bei Düngung mit gewissen Mineraldüngemitteln Säurereste im Boden zurückbleiben, mit denen der Kalk leicht lösliche Verbindungen eingeht, die dann mit dem Sickerwasser in den Untergrund wandern, bis auf den Teil des Kalkes, der durch die festhaltende Kraft des Bodens gebunden und damit festgehalten wird. Bei einem geringen Kalkgehalt des Bodens können sich daher solche Handelsdüngemittel nachteilig auf den Kalkzustand des Bodens auswirken. (Siehe Tabelle S. 101—102.)

Zeitpunkt des Ausstreuens

Kalk kann fast das ganze Jahr auf den Acker gebracht werden, und zwar:

Januar—Februar:

Winterkalkung in Form von kohlensaurem Kalk zu Getreide, Luzerne, Klee, Wiesen und Weiden, trockenes Wetter vorausgesetzt. Dann schadet selbst eine dünne Schneedecke nicht.

März—April:

Frühjahrskalkung für Winter- und Sommerhalmfrüchte, Mais, Rüben, Klee, Luzerne.

Mai—Juni:

Kopfkalkung der Kartoffeln, selbst wenn die Pflanzen bereits reichlich handhoch (15—20 cm) sind, ferner zu Rüben.

Juni—Juli:

Düngung der Grünlandflächen mit Kalk oder Kalkkompost nach dem ersten Schnitt bzw. dem ersten Weideumtrieb.

Juli—August:

Stoppelkalkung der abgeernteten Getreidefelder (günstig, da glatter, fester Boden) oder Kalkung auf die geschälte Stoppel. Kalk sofort einschälen bzw. eineggen.

September—Oktober:

Herbstkalkung für Wintergetreide, die überwinternden Zwischenfrüchte, Luzerne- und Kleeschläge.

November—Dezember:

Grünlandkalkung, auch zu Wintergetreide, solange die Flächen schneefrei sind. Ferner auf Winterfurche für Rüben und Sommergetreide.

Beim Ausstreuen zu Beachtendes

Kohlensaurer Kalk kann auch über Winter auf die rauhe Furche gestreut werden, desgleichen gemahlener Branntkalk, wenn leichtes Einarbeiten möglich ist. — Alle Kalkarten sollen in trockenem Zustand auf abgetrocknetem Boden und bei trockener Witterung ausgebracht werden. Nur dann ist die erforderliche feine Verteilung und Vermischung mit dem Boden möglich, Kalk übt im Boden keine Seitenwirkung aus! Daher soll Kalk niemals mit der Schaufel vom Wagen aus gestreut werden, sondern stets mit dem Düngerstreuer! Durch Ausstreuen von mäßigen Gaben in kürzeren Abständen läßt sich im Gegensatz zu größeren Gaben in längeren Zeitabständen mit verhältnismäßig geringer Menge gute Wirkung erzielen.

Lohnkalken

Lohnkalken erspart Arbeits- und Zugkräfte und gewährleistet sauberes Streuen sowie gleichmäßige Verteilung. Besondere Unternehmer (Lohnkalker) übernehmen Transport und Ausstreuen des Kalkdüngers. Zur Verwendung kommen in erster Linie Streumaschinen, die an den Kalkwagen bzw. die Zugmaschine angehängt oder aufgebaut werden, ferner mit Schleuderscheiben versehene Großflächenstreuer.

Zwecks schneller und gleichmäßiger Wirkung sollten gem. Branntkalk, Lösch- und Mischkalk nicht unbedeckt auf dem Acker liegenbleiben, sondern durch Egge, Grubber und Schälpflug mit der Ackerkrume gut vermischt werden. Bei Kopfkalkung mit Branntkalk müssen Tau oder Reif von den Pflanzen verschwunden sein. Unterpflügen kommt nur bei der Gesundungskalkung unter Verwendung eines Vorschälers in Frage. Auf Grünland Kalkgabe mit Strauchegge einarbeiten.

Wirtschaftsdünger und Kalk

Stalldünger und Jauche sowie Gründüngung dürfen zur Vermeidung von Stickstoffverlusten nicht mit Kalk in Berührung kommen. Es muß möglichst eine trennende Furche dazwischenliegen. Am besten also Dung einpflügen, dann Kalk streuen und eineggen. Nach der Getreideernte Kalk vor dem Schälen auf die Stoppeln streuen, dann schälen, abmisten und tief pflügen. Oder die Stoppeln abkalken, dann sofort tief pflügen, später den Stallmist auf die rauhe Furche bringen und einschälen. (S. auch S. 61).

Unkräuter zeigen Kalkgehalt an

Zu beachten bleibt, daß niemals ein Unkraut allein, sondern immer das massenhafte Auftreten mehrerer Unkräuter in einer Pflanzengemeinschaft Anhaltspunkte für den Kalkgehalt des Bodens bietet.

Auf reinen Kalkböden gedeihen

Enzianarten	Verschiedene Orchideen
Echte Kuhschelle	Wundklee
Habichtskräuter	

Unkräuter, die kalkgesättigten Boden anzeigen

Ackerröte	Glatter Ehrenpreis
Ackersaudistel (hat Ähnlichkeit mit der gewöhnlichen Ackerdistel)	Kleine Brennessel
	Kohlsaudistel
	Kriechendes Fingerkraut
	Rapunzel oder Feldsalat
Ackersenf	Rauhe Saudistel
Gänsefingerkraut	Rote Taubnessel
Gemeiner Erdrauch	Sonnenwendige Wolfsmilch
Gemeines Kreuzkraut	Stengelumfassende Taubnessel

Auf kalkhaltigen Böden zeigen sich

Ackergipskraut	Blauer Gauchheil
Ackerwinde	Blaues Elfengras
Ackerwachtelweizen	Eberwurz

Adonisröschen
Färberkamille
Feldrittersporn
Feldschwarzkümmel
Gelbklee (Hopfenklee)
Hasenohr
Hauhechel
Huflattich
Kleines Leimkraut
Einjähriger Ziest
Kleine Wolfsmilch
Möhrenhaftdolde
Rankenplatterbse
Schwarzkümmel
Schüttbingelkraut
Wegwarte
Wilde Brombeere
Wilder Salbei

Säureliebende und kalkhungrigen Boden anzeigende Unkräuter

Ackerhoniggras
Ackerhundskamille
Ackerknaul
Ackerschimmelkraut
Ackerspörgel
Begranntes Ruchgras
Berg-Sandglöckchen
Bluthirse oder Fingerhirse
Borstengras (Hundsgras)
Bruchkraut
Deutsches Schimmelkraut
Fadenhirse
Fadenklee
Ferkelkraut
Frühlingsspörgel
Gelbes Ruhrkraut
Grüner Fennich
Hasenklee oder Mäuseklee
Hasenlattich
Hederich (nicht mit Ackersenf verwechseln, der kalkgesättigten Boden anzeigt)
Kleiner Sauerampfer (Im Gegensatz zur größeren Art, die an Rainen und auf den Wiesen wächst)
Kanadisches Berufskraut
Kleines Schimmelkraut oder Fadenkraut
Knorpelblume
Kurzwurzeliger Hasenlattich
Lämmersalat
Mäuseschwänzchen
Niederliegender Klee
Reiherschnabel
Rote Schuppenmiere
Saatwucherblume (große gelbe)
Sandstiefmütterchen, Viola tricolor-vulgaris (dreifarbig, im Gegensatz zu dem gelbblühenden Ackerstiefmütterchen, Viola tricolor-arvensis, welches häufiger auf kalkreichen als auf kalkarmen Böden vorkommt und sich immer nur in Roggenfeldern ansiedelt, während es den Weizen meidet)
Sandwegerich
Silbergras
Tisdalie
Weiches Honiggras
Wollgras

Kalk- und säureverträglich sind

Franzosenkraut
Gelbblühendes Ackerstiefmütterchen
Vogelknöterich
Hirtentäschel

Aus dem Auftreten dieser Pflanzen lassen sich also keine sicheren Rückschlüsse ziehen.

Es wachsen auf einem Boden mit der pH-Zahl:

3,5—3,9 Heidelbeere.
3,5—4,4 Maiblume.
4 —5 Ackerknaul, Ackerspörgel, Hasenlattich, Kl. Sauerampfer, Lämmersalat.
4 —6,5 Sandstiefmütterchen.
4 —7,4 Sauerklee.
5 —8 Ackerstiefmütterchen, Ackerdistel, Hederich, Kornblume, Melde, Miere, Vogelknöterich.
6,5—7,4 Waldwindröschen.
6,5—7,9 Feigwurz.
6,5—8 Ackersenf, Breiter Wegerich, Erdrauch, Klatschmohn, Saudistel.
7 —7,9 Leberblümchen.

Einfache Prüfung des Kalkgehaltes

Ein einfaches, oberflächliches Verfahren der Prüfung des Bodens auf seinen Kalkgehalt besteht darin, daß etwas verdünnte Salzsäure oder scharfer Essig auf den Boden gegossen wird (etwas Erde auf einen Porzellanteller ausbreiten). Starkes Aufbrausen (Entstehen von Blasen wie bei Selterwasser) läßt auf reichlichen Kalkgehalt schließen, schwaches oder nicht wahrnehmbares Schäumen dagegen auf Kalkmangel.

Blattdüngung

Bei dieser Düngungsmethode wird zwischen Ährenschieben und Blüte zusätzlich Stickstoff in wäßriger Lösung auf die grünen Pflanzen gespritzt (geringerer Arbeitsaufwand als Streuen mit Hand oder Maschine). Voraussetzung für den Erfolg ist ausreichende, frühzeitige Grunddüngung mit Stickstoff, damit sich die Pflanzen kräftig entwickeln und genügend Blattmasse bilden. Besonders in Trockenzeiten bewährt sich Blattdüngung, namentlich zu Getreide, ohne Beeinflussung der Standfestigkeit. Am wirksamsten ist stickstoffreicher Harnstoff. Er ätzt Blätter und Stengel wenig (leichte Vergilbungserscheinungen verwachsen sich bald wieder) und greift Spritzgeräte nicht an. Höhe der Gaben: zu Getreide 40—60 kg/ha, zu Hackfrüchten und Grünland 10—30 kg/ha. Arbeitssparend ist kombiniertes Spritzverfahren mit Wuchsstoffen z. B. mit M 52 oder U 46 / Combi Fluid, deren Wirkung dadurch häufig verstärkt wird. Anwendungszeit: Beginn des Ährenschiebens (S. 114).

Auch bei der Krautfäulebekämpfung kann durch Harnstoffzusatz ein besserer Erfolg erzielt werden (je Spritzung 10 bis höchstens 20 kg/ha, um Blattverbrennungen zu vermeiden). Ferner läßt sich Harnstoff in Verbindung mit den zur Bekämpfung des Kartoffelkäfers erforderlichen chemischen Mitteln ausspritzen.

Bei Klee- und Luzerneuntersaaten soll eine Blattdüngung unterbleiben. Zu Rüben ist sie nicht lohnend. Dagegen verwertet R a p s den über das Blatt aufgenommenen Harnstoff recht gut. Dieser kann zusammen mit der Rapsglanzkäferspritzung zwischen Ausbildung der Blütenknospen und dem Aufbrechen der ersten Blüten in Höhe von 40 bis höchstens 85 kg/ha angewendet werden. Die wasserabweisende Oberfläche des Rapsblattes erfordert den Zusatz eines Netzmittels (z. B. 75 ccm Rapidnetzer — Spezial auf 100 Liter Spritzbrühe).

Wieviel kg Nährstoff enthält 1 kg Handelsdünger?

E s entsprechen:

1 kg N = ca. 3,8 kg Ammonsulfatsalpeter
= 5 kg schwefels. Ammoniak, Kalkstickstoff oder Kalkammonsalpeter
= 6,5 kg Kalksalpeter, Natronsalpeter oder Chilesalpeter
= 6,6 kg Stickstoffmagnesia 15×4 oder 10 kg Stickstoffmagnesia 10×8

1 kg P_2O_5 = ca. 7 kg Thomasphosphat, ca. 6 kg Superphosphat, ca. 4 kg Rhenania-Phosphat oder ca. 3,5 kg Hyperphos

1 kg K_2O = 8 kg Kainit
= 2,5 kg 40 % Kalidüngesalz
= 2 kg 50 % Kalidüngesalz oder schwefels. Kali
= 4 kg Kalimagnesia (Patentkali)

Stickstoff-Dünger Alle Angaben Seite 101/102: Stand 1. Juli 1960

	N Stickstoff %	Form	Weitere Bestandteile	Ca O Kalk %	Wirkung auf den Boden
Schwefelsaures Ammoniak	21	Ammoniak	—	—	kalkzehrend
Ruhr-Stickstoffmagnesia	10	Ammoniak	Magnesia 8%	—	kalkzehrend
Ruhr-Stickstoffmagnesia	15	Ammoniak	4%	—	kalkzehrend
Kalkstickstoff					
a) ungeölt, geölt	20—22	Cyanamid	—	60	kalkmehrend
b) geperlt	18—21	Cyanamid	—	55	kalkmehrend
c) gekörnt	21—23	Cyanamid	—	60	kalkmehrend
Harnstoff	46	Amid	—	—	kalkschonend
Ammonsulfatsalpeter (Montansalpeter)	26	3/4 Ammoniak 1/4 Salpeter	—	—	kalkzehrend
Bor-Ammonsulfatsalpeter	25	3/4 Ammoniak 1/4 Salpeter	3% Borax		kalkzehrend
Kalkammonsalpeter	20,5	1/2 Ammoniak 1/2 Salpeter		33-38 $CaCO_3$	kalkschonend
Kalksalpeter	15,5	Salpeter	—	28	kalkmehrend
Natronsalpeter	16	Salpeter	—	—	kalkschonend
Chilesalpeter	16	Salpeter	—	—	kalkschonend

Phosphorsäure-Dünger

	P_2O_5 Phosphorsäure %	Borax %	Ca O Kalk %	Wirkung auf den Boden
Superphosphat	18	—	—	kalkschonend
Bor-Superphosphat	17	5	—	kalkschonend
Mangan-Superphosphat	17	(5% Mangansulfat)	—	kalkschonend
Thomasphosphat	14—16	—	45	kalkmehrend
Rhenania-Phosphat	26—28	—	40	kalkmehrend
Bor-Rhenania-Phosphat	24—26	6,5	37	kalkmehrend
Hyperphos	30		15 $CaCO_3$	kalkmehrend

Kali-Dünger

	K_2O Kali %	Form	Wirkung auf den Boden
Kainit	10—15	chloridhaltig	kalkschonend
Hederich-Kainit	12—15	chloridhaltig	kalkschonend
40er Kalidüngesalz	40	chloridhaltig	kalkschonend
40er Kalidüngesalz mit 25% Kalimagnesia	40	chloridhaltig	kalkschonend
50er Kalidüngesalz	50	chloridhaltig	kalkschonend
Kalimagnesia (Patentkali)	26—30	chloridfrei	kalkschonend
Schwefelsaures Kali	48—52	chloridfrei	kalkschonend

Zweinährstoff-Dünger

	N %	P_2O_5 %	K_2O %	CaO %	Wirkung
Hyperphos-Kali	—	20	20	30 3% Borax	kalkmehrend
Kaliammonsalpeter	16	—	28	—	kalkschonend
	18	—	25	—	"
KAMP-Salpeter	13	13	—	—	"
KAMPKA	20	20	—	—	"
Phosphatkali	—	12	24	—	"
Phosphatkali	—	12	18*	—	"
Phosphatkali	—	14	14	—	"
Phosphatkali	—	17	34	1% Borax	"
Phosphatkali	—	20	30	—	"
Bor-Phosphatkali	—	12	24	2% Borax	"
Thomaskali	—	10	20	—	kalkmehrend
Rhe-Ka-Phos	—	15	25	22	"
Rhe-Ka-Phos	—	15	18	22	"
Bor-Rhe-Ka-Phos	—	15	25	22 2% Borax	"
Stickstoffphosphat	9	9	—	—	kalkschonend
Stickstoffphosphat	11	11	—	—	"
Stickstoff-phosphat Hoechst	20	20	—	—	"

Volldünger (kalkschonend)

	N %	P_2O_5 %	K_2O %	Weit. Bestandteile
Am-Sup-Ka (mit Salpeteranteil)	9	9	9	
Am-Sup-Ka (mit Salpeteranteil)	9	9	15	
Am-Sup-Ka (mit Salpeteranteil)	3	10	15	
Am-Sup-Ka (mit Salpeteranteil)	5	10	15	
Am-Sup-Ka (mit Salpeteranteil)	5	10	20	
Am-Sup-Ka (mit Salpeteranteil)	8	12	16	
Complesal Rotkorn Hoechst	13	13	21	
Complesal Blaukorn Hoechst	12	12	17	2% MgO, Spurenn.
Complesal Hoechst gelb	14	14	14	Spurennährst.
KAMPKA rot	13	13	21	
KAMPKA grün	6	12	18	
KAMPKA weiß	10	10	15	
KAMPKA gelb	15	15	15	
KAMPKA „S“ blau	12	12	20*	
KAMPKA — Bor rot	13	13	21	2% Borax
KAMPKA-Spur mit Spurenelementen	6	10	18	2% Magnesia
KAMPKA-„S“-Spur mit Spurenelementen	12	12	17*	2% Magnesia
Nitrophoska rot	13	13	21	
Nitrophoska blau	12	12	20*	
Nitrophoska blau extra	12	12	17*	2% MgO, Spurenn.
Nitrophoska gelb	15	15	15	
Nitrophoska grau	10	8	18	
Magnesia-Nitrophoska grau	10	8	16	3% MgO
Bor-Nitrophoska rot	13	13	21	2% Borax
Rustica	10	8	18	
Rustica	10	10	15	
Rustica blau mit Spurenel.	12	12	17*	2% MgO
Rustica blau	12	12	20*	
Rustica	12	12	21	
Rustica rot	13	13	21	
Rustica gelb	15	15	15	
Bor-Rustica rot	13	13	21	2% Borax

* (als schwefelsaures Kali)

Mischungstafel für Mineraldünger

□ = mischbar,

■ = nicht mischbar,

☒ = bedingt mischbar, spätestens 3 Tage nach dem Mischen ausstreuen.

1 Kalksalpeter	2 Natronsalpeter	3 Ammonsulfatsalpeter	4 Kalkammonsalpeter, Stickstoffkali	5 Kamp-Salpeter	6 Schwefels. Ammoniak, Stickstoffmagnesia	7 Kalkstickstoff (x)	8 Superphosphat (x) einschl. Stickstoffphosphat und Phosphatkali	9 Thomasphosphat, Thomaskali	10 Rhenania-Phosphat einschl. Rhe-Ka-Phos	11 Kalimagnesia (Patentkali), Schwefels. Kali	12 40er, 40er mit 25 % Kalimagnesia, 50er Kalidüngesalz, Kainit	13 Hyperphos, Hyperphos-Kali, Nord-Phosphat, Bonaphos	
□	☒	☒	☒	☒	☒	☒	■	☒	☒	☒	☒	☒	1 Kalksalpeter
☒	□	□	☒	☒	□	☒	☒	□	□	□	□	☒	2 Natronsalpeter
☒	□	□	□	□	□	■	□	■	☒	□	☒	☒	3 Ammonsulfatsalpeter
☒	☒	□	□	□	□	■	☒	■	☒	☒	☒	□	4 Kalkammonsalpeter, Stickstoffkali
☒	☒	□	□	□	□	■	□	■	☒	□	□	□	5 Kamp-Salpeter
☒	□	□	□	□	□	■	□	■	☒	□	□	□	6 Schwefels. Ammoniak, Stickstoffmagnesia
☒	☒	■	■	■	■	□	■	□	□	□	☒	□	7 Kalkstickstoff (x)
■	☒	□	☒	□	□	■	□	■	■	□	□	□	8 Superphosphat (x) einschl. Stickstoffphosphat und Phosphatkali
☒	□	■	■	■	■	□	■	□	□	□	□	□	9 Thomasphosphat, Thomaskali
☒	□	☒	☒	☒	☒	□	■	□	□	□	□	□	10 Rhenania-Phosphat einschl. Rhe-Ka-Phos
☒	□	☒	☒	□	□	□	□	□	□	□	□	□	11 Kalimagnesia (Patentkali), Schwefels. Kali
☒	□	☒	☒	□	□	☒	□	□	□	□	□	□	12 40er, 40er mit 25 % Kalimagnesia, 50er Kalidüngesalz, Kainit
☒	☒	☒	□	□	□	□	□	□	□	□	□	□	13 Hyperphos, Hyperphos-Kali, Nord-Phosphat, Bonaphos

Alle Kalkdüngemittel können bei Einarbeitung in den Boden mit Abstand von einigen Tagen vor oder nach sämtlichen Einzel- bzw. Mehrnährstoffdüngern ausgebracht werden.

(x) Perl- wie Kornkalkstickstoff ist mit gekörntem Superphosphat und Phosphatkali bedingt mischbar.

Bor- und manganhaltige Düngemittel entsprechen in ihrer Mischbarkeit den Ausgangsdüngern.

Anleitung: Will man feststellen, ob zwei Düngemittel miteinander gemischt werden können, so suche man das eine Düngemittel in der senkrechten, das andere in der waagerechten Reihe auf und verfolge beide durch die kleinen Vierecke bis zu dem Feld, in dem die beiden Reihen aufeinanderstoßen. Die Kennzeichnung dieses Feldes gibt dann den gewünschten Aufschluß.

Beispiel: Die Düngemittel der senkrechten Reihe 6 und der waagerechten Reihe 8 sind mischbar, da sie in einem Feld □ aufeinanderstoßen.

Düngemittel, die nicht miteinander gemischt werden dürfen, dürfen auch nicht kurz hintereinander auf das Feld gestreut werden, sonst treten die gleichen Verluste auf wie beim Mischen. (Stickstoffverluste = gasförmiges Ammoniak wird frei und verflüchtet sich in der Luft; die Phosphorsäure des Superphosphates wird schwer löslich.)

Mehr-Nährstoffdünger

V o l l d ü n g e r u n d Z w e i n ä h r s t o f f d ü n g e r ermöglichen das Ausstreuen mehrerer Arten in einem Arbeitsgang. Sie kommen für Böden mit ausgeglichenem Nährstoffgehalt in Frage, die keine Verarmung an Phosphorsäure und Kali aufweisen.

A r b e i t s w i r t s c h a f t l i c h e V o r t e i l e: Wegfall des Mischens, weniger und beschleunigte Streuarbeit, geringere Lager-, Transport- und Verpackungskosten, da weniger Ballastanteil. Für mittlere und kleinere Betriebe besteht auch der Vorteil des verbilligten Bezuges einer ganzen Waggonladung, was bei Verwendung von Einzeldünger meist nicht möglich ist. Der höhere Preis von Mehrnährstoffdüngemittel wird durch die genannten Vorteile weitgehend ausgeglichen.

Mehrsorten-Düngerstreuer (Abbildungen neben S. 49)

Mit dem Düngerstreuer „Spitzenreiter" (Fa. Rausch) lassen sich ohne vorheriges Mischen mehrere Düngersorten zugleich ausstreuen. Oder: Zweisorten-Düngerstreuer, z. B. „Amazone" (Fa. Dreyer) verwenden. Oder: Zwei Düngerstreuer gleicher Streubreite hintereinader koppeln, von denen der eine Phosphorsäure, der andere Kali streut.

Die Aufbewahrung der Handelsdünger

Sachgemäße Aufbewahrung der Mineraldünger in trockenen Räumen schützt vor Verhärten und vermeidlichen Verlusten. (Fenster, Türen, Luken müssen dicht sein. Haustiere dürfen keinen Zugang haben.)

I n S ä c k e n l a g e r n d e r D ü n g e r wird gegen aufsteigende Bodenfeuchtigkeit durch Bretter- oder Dachpappenunterlage geschützt Auch trockenes Sägemehl oder Torfmull ist geeignet. Papiersäcke sind möglichst nicht aufrecht hinzustellen, da sie sonst durch den Druck sehr leicht platzen oder der Dünger stückig werden kann, sondern waagerecht kreuzweise übereinander zu schichten, also die Richtung der Säcke von Lage zu Lage wechseln (Papiersäcke 8 bis höchstens 10 Lagen, Jutesäcke bis 15 Lagen hoch). Die Stapel des gesackten Düngers sind wie weiter unten beschrieben abzudecken.

Ungesackter Dünger

L o s e n D ü n g e r am besten auf Holzfußboden, Fußboden aus Stein oder Klinkern (Fugen mit Asphalt ausfüllen) lagern. Mörtel und Zement werden von vielen Düngemitteln angegriffen. Dünger nicht bis dicht an die Wände lagern, da an diesen leicht die Feuchtigkeit hochsteigt. Andernfalls sind die Wände mit Holz zu verkleiden oder mit einem Schutzanstrich von Asphalt zu versehen.

B e i l o s e r S c h ü t t u n g die einzelnen Haufen mit Schildern kenntlich machen und durch Holzverschläge voneinander trennen. Haufen möglichst hoch aufschütten (kegelförmig), um der Luft wenig Angriffsfläche zu bieten. Eine sich bildende Kruste oben belassen, sie schützt das Innere des Haufens vor Einwirkung der Luftfeuchtigkeit.

Nach dem Einlagern Düngerhaufen sofort mit einer Schicht Strohbunden, Dachpappe, Torfmull, Spreu oder Häcksel (8—10 cm hoch) bedecken. Auch alte Planen, Säcke oder Silopapier geeignet. Kalkstickstoffhaufen am besten mit einer dünnen Schicht Thomasmehl, Kainit oder mit Säcken abdecken.

B r a n n t k a l k, der sich schon beim Hinzutritt geringer Wassermengen leicht bis auf 400° erhitzt, darf wegen Brandgefahr nur in gut geschützten Räumen mit massiven Wänden und Fußböden gelagert und nicht mit leicht brennbarem Material (Planen, Säcke, Papier, Stroh) abgedeckt werden. Das gleiche trifft für Lösch- und Mischkalk zu.

Einmieten von Dünger

Kohlensaurer Kalk kann überall eingelagert werden, da keine Feuersgefahr besteht. Wird er im Freien aufbewahrt (Nährstoffverluste entstehen dadurch nicht), ist eine Erdbedeckung zweckmäßig, um Verkrustung der Oberfläche bei starken Regenfällen zu vermeiden.

Auch Mineraldünger, in loser Schüttung, kann notfalls im Freien, möglichst etwas überhöht, um den Regenwasserablauf zu erleichtern, zu ebener Erde eingemietet werden. Schalbretter, Dachpappe, notfalls auch trockenes Sägemehl dienen als Unterlage. Die ähnlich wie bei der Kartoffeleinlagerung langgestreckten, 1—1,5 m hohen Mieten werden zur Verhinderung einer Strohbeimischung zunächst möglichst mit Dachpappe oder Düngersäcken abgedeckt. Darauf kommt eine Handbreite Stroh und darüber eine Handbreite Erde, um das Eindringen von Feuchtigkeit zu vermeiden. Rings um die Miete wird zum Schutz gegen Regenwasser ein kleiner Erdwall aufgeworfen, gegebenenfalls auch ein Graben gezogen, damit das Wasser ablaufen kann.

Beim Transport von Düngemitteln auf dichtes Schließen der Säcke, Wagen usw. achten, um Transportverluste zu vermeiden.

IV.

Die Bekämpfung der ausdauernden Ackerunkräuter

„Wer Unkraut nur ein Jahr läßt steh'n,
Muß sieben Jahre jäten geh'n!"

„Der Bauer erntet nur den Rest,
Den ihm das Unkraut übrig läßt."

Samenerzeugung (nach Korsmo)

Unkrautart:	je Pflanze bis zu:	
Hederich	160	Samen
Kornrade	200	„
Ackerfuchsschwanz	400	„
Ackerwinde	550	„
Ackersenf	1 200	„
Spitzwegerich	1 500	„
Kornblume	1 600	„
Löwenzahn	3 000	„
Ackerdistel	4 600	„
Windhalm	7 000	„
Ackerspörgel	10 000	„
Saudistel	10 000	„
Vogelmiere	15 000	„
Klatschmohn	20 000	„
Leinkraut	32 000	„
Hirtentäschel	40 000	„
Schwarzer Nachtschatten	40 000	„
Kamille	200 000	„
Franzosenkraut	300 000	„

Unkräuter lebenskräftiger als Kulturpflanzen

Unkräuter bleiben im Boden oft lange keimfähig, z. B. Franzosenkraut bis zu 7 Jahre, Kornblume, Klatschmohn und Kornrade bis zu 10 Jahre, Hederichsamen 20 bis 30 Jahre!

Stärkere Wuchskraft, schnelles Wachstum, auch bei ungünstiger Witterung, bessere Anpassung an Boden und Klima, kräftigeres Wurzelsystem, stärkeres Aneignungsvermögen für Wasser und Nährstoffe, widerstandsfähiger gegen Dürre und Kälte. Ferner rascherer Entwicklungsablauf — vielfach bereits vor der Milchreife keimfähig — starke Samenbildung und leichtes Abstoßen der Samen, deren weite Verbreitung durch Wind, Wasser, Saatgut, Stroh, Mist, Wagenräder usw. erfolgt. Vorzeitiger Samenausfall vor Ernte der angebauten Frucht. Nach dem schwedischen Unkrautforscher Korsmo ist der Wasserverbrauch bei den Unkräutern etwa doppelt so groß wie bei den meisten Kulturpflanzen. Roemer rechnet bei Getreide mit einer durchschnittlichen Ertragsschädigung durch das Unkraut von 2dz/ha!

Steht das Unkraut überwiegend in den Drillreihen, so wurde der Samen mit den Kulturpflanzen ausgesät, anderenfalls (zwischen den Reihen) hat er im Acker gelegen.

Hederichsamen wie auch die Samen der übrigen wichtigsten Ackerunkräuter zeigen im Frühjahr ihre höchste Keimfähigkeit, da sie für die Auslösung des Keimungsprozesses u. a. große Tagesschwankungen der Bodentemperaturen benötigen. Sobald sich diesen Unkräutern günstige Keim- und Lebensbedingungen bieten, erscheinen sie in Massen, und zwar meist im Sommergetreide. Denn im Wintergetreide und in Hackfrüchten werden die keimenden Unkräuter meist unterdrückt.

Späterhin dagegen, besonders bei Trockenheit im Sommer und wenn die Temperaturen bereits wieder abnehmen, gehen die Unkräuter in den Zustand der Keimruhe über. In garem Boden werden nun viele Unkrautsamen während ihrer Keimruhe von den Bodenbakterien befallen und schnell zersetzt, ähnlich der Verrottung von Grün- und Stalldünger.

Unreifer Hederichsamen keimfähig!

Nur bei günstigem „Altweibersommer"-Wetter im Herbst, wenn sich wiederum sehr erhebliche Temperaturschwankungen ausbilden, kommen viele Unkrautsamen von Hederich, Ackersenf, Wildhafer usw. im gleichen Jahr noch zum Auskeimen. Daß auch der noch im Herbst auflaufende Hederichsamen nicht ungefährlich ist, ergab ein Versuch. Absolut unreife, noch weiche und hellgrüne Hederichsamen keimten innerhalb von 10 Tagen zu 80%. Ein Teil ebenfalls noch nicht voll ausgereifter Samen hielt sich vom Herbst bis zum Frühjahr gesund und keimfähig im Boden.

Unkrautsamen in Stallmist

Frischer, unverrotteter Stallmist enthält aus dem im Viehstall zur Verfütterung kommenden Grünfutter, Heu, Stroh und auch Getreideschrot usw. große Mengen Unkrautsamen, die Korsmo auf 8000—10 000 keimfähige Samen je 10 dz Mist schätzt. Bei einer Dunggabe von 200 dz/ha würden also 160 000 — 200 000 keimfähige Unkrautsamen je Hektar auf den Acker gebracht werden, d. h. je Quadratmeter durchschnittlich 16—20 Unkrautpflanzen! Gut verrotteter Stalldung dagegen ist fast rein von keimfähigen Samen. Also sollte auch aus diesem Grunde niemals frischer, sondern nur gut verrotteter Stallmist auf den Acker kommen!

Bevorzugtes Auftreten von Unkräutern in bestimmten Pflanzenbeständen:

im Wintergetreide:	Windhalm, Ackerfuchsschwanz, Kornblume, Klatschmohn
im Sommergetreide:	Ackersenf, Hederich
in Hackfrüchten:	Melde, Gänsefuß

Vorbeugende Maßnahmen:

1. Verhütung der Zufuhr von Unkrautsamen auf das Kulturland durch
   a) Aufbereitung des Saatgutes auf einer modernen Reinigungsanlage (Windfege genügt nicht), eine besonders wichtige Maßnahme!
   b) Dresch- und Reinigungsabfälle nicht auf den Dung- und Komposthaufen bringen, sondern nach Zwischenschichten von Kalk gesondert vergären.
   c) Sorgfältige Stallmistpflege (Stapelmist) und Kompostbereitung erforderlich. Heu und Stroh enthalten noch zahlreiche Unkrautsamen.
   d) Hinterkorn vor der Verfütterung genügend fein schroten.
   e) Verwendung von Körnerfängern am Tisch der Mähmaschine.
2. Häufigen Fruchtwechsel einschalten. Starker Getreidebau, insbesondere Sommergetreide, begünstigt die Verunkrautung.
3. Frühzeitiges Schleppen mit anschließendem Eggen im Frühjahr.
4. Rechtzeitige Anwendung des Unkrautstriegels nach der Bestellung, vor Auflaufen des Getreides (bevor die Unkrautkeimlinge Blätter gebildet haben), dann beim Spitzen des ersten Blattes und nach Erscheinen des dritten Blattes. (Siehe auch S. 22.)
5. Hacken und Jäten, sobald die Eggen nicht mehr fassen.
6. Sofortiges Stoppelschälen nach dem Getreideschnitt mit anschließendem (Walzen) Eggen.
7. Rechtzeitiges Abmähen der Gräben- und Straßenränder sowie ungenutzter Flächen (Ackerraine, Eisenbahnböschungen, Schutthalden usw.).
8. Unkrautbekämpfung mit Kalkstickstoff.

Bekämpfung ausdauernder Unkräuter

Ackerdistel, Ackerschachtelhalm und gelber Huflattich sind tiefwurzelnd. Sie treiben aus Adventivknospen der Hauptwurzeln wie der oft weitverzweigten Nebenwurzeln stets neue Triebe, wenn auch die Mutterpflanze vernichtet ist.

Quecke, Ackerdistel, Gänsedistel und andere *ausdauernde Ackerunkräuter werden am erfolgreichsten in den Monaten Juni bis September bekämpft.* Im Frühjahr sind die unterirdischen Teile dieser mehrjährigen Unkräuter mit Nährstoffen vollgepfropft und somit außerordentlich widerstands-, wachstums- und vermehrungsfähig. Die Pflanzen verausgaben sich bis etwa zur Blüte durch das Treiben von Stengeln und Blättern, sie sind also zu diesem Zeitpunkt in ihrer Widerstandsfähigkeit geschwächt. Erst zum Herbst füllen und kräftigen sich die inzwischen neu gebildeten unterirdischen Ausläufer. *Bekämpfung dieser Unkräuter zur Zeit der größten Widerstands- und Vermehrungskraft kann daher ihre weitere Ausbreitung zur Folge haben.*

Entwicklungsstadien der Samenunkräuter

1. d a s K e i m s t a d i u m: es hat sich zunächst nur der Wurzelkeim gebildet, während der Blattkeim noch nicht an die Oberfläche durchgestoßen ist. Eine kurz vor Auflaufen der Sommerung eingesetzte Feinegge legt die weißen Unkrautfäden frei.

2. d a s K e i m b l a t t s t a d i u m: der größte Teil der Unkräuter hat bereits zwei Keimblättchen entwickelt.

3. d a s S t a d i u m d e r k l e i n e n R o s e t t e: außer den beiden Keimblättchen sind zwei weitere Blättchen entwickelt.

4. d a s S t a d i u m d e r g r o ß e n R o s e t t e: es sind mehr als vier Blätter vorhanden.

Bei den Gräserunkräutern, wie z. B. Ackerfuchsschwanz, Flughafer, Windhalm usw. ist zur Zeit des Keimblattstadiums bereits ein Blatt entwickelt (wie bei dem gerade auflaufenden Getreide). Es folgt 2. das Stadium des kleinen Büschels (entspricht der ersten Stufe der Bestokkung bei Getreide) und 3. das große Büschel (entspricht der vollzogenen Bestockung des Getreides).

Günstigster Augenblick zur Bekämpfung der Samenunkräuter

I m K e i m s t a d i u m, dem günstigsten Augenblick der Unkrautbekämpfung überhaupt, kommt der Einsatz von Feinegge bzw. Unkrautstriegel zur vollen und radikalen Wirkung.

I m K e i m b l a t t s t a d i u m kann außer der Egge bereits Kalkstickstoff Verwendung finden. (Besonders auch zur Bekämpfung von Gräserunkräutern, Wicken und Klebkraut.) Dagegen bieten die kleinen Blattflächen den Spritzmitteln noch nicht genügend Angriffspunkte.

I m S t a d i u m d e r k l e i n e n R o s e t t e wirkt die Feinegge nicht mehr. Jetzt ist bei den breitblättrigen Unkräutern der günstigste Zeitpunkt für die Anwendung von Stäubungs- (Kalkstickstoff und Kainit) und Spritzmitteln (S. 113) gekommen.

Im Stadium der großen Rosette kann man noch u n g e ö l t e n Kalkstickstoff und Hederichkainit auf t a u f e u c h t e Unkräuter (vor allem Hederich bzw. Ackersenf) streuen. Die rein mechanische Bekämpfung erfolgt durch Hacken und Jäten der Unkrautpflanzen.

Zu einem späteren Zeitpunkt kann nur noch mit Wuchsstoffmitteln eine Unkrautbekämpfung erfolgen (warmes Wetter erforderlich und g e n a u die Anwendungsvorschriften beachten, siehe S. 113—115).

Ackerdistel

Die Ackerdistel dringt mit ihren Wurzeln häufig bis über 1 m tief in den Boden ein. Hacken, Distelstechen oder wiederholtes Köpfen im Frühjahr, besonders im Getreide, verstärkt die Ausläuferbildung in besonderem Maße, fördert also die Verbreitung dieses Unkrautes, so daß sich an Stelle einer Pflanze mehrere neue entwickeln.

B e k ä m p f u n g: Gelingt es nicht, die Distel völlig aus dem Boden zu ziehen, lasse man diese wachsen, bis sich an den grünen Trieben bereits schwache Blütenknospen zeigen (Blütezeit Juni / Juli). Erst dann hacke oder reiße man die Pflanze tief aus dem Boden heraus bzw. steche sie mit dem Distelstecher oder mähe die Blütentriebe im Grünfutter usw. ab. Da sich die Pflanze bis zu diesem Zeitpunkt durch Abgabe der Nährstoffe an die oberirdischen Triebe bereits ziemlich erschöpft hat, tritt eine starke Schwächung der unterirdischen Ausläufer ein, so daß keine Reserven mehr für einen erneuten Austrieb vorhanden sind (siehe S. 107). Bekämpfung mit Wuchsstoffmitteln (S. 114) nicht im Rosettenstadium, sondern kurz vor der Blüte.

Acker-schachtelhalm

Ackerschachtelhalm liebt sandige Böden mit lehmigem Untergrund und einer sandigen, frisches Wasser führenden Schicht in 50 bis 60 cm Tiefe. Seine Wurzeln dringen bis über 1 m in den Boden ein. Er findet sich sowohl in Halm- wie in Hackfrüchten. Ackerschachtelhalm gehört zu den sich durch Ausläufer vegetativ vermehrenden Unkräutern. Er ist gegen Lichtentzug und Stickstoffdüngung empfindlich.

Bekämpfung: Anbau von schnellwachsenden, schattengebenden Pflanzen, wie z. B. Luzerne, Lupine usw., nicht aber von Hackfrüchten, welche die vegetative Vermehrung stärker anregen. Die Anwendung von Hormonmitteln, wie U 46 usw. in Getreide und auf Brachland, erfolgt bei gutem Wachswetter, sobald der Schachtelhalm seine Wedel voll entwickelt hat. Bei starkem Auftreten Anlage einer Drainage in 1,20 m Tiefe.

Franzosenkraut

Franzosenkraut (botanisch Knopfkraut) ist das typische Unkraut für Hackfrüchte. Da die Ausbildung der Samen nur einige Tage dauert, ist bei der ungeheuren Verzweigung und fortlaufenden Blütenbildung auch die Samenerzeugung sehr groß. Der Samen findet durch das an seiner Spitze befindliche, kleine, helle Krönchen durch Wind usw. leicht weite Verbreitung. Er ist äußerst widerstandsfähig und frosthart und behält bis zu 7 Jahren seine Keimfähigkeit im Boden! Jährl. 2—3 Generationen.

Schon das kleinste Pflänzchen bildet eine Blüte. Die Samen einer aus dem Boden gerissenen blühenden Pflanze oder abgebrochene blühende Zweige reifen weiter. Auch jedes Stückchen Stengel, das von der leicht brüchigen Pflanze auf den Boden fällt, bildet Wurzeln und eine neue Pflanze. Selbst beim Jäten dicht über der Erde abbrechende Stengelstückchen schlagen wieder aus. Die Pflanze ist ein ausgesprochener Stickstoff-Fresser. Sie bevorzugt feuchtwarme Witterung.

Bekämpfung: Sehr wichtig ist sauberes Saatgut sowie Hacken und Jäten vor dem Aussamen an trockenen, warmen Tagen. (Verstärkter Hackfruchtbau.) Kraut verbrennen oder sehr tief eingraben. Vorsicht mit der Verwendung im Komposthaufen! Nach der Ernte verhindert Schälen und wiederholtes Eggen die Entwicklung des Unkrautes. In Futterschlägen darf es nicht zum Aussamen kommen. Infolge seines Eiweißgehaltes bildet Franzosenkraut auch ein gutes Milchfutter. Es kann mit Kalkstickstoff und Wuchsstoffmitteln bekämpft werden.

Huflattich

Die Wurzel geht bis zu 50 cm tief. Die Vermehrung erfolgt durch unterirdische Stengelausläufer. Pflugsohlenverhärtung begünstigt das Wachstum und somit die Ausbreitung des Huflattichs infolge der dadurch hervorgerufenen Nährstoffanreicherung in den oberen Bodenschichten (Untergrundlockerer, Klausingpflug usw. anwenden).

Bekämpfung: Huflattich ist eine ausgesprochene Tonpflanze und verlangt viel Feuchtigkeit. Daher sollte bei stärkerem Auftreten Drainage gelegt werden, wodurch auch ein besserer Stand der Kulturfrüchte erreicht wird.

Zur Blütezeit (März/April) hat Bekämpfung durch Umpflügen bzw. Hacken die besten Erfolge aufzuweisen. Ein dichter Bestand der Kulturpflanzen, besonders im Hochsommer, trägt weiter zur Unterdrückung des Huflattichs bei. Ebenfalls kann durch gutstehende Hackfrüchte weitgehende Vernichtung des Huflattichs erzielt werden. Mineraldünger, wie Kalkstickstoff oder Hederichkainit, verspricht keinen Erfolg, und schärfere Mittel auf Natriumchlorat-Basis (Hedit, Rasikal u. a.) schädigen die nebenstehenden Kulturpflanzen erheblich.

Besonders dann, wenn Huflattich nesterweise auftritt, soll er das ganze Jahr über durch Hacken und Abstechen bekämpft werden.

Quecke

Eines der unangenehmsten und den Ertrag stark drückenden Unkräuter ist die Quecke. Die Verbreitung erfolgt vielfach durch Samen, der im schlecht gereinigten Saatgut, Dung und auch Kompost enthalten sein kann. Auf bereits verqueckten Feldern geschieht die Verbreitung durch Ackergeräte, vor allem durch die Scheibenegge. Die zerschnittenen Ausläufer der Quecke wachsen dann an einer neuen Stelle wieder an.

Bekämpfung:

1. Anbau von Roggen-Wickengemenge bzw. Landsberger Gemenge. (Sauber bestellen, reichlich düngen; je üppiger die Entwicklung, desto sicherer der Erfolg.) Schnitt Ende Mai bis Anfang Juni, zur Zeit der größten Anfälligkeit der Quecke vornehmen. Anschließend Stoppel sorgfältig schälen und Schälfurche mehrere Male mit Egge und Grubber bearbeiten, damit die Quecke an die Oberfläche kommt und vertrocknet.

2. Anbau von Sommergrünfutter. (Starke Aussaat und ebenfalls reichlich düngen.)

3. Anbau von Winterroggen, der stark bestockt in den Winter gehen soll. — 4. Rapsbau.

5. Anbau von blattreichen Kartoffelsorten, wie z. B. „Ackersegen“.

6. Queckenbekämpfung nach der Getreideernte.

Da die Quecke nur etwa 12 cm tief wurzelt, muß diese oftmals mit einem dichten Ausläufernetz durchzogene Bodenschicht mit dem Schälpflug oder auch tiefergehenden Zweischar-Pflug bei möglichst trockenem Boden gewendet und anschließend die Quecke durch wiederholtes Eggen (Rundeggen) mit langzinkigen Eggen an die Oberfläche gebracht werden. Bei Schollenbildung Grubber und Cambridgewalze mit einsetzen. Auf verqueckten Feldern keine Scheibenegge verwenden, weil die Queckenausläufer dadurch nur zerstückelt würden und jeder Teil für sich eine neue Queckenpflanze erzeugen kann. Chemisches Mittel: NaTa, 30—50 kg/ha. Zwischen Behandlung (am besten im Herbst) und Bestellung mindestens 2 Monate Frist lassen.

Wild- oder Flughafer

Dieses gefährliche Ackerunkraut tritt, örtlich begrenzt, vornehmlich in Sommergetreide, aber auch in Hackfrucht auf, und zwar besonders auf schweren, tonigen oder lehmigen Böden. Der sehr lebenskräftige Samen wird durch Wind, Saatgut, Stallmist und Überschwemmungen verbreitet. Er keimt nie im ersten Jahr (lange Keimruhe), hält sich etwa drei Jahre im Boden und vermag aus großer Tiefe an die Oberfläche zu wachsen. Der Samen keimt nur bei größerer Feuchtigkeit. Das massenhafte Auftreten dieses Unkrautes kann in einem nassen Frühjahr zum Umbruch des gesamten Haferschlages zwingen.

Im Kulturhafer ist Wildhafer durch seinen 10—12 cm höheren Wuchs erkenntlich, er überragt also meistens die normalen Haferpflanzen. Ferner besitzt Wildhafer eine lockere Rispe (geschwungene, fahnenartige Form) mit dunklen Grannen und Deckspelzen. Er reift sehr früh, so daß bei der Ernte des Sommergetreides bereits ein großer Teil der Samen ausgefallen ist. Das trifft besonders für Mähdrusch zu!

Bekämpfung: Zweimaliger Anbau von Hackfrucht oder auch Hackfrucht—Getreide—Klee oder Luzerne. Die Mahd des Grünfutters muß aber so zeitig erfolgen, daß der Wildhafer noch keine Rispen angesetzt hat. Auch Rapsanbau kommt in Frage. Schließlich ist noch das Jäten im Sommergetreide zu erwägen. Ferner empfiehlt sich der Anbau frühreifender Getreidesorten, die das Unkraut nicht hochkommen lassen. Mit Flughafer durchsetzte Dreschabfälle nur als Kompost auf dem Grünland verwenden. Beste Saatgutreinigung, gute Stallmistpflege.

Windhalm, Ackerfuchsschwanz

Vorwiegend in Wintergetreide.

Bekämpfung mit Kalkstickstoff (S. 112).

Unkrautbekämpfung mit Kalkstickstoff und Hederich-Kainit (Staubkainit)

Am besten lassen sich bekämpfen:

Schmalblättrige Gräserunkräuter, wie Ackerfuchsschwanz und besonders Windhalm im Ein- bzw. Zweiblattstadium. Zu dieser Zeit liegen die Wurzeln des Windhalms noch so flach, daß sie in der oberen Bodenschicht (bis 2 cm tief) bei genügend Bodenfeuchtigkeit durch das Cyanamid des Kalkstickstoffs vernichtet werden können.

Breitblättrige Unkräuter, wie Ackersenf, Hederich, Hirtentäschelkraut, Klatschmohn, Rote Taubnessel usw. dagegen, die im Keimblattstadium zwei Keimblätter entwickeln, können noch wirksam im kleinen Rosettenstadium bekämpft werden (spätestens, ehe sich Stengel bilden). Dann haben sich außer den beiden Keimblättchen zwei weitere Blättchen gebildet.

Wirkungsweise des Kalkstickstoffs

Die zweifache Eigenschaft des Kalkstickstoffs, Kulturpflanzen zu ernähren und gleichzeitig Unkräuter zu bekämpfen, ist ausschließlich auf die besondere Stickstofform des Kalkstickstoffs, nämlich auf das „Cyanamid" zurückzuführen. Dieses vermag sowohl die Blätter der jungen Unkrautpflanzen zu zerstören („Blattwirkung"), als auch vor seiner Umwandlung im Boden die Keimlinge und Wurzeln der Unkräuter abzutöten („Wurzelwirkung").

Breitblättrige Unkräuter in Getreidesaaten wie z. B. Hederich, Ackersenf und Mohn werden vorzugsweise durch die „Blattwirkung" vernichtet. Ist außerdem der Boden noch feucht und kann daher das Cyanamid bis an die Wurzeln der Unkräuter dringen, erfolgt die Unkrautvernichtung nicht nur durch Zerstörung der Blätter, sondern wird auch durch Abtötung der Wurzeln beschleunigt, so daß z. B. Kornblumen auf diese Weise sicher vernichtet werden. Mit einer „Wurzelwirkung" des Cyanamids ist jedoch nur in der obersten Bodenschicht (bis etwa 2—3 cm Tiefe) zu rechnen.

Auf dem Wege in tiefere, vom Getreide durchwurzelte Bodenschichten wird Cyanamid in düngende, d. h., den Pflanzenwuchs fördernde Stickstofformen umgewandelt. (Die Stickstoffmenge des Kalkstickstoffs also bei Bemessung der Gesamtstickstoffgabe berücksichtigen!) Daraus ergibt sich, daß Unkräuter durch Wurzelwirkung nur in ihrem frühesten Wachstumsstadium, wenn also die Wurzeln noch schwach entwickelt sind, vernichtet werden können. Bei genügend feuchtem Boden können alle Kalkstickstoff-Formen, also auch die gekörnten und geperlten, eine Wurzelwirkung entfalten. Gemahlene Kalkstickstoff-Formen haben den Vorzug, daß sie Unkräuter durch Blatt- und Wurzelwirkung vernichten können. Mit gemahlenen Kalkstickstoff-Formen kann man dementsprechend noch Unkräuter vernichten, die durch geperlte bzw. gekörnte Kalkstickstoff-Formen unter ungünstigsten Voraussetzungen nicht mehr mit vollem Erfolg bekämpft werden können.

Die Wurzelwirkung aller Kalkstickstoff-Formen vermag auch das bereits im Boden keimende Unkraut abzutöten. Daher ist es erklärlich, daß sogar eine Kalkstickstoffgabe, die 6—12 Tage vor der Saat oder dem Pflanzen in die oberste Bodenschicht eingearbeitet wird, zu einer wesentlichen Verminderung der Unkräuter beiträgt.

Kalkstickstoff zu Wintergetreide

Die Unkrautbekämpfung im Wintergetreide durch eine Kopfdüngung mit Kalkstickstoff kann je nach den gegebenen Verhältnissen entweder im Herbst oder im zeitigen Frühjahr erfolgen. (Vernichtung von Windhalm, Ackerfuchsschwanz, Kornblume, Klatschmohn, Wickenarten u. a.)

Im Herbst: Wenn Weizen und Gerste das 3.—4., Roggen das 4.—6. Blatt gebildet haben und sich die Unkräuter in kleiner Rosette zeigen (etwa 6 Wochen nach der Saat), streut man etwa 200—250 kg/ha ungeölten Kalkstickstoff bei möglichst beständiger Witterung und feuchtem Boden grundsätzlich auf die trockene Saat (zur Vermeidung von Ätzschäden).

Im Frühjahr: Bei offenem Wetter und frostfreiem Boden gibt man etwa 150—250 kg/ha gemahlenen Kalkstickstoff auf die gut überwinterten, gekräftigten und trockenen Saaten. Bei schwachen Wintersaaten im zeitigen Frühjahr zunächst etwa 1 dz/ha Kalksalpeter oder Kalkammonsalpeter streuen und erst nach Kräftigung der Saaten ungeölten Kalkstickstoff anwenden (nicht bei Nachtfrostgefahr).

Kalkstickstoff und Kainit zu Sommergetreide (ohne Untersaaten)

Die Unkrautbekämpfung kann im Sommergetreide erfolgen:

a) Kurz nach Auflaufen der Saaten (beim Spitzen), wenn die Masse der Unkräuter aufgelaufen ist, werden bei trockener Witterung und feuchtem Boden etwa 2 dz/ha Kalkstickstoff oder mehr gestreut, je nach Stickstoffbedürfnis der Sommergetreideart. Hierdurch werden die zu diesem Zeitpunkt keimenden und auflaufenden Unkrautpflänzchen vernichtet.

Bei dieser Anwendungsart können alle Kalkstickstoff-Formen Verwendung finden.

b) Später, wenn die zu bekämpfenden Unkräuter bereits eine kleine Rosette gebildet haben und eine Unkrautbekämpfung nach a) nicht möglich war, streut man etwa 2 dz/ha ungeölten Kalkstickstoff bzw. eine Mischung von 1 dz Kalkstickstoff und 4 dz/ha Hederich-Kainit oder 8—12 dz/ha Hederich-Kainit (nur auf leichteren Böden) auf tau- oder regenfeuchte Saaten.

Hier beruht die Wirkung darauf, daß die staubförmigen Düngemittel auf den taunassen, fast waagerecht stehenden, meist stärker behaarten Blättern der Unkrautpflanzen haften bleiben und durch Entzug des Wassers stark ätzend wirken, so daß die Blätter verdorren bzw. verbrennen. Anschließender Sonnenschein erhöht den Bekämpfungserfolg, trübes Wetter schwächt die Wirkung erheblich; bald folgender Regen macht die Bekämpfung erfolglos, da der Dünger von den Blättern vorzeitig wieder abgewaschen wird.

Getreide wird durch Bestäuben wenig angegriffen, da Blätter dünnen, glatten, wachsartigen, vor der zerstörenden Wirkung schützenden Überzug haben, außerdem schmal sind, senkrecht stehen und der Vegetationspunkt unten im Bestockungsknoten geschützt liegt.

Leichte Verbrennungserscheinungen (Gelbwerden der Blätter) werden durch Düngerwirkung des Kalkstickstoffes bald wieder ausgeglichen. Unkrautegge erst nach einigen Tagen wieder anwenden, wenn sich Getreide erholt hat.

Bei Maisanbau (Grün- und Körnermais) kann durch den Einsatz von Kalkstickstoff viel Hackarbeit gespart werden. Man gibt Kalkstickstoff

(2,5—3,5 dz/ha, alle Sorten) beim Auflaufen des Maises oder noch etwas später, aber unbedingt v o r der Tütenbildung.

Kalkstickstoff zu Hackfrüchten

Bei mittelfrühen und späteren Kartoffelsorten kann Kalkstickstoff zur Düngung und gleichzeitigen Unkrautbekämpfung nach dem Legen, aber kurz v o r Auflaufen der Kartoffeln gestreut werden. 3—4 dz/ha Kalkstickstoff werden auf feuchten Boden gestreut. Dadurch werden die in Kartoffelfeldern auftretenden Samenunkräuter vernichtet, sobald sie gekeimt und aufgelaufen sind. (S. 194.)

Zu Futter- und Zuckerrüben wird 8—14 Tage vor der Saat Kalkstickstoff eingearbeitet. Während seiner Umsetzung im Boden vernichtet Kalkstickstoff das keimende Unkraut; er „reinigt" den Rübenacker. Die geperlten bzw. gekörnten Kalkstickstoff-Formen benötigen bei gleichen Umsetzungsbedingungen einen um einige Tage längeren Zeitraum für ihre Umsetzung. Bei trockenem Boden fördert intensive Einarbeitung, wodurch Kalkstickstoff mit feuchtem Boden in Berührung kommt, die Umsetzung des Kalkstickstoffs. Es kann bis zur Hälfte der Gesamtstickstoffgabe in Form von Kalkstickstoff 8—14 Tage vor der Saat in den Boden eingearbeitet werden. Den Reststickstoff erhalten die Rüben in Form eines schneller wirkenden Stickstoffdüngers.

K a l k s t i c k s t o f f z u G r ü n l a n d siehe Seite 358.

Die Anwendung von Spritz- (Ätz-)mitteln

Im Gegensatz zu Kalkstickstoff und Staubkainit steht die Anwendung von Spritzmitteln, die keine Düngerwirkung besitzen. Diese werden bei Sonnenschein auf die vom Tau abgetrockneten Pflanzen in großen Tropfen gespritzt. Die oberirdischen Pflanzenteile verätzen (verbrennen) sehr schnell. Nachteilig ist die Beschaffung von Spritzgeräten und der Transport von etwa 600—800 Liter Wasser je ha.

B N P 3 0 „S c h e r i n g" oder B N P 3 0 „H o e c h s t": Zur Unkrautbekämpfung in Ackerbohnen, Erbsen und deren Gemenge mit Getreide. A u f w a n d m e n g e : 4 l/ha + 600—800 Liter Wasser. Z e i t p u n k t : Wenn Bohnen und Erbsen 5—15 cm hoch sind und noch nicht blühen oder ranken. Zu F l a c h s : A u f w a n d m e n g e : 3 l/ ha + 600 bis 800 Liter Wasser. Z e i t p u n k t : Wenn Flachs etwa 15 cm hoch ist, aufrecht steht und kräftige Wachsschicht besitzt; auf trockene, nicht taufeuchte Pflanzen.

R a p h a t o x : wirkt besonders gegen Unkräuter, die mit Wuchsstoffmitteln schwerer oder gar nicht zu bekämpfen sind. (Ackerhohlzahn, Knötericharten, Klettenlabkraut, Saatwucherblume, Vogelmiere usw.) A u f w a n d m e n g e : 6—8 kg/ha + 600—800 Liter Wasser. Z e i t p u n k t : Wenn sich Unkräuter im Keimblattstadium bis zur Ausbildung des 3. und 4. Laubblattes (kleine Rosette) befinden, also vor Bestockung des Getreides. Mit Raphatox läßt sich schon im Herbst in Winterroggen und Wintergerste Unkraut bekämpfen (nicht bei Nachtfrostgefahr). — Klee und Luzerne können unmittelbar vor oder 2—3 Tage nach Spritzung eingedrillt werden. Raphatox nicht auf blühende Unkräuter spritzen, da bienengefährlich. Anwendung zu Lupinen S. 160.

Vorauflaufverfahren

S i m a z i n : Gegen flachwurzelnde Unkräuter und Gräser (auch Flughafer) im M a i s. Aufwand: 1,5 kg/ha + mindestens 600 l Wasser, kurz nach der Aussaat auf feuchtem Boden (S. 146).

G e s a p r i m : Vor und n a c h Anlaufen des Maises anwendbar, wird auch von den Blättern aufgenommen. Aufwand: 1,5 kg bzw. 2 kg/ha + mindestens 600 l Wasser.

Unkrautbekämpfung mit synthetischen Wuchsstoffmitteln

Durch Anwendung von Wuchsstoffen (Hormonen) lassen sich viele Unkräuter erfolgreich bekämpfen. Diese Mittel wirken auf die Unkrautpflanzen nicht ätzend, sondern dringen durch Blätter, Stengel und Wurzeln in die Pflanzen schnell ein und rufen übertriebenes Zellwachstum sowie Gewebezerreißungen hervor. Die sich krümmenden Pflanzen verwelken und gehen in 2—3 Wochen an Erschöpfung ein, wachsen sich tot.

Anwendungszeit

Die beste Anwendungszeit der Wuchsstoffe ist das Frühjahr bei einer Getreidehöhe von 15—20 cm, wenn z. B. die Distel 15—20 cm groß ist und der Hederich mehr als sechs Blätter hat. Getreide- und Grasarten vertragen in der Regel ohne Schaden die von den Herstellerfirmen angegebenen normalen Aufwandmengen, wenn die Spritzung in der Zeit zwischen Abschluß der Bestockung und Beginn des Ährenschiebens durchgeführt wird (bei Sommergetreide bei Ausbildung des 6. bis 8. Blattes beginnend). Vor und nach dieser Zeit können im Getreide schwere Schäden angerichtet werden. (Verbinsen, Mißbildungen.) Sommergetreide ist gegenüber Wintergetreide empfindlicher. Wichtig ist auch Beachtung der Anwendungsvorschriften, um Schäden durch Überdosierung oder Gefährdung von Nachbarkulturen (besonders Reben) zu vermeiden. Windstille Tage vorziehen.

Wüchsiges, feuchtwarmes Wetter begünstigt die Wirkung. Für Spritzung Morgen- und Abendstunden bevorzugen. Kühle Tage für Anwendung der Wuchsstoffe weniger günstig. Bei Temperaturen unter 10 Grad C und bei Nachtfrostgefahr nicht spritzen. Regen beeinträchtigt Erfolg nur, wenn er unmittelbar nach Spritzung einsetzt. Vor allem auf Grünlandflächen nach Behandlung leicht aufnehmbaren Stickstoffdünger (z. B. 50 kg/ha Kalksalpeter) zur Förderung der Kulturpflanzen streuen.

Wuchsstoffarten

Wuchsstoffe im Handel: 2,4-D, MCPA oder M genannt, 2,4,5-T, CMPP sowie Mischpräparate. Im allgemeinen bestehen zwischen der unkrautvernichtenden Wirkung von 2,4-D und M keine großen Unterschiede. Bei Sommergetreide, namentlich Gerste und Hafer, wegen schonender Wirkung auf Kulturpflanzen möglichst nur M-Präparate verwenden. Diese sind gegen Hohlzahn- und Hahnenfußarten, Disteln, Binsen, Duwock auch wirksamer als 2,4-D-Präparate. 2,4-D-Mittel wirken besser als M-Präparate gegen Kamille, Knötericharten, Ehrenpreis.

Es ist ratsam, in der Anwendung von Wuchsstoffen und Ätz-Mitteln (siehe oben) zu wechseln, damit nicht eine gegen Wuchsstoffe widerstandsfähigere Unkrautart überhandnimmt. — Gesundheitliche Schäden sind für das Vieh nach Aufnahme von mit Wuchsstoffen behandeltem Futter nicht zu befürchten. Auch sind Wuchsstoffe im Gegensatz zu Ätzmitteln nicht bienenschädlich.

Wuchsstoffmittel

2,4-D-Präparate: A Aherba Fluid, „Borchers“ Selektonon flüssig, Falitox D, Hedonal flüssig, Hinsberg 2,4 D (flüssig), U 46 Fluid. Speziell für Winterung.

MCPA-Präparate: M 52, Hedonal M, Selektonon M, U 46 M-Fluid, Utox Weedar M, Celatox M, Dikofag M, Anicon M u. a. Speziell für Sommerung.

Mischpräparate: (2,4-D + MCPA) sind: Bi-Hedonal, Dikofag-Kombi, U 46 Combi-Fluid, M 52-Kombi u. a. Speziell für Winterung.

2,4,5-T-haltige Mittel und deren Mischungen mit 2,4-D bzw. MCPA finden für die Bekämpfung von hartnäckigen und verholzten Unkräutern (Bärenklau, Brombeeren, Ginster, Hauhechel, Huflattich, Pestwurz), speziell auf Grünland Verwendung. Z. B.: U 46 Spezial, Utox Weedone TM, Celatox TM, M 52 + T (auch gegen Ackerhohlzahn im Getreide).

CMPP-Präparate: Anicon P, Celatox-P, MP 58, U 46 KV u. a. Gegen schwerer zu bekämpfende Unkräuter (Ehrenpreis, Klettenlabkraut, Vogelmiere u. a.). Bei Roggen Vorsicht, Ertragsminderung möglich!

Anwendungsbereich der Wuchsstoffe

Wuchsstoffe bleiben bis zu 2 Monate im Boden wirksam. Sie sind bei Hülsenfrüchten, Flachs, Ölfrüchten und Hackfrüchten nicht anwendbar. Getreide mit Kleeuntersaat kann mit MCPA-Mitteln gespritzt werden, sobald Klee über 3-Blatt-Stadium hinaus ist.

Leicht zu bekämpfen sind: Ackersenf, Ackerdistel, Franzosenkraut (Knopfkraut), Hahnenfuß, Hederich, Hellerkraut, Kreuzkraut, Lichtnelke, Melde, Mohn, Vogelwicken.

Schwerer zu bekämpfen sind: Ackerhohlzahn, Ehrenpreis, Kamille, Klappertopf, Kleiner Sauerampfer, Klettenlabkraut, Knöterich, Kornblume, Kornrade, Löwenzahn, Saudistel, Schafgarbe, Steinbrech, Stiefmütterchen, Taubnessel, Vogelmiere, Wegerich, Wucherblume.

Nicht zu bekämpfen sind: Alle grasartigen Unkräuter, wie Ackerfuchsschwanz, Flughafer, Quecke, Windhalm.

Eine Spritzung mit Wuchsstoffen zur Unkrautbekämpfung kostet etwa 15—20 DM/ha Spritzmittel, Spezialpräparate (CMPP) ca. 35 DM/ha.

Sorgfältiges Pflügen, Eggen und Striegeln sowie die Anwendung von Kalkstickstoff und Kainit stehen am Anfang jeder Unkrautbekämpfungsmaßnahme. Erst in zweiter Linie sollten chemische Bekämpfungsmittel zur Anwendung kommen!

V.

Der Getreidebau

Allgemeines

Die Erträge des Wintergetreides liegen infolge der längeren Wachstumszeit meist über denen des Sommergetreides. Im Durchschnitt kann mit einem Mehr von 3—4 dz/ha Korn und 10—12 dz/ha Stroh gerechnet werden. Wintergetreide verunkrautet auch weniger als Sommergetreide Daher soll das Anbauverhältnis an Getreide unter normalen Wirtschaftsverhältnissen etwa betragen: $^2/_3$ Winterung, $^1/_3$ Sommerung.

a) Der Winterweizen

Weizen beansprucht mehr Feuchtigkeit und Wärme als Roggen und ist gegen Nässe weniger empfindlich. Er ist eine Frucht der tonreichen bzw. lehmhaltigen, humus- und kalkreichen, tiefgründigen Böden. Je humusreicher, tiefgründiger und frischer der Boden ist, und je feuchter das Klima, um so eher kommt Weizen noch auf leichterem Boden fort. Saure Böden, Moor und Grünlandumbrüche sind nicht geeignet. Zuckerrüben gedeihen auf leichterem Boden noch eher als Weizen. Winterweizen nutzt gegenüber Sommerweizen die Winterfeuchtigkeit besser aus und ergibt im Durchschnitt höhere Körner- und Stroherträge.

Auf nicht mehr weizensicherem Boden, wozu in sehr trockenen Lagen auch sandiger Lehmboden gehört, ist es ratsamer, Roggen anzubauen, der dann bessere Ernten gibt, weniger Dünger verlangt, mehr Stroh liefert, und bessere Vorfrucht ist.

Vorfrucht

Auf sehr fruchtbaren Böden sind Hackfüchte, und zwar in erster Linie frühe und mittelfrühe Kartoffeln, Futterrüben und Rübensamen bei nicht zu später Aussaat des Weizens gute Vorfrüchte, desgleichen Lein und Hanf. Nach Erbsen und Bohnen lagert Weizen auf den schweren, in guter Kultur befindlichen Böden leicht, was Rostbefall und Fußkrankheiten zur Folge hat. Diese Früchte bleiben daher als Vorfrucht für Weizen den mittleren und leichteren Böden vorbehalten. Für letztere sind Erbsen und Frühkartoffeln besonders gute Vorfrüchte.

Hafer ist als Vorfrucht durchaus geeignet, und der Zuckerrübenvorfrucht gleichwertig, besonders dann, wenn dem Hafer Klee oder Hackfrucht vorausging und Weizen entsprechend mit Stickstoff gedüngt wird. Daher kann der Folge Rüben — Hafer — Weizen der Folge Rüben — Weizen — Hafer im allgemeinen der Vorzug gegeben werden. Auch nach Roggen ist Anbau möglich, wenn auch erst in zweiter Linie. (Siehe S. 41.)

Nach sich selbst darf Weizen nicht folgen, desgleichen nach Gerste nicht, da er dann sehr leicht von F u ß k r a n k h e i t e n befallen wird. So werden z. B. besonders auf nicht mehr weizenfähigen Böden durch die Schwarzbeinigkeit, deren Erreger der Weizenhalmtöter ist, Schäden hervorgerufen, die eine Ertragsminderung von 80—100% zur Folge haben können. Auch eine andere Fußkrankheit, die Halmbruchkrankheit, deren Erreger der Halmbrecher ist, kann dem Weizen gefährlich werden. Der Halmbrecher zeigt sich besonders auf den besten, in höchster Kultur stehenden Böden. (Die Halme brechen vorzeitig ab.)

Als G e g e n m a ß n a h m e werden empfohlen: Späte Aussaat, Dünn- und Flachsaat. Lagerfeste Sorten sind zu bevorzugen.

Klee kann als Vorfrucht nur bedingt empfohlen werden (Blumenfliegenbefall und Auftreten von Gelbrost). Auch besteht auf den guten Böden infolge zu starker Stickstoffversorgung Lagergefahr. In Frage kommen also, wenn überhaupt, nur die mittleren und sandigen Lehmböden. Ausgebrannte Kleeflächen sind nicht als gute Vorfrucht anzusprechen, da die Bakterientätigkeit und damit die Gare im Boden infolge mangelnder Beschattung in der Trockenzeit vernichtet werden. (Auch starker Wasserverbrauch.)

Raps ist eine gute Vorfrucht, aber in intensiven Betrieben besser durch Gemüse oder Zwischenfrucht zu nutzen.

Weizen selbst ist eine schlechte Vorfrucht. (Siehe S. 40.) Er besitzt ein bedeutend geringeres Aneignungsvermögen für Bodennährstoffe als der Roggen, dessen Nährstoffansprüche im Frühjahr etwa 14 Tage früher beginnen als die des Weizens.

Düngung

Auf gutem Boden besteht zwischen Herbst- und Frühjahrsdüngung kein Unterschied. Im allgemeinen ist jedoch die gesamte Stickstoffgabe (2—4 dz/ha eines 20% Stickstoffdüngemittels) im Frühjahr zu verabreichen. (Siehe S. 81.)

Stallmist und stärkere Salpetergaben begünstigen Lagerfrucht, Rost- und Mehltaubefall. Daher sind Düngemittel mit teilweisem Ammoniak- und Salpeterstickstoff, wie z. B. Kalkammonsalpeter, zu bevorzugen.

Bei Getreidevorfrucht, auch bei nicht ganz weizenfähigen Böden, können Stalldung und verdünnte Jauche Verwendung finden.

Im Hinblick auf 1000-Korngewicht, Backqualität sowie auf frühes und gleichmäßiges Abreifen der Körner empfiehlt sich, je nach Vorfrucht 3—5 dz/ha eines 16—18%igen Phosphatdüngers auszustreuen.

Kali wirkt Brand- und Rostbefall entgegen. Es müssen 2—3 dz/ha (40—50%) rechtzeitig gegeben werden, da die Kaliaufnahme durch die Pflanze bereits mit Heraustreten der Ähren beendet ist und Weizen das Bodenkali nur schwer auszunutzen vermag. — Auf ausreichenden Kalkgehalt des Bodens achten! (Günstige pH-Zahl 6—7,5.)

Gute Böden

Sorten Im Handel seit ( )

Carsten's Dickkopf V: (1921) ist infolge seiner großen Bestokkungsfähigkeit und seiner schnellen Frühjahrsentwicklung der ertragtreibendste Weizen auf guten Böden (nach guter Vorfrucht und bei guter Düngung). Ausgezeichnete Qualität mit hohem Hektolitergewicht und kleinem Korn. Infolge des kurzen Strohs (da gute Bestandsdichte, trotzdem strohreich) sehr standfest und auch gegen Gelbrost widerstandsfähig. Reife mittelfrüh bis mittelspät.

Carsten's Winterweizen VI*: (1940) standfest, für mittleren und besseren Boden, nicht ganz so ertragreich wie Carsten V, aber noch winterfester und besonders gute Backeigenschaften; mittelfrüh.

Heines VII: (1950) sehr gut standfest und winterfest, mittelfrüh, sehr kurzer Halm, rotkörnig. Spätsaatverträglich, höhere Aussaat erforderlich.

Rimpaus Braun: (1939) Winterfestigkeit mittel, standfest, mittelfrüh bis mittelspät, rasche Jugendentwicklung. Stellt an Boden und Klima höhere Ansprüche, verlangt rechtzeitige und stärkere Aussaat.

Bessere und mittlere Übergangsböden

Breustedts Werla*: (1950) für alle Lagen, besonders Niederungsgebiete, gute Standfestigkeit, verträgt späte Aussaat, gute bis mittlere Winterfestigkeit.

Carsten's Winterweizen VIII*: (1953) mittelfrüh, für alle Weizenböden, auch für strenge Lagen, sehr standfest und sehr gute Winterfestigkeit.

Criewener 192: (1937) ist ein winterfester, mittelspäter Intensivweizen. Er bringt bei guter Vorfrucht und entsprechender Düngung auf allen Weizenböden, auch den leichteren und in rauher Lage, gute Erträge und ist standfest. Er verlangt frühe Aussaat. Durch die breite Blattentwicklung wird die mit der Sonneneinstrahlung verbundene Bodenaustrocknung und Verhärtung gemindert.

Derenburger Silber: (1941) Reifezeit mittelspät bis spät, gute Winterfestigkeit, großkörnig. Strohreich, gut standfest, leidet wenig unter Fußkrankheiten. Verträgt spätere Aussaat und infolge seiner Standfestigkeit höhere Düngergaben.

Hauters II*: (1938) gut standfest, mittel winterfest, mittelfrüh bis früh. Für günstige Anbaulagen in Süd- und Südwestdeutschland. Zu empfehlen ist stärkere Aussaat.

Heines IV: (1940) standfest, ziemlich kurzer Halm, rotkörnig, mittelspät, ertragreich, für gute und mittlere Weizenlagen; spätsaatverträglich, etwas höhere Saatmenge erforderlich.

H.S. Burgweizen*: (1957) Winterfestigkeit mittel bis gut, mittelfrüh, Standfestigkeit mittel, spätsaatverträglich, Aussaatmenge knapp bemessen.

Merlin: (1956) mittlere Standfestigkeit, mittlere Reifezeit, Winterfestigkeit, mittel bis gut, sehr ertragreich, aber sark anfällig für Gelbrost. Spätsaatverträglich.

* Qualitätsweizen Gruppe A

Geringe Weizenböden

H a c o n *: (1957) für Grenzböden und mittlere Höhenlagen. Reifezeit und Standfestigkeit mittel.

L a n g s W e i h e n s t e p h a n e r T a s s i l o *: (1930) gering bis mittel standfest, mittel bis gering winterfest, mittelfrüh. Für geringe Böden und ungünstige Lagen, in Süddeutschland verbreitet.

R i m p a u s B a s t a r d I I: (1939) Reife mittelfrüh, ziemlich winter- und standfest. Großes Korn, daher Aussaatmenge reichlicher bemessen. Für wechselnde Bodenverhältnisse geeignet. Nicht zu spät mähen, fällt leicht aus. Anfällig für Steinbrand. Aussaat etwa bis Mitte November.

Z a p f s N e u z u c h t *: (1948) für geringere Böden und Höhenlagen, Reife mittelfrüh bis früh, Winterfestigkeit gut, Standfestigkeit gering.

Aussaat

Eine etwas tiefere Saatfurche als beim Roggen ist angebracht (20 bis 25 cm). Der Weizen schätzt ein grobes Saatbeet, welches nicht so leicht verschlämmt. Erdkluten bis etwa Faustgröße, die das Drillen nicht behindern, bieten Schutz vor Nord- und Ostwinden. Allerdings muß unter diesen Kluten noch genügend Feinerde zum Bedecken der Körner vorhanden sein. Wenn auch der Boden bei der Weizenbestellung im Gegensatz zur Roggenaussaat ziemlich feucht sein darf, so muß doch ein Einschmieren des Saatkornes vermieden werden, da dies die Bodenstruktur ungünstig beeinflussen und die Keimung behindern würde. Zur Verminderung der Auswinterungsgefahr ist auch bei Weizen auf einen gewissen Bodenschluß zu achten. W e i z e n w i l l n i c h t i n f r i s c h g e p f l ü g t e s L a n d g e s ä t w e r d e n. Wenn nicht zu vermeiden, nur flach pflügen und Untergrundpacker oder schwere Walze anwenden.

B e s t e A u s s a a t z e i t: Je günstiger Boden- und Klimaverhältnisse sowie sonstige Wachstumsbedingungen, desto eher kann die Saat mit geeigneten Sorten hinausgezögert werden, ohne daß Rückschläge im Ertrag zu befürchten sind. Späte Aussaaten bis Ende November bringen meist noch bessere Erträge als rechtzeitig gesäter Sommerweizen.

In den eigentlichen Weizenanbaugebieten Mittel- und Westdeutschlands liegt der günstigste Saattermin zwischen dem 10. Oktober und 15. November. Auch in der Küstengegend wird Weizen zur Vermeidung einer üppigen Frühentwicklung und der dadurch verstärkten Auswinterungsgefahr nicht so zeitig bestellt, so daß die Herbstaussaat vor Wintereinbruch oftmals noch gar nicht aufgegangen ist.

In den östlichen Gebieten Deutschlands sollte man dagegen bestrebt sein, Winterweizen in der Zeit zwischen dem 5. und 25. Oktober in die Erde zu bringen. Hier erreichen Spätsaaten nur in Ausnahmefällen die Erträge des mittelfrüh gesäten Weizens! Zur Vermeidung einer zu üppigen Entwicklung des sich hauptsächlich erst in der Tauperiode im Frühjahr bestockenden Weizens ist mit der Saat aber, mit Ausnahme von ganz extremen Lagen, auch nicht vor dem 1. Oktober zu beginnen.

Spätsaaten im November sind bei stärkerem Auftreten von Fußkrankheiten, Zwergsteinbrand und Ackerfuchsschwanz angebracht (Vernichtung des inzwischen gekeimten Unkrautes).

Eine wesentliche Rolle spielen beim Weizen hinsichtlich Aussaatzeit die einzelnen Sorten. Während z. B. Strengs Marschall, Criewener 192 und Rimpaus Braun bis Ende Oktober gesät sein wollen, vertragen Sorten wie z. B. Rimpaus Bastard II, Heines IV, Heges Früher, Peragis eine Aussaat bis Mitte, in sehr milden Lagen bis Ende November/Anfang Dezember.

* Qualitätsweizen Gruppe A

S a a t m e n g e : Je nach Korngröße, Bodenverhältnissen und Aussaatzeit zwischen 160 und 220 kg je ha. Kleinkörnige Sorten, wie zum Beispiel Carsten's Dickkopf V, werden bei nicht zu später Aussaat mit etwa 160 kg je ha auskommen, während bei großkörnigen Sorten (Derenburger Silber, Rimpaus Bastard II) und späterem Saattermin (Ende November / Anfang Dezember) bis zu 240 kg je ha erforderlich sein können. N o v e m b e r s a a t e n sind grundsätzlich n i c h t u n t e r 2 0 0 k g j e h a auszudrillen, aber auch bei Frühsaaten sollte man nicht unter 160 kg je ha heruntergehen.

Eine zu dichte Saat läßt sich im Frühjahr durch schwere Eggen ohne weiteres lichten. Kümmerlich bestandene Weizenfelder dagegen werden im Frühjahr bald vom Unkraut überwuchert und geben eine Mißernte. Vielfach wird Roggen zu stark und Weizen zu schwach gesät.

Aussaat von „Wechselweizen“

Bei verspäteter Herbstbestellung empfiehlt sich in witterungsbegünstigten Anbaulagen Aussaat hierfür geeigneter Sommerweizensorten, wie zum Beispiel Heines Peko oder Peragis Garant, Breustedts Teutonen, v. Rümkers, Weihenstephaner Erli. Diese sogenannten „Wechselweizen“ überwintern in nicht zu strengen Jahren im allgemeinen gut und bringen häufig bessere Erträge als zu spät gesäter Winterweizen, wenn sie auch hinsichtlich ihrer Widerstandsfähigkeit den eigentlichen Winterweizensorten nachstehen. Beste Aussaatzeit in den Monaten Dezember—Januar.

Der v o r W i n t e r g e s ä t e S o m m e r w e i z e n soll möglichst n i c h t ü b e r d a s K e i m s t a d i u m hinauskommen. Der Boden darf nicht zu leicht sein, auch ist ein Einschmieren zu vermeiden. Die Saatmenge ist auf 240—250 kg/ha zu bemessen und das Saatgut gegen Krähenfraß mit „Abavit-Corbin“ oder „Morkit“ zu behandeln. Der Vorteil dieser „Wechselweizen“ liegt darin, daß diese noch nach spät das Feld räumenden Früchten, wie Zuckerrüben, bestellt werden können. Ferner nutzen sie im Gegensatz zu den im Frühjahr gedrillten Sommerweizen die Winterfeuchtigkeit besser aus und sind auch früher erntereif. Die ausschließlich im Frühjahr zu verabfolgende Stickstoffgabe kann unbedenklich bis zu 3 dz/ha Kalkammonsalpeter betragen. ($^2/_3$ im letzten Märzdrittel, $^1/_3$ nach vollendeter Bestockung.)

S a a t g u t u n b e d i n g t g e g e n S t e i n b r a n d b e i z e n. Da bei Flugbrand nur die Heißwasserbeize wirksam ist (siehe Seite 19), wird bei dessen Vorkommen am besten neues Saatgut bezogen.

Normale S a a t t i e f e 3—4 cm. Je später die Bestellung vor sich geht, desto flacher soll das Korn in die Erde kommen. Eine zu flache Saat, d. h. unter 2 cm, begünstigt aber die Auswinterung.

Die übliche R e i h e n e n t f e r n u n g von 15—16 cm wird nur dort, wo die Hackmaschine zur Anwendung kommen soll, auf 18—20 cm erhöht. Meist dürfte aber mehrmaliges Eggen genügen.

Pflege

Weizen verträgt auch im Herbst das Eggen recht gut, trockenen Boden vorausgesetzt, doch darf wie im Frühjahr keine Nachtfrostgefahr bestehen.

I m W i n t e r h o c h g e f r o r e n e r B o d e n i s t i m F r ü h j a h r s o f r ü h w i e m ö g l i c h z u w a l z e n (Ringelwalze), damit die durch das Auffrieren bloßgelegten und teilweise abgerissenen Wurzeln wieder in innige Berührung mit dem Boden gebracht und die Pflanzen so vor dem Vertrocknen geschützt werden. Wiederholtes Frieren und Tauen im Frühjahr kann mehrfaches Walzen erforderlich machen.

Beim Eggen des Weizens im Frühjahr — der Boden darf nicht schmieren —, soll man nicht hinter sich sehen, d. h. nicht ängstlich sein. Weizen ist für gute Durchlüftung des über Winter mehr oder weniger verschlämmten Bodens mit schweren Eggen dankbar. Auf losem Boden, besonders bei anhaltender Trockenheit, unterbleibt das Eggen besser. Auf keinen Fall dürfen hier schwere Eggen Verwendung finden. (Siehe S. 22.)

Ernte

Die Ernte erfolgt gegen Ende der Gelbreife, d. h. also, wenn das Korn gerade noch über den Fingernagel bricht, nicht früher! (Siehe Seite 25.)

Ertrag: im Mittel 28—32 dz/ha Korn.

b) Der Sommerweizen

Allgemeines

Sommerweizen kommt in erster Linie dort zum Anbau:

1. wo bei später Ernte der Vorfrucht (Zuckerrüben) Herbstsaat nicht mehr möglich war
2. wenn ausgewinterter Winterweizen durch Sommerweizen ersetzt werden soll
3. wenn aus betriebswirtschaftlichen Gründen eine zeitliche Verlagerung der Getreideernte angestrebt werden muß, da Sommerweizen später reift als Winterweizen.

Die Erträge des Sommerweizens sind im Durchschnitt größeren Schwankungen unterworfen als die des Winterweizens. Der raschwüchsige Sommerweizen stellt an den Boden ähnlich hohe Ansprüche wie Winterweizen. Nicht geeignet sind moorige Böden sowie Grünlandumbruch. Er hat einen hohen Wasserbedarf, daher muß der Acker unbedingt im Herbst tief gepflügt werden. Länger anhaltende Trockenheit im Frühjahr führt zu erheblichen Ertragsminderungen. Gegen Bodensäure ist Sommerweizen weniger empfindlich als Winterweizen, verlangt aber sorgfältigere Bodenbearbeitung und sehr frühzeitige Bestellung. Die Saat darf nicht eingeschmiert werden.

Vorfrucht

Rüben, Kartoffeln, Klee und Luzerne sind als gute Vorfrüchte anzusprechen. Nach Getreide lassen sich im allgemeinen keine guten Sommerweizenernten erzielen, insbesondere nicht nach Gerste und Weizen (Fußkrankheiten).

Düngung

Sommerweizen besitzt nur geringe Aneignungsfähigkeit für Bodennährstoffe. Er verlangt daher besonders in seiner Jugend ausgiebige Nährstoffversorgung. Das hohe Düngerbedürfnis wird, je nach Vorfrucht, durch Gaben von 2—4 dz/ha eines 20% Stickstoffdüngers, 3—4 dz 16—18%iger Phosphatdünger und 2—3 dz/ha 40% Kali befriedigt.

Für gute und mittlere Böden

Sorten im Handel seit ( )

Breustedts Teutonen: (1942) standfest, knapp mittlere Halmlänge, trockenheitsverträglich, mittlere Reifezeit.

Carsten's Sommerweizen*: (1948) lagerfest, mittlere Halmlänge, mittelspät, bevorzugt Küstenklima.

Fasan*: (1957) mittelfrüh, sehr gut bis gut standfest, verträgt späte Aussaat.

* Qualitätsweizen Gruppe A

H e i n e s P e k o : (1947) mittelspät, gut standfest. Steht auf bestem Boden bei bester Vorfrucht an erster Stelle! Bringt aber auch auf leichteren Böden gute Erträge. Verlangt frühe Aussaat!

H o h e n h e i m e r F r a n k e n II*: (1954) mittel- bis spätreif, Standfestigkeit mittel, gute Backfähigkeit. Geeignet als Wechselweizen (S. 119).

P e r a g i s G a r a n t*: (1946) Sehr standfest, Reife mittelspät, sehr großes Korn, guter Strohertrag. Zweckmäßig ist frühe Aussaat und höhere Aussaatmenge, da sehr großes Korn.

Für mittlere Böden

L i c h t i s II* (1952) früh, Standfestigkeit gut, Strohertrag gering (rotkörnig). Für alle Weizenböden.

R i m p a u s L a n g e n s t e i n e r*: (1943) rotkörnig, kurzer Halm, gute Backfähigkeit. Sehr widerstandsfähig gegen Flugbrand, aber stark anfällig für Mehltau. Früh bis mittelfrüh reifend, für alle Weizenlagen, verträgt späte Aussaat.

Für Übergangsböden

P r o b a t*: (1957) mittelfrüh bis früh, Standfestigkeit gut, verträgt späte Aussaat. Wächst auch auf leichteren, noch weizenfähigen Böden.

v o n R ü m k e r s W e i h e n s t e p h a n e r E r l i *: (1941) mittlere bis gute Standfestigkeit, ziemlich kurzer Halm, frühreif. Auch für weniger günstige Lagen geeignet.

Sehr frühe Aussaat, Februar bis Mitte März, spätestens Anfang April, ist erforderlich (Kältereizbedürfnis für hohe Erträge, Ausnutzung der Winterfeuchtigkeit). S p ä t g e d r i l l t e r S o m m e r w e i z e n b r i n g t f a s t i m m e r e i n e M i ß e r n t e. Spätsaaten leiden auch mehr unter Schädlingsbefall (Getreideblumenfliege) und Flugbrand. Es ist daher nicht ratsam, nach Mitte April noch Sommerweizen zu säen. Einige Sorten, wie z. B. Heines Peko, sind gegen Spätsaat besonders empfindlich, während Heines Koga II, Rimpaus Langensteiner, v. Rümkers Weihenstephaner Erli, Fasan und Peragis Garant etwas spätere Aussaat vertragen. **Aussaat**

Über Spätherbstaussaat von Sommerweizen als sogenannter „Wechselweizen" siehe S. 119.

A u s s a a t m e n g e : 200—240 kg/ha, je nach Korngröße und Aussaatzeit (Februar, März 200 kg, April 200—220 kg). Peragis, z. B. ist großkörnig, daher stärkere Aussaat (220 bis 240 kg). Da sich Sommerweizen nur wenig bestockt, soll die A u s s a a t s t ä r k e nicht unter 200 kg/ha betragen.

R e i h e n e n t f e r n u n g 15—16 cm. S a a t t i e f e 3—4 cm.

Sehr zeitig gesäten Sommerweizen, der häufig unter Krähenfraß zu leiden hat, mit Abavit-Corbin oder Ceresan-Morkit beizen (S. 19).

Die ähnlich wie bei Hafer mittels Eggen durchzuführende Unkrautbekämpfung unterscheidet sich nur dadurch, daß nach dem Auflaufen des Sommerweizens erst nach Bildung des v i e r t e n Blattes wieder geeggt werden darf. **Pflege**

Die Ernte muß bei B e g i n n, s p ä t e s t e n s M i t t e d e r G e l b r e i f e vorgenommen werden, späterhin treten erhebliche Kornverluste ein (Peragis Garant ist besonders empfindlich, Heines Koga II dagegen nicht). **Ernte**

M i t t l e r e r K o r n e r t r a g : 24—30 dz/ha.

* Qualitätsweizen Gruppe A

c) Der Winterroggen

Bodenansprüche

Die Ansprüche des Roggens an Boden, Klima und Wasser sind von allen Getreidearten die geringsten; er wächst auf fast allen Bodenarten. Am besten gedeiht er aber auf den leichten und mittleren Böden. Mäßige Bodenversäuerung schadet nichts (Sommerroggen ist in dieser Beziehung noch unempfindlicher als Winterroggen), doch verträgt Roggen keinen stark sauren Boden sowie stauende Nässe. *Auf den leichteren Bodenarten ist er das sicherste Getreide mit höchsten Stroherträgen.* Im Zweifelsfall ist Roggen dem Weizen vorzuziehen, auch auf verunkrauteten Feldern. Roggen unterdrückt das Unkraut viel stärker als Weizen.

Vorfrucht

Roggen ist mit sich selbst verträglich, kann also mehrere Jahre hintereinander angebaut werden, was aber mit Rücksicht auf die nachfolgende Frucht besser vermieden wird. Im übrigen kann er jeder Frucht folgen. In zweiter oder gar dritter Tracht nach Getreide gestellt, kann man vom Roggen allerdings keine Höchsterträge erwarten. Starker Windhalm- und Kornblumenbesatz sind die Folge. (Besonders Windhalm entzieht dem Roggen während des Schossens viel Wasser.) Roggen sollte also höchstens als zweite Getreidefrucht nach Hackfrucht oder Leguminosen zum Anbau kommen.

Gutstehender Hackfruchthafer ist im Gegensatz zu Weizen und Gerste eine recht gute Vorfrucht, und nach nicht zu spät geernteten Saatlupinen, der besten Vorfrucht für Roggen überhaupt, zeichnet sich dieser durch besonders guten Stand aus und bringt die höchsten Erträge. Ebenfalls gute Vorfrüchte sind Klee, Bohnen, Erbsen sowie mittelspäte Kartoffeln. Serradella dagegen macht den Boden zu locker, desgleichen Stallmist. Außerdem gehen auf den mittleren und leichteren Böden große Teile des Stickstoffs verloren, da Roggen seine hauptsächliche Stickstoffaufnahme erst im Frühjahr vollzieht. *Zu Roggen gehört also kein Stallmist! — Der Anbau von Roggen nach Süßlupinen, mittelspäten Kartoffeln und Sommerung* (einschließlich Leguminosen) *zu je einem Drittel bleibt anzustreben.*

Infolge des frühzeitigen Bestockungsvermögens hält sich die Bodenfeuchtigkeit unter einem geschlossenen Roggenbestand sehr gut. Folgt nun der Mähmaschine alsbald der Schälpflug, bleibt die vorhandene Bodengare der Nachfrucht erhalten. *Roggen hinterläßt also den Boden in einem* bedeutend *günstigeren Zustand als Weizen,* so daß z. B. Zuckerrüben nach Roggen im allgemeinen bessere Erträge bringen als nach Weizen. (Siehe S. 40.)

Bodenbearbeitung

Das Geheimnis erfolgreichen Roggenbaues liegt darin, ihn flach und rechtzeitig in abgesetztes Land zu bestellen! Schälen des Ackers hat, sofern zwischen diesem und der Saatfurche nicht mindestens ein Zwischenraum von 2—3 Wochen liegen kann, besser zu unterbleiben! (Unkraut läuft in dieser kurzen Zeit, besonders bei trockenem Wetter, nicht auf. Die Stoppelreste verrotten nicht und durch eine verspätete Saatfrucht kommt der Acker nicht zum Absetzen.) Richtiger ist dann, den Saatacker zwischen Saatfurche und Roggendrillen noch einmal mit Scheibenegge oder Wühlgrubber zu bearbeiten, wodurch eine ausgezeichnete Unkrautvernichtung erreicht wird.

W i e n a c h t e i l i g s i c h e i n e z u s p ä t g e z o g e n e S a a t f u r c h e f ü r d e n R o g g e n e r t r a g a u s w i r k e n k a n n, ist aus folgendem Versuch zu ersehen:

Gepflügt:	Anfang September	Ertrag/ha:	23,2	dz Korn	48,4	dz Stroh
	15. September	„	21,7	„ „	48,3	„ „
	29. September	„	14,7	„ „	38,2	„ „

Kann also die 18—20 cm tiefe Saatfurche nicht 3—4 Wochen vor der Roggenbestellung gegeben werden — je später, um so flacher ist zu pflügen —, ist der Saatacker durch Untergrundpacker, zumindest aber mit einer schweren Walze, kreuz und quer, also zweimal, zu überfahren, um den notwendigen Bodenschluß zu erreichen. Allerdings drückt die Walze nur die Bodenoberfläche an, während der Packer den Untergrund in 20—25 cm Tiefe festigt, worauf es ja besonders ankommt. Denn R o g g e n i s t g e g e n e i n e n z u l o c k e r e n, u n g e s e t z t e n B o d e n, in dem sich Hohlräume bilden, e b e n s o e m p f i n d l i c h w i e W i n t e r g e r s t e. Daher ist Roggenaussaat auf frisch gepflügtes Land unbedingt zu vermeiden! Schwerer Boden braucht mehr Zeit zum Absetzen als leichter Boden. Auf besserem Acker läßt sich durch zusätzliche Verwendung langzinkiger Eggen vor der Bestellung eine tiefergehende Bodenbefestigung erreichen. (Siehe auch S. 33.)

B e w e i s e d a f ü r, d a ß d a s S a a t b e t t z u l o s e w a r: wenn der Roggen auf dem durch Gespanne und Maschinen besonders gefestigten Vorgewende besser steht als auf dem übrigen Feld, oder wenn die beiden Drillreihen an den Seiten der Drillmaschinenräder einen besonders guten Stand aufweisen bzw. bei größeren Auswinterungsschäden allein übrigbleiben.

Nach Spätkartoffeln genügt eine flache Schälfurche, auf die man allerdings auch selbst dann nicht verzichten sollte, wenn der Acker unkrautfrei ist. Der Schälpflug liefert eine saubere und gleichmäßigere Arbeit und ergibt gegenüber dem einfachen Eggen oder Grubbern auch entspechend höhere Erträge.

D a s K a r t o f f e l k r a u t d a r f n i c h t u n t e r g e p f l ü g t w e r d e n (es sei denn, daß es vertrocknet ist), sondern ist abzufahren, sonst bleibt der Boden zu locker.

Düngerbedarf (Tetraroggen S. 125)

Schwefelsaures Ammoniak sowie Kalkammonsalpeter stellen die günstigste Form des S t i c k s t o f f d ü n g e r s für Roggen dar. Je nach Bodenkultur und Vorfrucht werden Gaben von 1,50—3 dz/ha verabfolgt. K a l k s t i c k s t o f f i s t a l s K o p f d ü n g e r i m F r ü h j a h r m i t V o r s i c h t z u v e r w e n d e n. Bei anhaltender naßkalter Witterung machen sich leicht Schädigungen der Pflanze bemerkbar. Abgesehen davon kommt er dann auch zu spät zur vollen Wirkung. (Siehe Seite 82.)

Die P h o s p h o r s ä u r e d ü n g u n g soll bereits im Herbst vor der Bestellung erfolgen. Man gibt 2—4 dz/ha eines Phosphatdüngers.

Ausreichende K a l i d ü n g u n g (2—2,5 dz/ha 40%) stellt wirksamen Schutz gegen Lagerfrucht und Rostbefall dar. Auf leichten Böden läßt sich Kainit gut verwenden (6—8 dz/ha). — Die Kaliaufnahme des Roggens beträgt im Gegensatz zur Aufnahme der übrigen Nährstoffe bis Anfang Mai bereits 65% des gesamten Kalibedarfs. Daher muß Kali, mit Ausnahme der ganz leichten Böden, möglichst schon im Herbst verabreicht werden.

Roggen liebt zwar einen schwachsauren Boden. Auf sauren Böden, also unter pH 5, treten jedoch Wachstumsstörungen ein. Die jungen Roggenpflanzen zeigen Marmorierung und die Pflanzen winden sich korkenzieherartig. Auf stark saurem Boden werden die Pflanzen gelb und bleiben im Wachstum zurück. Die Blätter rollen sich ein und nehmen rötliche Färbung an. In solchen Fällen ist also ausreichend zu kalken (16—20 dz/ha kohlensaurer Kalk).

Stickstoff-Kalkversuch zu Roggen (nach Kiel)

(leichter, stark versauerter Sandboden)

Stickstoffdünger	I. Ohne Kalk Körner dz/ha	Stroh dz/ha	II. Mit Kalk Körner dz/ha	Stroh dz/ha
Ohne Stickstoff	4,4	9,6	8,0	15,2
Schwefelsaures Ammoniak	1,4	2,8	13,2	27,2
Kalkammonsalpeter	5,1	11,6	14,4	29,7
Kalkstickstoff	7,5	16,3	12,3	26,2
Natronsalpeter	10,4	22,4	14,4	29,7

Zeitpunkt des Ausstreuens

Der im zeitigen Frühjahr (etwa Monat März) verabfolgte Stickstoffdünger hat die größte Wirkung, so daß es mit wenigen Ausnahmen (sehr armer Boden) richtiger ist, auch wegen der Auswaschungsgefahr, auf eine Stickstoffdüngung im Herbst zu verzichten. Infolge des frühen Erwachens der Vegetation (schnellere Erwärmung) sollte Stickstoff im Frühjahr zuerst auf den leichteren Boden mit seiner geringen Winterfeuchtigkeit in einer Gabe verabfolgt werden. Nur in niederschlagsreichen Gegenden, auf sehr leichten Böden und bei Spätsaaten sind zwei Gaben angebracht, und zwar zwei Drittel sehr zeitig und ein Drittel erst später. (Siehe S. 83/84.)

Sorten im Handel seit ( )

Asches Winterroggen: (1947) für leichte und bessere Böden in Küstennähe geeignet. Gute Winter- und Standfestigkeit, mittelfrühe bis mittelspäte Reife.

Brandts Marien: (1920) für bessere Böden und feuchtes Klima (Küstenlage). Frühe Aussaat erforderlich. Winter- und Standfestigkeit gut. Im Stroh etwas kürzer als der Petkuser, mittlere Reifezeit.

Carsten's Roggen: (1926) für bessere Böden in Küstenlage, gute Winterfestigkeit, Standfestigkeit mittel. Frühe bis mittlere Reifezeit.

Deutscher Ringroggen: (1935) für alle Roggenlagen, Winterfestigkeit gut, ziemlich standfest. Reifezeit mittelfrüh bis mittelspät.

Heines Hellkorn: (1947) für bessere Böden in klimatisch günstigen Lagen. Winter- und Standfestigkeit gut, reift mittelfrüh bis mittelspät.

Heßdorfer Johannis: hat eine sehr gute Winterfestigkeit, Reifezeit früh bis mittelfrüh, etwa 5 Tage vor dem Petkuser. Frühester Grünroggen und als solcher besonders geeignet.

Karlshulder Winterroggen: (1911) für Moorböden besonders geeignet, da er die auf diesen eintretenden Erscheinungen des Hochfrierens und der Spätfröste (langsamere Entwicklung) am besten verträgt.

Meuhselsdorfer Fichtelgebirgs: (1919) für Gebirgslagen, sehr gute Winterfestigkeit, mittelstandfest, Reifezeit mittelfrüh bis mittelspät.

NOS Hochland: (1952) für alle Gebirgslagen mit schneereichen und langen Wintern. Winterfestigkeit sehr gut, mittel standfest, mittelfrüh.

Oberarnbacher: (1948) für alle Roggenlagen, Winter- und Standfestigkeit gut, mittelfrüh bis mittelspät.

F. v. Lochows Petkuser Winterroggen Normalstroh: (1898) die für alle Lagen geeignetste (ausgenommen in Moorgebieten) und verbreitetste Sorte, die Universalsorte Mitteleuropas. Winterfestigkeit sehr gut, Standfestigkeit gut bis sehr gut, mittelfrüh bis mittelspät. Auch auf leichten Böden ertragstreu und ertragreich.

Petkuser Kurzstroh: (1926) standfester als Normalroggen, sehr winterfest. Anbau auf besseren Böden und in niederschlagsreichen Gebieten zu empfehlen. Für Mähdrusch besonders geeignet.

Tetraroggen: (1952) wurde aus dem Petkuser Winterroggen herausgezüchtet. Er bringt im Durchschnitt höhere Korn- und Stroherträge als Normalroggen. Tetraroggen kann auf allen Böden verwendet werden, befindet sich aber im wesentlichen noch in züchterischer Bearbeitung.

Günstigster Aussaattermin Ende September bis Anfang Oktober. Es sind höhere Saatmengen erforderlich, weil das Korn ca. 40 bis 50% größer ist. Bei normaler Saatzeit sind je ha 160—200 kg Aussaat zu empfehlen. Das Saatgut ist in jedem Fall zu beizen.

Tetraroggen darf nicht in unmittelbare Nähe von diploiden (normalen) Roggenarten gebracht werden. Es entstehen zwar keine lebensfähigen Bastarde, aber es tritt eine gegenseitige Ertragsschädigung ein (Schartigkeit).

Daher fordert das Bundessortenamt von dem Anbauer die Einhaltung einer Mindestentfernung von 300 m zwischen Tetraroggen und Normalroggen. In den letzten Jahren hat es sich jedoch gezeigt, daß für die Praxis eine Entfernung von etwa 100 m genügt. Im übrigen handelt es sich nur um Schäden am Rande der Feldschläge. Praktisch treten bei den diploiden Roggensorten, die ja früher blühen, überhaupt keine Schäden auf.

Die Halme des Tetraroggens sind stärker und kräftiger, zeigen daher bessere Standfestigkeit. Infolgedessen lassen sich d'e Erntearbeiten schneller und billiger durchführen. Die Ähre ist größer als bei Normalroggen.

Tetraroggen ist eine Intensivsorte, die eine reichliche Ernährung verträgt und in lohnender Weise umzusetzen vermag. Es wird empfohlen, Tetraroggen etwa 40% mehr Handelsdünger zu geben als dem gewöhnlichen Roggen. Auf leichteren Roggen-Kartoffelböden können 4—5 dz eines 20%igen Stickstoffdüngers mit den entsprechenden Kali- und Phosphorsäuregaben ohne Bedenken verabreicht werden. (Bei ungünstiger Vorfrucht bis 6 dz/ha N.)

Tetraroggen blüht und reift etwa 3—5 Tage später als Petkuser Winterroggen. Das größere Korn muß beim Schnitt hart über dem Nagel brechen. Zu frühes Mähen hat Schrumpfkörner und Ertragsverluste zur Folge. (Korn fällt nicht aus, da fester Spelzenschluß.)

Tetraroggen hat als Grünfutterroggen nach Versuchen auf der Versuchsstation Limburgerhof 10% mehr Grünmasse als die diploiden Petkuser Roggensorten gebracht. Anbau zu Grünfutterzwecken sehr zu empfehlen.

Aussaat

Roggensaat muß infolge Fremdbestäubung im Gegensatz zu den Selbstbefruchtern Weizen, Gerste und Hafer öfter gewechselt werden (beschleunigter Abbau, insbesondere bei bäuerlicher Gemengelage). Es empfiehlt sich daher, zur Saatgutgewinnung jährlich 10—15% der Anbaufläche mit Hochzucht zu bestellen, wodurch der Bedarf für das folgende Jahr gedeckt wird. Kleinere Betriebe kaufen alle 2—3 Jahre für die gesamte Roggenanbaufläche Hochzuchtsaatgut.

Zur Saat ist nur volles, schweres, ganz ausgereiftes Korn zu verwenden. Hinterkorn bzw. Schmachtkörner ergeben nur schwächliche, anfällige Pflanzen, sind also für die Aussaat völlig ungeeignet. Auf tadellose Beschaffenheit des Saatgutes hinsichtlich Reinheit sowie Entfernung aller halben und nicht vollkeimfähigen Körner (Schmachtkörner) ist beim Roggen ganz besonders zu achten.

Das Beizen des Saatkornes (siehe S. 18) gegen Fusarium und Roggenstengelbrand darf nicht vergessen werden. (Auswinterungsschäden!) Auswuchs und eine gewisse rötliche Färbung an den Roggenkörnern weisen eindeutig auf Infektion des Samenkornes durch Schneeschimmel (Fusarium) hin. In Höhenlagen im Spätherbst kurz vor dem ersten Schneefall Brassicol-Super (20—30 kg/ha) auf Saaten spritzen.

Die Saat bei nassem Wetter, sogenanntes Einschmieren, ist unbedingt zu vermeiden. Roggen will trocken bestellt werden. Hierauf ist besonders bei schweren Böden zu achten. Er verlangt zur schnellen Entwicklung ein luftdurchlässiges Saatbeet. Die Bestockung setzt bei Roggen noch vor Winter ein, während Weizen wochenlang im Keimstadium liegen kann, also eine langsame Anfangsentwicklung hat. Weizen ist daher auch gegen das gelegentliche Einschmieren nicht so empfindlich wie Roggen.

Saatzeit

Beste Aussaatzeit bei Roggen für durchschnittliche Klima- und Bodenverhältnisse zwischen dem 20. September und Anfang Oktober (bis spätestens 10. Oktober). Je leichter der Boden, je ungünstiger die klimatischen Bedingungen, desto früher muß die Aussaat erfolgen (15. 9. —1. 10.). Zu späte Aussaat in der zweiten Oktoberhälfte brachte bei angestellten Versuchen infolge zu geringer Bestockung bis über 20 % Minderertrag, der selbst durch eine Erhöhung der Saatmenge nicht ausgeglichen werden konnte. Rechtzeitig gesäte Roggenschläge reifen gegenüber Spätsaaten auch um etwa fünf Tage früher, was besonders für den Zwischenfruchtbau von Bedeutung ist. Winterroggen braucht eine Entwicklungszeit von etwa zehn Monaten. Daher vermeide man in jedem Fall extreme Spätsaaten und baue dann besser ganz frühzeitig Sommerroggen an, der dann wesentlich mehr leistet als später Winterroggen. Auf leichtem Sandboden gehört Roggen auf jeden Fall im September in die Erde!

Fritfliege
(S. auch S. 138)

Nur dort, wo die Fritfliege die Neusaaten gefährdet, darf erst in den letzten Septembertagen, keinesfalls vor dem 25. September, mit der Aussaat begonnen werden. Die 3—4 mm langen, gelblich-weißen Maden dieses Schädlings fressen die Herzblätter des Roggens ab, die vergilben und sich dann leicht aus den Blattscheiden herausziehen lassen. Derartige Schläge erkennt man an ihrem Gelbwerden. Das Schadbild darf aber nicht mit Säureschäden verwechselt werden. Erkennung: Längsschnitt durch den unteren Halmteil zeigt im Monat Mai Made und Puppe. Da die Fritfliege Ende September, bei gutem Herbstwetter erst Anfang Oktober zu Grunde geht, also diese Zeit als letzte Eiablage in Frage kommt, empfiehlt sich in Gegenden mit Fritfliegengefahr der etwas spätere Aussaattermin. (Siehe S. 138.) Auch bei starker Verunkrautungsgefahr durch Kornblumen oder Windhalm kann späte Saat unter Umständen vorteilhaft sein; desgleichen dann, wenn zur üblichen Saatzeit ungewöhnliche Trockenheit herrscht.

In günstigen Lagen Mittel- und Westdeutschlands liegt der beste Zeitpunkt der Aussaat dagegen erst um den 15. Oktober herum.

Saatmenge

Saatmenge: bei richtiger Aussaatzeit und Verwendung von gut keimfähigem, gebeiztem Saatgut 110—120 kg/ha. In klimatisch bevorzugten Gebieten können schon 90—100 kg ausreichend sein. Nur auf sehr armen Böden mit geringer Feuchtigkeit und bei sehr später Aussaat ist eine Erhöhung auf 140—160 kg erforderlich. Je früher die Saat, je günstiger die Klima- und Bodenverhältnisse, je kräftiger die Düngung und je besser das Saatgut, desto größer die Lagergefahr, desto geringer die Aussaatmenge. Bei zu hohen Saatmengen können sich die einzelnen Pflanzen nicht genügend kräftig entwickeln. Dicksaaten (Roggenwiesen im zeitigen Frühjahr) ergeben Lagergefahr und verhindern dadurch höhere Stickstoffgaben. („Tetraroggen“ S. 125.)

Günstigste Reihenentfernung: 13—15 cm. Auf leichtem und sehr trockenem Boden sowie in Höhengebieten ist wegen der schnelleren Bodenbeschattung nur eine Reihenentfernung von 11 bis 12 cm zu wählen. Eng gedrillter Roggen unterdrückt auch das Unkraut besser.

Saattiefe

Saattiefe: 1 cm bis höchstens 2 cm! Je feuchter und schwerer der Boden, desto flacher. Dies trifft besonders bei Spätsaaten zu. „Roggen will den Himmel sehen und die Glocken läuten hören!“, so lautet eine alte Bauernregel.

Roggen braucht einen festen Fuß und einen lockeren Kopf, d. h. der Boden darf nur in den oberen 2—3 cm locker sein. Bei losem Acker ist unbedingt eine schwere Walze oder besser noch der Untergrundpacker zu verwenden und auf stumpfe Drillschare zu achten. Zu empfehlen ist, auf leichteren Böden in den Walz- oder Eggenstrich einer nicht zu leichten Egge zu drillen und danach keine Egge mehr, notfalls eine leichte Ringelwalze folgen zu lassen. (Auf sehr lockeren Sandböden weder walzen noch eggen — Gefahr der Verwehung!) Oder aber es werden an die Drillschare leichte Schlepphölzer angebracht, die die Drillreihen nur ganz flach zustreichen, damit das Roggenkorn nicht tiefer als etwa 2 cm in der Erde liegt. Tiefenbegenzer (Schleifbügel) verwenden! (S. 21.)

Kommt das Saatkorn zu tief in den Boden, so bilden sich die ersten Wurzelkeime am Saatkorn selbst, während der Blattkeim zum Licht strebt. Es bildet sich dann später dicht unter der Oberfläche des Ackers am Blattkeim noch ein Wurzelstock, der aber bei weitem nicht so kräftig wird, wie bei den Roggenpflanzen, die nur flach liegen und somit nur einen Wurzelstock bilden können. Treten im Frühjahr Kahlfröste auf, so werden die beiden Wurzelknoten bei dem tiefer liegenden Samenkorn durch das ständige Heben und Senken der obersten Bodenschicht beim wiederholten Auftauen und Frieren abgerissen. Es tritt dann zumindest eine erhebliche Wachstumsstörung ein, während die Pflanze im umgekehrten Fall immer einen grünen Blattstock zeigt, selbst wenn die Oberteile abgefroren sind.

Kennzeichen zu tiefer Saat

Junge Roggensaat soll sich schon kurze Zeit nach dem Auflaufen breiten, was nur möglich ist, wenn die Bestockung am ersten Halmknoten erfolgte und nicht infolge zu tiefer Saat am zweiten oder sogar am dritten Halmknoten. Zu tief gesäter Roggen ist daran erkenntlich, daß die Pflanze mit einem langen, roten, dünnen Sproß aufgeht (spitzes, schmales Blatt), und der Acker einem mit Nägel durchschlagenen Brett gleicht. Entfernt man etwas Erde, so fällt bei dem zu tief liegenden Korn das lange, weiße Halmglied vom Korn bis zum Beginn der Grünfärbung des Blattes auf, das bei winterlicher Wechselwitterung leicht abreißt.

Pflege Infolge seiner flachen Bewurzelung verträgt Roggen von den drei Wintergetreidearten das Eggen am schlechtesten. Es unterbleibt daher, wie auch das Hacken, am besten ganz (mit Ausnahme stark verkrusteter Böden). Dagegen empfiehlt sich im Frühjahr zur besseren Bestockung ein Anwalzen der Saat mit einer schweren, eisernen Glattwalze. Dadurch werden die Pflanzen in ihrer Entwicklung gehemmt und treiben mehr Halme. Das Walzen muß aber so zeitig erfolgen, daß sich noch keine hohlen Halme gebildet haben (bis Ende April). Wiederholtes Walzen vermindert auch die Lagergefahr. Auch für hochgefrorene Saaten ist das Walzen erforderlich.

Mutterkorn An der Roggenähre findet sich nach der Blüte an Stelle eines Getreidekornes gelegenlich das „Mutterkorn", ein blaugrau bis schwarzviolett gefärbtes, innen weißliches, gerade oder etwas gebogenes, 1 bis 4 cm langes, hornartiges Gebilde, etwa doppelt so dick wie das normale Getreidekorn. Mutterkorn wirkt gefäßverengend, so daß starke Blutungen der Gebärmutter durch das in ihm enthaltene Alkaloid zum Stillstand gebracht werden können. Das durch einen Pilz hervorgerufene Mutterkorn enthält aber auch ein für Menschen und Tiere sehr schädliches Gift, das den „Ergotismus", auch „Kriebelkrankheit" genannt, auslöst. (Kopfschmerzen, Appetitlosigkeit, Kribbeln in der Haut, Brechanfälle, Krämpfe, Absterben der Gliedmaßen.) Allerdings verliert Mutterkorn nach relativ kurzer Lagerzeit an Giftigkeit. Daher treten Vergiftungen nur kurz nach der Getreideernte ein.

Beim Aufstellen der Garben fallen die meisten Mutterkörner aus und bleiben auf dem Acker liegen, um im nächsten Frühjahr durch Sporenbildung und den Wind oder Insekten wieder auf die Roggenblüte zu gelangen und sich so von neuem zu entwickeln. Das trifft auch für die in den Drusch geratenen, leicht zerbrechenden Mutterkörner zu, die dadurch mit dem Saatgut oft wieder zur Aussaat kommen. Mutterkornbefall findet man gelegentlich auch im Weizen oder in der Gerste, nicht aber im Hafer. Einige Gräserarten werden ebenfalls vom Mutterkorn befallen, doch wechselt die Mutterkornart der Weidelgräser z. B. nicht auf Roggen über. Mutterkorn wird von Apotheken und Drogerien auch heute noch gern gekauft.

Reichliche Regenfälle (feuchtwarme Witterung) begünstigen die Ausbreitung des Mutterkornes, das vor allem an den höchsten Ähren und am Feldrand stehenden auftritt. Trockene, windige Gegenden sowie trockene, sandige Böden sind dem Befall weniger ausgesetzt, desgleichen Lagergetreide.

Zu den Bekämpfungsmaßnahmen gehören tiefes Stoppelstürzen, ordnungsgemäße Saatgetreidereinigung sowie regelmäßige Fruchtfolge, also nicht mehrfache Aufeinanderfolge von Getreide. Mengen bis zu 0,1% des Besatzes haben sich als unschädlich erwiesen. Bei starkem Befall des Getreides empfiehlt es sich, an der Mähmaschine einen Unkrautfänger anzubringen.

Ernte Etwa 6 Wochen nach der Roggenblüte beginnt die Ernte. Die Schnittzeit erfolgt frühestens in der Gelbreife, nämlich wenn das Korn über den Fingernagel bricht. Besser ist jedoch, die Vollreife abzuwarten, die hierdurch erzielten Gewichtszunahmen sind erheblich. Man sei

Verwendung von Jauche-Hochsilos kann die endung dann erfolgen, wenn die günstigste kung auf den Acker zu erzielen ist. Jauche nach Möglichkeit im Frühjahr vor der Beung auf den frostfreien Boden gefahren den (siehe S. 64). Der größte Teil der in Silos gepumpten Jauche fließt ohne Arbeitsvand selbsttätig in die Jauchefässer. 2 Defuhe-Hochsilos, Düngerplatte und Mistförderer. suchsgut Allerhop der Fa. Ferdinand Schmidt)

der direkt auf der Kurbelwelle sitzenden enscheibe treibt der 16-PS-Lanz-Allzweckrn-Bulldog Jauchepumpe, Gebläse und an- Maschinen

Mineraldünger, Streuschippe und zweckmäßige Düngerwanne. Die Streuschippe erleichtert das Handstreuen wesentlich. Bessere und gleichmäßigere Verteilung selbst kleinster Düngermengen auf großer Streubreite. Schonung der Hände, auch können bei stärkerer Kälte Handschuhe getragen werden. Größe der Schippe je nach Streumenge (siehe S. 79)

Verwendung eines tiefliegenden Jauche-Breitverteilers lassen die Stickstoffverluste wesentlich verringern (siehe Seite 64) (Werkfoto Mauser, Waldeck, Bez. Kassel)

Stallentmistung System „Traunecker". Das Kotbrett ist mit elektrischer Seilwinde in den Stall über die Kotrinne zurückgezogen. Sichtbar sind die beliebig verstellbaren Dung-Abstreifbretter, die den Mist nach rechts oder links über die Dunglege abwerfen.

25-PS-Güldner-Schlepper „Burgund" mit hydraulisch aushebbarem Mähwerk beim Grasmähen am steilen Hang (gute Schwerpunktlage) (Werkbild Güldner-Motoren-Werke, Aschaffenburg)

5-PS-Holder-Universal-Einachsschlepper „E 5" mit Front werk beim Grasmähen. Leistet das 10-15fache gegen dem Handmähen.
Frontmäher sind für das Mähen in Hanglagen besor geeignet.

GRASMÄHER · HEUWENDER UND -HÄCKSLER

Bautz-Spinne (3-Rad-Ausführung) beim Heuwenden an 14-PS-Bautz-Dieselschlepper. Die federnden Zinken haben durch ihre Elastizität besondere Wurfwirkung. Sie schmiegen sich dem Boden gut an, ohne Beschädigung der Grasnarbe und Verschmutzung des Futters. Die zum Zetten, Wenden, Schwadenziehen und Schwadenstreuen einzusetzende Maschine läßt sich auch am Hang verwenden

Die Niederdruck-Sammelpresse s das in Schwad liegende Heu in fe Ballen auf den angehängten W (S. 628). (Werkfoto John Deere-La

daher nicht zu ängstlich, wenn bei der Mahd bereits einige Körner spritzen (siehe auch unter „Getreideernte" Seite 24).

Wichtig ist es, beim Aufstellen der Getreidegarben darauf zu achten, daß die Mandeln, Hocken oder Stiegen nicht zu groß werden. Je länger sie sind, um so mehr rutschen bei längerem Stehen die schmaleren Ährenenden nach der Mitte zusammen. Treten dann Niederschläge ein, kann das Wasser an den fast waagerecht liegenden Halmen nicht mehr ablaufen und sickert in den Ährenmulden ein. Hier fängt das Korn dann zuerst an auszuwachsen.

Drusch

Infolge starker Hitze während der Ernte treten bei Getreide, insbesondere Roggen, beim sofortigen Dreschen ziemlich viel keimverletzte Körner auf. Wirtschaftseigener Saatroggen mit Keimlingsbruch ergibt Roggenfelder mit zu schwachem Bestand. Daher ist der Dreschkorb gegebenenfalls weiter zu stellen. Richtiger ist es, Roggensaatgut *vor dem Drusch etwa drei Wochen im Stroh schwitzen zu lassen*. Dadurch wird es lager- und transportfähig und behält seine hohe Keimfähigkeit. Roggensaatgut darf niemals längere Zeit im Sack stehenbleiben, da die Gefahr besteht, daß es verstockt und die Keimfähigkeit herabgedrückt wird.

Kornerträge: Im Mittel 24—30 dz/ha.

d) Der Sommerroggen

Der Anbau von Sommerroggen ist dort angebracht, wo Winterroggen durch Spätfröste in der Blüte gefährdet ist, nicht mehr rechtzeitig bestellt werden konnte oder ausgewintert ist. Er gedeiht vor allem auf leichtem Sand, Moor und an moorigen Böden, besonders im Gemengebau mit Hafer und Gerste, auf ganz leichten Böden mit Lupinen.

Aussaat

Sommerroggen gedeiht am besten nach Hackfrucht. Er muß sehr zeitig, *möglichst schon Ende Februar bis Mitte, spätestens Ende März*, in den Boden kommen. Andernfalls unterläßt man die Aussaat besser! *Sommerroggen kann aber auch unbedenklich bereits im November/Dezember gesät werden.* Auswinterung ist nicht zu befürchten. Derartige Frühsaaten brachten in der Praxis die besten Erträge, die meist über denen des spät gesäten Winterroggens lagen.

Sorten

Karlshulder: Halm mittellang, Standfestigkeit gering, Reifezeit mittel. Geringe Ansprüche an Boden und Klima. Für Moorboden und nicht mehr hafersichere Böden besonders geeignet.

Petkuser: Halm kurz bis mittellang, genügend standfest, dürrefest, anspruchslos an Boden und Klima, Reifezeit mittel.

Aussaatmenge: 140—150 kg/ha. — Im übrigen siehe wie bei Winterroggen.

Kornertrag: Im Mittel etwa 18—22 dz/ha.

e) Die Wintergerste

Allgemeines

Wintergerste ist eine Futtergetreideart, *die zur Erzielung hoher Erträge gute Vorfrüchte und hohe Stickstoffgaben* verlangt. Sie besitzt von allen Getreidearten die höchste Ertragsfähigkeit und wirft unter den Getreidefrüchten den höchsten Eiweißertrag ab, ist noch eiweißreicher als Sommergerste und daher ein ausgezeichnetes Schrotfutter für die Schweinemast. Spelzanteil nur 12% gegenüber 25% beim Hafer.

Vorteile des Wintergerstenanbaues: Frühe Geldeinnahme, zeitig zur Verfügung stehendes Futter und Stroh, bessere Arbeitsverteilung sowie die Möglichkeit des Zwischenfruchtbaues.

Boden-ansprüche

Wintergerste liebt trockene Lagen, kalk- und kalireichen, humuslehmigen Boden und infolge ihres geringen Bewurzelungs- bzw. Aufschließungsvermögens Böden in alter Kraft. Sie ist in bezug auf den Kulturzustand des Bodens anspruchsvoller als Sommergerste. Daher ist weniger die Bodenart als der Kulturzustand des Ackers ausschlaggebend für den Ertrag. Auf in guter Kultur befindlichen Sandböden kommt Wintergerste noch eher als Hafer fort, weil sie infolge kürzerer Wachstumszeit und früher Reife die Winterfeuchtigkeit besser ausnutzt, und daher während der Sommermonate nur geringen Wasserbedarf hat. Aus gleichem Grund gedeiht Wintergerste auf flachgründigen und steinigen Böden oft besser und sicherer als Sommergerste. Dagegen schalten Böden mit stauender Nässe und Moorböden, die sehr zum Hochfrieren neigen, aus. Wintergerste kann selbst in rauheren Lagen mit Erfolg angebaut werden. Gegen Bodenversäuerung ist sie noch empfindlicher als Weizen.

Infolge der zarten Wurzelentwicklung muß Wintergerste im Herbst gesetztes Land haben. Es gibt keine Fruchtart, die so kategorisch festen Bodenschluß verlangt! Ausfrieren ist vielfach nur auf nicht genügend festes Saatbett zurückzuführen.

Gelingt es nicht, die Saatfurche rechtzeitig zu geben, ist die sorgfältige Anwendung des Untergrundpackers, zumindest aber einer schweren Walze, unbedingt erforderlich. Nach Frühkartoffeln genügt meist eine Schälfurche. Klee- und Luzerneumbrüche müssen mit Schäl- und Saatfurche vorbereitet werden. Nach Getreide als Vorfrucht wird die Stoppel nicht geschält, sondern sofort tief gepflügt, damit das Land genügend Zeit hat, sich zu setzen. Fester Bodenschluß ist die halbe Ernte! Folgt dagegen dem Pflug bald die Drillmaschine, ist alle späterhin aufgewendete Mühe umsonst!

Vorfrucht

Eine ausschlaggebende Rolle spielt beim Anbau der Wintergerste die Wahl der richtigen Vorfrucht. Als abtragende Frucht in 3. oder gar 4. Tracht nach Getreide Wintergerste anbauen, heißt von vornherein auf eine Höchsternte verzichten. (Bei einem Versuch brachte Wintergerste nach Erbsen mit nur 15 kg/ha Reinstickstoff rd. 50 dz/ha, nach Winterweizen mit 50 kg/ha Reinstickstoff dagegen nur 36 dz/ha Ertrag!)

Bei schlechter Vorfrucht müssen wenigstens etwa 200 dz/ha tadellos verrotteter Stalldung, den die Wintergerste verhältnismäßig gut verwertet, sehr zeitig mit eingepflügt werden.

Gute Ernten haben andere Vorfrüchte zur Voraussetzung. An erster Stelle steht Raps (Rübsen). Dann folgen frühe Erbsen, Frühkartoffeln, Flachs, Frühgemüse, Klee, Luzerne, Futtergemenge. Getreide sollte nur in Ausnahmefällen als Vorfrucht dienen, in der Reihenfolge Roggen, Hafer, Weizen. Sommergerste kommt dagegen als Vorfrucht schon wegen erhöhter Mehltaugefahr nicht in Frage. Mit sich selbst ist die Pflanze zwar verträglich, doch soll sie zur Vermeidung von Fußkrankheiten erst nach 3—4 Jahren wieder auf gleichem Feldstück angebaut werden. Die früh das Feld räumende Wintergerste bietet gute Möglichkeit für Zwischenfruchtbau.

Düngeransprüche

Wintergerste hat von allen Getreidearten den größten Stickstoff- und Kalibedarf. Dabei ist ihre Fähigkeit, sich das Bodenkali nutzbar zu machen, äußerst gering. Durch ausreichende Kaligaben werden nicht nur Ertrag, sondern auch Qualitätseigenschaften des Kornes verbessert und der Lagergefahr, die bei Wintergerste größer ist als bei den übrigen Getreidearten, vorgebeugt. Starke Stickstoffgaben erhöhen den Futterwert (Eiweißgehalt) der Gerste. Eine geteilte Stickstoffgabe vermindert Lagergefahr! (S. 83.)

Kali muß frühzeitig schon im Herbst zusammen mit Phosphorsäure vor der Saat gegeben werden (auf leichten Böden Kainit), zumal Kali auch die Widerstandsfähigkeit der Pflanzen gegen Frost, Rostbefall und Streifenkrankheit erhöht.

Die günstigste Stickstoffwirkung liegt dagegen im zeitigen Frühjahr! (Anfang bis Mitte März.) Dadurch wird auch eine zu üppige Entwicklung vor Winter vermieden und so die Auswinterungsgefahr herabgesetzt! Zweckmäßig ist eine zusätzliche Stickstoffgabe zwischen Schossen und Ährenschieben! (S. 83.)

Die zu verabfolgenden Düngermengen werden sich bei nicht zu schlechten Vorfrüchten je ha belaufen auf:

3—4 dz Stickstoffdünger (20%), am besten Kalkammonsalpeter, 3—4 dz Phosphatdünger und 2—3 dz Kalidünger (40%).

Die Düngermenge muß so reichlich bemessen sein, daß sich Wintergerste bei der Ernte bereits etwas zu Boden neigt. Um diese Zeit kerzengerade stehende Gerstenhalme ergeben keinen vollen Ertrag.

Da Wintergerste von allen Getreidearten am empfindlichsten gegen Bodensäure ist (auf kalkgesättigten Böden wintert sie auch weniger leicht aus; die erforderliche pH-Zahl liegt etwa zwischen 6,5 — 8), machen sich Gaben von 10—12 dz/ha Branntkalk oder auf leichteren Böden von 15—20 dz/ha kohlensaurem Kalk stets bezahlt. Bei Kalkmangel kann eine völlige Mißernte eintreten!

A. Vierzeilig

Sorten im Handel seit ( )

Breustedts Atlas: (1949) gut winterfest und standfest, mittlere Reifezeit, für alle Gerstenböden.

Breustedts Schladener I; (1942) mittel standfest, winterfest, früh bis mittelfrüh, für bessere Böden.

Engelens Wintergerste Dea: (1953) gut standfest aber geringe Winterfestigkeit, früh bis mittelfrüh, für mittlere Böden. Wenn milde Winter, Spitzenerträge.

Eckendorfer Mammuth II: (1932) Standfestigkeit mittel, winterfest, mittelfrüh.

Firlbecks Vierzeilige: (1952) gute bis mittlere Standfestigkeit, geringe Winterfestigkeit, mittelfrüh, mehltauresistent, für bessere Böden. Nach milden Wintern Spitzenerträge.

Gebrüder Dippes Herfordia Wintergerste: (1950) Standfestigkeit gut bis mittel, für bessere Böden. Etwas langsame Jugendentwicklung.

Hauters Wintergerste: (1953) standfest, frühreif, geringe Winterfestigkeit, mehltauresistent, für alle Gerstenböden. Sehr ertragreich, wenn milder Winter.

Peragis 12 melior: (1952) sehr winterfest, auch standfest, mittlere Strohlänge, mittelspät, mehltauresistent. Zeitige Aussaat, für mittlere und bessere Böden.

Strengs Domina: (1947) gut standfest und winterfest, mittelspät, mehltauresistent. Für alle Gerstenböden geeignete, sehr verbreitete Sorte.

Vogels Agaer: (1929) Standfestigkeit läßt zu wünschen übrig, winterfest, mittelspät bis spät. Verlangt mehr Feuchtigkeit, besonders geeignet für schwere, kalte Böden und rauhe Lagen.

B. Zweizeilig

Carsten's zweiz. Wintergerste: (1924) mittel standfest, nicht sehr winterfest, frühreif. Für mildere Lagen und Böden in guter Kultur.

Tschermaks: (1921) Standfestigkeit mittel, ziemlich winterfest, mittelfrüh. Für mildere Lagen in Süddeutschland.

Aussaat

Zur Verhütung der oftmals stark auftretenden Streifenkrankheit muß Wintergerste stets gebeizt werden. — Als günstigster Aussaattermin hat sich im norddeutschen Raum die Zeit zwischen dem 10. und 15. September erwiesen. Nach dem 20. September sollte hier keine Wintergerste mehr in den Boden kommen.

In den klimatisch günstigeren Lagen Mittel- und Westdeutschlands liegt die beste Aussaatzeit zwischen 20. und 30. September. Zu beachten bleibt, daß Wintergerste im Gegensatz zu Roggen und Weizen gut bestockt in den Winter gehen muß, da sie bereits zeitig bei niederen Temperaturen im Frühjahr schoßt. Die Pflanzen sollen bei Eintritt der kalten Jahreszeit ohne bereits beginnende Halmbildung als kleine Rosetten den Boden bedecken. Späte Saaten haben im Frühjahr dünnen Bestand zur Folge und wintern leicht aus. Selbst sehr günstiges Herbstwetter vermag keinen Ausgleich für spätere Saat zu schaffen. Oktobersaat ist grundsätzlich falsch!

Saatmenge: Werden die angegebenen Aussaatzeiten eingehalten, und vollwertiges, gebeiztes Korn verwendet, genügt eine Saatmenge von 120—130 kg/ha, in höheren Lagen sowie bei ungünstigeren Bodenverhältnissen und geringerem Kulturzustand des Bodens 140 bis 160 kg/ha. Stärkere Aussaat verursacht schlechte Ährenbildung und erhöht die Lagergefahr.

Saattiefe 2—3 cm, Reihenentfernung 15—18 cm.

Pflege

Das Gelbwerden der Wintergerste im Herbst ist auf zu frühe Bestellung und zu üppiges Wachstum zurückzuführen. Die gleiche Ursache liegt vor, wenn Bestände im Frühjahr einen dicken Pelz von grauen oder gelben, abgestorbenen Blättern zeigen. Die Gerste wird dann leicht von dem Typhulafäulepilz befallen, der den Trieben das Blattgrün nimmt. Die Pflanzen brauchen dann erhebliche Zeit, um aus dem Herzen heraus neue Blätter zu entwickeln. Bei sehr dichten Beständen kann leichtes Überhüten mit Schafen am besten schon im Herbst, anderenfalls im Frühjahr, für das Gedeihen der Pflanzen vorteilhaft sein. Ferner: Im Frühjahr eggen, hacken und leichtlöslichen Stickstoff streuen. Gegen Mehltaubefall: Anbau mehltauresistenter Sorten.

Wintergerste soll wegen der flachen Bewurzelung im Herbst nicht geeggt werden. Im Frühjahr ist auf bindigeren und zum Ausfrieren neigenden Böden die Anwendung der Cambridge- oder

Ringelwalze mit gekoppelter, mittelschwerer Egge angebracht, sobald der Boden in der oberen Schicht genügend abgetrocknet ist.

Ernte Die Ernte erfolgt in voller Gelbreife, gegebenenfalls auch etwas später. Die Mähreife liegt zwischen dem 20. Juni und 5. Juli. Zur Vermeidung des Abbrechens der Ähren ist es ratsam, nur frühmorgens und am späten Nachmittag zu mähen.

Die mittleren Kornerträge belaufen sich bei nicht zu ungünstigen Boden- und Vorfruchtverhältnissen auf etwa 30 dz/ha, doch sind Spitzenleistungen von 40—50 dz/ha und darüber keine Seltenheit.

f) Die Sommergerste

Allgemeines Sommergerste verträgt mehr Trockenheit als Hafer, ist aber hinsichtlich des Garezustandes und des Kalkgehaltes des Bodens anspruchsvoller. Sie liefert bei erheblich niedrigerem Stickstoffaufwand nach guter Vorfrucht gleiche oder sogar höhere Erträge als Sommerweizen. Sommergerste liebt keine schweren, nassen Böden und will auch guten Kultur- und Kalkzustand haben. Am besten geeignet ist milder humoser Lehmboden. Auf ungünstigen Böden — trockener Sand, nasse, saure, moorige Böden — ist Mengkorn ertragssicherer.

Vorfrucht Zucker- und Futterrüben sowie Kartoffeln, dann auch Kohl und Möhren sind die geeignetsten Vorfrüchte. Nach Getreide stelle man Gerste, im Gegensatz zu Hafer, nur auf in hoher Kultur befindliche Böden. Stickstoffsammelnde Leguminosen wie Erbsen, Bohnen, Klee usw. sind wegen der Gefahr des Lagerns (Gerste hat einen schwachen Halm) infolge einseitiger Stickstoffzufuhr und der Erhöhung des Eiweißgehaltes für Braugerste nicht geeignet. (Siehe auch S. 135.)

Sommergerste soll schließlich auch nicht neben Wintergerste angebaut werden, da sie sehr leicht durch Mehltau und Gelbrost der Winterform gefährdet und im Ertrag beeinträchtigt wird. Infolge der geringen Bodenbeschattung ist Sommergerste eine besonders schlechte Vorfrucht.

Düngeransprüche Gerste ist ein ausgesprochener Flachwurzler. Sie hat im Gegensatz zu anderen Getreidearten ein schwaches Bewurzelungsvermögen und infolgedessen nur geringe Fähigkeit, sich die Nährstoffe des Bodens anzueignen. Daher müssen die Nährstoffe in leicht löslicher Form gegeben werden. Gerste will aus dem Vollen schöpfen.

Der Stickstoffbedarf ist gering. Bei guter Vorfrucht genügt etwa 1 dz/ha eines 20% Stickstoffdüngers (möglichst in Form von schwefelsaurem Ammoniak oder Kalkstickstoff), um zu hohen Eiweißgehalt des Kornes zu vermeiden. Da Braugerste große Mehligkeit, nur mäßigen Eiweißgehalt und geringen Spelzengehalt aufweisen soll, frischer Stallmist und Stickstoffdünger aber den Eiweißgehalt der Körner erhöhen, ist ersterer bei Braugerste unbedingt zu vermeiden. Die Stickstoffdüngung kann etwas reichlicher sein (bis 2½ dz/ha), wenn auch übrige Hauptnährstoffe reichlicher gegeben werden. Futtergerste braucht dagegen zur Erhöhung des Eiweißgehaltes mehr Stickstoff! (2,5 — 3,5 dz/ha Kalkammonsalpeter o. ä.)

Gerste hat unter allen Getreidearten das höchste Kalibedürfnis, aber die geringste Fähigkeit, sich das Bodenkali nutzbar zu machen, so daß sich eine Kalidüngung (2—3 dz/ha 40%) stets lohnt. Kali mindert die bei Gerste bestehende Lagergefahr und den Eiweißgehalt, erhöht jedoch den Stärkegehalt, auch werden Spelz- und Kornfärbung heller, was für Braugerste von Bedeutung ist. Magnesiahaltige Kalidüngemittel sind zu bevorzugen.

Auch Phosphorsäure nutzen die schwachen Gerstenwurzeln schlecht aus. Phosphorsäure bewirkt gute Kornausbildung, begünstigt gleichmäßiges, frühes Ausreifen und Ausbildung früher Keimreife. 3—5 dz/ha Phosphatdünger decken den Phosphorsäurebedarf der Gerste.

Sämtliche Mineraldünger 2—3 Wochen vor der Saat ausstreuen.

Da Sommergerste gegen Bodensäure sehr empfindlich ist, kann sich auch eine Kalkgabe für notwendig erweisen, namentlich bei Braugerste.

Zweizeilige Gersten

Sorten im Handel seit ( )

Ackermanns Donaria: (1941) Reifezeit und Standfestigkeit mittel, gute Braugerste.

Ackermanns Isaria: (1924) sehr anpassungsfähig an verschiedene Bodenarten. Verhältnismäßig ertragssicher, geringe Standfestigkeit. Infolge des langen Halmes strohreich. Als Braugerste gut geeignet (feine Spelze und bauchiges Korn). Verträgt die bei Trockenheit auf schweren Böden entstehende Bodenverhärtung. — Nachteilig: Nur mittelspät und bei entsprechenden Witterungsverhältnissen mit dem Roggen zusammen reifend. Verlangt ausreichende Feuchtigkeit.

Breuns Wisa: (1951) mittelspät, mittel standfest, mittlere Ansprüche, sehr ertragreich.

Hadostreng: (1907) gedeiht in nicht zu trockenen Lagen auch auf leichteren Böden mit geringerem Kalkgehalt. Mittelspät, langer Halm, strohreich, Standfestigkeit mittel bis gering. Obwohl das Korn größer als von „Isaria", noch als Braugerste anbauwürdig. Etwas standfester wie „Ackermanns Isaria" und ebenfalls wenig empfindlich gegen Bodenverhärtungen auf schweren Böden.

Heines Haisa II: (1950) mittlere Reifezeit, stellt an Feuchtigkeit geringe Ansprüche. Standfestigkeit mittel bis gut.

Strengs Franken III: (1948) mittlere Reifezeit, Standfestigkeit mittel bis gering, für ungünstigere Lagen. Eine vielfach als Industrie- und Futtergerste angebaute Braugerste.

Vogels Weihenstephaner Mehltauresistente: (1945) mittelfrüh bis mittelspät, mehltauresistente Braugerste für bessere Böden und nicht zu trockene Lagen.

Es empfiehlt sich, eine möglichst größere Fläche nur mit einer Sorte zu bestellen, um mit einheitlichen, größeren Posten auf den Markt zu kommen.

Vierzeilige Sorten von Bedeutung

Breustedts Granat: (1949) Reifezeit und Standfestigkeit mittel.
Hohenfinower: (1926) Reifezeit mittel, nicht sehr standfest.
Beide Sorten sind anspruchsloser, für trockene, leichtere Böden geeignet bzw. für ungünstigere Lagen. Hohenfinower wächst auch auf leichtesten Böden. Keine Braugersten, im Ertrag geringer als die zweizeiligen.

Aussaat

Frühzeitige Aussaat (Ende März/Anfang April) erwünscht, wenn auch nicht ganz so empfindlich wie Hafer, der zuerst ausgesät werden sollte. Gerste verlangt feinkrümeliges, gesetztes Wurzelbett mit fast gartenmäßiger Bestellung. Sie darf nicht in den Boden geschmiert werden.

Aussaatmenge: 120—160 kg/ha. Die höhere Zahl gilt für Braugerste, um zu starke Bildung von Seitenhalmen, Zwiewuchs sowie ungleichmäßige Reife zu verhindern. — Kleeuntersaaten sind bei Braugerste nicht angebracht (Ernteschwierigkeiten).

Saattiefe: Im Gegensatz zu Hafer flache, nur etwa 2 cm tiefe Aussaat. Zu tief gesäte Gerste nimmt in der Jugend gelbliche Färbung an und kümmert.

Reihenentfernung: 15 cm. Bei Braugerste keine größeren Abstände, damit Bestockung schwach bleibt. Futtergerste 15—16 cm.

Pflege

Beim Spitzen ist das Eggen unter allen Umständen zu vermeiden (vergl. Pflegemaßnahmen beim Hafer). Unkräuter mit Wuchsstoffen bekämpfen (S. 113). Hacken verträgt die flachwurzelnde Gerste nicht.

Krankheiten

Die Streifenkrankheit der Sommergerste ist daran erkenntlich, daß sich im Frühjahr auf den Blättern zunächst braune Streifen zeigen, die schließlich dazu führen, daß die ganzen Blätter absterben. Die Ähren bleiben meist taub oder enthalten nur Kümmerkörner. Sommergerste muß daher stets gebeizt werden.

Gerstenhartbrand kann im Gegensatz zum Flugbrand auch durch Beizung bekämpft werden. Beim Hartbrand bleiben die Ähren mit der schwarzen Masse erhalten, während die Vermehrungsorgane (Sporen) beim Flugbrand durch den Wind verbreitet werden. (S. 19.)

Ernte

Futtergerste kann bereits im Übergang von der Gelbreife zur Vollreife, Braugerste darf aber auf jeden Fall erst in der Totreife geschnitten werden, um das Korn wegen seiner Empfindlichkeit gegen Regen baldmöglichst einfahren zu können. Totreif geerntete Gersten halten überdies besser die Farbe. (Siehe auch S. 25.) Die normale Reife fällt unmittelbar nach dem Roggen, so daß oftmals noch eine Zwischenfrucht ausgesät werden kann. Beim Drusch auf nicht zu eng gestellten Dreschkorb achten (Körnerverletzungen), nicht zu scharf entgrannen (s. S. 619).

Kornertrag: im Mittel 24—28 dz/ha.

Eigenschaften guter Braugersten

Zarte, auf der Bauchseite des Kornes leicht gekräuselte Spelzen. Bevorzugt werden auf dem Halm gut ausgereifte und trocken eingebrachte, stroh- oder goldgelbe Gersten mit glänzendem Farbton. Unerwünscht sind weißliche Gersten, weil die auf Notreife zurückzuführenden, hellen, bläulich durchschimmernden Körner bei der späteren Verarbeitung Schwierigkeiten bereiten. Für Malzzwecke ungeeignet sind auch nach dem Schnitt durch Regen wiederholt feucht gewordene Gersten (an der stumpfen dunkelgelben bis bräunlichgrauen Farbe kenntlich). Braugerste muß gesunden Geruch haben und frei von Auswuchs sein. Der Eiweißgehalt soll — im Gegensatz zu Futtergerste — niedrig sein und 10 bis höchstens 12% betragen. Höherer Eiweißgehalt vermindert die Extraktausbeute. Braugerste muß frei von beschädigten Körnern sein und volle Keimfähigkeit aufweisen, die (nach 72 Stunden) nicht unter 95% liegt. Gerste mit unter 85% Keimfähigkeit ist für Malzzwecke ungeeignet. Je größer der Vollgerstenanteil (Körner mit einem Querdurchmesser von mindestens 2,5 mm), um so wertvoller ist Braugerste. Der Mindestanteil an Vollgerste soll 80—90% betragen.

g) Hafer

Allgemeines

Hafer verträgt rauhere und feuchtere Lagen als Gerste, die wieder Trockenheit und Hitze viel leichter übersteht. Hinsichtlich der Bodenansprüche ist Hafer genügsamer als anderes Sommergetreide, sofern sein Wasserbedarf, der von allen Getreidearten am höchsten ist, sichergestellt ist. Er liebt Feuchtigkeit, vor allem während der Zeit des Schossens — sonst bleibt die Haferrispe in den „Hosen" stecken —, Stickstoff und einen schwach sauren Boden. Gegen starke Bodensäure ist Hafer aber empfindlicher als Roggen. Je feuchter das Klima, um so leichter kann der Boden sein. Andernfalls empfiehlt sich der Gemengeanbau von Hafer mit Sommerroggen und Sommergerste.

Vorfrucht

Hafer enthält 4% Fett und ist ein ausgezeichnetes und leicht verdauliches Futtermittel für Jungtiere. Infolge des hohen Spelzenanteils ist der Stärkeertrag gegenüber Sommerweizen oder Gerste um etwa 25% niedriger. Haferstroh eignet sich sehr gut als Futterstroh (S. 348).

Zur Erhaltung der Bodenfeuchtigkeit ist die *Saatfurche unbedingt im Herbst zu geben.* Wenn erforderlich, wird der Boden im Frühjahr mit dem Kultivator gelockert.

Hafer wird gern nach einjährigem Klee gestellt. Der Klee kann dann noch einen zweiten Schnitt oder Herbstweide geben. Sehr gute Vorfrüchte sind auch Kartoffeln, Rüben sowie Hülsenfrüchte. Vielfach steht Hafer als abtragende Frucht nach Getreide. Dann ist für ausreichende Düngung, vor allem mit Stickstoff, Sorge zu tragen Auch auf Grünlandumbruch, gerodeten Waldflächen und sonstigem Neuland kann Hafer mit Erfolg angebaut werden. Je besser die Vorfrucht, desto höher und sicherer sind die zu erwartenden Erträge!

Hafer soll wegen Nematodenverseuchung möglichst nur alle 4 Jahre auf ein und demselben Schlag zum Anbau kommen. Da Rüben- und Hafernematoden zwei ganz verschiedene Gattungen sind und sich daher ihre Verbreitung unabhängig voneinander entwickelt, bestehen gegen die Folge Zuckerrüben — Hafer keine Bedenken. (Siehe auch Seite 41.) — Geeignete Nachfrüchte für Hafer siehe S. 40.

Düngeransprüche

Infolge seines stark ausgebildeten Wurzelsystems besitzt Hafer gutes Aufschließungsvermögen für Bodennährstoffe. Trotzdem dankt er reichliche Düngergaben durch entsprechend hohe Erträge. *Hafer verwertet Gründüngung gut.* Bei üppig entwickelter Gründüngung besteht allerdings Lagergefahr, besonders, wenn reichlich Niederschläge fallen. Jauche wird ebenfalls gut verwertet, während Stallmist nur bei den ungünstigen Getreide-Vorfrüchten in mäßigen Gaben am Platze ist. Der Dung muß aber bereits im Herbst untergepflügt werden.

Hafer hat ein *großes Stickstoffbedürfnis* (2—3 dz/ha schwefelsaures Ammoniak, auf nicht kalkgesättigtem Boden auch Kalkammonsalpeter oder Kalkstickstoff, der aber zeitiger auszustreuen ist). Stärkere Stickstoffgaben erhöhen auch den Futterwert (Eiweißgehalt).

Höhe der *Kaligabe* 1,5—2 dz/ha (40%). Kali vermindert Lager- und Rostgefahr. Größte Kaliaufnahme zur Zeit der Blüte. Auf schwerem Boden nutzt Hafer das Bodenkali gut aus, so daß hier geringere Kaligaben erforderlich sind.

Phosphorsäure: 2—4 dz/ha eines Phosphatdüngers.

Diese Krankheit ist die Folge von Manganmangel. Sie wird durch Trokkenheit begünstigt und tritt besonders auf Moorböden, anmoorigen Böden und Sandböden auf. Gelegentlich wird auch Weizen und Gerste befallen, Roggen hingegen weniger. **Dörrfleckenkrankheit**

Zunächst zeigt der Hafer eine Hungerfarbe, als ob ihm Stickstoff fehlt. Kurz vor oder während des Schossens treten dann auf den Blattspreiten, von unten her beginnend, anfangs graue, später gelbbraune Flecken und Streifen auf, die an Verätzungen erinnern. Die Blätter knicken um und welken; die ganze Pflanze erscheint schlapp und durstig und vertrocknet schließlich. Oft zeigen sich Schäden nur nesterweise im Bestand.

Da Dörrfleckenkrankheit durch alkalische Bodenreaktionen, besonders bei einer solchen von pH 6,5—7,5 verstärkt wird, ist auf gefährdeten, namentlich leichteren Böden Kalkdüngung zu vermeiden und sind saure Düngemittel (schwefelsaures Ammoniak, Superphosphat, schwefelsaures Kali), die sehr zur Löslichmachung des Bodenmangans beitragen, zu bevorzugen. Salpeterhaltige Stickstoffdünger nicht verwenden, vor allem nicht als Kopfdüngung für kranke Bestände, da sie durch Festlegung des Bodenmangans die Krankheit noch verschlimmern. Gut bewährt hat sich Thomasphosphat wegen seines 3—6%igen Mangangehaltes. Auch Stallmist enthält im Mittel je Tonne 50 g Mangan. **Bekämpfung**

Im Anfangsstadium der Krankheit helfen Gaben von 50—150 kg/ha feingemahlenem Mangansulfat (je nach Stärke des Auftretens). Diese sollen bis Mitte Mai, möglichst fein verteilt, auf die taufeuchten Pflanzen bzw. vor oder während eines Regens gestreut werden. Eine Spritzung mit 6—7%igem Mangansulfat ist noch bis Anfang Juli möglich, muß aber 14 Tage vor Beginn des Rispenschiebens beendet sein.

Bei zu früher Anwendung wird Mangansulfat auf den meisten Böden schnell in für die Pflanzen nicht aufnehmbare Formen überführt.

A. Gelbhafer

Sorten im Handel seit ( )

Gelbhafer ist kleinkörniger als Weißhafer und hat geringeren Spelzenanteil. Daher ist er zum Füttern wertvoller als der dickspelzige Weißhafer (auch das Stroh). Gelbhafer ist im allgemeinen weniger anspruchsvoll an den Boden und verträgt auch eher Trockenheit und gelegentlich spätere Aussaat. Weißhafer hat festeren Spelzenschluß (geringerer Ausfall). — Diese Unterschiede sind bei den heutigen Sorten nicht mehr so ausgeprägt.

Breustedts Harly: (1940) mittel bis mittelfrüh, geringer Stroheretrag. Für mittlere und bessere Lagen geeignet.

Carsten's Hafer VII: (1948) früh bis mittelfrüh, für bessere Böden in feuchter Lage, kurzer Halm, sehr standfest, frühe Aussaat.

F. v. Lochows Petkuser Gelbhafer Flämingsgold: (1936) Standfestigkeit mittel bis gering, Korn- und Stroherträge gut bis sehr gut, Reifezeit mittelspät. Besonders für leichte Böden und trockene Lagen geeignet, wenn auch etwas anspruchsvoller als Flämingstreue.

F. v. Lochows Petkuser Gelbhafer Flämingstreue: (1939) ähnlich der Sorte Flämingsgold, aber etwas früher reifend und noch weniger fritanfällig. Besonders auch für geringere Haferböden geeignet. Flämingstreue schiebt die Rispen etwa 8 Tage früher und wird infolgedessen auch entsprechend früher reif als Flämingsgold. Das ist für trockene Böden besonders zu beachten.

PSG Goldkorn: (1924) mittlere Reifezeit, wenig standfest, nur für leichtere Böden und trockene Lagen geeignet.

Svalöfs Goldregen III: (1943) mittlere Reifezeit und Standfestigkeit. Geeignete Hafersorte für mittlere Böden mit großer Streubreite. Sowohl für Küstenlagen wie für trockene Böden geeignet.

B. Weißhafer

Breustedts Widukind: (1942) mittlere Reifezeit, für ausreichend feuchte mittlere und bessere Böden, Standfestigkeit gut.

Endreß Weiß: (1930) Reife, Standfestigkeit mittel, auch auf leichteren Böden gute Erträge, gegen Fritfliege und Flugbrand wenig anfällig.

Heines Silber II: (1952) standfest, kurzstrohig, mittelspät, für guten Boden und feuchtere Lagen. Gute Stützfrucht für Körnerleguminosen.

Svalöfs Sonnen: (1953) mittelspät, verlangt guten Boden und feuchtes Klima, gut standfest, besonders für Mähdrusch.

Aussaat

Hafer ist so früh wie möglich in den abgetrockneten Boden zu säen (März). Er lohnt zeitige Aussaat durch erhebliche Mehrerträge, vorausgesetzt, daß er nicht in den Boden eingeschmiert wird. Besonders auf leichteren, trockeneren Böden lassen die Ernten bei späterem Saattermin wesentlich nach. Bei einem Aussaatzeitversuch, durchgeführt in der Zeit vom 15. März bis Ende April, ergab jede Woche frühere Aussaat im Durchschnitt einen Mehrertrag von 5,5 dz/ha!

Hafer hat eine längere Wachstumszeit als Gerste, soll also stets zuerst gesät werden. Da Hafer gegen Frühjahrsfröste empfindlich ist, empfiehlt sich bei Frühsaaten etwas stärkere Aussaat.

Saatmenge: 120—140 kg/ha. Die höheren Saatmengen gelten für weniger bestockungsfähige und großkörnige Sorten (Weißhafer) sowie sehr zeitige als auch verspätete Aussaaten.

Saattiefe: 3—5 cm. In Gegensatz zu Gerste tiefere Aussaat, vor allem auf den leichteren, trockenen Böden, da die weit verzweigten Wurzeln des Hafers mehr an der Oberfläche liegen, und um beim Unkrauteggen keinen Schaden anzurichten.

Reihenabstand: 15—16 cm, für leichte Böden und Höhengebiete 11—12 cm. Auf dünne Saat und allzubreiten Reihenabstand reagiert Hafer durch langsame Jugendentwicklung! (Fritfliegengefahr.)

Einspritzverfahren: Siehe S. 141—143.

Befall durch Fritfliege (S. auch S. 126)

Je später die Saat, um so größer die Fritfliegengefahr (Maihafer = Spreuhafer). Ebenso wird schwach gesäter Hafer stärker von der Fritfliege befallen als stark gesäter, desgleichen ist weit gedrillter anfälliger als enggedrillter. Auch langsam heranwachsender und womöglich durch zu späte Bearbeitung, Eggen nach dem Aufgang oder Hacken, in der Entwicklung gestörter Haferschlag wird von der Fritfliege eher befallen. Die Schädigung kann bis zu 80 und 90% betragen.

Die 2—3 mm lange, glänzend schwarze, im April schwärmende Fritfliege wird etwa Mitte Mai legereif. (Der Name stammt aus dem Schwedischen, wo das auf die leeren Körner bezogene „frit" soviel bedeutet wie leichte Ware.) Sie befällt vorzugsweise Haferbestände, die zu dieser Zeit das 2. bis 3. Blatt gebildet haben, also spät bestellt wurden. Trotzdem sind auch Pflanzen gefährdet, deren Entwicklung noch nicht über das 4. Blatt hinaus ist. Am stärksten sind ziemlich alle Weißhafersorten dem Befall ausgesetzt, während „Flämingstreue" als Gelbhafer eine der widerstandsfähigsten Sorten ist. Von der übrigen Sommerung wird bei Spätsaat auch mehrzeilige Gerste befallen, zweizeilige Sorten dagegen sehr selten.

Etwa 14 Tage nach der Eiablage, d. h. ab Anfang Juni — die 3—4 mm langen, kopf- und fußlosen, gelblich-weißen Maden schlüpfen bereits nach wenigen Tagen aus und fressen das Herzblatt am Grunde ab — werden die ersten äußeren Merkmale des Schadens sichtbar: rötlich-gelb verfärbte Herzblätter, die sich bequem aus der Blattscheide herausziehen lassen, während die Außenblätter grün bleiben. Gewöhnlich beginnt der Befall vom Feldrand her und setzt sich zur Schlagmitte hin fort. Der Versuch der Pflanze, sich neu zu bestocken, gelingt nicht oft, so daß sie abstirbt, oder doch über einen Zwiewuchs nicht hinauskommt, dessen Rispen meist nicht mehr zur Reife gelangen.

Gegenmaßnahmen: Nach Mitte Mai ist möglichst wenig im Haferfeld zu eggen und zu walzen, weil hierdurch das Befallsstadium für die Pflanzen verlängert wird. Dies ist auch dann der Fall, wenn im Mai zusätzlich Stickstoff gegeben wird, der das Pflanzengewebe weich und anfällig macht, es sei denn, daß bereits die absterbenden Herzblätter sichtbar werden und das Wachstum der Pflanzen dadurch neu angeregt wird. Schwache Bestände (ungünstige Böden, Witterungsverhältnisse) werden von der Made der Fritfliege oftmals völlig zerstört.

Zwingen größere Schäden zum Umbruch, darf anschließend keine Sommerhalmfrucht ausgesät werden, da diese sofort wieder von der zweiten Fliegengeneration befallen würde. In solchen Fällen ist es richtiger, eine Hackfrucht (Kartoffeln, Kohlrüben, Kohlarten) folgen zu lassen.

Auch in Ausfallgetreide wechselt die Fritfliege über, so daß die Stoppel tief umzubrechen ist. Erst bei einer Pflugtiefe von 25 cm ist gewährleistet, daß die Fliegen die Oberfläche nicht mehr erreichen. Da die Fritfliege in den Gräsern sehr günstige Lebensbedingungen findet und sich darin ungestört bis zum Frühjahr am Leben erhalten und vermehren kann, ist der Anbau von Winterzwischenfrüchten, die Gräser bzw. Getreide enthalten, wie z. B. Landsberger Gemenge oder Futter- und Wickroggen, in Befallsgegenden zu vermeiden.

Haferflugbrand

Gegen Auftreten von Flugbrand ist Beizung des Saatkorns zu empfehlen. Da die Brandsporen des Pilzes beim Hafer zwischen Spelze und Korn sitzen und nicht im Keimling, wie bei anderen Flugbrandarten (dorthin gelangen sie erst beim Keimen des ausgesäten Haferkorns), läßt sich Haferflugbrand als einziger durch Beizen bekämpfen.

Pflege

Hafer ist besonders unkrautgefährdet, daher muß er tüchtig geeggt werden. Der beste Augenblick, in dem das Unkraut mit Erfolg bekämpft werden kann, ist der, wenn der Hafer noch nicht aufgelaufen ist (Blindeggen), 5—6 Tage nach der Saat. durch Zerstörung der feinen Keime in der Erde und beim Spitzen der Saat. (Weiteres siehe „Pflege der Saaten“ Seite 22.)

Gelbfärbung des Hafers im Jugendstadium läßt oftmals wie bei Roggen auf Magnesiummangel schließen. Abhilfe durch Kalimagnesiagaben, auch starke Stalldüngung, die ebenfalls Magnesia enthält.

Hafer hat vor und während des Rispenschiebens den größten Wasserbedarf. Besteht um diese Zeit Wassermangel, so tritt leicht die „Flissigkeit“ (Weißährigkeit) des Hafers ein, d. h. es entstehen, hauptsächlich an den unteren Rispenästen, taube, verkümmerte Deckspelzen. Gelegentlich kann dies auch durch die Saugfähigkeit von „Blasenfüßen“ verursacht werden. (1,5—2 mm lange, schwarzbraune Insekten, die oft in größerer Anzahl in der Blattscheide zu finden sind.) Bei Wassermangel bleiben die untersten Rispenäste unentwickelt. Auch Nährstoffmangel und einseitige Überdüngung sowie Hagel können die Ursache sein. Bei häufigerem Auftreten der Flissigkeit, die sich besonders auf leichten und trockenen Böden zeigt, empfiehlt es sich, dürrebeständige Hafersorten zu wählen (Gelbhafer hat geringeren Wasserbedarf als Weißhafer). Auch zeitige Aussaat ist angebracht.

Ernte

Der beste Erntezeitpunkt ist die Gelbreife. Vollreifer Hafer, namentlich frühe Sorten, streut schon bei mäßigen

Winden! (Siehe auch S. 25.) Nicht zu früh einfahren! — Die Kornerträge belaufen sich unter mittleren Anbauverhältnissen auf etwa 24— 30 dz/ha.

h) Das Gemenge

Getreidegemenge

Gemengesaaten steht das doppelte Bodenvolumen zur Verfügung. Denn die Wurzelausscheidungen einer Pflanzenart haben auf die Wurzeln von Pflanzen gleicher Art abstoßenden Einfluß. Die Wurzeln jeder Pflanze bleiben in einem abgegrenzten Bezirk, so daß die Stoppeln bei Reinsaat durch das Stoppelschälen zerfallen (jede Wurzel vermeidet es, in das Gebiet der Nachbarwurzel einzudringen). Im Gegensatz hierzu zerfallen Mischsaatstoppeln nicht, da sich bei Ansaat zweier Pflanzen verschiedener Gattungen die Wurzeln jeder Art so ausbreiten, als ob die andere Pflanze gar nicht da wäre, so daß es zu einer Durchkreuzung der Wurzeln, zur Bildung eines Wurzelfilzes kommt.

Gemengesaaten verteilen das Wetterrisiko. In trockenen Jahren gedeihen Gerste und Sommerroggen besser, in feuchten Jahren Hafer. Außerdem verunkrauten Gemengesaaten meist weniger stark, auch der Schädlingsbefall ist geringer. Bei dem gemeinsamen Anbau von Getreide und Hülsenfrüchten dient das Getreide gleichzeitig als Stützfrucht für Erbsen, Peluschken und Wicken.

Wichtig ist die Auswahl entsprechender Sorten, damit die einzelnen Fruchtarten zum gleichen Zeitpunkt reifen.

Allerdings weisen Reinsaaten gegenüber Gemengesaaten, die oft verschiedene Halmlänge haben, frühzeitigere Beschattung auf. Daher bringen Gemengesaaten nicht in jedem Fall höhere Erträge als Reinsaaten. Das gleiche trifft zu, wenn auf saurem, magerem Boden ein Gemenge von Hafer und Gerste zum Anbau kommt. Hier versagt die Gerste restlos, so daß in diesem Fall der reine Haferbau unbedingt vorzuziehen ist. (In trockenen Lagen etwa $^2/_3$ Gerste + $^1/_3$ Hafer, bei höheren Niederschlägen $^2/_3$ Hafer + $^1/_3$ Gerste.)

Aussaatbeispiele / ha

1. Sommerroggen-Hafergemenge		40 kg Sommerrogen 80—100 kg Hafer	
2. Hafer-Gerstegemenge	a)	60 kg Hafer 60 kg Sommergerste	
	b)	80 kg Hafer 40 kg Sommergerste	namentlich für sehr schwere Böden
3. Hafer-Roggen-Gerstegemenge (besonders für leichte Böden)	a)	70 kg Hafer 50 kg Sommergerste 30 kg Sommerroggen	
	b)	40 kg Hafer 40 kg Sommerroggen 40 kg Sommergerste	
	c)	50 kg Hafer 50 kg Sommergerste 30 kg Sommerroggen	

Beisaat von Hülsenfrüchten

a) 40 kg Hafer
40 kg Sommerroggen
60 kg Peluschken

b) 120 kg Hafer
30—40 kg Peragis Felderbse
(auf besseren Böden nur 20—30 kg)

c) 120 kg Hafer oder 200 kg Sommerweizen
10—20 kg Wicken

d) 120 kg Hafer oder 200 kg Sommerweizen
15—20 kg Erbsen

e) 40 kg/ha Hafer + 80 kg/ha Sommerwicken
f) 40 kg/ha Hafer + 160 kg/ha Felderbsen
g) 20—30 kg/ha Hafer + 180—200 kg/ha Ackerbohnen
h) 30—40 kg/ha einer spätreifenden Sommergerstensorte + 180—200 kg/ha Ackerbohnen

Bei Hafer sind spätreife Sorten zu wählen, wie z. B. Weißhafer, dessen Korn auch fester in den Spelzen sitzt. (Siehe auch S. 137.)

Wicken-Beimischungsverfahren

Das Einspritzen von Zottelwicke

Die an Boden und Düngung anspruchslose, winterharte Zottelwicke ist, namentlich für leichte Böden, eine sehr beachtliche Feldfutterpflanze, deren Erträge nach Menge und Güte denen des Rotklees annähernd gleichkommen. Sie findet daher in den verschiedensten Winterzwischenfruchtgemischen Verwendung. (Siehe „Zwischenfruchtbau" Seite 311, 312, 314.)

Aber auch als Gründüngungspflanze, Anfang bis Mitte August mit 10 kg/ha Reinsaat bestellt, läßt sich für etwa Mitte Mai nachfolgende Kartoffeln ein recht guter Gründüngungserfolg erzielen.

Die Saatgutgewinnung im eigenen Betrieb ist daher unbedingt anzuraten. Die vielfach noch übliche Samengewinnung über das zu Grünfutterzwecken angebaute Wick-Roggengemenge ist keine Ideallösung. Meist lagert sich derartiges Gemenge zur Reifezeit stark, fängt an zu faulen und bringt trotz mühevoller Erntearbeit nicht den erhofften Ertrag.

Zottelwicke bedarf zwar einer Stützpflanze, will aber zur Samengewinnung vereinzelt und luftig stehen. Bei zu üppiger Entwicklung ist die erwünschte, möglichst gleichmäßige Reife nicht zu erwarten. Aus diesen Gründen ist die Einsaat in Winterroggen unbedingt im sogenannten Einspritzverfahren vorzuziehen, die ohne Beeinträchtigung des Roggenertrages eine zusätzliche Ernte ermöglicht.

Saatzeit

Im östlichen Teil Deutschlands in der Zeit vom 15.—20. September, in den klimatisch günstigeren Gebieten Mittel- und Westdeutschlands bis etwa 25. September. Spätere Saaten, etwa in den Monat Oktober hinein, haben leicht größere Auswinterungsschäden der Wicke zur Folge. Die Wicke muß sich also vor Winter noch etwas entwickeln können.

Saatsstärke

Der üblichen Roggensaatstärke werden je ha 6—10 kg Zottelwicke beigegeben. In feuchten Lagen der geringere, auf trockenen Böden der stärkere Wickenanteil. Da sich Wicke auf sehr guten Böden in günstigen Jahren sehr üppig entwickeln kann, sind diese zu meiden, um Roggenertrag und Erntesicherheit nicht zu beeinträchtigen. Auf besseren Roggenböden also nicht mehr als 6 kg/ha, auf leichteren Böden 8—10 kg/ha aussäen. Damit selbst in feuchten Jahren kein Lagergetreide entsteht (bei sehr üppiger Entwicklung zieht die Wicke den Roggen herunter), wird von einer stärkeren Einsaat, wie angegeben, unbedingt abgeraten.

Um einer Verunkrautung durch ausfallenden Samen der teilweise sehr hartschaligen Zottelwicke vorzubeugen, empfiehlt es sich, Roggenschläge zur Einsaat zu wählen, hinter denen als Nachfrucht Kartoffeln folgen. Gegebenenfalls bleibt die Einsaat auf einige Außenschläge beschränkt. Ferner darauf achten, daß nur frisches Saatgut zur Verwendung kommt, da die Hartschaligkeit mit dem Alter des Samens zunimmt.

Ernte

Die Roggenernte läßt sich im allgemeinen mit dem Mähbinder durchführen. Da die Reife des Gemenges etwas später liegt als bei reiner Roggensaat, empfiehlt es sich, den Wickroggenschlag möglichst als letzten zu mähen. Beim Dreschen lassen sich die runden Körner der Zottelwicke mit Hilfe des Sortierzylinders leicht vom Roggen trennen.

Ertrag: Etwa 1,5—3 dz/ha Zottelwicke.

i) Der Mais

Allgemeines

Körnermais ist auf leichten Böden den übrigen Getreidearten durchweg überlegen und wird daher mit Recht als Hafer des leichten Bodens bezeichnet. Mais übersteht im Gegensatz zu Hafer und auch Roggen Trockenperioden im Mai/Juni aus folgenden Gründen recht gut: er wächst im Mai bis etwa Mitte Juni verhältnismäßig langsam, weil er erst sein Wurzelsystem ausbaut. Mais besitzt keine Pfahlwurzel, sondern ein im Vergleich zu Getreide erheblich tiefergehendes und weitverzweigtes System von Faserwurzeln. Die Wurzelmenge ist fast halb so groß wie die oberirdisch erzeugte Menge. Abgesehen davon hat Mais seinen Hauptwasserbedarf erst im Juli/August. (Grün- und Gärfuttermais stellt dagegen höhere Ansprüche an die Wasserversorgung, da viel mehr Pflanzen auf dem Quadratmeter stehen.) Nur bei andauernd naßkalter Witterung leidet Mais, wie überhaupt ein rauhes und spätes Frühjahr seiner Jugendentwicklung sehr abträglich ist.

Ein besonderer Vorteil ist, daß Mais selbst bei schlechtem Wetter im Herbst nicht auswächst, und der Erntezeitpunkt daher hinausgeschoben werden kann.

Das Maiskorn hat von allen Getreidearten den höchsten Nährstoffgehalt. Das Fett, etwa 4,4 %, ist im Keimling enthalten. Körnermais vermag an Stelle von Hafer oder Sommergerste bei 40—60% höherem Kornertrag etwa das Doppelte mehr an Nährwerten von der Fläche zu erzeugen. Er kann Kartoffeln in der Schweinemast ersetzen.

Allerdings darf nicht übersehen werden, daß der Anbau von Körnermais im Vergleich zu Getreide einen sehr viel höheren Arbeitsaufwand erfordert. Silomais dagegen als Ersatzfrucht für Futterrüben beansprucht bedeutend weniger Arbeitskräfte als diese (S. 299).

Mais ist ein ausgesprochener Fremdbefruchter. Die männliche Blüte hat Rispen- und die weibliche Kolbenform. Körnermais verlangt eine frostfreie Wachstumszeit von 120—150 Tagen. Er erreicht eine Höhe von 1½—3 m.

Bodenansprüche

Mais wächst auf fast allen Bodenarten. Er ist die Kulturpflanze der geringeren und leichteren Weizenböden und der gegebene Ersatz für Hafer in trockenen Lagen. Gute Böden lohnt er durch Spitzenerträge.

Nasse und kalte, saure Schläge (eine schwächere Bodenversäuerung schadet nicht), d. h. Böden, die sich infolge zäher Beschaffenheit, rauher Lage oder stauender Nässe schwer erwärmen, sind für den Anbau nicht geeignet. Mais verträgt keine „kalten Füße". Auch reine, trockene Sandböden, Kiesgruben usw. scheiden aus.

Südhänge und sonnige, windgeschützte Lagen sind zu bevorzugen. Dann ist der Anbau auch in wesentlich höheren Gebieten möglich. Nordhänge, sonnenarme und nebelreiche Täler sowie sonstige kalte Lagen sind dagegen auszuschließen. Kleine Maisfelder, möglichst in quadratischer Form, mit einigen Reihen Sonnenblumen umrandet, bringen infolge der hierdurch bedingten sonnen- und windgeschützten Lage (volle Ausnutzung der Taubildung sowie nächtliche Wärmespeicherung) sichere Erträge.

Da Mais Fremdbefruchter ist, sind schmale, langgestreckte Reihen — womöglich einreihig, um Kartoffel- und Rübenfelder gepflanzt — die eine vollkommene Befruchtung der Maiskolben niemals ermöglichen und leicht einen lückigen Körnerbesatz zur Folge haben, zu vermeiden. Das für Körnermais bestimmte Land muß unbedingt vor Winter gepflügt werden.

Fruchtfolge

Auf leichteren Böden nach mit Stallmist gedüngter Hackfrucht (Kartoffeln oder Futterrüben); sonst Stellung wie Hackfrüchte nach Getreide. Als Zweitfrucht nach einem Winterzwischengemenge gehört kein Körnermais, da dieses zu stark wasserzehrend ist und die Maiskörner zu langsam ankeimen würden. Im übrigen: Je ungünstiger der Boden, desto besser muß die Vorfrucht sein!

Mais ist zwar mit sich selbst verträglich, doch sollte er vor 4 Jahren nicht wieder auf das gleiche Ackerstück kommen, damit Beulenbrand und Maiszünzler nicht überhandnehmen.

Gute Nachfrüchte für Mais sind Weizen, Gerste oder Hafer.

Dünger-ansprüche

Mais verwertet infolge seiner guten Bewurzelung Stallmist, der bereits im Herbst auszufahren ist, recht gut, desgleichen Gründüngung. Andererseits ist aber Stalldung bei Mais für Erreichung von Höchsterträgen keine unbedingte Voraussetzung. Immerhin ist er hier lohnender als zu Raps. (Siehe auch S. 62.)

Jauche kann im Frühjahr vor der Saat oder mit dem Jauchedrill zwischen wachsenden Pflanzen ausgebracht werden.

Körnermais verwertet auch starke Mineraldüngergaben gut. Lagergefahr besteht im allgemeinen nicht.

Düngermenge/ha:

Stallmist im Herbst (Sofern Mais nicht nach Hackfrucht steht)	5 dz eines Phosphatdüngers 4 dz 40% Kali	im zeitigen Frühjahr
	2 dz Kalkammonsalpeter vor, 2 dz Kalkammonsalpeter vor, spätestens bei der Saat.	

Erhält Körnermais nach Getreide keinen Stallmist, sind die Stickstoff- und Phosphatdüngergaben um je 1 dz/ha zu erhöhen.

Zu beachten bleibt, daß Mais salpeterhaltigen Dünger bevorzugt. Auf leichtem Boden nicht übermäßig mit Stickstoff düngen! *Phosphorsäure* beschleunigt das Ausreifen der Kolben, Ph-Mangel ruft Schwächung des Wurzelsystems hervor; *Kalimangel* kann zur Lagerung führen. Starke, einseitige Stickstoffdüngung verzögert die Reife.

Bei stärkerer Bodenversäuerung, wie sie auf leichteren Böden oftmals auftritt, ist entsprechend zu *kalken*, da andernfalls Wachstumsstockungen auftreten. Bei Kartoffeln als Vorfrucht wird der Kalk bereits auf diese als Kopfdünger gestreut.

Der gesamte Mineraldünger muß auf jeden Fall vor Aufgang der *Saat* verabreicht werden, da *Kopfdüngung Ätzschäden verursacht*, weil ein Teil des Salzstaubes bzw. der Salzkörner auf den behaarten, auch taufeuchten Blättern oder in den Blattachseln selbst völlig trockener Pflanzen haften bleibt. Der Dünger ist nicht zu flach unterzubringen. *Tieferes Unterbringen gewährleistet ein Tiefergehen der Wurzeln.*

Sorten

Frühreif: Chiemgauer, Maleksberger Körnermais, Pfarrkirchner. Chiemgauer ist der frühestreife deutsche Mais, Maleksberger reift etwa 4 Tage später.

Mittelfrühreif: Dr. Delilles Neue Kreuzung. Hybriden: Hymador, Hybridor, Goudster, Prior, Foliant.

Mittelspätreif: Gelber Badischer Land. Hybriden: Hyperma, Hymaria. (Zum Körneranbau nur in günstigen Lagen geeignet.)

Für leichtere Böden ist der Pfarrkirchner besonders geeignet. Besseren Boden beansprucht der frühreife Chiemgauer. (Über „Grünfutter- und Gärmais" siehe unter „Zwischenfruchtbau" Seite 299.)

Hybridmais-Saatgut muß jedes Jahr neu bezogen werden (siehe S. 299)!

Aussaat

Beste Saatzeit: 25.—30. April, spätestens bis 10. Mai (Keimtemperatur 8—10° C). Spätere Saaten lassen keine vollen Erträge erwarten, auch besteht Gefahr, daß Mais im Herbst nicht mehr ausreift. Ein leichtes Abfrieren des ersten und zweiten Keimblattes während der

a der Getreidetrocknung im Hochsilo.
)

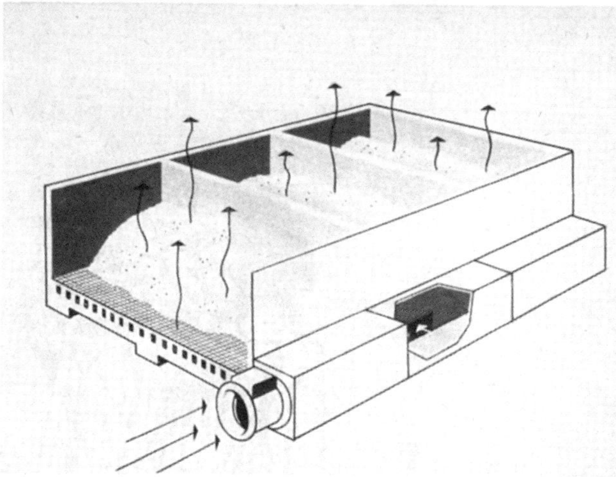

Schema einer bodenbelüfteten Getreidetrocknungsanlage. (S. 631)
(Werkbilder Siemens)

TREIDETROCKNUNG · RAPSERNTE · SCHÄDLINGSBEKÄMPFUNG

llen von Raps in Doppelhocke. (Weitere ren, Kühnsche Puppe u a., s. S. 172/173)

Verwendung von Ernteplanen beim Einfahren von Raps zur Vermeidung von Ausfallverlusten. Die Stiegen werden zum Aufladen auf die Plane gekippt. (S. 173)

gespritze „Drilling", über Zapfwelle ange-
, bei der Krautfäule-Bekämpfung

Feldspritze „Badenia" (Werkfoto Carl Platz, GmbH, Maschinenfabrik, Ludwigshafen/Rhein)

Hackfrucht-Vollerntemaschine „Schatzgräber 111" (Landmaschinenfabrik GmbH, Essen)

Eisheiligen richtet im allgemeinen keinen großen Schaden an, doch sollte mit der Aussaat nicht vor dem 20. April begonnen werden. In kalten Boden gelegte Körner laufen nur zögernd auf, die Pflanzen kränkeln und brauchen viel Zeit, bis sie sich erholen. Tauben und Krähen können in dieser Zeit viel Schaden anrichten. Nur in klimatisch sehr günstigen Gebieten kann schon eine Aussaat um den 10. bis 15. April angebracht sein.

Da Mais Fremdbefruchter ist, muß häufiger Saatgutwechsel durchgeführt werden. Das Saatgut muß auch gut keimfähig sein (90—98%). Nachlegen bzw. Nachpflanzen von Fehlstellen ist zwecklos. Sind nach dem Aufgang Lücken vorhanden, werden am besten Kohl- oder Runkelrüben nachgepflanzt. Gegen Auflaufschäden beizen (z. B. mit Atiram).

Saatmenge: Bei Drillsaat 60—80 kg/ha. Die höhere Zahl gilt für frühreife Sorten. Zu bevorzugen ist das Legen nach der Kartoffellochmaschine wegen der besseren Tiefenlage des Kornes und der Möglichkeit einer intensiveren Unkrautbekämpfung vor dem Auflaufen der Saat. (2—3 Körner in ein Loch — je nach Keimfähigkeit.) Saatgutbedarf 40—50 kg/ha. Zur Vermeidung einer starken Wasserverdunstung und dadurch bedingten schlechten Aufgangs — das Maiskorn braucht zur Keimung ziemlich viel Wasser — ist besonders auf leichteren Böden nicht auf Vorrat zu lochen und sind die Löcher nach dem Körnerauslegen mit umgekehrter Saategge oder Kettenschleppe sofort zuzustreichen.

Saattiefe: 4—5 cm. Da Mais wie alle großkörnigen und hartschaligen Samen einen hohen Keimwasserbedarf hat, empfiehlt es sich, auf trockenen, sandigen Böden das Korn etwa 7 cm tief in die Erde zu bringen, damit der Anschluß an die Grundfeuchtigkeit erreicht wird und ein gleichmäßiger, von äußeren Niederschlägen unabhängiger Auflauf gewährleistet ist. (Bei Drillsaat Drillschare beschweren und auf scharfe Scharspitzen achten.) Nur bei Frühsaaten ist auf besseren Böden wegen der größeren Bodenwärme etwas flachere Saat angebracht.

Schutz vor Vogelfraß

Bei zu befürchtendem Tauben- und Krähenfraß Körner etwas tiefer legen (6—8 cm) oder mit „Morkit“, Ceresan-Morkit bzw. Abavit-Corbin beizen. (Schutz in den ersten Tagen, solange das Korn noch nicht gekeimt hat.) Später lassen sich Krähen auch durch Nachstreuen von mit „Morkit“ behandelten Körnern, die durch Hitze keimunfähig gemacht wurden, verscheuchen. Beim Auflaufen notfalls scheuchen oder schießen. Bewährt hat sich auch als Scheuchmittel das Aufhängen toter Krähen oder Zerstreuen zerpflückter Krähen auf dem Saatacker. Der Verwesungsgeruch schreckt die Tiere ab. Man achte darauf, daß keine Maiskörner offen liegenbleiben, da hierdurch die Vögel angelockt werden. (Krähenbekämpfung siehe auch S. 609.)

Das Maiskorn darf nicht eingeschmiert werden, der Boden muß also gut abgetrocknet sein. — Reihenabstand: 60 cm.

	Entfernung in der Reihe	je qm Pflanzen:
frühreifend	20—25 cm	7—9
mittelfrühreifend	25—30 cm	6—7
normalreifend	30—35 cm	5—6

Frühe Sorten werden also in Anbetracht ihres kleineren Wuchses und der kleineren Einzelkolben enger gestellt. Je fruchtbarer Boden und Klima sind, mit je höheren Erträgen also zu rechnen ist, um so enger ist zu pflanzen, um den höchstmöglichen Ertrag zu erzielen. Je ärmer und trockener der Boden ist, um so weiter muß gepflanzt werden.

Pflege

Mais ist gegen Verunkrautung sehr empfindlich. Er bekommt gelbe Blätter, bleibt im Wachstum zurück und die Kolben setzen schlecht an. Vor dem je nach Bodentemperatur 10—14 Tage in Anspruch nehmenden Aufgang, etwa 8 Tage nach der Saat, kann zur Unkrautbekämpfung vorsichtig geeggt bzw. gestriegelt werden. Wenn sich die Tüte des ersten Laubblattes geöffnet hat, ist mit dem Eggen aufzuhören. Der etwa zwei Wochen nach Aufgang des Maises (bei 10—12 cm Pflanzenhöhe) eintretende Wachstumsstillstand gilt der Entwicklung des weitverzweigten Wurzelsystems und ist innerhalb etwa 3 Wochen überwunden.

Eine Unkrautbekämpfung mit 2,4-D-Wuchsstoffmitteln (S. 114) bis zum 5 Blatt-Stadium, also etwa 15 cm Höhe des Maises, ist möglich. (Nicht bei zu niedrigen Temperaturen, Nachtfrostgefahr, Trockenheit.) Recht wirksam gegen Unkräuter im Mais (nicht im Getreide) ist „Simazin“. Es wird kurz nach der Aussaat auf feuchtem Boden oder unmittelbar vor Regenfällen im Vorlaufverfahren gespritzt. Aufwandmenge $1^1/_2$ kg/ha + mindestens 600 l Wasser. Noch bessere Unkrautwirkung hat „Gesaprim“, das sich vor und nach Auflaufen des Maises anwenden läßt. — Wenn Mais etwa 8—10 cm hoch ist, kann mit „Raphatox“ gespritzt werden (4—6 kg/ha). **Vorschriften beachten! (Siehe auch S. 113.)**

M a i s w i l l g r o ß g e h a c k t w e r d e n, wobei die erste Hacke tiefer, die folgenden flacher gegeben werden. Je später, um so flacher ist also mit der Hacke zu arbeiten, da sonst leicht das breit ausliegende Wurzelwerk beschädigt wird. Aus gleichem Grund hat das Häufeln zu unterbleiben, zumal dadurch die Wasserverdunstung erhöht wird.

Vereinzeln

D i e e r s t e H a c k e i s t 8 — 14 T a g e n a c h d e m A u f g a n g z u g e b e n. Spätestens nach der zweiten Hacke muß bei etwa 10—20 cm Pflanzenhöhe vereinzelt werden (aber erst, nachdem die Gefahr des Tauben- und Krähenfraßes vorüber ist). Das Vereinzeln muß beendet sein, wenn die Maispflanzen eine Höhe von 25—30 cm erreicht haben. Zu spätes oder unterlassenes Vereinzeln bringt, abgesehen von einem unnötigen Verbrauch der Bodennährstoffe, schwachstenglige Pflanzen, viele, aber kleine, oft auch gar keine Kolben, schlecht ausgebildete Körner und verzögerte Reife! D a s V e r e i n z e l n d e r M a i s p f l a n z e n i s t a l s o g e n a u s o w i c h t i g w i e b e i d e r Z u k k e r r ü b e ! Es hat auch den Vorteil, daß im Herbst durch das Pflücken größerer Kolben gegenüber vielen kleinen Kolben bei nicht vereinzelten Beständen und dem dadurch bedingten Mehr an Handarbeit, erheblich an Zeit gespart wird.

V e r e i n z e l t wird am besten mit scharfer Handhacke oder Rübenkrehl. Auch das Abschneiden der zu entfernenden Pflanzen mit Hilfe eines Dornenmessers kommt in Frage. Dann muß dies aber tief genug geschehen, damit die Pflanzen nicht wieder ausschlagen. Dagegen dürfen die überflüssigen Pflanzen nicht einfach aus dem Boden herausgerissen werden, da sonst leicht das Wurzelwerk der stehenbleibenden Pflanze beschädigt wird, weil dieses mit dem der zu entfernenden Pflanzen schon zu sehr verflochten ist. Dies trifft besonders bei Horstpflanzungen zu, d. h. also, wenn mehrere Körner in ein Loch gelegt wurden, wie das z. B. beim Legen nach der Kartoffellochmaschine der Fall ist.

D i e d r i t t e H a c k e e r f o l g t, w e n n d i e P f l a n z e k n i e h o c h i s t. Bei starker Verunkrautung kann selbst noch bei einer Pflanzenhöhe von 80—100 cm mit der Handhacke oder einer hochrahmigen Maschinenhacke gehackt werden.

Das Entfernen der Seitentriebe ist im allgemeinen unzweckmäßig und auch unwirtschaftlich. Dies haben Versuche eindeutig bewiesen. Nur auf leichten Böden, bei zu großer Pflanzweite und einseitiger Stickstoffdüngung, wo die Gefahr besteht, daß der Mais zur Zeit seines größten Wasserbedarfs (Mitte Juli / August) in eine Trockenperiode geraten kann, dürfte, bevor die Fahnen (männliche Blütenrispen) erscheinen, das Ausbrechen und Verfüttern aller am Boden entspringenden Seitentriebe in Erwägung zu ziehen sein. Sonst würde die Ausbildung der Vielzahl von Kolben leiden, während bei Nichtvorhandensein von Seitentrieben größere und gleichmäßiger ausgereifte Kolben erzielt werden. — Das Köpfen bzw. Entfahnen des Maises nach der Blüte dagegen beeinflußt die Ausbildung der Kolben stark und ist stets mit einem Ertragsrückgang verbunden! Es muß daher unbedingt unterbleiben!

Krankheiten

Maisbeulenbrand tritt an Stengeln, Blättern, Ripsen und Kolben auf, sobald die Pflanzen etwa 80 cm und größer werden. Er ist gekennzeichnet durch erbsen- bis kinderkopfgroße, rundliche oder längliche, mit silbergrauen Häutchen bedeckte, blasige Beulen, gefüllt mit grauschwarzer, schmieriger Masse. Diese Beulen platzen nach der Reife, in 2—4 Wochen, auf und geben dann große Mengen von braun-schwarzem Sporenpulver frei, das sich auf gesunden Pflanzen als Parasiten weiter entwickelt, also nicht von der Keimung oder Blüte der Pflanze abhängig ist. Dadurch werden immer wieder neue Pflanzen angesteckt. Beizung des Saatgutes ist daher ziemlich wirkungslos und nur bei erstmaligem Anbau zu empfehlen. Im allgemeinen drückt Beulenbrand den Körnerertrag nicht wesentlich und stellt mehr eine lästige Nebenerscheinung als eine Gefahr für den Maisbau dar.

Bekämpfung: Da der Erreger des Beulenbrandes jahrelang im Boden am Leben bleibt, soll Mais nicht zu oft auf dem gleichen Feld und möglichst weit von den vorjährigen Maisschlägen angebaut werden.

Erkrankte Pflanzen sind auszureißen. Sie können nach Entfernung der Beulen, die tief zu vergraben oder zu verbrennen sind, verfüttert werden. Das alleinige Ausscheiden der Brandbeulen genügt nicht, da sich auf erkrankten Pflanzen immer wieder neue Beulen bilden.

Der Maiszünzler: Das Auftreten dieses bisher in der Hauptsache nur in einigen Gebieten von Südwestdeutschland verbreiteten Schädlings ist an dem Knicken einzelner Teile der Rispe zu erkennen. Der kleine, im Mai ausgeschlüpfte, zimtbraune oder gelbe Schmetterling legt im Sommer seine Eier an den Blättern der jungen Pflanzen ab.

Bekämpfung: Die ausschlüpfenden, blaßroten bis bräunlichen Räupchen fressen zuerst an der männlichen Blütenrispe, die dann umknickt. Später wandern sie abwärts und bohren sich in den Stengel ein. Daher müssen beim Auftreten des Schädlings die Rispe (männliche Blüte) und der oberste Teil des Stengels mit den zwei obersten Blättern durch Abschneiden rechtzeitig (nach dem Abblühen) entfernt werden, um diesem Abwandern vorzubeugen. Dadurch werden etwa 80% der Raupen vernichtet, bevor sie weiteren Schaden anrichten, der dadurch entsteht, daß die Tiere die Kolben anbohren und die jungen Körner anfressen. Diese beginnen dann an den Fraßstellen zu schimmeln und stecken die übrigen noch gesunden Körner des Kolbens an. Dadurch entsteht meistens der größte Schaden.

Die spätere Bekämpfung ist sehr schwierig. Da die etwa 3 cm lange Raupe in dem unteren Teil des Stengels dicht über der Erde überwintert, empfiehlt es sich, die Maisstengel bei der Ernte im Herbst sehr tief an der Erde abzuschneiden. Über den Weg der Verfütterung des Maisstrohes (Silage) werden die Raupen dann vernichtet.

Ernte

Zeitpunkt: Die Maisernte setzt je nach Sorte etwa Mitte September ein, sobald sich die den Kolben fest umschließenden Lieschblätter völlig weißgelb gefärbt haben. Die Körner sollen vollen Glanz besitzen und möglichst glashart sein, so daß sie sich mit dem Daumennagel nicht mehr eindrücken lassen. Mais darf nur völlig ausgereift geerntet werden, um die Nachtrocknung nicht zu erschweren. Ein Nachreifen wird weder im Trockengerüst noch durch künstliche Trocknung erreicht.

Die ungleichmäßige Reife der Kolben erfordert ein wiederholtes Durchpflücken des Bestandes im Verlauf von 2—3 Wochen. Das ist auch ohne weiteres möglich, da Auswuchs oder Kornausfall nicht zu befürchten sind, auch Nachtfröste nicht schaden. Die Körnermaisernte ist also an keinen engbegrenzten Zeitpunkt gebunden und kann sich ohne weiteres bis in den Monat Oktober hinziehen. Die Maiskolben reifen nirgends so gut wie an der Maispflanze selbst! Durch unreife Kolben entstehen leicht Schimmelherde in dem Erntegut, auch schrumpfen noch weiche, milchige Körner beim Trocknen zusammen. Mais soll daher eher zu spät als zu früh geerntet werden.

Da Maisstroh aber einen höheren Futterwert als Haferstroh besitzt und Blätter und Stengel bei sehr später Ernte leicht von Schwärzepilzen befallen und dann vom Vieh nicht mehr gefressen werden, soll Mais auch nicht länger draußen stehenbleiben, als unbedingt erforderlich ist. Das gleiche trifft zu, wenn Wildschaden zu befürchten ist.

Praktische Durchführung (Abb. neben S. 144)

Bei kleineren Flächen bis zu etwa 0,5 ha erfolgt die Ernte durch Herausbrechen bzw. Abdrehen der Kolben mit den Lieschen. Auf dem Hof werden die Kolben entliescht oder mit zurückgestreiften Lieschen (Hüllblätter) paarweise oder in Bündeln von 10—15 Kolben über Stangen, Drähte, unter vorspringenden Dächern, der Scheunentenne, Durchfahrt oder anderen luftigen Orten möglichst freischwebend zum Nachtrocknen aufgehängt. (Oder Lieschen durchbohren, Schnur durchziehen und aufhängen.) Auch Heuhütten sind zum Aufhängen geeignet. Da frischgeernteter Mais, namentlich mit Lieschblättern, auf Haufen gebracht, sich sehr leicht erhitzt und Schimmelbildung eintritt, soll Mais möglichst noch am gleichen Tage aufgehängt werden.

Bei größerem Anbau, der das Vorhandensein eines Maistrockenschuppens zur Voraussetzung hat, werden die Kolben bereits an der Pflanze und — zwecks schneller Austrocknung der Spindel — möglichst kurzstielig aus den Lieschen herausgebrochen. Denn der Kolbenstiel enthält das meiste Wasser, und auf Kolben haftende Lieschblätter verhindern das schnelle Austrocknen der Körner. Zu diesem Zweck faßt die linke Hand unterhalb des Kolbens, während die rechte Hand den Kolben direkt unter dem mit Körnern besetzten Teil ausbricht. Hierbei leistet die sogenannte Mais- oder Lieschkralle gute Dienste und schont die Hand. (Siehe Abb. neben S. 144.) Das Einsammeln der Kolben erfolgt mit Hilfe von Körben oder Säcken. Bei der Ernte sind alle unreifen Kolben auszusortieren und sofort an die Schweine zu verfüttern, um jede Schimmelbildung zu vermeiden.

Arbeitsleistung

Eine Person bei achtstündiger Arbeitszeit:
Ausbrechen mit Lieschen 8—10 a, Ausbrechen ohne Lieschen 5—6 a.

Mähdrusch

Wesentlich arbeitssparender ist der Einsatz des Mähdreschers mit Maismähvorsätzen (1- und 2-reihig)! In 4—5 Stunden Arbeitszeit je ha können 15—20 dz Körner pro Stunde geerntet werden. Der angebaute Strohschneider zerkleinert das Stroh zum Unterpflügen. (S. 56.)

Trocknung

Die sachgemäße Trocknung der Kolben ist eine der wichtigsten Arbeiten im Maisanbau. Da der Mais zur Reifezeit noch 30—35% Feuchtigkeit enthält, die Maiskörner nach erfolgter Trocknung zur längeren Aufbewahrung aber höchstens noch 16% haben dürfen, ist eine Lagerung der Kolben auf dem Kornspeicher, ähnlich dem Getreide, wegen des zu geringen Luftdurchzuges nicht möglich.

Bei größeren Anbauflächen läßt sich daher der Bau eines einfachen hölzernen Maistrockenschuppens nicht umgehen, es sei denn, daß die Möglichkeit der Warmlufttrocknung besteht. Diese kommt bei der Gewinnung von einwandfreiem Saatgut bevorzugt zur Anwendung, da die Keimfähigkeit bei der sehr langsam vor sich gehenden natürlichen Trocknung infolge Frosteinwirkung, besonders bei spät reifenden Maissorten, stark beeinträchtigt werden kann. Der für die Saat bestimmte Mais darf, besonders in einem feuchten Herbst und sofern er mit hohem Feuchtigkeitsgehalt geerntet wurde, also nicht so bald einer starken Frostperiode ausgesetzt sein. In solchen Fällen ist Mais besonders geschützt zu lagern oder besser noch künstlich zu trocknen. Bei Warmlufttrocknung dürfen aber keine höheren Temperaturen als 45° C verwendet werden. Der normale Feuchtigkeitsgehalt von 15—16% wird bei natürlicher Trocknung erst in den Monaten März/April des nächsten Jahres erreicht.

Trockenschuppen (Abb. neben S. 144)

1 cbm Trockenraum hat 5 dz Fassungsvermögen. 1 ha ergibt bei mittlerem Bestand etwa 80 dz Frischkolben (ohne Lieschen), die rd. 16 cbm Raum erfordern. — Höhe des Trockengerüstes 3 m, Länge 9 m, Breite 0.60 m (zur guten Durchlüftung). Aufstellung im Freien (also nicht zwischen Gebäuden), und zwar so, daß Hauptwind auf Breitseite trifft und viel Luft an die Kolben herankommt (Stirnseiten nach Nord-Süd).

Die Seitenwände des Schuppens werden entweder in Abständen von 3—4 cm mit 2—3 cm starken Stangen oder besser noch mit Maschendraht verkleidet. Querverbindungen im Innern des Schuppens (Holzlatten bzw. zickzackförmig gezogener starker Draht) beschleunigen das Trocknen, da durch das lückenhafte Nachrutschen der sich nach der Einlagerung setzenden Kolben Luftlöcher entstehen. Gleichzeitig wird dadurch die Festigkeit des Schuppens erhöht. Abstand von dem Lattenboden bis zur Erde etwa 80 cm. Ein etwas überstehendes, am besten mit Pappe benageltes, schräges Dach hält Regen auch von der Seite ab. Die Kolben werden von oben eingeworfen.

Zum Schutz gegen Vogelfraß kann es zweckmäßig sein, in geringem Abstand von den Seitenwänden ein kleines Drahtgeflecht anzubringen.

Voraussetzung für einwandfreie Trocknung ist, daß der Mais wirklich reif in den Trockenschuppen kommt. Unreife Kolben reifen nicht mehr nach, sondern gehen in Fäulnis über, wobei sie die Nachbarkolben anstecken.

Entkörnung

Bei natürlicher Trocknung vergehen, je nach Witterungsverhältnissen, etwa 3 Monate, bis Mais lagerfest geworden ist und entkörnt werden kann. — Je länger die Körner am Kolben bleiben, desto besser geht das überschüssige Wasser heraus. Daher wird mit dem Entkörnen von Futtermais am besten erst im Februar oder März begonnen. Das Entrebbeln der frischgeernteten Kolben führt meist zu Schädigungen der Körner.

Die Trennung der Körner von der Spindel erfolgt entweder mit der Hand, und zwar mit Hilfe eines flachen Blechstreifens, der an einem

Holzbrett senkrecht befestigt wird und an dem die Kolben gegen den Strich entlang gerieben werden (Stundenleistung knapp 50 kg) oder mit der ein- oder zweiläufigen Entkörnungsmaschine (Stundenleistung etwa 2 bis 5 dz Körner). Größere Maschinen weisen eine Stundenleistung von 20—30 dz auf.

Beim Drusch darf Mais nicht mehr als 35% Feuchtigkeit haben. Frischkolben- und Garbendrusch sind nur möglich, wenn die Körner sofort künstlich nachgetrocknet werden. (Halbe Umdrehungszahl der Dreschtrommel, weite Korbstellung).

Entkörnter Mais darf nur ganz flach gelagert werden und ist öfter umzuschaufeln. Besonders bei Saatgut ist auf flache Lagerung zu achten, da die Keimfähigkeit sehr leicht leidet. Auf keinen Fall darf Mais längere Zeit in Säcken stehenbleiben. Er ist in dieser Beziehung empfindlicher als Weizen oder Roggen.

Ertrag

Erträge: Bei mittlerem Bestand je ha 80 dz Frischkolben (ohne Lieschen). Verkaufsfertige Körner im Frühjahr etwa 40 dz. Bei weniger günstigen Bodenverhältnissen schwanken die Erträge zwischen 20 bis 32 dz/ha. Als grobe Faustzahl kann in allen frühjahrs- und sommertrockenen Gebieten das 1½fache der Ernte an Sommergetreide angenommen werden, während auf guten Böden mit einer Körnerernte von 40—60 dz/ha zu rechnen ist. Stroherträge etwa 70—100 dz/ha.

Verfütterung

Werden die Maiskolben mitsamt der Spindel geschrotet, so fällt Maiskolbenschrot an, das bei 10% Spindelanteil auf 1000 Gewichtsteile 42 g verdauliches Eiweiß und 602 Stärkeeinheiten enthält. Die Verfütterung von Maiskolbenschrot an Wiederkäuer, Schweine und Pferde ist daher wirtschaftlicher als die von reinem Maisschrot. Auch als Geflügelfutter ist Mais bestens geeignet. (Siehe „Hühnerhaltung" Seite 594.)

Verwertung von Maisstroh

Maisstroh, namentlich die Blätter und der obere Stengelteil, ist wertvoller als das Stroh der anderen Getreidearten (siehe S. 349). Es wird daher frisch vom Feld verfüttert; in gehäckseltem Zustand frißt Rindvieh es nach Gewöhnung gern (wegen des hohen Feuchtigkeitsgehaltes am besten um Kleereuter oder ähnliches stellen). Besser ist es noch, Maisstroh zur Gärfutterbereitung zusammen mit Zuckerrübenblatt, Stoppelklee oder anderem eiweißhaltigem Saftfutter in gehäckseltem Zustand einzusäuern. Das Stroh spätreifender Sorten ist im allgemeinen ärmer an Zellulose und daher saftiger als dasjenige frühreifender. — Maislieschen können im Kuhstall verfüttert werden oder zum Abdecken der Kartoffelmieten dienen.

Verwertung von unreifem Körnermais

In ungünstigen Jahren nicht ausgereifter Körnermais läßt sich sehr gut silieren. Die etwa gut gelbreifen Kolben werden vom Stengel gebrochen, mit den Lieschen gehäckselt und mit heißen Kartoffeln zusammen im Verhältnis 1:5, d. h. also auf 10 dz Kartoffeln 2 dz Kolben, schichtweise eingesäuert. Bei entsprechenden Eiweißgaben, am besten in Form von Magermilch, ergibt dies ein sehr gutes Schweinemastfutter.

VI.

Die Hülsenfrüchte

Hülsenfrüchte besitzen einen hohen Vorfruchtwert, da sie den Boden mit Hilfe ihrer Knöllchenbakterien mit Stickstoff anreichern, durch ihre tiefgehenden Wurzeln den nachfolgenden Pflanzen, besonders flachwurzelnden Getreidearten, den Weg in tiefere Bodenschichten bahnen (für Trockenzeiten während der Wachstumszeit sehr wichtig), die Nährstoffe des Untergrundes erschließen, und den Humusgehalt des Bodens durch die im Acker verbleibenden Wurzel- und Stoppelrückstände erhöhen. Infolge ihres hohen Eiweißgehaltes bilden sie, abgesehen von ihrer Verwendung zur menschlichen Ernährung, im Viehstall eine wertvolle Ergänzung tierischer Eiweißfuttermittel (auch Grün- und Gärfutter).

Eiweißerträge bei den Hülsenfrüchten im Vergleich zu den Getreidearten bei mittleren Erträgen:

Fruchtart	Körner dz/ha	verd. Eiweiß in %	Eiweißertrag dz/ha
Weizen	28	9,1	2,55
Hafer	27	8,8	2,38
Gerste	27	8,0	2,16
Erbsen	20	20,2	4,04
Ackerbohnen . . .	22	22,4	4,48
Lupinen (gelbe) . .	16	37,2	5,95

Im Durchschnitt kann bei dem Anbau von Hülsenfrüchten das 1- bis 1,5fache an Eiweiß gegenüber Getreide erzielt werden. Nachteilig ist die durch Witterung und Schädlingsbefall hervorgerufene Ertragsunsicherheit, die Verunkrautungsgefahr und der höhere Saatgutbedarf. Dies verteuert die Erzeugung von Hülsenfrüchten und begrenzt den Anbau.

a) Die Acker- oder Pferdebohne

Allgemeines

Die lange Wachstumsdauer von etwa 25 Wochen bedingt ein mildes Klima. In rauhen Lagen versagt die Bohne, wenn der Sommer nicht lang genug ist. Bei heißem, trockenem Wetter werden nur wenig Körner angesetzt, weil sich die Blüte zu rasch entwickelt, auch pflegen sich die schwarzen Blattläuse dann stark zu vermehren und größere Schäden anzurichten, was besonders in trockenen Lagen der Fall ist. Der Befall beginnt fast stets am Feldrande. Stärkere Regenfälle während der Blütezeit sind ebenfalls nachteilig.

Bodenansprüche

Die Ackerbohne bevorzugt die schweren, tiefgründigen, feuchten Böden (tiefe Lagen) und liebt das Küstenklima. Hier und auf niedrigem Ackerland kann der Anbau noch auf sandigem Lehm und lehmigem Sand erfolgen. Genügend Feuchtigkeit und ein ausreichender Kalkgehalt des Bodens beeinflussen das Wachstum der Pflanze wesentlich.

Vorfrucht Die Ackerbohne steht am besten zwischen zwei Halmfrüchten, gedeiht aber auch, mit Ausnahme der Hülsenfrüchte, nach jeder anderen Frucht. Sie ist eine gute Vorfrucht für Winterweizen! (Siehe S. 42, 116.)

Düngung Die Ackerbohne ist eine Stalldungpflanze und kann aus diesem ihren Stickstoffbedarf decken, den sie für ihre Anfangsentwicklung benötigt. Stallmist fördert auch die Bakterientätigkeit. Er wird am besten im Herbst ausgebracht, doch kann die Stallmistausfuhr auch noch im Frühjahr erfolgen, besonders dann, wenn die Bohne zeitig gesät wird. (Stroh- bzw. Frischdünger schadet im Gegensatz zu den meisten anderen Kulturen den Hülsenfrüchten nicht.)

Auf von Natur aus sehr milden und nicht ganz stickstoffarmen Böden kommt Stalldung in seiner lockernden Eigenschaft, auch hinsichtlich des Stickstoffs, nicht zur vollen Wirkung. In solchen Fällen wird Stallmist zu Hackfrüchten besser verwertet. Stalldung flach unterbringen.

Wird kein Stallmist gegeben und ist der Boden stickstoffarm, sind etwa 100 kg/ha leicht löslicher Salpeterstickstoff vor der Saat zu verabreichen. Ferner 4—6 dz/ha Phosphatdünger und 2—3 dz 40er Kalisalz. Phosphorsäure wirkt bei der Bohne besonders reifebeschleunigend. Die Bohne ist auch kalkbedürftig. Die Bodenreaktion soll wenigstens pH 6 betragen.

Sorten Als früheste und damit brauchbarste Sorten kommen in Frage:

Lohmanns Weender: großes Korn, Stroh mittellang, gute Standfestigkeit.

Strubes: großkörnig, Wuchshöhe, Strohanfall und Standfestigkeit mittel (für bessere, feuchte Böden).

Lüneburger: mittelfrüh bis früh, mittelgroßkörnig, besonders für norddeutsche Verhältnisse.

Mittelspätreifend:

Breustedts Schladener Kleine: kleinkörnig, mehr für schwere Böden.

Füllbergs Beisaatbohne: Kleinkörnig, früh, rasche Jugendentwicklung, sehr frohwüchsig. Besonders geeignet für Gemenge und für Zwischenfrucht. Reicher Blattanteil (hohe Eiweißerzeugung).

Füllbergs Dunsener: großkörnig, massenwüchsig, standfest (für bessere, schwere Böden).

Herz Freya: sehr kleinkörnig, wird bevorzugt in Süddeutschland angebaut.

Rastatter Kleinkörnige: spätreifend, kleines Korn. Mittlere Ansprüche an Boden und Klima. Gegen Blattlausbefall weniger empfindlich.

Kleine Thüringer: mittlere Erträge in Korn und Stroh, Standfestigkeit gut, nicht so anspruchsvoll, kleinkörnig.

Aussaat Saatzeit: März/Mitte April. Da gegen Nachtfröste unempfindlich, ist frühzeitige Aussaat, möglichst Anfang März, vorzuziehen. (Lange Wachstumsdauer, Ausnutzung der Winterfeuchtigkeit, Schutz gegen stärkeren Blattlaus-, Rost- und Pilzbefall.)

Saatmenge: Kleinkörnige Sorten 180—220 kg, mittlere und größere 200—300 kg/ha; bei zu dichter Saat leidet der Samenansatz der unteren Blüten.

Reihenentfernung: 25—40 cm. Zu enger Stand gibt keine guten Erträge, da die unten sitzenden Schoten von der Sonne nicht genügend beschienen werden.

S a a t t i e f e : 6—10 cm. Je leichter der Boden, desto tiefer die Saat. Der verhältnismäßig große, triebkräftige Samen benötigt zur Keimung viel Feuchtigkeit. (Tiefere Saat ermöglicht mehrfaches Eggen zur Unkrautbekämpfung vor Aufgang der Bohnen.)

Da die Pflanze tiefere Saat verträgt, wird sie bisweilen auch breitwürfig auf den Stalldung gestreut und dann zusammen mit diesem mit dem Schälpflug in schmalen Streifen 8—12 cm tief eingepflügt. Das bedingt aber höheren Saatgutbedarf. (280—320 kg/ha.)

Bohnengemenge (S. 142 u. 213)

G e m e n g e s a a t e n verringern das Anbaurisiko. Bewährt haben sich: Hafer-Bohnengemenge in einem Mischverhältnis von 1:1 bis 1:4 (120 kg Bohnen + 120 kg Hafer/ha, 200 kg Bohnen + 50 kg Hafer/ha usw.) Man bevorzuge neben frühreifenden Bohnensorten den später reifenden Weißhafer, der nicht so leicht ausfällt wie Gelbhafer, da das Korn fester in den Spelzen sitzt. Hafer gilt auch als Schutzmittel gegen zu starken Läusebefall. Er wird nachträglich und zwar etwas flacher eingesät.

Sehr zu empfehlen ist es, der üblichen Bohnensaatmenge 20 kg/ha Sommerwicke beizumischen. Die Wicke rankt an der Bohnenpflanze hoch, setzt meist recht gut an und bringt eine zusätzliche Ernte.

Pflege

Bei verkrustetem Boden und zur Unkrautbekämpfung ist die Egge schon vor Auflaufen der Saat anzuwenden. Sobald die Triebe den Boden durchbrochen und sich entsprechend gekräftigt haben, läßt sich bei etwa 5 cm Pflanzenhöhe die mittelschwere Egge verwenden. Später, sobald das vierte bis fünfte Blättchen entwickelt ist, folgt mehrmals die Hackmaschine. (Bis zu Beginn der Blüte.)

Ernte

Wenn die untersten drei bis vier Hülsen braunschwarz sind und die Körner hart werden, beginnt die Ernte der Bohnen (Ende August-Anfang September). Die unteren Hülsen, welche die größten und schwersten Körner enthalten, reifen früher als die oberen, doch reifen die noch weichen und weniger entwickelten Körner der oberen Hülsen auch nach dem Schnitt noch gut aus. Wartet man dagegen die Reife der oberen Hülsen ab, fallen die unteren beim Trocknen aus, und der Futterwert des Strohes leidet.

Die mit dem Getreideableger, bei Kleinanbau auch mit der Sense geschnittenen Bohnen, benötigen infolge der krautigen und teilweise noch saftigen Beschaffenheit der Stengel und Blätter längere Zeit zum Trocknen. Sie werden nach 1—4 Tagen, je nach Reifezustand beim Schneiden und Witterung, mit Strohseilen in kleinen Garben nicht zu fest zusammengebunden und wie bei Getreide, aber möglichst doppelreihig aufgestellt. Bei sehr heißem Wetter soll zur Vermeidung von Ausfallverlusten nur in den Morgen- und Abendstunden aufgebunden werden. Die Mahd kann auch mit dem Getreidebinder erfolgen. Dann ist besonders auf nicht zu große und feste Bunde zu achten.

E i n g e f a h r e n darf erst werden, wenn die Bohnen vollkommen trocken sind, da sie leicht schimmeln. Nach dem Drusch (siehe Erbsen) Körner auf dem Speicher sehr flach schütten und öfter umschaufeln.

E r t r a g : 16—28 dz Körner, 30—56 dz Stroh/ha.

b) D i e E r b s e

Erbsen bringen etwa das Doppelte je ha an Geld als Getreide und liefern besseres Futterstroh als Sommergetreide. Sie haben eine günstige und nachhaltige Vorfruchtwirkung. Erbsen lieben mehr trockenes als feuchtes Klima, eher alkalische als saure Bodenreaktion.

Bodenansprüche

Mittlere, tätige Böden mit gutem Kalkgehalt (mergeliger Lehm und lehmiger Sandboden) sagen der Erbse am besten zu. Nasse Böden sind zu meiden, da die Pflanze sonst infolge zu starker Krautentwicklung zu spät ausreift. (Die Vegetationsperiode beläuft sich auf etwa 120 Tage.) Ungeeignet ist saurer Boden, trockener Sand, zäher Ton und kalkarmes Moor. Der Acker muß vor Winter gepflügt werden.

Vorfrucht

Beste Stellung nach Zuckerrüben oder einer anderen tiefwurzelnden Hackfrucht, da die Erträge — abgesehen von der Unkrautfreiheit des Ackers — davon abhängen, wann Erbsen in der Fruchtfolge nach Hackfrucht folgen. Bei guter Kultur des Bodens können Erbsen auch in zweiter Tracht nach Getreide stehen. Dies ist dann ratsam, wenn ein hoher Blattläusebefall nach Rüben zu befürchten ist. Nach sich selbst dürfen Erbsen erst nach 6 Jahren wieder folgen (S. 43).

Erbsen sind eine gute Vorfrucht für Raps, aber auch für Wintergetreide, welches im Gegensatz zu Rüben und Kartoffeln auf die von Hülsenfrüchten hinterlassenen Bakterien günstig reagiert. (Siehe S. 41.)

Düngung

S t a l l m i s t d ü n g u n g, besonders im Frühjahr, führt zu übermäßiger Krautbildung bzw. zu blattreichem Wuchs sowie anhaltendem Blühen (auch besteht die Gefahr des Auftretens von Mehltau) und ist daher im allgemeinen nicht angebracht. Da Stalldung aber fördernd auf die Tätigkeit der Knöllchenbakterien wirkt, kann auf armen Böden gegebenenfalls eine schwache Gabe im Herbst, spätetens im Winter, verabreicht werden. Dann ist aber der Stickstoff fortzulassen.

S t i c k s t o f f ist nur auf stickstoffarmen Böden und bei ungünstiger Fruchtfolge in Höhe von etwa 100 kg eines schnell wirkenden Salpeterdüngers erforderlich. Stärkere Gaben P h o s p h o r s ä u r e (4—6 dz/ha Phosphatdünger) und 2—3 dz/ha 40er Kalidüngesalz dürfen dagegen nicht fehlen. — Auch das K a l k b e d ü r f n i s der Pflanzen ist groß. Günstige pH-Zahl 6—7,5.

Sorten

Großkörnige Speiseerbsen

F e r t i l a : grünsamig.
S t r u b e s F r ü h e V i k t o r i a : früh bis mittelfrüh, gelbsamig.
G e b r ü d e r D i p p e s g e l b e V i c t o r i a - E r b s e : mittelspät.
M a n s h o l t ' s k u r z e g r ü n e.
O l l e s h e i m e r g r ü n e S p e i s e e r b s e.
P e r a g i s F e l d e r b s e : gelbsamig.
P e r a g i s g r ü n e P e r l a.
R o n d o : grünsamig.

Kleinkörnige Speiseerbsen

S p ä t s G r ü n e F o l g e r : mittelspät.
W e i t o r y : gelbsamig.
Z e i n e r s K u r z u n d G u t : früh bis mittelfrüh, gelbsamig, stroharm.

Futtererbsen
(buntblühend, buntsamig)

Hohenheimer Rosablühende: ziemlich früh, für alle Lagen.

N. F. G. Krupp-Peluschke: spät bis sehr spät, kleines Korn, dunkelgrau, vereinzelt dunkelviolett (buntsamig).

Späths Futtererbse „Violetta": frühreif, schneller Wuchs.

Weitere Sorten: Bargkamp, Engelens Futtererbse, Rustica, Späts Weihenstephaner Wintererbse, Strengs Weihenstephaner Felderbse.

Zur Unterdrückung des Unkrautes, Bildung einer guten Schattengare und in Anbetracht des anfallenden Rauhfutters, strohreiche Sorten bevorzugen. Am anspruchsvollsten an Boden, Vorfrucht und Düngung sind Viktoriaerbsen, etwas genügsamer Folgererbsen, während Felderbsen und besonders Peluschken auch unter weniger günstigen Verhältnissen auf leichten Böden angebaut werden können.

Aussaat

Saatzeit: möglichst schon im März, besonders auf leichteren Böden. Frühe Saat fördert die Körnerbildung, auch wachsen die Pflanzen nicht so sehr ins Kraut. Insbesondere Viktoriaerbsen sollen sehr zeitig ausgesät werden. Bei angestellten, langjährigen Lauchstädter Versuchen brachte bereits eine Verzögerung der Aussaat von etwa 10 Tagen einen Ertragsrückgang von 15—22% und trat bei Spätsaat Ende April/Anfang Mai gegenüber Frühsaat ein Minderertrag an Körnern von 51% und an Stroh von 43% ein!

Saatmenge

Sorte	ha
Peluschke	140—150 kg
Futtererbsen	150—170 kg
Kleinkörnige Speiseerbsen	180—220 kg
Viktoriatypen (großkörnig) mindestens 260 kg, besser	280—300 kg

Erbsen werden oft zu dünn gesät. Da die Netzegge zur Unkrautbekämpfung im Frühjahr zwei- bis dreimal eingesetzt werden muß, ist schon aus diesem Grund nicht zu schwach zu säen. Lückige Bestände verunkrauten auch stark und reifen ungleich.

Reihenentfernung: 25 cm, wenn nicht gehackt wird, und bei kleinkörnigen Sorten genügen etwa 20 cm, damit die Reihen sich schnell schließen. Abstand auf keinen Fall über 30 cm wählen!

Saattiefe: 4—8 cm, je nach Körnergröße und Bodenart. Je leichter und trockener der Boden, desto tiefer muß die Aussaat erfolgen.

Erbsengemenge

Beisaat: Erbsen (ausgenommen gelbe Viktoriaerbsen), besonders langstrohige, bringen durch Beimengung einer Stützfrucht weit höhere Erträge als in Reinsaat. Sie ranken an der Stützpflanze hoch und setzen im Gegensatz zu den am Boden liegenden mehr Hülsen an. Auch kann die Ernte mit dem Grasmäher ohne Verluste erfolgen.

Die breitwürfige Einsaat von 2 bis höchstens 3 kg/ha Senf nach dem Aufgang der Erbsen (bei gleichzeitiger Aussaat wird Senf zu früh reif und fällt aus) gibt diesen eine gute Stütze, hält die Lagerung zurück und bringt eine zusätzliche Ernte von 2—4 dz/ha Senfkorn. Senf bildet kräftige, gut verästelte Stützen, an denen sich oftmals mehrere Erbsen hochklimmen können. Allerdings wird der dünne Gelbsenfbestand in trockenen Vorsommern oft vom Erdfloh restlos vernichtet, in nassen Sommern zu Boden gezogen. Dann bleibt die Senfkornernte natürlich gering und die Stützwirkung fällt fast aus. Dazu kommt, daß nach Erbsen mit Vorliebe Raps gebaut wird, dem der Kreuzblütler Gelbsenf auf keinen Fall unmittelbar vorausgehen darf. Daher ist der Erfolg einer Senfbeisaat oftmals sehr zweifelhaft.

Recht gut eignen sich als Stützpflanzen Hafer (30—40 kg/ha), desgleichen großkörnige Ackerbohnen (80 kg/ha), dazu zwei Drittel der normalen Erbsenaussaatmenge.

Auf leichteren Böden kommt auch ein Gemenge von Sommerroggen, Hafer und kleinkörnigen Erbsensorten in Frage. Geeignet sind nur steifhalmige, standfeste und frühreife Hafersorten. Besonders in regenreichen Sommern sind die Nachteile nicht standfester, spätreifender Hafersorten sehr groß. In trockenen Vorsommern deckt Hafer allerdings seinen Wasserbedarf auf Kosten der Erbsen.

Pflege

Vor und nach dem Auflaufen der Erbsen wird die Unkrautegge eingesetzt. Die aufgelaufenen, 3—4 cm großen Erbsen vertragen das Eggen sehr gut. Bei 5—6 cm Höhe darf die Erbse nicht mehr geeggt werden, da in diesem Stadium der Stengel glasig und brüchig ist. Dagegen kann die Pflanze mit 10 cm Höhe wieder geeggt bzw. gestriegelt werden. Dadurch läßt sich viel Unkraut vernichten.

Anschließend folgt die Hackmaschine, um der Verkrautungsgefahr, die bei Erbsen besonders groß ist, vorzubeugen. *Mehrmaliges Hacken der Erbsenschläge ist ausschlaggebend für den Ernteertrag!* Da die Erbsen aber mehr am Boden bleiben und diesen sehr früh bedecken, müssen die Hackarbeiten beschleunigt durchgeführt werden. Oftmals, besonders bei anhaltend feuchter Witterung, läßt sich das Unkrautjäten mit der Hand nicht umgehen, zumal Erbsen nach der Blüte meist stärker verunkrauten.

Bei feuchter Witterung in der letzten Hälfte ihrer Entwicklung wächst die Erbse sehr ins Kraut, blüht lange Zeit und zeigt mangelhaften Körneransatz. Größere Hitze und Trockenheit während des Schossens und Blühens beeinträchtigen den Ernteertrag ebenfalls.

Ernte

Die Reife der Erbsen beginnt, wie das Aufblühen, von unten nach oben. Sobald die unteren Hülsen reif, d. h. gelb bzw. trocken geworden sind, erfolgt die Ernte. (Mitte/Ende Juli bis Mitte August.) In diesem Stadium wird auch besseres Futterstroh gewonnen. Die oberen Hülsen reifen beim Trocknen auf dem Felde noch gut aus. Bei verspäteter Ernte, d. h. wenn bereits die oberen Hülsen reif sind, treten Körnerverluste ein. Anderseits darf mit der Ernte auch nicht zu früh begonnen werden, damit die nicht genügend ausgereiften Körner nicht vorzeitig zusammenschrumpfen, worunter Ertrag und Qualität leiden. Bei bereits vorgeschrittenem Reifestadium ist das Raufen auf die taureichen Morgenstunden zu legen, um übermäßigem Körnerausfall vorzubeugen.

Die Ernte selbst erfolgt zur Vermeidung größerer Ausfallverluste am besten durch Raufen mit der Hand oder mit der Sichel. Sehr bewährt hat sich die Verwendung der langstieligen Nienhagener Doppelsichel. Nur Gemengesaaten sowie stark verunkrautete Schläge besser mit Sense oder Grasmäher ernten. Ein Spezialmähbalken für rankende Früchte (Fahr-Gottmadingen) erleichtert die Ernte wesentlich.

Die Trocknung wird bei starkem Wuchs in Schwaden, sonst in zusammengerollten kleinen Haufen durchgeführt. Da die Körner leicht ausfallen, hat das Wenden nach einigen Tagen Welke im Tau oder bei bedecktem Himmel vorsichtig zu geschehen. Bei anhaltend feuchter Witterung ist das Trocknen nach vorherigem Abwelken auf Reutern vorzuziehen.

Erbsen im Gemisch mit Hafer oder Bohnen werden am besten mit dem Grasmäher mit Heber und Ablegevorrichtung gemäht und mit Strohseilen aufgebunden. Oft läßt sich auch der Getreidebinder verwenden.

Das Einfahren erfolgt, sobald das Stroh lufttrocken und brüchig und die Körner hart sind, unter Verwendung von Ernteplanen.

Beim Dreschen Korb der Maschine weit stellen, um Zerschlagen der Körner zu vermeiden. Ferner die Tourenzahl der Trommel auf 600 bis 700 Umdrehungen pro Minute verringern.

Die mittleren Erträge schwanken zwischen 15—25 dz Körner und 20—40 dz Stroh ha.

c) Die Süßlupine

Allgemeines

Eine der bedeutendsten Früchte für die leichteren Bodenarten ist die gelbe Süßlupine. Sie vermag mit ihrer tiefgehenden Pfahlwurzel die Untergrundfeuchtigkeit gut zu nutzen (Lupinen überstehen Trockenheit besser als Sommergetreide) und macht die Nährstoffe tieferer Bodenschichten der nachfolgenden Frucht zugänglich. Im Gegensatz zu den anderen Leguminosen schließen Lupinen auch Phosphorsäure und Kali auf. Der mit Hilfe der Knöllchenbakterien aufgespeicherte Luftstickstoff kommt der Nachfrucht ebenfalls zugute. Die gelbe Süßlupine, deren Körner mit 40,9% Eiweißgehalt (verdaul. Eiweiß 37%) die eiweißhaltigste aller landwirtschaftlichen Saaten sind, verdient also für die Betriebe mit leichteren Bodenarten sowohl zur Körnergewinnung wie auch als Futter- und Gründüngungspflanze stärkste Beachtung. (Blaue Lupine: Rohprotein 32%, verdaul. Eiweiß 27% — Gehalt der weißen Lupine etwas höher.) Die weiße Lupine besitzt aber 10—12% Fettgehalt, gegenüber nur 4—5% bei der gelben und blauen Lupine. Sie reift allerdings später.

Bodenansprüche

Die gelbe Süßlupine mit ihrer geringen Lagerneigung liebt frischen Sandboden. Auf schwachlehmigen und lehmigen Sandböden erreicht sie ihre Höchsterträge. (Die Bodenansprüche sind im Vergleich zur Bitterlupine etwas höhere.) — Die schmalblättrige, blaublühende Lupine, die eine schnellere Schoßbereitschaft und ein schnelleres Wachstum in der Jugendzeit besitzt, bevorzugt haferfähigen Boden, d. h. also lehmige Sand- und sandige Lehmböden. Letztere gehört mehr in das Küstenklima oder in Vorgebirgslagen, da sie während der Blüte hohe Luftfeuchtigkeit liebt. — Die großkörnige weiße Lupine verlangt dagegen weizen- und rübenfähigen Boden. Schwere, zur Verschlämmung neigende Böden scheiden jedoch aus.

Einen höheren Kalkgehalt des Bodens verträgt die Lupine im Jugendstadium nicht. Besonders empfindlich darin ist die gelbe Lupine. Daher sind kalkhaltige Böden, auf denen die Pflanzen an der sogenannten „Chlorose" erkranken (die Pflanzen verfärben sich beim Erscheinen des dritten Blattes gelb, bleiben im Wachstum zurück und gehen vielfach ganz ein), für den Lupinenbau nicht geeignet. Gelbe Lupinen lieben einen schwach sauren Boden mit einer pH-Zahl von 4,5—6,0 (Gehalt an kohlensauren Kalk nicht über 0,2—0,3%), blaue und weiße Lupinen einen solchen mit einer pH-Zahl von 5—6,5 bzw.

6—7 (2—3% kohlensaurer Kalk günstig). Die gelbe Süßlupine ist aber kalkfreundlicher als die Bitterlupine. Stark saure Böden mit einer pH-Zahl von 4,0 und darüber müssen gekalkt werden, am besten schon zur Vorfrucht.

Trockene Sandböden sind zur Körnergewinnung ebenso wenig geeignet wie Böden mit Kies oder stauender Nässe im Untergrund. Die Pfahlwurzel der gelben Lupine dringt bis 2 m tief in den Boden ein, die der blauen und besonders der weißen sogar bis 2,50 m. Daher ist für gelbe und blaue Lupinen ein Grundwasserstand von 1,50 m erwünscht. Zur Erhaltung der Winterfeuchtigkeit — der Boden soll zur Saat auch gut abgelagert sein, damit die Körner nicht zu tief kommen — wird die Saatfurche auf jeden Fall schon im Herbst gegeben.

Vorfrucht

In der Regel wird die Lupine nach Getreide angebaut. In Anbetracht ihrer Unempfindlichkeit gegen rohen Boden dient sie vielfach auch als erste Neulandpflanze. Für Kartoffeln bildet sie als Stickstoffsammler eine gute Vorfrucht; Roggen gedeiht nach Lupinen ebenfalls recht gut. Die Folge Hafer — Lupinen — Roggen ist auf leichteren Sandböden häufig anzutreffen. Die anspruchsvollere weiße Lupine wird gern nach Hackfrüchten gestellt. Dagegen sind Hülsenfrüchte, alle Kleearten und Kleegrasgemenge als Vorfrüchte zu vermeiden.

Verunreinigung mit Bitter-Lupinen

Bei dem Vermehrungsanbau ist darauf zu achten, daß auf dem betreffenden Ackerstück in den letzten drei, besser fünf Jahren keine bitteren Lupinen weder als Haupt- noch als Zwischenfrucht oder Gründüngung gewachsen sind, da die hartschaligen Körner mehrere Jahre im Boden keimfähig bleiben können.

Auch eine Verunreinigung der Süßlupinen mit bitteren Körnern in der Scheune, auf dem Speicher, der Dreschmaschine, Reinigungs- und Drillmaschine muß unbedingt vermieden werden.

Süßlupinen können nicht wieder zurückschlagen, d. h. wieder bitter werden. Möglich ist aber eine Fremdbestäubung durch Bienen oder Hummeln infolge Übertragung von Blütenstaub von bitteren Pflanzen benachbarter Schläge bei gelben Lupinen. Diese ist im Gegensatz zur blauen Lupine nicht ausschließlich Selbstbefruchter. Das Erntegut ist dann zwar noch bitterstofffrei, nicht aber die im nächsten Jahr reifenden Körner. Auch bei Kreuzung von zwei bitterstoffreien Pflanzen verschiedener Sorten untereinander entstehen bittere Pflanzen.

Unterscheidungsmerkmale zwischen Süß- u. Bitterlupine

Gelbe Bitterlupinen haben im Knospenstadium eine dunkle Knospe im Gegensatz zur Weiko II und III, deren Knospen hell, fast farblos sind. Ferner haben die gelben Bitterlupinen schwarz-weiß gesprenkelte Körner, während die Körner von Weiko II und III weiß sind.

Düngung

Kaligaben in Höhe von 2—3 dz/ha in Form des 40%igen, auf leichteren Böden die dreifache Menge Kainit-Dünger, sowie 2½ bis 3½ dz/ha Superphosphat oder auf weniger kalkhaltigen Böden Thomas- bzw. Rhenania-Phosphat, sind für den Nährstoffbedarf ausreichend. Stickstoff, auch Stallmist oder Jauche sind dagegen nicht angebracht. Diese Dünger rufen bei Lupinen zu starke Krautentwicklung hervor und die Pflanzen setzen nur wenig oder keine Hülsen an. Stickstoff wirkt also auf den Körnerertrag ertragsdrückend. Den erforderlichen Stickstoff holen sich die Lupinen als Selbstversorger mit Hilfe der Knöllchenbakterien an den Wurzeln aus der

Luft. Abgesehen davon kann eine reichliche Stickstoffdüngung den Knöllchenansatz junger Lupinen völlig verhindern.

Gelbblühend

Sorten

Müncheberger Süßlupine Weiko II und III (platzfest): mittelspät, kleines, meist flaches, weißes Korn. Anbau zur Grünfuttergewinnung auch für Gemenge- und Zwischenfruchtbau, für leichte und mittlere Böden. Weiko III ist im Jugendstadium besonders frohwüchsig, daher frühe Bodenbedeckung und bessere Unkrautbekämpfung. Für helle Sandböden besonders zu empfehlen.

Sulfa: kleines graubuntes Korn, frohwüchsig, platzfest, schwefelgelbe Blüte, etwas früher reifend. Für dunkle Sandböden besonders geeignet.

Schmalblättrig (blaublühend)

Blaue von Sengbuschs Müncheberger Grünfutter-Süßlupine: mittelfrüh, kleines Korn, dunkelgraugrundig, braun marmoriert und hell gefleckt. Geeignet zum Anbau als Grünfutter, Gemenge und Zwischenfrucht für bessere Sandböden und Gebiete mit hoher Luftfeuchtigkeit.

Weißlupine

Blanca: mittelhoch, reift ziemlich früh.

Pflugs Ultra: ziemlich früh reifend, mittelhoch, bevorzugt milden, tiefgründigen Boden.

Pflugs Gela (platzfest): frühreif, relativ niedrig, großes Korn, gelblichgrauweiß. Eignung: Körnerfutterlupine auf guten Böden.

Aussaat

Saatzeit: Ab 25. März bis Anfang April. Nur auf lehmigen Sandböden mit guter, wasserhaltender Kraft bis 10. April. In Gebieten mit geringen Niederschlägen ist auf jeden Fall möglichst frühzeitige Aussaat ab 10. März vorzunehmen, sobald der Boden genügend abgetrocknet ist. Nach 10. April gesäte Bestände lassen in Nord- und Ostdeutschland keine Höchsterträge mehr erwarten. Besonders empfindlich gegen zu späte Saat sind die großkörnigen weißen Lupinen, die dann meist auch nicht mehr ausreifen. Aber auch die gelben und die blauen Lupinen vertragen eine späte Aussaat um so schlechter, je leichter der Boden ist. Besonders die Müncheberger blaue Süßlupine will zeitig, möglichst noch im März, gesät sein. (Stärkere Saatzeitempfindlichkeit als die gelbe Lupine. Das ist namentlich in Gebieten mit Trockenperioden während der Blüte zu beachten.) Die blaue Lupine bestockt sich nicht wie die gelbe, sondern verzweigt sich nur. Daher sehen die Bestände in der Jugend immer etwas dünn aus. Spätsaaten (Mai), die bei geringerem Körneransatz mehr Grünmasse bilden, wirken reifeverzögernd und kommen daher nur für den Futterbau in Frage.

Impfung des Saatgutes

Bei erstmaligem Anbau auf dem betreffenden Feld empfiehlt sich auf jeden Fall eine Impfung der Samen entweder mit Nitragin, Biogen oder Radicin. Nichtimpfung hat einen geringeren Ertrag zur Folge! Nur wenn Serradella in der Fruchtfolge steht, erübrigt sich ein Impfen (gleichartige Bakterien). — Saatgut gegen Pilzbefall beizen!

Saatmenge / ha

Gelbe Lupine	120 kg, auf hellen Sandböden nur 100 kg, wenn gehackt wird.
Blaue Lupine	140—150 kg
Weiße Lupine (großkörnig)	200—230 kg

Die Keimfähigkeit muß mindestens 80% betragen bei 95% Reinheit. Anderenfalls ist die Saatmenge entsprechend zu erhöhen.

Reihenentfernung: 20 cm. Nur bei der weißblühenden Art und wenn die Lupinen später gehackt werden sollen, ist ein Reihenabstand von 30—33 cm zu wählen.

Saattiefe: 2—3 cm. Die Lupine verträgt eine zu starke Bedekkung des Samens nicht, da sie ihre Keimblätter durch den Boden schieben muß. Der Boden darf daher vor der Saat nicht mit Grubber oder Egge zu tief gelockert werden. Auch ist bei lockeren Böden auf stumpfe Drillschare zu achten. Auf leichten Böden folgt der Drillmaschine, sofern keine Druckrollen zur Anwendung kamen, zur schnelleren und gleichmäßigeren Keimung am besten die Glattwalze und abschließend die Saategge.

Lupinen-Gemenge

Um möglichst frühzeitig hacken zu können (die Reihen werden früher sichtbar), aber auch zur Ernteerleichterung (besseres Trocknen in Hocke, Schober und Scheune) und zur Verteilung des Anbaurisikos werden Körnerlupinen oftmals auch im Gemenge mit Sommergetreide angebaut. Wegen der gleichmäßigeren Reife beider Fruchtarten ist die Aussaat ebenfalls frühzeitig vorzunehmen. Am besten eignet sich hierzu Sommergerste, da sie den Lupinenertrag am geringsten drückt, und in zweiter Linie Sommerroggen, der notfalls zum Aufbinden geeignet ist, während Hafer weniger in Frage kommt, da er leicht ausfällt und dem Boden mehr Wasser entzieht. Zumindest ist eine späte Hafersorte zu wählen ($^1/_2$ Hafer + $^1/_2$ Gerste). Die Getreidezusätze zur normalen Lupinensaatmenge können 20 bis 24 kg/ha betragen. Größere Getreidezusätze haben meist einen Ertragsrückgang der Lupinen zur Folge. (Körneransatz und Reife der Lupinen werden gehemmt bzw. verzögert.) Da das Getreide auf sehr leichtem Boden von der Lupine verdrängt wird, hier Reinsaaten vorziehen, desgleichen bei Mähdrusch.

Pflege

Vor Aufgang der Saat kann ein leichter Eggenstrich in Richtung der Drillreihen gegeben werden. Das Eggen der aufgelaufenen Saaten ist gefährlich, da die Keimblätter (zwei Keimlappen) leicht abbrechen. Dagegen zeigt sich die Lupine, die eine sehr langsame Jugendentwicklung hat (die gelbe — besonders Weiko II — mehr als die blaue) und infolge Wachstumsstockung etwa 14 Tage unmittelbar über dem Boden im Rosettenstadium verharrt, für wiederholtes Hacken dankbar und zwar ist zur Unkrautbekämpfung möglichst frühzeitig damit zu beginnen. Gegebenenfalls sind Schutzrollen zu verwenden. Beim 3. Blatt kann erneut geeggt werden. — Durch Ausspritzen von „Raphatox" unmittelbar vor Auflaufen der Lupinen lassen sich schneller keimende Unkräuter, wie Hederich, Knöterich und Vogelmiere bekämpfen.

Ernte

Reife der blauen und gelben Körnerlupinen im August. Die blaublühenden, deren Wachstumszeit um etwa 10—14 Tage kürzer ist, reifen bei gleicher Saatzeit zuerst. Die großkörnigen weißen Lupinen sind erst im September schnittreif.

Lupinen-Getreidegemenge ist etwa 14 Tage später reif als Getreide in Reinsaat und etwa 7 Tage früher reif als Süßlupinen in Reinsaat.

Der richtige Erntezeitpunkt ist gekommen, wenn die Maserung der Körner deutlich zu erkennen ist und die untersten Hülsen, höchstens jedoch die Hälfte der Hülsen des Mitteltriebes, sich zu bräunen beginnen und runzelig werden bzw. wenn die Körner in den untersten

Hülsen lose werden und klappern. Bei späterem Schnitt treten durch Aufplatzen der Hülsen größere Körnerverluste ein, es sei denn, daß eine der platzfesten Süßlupinensorten zur Aussaat kam. Diese Eigenschaft der Platzfestigkeit ist darauf zurückzuführen, daß die Hülsennähte bei den gelben Lupinen verwachsen sind, während sie bei den blauen Lupinen verklebt sind. In letzterem Fall erfolgt der Schnitt etwas später, und zwar sobald die Hülsen des Haupttriebes sämtlich braun sind und diejenigen der Seitentriebe sich zu färben beginnen. Wird dagegen bis zur Vollreife der Pflanze gewartet, ist ein Abbrechen von ganzen Hülsen zu befürchten. Nur die weiße Lupine besitzt bruchfeste Hülsen, kann also in vollreifem Zustand gemäht werden.

Während die gelbe Lupine ihre Blätter behält, wirft die blaue Lupine vor der Reife sämtliche Blätter ab. Sie ist daher als Futterstroh weniger wertvoll.

Praktische Durchführung

Zum Mähen lassen sich sowohl Binder, Ableger, Grasmäher mit Handablage wie auch Sense verwenden. Zur Vermeidung von Verlusten ist das Mähen im Morgentau, bei bedecktem Himmel oder in den Abendstunden anzuraten. Erfolgt die Mahd nicht mit Getreidebinder, sondern mit Ableger oder Sense, werden die Lupinen am besten mit der Hand aufgebunden. Auf kleine, nicht zu feste Bunde achten!

Anschließend werden die Bunde in Hocken aufgestellt und zwar so, daß die Hülsen während der Trocknung wenig Sonne, Regen und Wind ausgesetzt sind. Die vielfach übliche Bodentrocknung in kleinen Windhaufen auf hoher Stoppel bringt, namentlich bei ungünstiger Witterung, größere Körnerverluste und ist daher zu vermeiden.

Die Hülsen der blauen Lupine sind im Gegensatz zur gelben fast unbehaart. Daher können Tau und Regen bei der ersteren schneller ablaufen bzw. verdunsten, so daß die Körner durch Außenfeuchtigkeit selten verderben und der Feuchtigkeitsgehalt der Körner geringer ist.

Lupinen aufreutern

Bewährt hat sich, besonders bei unsicherer Witterung, das Aufreutern der Lupinen, wobei darauf zu achten ist, daß die Stoppelenden nach außen kommen. Die Verwendung einer Strohkappe vermindert hierbei die Gefahr des Aufplatzens der Schoten durch den ständigen Wechsel von feucht und trocken. Da Lupinen bei ungünstigem Herbstwetter in den Hülsen nochmal feucht werden, quellen und schimmeln, sollen Reuter nicht länger als etwa 2—3 Wochen auf dem Felde bleiben.

Einfahren

Beim Einfahren, das erst erfolgen darf, wenn Körner und Stroh völlig trocken sind, werden Leiterwagen möglichst mit Ernteplanen ausgelegt.

Da die Körner infolge ihres hohen Eiweiß- und Fettgehaltes leicht schimmeln, werden Lupinen am besten in Feldmieten oder offene Feldscheunen gefahren und erst kurz vor ihrer Verwendung gedroschen. Bei Reinsaaten wird beim Zusammenfahren auf 3—4 Fuder Lupinen 1 Fuder trockenes Winterroggenstroh lose zwischengeschichtet, und zwar bei Feldmieten derart, daß das Stroh reichlich nach außen überhängt, damit die Seitenflächen gegen Regenschlag geschützt sind, so daß die Miete nach Strohabdeckung das Aussehen eines Strohschobers hat. Zweckmäßig ist zur besseren Durchlüftung die Anlage eines Luftschachtes mit Hilfe eines mit Stroh gefüllten großen Häckselsackes, der beim Setzen der Miete in der Mitte laufend umpackt und jeweils hochgezogen wird. Derartige Dunstschlote sind auch in der Scheune angebracht. Die Miete muß zur besseren Durchlüftung mit ihrer Längsseite quer zur

Hauptwindrichtung stehen. Wichtig ist ferner, daß die Miete eine starke Strohunterlage erhält.

Drusch und Aufbewahrung

Bei sofortigem Drusch werden die Körner bis zu ihrer Verwendung am besten in Spreu aufbewahrt. Andernfalls müssen frisch gedroschene Lupinen sofort sehr flach auf den Boden geschüttet und öfter umgeschaufelt werden, da die Lupine beim Lagern sehr hitzig ist. *Längeres Stehenlassen in Säcken ist auf jeden Fall zu vermeiden.* Bewährt hat sich auch Aufbewahrung der Körner im Gemisch mit gleicher Menge Gerste. Dadurch hält sich die Lupine sehr gut, besser noch als mit Roggen und Hafer. (Sicherer ist künstliche Trocknung.)

Richtiger ist es aber, Lupinen erst bei Frost zu dreschen. Im Stroh halten sich die Körner besser als auf dem Getreideboden, wohin sie erst gebracht werden sollen, wenn der Wassergehalt der Körner 12—13% nicht übersteigt. Daher sollte mit dem Drusch erst im Dezember oder Januar begonnen werden. An Frosttagen dreschen sich auch die platzfesten Sorten gut. Auf weite Korbeinstellung ist dabei zu achten, damit nicht zu viel Körner zerschlagen werden.

Lupinenkörner (die bitteren mehr wie die süßen) werden bei höheren Temperaturen und starker Lufttrockenheit leicht hartschalig und keimen dann schlecht. Es empfiehlt sich daher, Lupinen, die nochmals zur Ansaat genommen werden sollen, niemals auf den obersten Speicherböden aufzubewahren. Hartschaliger Samen muß vor der Aussaat künstlich geritzt werden (maschinell oder behelfsmäßig durch Mischung mit grobkörnigem Sand im Trommelbehälter).

Mähdrusch

Zeitpunkt etwa zwei Wochen nach der Bindermähreife, wenn Laub und Stengel ziemlich trocken geworden sind.

Lupinen-Mähdrusch erfordert in jedem Fall *künstliche Nachtrocknung* mit höchstens 35—40° C Heizlufttemperatur!

Schroten

Sollen Lupinen auf Steinmühlen geschrotet werden, empfiehlt es sich, abwechselnd Lupinen und Getreide zu schroten. Dadurch wird das Verschmieren der Mahlsteine besser unterbunden, als wenn Lupinen und Korn im Gemisch vermahlen werden.

Ertrag

Ertrag: Im Mittel 14—18 dz/ha. Die blaue Lupine bringt im allgemeinen etwas höhere Ernten, während bei der weißen Lupine mit etwa 50% Mehrertrag zu rechnen ist.

VII.

Die Ölfrüchte

Fett- und Eiweißleistung der Ölfrüchte bei folgenden Erträgen

(nach Hackbarth)

Pflanzenart	Körnerertrag dz/ha	Ölgehalt in %	Ölertrag dz/ha	Eiweiß-ertrag dz/ha
Winterraps	16	42	6,7	3,1
Winterrübsen	14	36	5,0	2,7
Sommerraps	10	42	4,2	2,0
Sommerrübsen	8	36	2,9	1,5
Mohn	10	45	4,5	2,0
Faserlein	7	34	2,4	1,8
Ölfaserlein	13	40	5,2	3,2
Öllein	17	41	7,0	4,1
Hanf	8	32	2,5	1,5
Sonnenblume	12	32	3,8	1,7
Weißer Senf	12	30	3,6	—
Sojabohne	16	18	2,9	5,3

a) Der Winterraps

Wenn der Winterrapsanbau auch nicht ganz risikolos ist, da sich die Auswinterungsgefahr ähnlich wie bei Rübsen und Wintergerste nicht völlig beheben läßt, so ist Winterraps, selbst auf den etwas leichteren Böden, doch den Sommerölfrüchten vorzuziehen. Unter den Ölfrüchten steht er bezüglich Ölgewinnung mit an erster Stelle!

Betriebswirtschaftliche Vorteile

1. Beste Vorfrucht, vor allem für Wintergerste.
2. Raps hinterläßt einen unkrautfreien Acker in bestem Garezustand.
3. Gute Ausnutzung der Winterfeuchtigkeit, vor allem auf leichteren Böden.
4. Winterraps ist die am leichtesten zu erntende „Hackfrucht" für schweren Boden, den er stark durchwurzelt (kräftige Pfahlwurzel) und gut beschattet. Die Ernte bereitet im Gegensatz zu Rüben und Kartoffeln keine Schwierigkeit.
5. Rapsbau ermöglicht im gleichen Jahr noch eine Futterernte vom gleichen Schlag.
6. Die frühe Ernte bewirkt eine gute Arbeitsverteilung und eine zeitige Einnahme. Aussaat und Ernte fallen nicht in die Arbeitsspitzen des Betriebes.

Bodenansprüche

Mit Ausnahme trockener Sandböden sowie Ton- und Moorböden gedeiht Raps auf allen Flächen, die nicht unter Kalkmangel leiden und sich in guter Kultur befinden. Stauende Nässe im Untergrund verträgt er nicht. Sein Anbau kann daher auf allen Böden empfohlen werden, die noch gerstenfähig sind. Die Ackerbonität dürfte bei Raps um die Wertzahl 35 liegen, doch gedeiht er, bei genügender Luftfeuchtigkeit, durchaus noch auf leichteren Böden bis zur Wertzahl 25 herunter, wenn der Kalkzustand gut in Ordnung ist.

Vorfrucht

An erster Stelle stehen Frühkartoffeln, Pflückerbsen, Pflückbohnen, Spinatsamen und andere frühräumende Gemüsearten. Es folgen reife Erbsen (aber nur krautige, den Boden gut beschattende, nicht zu späte Sorten), Luzerne, Klee (Kleegras), Grünfuttergemenge, Flachs und Grünlandumbruch. In Trockengebieten scheiden Luzerne und Klee aus.

Nur bedingt geeignete Vorfrüchte sind: Hülsenfruchtgemenge und Getreide in der Reihenfolge: Hafer, Roggen, Wintergerste, frühe Sommergerste und Winterweizen, sofern die Ernte nicht zu spät erfolgt. (Auf die Schälfurche verzichten und gleich mitteltief mit Vorschäler oder Dungeinleger pflügen.) Höchsterntenlassen sich bei derartigen Vorfrüchten aber nicht erzielen. Entscheidend ist bei Getreidevorfrucht weniger die Zeitspanne zwischen Getreideernte und Rapsaussaat als der Garezustand, in dem der Boden von den einzelnen Getreidearten hinterlassen wird. (Siehe S. 40.)

Nach Raps niemals Zucker- oder Runkelrüben anbauen. Auch nicht beim Einschieben einer Zwischenfrucht, da Ertragsrückgang infolge Vermehrung des Rübennematode wahrscheinlich.

Zu beachten ist ferner, daß sich das Rapsfeld nicht in der Nähe eines Waldes befindet, da der Rapsglanzkäfer im Waldboden bzw. unter der abgestorbenen Grasdecke und dem Laub überwintert. Rapsfelder in Waldnähe sind dem Käferbefall besonders ausgesetzt, desgleichen Schläge in windstiller Ortslage. Daher ist eine freie, zugige Feldlage wegen des Rapsglanzkäfers stets zu bevorzugen.

Nach Raps sind Zweitfrüchte, wie Gemüse, Süßlupinen, Grünfutter, Felderbsen-Wickengemenge, Futtermais oder Markstammkohl besonders geeignet. Raps ist auch eine sehr gute Vorfrucht für Wintergerste. Dagegen gehört Winterweizen nicht nach Raps, da das Feld sonst übermäßig lange brachliegen würde. (Beste Folge: Erbsen - W.-Raps - W.-Gerste.)

Nachfrucht für ausgewinterten Raps

Die Einsaat von Sommerraps in Winterraps hat sich nicht bewährt, abgesehen davon, daß Sommerraps erst etwa vier Wochen später reif wird. Rapsflächen, die ausgewintert sind, müssen ordnungsmäßig geschält und geschleppt werden. Erst dann kann Sommerraps, auch Senf, eingedrillt werden. Besonders gut gedeiht nach umgebrochenem Winterraps Mohn.

Bodenbearbeitung

Bei Frühkartoffeln als Vorfrucht erübrigt sich in den meisten Fällen eine Pflug- bzw. Schälfurche, da diese den Acker in einem guten Garezustand hinterlassen und genügt der Einsatz des Grubbers. Dies trifft gegebenenfalls auch für Erbsen zu. Stärker verunkrautete Erbsenschläge sind dagegen sofort flach zu pflügen, damit der Boden bis zur Saat noch genügend Zeit zum Setzen hat.

Sind Luzerne oder Klee Vorfrucht, werden diese nur einmal gemäht. Bei spätem Luzerneumbruch läßt sich infolge der starken Wurzelmassen kein fester Bodenschluß erreichen. Anschließend folgt dann der Schälpflug, auf den nicht verzichtet werden sollte, damit sich der meist stark durchwurzelte Boden schneller absetzt. Beim Tiefpflügen gegebenenfalls Vorschäler verwenden, der unter die Schälfurche greifen muß.

Zeitpunkt der Düngung

Nach Vollbrache, Klee- oder Luzerneumbruch ist mit der Stickstoffgabe im Herbst Vorsicht geboten, da die Pflanzen zu üppig in den Winter kommen und leicht ausfaulen. Nur auf sehr hungrigem Boden oder wenn Raps in 2. oder 3. Tracht nach Getreide steht — zu empfehlen ist ein derartiger Anbau, der keine Vollernten erwarten läßt, aber nicht — ist etwa ein Drittel der vollen Stickstoffgabe (Kalkstickstoff) im Herbst angebracht. (Bei Stickstoffmangel tritt Rotfärbung der Blätter ein.)

Raps schoßt im Frühjahr sofort, und zwar nur dann auch üppig, wenn er kräftig genug in den Winter kam. Stärkere Stickstoffgaben machen Raps aber frostanfällig! Die Pflanzen vergeilen und die untersten Internodien strecken sich schon im Herbst. Dadurch leidet die Widerstandsfähigkeit der Pflanzen in kalten Wintern, denn je dichter der Wurzelhals am Boden bleibt, desto größer ist seine Widerstandsfähigkeit gegenüber den Unbilden des Winters und den wechselnden Temperaturen im Frühling.

Die Höchsterträge liegen beim Raps nach guter Vorfrucht immer da, wo die ganze Stickstoffmenge im Frühjahr gegeben wurde, da die größte Nährstoffaufnahme vom April bis Juni erfolgt!

Stickstoff nicht unbedingt im Februar verabfolgen, besser erst um Mitte März herum. Stärkere Stickstoffgaben werden zweckmäßig in zwei Gaben geteilt, von denen die zweite, kleinere Hälfte in Form von salpeterhaltigen Stickstoffdüngemitteln kurz vor dem Schossen zu geben ist, damit für die Körnerentwicklung genügend Stickstoff zur Verfügung steht. Stickstoff kann auch noch zur Rapsblüte mit gutem Erfolg verabreicht werden. Oftmals liegen die Erträge bei normaler Witterung höher, wenn etwa zwei Drittel der vorgesehenen Stickstoffgabe im zeitigen Frühjahr und ein Drittel zu oder kurz vor der Rapsblüte oder jedenfalls zum letzten Termin verabfolgt wird, bei dem man noch in den Raps hinein kann, ohne Schaden anzurichten, gegenüber einer vollen Gabe zu Beginn der Vegetation. (Siehe S. 83, 84.)

Stärke der Düngung

Der Stickstoffbedarf von Winterraps liegt erheblich über dem Bedarf der anspruchsvollsten Getreidearten und auch der Kartoffeln. Er ist fast so groß wie der von Zuckerrüben und werden 6 dz pro ha eines 20%igen Stickstoffdüngers noch gut verwertet! (Nach Getreidevorfrucht 7—8 dz.) Zwar nimmt der Öl- bzw. Fettgehalt bei sehr hohen Stickstoffgaben etwas ab, aber doch nicht so viel, daß nicht noch ein höherer Fettertrag je Flächeneinheit erzielt wird. Eine Stickstoffgabe von 5 dz/ha Kalkammonsalpeter stellt jedenfalls, selbst bei günstiger Vorfrucht, das Minimum dar. Lagergefahr besteht nicht oder doch kaum. Raps verwertet den Salpeterstickstoff besonders gut. Bei einem Versuch ergab eine Düngung von Kalkammonsalpeter gegenüber schwefelsaurem Ammoniak bei gleicher Düngermenge einen um 1,35 dz/ha höheren Kornertrag.

Phosphorsäure übt auf die Körnerausbildung, Lagerfestigkeit Reifezeit und Fettertrag einen günstigen Einfluß aus. Zu empfehlen ist eine Gabe von 5—6 dz/ha Phosphatdünger.

Die Kaliansprüche der Pflanze werden mit 3—4 dz/ha (40%) befriedigt. — Phosphorsäure und Kali vor der Saat streuen.

Ausreichende Kalkdüngung, am besten auf die Stoppeln der Vorfrucht, ist Voraussetzung für das Gedeihen des Rapses, besonders auf leichteren Böden! Notfalls Kalk im Herbst als

Kopfdünger auf die trockenen Pflanzen streuen. *Raps liebt hohen Kalkgehalt im Boden*, der die Ernte ganz wesentlich beeinflußt! Auf sauren Böden lassen sich keine Höchsternten erzielen, selbst wenn die übrigen Nährstoffe ausreichend vorhanden sind. Die pH-Zahl soll mindestens 6,5 betragen, besser 7 bis 8!

Auf leichteren Böden sind je ha etwa 20 dz kohlensaurer Kalk und auf den mittleren und schweren Böden 10 dz Branntkalk auszubringen.

Stallmist

Die früher übliche Stalldunggabe zu Raps unterbleibt besser. Stallmist vermag, auch wenn dem Rapsfeld ein Getreideschlag vorausging, eine gute Vorfrucht nicht zu ersetzen. Selbst auf leichteren Böden ist seine Wirkung nur gering und kann Stalldung bei später Einbringung sogar nachteilig sein (nicht genügender Bodenschluß, dadurch erhöhte Auswinterungsgefahr, starke Arbeitsspitze — verspätete Aussaat). Er wird daher zweckmäßiger den Kulturen gegeben, die ihn weit besser ausnutzen, das sind vor allem Kartoffeln und Zuckerrüben. *Auf keinen Fall darf frischer Stallmist Verwendung finden.*

Sorten

An erster Stelle hinsichtlich Ertrag und Winterhärte steht Lembkes Winterraps. Er ist standfest, reift mittelspät und gedeiht auf guten und mittleren Böden. Firlbecks (mittelspät), Gebrüder Dippes Winterraps, (mittelspät, platzfest). Janetzkis Schlesischer (mittelfrüh) ist spätsaatunempfindlicher. Allerdings erreichen die platzfesten Sorten noch nicht ganz die Erträge der anderen.

Aussaat

Das *Saatbett* muß unter Anwendung von Notzonegge bzw. Schleppe, Egge, Kultivator und Cambridgewalze sehr sorgfältig hergerichtet werden. Damit Raps gleichmäßig und kräftig aufläuft, sollte nur bester, einwandfreier, großkörniger, ausgesiebter Samen zur Verwendung kommen. In Anbetracht der geringen Aussaatmenge ist möglichst nur Hochzucht zu verwenden.

Saatzeit: Ausschlaggebend mit für den Ernteertrag ist der Zeitpunkt der Aussaat. Diese soll für Norddeutschland und die östlichen Gebiete Deutschlands sowie auf den leichteren Böden und in den Höhenlagen besser einen Tag vor als nach dem 15. August erfolgen (5.—15.). Je weniger günstige Anbauverhältnisse vorliegen (Boden, Klima, Vorfrucht), desto mehr nach dem 5. hin, je günstiger, desto mehr kann die Aussaat nach dem 15. hin erfolgen. Auf keinen Fall darf Raps hier nach dem 20. August in den Boden kommen.

Dann ist es besser, Rübsen zu säen (1.—10. September).

In Mitteldeutschland dagegen und auf besseren Böden liegt der günstige Saattermin für Raps zwischen dem 15. und 25. August (Rübsen 10.—15. September), während in den klimatisch bevorzugten Gebieten Westdeutschlands die letzte Augustwoche als beste Saatzeit anzusprechen ist (Rübsen Mitte September).

Gelingt es nicht, Winterraps zu den genannten Terminen zur Aussaat zu bringen, was besonders in Gebirgslagen oft der Fall sein dürfte, ist es richtiger, an seiner Stelle Rübsen zu wählen, der dann im allgemeinen bessere Erträge erwarten läßt als zu spät bestellter Raps. *Rapsbestellung im September*, auch in dessen allerersten Tagen, ist selbst in den klimatisch bevorzugten Lagen Deutschlands *ein grundsätzlicher Fehler!*

Selbstverständlich ist aber, daß Rübsen niemals die Samen- und Fetterträge gibt, wie rechtzeitig bestellter Raps! Allerdings stellt Rübsen an Klima, Boden und Vorfrucht geringere Ansprüche wie Raps.

Zu beachten ist ferner, daß sich zu zeitig gesäter Raps im Herbst leicht überwächst und infolge Ausfaulens der zu kräftig entwickelten Pflanzen mehr oder weniger stark auswintert. Andererseits kommt zu spät bestellter Raps nicht kräftig genug in den Winter und vermag den austrocknenden Ostwinden bzw. Frösten nicht zu trotzen. Daher eher zu früh als zu spät säen.

Saatmenge: Im allgemeinen wird Raps zu stark gesät. Mehr als 40—50 Pflanzen pro qm sollten nicht auf dem Acker stehen, da sich Raps im Frühjahr bei entsprechender Bodengare, Düngung und Pflege außerordentlich verästelt. Auch begünstigt ein zu dichter Bestand infolge Schwächung der Einzelpflanzen das Auswintern.

Die mittlere Saatmenge beträgt 6 kg/ha. Auf den besseren Böden und bei frühzeitiger Aussaat genügen 4 kg/ha, damit sich die Pflanzen gut verzweigen. Dünner gesäte Bestände werden im allgemeinen auch durch den Rapskäfer weniger geschädigt als zu stark gedrillte. Bei dünnerem Stand kann sich die einzelne Rapspflanze infolge der weiten Standräume nach einem Käferbefall stärker verzweigen, so daß die Nebentriebe meist das wieder aufholen, was der Käfer am Haupttrieb zerstört hat. Nur bei ungünstigeren Anbauverhältnissen ist die Saatstärke auf 8 kg/ha zu erhöhen. — Bei Fehlen einer gleichmäßig dünn säenden Drillmaschine wird zur Streckung eine entsprechende Menge Saatgut vorher im heißen Backofen keimtot gemacht.

Saattiefe: Die Saat ist nicht tiefer als etwa 2 cm in den Boden zu bringen.

Reihenabstand: Auf leichteren Böden 30 cm, auf den besseren Böden 35—40 cm. Raps darf nicht zu eng stehen, da er wie alle Kreuzblütler das Bestreben hat, sich zur Erzielung von Höchsterträgen stark zu verzweigen. Je geringer der Boden, um so geringer muß die Reihenentfernung sein. Werden die Reihen bei Raps über 35 cm gewählt, muß zwar mit einer sehr starken Stengelentwicklung gerechnet werden, die das Mähen, insbesondere mit dem Getreidebinder, außerordentlich erschwert. Andererseits aber bringt weit gesäter Raps (40 cm), bedingt durch die starke Verästelung, die höchsten Erträge!

Bei frühen Saaten wähle man keine Standweiten unter 35—40 cm. Zu eng und dicht gestellte Pflanzen treiben sich bei Lichtmangel gegenseitig in die Höhe, wobei die Widerstandskraft der dünnen, zart gewachsenen Stengel und Blätter stark herabgemindert wird.

Der hohe und späte Raps von Lembke mit seiner größeren Verzweigung rechtfertigt im allgemeinen einen weiteren, der frühe, niedrige von Janetzki einen geringeren Reihenabstand.

Nach der Drillmaschine wird am besten die Cambridgewalze verwendet, um zu starke Bodenbedeckung zu vermeiden und schnelleren und gleichmäßigeren Aufgang zu erzielen. Normales Wetter vorausgesetzt, soll die Saat bereits 4 Tage nach dem Drillen den Boden anheben und am 5. Tag voll in der Reihe stehen.

Pflege

Die im Herbst durchzuführenden Pflegemaßnahmen erstrecken sich in erster Linie auf eine Bodenlockerung. Raps ist für jede Hacke dankbar, besonders bei ungünstiger Fruchtfolge und starkem Getreideauflauf. Diese Hackarbeit ist eine der wichtigsten Maßnahmen im Rapsbau, besonders im Herbst. Sie dient der Offenhaltung des Bodens, Erhaltung der Gare sowie der Unkrautbekämpfung.

Das sorgfältig durchzuführende, ein- bis zweimalige, nicht zu flache Hacken im Herbst soll bei trockenem Boden erstmalig erfolgen, sobald die Pflanze etwa handhoch ist (5—10 cm). Man kann hierbei ruhig an die Reihen heranhacken, da die Beschädigung des Wurzelsystems die Pflanze — ähnlich wie beim Versetzen von Pflanzen — zu größerer Wurzelbildung anregt. Dies beeinträchtigt zwar die Ausbildung der oberirdischen Pflanzenteile, führt aber zur Kräftigung des Pflanzenwuchses, der dadurch gedrungener wird (wichtig für die Überwinterung). Bei bevorstehendem Frost muß das Hacken unterbleiben. (Siehe S. 22.)

Nachpflanzen von Fehlstellen

Raps, der botanisch mit der Kohlrübe verwandt ist, kann wie diese gepflanzt werden. Dieses Verfahren empfiehlt sich bei kleineren Bestandslücken. Dazu werden 2—3 Wochen nach der Saat bei Regenwetter an den Stellen des Schlages Pflanzen gezogen, wo sie zu dicht stehen oder dem letztjährigen Ausfallraps entnommen und in der Drillreihe mit etwa 10 cm Abstand eingesetzt. Dieses Umpflanzen verträgt der Raps, wenn es früh genug, d. h. bis Mitte September vorgenommen wird, gut.

Anhäufeln

Leichtes, nicht zu hohes (um das Herz nicht zu bedecken) Anhäufeln der Reihen, gegebenenfalls mit der Hackmaschine, kurz vor Eintritt des Winters, hat sich gegen Erfrieren des Stengels, besonders bei zu geil gewachsenen Beständen, bewährt. Das Häufeln hat den weiteren Vorteil, daß die Häufelrillen das überschüssige Wasser gut ableiten, was eine frühe Bodenerwärmung im zeitigen Frühjahr fördert.

Günstigstes Wachstumsstadium zur Überwinterung

Raps soll im großen Rosettenstadium, 8 bis 10 Blätter stark, in den Winter gehen, dann ist er gegen Witterungsunbilden am widerstandsfähigsten. (Bei einem guten Rapsbestand müssen sich die Drillreihen vor Eintritt des Winters bereits schließen.) Wie die Erfahrung lehrt, *soll Raps* im Gegensatz zu Rübsen *lieber zu üppig als zu dürftig in den Winter gehen*. Die Rapsrosette bildet eine offene Reuse, aus der Herbstnässe und Schneewasser leicht nach unten abfließen.

Auf keinen Fall darf Raps, der eine vorwinterliche Schoßneigung besitzt, *im Herbst mit der Sense geschröpft, mit der Hackmaschine quer verhackt, noch mit Schafen beweidet oder gewalzt werden*. (Dagegen kann das Überhüten im Frühjahr oftmals sehr zweckmäßig sein.) Selbst ein üppiger Bestand von 35—50 cm Höhe übersteht den Winter im allgemeinen gut (normal 15—20 cm), während im anderen Fall eine entsprechende Ertragsminderung die Folge sein würde. Die Saftansammlung erhöht und konzentriert sich besonders auf die beschädigten Stellen, um die Schnitt- bzw. offene Wunde baldmöglichst zu vernarben. Durch die Sprengwirkung des Frostes werden die prallen, mit Saft gefüllten Pflanzenteile aufgerissen und fallen dann nach dem Auftauen wie leere Säcke in sich zusammen. Bei den unbeschädigten Pflanzen frieren Stengel und Blätter dagegen nur allmählich zurück und geben dabei wieder einen Teil der aufgenommenen Nährstoffe an die Wurzel ab. Infolgedessen erfolgt im Frühjahr der Knospentrieb bei diesen Pflanzen, trotz starken Zurückfrierens oder Abfaulens, viel rascher und kräftiger.

Bei zu eng gestellten Reihen (20—25 cm) wird im Herbst am besten eine Drillreihe fortgehackt. Zu eng und dicht stehende Pflanzen leiden auch in ihrer Schoten- und Kornausbildung.

Da Raps im Laufe des November und Dezember einen Bitterstoff in seinen Blättern entwickelt, hat die Pflanze unter Wildverbiß im Winter kaum zu leiden.

Auswinterungsschäden

Wenn sich die Pflanze im Frühjahr beim Ziehen an den Blättern samt der Wurzel herausheben läßt, ist der Bestand gesund durch den Winter gekommen. Lösen sich dagegen die Blätter von den Wurzeln, weil letztere verfault sind, haben die Pflanzen unter Frost gelitten.

Frühjahrshacke

Im Gegensatz zur Herbsthacke soll die zeitige Frühjahrshacke nur flach ausgeführt werden. (Wenn möglich vor dem Schließen der Reihen ein zweites Mal durchhacken.) Sie erfolgt nach Abtrocknen des Bodens und Aufhören der Nachtfröste. Bei der schnellen Entwicklung der Rapspflanzen darf der richtige Zeitpunkt nicht verpaßt werden.

Fremdbestäubung durch Insektenbeflug

Ertragssteigernd für Raps ist guter Bienenbeflug. Raps ist zwar Selbstbefruchter, doch sind die Samenkörner ohne Insektenflug kleiner und in geringerer Zahl vorhanden, die Schoten kürzer und weniger zahlreich. Blüte und Abblüte vollziehen sich schneller auf gut beflogenen Feldern, die Schoten werden länger (etwa 1 cm), samenreicher und vor allem auch widerstandsfähiger gegen Schädlingsbefall (Rapskäfer). Bei gutem Bienenbeflug und der hierdurch bewirkten Blütenbestäubung beträgt die Ertragssteigerung 15—20% gegenüber nicht beflogenen Flächen, zumal Raps bei Fremdbestäubung gleichmäßiger und schneller abblüht, daher eher den Schädlingen entkommt und bei der Ernte weniger leicht ausfällt, als wenn sich das Reifen über eine längere Zeitdauer hinzieht. (Je ha mindestens 4 Bienenvölker in der Nähe aufstellen.)

Schädlinge

Rapsglanzkäfer

Rapsbau ohne Käferbefall gibt es nicht. Gesunde, kräftig ernährte Bestände überwachsen durch starke Bildung von Seitentrieben und dadurch bedingten vermehrten Knospenansatz (Regenerationstätigkeit) die durch Larven und Käfer hervorgerufenen Schäden am ehesten und können infolge der Reizwirkung sogar einen höheren Ertrag abwerfen. Ungesunde, hungrige und lückige Rapsfelder werden unter Umständen restlos aufgefressen.

Der Hauptschadenfraß des 2—3 mm langen, dunkelgrün schimmernden Rapsglanzkäfers erfolgt in der Zeit vom Beginn des Schossens bis zum Beginn der Blüte, an der noch ungeöffneten Knospenanlage. Der vom Käfer verursachte Schaden ist weit größer als der durch die 2—3 mm langen, weißlichgelben Larven. Diese sind aus den Eiern geschlüpft, die zuvor in die noch geschlossenen Knospen gelegt wurden.

Die Schadenperiode fällt also fast ausschließlich in die Knospenzeit der Pflanze. (Annagen und Aushöhlen der noch ungeöffneten Knospe, Zerstörung der Staubbeutel.) Der spätere Fraß in aufbrechende Knospen und offene Blüten ist von geringerer Bedeutung. Während der Blüte entsteht kein nennenswerter Schaden mehr, da Käfer und Larve sich zu dieser Zeit lediglich vom Blütenstaub und Blütenhonig ernähren.

Bereits in den ersten warmen Vorfrühlingstagen verläßt der Rapsglanzkäfer seine geschützten Winterquartiere, was schon Ende März — Anfang April der Fall sein kann.

Die ersten Rapsglanzkäfer finden sich auf den aufgeblühten Löwenzahnblüten. Je feuchtkälter das Wetter ist, desto langsamer schoßt der Raps und desto länger dauert das gefährliche Knospenstadium. Windbewegte Pflanzen verträgt der Käfer nicht. Dann sucht er den Boden auf und kriecht erst wieder bei Windstille am Rapsstengel empor, um seine Fraßtätigkeit fortzusetzen. Nach Abblühen des Rapses wandert der Käfer auf Hederich und Ackersenf über. Die nach 12tägiger Puppenruhe im Boden ausschlüpfende Jungkäfergeneration geht, ohne Schaden anzurichten, Anfang August in die Winterquartiere.

Raps bleibt mehrere Wochen in Blüte, und zwar derart, daß das Blühen in Erdnähe noch nicht vollendet ist, wenn sich an der Spitze schon Schoten gebildet haben.

Bekämpfung: Diese erfolgt überwiegend mit chemischen Stäubemitteln, z. B. auf Basis von DDT bzw. Lindan + DDT-Präparaten. Auch mit Phosphorsäureestern kann gestäubt werden.

Wenn in der Mitte des Feldes fünf und mehr Rapsglanzkäfer zwischen den Blütenknospen jeder Pflanze gefunden werden, was etwa 14 Tage vor der Blüte der Fall zu sein pflegt, muß auf jeden Fall mit der Bestäubung begonnen werden. Wenn Raps zu blühen anfängt, darf mit den oben genannten Mitteln nicht mehr gestäubt werden, da diese Präparate bienengefährlich sind. (Nach einer Bundesverordnung ist Anwendung von bienenschädlichen Pflanzenschutzmitteln bei blühenden Kulturpflanzen verboten.) Im übrigen ist es für eine Bekämpfung des Käfers dann auch bereits zu spät.

Ist bei beginnender Rapsblüte eine chemische Bekämpfung noch unbedingt notwendig, sind hierfür nur bienenunschädliche Mittel, wie Thiodan oder Toxaphen (25—30 kg/ha) zu verwenden, bei Lufttemperaturen von 16° C und darüber (sonst nicht wirksam).

Zum Ausstreuen, das möglichst nur bei Sonnenschein und mäßigem Wind mehrmals in Abständen von 6 Tagen erfolgen soll, sind Stäubebeutel oder Verstäubergeräte zu benutzen.

Rapserdfloh

Der etwa 4 mm große, schwarzgrüne oder schwarzblaue Raps-Erdfloh legt schon im Herbst und während der Wintermonate, aber auch noch im Frühjahr seine Eier an die junge Pflanze. Die ausschlüpfenden weißen, schwarzbraunköpfigen Larven, die am Hinterleib ein Beinpaar besitzen, bohren sich in den Wurzelhals der Pflanzen hinein und zerstören durch ihren Fraß zunächst die Blattstiele und später auch ihre Triebe, die sich aus dem Wurzelhals entwickeln. (Fraßgang und Kot sind trocken.) Durch Zerstörung der Gefäßbündel wird die Zufuhr der Nährstoffe unterbunden, die Pflanzen werden vorzeitig reif und knicken bei starken Winden kurz vor der Ernte um. In milden Wintern können die etwa 7 mm langen Larven die Pflanzen aber so schwächen, daß diese bereits im Frühjahr absterben. Dann werden die Stiele weich und faulig und es bilden sich weder aus dem Herz noch aus dem unteren Stengelteil Knospenanlagen.

Den Erdfloh bemerkt man selten, da er sich am Tage meist unter Erdklumpen oder auch auf der Unterseite der Blätter verborgen hält. Kleine gelbe Flecke auf den (Keim-)Blättern der Jungpflanzen, und bei stärkerem Auftreten Lochfraß an den Blättern, verraten seine Anwesenheit. Die Larve des Raps-Erdflohes kann in wenigen Tagen ein ganzes Feld vernichten!

Bekämpfung: Raps muß kurz vor dem Auflaufen, wenn die ersten Fraßstellen zu bemerken sind, mit Lindan + DDT-Präparaten oder Phosphorsäureestern bespritzt oder bestäubt werden (10—15 kg/ha). Die Behandlung ist in Abständen von etwa 10 Tagen ein- bis zweimal zu wiederholen. Diese Bekämpfung richtet sich gegen den Erdfloh selbst und ist so rechtzeitig durchzuführen, daß eine Eiablage verhindert wird. Aber selbst wenn bereits Larven des Erdflohs vorhanden sind, muß sofortige Bestäubung erfolgen.

Rapsstengelrüßler (Großer Kohltriebrüßler)

Das Schadbild bei dem Raps-Erdfloh und Rapsstengelrüßler ist fast gleich, nur ist das Auftreten bzw. die Eiablage von beiden Schädlingen grundverschieden. Während der Raps-Erdfloh die Hauptmasse seiner Eier bereits an die jungen Rapspflanzen im Herbst legt, erfolgt die Eiablage des etwa 3,5 mm großen Stengelrüßlers erst im März/April, und zwar in die dicksten Stengel nahe der Rapstriebspitze. Durch diesen Reiz krümmt sich der Stengel S-förmig und reißt vielfach auf. Die bald ausschlüpfenden Larven, die plumper gebaut sind als die des Erdflohes und einen hellen Kopf haben, höhlen die Stengel aus. Im Laufe der Entwicklung knickt der geschädigte Stengel um, beginnt zu faulen oder bringt nur notreife Schoten.

Bekämpfung: Im Frühjahr sitzt der Rapsstengelrüßler in Erdrissen und unter Erdklumpen, um bei günstigen Temperaturen seinen Reifungsfraß durchzuführen und Eier abzulegen. Die Bekämpfung muß daher im zeitigen Frühjahr, in der ersten Aprilhälfte, noch vor der Rapsglanzkäferbekämpfung einsetzen. Ist der Acker gerade betretbar, erste Stäubung mit Lindan-, Lindan + DDT-Präparaten oder organischen Phosphorverbindungen vornehmen, um den Schädling vor der Eiablage zu erwischen. Da ständig mit neuem Zuflug zu rechnen ist, ist auch hier, nach 5—8 Tagen, eine Wiederholung unbedingt erforderlich. Dünne Aussaat zur Erzielung kräftiger Pflanzen ist wichtig.

Gelingt die vorbeugende Bekämpfung der Käfer nicht, haben sie also Eier abgelegt, aus denen sich Larven entwickelt haben, muß erneut gestäubt werden, aber nicht zu spät. Bei stärkeren Zuwanderungen können mehrere Stäubungen erforderlich sein. DDT allein ist unwirksam.

Kohlschotenrüßler

Größerer Schaden kann durch das Auftreten des 3 mm großen Kohlschotenrüßlers entstehen, der kurz vor der Blüte auf dem Rapsfeld erscheint. Dieser legt seine Eier in die jungen Schoten der Rapspflanzen, und die ausschlüpfenden Larven zerfressen die Samen und bringen die Schoten zum Aufplatzen. Auch die Larve der Kohlschotenmücke richtet ähnlichen Schaden an.

Bekämpfung: Da DDT allein nicht wirksam, muß der Kohlschotenrüßler mit Lindan + DDT-Präparaten oder Phosphorverbindungen bekämpft werden, und zwar eine Woche vor der Blüte. Durch Anwendung dieser Präparate zur Vernichtung des Rapsglanzkäfers lassen sich auch bereits vorhandene Käfer des Kohlschotenrüßlers vernichten.

Rapsschwärze

Durch einen Pilz werden auf den grünen Blättern, Stengeln und Schoten der Rapspflanze kleine, schwarze Wucherungen hervorgerufen, die bei starkem Auftreten zur Notreife des Rapses führen. In solchen Fällen muß die Ernte sehr frühzeitig erfolgen, um größere Ausfallverluste zu vermeiden. Bei starkem Befall Stroh- und Druschabfälle verbrennen.

Ernte

Die Ende Juni / Anfang Juli erfolgende Rapsernte gestaltet sich viel schwieriger als die des Getreides, da der ungleichmäßige Blühvorgang eine ungleichmäßige Reife zur Folge hat und außerdem die Schoten bei Berührung zum Platzen neigen (entfällt bei den platzfesten Sorten). Bei kaum einer anderen Kulturpflanze besteht daher eine so große Gefahr von Ausfallverlusten wie bei Raps.

Raps muß etwa 6—7 Tage vor Eintritt der Vollreife geerntet werden (Ölgehalt und Gewicht nehmen nicht mehr wesentlich zu), um das Aufplatzen der Schoten zu vermeiden, und zwar sobald die Körner anfangen, sich in den Schoten braun zu färben bzw. braune Backen bekommen und bei kräftigem Reiben zwischen den Handflächen ganz bleiben also nicht mehr in zwei Teile zerfallen. (Aber nicht nur am Feldrand, sondern auch im Innern des Bestandes prüfen!) Das Rapsfeld hat zu dieser Zeit einen gelbgrünen Schimmer. Tägliche Reifekontrolle kurz vor der Ernte ist also unbedingt erforderlich!

Zur Verhütung von größeren Ausfallverlusten ist es besser, lieber zwei Tage zu früh als einen Tag zu spät zu mähen, und zwar nur bei bedecktem Himmel, sonst aber nur in den taureichen frühen Morgenstunden. Bei sehr zeitiger Ernte, d. h. etwa 12—14 Tage vor der Vollreife, entstehen infolge Einschrumpfens der Körner größere Öl- und Gewichtsverluste.

Durchführung der Rapsmahd

Sense (starke Erschütterungen) und Getreideableger (Ausschlagen der Schoten, auch werfen die Flügel der Maschine die miteinander verflochtenen Rapspflanzen mit in die Höhe und bringen so Unordnung in die einzelnen Gelege) sind für die Rapsernte am wenigsten geeignet.

Bei kleineren Feldern ist mit dem Grasmäher und Anhaublech, und zur größeren Schonung der Messer mit hochgestelltem Mähbalken zu mähen (15—20 cm Stoppelhöhe), insbesondere bei kräftigerem, grobstengeligem Bestand. Sehr zweckmäßig kann sich hierbei das Anbringen einer Gleitsohle oder eines etwa 20 cm hohen Mähschuhes erweisen. Bei starken Beständen leistet auch die Sichel gute Dienste, mit der man bei ungleicher Reife die reifsten Teile des Feldes zuerst schneiden kann. Man lasse 20—30 cm hohe Stoppel stehen. (1 Arbeiter schneidet im Akkord täglich 2 bis 3 ha, ohne Binden und Aufstellen.)

Bei größeren Schlägen ist der Getreidebinder mit Samenfänger, Garbentrenner, Garbengleitschiene und Garbensammler, zumindest Eckgarbenträger zu verwenden. Zur Arbeitserleichterung, und da der Raps besser trocknet, muß ebenfalls auf hohe Stoppeln und kleine Garben geachtet werden. Hohe Stoppel gibt den Hocken auch festeren Stand. Bei sehr vollen Beständen ist gegebenenfalls nur mit halber Schnittbreite zu arbeiten. Allerdings ist die Bruchgefahr der Maschine trotzdem groß und es heißt nicht mit Unrecht, daß der Binder bei der Rapsmahd zwei Kampagnen mitmacht. — Mähdrusch nach vorangegangenem Schwadmähen erleichtert die Ernte wesentlich!

Aufstellen der Rapsgarben (Abb. neben S. 145)

Grundsatz bei dem unmittelbar nach dem Schnitt zu erfolgenden Aufstellen der Rapsgarben muß sein, daß die Hocke vor dem Umfallen durch richtiges Aufstellen geschützt ist und daß nur die Stoppelenden der Sonne ausgesetzt werden, während die Schoten beschattet bleiben. Nur dann vollzieht sich der für die Ölbildung erwünschte, allmähliche und gleichmäßige Nachreifeprozeß, der auch für die Höhe des Ölgehaltes mit ausschlaggebend ist und selbst bei günstiger Witterung bis zwei Wochen dauert. Bei dem richtigen Trocknungsverfahren bedingen Stoffverlagerungsvorgänge aus dem Stengelteil nach dem Korn eine weitere Ölbildung und Ölspeicherung.

Falsch ist das Aufstellen des Rapses in Stiegen nach Getreideart. Hierbei ergeben sich die größten Ausfallverluste und Vogelfraßschäden. Die Schoten trocknen durch Einwirkung der Sonnenstrahlen sehr rasch aus und platzen in der Hocke auf, die Körner schrumpfen zusammen und bleiben infolgedessen ölarm.

Man wende daher nur die gedeckte Puppe an, z. B. in Form einer einfachen Rundhocke mit 9 Garben, darüber 3 Deckgarben gelegt (möglichst weit übergreifend), deren Schoten nach Norden zeigen (Stoppelenden nach Süden).

Ein noch besseres Verfahren ist das Aufstellen in Doppelhocken. 12 Garben mit den Schoten nach oben stehend, darauf 4 Garben mit den Schoten nach unten als Schutz. Die Garben sind recht fest, aber schonend aufzusetzen, auch die oberen gut anzudrücken, dann werden letztere an den Spitzen mit Bindfäden zusammengebunden, was besonders für Windlagen wichtig ist. Man achte darauf, daß die Sturzenden der Rapsgarben so weit auseinanderstehen, daß inwendig ein ziemlich hohler Raum bleibt, damit die Luft von allen Seiten gut durchziehen kann. Gegen Vogelfraß hilft Abdecken der Hocken mit Stroh.

Sehr bewährt hat sich auch die sogenannte „Kühnsche Puppe“, die besonders für größere Flächen in Frage kommt. 25—30 Rapsgarben werden in einem Kreis von etwa 2 m Durchmesser möglichst luftig mit der Stoppel nach unten aufgestellt, so daß sie sich gegenseitig stützen. Auf diese Rundhocke werden kreisweise als Dach 2—3 Schichten weitere Garben mit den Schoten nach innen gelegt. Die Stoppelenden der Deckgarben müssen den Unterbau an der Außenseite überragen. Auf das Dach, das nach oben spitz auslaufen muß, damit das Regenwasser an den schrägliegenden Stoppelenden ablaufen kann, wird als Abschluß ein Bund Roggenstroh als Haube aufgesetzt. Derartige Rundhocken können längere Zeit draußen stehen bleiben.

Je besser die Aufstell- bzw. Trocknungsmethode, um so eher kann der Schnitt des Rapses auch beginnen. Wie wichtig die richtige Aufstellmethode ist, zeigt nachstehender Versuch:

Ausfallverluste bei Aufstellung der Garben (nach Conin):

1. Stiegen, Schoten nach unten	2,44%
2. Stiegen, Schoten nach oben	1,86%
3. Einfache Rundhocke	1,17%
4. Doppelhocke	0,89%
5. Kühnsche Puppe	0,83%

Einfahren von Raps (Abb. neben S. 145)

Eingefahren wird, sobald die Körner in den Schoten hart und tiefschwarz sind und das Stroh so trocken ist, daß sich eine Haut nicht mehr abziehen läßt. Dies ist bei normaler Witterung etwa 2—3 Wochen nach dem Schnitt der Fall.

Zur Vermeidung von Ausfallverlusten (2,6 kg Rapskörner entsprechen im Fettwert 1 kg Butter!) sind die Wagen auf jeden Fall mit Planen auszulegen, desgleichen ist seitlich am Wagen eine Plane aufzuhängen, auf welche die Stiegen beim Aufladen gekippt werden. (Also keine Garben aus der Hocke herausziehen!) Zum besseren Transport wird durch diese Plane, die ebenfalls so lang sein muß wie der Wagen, an der der Stoppel zugekehrten Seite eine Stange aufgenagelt, die beim Vorrücken des Wagens von den beiden Aufladern anzuheben ist. Die Stoppelenden der Garben, deren Schoten nach innen liegen müssen, sollen (nach außen hin) höher liegen, damit ausfallende Körner zur Wagenmitte rollen. Die Wagen werden nicht so hoch beladen wie bei Getreide, da sonst beim Aufstaken erhöhte Körnerverluste eintreten.

Rapsdrusch

Beim Drusch aus der Hocke, der dem Scheunendrusch wegen der geringeren Verluste unbedingt vorzuziehen ist, müssen die Körner vollkommen trocken sein und sich mit der Hand überhaupt nicht mehr zerreiben lassen (Wassergehalt unter 15%). In die Scheune eingefahrener Raps kann etwa nach 14 Tagen, dem Ausschwitzen des Korns, gedroschen werden. — Der Abstand von Trommel und Korb bei der Dreschmaschine ist zu vergrößern, um Beschädigungen der Körner zu verhindern. Keinesfalls dürfen aber von der Dreschtrommel Schlagleisten entfernt werden, da hierdurch Gleichgewichtsstörungen der Trommel und somit Lagerschäden unvermeidlich wären. Der Dreschkorb wird zweckmäßig mit einem Blech verkleidet, da die starken Stengel leicht in dem Gitter des Dreschkorbes hängen bleiben und den Zugang zur Trommel versperren.

Damit auch beim Drusch keine Körner verloren gehen, muß der Boden um die Dreschmaschine herum gut mit Planen abgedeckt werden. Diese sind wiederholt zu leeren, damit keine Körner zertreten oder zerfahren werden.

Durchschnittserträge: 20—24 dz/ha. Die Spitzenerträge liegen bei 30—36 dz/ha (Strohertrag 26—44 dz/ha).

Rapslagerung nach dem Drusch

Gedroschener Raps darf nicht in Säcken stehen bleiben, sondern muß baldmöglichst auf einem trockenen, gut zu lüftenden Speicher dünn ausgebreitet und besonders in der ersten Zeit des öfteren umgeschaufelt werden. Es empfiehlt sich auch, bei längerer Lagerung den Körnern einen Teil der Rapsschalen beizumengen, desgleichen wenn die Körner noch sehr feucht sind. Wirklich trockener Raps hat höchstens 10—12% Feuchtigkeit.

Verwertung von Rapsschoten und Rapsstroh

Die bei der Ölgewinnung verbleibenden Futterrückstände enthalten etwa ebensoviel Eiweiß wie die Ernte von 1 ha mittleren Wiesenheues. Die beim Drusch anfallenden Rapsschoten bilden ein gutes Beifutter für Kühe, Schafe (mit geschnitzelten Rüben vermengen und diese Mischung in Gärung kommen lassen) und auch Pferde (Häckselersatz). Sie dienen ferner zur Einstreu bei Sauen, die frisch geworfen haben, und beugen so einem Erdrücken von Ferkeln vor. Schließlich lassen sich Rapsschalen auch sehr gut zum Bedecken dürregefährdeter Weideflächen im Sommer verwenden.

Rapsstroh (geringer Futterwert — Schafe) eignet sich zur Einstreu in Tiefställen, als Unterlage für Getreide- und Hülsenfruchtmieten auf dem Felde oder für Scheunenfächer. Ferner können Feldmieten, Schutzhütten usw. mit Rapsstroh abgedeckt werden. Bemerkenswert ist, daß drahtgepreßtes Rapsstroh nicht brennt, sondern nur kohlt. Auch als zweite Isolierschicht beim Abdecken der Hackfruchtmieten läßt sich Rapsstroh verwenden. Die beim Rapsdrusch anfallenden Ernterückstände dürfen also in keinem Falle achtlos auf dem Felde liegen bleiben und verfaulen.

b) Der Sommerraps

Allgemeines

Der Sommerraps weist gegenüber dem Winterraps einige Vorteile auf, und zwar:

1. Keine so großen Fruchtfolgeschwierigkeiten, da der Anbau auch nach spät das Feld räumenden Früchten, wie Rüben, Spätkartoffeln und Spätgemüse erfolgen kann.
2. Bei Klee als Vorfrucht können zwei volle Schnitte genommen werden.
3. Die Ansprüche an Boden und Düngung sind geringer.
4. Es sind keine Auswinterungsschäden zu befürchten.
5. Die Saatfurche kann rechtzeitig im Herbst gegeben werden.
6. Die Herbsthacke wird eingespart.

Diesen Vorteilen stehen aber die im Vergleich zum Winterraps durchschnittlich um 25—30% niedrigeren Ernteerträge gegenüber, und die Tatsache einer etwa drei Wochen späteren Ernte, die betriebswirtschaftliche Nachteile aufweist. Die mögliche Ernteminderung durch Schädlingsbefall dürfte sich etwa die Waage halten. Hier Erdfloh — dort Rapsglanzkäfer. Sommerraps braucht zur Entwicklung 110—120 Tage.

Boden-ansprüche Geeignet sind alle mittleren und besseren Böden. Milder Lehm sagt besonders zu, doch wächst Sommerraps auch noch auf leichteren Böden, sofern diese tiefgründig und genügend feucht sind. Kalte, nasse Tonböden sowie humusarmer, trockener Sand und steiniger Boden kommen dagegen nicht in Frage. Der Boden darf auch nicht sauer sein, erwünscht ist eine pH-Zahl von 7,2—7,7.

Vorfrucht In erster Linie kommen Hackfrüchte in Frage, ferner unkrautfreie Leguminosen, wie Klee, Lupinen und Zwischenfrüchte. Zur Not kann Sommerraps auch nach Getreide gestellt werden, dann muß aber entsprechend gedüngt werden, auch mit Stallmist. Wegen der Gefahr des Schädlingsbefalles ist möglichst kein Sommerraps neben Winterraps anzubauen.

Düngung Hohe Stickstoffgaben, am besten ca. 5 dz/ha Kalkammonsalpeter, werden gut verwertet. Saure Düngemittel, wie z. B. schwefelsaures Ammoniak, sind nicht zu empfehlen. — Ferner verabreiche man je ha 4 dz Phosphatdünger und 3 dz 40% Kali. Wenn erforderlich, sind auch entsprechende Kalkmengen zu streuen, da Sommerraps keine Bodensäure verträgt.

Phosphorsäure, Kali und wenigstens die Hälfte des vorgesehenen Stickstoffes werden bereits vor der Aussaat gestreut, während der übrige Stickstoff 4—6 Wochen nach der Saat, spätestens jedoch bevor sich die Reihen schließen, auszubringen ist. Obwohl Sommerraps Stalldung und auch Jauche gut verwertet, ist eine solche Düngung doch nur nach schlechten Vorfrüchten, wie Getreide, angebracht.

Sorten Janetzkis Weihenstephaner, Liho-Sommerraps, Späths Zollerngold. Über Grünfutter-Sommerraps siehe S. 307.

Aussaat Saatzeit: Möglichst im März, also etwa zur gleichen Zeit wie Hafer. Spätsaaten nach Mitte April schließen Höchsterträge aus und sind auch wegen der vermehrten Erdflohgefahr nicht anzuraten. Spätfröste schaden nicht.

Saatmenge: 6—10 kg/ha, im Mittel 8 kg. Eine stärkere Saat empfiehlt sich nicht. — Saattiefe: 1 bis höchstens 2 cm.

Reihenabstand: 25 bis höchstens 30 cm, da sich Sommerraps nicht so stark verzweigt.

Das Saatbett muß gut feinkrümelig hergerichtet werden.

Pflege Die Anwendung der Hackmaschine ist unbedingt erforderlich. Je nach Bodenzustand und Unkrautwuchs empfiehlt sich ein- bis zweimaliges Hacken. — Auf Erdflohschäden, die durch zu späte Aussaat und trockene, warme Witterung begünstigt werden, ist bereits beim Aufgang zu achten, da sich der Erdfloh schon einige Tage nach der Saat zeigen kann. Sobald sich auf den Keimblättern in zunehmendem Maße weiße Tupfen zeigen, mit Bestäuben von chemischen Mitteln beginnen. Bei stärkerem Auftreten von Erdflöhen kann sich zweimaliges Bestäuben als notwendig erweisen. In einem kühlen, feuchten Frühjahr tritt der Erdfloh kaum in Erscheinung. Werden Bestände vom Rapsglanzkäfer befallen, ebenfalls chemische Mittel, und zwar noch vor Aufbruch der Blüte, anwenden. (Siehe S. 169/170.)

Ernte Sommerraps ist etwa Mitte bis Ende Juli schnittreif, und zwar sobald der Bestand anfängt, gelb zu werden, die Körner in den Schoten zu bräunen beginnen, und beim Rollen zwischen den Fingern nicht platzen

(Grasmäher bzw. Getreidebinder). Da zu später Schnitt erhebliche Verluste durch Ausfall mit sich bringen kann, ist es richtiger, lieber einen Tag zu früh als einen Tag zu spät zu mähen! (Siehe auch S. 171.)

Die Garben können recht dick gebunden werden und sind am besten in großen Rundhocken zusammenzustellen, die mit einigen Garben abgedeckt werden, ähnlich wie bei Winterraps. Da die Blätter nach der Mahd bald vom Stengel abfallen, trocknen die Hocken verhältnismäßig schnell durch.

Beim Einfahren, Drusch und Aufbewahrung sind die gleichen Maßnahmen zu beachten wie beim Winterraps. (S. 173.)

Die mittleren Ernteerträge betragen etwa 14—16 dz/ha.

c) Der Winterrübsen

Winterrübsen reift etwas früher als Winterraps (der eine etwa 25 Tage längere Vegetationsdauer hat als Rübsen). Winterrübsen verträgt eine spätere Aussaat, daher sind Roggen oder Sommergerste noch mögliche Vorfrüchte (dann aber Stalldung nicht vergessen). Er verträgt auch rauheres Klima und stellt, abgesehen von einem ausreichenden Kalkgehalt, an den Boden weniger hohe Ansprüche, wächst also noch auf den leichteren Böden. Allerdings liegen die Ernten durchschnittlich 20—25% unter denen des Winterrapses. Dort, wo also noch mit Sicherheit Raps wächst und die Aussaat rechtzeitig erfolgen kann, ist es falsch, Rübsen anzubauen. Andererseits sind die Körnererträge und die Ölausbeute beim Rübsen gegenüber den Sommerölfrüchten im allgemeinen höher, besonders auf den leichteren Böden.

Wegen zu befürchtender Vogelfraßschäden sollte Rübsen niemals in unmittelbarer Nähe eines Dorfes ausgesät werden.

Bodenbearbeitung und Düngung (etwas geringer) wie Winterraps.

Sorten: Lembkes, ziemlich winterfest, spätreif; Grubers, Janetzkis und Dr. von Schmieder's Steinacher Früher W.

Aussaat: Beste Saatzeit Anfang bis Mitte September. (Siehe auch unter Winterraps S. 166.) Notfalls kann Rübsen noch bis zum 20. September bestellt werden und bringt dann meist noch bessere Erträge als gut gelungene Sommerölfrüchte.

Die Aussaat soll wegen der Schädigung durch den Mauszahnrüßler, der seine Eier vornehmlich in den Stengel der jungen Rübsenpflanze ablegt und bis Anfang, gegebenenfalls auch bis Mitte September stärker auftritt, und weil sich der Rübsen leicht überwächst und das Herz der Pflanze dann leicht ausfault, nicht vor dem 1. September erfolgen. Rübsen soll im Gegensatz zu Raps lieber zu dürftig als zu üppig in den Winter gehen, da die Rübsenrosette eine nach unten geschlossene Tüte bildet, in der sich die aufgefangene Nässe im Winter hält, wodurch die Bildung von Fäulnisherden begünstigt wird. Rübsen soll im Herbst nicht mehr als 6 bis 7 Blätter bilden.

Saatmenge: 8—10 kg/ha. Nachpflanzen von Fehlstellen im Herbst, wie beim Raps beschrieben, ist bei Winterrübsen nicht möglich, da er als Verwandter der Stoppelrübe wie diese kein Anwuchsvermögen besitzt. Es sollen je qm etwa 70 Rübsenpflanzen stehen.

Saattiefe: 1—2 cm. Reihenabstand: 25—30 cm.

Über Pflege, Schädlingsbekämpfung, Ernte siehe Winterraps.

d) Der Sommerrübsen

Über Anbau usw. siehe „Sommerraps“, Seite 174. Sommerrübsen stellt ebenfalls geringere Ansprüche an Boden und Düngung. Die Erträge liegen aber meist erheblich unter denen des Rapses, so daß sein Anbau nicht empfohlen werden kann.

e) Unterscheidungsmerkmale zwischen Raps und Rübsen

Samen

Die Samen von Raps sind im allgemeinen größer als die von Rübsen. Sie sind auch meist gleichmäßig schwarz gefärbt, während Rübsen mehr rotbraune Körner enthält. Allerdings sind Größe und Färbung stark von der Erntewitterung und dem damit verbundenen Grad des Ausreifens abhängig. Ferner weist die Oberfläche der Rübsensamen eine sehr feine Felderung, diejenige der Rapssamen dagegen nur eine feine Punktierung auf. Diese Unterschiede sind jedoch nicht mit dem bloßen Auge, sondern nur bei entsprechender Vergrößerung erkennbar.

Keimpflanzen

Ein noch besseres Unterscheidungsmerkmal bieten die Keimpflanzen. Sät man einige Samen auf feuchtes Fließpapier, feuchten Sand oder feuchte Erde aus und bedeckt sie mit einer Glasglocke, um die Feuchtigkeit zu erhalten und trotzdem Licht durchzulassen, so keimen die Samen nach wenigen Tagen aus. Die Keimblätter von Raps und Rübsen sind sehr ähnlich, so daß hier eine Unterscheidung nicht möglich ist.

Blätter

Dagegen haben die nun folgenden Laubblätter folgende Unterschiede: Die Blätter von Raps sind runder als die von Rübsen, sie sind blaugrün, blau bereift und fast unbehaart. Die Blätter von Rübsen sind länger: sie sind gelbgrün, unbereift, aber stark borstig behaart, was sich beim Reiben zwischen den Fingern bemerkbar macht. Diese Unterschiede zeigen sich auch später bei den Feldpflanzen.

Raps hat im Herbst glatte, unbehaarte, blaugrüne, wachsige Blätter wie die Kohlrübe bzw. Kohl.

Rübsen hat im Herbst behaarte, unbewachste, wesentlich hellere Blätter, ähnlich der Steckrübe.

Im Frühjahr umfaßt das Rübsenblatt mit dem Stengelgrund den Stengel, das Rapsblatt dagegen nicht.

Blüte

In der Blütezeit hat der Raps einen gestreckten Blütenstand, während der Rübsen doldig blüht. Die Stellung der Knospen gegenüber den Blüten bietet daher ein gutes Merkmal. Beim Raps stehen die Knospen über den Blüten, beim Rübsen dagegen unter ihnen. Das kommt daher, daß die Achse des Blütenstandes sich beim Raps früher streckt als beim Rübsen. Durch diese Streckung kommen die Knospen höher zu stehen als die Blüten. Das Aufblühen erfolgt aber trotzdem bei beiden von unten nach oben.

Die Knospen und Blüten von Raps sind größer als die von Rübsen, auch ist die Rapsblüte etwas heller. Ferner stehen die Kelchblätter der Rapsblüte nur halb ab, während diejenigen des Rübsens waagerecht abstehen.

Winter- und Sommerform

Unterscheidung von Winter- und Sommerformen: Weder an den Samen noch an den Keimpflanzen sind brauchbare Merkmale vorhanden. Dagegen zeigt das erste Winterraps-Laubblatt eine nur schwache Behaarung. Die Spitze ist fast immer unbehaart. Sommerraps: Ungleichmäßige Blätter mit stärkerer Behaarung. Winterformen werden im Herbst gesät; sie bedürfen der Kältewirkung, um im Frühjahr zu schossen und Blüten zu bilden. Sommerformen schossen und blühen auch ohne Kälteeinwirkung. Zieht man daher Raps- oder Rübsenpflanzen aus einer Samenprobe bei 20° C im Gewächshaus an, so werden sie schossen und blühen, wenn es sich um Sommerraps oder Sommerrübsen handelt; sie werden dagegen nicht schossen und nicht blühen, wenn es sich um Winterraps oder Winterrübsen handelt. Zum Vergleich sät man gleichzeitig sortenechte Proben beider Formen aus. Zur Beschleunigung des Wachstums ist zusätzliche künstliche Belichtung während der dunklen Wintermonate vorteilhaft.

Die gleiche Beobachtung wird man machen, wenn man Sorten von Winterraps und Winterrübsen im Frühjahr auf ein Feld aussät. Sie wachsen zunächst ebenso wie Sommerraps und Sommerrübsen; sie bilden die grundständigen Blätter aus, entwickeln aber keine Blütentriebe. Sie bleiben den ganzen Sommer über stehen und erst im September bilden einzelne Rapspflanzen Blütentriebe, die bei günstigem Wetter Anfang Oktober ihre Blüten öffnen. Bei Rübsen konnte diese Entwicklung nicht beobachtet werden. Die Rübsenpflanzen hatten auch Anfang Oktober noch keine Blütentriebe entwickelt.

f) Der Mohn

Allgemeines

Mohn ist eine sehr ertragreiche Sommer-Ölfrucht und hat mit etwa 45% Öl von allen Ölfrüchten den höchsten Gehalt an feinstem Speiseöl. Er liebt warme, sonnenreiche Witterung und windgeschützte Lage. Rauhes Klima sagt ihm dagegen nicht zu, er reift nicht aus. Daher wird Mohn auch bevorzugt in Mittel- und Südwestdeutschland angebaut. Gute Mohnernten haben sorgfältige Bodenbearbeitung, reichliche Düngung und ausreichende Pflegearbeiten zur Voraussetzung!

Bodenansprüche

Mohn gedeiht auf warmen, milden, humosen Böden. Nicht geeignet sind schwerer Lehm, trockener Sand sowie alle schnell austrocknenden Böden. Auch alle sauren, nassen und kalten Böden scheiden aus. Der Acker soll möglichst unkrautfrei sein.

Vorfrucht

Am besten geeignet sind unkrautfreie Hackfrüchte (aber nicht Kartoffeln, die zu Keimhemmungen und Wuchsstörungen der Jungpflanzen führen!), ferner Hülsenfrüchte und Klee. Auch auf Neuland und Moor gedeiht Mohn gut. Nach Getreide sollte Mohn nur dann gestellt werden, wenn der Acker unkrautfrei ist und sich in guter Kultur befindet.

Mohn ist eine besonders gute Vorfrucht für Weizen und Sommerung. Er hat eine sehr üppige Blattentwicklung und hinterläßt den gut beschatteten Boden in vorzüglichem Garezustand.

Düngung

Mohn verwertet sowohl Stickstoff als auch Phosphorsäure (Einfluß auf den Ölgehalt) und Kali gut. 1 kg P_2O_5 erzeugt etwa 3 kg Mohn und durch die Steigerung des Ölgehaltes 1,3 kg Öl. Lagergefahr besteht nicht. Es sind pro ha etwa auszustreuen:

4—5 dz eines 20%igen, salpeterhaltigen Stickstoffdüngers,

2—3 dz möglichst schwefelsaures Kali. — 4—6 dz Thomasphosphat, Hyperphos oder Rhenania-Phosphat, in zweiter Linie Superphosphat.

Phosphorsäure und Kali sowie die Hälfte der Stickstoffdüngung werden vor der Bestellung gegeben. Als zweite Stickstoffgabe möglichst den schnellwirkenden Kalksalpeter verwenden.

Der Kalkzustand des Bodens muß in Ordnung sein. Die günstigste Bodenstimmung liegt bei einer pH-Zahl um 6—7. Auf Böden mit einer pH-Zahl unter 5,5 und über 7 reagiert Mohn mit sehr stark abfallenden Erträgen und Ölgehalt.

Stallmist ist weniger zu empfehlen, da er leicht zur Verunkrautung des Ackers führt und reifeverzögernd wirkt. Zur Erzielung von Höchsterträgen ist Stalldung auch nicht erforderlich.

Bodenbearbeitung

Die Bodenvorbereitung muß bei Mohn noch sorgfältiger als bei Zuckerrüben geschehen. Die Saatfurche ist bereits im Herbst zu geben. Vor der Bestellung ist der Acker gartenmäßig herzurichten. Zu lockerer Boden muß vor der Drillmaschine mit einer leichten Glattwalze gefestigt werden. Nach der Saat folgt am besten die Cambridgewalze, damit der Samen gut und bald aufläuft. Besser ist die Verwendung von Rübendruckrollen; dann ist auch eine Blindhacke möglich.

Sorten

Als Saatgut kommt nur Schließmohn in Frage. (Schüttmohn bildet bei der Reife oben an der Kapsel Öffnungen, daher können die Samen kurz vor und bei der Ernte herausfallen.)

Für den Anbau werden empfohlen:

Peragis Weihenstephaner: früh und ertragreich, niedriger Wuchs, kleine Kapseln, aber stark verzweigt, blausamig, weißblühend, auch für mittlere Lagen und Böden geeignet.

Eckendorfer blausamiger Schließmohn II: Reife mittelspät, mittellang, weißblühend, für besseren Boden.

Scheibes Ölmohn.

Aussaat

Beste Saatzeit: Ende März / Anfang April. Spätsaaten, also etwa Mitte April, sind in Anbetracht des langsamen Auflaufens und der langen Wuchsdauer der Mohnpflanzen nicht angebracht und wirken ertragsdrückend (kleine Köpfe). Eine Aussaatverzögerung von 4 Wochen ergab bei Lauchstädter Versuchen einen Ertragsrückgang von etwa 30 % Korn und 50 % Fett.

Saatmenge: 1,5 bis 2 kg / ha. Mohn wird meist zu stark gedrillt. Nur auf leicht verkrustenden Böden 3—5 kg /ha.

Stärkere Aussaat behindert ein schnelles Wachstum der jungen Mohnpflanzen, senkt Kapselgröße und Sameninhalt und erfordert ein Vereinzeln der Bestände. Zu weiter Stand senkt die Samenerträge.

Steht keine Feinsaatmaschine zur Verfügung, wird der Samen am besten mit abgetötetem Mohnsamen oder, wenn auch erst in zweiter Linie, mit abgesiebter Brikettasche im Verhältnis 1 : 4 vermischt. Notfalls kommt auch Grudekoks, feiner trockener Sand oder Kleie in Frage. Düngemittel sind dagegen nicht geeignet, weil sie infolge ihrer Hygroskopizität viel Feuchtigkeit anziehen, dadurch einen ungleichmäßigen Lauf verursachen und Rostschäden an der Drillmaschine hervorrufen.

Reihenentfernung: 30 cm. — Saattiefe: 0,5—1 cm, also so flach wie möglich, da sonst die Keime den Boden nicht zu durchbrechen vermögen.

Eine bewährte Methode ist die gemeinsame Aussaat von 1 kg Mohn und 12—16 kg Gelbklee je Hektar. Dadurch erübrigt sich jedes Verhacken und Verziehen und wird das Auflaufen des Mohnes auf alle Fälle gesichert, weil Gelbklee die Bodendecke leicht durchbricht und der Mohn dadurch folgen kann. Außerdem bietet Gelbklee anschließend an die Mohnernte eine gute Weide bzw. Gründüngung und hinterläßt einen mit Stickstoff angereicherten Boden. Durch Beisaat von Salat oder Radieschen werden die Reihen schneller sichtbar und können bald gehackt werden. Über Mohneinsaat in Runkelrüben und Möhren: Siehe S. 262 und S. 270.

Pflegemaßnahmen

Nach stärkeren Regenfällen vor dem Auflaufen des Mohnes muß die Bodenkruste durch Walzen (Stachelwalze) gebrochen werden. Bei der geringsten Kruste biegen sich die Keime des Mohnes nach unten und der Mohn läuft nicht auf.

Da Mohn eine sehr langsame Jugendentwicklung hat und das Eggen nicht verträgt, muß er schon frühzeitig und mehrmals gehackt werden. — Verhacken genügt, und zwar beim Ansatz des 3. und 4. Blattes, also etwa bei Fingerlänge der jungen Pflanzen, bei 30 cm Reihenentfernung auf 10 cm in der Reihe, wobei je Horst bzw. Büschel 2 bis höchstens 4 Pflanzen stehenbleiben.

Das Verziehen von Mohn (30 cm Reihenentfernung und 10 cm Pflanzenabstand) brachte bei angestellten Versuchen gegenüber dem „Verhacken" (Horste von 2—4 Pflanzen mit 25 cm Pflanzenabstand) keine wesentlichen Mehrerträge. Somit kann das Vereinzeln der Pflanzen unterbleiben. Bei Dünnsaat (1,5 bis 2 kg/ha) mit geeigneter Feinsaatmaschine wurde ein Abstand der einzelnen Pflanzen von 8—10 cm erreicht, so daß dieses Verfahren zwecks weiterer Arbeitsersparnis ebenfalls empfohlen werden kann. Dann erübrigt sich auch ein Verhacken.

Es darf jedoch nur bei trockenem Wetter und trockenen Pflanzen im Mohnfeld gearbeitet werden, auch nicht im Tau. Anderenfalls nehmen die Pflanzen gelbliche Farbe an und tritt eine Ertragsminderung ein.

Schädlinge und deren Bekämpfung

Zur Verhütung des vielfach verbreiteten Wurzelbrandes oder der Schwarzbeinigkeit ist eine Trockenbeizung (30 g Beizpulver auf 10 kg Saatgut) sehr anzuraten. Dadurch wird auch die Triebkraft erhöht. Bei kleineren Saatgutmengen empfiehlt es sich, der Trockenbeize im Verhältnis 1 : 1 Talkum beizumischen.

Zur Zeit des Schossens und der Blüte tritt zuweilen Herzfäule auf, die Eintrocknen und Verfaulen der Blütenknospen verursacht. Krankheit läßt sich durch rechtzeitiges Ausstreuen von 20 kg/ha Borax oder Verwendung borhaltiger Dünger (S. 101/102) verhüten.

Ernte

Zeitpunkt: Wenn sich die Körner inwendig von der sich braunfärbenden Kapsel gelöst haben und beim Schütteln derselben deutlich vernehmbar rascheln sowie Blätter und Stiele trocken bzw. vergilbt sind (etwa Mitte August).

Schließmohn fällt nicht aus, so daß volles Ausreifen abgewartet werden kann. Vorzeitige Ernte ist zu vermeiden, da sie zum Schrumpfen der Körner und zu einer geringeren Ölausbeute führt. Auch wird durch unreife Samen der Gehalt der Ölkuchen an Stoffen erhöht, die auf die Tiere einschläfernd wirken.

Schüttmohn, dessen Kapseln offen sind, muß wegen Ausfallgefahr sehr vorsichtig gepflückt werden.

Der heute überwiegend nur noch zum Anbau kommende Schließmohn kann dagegen wie Getreide gemäht und gedroschen werden. Bei kleineren Flächen wird mit der Sense, bei größerem Anbau mit Grasmäher, Ableger oder Binder gemäht.

Nach der Mahd erfolgt Aufstellung in Puppen zur Nachreife und vollständigen Trocknung. Da Sperlinge und Finken den reifenden oder in Puppen stehenden Mohn oft in großen Schwärmen heimsuchen und die Köpfe anpicken, ist hierauf besonders zu achten.

Das Einfahren darf nur bei trockenem Wetter geschehen, um Schimmeln und Dumpfigwerden der Samen zu vermeiden.

Entkörnen oder Dreschen

Die Entkörnung der ausgebrochenen Köpfe wird bei Kleinanbau durch Öffnen mit dem Messer vorgenommen. Auch Häckselmaschine, Rübenschneider, der am besten eine Hakenwalze besitzt, und besonders Maisrebbler kommen dafür in Frage. Bei Verwendung eines Rübenschneiders ist darauf zu achten, daß der Einlegekorb ganz dicht an die Zerkleinerungsscheibe herangestellt wird, damit auch die kleinsten Kapseln zerrissen werden. Bei größerem Anbau wird dagegen mit bestem Erfolg die Dreschmaschine verwendet. Dabei wird der Dreschkorb recht weit eingestellt.

Lagerung nach dem Drusch

Mohn darf als Ölfrucht nur sehr flach, etwa 30—50 cm hoch, geschüttet werden und ist in der ersten Zeit öfter umzuarbeiten. Noch nicht völlig trockener Samen wird am besten zusammen mit der Spreu aufbewahrt. Der Wassergehalt soll für die Lagerung nur 9% betragen.

Ein Ernteertrag von 12 dz Mohn/ha ergibt etwa 5 dz Mohnöl und 7 dz Ölkuchen. Spitzenerträge 20—22 dz/ha.

Stroh- und Spreuverwertung

Die zerschlagenen Mohnköpfe können nicht verfüttert werden. Auch Mohnstroh besitzt keinen Futterwert. Da es sich auch schlecht als Einstreu eignet, wird es am besten zu Kunstmist verarbeitet (siehe unter Kunstmist S. 57). Dagegen dient Mohnspreu, die vorwiegend von den Blättern der Pflanze anfällt, oftmals als Häckselersatz im Pferdestall.

g) Der Senf

Der meist zum Anbau kommende weißsamige Senf ist eine verhältnismäßig anspruchslose, aber ertragssichere Ölfrucht mit etwa 30% Ölgehalt. Der Samenertrag liegt meist erheblich über dem des Mohnes. Auch erfordert Senf viel weniger Handarbeit als Mohn.

Bodenansprüche

Abgesehen von ganz leichten Sand- und schweren Tonböden wächst Senf überall, besonders gut auf milden, humosen Böden. Saure Böden und stauende Nässe verträgt er nicht.

Vorfrucht

Senf wird am besten nach Hackfrucht oder einem Stickstoffsammler, wie z. B. Rotklee oder Hülsenfrüchte gestellt. Nach Raps und Rübsen sowie Kohlrüben und anderen Kreuzblütlern besteht die Gefahr einer Schädlingsübertragung (Erdflöhe usw.). Senf besitzt nur geringen Vorfruchtwert, da schlechte Bodenbeschattung.

Düngung

Senf hat einen verhältnismäßig hohen Düngerbedarf. Mit Rücksicht auf die Schnellwüchsigkeit der Pflanze muß der Dünger rechtzeitig vor der Saat ausgestreut werden. Frischen Stallmist verträgt Senf nicht.

Es sind zu verabreichen je ha:

3—4 dz eines 20% Stickstoffdüngers in leichtlöslicher Form (Kalkammonsalpeter, Ammonsulfatsalpeter)

3—4 dz/ha eines Phosphorsäuredüngers — 2 dz 40% Kali.

Sorten

Dr. Francks Hohenheimer Gelb: mittelfrüh, für alle Böden, auch in rauher Lage.

Erbachshofer Gelb: für Körner- und Grünfuttergewinnung.

Maleksberger Gelb: besonders für den Futteranbau.

Aussaat

Saatzeit: Ende März bis Ende Mai. Frühe Aussaat bringt die höchsten Erträge. Da Senf aber nur eine Wachstumsdauer von etwa 100 Tagen hat, verträgt er eine spätere Bestellung (bis 10. 6.) besser als die übrigen Sommerölfrüchte. Daher kann eine Aussaat noch nach ausgewinterten Winterölfrüchten erfolgen.

Saatmenge: 10—12 kg/ha. Bei zu starker Saat verästelt sich Senf nicht genügend, und dadurch leidet der Schotenansatz.

Saattiefe: 1—2 cm. — Reihenentfernung: 25—30 cm (nicht enger).

Pflegemaßnahmen

Eine Hacke nach dem Aufgang ist sehr anzuraten. Schädlingsbefall durch Rapsglanzkäfer, Kohlschotenrüßler und Erdflöhe ist bei zweckmäßiger Fruchtfolge kaum zu befürchten. Nur die Larve der 5—9 mm großen, rotgelben Rübsen- oder Kohlrübenblattwespe kann gelegentlich auftreten und größeren Schaden anrichten. Sie ist etwa 17 mm lang, auf dem Rücken schwärzlich und trägt an den Seiten einen hellen Streifen. Die Zahl der Bauchfüße beträgt 8 Paar und die der Brustfüße 3 Paar.

Bekämpfung: mit Parathion-Stäubemitteln.

Ernte

Die Ernte erfolgt, sobald die Schoten gelbbraun und die Samen gelbreif geworden sind. Im übrigen muß bei der Senfernte die gleiche Vorsicht wie bei Raps angewandt werden.

Ertrag: 12—16 dz/ha Körner, 25—30 dz/ha Stroh. (Senf im Zwischenfruchtbau siehe S. 307, Senf als Stützfrucht für Erbsen S. 155.)

VIII.

Die Faserpflanzen

a) Der Flachs oder Lein

Allgemeines

Flachs benötigt zu seinem Wachstum feuchtes, kühles Klima. Daher wächst an der See und im Gebirge der Lein mit der besten Faser. Sein Anbaugebiet erstreckt sich über ganz Deutschland. Je trockener das Klima, um so schlechter wird die Güte der Faser und um so mehr tritt die Samengewinnung in den Vordergrund. In der kurzen Wachstumsperiode von etwa 100 Tagen müssen von der Pflanze verhältnismäßig große Wassermengen aufgenommen werden. Flachs beansprucht mehr Feuchtigkeit als das Getreide.

Vorteile: Sehr gute Vorfrucht sowie günstige Arbeitsverteilung, da die Flachsernte normalerweise vor die Getreideernte fällt.

Bodenansprüche

Tiefgründige, milde humose Lehmböden, auch lehmiger Sand und sandiger Lehm kommen für den Flachsanbau in Frage. Zu bevorzugen sind Böden, die die Bodenfeuchtigkeit gut festzuhalten vermögen. Im allgemeinen ist haferfähiger Boden geeignet. Trokkene Sand- und Kalkböden sowie stark lettige Ton-, moorige und Torfböden sagen nicht zu, auch stauende Nässe verträgt Flachs nicht.

Öllein dagegen, dessen Schwergewicht bei der Samenerzeugung bzw. Ölgewinnung liegt (etwa 26% mehr an Samen gegenüber Faserlein, der wiederum etwa 20% mehr Flachsstroh ergibt), verlangt warme, trockene Lagen. Er hat ein um etwa 14 Tage längeres Wachstum, eine viel tiefere, auch im Untergrund gleichmäßig verzweigte Bewurzelung und deshalb besseres Aneignungsvermögen für das Bodenwasser und die Nährstoffe des Untergrundes. Öllein wird also in Trockengebieten zu bevorzugen sein, und zwar auch dort, wo Raps und Rübsen sowie Mohn nicht mehr anbauwürdig sind.

Vorfrucht

Bei der Wahl der Vorfrucht ist darauf zu achten, daß diese den Acker in einem unkrautfreien Zustand hinterläßt, da sonst ganz erhebliche Mehrarbeit entsteht. Auf guten, nährstoffreichen Böden wird Flachs am besten nach Getreide gestellt, um der Lagergefahr vorzubeugen. In nicht zu trockenen Gebieten steht Hafer an erster Stelle, wenn es vor allem auf die Güte der Faser ankommt. Da er aber dem Boden sehr viel Wasser entzieht, kann Sommergerste gegebenenfalls den Vorrang haben. Auch Winterroggen nach Hackfrucht kommt in Frage.

Je ungünstiger aber die Bodenverhältnisse sind, desto besser muß die Vorfrucht sein. Unter nicht zu günstigen Bedingungen wächst Lein nach Kartoffeln gut, zumal diese meist einen unkrautfreien Acker hinterlassen, worauf bei Flachs besonders Wert zu legen ist. Die mehr Feuchtigkeit beanspruchenden Rüben scheiden dagegen in Trockengebieten aus. Geeignet sind auf nicht zu guten Böden auch einjähriger Klee und Hülsenfrüchte (S. 43).

Mit sich selbst ist Flachs unverträglich, er darf daher erst nach 6—7 Jahren wieder auf demselben Schlag angebaut werden. Flachs ist (sofern das Feld einen guten Bestand aufweist) eine gute Vorfrucht für Wintergetreide, besonders für Weizen.

Bodenbearbeitung

Flachs verlangt eine fast gartenmäßige Bestellung. Unkrautfreies Feld ist Bedingung, sonst entsteht mühsame Jätarbeit! Denn die Leinpflanze beschattet den Boden nur wenig, so daß sich das Unkraut stark entwickeln kann.

Die Saatfurche muß auf jeden Fall schon im Herbst gegeben werden. Im Frühjahr kommt nach dem zeitigen Abschleppen des Ackers, soweit erforderlich, nur der Grubber und zur Unkrautvernichtung mehrfach die Feinegge, im Notfall — bei starker Verschlämmung im Winter — der Schälpflug zur Anwendung. Gegen Bodenverdichtungen ist Flachs sehr empfindlich.

Loser Boden ist unbedingt durch Walzen zu festigen, da Flachs gleich der Rübe ein festes Saatbett verlangt.

Düngeransprüche

Der Nährstoffbedarf ist kurz vor der Blütenknospenbildung bis zur Vollblüte am höchsten. Dann wandern die Nährstoffe wieder allmählich in größeren Mengen, als sie von der Pflanze aufgenommen wurden, in den Boden zurück. (Daher gute Vorfrucht!) Infolgedessen müssen sämtliche Nährstoffe schon für die Jugendentwicklung des Leines in vollem Umfang und in gelöster Form zur Verfügung stehen.

Kali und Thomasphosphat, bei starker Versauerung des Bodens auch Kalk, sind also möglichst schon im Herbst in den Boden zu bringen. Superphosphat oder Rhenania-Phosphat werden bei der Bodenbearbeitung im Frühjahr und Stickstoff kurz vor der Saat ausgestreut. Bei Flachs ergeben chloridhaltige Salze eine etwas weichere, schwefelsaure dagegen eine sprödere Beschaffenheit der Faser.

Stickstoff: 1 bis höchstens 2 dz/ha schwefelsaures Ammoniak. Wegen der Lagergefahr, Erzeugung eines grobstengeligen, ästigen Flachses und Förderung des Unkrautwuchses ist möglichst kein Salpeterstickstoff anzuwenden. Die Stickstoffdüngung muß auf jeden Fall geringer als die Kali- und Phosphatdüngung sein! Unter sehr günstigen Boden- und Vorfruchtverhältnissen kann eine Stickstoffdüngung zur Vermeidung der Lagergefahr sogar unterbleiben.

Öllein mit seiner höheren Standfestigkeit verträgt etwa die doppelte Stickstoffmenge (2,5—3,5 dz/ha).

Phosphorsäure: 2—3 dz/ha Superphosphat, möglichst kein Thomasphosphat (kalkhaltig). Phosphorsäure begünstigt die Samenbildung. Daher bei Öllein bis zu 4 dz/ha verabreichen.

Kali: 2—3 dz/ha hochprozentiges, am besten jedoch schwefelsaures Kali (zur Bildung einer guten Faser). Flachs hat ein hohes Kalibedürfnis! Fasergüte und Lagerfestigkeit werden durch reichliche Kaligaben wesentlich verbessert!

Kalk: Flachs liebt einen neutralen bzw. schwach kalkhaltigen Boden, mit einer pH-Zahl von 6,5—7. Er ist aber gegen einen zu hohen Kalkgehalt wie auch gegen direkte Kalkung empfindlich. Kalk macht die Faser leicht spröde und brüchig, so daß Lagergefahr und Qualitätsminderung die Folge sind, es sei denn, daß nur grobgekörnter, langsam löslicher und nicht feinstgemahlener Staubkalk (Branntkalk) verwendet wird. Flachs gedeiht aber auch noch gut auf einem schwach sauren Boden (pH-Zahl 5,5—6,4).

Öllein verträgt und verlangt etwas höhere Kalkgaben.

Stalldung, Jauche und Gründüngung dürfen nicht gegeben werden. (Verunkrautung, ungleichmäßige Nährstoffverteilung, dadurch ungleichmäßiger Wuchs, Lagergefahr, grobstengeliger, ästiger Flachs mit wenig Fasergehalt.)

Faserlein

Sorten

Endreß' Faserlein: mittelfrüh, gut standfest, für alle Flachsböden.

Weitere Sorten: Bavaria; Eckendorfer Arminius; Heges Faserlein II; Medra.

Öllein

Endreß' Deutscher Öllein: (1943) spätreif, mittelhoch, verlangt frühe Aussaat; gute Samen- und Ölerträge.

Ölfaserlein

Endreß' Kreuzungslein: Kreuzung zwischen Faser- und Öllein. Kann durch Mähen geerntet werden.

Aussaat

Frühzeitige Aussaat, Ende März / Anfang April bis spätestens Mitte April, möglichst nach dem Sommerweizen (nur bei starker Nachtfrostgefahr bis Anfang Mai), trägt, abgesehen von den zu erwartenden höheren Erträgen, mit zur Erzielung einer guten Faser bei. Sobald die Pflänzchen einige Tage alt sind, richten 3—4° Kälte keinen Schaden mehr an.

Frühsaaten überstehen auch spätere Trockenzeiten am besten und sind daher besonders auf den leichteren Böden angebracht. Nur bei

Frühsaat fällt die Flachsernte vor die Roggenernte. (Wichtig wegen Arbeitsverteilung und Zwischenfruchtbau.) Spätsaaten sind auch dem Erdflohbefall mehr ausgesetzt. Nur Frühsaaten bringen langes Stroh von guter Qualität.

Saatmenge: Im Mittel 130—140 kg/ha. Je schwächer die Aussaat, je größer die Reihenentfernung, um so höher ist der Samenertrag, desto geringer aber die Langfaserausbeute. Die Pflanzen werden grob, holzig und verästeln stark. Zur Erzielung einer hohen Faserausbeute ist aber eine gleichmäßige und dünne Stengelbildung Voraussetzung. Im umgekehrten Fall ergibt sich zwar eine hochspinnfähige Langfaser, doch lagert derartig gesäter Flachs sehr leicht.

Bei Öllein sind 80—100 kg/ha das Richtige.

Saattiefe: 1—2 cm, also möglichst flach. — Reihenentfernung: Am besten wähle man enge Reihen (10—12 cm) ohne Hacke, sonst schmale Doppelreihen (2—3 cm) und 15—16 cm zwischen den Doppelreihen. In Trockengebieten soll der Reihenabstand auf jeden Fall unter 15 cm bleiben, (möglichst unter 12 cm oder sogar Breitsaat).

Öllein kann auf 20—22 cm Reihenentfernung gestellt werden, damit er sich zu Erzielung eines guten Samenansatzes stark verzweigt.

Als Unterfrucht können in nicht zu trockenen Lagen Möhren mit Flachs zusammen ausgedrillt werden. (Siehe S. 270.) Dies drückt allerdings etwas auf den Leinstrohertrag.

Eine Bodenverkrustung bald nach der Saat ist durch einen vorsichtigen Eggenstrich zu beheben, nach der Keimung dagegen mit der Cambridgewalze.

Pflegemaßnahmen

Rechtzeitige Entfernung des Unkrautes ist beim Flachs besonders wichtig, da dieses, abgesehen von dem Nährstoffentzug, auch bei Verarbeitung der Faser hinderlich ist und daher eine geringere Bewertung erfolgt. Das spätere Entfernen des stehengebliebenen Unkrautes bei der Ernte erfordert erhebliche Mehrarbeit. Unkrautjäten mit der Hand ist der Hackmaschinenarbeit wegen größerer Schonung der jungen Flachspflanzen vorzuziehen. Besser ist dann noch die Handhacke zu verwenden. Der Boden darf beim Jäten bzw. Hacken nicht feucht sein.

Bei starker Verunkrautung durch Ackersenf, Hederich, Ackerhellerkraut usw. kann bei sonnigem, warmem Wetter auf die trockenen Unkrautpflanzen bei 15 cm Pflanzenhöhe (nicht darunter, sonst Pflanzenschädigungen!) und darüber mit BNP 30 „Hoechst" bzw. „Schering" gespritzt werden. (Siehe Seite 113.)

Hack- bzw. Jätezeit: bei einmaligem Jäten bei 10—15 cm Pflanzenhöhe, bei zweimaligem Jäten bei 6—8 cm und 15 cm Pflanzenhöhe. Durch spätes Hacken bei etwa 25 cm Höhe wird die Faserausbeute durch Bildung des nicht erwünschten Knotenstrohes ungünstig beeinflußt. Noch vorhandenes Unkraut muß dann auf jeden Fall mit der Hand gejätet werden, um den Faserwert nicht zu mindern. Besonders die rankenden und den Flachs herniederziehenden Unkräuter, wie Flachsseide, Labkraut und Winde sind zu entfernen, aber auch Lolch, Leindotter und Knöterich, deren Samen sich nur schwer von denen des Leines trennen lassen. Leindotter wirkt besonders ertragsdrückend, da bei Regen aus den Blättern Hemmstoffe ausgewaschen werden.

Flachsernte

Zeitpunkt

Frühzeitig, d. h. Ende März bis Ende April ausgesäter Flachs wird noch vor Beginn der Roggenernte reif.

Die Flachsernte erfolgt im Stadium der Gelbreife, d. h. wenn etwa zwei Drittel der Blätter von unten aus abgefallen bzw. abgestorben sind und der Stengel zu zwei Drittel zeisiggelb geworden ist. Dann fangen die Samenkapseln eben an, eine hellgelbbraune Farbe zu zeigen, die Samen sind voll ausgebildet und beginnen sich zu bräunen. Während bei zu zeitig geerntetem, grünem Flachs die Faser noch nicht voll entwickelt und der Samen noch nicht ausgereift ist, verliert die Faser bei Überreife an Festigkeit und Wert, sie ist schon zu sehr verholzt, der Samen fällt sehr leicht aus und geht verloren. Flachs darf daher auch nicht erst in der Vollreife gerauft werden.

Raufen

Durch Abmähen wird der Faserwert beeinträchtigt (die untersten Stengelteile liefern die beste Faser; auch würden die in der Stoppel verbleibenden Faserteile verloren gehen und sämtliche auf dem Felde stehenden Unkräuter mitgeerntet werden). Daher muß Flachs mitsamt den Wurzeln aus der Erde gezogen werden. Dieses sogenannte „Raufen" ist am besten in den frühen Morgenstunden vorzunehmen, weil die durch die Taubildung vorhandene Bodenfeuchtigkeit das Raufen wesentlich erleichtert. Nur auf bindigerem Boden bleibt zu viel Erde an den Wurzeln kleben, auch werden die Stengel leicht schmutzig und unansehnlich, so daß hier das Raufen erst nach dem Abtrocknen vom Regen und Tau durchzuführen ist. Zu trokkener Boden dagegen erschwert das Ausziehen des Flachses.

Beim Raufen mit der Hand ist etwaiges Unkraut stehen zu lassen.

Die Flachsstengel werden unterhalb der Samenkapseln, also ziemlich hoch, umfaßt, damit das kürzere Unkraut stehen bleibt, und rückwärts gehend mit kurzem Ruck schräg nach hinten aus der Erde gezogen, so daß die Stengel nacheinander aus dem Boden reißen. Die „Handvollen" werden dann auf den Erdboden tadellos aufgestoßen, damit die an den Wurzelenden anhaftenden Erdteile abfallen und die Stengel in gleicher Höhe zu stehen kommen. Letzteres ist besonders wichtig, da durch jegliche Verwirrung des Stengelmaterials der Wirrstrohanteil bei der späteren Entsamung zunimmt und die Langfaserausbeute geringer wird. Flachsstroh verliert also dadurch an Wert. Sorgfältige Arbeit wird entsprechend bewertet, andernfalls gibt es Preisabzüge. Auch die Bündelung und das richtige Stapeln im Waggon wird dadurch erleichtert.

Arbeitsleistung: Eine Person bei zehnstündiger Arbeitszeit 6—10 a. — Für größere Flächen findet die Flachsraufmaschine Verwendung, die 2—2½ ha am Tage schafft. Bei stark verunkrauteten Beständen versagt die Maschine aber völlig.

Nach dem Raufen wird der Flachs reihenweise flach auf dem Erdboden ausgebreitet, wobei etwa noch nicht erfaßtes Unkraut auszulesen ist. Flachs darf nach dem Raufen nicht gleich aufgestellt werden, sondern muß bei normalen Witterungsverhältnissen etwa 12—24 Stunden zum Trocknen liegen bleiben, bis die

Stengel genügend steif geworden sind. Krummer Flachs, der bei sofortigem Aufstellen nach dem Raufen entsteht, ist später sehr schwer zu verarbeiten! Da die Stengel gleichmäßig austrocknen müssen, darf Flachs also nur in dünner Schicht ausgebreitet werden. Bei ungünstiger Witterung ist er am besten mit einer Stange vorsichtig zu wenden. Bei sehr starkem Unkrautbesatz unterbleibt das Wenden aber besser.

Der geraufte Flachs soll nur so lange auf dem Boden liegen bleiben, bis er die zum Aufstellen notwendige Festigkeit erreicht hat.

Aufstellen in Puppen oder Kapellen

Was morgens gerauft wird, kann gegebenenfalls schon abends in Kapellen aufgestellt werden, günstiges Wetter vorausgesetzt. Anderenfalls wird Flachs am folgenden Tag zu Puppen, die dem Wind besser widerstehen, oder dachförmig gegeneinander in etwa 1 m langen Kapellen aufgesetzt, und zwar *ungebunden*. Dies ist besonders wichtig, weil bei eintretendem Regen sich sonst das Wasser an der Bindestelle staut und dadurch die Faser in Mitleidenschaft gezogen wird und auch die Luft besser die einzelnen Stengel trocknen kann.

Hierbei ist darauf zu achten, daß die oben aufliegenden Stengel jedes Schwades in das Innere der Kapelle kommen, während die unteren, also auf dem Boden liegenden Stengel nach außen hin aufgestellt werden. Dadurch wird eine wesentlich gleichmäßigere Färbung des Flachses erzielt. Werden die beiden Hälften der Kapelle mit den Kapseln etwas ineinandergeschoben, läßt sich ein ziemlich fester Stand erreichen.

Damit die Reihen besser von der Sonne beschienen werden, sollen diese möglichst von Norden nach Süden verlaufen. Allerdings wird der Flachs bei zu starker Sonnenbestrahlung spröde.

Flachs braucht zum Trocknen je nach den Witterungsverhältnissen 7—14 Tage. Er darf nicht länger stehen bleiben, als unbedingt nötig ist, sonst werden die äußeren Stengel schwarz, beginnen bereits zu rösten und es gibt ein ungleichmäßiges, streifiges, daher minderwertiges Erzeugnis. Auch tritt ein Verlust an Samen durch Ausfall und Vogelfraß ein.

Aufbinden und Einfahren

Kurz vor dem Einfahren, d. h. also, sobald die Stengel vollkommen trocken sind, aber nicht früher, wird der Flachs mit einem Garbenband (ungefärbte Bänder oder Erntebindegarn) bei einem Bunddurchmesser von etwa 30—35 cm sauber aufgebunden. Farbige Bänder können bei der Verarbeitung die Qualität des Flachses schädigen. *Unter keinen Umständen dürfen Strohseile oder Draht hierbei Verwendung finden*, da sonst die Verarbeitung gehemmt wird. Desgleichen ist Flachsstroh nach Möglichkeit zu vermeiden, da dieses einen größeren Arbeitsaufwand bedingt, insbesondere aber eine erhebliche Materialvergeudung mit sich bringt. Die Bunde müssen in der Röste wieder aufgeschnitten werden und das zerschnittene Band liefert nur noch Werg. *Aufgebundener Flachs muß sofort in die Scheune gefahren werden.*

Aufreutern von Flachs

Bei unsicherer Witterung ist das Aufreutern des Flachses zu empfehlen. Verwendung finden in erster Linie normale Dreibockreuter, die etwa 80 Garben fassen. Der 3—4 Tage nach der Raufe gut abgetrocknete Flachs wird vom Schwad weg aufgebunden und, an den drei Ecken beginnend, so auf die Reuter gepackt, daß die Wurzelenden nach außen zu liegen kommen und in der Mitte etwas Luft bleibt. Dabei ist auch darauf zu achten, daß das Flachsstroh nicht den Boden berührt. Der Reuter verjüngt sich nach oben und erhält als Abschluß eine aus zwei zusammengebundenen, umgestülpten Flachsgarben gebildete Kappe, deren Wurzelenden fächerartig nach allen Seiten gleichmäßig auseinanderfallen. Besser noch ist eine Strohkappe.

Die Samen können nun gut ausreifen, auch bleibt die Faserqualität bestmöglich erhalten. Nach etwa 3—4 Wochen wird der Flachs dann eingefahren. Selbstverständlich darf Flachs bei Regenwetter nicht aufgereutert werden.

Entsamen

Flachs kann entweder in nicht entsamtem Zustand oder auch getrennt als Samen und Stroh abgeliefert werden. Das Entsamen darf nur mit dem Riffelkamm oder durch Klopfen, nicht aber durch Dreschen, erfolgen, weil hierbei die Faser zerstört wird, was in der Röste zu größeren Verlusten führt. Gedroschenes Flachsstroh wird nur als Wirrstroh bewertet, da es keine Langfaser sondern nur die weniger wertvolle Kurzfaser ergibt. — Das entsamte Stroh ist, wieder sorgfältig gebündelt, an die zuständige Röste abzuliefern. — Bessere Preise lassen sich dadurch erzielen, daß der Anbauer die Röste in Form der Tauröste selbst durchführt, die unter normalen Umständen in 3—5 Wochen beendet ist. Allerdings will diese Arbeit verstanden sein.

Auf jeden Fall macht sich sorgfältiges Arbeiten bei der Flachsernte sehr bezahlt und wird die aufgewendete Mühe auch durch eine entsprechende bessere Bewertung des Flachsstrohes belohnt!

Öllein

Öllein wird erst in der Vollreife gerauft, da hier der Samenertrag ausschlaggebender ist als die Faserqualität. Bei größeren Flächen kann er ohne weiteres mit dem Getreidebinder gemäht und später mit der Maschine gedroschen werden.

Ertrag

Mittlere Erträge/ha bei Fasergewinnung: 30—40 dz Stengel (Strohflachs), 8 dz Körner. Öllein bringt etwa doppelte Samenerträge, während die Strohmenge 25—30 % unter der des Strohflachses liegt.

Leinsamen liefert 28% Öl und 72% Leinkuchen.

Neben dem Faser- und Samenertrag spielt auch die Spreugewinnung von etwa 6 dz/ha für Futterzwecke (Rind und Schwein) beim Flachsanbau eine nicht zu unterschätzende Rolle.

b) Der Hanf

Hanf ist eine einjährige Pflanze zur Faser- und Ölgewinnung mit geringen Pflegeansprüchen.

Hanf ist zweihäusig, d. h. männliche (mit Staubgefäßen) und weibliche Blüten (mit Stempeln) befinden sich auf verschiedenen Pflanzen, und zwar im Verhältnis von 40—45 : 60—55. Die sich daraus ergebenden Ernteschwierigkeiten (S. 190) sollen durch Züchtung von einhäusigem Hanf oder gleichzeitig reifendem Hanf behoben werden.

Die Vegetationsdauer beläuft sich auf 130—150 Tage. Die Pflanze liebt warmes, feuchtes Klima und gerät daher in Flußtälern und Bachniederungen besonders gut.

Bodenansprüche

Hanf gedeiht vor allem auf tiefgründigem, stickstoff- und kalkreichem Niederungsmoor, kommt aber auch auf humosem Lehmboden fort. Hochmoore sind für den Hanfanbau ungeeignet. Bei Mineralböden ist auf tiefe Lockerung zu achten. Am besten eignet sich sandiger Lehm- und lehmiger Sandboden, dagegen nicht flachgründige Mineralböden, zäher Ton, Lehm sowie trockener Sand.

Der Acker muß vor Winter tief gepflügt werden. Im Frühjahr ist der Boden mittels Wühlgrubber nochmals sorgfältig zu lockern. Bei zur Lockerheit neigenden Moorböden ist hinter dem Pflug gleich eine schwere Walze anzuwenden, um die Gefahr eines Vermullens zu vermindern und den zur geregelten Wasserführung erforderlichen Bodenschluß herbeizuführen.

Der Grundwasserstand muß mindestens 60 cm, besser aber noch tiefer liegen. Stauende Nässe und anhaltende Trokkenheit verträgt Hanf als Pfahlwurzler nicht, auch darf der Boden nicht sauer sein. Frisch entwässerte, versumpft gewesene Flächen dürfen nicht sofort mit Hanf bestellt werden, da der noch untätige Boden dem Hanf nicht zusagt. Hier wird zunächst ein kurzlebiges Kleegrasgemisch oder Leguminosengemenge angebaut.

Vorfrucht

Hanf wächst gut auf trockengelegten Teichen und Wiesenumbruch, (besonders vor der Neusaat und für diese sehr vorteilhaft). Er zersetzt die Grasnarbe gut, wobei auch sonst schwer zu bekämpfende Wurzelunkräuter, wie Duwock (Sumpfschachtelhalm) und Disteln, vernichtet werden, und schafft eine gute Bodengare. Ferner kommen Hackfrüchte und Getreide als Vorfrüchte in Frage. Hanf ist mit sich selbst sehr verträglich und kann unbedenklich mehrere Jahre hintereinander angebaut werden.

Nach Grünlandumbruch, der bereits im Herbst erfolgen muß, wird zur Zerkleinerung von Rasenstücken am besten die Scheibenegge eingesetzt, damit die alte Narbe nicht nach oben kommt. (Siehe Seite 364.) Nach der Saat ist dann nochmals zu walzen, damit die Samen genügend Feuchtigkeit zum Keimen in der Krume vorfinden.

Da Unkraut bei dichtem Stand unterdrückt wird, und infolge der guten Schattengare, ist Hanf eine gute Vorfrucht für Weizen, Kartoffeln und Zuckerrüben.

Düngung

Hanf ist lagerfest, so daß durchaus starke Düngemittelgaben angebracht sind. Zu empfehlen sind auf Mineralböden etwa 4—5 dz/ha schwefelsaures Ammoniak auf humusreichen, tiefgründigen Niederungsböden genügen 1—2 dz/ha.

Zu verabfolgen sind ferner 3—4 dz/ha Phosphorsäure, möglichst in Form des kalkhaltigen Thomasphosphat bzw. Rhenania-Phosphat oder Hyperphos (nur bei Niederungsmoor als Superphosphat) und 3—4 dz/ha 40% Kali (oder die dreifache Menge Kainit).

Mäßige Kalkgaben sind ebenfalls angebracht, da der Hanf gegen Bodensäure sehr empfindlich ist. Niederungsmoore haben meist einen genügenden Kalkvorrat, anmoorige und Mineralböden dagegen nicht.

Da Hanf gegen eine Kopfdüngung empfindlich ist, muß sämtlicher Handelsdünger vor der Saat ausgestreut werden.

Auch Stallmist kann verabreicht werden. Lagerung ist bei normalen Hanfbeständen nicht zu befürchten.

Sorten im Handel (seit)

R a m o: (1959) besitzt nur noch geringen Anteil männlicher Pflanzen, dadurch größere Gleichmäßigkeit bei der Faserreife.

V. P f e t t e n s W e i h e n s t e p h a n e r: (1949) mittelspät, sehr hochwüchsig, für Moorböden.

Aussaat

S a a t z e i t: Mitte April / Mitte Mai, bei zu erwartenden Spätfrösten (Moorböden) letzteren Termin wählen bis Ende Mai. Während der Keimung ist Hanf frostempfindlich, späterhin nicht. Er verträgt daher die üblichen Spätfröste im Mai, besonders dann, wenn die Saat nach der Bestellung kräftig angewalzt wurde. Der Acker muß bei der Bestellung genügend abgetrocknet sein, darf also nicht schmieren. Moorböden sind vor der Saat mehrfach zu walzen (Bodenschluß).

S a a t m e n g e (zur Faser- und Samengewinnung): 80—100 kg/ha, auf guten Böden etwas mehr, damit zu dicke Stengel vermieden werden. Bei Dünnsaat werden die Hanfstengel leicht zu grob und bei günstigen Bodenverhältnissen auch zu lang, wodurch sich Ernteschwierigkeiten ergeben. Auf Moorböden nicht unter 100 kg Saatstärke.

S a a t t i e f e: 4—5 cm. Tiefere Saat gibt dem Keim, vor allem auf Moorböden, genügend Feuchtigkeit und schützt vor Vogelfraß. Auch ist die Anwendung der Unkrautegge vor Aufgang der Saat möglich.

R e i h e n e n t f e r n u n g: 18—22 cm.

Nach der Drillmaschine folgt eine schwere Walze mit angehängter, leichter Egge.

Pflege

Vor Auflaufen der Saat ist eine Feinegge zur Unkrautvernichtung zweckmäßig. Infolge der schnellen Jugendentwicklung — Hanf deckt den Boden bereits 3—4 Wochen nach der Aussaat völlig — erübrigt sich, abgesehen bei starker Verunkrautung, eine Hacke. Nur auf Mineralboden kann evtl. eine Maschinenhacke zur Offenhaltung des Bodens angebracht sein.

Schwammiger Hanf (Gummihanf) läßt sich in der Röste nicht verarbeiten. Er findet sich gelegentlich bei mehrjährigem aufeinanderfolgendem Hanfanbau. Der Stengel ist weich und schwammig und wächst an dem Boden entlang. Es ist ein Zeichen für Kupferarmut des Bodens. Eine Gabe von 75 kg/ha Kupfersulfat reicht für 5—6 Jahre aus.

Ernte

Hanf ist, je nach der Saatzeit, Anfang bis Mitte September erntereif. Dann beginnen die weiblichen, samentragenden Pflanzen gelb zu werden und abzusterben, während die Blätter der kleiner bleibenden männlichen Pflanzen (Femelhanf) bereits im August abgestorben sind. Zu dieser Zeit sind auch in mindestens zwei Dritteln des Fruchtstandes an der weiblichen Pflanze die Samen ausgereift und die Blätter fast restlos abgefallen. Die Samenkapseln fangen an aufzuspringen und die silbrig glitzernden Samen werden durch die grünen Hüllspelzen sichtbar.

Während bei einer zu frühen Ernte die Trocknung, insbesondere der weiblichen Pflanzen, große Schwierigkeiten bereitet und die Samenstände selbst bei bester Witterung verschimmeln, knicken die männlichen Pflanzen bei zu später Ernte zusammen und liefern eine schlechte Faser (Wirrstroh). In Zweifelsfällen ist es aber richtiger, den Schnittzeitpunkt etwas hinauszuzögern.

Bei nicht zu hohem Stand (2 m) kann mit dem Getreideableger gemäht werden, gegebenenfalls auch mit dem Getreidebinder. Bei höherem Bestand (etwa 3 m) ist ein verbreiterter, mit langer Haspel versehener Spezial-Hanfbinder oder der Grasmäher mit Handablage zu verwenden. Der Schnitt erfolgt mit möglichst kurzer Stoppel. Nach dem Mähen wird Hanf in kleine Bündel von etwa 20 cm Durchmesser mit Hanfstroh eingebunden und in größeren Puppen aufgestellt. Sehr langer Hanf muß doppelt gebunden werden.

Sobald die Pflanzen völlig trocken und die Blätter, die beim Aufladen abfallen, vertrocknet sind, was bei günstigem Wetter nach 8 bis 10 Tagen der Fall ist, erfolgt das Einfahren bzw. Dreschen. Zu beachten ist, daß Hanf bei Lagerung im Freien schnell an Wert verliert. Er soll daher auch nicht länger, als zur Feldtrocknung benötigt wird, draußen stehen bleiben.

Der ölhaltige Hanfsamen (32%) muß besonders in der ersten Zeit auf einem luftigen Schüttboden dünn ausgebreitet und regelmäßig umgeschaufelt werden.

Erträge im Mittel/ha: 50—60 dz Faserhanf, 5—10 dz Samen. Es sind aber auch Ernten von 60—100 dz Faser durchaus möglich. Allerdings reagiert Hanf auf ungenügend entwässerte, nasse Stellen und auf Bodenunterschiede innerhalb eines Feldes sehr stark.

IX.

Der Hackfruchtbau

a) Die Kartoffel

Die Kartoffel bringt neben der Zuckerrübe die höchsten Erträge je Flächeneinheit. Sie gilt als ideale Getreidevorfrucht und bildet die Grundlage der Schweinehaltung.

Bodenansprüche

Die Kartoffel liebt einen frisch gepflügten, gut durchlüfteten und warmen Boden. Am besten ist tiefgründiger, milder, humoser, lehmiger Sand oder sandiger Lehm geeignet. Auf schweren, lehmigen Böden sind die Kartoffeln durch den fest an den Knollen haftenden Lehm in ihrer Atmung behindert, so daß die Pflanzen in der Entwicklung zurückbleiben. Auch die Anfälligkeit gegen Krankheiten nimmt zu. Schwerer, zäher Ton und magerster Sand, sowie nasse Lagen sagen der Kartoffel ebenfalls nicht zu. Frühreifende Sorten stellen an die Bodenverhältnisse größere Ansprüche als die späten Sorten. Auf Moorböden treten leicht größere Schäden durch Spätfröste ein. Starke Beschattung durch Obstbäume, Waldrand usw. hemmen die Knollenentwicklung, weniger die des Krautes.

Die Wachstumsdauer liegt, je nach Sorte, zwischen 70 und 180 Tagen. Wärme und Trockenheit vor der Blüte begünstigen Entwicklung und Ertrag. Der größte Feuchtigkeitsbedarf ist für Treib- und Frühkartoffeln im Mai / Juni, während mittelfrühe bis mittelspäte Sorten im Juli und spätreifende Sorten bis etwa Mitte August ihren größten Wasserbedarf haben. (Das benötigte Keimwasser ist in der Knolle vorhanden.)

Vorfrucht

In der Regel Wintergetreide (Roggen, Wintergerste oder Hafer, weniger günstig spätreifender Weizen), möglichst mit Gründüngungseinsaat oder Stoppelgründung. Nicht geeignet ist als Vorfrucht Mais, der besonders auf den leichteren Böden den Nährstoffvorrat sehr angreift, so daß trotz Stallmistdüngung kein guter Kartoffelbestand zu erzielen ist. Auch nach Landsberger Gemenge, das dem Boden viel Feuchtigkeit entzieht, gehören keine Kartoffeln. (Siehe S. 43 und S. 313.)

Als beste Vorfrüchte gelten Klee und Luzerne, die gegenüber der Getreidevorfrucht durchschnittlich etwa ein Drittel Mehrertrag bringen. Gut wächst die Kartoffel auch auf Neuland und nach Grünlandumbruch. Die hierbei häufig auftretenden Drahtwürmer schaden der Kartoffel nicht in dem Maße wie etwa dem Hafer. Auch mit sich selbst ist die Kartoffel verträglich, doch empfiehlt es sich, wegen der Vermehrung von Schädlingen (Kartoffelnematode) einen dreijährigen Abstand einzuhalten. Mohn als Nachfrucht nicht geeignet (S. 178)!

Zeitpunkt des Pflügens

Die Bearbeitung der Kartoffelschläge soll bereits nach Freiwerden der Getreidefelder mit dem Stoppelschälen beginnen.

Der Kartoffelacker wird je nach Bodenbeschaffenheit noch vor Winter oder aber erst im Frühjahr tief gepflügt. Die Herbst- bzw. Winterfurche ist dort angebracht, wo es sich um schweren, bindigen Boden handelt. Hier wird im Frühjahr mit Hilfe des Grubbers oder Schälpfluges nur flach gelockert. Das gleiche trifft für trockene Sandböden zu, denen durch die Frühjahrsfurche zu viel Winterfeuchtigkeit entzogen würde, und bei stark moorigen Böden (zu große Auflockerung). Auch zu Frühkartoffeln ist auf jeden Fall schon vor Winter zu pflügen.

Bei allen übrigen Böden kann die Pflugfurche dagegen unbedenklich erst im Frühjahr, sogar kurz vor dem Pflanzen, gezogen werden, zumal die Kartoffel eine frische Pflugfurche, also lockeren, luftreichen, erwärmten Boden liebt. Dadurch läßt sich auch dem auf vielen Betrieben herrschenden Stallmistmangel besser begegnen, da es meist nicht möglich ist, alle Hackfruchtschläge bereits im Herbst abzudüngen. Allerdings muß der Dung, der unmittelbar vor dem Pflanzen gegeben wird, völlig verrottet sein. Sonst gibt es in trockenen Jahren leicht Fehlschläge, namentlich bei feuchtigkeitliebenden Sorten.

Der Acker muß beim Pflügen im Frühjahr nicht nur an der Oberfläche, sondern bis auf volle Pflugtiefe trocken sein, so daß er über das Streichblech krümelt! In nassem Zustand gepflügter Boden verliert erheblich an der so wichtigen Gare, was sich nicht nur auf den Kartoffelertrag, sondern meist auch noch auf die nachfolgende Frucht ungünstig auswirkt! Dies ist besonders auch bei der Unterbringung von Gründüngung zu beachten. Dem Pflug muß sofort die Egge oder Schleppe folgen, am besten mit dem Pflug gekoppelt.

Stallmist soll auf besserem Boden im Herbst, auf leichteren Böden erst im Frühjahr (Nährstoffverluste) flach eingepflügt werden, jedoch im Frühjahr nicht zu flach, da er sonst das Furchenziehen beim Pflanzen stört. Aufbringen von Stallmist nach dem Ziehen der Furchen unmittelbar vor Legen der Kartoffeln hat sich nicht bewährt.

Gründüngung ist zur Vermeidung größerer Stickstoffverluste auf leichtem und mittlerem Boden zweckmäßig erst im Winter oder zeitigen Frühjahr etwa 15—20 cm tief unterzubringen, nachdem diese einige Zeit vorher niedergewalzt oder mit der Scheibenegge bearbeitet wurde, um die Verrottung der Pflanzenmassen einzuleiten. Versuche haben eindeutig ergeben, daß auf leichteren Böden erst im Frühjahr untergepflügte Gründüngungslupinen den nachfolgenden Kartoffeln viel größere Mengen an Stickstoff hinterlassen (bis 2 dz/ha) als bereits vor Winter untergebrachte Lupinen. Auf schwerem Boden wird Gründüngung dagegen besser schon im Herbst untergepflügt, es sei denn, daß Schafe vorhanden sind. (Siehe auch unter Gründüngung S. 77.)

Kann in stark hackfruchtbauenden Betrieben der eine oder andere

Schlag im Frühjahr nicht gleich zur Saat vorbereitet werden, sondern muß bis etwa Mitte Mai liegen bleiben, empfiehlt sich nochmaliges Schälen im März/April. Dadurch wird das im Herbst und Frühjahr aufgelaufene Unkraut, welches an der Bodenfeuchtigkeit zehrt, vernichtet, und der über Winter verhärtete Boden aufgelockert. Diese zweite Schälfurche trägt also erheblich zur Erhaltung der Winterfeuchtigkeit bei. (Mehrertrag bei einem Versuch rd. 20%.)

Düngung der Kartoffeln

Je früher die Sorte, desto früher und besser die Düngung! (Kurze Wachstumsperiode!) Vorgekeimte Frühkartoffeln (Treibkartoffeln), deren Knollenansatz schon 10—14 Tage nach dem Aufgang beginnt, benötigen leicht löslichen, schnell wirkenden Dünger, der ihnen schon bald nach dem Auslegen zur Verfügung stehen muß. Mittelspäte und spätreifende Sorten dagegen beginnen erst 3—4 Wochen nach dem Pflanzen mit der Nährstoffaufnahme.

Stallmist

Wie alle Hackfrüchte ist die Kartoffel eine Stalldungpflanze. Höchsterträge im Kartoffelbau lassen sich aber nur bei gleichzeitiger Anwendung von Wirtschafts- und Mineraldünger erreichen! Zu beachten bleibt, daß die mittelspäten und späten Sorten bessere Stallmistverwerter sind als frühe und mittelfrühe. Die Wirkung des Stallmistes beruht nicht nur auf seinem Gehalt an Pflanzennährstoffen, sondern auch auf seinen bodenverbessernden Eigenschaften. (Für schweren Boden besonders wichtig.) Schafmist S. 46!

Zu Treibkartoffeln soll Stalldung bereits im Herbst, spätestens im Winter, gut verrottet, untergepflügt werden. Da frischer, trockener Schafmist den Schorfbefall der Kartoffeln fördert, ist dieser besonders bei empfindlichen Sorten, zu Speisezwecken, im Frühjahr zu vermeiden. Höhe der Stallmistgaben: 200—250 dz/ha. Größere Mengen werden schlechter ausgenutzt und können Stärkegehalt und Geschmack beeinträchtigen. (Einpflügen von Stalldung siehe auch S. 59—61 und S. 192.)

Gründüngung

Unter allen Kulturpflanzen nutzt die Kartoffel die Gründüngung am besten aus; nur zu Frühkartoffeln ist Gründüngung nicht angebracht, da sie infolge zu langsamer Zersetzung nicht genügend ausgenutzt wird.

Gründüngung wirkt schorfhemmend, auch bauen die Kartoffeln nach Gründüngung im allgemeinen nicht so schnell ab. Durch gut geratene Gründüngung wird der Boden in ganz erheblichem Maße mit Humus und Stickstoff angereichert. Auf leichtem Boden brachte z. B. eine gut stehende Gründüngung mit gelben Lupinen zu Kartoffeln den gleichen Mehrertrag wie eine Stalldunggabe von 200 dz/ha + 4 dz Salpeterstickstoff. Außerdem fällt im Herbst zusätzliches Futter an.

Kartoffeln nach Lupinen vertragen auf den leichten Böden auch eine Trockenperiode weit besser als Kartoffeln, die nur Stalldung erhielten; denn die tiefwurzelnden Lupinen ermöglichen bzw. erleichtern das Tiefeindringen der Kartoffelwurzeln in die feuchteren Bodenschichten.

Nichtstickstoffsammelnde Pflanzen, wie Raps, Rübsen, Roggen, Senf in grünem Zustand eingepflügt, ergänzen dagegen nur den Humusvorrat des Bodens, so daß nachfolgende Kartoffeln zusätzlich normale Stickstoffmengen erhalten müssen.

Bestgeeignete Gründüngungspflanzen auf leicht e m B o d e n sind Serradella (50 kg/ha) oder Stoppellupine (170 bis 190 kg/ha), auch im Gemisch (170 kg Gelblupine + 20 kg Serradella / ha), auf besserem Boden eine Mischung von Lupinen und Peluschken bzw. Wicken (S. 305), Klee-Gras-Untersaat oder einer Mischung von Gelb-Schweden-Weiß-Klee (S. 290—294). Bokharaklee (Steinklee) ist ebenfalls eine geeignete Gründüngungspflanze. (Siehe auch S. 317.)

Grün abgefütterter Raps, Rübsen und Roggen lassen noch eine etwa normale Bestellung zu, Wickroggen und Landsberger Gemenge dagegen nicht. Außerdem zehrt letzteres infolge seiner flachen Bewurzelung stark an dem Wasservorrat des Bodens (auch gareerschöpfende Wirkung) und ist daher, namentlich auf den leichten Böden, für Kartoffeln keine geeignete Vorfrucht. (Siehe S. 43, 191, 313.)

Bewährt hat sich die Einsaat von Inkarnatklee im Herbst (Schaffutter im zeitigen Frühjahr). Gegebenenfalls fährt man den Stallmist beim letzten Frost auf den Gründung aus und läßt ihn, gut gebreitet, einwachsen. Dann steht im Frühjahr ein besonders zeitiges Futter zur Verfügung. Auch wird die Wirkung der Gründüngung durch eine kleine Gabe Stallmist erheblich verbessert.

Jauche

Soll zu Kartoffeln Jauche gegeben werden — am besten zu Frühkartoffeln — ist diese möglichst kurz vor Beginn der Bestellungsarbeiten auszubringen. A l l e r d i n g s g e h ö r t J a u c h e w i e a u c h S a l p e t e r s t i c k s t o f f b e s s e r a u f d e n R ü b e n a c k e r. Denn diese erzeugen Bestände mit unnötig viel Kraut, die bei der Ernte meist enttäuschen. Außerdem beeinflußt der Chlorgehalt der Jauche bei Spätkartoffeln den Stärkeertrag ungünstig.

Stickstoff

S t i c k s t o f f soll die Ausbildung eines möglichst großen Stengel- und Blattwerks bezwecken und ist auch zur Bildung von Stärke notwendig. Er wird, besonders auf alkalischem Boden, in niederschlagsreichen Gebieten und feuchten Jahren sowie auf leichten Böden im allgemeinen recht gut als schwefelsaures Ammoniak verwertet und in dieser Form von der Kartoffel direkt aufgenommen (auch bessere Haltbarkeit im Winter gegenüber mit Salpeterstickstoff gedüngten Kartoffeln). Daher kann Ammoniak auf leichten Böden in nicht zu trockenen Jahren auch noch als Kopfdünger gegeben werden. — Andernfalls kommen Kalkammonsalpeter oder Ammonsulfatsalpeter in Frage, die in trockenen Lagen und auf schweren Böden die gleiche Wirkung zeigen und auf schwerem Boden zu bevorzugen sind.

K a l k s t i c k s t o f f wird zur Düngung und gleichzeitigen Unkrautbekämpfung erst etwa eine Woche nach dem Legen der Kartoffeln oder auch nach erfolgtem weiteren Bearbeitungsgang (Anhäufeln, Abeggen, Abschleppen), jedoch spätestens kurz vor Auflaufen der Kartoffeln in einer Menge von 3—4 dz/ha gestreut. Ist zum Zeitpunkt der Kalkstickstoff-Anwendung der Boden feucht und außerdem der größte Teil der Unkräuter bereits gekeimt, so ist ein besonders guter Unkrautbekämpfungserfolg zu erwarten. Da Kalkstickstoff nicht nur auf die Blätter der Unkräuter, sondern auch auf deren Wurzeln wirkt, beeinträchtigen schwächere Niederschläge nach dem Ausstreuen des Kalkstickstoffs seine unkrautvernichtende Wirkung nicht. Bei trockener Bodenoberfläche empfiehlt es sich, kurz vor dem Kalkstickstoffstreuen mit einer leichten Egge die Wurzeln und Keime der Unkräuter freizulegen. Dadurch können sie vom Kalkstickstoff besser erfaßt werden.

Höhe der Stickstoffgabe: Je nach Bodenqualität und Bodenzustand, Höhe der Stalldünger- bzw. Gründünger-Zufuhr und Kartoffelsorte (späte, krautwüchsige nicht übermäßig mit Stickstoff düngen) 3—4 dz/ha eines 20 % Stickstoffdüngers.

Auf den leichteren, ausgesprochenen Kartoffelböden muß die Stickstoffgabe wesentlich größer sein als auf den besseren, schweren Böden, die ja im allgemeinen nicht so hohe Erträge bringen. Bei fehlender organischer Düngung sind die Stickstoffmengen um 50 % zu erhöhen.

Da spät reifende Sorten Stickstoff besser als solche mit kurzer Wachstumszeit verwerten, erhalten Frühkartoffeln, insbesondere Treibkartoffeln, etwa 50 % über die genannten Mengen, und zwar im Gegensatz zu den mittelspäten und spätreifen Sorten in möglichst leichtlöslicher Form (Kalkammonsalpeter usw.), noch vor dem Pflanzen.

Stickstoffüberdüngung fördert die Krautentwicklung auf Kosten der Knollenbildung und begünstigt Virusinfektionen und damit die Gefahr der Abbaukrankheiten, insbesondere Kraut- und Knollenfäule. Der Pflanzgutwert der Kartoffel wird also beeinträchtigt, so daß zu hohe Gaben zu Saatkartoffelbeständen nicht zweckmäßig sind (2 bis 3 dz/ha). Ferner sind ungleicher Ansatz, wenige und große Knollen, niedriger Stärkegehalt, Reifeverzögerung und geringere Haltbarkeit des Erntegutes die Folge. In Anbetracht der schnellen und üppigen Krautentwicklung lassen sich derartige Schläge auch nur kurze Zeit und sehr ungenau bereinigen, so daß dadurch auch eine etwaige Viruserkrankung verdeckt und eine geeignete Auslese verhindert würde.

Zeitpunkt des Ausstreuens: Stickstoff wird entweder unmittelbar vor dem Auslegen der Kartoffeln oder aber — besonders auf leichten Sandböden — besser erst nach dem Auspflanzen vor dem ersten Hochfahren gestreut. (Beginn der Nährstoffaufnahme nach Bildung der ersten grünen Blatt-Teile.) — Ertragssteigernd wirkt zusätzliche Blattdüngung (S. 100) in Verbindung mit Spritzung gegen Krautfäule oder Kartoffelkäfer — je Spritzung 10 bis 20 kg Harnstoff. Für Konsum- und Stärkekartoffelbau zu empfehlen!

Phosphorsäure

Phosphorsäure stärkt die Widerstandskraft der Kartoffeln gegen Abbauerscheinungen und erhöht den Ertrag an Knollen, Stärkegehalt, Geschmack der Speisekartoffeln sowie Pflanzwert des Pflanzgutes. Phosphorsäuremangel verzögert Knollenbildung und -reife sowie Stärkebildung. Auch leidet die Haltbarkeit in der Miete. Sehr unterschiedliche Größe der einzelnen Knollen deutet auf Phosphatmangel hin.

Höhe der Gaben: 4 dz/ha eines Phosphatdüngemittels, für Frühkartoffeln und den Stärkekartoffelbau 5—6 dz/ha. (Bei Verwendung von Super-Stallmist (S. 54) erübrigt sich Phosphorsäuredüngung.) Phosphorsäure und Kali beim Pflanz- und Stärkekartoffelbau zweckmäßigerweise bereits als Stoppeldüngung zur Gründüngungszwischenfrucht geben, spätestens zur Bestellung im Frühjahr. (Stoppeldüngung siehe S. 90.)

Kali

Die Kartoffel ist eine ausgesprochene Kalipflanze (zur Stärkebildung erforderlich), besitzt aber nur geringes Aneignungsvermögen für Bodenkali. Am besten geeignet ist, besonders auf sauren Böden, Kalimagnesia (Patentkali), 26—30 % Reinkali enthaltend, da frei von den der Kartoffel unerwünschten, den Stärkeertrag drückenden Nebensalzen, dagegen reich an Magnesiaverbindungen, welche die Kartoffel sehr gut verwertet. Ferner das ebenfalls chlorfreie 48—52 % schwefelsaure Kali. (Schwefelsaure Düngemittel wirken auch dem Schorfbefall entgegen.)

Da auf leichten Sandböden und Hochmoorböden oft Magnesiummangel besteht, sollte hier nur Kalimagnesia Verwendung finden. (Siehe Seite 92.)

Bei Magnesiummangel tritt Hemmung der Blattgrünbildung mit nachfolgender heller Fleckung der Blätter ein und Absterben der Zellen vom Blattrand her. Ertrag, Haltbarkeit, Geschmack und äußeres Aussehen des Erntegutes werden dadurch ungünstig beeinflußt. Pflanzen anfälliger gegen Krankheiten und tierische Schädlinge. (Kalkzehrende N-Dünger können Magnesiumwirkung nachteilig beeinflussen.)

Die etwa 2—4 Wochen vor dem Pflanzen der Kartoffeln auszustreuenden Kalimengen belaufen sich auf 3—6 dz/ha Kalimagnesia bzw. 1½ bis 3 dz/ha schwefelsaures Kali. Kartoffeln ohne Stallmist und Gründüngung erhalten die doppelte Menge. — Wesentliche Vorteile bietet die Stoppeldüngung, zusammen mit Phosphorsäure! (siehe S. 90.) Kopfdüngung ist weniger zu empfehlen und wegen der infolge vorgeschrittener Zeit nicht mehr zur vollen Wirkung kommenden Kalidüngung nur als Notbehelf anzusehen. (Patentkali verwenden.)

Verwenden lassen sich auch Volldünger wie Nitrophoska blau, Rustica blau oder Kampka „S“ blau. Diese enthalten ebenfalls schwefelsaures Kali.

40—50%iges Kali (2—4 dz/ha) soll wenigstens 6—8 Wochen vor dem Legen der Kartoffeln, besser schon im Dezember/Januar oder im Herbst ausgestreut werden (Chlorid enthaltend, daher Stärke mindernd).

Kainit kommt wegen schädlicher Nebensalze (Chlor und Kochsalz) für den Stärkekartoffelbau nicht in Frage und für Speisekartoffeln erst in zweiter Linie. Durch die chloridhaltigen Salze werden nicht nur Stärkegehalt und Ertrag herabgedrückt, sondern es leiden auch Schmackhaftigkeit und Haltbarkeit der in diesem Fall wasserhaltigeren Kartoffeln, die in der Miete stärkeren Gewichtsverlusten ausgesetzt sind. Steht kein anderes Kalidüngemittel zur Verfügung, so muß Kainit bereits im Spätherbst, auf jeden Fall aber im frühen Winter, möglichst noch vor Weihnachten, auf den Kartoffelacker ausgestreut werden (8—12 dz/ha). Durch eine spätere Gabe kann der Stärkegehalt bis zu 8 % herabgedrückt werden. Chloridhaltige Salze werden am besten noch von humosen Böden vertragen, am schlechtesten von leichten Sandböden. Da außerdem auf leichten Böden durch eine so frühzeitige Gabe auch Kali ausgewaschen werden kann, ist es dann besser, die Kartoffeln nach reichlich mit Kainit gedüngter Gründüngung zu stellen.

Bei Kalimangel sind die Pflanzen einem stärkeren Blattläusebefall ausgesetzt (Virus-Krankheiten). Kalimangel fördert also den Abbau der Kartoffel. Ferner geringere Haltbarkeit, fader Geschmack.

Kalk

Die Kartoffel liebt zwar schwach sauren Boden, doch verwerten kalkgesättigte Böden Stickstoff und Kali besser als saure Böden, bringen also höheren Knollenertrag. Die Kartoffeln bleiben gesünder und haltbarer und zeigen besseren Geschmack. Auf schweren Böden, die durch Kalk gelockert werden, ist Kalkung notwendiger als auf leichten Böden. Auf sehr kalkarmen Böden zeichnet sich das Kartoffelkraut durch auffallend dunkelgrüne Farbe aus und bleibt im Wuchs zurück. Gleichzeitig nimmt die Anfälligkeit gegen Krautfäule zu.

Kalk wird der Kartoffel zur Vermeidung des Schorfbefalls am besten nach dem Ablaufen, und zwar auf den leichten Böden in Form von kohlensaurem Kalk (20 dz/ha) und auf den besseren Böden als Branntkalk (10 dz/ha) gegeben. Auf saurem oder stark saurem Boden ist auf jeden Fall Branntkalk angebracht, da andernfalls eine Minderung des Stärkeertrags eintritt, auch bleiben die meisten Knollen fest und keimen nicht oder nur schwer. (Kalkbedarf bei einer Ernte von 300 dz/ha 116 kg/ha.) Bei dieser Kopfkalkung, die noch erfolgen kann, wenn die Kartoffelpflanze bereits handhoch ist, also etwa 15—20 cm, besteht keine Schorfgefahr, da sich der Kalk nur langsam im Boden umsetzt. (Trockene Pflanzen und trockener Boden beim Ausstreuen von Branntkalk Bedingung.) Eine Kalkung der Vorfrucht dagegen fördert oftmals die Schorfgefahr. Nur im Pflanzgutbau darf Kalk nicht erst auf den Kopf gegeben werden, da dies das rechtzeitige Erkennen und Ausscheiden erkrankter Stauden erschweren würde.

Die stärkere Gabe von mineralischem Dünger in möglichst leichtlöslicher Form ist in jedem Fall den Frühkartoffeln (Treibkartoffeln) zu verabreichen, deren hoher Nährstoffbedarf in der verhältnismäßig kurzen Wachstumszeit befriedigt werden muß. Die angeführten Düngungsmaßnahmen sind jedoch nur bei gesundem Pflanzgut erfolgversprechend, während die Düngerwirkung bei abgebauten Kartoffeln meist sehr zu wünschen übrigläßt.

Stärkegehalt

Stärkegehalt einzelner Kartoffelsorten
3jährige Versuche ergaben im Mittel folgende Stärkeprozente:

Sehr frühreifende (7) und frühreifende Sorten (13) hatten 11—14,4% Stärke, mittelfrühe Sorten (9) 13,1—15,9%. Bei mittelspäten und späten Sorten wurden festgestellt:

Sorte	Stärkeprozent	Sorte	Stärkeprozent
Erdgold	16,2	Voran	16,7
Maritta	16,5	Panther	17,9
Oda	16,7	Capella	18,6

Zu den stärkereichen Kartoffeln gehören ferner: Amyla, Carmen, Erdkraft, Fabricia, Hercula, Horsa, Rosa und Susanna. — Entscheidend ist aber nicht allein der Stärkegehalt einer bestimmten Kartoffelsorte, sondern der Stärkeertrag je ha.

Der Stärkegehalt ist je nach Sorte, Boden, Witterung, Düngung und Erntezeit verschieden hoch. Auf Moorböden gewachsene Kartoffeln haben einen um etwa 2% geringeren Stärkegehalt als solche der gleichen Sorte von Mineralböden. Trockene Jahreswitterung mit viel Sonnenschein ist der Stärkebildung günstig, trübes, regnerisches Wetter dagegen nicht. Meistens haben die großen Knollen den hohen und kleine Knollen den niedrigen Stärkegehalt.

Nach Klapp ergeben sich folgende Leistungen:

Reifegruppe	Knollen dz/ha	Stärkegehalt %	Stärkeertrag dz/ha
Früh	200	13,8	27,6
Mittelfrüh	250	15,2	38
Mittelspät	265	17,5	46,4
Spät	275	18,3	50,3

Übersicht über im Bundesgebiet zugelassene Kartoffelsorten

Sorte	Im Handel seit	Fleisch-farbe	Knollen-form	Mittlere Knollen-größe	Stärke-gehalt	Blüten-farbe	Besondere Neigung zu Krankheiten	Bodenansprüche
a) sehr frühreifend (Juni-Treibkartoffeln)								
Comtessa	1951	gelb bis hellgelb	rundoval bis langoval	mittelgroß	niedrig	rotviolett m. weißen Zipfeln	**Krautfäule, Viruskrankheiten mittel, Schorf gering**	**mittl. Ansprüche an Boden und Feuchtigkeit**
Erstling	1891	hellgelb bis gelb	langoval (lange Sorte)	mittelgroß bis groß	niedrig	grünlich weiß	**Krebsanfällig! Blattroll- und** Strichelvirus, **Kraut- u. Knollenfäule, Schorf**	**hohe Ansprüche, f. trock. Sandböden ungeeignet**
Oberarnbacher Frühe	1945	hellgelb	(rund) oval	mittelgroß bis groß	niedrig	weiß	**Viruskrankheiten mittel bis gering Krautfäule**	**mittlere bis bessere Böden**
Saskia	1953	hellgelb	langoval bis rundoval	mittelgroß bis groß	niedrig	weiß	**Krautfäule, Schorf, Eisenfleckigkeit**	**mittl. Ansprüche an Boden und Feuchtigkeit**
Sirtema	1954	hellgelb	rund bis rundoval	mittelgroß	niedrig	weiß	Krautfäule	**mittl. Ansprüche an Boden und Feuchtigkeit**
Vera	1943	gelb	rund	mittelgroß bis groß	niedrig	weiß	**Kraut- u. Knollenfäule, Schorf, Fußkrankheiten**	**mittlere bis bessere Böden**
b) Frühreifend (Juli)								
Corona	1950	hellgelb	rund bis rundoval	mittelgroß	mittel	weiß	**Krautfäule,** Schorf	**anspruchslos**
Frühperle	1947	gelb	langoval (lange Sorte)	mittelgroß	mittel	weiß	**Viruskrankheiten und Krautfäule mittel**	**mittl. u. bessere Böden in guter Kultur**
Leona	1955	gelb	rundoval	mittelgroß	gering	rotviolett m. großen weißen Zipfeln	Krautfäule und Schorf mittel	geringe Ansprüche an Boden und Feuchtigkeit (reichlich düngen
Sieglinde	1935	gelb	nierenförmig (lange Sorte)	mittelgroß	niedrig	weiß	**Viruskrankheiten Krautfäule, Schorf**	**mittlere bis bessere Böden**

c) Mittelfrüh reifend (August — September)

Amyla	1955	gelb	rund bis rundoval	mittelgroß	hoch	weiß	bisher nicht beobachtet	mittlere und bessere Böden
Concordia	1950	gelb	rund bis rundoval	mittelgroß	knapp bis mittel	weiß	Schorf	bessere Böden
Feldeslohn	1958	gelb	rundoval	mittelgroß und kleiner	knapp mittel	weiß	Krautfäule und Schorf mittel	geringe Bodenansprüche
Fina	1955	gelb	rundoval bis langoval	groß bis mittelgroß	gering	weiß	Krautfäule Viruskrankheiten mittel. Knollenfäule und Schorf gering	alle Kartoffelböden
Flava	1931	gelb bis tiefgelb	eckig — rundoval	mittel bis klein	mittel u. besser	weiß	Krautfäule u. Schorf Viruskrankheiten gering und mittel	mittlere bis bessere Böden
Forelle	1950	hellgelb bis gelb	rundoval bis langoval	gut mittel	mittel	weiß	Knollenfäule, Schorf	gering
Grata	1955	gelb bis tiefgelb	rundoval bis oval	mittelgroß	knapp bis mittel	weiß	Knollenfäule gering bis mittel, Schorf und Viruskrankheiten mittel, Eisenfleckigkeit	für alle Böden, auch Moorböden
Lori	1953	gelb	rundoval-langoval	mittelgroß bis groß	mittel	weiß	Krautfäule, Schorf	mittl. Ansprüche an Boden und Feuchtigkeit
Luna	1953	hellgelb bis gelb	rundoval	mittelgroß	gutmittel	weiß	Schorf mittel, Krautfäule und Eisenfleckigkeit geringer	mittl. Ansprüche an Boden und Feuchtigkeit
Mittelfrühe (Böhms)	1933	hellgelb	eckig — rundoval bis rund	mittelgroß	hoch	blau-violett m. weißen Zipfeln	Viruskrankheiten mittel, Krautfäule und Schorf	sehr anpassungsfähig für alle Kartoffelböden
Niederarnbacher Jakobi	1947	gelb	oval bis langoval	mittelgroß	knapp bis mittel	weiß	geringe Abbauneigung	nicht zu trockene, mittl. u. bessere, milde Böden
Olympia	1943	gelb bis tiefgelb	eckig — rundoval	groß (große Sorte)	mittel bis hoch	weiß	Abbau mittel, Krautfäule, Schorf	für alle Kartoffelböden
Suevia	1952	gelb	rund bis rundoval	mittelgroß bis groß	gut-mittel	weiß	Eisenfleckigkeit, Schorf	mittlere Bodenansprüche

Sorte	Im Handel seit	Fleischfarbe	Knollenform	Mittlere Knollengröße	Stärkegehalt	Blütenfarbe	Besondere Neigung zu Krankheiten	Bodenansprüche
d) Mittelspät- bis spätreifend (September — Oktober)								
Agnes	1938	hellgelb	eckigrund bis rundoval	groß (große Sorte)	niedrig	weiß	**Viruskrankheiten und Krautfäule mittel, Schorf**	**für leichtere und mittlere Böden, verträgt Trockenheit**
Anco	1959	gelb	rundoval	mittelgroß bis groß	gering	hellrotviolett mit großen, weißen Zipfeln	Eisenflockigkeit mittel	mittlere Ansprüche
Delos	1957	tiefgelb gelb	oval	mittelgroß	knapp mittel	weiß	sehr widerstandsfähig gegen Krautfäule Schorf	mittlere Ansprüche an Boden und Klima
Erdgold	1928	gelb	oval bis langoval	mittelgroß	knapp mittel	weiß	**Viruskrankheiten, Krautfäule, Eisenfleckigkeit**	**für alle Böden geeignet**
Lerche	1950	**gelb**	**rund bis rundoval**	**gut bis mittel**	**gut mittel**	weiß	**Kraut- und Knollenfäule mittel Schorf**	**mittel bis gering**
Magna	1948	hellgelb bis gelb	rundoval	mittelgroß bis groß	niedrig	vorwiegend weiß (schwach rotviolett)	**Viruskrankheiten und Krautfäule mittel, schorfanfällig**	**für alle Böden geeignet**
Merkur	1935	weißgelb	rund bis rundoval	mittelgroß bis groß	niedrig	blauviolett mit weißen Zipfeln	**Krautfäule weniger anfällig**	**für alle Böden, verträgt Trockenheit**
Sabina	1935	gelb	oval	groß (große Sorte)	knapp mittel	weiß	**Viruskrankheiten gering bis mittel, Schorf mittel**	**sehr anspruchslos, verträgt Trockenheit gut**
Servena	1958	tiefgelb bis gelb	langoval bis sehr lang	mittel	knapp mittel	weiß	Blattrollvirus und Schorf mittel	mittlere bis geringere **Ansprüche** für Schorflagen nicht geeignet
Virginia	1950	gelb	rund	gut-mittel	mittel	weiß	**Schorf**	**bessere, nicht zu trockene Böden**

e) Mittelspäte * und späte ** Speise- und Wirtschaftssorten

Ackersegen**	1929	gelb	rundoval	mittelgroß bis groß	mittel	weiß	Abbau mittel	für alle, auch leichtere Böden
Ancilla**	1953	gelb	rundoval	groß bis mittelgroß	mittel	hellblau mit weißen Zipfeln	Schorf mittel	mittlere Ansprüche
Antje**	1959	gelb	rundoval	mittelgroß	gut mittel bis gut	rotviolett mit weißen Zipfeln	gering	geringe Ansprüche auch hinsichtlich Bestellung und Bearbeitung
Apta*	1951	hellgelb	rundoval bis langoval	mittelgroß bis groß	mittel und besser	blauviolett mit weißen Zipfeln	geringe Abbauneigung	leichte und mittlere Böden, geringe Ansprüche an Feuchtigkeit
Aquila*	1942	hellgelb	rundoval	mittelgroß	gut bis mittel	dunkelrotviolett mit weißen Zipfeln	Schorf	mittel bis gering, für trokkene Lagen nicht geeignet
Benedikta*	1951	hellgelb	oval bis rundoval	mittelgroß bis groß	gut mittel	weiß	Viruskrankheiten mittel, Krautfäule gering, anfällig für Schorf	Ansprüche an Boden und Feuchtigkeit gering bis mittel
Capella**	1943	hellgelb	rundoval	mittelgroß bis groß	gut mittel bis hoch	weiß	Viruskrankheiten mittel und geringer, Schorf	mittlere Ansprüche
Carmen**	1950	gelb	rund	mittel bis groß	hoch	weiß	Schorf	mittlere Ansprüche
Condea**	1958	gelb bis tiefgelb	langoval	groß bis mittelgroß	mittel bis gut mittel	weiß, groß, schnell abfallend	mittel bis gering, gegen Krautfäule sehr widerstandsfähig	Bodenansprüche mittel bis gering
Cosima*	1959	gelb bis hellgelb	rundoval	groß bis mittelgroß	mittel bis gut mittel	hellrotviolett mit weißen Zipfeln	gering bis mittel	geringe Ansprüche an Boden und Klima
Datura*	1957	gelb bis hellgelb	rundoval bis oval	mittelgroß	mittel bis gut mittel	kräftig rosaviolett	sehr widerstandsfähig gegen Krautfäule	mittlere bis geringe Ansprüche an Boden und Feuchtigkeit
Eva	1955	hellgelb bis gelb	langoval bis rundoval	mittelgroß bis groß	mittel	weiß	Krautfäule gering bis mittel Mosaikviren	mittlere bis geringe Ansprüche an Boden und Feuchtigkeit, aber Boden in guter Kultur

Sorte	Im Handel seit	Fleischfarbe	Knollenform	Mittlere Knollengröße	Stärkegehalt	Blütenfarbe	Besondere Neigung zu Krankheiten	Bodenansprüche
Heimkehr	1947	gelb	rund bis oval	mittelgroß	mittel	weiß	Viruskrankheiten und Krautfäule mittel	mittlere bis bessere Böden
Margot	1953	hellgelb	rundoval	mittelgroß	mittel	kräftig rotviolett mit weißen Zipfeln	Schorf	gering, besonders für Trockenlagen geeignet
Maritta*	1947	hellgelb	eckig-rund	mittelgroß	gut mittel bis gut	weiß	Krautfäule gering	bessere, feuchte Böden
Oda*	1951	hellgelb bis gelb	rundoval	großfallend	gut	rotviolett mit weißen Zipfeln	weniger anfällig gegen Viruskrankheiten, für Schorf anfällig	mittlere Ansprüche an Boden und Feuchtigkeit
Vertifolia	1953	gelb	oval bis langoval	mittelgroß bis klein	mittel	weiß	Schorf	frische Böden
Voran*	1931	hellgelb	rundoval bis oval	mittelgroß	mittel bis gut mittel	weiß	Viruskrankheiten mittel, Schorf	alle Böden außer armen Sandboden

f) Mittelspäte * und späte ** Wirtschaftssorten

Sorte	Im Handel seit	Fleischfarbe	Knollenform	Mittlere Knollengröße	Stärkegehalt	Blütenfarbe	Besondere Neigung zu Krankheiten	Bodenansprüche
Fabricia	1956	hellgelb	rund	groß	sehr hoch	blauviolett	bisher nicht beobachtet	für alle Böden
Herkula**	1953	hellgelb	rund	groß	gut mittel bis gut	kräftig rotviolett mit weißen Zipfeln	Schorf mittel Viruskrankheiten mittel	mittel b. geringe Ansprüche an Boden und Feuchtigkeit
Panther**	1947	weiß	rundoval (große Sorte)	groß	hoch	weiß	Blattrollvirus gering bis mittel	mittlere Ansprüche
Susanna**	1957	weiß	langoval bis lang fallend	mittelgroß	gut mittel bis hoch	weiß	Schorf mittel	mittlere Ansprüche für leichtesten Boden nicht geeignet

Wesentlich für den Ertrag ist, daß die richtige Sorte auf den richtigen Boden kommt! **Sorten**

Abweichungen in der Blütenfarbe sind sehr selten, so daß jede abweichend blühende Staude als eine Fremdstaude angesehen werden muß.

Der Farbton der Schale, der mit zunehmendem Alter der Knolle verblaßt, ist auf Sand- und Moorboden am kräftigsten, auf schwerem Boden dagegen schwächer.

Die Dicke der Schale ist eine Sorteneigenschaft. Sie hängt aber auch von Bodenart, Feuchtigkeit u. Düngung des Kartoffelfeldes ab.

Frühkartoffelanbau

Allgemeines

Vorteile: 1. Höhere Preise der Kartoffeln im Vergleich zu Spätkartoffeln. 2. Zeitige Einnahmen. 3. Möglichkeit des Zwischenfruchtbaues bzw. günstige Vorfrucht für Raps und Wintergerste. 4. Da sehr zeitige Ernte (Mitte Juni — Mitte Juli), arbeitsverteilend. Schneller Wuchs, daher weniger Schäden durch Rhizoktoniapilz, weniger Pflegearbeiten.

Nachteile: Im Gegensatz zu den meist schlecht schließenden Frühkartoffeln zeigt die Nachfrucht bei Anbau von gut schließenden Spätkartoffeln einen bedeutend besseren Stand, da die Gare erhalten blieb bzw. entsprechend verbessert wurde. Es sollen daher auch nicht mehr Frühkartoffeln gepflanzt werden, als mit Sicherheit früh geerntet werden können. Ein abgestorbenes, nicht abgeerntetes Frühkartoffelfeld verliert seine Gare und verunkrautet schnell, abgesehen davon, daß bei feuchtem Wetter die Kartoffeln im Boden faulen können. Zu bedenken ist auch, daß frühe Sorten geringere Erträge ergeben und ausgesprochene Speisekartoffeln mit niedrigem Stärkegehalt sind, deren Verfütterung bzw. Verarbeitung in der Fabrik völlig unwirtschaftlich ist. Es empfiehlt sich daher nicht, den Frühkartoffelbau im einzelnen Betrieb zu stark auszudehnen (bis etwa 10% der Kartoffelanbaufläche). Die Vorteile der Frühreife der Kartoffeln müssen sofort durch die Nachfrucht ausgenutzt werden.

Standortverhältnisse

Je frühreifer eine Kartoffel ist, um so mehr gehört sie auf bessere Böden, da der Wasserbedarf der frühen Sorten sehr groß ist und eine Frühkartoffel eine Unterbrechung ihrer Wachstumszeit durch Dürreperioden nicht wieder auszugleichen vermag. Frühkartoffeln gehören also auf den besten Teil der für den Kartoffelbau vorgesehenen Ackerfläche. Zu bevorzugen sind Lagen mit frühzeitiger Bodenerwärmung und mit möglichst geringer Spätfrostgefahr, sowie vor rauhen Winden geschützte Flächen. (Hofnähe, an windgeschützten Gehölzstreifen usw., nicht in der Nähe von kalten, nassen Wiesen, Mooren usw.) Am besten geeignet sind leichte bis mittlere Böden, dagegen nicht trockener Sand und schwere Böden. Letztere meist feuchten und kalten Böden erwärmen sich zu spät und begünstigen die Fäulnisgefahr.

Frühkartoffeln sollen auch nicht neben Spätkartoffeln angebaut werden, da ein Befall der ersteren durch Krautfäule die letzteren in hohem Maße gefährdet. Wichtig ist ferner eine recht zeitige Winterfurche, da jede Bearbeitung des Bodens im Frühjahr mit Wasserverlusten verbunden ist. Daher muß auch Stalldung bereits im Herbst untergepflügt werden! Nur über Winter festgeschlämmten Boden im zeitigen Frühjahr durch flache Furche lockern.

Vorkeimen

Sehr frühe Sorten, wie Comtessa, Erstling, Saskia, Oberarnbacher Frühe, Sirtema und Vera müssen auf jeden Fall vorgekeimt werden, damit sie durch den hierbei erzielten Entwicklungsvorsprung entsprechend zeitig, d. h. 2—3 Wochen früher, geerntet werden können und einen etwa 20% höheren Ertrag bringen. Ebenfalls zum Vorkeimen geeignet sind die zu den frühreifen Sorten zählenden Corona, Frühperle und Sieglinde.

Aber auch bei mittelfrühen Sorten läßt sich durch Vorkeimen ein um etwa 5 Tage früherer Erntetermin und bei späteren Sorten ein solcher von etwa 10 Tagen erzielen. Durch das Vorkeimen findet gleichzeitig eine bessere Vorauslese statt, weil die Knollen, die nicht oder sehr schlecht keimen, von vornherein ausgeschieden werden können.

Wo die Möglichkeit dazu besteht, sollte also auch Saatgut später reifender Kartoffelsorten vorgekeimt werden (besonders bei Spätpflanzungen). Versuche von Schleusener haben z. B. bei den Sorten Mittelfrühe und Ackersegen Mehrerträge durch Vorkeimung von 78 bzw. 65 dz/ha ergeben. Im Durchschnitt sind 15—20% Mehrertrag zu erzielen!

Durchführung des Vorkeimens (Abb. neben S. 208)

Bei Vorhandensein eines Vorkeimkellers werden Frühkartoffeln bereits im Herbst in Vorkeimkästen gebracht. Andernfalls kommen die möglichst gleichmäßig großen Kartoffeln 4—6 Wochen vor dem Auslegen, d. h. also Mitte bis Ende Februar, in gut temperierte, etwa 10° bis 15° C warme Räume mit entsprechender Lichtzufuhr. Je wärmer der Raum ist, um so mehr muß für genügenden Lichteinfall gesorgt werden, da sich sonst die unerwünschten langen Dunkelkeime bilden. In Frage kommen außer heizbaren Räumen auch Viehställe mit nicht zu kleinen Fenstern und möglichst gleichbleibender Temperatur. Nicht geeignet sind feuchte Räume, wie z. B. viele Schweineställe. Zu hohe Temperaturen (bei einsetzender hoher Außenwärme) sind durch häufiges Lüften in den Morgenstunden zu senken.

Die Kartoffeln werden in sogenannte Vorkeimkästen — im allgemeinen zweischichtig —, mit dem Kronenende nach oben gelegt; die Augen des Kronenteiles sind entwicklungsfähiger als die des Nabelteiles. Die Kästen, die sich aus einfachen Holzleisten zusammenschlagen lassen, haben bei einer Abmessung von 55×42×20 cm ein Fassungsvermögen von etwa 12,5 kg (übereinanderstellbare Obsthorden geeignet). Die Seitenwände werden entweder aus Latten mit entsprechendem Abstand gefertigt oder aber recht niedrig gehalten (10—15 cm). Der Zwischenraum zwischen den aufeinandergestellten Kästen muß so groß sein, daß das Licht bis zur Mitte der Kästen einfallen kann. Um dies zu erreichen, müssen die Eckleisten der Kästen 10—12 cm höher als die Seitenwände sein. Man achte auch auf genügenden Abstand der Kästen von den Seitenwänden. Gegebenenfalls ist während des Vorkeimens mehrmaliges Umsetzen der unteren Kästen nach oben und der hinteren nach vorn ans Fenster erforderlich, um gleichmäßige Belichtung der Kartoffeln zu ermöglichen. Bei den oftmals dunkleren Stallungen ist die Stallfensternähe zu bevorzugen. Bedarf: etwa 200 Kästen/ha.

Beim Vorkeimen ist es wichtig, kurze, 2 bis höchstens 3 cm lange, fast dicke, kräftige, gedrungene, dunkelgrüne oder blaue (je nach

Sorte) Lichtkeime zu gewinnen. Nur dann ist die Gewähr dafür gegeben, daß beim Transport und Auslegen keine Keime abbrechen und diese nach dem Auslegen sofort weiterwachsen. Je weniger Licht an die Keime gelangt (dunkler Keller oder Miete), desto länger, schwächer, weißer und empfindlicher werden diese. Je mehr Licht sie erhalten, desto kürzer, dunkler und widerstandsfähiger werden die Keime.

Grundregel beim Vorkeimen: Zunächst weniger Wärme (8—10° C) und viel Licht. Später, Anfang März, mehr Wärme (bis 15° C) und noch mehr Licht.

Bei Verwendung von Vorkeimkästen ist es gut, das keimende Saatgut in den ersten 14 Tagen abzudecken, d. h. verdunkelt zu halten. Erst von diesem Zeitpunkt ab werden die inzwischen angesetzten 1/2 cm langen Triebe dem Licht ausgesetzt und in den letzten 14 Tagen durch reichliches Lüften abgehärtet.

Zum Auspflanzen kommen die Kästen mit den vorgekeimten Kartoffeln direkt aufs Feld, damit die Keime nicht abbrechen. Stehen keine gefederten, gummibereiften Wagen zur Verfügung, sind die Wagen mit Strohunterlage zu versehen, um jede Erschütterung möglichst zu vermeiden. Die Saatknollen sind vorsichtig zu behandeln und nicht zu werfen (mit der Krone nach oben auslegen). Schlecht oder gar nicht gekeimte Kartoffeln vor dem Legen aussondern.

Leuchtstoffröhren (Abb. neben S. 209)

Unabhängig vom Tageslicht läßt sich Vorkeimen in jedem dunklen Raum mit 1,20—1,50 m langen Leuchtstoff(Warmton-)röhren durchführen, die täglich 8—12 Stunden eingeschaltet werden. Die Röhren besitzen große Lebensdauer, sie strahlen keine Wärme aus. Stromkosten während einer Vorkeimperiode verhältnismäßig gering.

Erforderliche Raumtemperatur tagsüber 10—12° C, nachts 6—8° C. Räume müssen vor starker und anhaltender Erwärmung geschützt und bei Frost beheizbar sein (evtl. automatische Schaltung anbringen). Röhren so befestigen, daß sie nach der Seite und gegebenenfalls auch nach oben bewegt werden können. Leuchtbereich einer senkrecht hängenden Lampe 1,5—2 m im Umkreis. Bei hoher Stapelung 2 oder mehr Röhren übereinander anbringen. 0,75 ha Anbaufläche erfordern: 1 verschiebbare Leuchtstoffröhre (Länge 1,20 m), 144 Vorkeimkisten je 12,5 kg Inhalt = 36 dz Fassungsvermögen. Grundfläche 8 qm bei einer Stapelhöhe von 12 Kisten.

Draht statt Keimkästen

Kartoffeln können zum Vorkeimen auch perlenartig auf glatten, rostfreien (Preßballen-) Draht aufgezogen und in geeignetem hellem, möglichst trockenem Raum (ringförmig) aufgehängt werden. Damit die Wundstellen schnell verkorken, Drähte mit Knollen zunächst in die Sonne oder sehr trockenen Raum hängen. Innerhalb von 4—6 Wochen bilden sich recht kräftige Keime, die nicht so schnell abbrechen.

Vor dem Auf-das-Feldbringen zieht man die Kartoffeln am besten von den Drähten. Beim Auslegen werden die Kartoffeln von oben geworfen, d. h. die Legerinnen können aufrecht gehen, ohne daß ein Abbrechen der Keime zu befürchten ist. Den Vorteilen der Billigkeit dieses Verfahrens und des guten Lichtzutrittes steht der Nachteil der Infektionsgefahr (Abbaukrankheiten) gegenüber. Eine schwerkranke Knolle kann alle übrigen Knollen anstecken!

Ernteminderung durch abgebrochene Keime

Jedes Abkeimen bedingt einen Minderertrag von etwa 5—15%. Kühle Aufbewahrung in Miete und Keller ist daher für Saatkartoffeln sehr wichtig. Während einmaliges Abkeimen wenig schadet, eignen sich mehrmalig entkeimte Kartoffeln nicht für Saatzwecke. An Stelle eines abgebrochenen Keimes entwickeln sich in der Regel mehrere, aber geschwächte Keime. Daher vermehrt sich nach dem ersten Abkeimen die Zahl der hervorbrechenden Triebe.

Bei Treibkartoffeln werden Knollen mit abgebrochenen Keimen am besten gesondert ausgepflanzt, da sie sich langsamer entwickeln und bei einer frühzeitigen Ernte des Bestandes erst geringen Ansatz haben. Dies zeigt auch ein Versuch von Friebe:

Kartoffeln mit beim Auspflanzen abgebrochenen Keimen gingen 14 Tage später auf, wiesen 24% Kümmerer auf und brachten nur 78 dz/ha Ertrag, gegenüber 158 dz/ha bei den unbeschädigten Knollen.

Gleichmäßige Reife, hohe und frühe Ernte lassen sich also nur durch gleichmäßige Vorkeimung und sorgfältiges Pflanzen ohne Abbrechen der Keime erreichen! Aus dem gleichen Grund ist auch die Erhaltung der vollen Keimruhe bis zum Frühjahr wichtig. Frühkartoffeln beenden ihre Keimruhe früher als Spätkartoffeln.

Verletzungen der Kartoffeln führen zur Keimbeschleunigung. Daher sind auch aus diesem Grund die Kartoffeln, besonders Saatkartoffeln, nach der Ernte schonend zu behandeln und auch im Herbst möglichst nicht mit der Maschine zu sortieren.

Saatgutwechsel

Regelmäßiger Saatgutwechsel ist bei der Kartoffel von größter Wichtigkeit und erste Voraussetzung für sichere und hohe Ernten! Während man bei einer Durchschnittsernte mit einem durch den Pflanzengutwechsel bewirkten Mehrertrag von 15 bis 25% rechnet, steigert sich dieser bei Rekordernten um mindestens weitere 10%. Dies würde bei einem Hektarertrag von 200 dz ein Mehr von durchschnittlich 50 dz/ha bedeuten und die erhöhten Kosten des Saatgutwechsels ohne weiteres decken!

Ein 2—3jähriger Wechsel von anerkanntem Saatgut, je nach Bodenart (auf schwerem Boden kann schon einjähriger Wechsel erforderlich sein) verhindert also Ertragseinbußen infolge Abbauerscheinungen. Bei Saatkartoffeln sollen höchstens 5% abbaukranke Stauden vorhanden sein. Gesundes Saatgut geht vor Sorteneigenschaft. Bei schlechtem Pflanzgut versagt die beste Sorte!

In Abbaulagen ist bei Frühkartoffeln möglichst jedes Jahr frisches Saatgut zu beziehen.

Vorbereitung des Saatgutes (Keimstimmung durch Anwelken)

Sehr wichtig ist die Vorbehandlung der Kartoffeln im Frühjahr durch flache Lagerung des aus Miete oder Keller entnommenen und sortierten Pflanzgutes in hellen und geschützten Räumen (Scheunen — Tore bei Tage öffnen — usw.) oder im Freien unter dünner Strohschicht. Dies soll etwa 14 Tage vor dem Auslegen geschehen. (Kartoffeln zumindest 2—3 Wochen vor dem Pflanzen sortieren oder umschaufeln.) Durch das während dieser Zeit erfolgende Anwelken der Saatkartoffeln (Wasserabgabe der Knolle) werden die Kräfte konzentriert und die Kartoffeln in die richtige Keimstimmung gebracht, so daß sich an den Augen der Kartoffeln kleine Keimspitzen bilden. Diese Maßnahme wirkt sich dann später im Boden keimbeschleunigend aus und ist daher auch besonders bei Spätpflanzungen angebracht. Nur auf trockenen Böden ist eine derartige Vorbehandlung nicht zu empfehlen. Bei Versuchen, die Schleusener durchführte, ergaben in Keimstimmung gebrachte Knollen z. B. der Sorten Mittelfrühe und Ackersegen Mehrerträge von 69 bzw. 26 dz/ha gegenüber von direkt aus der Miete gepflanztem Saatgut.

In Miete oder Keller bereits stark gekeimte Kartoffeln müssen wenigstens 14 Tage vor dem Auspflanzen sortiert und abgekeimt werden. Geschieht dies nicht, tritt eine Verzögerung des Aufganges und dadurch eine Erhöhung der Keimschäden durch Rhizoktonia-Pilze ein. (Siehe S. 223.) Denn solche Knollen müssen im Boden nach Verlust der langen Dunkelkeime erst wieder Reserveaugen für die Keimung umstimmen.

Anschließend erfolgt dann die bereits erwähnte flache Lagerung in hellen, luftigen nicht zu kalten Räumen. Da aber jedes Abkeimen mit einem Energieverlust verbunden ist (siehe S. 205), sich also ertragsdrückend auswirkt, ist zu warme Lagerung der Kartoffeln in Miete und Keller unbedingt zu vermeiden.

Den besten Ertrag versprechen mittelspäte und späte Kartoffeln, wenn zur Pflanzzeit die spitzenden Keime in den Augen gerade sichtbar werden bzw. auszutreiben beginnen, so daß die in den Boden gelegte Knolle sofort loswachsen kann.

Wachstumszeit — vom Anfang bis zur Reife (nach Opitz)

bei sehr frühen Sorten . . .	71—76	Tage
bei frühen Sorten	76—80	„
bei mittelfrühen Sorten . . .	85—95	„
bei mittelspäten Sorten . . .	105—130	„
bei späten Sorten	118—132	„

Pflanzzeit

Die unterste Keimtemperatur der Kartoffel liegt bei 8—10° C; d. h. der Boden muß in einer Tiefe von etwa 10 cm mindestens auf 8—10° C erwärmt sein (Bodentemperatur messen!). Zu pflanzen, bevor der Boden diese Temperatur erreicht hat, verbietet sich mit Rücksicht auf die Schädigung der Kartoffel durch Spätfröste, Nässe, Fäulnis, Fußkrankheiten und den durch Verkrustung des Bodens bedingten Luftabschluß (Verzögerung des Auskeimens). Besonders nachteilig wirkt es sich aus, wenn Kartoffeln aus der warmen Miete in kalten Boden gebracht werden. Die erheblichen Temperaturunterschiede rufen bei der Knolle eine Schockwirkung hervor. Der Aufgang verzögert sich und es besteht Gefahr, daß größere Keimschäden durch den bereits erwähnten Rhizoktonia-Pilz eintreten. (Siehe S. 223.)

Vorgekeimte Frühkartoffeln werden in der Regel Anfang bis Mitte April, je nach Witterungs- und Bodenverhältnissen, ausgepflanzt und nur in Ausnahmefällen schon ab Mitte März. Die im Mai oft auftretenden Spätfröste können zwar dem Laub schaden, doch treibt die Kartoffel schnell wieder aus. Allerdings kommt es dann zu einer Ernteverzögerung (über vorbeugende Maßnahmen siehe S. 215).

Frühes Pflanzen schwach vorgekeimter Knollen bringt frühere Ernten als späteres Pflanzen stark vorgekeimter Knollen.

Anschließend an die Treibkartoffeln folgen die mehr Kälte vertragenden und für frühe Pflanzung ganz besonders dankbaren Mittelfrühen und dann erst die gegen Kälterückschläge empfindlicheren, nicht vorgekeimten Frühkartoffeln.

Die beste Pflanzzeit für mittelspäte und späte Sorten (in nicht zu ungünstigen Anbaugebieten) liegt zwischen Mitte April und 10. Mai und für den Saatkartoffelbau Ende April bis etwa 5. Mai, wenn der Boden nicht mehr zu naß ist, sondern bei der Bearbeitung krümelt und sich bereits mehr erwärmt hat. Zu frühes Pflanzen in kaltem Boden ist bei Kartoffeln zwecklos. Frühpflanzung in nasser Lage auf schwerem Boden führt zu Mißernten.

Auf trockenen, nicht mehr ganz haferfähigen Böden sind nur anspruchslose Spätkartoffeln zu verwenden. Hier hat sich als bester Pflanztermin die Zeit zwischen dem 10. und 20. Mai bewährt. Nach diesem Zeitpunkt sollte aber in Trockengebieten keine Kartoffel mehr ausgepflanzt werden.

Im übrigen sollte auch bei Kartoffeln der frühestmögliche Pflanztermin gewählt werden. Spätpflanzungen fallen ertragsmäßig immer ab!

Spätpflanzung

Vorgekeimtes Pflanzgut späterer Sorten (Frühkartoffeln vertragen eine Spätpflanzung nach Mitte Mai nicht, da sie oft stark unter Wassermangel bzw. Kraut- und Knollenfäule leiden) kann nach einer Winterzwischenfrucht, mit Ausnahme von dem an der Bodenfeuchtigkeit stark zehrenden Landsberger Gemenge, noch Ende Mai bis spätestens Anfang Juni ausgelegt werden. Besonders geeignet sind z. B. Ackersegen, Agnes, Aquila, Capella, Carmen, Erdgold, Maritta, Voran. Allerdings sollte eine derartige Maßnahme angesichts der zu erwartenden Ertragseinbuße von etwa 25—30% nur als Notlösung betrachtet werden. Wichtig ist, daß Ernten aus derartigen Spätpflanzungen infolge stärkeren Virusbefalls niemals zum Weiterbau geeignet sind, sondern nur für Konsumzwecke. Krautfäulewiderstandsfähige Sorten bevorzugen!

Die Winterzwischenfrucht ist möglichst zeitig zu räumen, da deren Wasserverbrauch mit der zunehmenden Massenentwicklung stark steigt und um den Pflanztermin nicht unnötig hinauszuzögern. Durch das Vorkeimen läßt sich durchschnittlich ein Mehrertrag von etwa 20% erreichen. Notfalls werden die Saatkartoffeln auf der Scheunentenne dünn ausgebreitet, an warmen Tagen Luft und Sonne hereingelassen, wodurch schon ein gewisser Entwicklungsvorsprung bzw. ein erwünschtes Vorkeimen erreicht werden kann. Dunkelheit fördert die Keimentwicklung, Belichtung dagegen hemmt diese, namentlich auch das Längenwachstum der Keime. (Siehe auch S. 205.)

Stallmist schon zur Vorfrucht bzw. dem Winterfuttergemenge als Kopfdünger geben. Saatfurche möglichst flach ziehen.

Herrichtung des Saatbettes

Auch bei der Kartoffel ist auf sorgfältige Bearbeitung des Ackers vor der Saat zu achten. Bestellungsfehler lassen sich nachträglich bei den Pflegearbeiten nicht mehr ausgleichen! Vor der Lochmaschine wird wenigstens ein schwerer Eggenstrich mit nachfolgender Schleppe gegeben — auch die Kartoffel will ein Saatbett haben! Einen besonderen Bodenschluß verlangt sie nicht. Sie verlangt lockeren Boden, auch in den tieferen Schichten. Daher gehören Walze und Untergrundpacker nicht auf den Kartoffelacker!

Das Legen der Kartoffeln

Eine sehr gute Pflanzmethode ist die nach der Lochmaschine bzw. dem Vielfachgerät. Die Kartoffeln kommen hierbei flach und gleichmäßig tief in lockeren Boden, die Reihen sind schnurgerade und die Pflanzenabstände überall gleich. Dies erleichtert die nachfolgenden Pflegearbeiten sowie den Einsatz des Kartoffelroders und schützt die Wurzeln der Kartoffeln weitgehend vor Beschädigungen.

htig vorgekeimte Kartoffeln sollen kurze, kräf-
e, gedrungene Lichtkeime entwickeln. (S. 204)

Frühkartoffel-Vorkeimkeller (siehe S. 204)

KARTOFFELBESTELLUNG

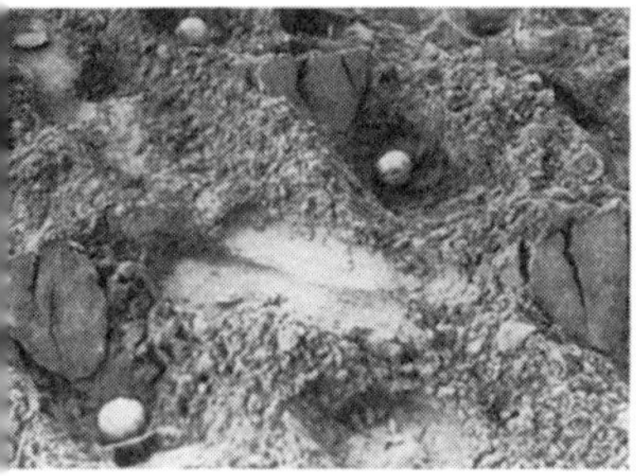

te Lochung. Die Knolle rollt von selbst an die
ntige Stelle. (Praktische Bedeutung s. Seite 209)

Das Antreten der Kartoffeln nach dem Legen fördert das Aufgehen und beugt einem Verschieben der Knollen bei den nachfolgenden Pflegearbeiten vor. Druckrollen am Vielfachgerät ersparen das Antreten. (Weitere Einzelheiten S. 209/210)

rnimer Kartoffel-Legewanne. 5–6 cm breite
rte verteilen die Last gleichmäßig. (S. S. 209)

Fendt-Geräteträger mit vollautomatischer Kartoffellegemaschine (Seite 210). (Werkfoto Fendt)

Hanomag R 24 mit Kartoffellegeeinrichtung (S. 209)

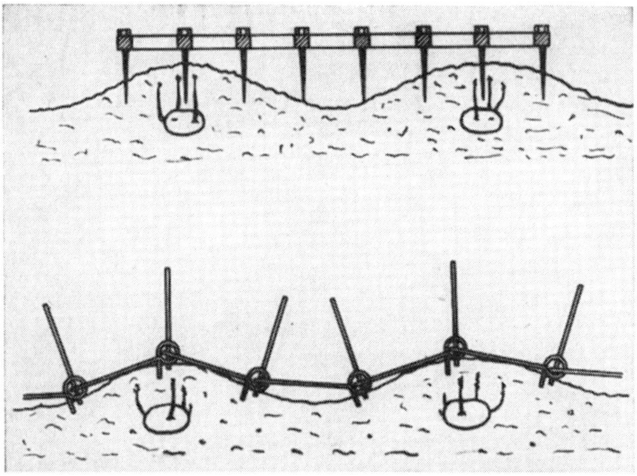

Leuchtstoffröhren ermöglichen das Vorkeimen der Kartoffeln in jedem trockenen, frostsicheren Raum (S. 205). (Werkfoto Philipps/Knop)

O b e n : Eggen der Kartoffeldämme vor dem Auflaufen der Kartoffeln. Starregge, falsch. Gliederegge (Netzegge) mit nach oben gerichteten Zinken, richtig

D a r u n t e r : Langzinkige Eggen eignen sich nicht zum Abeggen der Kartoffeldämme. Sie greifen in die Dammkronen zu tief ein, so daß die flachliegenden Knollen leicht herausgerissen werden und greifen die Furchen zu wenig an. (Siehe S. 214)

PFLEGE DER KARTOFFELN I

Abschleppen der Kartoffeldämme mit auf dem Rücken liegender Netzegge. Diese schmiegt sich den Dämmen und Furchen gut an und leistet eine vorzügliche Arbeit (S. 214). (Werkfoto Schönberger)

Zweckmäßig ist es, den flach eingestellten Lochsternen einen Lockerer vorangehen zu lassen. Die Löcher bleiben bei noch kaltem, feuchten Boden kurze Zeit zum Abtrocknen und Anwärmen an der Luft offen. Anderseits darf aber nicht zuviel auf Vorrat gelocht werden, damit besonders der leichte Boden nicht zu sehr austrocknet, auch besteht hier die Gefahr der Verwehungen. Schließlich können die Löcher durch plötzlich einsetzende Regengüsse zuschlämmen.

Erforderlich ist sorgfältiges Arbeiten mit der Lochmaschine, damit die Reihen ganz gerade sind, um die nachfolgenden Pflegearbeiten nicht zu erschweren und Bearbeitungsschäden zu vermeiden. Je gleichmäßiger die Reihen verlaufen, desto näher kann später auch mit den Hackmessern an die Stauden herangehackt werden. Das erspart teure Handarbeit.

Legewanne

Bei Benutzung einer Legewanne (etwa 15 kg Kartoffeln fassend) kann eine Person, ohne sich zu bücken, mit beiden Händen Kartoffeln legen. Das erleichtert und beschleunigt die Arbeit! (50—70 a/Tag.) Eine Legewanne läßt sich aus einem aus 5 mm starken Draht gefertigten Bügel, Sackstoff und Gurten herstellen. Die 5—6 cm breiten, auf den Schultern liegenden Gurte in der Art eines umgedrehten Hosenträgers verteilen die Last gleichmäßig. (S. Abb. neben S. 208.) Die Wanne muß Nierenform haben, damit sie nicht gegen den Magen drückt.

Antreten der Knollen

Nach dem Legen sollen die Knollen, mit Ausnahme von vorgekeimten Kartoffeln, deren Keime sonst abbrechen würden, mit der Fußmitte (nicht mit dem Fußballen) leicht angetreten werden, um guten Bodenschluß (Feuchtigkeit von unten) und schnellen Aufgang zu erzielen und einem Verschieben bzw. Herausreißen bei den Pflegearbeiten möglichst vorzubeugen! Nicht angetretene Kartoffeln lassen im Ertrag deutlich nach und ergeben auch mehr Fehlstellen und Kümmerer! Daher soll jede Person nur eine Reihe und nicht zwei zugleich legen. (Es sei denn, daß ein sogenannter rollender Schuh, an dem Rahmen des Vielfachgerätes befestigt, zum Andrücken der Knollen beim Zudecken vor dem Häufelkörper mitläuft. Dieser erspart das Antreten der Knollen. — Abb. neben S. 208.)

Beim Legen hinter dem Pflug in jede zweite oder dritte Furche ist eine gleichmäßige Verteilung und Tiefenlage der Knollen nicht gewährleistet — krumme Reihen und ungleichmäßige Abstände, auch stoßen die Wurzeln gleich auf die harte Pflugsohle — und daher eine Ernte mit dem Kartoffelroder unmöglich. Dieses Verfahren sollte nicht mehr angewandt werden!

Legemaschine (Abb. neben S. 208)

Kartoffel-Legemaschinen ermöglichen Lochen, Pflanzen und Zudecken in einem Arbeitsgang.

Systeme: a) Maschinen mit Handablage in ein Fallrohr, das bei Ertönen eines akustischen Klopfzeichens in regelmäßigen Abständen von mitfahrenden Personen aus einem Vorratsbehälter bedient wird (sehr verbreitet).

Tagesleistung: 1—2 ha je nach Reihenzahl.

b) Halbautomatische Maschine: Handablage in ein senkrecht laufendes Zellenrad oder eine Becherkette. Beide Systeme erfordern je Reihe eine Person Bedienung. Das Legen von vorgekeimten Kartoffeln ist möglich, nach Anbau von Pflanzapparaten auch Setzen von Gemüse.

Tagesleistung: 1,5—3 ha je nach Reihenzahl.

c) Vollautomatische Maschinen: Die Kartoffeln werden mit Hilfe von Becherketten oder Becherrädern aus einem Vorratsbehälter herausgeschöpft und in die vorgezogene Furche gelegt. Fehlstellen lassen sich durch mitfahrende Person (je zwei Reihen) oder Taster vermeiden, die jeden umlaufenden Becher überprüfen. Fehlt eine Kartoffel, löst sich der Fehlstellenausgleich, so daß aus dem fächerartigen Reservebehälter eine Kartoffel nachrollen kann. Einwandfreies Funktionieren setzt gut sortiertes Saatgut voraus. Vorgekeimte Kartoffeln sind nicht verwendbar, da die Keime beim Herausschöpfen abbrechen würden. Für hängiges Gelände gibt es Maschinen mit Hangverstellvorrichtung.

Tagesleistung: Zweireihig reichlich 2 ha, vierreihig bis 4 ha. Nach Abbau des Legeapparates können vollautomatische Maschinen zum Hacken und Häufeln dienen. — Die Arbeitsbreite der Legemaschinen muß der Reihenzahl der Pflegegeräte angepaßt sein.

Je sorgfältiger das Auspflanzen der Kartoffel, desto weniger Fehlstellen bei der späteren Bearbeitung.

Standraum

Reihenentfernung: 62,5 cm (Normung des Vielfachgerätes).

Abstand in der Reihe: Frühkartoffeln 30 cm (geringere Krautentwicklung), Saatgutgewinnung 30—35 cm (scharfe Bereinigung erforderlich und hoher Anteil an Saatknollen erwünscht), Fabrikware 35—40 cm.

Größere Abstände sind, besonders bei flacher, nährstoffarmer Krume zu vermeiden. Je enger, desto höher im allgemeinen der Ertrag bzw. die Ertragssicherheit. Das trifft besonders für leichten Boden zu. Auch großknollige Sorten mit geringerem Ansatz (Agnes, Olympia, Panther, Sabina) sollen enger stehen als vielknollige Sorten (Aquila, Flava). Ärmere Böden, geringe Niederschläge, schwache Düngung, Sorten mit geringer Krautentwicklung, kleine Saatknollen und nicht einwandfreies Saatgut sprechen ebenfalls für engere Pflanzung. Größere Pflanzweiten fördern die Bildung größerer Knollen, engerer Standraum ergibt kleinere Knollen (Saatknollen).

Im Zweifelsfall ist, besonders auf leichteren Böden, immer die engere Stellung zu bevorzugen.

Für die sogenannten Kartoffelböden dürfte ein Standraum von 35×62,5 cm bzw. 37×60 cm das Beste sein. Im übrigen wähle man die Pflanzweite so, daß die Bestände zu Beginn der Blüte geschlossen sind.

Legetiefe

Legetiefe: 3—5 cm, höchstens bis 10 cm. Es soll möglichst flach gepflanzt werden und nur so viel Erde über der Knolle sein, wie die Dicke einer mittleren Pflanzkartoffel ausmacht. Dann können Luft und Wärme schnell in den Boden eindringen und die Keimung beschleunigen. Die Kartoffeln gehen infolgedessen schneller, gleichmäßiger und kräftiger auf. Dies trifft besonders für schweren, feuchten Boden zu. Außerdem erleichtert flaches Einbringen der Knollen auch die Erntearbeiten (geringere Erdbewegung). Also bei leichten, trockenen, warmen Böden etwas tiefer, und auf schweren Böden möglichst flach. Wichtig ist daher auch das rechtzeitige und gründliche Einebnen der Dämme vor dem Durchbrechen der Kartoffeln!

Liegt die Knolle mit der Krone nach oben, können sich gegenüber der weniger günstigen umgekehrten Lage nach Klapp Ertragsunterschiede von 10—15% ergeben, während sich waagerecht liegende Knollen zwischen diesen Extremen bewegen. (Der Gegenpol der Krone ist der Nabel, die Stelle, an der die Knolle in der Erde mit der Staude verbunden war. Hier befindet sich meist nur ein Auge.)

Knollengewicht

Mittleres Knollengewicht: 50—60 g. Größere Knollen im Durchschnittsgewicht von 70—80 g sind dann zu bevorzugen, wenn

1. es sich um Frühkartoffeln, insbesondere um Treibkartoffeln (80 g und darüber) handelt, die infolge der vorzeitigen Ernte eine schnelle Entwicklung erfordern und sich auch schneller von Wetterrückschlägen usw. erholen müssen;
2. Boden und Klima ungünstig sind;
3. der Wert des Pflanzgutes zweifelhaft erscheint;
4. bei weitem Pflanzraum.

Saatkartoffeln über 80 g schwer sind bei späten Sorten unwirtschaftlich.

Knollengröße

Längsdurchmesser nicht unter 4 cm verwenden, 4—6 cm ist die leistungsfähigste und wirtschaftlichste Größe. (Handelsüblich nach den geltenden Bestimmungen 3,4—7 cm bei runden und 4—8 cm bei langen Sorten.) Über 9 cm große Kartoffeln erfordern mehr als 40 dz/ha Saatgutbedarf, sind also nicht zu empfehlen. Sehr unterschiedliche Knollengrößen möglichst getrennt auspflanzen! (Siehe weiter unten.)

Pflanzmenge

Planzgutbedarf: Bei mittelgroßen Pflanzkartoffeln (50—60 g) etwa 22—24 dz/ha, bei kleineren von 40—45 g etwa 16—20 dz. (Auf 1 ha mindestens 40 000 Knollen.)

Pflanzen kleiner Saatkartoffeln

Mangelt es an Saatgut normaler Größe, können notfalls auch kleinere Knollen von 2,5—3,5 cm Durchmesser und einem Knollengewicht von 30 g und darunter verwendet werden. Diese dürfen aber nicht aus kranken Beständen herrühren, da in solchen Beständen die kleinen Knollen fast ausschließlich von kranken Stauden stammen und wieder einen kranken Aufwuchs zeigen.

Die kleinen Knollen müssen getrennt von der übrigen Saat (Normalsaat), und zwar immer zwei Knollen in ein Loch gepflanzt werden, unter nicht zu ungünstigen Wachstumsbedingungen. Werden dagegen große und kleine Knollen zusammen ausgepflanzt, treiben die größeren Knollen (Normalsaat) schnell reichliches Kraut.

Die kleineren gehen zwar ebenso schnell auf, kommen aber dann in der Entwicklung nicht mit und werden von den normalen Stauden, namentlich bei starker Düngung, überwuchert und viel leichter von Krankheiten befallen und liefern, selbst wenn sie gesund bleiben, anormale, kleine Knollen. Sie blühen spät und die Saat von einem solchen Feld gemischter Knollengröße ergibt infolgedessen mehr Knollen von den kümmerlichen Stauden, weil sie in der Größe der Knollen als Saatgut geeigneter sind, als die von den gesunden Stauden. Auf diese Weise kommt man schnell zum Abbau! Daher gekaufte Saat, die stets Knollen verschiedener Größe enthält, noch einmal sortieren und die normalen und kleinen (unter 4 cm Größe) Knollen getrennt auspflanzen.

Zwei kleine, etwa nur 20 g schwere Saatknollen in einem Pflanzloch mit 60×35 cm Abstand oder 1 Knolle mit 60×17,5 cm gepflanzt, bringen annähernd die gleichen Erträge wie eine 60-g-Knolle. Vorausgesetzt natürlich, daß die kleinen Knollen gesund sind und nicht von virusverseuchten Beständen herrühren! Eng gepflanzte Doppelstauden scheinen auch in der Lage zu sein, größere Stickstoffgaben auszunutzen. (Besonders unter günstigen Anbaubedingungen und in feuchteren Lagen.)

Schneiden von Saatkartoffeln

Das Schneiden der Kartoffeln infolge Saatgutmangel kann nur als Notmaßnahme bei sehr groß ausfallenden Knollen (mit mindestens 6 kräftig entwickelten Augen) und für kleinere Mengen angesehen werden. Besser ist es, die großen Knollen für sich auszupflanzen und hierbei einen etwas größeren Abstand in der Reihe zu wählen (50 cm). Das ist besonders dann zu empfehlen, wenn es sich um schweren, kalten, schlecht durchlüfteten Boden handelt. Folgt hier nach dem Legen feuchtkühle Witterung, treten bei geschnittenen Kartoffeln durch Fäulnis der Knollen leicht Fehlstellen ein. Stärkearme Sorten scheinen besonders empfindlich gegen Schneiden zu sein. Daher sind mittelfrühe und späte Sorten geeigneter als frühe Sorten. In Frage kommen z. B.: Flava, Böhms Mittelfrühe, Grata, Ackersegen. Capella dagegen nicht.

Beim Schneiden von Saatkartoffeln ist darauf zu achten, daß der Schnitt in Längsrichtung der Knolle von der Krone zum Nabel erfolgt, damit die Augen der Kartoffeln gleichmäßig verteilt werden, und zwar bis auf etwa 4/5 der Länge, so daß beide Hälften noch zusammenhängen. Durch die feuchte Luft innerhalb der Schnittspalte bildet sich ein besserer Wundverschluß als beim Austrocknen der Schnittfläche. Es empfiehlt sich daher auch, die geschnittenen Knollen einige Tage mit feuchten Säcken zu bedecken.

Auf keinen Fall dürfen frisch geschnittene Kartoffeln sofort ausgelegt werden, sondern müssen erst durch Abwelken eine Wundkorkschicht bilden, die Schutz gegen im Boden vorhandene Pilze und Bakterien bieten soll. Das Schneiden der Kartoffeln soll daher etwa zwei Wochen vor dem Pflanzen erfolgen. Zweckmäßig ist es auch, das Messer nach jedem Schnitt in eine 10% Formalinlösung zu tauchen, um eine Übertragung von Krankheiten, wie z. B. Schwarzbeinigkeit (nicht aber von Virosen) zu verhindern.

Die Lagerung erfolgt am besten auf der luftigen Scheunendiele dünnschichtig und im Dunkeln, nicht aber in Mieten und feuchten Kellern. Bei der Pflanzung soll sich der Boden schon erwärmt haben, damit das Wachstum sofort beginnen kann, da anderenfalls Fäulnisgefahr besteht. Dies trifft besonders für schwere und kalte Böden zu. Saatgutbedarf 10—12 dz/ha.

Zur Vermeidung eines unausgeglichenen Bestandes sollen geschnittene und ungeschnittene Kartoffeln nicht zusammen ausgelegt werden.

Kartoffeln und Bohnen

Durch eine Mischpflanzung von Kartoffeln und Bohnen kann ohne Beeinträchtigung des Kartoffelertrages eine zusätzliche Bohnenernte erfolgen, die allerdings mit etwas Handarbeit verbunden ist. Ausscheiden alle leichten, sauren, zur Trockenheit neigenden Böden.

Am geeignetsten sind nicht Spätkartoffeln, sondern zeitig gepflanzte mittelfrühe Sorten, um bei der Bohnenernte, die ja bereits Ende August-Anfang September fällt, im Kartoffelbestand keinen größeren Schaden mehr anzurichten.*)

Die Kartoffel muß möglichst zeitig gesteckt werden. In jedes Pflanzloch wird mit der Knolle eine Bohne gelegt. Saatmenge etwa 30 kg/ha. Am besten ist es, die Bohnen 24 Stunden vor dem Auslegen in Wasser einzuquellen. Zur Not können die Bohnen auch noch nach dem Auslegen

* Siehe auch über Kartoffeln und Sojabohnen in „Kurzregeln für den Ölfruchtanbau" von Dr. Karl Sachse, Siebeneicher Verlag. DM 2.80.

der Kartoffeln (etwa alle 60 bis 80 cm ein flaches Loch) in die Erde kommen. Dann ist allerdings der Ertrag geringer.

Das Abeggen bzw. Abschleppen der Kartoffeln darf nicht zu spät nach dem Stecken durchgeführt werden, da sonst die schon langen Bohnenkeime abbrechen. Das Jäten und Behäufeln der Kartoffeln ist für die Bohnen ohne Nachteil.

Bei der Bohnenernte, die bereits einige Wochen vor dem Kartoffelroden erfolgt, werden die Halme mit den Hülsen ausgezogen, in Strohseile gebunden und in Puppen zu je 9 Bündeln aufgestellt. Man kann auch die Bohnen abbrechen, damit keine Kartoffeln mit herausgezogen werden — Ertrag: 4—6 dz/ha Bohnen, in guten Jahren mehr.

Kartoffeln und Erbsen

Statt Bohnen können auch Erbsen gelegt werden. Kalkreiche Böden sind besonders geeignet. Bevorzugt werden spätreife Sorten, wie gelbe Viktoria. In ein Loch kommen 4—5 Erbsenkörner, möglichst flach (20 bis 30 kg/ha). Es darf nicht zu früh und zu hoch angehäufelt werden.

Die Ernte der Erbsen erfolgt ebenfalls durch Ausraufen der Stauden vor der Kartoffelernte (Pflückerbsen entsprechend früher). Ein Wagen sammelt die in der Furche liegenden Stauden auf. Zur Vermeidung von Verlusten wird möglichst im Tau geerntet. — Ertrag: 3—5 dz/ha reife Erbsen oder 20—30 dz/ha Pflückerbsen + etwa 20 dz grünes Erbsenkraut.

Pflege der Kartoffeln

Die Bearbeitung der Kartoffelfelder sollte zur Arbeitsersparnis in fortschrittlichen Betrieben möglichst ausschließlich mit Hilfe von Geräten erfolgen. Nur in Ausnahmefällen (starker Unkrautwuchs — Distel — Saatgutvermehrung) wird sich noch die teure Handarbeit als erforderlich erweisen.

Vielfachgerät

Das wichtigste und beste Instrument zur Kartoffelpflege ist das Vielfachgerät, welches sowohl zum Lochen und Zudecken als auch zum Igeln bzw. Hacken und Häufeln verwendet werden kann. (Feste Führung im Boden, dadurch gerade Dämme; gelockerte Furchensohle und ungepreßte Dämme.) Bei der großen Arbeitsleistung des Vielfachgerätes ist häufigere Bearbeitung der Kartoffelschläge ohne weiteres gegeben. (Zweireihige Geräte 2 bis 4 ha, dreireihige 4—6 ha, vierreihige 4,5—6,5 ha Tagesleistung mit Schlepper-Vielfachgerät.)

Die Bearbeitung hat sorgfältig zu erfolgen. Jede Keim- und Wurzelbeschädigung der Kartoffel bringt Wachstumsstörungen, ungleichmäßigen Stand, Fehlstellen und Kümmerpflanzen und damit Ertragsausfälle mit sich.

Vor dem Auflaufen

Nach der Lochmaschine sind die Kartoffeln nur mit wenig Erde zu bedecken, damit sie sich schneller erwärmen und die Knollen rascher keimen. Je schwerer der Boden und je feuchter das Klima, um so wichtiger ist dies. 8—10 Tage später, je nach Witterung, wenn das erste Unkraut aufzulaufen beginnt, und die Keime beginnen, um die im Boden liegenden Knollen herumzuwachsen, werden die Kartoffeln zwecks Bodenlockerung stark hochgehäufelt, so daß spitze, hohe Dämme entstehen.

Walzen??

Von dem nun vielfach üblichen Walzen der Dämme sollte nur in ganz besonderen Fällen Gebrauch gemacht werden. Es dient bei schwerem Boden zur Zerkleinerung grober Schollen, eine Arbeit, die (soweit erforderlich) allerdings möglichst vor dem Pflanzen durchgeführt werden soll! Bei sehr trockenem, losem Acker und Moorboden läßt sich eine leichte Walze zum Andrücken des Bodens mit Erfolg verwenden, wenn schädliche Hohlräume im Bereich der Knollen beseitigt werden sollen. (Auch Schleppe und Egge wirken in dieser Richtung!) In allen übrigen Fällen ist das Walzen der Kartoffeldämme aber auf das Schärfste zu verurteilen! (Gefahr der Bodenpressung, Verkrustung, Wasserverschwendung.) Der Acker ist auf jeden Fall vor der Saat entsprechend herzurichten!

Beim Walzen der Dämme treten meist Ertragseinbußen ein, die bis zu 30% betragen können, da die Kartoffel gegen festen Boden besonders empfindlich ist. Eine Beschleunigung im Aufgang der Kartoffel oder des Unkrautes, wie vielfach angenommen, wird durch das Walzen nicht erreicht. Auch zum Einebnen der Dämme ist die Walze nicht erforderlich, da sich diese Arbeit besser mit dem umgekehrten Striegel bzw. der Kettenschleppe ausführen läßt.

Abschleppen der Dämme (Abb. neben **S. 209)**

Sobald das erste Unkraut keimt, nicht später — denn der Wärmeentzug durch die verstärkte Erdbedeckung würde die Keimfreudigkeit der Kartoffeln beeinträchtigen — sind die Dämme mit umgelegter Netzegge (Unkrautstriegel) oder Kettenschleppe, die sich den Dämmen gut anpassen, wieder abzuschleppen. Langzinkige Eggen, mit denen die flachliegenden Knollen leicht herausgerissen oder die hervorkommenden, zuerst sehr empfindlichen Keime abgebrochen werden, sind hierfür nicht geeignet.

Dieses Hochhäufeln und Abschleppen ist je nach Witterung und Unkrautwüchsigkeit des Bodens ein- bis zweimal zu wiederholen, wobei man sich aber an den Grundsatz halte, daß das Schwergewicht der Bodenbearbeitung auf die Zeit vor dem Auflaufen zu legen ist.

Beim letzten Abschleppen der Dämme sollen diese, vorausgesetzt, daß die Knollen in gleichmäßiger Tiefe liegen, fast vollkommen eingeebnet werden, so daß gerade noch die Furchen sichtbar bleiben, um den Kartoffelkeimen den Durchbruch zu erleichtern. Die Pflanzen gehen dann früher und breiter mit kräftiger Blattrosette auf, auch wird das Unkraut gründlicher zerstört, die Bodenfeuchtigkeit besser festgehalten, und sind die Bearbeitungsmöglichkeiten für das Igeln und Häufeln günstigere.

Dieses letzte Abschleppen muß aber sorgfältig und rechtzeitig, etwa zwei Tage vor dem Auflaufen geschehen, bevor sich die Keime zum Durchstoßen anschicken, was je nach Witterung 3—5 Wochen nach dem Auslegen der Knollen der Fall ist. Dann entwickeln sich diese unmittelbar über dem Erdboden zu kräftigen, dunklen Keimen. Bei zu spät abgeschleppten Kartoffeln sehen die langen Keime dagegen weiß wie Spargel aus der Erde. Wachstumsverzögerung, Abbrechen von Keimen, ungleicher Stand, Kümmerer und später Fußkrankheiten sind die Folge. Kartoffelpflanzen, die den ganzen Damm durchwachsen müssen, weil das rechtzeitige Abschleppen versäumt wurde, bringen keine volle Ernte.

Frühkartoffeln, besonders vorgekeimte Kartoffeln (letztere erscheinen bereits nach 10—14 Tagen an der Bodenoberfläche), verlangen eine sehr frühzeitige Bearbeitung. Hier müssen die Pflegemaßnahmen bereits 4—6 Wochen nach dem Pflanzen beendet sein.

Schutz gegen Spätfröste (Vorbestimmung von Nachtfrost S. 632)

Frühkartoffeln, insbesondere Treibkartoffeln, sind leicht der Gefahr von Maifrösten ausgesetzt. Zwar treiben Knollen, deren Laub durch Frosteinwirkung vernichtet wurde, trotzdem schnell aus den unter der Erdoberfläche erhalten gebliebenen Teilen wieder aus und können durchaus noch volle Erträge bringen. Es tritt aber eine etwas verspätete Ernte ein, so daß die höheren Preise für sehr zeitig auf den Markt gebrachte Treibkartoffeln nicht wahrgenommen werden können.

Da sich kalte Luft, die schwerer ist als warme Luft, stets in Bodennähe und Geländevertiefungen findet, Talsohlen, Mulden und Kessel beim Anbau von Frühkartoffeln meiden. In Nähe größerer Wasserflächen ist die Frostgefahr geringer.

Als bestes Vorbeugungsmittel gegen das Erfrieren der jungen Pflanzen hat sich das hohe Anhäufeln kurz vor den Eisheiligen (11.—14. Mai) bewährt. Auch flaches Überhäufeln der Stauden kommt in Frage, vorausgesetzt, daß die Pflanzen nicht schon zu hoch gewachsen sind. Sobald die Frostgefahr vorüber ist, wird die Erde sofort wieder heruntergeigelt (auch Netzegge verwendbar) oder besser noch die Handhacke eingesetzt. — „Frostschutzberegnung“ siehe S. 37.

Als Frostschutz kann, wenn auch meist weniger wirksam, auch das Räuchern mit nicht zu trockenem (feuchtes Material entwickelt mehr Rauch als trockenes), altem Mietenstroh, Kartoffelkraut, Laub, Reisig oder besser noch eigens hierfür hergerichteten Räuchermitteln empfohlen werden. Diese werden im Abstand von etwa 20 m um den Kartoffelschlag in Haufen herum gesetzt und bei Frostgefahr in den frühen Morgenstunden noch vor Sonnenaufgang mit Fackeln oder Lötlampe angezündet und bis etwa 1 Stunde nach Sonnenaufgang schwelend unterhalten (etwa 4—7 Uhr). Aufsteigende Luft des Rauchfeuers verursacht schwachen Windzug. Kalte und warme Luftmassen werden infolgedessen vermischt und somit Frostbildung verhütet.

Weitere Räuchermittel: In Konservenbüchsen Torfmull und altes Motorenöl füllen und wie beschrieben anzünden.

Nach dem Auflaufen (Abb. neben S. 224)

Sobald die jungen Kartoffelstauden deutlich sichtbar sind, werden durch die Bearbeitung herausgerissene Knollen flach wieder eingepflanzt. Ungleichmäßiger und lückenhafter Aufgang ist stets ein Zeichen für fehlerhafte Überwinterung der Kartoffeln, von der sich diese erst wieder erholen müssen.

Da die Kartoffel im Kraut recht unempfindlich ist, können die inzwischen jetzt etwa handhoch gewachsenen Bestände — zur Vernichtung des jetzt in der Reihe zwischen den Stauden aufgelaufenen Unkrautes — vorsichtig mit den langen Zinken des Unkrautstriegels in Längsrichtung der Furchen überfahren werden. Da die Kartoffeln bereits stark verwurzelt sind, werden beim Eggen keine oder nur wenige Stauden herausgerissen. Um Keimbeschädigungen zu vermeiden, keine schweren Netzeggen und niemals starre Eggen verwenden.

Bei Verwendung eines am Striegel befestigten Gleitschlittens können selbst etwa 25 cm hohe Kartoffelbestände noch bearbeitet werden. Die in zwei Furchen langgleitenden Kufen verhindern das Schleifen des Striegelbalkens auf den Dämmen bzw. Herausreißen von Kartoffelstauden.

In Kartoffelfeldern darf nur gearbeitet werden (Hacken bzw. Igeln und Häufeln), wenn der Boden völlig abgetrocknet ist. Anderenfalls muß mit starker Verunkrautung der Schläge durch Melde, Hederich, Ackersenf, Franzosenkraut usw. gerechnet werden, auch wird die Wachstumsfreudigkeit der Kartoffeln durch den Tritt der Zugtiere und das Herausziehen von Stauden gehemmt.

Zur Vermeidung größerer Beschädigungen der keimenden Kartoffeln und um die Pflanzen nicht aus ihren geraden Reihen herauszureißen, werden sämtliche Pflegearbeiten längs der Reihen durchgeführt, also niemals quer oder schräg zu den Dämmen. Die Zugtiere gehen zwischen den Reihen und verletzen keine Keime durch ihre Tritte. Wichtig ist, daß alle Kartoffelbearbeitungsgeräte genauestens auf Spur- und Reihenentfernung eingestellt sind und während der Bestellung öfter mit dem Zollstock nachgeprüft werden, da sich an den Geräten leicht etwas lösen und verschieben kann. Bei der Lochmaschine muß die Entfernung der äußeren Reihen zur Radspur auf beiden Seiten genau gleich der halben Reihenentfernung sein, um bei der Bearbeitung mit Vielfachgeräten ein Verschieben der einzelnen Reihen zu verhüten.

Ähnlich wie bei der Hackmaschine empfiehlt es sich, das Vielfachgerät so anzusetzen, daß es seine Arbeit in einer Radspur beginnt. Sofern die erste Radspur nicht gerade an einer Schlagkante beginnt, sondern durchgefluchtet werden muß, ist diese anzuzeichnen. Die Hackmesser dürfen nicht zu dicht an den Kartoffelreihen entlanggehen, um Wurzelbeschädigungen, gegen die die Kartoffel sehr empfindlich ist, nach Möglichkeit zu vermeiden. Wichtig ist, daß das mittlere Messer tiefer greift, während die Seitenmesser davor ganz flach laufen. Durch vorsichtiges Entfernen der Erde läßt sich die Ausdehnung der feinen Kartoffelwurzeln leicht feststellen.

Lüftung des Bodens (Igeln)

Keine Kulturpflanze ist gegen Verkrustung des Bodens so empfindlich wie die Kartoffel, die rund um sich stets lockeres Erdreich haben will. Fester Boden ist für die Kartoffel Gift! In dieser Hinsicht wird von vielen Landwirten besonders auf den schwereren und zur Verkrustung neigenden Böden noch sehr gesündigt! Grundsatz muß also die stete Offenhaltung des Bodens (besonders auch nach stärkerem Regen) durch geeignete Kulturgeräte sein. Denn die Pflanze braucht zur Wachstumsanregung Luft (Mutterknollen, Stolonen und die sich daran bildenden Knollen sind keine Wurzeln, sondern unterirdische Stengelteile, die ständig atmen müssen und bei Luftmangel Schaden nehmen), auch soll das Unkraut vernichtet werden. Daher verdient der Ausspruch: „Die Kartoffeldämme sollen wackeln", volle Beachtung. — Meist, besonders auf schweren Böden, wird zu wenig gehackt bzw. geigelt (Vielfachgerät, 4—5mal in Abständen von 8—10 Tagen wirkt noch ertragssteigernd). Nur in trockenen Jahren ist auf Sand- und Moorböden Vorsicht geboten. Oft wird auch zuviel und — mit Ausnahme von trockenen Jahren — zu früh hochgehäufelt. Zweckmäßig ist es, beim zweiten Mal Igeln in den Reihen entgegengesetzt zu fahren; dadurch werden viel Unkräuter vernichtet, die das erste Mal durch das Hackgerät nicht erfaßt wurden.

Von einer Tiefenlockerung durch das sogenannte Meißeln ist im allgemeinen abzuraten, da die Gefahr der Wurzelverletzungen, gegen welche die Kartoffel, wie bereits erwähnt, sehr empfindlich ist, besteht und der Furchensohle namentlich bei anhaltender trockener Witterung sehr viel Feuchtigkeit entzogen wird.

Ist eine Handhacke erforderlich (meist dann, wenn nach dem Aufgang nicht mehr gestriegelt wird und bei verquecktem Acker), soll diese etwa 10 Tage nach dem Auflaufen der Kartoffeln erfolgen. Sie muß quer zur Reihe geführt werden, so daß Unkraut und Erde in die Furche hineingehackt werden, und zwar flach mit breiter Hacke. (Jeweils ein Schlag zwischen zwei Stauden.) Der nachfolgende Igel säubert dann die Furchen selbst.

Häufeln

Weshalb wird gehäufelt? In erster Linie, damit die Maschine beim Roden einen besseren Halt hat und erst in zweiter Linie zur Unkrautbekämpfung und zur Vermeidung grüner Knollen. (Wasserabzug auf schweren, feuchten Böden.) Der Kartoffelkamm ist also nicht unbedingte Voraussetzung für das Wachstum der Pflanze! Auf sehr trockenen, leichten, auch besonders lockeren Böden wird durch das Anhäufeln der Kartoffeln sehr viel Wasser unnötigerweise verdunstet.

Wenn also keine Ernte mit dem Roder beabsichtigt ist, kann das Häufeln, sofern es sich nicht um sehr unkrautwüchsigen Boden handelt, auf sehr leichtem, nicht mehr haferfähigem Boden in trockenen Lagen, zur Vermeidung einer vergrößerten Bodenoberfläche ganz unterbleiben. Dann werden die Löcher nach dem Legen nur zugeschleppt und genügt Bearbeitung des Ackers mit dem Unkrautstriegel, bis die Kartoffel handhoch ist. Diese Ebenkultur vermindert auf Moorböden auch die Frostgefahr. Allerdings wird die Ernte beim Handroden erschwert, insbesondere bei starkem Krautwuchs, da ja die Dämme die Richtung angeben.

Technik des Häufelns (Abb. neben S. 224)

Aus gleichem Grund soll auf leichten und trockenen Böden nur ganz flach gehäufelt werden, und zwar nur so viel, daß der Kartoffelroder im Herbst genügend Führung hat. Je später der Pflanztermin und je leichter der Boden, desto flacher muß der Kamm sein, damit die Oberfläche klein bleibt, um den austrocknenden Winden und der Sonne nicht zu viel Angriffsfläche zu bieten.

Die Breite des Kammes muß mindestens der Breite der Furche entsprechen. Also keine breiten, tiefen Furchen, in denen ja doch nichts wächst, sondern breite Dämme, wobei besonders auf leichten Böden darauf zu achten ist, daß der Kamm nicht oben spitz ist, sondern eine Rille hat, in der sich Regenwasser sammeln kann. Je höher und spitzer der Kamm, desto größer die Oberfläche und somit auch die Austrocknung. Auch läuft das Regenwasser zu schnell ab. (Das kann gelegentlich auf schweren, feuchten Böden erwünscht sein.) Außerdem braucht die Kartoffel zur ausreichenden Entwicklung der Knollen auch an den Seiten genügend Boden und kann bei zu schmalen Kämmen leicht eine Wurzel- und Stolonenverletzung eintreten.

Die Streichbleche sind also möglichst schmal zu stellen, so daß der Damm nicht gedrückt, sondern nur die Furche schmal, aber ziemlich tief ausgehoben wird (die Nase des Schares soll möglichst tief in den Boden eindringen), und die Erde nicht in die nächste, sondern nur zum kleinen

Teil nach hinten in die Furche zurückkrümelt. Der Häufelpflug bzw. die Streichkörper des Vielfachgerätes dürfen die Dämme nicht quetschen, sondern der Boden muß krümeln. Einreihige Häufelpflüge leisten hierbei ausgesprochen schlechte Arbeit, da sie die Seitenwände des Kammes festdrücken und die Furchensohle glattstreichen, wodurch die Luftzufuhr unterbunden wird.

Wie Versuche ergeben haben, sinkt der Kartoffelertrag mit der stärkeren Häufelung, insbesondere in trockenen Jahren. Dies ist auf die stärkere Wasserverdunstung infolge größerer Bodenoberfläche, sowie auf die mehr oder weniger starken Beschädigungen des Wurzelgeflechtes und des Krautes (Gefahr einer Neuinfektion mit Schwarzbeinigkeit usw.) durch die Häufelung zurückzuführen. (Ein zu hoher Damm erschwert auch die Rodearbeit bei der Ernte.) Auch das übermäßige Zusammendrücken der Stauden und Vergraben von Stengelteilen beeinträchtigt den natürlichen Wuchs der Pflanzen. Nur in ausgesprochen feuchten Lagen ist starkes Häufeln mit spitzem Kamm angebracht. Niemals aber dürfen halbwüchsige Kartoffeln zwecks Unkrautvernichtung zwischendurch hochgehäufelt werden! (Wasserverschwendung.)

Beendigung des Häufelns

Kurz bevor die Kartoffeln die Reihen schließen, wenn also vom Acker kaum noch etwas zu sehen ist und die Blätter der einzelnen Reihen sich fast berühren, spätestens jedoch, sobald sich die ersten Blütenknospen zeigen, ist das Häufeln einzustellen. Der Knollenansatz beginnt fast ausnahmslos vor der Blüte, die 4—6 Wochen nach dem Auflaufen der Kartoffeln (bei Frühsorten bereits nach 3—4 Wochen), und zwar im allgemeinen in den Monaten Juli—August, erfolgt.

Von diesem Zeitpunkt an will die Pflanze unbedingt Ruhe haben. Besonders in trockenen Jahren ist nicht zu spät anzuhäufeln, desgleichen in üppig gewachsenen Beständen, in denen Gespann und Geräte Schäden durch Abknicken, Zertreten und Zudecken von Pflanzenteilen verursachen.

(Zusammenfassende Darstellung der Pflegearbeiten s. Abb. S. 224.)

Oft ist es notwendig, die Kartoffeln im fortgeschrittenen Wachstumsstadium noch einmal durchzugehen, um das inzwischen aufgelaufene Unkraut, meist ist es Melde, auszureißen oder abzuschneiden. Unterbleibt diese Arbeit, muß mit einer starken Ausbreitung derartiger Samenunkräuter im nächsten Jahr gerechnet werden.

Kartoffelblüte

Starkes Blühen der Kartoffel geht nicht auf Kosten der Ausbildung der übrigen Teile der Pflanzen, wirkt also auch nicht ertragmindernd, so daß eine Entfernung der Blüte sinnlos wäre, und sich eine derartige Maßnahme, besonders bei fast allen reichblühenden Sorten, sogar ertragsmindernd auswirkt.

Wenig blühend: Andrea, Climax, Comtessa, Erstling, Fina, Forelle, Frühperle, Imme, Niederarnbacher Jacobi, Rosa, Sieglinde, Susanna. Die frühreifende Sorte „Königsniere“ blüht überhaupt nicht.

Stark blühend: Ackersegen, Antje, Apta, Brava, Cosima, Datura, Delos, Hansa, Hassia, Hilla, Laverta, Luna, Merkur, Mittelfrühe, Olympia, Panther, Sabina, Vertifolia, Westerwälder Niere.

Beerenansatz

Die Kartoffelfrucht ist eine grüne Beere, die nicht bei allen Sorten und in jedem Jahr zum Ansatz kommt.

Keinen Beerenansatz haben: Benedikta, Comtessa, Corona, Erstling, Königsniere, Magna, Saskia, Sieglinde, Virginia.

Einen sehr reichlichen Beerenansatz haben: Brava, Concordia, Flava, Hassia, Luna, Merkur, Vertifolia.

Die einzelnen Beeren enthalten bis zu 500 Samen. Die meisten Sorten lassen die Beeren leicht fallen, so daß sie dann in den Furchen liegen. Die Samengewinnung hat nur für die Züchtung Bedeutung.

Während der Blüte hat die Kartoffel ihren größten Wasserbedarf. Hohe Ernten bedingen vom Juni bis September reichliche Niederschläge. (Für künstliche Beregnung wichtig.)

Bei feuchter Lagerung, insbesondere auch bei in feuchtem Boden liegenden Knollen, deren Atmung erschwert ist, zeigen sich bald auf der Oberfläche der Knollen in wenigen Millimetern Abstand weiße, punktförmige Auswüchse (Pocken). Diese dienen dem Gasaustausch und schrumpfen in trockener Luft sehr bald wieder ein.

Gewöhnlich verfault die Mutterknolle im Laufe des Sommers. Oftmals ist diese aber auch im Herbst noch vollständig erhalten.

Bereinigung (Selektion)

Bei zur Saatguterzeugung vorgesehenen Kartoffelbeständen ist mehrmalige Bereinigung während der Wachstumszeit erforderlich. Diese Staudenauslese muß erstmalig bereits 2—3 Wochen nach Auflaufen der Kartoffeln erfolgen, sobald Abbauerscheinungen erkennbar, d. h. also, wenn die Pflanzen gut handhoch sind. Dann vor dem Schließen der Reihen, während der Blüte und vor dem Absterben des Krautes. Je früher und radikaler mit der Bereinigung begonnen wird, desto größer ist der Erfolg! Außerdem lassen sich junge Kartoffelstauden viel leichter entfernen als ausgewachsene.

Daß eine zu späte Bereinigung zu Trugschlüssen hinsichtlich eines Virusbefalles führen muß, zeigt nachfolgender Versuch (nach Störmer). Es wurden 75 Herkünfte der Sorte Erdgold zu je 100 Pflanzstellen zu verschiedenen Zeiten von ein- und demselben Beobachter bonitiert, und zwar:

	leichtes Mosaik %	schweres Mosaik %	Blattroll %
Am 17. 7. 1942	7	4,1	0,4
Am 25. 7. 1942	4,1	3,4	0,3
Am 18. 8. 1942	1,6	2,2	0,8

Daher liegt auch der beste Erkennungsabschnitt für Viruskrankheiten, die aus der Saatknolle stammen, bereits vor der Blüte.

Bewölkte Vormittage, an denen das Kraut straff ist, sind die günstigste Zeit zur Bereinigung der Bestände. Zu entfernen sind alle kranken und nicht sortenechten, in Form und Farbe abweichenden Stauden, auch Kümmerer und Verdächtige. Sie müssen mit ihrem Knollenansatz bzw. gesamten Wurzelbehang und der Mutterknolle ausgehackt und in Körben aus der Nähe des Kartoffelfeldes gebracht werden, dürfen also auf keinen Fall in der Furche oder am Feldrand liegenbleiben. Hierbei ist besonders sorgfältig zu verfahren, damit die Blattläuse nicht von dem abwelkenden Kraut auf die gesunden Pflanzen zurückwandern. Jede Person nimmt am besten nur zwei Reihen.

Bestandbereinigung lohnt sich, wenn nicht mehr als etwa 10% der Stauden Abbauerscheinungen zeigen. (Bei Treibkartoffeln bis 20%.)

Kartoffelkrankheiten und -schädlinge

1. Abbau- (Virus-) Krankheiten

Große Ertragsausfälle entstehen jährlich im Kartoffelbau durch die sogenannten „Abbaukrankheiten“, die durch bestimmte Erreger, die „Viren“ hervorgerufen werden. Diese dringen bei geringfügigen Verletzungen von außen in die Pflanze ein, vermehren sich darin und wandern in die Knolle über. Dadurch wird die Krankheit auf den Nachbau übertragen, der dann im nächsten Jahr in verstärktem Maß abbaukranke Pflanzen hervorbringt. Frühkartoffeln sind besonders anfällig.

Blattläuse

Die Ansteckung gesunder Pflanzen durch kranke Nachbarpflanzen erfolgt entweder durch einfache Berührung der Stauden mit Saft aus kleinen Verletzungen oder aber durch Blattläuse, insbesondere die grüne Pfirsichblattlaus. Diese überwintert überwiegend im Eistadium an Pfirsichbäumen (auch Aprikosen) und tritt von Ende Mai bis Anfang Juli in den Kartoffelfeldern auf. Sie gehört zu den saugenden Insekten und ist zur Übertragung von Viren, wie z. B. dem der Blattrollkrankheit, der Kräuselmosaikkrankheit und der Strichelkrankheit erforderlich. Da Blattläuse warme, trockene, windgeschützte Lagen vorziehen, ist es falsch, zur Pflanzkartoffelerzeugung windgeschützte Ländereien, wie Senken oder von Wald eingeschlossene Felder, zu bevorzugen.

Je wärmer und günstiger die klimatische Lage ist, desto größer ist die Gefahr der Abbaukrankheiten infolge des stärkeren Auftretens der Blattlaus. Rauhe Lagen erzeugen daher auch besseres Pflanzgut.

Die Hauptflugzeit der Blattläuse fällt erst im Spätfrühjahr, zwischen Ährenschieben und Blüte des Winterroggens. Da die Kartoffelpflanze während der Jugendentwicklung gegen Virusinfektionen besonders anfällig ist, sind Kartoffeln frühzeitig zu legen oder Frühentwicklung durch Vorkeimen zu fördern.

Pfirsich- und Aprikosenbäume entfernen oder im Winter, spätestens bis Ende Februar / Anfang März, bei frostfreiem Wetter mit Gelbspritzmitteln in halber Konzentrationsstärke spritzen. Nach Knospenaufbruch Verbrennungsgefahr. Beim Knospenaufbruch Spätwinterspritzung mit Oleo-Phosphorsäureestern. (In den Knospenwinkeln sind die meisten Eier abgelegt!) Von Unkräutern ist besonders Melde als Blattlausträger zu beseitigen. Da Blattläuse auch in Vorkeimkellern und Gewächshäusern (auch in Rübenmieten) überwintern können, sind diese während der Vorkeimung mehrmals auszuräuchern.

Knollen und Stauden, die von einer Viruskrankheit befallen sind, lassen sich nicht mehr ausheilen, sondern *übertragen die Krankheit unweigerlich auf den Nachbau.* Daher muß eine Ausbreitung von Kartoffelabbaukrankheit durch wiederholte Entfernung kranker Stauden verhütet werden! (Siehe S. 219.) Ferner sind namentlich in gefährdeten Gebieten, abbauwiderstandsfähige Sorten zu bevorzugen (S. S. 198—202.) Frühreife Sorten bauen leichter ab als späte Sorten.

Kartoffeln von abbaukranken Beständen unterscheiden sich äußerlich und auch beim Durchschneiden *nicht von Knollen gesunder Pflanzen.*

Die verschiedenen Virus-Arten

Blattrollkrankheit

Diese Krankheit ist erkenntlich an dem kümmerlichen Wuchs und dem vom Rand her beginnenden, oft tütenartigen Zusammenrollen der Blätter, so daß die Unterseite sichtbar wird; späterhin werden die Blätter hart und spröde. Das Blattgrün verfärbt sich meist ins gelbliche, an der Unterseite der eingerollten Blätter auch ins rötliche. Bei Neuinfektionen beginnt die Rollung der Blätter in den oberen Teilen der Pflanze, anderenfalls, wenn bereits die Mutterknolle angesteckt war, an den unteren Blättern. Ansatz der meist kleinen, gesund aussehenden Knollen gering. Blattrollkranke Stauden rascheln metallisch, wenn man sie schüttelt. Sie bekommen durch die steil aufrecht stehenden Blätter ein starres, besenartiges Aussehen.

Die durch den Blattrollvirus hervorgerufene Krankheit wird von der Pfirsichblattlaus übertragen, die den einmal von einer kranken Staude aufgenommenen Blattrollvirus während ihrer Lebenszeit im Körper behält und daher fortlaufend gesunde Pflanzen ansteckt. (Gefährlichste Virusart!)

Das Blattrollen kann aber auch auf eine Sorteneigenschaft zurückzuführen sein. Ferner vermag lang anhaltende Trockenheit Blattrollen hervorzurufen, desgleichen Nässe, starke Bodenversäuerung und andere Wachstumsveränderungen. Es werden größere Nester oder Flecken gleichmäßig befallen. (Auf den Nachbau nicht übertragbar.)

Leichte Mosaikkrankheit

Die Blätter haben gelbgrünes, scheckiges, mosaikartiges Aussehen. Diese Erscheinung ist bei hellem Sonnenlicht weniger zu erkennen als im Schatten (Sonnenschutzbrille) oder bei trübem Wetter (frühe Morgen- und späte Nachmittagsstunden). Ursache ist eine Infektion durch den X-Virus, das nicht von Blattläusen, sondern durch Wundsaft bei Berührung mit Geräten usw. von Pflanze zu Pflanze übertragen wird. Das leichte Mosaik beeinträchtigt den Ertrag nicht. Es macht aber die davon befallenen Pflanzen empfänglich für andere Abbaukrankheiten (Mischinfektion).

Kräuselmosaikkrankheit

Auch hier zeigt sich eine, oft nur undeutlich zu erkennende, mosaikartige Färbung der Blätter, die sich außerdem mehr oder weniger stark kräuseln und verbiegen bzw. verbeulen und häufig auch nach der Unterseite krümmen. Bei stärkerem Auftreten sind Triebe und Blattstiele stark verkürzt. Der Überträger der Krankheit (A-Virus) ist wieder die Pfirsichblattlaus (aber nur wenige Stunden nach dem Saugen). Die keine oder nur wenige und kleine Knollen bildenden Stauden sterben vorzeitig ab.

Strichelkrankheit

Braunschwarze Flecke an Blättern, später braunschwarze Striche an Blattstiel und Stengel. Oberfläche der Blätter rauh, gewellt. Blattstiele und Stengel werden glasartig spröde und brüchig. Die abgestorbenen Blätter hängen an den kahlen Stengeln vertrocknet nach unten, ohne abzufallen. Nur an der Spitze bleibt ein grüner Wipfel der Staude erhalten. — Der von Blattläusen übertragene Y-Virus, der sich nur wenige Stunden in der Laus hält, richtet meist erheblichen Schaden an. Bei starkem Auftreten der Strichelkrankheit kann eine völlige Mißernte eintreten.

Bukettkrankheit

Durch einen Virus verursachte schwere Krankheit. Die kümmernden Pflanzen haben büschelförmiges, gestauchtes Aussehen. Starke Kräuselung der sich gelblich verfärbenden, nach unten gekrümmten Blätter. Oft ist nur ein Teil der Stengel erkrankt.

2. Pilzliche und bakterielle Krankheiten

Krautfäule (Phytophthora)

Auf Blättern und Stengeln der Kartoffelstaude bilden sich im Juni oder Juli, an Blattspitze und Blattrand vor allem der unteren und älteren Kartoffelblätter beginnend, dunkelbraune Flecke. Auf der Blattunterseite sind diese Flecken häufig von einem weißen Ring umsäumt. Dieser schimmelartige Belag enthält Sporenträger des Pilzes „Phythophthora infestans“, dem Erreger der Krankheit. Der Pilz entwickelt sich bei feuchtwarmer Witterung, besonders in windgeschützten Lagen außerordentilch schnell. Er kann in wenigen Tagen große Kartoffelflächen restlos befallen und zum Absterben bringen. Seine Verbreitung erfolgt durch Wind und Regentropfen, die sich an Blattspitzen und Blatträndern am längsten halten. Innerhalb kürzester Zeit ist das Blattgewebe durch den in die Spaltöffnung der Blätter eindringenden Pilz zerstört, es wird schwarz, vertrocknet und verfault, wobei es einen süßlichen, muffigen Geruch verbreitet. Die Pflanze stirbt vorzeitig ab. Ertragsverluste sind erheblich.

Besonders frühe und mittelfrühe Kartoffeln werden infolge herrschender, meist günstiger Witterungsverhältnisse von Krautfäule betroffen. Aber auch späte Sorten können stark befallen werden. Viruskranke Pflanzen sind anfälliger. Da Feuchtigkeit und Wärme für den Pilz lebensnotwendig sind, breitet sich Krautfäule bei einsetzendem trockenen oder kühlen Wetter nicht weiter aus, der Pilz stirbt ab. Er überwintert in mit ihm infizierten Knollen, also nicht ohne solche, frei im Erdboden.

Braunfäule:
(Knollenfäule)

Wenn Pilzsporen der Phythophthora durch Regen oder Tau von der Kartoffelstaude in den Boden gelangen, entsteht leicht Braunfäule (Ursache kann auch Berührung der Knollen mit krankem Laub während der Ernte sein). Diese ist an bleigrauen, leicht eingesunkenen Flecken der Kartoffelschale sowie rostbrauner Verfärbung des Knollenfleisches unter den Flecken zu erkennen. Im Winterlager werden gesunde Kartoffeln von kranken leicht angesteckt. Es tritt Naßfäule (bei Feuchtigkeit) oder Trockenfäule (bei trockener Lagerung) ein mit entsprechend hohen Verlusten, besonders bei warmer Lagerung. Wenn Kartoffeln zu stärkerer Fäulnis neigen und Verdacht auf Knollenfäule besteht, ist sofortiges Dämpfen und Silage ratsam.

B e k ä m p f u n g d e r K r a u t f ä u l e : Wirksam ist mehrfache Spritzung mit 45—50% Grünkupfer-Präparaten (3—6 kg/ha je Spritzung) oder organischen Fungiziden auf Zineb- und Maneb-Basis (1,5—1,8 kg/ha).
schen Fungiziden auf Zineb- und Maneb-Basis (1,5—1,8 kg/ha).

Die Wasseraufwandmenge je Spritzung beträgt 600 Liter/ha. Der Belag dieser Spritzbrühe haftet auf der Blattoberfläche und verhindert Eindringen der Pilzsporen in das Blattgewebe. Daher muß frühzeitig, also vorbeugend, gespritzt werden, bevor der Pilz in das Blattinnere eingedrungen ist. Sonst ist es zu spät. Auf trockene Bestände gespritzter Belag wird durch bald einsetzenden Regen nicht wieder vollständig abgewaschen. Trotzdem in solchen Fällen erneut spritzen. Antrocknungszeit des Spritzbelages bei 600 l/ha Spritzflüssigkeit: Bei sonniger Witterung 55 Minuten, bei bedecktem Himmel 65 Minuten. Stäuben und Sprühen gegen Krautfäule nicht möglich.

Z e i t p u n k t d e r S p r i t z u n g : Je nach Temperatur und Luftfeuchtigkeit, bei Treibkartoffeln Anfang bis Mitte Juni in achttägigem Abstand. Bei mittelspäten und späten Kartoffeln: 1. S p r i t z u n g : wenn die Kartoffelstauden gerade anfangen, sich in der Reihe zu schließen (Ende Juni). 2. S p r i t z u n g : 1—2 Wochen später (in Anbetracht des jetzt sehr schnellen Blattwuchses). 3. S p r i t z u n g : 2—3 Wochen danach (im August), wenn Hauptwachstum beendet. (Bei feuchtwarmem Wetter eher als bei Trockenheit.) Eher zu früh (etwa alle 12 Tage) als zu spät spritzen, vor Sichtbarwerden der Krankheit. Warnungen der Pflanzenschutzämter in Presse und Funk beachten.

Bei anhaltend schlechter Witterung auch bei regnerischem Wetter spritzen. In ausgesprochenen Krautfäulejahren kann eine 4. Spritzung notwendig sein. Eine Spritzung — keine Spritzung!

D i e m e h r f a c h e S p r i t z u n g i s t f ü r d a s n a c h w a c h s e n d e B l a t t u n e r l ä ß l i c h. Sie macht sich immer bezahlt, selbst in Jahren ohne Krautfäulebefall. (Kosten je Spritzung 25—30 DM/ha.) Der Spritzbelag beeinflußt durch längeres Grünbleiben der Blätter bis in den September hinein das Pflanzenwachstum günstig, bewirkt also eine Ertragssteigerung. Abgesehen davon ist Spritzung gegen Krautfäule eine wirtschaftliche Sicherungsmaßnahme. Bei unterbliebener Spritzung kann ein Ertragsausfall von 20—30 % und mehr eintreten! In langjährigen Versuchen ergaben dreimalige Spritzungen durchschnittlich 55 dz/ha Mehrertrag. Wichtig ist, daß auch tiefersitzende Blätter und Blattunterseiten der Kartoffelstaude gründlich benetzt werden.

Durch Beimischen von Berührungsgiften läßt sich mit den Spritzungen eine Bekämpfung des Kartoffelkäfers verbinden. Ertragssteigernd wirkt Beimischen von 10—20 kg/ha Harnstoff je Spritzung (siehe S. 100 und S. 195).

Ausbringen der Spritzbrühe erfolgt mit von Pferden gezogenen Spritzen oder bei größeren Flächen durch Schlepperzug. Hierbei entstehender Krautschaden ist gering, da sich niedergedrückte Pflanzen schon nach 2—3 Tagen wieder aufrichten. Für Kleinflächen finden Karren- und Rückenspritzen Verwendung.

Vorbeugende Bekämpfungsmaßnahmen: 1. Getrennter Anbau früher und später Sorten. 2. Windgeschützte, feuchte Lagen vermeiden. Nicht zu enge Reihen wählen, in denen sich Feuchtigkeit länger hält. 3. Rechtzeitige wiederholte Spritzung. 4. Vorzeitige Ernte des von Krautfäule befallenen Bestandes, damit keine Pilzsporen in den Boden gelangen und Knollen anstecken. 5. Anbau widerstandsfähiger Sorten, zu denen in erster Linie Vertifolia gehört (S. 198—202).

Krautfäule gehört nicht zu den Abbaukrankheiten, da sie nicht durch die Knollen auf die Stauden des nächsten Jahres übertragen wird.

Kartoffelkrebs

Blumenkohlartige Auswüchse an den Augen der Knollen sind die Kennzeichen dieser Krankheit, so daß das Kronenende am dichtesten besetzt ist. Die Wucherungen, die zuerst weiß oder gelblich, später braun bis schwärzlich gefärbt und fest sind und zum großen Teil im Herbst zerfallen, besonders bei feuchter Witterung, können die ganze Knolle umfassen und auch auf den Stengel und Blätterteile übergreifen.

Der pilzliche Erreger, der durch die an Geräten, Fahrzeugen, Schuhen usw. anhaftende Erde leicht verschleppt wird, hält sich mehr als 10 Jahre im Boden lebensfähig. Die Krankheit ist anzeigepflichtig. Sie hat aber durch die 1941 in Deutschland erlassene Verordnung, die den Anbau von krebsfesten Kartoffelsorten vorschreibt, an Bedeutung verloren. (Die noch zugelassene, krebsanfällige Sorte „Erstling" bildet eine Ausnahme.)

Rhizoktonia-krankheit

Die Dauerformen des diese Krankheit verursachenden Pilzes, der auch „Wurzeltöter" genannt wird, finden sich auf der Schale der geernteten Knollen als kleine, oft stark gehäufte, dunkle Pocken bzw. Pusteln. Diese lassen sich ohne Verletzung der Knolle mit dem Fingernagel leicht abkratzen. Die aus den Pocken beim Auslegen der Kartoffeln sich entwickelnden Pilzfäden bringen, namentlich bei zögernder Keimung infolge zu kalter Witterung (der Pilz liebt niedrige Temperaturen im Boden), und auch bei starker Bodenversäuerung, die jungen Triebe unter der Erde großenteils zum Abfaulen. Dann zeigt das Feld lückenhaften Aufgang sowie Entwicklung einstengeliger Pflanzen.

Tritt die Krankheit schwächer und später auf, kommt es zur „Fußvermorschung" am Stengelgrund. Dann kränkeln oder sterben die Stauden ab. Weitere Folgen dieser Krankheit sind die durch ein weißliches Pilzgeflecht über dem vermorschenden Teil hervorgerufene „Weißhosigkeit" und die infolge Verkürzung der oberen Stengelglieder sich zeigenden Rollerscheinungen der Triebspitze, das „Wipfelrollen". Dabei verfärben sich diese Blättchen gelblich, oft ins Rote bis Violette übergehend.

Bekämpfung: Ergreifung vorbeugender Maßnahmen, die schnellen Aufgang zur Folge haben und gute Weiterentwicklung fördern. Dazu gehören das nicht zu frühzeitige, flache Auspflanzen in gut erwärmten, lockeren Boden und entsprechende Saatgutvorbereitung, um die Liegezeit der Kartoffel im Boden möglichst zu verkürzen. (Siehe S. 207.) Kartoffeln über Winter nicht zu warm lagern. Ferner auf ausreichende Kalk- und Nährstoffversorgung des Bodens achten. Möglichst pockenfreies Pflanzgut verwenden.

Schwarzbeinigkeit

Diese ebenfalls sehr gefährliche Fußkrankheit, die an einzelnen Stauden oder auch nesterweise auftritt, wird durch Bakterien hervorgerufen. Etwa Mitte bis Ende Juni, je nach Entwicklung der Kartoffeln, werden die Stengel an den unterirdischen Teilen schwarz, vermorschen oder faulen und sterben ab, so daß man sie leicht aus dem Boden ziehen kann. Die Blätter rollen sich etwas ein, sie vergilben und vertrocknen schließlich. Der Erreger dringt entweder durch die Mutterknolle frühzeitig in die Staude ein, dann unterbleibt der Knollenansatz ganz. Erkranken nur einzelne Triebe, so ist die Infektion nicht von der Mutterknolle, sondern vom Boden aus erfolgt. Im Hochsommer findet dann oft eine weitere Infektion durch Stengelverletzungen statt.

Bei diesem Spätbefall werden bereits ausgebildete Knollen ebenfalls von der Krankheit befallen. Sie bilden mehr oder weniger große schwarze Stellen und gehen allmählich in Fäulnis über.

Kommen angefaulte Kartoffeln in Miete oder Keller, stecken sie leicht die gesunden Knollen an. Die schnell um sich greifende „Naßfäule" kann zum restlosen Verfaulen einer Miete führen.

Bekämpfung: Den größeren Schaden verursacht die Schwarzbeinigkeit durch Faulen der Knollen in der Miete. Daher sind sorgfältiges Verlesen der einzulagernden Kartoffeln, gute Durchlüftung und kühle, trockene Aufbewahrung besonders wichtig. Bei vereinzeltem Auftreten kranker Stauden sind diese vor der Ernte zu entfernen. Saatknollen nicht schneiden, dickschalige, spätere Sorten bevorzugen. Frühere Sorten mit dünner Schale sind nicht so widerstandsfähig. Vor dem Pflanzen angefaulte Knollen auslesen.

Kartoffelschorf

Schorf, erkenntlich an den dunkelbraunen, korkartigen Flecken an der Knolle, wird bei Kartoffeln nicht durch Kalk, sondern durch Strahlenpilze hervorgerufen, die sich aber im säurefreien, kalkreichen Boden besonders stark vermehren. Man unterscheidet Tiefschorf (in die Schale versenkt), Flachschorf (flach an der Schale haftend) und Buckelschorf (warzenähnliche Erhöhungen auf der Schale) In trockenen, warmen Jahren ist der Befall stärker als in feuchten, kühlen. Auch tritt er auf leichten, luftdurchlässigen Böden häufiger auf, als auf Lehm und Moor. Ursache kann auch Bormangel sein. Gründüngung wirkt schorfhemmend.

Eine Kalkdüngung nach dem Pflanzen der Kartoffeln wirkt auf diese im gleichen Jahr nicht mehr schorffördernd. Ist das Wachstum der Kartoffeln abgeschlossen, greift Schorf nicht weiter um sich, auch nicht im Lager.

Auf die Erntemenge selbst ist Schorf im allgemeinen ohne Einfluß. Im Winterlager verlieren schorfige Knollen sehr an Gewicht. Der gewöhnliche Kartoffelschorf ist für Pflanzkartoffeln unbedenklich, selbst wenn die Augen kaum noch sichtbar sind. Schorfige Kartoffeln können durchaus eine schorffreie Ernte liefern. Schädlich ist nur übermäßiger Besatz, der bereits zur Zerstörung der Augen und damit der Keimfähigkeit und Triebkraft geführt hat.

Bei Speisekartoffeln hat starker Schorfbefall einen stärkeren Schalenabfall zur Folge, während ein geringer Befall nur als Schönheitsfehler anzusehen und ohne Bedeutung ist.

Bekämpfung: Kalk zu Kartoffeln erst nach dem Auspflanzen streuen und nicht schon zur Vorfrucht. (Siehe auch Seite 196.) Auf schorfgefährdeten Böden keine kalkhaltigen Dünger verwenden, sondern schwefelsaures Ammoniak, Ammonsulfatsalpeter, Superphosphat, schwefels. Kali. Kartoffeln in Gründüngung stellen. Anbau besonders schorfwiderstandsfähiger Sorten. Praktisch schorffrei sind: Ackersegen, Comtessa, Fina und Panther; ziemlich widerstandsfähig: Erdgold und Frühperle; etwas anfällig: Niederarnbacher Jakobi. (Siehe Seite 198—202.) Bei Bormangel borhaltige Düngemittel verwenden.

Welkekrankheit

Wenn bereits stärker entwickelte Kartoffelstauden ziemlich plötzlich ganz oder zum Teil die Blätter hängen lassen, so wird diese Erscheinung von einem in den Leitbahnen der Pflanze wuchernden Pilz hervorgerufen, der die Saftströmung von den Wurzeln zu den Blättern verstopft. Die Blätter vergilben

PFLEGE DER KARTOFFELN II

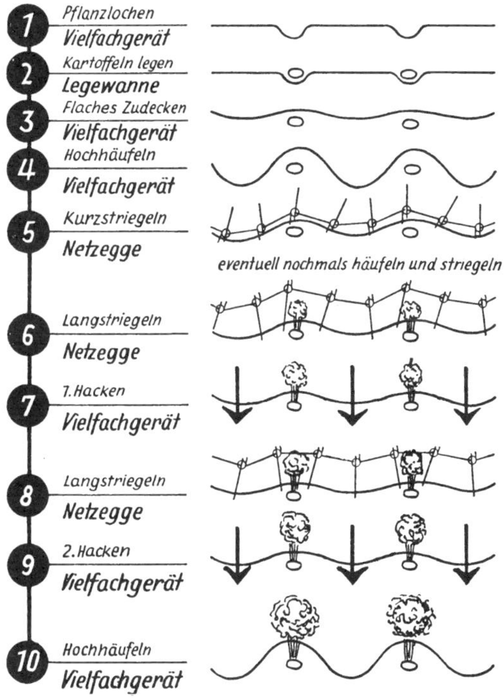

Kartoffelbearbeitung mit Netzegge und Vielfachgerät

O b e n l i n k s : Gute Häufelkörper von Vielfachgeräten, mit deren Hilfe sich eine gelockerte Furchsohle und ungepreßte Dämme erzielen lassen (siehe S. 213). Diese Häufelkörper hinterlassen in der Furche durch die nach hinten zurückfallende Erde eine den Boden vor Wasserverdunstung schützende Krümelschicht.

Links: **Geräteträger John Deere-Lanz Alldog 18 PS.** Hier bei der Rübenpflege, kann auch zum Häufeln der Kartoffeln eingesetzt werden.

l i n k e Bild zeigt
gepreßte Dammflan-
und glattgestrichene
:hensohle beim alten
felpflug. Das rechte
zeigt g u t e H ä u -
a r b e i t eines Viel-
gerätes. Die Krümel-
:e wurde im Vorder-
nd bis auf die An-
ittflächen entfernt.
ne Quetschwirkung,
gelockerte Furche)

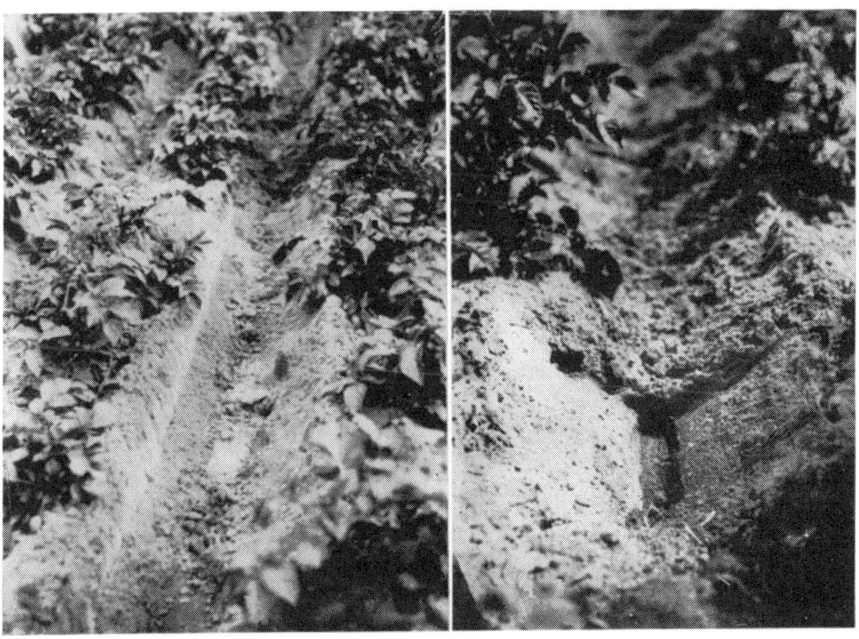

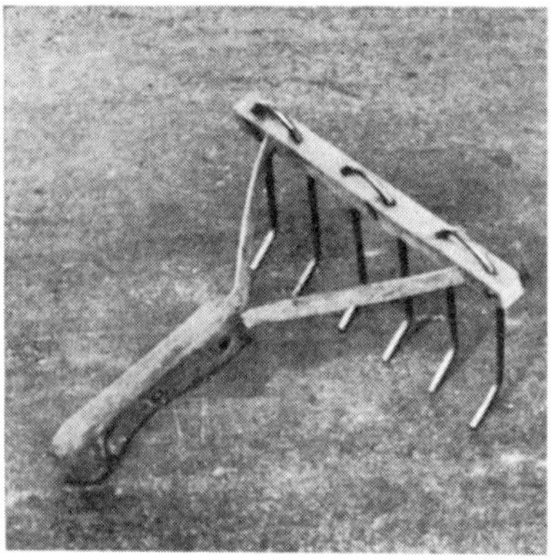

Die Bornimer Kartoffelkralle erleichtert das Roden mit der Hand (siehe S. 228)

Deutz-Bauernschlepper mit Hubvorrichtung und Kartoffelroder

KARTOFFELERNTE I

Rechts: **Kartoffel-Sammelroder „Schatzgräber".** Der 10 dz fassende Bunker kann innerhalb etwa 15 Sekunden entleert werden. Der „Schatzgräber" läßt sich auch als zweireihiger Rübenroder verwenden. Siehe auch Farbtafel bei Seite 145. (Landmaschinenfabrik G. m. b. H., Essen)

Links: **Zweireihiger Lanz-Siebkettenroder VR 2** ein bewährter Vorratsroder, erleichtert die Kar toffelernte und vermeidet Zudeckverluste

Unten: **Kartoffel-Vollerntemaschine „Samro"** (Fa Niemeyer). Nach Aufnahme des Dammes durc ein Schar gelangen Kartoffeln, Steine, Erdklute und Kraut über eine Siebtrommel auf eine breit Transportkette, von wo sie nach Auslese (2 – Arbeitskräfte) in einen Sack fallen. Tagesleistun auf gut siebfähigen, steinarmen Böden nach vor heriger Krautentfernung 0,75 – 1 ha. Kraftbedar ab 12 PS. Bild: Niemeyer KG., (Oese Kreis Iser lohn)

Doppelsiebradroder der Firma Kuxmann, Bielefeld. Für siebfähige Böden geeigneter Kartoffelroder mit Zapfwellenantrieb

und hängen schließlich vertrocknet an den Stengeln herab. Blattstiele und Stengel im Gegensatz zur Strichelkrankheit nicht spröde und brüchig. Ein durchgeschnittener Stengel zeigt statt weißlicher braun verfärbte Gefäßbündel. Sobald der Pilz den ganzen Stengel durchwuchert hat, geht die Pflanze ein. — Bereits gebildete Knollen werden von dem Pilz ebenfalls befallen und verfärbt. Derartiges Pflanzgut ist dann im kommenden Jahr der Anlaß zu neuen Staudenerkrankungen.

Bekämpfung: Entfernung aller erkrankten Stauden und deren Knollenbehang. Die Krankheit ist im allgemeinen nur wenig verbreitet.

3. Tierische Schädlinge

Kartoffelnematode (Kartoffelälchen)

Das Schadensbild zeigt sich vor allen Dingen bei sehr häufiger Aufeinanderfolge von Kartoffeln oder Tomaten auf dem gleichen Acker, wie dies in Kleinbetrieben und bei Kleingärten besonders der Fall ist. Die jungen Kartoffelstauden bleiben, meist nesterweise, im Wuchs zurück. Die Blätter rollen sich ein, vergilben und die Pflanze stirbt infolge Störung der Nährstoffaufnahme vorzeitig ab (Kartoffelmüdigkeit). Ursache ist der Kartoffelnematode, einer der gefährlichsten Schädlinge des Kartoffelbaues.

Ab Mitte bis Ende Juni findet man an Wurzeln kümmernder Pflanzen die runden Körper der Nematodenweibchen. Diese sind stecknadelkopfdick und zuerst weiß, später gelbbraun gefärbt. Nach ihrer Befruchtung durch die reichlich 1 mm langen männlichen Fadenwürmer, die dann in den Boden abwandern und bald eingehen, beginnt die Entwicklung der Eier. Diese bleiben bis zum Ausschlüpfen der Älchen im späten Frühjahr nächsten Jahres von der Körperhaut des nun absterbenden Weibchens umschlossen. Die im Herbst zur Erde fallende Hülle (Zyste) enthält 200—300 Nematodenlarven, die im nächsten Frühjahr wieder als Älchen in die Wurzeln eindringen können. Daher werden frühe Kartoffelsorten am stärksten befallen. Sie vermögen als Dauerzysten bis zu 12 Jahren und mehr im Boden lebensfähig zu bleiben und können durch Ackergeräte, Dung, Schuhwerk, Zugtiere, Transportmittel, Saatknollen usw. sowie durch Kartoffelkraut verschleppt werden.

Bekämpfung: Mit chemischen Mitteln zwecklos. Vernichtung des Schädlings nur durch Aussetzen des Kartoffelbaues auf mindestens 5 Jahre möglich. Kartoffeln auf längere Sicht nie in engere als dreijährige Fruchtfolge anbauen. Humusmehrende Graskulturen einschalten, ferner Gründüngungslupinen und Topinambur, dadurch geringere Nematodenschäden. Kartoffelpflanzgut beim Kauf auf Zystenbefall untersuchen lassen, laufende Bodenuntersuchung. (Siehe „Rübennematoden“ Seite 259.)

Kartoffelkäfer

Der Kartoffelkäfer hat in den letzten Jahren in ganz Deutschland außerordentlich starke Verbreitung gefunden. Er ist durchschnittlich 1 cm lang, oval, oben gewölbt und hat gelbe Flügeldecken mit zehn schwarzen Längsstreifen. Im Gegensatz zu dem Käfer ist die etwa 15 mm lange Larve anfänglich rot gefärbt, später orangegelb. Sie hat einen auffallend dicken Hinterleib, der sich nach hinten verjüngt. — Die ähnlich gefärbte Puppe des Marienkäfers besitzt keine Beine, ist am Blatt fest angeheftet und verursacht keine Fraßschäden. Sie stellt den Blattläusen nach. Die Eier des Marienkäfers sind zwar ähnlich denen des Kartoffelkäfers, aber kleiner, heller gelb, spitzkegeliger und meist in geringer Zahl beieinander abgelegt.

Der Käfer überwintert etwa 30 bis 60 cm tief im Boden. Er erscheint im April bis Anfang Mai, wenn die Temperatur nicht mehr unter 10^0 C heruntergeht, an der Oberfläche (wenn der Löwenzahn in voller Blüte steht). Das inzwischen begattete Weibchen, welches ein Alter von zwei Jahren erreichen kann, legt, nach 12—14 Tagen beginnend, in einem Sommer 7—800 und mehr orangegelbe, länglich walzenförmige Eier, die etwa 1,5 mm lang sind. Diese werden aufrecht stehend in Häufchen, etwa 20—40 Stück, dicht nebeneinander an der Unterseite der Kartoffelblätter angeheftet (vornehmlich an den Gipfeltrieben der Stauden). Nach 5 bis 12 Tagen, je nach Witterung, schlüpfen die etwa 1,5 mm langen, fleischroten, schwarzköpfigen Larven aus, und fangen an den Kartoffelblättern sofort mit Fressen an.

Die sehr gefräßigen L a r v e n richten den Hauptschaden an. Sie nagen ebenso wie die Käfer, und zwar bevorzugt an jungen, 15—20 cm hohen Pflanzen, die Blätter, die sie zunächst durchlöchern, vom Rande bis auf die großen Rippen und Stengel ab. Nach etwa 2 bis 3 Wochen sind die Larven nach dreimaliger Häutung ausgewachsen und haben eine Länge bis zu 15 mm erreicht. Jetzt dringen sie in den Boden ein und verwandeln sich in 10 bis 20 cm Tiefe in orangerote Puppen, aus denen nach einer Woche der fertige Käfer hervorgeht. Dieser kommt dann nach einigen Tagen an die Erdoberfläche und beginnt sofort mit dem Fraß und der Eiablage. Die dann schlüpfenden Larven gehen meist im Herbst zugrunde.

Beim Eintreten kalter Witterung, im September oder Oktober, mitunter schon im August, gräbt sich der Käfer in den Boden ein, aus dem er in wärmeren Tagen vorübergehend noch einmal hervorkommt. Der Kartoffelkäfer (nicht die Larve) überwintert dann in der Erde, um im nächsten Frühjahr wieder an die Oberfläche zu kommen.

Der sehr bewegliche Käfer verbreitet sich fliegend. Er schwärmt besonders an sonnigen, warmen Tagen im Mai und August und wird dabei oft durch Wind kilometerweit fortgetragen. Unter günstigen Bedingungen können sich in Deutschland 2 Generationen entwickeln. D i e N a c h k o m m e n e i n e s e i n z i g e n W e i b c h e n s k ö n n e n i n e i n e m J a h r b i s 2,5 h a K a r t o f f e l f l ä c h e k a h l f r e s s e n und deren Ertrag vernichten.

B e k ä m p f u n g: Natürliche Feinde des Kartoffelkäfers gibt es kaum (Fasan, Rebhuhn). — Wichtig ist das laufende Absuchen der Kartoffeln nach Eigelegen, Larven und Käfern. Werden solche gefunden, setzt eine chemische Behandlung des betreffenden Schlages mit Kontakt- (Berührungs-) giften, z. B. Lindan oder Lindan + DDT ein. (Aber erst nach Entfernung aller blühenden Unkräuter — namentlich Hederich und Ackersenf —, um die Honigbienen nicht zu gefährden.) Käfer und Larven gehen also zugrunde, wenn sie mit den genannten Mitteln in Berührung kommen. Ein Fraß ist nicht unbedingt notwendig. Während DDT seine Wirkung erst nach einigen Tagen zeigt, dann aber in der Wirkung etwas länger anhält, wirken Lindanpräparate sofort, lassen aber in ihrer Wirkung schnell nach. Besonders bewährt haben sich daher fertige Mischpräparate. Kartoffelkraut befallener Schläge verbrennen. Gegen Krautfäule mit allen Mitteln kombinieren, die bei der Krautfäulebekämpfung angeführt sind (S. 222).

Engerling, Drahtwurm

Schäden treten durch Anbohren und Anfressen auf. In Fraßstellen siedeln sich leicht Fäulniserreger an. Bekämpfung siehe Seite 607.

Schädigungen ohne bestimmte Erreger

Eisenfleckigkeit (Stippigkeit)

Die Erscheinung zeigt sich in rostbraunen Flecken im Fleisch der Knolle. Die Kartoffeln sind dadurch nicht nur unansehnlich, sondern die verfärbten Stellen kochen auch hart, und bei der Verarbeitung auf Kartoffelstärke tritt eine Verfärbung der Stärke ein. Der Pflanzwert ist dagegen nicht gemindert. (Keine Übertragung auf den Nachbau).

Ernährungsstörungen, die durch Boden- und Witterungsverhältnisse hervorgerufen werden, spielen bei Bildung der Eisenfleckigkeit eine Rolle. Wenn erforderlich, Anbau von Sorten vermeiden, die besondere Neigung zur Eisenfleckigkeit haben, wie Ackersegen, Erdgold, Flava, Grata, Lerche, Merkur, Suevia. Nicht zu große Pflanzweite.

Kindelbildung, Zwiewuchs

Derartige Auswuchserscheinungen (auch Durchwachsen und Kettenbildung) treten besonders dann auf, wenn auf eine längere Trockenperiode und den dadurch bedingten Wachstumsstillstand plötzlich feuchtes, fruchtbares Wetter folgt. Je später sich derartige Wachstumsstörungen bemerkbar machen, desto geringer ist die Haltbarkeit solcher nicht ausgereifter Knollen.

Ein Abwehrmittel gegen den Auswuchs gibt es nicht. Die Sorte Capella neigt erheblich weniger zum Durchwachsen als z. B. Ackersegen.

Knöllchensucht

Die unmittelbare Ausbildung von Tochterknollen aus dem Pflanzgut an Stelle normaler Triebkeime führt zu dieser Bezeichnung. Diese Keimungsmißbildung, die in besonders krassen Fällen den Aufgang eines Bestandes in Frage stellen kann, wird durch zu warme Überwinterung der Pflanzkartoffeln und durch nicht erwünschtes, starkes, vorzeitiges Keimen begünstigt. Auch Auspflanzen in sehr kalten Böden oder Kälterückschläge zu Beginn der Keimung im Boden sind nicht ohne Einfluß. Manche Sorten zeigen besondere Neigung zur Knöllchensucht. (z. B. Erstling).

Die Kartoffelernte

Frühkartoffeln

Zeitpunkt

Die Ernte der zu Speisezwecken vorgesehenen Frühkartoffeln erfolgt bei noch grünem Kraut, sobald die Knollen entsprechende Größe erreicht haben (bei Treibkartoffeln beginnend, je nach Witterung, etwa Mitte Juni). Auch für Pflanzzwecke bestimmte frühe und mittelfrühe Sorten nicht zu spät ernten, da sonst die Gefahr einer Fäulnis der Knolle und Verunkrautung des Ackers besteht (auch Drahtwurm- und Erdraupenschäden). Auch Virusinfektionen der Knollen werden durch frühe Ernte herabgemindert, da das im Kraut etwa noch vorhandene Virus erst mit Absterben des Krautes in größerem Umfang in die Knollen abwandert, was also durch Frührodung unterbunden wird. Außerdem keimen Kartoffeln auch früher, je eher sie gerodet werden, was besonders im Treibkartoffelbau von ausschlaggebender Bedeutung ist.

Bei Gefahr einer Spätinfektion Kraut niederwalzen, dann 2 dz/ha ungeölten Kalkstickstoff auf den leicht regen- oder taufeuchten Kartoffelbestand streuen oder Krautschläger frühzeitig einsetzen (S. 228).

Spätkartoffeln

Voraussetzung für eine sichere Einlagerung der Kartoffeln über Winter ist der richtige Erntezeitpunkt. Erst wenn das Kraut abstirbt, zumindest aber im Abwelken begriffen ist, die Knollen sich von den Ausläufern (Stolonen) lösen, eine feste verkorkte Schale bekommen haben und eine trockene, nicht mehr wässerige Schnittfläche aufweisen, ist die Kartoffel erntereif. Sind die Knollen dagegen noch nicht schalenfest — von reifen Kartoffeln läßt sich die Korkschale nicht mehr mit den Fingern abreiben — treten beim Roden und Transport leicht Verletzungen ein, die zu Fäulnisstellen in der Miete führen können und eine Gefahr für das gesunde Erntegut bilden. Aber auch der Knollen- und Stärkeertrag leidet unter einer zu frühen Ernte, abgesehen davon, daß grünes Kraut bei der Ernte sehr hinderlich ist. Spätreifende Kartoffelsorten bringen, solange sie noch grünes Kraut haben, täglich einen Zuwachs von etwa 2 dz/ha.

Bei günstiger Witterung entspricht also jede Ernteverzögerung, auch wenn nur noch die Krautstengel grün sind, einem wirklichen Gewinn der Pflanze an Gewicht und Stärkemehl, der 20— 25% betragen kann. (Je unreifer die Knollen bei der Ernte sind, um so später erfolgt der Keimbeginn, um so stärker ist aber auch die Keimentwicklung im Frühjahr.) Da jedoch etwa Mitte Oktober mit den ersten stärkeren Frösten zu rechnen ist, muß die Kartoffelernte im wesentlichen bis zu diesem Zeitpunkt beendet sein.

Von Krautfäule befallene Bestände sind auf jeden Fall früh zu ernten, damit die auf dem Kraut vorhandenen Krankheitserreger möglichst nicht auf oder in die Knollen wandern können. (Siehe auch Seite 222.)

Bei Spätkartoffeln läßt sich durch zeitige und enge Pflanzung, knappe Stickstoffgaben auf krautwüchsigen Böden, Beigabe von ausreichenden Mengen Phosphorsäure und Vermeidung von wachstumsstörenden Arbeitsgängen vor und nach dem Aufgang, die Reife beschleunigen.

Entfernen des Kartoffelkrautes

Bei sehr starkem Krautwuchs ist das Entfernen des Kartoffelkrautes vor der Knollenernte zweckmäßig. Andernfalls wird die Maschine behindert, desgleichen das Aufsammeln der Knollen (Leistungsabfall bis 30%!) und es entstehen höhere Zudeckverluste. Der Einsatz von Sense und Grasmäher erfordert zusätzlich Arbeitsbelastung durch das Abfahren des Krautes. Einfacher ist das Ausstreuen von 2 dz/ha Kalkstickstoff, bevor das Kraut vergilbt, morgens im Tau. Kalkstickstoff beschleunigt das Absterben des Krautes, kommt der Nachfrucht zugute, vernichtet Unkraut und vermag bei Spätinfektion von Krautfäule eine Abwanderung der Viren in die Knollen zu unterbinden (S. 227).

Die beste Arbeit leistet der Krautschläger, der das Kraut häckselartig zerkleinert, so daß sich eine Abfuhr vom Feld erübrigt.

Erntetechnik (Abb. neben S. 225 u. 240)

Für Speisezwecke bestimmte Frühkartoffeln werden zunächst nur mit der kurzstieligen Dreizackhacke von Hand gerodet, um die anfangs besonders empfindlichen Knollen nicht zu beschädigen. (Abb. neben S. 225.) (Kartoffelkörbe mit Längs-(Koffer-)griff verwenden.)

Beim Roden mit der Hand ist es arbeitsbeschleunigend und erleichternd, nicht längs sondern quer zum Damm zu hacken. Dadurch bleiben auch weniger Kartoffeln im Boden und werden die Knollen weniger verletzt. Allerdings erspart Maschinenarbeit (auflesen 10—15 a / Person und Tag) etwa 30—60% der Arbeit gegenüber Handroden, (5—6 a / Person und Tag) auch können Kinder und schwächere Personen beim Aufsammeln helfen. Schar tief genug einstellen, um Knollenverletzungen zu vermeiden. Schleuderradroder erfordern mehrfaches Nacharbeiten mit Grubber und Egge sowie Auflesen. Diese Arbeit entfällt bei Vorratsrodern, die auch weniger Sammler benötigen. Die wenigste Handarbeit beansprucht der Sammelroder (Vollerntemaschine), dessen wirtschaftlicher Einsatz ab etwa 15 ha Anbaufläche gegeben ist.

Werden aus irgendwelchen Gründen nicht ganz ausgereifte Kartoffeln geerntet, ist es zweckmäßig, die Knollen kurze Zeit auf dem Felde liegen zu lassen, damit die Schale nachträglich etwas erhärtet. Wichtig ist es auch, nur bei trockenem Wetter zu roden, denn feucht in die Miete gebrachte Kartoffeln sind ebenfalls leicht der Fäulnisgefahr ausgesetzt. (Wenn nicht zu vermeiden, nur schmale Mieten!)

Auch zu häufiges Werfen und Umschütten der Knollen soll nach Möglichkeit vermieden werden, denn je schonender die Kartoffel, die ein lebendiger Körper und infolgedessen gegen Druck und Stoß empfindlich ist, bei der Ernte behandelt wird, um so weniger ist sie Verletzungen ausgesetzt und um so haltbarer bleibt sie in Miete im Keller.

Auch keine Kartoffelgabeln mit abgenutzten spitzen Zinken verwenden, sondern einwandfreie Knopfgabeln. Nicht nur sichtbare Wunden, sondern auch Druck- und Quetschstellen der Knollen können Ausgangspunkt von Fäulnisherden sein. Durch den Wundreiz wird die Kartoffel auch zu erhöhter Atmung, Erwärmung und vorzeitiger Keimung angeregt. Aus gleichem Grunde sollen Rodemaschinen, insbesondere Schleuderradroder nicht zu schnell gefahren werden. (Bei Schlepperzug im 1. Gang.)

Bei der Ernte sind alle kranken, faulen, beschädigten und losschaligen Knollen auszulesen.

Ist es arbeitsmäßig zu schaffen, sind die Kartoffeln vor der Einlagerung zu sortieren, aber möglichst nicht unmittelbar nach der Ernte, auch nicht mit der Maschine, da dies zuviel Verletzte und damit schlechte Haltbarkeit ergibt und auch eine atmungsanregende Wirkung hervorruft. Die Kartoffeln keimen früher, was ja nicht erwünscht ist. Die Schale muß bei der Sortierung unbedingt fest sein und die Knollen genügend abgekühlt. („Capella“ gegen Herbstsortierung empfindlich!)

Die Schale schützt die Knolle gegen Beschädigungen, Eindringen von Schmutz und Bakterien und Austrocknen. Bei noch nicht gekeimten Kartoffeln wird jede Schalenverletzung durch eine neue Korkschicht behoben, während bei einer bereits in Keimung befindlichen Knolle nur die angeschnittenen Zellen auf der Schnittfläche austrocknen.

Ertrag (Spätkartoffeln)

Die Erträge schwanken etwa zwischen 140 und 400 dz/ha. Eine Ernte von 250 dz/ha entspricht auf mittleren Bodenverhältnissen bei entsprechender Pflege und Düngung dem guten Durchschnitt. Ertragsschätzung: Je eine gut ausgebildete Knolle von 50 g einer Pflanze entspricht einem Ertrag von 20 dz/ha.

Kartoffeleinlagerung

Da der sachgemäße Kartoffelbau bereits in der Miete beginnen soll, ist auf sorgfältige Einlagerung besonderer Wert zu legen. Man halte sich stets vor Augen, daß die Kartoffel einen hohen Wassergehalt von rund 75 % besitzt und daher leicht dem Verderben ausgesetzt ist. Die Art der Überwinterung ist auch von entscheidendem Einfluß auf den Pflanzgutwert der Kartoffel.

Häufig sind Mietenschäden auf nicht ausgereiftes Erntegut zurückzuführen. Derartige Kartoffeln sind getrennt zu lagern und bald zu verwerten, zumindest aber unter besonderer Kontrolle zu halten. Das gleiche trifft für Erntegut von schwerem Boden und bei nassem Wetter gerodeten Kartoffeln zu und für Bestände, die von Krautfäule befallen waren und bei denen Gefahr besteht, daß Knollenfäule eintritt.

Im allgemeinen verderben bei weitem mehr Kartoffeln durch zu warme Lagerung als durch Frost. Außerdem ruft zu warme Lagerung der Kartoffel, abgesehen von stärkeren Gewichtsverlusten infolge vermehrter Verdunstung, auch Eiweißverluste hervor, die die Bildung kräftiger Keime nachteilig beeinflussen und Auflaufschäden zur Folge haben. Die Erhaltung des an sich geringen Eiweißgehaltes der Pflanzkartoffeln ist für die Bildung kräftiger Keime aber Voraussetzung. Daher sind für den Pflanzkartoffelbau kalte Winter meist besser als milde.

Versuche ergaben, daß Kartoffeln, die in den Mieten bis zu 13° C Wärme lagerten, bis zu 70% Fehlstellen aufwiesen!

Kühle Aufbewahrung der Kartoffeln bereits im Herbst und in den ersten Winterwochen ist besonders wichtig. Ein warmer Winter mit hohen Mietentemperaturen wirkt sich für die nächstjährige Ernte viel gefährlicher aus als strenge Winterkälte mit den meist nur kleineren Frostschäden.

Mieten-temperatur

Eingewinterte Kartoffeln halten sich, je nach Sorte, am besten bei 2—6° C; bei über 8° C Wärme fangen sie, namentlich im Frühjahr, in stärkerem Maße zu keimen an. Dies trifft besonders für Frühkartoffeln und bei Sorten mit stärkerer Triebkraft zu. Diese erhöhen infolge ihrer Hitzigkeit bereits in der eigentlichen Schwitzzeit im November die Mietentemperatur um das Doppelte wie bei gewöhnlichen Sorten. Sie neigen daher im Winterlager eher als Spätkartoffeln zum Faulen, besonders wenn sie sehr stark mit Stickstoff gedüngt wurden. (Günstigste Lagertemperatur +4° C.)

Empfindliche Kartoffelsorten

Zu den empfindlichen Kartoffeln, die infolge ihrer Hitzigkeit bzw. schlechten Haltbarkeit im Winterlager besonderer Kontrolle bedürfen, gehören in erster Linie: Agnes, Aquila, Capella, Erstling, Flava, Frühperle, Merkur, Olympia, Panther, Sieglinde, Vera, Virginia. Daher wähle man vornehmlich bei diesen Sorten schmale Mieten mit einer Schütthöhe von nicht mehr als 1 m.

Bei Temperaturen um null Grad herum leiden Geschmack, Keimungsverlauf, Aussehen und Kocheignung der Kartoffeln.

Ertrags-einbußen durch zu hohe Mieten-temperaturen

Pflanzkartoffeln, die leichten Frost bekommen hatten, ohne daß der Schaden äußerlich sichtbar war, brachten nur 49% des Ertrages einer Normalernte (Densch).

Mietentemperaturen	*Ertrag der Normalernte*
1— 4° C	99%
4— 6° C	100%
8—10° C	70%
11—13° C	48%

Nachbauergebnis verschiedener Kartoffelmieten, deren Kartoffeln demselben Feld mit einem gesunden Bestand der Sorte „Aquila" entstammten:

	Mietentemperatur	*Fehlstellen*	*Ertrag dz/ha*
1. Miete	4 Grad	0,5	304
2. Miete, 1. Stelle	9,5 Grad	1,7	287
2. Miete, 2. Stelle	13 Grad	30,3	212

Daher sollen Kartoffeln z. B. auch nicht in Gruben eingemietet werden. Selbst wenn sich bei dieser Art der Aufbewahrung, die auch heute noch vielfach in kleinbäuerlichen Betrieben üblich ist, äußerlich keine sichtbaren Schäden zeigen sollten, so leidet doch der Pflanzgutwert außerordentlich. Ein von O. Heuser durchgeführter Versuch ergab:

1. Ertrag zu ebener Erde eingemieteter Pflanzkartoffeln 174 dz/ha.
2. Ertrag in 1 m tiefer Grube eingemieteter Pflanzkartoffeln 66 dz/ha.

Kartoffeln, die vom Acker unmittelbar auf die Scheunentenne kommen, dürfen nie höher als 40 cm geschüttet werden und sind außerdem noch mit einer dicken Roggenstrohschicht abzudecken, da sie sonst infolge des nicht ausbleibenden Kalt-Warmluftprozesses nie zum Trocknen kommen.

Anlage von Kartoffelmieten

Kartoffelmieten sollen auf grundwassergeschütztem, trokkenem und durchlässigem Boden, möglichst windgeschützt aber nicht unter Bäumen angelegt werden.

Sehr leichter Sandboden ist wegen der Durchlässigkeit für Kälte nicht geeignet. Tonhaltiger Boden hält die Feuchtigkeit fest und begünstigt den Verderb der Kartoffeln. Ferner dürfen die Mieten nicht in einer Bodensenkung angelegt werden, wo sich Niederschläge bzw. Feuchtigkeit ansammeln und die Gefahr starker Erwärmung besteht.

Während in östlichen Gebieten die von Osten nach Westen verlaufende Miete scharfen Ostwinden nur geringe Angriffsflächen bietet, ist für Westdeutschland die Nord-Süd-Richtung vorzuziehen. Dann können die vorherrschenden Westwinde die Miete kühl halten. Außerdem ist die Südseite weniger dem winterlichen Strahlungswetter (Temperaturschwankungen zwischen Tag und Nacht) ausgesetzt.

Die Mietensohle ist nur einzuebnen, so daß an den Seiten ein flacher Rand bleibt, der das Fortrollen der Kartoffeln verhindert. In tieferen Gruben sammelt sich Feuchtigkeit an, auch ersparen Flachmieten gegenüber tieferem Ausschachten Arbeit und Kosten.

Die Sohlenbreite soll etwa 1,20 m betragen, keinesfalls aber mehr als 1,50 m, die Schütthöhe 0,75 m bis 1 m. In schmalen Mieten halten sich Kartoffeln, namentlich frühe Sorten, wesentlich besser, so daß sich der Mehraufwand an Arbeit auf jeden Fall lohnt. Treibkartoffeln dürfen nicht breiter als 50 cm eingemietet werden! Besser werden diese aber über Winter in 1,50 m tiefen Vorkeimkellern (Friebe-Keller) aufbewahrt. (Abb. neben S. 208.)

Mietenabstand

Der seitliche Mietenabstand ist bei mehreren nebeneinander liegenden Mieten auf mindestens 4—5 m zu bemessen, da zur Erdbedeckung der Mieten wegen Frostgefahr nicht näher als höchstens 1 m an diese herangegraben werden darf. In Längsrichtung ist zur besseren An- und Abfuhr in regelmäßigen Abständen ein Zwischenraum, abwechselnd von 5,5 m und 2,5 m zu belassen. Länge der einzelnen Mieten nicht unter 6 m und nicht über 30 m.

Beim Einmieten sollen Kartoffeln über eine Harfe oder Holzrutsche laufen, damit der größte Teil der meist feuchten Erde abfällt.

Frisch geerntete Kartoffeln halten sich um so besser, je schneller sie trocken und kühl eingelagert werden. Ist es während der Ernte sehr heiß, sollen die Kartoffeln erst genügend im Freien abkühlen, da sie sonst zu warm zur Einlagerung kommen und zu faulen anfangen. (Dies trifft auch für Lagerräume zu.) In diesem Fall bleiben die Mieten noch kurze Zeit (über Nacht) unbedeckt.

1. Strohdecke

Von größter Wichtigkeit ist die erste Strohdecke, welche nie stark genug sein kann! (Armlänge tief, d. h. etwa 50 cm stark.) Diese Strohdecke schützt die Kartoffeln vor Wärme und Kälte, nimmt die Feuchtigkeit auf und sorgt für ausreichende Durchlüftung. Am besten geeignet ist gesundes, trockenes, glattes Roggenlangstroh, Bund an Bund. Zu beachten ist, daß auch am Fuß der Miete weit genug Stroh über die Kartoffeln ragt, damit kein Frost eindringt.

Diese erste Strohdecke wird zum Schutz gegen Regen und Wind zunächst nur mit einer etwa 5—10 cm starken Erdschicht schwarz gemacht, bis auf den etwa Handlängen breiten First. (Langes, breites Brett oben auflegen und dieses beim Arbeiten weiterziehen.) Dieser ist erst nach dem Ausdunsten und Auskühlen zu schließen und bis zu diesem Zeitpunkt durch eine besondere Strohlage oder Überdecken mit Brettern usw. gegen eindringendes Regenwasser zu schützen. Die Erde wird zum besseren Wasserablauf mit Schaufel oder Brett geglättet.

Eine derartige, schwarzgemachte Strohdecke bietet den Kartoffeln einen Frostschutz bis etwa 10° C.

Lüftungsfenster

Da frisch geerntete Kartoffeln gleich zu schwitzen anfangen, haben sich Lüftungsfenster sehr bewährt, die etwa 40 cm breit und 40 cm hoch, in Abständen von etwa 2 m zu beiden Seiten an den unteren Rand (damit der Regen schnell abzieht) der Miete durch Holzrahmen markiert, von Erde frei belassen werden. Durch diese Lüftungsfenster dringt frische, kalte Außenluft ein und zieht in der Miete durch den erdfreien Kamm als warme Schlechtluft wieder ab. Die erst mit Beginn von Frostwetter zu schließenden Fenster haben also nur dann praktischen Wert, wenn auch der First so lange offen bleibt! Dieser wird aber mit einer starken Strohschicht zusätzlich bedeckt, damit kein Regenwasser eindringt. Die Fenster sollen sich nicht auf beiden Seiten gegenüberstehen. An Stelle von Fenstern kann auch der untere Rand der Miete in Höhe von etwa 30 cm (+ First!) bis Frostbeginn von Erde frei bleiben. (Siehe Abb. neben S. 240.)

Gute Belüftung der Mieten läßt sich auch dadurch erreichen, daß ein dreieckiger Lattenrost von 30 bis 35 cm Breite und 20 bis 25 cm Höhe in der Mitte der Mietensohle angelegt wird. Die Lattenabstände müssen so eng sein, daß keine Kartoffeln durchfallen. Die Enden des Lattenrostes sollen aus der Miete herausragen und werden erst bei stärkerer Kälte zugedeckt.

Dagegen sind *Strohwische bzw. Dunstschlote auf dem First völlig ungeeignet*. Durch das Zusammenströmen von warmer Luft an dieser Stelle schlägt sich Wasserdampf im Inneren der Miete nieder, auch dringt Feuchtigkeit von außen ein, wodurch Fäulnisherde entstehen. Auch bei einer Lüftung in halber Mietenhöhe besteht die Gefahr des Einregnens.

Konservierung

Die Haltbarkeit der Kartoffeln (insbesondere Fäulnisschutz) wird durch gutes Durchpudern derselben beim Einmieten mit feingemahlenem Düngebranntkalk (Ätzkalk) wesentlich erhöht. Auf 1 dz Kartoffeln kommen etwa 1 kg Branntkalk, so daß die Miete völlig weiß aussieht. Der First ist dabei besonders zu bedenken. — Kalk wirkt austrocknend — er zieht Feuchtigkeit an — und desinfizierend. Eine Beeinträchtigung des Geschmacks oder Keimfähigkeit der Knollen tritt durch das Zwischenschichten von Kalk nicht ein.

Keimhemmungsmittel

Durch schichtweises Überpudern der Speise- und Futterkartoffeln mit einem pulverförmigen Keimverhütungsmittel, wie z. B. Agermin, Bikartol-Neu, Keim-Ex, Tixit (100 g auf 50 kg), die während der Lagerung innerhalb des Kartoffelhaufens ständig gasförmige Wirkstoffe ausscheiden, läßt sich die Keimung hemmen und unterdrücken.

Diese Mittel setzen die Atmung sowie den Stärkeabbau und mit ihm auch die Feuchtigkeits-Wärmeentwicklung in den Kartoffelvorräten herab. Die Knollen behalten ihr gutes Aussehen und ihren Geschmack. Da die genannten Mittel unschädlich sind, können auch die Schalen behandelter Kartoffeln unbedenklich an Haustiere verfüttert werden.

Allerdings sind Keimhemmungsmittel nicht immer wirtschaftlich.

Bei größeren Mietenanlagen ist die Verwendung einer Mietenzudeckmaschine vorteilhaft.

Winterdecke

Vor Frostbeginn werden zu beiden Seiten der Miete 8—10 Furchen losgepflügt und mit Kartoffelkraut, altem Stroh oder Ähnlichem bedeckt, damit die Erde um die Miete vor dem Aufwerfen nicht festfriert. Dann braucht die Winterdecke erst nach dem Auftreten stärkerer Fröste gegeben werden, so daß die Kartoffeln genügend auskühlen. Dies hat auch den Vorteil, daß sich unter der letzten Decke in der Erde der Mietendecke eine Frostschicht bildet, die bis zum Frühjahr hinein erhalten bleibt und so die Kartoffeln vor einer schnellen Erwärmung von außen her schützt. Durchgeregnetes Mietenstroh vor Aufbringen der Winterdecke erneuern.

Später, vor dem Einsetzen stärkerer Fröste, wenn sich die Miete auf möglichst 4—5° C abgekühlt hat, also etwa Ende November / Anfang Dezember, folgt dann, je nach Gegend, eine 10 bis höchstens 20 cm starke Erdschicht (sonst Beeinträchtigung der Isolierwirkung infolge zu starker Zusammenpressung der Strohmassen!), danach eine zweite Strohdecke von 20—25 cm Stärke. Auch Kartoffelkraut ist sehr gut geeignet, notfalls auch Kaff, Nadel-, Laub-, Moosstreu, Heidekraut, Sägespäne, Stallmist (Pferdedung). Die dem Osten zugekehrte Stirnseite besonders stark verpacken. Auch am Fuße der Miete muß die Decke stärker sein. Isoliermaterial hält mehr Frost ab als Erde!

Die letzte gegen Nässe und Windschaden schützende Erdschicht darf dagegen nur sehr dünn sein (etwa 15 cm), damit die äußere Isolierschicht möglichst wenig zusammengedrückt wird. Bei nicht zu losem Deckmaterial erübrigt sich meist diese letzte Erddecke.

Strohbedarf

Gesamtstrohbedarf (bei Nichtverwendung von Ersatzstoffen) 1 Tonne Stroh für 10 Tonnen Kartoffeln.

Nach Versuchen von Opitz läßt sich durch Bestreuen der Miete mit Kainit vor Frosteintritt ein zu tiefes Eindringen der Kälte verhindern. Kainit, dessen Gefrierpunkt unter Null Grad liegt, zieht Wasser aus der Luft an und bildet nun mit der Erde eine dichte Decke.

Schutz vor Mäusen

Da Mäuse durch Zerfressen der Strohdecke in den Mieten, besonders in sehr strengen Wintern, erheblichen Frostschaden anrichten können, empfiehlt es sich, beim Einmieten in Abständen von etwa 2 m Drainröhren zwischen Kartoffeln und Strohschicht zu legen. In diese Röhren kommt in eine Tüte oder Papier eingewickelter Giftweizen, der sich durch diese Papierumhüllung auch für erst später zuwandernde Mäuse frisch hält und die Tiere bei der einseitigen Ernährungsmöglichkeit in der Kartoffelmiete zur reichlichen Aufnahme des Giftgetreides veranlaßt.

Mietenkontrolle über Winter

Wenn irgend möglich, soll die Temperatur in der Miete in Abständen von 3—4 Wochen sowohl an den Kopfenden wie auf mindestens 10 m Mietenlänge mit einem Thermometer gemessen werden. Dadurch lassen sich Verluste am ehesten vermeiden. Bei übernatürlicher Wärme infolge Wetterumschlags oder anormaler Wetterlage ist die Südseite, bei großer Kälte die Nordseite genau zu überprüfen. Keimende Kartoffeln entwickeln mehr Wärme, die durch die Mietendecke festgehalten wird und so die Keimung noch verstärkt. Mieten, bei denen sich infolge Fäulnis Einsinken der Deckenschicht bemerkbar macht, sind sofort zu öffnen und der Inhalt zu verbrauchen.

Entfernung der Winterdecke

Im Frühjahr bietet die Winterdecke der Mieten guten Schutz vor zu starker Erwärmung der Kartoffeln von außen her und verhindert somit unerwünschte frühzeitige Keimung der Knollen, die bei Saatkartoffeln stets mit Energieverlust verbunden ist. Ende Februar/Anfang März beginnen die Kartoffeln wieder auszutreiben, also etwa acht Wochen vor dem Pflanzen. Je später dieser Zeitpunkt liegt, also möglichst erst Ende März/Anfang April, desto geringer sind die Triebkraftverluste. Wesentlich ist daher, daß durch das vorläufige Belassen der Winterdecke die niedrige Wintertemperatur im Innern der Miete möglichst lange erhalten bleibt. Höhere Mietentemperaturen sind im Frühjahr gefährlicher als im Spätherbst. Die frühzeitige Entfernung der Erdschicht hat also nur arbeitsverteilende Wirkung. Sie soll erst erfolgen, wenn die Temperatur im Innern der Miete auf 8—10° C steigt. Besonders die der Sonne zugewendete Mietenseite erwärmt sich regelmäßig stärker und begünstigt dadurch den Keimungsprozeß.

Einlagerungsverluste in der Miete (Schwund)

bis	1. Januar	etwa	3%
„	1. März	„	5— 6%
„	1. April	„	8—10%
„	1. Mai	„	12—15%
„	1. Juni	„	18—20%
„	1. Juli	„	25—30%
„	1. August	„	40—50%
„	1. September	„	60—70%

Diese Verluste entstehen dadurch, daß in der Kartoffelknolle Eiweißstoffe umgesetzt werden, die Keimung sich vorbereitet und Wasser bei dem hohen Wassergehalt der Knolle (etwa 75%) verdunstet.

Stärkeverlust: Bis 1. April etwa 2%. Stärke wird allmählich in Zucker umgewandelt und dieser durch Atmung der lebenden Zellen in Kohlensäure und Wasser umgebildet, die ausgeatmet werden.

Futterkartoffeln sollten daher zur Vermeidung dieser Verluste auf jeden Fall schon im Herbst eingesäuert bzw. zu Flocken verarbeitet werden. Eingesäuerte Kartoffeln haben den gleichen Futterwert wie Frischkartoffeln. (Siehe S. 345.)

Die Einlagerungsverluste im Keller liegen meist erheblich über denen in der Miete.

Die kritischste Zeit für die Aufbewahrung der Pflanzkartoffeln ist, besonders in milden Lagen und milden Wintern, von Mitte März bis Mitte Mai.

Verwendung der Mietenstellen

Die Kartoffel-Mietenstellen werden nach Räumung mit Pflanzrüben, Kohlrüben, Futtergemenge oder mit Kartoffeln bestellt.

Aufbewahrung in Kellern

Werden Kartoffeln eingekellert, sind die Lagerräume vorher zu säubern und zu kalken. Ungeeignet sind Keller mit hohem Grundwasserstand und mit Südfenstern. Kartoffeln sollen nur etwa in halber Kellerhöhe liegen, damit sie über Winter bei geschlossenen Kellerfenstern genügend Luft zum Atmen haben.

Völlig dunkle Keller sind für Dauereinlagerung der Kartoffeln nicht geeignet, da hier die Keimung ungehemmt vor sich geht, während diese bei schwachem Licht zurückgehalten und verhindert wird, daß die Keime im Frühjahr zu lang werden. Andrerseits sind sehr helle Räume für eine längere Aufbewahrung von Speise- und Futterkartoffeln ebenfalls nicht geeignet, da die Kartoffeln dann leicht ergrünen und infolgedessen einen stärkeren Solaningehalt aufweisen.

Im Keller dürfen selbstverständlich ebenfalls nur gut abgetrocknete und von Erde befreite Knollen zur Einlagerung kommen. Stein- und besonders Zementfußböden sind als Unterlage für Dauereinlagerung von Kartoffeln wenig geeignet. Man verwende Lehm oder besser noch Holzroste und verkleide auch die Wände in Schütthöhe mit Holz. Dann können Kartoffeln bei genügender Luftzirkulation entsprechend höher gelagert werden. Die meist auftretende Schwitzwasserbildung in der oberen Kartoffelschicht läßt sich durch eine leichte Strohdecke über den Knollen verhindern. Fenster und Türen sind erst dann mit Stroh oder Dung zu versetzen, wenn stärkere Kälte zu erwarten ist. Bei Kellereinlagerung ist meist die Temperatur zu hoch. Daher sollte in jedem Kartoffelkeller ein Thermometer vorhanden sein!

Saatkartoffeln einmieten, da sie dann gegenüber eingekellerten Kartoffeln größere Keimenergie und bessere Wüchsigkeit zeigen.

Lagerung in Lattenkisten

Vorteile: Arbeitsersparend und Vermeidung von Beschädigungen der Knollen. Zur Verwendung kommen Kisten von 59×39×25 cm, mit einem Fassungsvermögen von 30—32 kg. Sie werden aus vollimprägnierten Holzleisten hergestellt (Holzschutzsalzlösung). Am besten werden die Kartoffeln gleich auf dem Feld in Kisten gesammelt und auf Plattformwagen zum Lagerraum gefahren. Auf einer einfachen Bretterrutsche gleiten die Kisten in den Keller.

Die Lagerverluste sind bei einer derartigen Aufbewahrung verhältnismäßig gering. Die Kartoffeln haben nur einen Druck von etwa 30 cm hochgeschichteter Knollen auszuhalten und liegen luftiger. Da die Kisten bis zur Kellerdecke hoch gestapelt werden können, lassen sich in Kellerräumen auch größere Mengen, oft mehr als das Doppelte einlagern. Bei Mietenlagerung können derartige Kisten als Transportmittel Verwendung finden. Sie werden vom Wagen ausgeschüttet. Beschädigungen der Knollen sind kaum zu befürchten, daher für Saatkartoffeln besonders zu empfehlen. (20 kg Inhalt: 49×29×27 cm.)

Lagerhäuser

Kartoffelscheunen und Kartoffellagerhäuser, deren Vorteil darin liegt, daß die Kartoffeln unabhängig von der Witterung jederzeit kontrolliert, sortiert und entnommen werden können und der Aufwand von Strohmaterial sowie die Arbeit des Einmietens entfällt, ermöglichen eine Schütthöhe von etwa 3,5 m. 1 cbm faßt 6,5 dz. Baukosten: 16 bis 20 DM / dz Kartoffeln, bei Einbauten (in Scheunen) etwa die Hälfte. Bei Stellung von Arbeitskräften, Holz und sonstigen Eigenleistungen 1/3 Kosteneinsparung. Dazu kommen die Kosten der notwendigen Förderbänder. (Belastung durch Einmieten etwa 1,40—2,40 DM/dz).

Flocken- und Spiritus-ausbeute

50 kg Frischkartoffeln mit 18% Stärke ergeben: 12½ kg Kartoffelflocken (Wassergehalt 12 bis höchstens 15%) oder 5,5 Liter Spiritusausbeute.

Solanin
(Siehe S. 238)

1 kg Kartoffelknollen enthält durchschnittlich etwa 0,1 g Solanin (Gift) und zwar überwiegend in der Schale. Reichliche Stickstoffdüngung erhöht den Solaningehalt der Kartoffeln. Auch auf trockenen bzw. Sandböden zeigen Kartoffeln gegenüber solchen auf Humusböden gewachsenen, höheren Solaningehalt. Unreife Knollen, besonders kleine, ebenso am Licht ergrünte, enthalten größere Mengen Solanin als ausgereifte Knollen.

Stärkerer Solaningehalt macht sich durch bitteren Nebengeschmack, besonders am Gaumen, bemerkbar. Beim Genuß unreifer Kartoffeln und am Licht ergrünter können daher infolge des stärkeren Solaningehaltes Leibschmerzen und Übelkeit auftreten, (die stark ergrünten, solaninhaltigen Stellen beim Schälen entfernen).

Eine Vermehrung dieses Giftstoffes, welcher der Pflanze zum Aufbau dient, findet weder beim Lagern (abgesehen vom Ergrünen infolge Lagerung in zu hellen Räumen), noch beim Faulen der Kartoffeln statt. Dagegen wandert er beim Auswachsen der Knollen in erheblicher Menge in die Keime, so daß diese im Kilogramm nahezu 50 g Solanin enthalten! Kartoffelkeime dürfen daher auf keinen Fall mit verfüttert werden!

Solanin übt auf Magen- und Darmschleimhäute, namentlich bei Schweinen, aber auch Pferden, Reizwirkung aus und kann zu Entzündungen der Verdauungsorgane führen. Es wirkt lähmend auf Atmungszentrum und Herzmuskel. Widerkäuer sind weniger empfindlich.

Kartoffel-sortierer

Flachsortierer haben gegenüber Trommelsortierern den Vorteil, daß ihre Arbeit besser und die spezifische Leistung, bezogen auf die Siebfläche, größer ist. Allerdings arbeiten Trommelsortierer gleichmäßiger und ruhiger gegenüber den mehr stoßend-schwingenden Bewegungen der Flachsortierer.

Verwertung des Kartoffelkrautes

Kartoffelkraut ist auch ein Bestandteil der Ernte! In der bei einer Kartoffelernte von 200 dz/ha Knollen anfallenden Krautmenge von 65—75 dz/ha = 15—25 dz Trockenmasse sind enthalten:

8—12 dz Humus
20—30 kg Stickstoff, (1—1½ dz eines 20% Stickstoffdüngers)
40—50 kg Kali, (1—1¼ dz 40% Kali)
10—15 kg Phosphorsäure, (0,40—0,90 dz Superphosphat)
50—70 kg Kalk.

Der Nährstoffgehalt ist also höher als der des Getreidestrohes. Daher darf Kartoffelkraut nicht verbrannt werden! Durch Verbrennen des Krautes gehen die wichtigsten Bestandteile, nämlich Kohlenstoff und Stickstoff, für den Acker vollständig verloren, was einem Geldverlust von mehr als 100 DM pro ha entspricht.

Es bestehen folgende Verwertungsmöglichkeiten:

1. Unterpflügen des Kartoffelkrautes. Zu diesem Zweck wird das Kraut nach beendeter Ernte auf dem Kartoffelacker sorgfältig verteilt — wesentlich arbeitssparender ist die Verwendung eines Krautschlägers (S. 228)! — und flach wie Stalldung eingepflügt. Bei normalem Wuchs entspricht die anfallende Krautmenge etwa einer halben Stallmistgabe. — Soll dagegen auf dem betreffenden Kartoffelschlag Roggen ausgesät werden, ist das Kraut abzufahren, also nicht unterzupflügen, weil der Boden sonst keinen richtigen Schluß bekommen würde. (S. 123.) Diese Arbeit entfällt bei Einsatz des Krautschlägers! **Unterpflügen**

2. Bedecken von Wiesen und Weiden vor Winter, dadurch Frostschutz und zusätzliche Düngung, so daß die abgedeckten Flächen im Frühjahr zeitiger ergrünen. Mit etwa 75 dz/ha Kartoffelkraut (das ist soviel, daß etwa noch die Hälfte der Grasnarbe durch das Kraut zu sehen ist), wird etwa die gleiche Wirkung erzielt, wie mit einer Stallmistdüngung von 150 dz/ha, alle zwei Jahre gegeben! **Grünland-Schutz**

Auf Weiden behindert Kartoffelkraut im nächsten Jahr die Tiere beim Fressen nicht und verrottet hier allmählich. Auf den Wiesen dagegen können, besonders beim ersten Schnitt, Mähschwierigkeiten auftreten, so daß das Kraut hier besser zum Frühjahr abgerecht wird.

Wo es sich einrichten läßt, sollte Kartoffelkraut zu den Weiden nicht nur im Herbst, sondern auch vor Einsetzen der sommerlichen Dürre, besonders auf die höher gelegenen, am meisten gefährdeten Stellen gebracht werden. Die den Sonnenstrahlen sonst preisgegebene Narbe ist für einen derartigen Schutz sehr dankbar. Auf sorgfältiges, dünnes spinnenwebenartiges Auseinanderbreiten des Krautes ist zu achten, damit die Grasnarbe durch Lichtabschluß nicht gefährdet wird.

3. Abschließende Winterdecke bei Hackfruchtmieten. Hierbei ist darauf zu achten, daß die auf das Kartoffelkraut zu bringende Erdschicht, welche die Miete gegen Nässe und Windschaden schützen soll, nur etwa 15 cm stark ist, damit das Kraut seine gegen Kälte isolierende Wirkung nicht durch stärkere Erdmassen verliert. Wird das Kartoffelkraut noch bei offenem Wetter um die Mieten herum verteilt, so friert die darunter befindliche Erde selbst bei plötzlich einsetzender stärkerer Kälte nicht fest und erleichtert dadurch das Bedecken der Miete, die bis zu diesem Zeitpunkt, nur mit schwacher Erddecke versehen, gut auslüften kann (S. 233). Wichtig ist, bei Krautfäulebefall jede Berührungsmöglichkeit mit den Knollen zu vermeiden und das Kraut auf jeden Fall erst zur zweiten Mietendecke zu verwenden. Im Frühjahr ist dann Kompostierung bzw. Düngerbereitung ohne weiteres gegeben. **Mietendecke**

4. Einstreu, zur Erhöhung der Aufsaugfähigkeit am besten zusammen mit geschnittenem Stroh. Dadurch lassen sich auch Krankheitserscheinungen, die durch ausschließliche Krauteinstreu, besonders im Rindviehstall, hervorgerufen werden können, weitgehend vermeiden. Diese durch Pilz- und Schädlingsbefall des Krautes verursachten Krankheitsmerkmale äußern sich in Form von Ausschlag, Schorf- und Bläschenbildung usw. vornehmlich an den Gliedmaßen der Tiere. **Einstreu**

5. Unmittelbare Düngerbereitung durch gemeinsame Stapelung des Kartoffelkrautes mit der gleichen Menge Stalldünger oder Verarbeitung als Mehrungsmist bzw. im Kompost unter reichlichem **Düngerbereitung**

Zusatz von Jauche oder Wasser. Bei noch etwas grünem Kraut erübrigt sich eine Befeuchtung. (Siehe S. 56 und S. 69.)

Viehfutter

6. Als Viehfutter, besonders in Futternotzeiten, in getrocknetem oder eingesäuertem Zustand, als Beifutter verabreicht. Bei der Verarbeitung von frischem, grünen Kartoffelkraut ist wegen des darin in größerer Menge enthaltenen „Solanin" äußerste Vorsicht geboten, so daß die täglich zu verabfolgenden Gaben etwa 10 kg nicht übersteigen sollen. Aber selbst bei nur mäßiger Fütterung besteht Gefahr, daß die Milch zurückgeht und das Wohlbefinden der Tiere infolge Darm- und Magenstörungen, sowie eintretender Durchfälle beeinträchtigt wird. Solanin greift auch die Herztätigkeit der Tiere an.

Eine bessere Verwertung findet das Kraut dagegen in getrocknetem Zustand, in welchem es nicht nur von Rindvieh und Schafen, sondern auch von Pferden gefressen wird. Wichtig ist hierbei, daß Kartoffelkraut ohne jede Sandbeimischung zur Verfütterung kommt. Die bei ungünstiger Witterung etwas schwierige Trocknung erfolgt am besten auf Reutern. Derartig einwandfrei getrocknetes Kraut kommt in seinem Nährstoffwert etwa mittlerem Wiesenheu gleich, so daß es besonders für Betriebe mit geringen Heuvorräten ein durchaus schätzbares Winterfutter sein kann. Vielfach wird das Kartoffelkraut zum Trocknen auch auf das Grünland ausgebreitet.

Kartoffelkraut-einsäuerung

Wenn arbeitstechnisch keine Schwierigkeiten bestehen, kann Kartoffelkraut eingesäuert werden. Es muß gesund und ohne Schädlingsbefall sein und kann sowohl mit der Sense als auch dem Grasmäher mit hochgestelltem Mähbalken geschnitten werden.

Wichtig ist der richtige Schnittzeitpunkt. Da den Kartoffelknollen noch Stärke zugeführt wird, solange sich das Kraut in saftgrünem Zustand befindet, darf mit dem Mähen erst dann begonnen werden, wenn das Kraut zwar noch grün, aber bereits im Abwelken begriffen ist. Anderenfalls muß eine entsprechende Minderung des Stärkegehaltes wie auch des Knollenertrages in Kauf genommen werden. Auch die Haltbarkeit der Kartoffeln im Winterlager wird durch eine zu frühe Krauternte beeinträchtigt.

Da mit dem Welken des Krautes und dem Reifwerden der Beeren, das in dem frischen grünen Kraut, den Blüten und den noch unreifen grünen Beeren in größeren Mengen enthaltene Solanin bis auf unschädliche Mengen zurückgeht, sollte auch aus diesem Grunde von einer zu frühen Krauternte abgesehen werden. Allerdings verliert das Kraut durch den Gärungsprozeß einen Teil seines Solaningehaltes.

Zur Krautwerbung eignen sich spätreife Sorten, deren Kraut bis etwa zur Reife grün bleibt, wie z. B. Ackersegen, besser als Sorten, die infolge später Knollenbildung mit ihrem Wachstum auch verhältnismäßig spät abschließen, wie dies bei den meisten Futterkartoffeln der Fall ist. Hier sind also Ertragsausfälle infolge frühzeitiger Krautwerbung eher zu befürchten. Da besonders auch die Beeren stark solaninhaltig sind, sollte nach Möglichkeit den schwach blühenden, wenig Beeren ansetzenden Kartoffelsorten der Vorzug bei der Krautwerbung gegeben werden. (Siehe S. 218.)

Eine vorzeitige Krauternte kann sich jedoch für Saatkartoffelbestände günstig auswirken, da hierdurch der Abwanderung des Virus, welches bekanntlich Abbaukrankheiten hervorruft, in die unterirdischen Knollen entgegengearbeitet wird. Daß sich die Ernte der Kartoffeln nach Entfernung des Krautes wesentlich leichter durchführen läßt, sei noch erwähnt.

Zur Einsäuerung soll das sehr sperrige Kartoffelkraut nur *in gehäckseltem Zustand* in den Gärfutterbehälter kommen, um eine möglichst dichte Lagerung zu erzielen. Ausreichender Saftabfluß ist wichtig, damit das enthaltene Solanin entfernt wird. Sicherungsmittel zusetzen! (Siehe unter Gärfutter S. 338.)

Unter der Voraussetzung, daß das Kraut auch besonders an den Wänden des Gärbehälters recht festgetreten wird, so daß mit einem günstigen Gärverlauf gerechnet werden kann (die Zeit des Arbeitsganges bestimmt nicht der Futterablader, sondern der Festtreter!), fällt ein Futter mit etwa 1,6% verdaul. Eiweiß und 81 Stärkeeinheiten an. (Je nach Schnittzeit, Sorte und Düngung der Kartoffeln.) Hiervon können den Milchkühen täglich ohne weiteres etwa 15 kg je Kopf verabreicht werden, die, als Zulage gegeben, eine Erzeugung von 4—5 kg Milch ermöglichen. Nur bei nicht ganz einwandfrei gelungenem Gärfutter ist es richtiger, möglichst nicht über 10 kg je Tier und Tag hinauszugehen. Auch wenn das Kartoffelkraut während der Wachstumszeit, wie es meist geschieht, mit chemischen Mitteln gespritzt wurde, ist bei der alleinigen Verfütterung von frischem wie auch eingesäuertem Kraut maßzuhalten. Derartig behandeltes Kraut soll, je nach den in der Zwischenzeit gefallenen Niederschlägen, frühestens sechs Wochen nach erfolgter Spritzung verfüttert bzw. eingesäuert werden.

Besteht die Möglichkeit, Kartoffelkraut zusammen mit Grünfutter, wie Gras, Klee, Mais oder ähnlichem einzusäuern, wobei ebenfalls ein Sicherungszusatz zu verwenden ist, so erhöht sich die Schmackhaftigkeit des Futters. Auch nasse Schnitzel kommen in Frage. Werden Rübenblätter beigemischt, müssen diese gut mit dem Kartoffelkraut vermengt werden, da sie anderenfalls von dem Vieh aus dem Futter herausgesucht werden und das nicht so schmackhafte Kartoffelkraut liegenbleibt. Mit gutem Erfolg kann Kartoffelkrautsilage auch an Jungvieh und Schafe in nicht zu großen Mengen gegeben werden.

Sorgfältige Futterbereitung ist bei der Kartoffelkrauteinsäuerung Voraussetzung für den Erfolg. Nur wo die Gewähr hierfür gegeben ist, und dem Betrieb die damit verbundene Arbeitsmehrbelastung ohne Nachteil für die Ernte- und Bestellungsarbeiten zugemutet werden kann, sollte die Verwertung des Kartoffelkrautes über den Gärfutterbehälter in Erwägung gezogen werden.

b) Die Zuckerrübe

Allgemeines

Von allen Kulturgewächsen ergibt die Zuckerrübe die denkbar höchsten Nährwerte je Flächeneinheit. Sie schafft etwa das Dreifache von Getreide und das eineinhalbfache von Kartoffeln.

Bei einer Ernte von 300 dz/ha werden erzielt:

40—44 dz Zucker, 8—10 dz Melasse, 18—20 dz Schnitzel, ferner etwa 225 dz Blätter und Köpfe.

Allein die in den Köpfen und Blättern enthaltene Eiweißmenge ist gleich der eines gleichgroßen Schlages von gut gelungenen Leguminosen, Rotklee, einer mittleren Hafer- oder guten Wiesenheuernte. 1 ha vorschriftsmäßig gewonnener Rübenblätter bringt Nährstoffe in richtiger

Zusammensetzung für rund 4000 Liter Milch. Eingesäuert reicht diese Menge aus, um den Gärfutterbedarf von 6 — 8 Kühen für die Wintermonate (200 Tage) zu decken.

Futterrüben ergeben im Verhältnis zu der bei der Zuckerrübenernte zusätzlich erzielten Blatternte keinen wesentlichen Mehrertrag von gleicher Fläche. 1,4 — 1,5 ha Zuckerrüben bringen neben vollem Ertrag als Verkaufsfrucht noch eine Futterernte, die etwa derjenigen von 1 ha Futterrüben entspricht.

Die besondere Bedeutung des Anbaues der Zuckerrübe liegt in dem hohen Futteranfall und zwar nicht nur für den Rindviehstall, sondern auch für die Schweine. Hier können Zuckerrüben in der Mast weitgehend die Kartoffeln ersetzen (S. 524). Dadurch läßt sich der Hauptfutterbau erheblich einschränken, so daß Flächen für den Anbau von Verkaufsfrüchten frei werden.

Verstärkter Zuckerrübenanbau bildet die Grundlage für hohe Ernten der nachfolgenden Früchte, fördert die Unkrautfreiheit des Ackers und schafft die Voraussetzungen für intensive Viehhaltung durch den reichlichen Futteranfall! In ausgesprochenen Rübengebieten mit Luzerne-Anbau müssen wenigstens 10% der Ackerfläche für die herbstliche Grünfütterung von Mitte Oktober bis Dezember mit Zuckerrüben bestellt werden. Intensive Rübenwirtschaften bauen bis 16% an, während etwa 25% Rübenfläche die obere Grenze hinsichtlich Arbeitsbelastung und auch fruchtfolgemäßig darstellen.

Ein weiterer Vorzug der Zuckerrübe ist ihre Preisstabilität im Vergleich zu den oftmals starken Preisschwankungen und Absatzschwierigkeiten bei Kartoffeln.

Die Erzeugung derart hoher Nährwerte verlangt allerdings große Aufwendungen an Arbeit, Dünger usw. sowie die Wahl des geeigneten Bodens. Daher sollte die Zuckerrübenanbaufläche auf keinem Betrieb größer sein, als mit Sicherheit intensiv bearbeitet werden kann. Andernfalls besteht die Gefahr, daß die aufgewendeten Kosten nicht gedeckt werden.

Arbeitsaufwand im Vergleich zu Getreide fünf- bis sechsfach (Kartoffeln vierfach und mehr). Zu spät vereinzelte und verunkrautete Rübenfelder bringen erhebliche Mindererträge. Im Herbst entsteht Arbeitsspitze durch Saatbestellung, Rübenernte, Abfuhr der Rüben zur Bahn, der Blätter in Silo oder zur Trocknung und Ziehen der Winterfurche.

Ein Ertrag von 300 dz/ha stellt etwa die untere Grenze eines lohnenden Rübenanbaues dar.

Bodenansprüche

Tiefgründige, humose, sandige Lehm- bis lehmige Sandböden in ausreichendem Kalkzustand sagen der Zuckerrübe am besten zu. Nicht geeignet sind saure Böden, trockener Sand, zäher Ton, flachgründige, steinige, zur Verschlämmung neigende und verqueckte Böden. Je schwerer der Boden, desto größer die Bearbeitungs- und Ernteschwierigkeiten sowie der Anteil an Schmutzprozenten.

Je besser die Nährstoff- und Wasserversorgung ist, um so eher wächst die Zuckerrübe auf leichteren Böden. Diese können im Frühjahr zeitiger bestellt werden, da sie früher abtrocknen und sich schneller erwärmen. Die Ernte läßt sich, besonders in einem nassen Herbst, besser mechanisieren. Trockenperioden während der Wachstumszeit der Rübe, die sich auf leichteren Böden besonders auswirken, können durch zusätzliche Beregnung überbrückt werden.

Kartoffel-Sammelroder „Luni" der Firma Niemeyer mit mechanischer Steintrennung. Die Vorrichtung besteht aus 4 parallel zueinander angeordneten, großen, runden Nylon-Bürsten. Ihre elastischen Borsten sondern die hochgeförderten Steine gründlich ab und befördern die Kartoffeln auf ein breites Verladeband. (Werkfoto Niemeyer)

KARTOFFELERNTE II

Entleeren eines Kartoffelwagens an der Miete mit Hilfe einer seitlichen Klappe und eines Eisenstabrostes zum Entfernen der Erde. Wesentlich ist, daß die Kartoffeln dadurch beim Abladen von den Rädern wegkommen

ır wendiger **Universal-Einachswagen** mit mechanischem Roll-
den, dessen Dungstreu-Vorrichtung abgenommen wurde und
zum Abladen ohne Schwierigkeiten zurückstoßen kann.

rtoffelmieten mit Lüftungsfenster und offenem First (s. S. 232)

PFLEGE DER ZUCKERRÜBEN

Rübenausdünnungsmaschine vermindert Arbeitsaufwand. Einsatz im 2- bis 4-Blatt-Stadium. Die ein- bis zweimal in Richtung der Drillreihen fahrende Maschine schneidet mit rotierenden Messern kleine Streifen aus dem Bestand (gleichzeitig Unkrautvernichtung und Bodenlockerung). Vereinzeln beim Rundhacken. (Werkfoto Eberhardt)

Mit dem Bügelkrehl können die Rüben in
Arbeitsgang und etwa 14 Tage früher vere
werden als nach der alten Methode des Ve
kens und Verziehens (Foto Wolf-Geräte). (S

Rübenverziehen und -verkehlen im Hanc
Combitrac-System. An der Frontladersch
sind 5, am Kraftheber 6 Arbeitsplätze
bracht, so daß in einem Arbeitsgang 11 R
bearbeitet werden können. Stündl. Arbeitslei
im Dauereinsatz 2400 qm. (Hanomag-Wer

„Unimog" mit geschobenem Hackgerät. D
die Pflegearbeiten so wichtige Spurhaltung
durch das weite Anvisieren der Pflanzenr
wesentlich erleichtert

John Deere – Lanz Alldog: Kopfdüngerstreuen und Rübenhacken ein Arbeitsgang. Da alle Geräte im Blickfeld des Fahrers liegen, ist sorgfältiges Bearbeiten der Kulturen bzw. genaues Steuern mit nur einem Mann möglich.

Einkorndrille IR 2 für einkeimigen Rübens
mit auswechselbaren Zellenrädern für ver
dene Aussaatmengen und Untergrunddruc
ermöglicht Einzelkornablage sowie gleichm
Tiefenlage. Befestigung an Drillmaschin
Stelle normaler Schare sowie am Schlepper
räteträger oder Vielfachgerät mittels bes
rem Anbaurahmen möglich. (Werkfoto Saat
Erntetechnik GmbH., Eschwege/Hessen)

Gegen Nässe im Untergrund ist die Zuckerrübe sehr empfindlich. Auf stickstoffreichen Torf- und Moorböden treibt die Rübe keine Pfahlwurzeln, sondern verzweigt sich meist sofort und wird beinig. Diese Böden kommen deshalb für den Rübenbau kaum in Frage. Auch auf frischgepflügten, ungesetzten Böden entstehen Verzweigungen und Nebenwurzeln. (Frühjahrsfurche!) Weitere Ursachen: Bodenverdichtungen, unzureichend gelockerter Boden, zu flaches Einbringen von Phosphorsäure und Kali, Einpflügen von größeren Mengen unverrottetem Stallmist, zu späte Unterbringung sperriger Gründüngungspflanzen, Frühjahrskalkung. **Beinigkeit** **(s. S. 243/44)**

Vorfrucht

Beste Vorfrüchte sind Kartoffeln, besonders in Trockengebieten sowie auf unkrautwüchsigen Böden. Rotklee und Luzerne nur bedingt geeignet. Auf besseren Böden können die Wurzelstöcke älterer Bestände infolge langsamer Zersetzung bei der Saat und den Pflegearbeiten sehr hinderlich sein. Außerdem wirkt Rotklee auf das Wachstum der Rübe hemmend. (Manche Zuckerfabriken lehnen Klee — Luzerne — Vorfrüchte ab, weil dadurch der Zuckergehalt der Rüben gedrückt würde.) Hülsenfrüchte bzw. Leguminosengemenge sind dagegen als Vorfrüchte besser für Getreide geeignet (S. 41/42).

Von den Getreidearten, denen die Zuckerrübe aus betriebswirtschaftlichen Gründen in der Regel folgt, steht (unter Einschaltung einer Zwischenfrucht — Kleeuntersaat usw.) Roggen als günstigste Vorfrucht an erster Stelle. Es folgen Hafer, dann Sommer- und Wintergerste.

Nicht geeignet sind dagegen Vorfrüchte wie Winterweizen (Wurzeln üben wachstumshemmende Wirkung auf Rüben aus), Futterrüben, Rübensamen, Kohlarten, Spinat, Raps, Rübsen (Nematoden).

Anderseits stellt die Zuckerrübe an ihre Vorfrucht keinerlei Ansprüche, da sie ja mit einer entsprechenden organischen Düngung, wie Stallmist oder Gründüngung versehen wird. Nur auf den leichteren, nicht ganz rübensicheren Böden und in trockener Lage sollte der Vorfrucht etwas mehr Beachtung geschenkt werden. Hier ist die Kartoffel als Vorfrucht sehr zu empfehlen. — *Die Zuckerrübe selbst ist die beste Vorfrucht* für Getreide, insbesondere Braugerste und Hülsenfrüchte. (In Trockengebieten kein Hafer.)

Zur Vermeidung von Rübenkrankheiten und Schädlingsbefall sollen Rüben nicht öfter als vier, besser jedoch erst alle fünf, und auf leichteren Böden nur alle sechs Jahre auf gleichem Schlag zum Anbau kommen.

Boden-Bearbeitung

An die Bodenbearbeitung stellt die Zuckerrübe die größten Ansprüche. Der Mehraufwand vor der Saat trägt sehr wesentlich zu einer Verbilligung der Pflegearbeiten während des Wachstums der Pflanze bei. Als Tiefwurzler verlangt sie im Herbst eine tiefe Bodenlockerung, die nicht nur für die Höhe des Ertrages und des Zuckergehaltes (bei Versuchen wurden auf garem, tiefgelockertem Boden bis 1% höherer Zuckergehalt erzielt) von ausschlaggebender Bedeutung ist, sondern auch die unerwünschte Beinigkeit der Rüben verhindert. Eine wenigstens 26—30 cm, besser 32 cm tiefe *Herbstfurche* ist daher für das Gedeihen der Zuckerrübe *unbedingte Voraussetzung.*

Bei flacher Ackerkrume ist es richtiger, das Feld nur flach zu pflügen, um keinen toten Boden nach oben zu bringen und die Furchensohle mit dem Untergrundhaken zu lockern. Dies trifft insbesondere dann zu, wenn mit der Herbstfurche gleichzeitig Stallmist untergebracht werden soll. Besser ist es allerdings, mit Ausnahme von leichteren, durchlässigen Böden, Stalldung bereits nach der Getreideernte auf die Stoppel zu fahren, unterzuschälen und Gründüngung einzusäen. — Nur Böden, die im Frühjahr unter Nässe leiden, erhalten zwecks Erwärmung und Durchlüftung eine nochmalige Frühjahrsfurche, die bis auf diesen Ausnahmefall sonst grundsätzlich abzulehnen ist. (Ertragsverlust bis zu 50%, Beinigkeit der Rübe.) Der Schwerpunkt der Rübenbestellung liegt also im Herbst.

Sobald der Acker im Frühjahr genügend abgetrocknet ist, wird er sorgfältig abgeschleppt. Auf Beseitigung von Unebenheiten, welche die Bestellungs- und Pflegearbeiten stören, ist hierbei durch Über-Kreuz-Schleppen und schrägen Einsatz der Arbeitsgeräte besonders zu achten.

Etwa 14 Tage vor der Rübenaussaat wird der vorgesehene Handelsdünger ausgebracht. Dann folgt der Grubber möglichst gleich mit angehängter Schleppe, damit übermäßige Wasserverdunstung des Bodens vermieden wird und das Unkraut auflaufen kann. — Zuckerrübenboden muß möglichst unkrautfrei sein, anderenfalls verteuert sich der Anbau durch die späteren, vermehrten Pflegearbeiten sehr. Auch leidet der Ertrag darunter. Wichtig ist daher die Unkrautvernichtung vor der Saat. Auf Schläge, die durch Quecken derartig verunkrautet sind, daß man sie deshalb grubbern muß, gehören keine Zuckerrüben.

Kurz vor der Saat wird der Boden aufgeeggt, unmittelbar darauf folgen Schleppe und leichte Egge, anschließend die Drillmaschine. Auf schwerem Boden kann Einsatz der Cambridgewalze erforderlich sein. Häufig wirkt Walzen auch schädlich. Die Rübe will ein festes Unterbett mit 3—4 cm krümelig-lockerer Oberkrume haben. — Im Gegensatz zu früheren Jahren ist man heute bestrebt, die Rübenbestellung im Frühjahr mit möglichst wenig Arbeitsgängen durchzuführen.

Es ist selbstverständlich, daß die soeben geschilderte Methode nicht überall ohne weiteres Anwendung finden kann, sondern nur als Beispiel dienen soll, wie die Bestellung bei normalen Bodenverhältnissen vor sich geht. Je nach Bodenart und Witterung kann also auch eine andere Bestellung erforderlich sein, so daß gegebenenfalls auch ohne Grubberstrich auszukommen ist.

Der Boden darf grundsätzlich nur bei trockenem Wetter bearbeitet werden. Bei Verwendung von Walze und Grubber muß sofort die Egge folgen, damit nicht zuviel Wasser verdunstet. Hier begangene Fehler lassen sich nachträglich durch keine Düngungs- und Pflegemaßnahmen wieder gut machen! — Auf schwerem, nassen oder flachgründigem Boden stellt man Rüben durch das Drillen auf Kämme höher und trockener.

Düngung

Zur Erzielung einer vollen Ernte ist eine gute Stallmistdüngung (250—300 dz/ha), die aber auf jeden Fall im Herbst zu verabreichen ist, in Verbindung mit ausreichenden Handelsdüngergaben, unerläßlich. (Nachhaltende Wirkung zur Zeit des starken Nährstoffsbedarfs im Juli und August.) Reicht der Stalldünger nicht aus, stelle man die Rüben nach mit Stallmist gedüngten Kartoffeln. Diese Maßnahme hat sich, insbesondere bei unkrautwüchsigem Boden, in der Praxis sehr bewährt; die Pflegearbeiten werden dadurch wesentlich erleichtert. — Gründüngung in Form von Untersaaten (Klee) oder Stoppelsaaten (Hülsenfrüchte) ist sehr zu empfehlen und stellt eine bedeutsame Anreicherung des Bodens mit Stickstoff dar. (S. 73.) Nicht verrottete, sperrige Gründungreste begünstigen Beinigkeit der Rübe, desgleichen nicht verrotteter Mist.

J a u c h e darf in größeren Mengen nicht zu spät ausgefahren werden (4—6 Wochen vor der Aussaat). Andernfalls entwickelt sich das Kraut sehr üppig, die Rübe reift im Herbst nicht oder erst sehr spät aus, was den Zuckergehalt ungünstig beeinflußt.

Die Zuckerrübe ist eine ausgesprochene Salpeterpflanze. Auf besseren Böden soll zur Beschleunigung der Jugendentwicklung der Rübe etwa $^2/_3$ der Gesamt s t i c k s t o f f gabe vor der Bestellung verabreicht werden, unkrautfreier Boden vorausgesetzt. Der Rest muß nach dem Vereinzeln, spätestens jedoch bis Mitte Juni gestreut sein, da der Zukker- und Stärkegehalt der Rübe durch zu spät verabfolgte Stickstoffgaben herabgedrückt wird und Reifeverzögerung eintritt.

Da die Zuckerrübe eine lange, bis in den November hineingehende Wachstumszeit hat, kann die Hälfte der Stickstoffgabe unbedenklich in Form des langsam wirkenden Kalkstickstoffs ein bis zwei Wochen vor der Saat gegeben werden. Sollte dies aus irgendwelchen Gründen erst kurz vor der Bestellung möglich sein, ist die Saattiefe nicht unter 3 cm zu wählen, um Schäden an den keimenden Rüben zu vermeiden. Auf jeden Fall soll Kalkstickstoff, der auch eine günstige Wirkung gegen keimende Unkräuter besitzt, nach dem Streuen durch Grubber oder Egge gleich in den Boden eingearbeitet werden, vor allem auf den schweren Böden. Das Gleiche trifft für das ebenfalls einige Wochen vor der Saat auszustreuende Thomasphosphat zu. (Stoppeldüngung vorziehen! S. 90.) In Gebieten mit Vergilbungskrankheit als alleinigen Stickstoffdünger Ammonsulfatsalpeter in ganzer Gabe vor der Saat ausstreuen! (S. 259.)

Starke Salpetergaben beeinträchtigen das Reinhalten von unkrautwüchsigen Böden. Daher gebe man reinen Salpeterstickstoff (am besten Natronsalpeter) erst nach dem Vereinzeln und verwende zuvor Kalkammonsalpeter, Ammonsulfatsalpeter, Kalkstickstoff.

K o p f d ü n g e r ist nur bei trockenem Wetter und auch nicht im Tau auszustreuen, um Ätzschäden des auf den Blättern haften bleibenden Düngers zu vermeiden.

P h o s p h o r s ä u r e mangel wirkt sich bereits auf das Jugendwachstum der jungen, zarten, wenig widerstandsfähigen Rübenpflanzen ungünstig aus. Keine andere Frucht reagiert auf Phosphorsäure gerade in der Jugendentwicklung derart günstig. Daher ist der Boden zu Zukkerrüben rechtzeitig mit Phosphorsäure anzureichern. Entweder erfolgt Stoppeldüngung von Thomasphosphat bzw. Rhenaniaphosphat (letzteres im Hinblick auf den für die Rübe günstigen Natriumgehalt) und Kali oder die Grunddüngung wird mit der Herbstfurche eingepflügt. — S t o p p e l d ü n g u n g erleichtert das Ausstreuen (fester Boden), mildert die im Herbst und Frühjahr auftretenden Arbeitsspitzen, kommt etwaiger Zwischenfrucht zugute, ermöglicht preisgünstigen Frühbezug der Handelsdünger und gibt Gewähr, daß die Nährstoffe den Pflanzen für ihr Wachstum rechtzeitig zur Verfügung stehen. Bei Rüben auch Rückgang der Beinigkeit, die durch zu flaches Einbringen von Phosphorsäure und Kali begünstigt wird. Nährstoffverluste sind durch das Einschälen bzw. Einpflügen nicht zu befürchten. — Bei der Frühjahrsdüngung hat sich Superphosphat bestens bewährt. Wie Versuche ergaben, kann die virose Vergilbungskrankheit der Zuckerrüben durch eine Kopfdüngung mit

2—3 dz/ha Superphosphat bzw. Bor-Superphosphat zurückgedrängt werden. — Fehlende Phosphorsäure beeinflußt auch den Zuckergehalt ungünstig, ferner wirkt Phosphorsäure reifebeschleunigend.

K a l i beeinflußt den Zuckergehalt der Rübe günstig. Bei der Zuckerrübe wird die weit höhere Kalimenge über das Blatt entzogen, während dies bei der Futterrübe über die Rübe der Fall ist. Kalimangel bewirkt vorzeitiges Absterben der Blätter und begünstigt Blattkrankheiten. Auf schweren Böden hochprozentige Kalisalze bevorzugen, Kainit auf die leichteren, nicht zur Verkrustung neigenden Böden beschränken. Rüben lieben das im Kainit enthaltene Kochsalz. Auch werden Farbe und Geschmack der Rübenblätter durch Natrium verbessert, die Blätter stehen kräftiger und aufrechter und sind geeigneter für maschinelles Ernten. Kali wird einige Wochen vor der Rübenbestellung gestreut. Zweckmäßig ist Stoppeldüngung, zusammen mit Phosphorsäure (S. 90).

M i t t l e r e D ü n g e r g a b e n / h a: 6 dz Stickstoff (20%), 5 dz Superphosphat oder 3,50 dz Rhenania-Phosphat oder 6 dz Thomasphosphat oder 3 dz Hyperphos + 4 dz Kali (40—50%) bzw. 12 dz Kainit.

Es können aber je nach Bodenart und Kulturzustand des Ackers, sowie Fruchtfolge und Beidüngung mit Stallmist und Gründung höhere Stickstoffmengen angebracht sein. Sehr intensive Betriebe verabreichen 8 dz/ha, vereinzelt sogar darüber. Allerdings erbrachten Versuche bei Gaben über 8 dz/ha Stickstoff keine nennenswerte Steigerung des Rübenertrages mehr, während der Blattertrag noch erheblich zugenommen hat. Auch der Eiweißgehalt der Blätter wird durch reichliche Stickstoffgaben günstig beeinflußt, da sämtlicher Stickstoff, der von den Rübenpflanzen nicht unmittelbar zur Ertragssteigerung verwertet werden kann, zur Ausbildung von Blättern und zur Eiweißbildung in den Blättern benutzt wird. (Das Blatt der Zuckerrübe enthält im kg 14 g, die Rübe dagegen nur 2 g Eiweiß.) Stark mit N gedüngte Rüben zeigen „Stickstoffbeulen“ zwischen den Rippen der einzelnen Blätter, da die Blattmasse keinen Platz mehr zwischen den Rippen hat. Derartiges Rübenblatt ist ein ausgezeichnetes Schweinefutter. — D i e Z u c k e r r ü b e l o h n t d a h e r, wie keine zweite Frucht, h ö c h s t e S t i c k s t o f f g a b e n!

Da bei eintretenden Trockenperioden im Sommer besonders diejenigen Bestände zur Spätschosserbildung neigen, die einseitig hohe Stickstoffgaben erhielten, sollen aber bei hohen Stickstoffgaben auch entsprechend hohe Phosphorsäure- und Kalimengen gegeben werden, z. B. je ha: 8 dz Kalkammonsalpeter o. ä., 6 dz Superphosphat, 5 dz 40% Kali. Stark gedüngte Zuckerrüben besitzen auch gegenüber nur mäßig versorgten Rüben weit bessere V o r f r u c h t w i r k u n g!

An den K a l k g e h a l t des Bodens stellt die Rübe ebenfalls hohe Ansprüche. Sie liebt neutrale bis schwach alkalische Bodenreaktion (pH-Zahl 6,5 bis 7,5). Kalkmangel, besonders auf schweren Böden, drückt außerordentlich auf den Ertrag! Es empfiehlt sich, zu Rüben stets zu kalken und zwar möglichst auf die Stoppel der Vorfrucht. (6—12 dz/ha Branntkalk.) Notlösung: Kopfkalkung kurz vor dem Verziehen, vor Durchgang der Hackmaschine. Allerdings begünstigt die Frühjahrskalkung die Beinigkeit der Rübe.

Bormangel führt leicht zu H e r z - u n d T r o c k e n f ä u l e der R ü b e n. Bekämpfungsmaßnahmen siehe S. 256.

Rübenaussaat

Saatzeit Da eine Vegetationszeit von mindestens 180 Tagen Vorbedingung für einen hohen Rübenertrag ist, soll die Zuckerrübenaussaat im allgemeinen f r ü h z e i t i g erfolgen. In mehreren Versuchen wurde in Klein-Wanzleben bei einer Aussaat im ersten Aprildrittel eine Ertragssteigerung von 10 % gegenüber einer solchen im zweiten Aprildrittel erzielt. Infolge der zu dieser Zeit noch größeren Bodenfeuchtigkeit erfolgt der Aufgang schneller und gleichmäßiger, die Zahl der Fehlstellen ist geringer. Die Pflanzen erzielen einen wesentlichen Entwicklungsvorsprung, so daß auch mit den Pflegearbeiten früher begonnen werden kann. Nach Roemer bedeutet j e d e r T a g V e r z ö g e r u n g d e r A u s s a a t nach der ersten Aprilhälfte durchschnittlich einen Verlust von 4—5 dz/ha Blatt und 5 dz/ha Rüben.

Unter normalen Witterungsverhältnissen dürfte die A u s s a a t, b e g i n n e n d i n d e r e r s t e n A p r i l w o c h e und in günstigen Lagen westdeutscher Rübenanbaugebiete bereits Ende März, das R i c h t i g e sein. Dann ist die Erwärmung des Bodens bereits soweit vorgeschritten (4—5°), daß der Samen entsprechende Keimbedingungen vorfindet und die Pflanzen sich gleichmäßig entwickeln können. Schosserbildung ist bei der Frühsaat nicht im Übermaß zu befürchten, da die heutigen Rübensorten gegen Aufschluß nicht mehr so empfindlich sind, sondern ist mehr als Schönheitsfehler anzusehen. Auf jeden Fall wird der Ertrag durch eine späte Saat wesentlich mehr herabgedrückt als durch einige Mehr an Schossern. F r ü h s a a t i s t f ü r d e n R ü b e n e r t r a g v o n s o a u s s c h l a g g e b e n d e r B e d e u t u n g, daß selbst auf die Gefahr des Mißlingens und der dann erforderlichen Nachsaat, eher etwas zu früh als zu spät gesät werden soll (namentlich die E-Typen)! Selbstverständlich muß der Boden genügend abgetrocknet sein und darf nicht schmieren.

Maisaaten lassen keine volle Ernten mehr erwarten. Nur auf schweren, kalten Böden und in Gegenden, wo die Rübenblattwanze stark auftritt, ist spätere Aussaat, etwa um den 20. Mai herum, angebracht. — Bei „Monogermsamen“ empfiehlt sich mittelfrühe Aussaat.

Bei dem Anbau größerer Flächen kann sich zur besseren Arbeitsverteilung beim Verziehen und Hacken eine Aussaat der Rüben in mehreren Zeitabständen als zweckmäßig erweisen. (Bei Verwendung von „einkeimigem“ Samen nicht so wichtig.) — Zur Vermeidung einer Vermischung mit Futterrübensamen in der Drillmaschine sind Zuckerrüben stets zuerst auszusäen.

Sorten D i e Z u c h t r i c h t u n g e n werden durch drei Typen unterschieden:

1. Die E-Rübe (Ertragreiche), spätreif, hoher Wurzel- und Blattertrag; 2. Die N-Rübe (Normale), mit höherem Zuckerertrag; 3. Die Z-Rübe (Zuckerreiche), früher reifend, besonders hoher Zuckergehalt.

Die N-Typen vertragen Spätsaat etwas besser und reifen früher als die E-Typen, die in der Regel etwas höhere Blatterträge bringen.

Ausgereifter Rübensamen hat braune bis dunkelbraune Farbe, während grüne (unreife) Fruchtknäuel kein vollwertiges Saatgut darstellen. Notreifer Samen ist hell- bis braungelb. (Dauer der Keimfähigkeit siehe S. 20.) — B e i z u n g des Saatgutes — bei Frühsaat besonders wichtig — beugt Keimlingskrankheiten vor. (Siehe S. 18.)

Saatmenge

Die Saatmenge soll nicht zu knapp bemessen sein und mindestens 30 kg/ha betragen. Eine stärkere Aussaat von 32—36 kg/ha erleichtert den jungen Rübenpflänzchen durch ihre Vielzahl das Durchbrechen der Bodenkruste. Bei dichterem Bestand können die Pflegearbeiten, insbesondere das Versetzen, wo flott drauflos gehackt werden kann, sowie die Unkrautvertilgung durch Übereggen des Saatfeldes, auch nach dem Auflaufen der Rüben, intensiver und zugleich handarbeitssparender durchgeführt werden, ohne Gefahr zu laufen, dadurch einen lückigen Bestand zu bekommen. Auch durch Hackarbeit hervorgerufene Fehlstellen werden hierdurch weitgehend vermieden. Da sich die Saatkosten nicht höher als bei Getreide stellen, sollte nur bei unkrautfreien Feldern und wirklich sauberer Saatbettherrichtung mit der Saatmenge bis äußerst auf 24 kg/ha heruntergegangen werden. Im allgemeinen ist aber, besonders auf schwerem Boden, eine Aussaatmenge unter 32 kg/ha nicht anzuraten. Nur beim Dibbeln des Samens kann man bis auf 10 kg/ha heruntergehen.

Beim Abdrehen der Maschine auf dem Stand ist zu berücksichtigen, daß beim Fahren auf dem Acker mehr Saatgut fällt als beim Stillstand der Drillmaschine.

Saattiefe

Die Saattiefe beträgt auf schweren, kälteren, leicht verkrustenden, wenig luft- und wärmehaltigen Böden 2—3 cm. Auf leichterem Boden, der nicht zur Verkrustung neigt, kommt der Samen 3—4 cm tief in die Erde (aber nicht tiefer!). Dann ist auch die Anwendung des Unkrautstriegels vor dem Auflaufen möglich, bei flacher Saat dagegen nicht. Rübensamen keimt bei einer mittleren Tiefenlage schneller, vollzähliger und sicherer als bei ganz flacher Saat.

Einkeimiger „Monogerm"-Samen

Durch maschinelles Zertrümmern der mehrfrüchtigen Rübenknäuel wird „einkeimiger" (Monogerm, Mono-ein, germ-keim) Rübensamen gewonnen, von dem nur noch etwa 20% zweikeimig sind. Die im normalen Samenkorn enthaltenen, meist 2—4 Keime, die horstweise auflaufen, erfordern vermehrten Arbeitsaufwand, der gegenüber dem einkeimigen Samen mit meist nur einer Pflanze beim Verhacken und Verziehen bis zu 35% betragen kann (durchschnittlich 25%).

1 kg normaler Rübensamen liefert durchschnittlich 65 000 Keime, bei einer Saatmenge von etwa 30 kg entwickeln sich also rund 2 Millionen Keime! Selbst wenn davon nur etwa die reichliche Hälfte, d. h. über eine Million Pflänzchen, die Bodenoberfläche durchbrechen, dürfen doch nur 90 000—100 000/ha nach dem Vereinzeln stehen bleiben, damit (nach weiterem Abgang von 15—20%) bei der Ernte ein Endbestand von etwa 80 000 Pflanzen erzielt wird. Also muß der Rest verzogen werden!

Jede einkeimige Rübenpflanze kann sich von Anfang an ungestört und schneller entwickeln (meist läuft die Saat einige Tage früher auf als bei Normalsaat), im Gegensatz zur Normalsaat, wo sich die Pflanzen vor dem Vereinzeln, besonders wenn dies etwas spät durchgeführt wurde, gegenseitig in der Entwicklung behindern. Außerdem wird die einkeimige Pflanze auch beim Verziehen weniger gestört, während die Wurzeln des mehrkeimigen Samens zu Pflanzenbüscheln ineinander gewachsen sind und beim Verziehen auch die Wurzel der stehenbleibenden Rübenpflanze gelockert wird. Der Mehrertrag kann gegenüber Normalsaat mit etwa 30—50 dz/ha Rüben angenommen werden.

Die Verwendung von „einkeimigem" Rübensamen

ist aber nur auf ausgesprochenen Rübenböden in guter Kultur zu empfehlen, wo die Auflaufbedingungen günstig sind, d. h. beste, etwas feinere Saatbettherrichtung usw. Auf schweren, zur Verkrustung bzw. Verschlämmung neigenden und stark unkrautwüchsigen Böden sowie in Gebieten, die oftmals unter stärkerem Auftreten von Schädlingen und Krankheiten zu leiden haben, ist dagegen normales Saatgut vorzuziehen.

Da die Hülle des einkeimigen Saatgutes im Vergleich zum mehrkeimigen Knäuel weniger Feuchtigkeit speichern kann, ist frühe, nicht zu flache Aussaat (2—3 cm) in gut gefestigtem Boden auch aus diesem Grund von großer Wichtigkeit für die Entwicklung des Keimlings.

Saatmenge

Einkeimiger Rübensamen, der je kg fast doppelt soviel keimfähige Früchte wie Normalsaat hat, darf nicht so stark wie diese ausgesät werden! Das ist für den Erfolg mit ausschlaggebend. Man rechnet: 10 bis 12 kg/ha bei 50 cm Reihenabstand, 12—14 kg bei 42 cm Reihenabstand. Bei stärkerer Aussaat gehen die Vorteile der Arbeitsersparnis zum größten Teil verloren. Einkorndrillen (Saat- und Erntetechnik, Eschwege), mit Untergrunddruckrolle und Zustreicher, ermöglichen Einzelkornablage sowie gleichmäßige Tiefenlage. Sie können an jede Drillmaschine an Stelle normaler Schare sowie am Schlepper, Geräteträger oder Vielfachgerät mittels besonderem Anbaurahmen angebracht werden. (Siehe Abbildung neben S. 241.)

Pilliertes Saatgut

Gleichmäßiges Aussäen und dadurch erleichterte Pflegemaßnahmen werden auch durch pilliertes Saatgut angestrebt. Zu diesem Zweck erfolgt Umhüllung des Saatgutes mit einer Atmung und Keimung nicht beeinträchtigenden Masse, so daß einkeimiger Rübensamen gleichmäßig große, runde, erbsenähnliche Form erhält.

Das Verziehen von einkeimigem (Monogerm) Rübensamen kann etwas später als normal erfolgen und sich über einen längeren Zeitraum (2—3 Wochen) erstrecken, da ja die einzelnen Pflänzchen sich gegenseitig wenig behindern und beim Verziehen weder Wachstumsstörungen der Nachbarpflanze eintreten, noch die Pflänzchen nach dem Vereinzeln umfallen. (Bei Arbeitskräftemangel und ungünstiger Witterung wichtig.) Eine Staffelung der Aussaat ist daher nicht mehr unbedingt erforderlich. Bei dünner Saat fällt auf etwa 7—10 cm ein Samenkorn (sorgfältig vorbereitetes Saatbett Voraussetzung).

Standraum

Eine Reihenentfernung von 40—42 cm ist bei der Rübensaat einer solchen von 50 cm im allgemeinen vorzuziehen. Letztere ist nur dann zu empfehlen, wenn infolge guten Kulturzustandes des Bodens und ausreichender Mengen von Handelsdünger lückenloser Aufgang und freudiges Wachstum zu erwarten ist. (Besonders in feuchten Lagen.) Im Durchschnitt wird man aber die hierbei erzielte Arbeitsersparnis von etwa 20 %, insbesondere bei den Pflegearbeiten und auch den maschinell leichteren Einsatz bei der Rübenernte, mit einem kleinen Ertragsrückgang an Rüben und Blatt bezahlen müssen. Die durch Hacken, Verziehen und den Huftritt der Tiere verursachten Pflanzenverluste belaufen sich auf 10—20 % des Bestandes, so daß bei größerer Reihenentfernung auch entsprechend große Fehlstellen auftreten.

Entfernung in der Reihe 25 cm, bei 50 cm Reihenabstand 20 cm. Bei Auftreten von Vergilbungskrankheit enge Reihen! (S. 259.)

Wegen der späteren Maschinenhackarbeiten ist auf genaue Entfernung der Drillreihen voneinander, sowie auf gerade Drillspuren ganz besonders zu achten, damit in den Reihen keine Bogen und Winkel entstehen. Das erschwert die nachfolgenden Arbeiten sehr und bringt Fehlstellen.

Drillmaschine (Abb. neben S. 241)

Zweckmäßig ist Anbringen einer leichten Schleppe oder Egge unter der Drillmaschine zum Einebnen der Hufspuren der Zugtiere, damit jedes Samenknäuel in lockeres, feuchtes Erdreich fällt. (S. 21.)

Drillmaschine unbedingt mit Tiefgangregler und Druckrollen ausrüsten. Druckrollen mit einem Wulst in der Mitte ihrer Lauffläche vorziehen und möglichst an der Scharhalteschiene anbringen. Auf zur Verkrustung neigenden Böden Einsatz von zwei Druckrollen (im Winkel zu einander) günstiger. Angehängte Zustreicher oder leichte Ketten beugen ebenfalls einer Verkrustung vor. Druckrollen bewirken gleichmäßigen, schnelleren Aufgang, auch bei trockenem Wetter und ermöglichen frühzeitige Hackarbeit (Blindhacke) vor Sichtbarwerden der Rübenpflanzen. (Siehe auch S. 21.)

Pflege der Zuckerrüben

Eggen

Bei normaler Witterung laufen die Rüben nach 9—10 Tagen auf. Zwischen Saat und Aufgang (5—6 Tage nach dem Drillen) kann durch leichten Eggenstrich (Netzegge) über kreuz oder quer (in Richtung der Drillreihen können leicht Rübenknäuel herausgerissen werden) viel Unkraut vernichtet werden. Außerdem bodenlockernde Wirkung.

Vielfach, besonders bei Verkrustung des Bodens durch Niederschläge, läßt man dieser Egge eine schwere Cambridgewalze oder Stachelwalze vorausgehen (möglichst in den Morgenstunden, weil der Boden dann nicht so krustig ist). Auf den etwas leichteren Böden kann — zur Festigung des Ackers — auch der Einsatz einer schweren Glattwalze zweckmäßig sein, damit der Striegel gleichmäßig flach angreift. Während des Auflaufens darf nicht geeggt werden. Wenn die Pflanzen 4—5 cm lang sind — nach Bildung des zweiten Blattpaares —, kann unter Verwendung der Netzegge mit weitgestellten, spitzen Zinken überquer weitergearbeitet und wieder viel Unkraut vernichtet werden.

Hacken

Sobald die Rübenreihen sichtbar werden (bei Anwendung von Druckrollen schon früher — Blindhacke), ist mit den Hackarbeiten zu beginnen. Die Zuckerrübe will großgehackt werden und der Zucker wird in die Rübe hineingehackt.

Mit der ersten Hacke kann nicht früh genug begonnen werden (gewöhnlich 14 Tage bis 3 Wochen nach der Saat). Sie dient der Unkrautvernichtung, Gareförderung und Schaffung einer Krümelschicht zur Herabsetzung der Wasserverdunstung. *Die erste Hacke darf jedoch nur flach gegeben werden* (etwa 2 cm), da tieferes Hacken, namentlich auf bindigem Boden, grobe Schollen aus dem Boden reißen und die kleinen Pflanzen verschütten würde. Die Verwendung von sogenannten Schutzrollen oder Hohlschutzscheiben an den Scharen der Hackmaschine verhindert Hochbrechen der Schollen sowie Erdbedeckung der kleinen, empfindlichen Rübenpflanzen. *Ferner kann mit den Hackmessern bis dicht an die Drillreihen herangehackt werden.* Hierauf ist auch bei den späteren Maschinenhackarbeiten zu achten, um zusätzliche Handarbeit für die Unkrautvernichtung zu sparen.

Ein vor der Hackmaschine gegebener Glattwalzenstrich ermöglicht ganz flaches Hacken, ohne daß die Hackschare schieben.

Bei der ersten Hacke mit der Maschine sind 3 Punkte besonders wichtig: 1. so früh wie möglich, 2. so nah wie möglich, 3. so flach wie möglich.

Die Hackarbeiten müssen mit der nötigen Vorsicht durchgeführt werden (Hackmaschine gerade steuern), um Fehlstellen durch Abhacken usw. zu vermeiden und einen möglichst lückenlosen Bestand zu erzielen. Oft wird zur Unkrautbekämpfung und Bodenlockerung die Hackmaschine bereits vor dem Vereinzeln erneut eingesetzt.

Versetzen der Rüben

In der Regel wird das Verhacken und Verziehen der Rüben zu spät vorgenommen. Jeder Tag, den die Rüben früher verzogen werden, bringt aber vom Hektar 1,5 bis 2 dz Mehrertrag. Je eher die Pflanzen den Boden bedecken, um so größer ist der Ertrag bei der Ernte. Wenn die Rüben bereits 8 bis 10 Blätter entwickelt haben, wird infolge der stärkeren Wurzelentwicklung beim Ausziehen der Nebenrüben die stehenbleibende Einzelrübe erheblich geschädigt, und es vergeht geraume Zeit, bis die Rübenpflanze sich erholt und wieder fest angewachsen ist. Auch der stärkere Wasserverbrauch der noch unvereinzelten Rüben kann sich, besonders in Trockenjahren, sehr nachteilig auswirken. Nur bei stärkerem Befall durch Rübenfliege oder Aaskäfer ist hinsichtlich Zeitpunkt des Verziehens Vorsicht am Platze. Anderseits werden durch frühzeitiges Verziehen die Eier der Rübenfliege weitgehend vernichtet.

Bei einem Versuch wurden folgende Ertragsunterschiede festgestellt:

Verzogen am	Ertrag / ha
24. Mai	322 dz
31. Mai	314 „
6. Juni	304 „
13. Juni	298 „
20. Juni	277 „

Rübenkrehl (Abb. neben S. 241)

Die Methode, Rüben mit der 14 bis 16 cm breiten, langstieligen Rübenhacke zunächst nur zu verhacken und erst anschließend zu vereinzeln, sollte nur noch bei schwerem und verhärtetem Boden, starkem Unkrautbesatz sowie sehr dichten und hohen Beständen Anwendung finden. In allen andern Fällen läßt sich mit dem sogenannten Rübenkrehl das Verhacken und Vereinzeln in einem Arbeitsgang schneller und etwa 14 Tage früher durchführen.

Die Rüben können nach dem Vereinzeln schneller wieder gehackt werden und die rechtzeitig vereinzelten Rüben bekommen so einen beachtlichen Wachstumsvorsprung. Außerdem stellt das Verkrehlen eine erste Rundhacke dar und die stehenbleibende Rübe wird nicht in ihrem festen Wurzelsitz gelockert.

Weitere Vorteile des Verkrehlens sind neben der besseren Arbeitsleistung, die bis zu 25 % betragen kann, daß die Rüben früher vereinzelt werden, der Boden um die Pflanze gelockert und das Unkraut besser vernichtet wird. Die Rüben wachsen schneller und man erhält einen besseren Bestand. Je eher die Rüben aber den Boden bedecken, um so mehr bleibt in den heißen und oftmals sehr trockenen Monaten durch die Beschattung des Bodens die Gare erhalten.

Der mit einer Hand zu bedienende Krehl besteht aus einem 15 bis 16 cm langen, 3—4 cm breiten und 1 mm starken, sehr scharfen, etwas gebogenen, zweibügeligen Hackenblatt. Stiellänge bei knieender Arbeitsweise 10—15 cm, bei gebückter 20—30 cm, bei leicht gebückter Haltung 60—70 cm. Letztere nur bei günstigen mittleren bis leichteren Bodenverhältnissen und einkeimiger Saat zweckmäßig. Über 60 cm Stiellänge nimmt die Zielsicherheit stark ab, unter 60 cm wächst die Anstrengung. Daher empfiehlt es sich, zur Arbeitserleichterung nicht zu kurze Stiele zu verwenden.

Ausführung des Verkrehlens

Der Krehl wird dicht hinter der ausgewählten Einzelpflanze angesetzt und quer zur Reihe durchgezogen. Beim zweiten Schlag wird der Krehl durch Drehung des Handgelenkes in etwa rechtem Winkel und in schräger Richtung rechts an der stehenbleibenden Pflanze vorbei zum Körper gezogen. Nun wird nochmals an der ersten Ansatzstelle angesetzt und links an der Pflanze vorbei gezogen. Die Spitze des gezogenen Dreiecks zeigt also auf die arbeitende Person hin. Doch kann dabei auch umgekehrt verfahren werden. Bei sorgfältiger Arbeit wird nur wenig Boden bewegt und es brauchen nur wenige Pflanzen mit der freibleibenden Hand verzogen zu werden.

Zeitpunkt des Verziehens

Das Verziehen der Rüben erfolgt bei Verwendung des Rübenkrehls, sobald die Rübenpflänzchen nicht mehr als 2—3blättrig, strohhalmdick und 3—4 cm lang sind, d. h. 5—6 Wochen nach der Aussaat, und zwar:

bei 40 cm Reihenentfernung auf 4 Pflanzen }
bei 50 cm Reihenentfernung auf 5 Pflanzen } je lfd. Meter

Kommt der Krehl nicht zur Anwendung, kann mit dem Verziehen der Rüben erst begonnen werden, wenn die Pflanzen, 8—10 cm lang, bereits das 3. bis 4. Blatt gebildet haben.

Beim Vereinzeln ist darauf zu achten, daß möglichst immer die größten Pflanzen stehen bleiben, selbst wenn dadurch die Entfernung zwischen den einzelnen Rüben nicht immer ganz gleich bleiben sollte.

Es darf auch nicht der richtige Zeitpunkt verpaßt werden, da bei zu großen Rüben das Verkrehlen keine Arbeitsersparnis mehr bedeutet. Sobald also die Rübenpflänzchen gerade mit Daumen und Zeigefinger zu fassen sind, muß das Verkrehlen vorgenommen werden. Durch sorgfältiges Arbeiten läßt sich die Zahl der Fehlstellen von durchschnittlich etwa 20 % auf 10 % drücken.

Bei Verwendung einer Rübenausdünnungs-Maschine (Abb. neben S. 241) verringert sich ebenfalls der Arbeitsaufwand. Diese Maschine kann auf steinfreien und unkrautarmen Böden eingesetzt werden.

Hacken (Abb. neben S. 241)

Sobald sich die jungen Pflänzchen nach dem Verziehen bzw. Verkrehlen genügend erholt haben, so daß die Reihen wieder einwandfrei zu sehen sind und die Hackmesser keinen Schaden mehr anrichten können, folgt etwa 2 cm tief *die zweite Maschinenhacke*, um den beim Verziehen festgetretenen Boden wieder zu lockern.

Die dritte Hacke wird als Handhacke bzw. Rund- oder Guthacke um den Busch besonders sorgfältig und tief gegeben, um einer späteren Verunkrautung der Rüben vorzubeugen. Etwa *beim Verziehen stehengebliebene Doppelrüben sind zu entfernen*. Dadurch wird eine wesentliche Ertragssteigerung durch Erzielung eines höheren Einzelrübengewichts erreicht. Das Hackblatt der Rundhacke soll etwa 13 cm breit sein.

Die vierte Hacke, die kurz vor eintretendem Bestandsschluß nach Möglichkeit mit der Maschine und zwar so tief wie möglich (wenigstens 5 cm) mit 2 schmalen Gänsefußscharen in der Reihe durchgeführt wird, bildet den Abschluß der Pflegearbeiten. Später noch auftretendes

Unkraut, wie Melde, Nachtschatten, ampferblättriger Knöterich (Wilde Weide) usw. wird durch Ausziehen beseitigt. Bei der letzten Hacke soll man den manchmal nicht vermeidlichen Blattschädigungen keine zu große Bedeutung beimessen.

Bei größeren Rüben, also ab der dritten Hacke, empfiehlt es sich, nur in den Mittags- und Nachmittagsstunden zu hacken, da in den Morgenstunden das bereits kräftig entwickelte Rübenblatt durch den Morgentau zu naß ist und einwandfreies Hacken dadurch erschwert wird. Die Blätter sind in den Nachmittagsstunden bei abnehmender Gewebespannung meist schlaff und nicht so prall wie des Morgens und geben daher mehr nach. (Geringere Blattbeschädigungen.)

Sobald die Rübenblätter den Boden bedecken (aber auch nicht früher), was unter normalen Witterungsverhältnissen um den 1. Juli herum der Fall sein sollte, ist das Hacken einzustellen. Die Rübe wächst erst richtig, wenn sie den Erntewagen rasseln hört.

In Rübenfehlstellen können Wruken nachgepflanzt werden.

Das Abblatten der Rüben (siehe S. 262) und die Zwischensaat von Mohn in Zuckerrüben ist für den Rübenertrag nachteilig.

Unkrautbekämpfung mit Natronsalpeter

Stärkeres Auftreten von Ackerhohlzahn, Ackersenf, Flohknöterich, Franzosenkraut, Hederich, Huflattich, Knotenknöterich, Taubnessel, Vogelmiere und Windenknöterich läßt sich durch Spritzung mit 300—350 kg/ha Natronsalpeter + 800—1000 Liter Wasser im Stadium des ersten bis zweiten Hauptblattpaares der Rübe erfolgreich bekämpfen. Bei nur 300 kg Natronsalpeter + 800 Liter Wasser ist Zusatz von Netzmitteln (z. B. Rapidnetzer-Spezial) zur Herabsetzung der Oberflächenspannung des Wassers und damit gleichmäßigen Verteilung des Salzes auf der Blattoberfläche erforderlich. Günstig ist warmes, trokkenes Wetter. Arbeitsersparnis bei späteren Pflegearbeiten (Verziehen und Hacken) bis zu 30%. Ackerschachtelhalm, Gemeiner Erdrauch, Gemeiner Gänsefuß, Klatschmohn, Klebkraut, Sonnenwendig Wolfsmilch, Spießmelde und alle Gräser sind gegen Natronsalpeter unempfindlich.

Arbeitsleistung

Eine Person kann bei sauberer Bestellung und nicht stark verkrautetem Rübenland bis 2,5 ha bearbeiten. Normal werden auf 1 ha eine Arbeitskraft gerechnet.

Die Zuckerrübenernte

Zeitpunkt

Die Rübenernte beginnt, je nach Anforderung der Zuckerfabrik, Anfang bis Mitte Oktober. Zu diesem Zeitpunkt ist das Wachstum der Rübe allerdings noch nicht abgeschlossen. Anzeichen der Reife: Gelbgrüne Blattverfärbung, die äußeren Blätter senken sich kranzförmig auf den Boden und sterben allmählich ab. Die täglichen Zunahmen betragen im Oktober 1,5—3 dz/ha Rüben und 0,4—0,8 dz/ha Zucker. (Bei günstigem Wetter Gewichtszunahmen bis Ende November.) Daher ist eine vorzeitige Ernte stets mit Verlusten verbunden. Wenn es Zug- und Arbeitskräfte ermöglichen und die Wetteraussichten nicht zu schlecht sind, sollte sich die Rübenernte also bis Ende Oktober / Anfang November ausdehnen. Spätester Termin dürfte etwa Mitte November sein. Natürlich fällt bei naßkalter Witterung die Arbeitsleistung stärker ab.

Pommritzer Erntemethode

Durch das P o m m r i t z e r R ü b e n e r n t e v e r f a h r e n, welches gegenüber dem Handroden 30—40 % Arbeit erspart und eine getrennte Ernte der Blätter vor dem eigentlichen Roden der Rüben ermöglicht, ist eine saubere Gewinnung des Blattes gewährleistet. Das Köpfen der Rüben erfolgt im Gegensatz zu dem Handroden vor dem Roden der Rüben, so daß die Blätter ohne Umsetzen im sauberen, frischen Zustand der Verwertung zugeführt werden. Besonders bei feuchter Witterung leidet das Blatt bei Anwendung des alten Verfahrens mit zweizinkiger Hebegabel und Stoß- oder Hackmesser unter starker Verschmutzung, abgesehen von dem anstrengenden Bücken und Anfassen des oft kalten und taufeuchten Blattes. Dieses Verfahren ist daher nicht mehr zu empfehlen. (Schmutzgehalt 12—14, bei gepommritztem Blatt nur 5—6%!)

Köpfschippe (Abb. neben S. 256)

Beim „Pommritzen" werden die noch in der Erde stehenden Rüben mittels einer K ö p f s c h i p p e geköpft. Diese besteht aus einem 170 mm langen und 45 mm breiten Blatt und muß immer scharf sein, damit sie ohne große Kraftanstrengung mit einem glatten Schnitt das Rübenblatt sauber von der noch in der Erde stehenden Zuckerrübe trennt und die Köpfe nicht ausbrechen. Das Blatt der Köpfschippe soll nicht länger sein als der Durchmesser der Rübe beträgt, damit außer der Rübe keine Erde mit erfaßt wird. Ein an der Tülle befestigter Drahtbügel hält das Blatt nach dem Köpfen auf der Schippe, damit es nach rechts oder links auf ein Blattschwad geworfen werden kann.

Je mehr Reihen (am besten 9) auf ein Schwad geköpft werden, um so sauberer ist die Blattgewinnung. Bei mehreren Personen wird im Kranichzug d. h. nach rückwärts gestaffelt, gearbeitet. Das Gewicht der Köpfschippe soll nicht zu schwer sein, da diese größtenteils von Frauen zur Arbeit benutzt wird, und der abgeschnittene Kopf durch den Stoßschwung bis zu 2,5 m weit auf einen Haufen oder Schwad geworfen werden soll (leicht gebogener, 1,5 m langer Stiel).

Acht zu geben ist aber, daß der Stoß auch nicht zu stark ausgeführt wird, weil die Köpfschippe sonst in die Erde geht und diese dann bei jedem Wurf mit auf das Blattschwad geschleudert wird.

A r b e i t s l e i s t u n g m i t d e r K ö p f s c h i p p e bei einem Blattschwad von 2—4 Reihen in 10 Stunden 0,3—0,4 ha je Person.

Köpfschlitten (Abb. neben S. 256)

Bei Verwendung eines zweireihigen, mit Taster und Messer versehenen K ö p f s c h l i t t e n s lassen sich dagegen in der gleichen Arbeitszeit 2,5 ha erreichen (1 Pferd, 1 Mann). Einwandfreies Arbeiten des Köpfschlittens ist nur dann gewährleistet, wenn die Rüben nicht angehäufelt sind, bzw. die Erde beim Hacken zu hoch an die Rüben herangehackt wird, die Rübe mit einem Teil des Körpers aus der Erde herausragt oder die Erde zu locker ist. Köpfschlitten nicht zu schnell fahren, damit der über die Rüben hinweggehende Taster genügend Zeit hat herunterzufallen, um die nächste Rübe wieder abtasten zu können. Je gleichmäßiger der Rübenabstand in der Reihe ist, desto besser arbeitet der Taster.

Wie tief köpfen

Die Rüben sind so tief zu köpfen, daß auch das unterste Blatt abgeschnitten wird, anderenfalls erhöhen sich die Abzüge der Fabrik. Es ist daher b e s s e r, e i n e R ü b e e h e r e i n m a l z u t i e f a l s z u f l a c h z u k ö p f e n. Zu große Rübenköpfe gehen ja nicht verloren, sondern kommen dem Viehstall zugute. — Bei Vollerntemaschinen ist flaches Köpfen durch Anbau einer mit zwei gegenläufig arbeitenden Gummiklöppelsternen versehenen P u t z s c h l e u d e r möglich.

Der Rübenkopf trägt die Ansatzstellen der lebenden und abgestorbenen Blätter. Dies ist der eigentliche Rübenkopf. Er ist im Verhältnis zum eigentlichen Wurzelkörper zuckerarm und reich an Nichtzuckerstoffen, daher für die Zuckerfabrik nicht so wertvoll. Als Futterpflanze gesehen, ist der Kopf reich an Zucker und daher für den Landwirt wertvoll. Man sei also beim Köpfen nicht so sparsam, da die an der Rübe verbleibenden Köpfe von der Fabrik nicht bezahlt, sondern in Abzug gebracht werden, dem Betrieb also verlorengehen. Wenn die Ringbildung nicht deutlich ausgeprägt ist, wurde die Rübe zu hoch geköpft. Es muß also so tief geköpft werden, daß die Ringe an der Rübe erkennbar sind, d. h. also bis zum untersten Blattansatz. Dann geht auch nicht zuviel Rübenfleisch verloren. (Zum Einmieten Rüben nur schwach köpfen! Siehe weiter unten.)

Nach dem Köpfen sofort roden (Abb. neben S. 256/57)

Um Zucker- und Gewichtsverluste zu vermeiden, muß die Zeitspanne zwischen Köpfen und Roden der Rüben möglichst kurz sein, d. h. zwei bis höchstens drei Tage. Ein Auf-Vorrat-Köpfen von 5—6 Tagen oder noch länger ist unbedingt zu vermeiden. Beim Stehenbleiben der geköpften Rüben ergaben sich folgende Zuckerverluste: nach 1 Tag rund 0,4 %, nach 4 Tagen rund 0,9 %, nach 12 Tagen rund 1,4 %.

Es dürfen also nur soviel Rüben geköpft werden, wie anschließend gerodet und möglichst gleich zur Fabrik gefahren bzw. verladen werden können. Je frischer die Rüben zur Fabrik kommen, desto geringer sind die Gewichts- und Zuckerverluste!

Eggen der gerodeten Rüben

Die gerodeten Rüben werden bei trockenem Wetter mit einer schweren Egge oder dem Unkrautstriegel ein- bis zweimal bei möglichst flotter Gangart übereggt und so von anhaftender Erde gereinigt. Auch an den Rodepflug kann bereits eine Egge angehängt werden.

Rodeverfahren (Abb. neben S. 256/257)

Das Roden erfolgt bei tierischer Anspannung mit einreihigem Rodepflug oder Kartoffelschleuderradroder (nach Auswechseln der Rodevorrichtung). Schlepperzug ermöglicht Verwendung mehrreihiger Anbau- und Anhängeroder. Geeignet sind auch Kartoffelvorratsroder mit auswechselbarer Rodevorrichtung, wobei vielfach durch Sammelbehälter Querschwadablage möglich ist.

Das beste Verfahren ist Anwendung der Vollerntemaschine, die Köpfen und Roden in einem Arbeitsgang durchführt, Blatt und Rüben in Haufen ablegt oder Rüben gleich auf einen Wagen bzw. Bunker befördert. Dieses „Roden in der Schattengare" hat den großen Vorteil, daß die Rüben schmutzfrei geerntet werden, da der Boden unter dem Blätterdach weder verkrustet noch verschlämmt ist, daher nicht so fest an die Rübe haftet. Die Schlepperreifen rutschen weniger als bei vorheriger Blattabfuhr, daher geringerer Bodendruck und bessere Zugkraft des Schleppers. Roden auch bei nasser Witterung möglich. Blattübersetzen und vorzeitige Blattabfuhr entfällt. Die Vollerntemaschine erspart gegenüber dem Handroden etwa 15 Arbeitskräfte!

Vorteilhaft sind Erntemaschinen, welche die gleiche Reihe hintereinander köpfen und roden (z. B. „Kleine Köpfroder"). Der Schlepper fährt nicht durch die Reihen, wie dies der Fall ist, wenn Köpfer und Roder nebeneinander arbeiten, so daß ein Vorder- und Hinterrad zwischen den geköpften Rübenreihen hindurchfahren muß (Bodenverdichtung).

Bei Längsschwadablage kann Blattaufnahme durch Feldhäcksler, Rübenblattsammler oder Grünfutterlader erfolgen. Bei Querschwadablage Heck- oder Frontlader mit hydraulisch gesteuerter Greiferzange zweckmäßig, da größere Blattmengen zu bewältigen sind. Da die stärkeren Schwaden weniger mit dem Boden in Berührung kommen, bleibt das Blatt sauberer. Vollerntemaschinen arbeiten erst bei mindestens 10—15 ha Rübenfläche wirtschaftlich. (Bei kleinerer Anbaufläche Lohnverfahren oder Maschinengemeinschaft zweckmäßig.)

Zudecken der Rübenhaufen

Zur Vermeidung größerer Gewichtsverluste müssen die gerodeten Rüben in nicht zu kleinen Mieten mit Blättern zugedeckt, und wenn sie länger liegen bleiben (und damit das wertvolle Blatt nicht verdirbt), mit einer dünnen Erdschicht versehen werden. Zuckerrüben sind entgegen einer vielfachen Meinung nicht sehr frostwiderstandsfähig.

Bei einem Versuch traten folgende Verluste an Rübenmasse ein:

	nach 14 Tagen	nach 4 Wochen
unbedeckte Haufen	10 %	29 %
mit Blättern abgedeckt	7 %	19 %
mit Erde bedeckt	4 %	11 %

Einmieten von Zuckerrüben

Eine Aufbewahrung der Zuckerrübe läßt sich genau so wie die der Futterrübe durchführen. Sollen Zuckerrüben für längere Zeit eingemietet werden, sind zur Vermeidung von zu hohen Zucker- und Trokkensubstanzverlusten folgende Gesichtspunkte zu berücksichtigen:

1. Die Rüben müssen gut ausgereift sein;
2. „ „ „ beim Roden unverletzt bleiben;
3. „ „ „ schwach geköpft werden;
4. „ „ „ nach dem Roden sofort eingemietet werden;
5. Die Mietentemperatur muß so tief wie möglich, jedoch oberhalb des Gefrierpunktes liegen;
6. Die einzelnen Mieten dürfen zur Vermeidung von Fäulnis und Erhitzung nicht zu groß sein (1—2 Fuder = 40—50 dz).

Schwund

Zu Futterzwecken eingelagerte Zuckerrüben verlieren bis Ende Februar durch Atmung etwa 20 % an Wert. Da sie späterhin stark verholzen, müssen zur Verfütterung bestimmte Zuckerrüben bis zu diesem Zeitpunkt verbraucht werden.

Wert des Zuckerrübenblattes

Zuckerrübenblätter und -köpfe sind keine Abfälle, sondern hochwertige Futtermittel.

Das Rübenblatt hat in frischem Zustand etwa 1,6% Eiweiß und 86 Stärkeeinh. (Nährstoffverhältnis etwa, wie zur Milcherzeugung nötig.) 100 kg frische Rübenblätter mit Köpfen enthalten also etwa 1600 g verdauliches Eiweiß und 8600 Stärkeeinheiten. Diese Futtermenge reicht zur Erzeugung von reichlich 20 Liter Milch aus!

Zuckerrübenlaub stellt ein Leistungsfutter ersten Ranges dar! Sauerblätter sind mit die wichtigste Grundlage der Winterfütterung. Daher müssen die Rübenblätter schnell und sauber geerntet werden! Bei längerem Liegenlassen auf dem Acker ergeben sich hohe Verluste bzw. Futterwertminderungen (Veratmen, Verfaulen, Verschmutzen). In gefrorenem Zustand eingesäuerte Rübenblätter drükken Milchmenge und Fettgehalt herunter.

Verwertung der Blatternte

Rübenblätter sollen also gleich frisch verfüttert und die überschüssige Menge sofort eingesäuert werden, gegebenenfalls mit Naßschnitzeln. (Siehe Seite 332.)

Ferner kommt künstliche Trocknung des Rübenblattes in Frage. 6½ dz Frischblatt ergeben 1 dz Trockenblatt. Dieses ist für alle Vieharten verwendbar und kann jahrelang lose oder auch in Säcken ohne Verluste aufbewahrt werden. Wichtig ist jedoch mehrfaches Umschaufeln in den ersten Tagen der Lagerung, um Schimmelbildung zu vermeiden. Eine Schutzdecke aus leeren Säcken o. ä. verhindert eine Verstaubung bei längerer Aufbewahrung.

Rübenschnitzel

1 dz Zuckerrüben liefert: 45 kg Naßschnitzel oder 4,5 kg Trockenschnitzel, die der Rübenanbauer kostenlos zurück erhält.

Erträge

Die Erträge, welche je nach Boden und Klima zwischen etwa 250 und 500 dz/ha schwanken, belaufen sich im Mittel auf 350—400 dz/ha (nach Abzug der Schmutzprozente).

Der Blattanfall beträgt normal reichlich ⅔ des Rübenertrages gleich 240—320 dz/ha. Bei starker Stickstoffdüngung kann mit einem Blattertrag bis zu 500 dz/ha gerechnet werden

Zuckerertrag

Der durchschnittliche Zuckergehalt einer Rübe beläuft sich auf 14 bis 18% (äußerst 20 bis 22%, in Ausnahmefällen bis 26%). 6,5 dz reine Rüben ergeben 1 dz Rohzucker, ein Hektar also etwa 50 dz Zucker.

Schädlinge und Krankheiten der Zuckerrübe

Aaskäfer

1. Der 9—12 mm große Aaskäfer sowie dessen asselförmige, sehr bewegliche Larve, beide schwarz gefärbt, können erheblichen Schaden durch Kahlfraß hervorrufen. Zunächst zeigt sich der Fraß des Aaskäfers, am Feldrand beginnend und zwar am Rande der jungen Rübenblätter. Nach 5—6 Wochen, im Mai/Juni, zerfrißt die sehr gefräßige, etwa 1,2 cm lange Larve die Blätter der jungen Rübenpflanzen, so daß sie eingehen, bzw. frißt große runde Löcher in die Blattflächen und unregelmäßige Stellen am Blattrand. Der Aaskäfer bevorzugt leichtere Böden, weil die den Hauptschaden anrichtenden Larven nach etwa 3 Wochen Fraßzeit zur Verpuppung in die Erde gehen. Er ist ein wärmebedürftiges Tier und sehr empfindlich gegen Wind und vieles Hacken. Der Käfer überwintert an geschützten Orten, wie Senken, Waldrändern, Gebüschen, unter Laub, Gras usw.

Schildkäfer

Der etwas später auftretende, 5—7,5 mm große, nebelige Schildkäfer ist ein Zeichen für starke Verunkrautung der Felder, da der Käfer zuerst an Meldenarten auftritt und dort seine Eier ablegt. Erst wenn die Tiere an den Melden nicht mehr genügend Nahrung finden, wandern sie auf die Rüben über. Während die kleinen, gelbgrünen Larven des Schildkäfers einen fensterförmigen Fraß verursachen, können die ausgewachsenen Larven die Blätter bis zum Stiel abnagen.

Die Bekämpfung dieser Schädlinge, die zu den fressenden Insekten zählen und deren Auftreten durch zu frühe Aussaat begünstigt wird, z. B. mit Lindan + DDT-Präparaten (10 bis 20 kg/ha) beim ersten Auftreten, stellt eine wirksame Maßnahme dar. Darauf achten, daß die Pflanzen bestäubt werden und nicht der Boden, damit der Käfer davon frißt. Auch Eintreiben von Hühnern und Enten ist erfolgversprechend. — Der Schildkäfer legt 2 bis 3 mm große Eier nur an die jungen Meldepflanzen. Also diese sofort vernichten und aus den Reihen heraustragen. — Ein zu frühes Verziehen der Rüben bei Aaskäfergefahr kann den ganzen Bestand gefährden.

Blattfleckenkrankheit

2. Durch den Pilz Cercospora hervorgerufene Blattkrankheit. Etwa Anfang Juli zeigen sich auf älteren Blättern der Rübe rundliche, anfangs bräunliche, später graue, kleine Flecken mit dunklerem, vielfach rötlichem Rand. Sie überziehen allmählich das ganze Blatt und bringen es zum Absterben (besonders im September). Infolge Blattneubildung wird der Rüben-

kopf allmählich kegelförmig. Ertragsausfall bis etwa 20% Rüben und 35% Blatt. Feuchtwarme Witterung sowie starke Nebel- und Taubildung begünstigen die Krankheit.

Gegenmittel: Eine nicht zu enge Fruchtfolge, Saatgutbeizung mit quecksilberhaltigen Mitteln, Ernterückstände tief unterpflügen. Sobald sich die ersten Spuren der Krankheit zeigen, 3—4 malige Spritzung mit Kupfermitteln (3—6 kg/ha). Bei Frischblattfütterung Stapelmist, damit pilzbefallene Futterreste gut verrotten. — Wird mit „Systox“ gegen Vergilbungskrankheit gespritzt, kupferhaltige Mittel beimischen.

Blattläuse

3. Die besonders bei trockener Witterung oft zahlreich auftretenden, geflügelten oder ungeflügelten, schwarzen Blattläuse schädigen durch Saugen an Blättern und Stengeln, wodurch starke Kräuselung und Verkrümmung hervorgerufen wird, weniger die eigentlichen Zuckerrübenfelder als die Samenfelder. Auch Ackerbohnen, Mohn u. a. werden befallen.

Gegenmittel: Durch rechtzeitiges Ausstäuben oder Spritzen von Phosphorsäureester-Präparaten läßt sich dieser Schädling bekämpfen.

Engerlinge, Drahtwürmer

4. Engerlinge und Drahtwürmer schädigen durch Abbeißen der Wurzeln und Fraßlöcher in den heranwachsenden Rüben. Rübenfelder, die Luzerne oder Klee als Vorfrucht hatten, werden besonders von Engerlingen und Drahtwürmern befallen, da sich diese Schädlinge hier ungestört entwickeln konnten. Geschädigte Pflanzen welken bei warmer Witterung, und beim Nachgraben findet man oft den Schädling. Über Bekämpfungsmaßnahmen siehe S. 607.

Herz- und Trockenfäule
(siehe S. 245)

5. Die Herz- und Trockenfäule, besonders auf leichten, alkalischen Böden im Juli/August in Erscheinung tretend, ist an dem Vertrocknen zunächst der inneren, dann der äußeren Blätter zu erkennen. Bald wird auch der Rübenkörper in Mitleidenschaft gezogen. Es entstehen anfangs hellbraune, später schwarzbraune, etwas eingesunkene Flecke, aus denen sich eine vom Kopf ausgehende Trockenfäule entwickelt. Anhaltend trockene Sommerwitterung und Überkalkung des Bodens begünstigt das Auftreten dieser Rübenkrankheit, die erhebliche Mindererträge bringen kann. Tiefwurzelnde Rübensorten mit breitliegendem Laub (bodenbeschattend) sind besonders widerstandsfähig.

Gegenmittel: Da Bormangel im Boden die Ursache ist — es handelt sich um eine ausgesprochene Ernährungsstörung —, kann die Krankheit durch Ausstreuen von 20 kg Borax oder (besser) etwa 4 dz/ha borhaltiger Düngemittel (S. 101/102) behoben werden. Bei späterer Anwendung kommt Spritzung mit 2½%iger Boraxlösung in Frage. Rübenknäuel mit Dynamal (Bor enthaltend) beizen. (Siehe Seite 19.)

Moosknopfkäfer

Nur 1 mm großer brauner Käfer. Schadbild ähnlich wie Wurzelbrand.

Bekämpfung: Vorbeugend Saatgut einpudern oder Streumittel einarbeiten. Beim Auflaufen der Pflanzen Lindan- und DDT-Mittel spritzen (stäuben).

Rübenblattwanze

6. Die etwa 3,5 mm lange, grau bis rotbraun mit schwärzlichen Flecken gefärbte Rübenblattwanze schädigt ab Ende April durch Saugen an den auflaufenden Rüben. Hierbei wird ein Giftstoff (Virus) von Pflanze zu Pflanze übertragen, der eine starke Kräuselung (Salatkopfbildung bzw. mehr oder weniger starkes Zusammenrollen der Blätter) und Krümmen der Pflanze verursacht. Bei starkem Befall geht diese ein. Da die Blattwanze vom Rande aus einfällt, sind kleine Schläge besonders gefährdet. Das die Kräuselkrankheit hervorrufende Virus kann auch in Rübenstecklingen (Samenbau) überdauern und eine völlige Mißernte an Rübensamen bringen, wird aber mit dem Rübensamen nicht übertragen. Es bleibt auch in der überwinternden Wanze erhalten. Die Larven sind zunächst orangegelb, später grün gefärbt. Lehmig-tonige Böden werden nicht befallen.

Kräuselrüben haben eine rd. 2% niedrigeren Zuckergehalt, sind von schlechter Haltbarkeit und das Blatt dieser Rüben wird vom Vieh nicht gern gefressen.

tz-Schlepper mit Rückfahrtmöglichkeit in drei Gängen und teckbarem Satz 3reihiger Rüben-Köpfschlitten, die zwischen Radspur des Schleppers die 3 Reihen zu einem Blattschwad mmenlegen. Der Rübenblattwagen fährt in der Spur des eppers, Beschmutzung der Blätter dadurch unmöglich

Pommritzer Rübenköpfschippe zur Gewinnung eines sauberen Blattes und Beschleunigung der Rübenernte (siehe Seite 252)

JBENERNTE I

Zuckerrübenernte bei kleiner Anbaufläche. Rodekörper zum Ausspflügen von Zuckerrüben, der an jedem Pfluggestell angeschraubt werden kann.

mog mit „Rübenvollernte-Maschine" von Stoll. Die geeten Rüben werden direkt in den 1250 kg fassenden chkippbunker befördert

en-Vollerntemaschine. Köpft, putzt und rodet die Rüben. 10 dz fassende Bunker wird am Schlagende mit Hilfe er zapfwellengetriebenen Seilwinde abgekippt. (Werk- Kleine)

RÜBENERN

Ernte der geköpften Zuckerrüb
Hilfe eines Kartoffel-Schleuder
der mit einer lenkbaren Rodevorr
versehen wurde. Dadurch erübri
bei kleineren Anbauflächen die A
fung eines besonderen Rodepflug

Universalförderer „Packauf" (mit C
förderbändern und angebautem
Motor) beim Laden von Rübenbl
nur einem Mann auf dem Wagen
les Ernte- und Ladegerät auch für
Heu, Strohballen, Säcke, Hack
Getreide usw. (Werkfoto Osterrie

Hanomag mit Frontlader bei der Rübenernte. Beim Rübenladen werden je Hub etwa 3 dz aufgenommen. Kleinere Steine und Erde können durch die breiten Zwischenräume der Zinken fallen

Güldner-Multitrac mit luftgekühltem 17-PS-Motor, beim Rübenabladen. Dieser Geräteträger hat eine Zapfwelle vorn, eine Zapfwelle hinten und die bodenabhängige Vorderradzapfwelle. (Werkfoto Güldner)

G e g e n m i t t e l: Anlage von Fangstreifen Ende März/Anfang April. Die in 1—2 Drillspuren ausgesäten Rüben wurden früher nach Befall durch die Wanze tief untergepflügt und so der Schädling vernichtet. Dadurch verzögerte sich die Rübenbestellung um etwa 14 Tage.

N e u e r e B e k ä m p f u n g s m e t h o d e: Die Fangstreifen werden nach Erscheinen der Wanzen nicht untergepflügt, sondern im Abstand von 8—10 Tagen zweimal mit 30 kg/ha E 605 bestäubt, dann die übrige Feldfläche bestellt und nach dem Auflaufen dieser Rüben eine Ganzflächenbehandlung mit 20 kg/ha E 605 durch Bestäuben vorgenommen. Angrenzende Weg- und Grabenränder in 1 m Breite mitbehandeln.

Auftreten des Schädlings wird durch zu frühe Aussaat begünstigt.

Rübenderbrüßler

7. D e r R ü b e n d e r b r ü ß l e r. Der bisher nur gebietsweise (Mitteldeutschland) auftretende, 12—16 mm große, graubraun gefärbte Käfer kann erheblichen Schaden anrichten. Er ist der Erdbodenfarbe gut angepaßt und daher nur schwer zu erkennen. Der auf dem vorjährigen Rübenfeld etwa 40—50 cm tief im Erdboden überwinternde Käfer erscheint Ende März / Anfang April, zuweilen auch bereits Anfang März, und frißt die Rübenpflanzen nach Keimung, teilweise bereits unter der Erde ab. Schadbild: Schlechtes Auflaufen der Rüben. In der Hauptsache zieht der Derbüßler die kaum entwickelten jungen Blätter der ersten Wochen vor, ältere Pflanzen befällt er weniger. Da die recht behenden Tiere einfach in der Drillreihe entlang laufen, kann innerhalb weniger Stunden völliger Kahlfraß entstehen. Bei Temperaturen über 22° C fliegt der Käfer und fällt scharenweise in wachsende Rübenfelder ein. Bei größeren Rüben werden die Blätter zunächst vom Rande her befressen.

Die Eiablage erfolgt Ende Mai/Juni. Mitte bis Ende Juni stirbt der Käfer und die zu dieser Zeit schlüpfende, weiße, beinlose Larve schädigt die wachsenden Rüben durch Fraß an den Wurzeln bis in den Monat Juli hinein. Die Rüben welken infolge dieser Beschädigung an der Wurzelspitze selbst unter besten Wachstumsbedingungen, besonders bei trockener Witterung. Noch im Juli erfolgt die Verpuppung im Boden und die bis August ausschlüpfenden Jungkäfer bleiben entweder bis zum nächsten Frühjahr in der Erde oder kommen bei warmem Herbstwetter nach Erscheinen an die Erdoberfläche und suchen in der Nähe einen anderen Überwinterungsplatz auf. Der Derbrüßler frißt auch an Roten Rüben, Mangold, Spinat, Melde, Vogelmiere, Vogelknöterich usw.

B e k ä m p f u n g s m a ß n a h m e n: Am wirksamsten wird der Käfer durch Anlage von 15 bis 20 cm breiten, 25 bis 30 cm tiefen, steilwandigen Gräben rings um die neu zu bestellenden und vorjährigen Rübenschläge bekämpft. Schmale Gräben werden besser beschattet, wodurch sich der Käfer weniger lebhaft zeigt und die Fangsicherheit des Grabens erhöht wird. Eine Wand soll überhängen (beim letztjährigen Schlag die dem Acker abgewandte, beim diesjährigen Rübenfeld die dem Acker zugewandte), um das Weiterwandern des Käfers zu verhindern. Alle 8 — 10 m werden in den Gräben etwa 30 cm tiefe Fanglöcher ausgehoben und der ganze Fanggraben mit Berührungsgiften (Lindan + DDT oder Parathion) gut eingestäubt. (Käfer in den Fanglöchern früh und spät nachmittags einsammeln.) Ferner sind die auflaufenden Rübenschläge mit gleichen Mitteln zu bestäuben bzw. zu bespritzen (15—20 kg/ha).

Das Absuchen des Käfers von den befallenen Schlägen wird durch die Schutzfärbung der Tiere erschwert, die sich oftmals totstellen, unter Erdkrumen verbergen und insbesondere bei kühler Witterung überhaupt unter der Erdoberfläche bleiben. Bei kleineren Flächen hilft auch Hühner- und Puteneintrieb. Natürliche Feinde sind ferner Krähen, Stare, Rebhühner und Fasanen.

Rübenfliege

8. D i e 5—8 mm große, hellgrau bis grauolive R ü b e n f l i e g e kann erheblichen Schaden anrichten, besonders in kühlen Sommern, wenn die natürlichen Feinde, die Schlupfwespen, fehlen. Sie liebt kühleres, feuchtes

Wetter und tritt in trockenen Frühjahren nicht auf. Eiablage Anfang Mai beginnend, an die Blattunterseite junger Rübenpflanzen. Die nach wenigen Tagen ausschlüpfenden, 6—8 mm großen, weißlichen Larven der Rübenfliege vernichten die Blätter durch Ausminieren. (Helle ausgebleichte bzw. bräunlich gelbliche Flecke und Gänge.) Die Blätter trocknen später ein und sterben unter Bräunung vorzeitig ab. Nur selten geht dabei eine Pflanze ein, da das Herzblatt unberührt bleibt und die abgestorbenen Blätter durch neue ersetzt werden. Bei starkem Befall erscheinen die Pflanzen wie verbrannt. Die Fliege tritt in drei Generationen auf: Im Mai, Anfang Juli und Mitte August. Den Hauptschaden richtet die erste Generation an.

Gegenmittel: Abtöten der jungen Larven im Frühjahr durch Spritzen oder Stäuben mit Endrin, Parathion, Diazinon + Dieldrin u. a. Gegen die zweite Generation der Fliege ist im Bedarfsfall die Spritzung zu wiederholen. Frühzeitige Bestellung macht die Pflanzen gegen den Befall widerstandsfähiger. Im übrigen ist eine kräftige Entwicklung der Rüben durch schnellwirkenden Stickstoffdünger, häufiges Hacken usw. anzustreben.

Eine Spritzung ist notwendig, wenn

bei 2 entwickelten Blattpaaren ⌀ 6— 8 Eier / Pflanze
bei 3 entwickelten Blattpaaren ⌀ 10—14 Eier / Pflanze
bei 4 entwickelten Blattpaaren ⌀ 18—22 Eier / Pflanze

festgestellt werden. Im Zweifelsfall aber immer spritzen, besonders in Gebieten mit Vergilbungsgefahr. Hier begünstigt früher Fliegenbefall durch Verzögerung des Bestandesschlusses das Auftreten der Vergilbung. Vor Bildung der ersten Laubblätter wird nicht gespritzt.

Rübennematode

Rübennematode: Von Nematoden (winzige Fadenwürmer, Älchen), befallene Pflanzen (meist nesterweise) zeigen von Beginn des Sommers ab ständigen Wechsel im Schlaffwerden der äußeren Blätter bei warmem, sonnenreichen Wetter. (Fälschlich Rübenmüdigkeit genannt.) Über Nacht oder bei feuchter Witterung erholen sich die Pflanzen wieder. Ihr Wurzelwerk hat infolge ständiger Neubildung bärtiges, struppiges Aussehen. Etwa ab Mitte Juni treten an den Wurzeln stecknadelkopfgroße, weiße, zitronenförmige Gebilde, die reifen Weibchen des Rübennematoden in Erscheinung. Diese fallen später ab und verseuchen als Zysten, etwa 300 Eier enthaltend, den Boden. Sie können bis über 6 Jahre lebensfähig bleiben. Die aus den Eiern schlüpfenden Larven dringen in die Rübenwurzeln ein. Meist entwickeln sich in einem Jahr 2 Generationen. Stärkerer Befall führt zum Vertrocknen der Rübenblätter und Kümmerwuchs der Rüben, die vielfach eingehen. Ernteminderung bis 80%, bei Futterrüben bis über 90% möglich!

Von dem Rübennematoden befallen werden auch Wasserrüben, Raps, Rübsen, Senf, alle Kohlarten, Hederich, Ackersenf, Mangold, Melde, Löwenzahn, Hirtentäschel, Vogelmiere.

Neutralpflanzen: Bohnen, Lupinen, Mohn, Hanf, Kartoffeln, Möhren. Sie werden von Nematoden befallen, verhindern aber Vermehrung.

Feindpflanzen: Luzerne, Klee, Serradella, Roggen, Mais, Wicken, Lein, Zichorie. Sie veranlassen die Larven durch ihre Wurzelausscheidungen zum Schlüpfen, bieten ihnen aber keine Entwicklungsmöglichkeiten in den Wurzeln, so daß sie zugrunde gehen.

Bekämpfung: Am sichersten durch nicht zu häufigen, 4—6 jährigen Rübenbau auf demselben Feld. Auf verseuchten Schlägen Luzerne anbauen, die als beste Feindpflanze gilt. Ferner andere Feindpflanzen und Neutralpflanzen in die Fruchtfolge einschalten. Nematodenanfällige Unkräuter (siehe oben) vernichten! Abortdünger und Jauche meiden. Diese fördern das Schlüpfen der Larven aus den Zysten. Als Gründüngung Lupinen und Peluschkengemenge bevorzugen, die die Entwicklung der Nematoden hemmen. Wenn nicht zu umgehen, nematodenanfällige Pflanzen nach Rüben anbauen, nicht umgekehrt. Chemische Bekämpfungsmittel kommen nicht in Frage. Verschleppung der Rübennematoden siehe „Kartoffelnematoden" S. 225. Diese stellen ebenso wie Hafernematoden eine selbständige Art dar, so daß keine Gefahr der Übertragung auf Rüben, Hafer und umgekehrt besteht.

Vergilbungskrankheit (Gelbsucht)

10. Die Vergilbungskrankheit: Die nur von Blattläusen (in erster Linie der Grünen Pfirsichblattlaus sowie der Schwarzen Bohnenlaus) übertragbare Viruskrankheit befällt nicht nur Rüben, sondern auch Spinat und Melde. Möglich ist eine Verschleppung des Virus durch überwinternde Rübenstecklinge, Winterspinat-, Mangold- und Rote-Rübe-Pflanzen sowie durch eingemietete Futterrüben auf nächstjährige Rübenfelder, während Samen infizierter Pflanzen die Krankheit nicht überträgt. Am anfälligsten sind Futterrüben, in zweiter Linie Gehaltsrüben, dann Zuckerrüben.

Der Befall tritt durch helle bis braune Flecke an den Rübenblättern, die von der Spitze beginnend bald leuchtend gelb werden, frühestens 2—3 Wochen nach der Ende Mai/Anfang Juni beginnenden Infektion, meistens aber viel später in den Monaten Juni/Juli bis August in Erscheinung. Oft werden die Blattflächen uneben und wellig und rollen löffelförmig ein. Die Blätter sind spröde und zerbrechlich. Bei heißer Witterung behalten sie ihre aufrechte Stellung und welken nicht. Sie sterben vom Rande her ab und verdorren. Je lückiger Rüben stehen, je breiter der Reihenabstand, und je später sie gedrillt wurden, um so größer ist die Infektionsgefahr.

Unter günstigen Wachstumsbedingungen, besonders bei milder, ausreichend feuchter Herbstwitterung, können kranke Pflanzen zum Ende der Vegetationszeit wesentlich aufholen, so daß eine späte Ernte vergilbungskranker Bestände die Ertragsverluste mindern kann. Stickstoff muß frühzeitig gegeben werden. Späte Stickstoffgaben verarbeitet die Pflanze nur noch zu einem geringen Teil und zwar für die Blattbildung, während eine Senkung des Rübenertrages (bis zu 60% sowie bis zu 40% des Blattertrages) und Zuckergehaltes (bis zu 2,5%) eintritt. Auch der Futterwert des Blattes, das bis zu 50% weniger Eiweiß enthält und sich schneller zersetzt, wird gemindert und kann bis zur Wertlosigkeit des Blattes absinken.

Vorbeugende Maßnahmen: Samen zur Verhütung von Keimschäden durch Wurzelbrand usw. beizen. Frühzeitige Aussaat in gut vorbereitetem Boden bei engem Reihenabstand (40 bis 42 Zentimeter), um rechtzeitigen Bestandsschluß zu erreichen. Hierzu trägt auch eine entsprechende Volldüngung unter Berücksichtigung von schnellöslichem Stickstoff wesentlich bei, der in gefährdeten Gebieten in einer Gabe vor der Saat verabfolgt werden muß. Besonders bewährt hat sich Ammonsulfatsalpeter. Kräftig entwickelte Rüben mit bereits härterem Blatt werden von den im Juni auftretenden Läusen weniger stark beflogen. Wichtig ist ferner möglichst zeitiges Vereinzeln sowie intensive Hackkultur, insbesondere sofortige Vernichtung auftretender Meldepflanzen. — Erkrankte Rübenschläge sorgfältig abräumen, Blattreste tief unterpflügen. Mieten vor Neuansaat im Frühjahr restlos räumen. Statt Massenrunkeln nur Gehaltsrüben anbauen. Samenrüben und -spinat möglichst weit von Fabrikrüben aussäen. Auch Kopfdüngung mit Superphosphat wirkt günstig (S. 243).

Chemische Bekämpfung: 800 ccm/ha „Metasystox" (Bayerwerke) und etwa 400 Liter Spritzflüssigkeit/ha töten die Läuse ab. Wirkungsdauer bis zu etwa 3 Wochen. Es werden zwar noch Larven abgesetzt, doch kommen diese nicht mehr zur vollen Entwicklung, sondern sterben vorzeitig ab. Gespritzt wird auf die trockenen Pflanzen bei möglichst windstillem Wetter. In früh gedrillten Beständen ist zwei- bis dreimalige Behandlung im Juni und ersten Julidrittel erforderlich. Letztmalige Behandlung nicht später als 4—5 Wochen vor der Ernte. Je nach Befallsstärke läßt sich durch 800 ccm/ha „Metasystox" eine etwa 10—30%ige Ertragssteigerung an Rüben und Zucker gegenüber unbehandelten Flächen erreichen. Bei Futterrüben mit ihrer größeren Empfindlichkeit gegen die Infektion wirkt sich eine Behandlung auf den Rübenertrag (weniger auf die Blattmasse) noch günstiger aus.

„Metasystox" wird von Wurzeln, Stengeln und besonders Blättern vorübergehend in den Säftekreislauf der Pflanze aufgenommen. Es bringt die saugenden Blattläuse zum Absterben.

Wurzelbrand

11. Wurzelbrand zeigt sich schon bald nach Auflaufen der Saat an einer Schwarzfärbung der Stengel oder Wurzel mancher Keimlinge. Bald darauf brechen die Pflanzen um. Bei frühzeitigem, stärkerem Befall kann der Keimling auch am Auflaufen gehindert werden. Bei älteren Pflanzen ist Ausheilung möglich. Ursache des Wurzelbrandes sind verschiedene Pilze, die teils im Boden leben und teils durch das Saatgut in den Boden gelangen.

Gegenmittel: Zur Bekämpfung des den Samenknäueln anhaftenden Erregers kommt Beizen der Saat mit anerkannten Rübensamenbeizmittel in Frage, wodurch die Saat auch wesentlich besser aufläuft. Sehr frühzeitig bestellte Rübensaaten müssen unbedingt gebeizt werden. Bodenverkrustung durch frühzeitiges Eggen und Hacken vermeiden. Auf feuchten, schweren Böden flach säen. Wachstumsstockung durch Kalksalpetergabe (50 kg/ha) mit Hilfe der Drillmaschine entlang der Reihen beheben.

c) Die Runkelrübe

Ein recht schmackhaftes, milchtreibendes und verdauungsförderndes Futter, für alle Haustierarten geeignet. Trotzdem wird der mit viel Arbeit verbundene Anbau der Runkelrübe immer mehr durch die Zuckerrübe mit ihrem hohen Futteranfall sowie Gärmais und Kleegras verdrängt. Mais stellt geringere Ansprüche an Boden und Feuchtigkeit, sein Anbau läßt sich leicht mechanisieren. Kleegras hat günstiges Eiweiß-Stärke-Verhältnis, kann sowohl als Grün-, Trokken- und Silagefutter dienen und besitzt guten Vorfruchtwert. Daher Futterrübenfläche auf das äußerste beschränken und das eiweißreiche Blatt wie bei Zuckerrüben nutzen.

Bodenansprüche

Tiefgründige, humose, sandige Lehm- und lehmige Sandböden sind geeignet, desgleichen Niederungsmoor. Saure Böden scheiden aus.

Vorfrucht

Ähnlich der Zuckerrübe, Stellung meist bei ausreichenden Mistgaben nach Winterung. — Über Bodenbearbeitung siehe Zuckerrüben.

Düngeransprüche

Runkel- und Zuckerrüben haben etwa das gleiche Düngerbedürfnis (siehe S. 242), doch kann die Stickstoffdüngung bei Runkeln etwas reichlicher sein, wobei Natronsalpeter zu bevorzugen ist, da die Futterrübe eine Vorliebe für Natron hat. Auch die Verwendung von Jauche ist anzuraten, und zwar sowohl vor der Saat wie auch zu den wachsenden Rüben. Für Kainit hat die Futterrübe eine besondere Vorliebe, doch scheiden schwere Böden wegen der Verkrustungsgefahr aus. (Höherer Kalibedarf als Zuckerrüben.) Kalk wie bei Zuckerrüben, wenn auch nicht ganz so anspruchsvoll.

Sorten

a) Massenrüben (4—7% Zucker). Altenburger Tonnen (gelb), Pflanz- und Drillrübe, Criewener Gelb, Eckendorfer gelbe und rote Runkelrübe, Friedrichswerther Rot, Kirsches Koloß (gelb), Pflanz- und Drillrübe, Peragis Rot. Leicht rodbar, da überwiegend über dem Boden wachsend. Bevorzugte Verwendung bei Mangel an Gärfutter.

b) Mittelrüben (7—10% Zucker). Kirsches Ideal, Friedrichswerther Zuckerwalze Gelb, Oberndorfer (orangefarben), Umstädter (gelborange).

c) Gehaltsrüben (7—12% Zucker). Deutsche Barres, Ovana, Jaensch Teutonia, Lischower, Lanker. Mehr in den Boden wachsend, daher etwas schwerer zu ernten. Verwendung bei reichlichem Gärfutter zweckmäßig.

Die Gehaltsrüben haben meist eine stärkere Krautentwicklung und sind, da sie mehr in den Boden wachsen, nicht so empfindlich gegen Trockenheit und meist auch anspruchsloser an den Boden. — Infolge des höheren Trockensubstanzgehaltes besitzen Gehaltsrüben gegenüber Massenrüben auch bessere Haltbarkeit bzw. längere Lagerfähigkeit und sind zur Pferde- und Schweinefütterung mehr geeignet.

Es ergeben etwa den gleichen Fütterungserfolg:

17 kg Zuckerrüben oder 34 kg Gehaltsrüben oder 50 kg Massenrüben.

S a a t z e i t : Anfang April, in warmen Lagen auch schon früher, namentlich Gehaltsrüben. (Siehe Zuckerrüben S. 245.)

S a a t s t ä r k e : 30 kg/ha. (Bewährt haben sich 25 kg/ha + 400 bis 700 g Kohlrübensamen als Schutz gegen Schädlingsbefall.) Bei Verwendung von „Monogermsamen“ wesentliche Vorteile! Siehe S. 246/47.

R e i h e n e n t f e r n u n g: 40—50 cm.

A b s t a n d i n d e r R e i h e : 25—30 cm.

Bei Gehalts- und Massenrüben gleicher Abstand.

P f l e g e (hacken, verziehen) siehe Zuckerrüben S. 248.

Pflanzrüben

Auf sehr unkrautwüchsigen und kalten Böden oder spät abtrocknenden Schlägen, auch nach Winterzwischenfrüchten (mit Ausnahme des an der Bodenfeuchtigkeit stark zehrenden Landsberger Gemenges) und in rauhen Lagen, empfiehlt sich das Verpflanzen der Rüben aus dem Saatbeet im Mai, spätestens Anfang bis Mitte Juni. Dadurch erspart man sich auch das Verhacken. Allerdings bringt D r i l l s a a t u n t e r n o r m a l e n V e r h ä l t n i s s e n b e s s e r e E r t r ä g e.

Je zuckerreicher die Futterrübe, um so schlechter verträgt sie das Pflanzen. Besonders gut eignet sich hierfür die blattreiche „Oberndorfer“, sowie die ebenfalls gut belaubte „Umstädter“ Runkelrübe Auch die „Eckendorfer“ ist als Pflanzrübe gut geeignet.

Nach späträumenden Früchten (Juni/Anfang Juli) sind Kohlrüben, sofern ihnen die Wachstumsverhältnisse zusagen, als Pflanzrüben den Runkelrüben stets überlegen. Auch in Gebieten, in denen Vergilbungskrankheit auftritt, keine Rüben pflanzen, da diese infolge des späten Wuchstermins leicht von der Krankheit befallen werden.

Für Pflanzrüben werden je Hektar 500 qm Samenbeet und 2—3 kg Samen benötigt. Eine möglichst geschützte und sonnige Lage dieses Beetes auf gutem Boden ergibt bei dünner Aussaat (Reihenabstand 25 cm) und reichlicher Stickstoffdüngung in kurzer Zeit kräftige Pflanzen.

Sobald die Pflanzen strohhalmdick sind, erfolgt das Auspflanzen bei feuchter Witterung auf das freie Feld nach der Lochmaschine, mit dem Pflanzholz oder mit Hilfe des Zweischarpfluges auf die jeweils zweite Furche, wie bei Kohlrüben. (Laubblätter und Pfahlwurzel etwas stutzen, damit die Pflanze nicht zuviel Wasser verdunstet, bzw. die Wurzelspitze nicht umgebogen wird.) Die Erde ist fest an die Pflanze anzudrücken. (Siehe auch unter Kohlrüben Seite 265.) — Nach dem Pflug ist allerdings Einsatz der Hackmaschine nicht möglich. Wesentlich arbeitssparender ist Verwendung einer halbautomatischen Pflanzmaschine.

Rüben und Mohn

Mohneinsaat in Runkelrüben: je ha zusätzlich 1 kg Mohnsamen drillen (4 Tassen/ha). Damit der sehr feine Mohnsamen sich von Rübensamen nicht entmischt, wird am besten bei jedem Umgang der Drillmaschine etwas Mohn zugeschüttet. Verhacken der Rüben wie üblich. Je laufenden Meter sollen 1—2 Mohnpflanzen stehenbleiben.

E r t r a g : 1—2 dz/ha Mohn zusätzlich ohne wesentliche Beeinflussung des Rübenertrages, sofern die Mineraldüngung verstärkt wird.

S c h ä d l i n g s b e k ä m p f u n g siehe unter „Zuckerrüben“ S. 265.

Dürfen Rüben vorzeitig abgeblattet werden?

Abblatten der Rüben zu Futterzwecken mindert, insbesondere bei allen nicht blattwüchsigen Sorten, den Wurzel- und Zuckerertrag und ist für die Entwicklung um so schädlicher, je früher es vorgenommen wird. D e r G e w i n n a n B l a t t m a s s e s t e h t i n g a r k e i n e m V e r h ä l t n i s z u d e m V e r l u s t a n d e r G e s a m t e r n t e. Um

10 dz Blätter zu bekommen, werden etwa 20 dz Rüben geopfert, und die dann übrigbleibenden Rüben sind bedeutend wasserreicher und nährstoffärmer und besitzen eine geringere Haltbarkeit, wodurch der Verlust noch größer wird.

Bei Futterschwierigkeiten ist es besser, einen kleinen Teil der Futterrübenernte zu opfern, indem die Rüben mit dem Kraut, so wie sie gewachsen sind, verfüttert werden. Dafür können dann die stehengebliebenen Rüben voll ausreifen.

Nur sehr blattreiche Sorten können in Notzeiten bei entsprechend starker Stickstoffdüngung begrenzt entblattet werden, aber möglichst erst in den letzten Wochen vor dem Ausroden. Gegebenenfalls finden die gelb werdenden, untersten Blätter im Schweinestall Verwendung. Die weniger blattbildenden Massenrüben vertragen Abblatten schlechter.

Die Runkelrübenernte

Zeitpunkt

Die Reife der Runkelrübe ist an dem allmählichen Verfärben der Blätter in das Gelblichgrüne erkennbar, auch senken sich die Blätter nach außen hin. Auf guten Böden und bei starker Düngung oder feuchter Witterung kann sich dieser Zeitpunkt bis in den Monat November hinauszögern, besonders, wenn feuchte Witterung vorherrscht.

Solange das Rübenkraut noch eine saftiggrüne Farbe hat, ist das Wachstum der Rüben noch nicht abgeschlossen. Besonders in den warmen September- und Oktobertagen findet noch in erhöhtem Maß eine Aufspeicherung von Stärke bzw. Zucker statt. Je später also die Ernte erfolgt, um so höher sind die zu erwartenden Erträge, um so größer ist aber auch die Haltbarkeit der Rübe. (Siehe S. 251.)

Die vorwiegend zum Anbau kommenden, blattärmeren Massenrüben müssen aber bis Ende September geerntet werden, bevor die ersten Nachtfröste auftreten, da selbst leichtester Frost ihre Haltbarkeit auf das äußerste gefährdet. Die nicht in dem Maße empfindlichen, tiefer im Boden sitzenden Gehaltsrüben können dagegen etwa zwei Wochen länger stehen bleiben. Da aber um Mitte Oktober herum mit den ersten stärkeren Nachtfrösten zu rechnen ist, muß die Ernte bis zu diesem Zeitpunkt ebenfalls beendet sein.

Durch Verengung der Standraumweite auf etwa 40x25 cm und sachgemäße Verstärkung der Phosphatdüngergaben neben der üblichen kräftigen Kali- und Stickstoffdüngung kann man das Ausreifen der Zuckerrunkeln so beschleunigen, daß bei der Ernte um Mitte Oktober die Verfärbung der Blätter ins hellere Gelbgrün eingetreten ist und die Amidstoffe in den Runkeln zu normalem Pflanzeneiweiß verarbeitet sind.

Bei vorzeitig auftretenden Frösten läßt man die angefrorenen Rüben bis gegen Mittag oder Nachmittag in der Erde, eventuell auch mehrere Tage, damit die Sonne den Frost wieder herauszieht. Derartige vom Frost betroffene Rüben werden dann gesondert eingemietet und als erste mitverfüttert, da sie sich leicht in der Miete erhitzen und dann schnell zu faulen anfangen. Stärker angefrorene Rüben werden am besten eingesäuert, gegebenenfalls zusammen mit gedämpften Kartoffeln. (Siehe S. 343.)

Praxis der Ernte

Die Ernte selbst macht keine Schwierigkeiten. Die mehr aus dem Boden herauswachsenden Massenrüben lassen sich leicht mit der Hand ausziehen, und durch gegenseitiges Abklopfen von dem Schmutz reinigen, so daß es nicht nötig ist, die Rüben hinterher noch mit einem Messer abzukratzen, wie man es häufig sieht. Die Blätter werden dann von den in einer Reihe am Boden liegenden Rüben mit einem Hackmesser abgetrennt (über Vorteile dieses Verfahrens siehe weiter unten).

Für die Ernte der Massenrüben läßt sich auch ein 2 m breiter Schneepflug verwenden. Dieser wird an der Spitze mit Blech beschlagen und beschwert, damit er nicht über die Rüben hinweggleitet. Die ganz über der Erde wachsenden Rüben werden einfach in Reihen zusammengeschoben, wobei man 4 Reihen erfaßt. — Wesentliche Arbeitserleichterung bietet der mit Spezialrodezinken und Gleitkufen ausgestattete Frontlader. Mit der auf 1,5 m verbreiterten, korbartigen Gabel können 3 Reihen Rüben gleichzeitig gerodet und aufgenommen werden.

Gehaltsrüben werden dagegen wie Zuckerrüben geerntet (S. 252.)

Köpfen der Runkelrüben

Wie bereits gesagt, sollte das eiweißreiche Runkelrübenblatt nicht nur der Gehaltsrüben, sondern auch der Massenrüben, ähnlich dem Zuckerrübenblatt, durch schwaches Köpfen der Rüben mit Hackmesser sandfrei geworben werden. Die Haltbarkeit der Rüben in Miete und Keller wird dadurch entgegen der oft verbreiteten Meinung nicht herabgesetzt. Das haben Versuche von Ohl einwandfrei ergeben.

Während geköpfte Runkeln, bei denen das Blatt mit einem derben Kopf wie bei der Zuckerrübenernte von dem Rübenkörper getrennt wurde, im Lager nicht ausschlagen, ist dies bei nicht geköpften Rüben, bei denen nur das Blatt abgedreht wurde, der Fall. Dadurch werden die Rüben holziger und die Verdaulichkeit läßt nach. Bei geköpften Rüben verkorkt die große Schnittfläche, so daß keine Fäulniserreger eindringen können und auch der Verdampfung des Vegetationswassers vorgebeugt wird. Runkelrübenblätter mit Kopf werden vom Vieh lieber gefressen, auch gelingt die Blatteinsäuerung infolge des Zuckergehaltes des Kopfes besser. Rübenblätter mit Kopf erleichtern die Blatternte wesentlich. Nur sauber gewonnenes Rübenblatt verspricht einen vollen Fütterungserfolg!

Es enthalten:

1 kg Zuckerrübenbl. mit Kopf: 16 g verd. Eiweiß + 86 Stärkeeinh.

1 kg Runkelrübenbl. mit Kopf: 13 g verd. Eiweiß + 60 Stärkeeinh.

Ein Landwirt, der seine Futterrübenblätter unterpflügt, verliert dadurch eine beachtliche Futterquelle! Es ist ein Zeichen dafür, daß der Betrieb einen zu hohen Feldfutterbau betreibt und Flächen, die den Verkaufsfrüchten vorbehalten werden müßten, sehr zum Nachteil der Betriebseinnahmen, für den Futterbau verschwendet.

Bei nicht zu starker Blattentwicklung der Massenrüben können diese auch mit dem Blatt, also ohne dieses abzuschneiden, bei trockenem Wetter eingemietet werden. Fäulnisgefahr besteht durch das anhaftende Blatt, das sehr bald in der Miete vertrocknet, nicht.

Ertrag

Die Erträge können zwischen 300 und 1200 dz/ha schwanken.

Runkelrüben müssen bei der Ernte sowohl wie auch beim Transport schonend behandelt werden, da beschädigte Rüben leicht faulen und dann die gesunden Rüben mit anstecken. Jedes unnötige Werfen ist zu vermeiden.

Einlagerung

Die Mieten werden möglichst flach auf durchlässigem Boden in Nord-Südrichtung angelegt und zwar bis 2 m breit und 1,5 m hoch. Zur besseren Durchlüftung können ähnlich wie bei der Kartoffelmiete Lüftungsfenster und der First offen gelassen werden; sie sind erst bei

Frostbeginn zu schließen. Die sich leicht erwärmenden, hitzigen Rüben kühl lagern, um Nährstoffverlusten und Fäulnisgefahr vorzubeugen.

Auf eine dünne Strohschicht, welche ein Verschmutzen der Rüben vermeiden soll, aber nicht unbedingt erforderlich ist, kommt zunächst als Regenschutz nur 5—10 cm Erde. Erst bei Einsetzen stärkerer Fröste wird eine 30 cm starke Winterdecke aufgebracht in Form von Strohabfällen oder Kartoffelkraut. Dann folgt ein guter Spatenstich Erde. First frei von Erde lassen, bei Frost gut mit Spreu abdecken, darauf etwas Stroh oder Kartoffelkraut als Schutz gegen Abwehen der Spreu.

Runkelrüben nehmen im Laufe des Winters in der Miete an Gewicht um etwa 5% zu, sie saugen Feuchtigkeit aus ihrer Umgebung auf, daher nicht zu trocken einmieten. Dagegen nimmt der Zuckergehalt ab, da ein Teil des Zuckers zur Atmung verbraucht wird.

Beim Einkellern bzw. Einmieten der Rüben ist darauf zu achten, daß alle angefaulten, beschädigten und kranken Rüben ausgelesen werden. Die Rüben sollen auch nicht regennaß eingelagert werden. Wichtig ist kühle Aufbewahrung, da sich die Rüben infolge Atmung leicht erwärmen und dann einen gesteigerten Nährstoffverbrauch haben. Daher sollen Rüben im Keller auch nicht zu hoch geschüttet werden. Die Kellerfenster sind bei frostfreiem Wetter stets offen zu lassen. Erwünscht ist eine Temperatur von 1—5° C, aber nicht mehr.

Kirsch stellte bei einer Rübeneinlagerung von Oktober bis April in der Miete einen Schwund von 12,8% und im Keller einen solchen von 54,6% fest. In Mieten lagern die Futterrüben also besser als im Keller. Läßt sich letzteres nicht umgehen, muß, abgesehen von der völligen Trockenheit des Lagerraumes, die Rübe vor direktem Lichteinfall geschützt werden, da sie sonst zu frühzeitig keimt bzw. ausschlägt. (Bei nicht geköpften Rüben.)

Haltbarkeit und Güte der Rübe lassen in den Monaten März/April stark nach, so daß eine längere Aufbewahrung nicht anzuraten ist. Massenrüben und Rüben aus Kellerräumen zuerst verfüttern.

d) Die Kohlrübe (Wruke, Steckrübe)

Allgemeines

Die Kohlrübe ist die Futterrübe des feuchten, wolkigen Klimas und des feuchten Bodens. Sie hat einen etwas höheren Stärke- und Eiweißgehalt als die Runkelrübe, ist aber in trockenen Gegenden und Zeiten unsicherer als diese, dagegen frostunempfindlicher und erfordert weniger Pflege- und Erntearbeiten. Bewährt hat sich beim Anbau in trockenen Lagen, die Kohlrübe mit dichten Maisfeldern zu umgeben und so vor allzustarker Sonnenbestrahlung und trockener Luft zu schützen.

Die Kohlrübe liebt also regnerisches, nebliges, sonnenarmes Wetter und verträgt auch ziemlich rauhes Klima (taureiche, kühle Gebirgsgegenden). Auf zu leichtem Boden und bei Dürre bleiben die Pflanzen klein, geraten dagegen in naßkalten Sommern besonders gut. Auf zähen, strengen Böden kommt die Kohlrübe im Gegensatz zu anderen Wurzelfrüchten noch gut fort. Sie verträgt auch eine flache Ackerkrume. Da die Kohlrübe eine frische Stallmistdüngung gut verträgt, sollte sie viel mehr noch als bisher nach Winterzwischenfrucht zum Anbau kommen. Desgleichen dann, wenn im Frühjahr und Frühsommer eine Frucht vorzeitig umgebrochen werden muß.

Die Kohlrübe läßt sich sowohl für Milchkühe und Schafe, als auch in der Rinder- und Schweinemast nutzbringend verwerten.

Vorfrucht

Für die Kohlrübe ist, mit Ausnahme von Senf, Raps, Rübsen und Kohlarten, welche die Ausbreitung der Kohlhernie bei wiederholtem Anbau stark fördern, jede Vorfrucht geeignet. (Bei Samengewinnung auch Gefahr der Befruchtung von Wruken durch die Rapsblüte. Derartige Samen bilden keinen Körper aus.) Nur sich selbst darf sie nicht zu oft folgen. In der Regel kommt Getreide als Vor- wie auch als Nachfrucht in Frage. Von den Winterzwischenfrüchten sind als Vorfrüchte Raps und Rübsen geeignet, Grünfutterroggen, Wickroggen und besonders Landsberger Gemenge dagegen nur in feuchten Lagen, da der Boden nach diesem stark ausgetrocknet ist.

Düngung

Eine reichliche Versorgung mit Stallmist und Handelsdünger, insbesondere Kali (schlechteres Aufnahmevermögen für das Bodenkali), ist erforderlich, auch Kalk als Vorbeuge gegen Kohlhernie nicht vergessen. Empfohlen werden Gaben von 3—4 dz/ha Stickstoff als schwefelsaures Ammoniak (als Zweitfrucht Kalkammonsalpeter), 3—4 dz/ha Phosphatdünger und 3 dz 40%iges Kali. Wenn kein Stallmist verabreicht wird: 4—5 dz/ha Stickstoff, 4—5 dz Phosphatdünger und 4 dz 40%iges Kali. Auch Jauche läßt sich gut verwenden, desgleichen Gründüngung.

Sorten

Gelbfleischige Sorten: v. Arnims Criewener Gelbe, Endreß Frankengold, Grünköpfige Gelbe, Wilhelmsburger, Hoffmanns Gelbe, Seefelder, Terras Hohenheimer Gelbe und andere.

Weißfleischige Sorten: Heinkenborsteler, Bitterhoffs Märkische Kannen, Brandts Weiße, Endreß' Frankenstolz, Hoffmanns Weiße.

Gelbfleischige Sorten enthalten Karotin und Vitamin C. Die weißfleischigen sind weniger gehaltvoll aber ertragreicher.

Aussaat

Das Pflanzen ist gegenüber der Drillsaat schon wegen der Erdflohgefahr vorzuziehen. Auch kommt den Pflanzen die Bodenfeuchtigkeit beim Pflanzen nach dem Pflug (in jede 2. oder 3. Furche) bestens zugute. Dieses Verfahren wird beim Anbau der Kohlrübe als Zweitfrucht meistens angewendet. Auf gerades Pflügen ist zu achten.

Auf schwerem Boden bilden sich allerdings leicht Schollen, zumal bei feuchtem Boden gepflügt und gepflanzt werden muß. In trockenen Lagen das Pflanzen nach dem Markör oder der Pflanzmaschine bevorzugen.

Pflanzbeet: Die Pflanzen sind frühzeitig heranzuziehen (5—6 Wochen Wachszeit), dürfen jedoch zur Vermeidung von Aufschußrüben nicht vor Mitte April ausgesät werden. Benötigt werden für ein Hektar etwa 600—800 g Samen auf 150—200 qm Pflanzbeet, das möglichst geschützt und auf dungkräftigem Boden anzulegen ist. Dünne Aussaat ergibt kräftige Pflanzen, bei mindestens 20—25 cm Reihenweite. Zur Vermeidung von Krankheits- und Schädlingsbefall ist das Anzuchtbeet jährlich an anderer Stelle anzulegen.

Um beim Herausnehmen der Pflanzen aus dem Saatbeet, sobald diese das 3. bis 4. Blatt bekommen haben, nicht zuviel Saugwurzeln abzureißen, empfiehlt es sich, das Beet vorher mit Wasser gut anzufeuchten und beim Herausnehmen der Pflanzen die sie umgebende Erde mit einem Spaten anzuheben. Die Wurzelspitze wird am besten abgeschnitten, damit sie sich beim Pflanzen nicht umbiegt. — Pflanzenbedarf bei einer Pflanzung von 45×40 cm bzw. nach dem Vielfachgerät auf 62,5 × 30 Entfernung = 55 000 Stück/ha. (Speiserüben 40 × 30 cm.)

Pflanzzeit: Juni (normal 10.—20.) bis Mitte Juli nach Wintergerste, gegebenenfalls auch Roggen, und zwar nach Pflug, Lochmaschine oder Pflanzmaschine. (Pflanzverfahren wie bei Runkelrüben. S. 261.)

Zu weite Stellung der Reihen erleichtert zwar die Pflegearbeiten, drückt aber den Ertrag. Auch sind große Rüben wasserreicher und daher schlechter haltbar. Für Speisekohlrüben (es kommen nur gelbfleischige Sorten in Frage) ist auf jeden Fall enge Standweite zu bevorzugen.

Bei Drillsaat, die wegen der Schosserbildung und zu früher Reife nicht vor Mitte April erfolgen sollte, werden bei 40—50 cm Reihenabstand 2—3 kg Samen je Hektar benötigt. Das Saatgut läßt sich, wie bei Mohrrüben und Wasserrüben beschrieben, strecken.

Saattiefe: 1—2 cm. In der Reihe auf 30—35 cm vereinzeln.

Beimischung von Kohlrübensamen zur Runkelrübenaussaat S. 261.

Pflegearbeiten

Bei einigermaßen sauberem Boden genügt eine Hacke. Gedrillte Kohlrüben sind wie Zuckerrüben zu hacken und zu vereinzeln.

Speisekohlrüben müssen gehäufelt werden, damit auch der obere Teil der Rübe seine helle Färbung behält, doch darf hierbei das Herz der Pflanze nicht mit Erde bedeckt werden. Nur auf leichtem Boden, wegen des mit dem Häufeln verbundenen Wasserverlustes, Vorsicht!

Krankheiten

Kohlhernie wird durch einen Feuchtigkeit liebenden Schleimpilz hervorgerufen, dessen Sporen sich jahrelang im Boden halten und der durch stärkere Kalkung in seiner Entwicklung gehemmt wird. Die Krankheit, die auf feuchten Böden besonders stark auftritt, ist an den knotenförmigen, wulstigen Auftreibungen an den Wurzeln der Kohlrübe erkenntlich. (Zeigen diese Verdickungen aufgeschnitten Fraßgänge, ist der Kohlgallenrüßler Ursache der Anschwellungen.) Der Saftzustrom zu den oberirdischen Teilen der Pflanzen wird gestört, so daß diese welken und absterben. — Verschleppung des Erregers erfolgt durch die an Ackergeräten usw. anhaftende Erde und durch Verfütterung kranker Pflanzen. Pilz wird durch Samen nicht übertragen.

Bekämpfung: Ausreichende Kalkung des Kohlrübenackers sowie des Anzuchtbeetes. Verbrennen der Kohlstrünke bei der Ernte, wenn Befall festgestellt wird. Kohlrüben dürfen nicht nach Senf, Raps, Rübsen, Stoppelrüben und Markstammkohl zum Anbau kommen. Alle kreuzblütigen Unkräuter, wie Ackersenf, Hederich, Hirtentäschelkraut usw. vernichten, um einer Übertragung der Kohlhernie durch diese Pflanzen vorzubeugen. Setzlinge mit quecksilberhaltiger Naßbeizlösung angießen. Kohlrüben nur in mehrjährigem Abstand auf dem gleichen Schlag zur Aussaat bringen. Spezial-Streumittel: Brassisan.

Die Glasigkeit der Rübe, eine zuweilen auftretende, streifenförmig glasige Verhärtung des Fleisches, wird mit 20 kg/ha Borax oder 4 dz/ha Borsuperphosphat wirksam bekämpft.

Ernte

Die Kohlrüben wachsen erst, wenn die Nächte länger werden, d. h. die Hauptentwicklung findet erst im Herbst statt. Daher ist die Ernte erst Ende Oktober / Anfang November vorzunehmen, zumal die Rübe gegen Frost weniger empfindlich ist und sich, voll ausgereift, auch besser hält.

Selbst höhere Frostgrade von 6—8° C schaden meist nicht, wenn die Rüben solange im Boden bleiben, bis Tauwetter eintritt und der Frost wieder langsam herausziehen kann. Im gefrorenen Zustand gerodete Rüben verderben dagegen sehr schnell.

Kohlrübenblätter haben fast gleiche Stärkeeinh. wie Zuckerrübenblätter, aber höheren Eiweißgehalt. (1,8% gegenüber 1,6%.)

Auch die Verdaulichkeit ist höher. Daher sollte das Blatt sauber geerntet werden und im Viehstall Verwendung finden. Zu diesem Zweck wird es in einem Arbeitsgang beim Ausziehen der Rüben mit der Sichel abgeschlagen und auf Haufen geworfen. Auch scharfe Köpfschippe (kurzer Stoß, damit die Rüben beim Köpfen nicht umfallen) oder zweireihiger Köpfroder verwendbar.

Anschließend kann der Schneepflug eingesetzt werden, der die Rüben schwadweise zusammenzieht. (Siehe Runkelrübenernte S. 263.) Sehr gut läßt sich zum Herausreißen ein leichter Misthaken oder ein flach eingestellter Kartoffelroder verwenden, für größere Flächen die vollautomatische Stoppelrübenziehmaschine.

Ist ein Verfüttern der Blätter nicht beabsichtigt, so lassen sie sich, ohne abgeschnitten zu werden, zusammen mit der Rübe einmieten. In der Miete vertrocknen die Blätter bald, ohne daß die Rüben Schaden erleiden. Allerdings ergab ein Versuch mit geköpften und nicht geköpften Kohlrüben, daß letztere im Frühjahr ein Drittel weniger Zucker hatten als die geköpften (nach Ohl).

Hektarertrag

Als Nachfrucht 300—500 dz, als Hauptfrucht entsprechend mehr. Blatternte: 10—20% des Rübenertrages.

Einmieten

Beim Einmieten ist darauf zu achten, daß nur gesunde, unverletzte Rüben verwendet werden und diese möglichst kühl und luftig lagern. Die Mietensohle soll daher nicht breiter als 1 m sein und die Schütthöhe nur 80 cm betragen. Die Bedeckung wird ähnlich wie bei den Runkelrüben vorgenommen, d. h. wenig oder gar kein Stroh und zunächst auch nur wenig Erde, damit sich die Kohlrüben genügend abkühlen. Der First bleibt so lange offen, bis stärkere Fröste einsetzen. Erst dann erfolgt die eigentliche Winterdecke.

Wenn Kohlrüben zu warm lagern, verlieren sie durch den Rückgang an Nährstoffen bald erheblich an Futterwert. Auch durch längere Lagerung treten größere Nährstoffverluste ein, so daß es, auch in Anbetracht der geringeren Haltbarkeit gegenüber Runkelrüben, zweckmäßig ist, Kohlrüben spätestens bis Ende Februar zu verfüttern.

Fütterung

Milchkühe erhalten nicht zu große Mengen (bis 40 kg täglich), da sonst Milch und Butter leicht einen unangenehmen, herben Geschmack annehmen. Dies ist besonders dann der Fall, wenn die Milch beim Melken längere Zeit mit der Stalluft in Berührung kommt. Milchkannen sollen daher in der Zeit der Kohlrübenfütterung stets außerhalb des Stalles gebracht werden. Die Fütterung darf erst nach dem Melken erfolgen. Die sehr harte Rübe muß zerkleinert werden. Auf den Fettgehalt der Milch üben Kohlrüben günstigen Einfluß aus. Auch im Schweinestall lassen sich Kohlrüben (gedämpft) gut verwerten. Da Kohlrübenblätter aufblähend wirken, nur kleine Mengen verabreichen.

e) Die Mohrrübe

Allgemeines

Der Futterwert ist beträchtlich höher als bei der Runkelrübe und dem der Gehaltsrübe etwa gleichzusetzen, ferner ist die Mohrrübe sehr leicht verdaulich und von erheblicher diätetischer Wirkung (Vitamingehalt). Die Möhre ist auch ein sehr gutes Mittel gegen Druse, Wurm- und Darmkrankheiten der Pferde. Als Fohlenfutter ist sie unentbehrlich und auch als Ferkel-, Kälber-, Milch- und Mastfutter zu empfehlen. Ihrer hohen und gehaltreichen Futtererträge wegen verdient die Möhre weit mehr Beachtung. Über Verwertung von Möhrenkraut siehe S. 270.

Bodenansprüche

Die Mohrrübe ist gegen Säure und zuviel Feuchtigkeit im Boden sehr empfindlich, übersteht dagegen Trockenheit (tiefgehende Pfahlwurzel) und Kälte gut. Tiefgründiger, humoser und kalkhaltiger, sandiger Lehm bis lehmiger Sandboden sagen ihr am besten zu, leicht verhärtende, strenge tonige sowie flachgründige Böden sind dagegen nicht geeignet. Auf tiefe Bodenlockerung ist besonders zu achten.

Vorfrucht

Da Möhrensamen sehr langsam keimt und infolgedessen die jungen Pflänzchen der Verunkrautung besonders stark ausgesetzt sind, wird am besten ein Schlag zur Aussaat gewählt, der im Vorjahr Kartoffeln oder Rüben getragen hat und sehr sauber gehalten wurde. Andernfalls folgen Möhren in zweiter Tracht nach Getreide.

Düngung

Stalldung ist zu vermeiden (Möhrenfliege); er ist bereits der Vorfrucht zu geben. Infolge der langsamen Jugendentwicklung hat die Mohrrübe einen späten Nährstoffbedarf, daher kann Stickstoffdüngung noch bis Juli stattfinden. Zu hohe Stickstoffgaben sind zu vermeiden, da sie die Haltbarkeit in Miete oder Keller herabsetzen. Reichliche Phosphat- und Kaligaben dagegen verbessern außer dem Ertrag auch den Nährstoffgehalt, sie ergeben große Rüben mit wenig Kraut. Auf ausreichenden Kalkgehalt des Bodens ist zu achten.

Kalkstickstoff, 2 dz/ha, etwa 14 Tage vor der Aussaat auf den Acker gebracht, trägt wesentlich zur Bekämpfung des keimenden Unkrautes bei. Nach dem Streuen des Kalkstickstoffs darf der Boden aber nur noch flach bearbeitet werden, damit nicht neuer Unkrautsamen heraufgeholt wird. (Siehe S. 113.)

Höhe der Mineraldüngergaben: 2—4 dz/ha eines 20%igen Stickstoffdüngers (z. B. 2 dz Kalkstickstoff vor der Saat und 2 dz Kalkammonsalpeter nach dem Vereinzeln), 4 dz/ha eines Phosphatdüngers und 3 dz/ha 40%iges Kalidüngesalz.

Sorten

Sorten: Zu bevorzugen sind rote oder orangefarbene Sorten, wie Lobbericher oder Rheinische, mit Rücksicht auf den nur bei diesen vorhandenen Gehalt an Provitamin A.

Aussaat

Frühzeitig im März, da gegen Frost unempfindlich und feuchter Boden das Keimen beschleunigt. Möhren können bei günstiger Witterung mit bestem Erfolg auch bereits im Januar ausgesät werden. Sie erhalten dann gegenüber den im Frühjahr gedrillten einen erheblichen Wachstumsvorsprung und bringen entsprechend höhere Erträge.

Saatmenge: 2 bis höchstens 3 kg/ha abgeriebener Samen (der von den vielen anhaftenden Härchen befreit ist und daher in der Maschine gut rinnt), um das Verziehen nach Möglichkeit zu ersparen. Zur gleichmäßigen Aussaat der geringen Samenmenge mit der Drillmaschine wird der Samen am besten entweder mit der vier- bis sechsfachen Menge von feinem, getrocknetem Sägemehl und trockenem Sand gemischt, oder aber mit gut geschrotenen Trockenschnitzeln oder Roggenkleie.

Da die Möhre eine sehr langsame Jugendentwicklung hat (der Samen läuft erst nach 3—4 Wochen auf), erfolgt zur schnellen Sichtbarkeit der Reihen, sofern nicht Druckrollen verwendet werden, am besten die Miteinsaat von einigen Körnern Gerste, Hafer oder Senf, damit das auflaufende Unkraut frühzeitig bekämpft werden kann (Blindhacke). Man kann den Möhren auch etwas Radieschensamen beimengen, auf 1 kg Möhrensaat 50—70 g. Radieschen vertragen eine Aussaat im März und können bereits 6—8 Wochen später geerntet werden. Die Entwicklung der Möhren, die sich nach Herausnahme der Radieschen ausdehnen können, wird dadurch nicht gehemmt.

Keimkraft des Möhrensamens prüfen, nur einwandfreie Saat verwenden! Bei zweifelhafter Samenqualität Saatmenge auf 4—6 kg/ha erhöhen. — Speisemöhren verlangen stärkere Aussaat (je nach Sorte 4—8 kg/ha).

Saattiefe: 0,5 bis höchstens 1 cm.

Reihenentfernung: Bei späterem Einsatz von Gespannhackgeräten (Igel usw.) etwa 40 cm, bei ausschließlicher Handhacke 25 bis 30 cm.

Pflege

Die Mohrrübe ist durch rechtzeitig beginnendes, wiederholtes Hacken sauber zu halten. Späterhin sind bei zu dicht stehenden Beständen die 3—6 cm hohen Pflänzchen beim dritten bis vierten Blatt auf 8—10 cm zu vereinzeln (die herausgerissenen Pflanzen verfüttern). Ein Verdünnen der Bestände ist auch durch Quereggen der Drillreihen möglich.

Untersaat

Auf Böden, die zur Verunkrautung neigen, empfiehlt es sich, die Möhren unter eine Überfrucht, wie Wintergerste, Winterroggen, Sommergerste oder besser noch Lein, Mohn, Winterraps oder Rübsen zu drillen. Allerdings darf Lein nicht zusammen mit dem Möhrensamen ausgesät werden, da, wenn Lein und Möhren in einer Reihe stehen, beim Flachsraufen auch die jungen Möhrenpflanzen mit herausgerissen würden. Die Möhren werden daher bei Lein nach der letzten Hacke zwischen jede zweite Reihe unter Benutzung von Druckrollen nachgesät. Gegebenenfalls kann auch das Lichtschachtverfahren zur Anwendung kommen und zwar: 2 Reihen Lein oder Mohn usw. mit je 12 bis 13 cm Abstand wechseln immer mit einer Reihe Möhren, deren Abstand dann 35—40 cm beträgt. Hafer ist als Untersaat nicht geeignet.

Aussaat: Ebenfalls frühzeitig im März, spätestens Anfang April, um die Winterfeuchtigkeit auszunutzen, in die durch Eggen oder Hacken aufgelockerte Überfrucht, trockener Boden vorausgesetzt, und zwar am besten quer zu den Getreidereihen. Drillschare dürfen nicht zu tief in den Boden eindringen, damit der Samen nur leicht angedeckt wird.

Mohn ist als Überfrucht wegen seiner weiten Reihenentfernung, seiner anfänglich beschattenden Wirkung — später erhalten die jungen Möhrenpflanzen durch das zeitige Absterben der Mohnblätter genügend Lichtzufuhr — besonders geeignet. Die Reihen werden schneller sichtbar, so daß mit den Hackarbeiten eher begonnen werden kann.

Saatmenge/ha: 2—3 kg Spätmöhren + 1—2 kg Mohn.

Reihenentfernung: 30—40 cm, nur verhacken, nicht vereinzeln. Nach Aberntung des Mohns werden die Rüben nochmals gehackt und erhalten eine kräftige Salpetergabe.

Mittl. Ertrag/ha: 4—6 dz Mohn und 160—300 dz Möhren.

Beim Abernten der Deckfrucht ist auf eine hohe Stoppel zu achten, damit die jungen Möhrenpflanzen nicht allzusehr geköpft werden; desgleichen auch darauf, daß der Bestand von den Hocken der Überfrucht bald geräumt wird, um das Ersticken der jungen Möhrenpflanzen unter den Hocken und damit Fehlstellen zu vermeiden.

Nach Abernten der Deckfrucht sind sofort etwa 2 dz/ha Kalksalpeter oder Kalkammonsalpeter auszustreuen und anschließend die Getreidestoppel mit der Maschine herauszuhacken. Dadurch kommt auch der Dünger zur schnelleren Wirkung. Das bloße Eineggen des Düngers ist dagegen meist nicht so wirkungsvoll. Späterhin erfolgt dann noch eine weitere Stickstoffgabe (1 dz Kalksalpeter/ha) und eine zweite Maschinenhacke. Für eine Jauchedüngung sind Möhren besonders dankbar. Man kann ohne Gefahr für die Möhren bei jeder Witterung jauchen.

Kali-Phosphatdünger möglichst schon verstärkt zur Überfrucht geben.

Die infolge der Beschattung bis zur Ernte der Überfrucht nur langsam wachsende Möhre entwickelt infolge der Unterdrückung ein übernormal starkes Saugwurzelsystem. Dadurch ist der Pflanze eine gute Ausnutzung der in den Untergrund abgewanderten Nährstoffe möglich. Sobald die Möhre dann Luft bekommt, schießt sie sehr schnell und stark ins Kraut. Daher muß die erste Hacke bald gegeben werden.

Ernte

Die Mohrrübenernte wird möglichst spät, Ende Oktober bis Anfang November, vorgenommen, da in den langen Herbstnächten noch ein Zuwachs erfolgt, und die durch das Kraut geschützte, in den Boden gewachsene Rübe selbst stärkere Nachtfröste gut verträgt. Die beginnende Reife zeigt sich durch rostbraune Färbung der unteren Blätter an, die allmählich gelb werden. Da das Laub damit seine Tätigkeit einstellt, die Wurzel bzw. Rüben aber noch Wasser und Nahrung aufnehmen, geschieht es allerdings oftmals, daß die Rüben aufplatzen und dadurch die Lagerfähigkeit beeinträchtigt wird. Besonders empfindlich in dieser Beziehung ist die vornehmlich zu Speisezwecken angebaute Sorte „Nantaise", da sie eine kürzere Entwicklungszeit hat.

Sollte überraschend strengere Kälte einsetzen, werden die Mohrrüben erst bei wieder eintretendem Tauwetter gerodet, d. h. nachdem sie in der Erde wieder völlig aufgetaut sind und die Sonne den Frost aus der Rübe herausgezogen hat. Bereits gerodete Mohrrüben vertragen dagegen nur wenig Frost. Können diese nicht sogleich abgefahren bzw. eingemietet werden, müssen sie nach dem Roden sofort in kleine Haufen gebracht und mit Kraut oder Erde leicht zugedeckt werden.

Erntemethode

Die Ernte selbst erfordert viel Handarbeit. Da das Mohrrübenkraut mit 1,4% verdaulichem Eiweiß und 81 Stärkeeinheiten neben hohem Kalkgehalt im Nährwert den Blättern der Zuckerrübe fast gleich kommt, ist die *saubere Blattgewinnung vor dem Roden der Rüben von großer Wichtigkeit.*

Krautwerbung

Am besten wird das Kraut mit der Köpfschippe abgestoßen und anschließend in Haufen zusammengeworfen oder besser noch gleich vom Feld abgefahren. Die Trennung des Krautes von der Rübe kann auch durch Abmähen mit der Sense oder bei tief wachsenden Sorten mit dem Grasmäher, mit angebautem Sammelkasten erfolgen, wenn auch die Verschmutzung hierbei größer ist. Wichtig bleibt, darauf zu achten, daß das Kraut möglichst kurz abgeschnitten wird, da langes Kraut die Haltbarkeit der Rübe beeinträchtigt. Andererseits sind aber auch Verletzungen der Rübe zu vermeiden, um einer Fäulnisgefahr vorzubeugen. Bei kleineren Flächen wird das Kraut vielfach mit der Hand abgedreht, wobei kleine Wundstellen unvermeidbar sind. Auch ein Abweiden der noch in der Erde befindlichen Rüben durch Schafe kommt in Frage.

Verwertung des Krautes

Möhrenkraut kann in nicht zu großen Mengen an alle Tierarten verfüttert werden. Es ist fast so eiweißreich wie Zuckerrübenblätter und enthält nicht nur Carotin, also A-Vitamin, sondern auch Eisen, was besonders für tragende und säugende Tiere vorteilhaft ist.

Mohrrübenkraut wird entweder frisch verfüttert und zwar pro Rind und Tag etwa 7,5 kg, bzw. in kleineren Mengen an Schafe und

Pferde, oder aber mit weniger gehaltreichem Futter, wie z. B. Mais, zusammen eingesäuert. Auf keinen Fall gehört dieses wertvolle Viehfutter aber auf den Komposthaufen bzw. darf es unterpflügt werden!

Roden der Rüben

Die vielfach noch mit dem Spaten bzw. der Rübengabel durchgeführte Ernte der Mohrrüben läßt sich durch Verwendung eines R ü b e n h e b e r s oder eines gewöhnlichen P f l u g e s, mit dem die Rüben entweder nur gelockert oder aber nach Abnahme des Streichbrettes direkt herausgepflügt werden, wesentlich erleichtern.

Als Rodegerät kann auch ein B o d e n m e i ß e l Verwendung finden, der an Stelle des Häufelkörpers am Kartoffelhäufelpflug angeschraubt wird. Die Möhren werden durch den geschwungen geformten Meißel gehoben und beiseite gedrückt und können leicht aufgelesen werden. Gegenüber dem Rübenheber entsteht bei Verwendung des Bodenmeißels auch bei langen Möhrensorten nur wenig Bruch. Besonders bei schwerem Boden rodet er sehr gut und leicht, da die Oberfläche nur wenig bewegt wird. Durch die einfache Konstruktion des Gerätes ist der Widerstand im Boden verhältnismäßig gering. Daher läßt sich das Roden auch mit einem leichten Gespann durchführen.

Auf lockerem Boden kann auch der K a r t o f f e l r o d e r eingesetzt werden, während bei schwerem Boden zuviel Möhren abbrechen.

Erträge

Im Mittel etwa 300—500 dz/ha Möhren; doch lassen sich selbst auf Sandböden Spitzenerträge von etwa 600 dz/ha erzielen, während mittlere Böden bis 800 dz/ha und beste Böden bis 1000 dz/ha bringen können. Die K r a u t e r n t e beträgt 20—40 % des Rübenertrages.

Einmieten

Mohrrüben sind der besseren Haltbarkeit wegen unmittelbar nach der Ernte und möglichst in Feldmieten einzulagern. Da sich die Rüben leicht erhitzen und dann zu schwitzen anfangen — die Temperatur in der Miete soll nur 3—4° C betragen — ist kühle Aufbewahrung ohne Strohdecke erforderlich und zwar in möglichst kleinen, nicht über 10 m langen, zu ebener Erde gelegenen Mieten. Haben diese Ost-West-Richtung, so sind sie auch vor Frost und kalten Ostwinden besser geschützt.

D i e S o h l e n b r e i t e soll nicht mehr als 80—100 cm betragen, die S c h ü t t h ö h e 60—70 cm. Ein Zwischenschichten von möglichst trokkenem Sand oder Ackererde hält die Möhren frisch, die Mäuse fern und hemmt die Fäulnis. Es trägt also wesentlich zur Haltbarkeit der Rüben bei, die bei der Einlagerung trocken, unverletzt und krautfrei sein müssen (3—4 horizontale Lagen Möhren mit je 20 cm Dicke, die durch 10 cm starke Schichten trockenen Sandes voneinander getrennt sind). Die Größe der Möhren ist für die Haltbarkeit ohne Bedeutung.

Als M i e t e n b e d e c k u n g wird zunächst nur eine etwa handbreite Erdschicht aufgebracht. Erst bei Einsetzen stärkerer Kälte wird als zweite Deckschicht Stroh verwendet und späterhin nochmals Erde. Nur bei sehr strengem Frost kann sich eine Verstärkung der Mietendecke als notwendig erweisen. Da sich Mäuse mit Vorliebe in Mohrrübenmieten aufhalten und erhebliche Fraßschäden verursachen können, empfiehlt es sich, in die Miete einige Tonröhren mit Giftgetreide zu legen. (Siehe auch S. 233.)

Bei Aufbewahrung im Keller werden die Möhren am besten ebenfalls mit Sand vermischt. Hier sowohl wie auch in der Miete sind alle beschädigten Mohrrüben auszusortieren und bald zu verfüttern.

Bewährt hat sich auch die von manchen Anbauern geübte Methode, die Möhren über Winter in der Erde zu lassen. Zu diesem Zweck wird nur jede dritte Reihe gerodet und der so frei werdende Boden von beiden Seiten über die stehengebliebenen Reihen gepflügt.

f) Die Wasser- oder Stoppelrübe

Allgemeines

Sehr billige Aussaat, gutes Herbstfutter für Rindvieh, Schafe und Schweine. Die Stoppelrübe steht unter den verschiedenen Rübenarten im Nährwert an letzter Stelle. (Im Vergleich zur Runkelrübe etwas höherer Eiweißgehalt, aber weniger Stärkeeinh.) Der Nährwert der Stoppelrübenblätter ist dagegen größer als der der Runkelrübenblätter (ohne Kopf) und kommt dem der Kohlrübenblätter gleich.

Die Hauptentwicklung erfolgt in den Monaten August bis Oktober; kühle, nebelreiche Tage begünstigen das Wachstum, heiße, trockene Sommer sind dagegen sehr nachteilig, daher ist der Anbau als Hauptfrucht weniger zu empfehlen.

Boden-ansprüche

Leichtere, stark humose, feuchte Bodenarten sagen am meisten zu. Je feuchter das Klima, um so geringer sind die Ansprüche an den Boden. Infolge des geringen Wärmebedürfnis gedeihen Stoppelrüben (auch Herbstrüben genannt), selbst in höheren Lagen.

Vorfrucht

Geeignete Vorfrüchte sind Wintergerste und Roggen, gegebenenfalls auch Grünfutter, Frühkartoffeln und Erbsen. Anschließend folgt meist Sommergetreide. Stärkere Folge von Kreuzblütlern (Raps, Kohlrüben) wegen Krankheitsbefall vermeiden. Schlechter Selbstverträglichkeit.

Dünger-ansprüche

Reichliche Düngergaben, insbesondere an Stickstoff und Kali sind erforderlich, sonst „saugt" die Stoppelrübe das Land aus. Am besten wird die rasch wirkende, kalireiche Jauche verabreicht (8—10 000 Ltr./ha). Andernfalls sind etwa 1,5—2 dz/ha Kalkammonsalpeter usw. vor der Saat und eine gleiche Gabe zwei Wochen nach dem Aufgang zu streuen. Phosphorsäure und Kali werden am besten schon entsprechend zur Hauptfrucht verabreicht. Gegen Glasigkeit der Wasserrübe: 20 kg/ha Borax oder etwa 4 dz/ha eines borhaltigen Düngemittels (S. 101/102) streuen.

Sorten

Hasselhorster Rotkäppchen (geringer Senfölgehalt), Teutoburger (gelbfleischig, weniger Blatt, früh reif), Halblange weiße rotköpfige (weißfleischig, höherer Blattanteil), Weseler (weißfleischig, mehr Blatt als Rübe, besonders frostwiderstandsfähig) u. a. weißfleischige Sorten zeigten in Versuchen besonders günstige Wirkung auf Milchmenge und Fettgehalt bei nur geringer Geschmacksbeeinflussung der Milch.

Aussaat

Saatzeit: Drillsaat, auch breitwürfig, ab Mitte Mai. Besser aber, als Zwischenfrucht Mitte Juli bis etwa 10. August aussäen.

Drillsaat: 1,5—2 kg/ha. Saatgut mit der fünffachen Menge von trockenem, feinem Sand vermischen, auch bei Breitsaat.) Noch besser geeignet ist „Sago", $^1/_4$—$^1/_3$ dem Rübensamen beigemischt, da der Sand meist zu schnell aus der Maschine läuft, wodurch ein ungleichmäßiger Rübenstand verursacht wird. Zur Streckung des Saatgutes kann Stoppelrübensamen auch abgetötet werden, indem man den Samen etwa zwei Stunden unter ständigem Umrühren auf 80—100 Grad erhitzt. (Nicht verkohlen lassen.) Ferner: Saatgut mit feinkörnigem Dünger mischen.

R e i h e n e n t f e r n u n g : 30 cm. (Als Hauptfrucht 40 cm.)

B r e i t w ü r f i g : 2—3 kg/ha (eineggen und anwalzen).

Flache Saat erforderlich, die zur Beschleunigung des Aufganges mit der Glattwalze anzuwalzen ist.

Pflegemaßnahmen

Drillsaaten ein- bis zweimal hacken und bei zu dichtem Stand auf 20—25 cm verhacken oder quer eggen: letzteres auch für Breitsaat zu empfehlen, da sonst wohl große Massen Kraut, aber wenig Rüben geerntet werden, und auch das Unkraut besser zerstört wird.

Ernte

Ernte etwa drei Monate nach der Saat beginnend. Die Wasserrübe verträgt Nachtfröste gut. Sie wächst selbst an kühlen Tagen bis in den November hinein. Daher empfiehlt es sich, mit der Ernte möglichst spät zu beginnen. Infolge ihrer geringen Haltbarkeit im gerodeten Zustand wird die Wasserrübe meist von Anfang November an, oft bis in den Januar hinein mit Blatt frisch vom Feld verfüttert.

Hektarerträge im Mittel:	**Rüben**	**Blatt**
a) als Stoppelfrucht	200—300 dz	40—60 dz
b) als Hauptfrucht	250—400 dz	50—80 dz

Fütterung

In zu großen Mengen verfüttert und dazu mit Erde behaftet, erzeugt die Stoppelrübe Durchfall. Infolge des hohen Wassergehalts ist die Rübe nur schlecht haltbar, sie muß daher bis Weihnachten verfüttert werden. Eine Aufbewahrung in Miete oder Keller kommt also nicht in Frage. E i n s ä u e r u n g (nach vorheriger Zerkleinerung) mit anderem wasserwärmeren Grünfutter ist möglich, aber weniger zu empfehlen.

Bei schwachen Beständen kommt auch Beweiden des Stoppelrübenschlages in Frage. Andernfalls werden die mit dem Blatt aus der Erde gezogenen Rüben ungeköpft zusammen mit dem Kraut frisch vom Feld verfüttert. Eine Beigabe von Futterstroh ist auf jeden Fall anzuraten!

Das Eiweiß-Stärkeeinheitenverhältnis 1:6 reicht für eine normale Fütterung im Milchviehstall ohne Zufütterung von Eiweiß aus.

Wenn während der Zeit, in welcher Stoppelrüben verfüttert werden, Milch beim Melken länger mit der Stalluft in Berührung kommt, nimmt sie leicht einen derben Geschmack an, desgleichen, wenn über 30 kg je Tag und Kopf verabreicht werden (siehe auch Kohlrüben S. 267).

Auch welke Stoppelrüben oder solche mit stark abgestorbenem Kraut (d. h. gerodete Rüben, die erst 4—5 Tage und später verfüttert werden) wirken sich nachteilig auf die Qualität der Milch aus.

X.

Der Ackerfutterbau

Eine Intensivierung der Futterflächen, insbesondere durch sachgemäße, reichliche Düngung bringt für jeden landwirtschaftlichen, namentlich bäuerlichen Betrieb einen sehr schnellen finanziellen Erfolg mit geringstem Kapitalaufwand. Hohe Futterflächenleistung (⌀ etwa 1500 DM/ha) ist entscheidend für den Betriebserfolg!

a) Die Luzerne

Allgemeines

Luzerne ist winterhärter als Rotklee (ältere Bestände mehr als jüngere) und verträgt auch eine hohe und lange Schneedecke besser. Ferner ist Luzerne infolge ihrer tiefgehenden Wurzeln auch dürrefester als Rotklee, der bei Trockenheit bereits welkt, während Luzerne noch störungsfrei weiterwächst.

Sie ergibt im großen Durchschnitt ein Viertel bis ein Drittel mehr Heu und bei dreimaligem Schnitt etwa um die Hälfte mehr Eiweiß je Flächeneinheit im Vergleich zu Rotklee. Luzerne liefert auch 10—14 Tage früher als Rotklee das erste Grünfutter.

Luzerneheu ist eines der eiweißreichsten Futtermittel, das in der Wirtschaft erzeugt werden kann. Es enthält 12,1% verdauliches Roheiweiß gegenüber 8,8% im Rotkleeheu und etwa 5,7% im Wiesenheu.

Eine mittlere Ernte liefert an verdaulichem Roheiweiß:

bei Luzerneheu	14,50 dz/ha
bei Rotkleeheu	6,80 dz/ha
bei Wiesenheu	3,20 dz/ha
bei Hafer einschließlich Stroh .	3,20 dz/ha

Infolge des hohen Eiweißgehaltes ist Luzerne für Silage weniger geeignet. Auf jeden Fall ist Mischeinsäuerung mit eiweißarmen Pflanzen erforderlich. (Siehe S. 333.)

Luzerne ist als Stickstoffsammler aber auch eine gute Vorfrucht, zumal sie mit ihren tiefwachsenden Wurzeln den Untergrund für die Nachfrucht erschließt. Sie gehört zu den nematodenfeindlichen Pflanzen (S. 258). Steile Hänge und weitabgelegene Schläge sind aus arbeitswirtschaftlichen Gründen zu bevorzugen.

Bodenansprüche

Kalkgesättigter Boden, das Fehlen stauender Nässe in tieferen Schichten — Wurzellänge 4—5 m und mehr, daher tiefer Grundwasserstand erforderlich — guter Kulturzustand des Bodens sowie gut zugänglicher, unverhärteter Untergrund für die luftbedürftigen Wurzeln, sind Vorbedingungen für erfolgreichen Luzernebau. Gelbe Flecken im Frühjahr im Luzernebestand deuten auf Wasserstellen hin.

Der Boden muß also tiefgründig und durchlässig sein und darf keine saure Reaktion aufweisen, auch nicht im Untergrund. Erforderliche pH-Zahl auf leichten Böden 6,5—7,2, auf schweren Böden 7,2—8. Ein Überschuß an Kalk schadet im Gegensatz zu anderen Kulturpflanzen nicht. Wenn der Untergrund aus anlehmigem, kalkhaltigem Boden besteht, wächst die Luzerne auch auf den leichteren Böden und in den niederschlagsarmen Gebieten. Reine Sand- und schwere, kalkarme Tonböden scheiden aber aus, desgleichen Moor und Neubruch. Im Aussaat- und ersten Nutzungsjahr ist die Beschaffenheit der Krume für eine freudige Entwicklung ausschlaggebender, später ist der Untergrund wichtiger.

Keine Frucht braucht so queckenfreien Acker wie Luzerne, denn sie kämpft nicht. Können die hohen Ansprüche der Luzerne nicht befriedigt werden, ist es ratsamer, beim Rotkleeanbau zu bleiben, der dann in seiner Futterleistung die Luzerne durchaus übertreffen kann.

Vorfrucht

Als beste Vorfrucht ist in Stalldünger gestellte, unkrautfreie Hackfrucht anzusehen. (Rüben, Kartoffeln, gegebenenfalls auch Körnermais.) Ferner Frühkartoffeln, Frühgemüse, Winter- und Sommerfuttergemenge, Raps oder Erbsen, notfalls auch Wintergerste. Grüne Pflück- und reifende Erbsen werden wegen des erhöhten Befalls durch den Blattrandkäfer, der in trockenen Jahren auch der Luzerne gefährlich werden kann, und wegen der nahen botanischen Verwandtschaft beider Früchte von manchen Luzernebauern gemieden. Entscheidender als die Vorfrucht sind unkrautfreier Acker und Beschaffenheit des Untergrundes. — Auf gleichem Schlag Luzerne erst nach etwa 3—4 Jahren, also solange sie auf dem Feld gestanden hat, wieder ansäen.

Als Nachfrucht sind besonders Kartoffeln geeignet. Wenn sich auch infolge der vielen und kräftigen Luzernewurzeln die Hackarbeiten oftmals etwas schwieriger durchführen lassen, bringen doch Kartoffeln, weit mehr noch als Getreide, nach Luzerne einen erheblichen Mehrertrag. — Andernfalls folgt im ersten Jahr Raps, Winterweizen oder Hafer. (Günstige Nachwirkung der Luzerne bis zur dritten Nachfrucht.) — Luzerneacker vor Winter tief pflügen!

Düngung

Neben einer schwachen Stickstoffgabe von 50—100 kg/ha Kalksalpeter beim Aufgang der Luzerne, welche die Anfangsentwicklung begünstigt und besonders dann angebracht ist, wenn Luzerne in eine Überfrucht gestellt wird, gebe man Vorratsdüngung von 6—10 dz eines Phosphatdüngers und 4—6 dz 40 % Kali je ha in 2 Gaben, von welcher die erste Gabe bereits längere Zeit vor der Saat im Herbst in den Boden eingepflügt werden soll, um auch die tieferen Bodenschichten mit diesen Nährstoffen anzureichern. Das gleiche trifft für Kalk zu, der je nach dem Kalkzustand des Bodens, spätestens im Vorjahr der Aussaat beginnend (Stoppel-, Herbst- und Frühjahrskalkung), in 2—3 Gaben von je 12—16 dz/ha Branntkalk oder 20—30 dz/ha kohlensaurem Kalk (sofern dieser eingepflügt wird) zu verabreichen ist.

In den Jahren nach der Aussaat die Hälfte der Grunddünger streuen, und zwar im Spätherbst oder Winter auf die trockenen Pflanzen. Wurde Luzerne in Deckfrucht ausgesät, empfiehlt es sich, auch im kommenden Frühjahr (nach der Aussaat) eine kleine Gabe von 1 dz/ha Kalksalpeter oder Kalkammonsalpeter auszubringen, um die junge Luzerne über den schweren Zeitpunkt der ersten Entwicklung hinwegzubringen. — Gegen Vergilbungskrankheit der Luzerne hilft Borsuperphosphat (4 dz/ha), zu Beginn der Vegetationszeit oder als Kopfdünger bei ersten Anzeichen dieser Krankheit ausgestreut.

Herkünfte

Es sind nur beste deutsche Herkünfte (fränkische oder Thüringer), notfalls die ungarischen zu verwenden. Am winterhärtesten ist altfränkische Luzerne. (Besonders blatt- und blütenreich — Eiweiß!)

Französische und besonders italienische Saaten sind dagegen nicht winterfest und sehr krankheitsanfällig. Ungarische nur bedingt tauglich!

Auf Böden, die in den letzten 5—8 Jahren weder Luzerne noch Gelbklee auf dem betreffenden Ackerstück getragen haben, ist mit arteigenen Bakterien zu impfen (Radicin, Nitragin, Acotogen).

Aussaat

Luzerne ist sehr lichtbedürftig, ihre Aussaat unterscheidet sich daher grundlegend von der Rotkleeaussaat, die stets in eine Überfrucht erfolgt. Je leichter der Boden und je trockener das Klima, um so sicherer gelingt die Reinsaat ohne Deckfrucht. Ist eine Überfrucht vorgesehen, kommt bei guten Standortverhältnissen (auf besserem Boden) zur Körnergewinnung am besten Sommergerste oder Sommerroggen, mit $^1/_3$ bis höchstens $^1/_2$ Aussaatstärke, in Frage (40 bis 60 kg/ha). Gemeinsame Aussaat mit der Überfrucht hat sich am besten bewährt, namentlich bei Verkrustung und Verschlämmung des Bodens.

Stark sich entwickelnde Überfrucht muß auf jeden Fall im grünen Zustand, spätestens zu Beginn des Schossens, abgemäht und verfüttert werden. Dichtstehende Überfrüchte, wie z. B. Hafer, sind wohl zur Grünfuttergewinnung, nicht aber für den Körnerbau geeignet. Hafer bewirkt eine zu starke Beschattung der Untersaat bis in das Reifestadium hinein und hat zu hohen Wasserverbrauch. Winterweizen, Winterroggen und Wintergerste (Lagergefahr) scheiden als Deckfrüchte ebenfalls aus.

Saatzeit: Ende März — April (Ausnutzung der Winterfeuchtigkeit!), nach Bestellung der Sommerung, oder Mitte Juli bis spätestens Mitte August (nach Frühkartoffeln, Raps, Pflückerbsen). Spätsaaten sind weniger dürregefährdet und dem Unkrautwuchs sowie tierischen Schädlingen weniger ausgesetzt. (Schwerer Boden ungeeignet.)

Drillsaat ist der Breitsaat im allgemeinen vorzuziehen, da erstere meist sicherer und gleichmäßiger aufläuft.

Saatmenge: Bei Reinsaat 24 kg/ha. Unter sehr günstigen Anbaubedingungen genügen 18 kg Saatstärke, die man bei schwierigen Anbauverhältnissen bis auf 40 kg/ha erhöhen wird. Stärkere Aussaat (30 kg) ist besonders bei Überfrucht und leichteren Böden vorteilhafter.

Trockenbeize des Saatgutes (auf 50 g Samen 150 g Beizpulver) trägt wesentlich zur Steigerung der Triebkraft des Samens bei! Die Keimfähigkeit von Luzernesamen bleibt bei sachgemäßer, trockener, luftiger Lagerung 4—5 Jahre gut erhalten. Gesunde Luzernesaat ist vollkörnig und hat eine glänzend bräunlichgelbe Farbe, während alter Samen mattbraun aussieht. Größere Beimischungen von Spitzwegerich machen die Saat untauglich, da sich dieses Unkraut durch keine Reinigung aus der Luzerne entfernen läßt.

Saattiefe: Die Saat ist etwas tiefer einzubringen (1,5—2 cm), im Gegensatz zu Rotklee, der eine flachere Einsaat erfordert. (Bei gemeinsamer Aussaat mit einer Überfrucht 3—4 cm, da der Samen der keimenden Überfrucht dem zarten Luzernekeimling den Weg bahnt.)

Reihenentfernung: 12—15 cm. Im allgemeinen ist engste Drillsaat vorzuziehen. (Keine Hackmaschine verwenden.)

Luzerne-Kleegras-mischungen

Auf nicht ganz sicheren Luzerneböden und in regenreichen Gebieten (Vergrasen) sind gegebenenfalls Lieschgras (Timothe), Wiesenschwingel, Deutsches Weidelgras oder die allerdings hartstengeligen Knaulgras und Glatthafer mit einzusäen, welche die Jugendentwicklung der Luzerne nicht stören und lückige Bestände ausgleichen können.

Ganz besonders geeignet ist eine Beisaat von 4 kg/ha Rotklee, der nach dem 2. Jahr verschwindet und bis dahin die Reihen schließen hilft, also zusätzliches Futter ergibt.

Luzerne-Kleegrasgemisch für trockene Lagen/ha:
(3—4jährige Nutzungsdauer)

a) 12 kg Luzerne
10 kg Rotklee
5 kg Knaulgras

b) 27 kg Luzerne
8 kg Glatthafer

In frischerer Lage: 30 kg Luzerne
4 kg Wiesenschwingel
2 kg Lieschgras

Für **feuchte Böden** mit höherem Grundwasserstand:
18—20 kg Luzerne
2,5—3 kg Rohrglanzgras

Für Böden, die zur Vergrasung neigen:
32 kg Luzerne
3 kg Knaulgras

Statt Knaulgras kann auch Wiesenschwingel oder Wiesenlieschgras Verwendung finden.

Für nicht ganz sichere Luzerneböden (nach Dr. Sachs):

8,4 kg Luzerne	2,1 kg Wiesenschwingel
8,4 kg Rotklee	1,2 kg Lieschgras
2,4 kg Glatthafer	1,2 kg Knaulgras

Pflege

Luzerne besitzt eine langsame Jugendentwicklung und erreicht ihre volle Bestockungsfähigkeit erst im 2. Jahr. Man sei also nicht zu ängstlich, wenn der Bestand im 1. Jahr noch nicht voll entwickelt ist und etwas spärlichen Wuchs zeigt.

Reinsaaten bis Mitte Mai ergeben meist einen vollen Futterschnitt im Aussaatjahr. Mit dem Schnitt aber warten, bis die Luzerne etwa zur Hälfte aufgeblüht ist (aber nicht später als Mitte September mähen). Auch müssen handhohe Stoppeln stehen bleiben, damit die jungen Pflanzen nicht zu kurz (mindestens 20 cm lang) in den Winter gehen. Die Gefahr des Ausfaulens besteht (im Gegensatz zu Rotklee) nicht, da die Blätter restlos abfallen und nur die kahlen Stengel stehen bleiben. Bei späteren Saaten sind im ersten Jahr am besten nur die Samenunkräuter abzumähen. Unter Überfrucht gewachsene Luzerne soll im Ansaatjahr nicht abgemäht werden, damit sich die Wurzeln kräftig entwickeln.

Die Stiegen der Deckfrucht sind möglichst schnell abzufahren, um Fehlstellen zu vermeiden. Luzerne ist hierin empfindlicher als Rotklee.

Vom 2. Aussaatjahr ab soll Luzerne unmittelbar nach dem 1. und 2. Schnitt (bei Heuwerbung sofort nach dem Aufreutern) zwei Eggenstriche über Kreuz erhalten, jedoch nur bei trockenem Boden (schwere Eggen verwenden). Späterhin bei älteren Beständen Luzerne schwarz eggen oder mit Federzahnkultivator und anschließender schwerer Egge bearbeiten. Hacken der Luzerne ist nicht erforderlich.

Zur besseren Entwicklung des Bestandes sollte der erste Schnitt des ersten Nutzungsjahrs zur Samenreife kommen, sofern dieser nicht, wie es oft der Fall ist, schon vorher lagert.

Die Luzerne ist im Gegensatz zu Rotklee keine Weidepflanze. Gegen den Tritt der Tiere (Schafe!) ist sie ausgesprochen empfindlich, und zwar besonders bei feuchtem Wetter und nassem Boden. Nur ältere Luzerneanlagen vertragen daher ein vorsichtiges, vorübergehendes Beweiden durch Schafe, Schweine und gegebenenfalls auch Pferde, weniger aber durch Rinder. Feuchtwarmer Wind sowie Tau rufen bei den Tieren leicht Blähungen hervor, ebenso darf zur Schonung des Bestandes nur bei trockenem Wetter und Boden gehütet werden. Auch Befahren oder schweres Walzen, also jede Bodenpressung, ist zu vermeiden, da hierdurch die Gare vernichtet wird und damit die Verunkrautung vorzeitig schnell überhandnimmt.

Schnitt

Einen tiefen Schnitt verträgt Luzerne ebensowenig wie den tiefen Verbiß durch Weidetiere, besonders Schafe. Während der Blüte bilden sich nämlich am Wurzelkopf die Knospen des nächsten Austriebes. Deshalb ist auch die Maschinenmahd der meist zu knapp erfolgenden Sensenmahd vorzuziehen. Dies ist besonders bei einjähriger Luzerne zu beachten, deren Wurzelentwicklung gegenüber älteren Beständen noch nicht so kräftig ist. (Deutsche Herkünfte, bei denen die Herztriebe erst viel später im Frühjahr erscheinen und nicht steil hochwachsen wie bei den ausländischen Arten, sind nicht ganz so empfindlich.) Die Adventivknospen sitzen im Gegensatz zum Rotklee über der Erde und werden daher leicht verletzt, so daß nur ein schwacher Nachwuchs erfolgt. Auch ist darauf zu achten, daß die Mahd der Luzerne möglichst nicht im Regen oder unmittelbar zuvor erfolgt. Den Schnittflächen an den Stoppeln sollen mehrere Stunden Zeit zur Eintrocknung zur Verfügung stehen.

Zur Schonung des Bestandes soll Luzerne erst dann geschnitten werden, wenn $^1/_3$ bis die Hälfte in der Blüte steht. Dies gilt besonders für den ersten Schnitt, während der zweite Schnitt früher erfolgen kann. Luzerne führt alle verfügbaren Nährstoffe der Bildung von Blatt-, Stengel- und Blütenmassen zu. Erst mit der Blüte und nachher werden die in der oberirdischen grünen Blattmasse gebildeten Nährstoffe als Reservestoffe in den Wurzeln für den nächsten Austrieb abgelagert. Eine über sämtliche Luzerneschnitte durchgeführte Vorblütenmahd führt daher zu vorzeitiger Erschöpfung des Wurzelstockes. Aus diesem Grunde soll Luzerne am besten einmal im Jahr voll zur Blüte kommen (im Jahr nach der Ansaat beim 1. Schnitt).

Bewährt hat sich bei gutem Bestand auch folgende Arbeitsweise:

1. Schnitt im Frühjahr vor der Blüte
2. Schnitt während der Blüte
3. Schnitt nach wenigstens 6 Wochen Ruhezeit.

Da Luzerne in der Regel nur dreimal im Jahr junge Triebe bildet, ist ein dreimaliger Schnitt kurz vor dem Austreiben neuer Triebe dem viermaligen Schnitt vorzuziehen. Letzterer führt leicht zur vorzeitigen Erschöpfung bzw. Verunkrautung des Bestandes.

Zur Verbesserung geschwächter Bestände ist das Einschieben einer Ruhepause bis zur Vollblüte oder sogar Samenreife das sicherste Mittel. (Besonders wichtig für vergraste Bestände.) In diesem Fall kann auch einmal ein Frühschnitt oder scharfes Beweiden erfolgen. Grubber und schwere Egge, sowie anschließend eine schnell wirksame Salpetergabe tragen ebenfalls zur Bestandsaufbesserung bei.

Auf jeden Fall sollte nach dem vorletzten Schnitt, zur besseren Überwinterung, eine Ruhezeit von 45—55 Tagen eingeschoben werden (August bis September), dann kann der letzte Schnitt auch nach dem 15. September erfolgen (bis Mitte Oktober), da es dann nicht schadet, wenn die Luzerne mit kurzer Stoppel in den Winter geht. (Das haben von Klapp angestellte Versuche bewiesen.) Ein zu früher 3. Schnitt hat auch oftmals das Versagen der Luzerne im nächsten Jahr zur Folge. Je länger also die einzelnen Schnittpausen sind, desto höhere Erträge werden erzielt! (Im lezten Jahr viermalige Nutzung möglich.)

Heuwerbung

Luzerne ist zur Heuwerbung stets aufzureutern (Abb. neben S. 368), da sonst große Eiweißverluste durch Abbrechen der Blättchen, die ja viel schneller trocknen als der Stengel, und evtl. auch durch Regen entstehen. Auf jeden Fall darf nur wenig in geschnittener Luzerne gerührt werden, sonst bleiben die Blätter und damit das Beste auf dem Felde. (Der Gehalt an Roheiweiß ist in den Blättern um 15% höher als in den Stengeln. Die Blätter der Luzerne enthalten nach der Trocknung etwa 19—20% Eiweiß, also mehr als z. B. Haferkorn. Auch ist in den Blättern 16% weniger Zellulose enthalten als in den Stengeln.)

Da Luzernenarbe sehr empfindlich gegen Beschattung ist, Trockengerüste mit Hilfe einer Reuterschleppe bepacken und an den Feldrand ziehen. Spätestens nach drei Wochen einfahren (Qualitätsminderung!).

Ertrag

Grünfutterertrag: etwa 300—400 dz/ha. Heuertrag/ha: Durchschnittserträge etwa 70 dz; in guten Betrieben normal 90 dz; in günstigen Jahren bis 120 dz (bei dreimaligem Schnitt).

Samengewinnung

Zur Samengewinnung, die bereits im Aussaatjahr erfolgen kann, sind möglichst unkrautfreie, vor allem nicht zu üppig gewachsene Bestände heranzuziehen (möglichst 20—25 cm und mehr Reihenabstand). Für eine erfolgreiche Samenernte ist die während der Blütezeit herrschende Witterung entscheidend (bei kühlfeuchtem Wetter fehlt der für die Befruchtung erforderliche Insektenflug). Daher wird die Samenernte bevorzugt vom ersten Schnitt zu nehmen sein (der Samen reift auch besser aus), es sei denn, daß es sich um eine Gegend mit häufigen Niederschlägen während des Vorsommers handelt oder viel Fremdpflanzen vorhanden sind, die beim 1. Schnitt aussamen würden. Auf besseren Bodenarten wird oft der 2. Schnitt zur Samengewinnung bevorzugt. Bei stärkerem Auftreten der Gallmücke 1. Schnitt nehmen!

Jedenfalls ist eine gute Samenernte bei Luzerne nur in warmen Sommern zu erwarten. Böden in Weinbergsanlagen und in zweiter Linie die leichten Böden, auf denen die Luzerne besser reift und nicht zu üppig wird, sind zur Samengewinnung zu bevorzugen. Trockene, warme Witterung zur Blütezeit und etwas Feuchtigkeit nach erfolgtem Ansatz sind die Voraussetzungen für einen guten Samenertrag. Der 1. Schnitt zur Samengewinnung wird Mitte bis Ende Juni bis Anfang Juli, der 2. Schnitt im August vorgenommen.

Für die Samengewinnung beim 2. Schnitt ist der frühzeitige 1. Schnitt bereits einige Tage vor Blütebeginn, spätestens jedoch bis 20. Mai von großer Wichtigkeit, da sonst die Gefahr besteht, daß der Samen nicht voll ausreift.

Nur bei genügendem Kornansatz, der an den punktförmigen Verdickungen der Schneckenhälse zu erkennen ist, und sich vorwiegend an dünneren, nicht zu üppig gewachsenen Beständen zeigt, bleibt die Luzerne zur Samengewinnung stehen. Sonst ist es besser, sie grün abzumähen, auch wenn die Pflanzen bereits etwas verholzt sind.

Die Schnittreife ist dann eingetreten, wenn etwa 60% der Samenröllchen bzw. Hülsen schwarzbraun sind und die Samen ziemlich hart und braungelb gefärbt sind. Zur Vermeidung von Kornverlusten mähe man im Tau und trockne auf Gerüsten statt in Hocken. Der Schnitt erfolgt am besten mit Ableger oder Mähbinder.

Der Samenertrag schwankt zwischen 2—6 dz/ha und kann im Mittel mit etwa 3 dz/ha angenommen werden.

Luzerneblüten-Gallmücke

Ein gefährlicher Schädling der Samenbestände ist die Luzerne-Gallmücke, deren Weibchen Ende Juni bis Anfang Juli ihre Eier in die Blütenknospen der Luzerne legen. Die befallenen Blütenknospen sind durch die Larven, die an Fruchtknoten und Staubgefäßen saugen, stark formverändert, grünlichweiß, und zwiebelartig aufgetrieben. In den Gallen entwickeln sich zahlreiche Larven, die sich später im Erdreich verpuppen. Die Blüten setzen keinen Samen an, vertrocknen und fallen ab. Daher möglichst den 1. Schnitt zur Samengewinnung verwenden, bevor die Hauptflugzeit der Gallmücke beginnt.

Zur Bekämpfung wird als wirksames Mittel das Ausstreuen von 10 dz Kainit je ha im zeitigen Frühjahr (etwa Mitte März) empfohlen.

Nutzungsdauer

Bei der Luzerne entfallen von den Ernten der ersten 4 Jahre 60% auf die ersten beiden Jahre, im 4. Jahr sind die Erträge nur halb so hoch wie im 1. Jahr. Vierjährige Bestände schlagen im Frühjahr etwa 10 Tage später aus als junge! Daher ist Luzerne nach 3jähriger Nutzung umzubrechen, da sonst ein zu großer Leistungsabfall erfolgt und der Acker der Gefahr einer Vergrasung und Verunkrautung in stärkerem Maße ausgesetzt ist.

Da ältere Luzerne meist sehr starke Wurzeln hat und oft auch sehr vergrast, ist kräftiges Grubbern mit dem Federzahnkultivator über Kreuz, mit nachfolgender schwerer Egge im Frühjahr des letzten Nutzungsjahres angebracht, um für die nachfolgende Frucht auch in Trokkengebieten und auf schwerem Boden eine saubere Saatfurche und damit eine gute Vorfruchtwirkung zu erzielen.

b) Der Rotklee

Gegenüber Luzerne hat Rotklee den Vorteil, daß er die Weidenutzung erlaubt und eine regelmäßig wiederkehrende Vorfrucht ist. Als Stickstoffsammler gedeihen Pflanzen nach Rotklee besonders gut.

Bodenansprüche

Rotklee liebt schwere, kalkreiche Lehm- und Tonböden mit ausreichender Wasserversorgung, da er sehr blattreich ist und viel Wasser verdunstet. Leicht hochfrierende Moorböden sind nicht geeignet.

Die Ansprüche, welche der Klee an den Kulturzustand des Bodens stellt, sind ausgesprochen gering. Mangelnde Gare, Verfestigungen im Untergrund, Wasserüberschuß u. ä. stören seine Entwicklung kaum. Die Bodenreaktion soll um den neutralen Punkt herum liegen. Sehr nachteilig kann sich Trockenheit auswirken. (Rotklee verlangt zum guten Gedeihen wenigstens 500 mm Niederschläge.)

Rotklee will in seiner ersten Entwicklungszeit Schutz und Schatten durch eine Deckfrucht haben, benötigt späterhin aber Licht. Winterroggen, der sich später lichtet, ist daher als Überfrucht besser geeignet als Sommerung, die im Vorsommer zu viel Schatten bildet. Gleichzeitige Aussaat mit Sommergetreide verhindert dessen Pflege, eine Aussaat nach beendeter Saatenpflege bringt die Gefahr, daß der Aufgang des Klees in eine Trockenperiode fällt und mißrät. In feuchten Sommern bereitet die Trocknung von Gerste und Hafer bei üppigem Kleeunterwuchs Schwierigkeiten; auch räumt Sommerung das Feld zu spät, zudem steht Winterung (und zwar am besten in der Reihenfolge Winterroggen, Wintergerste, Winterweizen) oft nach Hackfrucht, so daß der dieser gegebene Stalldung auch noch dem Klee zugute kommt und dessen Entwicklung wesentlich fördert. Je fruchtbarer der Boden, desto sicherer der Kleewuchs! **Vorfrucht**

Die Einsaat wird daher möglichst in Roggen vorgenommen, der dem Boden auch weniger Wasser entzieht und das Feld früher räumt, so daß sich die Kleepflanzen im Herbst noch genügend entwickeln können. In zweiter Linie kommt Wintergerste in Frage. Auch die Frühjahrseinsaat in Winterraps oder Winterrübsen hat sich bewährt. Beim Sommergetreide (möglichst Sommergerste und nicht der blattreiche und viel Feuchtigkeit beanspruchende Hafer) empfiehlt es sich, den Klee mit dem Getreide in gut befestigten Boden zu säen. Er liebt im Gegensatz zu Luzerne festen Boden, was besonders für die Überwinterung wichtig ist.

Leguminosen (Erbsen, Wicken, Bohnen) sind als Vorfrüchte ungeeignet, daher muß ein Abstand von 4 Jahren eingehalten werden. Nach Serradella gedeiht Rotklee ebenfalls schlecht, was auch umgekehrt der Fall ist. Desgleichen kommt Rotklee auf schwerem Boden nach Inkarnatklee nicht gut fort. Rotklee ist mit sich selbst sehr unverträglich und darf in Reinsaat erst nach 6—8 Jahren wieder auf dem gleichen Feld zum Anbau kommen, um Kleekrebs, Kleemüdigkeit und anderen Schädigungen vorzubeugen. Zwischenfruchtbau mit Kleegemenge macht den Boden dagegen weniger kleemüde und beeinträchtigt den späteren Anbau von Rotklee nicht in dem Maße.

Die Nutzung des zweijährigen Klees kann allgemein als eine überlebende Form des Ackerfruchtbaues betrachtet werden, die, abgesehen von Notjahren, grundsätzlich abzulehnen ist. Zweijähriger Klee ist infolge der größtenteils schlechten Beschattung des Bodens (lückig und vergrast) garezehrend und daher keineswegs als gute Vorfrucht anzusehen! — Beste Nachfrüchte sind Kartoffeln und in nicht zu trockenen Lagen Hafer oder Raps.

Dünger-ansprüche

Als Leguminose verlangt Klee starke Kali-Phosphatgaben zur Deckfrucht (6—8 dz/ha Phosphat- und 3—4 dz/ha Kalidünger). Die Stickstoffdüngung zu Getreide ist vor der Klee-Einsaat, unbedingt aber vor deren Keimung, zu geben. Findet Kalkstickstoff Verwendung, muß mit der Kleesaat etwa 10 Tage gewartet werden.

Klee hat auch einen großen Bedarf an Kalk. Liegt die pH-Zahl wesentlich unter 6, dürfte der Kleeanbau in Frage gestellt sein. Kalk wird am besten zur Vorfrucht gegeben, notfalls als Kopfdüngung nach dem ersten Schnitt.

Sorten

Es sind nur einheimische Zuchtsorten und Herkünfte zu verwenden, nicht aber französische oder italienische, also solche aus klimatisch milden, ausländischen Gebieten. Gesunde, gut keimfähige Saat hat glänzend graugrüne, gelbe und violette Farbe. Fehlender Glanz, dunkelgelbe und rötlichbraune Farbe der Körner sind Zeichen schlechter Saat. Ständiger Saatgutwechsel mindert den Rotklee-Ertrag.

Aussaat

Es darf nur unkrautfreie Saat verwendet werden. Eine Reinigung des Samens auf einer einfachen Windfege oder gewöhnlichen Reinigungsmaschine genügt auf keinen Fall!

Saatzeit: Die Aussaat soll möglichst schon von Februar an (beste Zeit 10. Februar bis 10. März), vor Beginn der Wachstumszeit des Roggens, breitwürfig bei Windstille erfolgen. Der Boden kann noch gefroren sein, selbst eine dünne Schneedecke schadet nicht, und es kann ruhig nach der Saat nochmals schneien. Nur wenn der Acker sehr stark hängig ist, so daß der Samen bei der Schneeschmelze fortgeschwemmt würde — kleinere Hänge sind unwesentlich — ist mit einer zu frühen Aussaat Vorsicht geboten.

Je früher Rotklee ausgesät wird, um so sicherer keimt er ohne Bodenbedeckung. Dann ist die beste Gewähr dafür gegeben, daß der Samen durch die nachfolgenden Niederschläge in den Boden eingeschlämmt wird und so ausreichende Feuchtigkeit beim Keimungsprozeß vorfindet und nicht in eine Trockenperiode hineinkommt. Denn der größte Feind der Kleeuntersaaten ist die Trokkenheit! Auch durch Spätfröste, durch das wiederholte Auftauen und Zufrieren des Bodens, gelangt der Samen etwas in den Boden. Frost kann der gekeimte Klee bis zu 10^{0} C vertragen. Darum: „Schmilzt der letzte Schnee, streu' deinen Klee."

Vorteile der Kleefrühsaat, welche etwa 25% Saatgutersparnis ermöglicht:

1. Gleichmäßige, hochprozentige Keimung und kräftige Bestockung. 2. Wachstumsvorsprung vor Spätsaaten. 3. Unempfindlichkeit gegen Dürreperioden. 4. Gute Überwinterungsfähigkeit.

Kleeaussaat in bereits stark wachsendes Getreide ist immer ein Risiko. Bei angestellten Versuchen brachte die Einsaat im April/Mai 25 bis 55% weniger an Ertrag gegenüber einer Frühsaat. Nur in genügend feuchten, kleewüchsigen Lagen ist die frühe Aussaat nicht so wichtig.

Saatmenge: Am besten Breitsaat in Stärke von 18—20 kg/ha. (Drillsaat 16—18 kg/ha.) Auf kleeunsicheren Böden und in mehr trokkenen Lagen ist eher etwas reichlicher zu säen oder aber besser noch Kleegras zu bevorzugen (siehe weiter unten).

Bei Verwendung der Drillmaschine wird am besten nachmittags gedrillt, wenn die oberste Schicht des gefrorenen Bodens durch die Sonnenwärme etwas aufgetaut ist, ohne daß die Zugtiere stärker durchtreten. Die mit dem Kleesamen offen liegenbleibenden Drillreihen werden dann durch die Witterungseinflüsse zugedeckt.

Zum Verdünnen des Samens können bei Drillsaat grob geschrotene Trockenschnitzel verwendet werden.

Saattiefe: Flache Aussaat ist zu beachten.

Pflegemaßnahmen

Kleeflächen, die im Frühjahr frisch eingesät wurden, sollen im Herbst zur Festigung des Bodens (Kleekrebsgefahr) und Verminderung der Auswinterungsgefahr, besonders in niederschlagsreichen Jahren, zu Grünfutter gemäht und anschließend, sofern es die Witterung und der Bodenzustand erlaubt, mit schwerer Glattwalze überfahren oder besser noch von Kühen oder Schafen überweidet werden. Man kann Klee bis auf die Wurzeln beweiden. Klee läßt sich jederzeit beweiden und wird selbst bei nassem Wetter durch den Tritt der Tiere nicht geschädigt. Nur auf weichem Boden ist Vorsicht geboten, da größere Tiere leicht durchtreten und sich in den Fußspuren Wasser sammelt, so daß der Klee über Winter ausfault. Auf keinen Fall darf der Bestand zu üppig in den Winter gehen, um Krankheits- und Ungezieferschäden (Mäuse) vorzubeugen und da bei schneereicher Witterung ein Ausfaulen die Folge wäre. — Hohe Getreidestoppel der Überfrucht nach Einsatz des Mähdreschers mit schwerer Walze brechen oder mit Grasmäher nachträglich abmähen. Dadurch bessere Bestockung des Rotklees.

Zu beachten ist, daß Stoppelklee nicht zu früh gemäht werden soll (in günstigen Jahren kommt er sogar zur Blüte), da hierunter der 1. Schnitt des folgenden Jahres leidet. Anderseits darf die Mahd aber nicht erst erfolgen, wenn Klee bereits unter Frost gelitten hat oder unmittelbar nach dem Schnitt Frost zu befürchten ist. Sonst wird der 1. Schnitt im nächsten Jahr ebenfalls geringer ausfallen. Bei durchgeführten Versuchen belief sich der Minderertrag auf 7,5 Prozent. Die Pflanzen müssen also bei Frosteintritt bereits vernarbt sein und möglichst schon wieder neu ausgeschlagen haben. Beweiden wirkt sich dagegen bei vorübergehendem Frost nicht so schädigend aus wie das Abmähen.

Auch im Frühjahr ist bei abgetrocknetem Boden Walzen zweckmäßig, damit die jungen Kleepflanzen, die durch das Auftauen des Bodens gelockert wurden, wieder festen Bodenschluß erhalten.

Insektenbefruchtung des Rotklees

Rotklee und Weißklee sind die strengsten Fremdbefruchter unter den Ackerpflanzen. Die Bestäubung ihrer Narben erfolgt durch Insekten. Die langröhrige Rotkleeblüte kann mit Erfolg auf Bestäubung nur von langrüsseligen Insekten beflogen werden. Hierzu gehören in erster Linie Hummeln und einige wenige Bienenstämme. Auch zahlreiche Schmetterlingsarten, namentlich Tagfalter und verschiedene Käfer, beteiligen sich an der Bestäubung des Klees. — In trockenheißen Sommern bildet der Klee kürzere Blütenröhren, die in der Hitze schlaff sind. In solchen Jahren ist auch die Bestäubung besser.

Krankheiten

Kleekrebs wird durch einen Pilz-Erreger hervorgerufen. Die Krankheit macht sich durch allmählich sich ausbreitende, bräunliche Flecken der Blätter im Spätsommer und Herbst bemerkbar. An Wurzelhals und Wurzel der über Winter eingehenden Kleepflanze finden sich etwa erbsengroße harte Knollen von grauer bis blauschwarzer Farbe, die sich leicht vom faulenden Gewebe ablösen. Das ist der Kleekrebs, dessen Dauersporen mindestens sechs Jahre im Boden lebensfähig bleiben und durch Wind, Kleesamen oder an den Ackergeräten usw. anhaftende Erde auf gesunde Felder gelangen können. Die kranken Pflanzenteile sind, besonders bei feuchter Witterung, oft von einem weißen, watte- oder spinnwebartigen Schimmel überzogen. Ursache sind Fäulniserreger und Mehltaupilze, die sich auf den durch Kleekrebs geschwächten Pflanzen gern ansiedeln.

Kleekrebs liebt zu seiner Entwicklung außer Feuchtigkeit und Wärme vor allem Beschattung und lockeres Erdreich. Daher werden üppige Stoppelkleebestände besonders leicht von ihm befallen. Auch in Futtergemenge mit Kleeeinsaat, wie z. B. Landsberger Gemenge, kann Kleekrebs, der auch andere Kleearten befällt, erheblichen Schaden anrichten.

Bekämpfung: Ein wirksames Bekämpfungsmittel gibt es nicht. Stark befallene Schläge werden am besten tief umgepflügt. Größere Lücken in

Kleefeldern im Frühjahr werden zweckmäßigerweise nach kräftigem Eggen mit einem Kleegrasgemisch nachgesät. (Siehe S. 319.) Vorbeugende Maßnahmen: Herrichtung eines möglichst festen Saatbettes bei der Einsaat der Überfrucht. Zu Sommerung nach Hackfrucht nur ganz flach pflügen. Kleeschläge im Herbst walzen oder besser noch überweiden, am besten durch Schafe. Das ist bei sehr üppig gewachsenen Kleebeständen besonders wichtig. Bei nicht gegebener Weidemöglichkeit ist der Klee abzumähen und mit schwerer Walze zu walzen.

Ferner: Kräftige Kaliphosphatdüngung, Verwendung bestgereinigter Saat aus krebsfreien Beständen. In gefährdeten Gebieten Kleegrasgemische mit dem weniger anfälligen Schwedenklee vorziehen. Im Spätherbst 0,50—0,75 dz/ha Kalkstickstoff auf den jungen Klee streuen.

Kleeseide (Teufelszwirn) ist eine schmarotzende, zwirnähnliche, zartgelb bis rötlichgelb gefärbte Schlingpflanze, mit winzig rosa-weißen, dichtgedrängt in Knäueln stehenden Blütchen. Sie zieht ihre Nahrung mit Hilfe von Saugorganen aus dem Stengel der Kleepflanze, an dem sie emporrankt, so daß diese erstickt. Nach dem ersten Kleeschnitt kommt Kleeseide zur Blüte. Sie besitzt weder Wurzeln noch Blätter.

Bekämpfung: Wichtig ist Verwendung seidefreier Saat. Bei Auftreten der Seide in kleinerem Umfange — sie findet sich stets nesterweise — läßt sich diese durch Ausstreuen von viel Gerstengrannen vollständig vernichten. Bei größeren Schäden werden die befallenen Stellen bei trockener Witterung vor der Blüte der Kleeseide mit 15—18% Eisenvitriollösung — 15—18 kg auf 100 Ltr. Wasser — bespritzt. (Der Klee schlägt wieder aus.) Bereits in Blüte stehende bzw. ältere Pflanzen müssen tief abgemäht werden und sind dann an Ort und Stelle mit Stroh oder Häcksel zu vermischen, samt den Wurzelresten mit Petroleum zu begießen und zu verbrennen. Sie dürfen nicht verfüttert werden, weil der feine, grau gefärbte Seidensamen unverdaut abgeht.

Schnittzeit

1. Zur Grünfutter- bzw. Heugewinnung

Der für Menge und Futterwert günstigste Zeitpunkt des Schnittes liegt im Hauptnutzungsjahr kurz vor der Vollblüte bzw. wenn etwa ein Drittel der Pflanzen in Blüte steht, jedenfalls vor Abblühen der ersten Köpfe. Nur wenn der 2. Schnitt zur Samenernte stehen bleiben soll, muß der 1. Schnitt etwas früher vorgenommen werden, da der 2. Schnitt sonst zu spät in den Herbst fällt.

Gehalt an verdaulichem Eiweiß: Vor der Blüte gemäht etwa 11%; zu Beginn der Blüte gemäht 8,8% (Heu).

Rotklee bringt qualitativ wie auch quantitativ bei zweimaligem Schnitt den besten Ertrag. Nur in sehr guten Lagen sind drei Schnitte angebracht.

Kleeblätter enthalten 2,5 mal soviel Eiweiß wie der Stengel, daher ist Klee nur auf Reutern oder Heuhütten zu trocknen, um Blattverluste durch mehrfaches Wenden zu vermeiden. (Siehe Abb. neben S. 368.)

Grünfutterertrag (Blüten in Knospen): 200—300 dz/ha; Heuertrag: 60—70 dz/ha.

2. Zur Samengewinnung

Rotkleesamen wird am besten vom 2. Schnitt des der Ansaat folgenden Jahres gewonnen (bessere Befruchtung durch Insekten, da zu dieser Zeit mehr Hummeln fliegen als beim 1. Schnitt, bei dem nur die überwinterten Mutterhummeln als Blütenbesucher in Betracht kommen, auch gleichmäßigere Reife). Der 1. Schnitt muß frühzeitig erfolgen, sobald die ersten Blütenköpfe aufbrechen bzw. sich zu färben beginnen, um möglichst hohe Samenernten und gute Ausreifung der Saat zu erzielen. (Hemmung der Triebkraft der Pflanzen, dadurch wird der 2. Schnitt nicht so üppig.) Dies ist in der Regel bis Ende Mai der Fall.

Die Vorweide soll mehr, wie die Heunutzung, den Samenertrag günstig beeinflussen. Für den Samenertrag sind die Monate Juli und August ausschlaggebend.

Reifezeit: im Durchschnitt in der ersten Hälfte des September, wenn die meisten der Blütenköpfchen dunkelbraun gefärbt sind und ausgebildete, harte, gelbviolettglänzende Körner zeigen. Trockenes, sonniges Wetter, verbunden mit hohen Temperaturen, fördert den Samenertrag. Nasse Jahre (üppiger Bestand), sowie außergewöhnlich trockene Vorsommer führen zu Mißernten. Auch Lagerung beeinträchtigt den Samenertrag erheblich.

Zur Vermeidung des Ausfallens von Hülsen ist auch bei Samenklee das Aufreutern dem Trocknen in Puppen oder Windhaufen auf jeden Fall vorzuziehen. Die sehr strohige Masse kann, sofern nicht in taufeuchtem Zustand gemäht, sofort aufgereutert werden.

Drusch: Klee wird am besten bei Frost gedroschen. Der Abstand der Schlagleisten vom Korb soll beim Reiben 6—8 mm betragen. Sonst gibt es zuviel Keimlingsbruch durch zu enge Korbstellung. — Samenertrag: im Mittel 2—3 dz/ha.

Kleegrasgemenge

Die besonders bei sehr üppigen Kleeweiden bestehende Gefahr des Aufblähens, die übrigens nicht mehr auftritt, wenn Stoppelklee einige Nachtfröste bekommen hat, kann durch Beimischung von Welschem oder Westerwoldischem Weidelgras (z. B. 16 kg Klee + 6 kg Gras / ha) oder etwas Kümmel behoben werden. Auch Wiesenschwingel, Lieschgras und in trockenen Lagen Glatthafer oder Wehrlose Trespe kommen in Frage.

Aussaat-Beispiel (nach Renius) je ha:

Lieschgras	5— 6 kg	im Herbst
Wiesenschwingel	5— 6 kg	im zeitigen Frühjahr
Rotklee	10—12 kg	im zeitigen Frühjahr

(Über Kleegrasanbau siehe auch S. 292—296.)

Vorzüge des Kleegrases gegenüber dem reinen Klee:

1. Ertragssicherer, da weniger empfindlich gegen Trockenheit. 2. Leichte Trocknung. 3. Kein Aufblähen. Durch einen günstigen Grasanteil im Futter wird der Entwicklung der die Blähung hervorrufenden Kolibakterien entgegengewirkt. 4. Wird vom Vieh lieber gefressen, da Gräser zuckerreicher sind als Kleearten, die einen mehr bitteren Geschmack aufweisen. 5. Günstigeres Eiweiß-Stärke-Verhältnis. 6. Die Einsäuerung von Kleegrasgemenge gelingt besser infolge des Anteils an zuckerreichen Gräsern. 7. Bildung großer Wurzelmassen, gute Bodenbedeckung: dadurch Verbesserung der Krümelstruktur und Erhaltung der Bodenfruchtbarkeit. — Zu bevorzugen ist Kleegras auch auf kleeunsicheren und zu stark gelockerten Böden und solchen, die unter Kleekrebs und Kleemüdigkeit leiden. — Sehr gute, Wurzelhumus bildende Vorfrucht. Besonders geeignete Nachfrüchte Kartoffeln und Hafer, mit Ausnahme von niederschlagsarmen Gebieten, da Kleegras dem Boden viel Feuchtigkeit entzieht. Weitere Vorteile: Höhere Massen- und Eiweißerträge.

c) Der Zwischenfruchtbau

Allgemeines

Je mehr Grünfutter vorhanden, desto weniger käufliches Eiweißfutter ist erforderlich. Eiweiß sollte „letzter" Aufwand für den Viehstapel sein!

Der größte Teil des in der Wirtschaft benötigten Grünfutters läßt sich durch den Zwischenfruchtbau gewinnen, d. h. durch den Anbau von Pflanzen zwischen zwei in der Fruchtfolge aufeinanderfolgenden Hauptfrüchten, und zwar sollten jährlich wenigstens 20%, besser 30—35% der Ackerfläche mit Zwischenfrüchten angesät werden. (Auf leichten Boden etwas mehr, auf schweren Boden etwas weniger, da sonst der Arbeitsanfall zu groß ist.) Futterzwischenfrüchte sind bei der Sommerstallfütterung nicht zu entbehren!

Vorteile des Zwischenfruchtbaues

1. Einsparung von Hauptfutterflächen zugunsten von Verkaufsfrüchten. 2. Abkürzung der teuren Winterfütterung im Spätherbst und zeitigen Frühjahr durch richtige Wahl der Zwischenfrüchte. 3. Erhöhung der Bodenfruchtbarkeit infolge Beschattung des Bodens nach der Ernte (garefördernd). Der Boden wird außerdem mit humusbildenden Ernte- und Wurzelrückständen sowie Stickstoff (Leguminosen) angereichert. Die Pflanzenwurzeln erschließen Nährstoffe, auch tieferer Bodenschichten (z. B. Lupinen), und vermindern Auswaschungsverluste an Stickstoff und Kalk. Stärkere Viehhaltung möglich, dadurch vermehrter Stallmistanfall. 4. Unterdrückung des Unkrautes und Verringerung des Schädlingsbefalls (Fußkrankheiten, Getreideblumenfliege usw.). 5. Verbesserung der Fruchtfolge.

Voraussetzung für einen wirtschaftlichen Futterzwischenbau sind hohe Flächenerträge und bestmögliche Verwertung der Futtermassen (Grünfutter, Silage, Heugewinnung, künstliche Trocknung, zusätzliche Weide). Je hochwertiger das anfallende Futter ist und je höhere Erträge von der Fläche erzielt werden, um so eher machen sich die mit dem Zwischenfruchtbau verbundenen Kosten bezahlt.

Formen des Zwischenfruchtbaues

Man setze niemals alles auf eine Karte, sondern baue sowohl Untersaaten, Frühjahrs- und Sommersaaten, Stoppelfrüchte wie auch Winterzwischenfrüchte an. Es ist diejenige Form am stärksten im Anbau zu berücksichtigen, die nach den vorhandenen natürlichen und betriebswirtschaftlichen Verhältnissen den größten Erfolg verspricht. Die sicherste Form des Zwischenfruchtbaues sind Winterzwischenfrüchte, vor allem Futterroggen (S. 310 u. 313)!

Die Auswahl und der Anbau der Grünfutterpflanzen ist so einzurichten, daß eine fortlaufende und ununterbrochene Futterversorgung der Tiere sichergestellt wird. Durch die Aussaat verschiedenartiger Futterpflanzen wird auch erreicht, daß die Pflanzen zu dem Zeitpunkt geschnitten werden können, wenn sie das günstigste Reifestadium erreicht haben bzw. die beste Nährstoffausnützung gewährleisten.

Düngung

Die Düngung (siehe auch S. 314) wird durch die Vorfrucht bestimmt. Vorfrüchte wie Frühkartoffeln, Raps und Pflückerbsen ergeben durch Bodenaufschluß bzw. Stickstoffanreicherung (Erbsen) eine gute Nährstoffgrundlage, so daß eine schwächere Düngung der Zwischenfrucht genügt. Bei vorangehendem Getreide wie Wintergerste und Winterroggen dagegen, muß der nachfolgenden Stoppelsaat mehr Stickstoff in leicht löslicher Form gegeben werden. Die zu dieser Zeit reichlich zur Verfügung stehende J a u c h e ist als Stickstoffdünger für alle Arten Zwischenfrüchte sehr geeignet.

Phosphorsäure und Kali werden zweckmäßig schon zur vorangehenden Hauptfrucht verstärkt gegeben. (Siehe auch Stoppeldüngung S. 90.)

Zur Erhaltung der B o d e n f e u c h t i g k e i t und um eine zu späte Bestellung der Nachfrüchte zu vermeiden, lasse man Zwischenfrüchte, insbesondere Wintergemenge, nicht länger als unbedingt erforderlich wachsen. Je später die Erntezeit, um so mehr Wasser wird dem Boden entzogen.

Reihenfolge des steigenden Wasserverbrauchs:

Rübsen, Raps, Zottelwicke, Inkarnatklee, Roggen, Weizen, Weidelgras. Dementsprechend zeigt die Kartoffel als Zweitfrucht im allgemeinen nach Rübsen und Raps einen guten, nach Inkarnatklee und Roggen einen mittleren und nach Landsberger Gemenge und Weidelgras einen geringeren Bestand.

Stickstoffzehrer:

Buchweizen, Senf, Raps, Rübsen, Spörgel, Stoppelrüben, Ölrettich. Diese Futterpflanzen entwickeln sich ohne reichlichen Stickstoff nicht üppig.

Zwischenfrüchte mit hohem Eiweißgehalt:

a) U n t e r s a a t e n : Serradella, Kleearten.
b) S t o p p e l s a a t e n : Süßlupinen, Wicken, Peluschken, Erbsen, Bohnen.
c) W i n t e r z w i s c h e n s a a t e n : Landsberger Gemenge, junger Wickroggen.
d) Von den sogenannten Z w e i t f r ü c h t e n : Markstammkohl.

Der günstigste Erntezeitpunkt der wichtigsten Futterpflanzen liegt unter Berücksichtigung von Ertrag, Futterwert, Arbeitsaufwand, Werbungsmöglichkeit und Nachwuchskraft um den Blühbeginn, keinesfalls aber über die Vollblüte hinaus.

Den höchsten Gehalt an verdaul. Roheiweiß besitzen:

a) Bohnen, Erbsen, Wicken, Sprengelrübsen und Sprengelraps zur Zeit kurz vor der Blüte,
b) Luzerne und Klee im Knospenstadium,
c) Gräser und Futtergetreide kurz vor dem Schossen.

Starke Stickstoffgaben zu Futterroggen erhöhen nicht nur die Masse, sondern zugleich den Eiweißgehalt der einzelnen Pflanzen wesentlich!

Da die Blätter erheblich nährstoffreicher sind als der Stengel, ziehe man bei gleichem Massenertrag der Futterpflanzen blattreiche Sorten den blattarmen vor. Aus dem gleichen Grunde ist Dicksaat bei enger Standweite zu bevorzugen. Weitauseinanderstehende Pflanzen bilden in der Regel stärkere Stengel und weniger Blätter.

Reihenfolge der zur Verfütterung kommenden Winterzwischenfrüchte und anschließende Futterpflanzen:

Sprengelrübsen	Spätroggen	Landsberger Gemenge
Rübsen	Wickgerste	1. Luzerne-Grünschnitt
Frühroggen	Wickroggen	1. Schnitt Rotklee
Raps	Wickweizen	Im Frühjahr ausgesätes Futtergemenge

Frischmasse verschiedener Zwischenfrüchte:
(Je nach Boden, Düngung und klimatischen Verhältnissen schwankend)

	dz/ha		dz/ha
Ackerbohne	300—400	Sommerraps	160—240
Ackerspörgel . . .	60—80	Sommerroggen . . .	100—150
Buchweizen	140—160	Sonnenblumen . . .	300—600
Futterroggen . . .	200—260	Stoppel- oder Wasserrübe .	240—300
Grünmais . . . . . / Gärmais	400—600	Süßlupinen (Stoppelfrucht) . .	120—240
Grünhafer	225—250	Süßlupinen-Peluschken-Sommerwickengem.	160—240
Inkarnatklee . . .	160—240	Weidelgras	150—300
Kleegras	250—350	Wick-Hafer-Gerstengemenge	180—220
Landsberger Gemenge	200—300	Wickroggen	200—300
Markstammkohl (als Zweitfrucht)	300—600	Winterraps	200—320
Ölrettich	350—550	Winterrübsen . . .	200—320
Senf	140—160		
Serradella	100—200		

Untersaaten

Geringster Arbeitsaufwand und niedrige Aussaatkosten, die nur etwa ein Drittel bis die Hälfte derjenigen der meist grobkörnigen und daher auch gewichtsmäßig höheren Stoppelsaat betragen. Zusätzliche Herbstweide! Untersaat ist aber, namentlich in Trockengebieten, die unsicherste Form des Zwischenfruchtbaues mit oftmals nur gering anfallenden Pflanzenmassen. Winterroggen und in zweiter Linie Wintergerste sind für Untersaaten gute Deckfrüchte. Gegebenenfalls kommt auch gemeinsame Aussaat der Zwischenfrucht (Klee und Kleegrasgemische) mit Hafer in Frage, während Sommergerste hierfür weniger geeignet ist. Überfrucht wegen Lagergefahr nicht zuviel Stickstoff geben, aber reichlich Phosphorsäure und Kali!

Der Anbau von Untersaaten sollte vor allem in ungünstigen Lagen mit kurzer Vegetationsdauer erfolgen, in denen sich die Getreideernte sehr hinauszögert, und in Gegenden mit zeitig einsetzendem Winter, wo also Stoppelfrüchte nicht mehr mit Sicherheit zum Anbau kommen können. Zu bevorzugen sind Untersaaten auch auf schweren Böden, die im Sommer oft nicht in saatfertigen Zustand zu bringen sind, sofern mit ausreichenden Niederschlägen zu rechnen ist (Gebirgslage). Der Acker darf nicht stark verunkrautet sein!

Nur zeitigste Klee-Einsaaten (Mitte Februar bis spätestens Mitte März) keimen auch ohne Bodenbedeckung sicher. Spätere Saaten sollen nur in vorher geeggten oder gehackten Boden eingedrillt werden. Der größte Feind der Kleeuntersaaten ist die Trockenheit. Für Mähdrusch Weiß-, Gelb-, Schwedenklee (auch im Gemisch) dem Rotklee vorziehen. Sein hoher Wuchs bereitet oft Ernteschwierigkeiten.

Wird Hafer zur Körnergewinnung angebaut, muß bei stark entwickelter Untersaat zwecks Trocknung ein längeres Stehenbleiben der Haferstiegen während der Ernte in Kauf genommen werden, was auch bei Roggen und Wintergerste der Fall sein kann. Alle Getreidebestände mit Untersaaten müssen auf hohe Stoppel gemäht werden. Besonders in einem regnerischen Sommer wird man eine längere Stoppel stehen lassen und gegebenenfalls auch auf die Verwendung des Getreidebinders verzichten müssen. Die offenen Schwaden werden dann einmal gewendet und erst später, nicht zu fest, mit der Hand eingebunden. (Siehe auch S. 27.)

Mißlungene bzw. sehr schwach stehende Untersaat wird nach der Getreideernte am besten sofort umgebrochen, um einer Verunkrautung des Ackers vorzubeugen, und das Feld möglichst noch mit einer Stoppelfrucht bestellt. Im Zweifelsfall entscheide man sich stets für den sofortigen Umbruch mit nachfolgender Stoppelsaat!

Rotklee

Bei reinem Rotkleeanbau besteht die Gefahr des Aufblähens. Deutscher Rotklee kommt zur Zwischenfruchtnutzung nicht in Frage, nur als einjähriger Klee. (Siehe S. 292 oben und S. 297 unten.)

Schwedenklee (Bastardklee)

Schwedenklee nimmt an Blatt- und Nährstoffreichtum bis Ende der Blüte zu, verholzt also nicht so rasch und kann auch noch während der Blüte verfüttert werden. Er hält zwar bis zu drei Jahren aus, wird aber vom Vieh weniger gern gefressen. Reine Schwedenkleebestände können bei Weidetieren, besonders auch bei Pferden, schwere Haut- und Gelenkentzündungen hervorrufen, desgleichen eine Entzündung der Haut des Vorderkopfes und der Schleimhäute, die meist tödlich verläuft.

Der Stengel der Pflanze ist sehr dünn. Schwedenklee lagert daher leichter als Rotklee und gibt infolge der späten Entwicklung meist nur einen vollen Schnitt mit Nachweide. Schwedenklee ist, wenngleich flachwurzelnder als Rot- und Weißklee, auch zur Gründüngung geeignet. Er wintert nicht so leicht aus, gedeiht allerdings auf leichten Böden nur in feuchter Lage. (Auch auf frischen Wiesen.) In der Fruchtfolge darf er nicht nach Rotklee gestellt werden.

Aussaatmenge: 12 kg/ha, breitwürfig im Februar/März.

Ertrag: 100—250 dz/ha Grünmasse oder 20—40 dz/ha Heu.

Aus den angeführten Gründen wird Schwedenklee aber am besten nur in Gemengesaaten verwendet.

Aussaatbeispiele / ha

a) In feuchten Lagen
4 kg Schwedenklee
12 kg Rotklee

b) In trockenen Lagen
4 kg Schwedenklee
4 kg Rotklee
4 kg Gelbklee
4 kg Weißklee
4 kg Welsches Weidelgras

Gelbklee (Hopfenluzerne)

Gelbklee verträgt im Gegensatz zu Rot-, Schweden- und Weißklee keine frühe Aussaat (April/Mai) und ist in diesem Fall besser durch Hornschotenklee zu ersetzen. Er dauert nur bis zu zwei Jahren, kann sich aber bei zusagenden Bodenverhältnissen durch Selbstaussaat auf längere Zeit halten. Seine Wasseransprüche sind gering, daher wächst er auch auf leichteren Böden, doch ist er gegen Bodensäure sehr empfindlich. (pH-Zahl 7!) Reinsaaten zum Abfüttern lohnen meist nicht (sie ergeben in der Regel nur einen guten Schnitt), dagegen kommen Reinsaaten infolge schneller Verrottung im Boden für Gründüngungszwecke zu Kartoffeln in Frage (Herbst- und Frühjahrsschafweide).

Saatmenge: 20—25 kg/ha in Deckfrucht oder mit dieser zusammen (flach). Auch breitwürfig in möglichst früh gesäte Sommergerste, zur Zeit des Spitzens, wenn die Reihen bei noch nicht vollem Auflaufen gerade zu sehen sind. Anschließend wird sofort der Striegel eingesetzt. Allerdings läßt sich Gerste später nicht mehr eggen.

Gelbklee ist auch für Mischungen auf nicht zu kalkarmen Böden zu empfehlen, wie z. B./ha:

1. **Für leichte Böden mit genügend Kalkgehalt:**
   16 kg Gelbklee
   8 kg Weißklee

2. **Für schwere trockene Böden:**
   12 kg Gelbklee
   3 kg Schwedenklee
   3 kg Weißklee

3. **Für schwere feuchte Böden:**

a) 6 kg Gelbklee
   3 kg Weißklee
   3 kg Schwedenklee
   5 kg Rotklee

b) 4 kg Gelbklee
   2 kg Weißklee
   2 kg Schwedenklee
   8 kg Rotklee

Derartige Gemenge ergeben eine vorzügliche Herbstweide bzw. einen Schnitt und sind eine ausgezeichnete Vorfrucht für Kartoffeln.

Weißklee

Der stark kriechende, Ausläufer treibende, großblättrige Weißklee stellt im Gegensatz zu Rotklee an Boden und Klima keine großen Ansprüche. Er wächst sowohl auf schwersten Lehmböden wie auch auf den leichten Sandböden, sofern diese nicht zu trocken und sauer sind. In der Bodenverbesserung ist er dem Rotklee überlegen infolge seiner außerordentlichen Fähigkeit, Ausläufer zu bilden und den ganzen Boden zu beschatten.

Er überkriecht den Boden nach Räumung der Deckfrucht, die er infolge seines niedrigen Wuchses nicht stört, völlig und bildet ein dichtes Wurzelnetz aus mit einem hohen Vorfruchtswert für Kartoffeln und Zuckerrüben, besonders bei zusätzlicher Stallmistdüngung. Auch Hafer ist eine besonders geeignete Nachfrucht. Infolge des stark verzweigten Wurzelsystems und der dadurch bewirkten Humusanreicherung des Bodens ist Weißklee also ein wertvoller Gründünger! Auch als Milchvieh- und Schweine-Herbstweide ist er gut geeignet (im Gegensatz zu Rotklee wenig Aufblähgefahr), für Mähzwecke infolge seines niedrigen, kriechenden Wuchses dagegen nicht. **Nur die Züchtung „N.F.G. Gigant“ läßt infolge ihres hohen Wuchses auch Mähnutzung zu.**

Aussaat: Februar/März (Keimling frostunempfindlich) wie Rotklee in Roggen (Seite 282) oder Wintergerste, nachdem diese den Stickstoffdünger erhalten haben. (Nach Kalkstickstoff etwa 10 Tage warten.) Sehr anzuraten ist aber auch, besonders in Trockengebieten, eine Aussaat bereits im Herbst in den gedrillten Roggen, breitwürfig, mit nachfolgender Egge. Über Spätsaaten gilt das bei Rotklee Gesagte.

Saatmenge: Breitwürfig 10—12 kg/ha (Samen hochgelb, je mehr dunkelorange oder bräunlich, desto minderwertiger ist er). Weißklee kann natürlich auch, 8—10 kg/ha stark, frühzeitig gedrillt werden. (Reihenabstand 10—12 cm.) Mit der Drillmaschine rund fahren, dann nur ein Mann Bedienung.

Blütezeit: Monat Juni. Reifezeit: Monat Juli.

Samengewinnung

Ausschlaggebend für den Samenertrag sind beim Weißklee die Monate April und Mai. Die Samengewinnung erfolgt, im Gegensatz zu Rotklee, besser vom ersten Schnitt, dem gegebenenfalls, je nach Witterung, im ersten Schossen eine kurze Beweidung vorausgeht.

Der Samenschnitt wird vorgenommen, wenn die ersten Köpfe braun sind. Die Trocknung erfolgt am besten auf Reutern. Weißklee kann mit jeder Dreschmaschine bei enger Korbstellung gedroschen werden.

Ertrag: etwa 2—4 dz/ha Samen; 70—140 dz/ha Grünmasse.

Weißklee läßt sich sehr gut auch in **Kleegrasgemischen** verwenden,

für mittlere Bodenverhältnisse/ha:	für leichte, trockene Sandböden/ha:
6 kg Weißklee	6 kg Weißklee
2 kg Schwedenklee	2 kg Schwedenklee
10 kg Welsches Weidelgras	2 kg Hornschotenklee
	16 kg Serradella

Kleemüdigkeit tritt bei Weiß-, Gelb- und Schwedenklee wenig in Erscheinung. Diese Kleearten können bereits nach 3 Jahren, Weißklee bereits nach 2 Jahren, auf dem gleichen Feld wieder zum Anbau kommen. Auch wird der spätere Anbau von Rotklee durch Kleegemenge im Zwischenfruchtbau weniger beeinträchtigt.

Im Zwischenfruchtbau können zur kombinierten Gründüngung und Futternutzung auch französische und italienische Kleeherkünfte verwendet werden (frohwüchsig und preisgünstig).

Alexandrinerklee (Trifolium alexandrinum)

Einjährig, schnellwüchsig (aber langsame Jugendentwicklung), dreibis vierschnittig, nicht winterfest. Ähnelt der Luzerne im Aussehen, aber sehr viel weichstengliger und weißblühend. Liebt frischere Böden, auf trockenem, leichtem (Roggen-, Kartoffel-) Boden kein freudiges Wachstum. Als Ersatz für ausgewinterten Rotklee und Luzerne und für Zwischenfruchtbau geeignet. Wird grün und als Heu gern gefressen. Auch für Schweine sehr geeignet, da zart, saftig, weichstenglig. Heugewinnung wegen hohem Wassergehalt schwieriger als bei Rotklee.

Flache Saat, Ende April/Mitte Mai (sehr frostempfindlich und wärmebedürftig) bis Anfang August. Keine Untersaat (sehr lufthungrig). Aussaat nach Frühkartoffeln, Raps oder Wintergerste ergibt zwei Schnitte, Anfang August gesät einen vollen Schnitt, evtl. Nachweide. Gut gefestigtes Saatbeet. Bei Aussaat unbedingt Grasgemisch vorziehen. Saatmenge 20 kg Klee + 20 kg/ha einjähriges (Westerwoldisches) Weidelgras. Nachteile der Reinsaat (35 kg/ha): Der weichstengelige Klee lagert leicht, er ist empfindlich gegen Stengelbrenner (S. 295), die Aussaat teurer. Das Grasgemisch trocknet leichter, es läßt sich besser einsäuern und bringt höhere Futtererträge. Kleeherkünfte aus Italien sind die besten.

Düngung: 4 dz/ha Phosphatdünger, 3 dz/ha 40%iges Kali. Bei Graseinsaat 1 dz/ha salpeterhaltigen Stickstoff nach jedem Schnitt. Schnittreife ab 8. Woche nach der Saat, folgende Schnitte schon früher. Bei stärkerer Verunkrautung 1. Schnitt sehr früh nehmen.

Kleegraseinsaaten

Die wichtigsten Feldfuttergräser sind Welsches Weidelgras, Wiesenlieschgras und Wiesenschwingel. Sowohl diese als auch Knaulgras, Schafschwingel und Wehrlose Trespe sind Wintergräser, die am besten gedeihen, wenn sie in der Jugend Kälte überstehen müssen. Sie entwickeln sich im Frühjahr verhältnismäßig spät und geraten leicht in eine Trockenperiode. Diese Gräser werden also am besten im Herbst zusammen mit Roggen oder Wintergerste in den Walzstrich gedrillt. Andernfalls wird, namentlich Lieschgras, unmittelbar nach der Getreideaussaat, breitwürfig mit der Hand oder mit der Drillmaschine ohne Tüten eingesät. Denn das Gras darf wegen der kleinen Korngröße nicht zu tief in den Boden kommen. Lieschgras ist besonders spätsaatverträglich und kann bei günstigem Wetter noch bis in den November gesät werden. — Auch Rotklee und Weißklee können, besonders in Trockengebieten, im Herbst in Winterung eingesät werden.

Für den Kleegrasbau kommen fast nur Obergräser in Frage: Welsches Weidelgras (Italienisches Raigras); Wiesenschwingel; Wiesenlieschgras (Timothe), dem Fuchsschwanz sehr ähnlich; Knaulgras; Glatt- oder Wiesenhafer (Französisches Raigras) und evtl. als Untergras noch Deutsches Weidelgras. Welsches Weidelgras, Wiesenschwingel und Lieschgras sind gute Beimischungen für Kleegrasgemische, deren Futterwert bei zeitigem Schnitt dem von reinem Rotklee gleichkommen kann.

Welsches Weidelgras

Welsches Weidelgras (Ähren begrannt) ist überjährig, d. h. es bringt den Hauptertrag in dem der ersten Überwinterung folgenden Jahr. Es kommt daher nur für den einjährigen Anbau in Frage (im zweiten Jahr hält es nur z. T. durch). Wegen der raschen Jugendentwicklung, seines besonders starken Wachstums und der kräftigen Bestockung sollte es im Gemengebau nicht übermäßig stark vertreten sein, sofern genügend andere Sämereien zur Verfügung stehen. Bewährt hat sich auch Reinsaat nach Stoppelumbruch im August. (Verhältnismäßig billige Aussaat.)

Weidelgras ist zwar nicht immer ganz winterhart, besitzt aber infolge seiner reichlichen Stoppel- und Wurzelmasse guten Vorfruchtwert. (Kein Stickstoffsammler.) Es treibt bei reichlicher Stickstoffdüngung nach jedem Schnitt kräftig nach. Zu beachten ist für die nachfolgende Frucht, daß der Wasservorrat des Bodens durch das Gras stark angegriffen wird. Für Grünland ist Weidelgras nicht geeignet, da es zu kurzlebig ist und schnell von anderen Arten verdrängt wird. Arme, sandige Böden in schlechter Kultur sind für den Anbau nicht geeignet. Gut gedeiht das Gras auf mäßig trockenen bis mäßig feuchten, warmen, durchlässigen Mittelböden.

Saatmenge: Bei Reinsaat Mitte bis spätestens Ende August 40 bis 60 kg/ha, Reihenabstand 14 cm.

Düngung/ha: 4—6 dz (und mehr!) Kalkammonsalpeter, schwefelsaures Ammoniak, auch Jauche; 3 dz Phosphatdünger, 2,5 dz 40 % Kali. Beregnung sehr vorteilhaft.

Ertrag: Bei starker Düngung und ganzjähriger Nutzung 600—700 dz/ha.

Samengewinnung: Da Welsches Weidelgras ein Bestandteil des Landsberger Gemenges ist (siehe Seite 313) und nach einem Frühjahrsfutterschnitt des Gemenges nochmals allein nachwächst, kann es nach kräftiger Stickstoffdüngung (Jauche) zur Samengewinnung herangezogen werden. Zur Erzielung eines gleichmäßigen Nachwuchses ist die vorgesehene Fläche möglichst an einem Tag zu mähen und anschließend einzusilieren oder zur Heugewinnung aufzureutern.

Der zweite Schnitt erfolgt, wenn die Samen sich zu bräunen und auszufallen beginnen. Hierbei läßt sich der Getreidebinder gut verwenden. Am besten wird morgens im Tau oder bei bedecktem Himmel, nicht aber in der prallen Sonne, gemäht (starke Ausfallverluste). Die Garben werden zu Hocken aufgestellt und können bei günstigem Wetter nach 6—10 Tagen eingefahren werden. Gedroschener Samen wird flach ausgebreitet, zum Nachtrocknen täglich umgeschaufelt und möglichst bald zur Reinigung gebracht.

Samenertrag: Etwa 6—10 dz/ha.

Deutsches Weidelgras

Deutsches Weidelgras (Englisches Raigras) (Ähren unbegrannt) kann zwar als Untergras für Weiden dienen, eignet sich aber infolge seines niedrigen Wuchses für Mähzwecke weniger gut. (Siehe auch S. 379.) Größte Masse im 1. Nutzungsjahr, dann stark abfallend.

Westerwoldisches Weidelgras

Westerwoldisches Weidelgras ist eine Abart des Welschen Weidelgrases. Es wächst zwar etwas schneller als dieses, ist aber noch weniger winterfest, daher nur als einjähriges Gras zu betrachten. Es dient zur Ausfüllung lückiger Kleebestände, Reinsaat (zur schnellen Futterbeschaffung) sowie im Gemisch mit Alexandrinerklee (S. 291).

Oldenburger Weidelgras

Oldenburger Weidelgras: aus der Kreuzung von Welschem und Deutschem Weidelgras entstanden. Es ist weniger anspruchsvoll, langlebiger und winterhärter als Welsches Weidelgras. Daher wird es neben dem Feldfutterbau auch zur Neueinsaat von Wiesen und Weiden verwendet, um in den ersten Jahren, wenn sich die Untergräser erst langsam entwickeln, schon eine volle Nutzung des Bestandes zu haben.

Westerwoldisches und Oldenburger Weidelgras kommen in erster Linie für Ackerfutterbau zur Heuwerbung in Betracht. (Über Weidelgräser siehe auch S. 379.)

Kampfkräftige Arten, die sich bei zusagenden Standortverhältnissen nicht verdrängen lassen, sind: Glatthafer, Knaulgras, Weidelgras, Luzerne, Rotklee.

Kleegrasmischungen

I. Für einjährige Nutzung (sämtliche Angaben je ha)

1. Für leichtere bis mittlere Böden:

a) 6 kg Weißklee
6 kg Schwedenklee
6 kg Gelbklee
6 kg Welsches oder Westerwoldisches Weidelgras

b) 8 kg Gelbklee
6 kg Schwedenklee
12 kg Welsches oder Westerwoldisches Weidelgras

Auf sehr kalkarmen Böden wird der Gelbklee weggelassen und dafür die übrigen Gemengeteile stärker ausgesät. Auf besserem Boden kann 2—4 kg/ha Rotklee beigemischt werden, und zwar am besten der schnellwüchsige Italienische Rotklee.

c) 6 kg Ital. Rotklee
2 kg Schwedenklee
4 kg Weißklee
12 kg Welsches Weidelgras

d) 8 kg Rotklee
3 kg Schwedenklee
5 kg Wiesenschwingel
4 kg Wiesenlieschgras

2. Für mittlere Böden:

a) 18 kg Rotklee
5 kg Welsches Weidelgras

b) 20 kg Welsches oder Westerwoldisches Weidelgras
30 kg Inkarnatklee

zu b): Aussaat im Frühjahr, gut düngen! Ergibt 2—3 Schnitte.

3. Für trockene Lagen:

a) 15 kg Ital. Rotklee
5 kg Welsches Weidelgras
5 kg Knaulgras

b) 8 kg Schwedenklee
4 kg Weißklee
6 kg Glatthafer
6 kg Knaulgras

4. Für schwere trockene Böden:

a) 12 kg Gelbklee
3 kg Schwedenklee
3 kg Weißklee
3 kg Knaulgras

b) 8 kg Ital. Rotklee
4 kg Schwedenklee
4 kg Weißklee
4 kg Knaulgras

5. Für schwere feuchte Böden:

a) 15 kg Rotklee
12 kg Wiesenschwingel
3 kg Knaulgras
(kann evtl. fortbleiben)

b) 10 kg Rotklee
6 kg Schwedenklee
8 kg Wiesenschwingel
2 kg Wiesenlieschgras

6. Für rauhe Lagen:

12 kg Rotklee
10 kg Wiesenschwingel
5 kg Wiesenlieschgras
3 kg Schwedenklee

7. Auf leichtesten Sandböden empfiehlt sich zur Humusanreicherung und Futternutzung die frühzeitige Aussaat folgenden Leguminosen-Grasgemenges: 16 kg Wundklee + 8 kg Trespe/ha.

Neben einer reichlichen Kalkdüngung in Form von kohlensaurem Kalk und einer Kali-Phosphatgabe ist es zweckmäßig, vor der Saat und nach jedem Schnitt 50—100 kg/ha Kalkammonsalpeter zu verabreichen.

Die angeführten Saatmischungen haben das Vorhandensein ausreichender Kleesämereien zur Voraussetzung. Stehen diese nur in beschränktem Umfange zur Verfügung, muß der Grasanteil entsprechend höher gewählt werden. Zum Beispiel:

2,5 kg Gelbklee
1,25 kg Weißklee
1,5 kg Hornschotenklee
15 kg Welsches Weidelgras
15 kg Wiesenschwingel
8 kg Knaulgras

Reine Grasmischung

18 kg Welsches Weidelgras
15 kg Wiesenschwingel
6 kg Knaulgras
6 kg Glatthafer

II. Für mehrjährige Nutzung

Im zwei- und mehrjährigen Kleegrasbau darf dem einen sehr guten Futterwert besitzenden Wiesenlieschgras ein größerer Anteil zugesprochen werden. Bei mehr als dreijähriger Nutzung ist jedoch sein Anteil zu beschränken, da es in seiner Leistungsfähigkeit wieder nachläßt. In diesem Fall Wiesenschwingel und Knaulgras stärker beteiligen. Empfohlene Mischung (bis etwa fünfjährige Nutzungsdauer).

1. 12 kg Rotklee
3 kg Schwedenklee
5 kg Wiesenlieschgras
10 kg Wiesenschwingel

2. Mit geringeren Kleebeimischungen:

2,5 kg Gelbklee
1,25 kg Weißklee
1,5 kg Hornschotenklee
15 kg Deutsches Weidelgras
15 kg Wiesenschwingel
3 kg Wiesenlieschgras
3 kg Knaulgras

3. Reine Grasmischung:

18 kg Deutsches Weidelgras	7,5 kg Wiesenlieschgras
15 kg Wiesenschwingel	4 kg Knaulgras

Klee kann auch im Gemisch mit Serradella angebaut werden, und zwar:

4 kg Schwedenklee 20 kg Serradella oder 6 kg Schwedenklee 12 kg Serradella	Für besseren Boden, Aussaat Februar/März in nicht zu dicht stehenden Roggen.

Serradella

Serradella besitzt hohen Futterwert und führt dem Boden viel Stickstoff zu. (Gute Vorfrucht.) Sie ist eine Lichtpflanze und wird durch Lichtmangel stark im Wachstum gehemmt, versagt also in sehr gut bestandener Überfrucht wie Roggen usw. Auch nach Rotklee gedeiht Serradella schlecht. Gegen starke Bodensäure ist sie empfindlich. Für den Anbau kommen leichte, humose, nicht zu trokkene, schwach saure Böden in Frage. Auch nicht zu schwerer sandiger Lehmboden ist geeignet. Keine stauende Nässe, queckenfreier Boden!

Düngung: Wenig Stickstoff, aber verstärkte Kali-Phosphatgabe zur Überfrucht.

Serradella (wie Luzerne, Rotklee, Inkarnatklee, Esparsette) wird oftmals von der Stengelbrennerkrankheit befallen. Es handelt sich um eine durch einen Pilz hervorgerufene Fußerkrankung am Stengelgrund und bei größeren Pflanzen am Stengel, am Blattstiel und an den Fruchtbeständen (Anfang/Mitte Juni). Es zeigen sich als Sporenlager des Pilzes ovale, bräunliche Flecke, auch knickt der Stengel leicht um. Bei den vertrockneten Trieben findet man eingesunkene, oft den ganzen Trieb umfassende Stellen, bei denen sich, schon mit dem bloßen Auge erkennbar, kleine weißliche, mit feinen Borsten versehene Pusteln befinden. Dieses sind ebenfalls die Sporenlager des Pilzes.

Zur Vermeidung der Stengelbrennerkrankheit, die in der Hauptsache durch Saatgut übertragen wird, kommt Naßbeize mit quecksilberhaltigen Präparaten wie Abavit, Ceresan, Germisan usw. in Frage. Diese Beizmittel sind aber nur bei Anwendung des Tauchbeizverfahrens wirksam (halbstündige Tauchbeize in 0,1 %iger Lösung), weil der Pilz den Hülsengliedern nicht nur äußerlich anhaftet, sondern durch sie hindurch bis in den eigentlichen Samen eindringt. Nach der Tauchbeize erfolgt Rücktrocknung des Samens, am besten auf einer Plane im Freien, wobei der dünn ausgebreitete Samen öfter umgeschaufelt wird.

Aussaatzeit: Bei gebeiztem Saatgut ist Frühaussaat im März/April mit oder ohne Deckfrucht (am besten nicht zu dicht stehender Roggen) zweckmäßig. Serradella ist nicht frostempfindlich. In den Roggen gedrillte Serradella ist möglichst zwischen die Reihen zu säen, wobei die Schare der Drillmaschine mit Gewichten zu versehen sind, damit die Saat 2—3 cm tief in den Boden kommt.

Ungebeizte Saat darf zur Vermeidung der Stengelbrennerkrankheit erst Ende Mai/Anfang Juni in die Erde gelangen, wenn man gerade noch mit der Hand über den Roggen hinwegkommt. (Nicht bei anhaltender Trockenheit säen.) Praktisch befallsfrei bleibt eine Aussaat erst nach dem 15. Juni.

Saatmengen / ha

I. In Reinsaat: 40—60 kg (möglichst nicht unter 50 kg!). Nur bei guter Keimfähigkeit (Samen innen dottergelb, nicht dunkelbraun, Hülsenfrüchte grünlich bis rehbraun, nicht rotbraun bis dunkel) und günstigen Wachstumsbedingungen wird die niedrigere Saatmenge einen dichten Bestand sichern. Bei erstmaligem Anbau empfiehlt sich Impfen des Bodens mit Biogen, Nitragin oder Radicin, es sei denn, daß bereits Lupinen auf dem gleichen Feld gewachsen sind. Je öfter Serradella angebaut wird, um so besser gerät sie im allgemeinen. (Gute Selbstverträglichkeit.) Bei Auftreten der Stengelbrennerkrankheit in der Fruchtfolge 3—4jährigen Abstand einhalten.

II. Im Gemisch mit Klee:

a) Für Schafweide geeignet: 12 kg Serradella, 12 kg Inkarnatklee. Saatzeit: April bis Anfang Mai.

b) Für geringe Böden: 25 kg Serradella, 12 kg Welsches bzw. Westerwoldisches Weidelgras oder Ackerspörgel.

III. Im Gemisch mit Klee bei etwas besseren Böden (auch frische Sandböden):

Aussaat März/April in nicht zu dicht stehenden Roggen.

a) 16 kg Serradella	3 kg Ital. Rotklee
4 kg Schwedenklee	10 kg Welsches Weidelgras
4 kg Weißklee	
b) 20 kg Serradella	c) 20 kg Serradella
8 kg Ital. Rotklee	3 kg Weißklee

(Stoppelsaaten im Gemenge mit Lupinen usw. siehe S. 303—309.)

Bei der Roggenernte vermeide man zu tiefes Köpfen, da Serradella sonst schlecht nachwächst bzw. die Herbstentwicklung leidet. (Also hohe Getreidestoppel, je nach Wuchshöhe der Serradella.) Stärkere Herbstfröste schaden der Pflanze nicht.

Grünfutternutzung in der Vollblüte. Zur Heubereitung wird am besten gegen Ende der Blüte gemäht.

Samengewinnung: Aussaat ohne Deckfrucht frühzeitig in sauberen Hackfruchtschlag, der unbedingt vor Winter gepflügt werden muß.

Drillmenge: 25—30 kg/ha. Reihenabstand 15 cm.

Bei starker Verunkrautung des Bestandes wird das Unkraut mit der Sense geköpft.

Ernte: Sobald die ältesten Hülsen vollreif sind, wird gemäht. Wartet man die volle Samenreife ab, entstehen größere Ausfallverluste. Die Trocknung erfolgt, wie zur Heugewinnung, in kleinen, vorsichtig lose zusammengerollten Windhaufen oder auf Reutern. Beim Einfahren sind Ernteplanen zu verwenden. Jedes Werfen der Haufen unbedingt vermeiden. Diese sind einzeln auf den Wagen zu reichen.

Beim Dreschen darf nur dünn eingelegt werden, weil die Körner infolge der vielen Abfälle an zerschlagenem Stroh und Spreu nur langsam durch die Siebe kommen. Wird zu viel Wind gegeben, fliegt ein großer Teil der Körner in die Spreu.

Ertrag: Etwa 6 — 10 dz/ha Samen. (Futterwert des Strohes gering.)

Futtermöhren

Auf frischen Böden (lehmiger Sand und sandiger Lehmboden) kann die Untersaat von Futtermöhren nach der letzten Bearbeitung der Deckfrucht (Lein, Mohn, Wintergerste, Roggen) mit Druckrollen längs der Deckfruchtreihen, bei doppeltem Abstand (35—40 cm) empfohlen werden. Nach der Deckfruchternte ist eine leicht lösliche Stickstoffgabe einzueggen und gegebenenfalls zu hacken. Um später nicht verziehen zu müssen, genügt eine Aussaatstärke von 2—3 kg/ha. Flache Saat beachten. (Siehe auch unter „Mohrrüben" S. 269.)

Frühjahrsfutterbau

(Siehe auch „Stickstoffzehrende Stoppelfrüchte" S. 287.)

Grünhafer

Für feuchte Lagen und nicht zu geringe Bodenverhältnisse.

Düngung: 3—4 dz/ha Kalkammonsalpeter oder entsprechende Jauchemengen (ca. 10 000 Ltr./ha), möglichst Superjauche (S. 64).

Aussaatzeit: Ende März/Anfang April, vor Bestellung des Sommergetreides oder als Zweitfrucht nach Winterzwischenfrüchten.

Geeignete Sorten: Flämingsgold und Widukind (S. 137).

Saatmenge: 160—200 kg/ha. Reihenabstand 15 cm. Möglich ist eine Untersaat von 25—30 kg/ha Welsches Weidelgras oder 20 kg/ha Italienischer Rotklee, auch Kleegras (S. 291—295).

Schnittzeit: Wenn sich die Rispen zu zeigen beginnen. (Etwa Anfang Juni.) Nach Winterzwischenfrucht Ende Juli/Anfang August.

Erfolgt Schnitt bereits bei 20—25 cm Halmlänge, ergibt sich nach erneuter Stickstoffdüngung und günstigem Wetter ein lohnender 2. Schnitt. Grünhafer, vor Rispenschieben gemäht, künstlich trocknen!

Mittlerer Ertrag: 240 dz/ha. Eiweiß-Stärkeeinheitenverhältnis 1:5 bis 1:6. Bei Einsäuerung, was sehr vorteilhaft, häckseln und Sicherungsmittel zusetzen. — Grünhafer ist eine gute Vorfrucht für Markstammkohl, Pflanzrüben, Stoppelfrüchte, Wintergerste.

Futtergemenge

Mehrschnittiges Gemenge (kg / ha):

30—35 kg Erbsen
20—25 kg Hafer
15 kg Rotklee

Der erste Schnitt ergibt bis etwa 300 dz und der zweite Schnitt etwa 200 dz Grünfutter. Im nächsten Jahr wird dann noch ein voller Rotkleeschnitt genommen.

Hülsenfruchtgemenge (Siehe Seite 303/304)

Aussaat im zeitigen Frühjahr (Anfang März beginnend) in Abständen von je etwa acht Tagen, um so längere Zeit über junges Futter zu verfügen. Auch als Stoppelsaat nach frühräumendem Getreide geeignet.

Die sich sehr schnell entwickelnde Sommerwicke verlangt mittleren bis besseren Boden und viel Feuchtigkeit. (In Mischsaat weniger anspruchsvoll.) Die buntblühende Futtererbse stellt geringere Ansprüche. Sie ist blattwüchsiger und anspruchsloser als die Saat- oder Ackererbse. Die Peluschke eignet sich für leichteren Boden.

Saatbeispiele / ha:

Leichtere Böden:

80 kg Felderbse	30 kg Sommerwicke
30 kg Süßlupine	40 kg Hafer

Bessere Böden:

a) 60 kg Sommerwicke	b) 60 kg Felderbsen
30 kg Ackerbohnen	60 kg Sommerwicken
30 kg Felderbsen	60 kg Pferdebohnen (kleinkörnig)
40 kg Hafer	30 kg Hafer
c) 80—100 kg Felderbsen	50 kg Hafer
80—100 kg Sommerwicken	24 kg Senf (gute Stützfrucht)

Für die Schnittzeit ist der Reifegrad des beigemengten Getreides maßgebend. Das Futter darf nicht zu strohig werden.

Erbsen- und Wickgemenge liefert im jugendlichen Zustand ein hervorragendes Futter, so daß sich die verhältnismäßig teure Aussaat bezahlt macht. Saatmenge nicht zu knapp bemessen, dünne Bestände verunkrauten oft stark.

Süßlupine
(Siehe S. 304)

Die gelbe Lupine wächst auf leichten, frischen Sandböden, während die blaue und insbesondere die weiße Lupine etwas besseren Boden verlangt. Im Gegensatz zur Körnergewinnung kann die blaue Lupine aber auch auf leichten Böden angebaut werden. Der Anteil der Wurzelmasse am Gesamtertrag liegt bei der blauen Lupine um etwa 10 % höher als bei der gelben Lupine. Sie liefert zwar weniger Grünmasse, doch hat diese höheren Eiweißgehalt. (3 % gegenüber etwa 2,4 % der gelben Lupine.) Ferner ist die blaue Lupine früher schnittreif, gegen Frühfröste im Herbst widerstandsfähiger und auch die Kalkempfindlichkeit geringer als bei gelben Lupinen.

Zeitpunkt der Aussaat: nicht zu früh (Ende April / Anfang Mai), da bei späterer Aussaat mehr Grünmasse anfällt. Zur Körnergewinnung ist die Süßlupine dagegen möglichst zeitig auszusäen, damit weniger Seitentriebe und Grünmasse gebildet werden. (Siehe S. 159.)

Dem Süßlupinengrünfutter kann auch eine Winterzwischenfrucht, wie Futter- oder Wickroggen, vorausgehen. Nach Aberntung der Lupinen im August ist noch eine Senfaussaat zur Grünfuttergewinnung möglich, wobei sich zu Senf eine Stickstoffdüngung erübrigt.

a) der Anbau in Reinsaat. Dieser bringt bei Frühjahrsaussaat die höchsten Erträge.

Aussaatstärke: 160—200 kg/ha (weiße Lupine 250—260 kg/ha), Reihenabstand 20 cm, flache Saat.

Für eine Maschinenhacke ist die Grünfutterlupine dankbar.

Schnittzeit: Frühestens bei beginnender Blüte, besser erst, wenn die ersten Hülsen ansetzen. (Etwa 12 Wochen nach der Aussaat.) Die Verwertung des im Hauptfruchtbau gewonnenen Süßlupinen-Grünfutters soll nicht zu früh erfolgen, da die Lupine den höchsten Eiweißertrag von der Flächeneinheit gibt, wenn sie bereits Hülsen angesetzt hat und die Körner zwar noch weich sind, aber eben hart zu werden beginnen. Dies ist besonders für die Bereitung von Gärfutter der günstigste Zeitpunkt. Nur die weiße Lupine muß wegen der leichteren Verholzung der Stengel bereits nach Beendigung der Blüte des ersten Triebes und beginnender Seitentriebausbildung gemäht werden.

b) Im Gemenge ist die Aussaat mit Serradella im Frühjahr am lohnendsten, weniger günstig eine solche mit Felderbsen, während Sommerwicken am günstigsten abschneiden. Gemengesaaten sind etwa eine Woche früher schnittreif als Reinsaaten.

1. **Für leichtere Böden:**

a) 110 kg Süßlupine
   25 kg Serradella

b) 140 kg Süßlupine
   30 kg Hafer

c) 120 kg Süßlupine
   8 kg Hafer
   8 kg Sommerroggen
   (Sommergerste)

2. **Für bessere Böden:**

a) 80 kg Süßlupine
   20 kg Bohnen
   20 kg Peluschken

b) 130 kg Süßlupine
   50 kg Inkarnatklee

Bitterlupine, kein Grünfutter (S. 482). Anbau wie Süßlupine.

Grün- und Gärfuttermais

In Anbetracht des geringen Wasserbedürfnisses als Zweitfrucht nach Winterwickgemenge oder dem ersten Kleeschnitt geeignet, ferner nach Grünerbsen, in klimatisch günstigeren Lagen auch nach Frühkartoffeln, Raps oder Wintergerste. In trockenen Lagen ertragssicherer als Futterrüben, auch wesentlich geringerer Arbeitsaufwand! (Siehe S. 260.)

Düngung: Besonders Grünmais, aber auch Gärmais erfordert starke Stickstoffgaben (5—8 dz/ha Kalkammonsalpeter), auch Jauche. Zweckmäßig sind ferner gut verrotteter Stallmist sowie 5—6 dz/ha eines 16%igen Phosphatdüngers und 3—4 dz/ha 40%iges Kali. Durch Einstreu von Superphosphat in Stallmist (S. 54) oder Jauche (S. 64) erübrigt sich Phosphatdüngung.

Sorten:

Grünfuttermais

Caspersmeyers Silozahn
Rottaler Silomais
Beide Sorten sind spätreif. Sie eignen sich zum Gärfutteranbau nur in günstigen Lagen.
Vereduna Spät-grün (ein sehr standfester, massenwüchsiger Hybridmais, als Silomais nur in sehr günstigen warmen Lagen geeignet)

Gär- u. Grünfuttermais

Dr. Delilles Neue Kreuzung
Gelber Badischer Land
Pautzfelder
Prior
Hybridmais:
Goudster, Hybridor, Hymador – mittelfrüh
Hymaria, Hyperma – mittelspät

Hybridmais entsteht durch Kreuzung zweier aus Inzuchtlinien gezüchteter Stämme. Ihre Leistungsfähigkeit überträgt sich nicht auf die Nachkommenschaft. Daher ist Vermehrung im Nachbau nicht möglich, so daß jedes Jahr Originalsaatgut gekauft werden muß.

Grünmais

Saatzeit: Anfang Mai bis spätestens Mitte Juli (Wachstumsdauer 10—12 Wochen). Saatgut gegen Auflaufschäden beizen (S. 18)!

Saatmenge: 70—100 kg/ha, je frühreifender, um so stärkere Aussaat. *Saattiefe:* 4—6 cm. — *Reihenentfernung:* 50 cm, nicht vereinzeln, gegebenenfalls auf 10—15 cm verhacken.

Über sonstige *Pflegemaßnahmen* siehe Körnermais S. 146.

Schnittzeit: Nach der Blüte bis zur Milchreife der Kolben (hoher Zuckergehalt, sehr schmackhaft). Stärkere Nachtfröste verträgt die Pflanze nicht. Schnitt erfolgt mit Sichel, Haumesser, Getreideableger oder Selbstbinder. Beim Mähen 1. Gang fahren, nur halbe

Schnittbreite, damit Fördertücher Transport schaffen. Bei sehr hohem Bestand Haspel abbauen. Eine Person legt mit Rechen Stengel nach hinten um.

Gär-(Silo-)mais

Saatzeit: Ende April bis spätestens 10. Mai wie Körnermais (S. 144). Spätere Saaten bleiben arm an Kolben, dadurch ärmer an Zucker und gären infolgedessen schlecht. Saatgut beizen (S. 18)!

Saatmenge: 50—70 kg/ha, je frühreifender, um so stärkere Aussaat. Saattiefe: 4—6 cm. — Reihenentfernung: 60 bis 70 cm, nicht vereinzeln, auf 10—20 cm verhacken.

Über sonstige Pflegemaßnahmen siehe Körnermais S. 146.

Schnittzeit: Nach 15—17 Wochen, bei reinen Maisbeständen in der „Milchreife" (volle Kolbenausbildung, Körnerinhalt noch milchig). Bei Mischeinsäuerung mit anderen Futterpflanzen in der „Teigreife" (Korn noch weich, aber nicht mehr milchig — S. 333). Mais wird als sperriges Futter gehäckselt eingesäuert (ohne Sicherungsmittel), und zwar am besten mit Rübenblatt, Stoppelklee usw., da eiweißarm. Ernte wie Grünmais, leichter mit Feldhäcksler, auf 1—1,5 cm Länge.

Markstammkohl

Infolge des hohen Eiweißgehaltes von 1,8 bis 1,9 % (Stärkeeinh. 83 bis 85) und hohen Ertrages von 300 — 600 dz/ha (je nach Pflanzzeit und Bodenart) lassen sich mit Markstammkohl von allen Zwischenfruchtfutterpflanzen die höchsten Eiweißerträge von der Fläche erzielen. (Höchsterträge aber nur bei starker Düngung und später Ernte.) Markstammkohl ist allerdings dem Raupenfraß sehr ausgesetzt.

Der Anbau erfolgt nach Winterzwischenfrucht, Frühkartoffeln, Erbsen, Wintergerste, Raps und in klimatisch günstigen Lagen auch nach Roggen und Sommergerste.

Bodenansprüche: Ähnlich der Futterrübe, gedeiht aber noch auf den humosen frischen Sandböden, deren Kalkzustand in Ordnung ist. Er wächst auch bei Trockenheit verhältnismäßig leicht an.

Düngung: Starke Stickstoffgaben (4—5 dz/ha Kalkammonsalpeter oder ähnliches), auch Jauche sehr zweckmäßig, dagegen kein Stalldung (Begünstigung der Weißfäule — Ausfaulen des Marks). Ferner je 2—3 dz/ha Phosphatdünger oder Superjauche (S. 64) und 40 % Kali.

Die grünen, blattreichen und daher nährstoffreicheren Sorten verdienen vor den roten und bläulichen den Vorzug.

Pflanzzeit: Anfang Mai bis Mitte, spätestens Ende Juli. (In klimatisch günstigeren Lagen.) Die benötigten Pflanzen werden von April ab auf Pflanzbeeten (100 qm mit 400—600 g Saat genügen für 1 ha) am besten in Reihen herangezogen und später nach Aberntung der Vorfrucht ausgepflanzt.

Pflanzweite: 50×30 oder 40×40 cm, spätere Pflanzung enger.

Drillsaat: Bei früherer Aussaat, spätestens Mitte Juli, und nicht zu trockenen Gegenden (Erdflohgefahr) kommt Drillsaat (Arbeitsersparnis) in Stärke von 3—4 kg/ha und 40—50 cm Reihenentfernung in Frage. In klimatisch ungünstiger Lage (auch bei verspäteter Saat) 6—8 kg/ha bei 25—30 cm Reihenabstand. Verziehen und Verhacken der Drillsaat erbringt Ertragssenkung. Erdflöhe sofort mit Stäubemittel bekämpfen! — Hackmaschine (1×) zeitig einsetzen.

Ernte: Gedrillter Markstammkohl kann mit der Sense gemäht werden. (Blattreiches Futter mit weichem Stengel.) Der Ertrag ist um etwa 20 % geringer als bei gepflanztem Kohl. Sehr gut läßt sich auch der Grasmäher mit Ablegevorrichtung verwenden. Die abgelegten Bunde werden in Bündeln von 15—20 kg mit Strohseilen zusammengebunden, das erleichtert Transport und spätere Verarbeitung.

Gepflanzter Kohl läßt sich infolge seiner stärkeren Stengelteile nicht mähen. Die dicken Stämme entweder mit scharfem Spaten oder besser mit kräftigem Haumesser abschlagen und bündeln. Arbeitserleichternd: Feldhäcksler mit Maiserntevorsatz!

Tägliche Futtergabe: Bis zu 25—30 kg je Haupt Großvieh. Bei größeren Mengen können bei länger als zwei Wochen andauernder Verfütterung Erkrankungen an Blutarmut (Kohlanämie) auch Blutharnen eintreten, die nur durch sofortige Futterumstellung zu beheben sind. Daher nicht einseitig, sondern stets Rauhfutter mit verabreichen. Auch Einsäuerung kommt in Frage. (Gut zerkleinern.) Futterbeispiele siehe S. 479.

Das Blatt des Markstammkohls enthält etwa doppelt soviel Eiweiß wie der Stamm, welcher eine durchschnittliche Höhe von 1,2 m und mehr erreicht. Sehr dicke und harte Strünke werden nach Abschlagen des Blattkopfes am besten durch den Rübenschneider geschickt.

100 kg frischer grüner Markstammkohl sind in der Futterwirkung 80 kg Futterrüben + 2 kg eines Gemisches von Erdnußkuchen und Sojaschrot gleichzusetzen. Mit 0,25 ha gutbestandenem Markstammkohl lassen sich 10 Kühe 4—5 Wochen lang bei täglichen Gaben von 25 bis 30 kg ernähren. Da die Pflanze ohne Schaden 8—10° Frost verträgt, kann sie bis in den Winter hinein direkt vom Feld verfüttert werden. Gefrorenen Markstammkohl vor dem Verfüttern auftauen und sofort verwenden, weil er rasch fault (Verdauungsstörungen).

Kohlrübe

Über Pflanzmethode siehe S. 265.

Runkelrübe

Die Runkelrübe eignet sich als Zweitfrucht in nicht zu trockenen Lagen nur nach Raps, Rübsen und Futterroggen, dagegen nicht nach Landsberger Gemenge, welches dem Boden große Wassermengen entzieht. In allen Fällen kommt nur Pflanzen im Saatbeet, nicht aber Drillen in Frage (siehe unter „Runkelrübe“ S. 261).

Zuckerrübe

Die Zuckerrübe, Saatstärke 12—16 kg/ha, 25—30 cm Reihenabstand, nicht vereinzelt und in der Reihe wie die Industrierübe bearbeitet, bildet in der oft futterarmen Zeit Ende August / Anfang September eiweißreiches Beifutter, mit Rübe und Blatt zu gehäckseltem Mais und Sonnenblumen gefüttert. Sorte: Strubes G. K. (Grünköpfige).

Zuckerrüben werden von Pferden und Schweinen höher verwertet als von Wiederkäuern. (Siehe S. 472.)

Sommerfutterbau (Zweitfrüchte)

Ein Hülsenfruchtgemenge (Gemenge von Erbsen, Wicken, Bohnen, Peluschken für bessere Böden, und Gemenge von Süßlupinen, Peluschken für leichtere Böden) sollte in den Monaten Juni/Juli (nicht später!) nur auf tiefliegende, genügend feuchte Ackerstellen mit ausreichendem Kalkgehalt zur Aussaat kommen, wo das Risiko der teuren Aussaat nicht zu groß ist. Derartige Gemenge sind besonders eiweißreiche Milchfutter, die selbst zur Erzielung von guten Leistungen keiner weiteren Kraftfutterzugabe bedürfen.

Während die Peluschke die schmackhaftere Futterpflanze ist, enthält die Wicke mehr Eiweiß. Aussaat nach frühräumenden Feldfrüchten. (Saatbeispiele Seite 303/304.)

Stoppelsaat

Vorteile der Stoppelfrucht gegenüber der Untersaat: Wirksamere Unkrautbekämpfung, keine Ertragsminderung der Überfrucht bzw. Behinderung durch diese, aber höherer Arbeitsaufwand! Daher leichte und mittlere Böden bevorzugen.

Als Vorfrüchte kommen in der Hauptsache nur Wintergerste, Winterroggen, Raps, Rübsen und Frühkartoffeln in Frage. (Hafer und Sommergerste nur in Ausnahmefällen.) Die Vorfrüchte müssen jedenfalls spätestens Anfang August das Feld räumen. Damit sich der Anbau lohnt, sollen Leguminosengemenge wenigstens 170 dz/ha, Nichtleguminosen 130 dz/ha an grüner Masse erbringen.

Grundbedingung für die Aussaat von Stoppelfrüchten ist, daß die Stoppel nach der Getreidemahd sofort umgebrochen wird und anschließend die Drillmaschine folgt, um Wasserverluste zu vermeiden und die Bodenfeuchtigkeit für das Wachstum der Pflanzen auszunutzen.

„Nach der Mahd sogleich die Stoppelsaat." Wo morgens der Binder ging, müssen am selben Tag noch Pflug, Egge und Drillmaschine folgen. (Siehe auch S. 32.)

Denn ein Tag im Juli bedeutet mehr für den Erfolg als zehn Tage im August! Es ist also im allgemeinen falsch (schlechtes Erntewetter ausgenommen), größere Flächen zu mähen und einzufahren und dann erst mit der Pflugfurche und Bestellung der Zwischenfrucht zu beginnen. Die vorhandene Schattengare des Getreides durch sofortiges Pflügen und Stoppelsäen auszunutzen, muß oberster Grundsatz bei der Getreideernte sein! Die Stoppelfrucht dankt eine solche Maßnahme durch entsprechend üppige Entwicklung.

Ein Versuch ergab:

Gemenge (60 kg Wicken, 80 kg Peluschken, 30 kg Hafer, 30 kg Mais) nach Wintergerste:

Aussaatzeit	18. 7.	25. 7.	1. 8.
Grünmasseertrag dz/ha:	160	128	115

Gemenge nach Roggen:

Aussaatzeit:	25. 7.	3. 8.
Grünmasseerträge dz/ha:	130	104

Beim Abernten ist das Getreide in weiteren Abständen als sonst in geraden Reihen aufzustellen, damit der Boden zwischen den Hockenreihen bereits gepflügt, bearbeitet und bestellt wird, bevor das Getreide eingefahren ist. (Siehe S. 32.)

Trotzdem darf nichts überstürzt werden und ist auf saubere Bestellung zu achten. Denn es ist besser, Stoppelsaaten ein oder zwei Tage später, dafür aber sorgfältig durch entsprechend flaches Pflügen (14 bis 16 cm tief), mit anschließendem Eggen- und Walzenstrich einzubringen. Dadurch keimt das Saatgut leichter, besonders auch in trockenen Sommern, und können die Wurzeln auch leicht und tief in den Boden eindringen. Man erreicht also durch sorgfältige Bestellung einer verhältnismäßig kleinen Fläche mehr als durch nachlässige einer größeren Fläche. Zu beachten ist jedenfalls, daß der Stoppelfruchtbau um so sicherer gelingt, je sorgfältiger die Bestellung durchgeführt wird!

Hafer und Sommergerste sollen nicht im Spätsommer ausgesät werden, da diese zu diesem Zeitpunkt leicht vom Rost, Mehltau und tierischen Schädlingen (Fritfliege usw.) befallen werden und keine Masse mehr bringen. Daher eignen sich beide Getreidearten auch nicht als Stützpflanzen für Stoppelsaaten.

Hülsenfruchtgemenge

Nach Wintergerste, Raps und Frühkartoffeln (Grünerbsen), kann man durch ein Hülsenfruchtgemenge mit einer Zusammensetzung von 40 % Feld- (Futter) erbsen oder Peluschken, auch Wicken und 20 % Ackerbohnen (als Stützpflanze) beträchtliche Futtermengen gewinnen. Ferner starke Anreicherung des Bodens mit Stickstoff und Humus, so daß bei der nachfolgenden Hackfrucht höhere Erträge erzielt werden.

Die ausschließliche Verwendung der teuren Hülsenfruchtsaaten erfordert eine besonders sorgfältige Bestellung auf den hierfür geeigneten Böden. Sehr trockene Lagen kommen für die Aussaat von Bohnen und Wicken nicht in Frage. Dann sind Felderbsen und Peluschken zu bevorzugen. Saatzeit bis spätestens Ende Juli! (Wachstumsdauer 70 bis 80 Tage.) Dies gilt besonders dann, wenn in der Mischung ein größerer Anteil Wicken enthalten ist. Bohnen und Erbsen vertragen noch am besten eine spätere Aussaat bis etwa Mitte August. (Siehe auch S. 297 und S. 301.)

Wickenreinsaat bewährt sich nicht, da verhältnismäßig niedriger Grünmassenertrag und Wicken ohne Stützfrucht lagern, was die Ernte sehr erschwert.

Ackerbohnen und Erbsen auf besserem Boden verlangen tiefere Saat, Lupinen, Serradella und andere Feinsämereien müssen flacher gesät werden.

Aussaatbeispiele:

Für leichtere sandige, frische Böden kg/ha

	a	b	c	d	e
Süßlupinen	130	130	90	90	50
Felderbsen	60	—	60	50	50
Sommerwicken	—	50	50	—	40
Serradella	—	—	—	25	20

Für humosen, tiefgründigen Boden kg/ha

	a	b	c	d
Bohnen	120	80	120	50
Sommerwicken . . .	70	50	—	60
Felderbsen	—	60	90	60
Sonnenblumen . . .	—	—	—	6

Für mittlere und bessere Böden kg/ha:

140 kg Sommerwicke
60 kg Ackerbohnen
6 kg Winterraps

Für mittelschwere Lehmböden kg/ha
(110—120 Wachstumstage)

	Grünfutter			Gärfutter	
Felderbsen (auf leichtem Boden	a	b	c	a	b
Peluschken)	70	100	100	80	80
Sommerwicke	70	60	60	80	60
Pferdebohne (kleinkörnig) . . .	60	—	—	40	20
Sonnenblumen	—	4	—	—	—
Mais	—	—	25	—	—

Die Pferdebohne (sehr frostempfindlich) dient hierbei als Stützpflanze für Erbse und Wicke, damit diese nicht lagern und dadurch zum Teil vergilben oder verfaulen. Ihr Anteil darf besonders bei Verwendung von Gärfutter nicht zu hoch sein, da sie vom Vieh im gegorenen Zustand noch weniger gern als im grünen gefressen wird. An Stelle der Pferdebohne kann auch Mais (am besten eine massenwüchsige Sorte) oder die Sonnenblume und, besonders auf leichteren Böden, die Süßlupine als Stützpflanze Verwendung finden. Die Saatmenge darf aber nicht höher als 4—6 kg/ha sein, da die Sonnenblume die Peluschken und Wicken im Gemisch zu stark unterdrücken würde.

Besonders für Trockenlage geeignet (ha):

1. 140 kg Felderbsen + 40 kg Mais
2. 140 „ „ + 5 kg Sonnenblumen
3. 140 „ „ + 8 kg Senf

Mähreife: Bei Erbsen und Wicken mit beginnender bzw. vollentwickelter Blüte, bei Pferdebohnen mit beginnender Milchreife der Körner. Das sehr eiweißreiche Futter wird am besten eingesäuert und im Winter als Kraftfutter, 10—15 kg je Tier und Tag, verabreicht.

Stoppellupine
(Siehe S. 298)

Vielfach wird die Süßlupine zu Grünfutterzwecken nicht als Hauptfrucht und in Reinsaat, sondern als Zweitfrucht und im Gemisch mit anderen Futterpflanzen in die Getreidestoppel gesät. Während die gelbe und weiße Süßlupine bis spätestens Ende Juli zur Aussaat kommen müssen, kann die blaue Süßlupine noch bis etwa Mitte August gesät werden (180—200 kg/ha). Im Gemenge lassen sich Ackerbohnen und Felderbsen verwenden, die ebenfalls spätere Saatzeit vertragen (bis etwa 10. 8.).

Auf den leichteren Sandböden ist die gelbe Süßlupine der blauen vorzuziehen. Sie benötigt zur Entwicklung 80—90 Tage. Auf nicht zu leichten Böden wird dagegen am besten ein Gemenge von gelben und blauen Lupinen ausgesät, weil blaue Lupinen etwas schneller hochkommen und im Herbst noch etwas mehr Frost vertragen.

Da zu dichte Süßlupinenbestände bei Stoppeleinsaat leicht unter Wassermangel leiden, empfiehlt sich auf hellen Sandböden eine Aussaatmenge von nur 140 kg/ha (Weiko oder Sulfa - S. 159).

Reihenabstand: 20—25 cm. Lupine flach säen, da ihre Keimblätter die Erde durchbrechen müssen.

Als Grünfutter ist die Süßlupine im Herbst recht frostwiderstandsfähig und kann infolgedessen oft bis in den Dezember hinein vom Feld gefüttert werden. (Die Pflanze verträgt bis — 5° C.)

Mischsaaten (Aussaat/ha)

Helle Sandböden:	80 kg gelbblühende Süßlupinen 15 kg Serradella
Frische (schwärzliche) Sandböden:	80 kg gelbe oder 100 kg blaue Süßlupinen 80 kg Futtererbsen
Anlehmige Böden und böden mit pH über 6,0:	220 kg weißblühende Süßlupinen oder ein Gemenge von 100 kg weiße Süßlupinen + 80 kg Sommerwicken.

Nach der Rapsernte noch bestellbares Süßlupinengemenge:

120 kg Lupinen	ha
20 kg Serradella	
20—30 kg Peluschken	
20 kg Mais	

Mineraldüngung kann unterbleiben, doch muß die Bestellung sofort nach der Ernte erfolgen. Ab Anfang September schnittreif; oftmals wächst die Serradella nochmals nach und kann beweidet oder als Gründung untergepflügt werden.

Stoppelserradella

Bei frühzeitiger Bestellung, möglichst schon im ersten Drittel des Juli, spätestens aber bis Ende Juli, kann Serradella auch in Reinsaat nach erfolgtem Stoppelumbruch noch zur Aussaat gelangen.

Saatstärke: 50—60 kg/ha, Reihenabstand: 15 cm.

Bei günstigem Wetter kommt die Serradella bis zum Herbst noch zur Blüte. (Siehe auch S. 295.)

Die stickstoffzehrenden Stoppelfrüchte

Vorteile: Geringere Saatgutkosten, leichtere Saatbeschaffungsmöglichkeiten bzw. Eigenerzeugung. Es sind meist sehr schnellwüchsige Pflanzen, die noch nach spät das Feld räumendem Getreide zur Aussaat kommen können. Mäßige Boden- und Klimaansprüche.

Nachteile: Stärkere Düngung, vor allem mit Stickstoff, erforderlich, da die Fähigkeit zur Aufspeicherung des Luftstickstoffes fehlt. Ferner niedrigere Eiweißleistungen als die übrigen Futterpflanzen. Auch bleibt der Boden in weniger gutem Garezustand zurück.

Sonnenblume

Die Vorzüge der Sonnenblume sind: 1. billige Aussaat, 2. Schnellwüchsigkeit, 3. Trockenunempfindlichkeit.

Sie ist das anspruchsloseste und raschwüchsigste Grünfutter, das bei früher Aussaat bereits Ende Juni zur Verfügung steht. (Wachstumsdauer etwa 12 Wochen.) Infolge ihres geringen Nährstoffgehaltes sollte sie zu eiweißhaltigen Pflanzen, wie Luzerne, Rotklee, Süßlupinen usw. nur als Zufutter gegeben werden.

Düngung: 3—4 dz/ha salpeterhaltiger Stickstoff, Phosphat- und Kalidünger (je 2—3 dz/ha) am besten schon zur Hauptfrucht mitgeben. Die Pflanze ist auch für Stalldung und Jauche dankbar.

Sorten: Die frühreifere, weißsamige ungarische verdient für zeitige Saaten vor der massenwüchsigen, gestreiftsamigen ungarischen den Vorrang.

Aussaat: Mitte Mai (frostempfindlich) bis Ende Juli.

Für Spätsaaten, Mitte bis Ende Juli (in günstigen Jahren Anfang August) dagegen die gestreiftsamige vorziehen.

Saatmenge: Bis Ende Juni 20—30 kg, im Juli 30—40 kg/ha. Saattiefe: 3—4 cm. Reihenabstand: Bis Ende Juni 25—30 cm, nach diesem Zeitpunkt 25 cm. Gegebenenfalls Auslegen hinter Pflanzlochmaschine, 2—3 Körner je Loch, etwa 3 cm tief.

Schnittzeit: Zu Grünfutter: Wenn nur 10—20% der Pflanzen blühen. Später verholzt die Pflanze schnell.

Zur Gärfuttergewinnung: Wenn 50—100 % der Pflanzen in Blüte stehen (siehe S. 332).

Stärkere Bestände mit Faschinenmesser schneiden. Bei Stoppelsaaten läßt sich der Grasmäher mit Anhaublech oder Getreideableger verwenden. Zusammenbinden der Stengel mit Strohseilen in Getreidegarbenstärke erleichtert Transport und das Einsäuern. (Getreidebinder!) Zur Einsäuerung Sonnenblumen unbedingt häckseln.

Sonnenblumen sind frostempfindlich, aber gegen Frost doch widerstandsfähiger als der Mais.

Der Anbau von Mais mit Sonnenblumen zusammen ist nicht zu empfehlen, da Sonnenblumen den stark wasserbedürftigen Mais zumeist nicht hochkommen lassen. Eher gedeihen Sonnenblumen noch im Gemenge mit Raps als Stoppelsaat. (Nicht über 10 kg/ha Sonnenblumen!)

Weißer Senf

Senf ist infolge seiner kurzen Wachstumsperiode als Zwischenfruchtpflanze besonders in kalten Lagen und bei verspäteter Aussaatmöglichkeit sehr geeignet. Er läßt die späteste Bestellung zu und gedeiht auch auf trockenen, nicht zu sauren Böden, wenn er auch bei entsprechenden Niederschlägen mehr Masse liefert. (Gehalt an verdaul. Eiweiß 1,7% und 73 Stärkeeinheiten.)

Senf benötigt allerdings starke Stickstoffgaben, gibt andererseits aber bereits nach 6 Wochen gute Weidemöglichkeit und nach 8—10 Wochen schnittreifes Futter. — Infolge der starken Ausnutzung des Bodens gilt er als schlechte Vorfrucht.

Düngung: 3—4 dz/ha schnell wirkenden Stickstoff, wie Kalksalpeter oder entsprechende Jauchemengen (8000 bis 10 000 Ltr./ha).

Aussaat: Mitte (15.—20.) bis Ende August, nicht früher, da die Pflanze sonst zu schnell zur Blüte kommt und nicht genügend Grünmasse liefert. Auch zeitigste Frühjahrsaussaat ist möglich!

Saatmenge: 16—22 kg/ha. Reihenentfernung: 15 bis 20 cm. Saattiefe: 1 cm.

Schnittzeit: Grünfütterung bis zur Blüte. Späterhin wird Senf, da bereits sehr holzig und wegen seines scharfen, bitteren Geschmacks, vom Vieh nicht mehr gern gefressen. Gärfutter kann noch in der Vollblüte geschnitten werden. Senf verträgt etwa 5° Frost.

Im allgemeinen sind Gemengesaaten vorzuziehen (je ha):

a) Für sehr leichte Böden:	b) Für bessere Böden:
1. 12 kg Senf	1. 10 kg Senf
40 kg Buchweizen	10 kg Sommerrübsen
2. 12 kg Senf	2. 12 kg Senf
32 kg Buchweizen	4 kg Sommerrübsen
6 kg Sommerrübsen	3. 10 kg Senf
3. 4 kg Senf	4 kg Sommerrübsen
8 kg Riesenspörgel	3 kg Winterraps
7 kg Serradella	
40 kg Buchweizen	

Rübsen ist etwas schmackhafter als Senf. — Da Riesenspörgel frostempfindlich, ist er für verspäteten Anbau nicht geeignet. — Ein Gemenge von Senf mit Sommerraps ist wegen der verschiedenen Entwicklung beider Pflanzen nicht angebracht. Zur Blütezeit des Senfes ist der Raps erst sehr niedrig.

Ölrettich (Siletta)

Vorzüge gegenüber Ackersenf: besonders wüchsig, anspruchslos, vor allem geringer Senfölgehalt. Er verholzt nicht, wird durch Blüten- und Schotenansatz nicht bitter, also lange Abfütterungszeit, ein selbst in der Vollblüte von Tieren gern gefressenes Futter. Hinsichtlich Klima und Boden auch anspruchsloser als Sommerraps. Gegen Trockenheit sowie Früh- und Spätfröste wenig empfindlich, Anbau daher auch in Höhenlagen möglich.

Düngung: 4—5 dz/ha Stickstoffdünger (siehe Sommerraps), 1,50 bis 2 dz/ha Phosphatdünger, 2—3 dz/ha Patentkali. Bei Verwendung von Superjauche (S. 64) keine Phosphorsäure und weniger Stickstoff geben.

Sorte: Schneiders Futterölrettich „Siletta“. Saatzeit: Anfang März — Ende August. Saatmenge: 15—18 kg/ha. Saattiefe: 3—4 cm. Reihenabstand: 18—20 cm.

Schnittreife nach 40—50 Tagen. Erheblicher Ertragszuwachs zwischen beginnender und voller Blüte, daher nicht vor Eintritt der Vollblüte schneiden. (Während der Blüte wird die meiste Blattmasse gebildet.)

Erträge: 350—550 dz/ha.

Sommerraps

Sommerraps ist als Zwischenfrucht gut geeignet. Er verlangt etwas mehr Niederschläge als Senf. In sehr trockenen Jahren ist mit starkem Blattläusebefall zu rechnen. Sommerraps liebt keine zu leichten Sand- und schweren Tonböden und ist auch gegen Bodensäure empfindlich. Er hat als Zweitfrucht wie Winterraps garebildende Wirkung, also guten Vorfruchtwert. Raps besitzt ein außerordentlich stark entwickeltes Wurzelsystem. Er hinterläßt den Acker in unkrautfreiem Zustand, weil er den Boden bei kräftiger Düngung schnell deckt. Bei zu früher Saat vorzeitige Blüte, zu wenig Masse.

Düngung: 4—5 dz/ha salpeterhaltiger Dünger, zur Hälfte (Kalkammonsalpeter) vor der Saat, Rest (Kalksalpeter) auf fausthohe Pflanzen, sofern Feuchtigkeitszustand des Bodens und Wetterlage gute Ausnutzung der hohen Stickstoffgabe erwarten lassen. Auch Superjauche (S. 64) verwenden, ferner 10 dz/ha Branntkalk.

Saatzeit: In kälteren Lagen 1.—5. August, normale Verhältnisse 5.—15. August, in warmen Lagen 15.—25. August. (Lihoraps soll im Spätherbst Knospen bilden, aber nicht blühen.)

Bekannte Sorte „Liho"-Sommerraps, der von den Tieren lieber gefressen wird als z. B. Gelbsenf und sich auch zur Frühjahrsaussaat (März/April) eignet. Er ist dann bereits Mitte bis Ende Mai schnittreif. Bei Feuchtigkeit gedeiht Lihoraps auch auf leichtem Boden. — Ausfallgetreide vor Aussaat vernichten, damit Raps im Wuchs nicht beeinträchtigt wird, da er im Jugendstadium keine Beschattung verträgt.

Saatstärke: Unter günstigen Anbauverhältnissen 6 kg/ha, andernfalls 8 bis höchstens 10 kg/ha. Bei stärkerer Aussaat zwar mehr Grünmasse, aber geringerer Eiweißertrag, da zuviel Stengelbildung, auch Begünstigung vorzeitiger Blüte. Für Gründüngung (auch Breitsaat und spätere Saat möglich) 15—20 kg/ha zur Erzielung eines dichten Pflanzenbestandes.

Flache Aussaat (1—1,5 cm) in abgesetztes, fein hergerichtetes Saatbett. Reihenabst.: 25—30 cm. Bei zu dichter Saat und tarker Verunkrautung gegebenenfalls quer oder schräg zu den Reihen eggen.

Schnittzeit: 8—10 Wochen nach der Aussaat. Bis zu Beginn der Blüte ist Sommerraps ein gern gefressenes, milchtreibendes Futter mit einem Eiweißgehalt von 2%. Gegebenenfalls abweiden, auch zur Gärfutterbereitung geeignet. Schnittzeit läßt sich durch verzögerte Kopfdüngung hinauszögern und dadurch der Ertrag wesentlich steigern. Stärkere Nachtfröste schaden ihm nichts. Lihoraps verträgt 8—10° Kälte. Er wächst weiter, sobald es wieder wärmer wird. Daher erst als letztes Grün im November/Dezember vom Feld weg verfüttern.

Sommerroggen

Liefert als Zwischenfrucht nach später reifenden Getreidearten wertvolles und schmackhaftes Futter. In 2—3 Zeitabständen aussäen, 200—240 kg/ha. 3—4 dz/ha Kalksalpeter, Phosphat- und Kalidünger je 2 dz/ha oder verstärkt zur Vorfrucht geben.

Grünfutternutzung nach 7—8 Wochen bis zum Eintritt stärkerer Fröste. Ertrag etwa 100—150 dz/ha Grünmasse.

Spörgel (Knöterich, Knörich)

Auf leichtem Boden wachsend, liefert Spörgel ein durchaus geschätztes, besonders schmackhaftes, den Milchertrag und Fettgehalt steigerndes Grünfutter (1,7% Eiweiß, 101 St. E.), das nicht leicht überständig wird, wenig kälteempfindlich ist und sich auch zur Einsäuerung gut eignet. Auch von Schafen und Schweinen wird Spörgel gern gefressen.

Die Pflanze ist sehr schnellwüchsig und bereits nach 6—8 Wochen (Ackerspörgel, Wuchshöhe 20—30 cm) bzw. 10—12 Wochen (Riesenspörgel, Wuchshöhe 50—80 cm) schnittreif. Spörgel gedeiht am besten auf den frischen, humosen, etwas sauren Sandböden, wogegen trockene und kalkhaltige Böden nicht zusagen.

Der besseren Erträge wegen verdient Riesenspörgel vor dem Ackerspörgel den Vorzug. Er ist allerdings frostempfindlicher.

Die bis spätestens Mitte August vorzunehmende, sehr flache Aussaat (0,5—1,5 cm tief) erfolgt entweder engreihig (8—10 cm) mit der Drillmaschine in Stärke von 18—22 kg/ha oder in Breitsaat 24—28 kg stark. Letztere wird dann angewalzt.

Raschwirkender Salpeter-Stickstoff oder Jauche fördern den Ertrag der Spörgel-Reinsaat (stickstoffzehrend im Gegensatz zu Serradella), die allerdings selbst unter günstigen Voraussetzungen nicht höher als mit 80—100 dz/ha Grünmasse zu veranschlagen ist, also nur etwa die Hälfte an Grünfutter wie die Stoppelsüßlupine bringt. Da beim Abweiden sehr viel zertreten wird, ist die Mahd oder das Tüdern bis zu

Blühbeginn vorzuziehen. Überständiger Spörgel samt leicht aus und verunkrautet das Land.

Zur Erzielung höherer Massenerträge empfiehlt es sich, Spörgel nicht in Reinsaat, sondern im Gemenge mit anderen schnellwachsenden Zwischenfrüchten anzubauen, wie zum Beispiel (ha):

a) 10—12 kg Spörgel 10—12 kg Senf	c) 12 kg Spörgel 10 kg Senf 12 kg Sommerrübsen
b) 6 kg Spörgel 6 kg Senf 35 kg Serradella	d) 9 kg Spörgel 40 kg Buchweizen

Das unter b) genannte Gemisch kann nach 7—8 Wochen gemäht werden. Einige Wochen später ergibt die Serradella dann eine gute Weide.

Buchweizen (Heidekorn)

Für leichte, saure, humose Sand- und Moorböden geeignet.

Düngung: Reichlich Stickstoff. (3—4 dz/ha Kalkammonsalpeter.)

Sorten: Der braunkörnige Buchweizen wird für ärmere, der silbergraue für bessere Böden bevorzugt.

Aussaatzeit: Bis spätestens Mitte Juli, da sehr frostempfindlich. Saatmenge: 70 kg/ha, Breitsaat 90 kg/ha. Nur gut keimfähige Samen verwenden. Schlechte Saat ist häufig Ursache des Mißlingens. Reihenabstand: 10—15 cm. Wachstumsdauer: 6—8 Wochen. Schnittreife in der Vollblüte. Mittlerer Futterwert.

Im Gemengeanbau/ha:

a) 50 kg Buchweizen 5 kg Senf	c) 40 kg Buchweizen 9 kg Spörgel
b) 35 kg Buchweizen 14 kg Senf	d) 40 kg Buchweizen 9 kg Sonnenblumen
e) 40 kg Buchweizen 25 kg Serradella	

Stoppel- oder Wasserrübe

Über Anbau usw. siehe S. 272.

Winterzwischenfrüchte

Da sich stickstoffsammelnde Futterpflanzen im Frühjahr zu langsam entwickeln, müssen in den Monaten August / September als erstes Frühjahrsgrünfutter gut gedüngter Rübsen bzw. Raps, Futterroggen, Wickroggen und Landsberger Gemenge zum Anbau kommen. Überdies nutzen Winterzwischenfrüchte die Winterfeuchtigkeit besonders gut aus! Das ist für ausgesprochen trockene Lagen besonders wichtig. (Festes Saatbett, frühe Aussaat und für Rübsen, Raps und Futterroggen viel Stickstoff im zeitigen Frühjahr.) Allerdings hinterlassen Wicken- und Inkarnatkleegemische mit ihrem starken Wasserverbrauch den Boden oft in einem schlechteren Garezustand als Futterroggen, Futterraps oder- rübsen, obwohl letztere Stickstoffzehrer sind.

Der Anbau von Winterzwischenfrüchten ist im Vergleich zu Untersaaten und Stoppelsaaten weniger risikovoll (kein Wassermangel).

Übersichtstabelle über Anbau der einzelnen Winterzwischenfrüchte

Fruchtart	Günstigste Aussaatzeit	Aussaatmenge kg / ha	Drillweite und Drilltiefe	Schnittzeit
Sprengelrübsen (5 — 6 Tage vor Futterrübsen; für mittlere bis leichtere Böden das erste Grünfutter). Je Großvieh 2 — 3 a	Anfang Sept. (25. 8. — 15. 9.)	8 — 10	20 — 25 cm 0,5 — 1 cm	Anfang bis Mitte April. Nutzungsdauer 10 bis 14 Tage. Bei frühzeitiger Aussaat (Anfang August) ist noch im gleichen Herbst ein Schnitt möglich. (Bei etwa 25 cm Höhe.)
Sprengelraps (Rapskohl = Rapko, Kreuzung aus Raps und Krauskohl)	Mitte August (10. — 20. 8.)	8	25 — 30 cm 0,5 — 1 cm	Etwa zur gleichen Zeit wie Winterrübsen. Wird vom Vieh bis zum Abblühen gern gefressen. Nutzungsdauer etwa 3 Wochen.
Winterrübsen	5. September (1. — 10. 9.)	12 — 15	20 — 25 cm 0,5 — 1 cm	An den Sprengelrübsen anschließend, spätestens bei Beginn der Blüte. Als Gär- und Grünfutter gleich gut verwertbar. Vor dem Einsäuern unbedingt häckseln.
Frühroggen (Heßdorfer Johannis)	12. September (10. — 15. 9.)	150 — 180	10 — 12 cm (möglichst eng) 1 — 2 cm	Anfang bis Mitte Mai, spätestens zu Beginn des Ährenschiebens. Als Grün- und Gärfutter verwertbar. Nutzungsdauer etwa 7 Tage.
Winterraps	15. August (10. — 25. 8.)	10 — 12	25 cm 0,5 — 1 cm	10 Tage nach Winter-Rübsen, spätestens bei Beginn der Blüte, da das in der Blüte sich bildende Senföl vom Vieh gemieden wird.
Petkuser-Roggen (spät reif) für alle Böden und Lagen. Im Gemisch mit Raps oder Rübsen bessere Gärfähigkeit (6 kg Raps u. 150 kg/ha Roggen. Raps 35 cm Reihenabstand. Roggen 8—10 Tage später zwischen aufgelauf. Rapsreihen säen.)	15. September (10. — 20. 9.)	160 — 200	10 — 12 cm (möglichst eng) 1 — 2 cm	Mitte Mai (10.—20.5.) Im übrigen wie Frühroggen. (Kurz bevor sich die ersten Spitzen der Ähren beim Schossen zeigen. Wuchshöhe 40 — 50 cm.)

Fruchtart	Günstigste Aussaatzeit	Aussaatmenge kg/ha	Drillweite und Drilltiefe	Schnittzeit
Wickrapsgemenge	20. August (15. — 25. 8.)	30 — 40 Winterwicke, 10 Raps	15 cm 15 cm	Zur Grünfutternutzung vor der Blüte, zu Silozwecken in der Blüte schneiden.
Wickrübsengemenge	Wicke Ende August, Rübsen Mitte Septb.	30 Winterwicke, 10 — 15 Rübsen	15 cm 15 cm Gesamtreihenabstand d. einzelnen Futterpflanzen also 30 cm.	Auf keinen Fall Schotenansatz abwarten, weil Gärfähigkeit durch Ölgehalt der Schoten verlorengeht.
Wickroggen, bei Grünfütterung nicht mehr als 2,5 — 3,5 a je Stück Großvieh, da infolge schnellen Hartwerdens des Roggens der Futterwert bald nachläßt	10. Sept. oder besser noch Wicke 20.—30. 8., Roggen Mitte bis Ende Sept. Bei später, getrennter Roggenaussaat keine Egge verwenden, nur einwalzen (Ringelwalze)	Roggenanteil b. Grünfütterung höchstens 1/3 der gesamten Aussaatmenge = 32 bis 48 Roggen, 100 — 140 Wicke; zur Heuwerbung od. Einsäuerung 60 — 80 Roggen, 80 — 120 Wicke. In sehr feuchten Lagen geringen Wickenanteil, dafür mehr Roggen wählen, auch wenn das Gemenge schon sehr früh zur Verfütterung kommen soll.	12 -- 15 cm (nicht zu weit) 1 — 2 cm	Mitte Mai, spätestens beim Ährenspitzen des Roggens (40 bis 50 cm lang). Nutzungsdauer etwa 10 Tage. Eine Aussaat von 30 kg/ha Knaulgras mit der Wicke ermöglicht Nachnutzung (auf leichten Böden).
Wickweizen (für bessere Böden)	Wickenaussaat wie zuvor. Weizen Ende Septb. Anfang Oktober	50 — 60 Weizen, 80 — 120 Zottelwicke	15 cm 2 — 2,5 cm	10—14 Tage später als Wickroggen. Eine Aussaat von 20 kg Wiesenschwingel und 5 kg Lieschgras mit der Wicke ermöglicht Nachnutzung.
Weizen-Winter-Erbsengemisch	Erbsen Mitte Septb. bis Anfang Okt., Weizen später nachsäen.	150 Winter-Erbsen (winterharte Herkünfte), 50 Weizen	20 — 25 cm 2 — 2,5 cm	Ende Mai, vornehmlich zur Heu- und Gärfutterbereitung.
Landsberger Gemenge (Alle mittleren Böden.) Auf armen, sauren Sandböden, in höheren Lagen über 500 m und bei Kleemüdigkeit nicht zu empfehlen.	20. bis 25. 8. Spätere Saaten sind immer risikovoll und drükken den Zottelwickenanteil.	20 — 50 Winterwicke, 20 — 30 Inkarnatklee, 12 bis 24 Welsches Weidelgras. Bei Einsäuerung höheren Wickenanteil, bei Heuwerbung höheren Grasanteil nehmen. (Siehe Seite 314)	15 — 20 cm 2 cm	Mitte bis Ende Mai, sobald die Inkarnatkleeköpfe den ersten roten Schimmer zeigen. Heu nur auf Gerüsten trocknen. Im Juni Samenschnitt von nachwachsendem Weidelgras möglich. Durch Beimengen von etwas Raps oder Rübsen wird das Gemenge noch gärfähiger.

Futterbedarf:

30 a Rübsen oder Raps 30 a Futterroggen 20 a Landsberger Gemenge	decken den Futterbedarf für 10 Milchkühe für etwa 30 Tage bei täglich 60 kg je Kopf.

Futterplan:

Futterzeit	Futterart	Flächenbedarf je Kuh
1.—10. Mai	Rübsen, Raps	3 a
11.—20. Mai	Futterroggen	3 a
21.—30. Mai	Wickroggen oder Landsberger Gemenge	3 a
1. 6.—15. Sept.	Luzerne und Rotklee (evtl. auch Hülsenfruchtgemenge, Süßlupinen usw.)	8—10 a
15. 9.—15. Okt.	Stoppel-Grünfutter, Nachweide auf Grünland, Stoppeln, Rübenblatt	

Von Anfang Mai, in günstigen Jahren schon ab Mitte bis Ende April, steht also in der angeführten Reihenfolge junges, eiweißreiches Grünfutter zur Verfügung. Anschließend folgt der erste Luzerneschnitt, danach der erste Schnitt Rotklee. Ende Juni kann bereits ein im zeitigen Frühjahr ausgesätes Mischfutter schnittreif sein. Dadurch läßt sich die obige kritische Spanne eines drohenden Futtermangels überbrücken.

Vorteilhaft ist auch, eine besonders warm gelegene Koppel oder Wiese im zeitigen Frühjahr besonders stark zu düngen, um einen frühzeitigen Narbenaustrieb und frühen Grünfutterschnitt zu haben.

Sprengelrübsen / Sprengelraps

Diese unterscheiden sich von Rübsen und Raps bei etwa gleichem Eiweißgehalt durch Froh- und Frühwüchsigkeit, feine Sprengel auf den Blättern sowie großen Blattreichtum. Frühzeitiger Futterschnitt ermöglicht Nachbau von Futterrüben, Kartoffeln und in günstigen Jahren auch Zuckerrüben. Zu Rüben wird der Stallmist bereits im Sommer auf die Stoppel gefahren. Allerdings verlangt Sprengelraps guten Bodenschluß. Beide Futterarten werden auch noch nach der Blüte von den Tieren gern gefressen und bilden ein gutes Schweinefutter.

Ein evtl. Herbstschnitt, bei frühzeitiger Aussaat möglich, ist rechtzeitig zu nehmen, damit die Pflanzen noch vor Winter wieder nachwachsen können. Bei gemeinsamer Aussaat von 6 kg Sprengelrübsen und 3 kg Sprengelraps je ha läßt sich die Abfütterungszeit bei frühem Beginn über einen längeren Zeitraum ausdehnen.

Raps / Rübsen

Je dichter die Saat zur Grünfutterverwertung, desto saftreicher bleibt der Stengel und um so weniger verholzt dieser. Der Gehalt an verdaul. Eiweiß liegt bei 1,8%.

Wickroggen

Wickroggen mit 2,3% Eiweißgehalt ist auf leichteren Böden weit sicherer als ein Kleegrasgemenge. Die Zottelwicke, welche einen nur schwachsauren, besser noch neutral reagierenden Boden und ein lockeres Saatbett verlangt, zählt außerdem zu den eiweißreichsten Pflanzen und ist heufähig. Die Pannonische Winterwicke (weißblühend) kommt erst in zweiter Linie in Frage. Sie ist zwar weniger behaart und weniger hartschalig, dafür aber anspruchsvoller.

Der Roggenanteil ist nur so hoch zu wählen, wie er zur Erzielung einer ausreichenden Stütze der Wicke notwendig ist. (32 bis höchstens 48 kg/ha bei Grünfütterung, 60—80 kg/ha bei Heu- oder Gärfuttergewinnung.) Je höher der Wickenanteil, desto wertvoller das Futter! Roggen schoßt im Frühjahr sehr zeitig und wird dann hart. (Spätschossenden, wie Petkuser Roggen verwenden.)

In den östlichen Gebieten Deutschlands wird der Roggen gleichzeitig mit der Wicke ausgesät, im Süden und Westen mit langem Herbst dagegen 4—5 Wochen später in die Erde gebracht. (Fritfliegengefahr.) Dann ist der Reihenabstand des Roggens bis zu 30 cm zu wählen. Vor und nach der Einsaat darf nicht geeggt werden, da die junge Wickensaat hierunter leiden würde. Je früher die Wickenaussaat erfolgt (ab Mitte August), desto eher ist der Frühjahrsschnitt möglich.

Auf besseren Böden verwende man Weizen als Stützfrucht. Dieser paßt in der Entwicklung weit besser mit der Zottelwicke zusammen als Roggen, zumal die Schoßzeit des Weizens mit der Hauptentwicklung der Wicken zusammenfällt. Anbaumethode wie bei Roggen. Weizensaatmenge 50—60 kg/ha. Wicke gut auswachsen lassen, dann erst schneiden. Als Nachfrüchte eignen sich Futtermais oder Markstammkohl.

Futterroggen

Auf ganz leichten Schlägen empfiehlt sich der Anbau von reinem Futterroggen (1,9—2,1% verdaul. Eiweiß) und zwar je Großvieh 5—6 a, wenn ein Teil eingesäuert wird. Die Folge Grünfutterroggen — Süßlupine kann als beste Lösung des Eiweißfutterproblems für den Rindviehstall auf den leichten Böden angesehen werden. Gute Nachfrüchte sind auch Futtermais und Markstammkohl. Futterroggen 4—6 dz/ha Stickstoffdünger verabreichen! Viel Stickstoff erhöht Ertrag sowie Eiweißgehalt und ermöglicht früheren Futterschnitt.

Es ist die einfachste und sicherste Art der Futtergewinnung im zeitigen Frühjahr, besonders für leichte Böden. Aussaatmenge 150 bis 200 kg/ha, Tetraroggen 200—240 kg/ha. Saatgut gegen Fusariumbefall beizen! (Heßdorfer Johannis- oder Tetraroggen bevorzugen.) Enge Reihen, damit die Halme nicht zu kräftig werden. Zur Körnergewinnung der Süßlupine kommt der Anbau nach Futterroggen nicht in Frage.

Landsberger Gemenge

Arme, saure Sandböden sind nicht geeignet, desgleichen moorige Böden, bei denen Auswinterungsgefahr besteht. Landsberger Gemenge (verd. Eiweiß 2—2,2%) zehrt im Gegensatz zum Roggenwickgemenge infolge der flachen Bewurzelung stark an der Feuchtigkeit der oberen Bodenschichten! Daher sind Kartoffeln und Kohlrüben als Nachfrucht nicht angebracht, dagegen Futtermais, Süßlupinen, Peluschken-Wickgemenge, Markstammkohl oder Sonnenblumen. Auch empfiehlt es sich, in den Monaten Januar—Februar kurzen, gut verrotteten Mist auf das Gemenge zu fahren und den Dung vor Beginn der Vegetation mit einer Strauchschleppe gut zu verreiben. Der Mist wächst dann ein und trägt so zur Erhaltung der Gare des Bodens bei.

Im Landsberger Gemenge verwendet man entweder Welsches Weidelgras oder das allerdings weniger raschwüchsige Oldenburger Weidelgras. Letzteres ist winterhärter als ersteres, Westerwoldisches Weidelgras dagegen ist nicht geeignet, da diese Abart nur in ausgesprochen milden Lagen, wie in der Rheinebene, gut überwintert (s. 292/293).

Nach dem 25. August ausgesäte Bestände lassen im allgemeinen keine Höchsterträge mehr erwarten, da Zottelwicke und besonders Inkarnatklee bei späterer Saat sehr leicht auswintern! Einsaat in gut gefestigten Boden, daher zu tiefe Bodenlockerung vermeiden. Sehr üppige Bestände sind im Herbst bei trockener Witterung zu beweiden. Einen Herbstschnitt verträgt das Gemenge nicht.

Infolge der Behaarung von Inkarnatklee und Wicken dauert die Heuwerbung bei Landsberger Gemenge oft doppelt so lange wie bei Rotklee. Daher vermeide man die Bodentrocknung, durch welche bei Regenwetter besonders hohe Verluste entstehen können, und bevorzuge die Gerüsttrocknung auf Heuhütten oder Schwedenreutern.

Weitere Saatmischungen/ha (Landsberger Gemenge)

	a) Grünfutter-gewinnung:	b) Gärfutter-gewinnung:	c) Heu-gewinnung:
Inkarnatklee	16 kg	24 kg	25 kg
Weidelgras	24 „	12 „	24 „
Winterwicke	30 „	50 „	25 „

Sandböden in guter Kultur und bessere Böden:

20 kg Inkarnatklee, 20 kg Weidelgras, 40 kg Winterwicke.

Wo Kleekrebsgefahr besteht oder Inkarnatklee nicht zur Verfügung steht, letzteren weglassen und Zottelwicke auf 60 kg erhöhen. Dann geben 20 kg Weizeneinsaat eine gute Stütze. Andernfalls Weidelgras auf 24 kg erhöhen.

In rauheren Lagen ist höherer Wickenanteil wichtig, da dem Gemenge hierdurch größere Widerstandsfähigkeit erwächst. Dafür kann der weniger widerstandsfähige Inkarnatklee anteilmäßig gekürzt werden oder auch ganz fortbleiben.

Bei sehr schlechten Futterverhältnissen können Schläge mit gut überwintertem Landsberger Gemenge durch das nochmals nachwachsende Welsche Weidelgras bei ausreichender Stickstoffdüngung (Jauche!) im Juni/Juli noch einen zweiten Futterschnitt bzw. Samenschnitt liefern. (Gegebenenfalls Grasanteil nicht zu gering wählen.) Da der Samen sehr leicht ausfällt, muß das Welsche Weidelgras unbedingt rechtzeitig und mit entsprechender Vorsicht geerntet werden. (Siehe auch S. 292.)

Düngung der Winterzwischenfrüchte

In erster Linie kommt Jauche (6000—8000 Ltr./ha) und Stalldung in Frage, der dann auch den Nachfrüchten zur Verfügung steht. Gut verrotteter Stallmist kann über Winter als Kopfdünger ausgestreut werden. Jauche wird im zeitigen Frühjahr ausgefahren. Bei Verwendung von Superjauche (S. 64) genügen etwa die Hälfte der unten angegebenen Grunddünger.

Bei der Grunddüngung mit Phosphorsäure und Kali wird am besten der Bedarf der Nachfrucht (Kartoffeln, Zuckerrüben) mit einbezogen. Höhe der Streumenge etwa: 5—6 dz/ha Phosphatdünger und gleiche Mengen Patentkali (zu Kartoffeln) oder 6—8 dz/ha Phosphatdünger und 5 dz/ha 40er Kalidüngesalz (zu Zuckerrüben). Stoppeldüngung S. 90, 243!

Der die Erträge ganz wesentlich beeinflussende Stickstoff ist bereits Ende Februar / Anfang März auszustreuen, damit der Stickstoff den Pflanzen beim Erwachen der Vegetation sofort zur Verfügung steht. Er sollte möglichst in Form von Kalkammonsalpeter, Kalksalpeter oder eines anderen schnellöslichen Stickstoffdüngemittels in etwa folgender Menge je ha verabreicht werden:

Wickroggen Wickweizen Weizen-Wintererbsengemisch	= 1—2 dz
(Sprengel-)Raps und Rübsen	= 4—5 dz

Teilgaben sind im Herbst nur bei sehr nährstoffarmen Böden angebracht. Stärkere Gaben machen den Raps winterweich!

Futterroggen	= 4—6 dz

Landsberger Gemenge erhält nur dann Stickstoff (1,5—2 dz/ha), wenn die Leguminosen schlecht durch den Winter gekommen sind. Sonst werden die Leguminosen, insbesondere Wicken, durch den üppigen Wuchs der Gräser zu stark zurückgedrängt, so daß der Eiweißgehalt des Gesamtfutters gedrückt wird.

Schnittzeit der überwinterten Zwischenfrüchte

Mit dem Futterschnitt des ersten Grünfutters, wie Rübsen und Raps, sollte bereits begonnen werden, wenn die Pflanzen reichlich handhoch sind (Mitte bis Ende April). Es ist falsch, dem Milchvieh dieses besonders in der ersten Zeit äußerst eiweißreiche Grünfutter, welches bestem Kraftfutter gleichkommt und stark milchtreibend wirkt, satt zu reichen. Dies würde eine ungeheure Futterverschwendung bedeuten und, neben gesundheitlichen Schädigungen durch Eiweißüberfütterung, auch einen rapiden Rückgang des Fettgehaltes der Milch zur Folge haben. So reichen z. B. 60 kg junger Grünraps in bezug auf den Eiweißgehalt für etwa 14 Liter Milch aus, während Stärkeeinheiten nur für 5 kg Milch enthalten sind. Eine Beigabe stärkehaltiger Futtermittel wie Rüben, Kartoffeln bzw. entsprechende Silage (Mais), Trockenschnitzel, Klee, Trockenkartoffeln, Maiskolbenschrot, Kartoffelpülpe, Melasse, Heu oder zumindest von gutem Futterstroh ist daher unbedingt erforderlich. (Siehe auch S. 395.)

Man kann das Grünfutter auch zusammen mit Heu oder Stroh häckseln. Am besten ist es, morgens ganz frisches Grünfutter und abends Silage usw. zu reichen.

Der Übergang zur Grünfütterung muß allmählich erfolgen! Bei Raps und Rübsen beginnt man mit etwa 10 kg Tagesration und steigert diese allmählich, so daß nach sieben Tagen 50—60 kg je Tier verabreicht werden. Man beachte, daß in voller Blüte stehender Raps bzw. Rübsen wegen des in der Blüte sich bildenden Senföles vom Vieh nicht mehr gern gefressen wird.

Futterroggen und Wickroggen sind schnittreif, kurz bevor sich beim Schossen die ersten Spitzen der Ähren zeigen. Zu beachten ist, daß alle zeitigen Winterzwischenfrüchte, besonders Roggen, sehr rasch verholzen, also immer nur kurze Zeit wirklich nahrhaft und schmackhaft sind. Beste Schnittzeit für Landsberger Gemenge ist, wenn Inkarnatkleeköpfe den ersten roten Schimmer zeigen (Mitte/Ende Mai). Verzögerter Schnitt beeinträchtigt auch den Wuchs nachfolgender Früchte.

Sofortiger Umbruch der Grünfutterstoppel ist zur Erhaltung der Bodengare unbedingt erforderlich! (Siehe S. 40 oben.)

Inkarnatklee

Allgemeines

Inkarnatklee eignet sich besonders zur Herbst- und Frühjahrsweide, da im Gegensatz zu Rotklee so gut wie keine Aufblähgefahr besteht. Er ist recht kleekrebsempfindlich (s. unter Rotklee S. 283) und verlangt ein gut gefestigtes Saatbett und flache Aussaat. Nicht ganz rotkleesichere mittlere bis leichtere Böden in gutem Kulturzustand sind am geeignetsten. Saure Böden sowie leichter, trockener Sand scheiden dagegen aus. Mit sich selbst ist die Pflanze sehr schlecht verträglich. Reinsaat auf gleichem Feld darf daher frühestens nach 6 Jahren erfolgen. Infolge seiner schnellen Entwicklung verträgt Inkarnatklee eine Überfrucht nicht.

Düngung

Da Inkarnatklee nach Getreide steht, ist Stoppelkalkung zu empfehlen, ferner eine mittlere Kali-Phosphatdüngung. Kein Stickstoff.

Die tiefrot blühende Form ist gegenüber den weiß- bzw. hellblühenden Arten winterfester, auch früher schnittreif und zu bevorzugen.

Aussaat

Saatzeit: Ende Juli bis spätestens 20. August. Spätere Saaten wintern leicht aus, kommen auch im Frühjahr später zur Entwicklung. Im Frühjahr ausgesät, schießt der sich rasch entwickelnde Inkarnatklee zu schnell in die Höhe und liefert infolge der geringen Bestockung zu wenig Futtermasse. Außerdem räumt er dann das Feld zu spät, so daß eine Zweitfrucht im gleichen Jahr nicht mehr folgen kann. (Flache Saatfurche, flache Aussaat in gut abgelagertes Land.)

Keimfähigkeit prüfen, da überjährige Samen oft schlecht keimfähig sind. Alte Saat erkennt man an ihrer dunkleren Färbung.

Saatmenge: 30 kg/ha. Da Inkarnatklee die gleichen Bakterien hat wie Weiß-, Rot- und Schwedenklee, erübrigt sich ein Impfen der Saat bei erstmaligem Anbau, wenn bisher bereits eine der anderen drei Kleearten in der Fruchtfolge gestanden hat.

Reihenabstand: 15—20 cm. — Eine Herbstweide, gegebenenfalls auch Mahd mit folgender Walze, ist zur besseren Überwinterung dringend anzuraten. Inkarnatklee verträgt weder Kahlfröste noch eine hohe Schneedecke.

Schnitt

Schnittzeit: Kurz vor der Blüte, spätestens mit beginnender Rotfärbung der Knospen (vor der Blüte weiden) wird der Klee im Mai grün verfüttert oder auf Gerüsten getrocknet. (30—40 dz Heu/ha.) Infolge der starken Behaarung der Blätter wird er nur im jungen Zustand vom Vieh gern gefressen. Ertrag an Grünmasse 160—240 dz/ha.

Im Frühjahr soll Inkarnatklee nicht zur vollen Entwicklung kommen, da er dem Boden sonst (wie das Landsberger Gemenge) sehr große Wassermengen entzieht, worunter die Nachfrucht leidet. Bei eingesetzter Vollblüte verholzt er rasch, auch lichtet sich der Bestand dann durch Ausdürren der Pflanzen und somit des Bodens sehr nachteilig für die nachfolgende Frucht. Mit einem befriedigenden Nachwuchs ist nicht zu rechnen, daher sofort umbrechen.

Zur Samengewinnung angebauter Inkarnatklee darf nicht überreif werden, da die Samenhülsen sonst stark abfallen und erheblicher Verlust entsteht. Reifezeit 2—3 Wochen vor der Roggenernte. Die Mahd erfolgt am besten mit Getreideableger. Samenertrag: 4—8 dz/ha. Inkarnatklee wintert leicht aus, daher Gemenge vorziehen. Z. B. 24 kg Inkarnatklee + 20 kg Welsches Weidelgras, auch Landsberger Gemenge. (S. 311.)

Bokharaklee (Weißer Steinklee)

Bokharaklee, auch Riesenhonigklee genannt, steht im Eiweißgehalt der Luzerne und Süßlupine nicht viel nach (Heu=10,8% verd. Eiweiß). **Vorzüge**

Die Massenerträge sind hoch. Als Tiefwurzler wird er für den Anbau auf leichtestem, trockenem Sand- und Kiefernboden empfohlen (mit Ausnahme vielleicht von Ödlandkultivierungen, Flugsand und rohen Moorböden). Steinklee wächst auch auf kiesigen, steinigen, sogar flachgründigen Böden, wo selbst die Lupine nicht mehr in Frage kommt und wird hier geradezu als Pionierpflanze angesehen (weitverzweigtes Wurzelsystem und sehr tief greifende Pfahlwurzel, starke Anreicherung des Bodens mit Humus und Stickstoff). Er gedeiht aber auch auf den schwersten und zähesten Lehm- und Tonböden und ist sehr dürrefest.

Vorbedingung ist genügender Kalkgehalt des Bodens. Das Kalkbedürfnis entspricht etwa dem der Luzerne.

Bokharaklee ist mit sich selbst verträglich und kann nach wenigen Jahren wieder auf dem gleichen Feld gebaut werden. Er stellt eine ausgezeichnete Vorfrucht dar und kommt in der Stickstoffanreicherung des Bodens der Lupine gleich.

Düngung

Abgesehen von starken Kalkgaben ist Bokharaklee auch für eine Kali-Phosphatdüngung und auf ganz armen Böden für eine Stickstoffdüngung, ähnlich der Luzerne, dankbar.

Sorten

Zu unterscheiden sind:

a) der weißblühende, hochwachsende, dafür gröbere Bokharaklee,

b) der gelbblühende, nur mittelwüchsige, dafür feinblättrige.

Da der weißblühende einen geringeren Kumaringehalt hat, ist nur dieser anbauwürdig.

Aussaat

Saatzeit: Im sehr zeitigen Frühjahr, Ende Februar/Anfang März (ähnlich Rotklee). Die Aussaat erfolgt am besten in Winterroggen und erst in zweiter Linie zusammen mit der Sommerung (Sommergerste besonders geeignet). Reinsaat kommt höchstens als Zweitfrucht in Frage.

Saatmenge bei Drillsaat: 24—30 kg/ha. Breitwürfig 30—34 kg/ha (weniger zu empfehlen), zur Samengewinnung 12—15 kg/ha. Die höhere Menge gilt für ungeritzten Samen, der sehr hartschalig ist, doch wechselt die Hartschaligkeit in den einzelnen Jahren. (Bei erstmaligem Anbau das Saatgut gegebenenfalls mit arteigenen Bakterien impfen.) Mischsaat: 12 kg Bokharaklee + 12 kg Gelbklee + 2 kg Weißklee.

Reihenentfernung: 20 cm, zur Saatgutgewinnung 30 cm. — Saattiefe: flach, doch muß der Samen auf jeden Fall leicht mit Erde bedeckt werden. — Die Pflanze entwickelt sich im Anfang langsam.

Schnitt

Schnittzeit: Bokharaklee soll in jungem Zustand, d. h. vor der Blüte, bei Beginn des Knospenansatzes grün verfüttert oder besser noch zu Heu gemacht werden. Die Pflanze enthält nämlich ein Alkaloid, das auch in vielen Kräutern, vornehmlich aber im Waldmeister, vorkommt, Kumarin genannt. Dieses verleiht der Pflanze einen bitteren Geschmack (Waldmeistergeruch), verdunstet aber im Heu weitgehend. Daher wird Bokharaklee als Heu von den Tieren lieber gefressen als im grünen Zustand. Der Stengel verholzt sehr rasch, so daß der Beginn der Knospenausbildung nicht abgewartet werden sollte. Außerdem nimmt der Kumaringehalt in den Blättern und Stengelteilen zu. Im älteren Stadium ist Bokharaklee wegen des bitteren Kumaringehaltes nicht mehr verwendbar, aber eine vorzügliche Bienenweide.

Die Pflanze kann auch eingesäuert werden (selbst im blühenden Zustand), am besten im Gemisch mit Rübenblatt. Es sind Tagesaufnahmen bis 25 kg Gärfutter je Kopf möglich (Gärfutter riecht angenehm nach Waldmeister). Ferner ist eine Nutzung als Stoppelweide möglich, wenn die Tiere nicht durch schmackhafteres Futter verwöhnt sind.

Tiefer Schnitt schwächt die Pflanze, welche nicht aus dem Wurzelkopf, sondern aus der Stoppel, d. h. aus den ruhenden Augen der Stengelteile wieder ausschlägt. Bokharaklee muß daher mit höherer Stoppel gemäht werden, sonst treibt er gar nicht oder nur lückenhaft durch. Die Entwicklung der Pflanze erfolgt lediglich im Frühjahr aus der Blattrosette.

Bokharaklee bringt im Jahr zwei Futterschnitte, wobei die Hauptmasse im ersten Schnitt anfällt. Zur Heugewinnung werden am besten Reuter verwendet oder der Klee in Puppen zum Trocknen aufgesetzt. Da der stärkere Stengel etwas schwerer trocknet, würden bei der einfachen Bodentrocknung und dem erforderlichen Wenden hohe Blattverluste entstehen.

Gegen eine durch Lagern oder durch die Getreidestiegen der Deckfrucht hervorgerufene Beschattung ist die Pflanze empfindlich.

Zur Samengewinnung wird der erste oder zweite Schnitt genutzt. Zweijähriger Bokharaklee bringt nach zweimaliger Nutzung im ersten Jahr vom ersten Schnitt im zweiten Jahr 12—16 dz/ha Samen! Geht der Samengewinnung ein Futterschnitt voraus, kann noch mit einem Ertrag von 6—10 dz/ha gerechnet werden. Zur Samengewinnung muß der Schnitt (am besten mit Ableger) rechtzeitig erfolgen, sobald ein Drittel der Samen reif ist, da die Hülsen leicht abfallen. Der Klee wird möglichst bei trübem Wetter oder morgens im Tau gemäht, aufgebunden und in Rundhocken aufgestellt. Er braucht längere Zeit zum Trocknen. — Eingefahren wird mit Ernteplanen. Drusch erfolgt mit gewöhnlicher Dreschmaschine bei enger Korbstellung.

Umbruch

In Anbetracht der Hartschaligkeit des Samens und damit die Wurzelstöcke der zweijährigen Pflanze in der nachfolgenden Frucht nicht wieder neu austreiben und den Acker verunkrauten, darf die Stoppel nicht schon im Herbst, sondern erst im Frühjahr, nachdem die Pflanze neu ausgeschlagen (d. h. die Blattrosetten neu ausgetrieben haben) und mindestens handhoch ist, vollständig umgebrochen werden. Denn jeder Wurzelstock besitzt zunächst die Fähigkeit, Teilpflanzen zu bilden. Nach dem Austreiben der Blattrosetten ist dies nicht mehr zu befürchten. Die verhältnismäßig starken Wurzeln verrotten ziemlich schnell. Hinterher folgen am besten Kartoffeln.

Esparsette

Esparsette ist eine kleeartige, langausdauernde, dürrewiderstandsfähige, schmackhafte Futterpflanze. Sie liebt tiefgründigen, kalkhaltigen Boden und Wärme, wächst aber auch auf trockenen Kreideböden sowie steinigen und felsigen Böden. Nässe im Untergrund (bis zu 8 m tiefe Pfahlwurzel) und anhaltend feuchtes Klima führen zu Verrasung. Esparsette ist mit sich selbst unverträglich, daher auf gleichem Feld 6—8 Jahre Abstand einhalten. Sie dient vielfach als Wegbereiter für

Luzerne, stellt ähnliche Ansprüche, ist aber noch dürrefester und winterhärter und ebenfalls eine gute Vorfrucht. Infolge geringer Erträge beschränkt sich der Anbau auf wenige Gebiete (oft abgelegene, hängige Ländereien).

Aussaat: Februar/März, am besten nach stallmistgedüngter Hackfrucht, unter dünn stehendem Grünfuttergemenge.

Saatmenge: 160 kg/ha unenthülster Samen (keimt besser). Saattiefe: 2 cm, Reihenabstand: 16—18 cm. Ertragsunterschiede zwischen ein- und zweischüriger Saat gering. Schnitt: Wenn einschürig in voller Blüte (Juni), zweischürig vor Blühbeginn. Ertrag: Etwa 150—260 dz/ha Grünfutter oder 40—60 dz Heu.

Nachsaat bzw. Umbruch ausgewinterter Klee- und Luzerneschläge

Klee- oder Luzerneschläge, die über Winter durch Mäusefraß oder Auswinterung dünn geworden sind, können je ha eine Nachsaat von 20 kg Westerwoldischem Weidelgras oder von 5 kg Knaulgras und 10 kg Westerwoldischem oder Welschem Weidelgras erhalten. Dazu wird der Boden, sobald es sein Feuchtigkeitszustand zuläßt, stark aufgeeggt und nach der Saat angewalzt. — Oft läßt sich ein Umbruch infolge Totalschadens nicht vermeiden. (Im Zweifelsfall lieber umbrechen als nachsäen.) Dann wird die Aussaat von Hafer oder Hafer-Wickgemenge (je 30 kg/ha Hafer, Wicken und Peluschken) mit Untersaat von 40 kg Welschem Weidelgras und 8 kg/ha Ital. Rotklee empfohlen (reichlich düngen, vor allem mit Stickstoff oder Jauche). Auf ganz leichten Böden: 40—60 kg Serradella/ha. In Frage kommen ferner Reinsaat von Welschem Weidelgras. (Siehe S. 292) oder je ha:

80 kg Peluschken (Krupp) + 40 kg einjähriges Weidelgras.

Dieses Gemenge ist bereits nach 8—10 Wochen schnittreif. Reichlich Stickstoff nach dem 1. Schnitt ergibt viel Grasmasse.

Wehrdaer Mischung (Dr. Lemke)

50	kg	Futtererbsen	ha
25	„	Sommerwicken	
40	„	Hafer	
12	„	Italienischer Rotklee	
2	„	Schwedenklee	
8	„	Welsches oder Oldenburger Weidelgras	
12	„	Westerwolder Weidelgras	

Wick-Gemenge so früh wie möglich bestellen. Daran anschließend das Klee-Gras-Gemisch auf Walzstrich flach einsäen. Wick-Gemenge frühzeitig schneiden, sonst erstickt der Klee. Nach dem Schnitt 80 bis 100 kg/ha eines 20 % leichtlöslichen Stickstoffdüngemittels für das Kleegras streuen.

Nur zeitigste Saaten versprechen Erfolg!

Zeitpunkt des Grünfutterschnittes

Läßt es sich einrichten, soll Grünfutter erst in den Abendstunden bzw. späten Nachmittagsstunden geschnitten werden. Zu dieser Zeit ist der Nährstoffgehalt des Futters höher, als wenn der Schnitt in den Morgenstunden erfolgt. Dies ist darauf zurückzuführen, daß Stärke, Zucker, Fett und Eiweiß von der Pflanze nur mit Hilfe des Sonnenlichtes gebildet werden können und die hierzu erforderliche Assimilation (Kohlensäureaufnahme) nur am Tage erfolgen kann. Die Nährstoffe verbleiben zunächst am Entstehungsort, also hauptsächlich in den Blättern und werden erst in der Nacht, wenn also keine Lichtwirkung mehr vorhanden ist, zu allen Wachstumspunkten einschließlich der Wurzeln abtransportiert. Abgesehen davon kann die Pflanze während der Nacht auch Nährstoffe durch Atmung verlieren. (Siehe S. 335 unten.)

Aus den angeführten Gründen hat Grünfutter infolge seines höheren Nährstoffgehaltes am Abend auch einen geringeren Wassergehalt, so daß die Tiere eine größere Menge davon aufnehmen können.

Grünfutteraufbewahrung

Frisch geschnittenes Grünfutter erhitzt sich leicht, wenn es auf Haufen gebracht wird oder längere Zeit auf dem Wagen liegen bleibt. Es muß möglichst dünn ausgebreitet aufbewahrt werden. Das trifft besonders für auf Vorrat (Sonn- und Feiertage) gemähtes Futter zu. Dies wird am besten auf einem vom Boden etwas erhöhten Lattengerüst luftig im Schatten aufbewahrt (Scheunentenne, Durchfahrt, Schuppen).

d) Zusätzliche Futtermittel in Notzeiten

Eicheln, Kastanien

Eicheln und Roßkastanien sind im Nährwert dem Futtergetreide gleichzusetzen. Im geschälten Zustand übertreffen sie sogar den Gesamtnährwert von Gerste bei allerdings geringerem Eiweißgehalt.

Nährstoffgehalt (Futterwerttabelle der DLG):

	verdaul. Eiweiß	Stärkeeinh.
Frische Eicheln	3,0 %	423
Getrocknete Eicheln	4,9 %	720
Frische Kastanien	2,7 %	448
Getrocknete Kastanien	4,4 %	754

In geschältem Zustand ist der Futterwert von Eicheln und Kastanien ein noch höherer. Er beruht in erster Linie auf dem Gehalt an stickstofffreien Extraktstoffen; das fehlende Eiweiß ist bei der Verfütterung entsprechend zu ergänzen.

In Eicheln und Kastanien sind Bitter- und Gerbstoffe enthalten, an welche sich die Tiere erst gewöhnen müssen. Durch längeres Wässern bei öfterem Wasserwechsel lassen sich diese Bitterstoffe (ähnlich wie bei der Bitterlupine) sowie auch die Gerbsäure zum Teil auslaugen, so daß eine erhebliche Geschmacksverbesserung eintritt. Die Früchte müssen aber zu diesem Zweck geschält oder wenigstens grob zerkleinert werden. Kochen ist nicht notwendig. Auch durch Rösten im Backofen bei mäßiger Hitze, oder bei größeren Mengen durch Darren, werden die Bitterstoffe größtenteils zerstört.

Wo die Möglichkeit besteht, lasse man herabgefallene Eicheln und Kastanien von Schweinen, Schafen und Ziegen selbst aufsuchen. Frischfütterung ist immer das Zweckmäßigste. Im Stall gereicht, werden die Früchte zur leichteren Futteraufnahme und gegebenenfalls auch zur Wässerung zerstampft oder zerquetscht (schroten). Die Tiere gewöhnen sich bald an den herben Geschmack, der durch Beimischen von zuckerhaltigen Futtermitteln (Melasse und Zuckerschnitzeln) oder durch etwas Viehsalz verbessert werden kann.

Da Eicheln und Kastanien stopfende Wirkung haben, werden sie, abgesehen von den schon genannten zuckerhaltigen Futtermitteln, am besten zusammen mit Grünfutter oder zerkleinerten Hackfrüchten, Rübenblatt, Sauerblatt und Rübenschnitzeln verfüttert.

lla-Alleslader „Meteor" beim Halbheuladen für Silage.
'erkbild Fella-Werke, Feucht/Bayern)

ınomag mit Anbau-Mähwerk und hydraulischem Frontlader mäht, schiebt sammen und lädt in einem Arbeitsgang

:her-Rekordlader mit Pick-up-Aufnahme, Arbeitsbreite 1,65 m

Draht-Bremer Häckselkorb. Der Korb wird aus dem Fahrgestell herausgekippt (oben). Ausrollen des Inhaltes auf der Stallgangkante. Die rechte Hand hält den Korb am drehbaren Griff (unten)

GÄRFUTTER-
BEREITUNG

Stahlnetzsilo: Draht-Bremer Kno
gittersilo mit Hartfaserplatten-W
dung mit Türzwischenstück, d
welches das Futter entnommen w
den kann. Der entleerte Silo k
zusammengelegt und bis zu se
Wiederverwendung aufbewahrt w
den. (Genaue Anweisungen s. S. 3

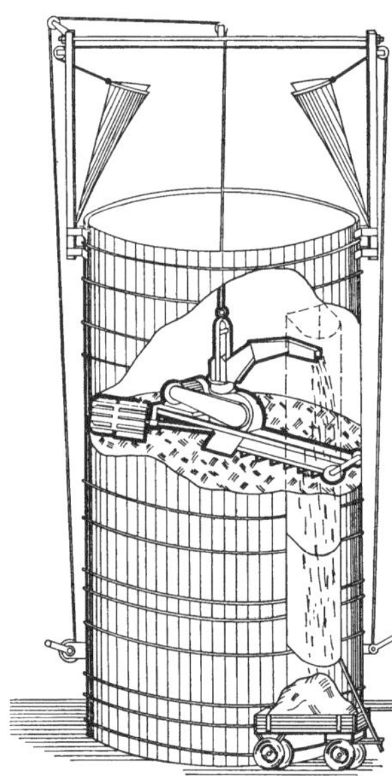

Automatische Silofräse von Selz, die
Rundsilos mit besonderem Entnahm
schlitz oben auf den Futterstock au
gesetzt wird. Sie fördert das Futt
selbsttätig aus dem Silo in bereitstehe
den Wagen oder auf Förderband. Frä
läßt sich für mehrere Silos mit gleiche
Durchmesser verwenden.
(Bild Gebr. Selz, Neustadt/Aisch)

Defu-Eisenbeton-Hochsilo mit Krananlage.
(Defu-Bild Ferd. Schmidt, Verden/Aller)

U n t e n : Viereckige Gärfutterbehälte
Linker Behälter mit Aufsatzkasten, d
aus vier Teilen besteht und leicht zusar
mengesetzt werden kann. (Siehe S. 32

Es erhalten Eicheln:

Pferde bis 3 kg frisch oder 1,5 kg getrocknet,
Milchkühe bis 4 kg frisch,
Zug- und Mastochsen bis 6 kg frisch,
Mastschweine bis 1,5 kg frisch oder 0,5 kg getrocknet
Schafe und Ziegen etwa 0,5 kg frisch.
Hochtragende Kühe und Sauen erhalten keine Eicheln!

Es erhalten Kastanien:

Milchkühe bis zu 5 kg (gewöhnen sich schnell daran),
Zugochsen und Mastrinder bis zu 10 kg, ohne Nachteil,
Pferde bis zu 3 kg,
Schafe, Schweine und Ziegen etwa 0,5 kg.

Fütterung von Eicheln und Kastanien an Schweine 4—6 Wochen vor dem Schlachten einstellen. Sonst verfärben sich die Därme durch die in den Futtermitteln enthaltene Gerbsäure schwarzblau und werden unbrauchbar.

Größere Mengen werden auf luftige Böden gebracht und zum Trocknen öfter umgeschaufelt. (Gefahr der Schimmelbildung.)

Bucheckern

B u c h e c k e r n enthalten ein Gift, das nicht nur Menschen, sondern besonders auch Einhufern (Pferd, Maultier, Esel) gefährlich ist, und zwar auch in Form von Preßkuchen. Nicht einwandfrei riechende oder schmeckende Bucheckern sind ebenfalls schädlich. Verfütterung von Bucheckern-Preßrückständen ist daher auf Schweine und Mastrinder zu beschränken, denen auch nur mäßige Mengen davon zu verabreichen sind. (Je 100 kg Lebendgewicht nicht mehr als 4 kg Preßkuchen.)

Kartoffelkraut

K a r t o f f e l k r a u t. Siehe S. 238.

Quecken

Q u e c k e n sind entweder durch Waschen oder bei größeren Mengen durch Dreschen von Sand möglichst zu befreien. Sie enthalten getrocknet bei etwa 86% Trockenmasse 13,1% verdauliches Eiweiß und 361 Stärkeeinheiten, d. h. ihr Futterwert entspricht nach dem Eiweißgehalt dem eines sehr guten, nach dem Stärkewert dem eines mittelguten Wiesenheues. Die Verfütterung erfolgt, sofern sandfrei, am besten an Pferde. Aber auch die anderen Tiergattungen nehmen sie gern auf.

Dem Nährstoff entsprechend, treten an die Stelle von 1 kg Futtergetreide = 2,25 kg getrocknete oder 9—10 kg frische Queckenwurzeln.

Futterwert von Laubreisig (Blätter und Zweige)

Reihenfolge des steigenden Nährwertes (nach Nehring):

Birke, Rotbuche — Roßkastanie, Schwarzerle, Eiche, Hainbuche — Robinie, Hasel, Weide, Ulme — Ahorn, Linde, Esche, Pappel — Schwarzer Holunder. Buchen- und Birkenlaubreisig besitzt also nur geringen Futterwert. — Die b e s t e Z e i t z u r W e r b u n g von Laubreisig ist der Monat Juli. Dann ist das Verhältnis Laub : Zweige am günstigsten und damit auch der Futterwert entsprechend höher.

XI.

Futterbereitung

a) Gärfutter

Allgemeines

Während die Eiweißverluste selbst bei sorgfältigster Trocknung noch etwa 15% betragen (mit Ausnahme der künstlichen Trocknung), sinken diese bei der Gärfutterbereitung auf etwa 5% des in der grünen Pflanze enthaltenen Eiweißgehaltes herab. Der Vitamingehalt der grünen Pflanze wird im Gegensatz zur Heutrocknung durch die Gärung ebenfalls nicht wesentlich beeinflußt. Auch wirkt Gärfutter auf die Farbe tierischer Erzeugnisse, wie Milch, Butter, Eidotter ähnlich wie die grüne Pflanze. Die blasse Farbe verschwindet, dafür tritt ein sattes, kräftiges Gelb. Legeleistung und Schlupffähigkeit der Hühner werden günstig beeinflußt. Der Mineralstoffgehalt der grünen Pflanze bleibt ebenfalls erhalten.

Den größten Vorteil hat Silagefütterung für niederschlagsarme Gebiete und für Weidebetriebe hinsichtlich der Futterversorgung in den alljährlich im Sommer auftretenden Trockenzeiten (Juli—August). Hier kommt dem Silieren von Winterzwischenfrüchten besondere Bedeutung zu. Auch lassen sich plötzlich in großen Mengen anfallende Futtermassen (auch bei unsicherer Witterung) durch Einsäuerung unter geringen Verlusten nahezu unbegrenzte Zeit haltbar machen (Futtersparbüchse). Dies geschieht durch Einwirkung von Stoffen, die sich durch bestimmte Gärungsvorgänge in den Futtermassen bilden und auf diese konservierend wirken. Gärfutter mindert das Wetterrisiko!

Stehen keine gas- und wasserdichten Behälter zur Verfügung, können behelfsmäßige Erdgruben unter Verwendung von Bretterverschlag, Ziegelsteinen, notfalls Stroh, benutzt werden. Auch ist in diesem Fall die Errichtung eines Strohsilos anzuraten. Letzterer ist für außerplanmäßige Einsäuerung größerer Futtermengen in futterreichen Jahren besonders geeignet!

Haupterfordernis bei der Gärfutterbereitung ist, daß der Luftsauerstoff, der zu einem unerwünschten Temperaturanstieg im Silo führt und damit die Buttersäuregärung begünstigt, bei und nach der Gärfuttereinlagerung so schnell wie möglich aus dem Futterstock entfernt und sein Wiedereindringen von außen her verhindert wird. Das läßt sich nur durch eine möglichst schnelle und feste Lagerung des Futters erreichen. — Die Einsäuerung unter Verwendung von Kohlensäure führt zu dem gleichen Ziel. Durch die Kohlensäure wird die Luft aus dem Futter verdrängt und so die Voraussetzung für die Milchsäuregärung geschaffen.

Es darf nur sauber gewonnenes Futter in möglichst jungem und zartem Zustand zur Einsäuerung kommen! Niemals kann besseres Futter aus dem Gärbehälter herauskommen als eingelagert wurde! Minderwertiges bzw. nicht ganz einwandfreies Grünfutter gehört also nicht in den Silo! Der Silo ist möglichst zweimal im Jahr zu füllen (Frühjahr und Herbst).

Behälterbau

Silage kann sowohl in massiven Behältern als auch in Behelfssilos (Erdmieten, Erdgruben, Fahr-, Wannen-, Strohsilo, Drahtgeflecht- oder Stahlnetzsilo) gewonnen werden. Je primitiver die Behälterart, um so größer die bei der Gärung entstehenden Verluste. Diese sind mit 20—40 % in einfachen Erdgruben etwa doppelt so hoch wie in Massivbehältern. Stroh-, Fahr- und Stahlnetzsilo liegen hinsichtlich Verluste zwischen beiden Siloformen.

Massive Behälter

Sind in bezug auf Futterqualität allen anderen Siloformen eindeutig überlegen. Stärkerer Eigendruck des Futters ergibt dichtere Lagerung, vor allem der unteren Schichten (geringe Nährstoffverluste). Weiter oben kann Luft durch Preßvorrichtungen schnell entfernt werden. Die kleine Oberfläche des Futterstockes läßt sich durch Abdecken leicht gegen Außenluft schützen. Mehrfaches Nachfüllen (bei Hochsilos) möglich.

K o s t e n : Für einen Massivsilo 35—60 DM/cbm. Leichtbausilo aus Stahlbeton 25—30 DM/cbm, bei entsprechender Mithilfe. Kostensparend sind Hochsilos aus Baustahlgewebe mit Rippenstreckmetall als Träger des in mehreren Arbeitsgängen angetragenen Zementmörtels (Putzverfahren). Diese an keine bestimmte Größe gebundene Bauweise erfordert wenig Material, keine auswärtigen Spezialkräfte, keine Verschalung. Erstellung mit jedem örtlichen Baufacharbeiter unter weitgehender eigener Mithilfe möglich.

Die höheren Baukosten des Massivsilos machen sich bei einer Lebensdauer von 50 Jahren und darüber in wenigen Jahren bezahlt. Unterhaltungskosten gering.

Standort des Silos

Sehr zweckmäßig ist Aufstellen der Gärfutterbehälter in Gebäuden wie Scheunen oder anderen bedeckten Räumen mit genügend hohem Dach für die Füllarbeiten (3 m über Behälter). Dadurch unbehindertes Arbeiten auch an Regentagen und leichtes Anbringen von Betondeckeln und -gewichten an der festen Dachkonstruktion.

Beschickung und Entleerung des Silos erfordern geringeren Arbeitsaufwand, wenn die Möglichkeit besteht, natürliches Gefälle (z. B. Anlage neben einer Hocheinfahrt) auszunutzen. Ferner ist es arbeitserleichternd, Gärfutterbehälter möglichst in unmittelbarer Nähe des Rindviehstalles so aufzustellen, daß Entnahmeluken zur Futtertenne liegen. Bei Betrieben bis zu 12 Kühen bringt Einbau des Silos in das Stallgebäude arbeitswirtschaftliche Vorteile (kein Zwischentransport erforderlich, Gärfutter liegt in Gabelreichweite zur Krippe). Ein verschließbarer Abwurfschacht verhindert Geruchsbelästigung.

Baumaterial

B a u m a t e r i a l : Stahlbeton, Betonformsteine, hartgebrannte Ziegelsteine (Klinker), Hourdishohlziegel, glasierte Steinzeughohlblocksteine, Holz, Metall (Stahlblech). Zunehmend Verwendung finden Stahlklappschalung, Gleitschalungsbauweise und Leichtbauweise.

Holzbehälter

H o l z b e h ä l t e r (Lärchen- oder Kiefernholz), welche besonders an der Stelle gut imprägniert sein müssen, wo sie aus der Erde ragen, sind in holzreichen Gegenden verbreitet und von fast unbegrenzter Lebensdauer. (Meist unter Schuppen oder in Scheunen aufgestellt.) Ihr Vorteil liegt darin, daß sie transportabel sind, in kurzer Zeit aufgestellt und sofort gefüllt werden können und das Gärfutter selbst bei großer Kälte von innen nicht angefriert, weil Holz ein schlechter Wärmeleiter ist. Das verwendete Holz muß abgelagert, gut lufttrocken und ohne

Astlöcher sein, damit sich keine Fugen bilden und der Behälter nicht undicht wird; daher ist auch Überdachung sehr zweckmäßig. In die Erde versenkt, wird zwar der Druck der Gärfuttermasse ausgeschaltet und Austrocknen des Holzes verhindert, aber dessen Haltbarkeit stark herabgemindert. Besser ist es, wenn die Bottiche auf Pfeilerfundamenten ruhen, damit die Luft den Silo von allen Seiten umspülen kann.

Die Säuren des Gärfutters tragen im Gegensatz zu anderem Baumaterial durch Verschließen der Poren des Holzes, das durch die im Zellsaft vorhandenen Eiweißstoffe und Gerbsäure noch verstärkt wird, wodurch sich ein feiner Überzug bildet, zur Konservierung bzw. Imprägnierung des Holzes bei. Ein Innenanstrich ist daher überflüssig. Außen wird zur Konservierung ein Bitumenanstrich verwendet.

Nach Entleerung wird die Innenwand des Holzbehälters mit Kalkmilch gereinigt, vor der Füllung angefeuchtet und die den Behälter außen umfassenden Spannringe werden erforderlichenfalls nachgezogen.

Siloform

Rundsilos beanspruchen weniger Material (schwächere Wände infolge gleichmäßiger Druckverteilung), quadratische oder rechteckige Silos weniger Raum. Ecken werden abgerundet. Für Hochbehälter (Höhe 6 m und darüber) kommen nur Rundsilos in Frage. Gärfutterbehälter dürfen nicht zur Ersparnis einer Wand an bestehende Gebäude errichtet werden, da sich kein einwandfreier Abschluß erzielen läßt. Silosohle nicht tiefer als 1,5 m versenken, Entnahme sonst sehr arbeitsaufwendig. Bei zu hohem Grundwasserstand Untergrund drainieren.

Silogröße

Für Betriebe unter 10 ha nicht größer als 12 cbm. Für mittlere Betriebe 20—25 cbm, für Großbetriebe auch darüber. Der Behälter soll möglichst in 1 Tag gefüllt werden. Daher sind mehrere kleine Silos stets zweckmäßiger. Oberfläche des Silos dem täglichen Futterbedarf anpassen. Kleine Anstichfläche schützt Gärfutter auch im Sommer vor Verderben.

Saftabfluß

Bei wasserreichen (Rübenblatt) oder sehr feucht eingebrachten Pflanzen erforderlich. Sonst leidet das Futter in den untersten Schichten infolge stärkerer Bildung von Essigsäure. Bewährt haben sich Saftabflüsse in Form eines gebogenen Rohres an der tiefsten Stelle des geneigten und mit Holzrosten versehenen Silobodens. Diese münden in einem Sammelschacht außerhalb des Silos oder in einer Jauchegrube. Sie sind mit Holz- oder Gummistöpsel oder Absperrschieber aus Metall (teurer) verschließbar. Der stets im Knie des Rohres verbleibende Saftrest verhindert Luftzutritt von außen. Saftabfluß erst nach Füllung des Silos für 3—4 Tage öffnen.

Bei dem heute angestrebten Vorwelken des Futters vor Einbringen in den Behälter ist Saftbildung sehr gering, so daß an Stelle eines Saftabflusses meist eine 1/10 des Behälterraumes ausmachende Holzroste (überkreuzliegende Balken und Stangen) oder 10 cm starke Spreulage je 1 m Silohöhe zum Aufsaugen des Sickersaftes genügt. Bei gehäckseltem Füllgut Roste mit Langstroh abdecken, um Verstopfung zu vermeiden. —

Saftverfütterung

Saft sollte frisch in kleinen Mengen mit Spreu verfüttert werden, sofern bei der Gärfutterbereitung keine Säurezusätze verwendet werden. Bei Zuckerrübenblatt-Silagesaft ist Vorsicht geboten. Sein hoher Kaligehalt kann bei Verfütterung größerer Mengen zu Störungen des Mineralstoffwechsels der Tiere führen. Derartigen Sickersaft, dessen Säuren Ammoniakgas binden, am besten über die

Jauchegrube dem Acker zuführen. Darauf achten, daß der stets saure Silagesaft ungeschützten Zement zerstört.

Aufsatzkasten (Abb. neb. S. 321)

Aufsatz aus Holz, Hartfaserplatten oder Blech bis zu 3—4 m Silohöhe ermöglicht volle Ausnutzung des Siloraumes. Der seitlich luftdicht abschließende, aus 2—3 cm starken, senkrechten Brettern usw. hergestellte Füllaufsatz muß etwa 1,5 m hoch sein, damit der Gärbehälter nach Absacken des Futters bis zum oberen Rand gefüllt ist. Die Bretter o. ä. müssen etwas in den Behälter eingreifen, damit das Futter leicht nachsackt. Der Aufsatz kann (in mehrtägigem Abstand) für weitere Silos gleicher Größe Verwendung finden. Nach Füllen des Aufsatzes sofort Wasserpresse oder feuchte Spreu- und Lehmschicht aufbringen, die mit auf den festen Behälter absackt.

Da der Aufsatz fast ebenso teuer ist wie ein entsprechend höherer Silo, sollte der Gärbehälter besser gleich um die Höhe des Aufsatzes höher in Beton ausgeführt werden (auch arbeitserleichternd).

Auswurfluken

Auswurfluken zur Futterentnahme sind bei allen über 3 m hohen Behältern in Abständen von 1,5—2 m (von Unterkante zu Unterkante) erforderlich, 0,5—1 m über dem Erdboden beginnend. Lichte Weite 50×65 cm. Die mit Leder-, Gummistreifen oder Teerstricken abgedichteten Verschlußdeckel werden von außen am einbetonierten Rahmen mit Keilen oder Schrauben befestigt. Die Verschlüsse müssen völlig luft- und wasserdicht abschließen, damit kein Futter verdirbt (Schimmelbildung). Luken sind dann entbehrlich, wenn die Entleerung (wie Beschickung) durch eine (meist ortsfeste) Greiferanlage erfolgt. Bei bis 1,5 m in die Erde eingelassenen Massivsilos bis etwa 3 m Behälterhöhe erleichtert eine 0.5 m über dem Erdboden liegende Luke die Futterentnahme. Wenn Silo etwas höher, zusätzlich am oberen Behälterrand Auswurfschlitz anbringen.

Schutzanstrich

Massivbehälter müssen auf der Innenfläche einen säurebeständigen Anstrich aus Silolack erhalten, sobald der Zementputz völlig trocken ist. Er dichtet die Behälterwände gasdicht ab und schützt den Putz vor Zerstörungen. Bedarf bei zweimaligem Anstrich etwa 1/2 kg Silolack je cbm Gärraum. Zunächst wird der Boden gestrichen, dann die Innenwände waagerecht, abschließend ein senkrechter Strich. Da sich beim Anstrich schädliche Gase entwickeln können, ist die mit dieser Arbeit beschäftigte Person stets anzuseilen und zu beobachten. Nicht rauchen, kein offenes Licht verwenden. Überstreichen des völlig trockenen Silolackes mit in Magermilch angerührtem Kalk erhöht die Haltbarkeit des Schutzanstriches auf mehrere Jahre. Dazu trägt auch gründliches Säubern des entleerten Gärfutterbehälters bei, der anschließend innen mit heißer Sodalösung (1:10) abzuwaschen und mit klarem Wasser auszuspülen ist. H o l z s i l o s benötigen innen keinen Anstrich.

Ein S c h u t z d a c h ist für im Freien stehende Silos mit Ausnahme von Silos mit Tauchdeckel erforderlich. Es hält Niederschlagswasser ab und verhindert Frostschäden an den Behälterwänden. Leerstehende Holzbehälter werden gegen austrocknende Sonnenstrahlen geschützt. Es genügt flache Bedachung, die beim Füllen gegebenenfalls abgenommen, zur Seite geschoben oder mittels Seilzug hochgewunden werden kann. Als Material kommt mit Dachpappe verkleidetes Holz, Wellblech oder Eternit in Frage.

Stahlnetz-(Draht-)silo

Ein versetzbarer Rundbehälter, dessen Drahtgeflecht an der Innenseite mit Silopapier oder besser mit Hartfaser- oder Sperrholzplatten ausgelegt wird. Durch Aufsetzen einzelner Drahtringe läßt sich der Silo bequem füllen. Zur Futterentnahme werden die Ringe nach Bedarf abgenommen. Drahtsilos sind stand-, druck-, säure- und wasserfest. Besonders groß ist die Haltbarkeit des Draht-Bremer-Knotengitter-Silos. Die Hartplatten sind bei pfleglicher Behandlung etwa 10 Jahre gebrauchsfähig, das Knotengitter hält unbegrenzt. Die Silogrößen schwanken zwischen 10—100 cbm Inhalt, die Höhe beträgt etwa 2—6 m. Zur Futterentnahme kann bei größeren Silos eine Tür geliefert werden. Vor dem Füllen wird das Drahtgitter auf möglichst festen, ebenen Boden gestellt. Eine Spreuunterlage dient zum Auffangen des Sickersaftes. Futter im Behälter gründlich festtreten, Beschickung (von Hand oder mit einem Wurf- oder Gebläsehäcksler) darf nicht einseitig, sondern muß gleichmäßig erfolgen, damit sich das Stahldrahtgerippe nicht verzieht. Nach der Mitte zu soll der Futterstock zur besseren Pressung gewölbt sein. Eiweißreiche Pflanzen erfordern ein Sicherungsmittel (S. 336). Abdeckung entweder mit Spreu und Erde oder durch Steine usw. zu beschwerende Bretter. Entleerte Drahtgitter können zusammengerollt aufbewahrt werden. Sie bedürfen keiner besonderen Pflege.

Fahrsilo (Flachsilo)

Ein ebenerdig gelegener, durch mindestens 2 m hohes, seitliches Mauerwerk (Beton oder Stahlbeton) begrenzter, langgestreckter, möglichst 7 m breiter Gärfutterbehälter mit mindestens 80—100 cbm Fassungsvermögen.

Vorteil: Leichte Beschickung und Entleerung. Beschicken kann mit Wagen, Festdrücken der Futtermassen mit Trettieren oder möglichst schwerem, eisenbereiften oder mit Gitterrädern versehenen Schlepper erfolgen.

Zu diesem Zweck muß Grünmasse rampenartige Auffahrt bilden. Der befestigte Boden wird mit etwas Gefälle versehen. Saftrinnen leiten den Sickersaft in einen Sammelschacht ab. Leicht geneigte Wände (1:4) ermöglichen Trettieren und Schleppern, auch den äußersten Rand der Futtermassen genügend festzutreten. Rübenblätter lassen sich durch Abzug der Blattmassen vom Wagen mittels Seil oder Kette schnell und mühelos entladen. Diese werden am hinteren Wagenende befestigt und dann mitten auf die Plattform gelegt. Das Ende wird um das volle Fuder herumgeschlagen und nach Hereinfahren des Wagens in den Fahrsilo an einem Haken befestigt, der an der Stirnseite des Silos angebracht ist. Beim Vorwärtsfahren entleert sich dann der Blattwagen von selbst. Grünfutter wird am besten gehäckselt eingesäuert.

Behälter mit Spreu abdecken, dann wie bei Strohsilo noch 8—10 Tage durch Tier oder Schlepper festigen. Kunststoff-Planen oder leicht abnehmbare Wellblechplatten schützen das Gärfutter vor Witterungseinflüssen. Zur Futterentnahme kann mit dem Wagen in den Silo gefahren werden. Auch der Frontlader läßt sich verwenden, sofern nicht ein Förderband zweckmäßiger ist. Fahrsilos sind in erster Linie zur Einsäuerung von leicht vergärbarem Futter zu verwenden (Zuckerrübenblatt, Mais usw.). Bei eiweißreichen Pflanzen treten meist größere Verluste auf. Daher ist der Fahrsilo nur für Betriebe über 25 ha LN geeignet. Eine Füllung erfordert 1000—1200 dz Zuckerrübenblatt oder Gras von etwa 5—6 ha.

Strohsilo

Der Vorzug des Strohsilos (ein seit 1923 ausprobiertes, von dem bayrischen Bauern Haimerl entwickeltes Verfahren) gegenüber dem festen Behälter ist der, daß der Strohsilo transportabel ist und jeweils dort errichtet werden kann, wo er arbeitsmäßig am günstigsten liegt bzw. wo das Futter wächst, also keine weitere Anfuhr von Grünfutter und Rübenblatt erforderlich ist. (Hof, Scheune, Schuppen, am Stall — wobei, im Gegensatz zum Festbehälter, für eine Seite die feste Wand einer Scheune usw. ausgenutzt werden kann — Futterschlag oder Weide.) Seine Herstellung ist billig, auch ist er leicht zu füllen, und das zur Einsäuerung vorgesehene Grünfutter braucht nicht gehäckselt zu werden. (Bei Futtermengen unter 100—120 dz ist die Erdgrube günstiger.)

Bauanweisung

Bauanweisung: Der Strohbehälter wird grundsätzlich zu ebener Erde errichtet. Die rechteckige Form erleichtert das Füllen von beiden Seiten und das Festtreten des Futters.

Zunächst werden 2,5—3 m lange, 20—30 cm starke Stützpfosten 3 bis höchstens 4 m voneinander entfernt, 80—100 cm tief in die Erde eingelassen. Die Löcher sind möglichst eng auszuheben und die Pfosten mit Steinen gut zu verkeilen, um ein Ausbiegen der Pfosten zu verhindern. An der Außenseite ist jeder 3. Pfahl mit schrägen Streben zu verstärken, damit die Pfähle nicht nachgeben. An Stelle von Stangen können auch Wände und Mauern benutzt werden.

Dann werden stärkere Latten, armdicke Stangen oder auch Draht, die den Strohballen guten Halt bieten sollen, an der Innenseite des Behälters in Abständen von 30—40 cm übereinander an die Pfähle entweder genagelt oder wie bei Koppeltoren mit Hufeisen befestigt. (Letzteres empfiehlt sich bei öfterem Versetzen des Behälters.)

Die Innenseite dieses Zaunes ist mit hochkant (aufrecht) gestellten, möglichst zweimal bindfadengebundenen Strohballen auszufüllen, die gegen Hineinfallen in den Raum am Zaun mit Bindfaden oder straff gespanntem Draht befestigt werden. Bei Verwendung von drahtgepreßtem Stroh müssen zwei oder drei Ballen übereinandergestapelt werden, damit Drahtseite auf Drahtseite zu liegen kommt, um Berührung des Futters mit dem Draht möglichst zu vermeiden, da dieser brüchig werden, reißen und in das Futter gelangen könnte. Steht nur loses Stroh zur Verfügung, muß ein doppelter Zaun mit 20—30 cm engem Lattenabstand errichtet werden, dessen Zwischenraum mit Stroh vollgestopft wird.

Bei Strohmangel läßt sich Rapsstroh, Rohr, Kartoffelkraut oder Reisig verwenden. Notfalls können an Stelle von Stroh mindestens 2 cm starke, gesäumte Bretter Verwendung finden. Dann sind die Pfosten aber nicht weiter als 1 m voneinander entfernt zu stellen, damit sie den durch das Festtreten entstehenden Druck aushalten.

Das Stroh soll das Gärfutter zusammenhalten, den Gärdruck abfangen bzw. mildern und die Möglichkeit geben, mit dem Tier die Grünfuttermassen bis an den Rand festzutreten. Es hat also nicht den Zweck, den Silo luftdicht abzuschließen. Dies wird vielmehr durch die sich bildende Schmierschicht erreicht. (Tretwirkung!)

Die Ecken des Strohbehälters werden mit 2—3 Strohballen ausgepolstert, um auch hier die Kraft des Gärdruckes zu brechen und weil die Trettiere nicht bis in die äußersten Winkel kommen und das Futter hier locker bleiben und schimmeln würde und infolgedessen größere Randverluste entstünden.

Ein entsprechend weiter Eingang von 1—2 m an einer Schmalseite bleibt für die Trettiere usw. frei. Später wird mit einigen Strohbunden eine schiefe Ebene errichtet, damit die Tiere leichter herausgeführt werden können. Andernfalls muß mit Strohballen eine provisorische Rampe errichtet werden.

Vor dem Eingang dient eine bis zu 5 m lange Stroh- oder Spreuschicht zum Auffangen des an den Hufen bzw. Klauen der Trettiere haftenden Schmutzes. Nach Möglichkeit sollen die Tiere vor dem Einlaß in den Strohbehälter abgemistet (Schafe) bzw. gestallt haben.

Größenmaße des Strohsilos

Höhe: etwa 1,60 m (Länge eines aufrechtstehenden Strohballens). Bei höheren Strohsilos wird auf einem am Boden liegenden Strohballen der zweite Ballen darauf gestellt oder aber erst nach entsprechender Füllung des Behälters ein zweites Strohbund aufgesetzt. (Je höher, desto wirksamer der Eigendruck der Futtermassen.)

Breite: Von mindestens 4 m an bis 7 m (wenn die Füllung von beiden Seiten möglich ist). Wenn zu breit angelegt, bereitet die Beförderung des Futters vom Wagen in den Behälter sowie die sorgfältige Verteilung Schwierigkeiten, es sei denn, daß mit dem Wagen auf den Futterstapel gefahren wird. Es ist zweckmäßig, wenn man an den Silo von allen Seiten heranfahren kann.

Länge: Je nach Futteranfall. Der Strohsilo muß mindestens so groß sein, daß sich ein Trettier darin gut bewegen kann (6 m lang, 4 m breit).

Füllen des Strohbehälters

Bevor mit dem Füllen des Behälters begonnen wird, ist zum Auffangen und zur Verwertung des sich sammelnden Sickersaftes eine mindestens 30 cm starke Spreuschicht (am besten Gerstenspreu), Strohhäcksel, notfalls auch Kurzstroh als Bodenunterlage aufzubringen, wie auch das Dazwischenschichten von Spreu bei der Silierung von jungen, saftreichen Futterpflanzen zum Aufsaugen des austretenden Saftes sehr zweckmäßig ist.

Das zur Einsäuerung bestimmte Grünfutter soll nicht regennaß, auch nicht stark wasserhaltig, sondern bereits etwas angewelkt in den Behälter gebracht werden. Je weniger Wasser in den Silo kommt, desto besser verläuft die Gärung. Nur Mais und Sonnenblumen können sofort nach dem Schnitt in den Strohsilo gebracht werden. Auch Rübenblätter sind sofort einzusäuern und nicht erst tagelang draußen liegen zu lassen, während z. B. junge Wicken, die besonders wasserhaltig sind, bei praller Sonne bis zu einem vollen Tag draußen liegenbleiben sollen. (Siehe Seite 334.)

Häckseln nicht erforderlich

Häckseln von langstengeligem, sperrigem Futter, wie Mais, Sonnenblumen usw. ist beim Strohsilo nicht erforderlich, da sich langes, ungehäckseltes Futter von Tieren viel besser festtreten läßt als gehäckseltes. Eine Ausnahme bildet nur trockenes Körnermaisstroh, das zu häckseln ist.

Sperriges Futter wird entweder beim Füllen in nicht zu dicken Lagen gepackt, ähnlich wie Getreide in der Scheune oder mit Gras,

Lupinen, Klee, Luzerne oder Hülsenfrüchten siliert, so daß die Hohlräume zwischen den gröberen Stengeln von feinerem Grünfutter ausgefüllt werden. Auch fütterungsmäßig ist es richtig, bei verschiedenem Futter dieses schichtweise, miteinander abwechselnd, einzulegen. Das verbessert die Schmackhaftigkeit und den Gärungsverlauf. Dabei muß aber unaufhörlich festgetreten werden! (Bis das Futter zertreten aussieht und an der Oberfläche glänzt!)

Runkelrübenblätter sind als oberste Deckschicht nicht geeignet, weil diese obenauf leicht faulen und der abfließende Saft die Deckschicht des Futterstockes dann ziemlich tief verdirbt. Sehr eiweißreiches Futter sollte möglichst in die untersten Schichten kommen, damit die Vergärung durch den Druck der darüber lagernden Futtermassen begünstigt wird. — Grünfutter im Behälter mit der Gabel sorgfältig verteilen, also nicht in wirren Haufen hineinwerfen. Hohlräume führen zur Schimmelbildung und Fehlgärung!

Sicherungsmittel

Sicherungsmittel: Zusatz von Kofasalz, Amasil u. a. ist bei Strohbehältern nicht unbedingt erforderlich. Nur bei ausschließlicher Einsäuerung von sehr eiweißreichem Futter ist die Verwendung von Sicherungsmitteln notwendig. (Siehe S. 336.)

Der Futterstock muß ähnlich einem Uhrglas nach der Mitte zu gewölbt sein, und es ist damit bereits von unten her zu beginnen. Das bewirkt eine bessere Pressung der Futtermassen.

Luft heraustreten!

Die Qualität des Gärfutters wird von der Gründlichkeit des Festtretens bestimmt, das im Gegensatz zum Massivsilo im Strohsilo nicht durch Menschen, sondern durch Tiere mit ihrem größeren Gewicht durchgeführt werden muß. Nicht nur beim Füllen selbst, beginnend bei etwa 20 cm Futterhöhe, bis zum Ende der Füllung, wobei am besten die eine Hälfte des Behälters gefüllt, während die andere Hälfte festgetreten wird, sondern wenigstens noch 10 Tage nach Fertigfüllung und Abdeckung des Behälters mit einer 10 — 15 cm starken Spreuschicht, müssen Pferde beim Aufsfeldziehen und beim Nachhausekommen durch den Strohbehälter geführt werden, desgleichen die zur Weide getriebenen Rindviehherden, Schafe und sogar Schweine. (Die spitzen Klauen von Schafen und Schweinen sind besonders wirksam.) Auch Traktoren, möglichst eisenbereift und evtl. mit angehängter Walze, sind hierfür geeignet. Der Eigendruck des Futterstockes im Hochbehälter wird im Strohsilo durch mechanische Tretwirkung von Tieren oder Druckwirkung von Traktoren ersetzt. Daher wird besonders beim Strohsilo das Arbeitstempo vom Verteilen und Festtreten des Futters bestimmt und nicht vom Anfahren und Abladen!

Besser ist es allerdings, ein ständiges, nicht zu schwerfälliges Trettier zu verwenden (bei mehr als 10 Fuhren täglich werden zwei Trettiere benötigt — Bulle, Kuh, Ochse, Pferd).

Mit diesen sollen die Futtermassen ununterbrochen und nach dem Füllen und Spreuabdecken unbedingt noch etwa 10 Tage lang täglich eine Stunde festgetreten werden. Auf Festtreten der Ränder (auch durch Menschen, Fuß neben Fuß ganz dicht an der Strohwand entlang) ist besonders zu achten!

Kot und Harn des Tieres sind zur Vermeidung einer Verunreinigung des Futters mit einem Eimer aufzufangen. Auch ist vor den Einlaß zum Behälter zweckmäßigerweise als Abtreter eine 5 m lange Strohschütte zu legen.

Wenn das Futter an der Oberfläche glänzt, ein Zeichen dafür, daß der Saftaustritt aus den Pflanzenzellen erfolgt ist, und der Huf eines größeren Tieres oder die Räder eines leichten Wagens nicht mehr einsinken bzw. federn, erst dann sind die Voraussetzungen für einen guten Gärverlauf der Futtermasse gegeben. Das Futter muß einen dichten Block bilden, aus dem die Luft restlos „herausgetreten" wurde und die Außenluft nicht mehr eindringen kann, es muß so fest liegen wie eine Scheunentenne!

Deckschicht

Abschließend, also auf die mit festgetretene Spreudecke, wird zum Aufsaugen des Regens noch eine Stroh- bzw. Kartoffelkrautschicht obenauf gepackt. Auch abgewelktes, minderwertiges Gras von Grabenrändern usw. läßt sich verwenden. Eine Lehm- bzw. Erdbedeckung erübrigt sich durch das Nachtreten, da der erforderliche obere Luftabschluß infolge der durch das Treten gebildeten Schmierschicht erreicht wird, die größere Deckenverluste verhütet.

Reicht die im Augenblick anfallende Futtermasse zur Füllung des Strohsilos nicht aus, kann später nach Entfernung der Spreu nachgefüllt werden. Auch hierbei ist auf gründliches Festtreten größter Wert zu legen und anschließend wieder mit einer 10—15 cm starken Spreuschicht abzudecken, die ebenfalls wieder gut festgestampft bzw. festgetreten werden soll (zwecks fester Verbindung mit der Futterschicht).

Die an der Berührungsfläche von Futterstock und Strohwandung sowie oben an derjenigen von Futterstock und Spreuschicht sich bildende, etwa 2 cm starke Schmierschicht wirkt wie ein luftdichter Abschluß. Ist diese Schmierschicht dicker als 3 cm, so wurde nicht sorgfältig genug gearbeitet.

Futter-entnahme (Abb. neben S. 337)

Die Entnahme des Futters, die bereits 3—4 Wochen nach beendeter Füllung des Strohsilos erfolgen kann, wird durch Abschneiden der Masse mit Silo-Messer oder geschärftem Spaten von oben nach unten vorgenommen, nachdem eine Strohwand (Schmalseite) entfernt worden ist. Dies hat auch den Vorteil, daß bei schichtweiser Einlagerung des Futters eine entsprechende Mischung bei der Entnahme eintritt, im Gegensatz zu anderen Gärfutterbehältern, bei denen immer nur die oberste Schicht abgenommen werden kann.

Für 500 dz Futteranfall werden 50 qm Fläche benötigt.

Ein Kubikmeter Gärfutter im Strohsilo enthält:

Silomais	5 dz Grünmasse
Süßlupine	6 dz „
Landsberger Gemenge . . .	7 dz „
Junges Gras	8 dz „

Kartoffeln im Strohsilo

Kartoffeln lassen sich ebenfalls mit gutem Erfolg im Strohbehälter einsäuern. Sollen zum Festtreten Tiere verwendet werden, sind die heißen Kartoffeln mit einer Schicht Grünfutter zu überdecken, wie überhaupt Kartoffeln sehr gut im Gemisch mit jungem, eiweißreichem, zerkleinertem Grünfutter, wie Stoppelklee, Luzerne, Serradella, Leguminosengemenge, Süßlupinen, Rübenblatt usw. eingesäuert werden können. (Siehe S. 344.) Menschen verwenden zum Festtreten Holz- bzw. Blechschuhe oder unter Schuhe gebundene Brettstücke (20×40×2,5 cm).

An Gärraum rechnet man auf 1 Stück Großvieh von 500 kg Lebendgewicht bei einmaliger Füllung der Behälter:

Gärraumbedarf

Tägl. Gabe	Zeitraum	insges.	Gärraum
20 kg	100 Tage	20 dz	2,7 cbm
20 „	150 „	30 „	4 „
30 „	100 „	30 „	4 „
30 „	150 „	45 „	6 „
20 „	200 „	40 „	5,4 „
25 „	200 „	50 „	6,7 „
30 „	200 „	60 „	8,0 „

Je nach Lage und Organisation des Betriebes werden je Milchkuh also wenigstens 5—6 cbm Gärfutterraum benötigt. Zur Überbrückung von futterknappen Zeiten im Sommer sollten je Haupt Großvieh (GVE) weitere 1,5—2 cbm, insgesamt also etwa 7—8 cbm Gärraum zur Verfügung stehen. (Für eine Zuchtsau mindestens 1 cbm Siloraum.)

1 cbm Gärfutter wiegt, je nach Gewicht und Dichte des gelagerten Grünfutters, 6,5—7,5 dz. Im Hochbehälter von 4 und mehr Meter Höhe hat das Futter eine dichtere Lagerung infolge des erhöhten Eigendrukkes; hier ist der Kubikmeter auf 8—10 dz zu veranschlagen.

Für 50 dz Gärfutter werden 60 dz Grünfutter benötigt. Für 1 cbm fertiges Saftfutter sind bei normalem Stande etwa erforderlich:

Silomais . . . . . . 2,5 a oder Gemenge . . . . 5 a
oder Klee . . . . . . 5 a oder Rübenblatt . . . . 4 a

Ein 50-cbm-Silo faßt 15—18 Vierspännerfuhren Grünfutter. Dies erfordert z. B. im Herbst 1,25—1,5 ha Stoppelklee oder 2,5—3 ha Wiesengras.

Im großen Durchschnitt werden gerechnet: 1 ha Grünfutter = 15—30 cbm Gärfutterraum. 1 GVE = 5 cbm Gärfutterraum mit je cbm 7,5 dz Inhalt = 1 ha für 3—6 GVE ausreichend.

Behelfsmäßiges Einsäuern in Erdmieten

Erdmieten (zu ebener Erde gelegen) dienen vielfach zur Einsäuerung von Rübenblatt. Nährstoffverluste bei diesem als Notlösung anzusehenden Verfahren selbst bei aller Sorgfalt ziemlich hoch. Zweckmäßig ist Abdecken der Mietensohle mit Spreu und der Blattoberfläche mit Silo-Folie, damit Futter nicht verschmutzt. Derartiges Silopapier läßt sich mehrere Male verwenden. Die frischen, sauberen, etwas angewelkten Rübenblätter (Transport und Silierfähigkeit besser) werden ständig gut unzerkleinert in die Miete gefahren (gegebenenfalls Ladung mit Seil oder Kette vom Wagen abziehen oder Wagen mit Rollboden verwenden), gleichmäßig verteilt und festgetreten, besonders an den Rändern, um die Luft aus den Hohlräumen zu entfernen. Bei größeren Mieten zum besseren Andrücken der Blattmassen mit Schlepper und Wagen auf die Miete fahren oder Trettier verwenden. Auf die zur Mitte gewölbte Oberfläche kommt Silopapier oder Spreu, darauf sofort eine 40—50 cm starke Erd- oder besser Lehmschicht. Erde dichtet weniger gut ab. Sich nach Zusammensacken der Blättermassen bildende Risse sind sofort zu verschmieren. Füllen und Abdecken der Blattmiete soll in 1—2 Tagen beendet sein und sich nicht auf Wochen erstrecken. Gefrorenes Rübenblatt beeinflußt Milchmenge und Fettgehalt ungünstig. Ein kleiner um die Miete gezogener Graben hält Regenwasser ab.

Erdgruben E r d g r u b e n verursachen zwar Mehrarbeit durch Ausschachten (auch bei der Entleerung), bieten aber bei stark luftdurchlässigen Böden bessere Gewähr für Gelingen der Silage als Erdmieten. Sie lassen sich nach gründlicher Säuberung wiederholt benutzen. Tiefe 1,50—2 m, je nach Grundwasserstand. Wände auf leichteren Boden abschrägen oder mit Brettern abstreifen. Darauf achten, daß zwischen Brettern und Grabenwand kein Hohlraum entsteht. Wenn Untergrund schlecht wasserdurchlässig, Grubensohle mit Lattenrost oder starker Spreuschicht zum Auffangen des Sickersaftes versehen. Sohle und Wände zur Bekämpfung schädlicher Bakterien am besten mit starker Lösung eines Sicherungsmittels bespritzen. Anschließend Grube mit Silopapier so auslegen, daß die einzelnen Papierlagen ausreichen, die Blattmassen nach Füllung der Erdgrube ganz zu bedecken. Ferner empfiehlt sich, zum besseren Gärverlauf bei Einsäuerung der Blattmassen in Erdgruben Sicherungsmittel zu verwenden. Die etwa 2 m breite Miete wird 2—3 m hoch aufgesetzt, eventuell unter Verwendung eines Holzaufsatzkastens. Dieses Hochschichten ist wichtig, damit sich später, nach Absacken der Blattmassen, auf der Oberfläche keine Mulde bildet. Abdeckung erfolgt wie bei Erdmiete beschrieben. Sauberes, fest angedrücktes Rübenblatt, besonders an den Rändern der Grube, sowie luftdichter Abschluß sind für Gelingen der Silage Voraussetzung.

Bewährt hat sich Einsäuerung von Blättern und gut abgepreßten, nassen oder grünen Schnitzeln. (Ausschließlich Naßschnitzel zu silieren empfiehlt sich nicht.) Vorteilhaft ist bei Rübenblatteinsäuerung Dazwischenschichten von dünnen Spreulagen zum Auffangen des Sickersaftes. Eingesäuerte Zuckerrübenblätter müssen eine Gärung von 6—8 Wochen durchmachen. Je älter, desto besser pflegen sie zu füttern. Gärfutterentnahme wird durch Greiferaufzug wesentlich erleichtert.

Bei der Entnahme des Gärfutters wird die Erddecke nur so weit entfernt, wie dies zur Entnahme erforderlich ist. Es sollte täglich eine Schicht von mindestens 10 cm entnommen werden, um die ungünstige Einwirkung der Luft auszuschalten. (Siehe Seite 342.)

Stadium der Gärreife A c k e r b o h n e und S ü ß l u p i n e, wenn die oberen Pflanzenteile noch grün sind. Die unteren Blätter fangen bereits an abzusterben. Die Körner sind in den Hülsen schon ausgebildet, aber noch nicht hart, sondern noch milchreif. (Bitterlupinen sind zur Einsäuerung nicht geeignet, da eine Entbitterung durch die Silierung nicht erfolgt.)

G r ü n r o g g e n (Wickroggen) vor, spätestens zu Beginn des Schossens. Ähren dürfen auf keinen Fall ausgetreten sein.

H ü l s e n f r u c h t g e m e n g e, wenn die unteren Hülsen schon ausgebildete Körner haben, die aber noch nicht hart sein dürfen.

L a n d s b e r g e r G e m e n g e, wenn Inkarnatklee kurz vor der Blüte steht bzw. eben zu blühen beginnt.

M a i s, bei reinen Beständen in der „Milchreife" (Korn an der Oberfläche leicht erhärtet, innen noch milchig). Bei Einsäuerung mit Z.-Rübenblättern, Stoppelklee usw. in der „Teigreife" (Zuckergehalt der Kolben bereits zu etwa $^4/_5$ in Stärke umgebildet). Korn noch weich, aber nicht mehr milchig, Stengel und Blätter noch grün und saftig.

S o n n e n b l u m e n: Zur Ausnutzung der vollen Leistungsfähigkeit der Sonnenblume soll der Schnitt erst erfolgen, wenn 50—100% der Pflanzen blühen. (Siehe Seite 306.)

Luzerne, Senf, Raps und Rübsen sollen nicht im Herbst eingesäuert werden, weil sie, im Frühjahr und Sommer eingelagert, ein besseres Gärfutter ergeben. (*Schnittzeit*: Senf, Raps und Rübsen vor Beginn der Blüte.)

Klee (gewöhnlich der zweite Schnitt) und *Luzerne* säuere man am besten nicht zu jung, sondern erst während der Blüte ein. Allerdings wird reine Luzerne selbst bei gut geratener Vergärung von den Tieren nicht gern gefressen. Es empfiehlt sich daher Mischeinsäuerung mit eiweißarmen Pflanzen, wie Grünmais (1 : 1 oder 2 Mais : 1 Luzerne), Kartoffeln (10%) usw. Andernfalls Luzerne häckseln und besonders gut festtreten.

Kleegras darf nicht zu spät geschnitten werden, da der Futterwert sonst stark zurückgeht. (Vor Blühbeginn des Grases.)

Wiesengras, in jungem Zustand, sobald die frühesten Gräser geschoßt haben. In erster Linie kommt der zweite Schnitt in Frage. (Oftmals ungünstige Witterung zur Heugewinnung.) Siehe Seite 377.

Rieselfeldergras hat meist einen sehr hohen Eiweißgehalt und muß daher besonders sorgfältig unter Verwendung von ausreichenden Sicherungsmitteln eingesäuert werden. *Je höher der Eiweißgehalt der Pflanze, desto schwieriger die Einsäuerung!* In diesem Fall *chemische Zusätze* anwenden. (Bei luftdichtem Deckelverschluß keine chemischen Zusätze!)

Leicht oder schwer vergärbar

Leicht vergärbar:	**mittelschwer vergärbar:**	**schwer vergärbar:**
(Kein Sicherungsmittel erforderlich)	Ackerbohnen	(Zusatz von Zucker bzw. Melasse nicht ausreichend, daher nur chemische Zusatzmittel verwenden.)
	Futterroggen	
	Hülsenfruchtgemenge	
Hirse	Klee (in und nach der Blüte)	(Junges) Hülsenfruchtgemenge
Kartoffeln	Kleegras	Junges Weidegras
Kohlblätter (am besten zusammen m. Zuckerrübenblättern silieren)	Raps, Rübsen	Landsberger Gemenge
Mais	Senf, Spörgel	Luzerne
Markstammkohl	Serradella	Malve
Sonnenblumen	Süßlupine	Rieselfeldergras
Stoppelrüben	Wiesengras	Wickroggen
Topinambur	Runkelrüben (Zusatz nicht unbedingt erforderlich)	Sommerraps
Zucker- und Futterrübenblatt	Wrukenblatt	Stoppelklee und Klee vor der Blüte

Schwer vergärbares Grünfutter kommt möglichst zu unterst in den Behälter, da es durch den Druck der darüberliegenden Futtermassen besser vergärt. Einsäuerung von Stoppelserradella mit Mais gelingt besonders sicher und ergibt gern gefressenes, hochwertiges Futter.

Wenn leicht vergärbare, also kohlehydratreiche Pflanzen (viel Zucker und in Zucker umwandelbare Stoffe enthaltend) gemeinsam mit schwervergärbaren Pflanzen im Verhältnis 1 : 1 eingesäuert werden, erübrigt sich ein Sicherungsmittel (siehe S. 336). Voraussetzung ist, daß die verschiedenen Futterpflanzen gut miteinander vermischt werden (nicht schichtweise einlagern). Das geschieht am besten durch Häckselung.

Die Einsäuerung in Festbehältern

Allgemeines

Das zur Einsäuerung vorgesehene Gärfutter muß in jungem, zartem Zustand geschnitten werden. (Mit Ausnahme von Klee und Luzerne.) Die Gärfutterbereitung kann das Futter nicht verbessern, sondern nur erhalten!

Trocken und in der Sonne gewachsenes Grünfutter läßt sich leichter und besser silieren als naß und bei trübem Wetter gewachsenes. Aber auch Düngung, Pflanzenbestand, Schnittzeit usw. spielen bei der Silierung eine wesentliche Rolle. (Siehe S. 319 und S. 335.)

Nur sauber gewonnenes Futter einsäuern! Das ist besonders bei Rübenblättern zu beachten. Daher empfiehlt sich die Anwendung des Pommritzer Verfahrens der Trennung des Blattes von der noch im Boden stehenden Rübe, da das Blatt dann nahezu schmutzfrei gewonnen werden kann. (Siehe S. 252.)

Der Gärfutterbehälter muß vor der Neubeschickung von allen Wasserresten usw. befreit werden (Schimmelbildung). Behälter mit schadhaftem Schutzanstrich sind neu anzustreichen. (Siehe Seite 325.)

Das Futter soll milchsauer vergären! Durch die Milchsäure wird das Futter für längere Zeit haltbar gemacht und von allen Tieren gern gefressen. Milchsäurebakterien benötigen zum Leben keine Luft (bei Luftmangel entwickeln sie sich am kräftigsten), sondern nur Zucker oder Stärke (Kohlehydrate).

Dazu ist erforderlich:

1. Sperriges und langes Futter zu häckseln.
2. Futter während des Einfüllens gut festzutreten, damit die Atmung der Pflanzen, die auch nach deren Schnitt im Gärfutter weiterläuft und einen Nährstoffverbrauch und unerwünschten Temperaturanstieg zur Folge hat, weitmöglichst unterbunden wird.
3. Gärfutterbehälter nach Füllung gut abzudecken.

Die günstigste Temperatur für Milchsäurebakterien liegt etwas über 20° C. Sie soll 26° C im Gärfutterstock nicht übersteigen, was besonders in den heißen Sommermonaten zu beachten ist.

Bei über 30° C (35—40° C für ihre Entwicklung besonders günstig) entsteht die außerordentlich schädliche Buttersäure, deren Bakterien mit der den Futterstoffen anhaftenden Erde in das Gärfutter kommen (daher auf saubere Beschaffenheit des einzusäuernden Futters achten!), und bei zu hoher Feuchtigkeit die ebenfalls nicht erwünschte Essigsäure.

Wassergehalt des Grünfutters

Grünfutter für Silagezwecke soll nur noch 60—70% Wasser enthalten (etwa 35% Trockenmasse). Derartiges Silogut hat höheren Zuckergehalt, vergärt dadurch besser und ergibt somit schmackhaftes Gärfutter. Sicherungszusätze erübrigen sich meist oder nur in geringeren Mengen erforderlich. Außerdem verringerter Arbeitsaufwand infolge Gewichtsminderung um mehr als 30% sowie bessere Ausnutzung des Siloraumes. Stärkerer Wasserentzug führt leicht zu größeren Verlusten auf dem Feld, auch erschwert das meist schon etwas sperrige Futter die erwünschte Dichtlagerung im Behälter. Das am besten taufrisch in den Morgenstunden gemähte und anschließend sofort auseinandergestreute Futter muß daher etwa einen Tag (älteres Futter auch weniger) draußen liegenbleiben (vorwelken). Es empfiehlt sich, nicht wesentlich über 24 Stunden hinaus vorzuwelken, da sonst größere Nährstoffverluste eintreten können. Herrscht bedecktes Wetter vor, ist das Futter bald nach dem Schnitt einzusäuern. Stark betaute oder regennasse Pflanzen sollen nach Möglichkeit vorher abtrocknen.

Besonders bei sehr eiweißreichen Pflanzen, wie z. B. Luzerne und Klee, darf der Wassergehalt nicht zu hoch sein, wie dies beim Schneiden vor der Blüte der Fall ist. Denn mit dem austretenden Zellsaft scheiden auch stickstoffhaltige Verbindungen aus, die den Säuregrad im Futterstock herabsetzen, wodurch die Tätigkeit der Milchsäurebakterien gehemmt und die der meisten schädlichen Bakterien gefördert wird. Ausnahme: Grünroggen, da stengelreich nicht vorwelken.

Da die Temperatur im Futterstock in erster Linie von der Temperatur des Grünfutters bei der Beschickung abhängt, soll die Füllung möglichst nicht an drückend heißen Tagen (dann nur in den Morgenstunden), sondern bei kühlem und bedecktem Wetter vorgenommen werden, zumal sich stark abgewelktes Futter sehr leicht erwärmt. Aus gleichem Grunde darf kein Wagen länger als drei Stunden mit Grünfutter beladen stehenbleiben. (Also auch nicht über Sonntag.)

Die Füllung des Gärfutterbehälters soll in möglichst kurzer Zeit erfolgen (innerhalb von ein bis spätestens zwei Tagen). Das ist bei sehr wasserhaltigem Grünfutter besonders wichtig, da der sich bildende Saft sonst nicht mehr nach unten sickern kann, weil die untersten Futterschichten bereits zu stark zusammengesackt sind.

Zeitpunkt des Grünfutterschnittes

Am besten ist es, das Grünfutter gegen Abend nach reichlicher Sonnenbestrahlung zu schneiden und erst nach gewissem Abwelken am nächsten Tag nachmittags einzufüllen (nach dem Schnitt zerstreuen, einmal wenden und zusammenschlagen). Während des Tages bildet sich in jeder Pflanzenzelle durch Einwirkung der Sonnenstrahlen Zucker. Dieser wird über Nacht von der lebenden Pflanze in andere, schwer lösliche Kohlehydrate umgewandelt. (Siehe S. 319.) Die Anwesenheit von leicht löslichem Zucker aber, und dazu in so feiner Verteilung, erhöht die Sicherheit des Silierens. (Siehe S. 334, 337.)

Technik des Einsäuerns

Füllen des Behälters

Beschicken des Hochsilos erfolgt mit Gebläsehäcksler, Zerreißmaschine, Höhenförderer oder Greifer. Bis 6 m Silohöhe genügt einfacher Wurfhäcksler. Bei Hanglage (Hocheinfahrten) Füllung des Silos von Hand möglich. Greiferaufzug eignet sich zwar nur für ungehäckseltes Futter, aber auch zur Futterentnahme und bei günstiger Lage der Dungstätte zum Mistladen. Die meist stationäre Anlage mit 2—5 PS starkem Elektromotor erfordert nur verhältnismäßig geringe Anschaffungs- und Betriebskosten.

Häckseln

Sperriges Futter, wie Ackerbohnen, Mais, Markstammkohl, Sonnenblumen, Roggenwickgemenge, Süßlupinen (mit Ausnahme junger Stoppellupinen), Hülsenfruchtgemenge, Raps, Rübsen, Senf, Hirse, in der Blüte stehender Klee, Kleegras sowie älteres, bereits schossendes Gras, besonders wenn es mit Unkräutern durchsetzt ist, muß zur Vermeidung von Hohlräumen kurz, aber nicht breiartig (übermäßige Saftbildung) gehäckselt werden. (1,5—2,5 cm lang.) Durch das Häckseln soll, abgesehen von einer festen Lagerung, die zur Entfernung der Luft von ausschlaggebender Bedeutung ist, durch den damit verbundenen Saftaustritt, in dem stets leicht lösliche, zuckerhaltige Stoffe vorhanden sind, den Milchsäurebakterien eine Ernährungsgrundlage geschaffen werden und eine bessere Raumnutzung erfolgen. Außerdem füllt der Saft die Hohlräume aus und verdrängt somit die Luft. Bessere Verteilung des Futters im Silo, leichteres Festtreten (auch bei Rübenblatt).

F e r n e r : Arbeitserleichterung bei Futterentnahme. Bessere Mischung mit Heu- und Strohhäcksel, dadurch weniger Verluste bei der Fütterung; es fällt weniger aus den Krippen und wird vom Vieh zertreten. Bei Hochsilos durch Häckselung des Grünfutters ebenfalls Arbeitserleichterung, weil Gebläsehäcksler das Hochgehen übernimmt. Im Zweifelsfall ist es immer richtiger zu häckseln, und zwar um so kürzer, je trockener das Futter ist. Silomais soll möglichst kurz gehäckselt werden (bessere Schmackhaftigkeit). Zerreißen: höherer Kraftbedarf.

Auch Dazwischenschichten von Rübenblättern, Naßschnitzeln, Rüben oder Kartoffeln trägt bei sperrigem Futter wesentlich zur Fernhaltung der Luft im Gärbehälter bei. Bereits stärker verholzte, ältere Pflanzen, bei denen Häckselung zur festen Lagerung meist nicht genügt, mit 2- bis 4%iger Melasselösung oder 1—2% Zuckerlösung anfeuchten.

Festtreten!

F e s t t r e t e n (festtrampeln), besonders in den Ecken, sofern keine runden Silos Verwendung finden, und an den Wandungen, ist für jedes zur Vergärung vorgesehene Futter im Behälter G r u n d b e d i n g u n g. (Tretmesser verwenden.) Je dichter der Futterstock lagert, um so sicherer ist mit Gelingen des Gärfutters zu rechnen! G u t e s F e s t t r e t e n i s t d e r h a l b e E r f o l g ! Luft im Gärfutterbehälter verhindert die erwünschte Milchsäuregärung. Die Zeit des Arbeitsganges bestimmt nicht der Futterablader, sondern der Festtreter im Behälter! (Auf einen Ablader kommen mindestens zwei Festtreter.) J e n i e d r i g e r d e r F u t t e r s t o c k wird bzw. je kleiner der Gärfutterbehälter, d e s t o w i c h t i g e r i s t d a s T r e t e n ! Nur bei 10 bis 12 m hohen Silotürmen, bei denen die Luft durch starken Eigendruck des hohen Futterstocks mit Sicherheit vollständig ausgepreßt wird, sowie bei besonderen Preßvorrichtungen (siehe S. 340) ist für das Festtreten weniger Sorgfalt erforderlich.

Mit dem Festtreten der Futtermassen muß bereits beim Abladen des ersten Fuders begonnen werden und nicht erst, nachdem der Behälter halb gefüllt ist. Auch in der Mitte ist auf gutes Festtreten zu achten. Je sperriger das Futter, um so sorgfältiger muß das Festtreten geschehen.

In der Mitte der Schicht muß das Futter immer etwas höher liegen als an den Wandungen. Gegen Ende der Füllung ist die Futterfläche zu wölben, damit das Futter gut an die Behälterwandungen angedrückt wird und sich späterhin keine Mulden und Risse bilden (bei deckellosen Behältern).

Sicherungszusätze

Für die Einsäuerung eiweißreicher Futterpflanzen (S. 333) kommen zusätzlich vier verschiedene Sicherungsmaßnahmen in Frage:

1. Zusatz zuckerhaltiger Stoffe oder kohlehydratreicher Pflanzen (Mischeinsäuerung).
2. Zusatz von organischen Säuren und Salzen. (Nur für Silos ohne luftdichten Deckelverschluß.)
3. Künstlicher Zusatz von Kohlensäuregas aus Säureflaschen.
4. Gärfutterbehälter mit luftdichtem Deckelverschluß.

Diese Sicherungsmaßnahmen können jedoch bei unsachgemäßer Einsäuerung einen falschen Gärverlauf nicht verhindern. Ihre Wirkung beruht darauf, die Entwicklung aller unerwünschten Gärungserreger

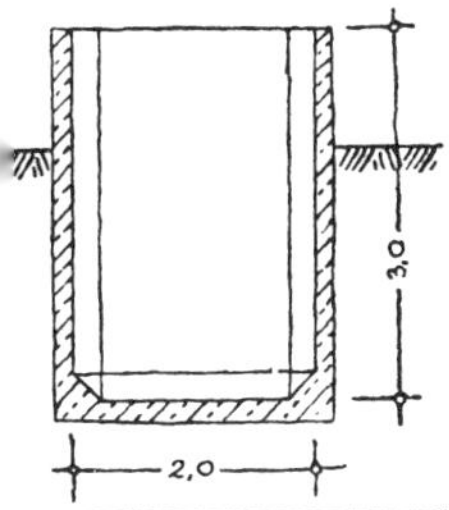

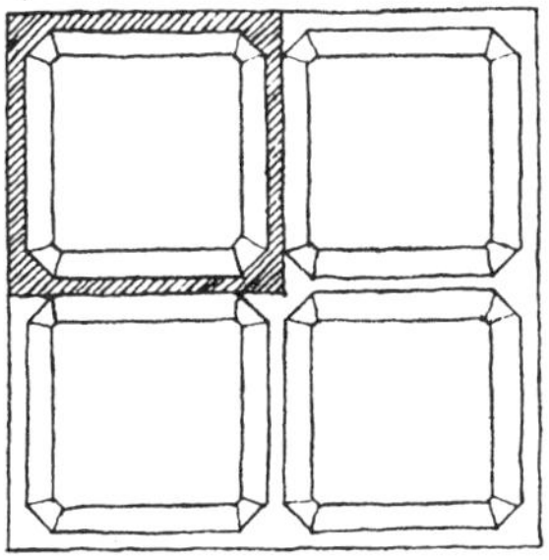

Vorteile der eckigen Form: Herstellung einfach und billig, Selbstherstellung möglich, gutes Aneinanderreihen mit Ersparnis einer Wand.

Nachteile: Statisch ungünstig, deshalb stärkere Wände, Raumverlust durch Eckenausrundung, Gefahr der Luftsackbildung. Quadratische Anordnung nur anwendbar, wenn mindestens von drei Seiten zugänglich.

Vorteile der runden Form: Herstellung evtl. aus Zementringen, gleichmäßige Lagerung des Futterstockes, keine Luftsäcke durch Ecken, geringster Umfang bei gleichem Inhalt, statisch günstige Verhältnisse, Materialersparnis.

Nachteile: Teure und komplizierte Schalung, Herstellung nur durch Fachkräfte, größerer Raumbedarf bei Aneinanderreihung.

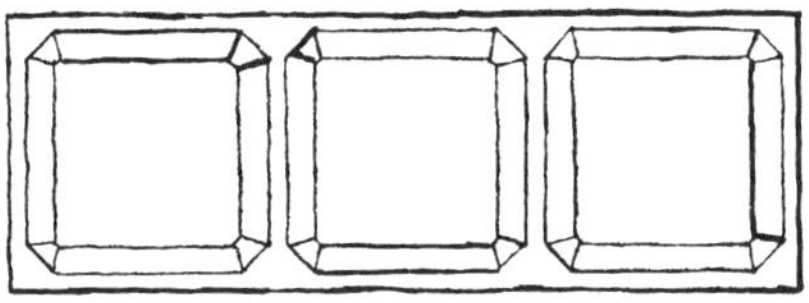

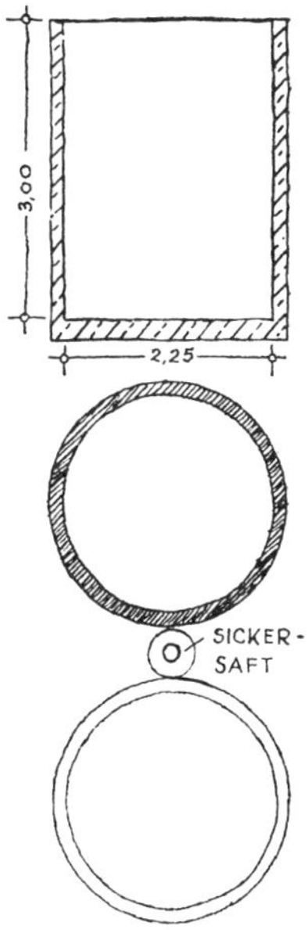

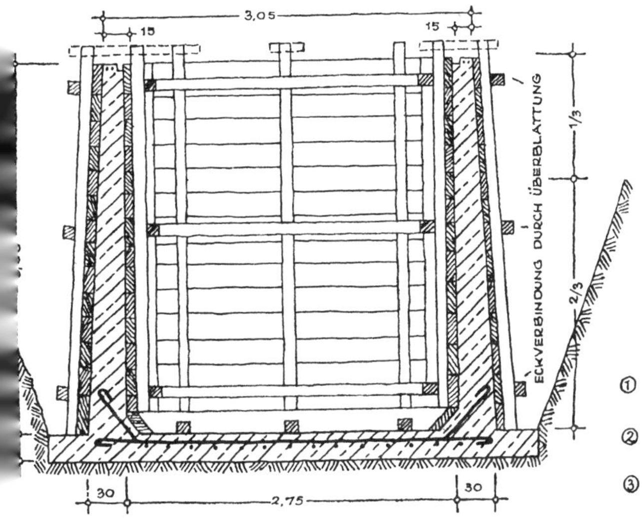

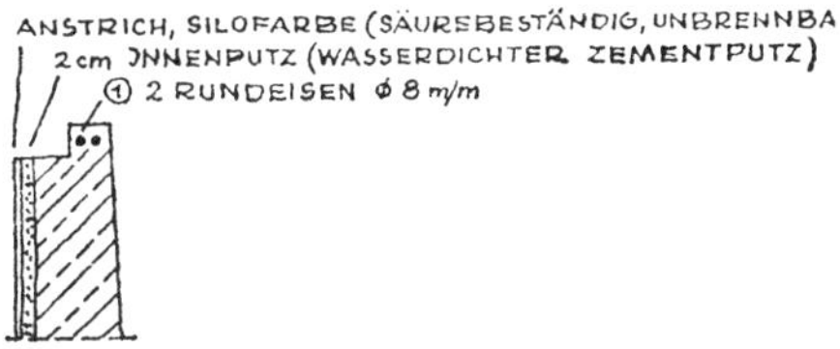

RUNDEISEN ERFORDERLICH ~ 50 Kg

POS.	STCK.	Ø	STCK.LG.	GES.LG.	Kg/m	GES.GEW.
①	8	8	3,35	26,80		
②	12	8	3,55	42,60		
③	14	8	3,90	54,60		
				124,00	0,40	~ 50 Kg

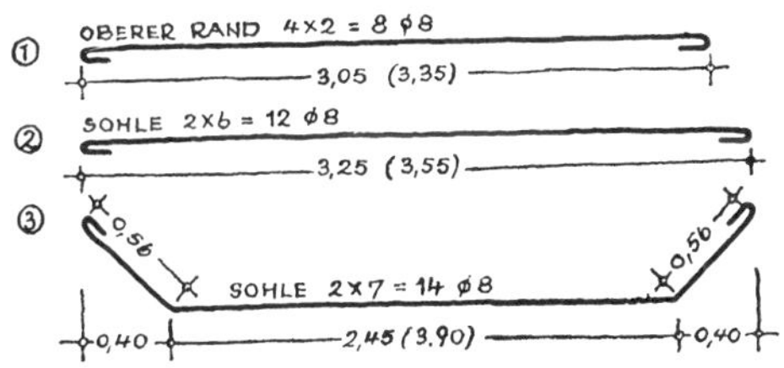

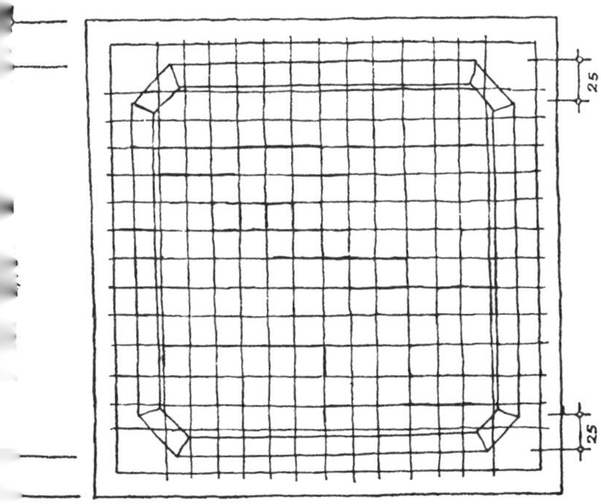

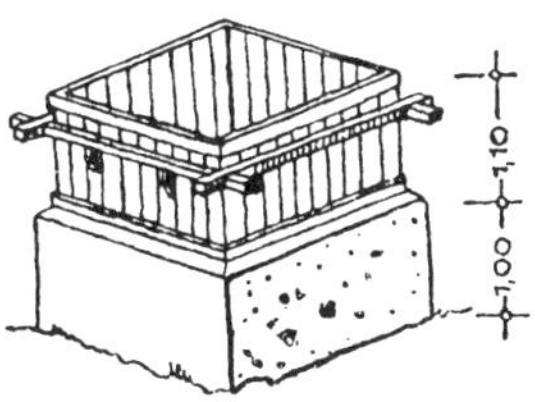

Aufsatzkasten: Ermöglicht restlose Ausnutzung des Silos. Verbleibt solange, bis Siloinhalt zusammengesackt ist. Größenberechnung: 1 cbm Silofutter erfordert 1,33 cbm Grünfutter. 23 cbm Silofutter = 23 × 1,33 cbm = ca. 31 cbm Grünfutter. Der Aufsatzkasten muß 31 abzügl. 23 cbm = 8 cbm fassen. Nutzfläche 7,56 qm. Höhe = 8 : 7,56 = ca. 1,10 m.

GRÜNFUTTERSILO

O b e n : Schematische Darstellung der Formen des Grünfuttersilos. U n t e n : Beispiel für einen quadratischen Grünfuttersilo (ca. 23 cbm). Der Querschnitt zeigt den Silo mit Schalung, darunter der Grundriß mit Stahlarmierung in der Sohle. Materialbedarf: Beton erforderlich 11,7 cbm (5,85 cbm Sand 0–7 mm, 7,60 cbm Kies 7–40 mm, 59 Sack Zement für Behälter, 8 Sack Zement für Putz). Dazu 50 kg Rundeisen (siehe obige Berechnung). Zusammengestellt von Prof. Dr. Ing. Karl J. Erbs, Berlin.

GÄRFUTTERBEREITUNG II

Zu ebener Erde angelegter Kartoffelsilo. Das Füllen ist zwar etwas erschwert, desto leichter ist aber die Entnahme. Hierbei kann mit der Karre in den Behälter hineingefahren werden. (S. 346)

Überdachte Gärfuttergruben. (Siehe S. 325)

Gärfutterbehälter mit Schiebedach (S. 326 und 346). Rec
ter Teil des Silos mit luftdichtem Deckverschluß. (S. 34

Rübenblatteinsäuerung im **Strohsilo,** der sich auch für jede andere Futterart eignet. Sein Vorteil gegenüber dem Festbehälter besteht darin, daß der Strohsilo stets dort errichtet werden kann, wo das Futter wächst. Er erspart also erhebliche Transportkosten. Häckselung des zur Einsäuerung vorgesehenen Futters ist nicht erforderlich. (Siehe S. 327)

Gärfutterentnahme aus einem **Strohsilo** (siehe S. 330). Nach Entfernung einer Strohwand an der Schmalseite wird die feste Masse mit einem größeren Messer oder Spaten von oben nach unten abgestochen. Dadurch wird das Futter bei schichtweiser Einlagerung gleichzeitig entsprechend gemischt bei der Entnahme zu hemmen und die Bildung von Milchsäurebakterien zu begünstigen.

Zu 1. Damit die Kohlensäure nicht entweicht, muß der Silo gasdicht sein. (Bei deckellosen Silos nach erfolgter Beschickung diese sofort abdecken, wie auf Seite 339/340 beschrieben.) Je mehr Kohlensäure sich bildet, um so besser wird das Gärfutter! Kohlensäure entsteht bei der Gärung aus Kohlehydraten, wie Zucker, Stärke usw. Daher vergären alle Pflanzen, die viel Zucker oder Stärke enthalten, leicht (Mais, Sonnenblumen, Markstammkohl, Kartoffeln usw.) und benötigen keinen Sicherungszusatz. Eiweißreiche Pflanzen mit ihrem niedrigen Zucker- bzw. Stärkegehalt vergären dagegen schwer. Letztere müssen daher mit kohlehydratreichen Pflanzen vermischt eingesäuert werden. Z. B. 10 % Kartoffeln — sehr gut eignet sich hierfür auch gehäckseltes Maisstroh, welches gleichzeitig den austretenden Saft bindet. Oder es müssen zuckerhaltige Zusätze erfolgen. Z. B. 1—2 % Futterzucker, der in Wasser aufgelöst möglichst gleichmäßig auf Schichten von 10 cm verteilt wird; 2—4 % Melasse in der doppelten Menge heißem Wasser aufgelöst und mit der Gießkanne verteilt oder 5 % Zuckerrübenschnitzel bzw. Zuckerrübenschrot, 20 % geschnitzelte Zuckerrüben, auch Zuckerrübenblätter mit großen Köpfen.

Auf 100 kg müssen also 1—2 kg Zucker, 2—4 kg Melasse oder 5 kg Zuckerrübenschnitzel bzw. -schrot zugesetzt werden. Der Nährwert des Zuckers bleibt allerdings nicht erhalten, sondern geht größtenteils als Kohlensäure und Essigsäure verloren. Auch ist die Wirkung des Zuckers bzw. der zuckerhaltigen Zusätze gegenüber den Säuren nicht so intensiv.

Zu 2. Durch Zusatz von organischen Säuren und Salzen wird die Entwicklung der Buttersäurebakterien, die im Gegensatz zu den Milchsäurebakterien keinen höheren Säuregrad vertragen, zurückgehalten.

Teilweise beschleunigen diese auch durch Abtöten der Pflanzenzellen das Zusammensacken des Futters und infolge der dichten Lagerung (der Zelldruck der Pflanzen vermindert sich, wodurch sich diese besser zusammentreten lassen) das Entweichen der Luft und setzen die Pflanzenatmung herab. Dadurch wird eine unerwünschte Erwärmung des Futterstockes vermieden.

Folgende chemische Zusätze sind im Handel:

Amasil flüssig (90 % Ameisensäure enthaltend), entzieht dem Tierkörper keine Mineralsalze und ist für den tierischen Organismus völlig ungefährlich, greift auch, ebenso wie unten genannte Streusalze, Kleider und Schuhe nicht an. Ameisensäure wird, wie Milchsäure oder andere organische Säuren, im tierischen Körper verbrannt, belastet also den Basenhaushalt der Tiere nicht. Amasil muß mit Wasser entsprechend verdünnt werden (1:20). Die im Handel abgegebene konzentrierte Amasillösung ruft wie alle Säuren Ätzschäden hervor, wenn nicht genügend Vorsicht angewandt wird. — Bedarf: 1—1,5 l Amasil je cbm Siloraum.

Streusalze: Amasil, Kofasil, BASF-Silosalz, Spurosil (enthält Spurenelemente), Grillosil, Pyrosal. Diese schaden dem Tierkörper ebenfalls nicht, da sie bei dem Gärungsprozeß abgebaut werden.

Die Streusalze werden, wie bei der Sauerkrautbereitung, in vorgeschriebenen Mengen zunächst dünn auf den Boden des Gärfutterbehälters und dann während der Einsäuerung schichtweise (d. h. auf jede festgetretene Schicht von 5–10 cm) auf das frische oder nasse Futter gestreut, ohne Gefahr für Kleidung und Haut. Bei zu trockenem Futter empfiehlt es sich, dieses nach dem Streuen des Salzes von Zeit zu Zeit mit gewöhnlichem Wasser überzubrausen, damit sich das Salz rasch und vollständig auflöst. Auf die letzte oberste Schicht kommt dann noch als Abschluß das doppelte der sonst üblichen Menge Salz. Im übrigen sind die Salze dem flüssigen Amasil vorzuziehen, da die Auflösung der konzentrierten Säure und die Wasserpanscherei beim Überbrausen des Futters im allgemeinen wegfällt. Auf die Einhaltung der jeweils von dem Hersteller vorgeschriebenen Salzmengen ist unbedingt zu achten. Sparsamkeit ist hier nicht am Platz.

Höhe der Säurezusätze

Amasil flüssig: 2—5 Liter Amasil-Lösung je dz Grünfutter (1:20 verdünnt), je nach Eiweißgehalt des Futters.

Streusalze: Je nach Fabrikat und Eiweißgehalt des Futters 150—450 g/dz Grünfutter. Gebrauchsanweisung beachten. (Leicht oder schwer vergärbar siehe S. 333.)

Kosten dieser Sicherungsmittel etwa 2,— DM/cbm Siloraum.

Die oberen, weniger unter Druck stehenden und daher lockerer lagernden Schichten müssen besonders bedacht werden. Auch wenn der Behälter nicht an einem Tag voll wird, gibt man zuletzt die doppelte Menge des in der Gebrauchsanweisung vorgeschriebenen Sicherungszusatzes auf das Futter und bedeckt dieses über Nacht mit Brettern, die möglichst noch beschwert werden.

Kohlensäure-Verfahren

Kohlensäure (CO_2), als Sicherungszusatz bei der Gärfutterbereitung in gasdichten Behältern sehr geeignet. Sie ist schwerer als Luft und verdrängt diese beim Einströmen in den Futterstock. Dies darf aber nur unter geringem Druck geschehen, um eine Vermischung des Kohlensäuregases mit der Luft zu vermeiden. CO_2-Gas muß beim Ausströmen vorgewärmt werden (elektrisch oder durch Lampe), um Vereisung der Anschlußvorrichtung zu verhindern. Das Futter darf weder tau- noch regennaß sein, sondern muß vor Einbringen in den Silo unbedingt vorwelken. Das den Pflanzen anhaftende Wasser würde die Wirkung der Kohlensäure beim Silieren mehr oder weniger aufheben. Bei Behältern mit Sickersaft-Ablaßvorrichtung ist diese vor Anwendung der Kohlensäure luftdicht zu verschließen. Auch Erdgruben lassen sich nach dem CO_2-Verfahren konservieren. Hier muß das Gas an verschiedenen Stellen von oben her mittels Einstecksonde in die Futtermassen eingeführt werden.

Bedarf an Kohlensäure: $^1/_2$—$^3/_4$ kg je 1 cbm Siloraum (7,5 dz Grünfutter). Die Kosten betragen nur etwa die Hälfte gegenüber anderen Sicherungszusätzen!

Zu 4: Für Silos mit luftdichtem Deckelverschluß darf kein Säurezusatz verwendet werden! Dieser ist hier direkt schädlich, da er das Absterben der Pflanzenzelle beschleunigt und infolgedessen die Atmung der Pflanzen unterbindet. Letztere ist aber im luftdichten Silo für kurze Zeit erwünscht, um die noch im Futterstock vorhandene Luft durch die Atmung der Pflanzenzelle so schnell wie möglich zu verbrauchen und die Bildung von Kohlensäure für den inneren Luftabschluß zu ermöglichen. Auch zuckerhaltige Zusätze können bei sachgemäßer Einsäuerung im Silo mit luftdichtem Deckelabschluß, abgesehen von jungem, eiweißreichem Futter, entbehrt werden.

Noch zu Beachtendes

Frisch eingefülltes Gärfutter soll möglichst nicht über 12 Stunden offen stehen gelassen werden und ist gegebenenfalls über Nacht mit Bohlen, Sandsäcken, Steinen zu beschweren.

Bei Anwendung des luftdichten Deckelabschlusses kann nach 3—4 Tagen nachgefüllt werden (keinen Holzaufsatz verwerden). Die oberste Futterschicht darf aber nicht verdorben sein, andernfalls ist diese vor dem Nachfüllen zu entfernen. (Kohlensäuregefahr! S. 340.) Behälter mit Deckel stets möglichst vollständig füllen. Sonst werden durch die im leeren Raum miteingeschlossene Luft ungünstige Gärungen infolge zu starker Erwärmung hervorgerufen.

Behelfsmäßiger Verschluß des Deckelsilos

Kann bei Futtermangel eine Füllung des Deckel-Silos nur etwa bis zur Hälfte erfolgen, Wasserpresse oder Lehmabschluß wählen. Um Verschmutzung des Futters zu vermeiden, ist auf die Oberfläche vor dem Aufbringen der Lehmdecke ein Abdecken, am besten mit in Säurezusatz getränkten Säcken oder einer ungehäckselten Grasschicht erforderlich. Letztere kann bei Entleerung des Silos nach Abdecken des Lehmes wieder abgerollt werden. Spreu und Häcksel sind weniger geeignet, da diese nicht unbeachtliche Luftmengen enthalten. Bei ihrer Verwendung (etwa 10 cm stark) sind sie vorher anzufeuchten.

Verschluß des deckellosen Silos

Abdecken der Gärfutterbehälter ist bei deckellosen Silos bis etwa 3 m Höhe mittels angefeuchteter Spreu und Lehm oder Erde möglich (30—40 cm stark). Damit sich keine Risse bilden, festgestampften Lehm glätten und stets feucht halten. Bewährt hat sich Mischen des Lehmes vor Aufbringen mit altem Maschinenöl und (Gersten-)Spreu. Eine feucht zu haltende Deckschicht von feinem Sand, Kartoffelkraut, Sägemehl o. ä. verhindert Austrocknen der Lehmdecke. Dieses Verfahren ist aber sehr arbeitsaufwendig!

Bei dem luftdichten Siloverschluß „Rentsch-Seeger“ wird eine über das Grünfutter gespannte Plastikplane durch einen aufpumpbaren Schlauch in einer Rinne des oberen Silorandes festgehalten.

Preßvorrichtungen

Preßvorrichtungen in Form von Wasserpressen, Silopreßkolben, mechanischen und hydraulischen Hochdruckpressen beschleunigen Luftaustritt aus Grünfuttermassen, ersparen längeres Festtreten sowie Abdeckung mit Lehm oder Erde und vermeiden Beschmutzen der Silowand und Silage. Sie verhindern Verderben der Deckschicht, erleichtern Nachfüllen des Silos und ermöglichen gute Raumausnutzung.

Wasserpressen (Wassersack, Wasserblase, Silotücher) haben sich bestens bewährt und ersparen das sehr viel Arbeit verursachende Aufbringen einer Erddecke auf die Futtermassen. Sie üben bei einer Höhe der Wasserfüllung von 50—60 cm je qm Silooberfläche einen Preßdruck von 500—600 kg/qm auf den Futterstock aus. Wasserpressen bestehen aus Kunststoffolie, imprägniertem oder gummiertem Gewebe. Sie sind für runde wie auch quadratische und rechteckige Hoch- und Flachsilos verwendbar. Durch anhaltenden Druck werden Fehlgärungen und Verluste vermieden. Wasserfüllung erfolgt durch Anschluß an Wasserleitung, Entleerung nach dem Heberprinzip (mittels Schlauch).

Ähnliche Wirkung hat der Silopreßkolben, dessen obere Kanten mit Luftschlauch und Ventil versehen sind. Dieser wird vor der Wasserfüllung mit Luft aufgepumpt. Er drückt sich dadurch fest gegen die Silowandung, so daß die Gärfuttermassen luftdicht abgeschlossen werden, also keine Luft von außen eindringen kann. Auch der Silo-Wassersack von Strohmeyer aus kräftigem Leinensegeltuch, zu beiden Seiten mit Kunstharz beschichtet, bewirkt durch besondere Form guten Luftabschluß gegen die Wände des Gärbehälters.

In allen Fällen muß das Futter gleichmäßig verteilt und etwas angetreten werden. Die Wasserpresse bleibt bis zur vollständigen Vergärung des Futters (etwa 6 Wochen) auf dem Futterstock liegen. Längeres Liegenlassen schadet nicht, sofern kein Frost eintritt. Dann wird sie besser entfernt und eine mit Holzdeckel beschwerte Spreuschicht auf das Futter gebracht. Wenn Wasser zu Eis gefriert, ist Entfernung der Wasserpresse erst nach völligem Auftauen der Eisschicht ohne Schaden für Material möglich. *Aufbewahrung* (nach Gebrauch): Wassersack aus Plastikfolien mäusesicher lagern, solche aus Segeltuch luftig aufhängen.

Mechanische Pressen mittels Hebel und Winden sowie *hydraulische Pressen* üben Drücke von 2000—8000 kg/qm Silooberfläche aus. Sie können nach beendeter Füllung meist abgenommen und für andere Silos verwendet werden. Mechanische Pressen müssen, dem Absinken des Futters folgend, wiederholt nachgestellt werden. Diese Arbeit entfällt bei hydraulischen Hochdruckpressen, die das Futter mit 8000 kg Druck/qm in kürzester Zeit zusammenpressen. Es gibt also kein Nachsacken und keine falsche Gärung. Sie eignen sich vor allem für Einsäuern von vorgewelktem Grünfutter in Aufsatz- und halbhohen Silos. Allerdings ist eine derartige Anlage nicht billig.

Behelfsmäßig beschwerte Abdeckung läßt sich mit wasserundurchlässigem, fäulnisverhindernd präpariertem, säurebeständigem *Silo-Krepp-Papier* erreichen. Nach Auflegen auf die Futtermasse folgt eine Spreuschicht, darauf eine Bohlenlage zur Druckverteilung, die mit Wasserfässern, Steinen oder Betonklötzen (mit Hilfe eines Frontladers) beschwert wird. Preis des Silopapiers: 150 cm breit, 100 m lange Rollen 90,— DM.

Hochbehälter (übliche Höhe 5—7 m) werden vielfach mit hölzernem, eisernem oder Eisenbetondeckel verschlossen. Letzterer übt gleichzeitig gute Druckwirkung auf die Futtermassen aus. Andernfalls erfolgt Beschwerung durch Betongewichte, Bretter mit Steinen, Sandsäcke oder Wasserbehälter (z. B. Benzinfässer). *Holzdeckel* müssen luftdicht verspundet und an der unteren Seite durch säurefest gestrichenes Blech, Silopapier oder Teerpappe geschützt sein. Mit Hilfe von Seilwinde oder Flaschenzug läßt sich der Deckel schwebend aufhängen und bewegen. Dadurch wird das Aufbringen auf den Gärbehälter wesentlich erleichtert.

Ideal hinsichtlich Luftabschluß ist der *Tauchdeckel*, der mit der äußeren Umrandung in eine mit Melasse oder altem Maschinenöl angefüllte, im oberen Rand des Silos eingelassene Rinne taucht. Damit die sich infolge Atmung der Pflanzen oberhalb der abgesackten Futtermassen bildende Kohlensäure nach außen entweichen kann, enthält der Deckel ein Sicherungsventil. Andernfalls besteht Gefahr, daß der Deckel durch den sich steigernden Innendruck hochgehoben wird. In Behältern mit Tauchdeckel erübrigt sich Beschweren der Futtermassen, da die vorhandene Kohlensäure schädlichen Bakterien usw. keine Lebensmöglichkeit bietet. Keine Säurezusätze verwenden!

Dauer der Gärung

Gärfutter kann nach 4—6wöchiger Gärung verfüttert werden. (Die Gärung ist an den ersten Tagen am heftigsten und klingt dann langsam ab.)

Öffnen des Silos (Lebensgefahr!)

Beim Öffnen der Silos ist auf *Kohlensäuregefahr* zu achten. Kohlensäuregas entwickelt sich in erster Linie im Gärfutterbehälter während und nach dem Füllen desselben. Die Pflanzen sterben nicht gleich ab, sondern atmen noch eine Zeitlang weiter. Dadurch wird Sauerstoff verbraucht und Kohlensäure ausgeschieden. Diese ist schwerer als Luft und lagert als geruchloses, unsichtbares Gas über dem Futterstock.

Daher muß vor Betreten der Gärkammer ein brennender Strohwisch, Laterne oder Kerze in diese gehalten werden. Erst wenn diese infolge Anwesenheit von Sauerstoff auch unmittelbar über dem Futter weiterbrennen, ist die Erstickungsgefahr behoben. Andernfalls Kohlensäure durch Schwenken von Säcken, Decken oder das Hinauf- und Hinunterziehen eines aufgespannten Schirmes entfernen. Man kann auch mit Kalkmilch getränktes Stroh in den Silo herablassen. Der Löschkalk verbindet sich mit dem Kohlendioxyd, und es bildet sich kohlensaurer Kalk. Dann aber erneut die Lichtprobe vornehmen!

Lebensgefahr! (Ein Gehalt von 8—10% CO_2 in der Luft über dem Futterstock verursacht Bewußtlosigkeit, ein Gehalt über 20% den Tod eines Menschen.) Gasmasken schützen nicht vor Kohlensäure!

Auch wenn das Futter erst einen Tag im verschlossenen Behälter liegt und dieser nachgefüllt werden soll, besteht bereits die Gefahr der Kohlensäurevergiftung! Wenn die Gärung im Futterstock abgeschlossen ist, hört die Kohlensäurebildung auf. Daher besteht die Gefahr der Kohlensäurevergiftung nicht mehr, sobald bei der erstmaligen Öffnung des Silos evtl. vorhandene Gase beseitigt wurden, so daß die tägliche Futterentnahme dann ohne weiteres erfolgen kann.

Beschaffenheit des Gärfutters

Gutes, milchsauer vergorenes Gärfutter soll, abgesehen von geringen Spuren von Essigsäure — ein gewisser Gehalt an Essigsäure ist stets vorhanden und nicht bedenklich — keine Buttersäure enthalten. Futter mit größeren Mengen an Essigsäure nehmen die Tiere wegen des stechenden Geruches nicht gern.

Einwandfreies Gärfutter hat gegenüber dem Ausgangsmaterial eine etwas dunklere Färbung angenommen. Es ist bräunlich-olivgrün und riecht durchaus angenehm, etwas säuerlich, würzig, wie frisch gebackenes Brot (milchsäuerlich bis aromatisch-süßlich). Die einzelnen Pflanzenteile sind beim guten Gärfutter noch genau zu erkennen. Die Blattränder sind z. B. noch deutlich erhalten. Nicht nur Ranken von Erbsen und Peluschken sind in ihrem Aufbau erhalten, sondern auch feinere Teile, wie z. B. Haare an den Blättern, sind unversehrt geblieben.

Sobald der Aufbau der einzelnen Pflanzenteile nicht mehr zu unterscheiden ist, ist das ein Zeichen, daß die Gärung schlecht geleitet wurde. Das ist auch bei Auftreten von Schimmelpilzen der Fall, auf deren durch Sauerstoff, also Luft, begünstigte Entwicklung auch ein Säurezusatz keinen Einfluß hat. (Saubere Gärfutterbehälter, genügend festtreten!)

Die pH-Werte liegen bei gutem Gärfutter mit hohem Gehalt an freier Milchsäure in der Regel bei 3,4—4 oder wenig darüber. Ein nahe an 5 oder darüber liegender pH-Wert läßt auf einen nicht normalen Verlauf der Gärung schließen.

Auffallend helle Färbung ist ein Zeichen für das Vorhandensein großer Mengen Buttersäure (Eiweiß wird abgebaut und geht somit verloren). Reibt man dieses Futter zwischen den Fingern, kann man sehr bald einen widerlichen, ranzigen Geruch an den Fingern wahrnehmen (auch wenn nur geringe Mengen Buttersäure vorhanden sind), der sich erst durch starkes Waschen der Finger entfernen läßt, während der Geruch von einwandfreiem Gärfutter sich kaum an den Händen bemerkbar macht. Gärfutter mit hohem Gehalt an Buttersäure weist nur noch Reste der im Frischfutter enthalten gewesenen Nährstoffe auf, und die Buttersäure ruft im tierischen Organismus Schädigungen hervor (Verkalbungen, nachlassende Aufnahmefähigkeit, Sterilität usw.).

Schimmeliges und muffiges Futter gehört nicht in die Futterkrippe.

Gärfutter-entnahme (Abb. neben S. 321)

Täglich muß mindestens eine 6 cm, besser jedoch 10 cm starke Schicht (je qm etwa 50 kg Gärfutter enthaltend, bei Gras ca. 40 kg, bei Markstammkohl ca. 55 kg) von der Schnittfläche des Gärbehälters abgenommen werden, um eine ungünstige Einwirkung der Luft auf das Gärfutter zu verhindern. Daher baue man keine zu großen, sondern besser mehrere kleine Behälter, die in 4—6 Wochen geleert werden können. (Für bäuerliche Betriebe 12—25 cbm.)

Silage in der wärmeren Jahreszeit nach jeder Futterentnahme durch Abdecken mit Brettern oder nassen Säcken vor Verderben der obersten Schicht schützen. Futterration täglich frisch entnehmen. Man achte auf diese Punkte (besonders bei Rübenblattsilage), sonst kann selbst tadellos konserviertes Futter nachträglich noch minderwertig werden.

Verfütterung von Gärfutter (Siehe auch S. 476)

Gärfutter soll niemals ausschließlich, sondern stets nur mit unvergorenem Futter, wie Heu, Stroh (4—5 kg) oder Rüben usw. verabreicht werden. Beifütterung von Rüben oder Kartoffeln übt auf die Gesundheit der Tiere eine diätetische Wirkung aus. Durch Silage und Rüben läßt sich selbst ohne jede Beigabe von Kraftfutter eine Höchstleistung von 18—20 kg Milch erzielen, vorausgesetzt, daß die Milchanlage vorhanden ist (S. 468). Beifütterung von 150—250 g phosphorsäurereicher Mineralstoffmischung je Großvieh (GVE) und Tag, je nach Höhe der Gärfuttergabe, ist erforderlich.

Nicht einwandfreies Gärfutter (schlechter Geruch und oftmals dunkle Farbe) wird an Arbeitstiere, wie Zugochsen, ferner an Mastochsen und älteres Jungvieh verabreicht, das später nicht zur Zucht benutzt, sondern auf Mast gestellt werden soll. Das gilt für den Rindvieh- und Schafstall. Hochtragende Kühe und Pferde sind auf jeden Fall von derartigem Futter auszuschließen! (Über Höhe der Gärfuttergaben siehe bei den einzelnen Vieharten.)

Der Kot soll bei Silagefütterung Weidebeschaffenheit haben.

Gärfutter kann Frost vertragen, muß aber gut temperiert und nicht zu kalt oder sogar angefroren in den Tierkörper gelangen. Es soll nicht kurz vor oder während des Melkens gegeben werden, sondern erst nach dem Melken, sobald die Milch (Geruch) aus dem Stall ist. Gärfutter darf niemals von einer Mahlzeit zur anderen im Stall lagern. Nach dem Füttern ist der Stall zu lüften!

Gärfutter kann im geschlossenen Behälter beliebig lange aufbewahrt werden, vorausgesetzt, daß der Silo luft- und wasserdicht ist (auch von oben). Bei längerer Aufbewahrung für Bedachung des Gärbehälters unbedingt Sorge tragen (Abb. neben S. 337); andernfalls besteht Gefahr, daß im Laufe der Zeit Feuchtigkeit durch Regen und Schnee in den Futterstock eindringt, was eine stärkere Essigsäurebildung zur Folge hat.

Gärfutterbehälter müssen nach dem Entleeren gereinigt werden, damit verbleibende Futterreste nicht im Regenwasser oder Futtersaft in Zersetzung übergehen.

Rübeneinsäuerung

F u t t e r r ü b e n (möglichst Gehaltrüben) können ohne Zusatz eingesäuert werden, doch hat sich ein Sicherungszusatz von Amasil u. a. Mitteln sehr bewährt. Einfache Behälter, wie Erdgruben, Schweinebuchten usw., sind zur Einsäuerung von Rüben wegen des damit verbundenen Saftverlustes nicht geeignet. Aus gleichem Grund ist die Verwendung von Hochbehältern abzulehnen und sind die bei der Kartoffeleinsäuerung üblichen Grabensilos zu wählen. (S. 345.)

Zum Aufsaugen des Rübensaftes müssen, auch in festen Behältern, für die Sohle und zum Zwischenschichten sowie zum Abdecken, ausreichende Spreumengen zur Verfügung stehen. (Zum Binden des Fruchtsaftes auch Trockenschnitzel verwenden.) Je feiner die Zerkleinerung, um so geringer der Saftaustritt. Eine dünne Abdeckungsschicht aus Spreu oder alten Säcken mit einer nur 12—15 cm dicken Lehmschicht dient als oberer Abschluß. Beschwerung sowie Festtreten des Futters ist zur Verhinderung des Saftaustritts zu vermeiden.

Einsäuerung angefrorener Rüben

In den vorgesehenen Behälter wird zu unterst eine mindestens 60 cm starke Spreu- oder Häckselschicht gebracht. Dann werden die (während des Füllens) mit einem Spaten grob zerkleinerten Rüben eingefüllt. Um eine festere Lagerung und etwas Saftaustritt zu erreichen, wird ein Teil der Rüben mit dem Rübenschneider geschnitten. Zur Bindung des wertvollen Sickersaftes wird laufend etwas Spreu oder Häcksel zwischen die zerkleinerten Rüben gemischt. Den Abschluß der Silage bildet eine Handbreit starke Spreuschicht mit einer leichten Erddecke bzw. eine mit Steinen beschwerte Bretterlage.

Da die Gärung sehr rasch eintritt, kann bereits nach wenigen Tagen mit der Verfütterung begonnen werden.

Einsäuerung von ausschließlich rohen Zuckerrüben

Rohe, geköpfte Zuckerrüben können, gegebenenfalls zerkleinert, in ihrem eigenen Blatt in abwechselnden Schichten eingesäuert werden. Durch Zerkleinern der Blätter wird eine dichtere Lagerung und damit bessere Gärung erreicht. Ein Zusatz von 10—15% Gerstenschrot oder anderem Getreideschrot bzw. Kleie verbessert das Futtergemisch wesentlich. Nehring empfiehlt als besonders gut ein Gemisch von 60% Zuckerrüben, 30% Zuckerrübenblatt und 10% Getreideschrot.

Zuckerrüben ohne Blatt eignen sich dagegen zur Einsäuerung nicht, da die Gärung infolge des hohen Zuckergehaltes der Rüben z. T. zu heftig verläuft und die ganze Masse infolge Schaumgärung überläuft. Es bildet sich dann zuviel Essigsäure und entstehen Nährstoffverluste.

Einsäuerung von Kartoffeln und Zuckerrüben

Die Einsäuerung gedämpfter Kartoffeln mit Zuckerrüben und Gehaltsrüben ist nicht zu empfehlen, da der Zucker der Rüben hierbei größtenteils vergoren wird (Alkoholbildung), so daß erhebliche Nährstoffverluste eintreten.

Einsäuerung von Kartoffeln und Futterrüben

Massenrüben und Wruken können roh geschnitten siliert werden, im Verhältnis 2 Teile Kartoffeln : 1 Teil Rüben. Hierbei kommt auf eine 10—15 cm starke Schicht Kartoffeln eine etwa gleich starke Rübenschicht. Dann Rüben in die Kartoffeln einstampfen.

Kann gleichzeitig junges Grünfutter (Stoppelklee, Süßlupine, Luzerne, zerkleinerte Zuckerrübenblätter usw.) mit siliert werden, wird die Silage durch Anreicherung mit Eiweiß ganz wesentlich verbessert. Mischsilage wird besonders von Milchkühen gern genommen. Andernfalls muß bei Verfütterung dieser Konserve auf genügende Verabreichung von Klee- oder Luzerneheu, Rübentrockenblatt, Flachsspreu usw. geachtet werden.

Als oberste Schicht kommt abschließend eine Schicht gedämpfter Kartoffeln. Dann folgt eine Spreudecke und eine nur schwache Lehmschicht (10 cm), um das Durchtreten von Rübensaft durch zu starke Pressung zu vermeiden.

Einsäuerung von Kartoffeln und Grünfutter

Auf 3—4 Teile, bei ganz jungem, rohfaserarmem Grünfutter (dessen Verdaulichkeit 75—80% beträgt, gegenüber einer solchen von nur 60 bis 65% bei sonstigem Grünfutter) auch schon auf 2 Teile gedämpfte Kartoffeln, kommt ein Teil junges, eiweißreiches Grünfutter, 1 cm lang gehäckselt. (Rotklee, Luzerne, Serradella, Stoppelklee, Süßlupine, Bokharaklee, Massenrüben, Wruken.) Bedingung ist junges, zartes Grünfutter, da das Schwein Rohfaser sehr schlecht verwertet, also erhebliche Anforderungen an die Qualität (Verdaulichkeit) des Grünfutters stellt.

Ist das Grünfutter schon zu alt und daher rohfaserreich bzw. ein zu starker Anteil im Kartoffelgemisch enthalten, leidet die Futteraufnahme, besonders der Mastschweine (die Tiere quetschen das Futter nur aus), während Läuferschweine hierin nicht ganz so empfindlich sind. Älteres, schon verholztes Grünfutter taugt für den Schweinestall also nicht. Nur Süßlupinen können noch bis zu Beginn der Schotenbildung grün Verwendung finden. (Siehe S. 514.)

Das Grünfutter ist kurz zu häckseln, nur so wird es auch von Schweinen gut gefressen. Es wird schichtweise eingesäuert, also eine Schicht Kartoffeln, dann eine Schicht zerkleinertes Grünfutter usw. Sicherungssätze sind nicht erforderlich, da die Kartoffeln auch die Gärung der anderen Substanzen fördern.

Bei gemeinsamer Einsäuerung von gedämpften Kartoffeln und Zuckerrüben- bzw. Futterrübenblättern kann ein Mischungsverhältnis von 2:1 und bei der Verfütterung an jüngere Läuferschweine oder Sauen ein solches von 1 K : 1 Z gewählt werden. Bei der schichtweisen Einlagerung ist darauf zu achten, daß das Rübenblatt infolge seiner lockeren Lagerung gegenüber Kartoffeln eine etwa doppelte Schichthöhe aufweisen muß. Das Blatt muß sehr sauber und in frischem Zustande gehäckselt oder zerrissen eingesäuert werden. Die in Versuchen erzielten Zunahmen beliefen sich auf reichlich 600—700 g je Tier und Tag.

Entbitterung von Senfsaatextraktionsschrot

Senfsaatschrot bzw. Extraktionsschrot aus Senf werden wegen ihres Gehaltes an senfölhaltigen Bitterstoffen von den Schweinen ungern gefressen. Durch Einsäuern derartiger Schrote zusammen mit Wruken wird aber nach Versuchen von Nehring das Senföl frei gemacht und während der Lagerung zerstört. Es werden 4 Teile geschnitzelte Wruken mit 1 Teil Senfsaatschrot usw. gemischt. Das Gemisch bleibt einige Stunden liegen und wird dann zur Milderung des scharfen Geschmacks der Wruken mit der doppelten Menge gedämpfter Kartoffeln eingesäuert.

Ferner kommen folgende Mischungen in Frage:

45 Teile Zuckerrübenblätter, 45 Teile Kohlrüben und 10 Teile Senfsaatschrot;

oder 60 Teile Gärmais bzw. Naßschnitzel, 30 Teile Kohlrüben und 10 Teile Senfsaatschrot.

Senfsaatschrot darf 10 % der Gesamtmenge nicht überschreiten und muß mit mindestens der dreifachen Menge zerkleinerter Kohlrüben gemischt werden.

b) Die Kartoffeleinsäuerung

Allgemeines

Ein Hektar Kartoffeln kommt im Durchschnitt der Jahre bei Verarbeitung zu Flocken oder Sauerkartoffeln dem Futterwert von 40 dz Hafer = rd. 2 ha Getreidefläche gleich. D a e i n g e s ä u e r t e K a r t o f f e l n d e n g l e i c h e n F u t t e r w e r t w i e f r i s c h g e d ä m p f t e K a r t o f f e l n h a b e n, die Einlagerungsverluste bei Kartoffeln aber, hervorgerufen durch Keimung, Fäulnis und Frost, sich je nach Dauer der Einlagerung normal auf etwa 10—30 % und mehr belaufen, während im Gärbehälter weniger Verluste eintreten, sollte von der Einsäuerung stärkereicher Futterkartoffeln sehr viel mehr Gebrauch gemacht werden. (Etwa 50 % geringere Dämpfkosten bzw. Heizmaterialverbrauch als beim täglichen Dämpfen kleiner Mengen sowie Arbeitsentlastung der Bauersfrau.) E i n g e s ä u e r t e K a r t o f f e l n s i n d n a h e z u u n b e g r e n z t h a l t b a r. Es sollen aber nur stärkereiche Sorten siliert werden. Diese erleiden selbst bei längerer Aufbewahrung nur 10—15 % Verluste, während bei stärkearmen Kartoffeln bis zu 26 % Einsäuerungsverluste eintreten könen! Der beste Zeitpunkt für die Einsäuerung liegt im Spätherbst unmittelbar nach der Kartoffelernte. Kosten der Einsäuerung je dz Kartoffeln etwa 1,40 DM.

Behälterbau

B a u s t o f f: Hartgebrannte Ziegelsteine und Holz, für größere Behälter auch Natursteine. Mehr noch als bei Grünfuttersilos ist bei Kartoffelsilos auf einen hitze- und säurebeständigen Innenanstrich zu achten, zumal besonders die heiß eingefüllten Kartoffeln den Schutzanstrich stark angreifen. Daher vernachlässige man bewußt den Betonbau zugunsten des Baues mit hartgebrannten Ziegelsteinen, die von der Säure nicht angegriffen werden, so daß sich ein Schutzanstrich erübrigt. — Zementfugen wiederholt mit Silolack streichen.

Die B e h ä l t e r s o h l e soll nicht unter 12 cm stark sein. Kartoffelsilos können ohne Eisenbewehrung erbaut werden.

B r e i t e des Silos bis 2,5 m. Eine T i e f e von 2 bis höchstens 2,5 m ist ausreichend. Andernfalls lagern die Kartoffeln, abgesehen von der schwierigen Entleerung, zu fest. Das Frucht- und Kondenswasser zieht nicht schnell genug ab, und die unteren Kartoffelschichten werden stets sehr naß und schmierig. Die Gärung verläuft also ungünstiger, was eine geringere Aufnahme bei den Schweinen zur Folge hat. Besonders wenn Wruken oder Futterrüben mit eingesäuert werden, darf die Lagerung nicht zu fest sein, weil sonst die Gefahr besteht, daß bei dem hohen Druck Saft aus den Rüben austritt und Nährstoffverluste entstehen. (S. 343.)

Zur Vermeidung essigsaurer Gärung ist bei festen Behältern für Abfluß des überschüssigen Wassers, welches bei behelfsmäßigen Gruben in den Boden sickert, durch kleine Rinne und Schacht Sorge zu tragen.

Die F o r m der Kartoffelsilos ist daher im Gegensatz zu den Grünfuttersilos möglichst langgestreckt, rechteckig. (Grabensilo: oben 1,5 m, unten 1 m breit, Tiefe 1,5 m. Oben genügen 1,5 m Breite, das erleichtert das Zudecken). Die Behältergröße muß so gewählt werden, daß die Füllung spätestens in 2—3 Tagen beendet ist. Daher werden bei sehr langen Gruben am besten Zwischenwände eingebaut. — Ecken gut abrunden, damit sich die Kartoffeln gut setzen und keine Hohlräume entstehen.

Zur leichteren Entnahme empfiehlt sich entweder der Einbau einer massiven Treppe, die Verwendung einer transportablen Holztreppe oder besser noch die Anlage einer schrägen Ausfahrt, so daß die Kartoffeln mit der Karre herausgefahren werden können.

Der Behälter kann auch über der Erde errichtet werden. Das erschwert zwar die Füllung, da die Dämpfkartoffeln über die Behälterwand hineingeschippt werden müssen. Es erleichtert aber die Entnahme, die durch Einfahren mit der Futterkarre erfolgen kann. Derartige Behälter sind daher besonders für Kleinbetriebe, in denen die Bauersfrau die Schweine füttert, vorteilhaft, desgleichen bei hohem Grundwasserstand. Die Stirnwand wird mit doppelter Bretterlage und Lehmfüllung verschlossen (Abbildung neben S. 337).

Im Freien stehende Behälter werden zum Schutz gegen Regen und Sonne überdacht (Bretter, Wellblechtafeln usw.) Es können auch feste Klapp- oder Schiebedächer Verwendung finden. (Abb. neben S. 337.)

Gärraumbedarf

Je Mastschwein ergibt sich ein Bedarf an Fassungsraum von etwa 0,50 cbm. Gerechnet werden 1 cbm Gärraum, abzüglich 0,25 cbm, da etwa $^1/_3$ der Kartoffeleinsäuerungsbehälter jährlich doppelt beschickt werden (Herbst und Frühjahr). Da ferner infolge der jahreszeitlichen Verteilung nur etwa $^2/_3$ der Schweine für die Sauerkartoffelverfütterung in Frage kommen, entfallen weiter 0,25 cbm.

Lagerraum der Kartoffeln, Wäsche, Dämpfbehälter und Quetsche sollen möglichst nahe beisammen sein, um die Kartoffeln mit wenig Mühe von einem Bearbeitungsvorgang zum anderen zu bringen.

Zwecks Arbeitsersparnis errichte man Kartoffelsilos auch möglichst dicht am Schweinestall und an der Futterküche.

Behelfsmäßige Kartoffelsilos

Sind keine festen Behälter vorhanden, auch leerstehende, massive Schweineställe bzw. Buchten kommen in Frage, lassen sich behelfsmäßige, mit Lehm verstrichene oder mit in Sand verlegten Ziegelsteinen hergestellte Erdgruben verwenden, die bei einer Sohlenbreite von 64 cm, einer Tiefe von 100 cm und einem oberen Randabstand von 160 cm je laufendem Meter = 1 cbm = 10 dz und bei dachförmiger Füllung je cbm 11—12 dz gedämpfte Kartoffeln fassen. Für ca. 8 cbm Fassungsraum werden rd. 1000 Ziegelsteine (Normalformat) benötigt.

Auch mit Silokreppapier, notfalls mit Brettern, Säcken oder Stroh bzw. Strohmatten ausgeschlagene Erdgruben sowie Strohbehälter (siehe S. 330) sind verwendbar.

Technik des Einsäuerns

Ausschließlich rohe Kartoffeln einzusäuern, ist falsch, da diese von den Schweinen sehr ungern gefressen und schlecht verwertet werden. Es können aber bei Einsäuerung von eiweißreichem, nicht zu feuchtem Futter rohe, gut zerkleinerte Kartoffeln (am besten in Brei- oder Musform) als Ersatz von Rohzucker und Melasse mit verwendet werden. (Siehe S. 337.)

Kartoffeln sind unbedingt vor dem Dämpfen zu waschen! (Wasserverbrauch etwa 10—20 l/dz.) Dämpfdauer und Kohlenverbrauch sind bei ungewaschenen Kartoffeln erheblich größer als bei gewaschenen, abgesehen von einer ungünstigeren Vergärung infolge der an der Erde anhaftenden Fäulnisbakterien und einer schlechteren Futterverwertung durch die Tiere (Verdauungsstörungen). Gedämpfte Kartoffeln sollen so sauber sein, daß man davon ohne weiteres essen kann! Das Dämpfen selbst hat stets in unzerkleinertem Zustand der Kartoffeln zu erfolgen.

K a r t o f f e l n s ä u e r n o h n e S i c h e r u n g s z u s a t z. Sie müssen gar gedämpft (etwa 40 Minuten), abgekühlt in den Behälter gebracht, fest eingestampft werden, damit keine Luft im Futterstock verbleibt, die den gärungsschädigenden Bakterien Lebensmöglichkeiten bietet. Auf genügendes Durchdämpfen gefrorener Kartoffeln besonders achten, damit sich im Silo keine Hohlräume bilden. Quetschen erübrigt sich. Erfolgt dies doch, kann Feststampfen der Kartoffeln im Silo unterbleiben. Die mit Festtreten und Feststampfen in der Grube beschäftigten Personen verwenden Holzschuhe oder binden sich Brettstücke von 20×40 cm Größe und 2,5 cm Stärke unter die Schuhe, damit sie durch die Hitze nicht behindert werden. (Drainageblechstiefel verwendbar.)

Das erwünschte T r o c k e n e i n s ä u e r n d e r K a r t o f f e l n, das besonders bei sehr stärkearmen Kartoffeln, die reichlich Flüssigkeit absondern, wichtig ist, wird durch ein etwa zehn Minuten langes Nachdämpfen der Kartoffeln begünstigt. Bevor die Kartoffeln aus dem Kessel entnommen werden, muß das gesamte Dämpfwasser abgelassen werden, damit sie möglichst trocken in die Grube kommen.

Ferner ist es zweckmäßig, die Abdeckung der eingestampften Kartoffeln nicht sofort, sondern erst 12—24 Stunden nach der Einfüllung vorzunehmen, damit die oberen Schichten erkalten und ein Teil des überschüssigen Wassers verdunsten kann. Dadurch wird ein Schlechtwerden der obersten Schichten vermieden.

Damit die Kartoffeln nicht verschmutzen, werden diese zunächst mit alten Säcken oder einer 10—15 cm starken Schicht Spreu bzw. Brettern abgedeckt. Darauf folgt dann eine etwa 10—15 cm starke Lehm- oder notfalls eine etwas stärkere Erdschicht, die von Zeit zu Zeit anzufeuchten und glattzustreichen ist (mit Reisigbesen), damit keine Risse entstehen.

Bei größeren Anlagen Kartoffelgruben zur Arbeitserleichterung nur mit Spreu und mehreren Strohballenlagen abdecken.

Brennstoff- und Wasserverbrauch

E s w e r d e n b e n ö t i g t:

(je nach Kartoffelsorte und Witterungsverhältnissen)

a) zum Dämpfen von 50 kg Kartoffeln mit einem 150-Liter-Dämpfer:
1,6—2,3 kg Steinkohle
oder 2,4—3,4 kg Braunkohlenbriketts
oder 4 —5 kg Holz
und 5 —8 Ltr. Wasser

b) zum Dämpfen von 100 kg Kartoffeln mit der Dämpfkolonne:
2,5— 4 kg Steinkohle
oder 3,5— 6 kg Braunkohlenbriketts
und 16 —24 Ltr. Wasser

Eine Dämpfkolonne mit zwei Behältern dämpft in 10 Stunden etwa 100—125 dz.

Kartoffelentnahme

Gedämpfte Kartoffeln können während des Säureprozesses, der ungefähr 14 Tage dauert, unbedenklich laufend an Mastschweine verfüttert werden. In diesem Falle genügt Abdecken mit Brettern.

Zur Vermeidung von Schimmelbildung sind bei Silos mit quadratischer Form von der Futtermasse täglich mindestens 5—10 cm in waagerechter Schicht zu entnehmen. Bei langgestreckten Gruben soll der Abstich möglichst senkrecht von oben nach unten erfolgen. 1 qm zu 5 cm Stärke wiegt etwa 50 kg (Tagesbedarf für 6—8 Mastschweine). 1 cbm faßt 10—11 dz Kartoffeln. Auf kleine Anschnittfläche achten!

Während der wärmeren Jahreszeit muß das Kartoffelgärfutter im Behälter nach der Entnahme sofort mit nassen Säcken abgedeckt werden, um ein Verderben zu verhüten. Bei Frost sind Sauerkartoffeln, denen Frost an sich nichts schadet, einen halben Tag vor dem Futtern in die Futterküche zu bringen, damit sie Stalltemperatur annehmen. Gefrorene oder angefrorene Sauerkartoffeln können sehr ernsthafte Verdauungsstörungen hervorrufen!

c) Stroh und Spreu

Stroh (Getreide)

Das viel Rohfaser enthaltende Stroh ist nur gering verdaulich und dient mehr als Füllfutter, um den Tieren das Gefühl der Sättigung zu verschaffen. Nur Wiederkäuer und zum gewissen Grade Pferde vermögen unter Mitwirkung von Bakterien und Gärungsvorgängen im Pansen und Dickdarm die Nährstoffe des Strohes zu erschließen.

Die oberen Teile des Strohhalmes, die gegenüber der unteren Hälfte bedeutend eiweißreicher sind, vermögen im Futterwert dem Heu fast gleichzukommen. (Je näher die Strohteile der Ähre liegen, um so wertvoller sind sie.)

Sommerhalmstroh hat einen höheren Futterwert als Wintergetreidestroh. Bei letzterem ist Weizenstroh dem Roggenstroh, das am härtesten und schwerverdaulichsten ist, voranzustellen. (Von den verdaulichen Stoffen des Winterweizenstrohes werden 80%, bei Roggenstroh noch mehr, zur Deckung der Kau- und Verdauungsarbeit verbraucht.) Im Nährstoffgehalt sind beide Stroharten gleich.

In gehäckseltem Zustand ist aber Roggenstroh allen übrigen Stroharten vorzuziehen. Es hat den Vorteil, daß es durch seine Struktur die Tiere zum intensiven Kauen veranlaßt, den Speichelzufluß fördert und die Magen- und Darmtätigkeit anregt. — Auch Haferstroh fördert die Verdauung, während Gerstenstroh stopfend wirkt. Daher letzteres im Herbst bei der Rübenblattfütterung im Milchviehstall bevorzugen.

Bevorzugte Futter-Stroharten für die einzelnen Vieharten:

Milchvieh	=	Gerstenstroh
Pferde und Schafe	=	Haferstroh

Maisstroh ist infolge günstigerem Nährstoffgehalt und höherer Verdaulichkeit im Futterwert dem Sommergetreidestroh überlegen! Es wird entweder frisch vom Feld verfüttert (wegen des hohen Feuchtigkeitsgehaltes am besten um Kleeböcke oder ähnliches aufstellen) oder besser noch zur Gärfutterbereitung mit Zuckerrübenblatt zusammen oder eiweißhaltigem Saftfutter eingesäuert. (Siehe auch 150.)

Das Stroh spätreifender Sorten ist im allgemeinen zelluloseärmer und daher saftiger als dasjenige frühreifender Sorten.

Nährstoffgehalt (Futterwerttabellen der DLG):

	Verdaul. Eiweiß	Stärkeeinheiten
Winterweizenstroh	0,3 %	120
Winterroggenstroh	0,7 %	144
Wintergerstenstroh	1,0 %	123
Sommerweizenstroh	0,5 %	120
Sommerroggenstroh	0,9 %	186
Sommergerstenstroh	1,0 %	184
Haferstroh	0,8 %	174
Haferstroh, mit Klee durchwachsen	3,3 %	234
Maisstroh	1,8 %	179

Wertvoller als Getreidestroh ist Hülsenfruchtstroh, das dem Futterwert von mittlerem Wiesenheu entspricht und sich durch hohen Kalkgehalt auszeichnet.

	Verdaul. Eiweiß	Stärkeeinheiten
Ackerbohnenstroh	4,5 %	202
Erbsenstroh	4,3 %	171
Linsenstroh	6,9 %	225
Lupinenstroh, gelbe, süße	2,1 %	151
Wickenstroh	3,8 %	173

Reihenfolge des Futterwertes des Hülsenfruchtstrohes:

Linsenstroh, Erbsenstroh. — Wickenstroh, am schwersten verdaulich, für Schafe geeignet. — Pferdebohnenstroh, für Pferde und Schafe. — Süßlupinenstroh eignet sich gut zur Verfütterung an Schafe und Pferde. — Samenkleestroh, für Rindvieh und Schafe. — Rapsstroh für Schafe. — Buchweizenstroh, für den Rindviehstall geeignet. Bei weißwolligen Schafen ist Vorsicht geboten, da bei Verabreichung von zu starken Gaben, namentlich im Sommer bei Sonnenbestrahlung im Freien, bei den Tieren häufig eine Krankheit auftritt, die sich durch Jucken der Haut und Anschwellen des Kopfes bemerkbar macht (Siehe S. 570).

Starke Strohfütterung, besonders mit Hülsenfruchtstroh, erzeugt harte, bröcklige Butter. Erbsenstroh kann Verstopfung hervorrufen. Erbsen- und Wickenstroh hat gegenüber Haferstroh die vierfache Menge an verdaulichem Eiweiß. Infolge ihres hohen Eiweißgehaltes neigen diese Stroharten dazu, muffig zu werden und zu verschimmeln.

Das zur Verfütterung vorgesehene Stroh muß gesund und trocken geerntet sein und darf weder einen dumpfen Geruch, Schimmel noch Pilzbefall (Rostpilze usw.) aufweisen. Gesundes Getreidestroh hat meistens eine glänzend weißgelbe Farbe. Scheunenstroh behält jahrelang seine gute Beschaffenheit. Nicht nur Futterstroh, sondern auch Streustroh soll bis zu seiner Verwendung trocken aufbewahrt werden. Morsches Stroh nimmt wenig Jauche auf und wird von den Tieren schnell zertreten.

Durchschnittlicher **Verbrauch an Futterstroh** pro Jahr und Kopf:

Milchkühe	8—12 dz	Arbeitsochsen	12—15 dz
Mastrinder	6—7 dz	Pferde (ohne Häcksel)	8—10 dz
Älteres Jungvieh	7—8 dz	Schafe	3—4 dz

Spreu

Spreu ist nährstoffreicher und leichter verdaulich als Stroh. Daher sollte mit Spreuabfällen recht sorgfältig umgegangen werden. H a f e r- und W e i z e n spreu werden von Rindern und Schafen gern gefressen. Weizenspreu kann bei Pferden auch den Häcksel ersetzen. (Bei Fremdkörpergefahr sieben!) Hafer- und Weizenspreu werden weiterhin an niedertragende Sauen gefüttert, im Gemisch mit zerkleinerten Rüben. **Die Spreu wird dabei roh verabreicht,** also nicht gebrüht. — R o g g e n - spreu wird geschnittenen Hackfrüchten und der Schlempe beigemengt und so von den Tieren ebenfalls gut verwertet. — G e r s t e n spreu muß wegen der scharfen, spitzen Grannen vor dem Verfüttern genügend eingeweicht werden. Dies geschieht am einfachsten beim Einsäuern von Rübenblättern und anderem Gärfutter. Hierbei wird die Gerstenspreu in g a n z d ü n n e n L a g e n (damit keine schädlichen Hohlräume entstehen) dazwischengeschichtet und so nachhaltig durch den gepreßten Saft der eingesäuerten, grünen Pflanzen oder Hackfrüchte erweicht. Ferner läßt sich durch Ausbreiten einer 10—20 cm starken Schicht Gerstenspreu auf den Boden des Gärfutterbehälters nach unten fließender Sickersaft auffangen und später verfüttern. Gerstenspreu kann auch zum Abdecken von Silos Verwendung finden. Reinverfütterung: Spreu mit kochendem Wasser abbrühen und in Wasser einweichen.

E n t r e b b e l t e M a i s k o l b e n werden zerkleinert an Rind und Schaf verfüttert. An Mastschweinen, Pferden und Rindern hat sich die Verfütterung der unentkörnten Kolben als Maiskolbenschrot (Spindelanteil etwa 10 %) sehr bewährt, dessen Futterwert fast dem der Gerste gleichkommt. — Die Spreu der H ü l s e n f r ü c h t e, wie Erbsen, Wikken, Bohnen, Süßlupinen, wird in erster Linie im Schafstall verwendet. (Wertvoller als Getreidespreu, Nährwirkung etwa mittlerem Wiesenheu gleich.) — B o h n e n s p r e u und E r b s e n s c h o t e n haben besonders hohen Kalkgehalt. — L u z e r n e - und K l e e b l ä t t e r sind ein besonders eiweißreiches Futtermittel und sollten vor allem im Schweinestall verfüttert werden; ebenso Heusamen bzw. Heublumen. — R a p s - s c h a l e n lassen sich sehr gut, mit geschnitzelten Rüben vermengt, an Kühe und Schafe verfüttern. Die Mischung läßt man in Gärung kommen. Bei der Pferdefütterung können Rapsschalen Häcksel ersetzen. Ferner sind Rapsschoten zur Einstreu bei Sauen, die frisch geworfen haben, geeignet, weiterhin zur Bedeckung dürregefährdeter Weideflächen im Sommer. — Der Wert der L e i n spreu richtet sich nach den darin enthaltenen Samenresten. Sie wirkt appetitanregend und ist ein beliebtes Futtermittel für Schweine und Milchvieh. — B u c h w e i z e n- spreu kann im Schweinestall verfüttert werden. — M o h n spreu, die vorwiegend aus den Blättern der Pflanze besteht, läßt sich anstatt Häcksel an Pferde verfüttern. — Z u c k e r r ü b e n s a m e n spreu ist verhältnismäßig rohfaserreich und schwerer verdaulich und wird am besten an Rind und Schaf verabreicht.

Nährstoffgehalt (Futterwerttabellen der DLG):

	verdaul. Eiweiß %	Stärkeeinheiten
Haferspreu	1,8	197
Weizenspreu	0,7	153
Gerstenspreu	0,9	180
Roggenspreu	0,6	167
Maisspindelmehl (entkörnte Maiskolben)	0,5	272
Ackerbohnenspreu	4,3	420
Erbsenspreu	4,0	405
Wickenspreu	4,2	412
Lupinenspreu (Hülsen)	2,8	340
(Luzerneblätter	19—20 !	—)
Rapsspreu	1,1	124
Leinkapselspreu	4,5	188
Buchweizenspreu	1,1	77

XII.

Das Grünland

a) Die Wiese

Allgemeines

Dauergrünland ist vielfach ein Stiefkind landwirtschaftlicher Betriebe. Es wird zu wenig gepflegt und gedüngt. Wiesen und Weiden, die eine ackerbauliche Nutzung zulassen, haben in heutiger Zeit nur bei intensiver Bewirtschaftung noch eine Berechtigung. Leider sind sich dieser Tatsache viele Landwirte nicht bewußt.

Fest steht, daß nach wie vor mehr vernachlässigtes Grünland zu finden ist als vernachlässigtes Ackerland und immer noch sehr viele Grünlandflächen infolge ihrer ertragsschwachen und minderwertigen Pflanzenbestände in ihren Erträgen dem Ödland nahekommen.

Während z. B. die Getreideerträge in den letzten 50 Jahren um etwa 70—80% und die Kartoffelerträge um mehr als 100% gestiegen sind, weisen die durchschnittlichen Grünlanderträge noch etwa den gleichen niedrigen Stand auf wie um die Jahrhundertwende. (Damalige Erträge etwa 38—42 dz Heu bzw. 1200—1400 Stärkeeinheiten je ha auf den Dauerweiden.)

Es sollte heute keinen Bauer mehr geben, der seine Wiese mit der Sense begrüßt und sich von ihr mit der Harke verabschiedet, mit anderen Worten, sich also um seine Wiesen und Weiden überhaupt nicht kümmert. Im Grünland liegen die größten Ertragsreserven! Es darf also nicht mehr Stiefkind des Betriebs sein. Gut gewonnenes Rauhfutter ist die Voraussetzung für beste Ausnutzung der Hackfrüchte und ihrer Abfallprodukte sowie auch des Gärfutters im Viehstall. Das Grünland bildet die Grundlage der Eiweiß- und besonders der Mineralstoffversorgung unserer Haustiere. Wiesen und Weiden müssen also ebenso intensiv bearbeitet werden wie der Acker!

Die ersten Frühjahrsarbeiten

Schleppen

Sobald der Frost aufhört und noch bevor der Graswuchs beginnt, werden Maulwurfs- und Ameisenhaufen, Grabenaushub usw. auseinandergestreut bzw. verteilt. Am sorgfältigsten läßt sich diese Arbeit mit einer flachen Schippe durchführen. — Auf größeren Flächen empfiehlt sich der Einsatz einer Strauchschleppe oder Strauchegge (Abb. neben S. 352). Diese wird unter Verwendung von 3—4 m langen Schwarzdornsträuchern hergestellt, die zwischen den Schienen oder Balken einer schweren Egge bzw. Schleppe fest eingespannt werden und wie eine Bürste wirken. Damit läßt sich auch Kompost und kurzverrotteter Stallmist gut verteilen. Ferner kann ein auf den Rücken gelegter Unkrautstriegel Verwendung finden, gegebenenfalls eine aus drei aneinandergeketteten Wagenreifen hergestellte Schleppe. (Siehe S. 16 und S. 387 sowie nebenstehende Bildtafel.) Striegel vorn mit Zweigen durchflechten. Auf nicht verteilten Maulwurfshaufen siedeln sich sehr schnell Unkräuter an! (Verhärtung — Bültenbildung.)

Eggen

Das Eggen der Wiesen und Weiden, eine vielumstrittene Maßnahme, verfehlt in den meisten Fällen seinen Zweck und unterbleibt daher besser ganz. Auf keinen Fall gehören scharfe, reißende Geräte (Wieseneggen) auf das Grünland. Diese vernichten die zarten Ausläufer und Triebe vieler nützlicher Gräser, Kleearten (namentlich Weißklee, dessen Ausläufer durch die Egge stark zerrissen werden) und Wicken. Sie können besonders an den flach wurzelnden Untergräsern erheblichen Schaden anrichten, während der Wuchs der vielfach tiefwurzelnden Wiesenunkräuter durch Verletzung der Narbe (Bodenlüftung) gefördert wird. Durch die Egge freigelegte Pflanzenwurzeln haben oftmals unter auftretenden Spätfrösten zu leiden. Die Pflege der Wiesen darf also nur mit stumpfen Geräten erfolgen, um den geschlossenen, dichten Pflanzenbestand nicht zu gefährden. Dies trifft besonders für Moorgrünland zu, das ja über Winter mehr oder weniger stark auffriert. (Grasnachsaat siehe S. 363.)

Walzen (Bild neben S. 352)

Als nächste und eine der wichtigsten Maßnahmen im zeitigen Frühjahr, besonders auf humosen und moorigen Niederungswiesen und Weiden, ist das Festigen der über Winter hochgefrorenen Wiesennarbe durch schwere Walzen anzusehen. Während der erforderliche Bodenschluß auf den schweren Böden größtenteils von Natur aus gegeben ist, trifft dies für die leichteren, insbesondere humosen, anmoorigen und Moorböden meist nicht zu. Hier ist also die Anwendung einer schweren Wiesenwalze unbedingt erforderlich.

Die obere Humusschicht des Grünlandes saugt sich im Laufe des Winters voll Wasser, in besonders starkem Maße dann, wenn über Winter auf meist hofnahes Grünland Jauche gefahren wird. Durch wiederholtes Gefrieren und Auftauen löst sich diese Humusschicht ab. Dabei reißen die nach unten führenden Gräserwurzeln ab, und die Wasser- und Nährstoffzufuhr der Pflanze wird unterbunden. Bei eintretender Trockenheit leiden die Gräserwurzeln dann unter Wassermangel. Die starken Pfahlwurzeln der Doldenblütler, insbesondere Wiesenkerbel, Bärenklau, ferner Pastinak, Wiesenmöhre, Kümmel usw. bleiben dagegen im Boden ständig festgewurzelt. Sie gewinnen gegenüber den Wiesengräsern einen sich von Jahr zu Jahr verstärkenden Wachstumsvorsprung und eine entsprechend starke, höchst uner-

Auf humosen und moorigen Wiesen ist das Walzen unerläßlich. Je schwerer die Walze, desto besser der Bodenschluß. Deshalb wird der Schlepper durch Gewichte unter der Haube und an den Hinterrädern zusätzlich belastet. (S. 353). (Werkbild Allgaier)

Strauchschleppe. Leistet auf Wiesen und Weiden gute Dienste (S. 352). Die Kufen dienen zum Transport der auf den Rükken gelegten Schleppe

Wiesenschleppe aus drei alten Radreifen. (Siehe Seite 16, 352 und 387)

Die **Köla-Pick-up-Presse** erleichtert die Rauhfutterernte und spart Platz in der Scheune. Auch zum Aufladen des täglichen Grünfutters geeignet

Fendt-Geräteträger, 12 PS, luftgekühlt, mit Fendt-Mähwerk und -Frontlader. Mit Hilfe der verlängerten Frontladerschwinge und Heugabel werden große Heumengen auf hohe Fuhren leicht hinaufgehoben

Links: Unterdachtrocknung nach dem Verfahren „Aulendorf". Rechts: Unterdachtrocknung nach dem Verfahren „Braunschweig". Siehe Seite 375. (Werkbilder Siemens)

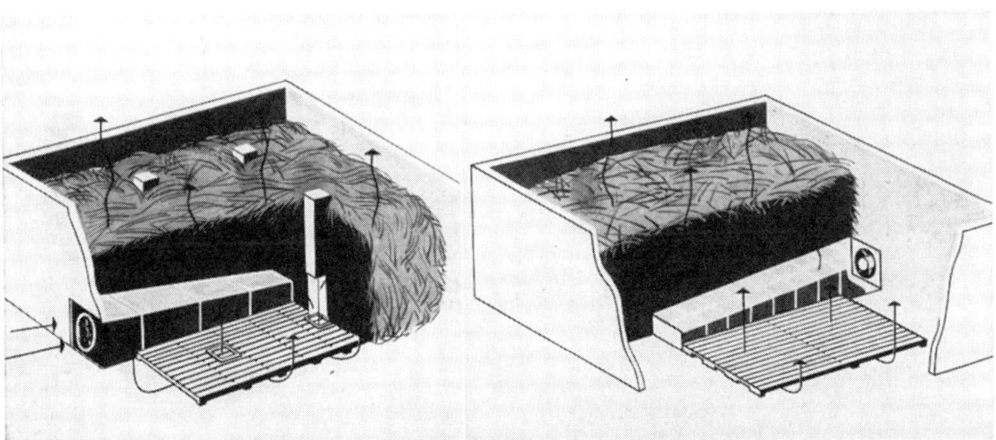

wünschte Ausbreitung. (Bärenklau ist allerdings kein ausdauerndes Unkraut. Die Pflanze wird höchstens drei Jahre alt. Der Hauptkampf ist also gegen die Samen zu führen.)

Auch für die einseitige Stickstoff-Kalidüngung durch die Jauche sind diese Stengelunkräuter sehr dankbar. Phosphorsäure und Kalk holen sie sich aus den tieferen Bodenschichten, an welche die flachwurzelnden Gräser, Klee und Kräuter nicht so leicht heran können.

Hochgefrorene, nicht gewalzte Grünlandflächen (besonders auf anmoorigen und Moorböden) sehen fast das ganze Jahr über gelblich braun aus, es fehlt der Narbenschluß. Die vom kapillar aufsteigenden Bodenwasser abgeschnittenen Pflanzen sterben ab. Damit verschwindet die schattenspendende grüne Pflanzendecke, und die obere Humusschicht ist nunmehr schutzlos den austrocknenden Winden und Sonnenstrahlen preisgegeben.

Auch die Ursache von im Frühjahr sehr spät ergrünenden Flächen ist oftmals in diesem Hochfrieren der Narbe zu suchen. Im Gegensatz hierzu beachte man die gute Entwicklung der wertvollen Gräser und Futterpflanzen auf vielbefahrenen, also festen Wiesenwegen! Die Entwicklung der flach wurzelnden Untergräser wird durch das Walzen begünstigt und der Wuchs vieler Blattunkräuter, die besonders auf lockerem Boden gut gedeihen, wie z. B. Bärenklau und Wiesenkerbel, gestört.

Man beachte also folgende Grundregeln:

Walzen

Auf jede Wiese (mit Ausnahme der schweren, tonigen Böden) gehört im Frühjahr vor Vegetationsbeginn eine möglichst schwere Glattwalze. Diese soll ein Gewicht von mindestens 10, besser 15 dz je lfd. Meter haben, also bedeutend schwerer sein, als eine Ackerwalze (mit Ausnahme bei Neuansaaten), da Wiesenwalzen ja durch die Grasnarbe hindurchdrücken müssen. — Arbeitsbreite bei einteiligem Gerät nicht über 1,25 m, Durchmesser nicht unter 90 cm. (Je größer im Durchmesser, desto leichtzügiger ist die Walze.) Bei zu geringem Durchmesser schiebt sich auch der Boden leicht.

Zeitpunkt des Walzens

Gewalzt wird, sobald der Boden genügend abgetrocknet ist, auf keinen Fall bei Bodennässe. Sonst verschmiert der Boden und wird durch die zu starke Zusammenpressung (durch Herausdrücken der Luft) unter Umständen derart verdichtet, daß eine gute Durchlüftung und damit das Bodenleben der Narbe auf das stärkste behindert werden und die Gare auf Jahre hinaus verlorengehen kann. Bei zu hohem Grundwasserstand der Moorwiesen kann dies ein „Totwalzen“ zur Folge haben.

Auch wird das Wachstum der Binsen, die sich hauptsächlich auf schlechtdurchlüfteten Grünlandflächen breitmachen, angeregt. (S. 358.)

Hochmoorboden mit einer stärkeren Decke von jungem Moostorf ist bei sachgemäßer Entwässerung sehr viel weniger empfindlich gegen zu nasses Walzen als die Mehrzahl der Niederungsböden. Zu stark ausgetrocknetes Moor federt und läßt sich auch durch eine noch so schwere Walze nicht mehr wirksam zusammenpressen.

Wenn beim Darübergehen die durch den Stiefelabsatz verursachte Vertiefung noch einige Zeit im Boden zurückbleibt, ist der richtige

Feuchtigkeitsgrad für das Walzen der Wiesen gekommen. Wird der Boden dagegen bei mehrmaligem Zutreten breiig, muß mit dem Walzen noch gewartet werden. Federt das Loch aus, ist es zum Walzen schon zu trocken. Auch wenn der Boden an einem in die Erde gestoßenen Stock krümelt, ist es Zeit zum Walzen. Zu nasses Grünland verträgt also das Walzen ebensowenig wie zu nasser Acker! (Förderung des Wuchses der Binsen — S. 358.)

Andererseits darf auch nicht zu spät gewalzt werden, da sonst eine Schädigung bzw. Wachstumsstockung der bereits stärker im Wachstum befindlichen Obergräser eintritt. Das Walzen bei niedrigem Graswuchs schadet dagegen nicht, da das Gras in diesem Stadium nur niedergedrückt wird und sich nach dem Walzen bald wieder aufrichtet. Bei völlig ausgetrocknetem Boden übt die Walze keine Wirkung mehr aus. Wurde der richtige Zeitpunkt verpaßt, oder ist der Boden im Frühjahr zu naß, erfolgt das Walzen am besten erst nach dem ersten Schnitt. (Bei Weiden nach dem ersten oder zweiten Umtrieb.)

Wie oft walzen?

Einmaliges Walzen genügt im allgemeinen auf Niederungsmoorböden, während auf Hochmoorwiesen mehrmaliges Walzen angebracht ist. Besonders auf nachgeweideten feuchten Moor- oder stark anmoorigen Wiesen kann wiederholtes Walzen, gegebenenfalls noch im Herbst, sehr zweckmäßig sein. Bei älteren, dichtbenarbten Dauerwiesen dürfte aber Walzen im Frühjahr genügen. — Koppelung von Schleppe, Walze und Düngerstreuer erfordert nur einen Arbeitsgang!

Das Walzen soll langsam erfolgen, weil dadurch eine stärkere und anhaltende Wirkung erzielt wird, worauf besonders bei Verwendung des Schleppers zu achten ist.

Durch richtiges Walzen läßt sich auf den Grünlandflächen ein Mehrertrag von etwa 25—30 % erzielen!

Jauche über Winter niemals auf das Grünland fahren.

Bei Jauchedüngung reichlich Phosphorsäure und Kali streuen!

Bereits stark verunkrautete Wiesen können durch Umwandlung in Dauerweiden oder Mähweiden in kürzester Zeit wieder in Ordnung gebracht werden. Möglichst früh und oft mähen oder noch besser im Frühjahr oder nach dem 1. oder 2. Schnitt beweiden, besonders auch durch Schafe. (Siehe Seite 567.) Doldenblütler sind im Jugendstadium gegen den Biß der Tiere empfindlich.

Wasserregulierung

Die Regulierung der Wasserverhältnisse ist eine der wichtigsten Maßnahmen auf dem Grünland. Bei zu hohem Grundwasserstand sind alle sonstigen Pflegemaßnahmen zwecklos. Das Wachstum der Gräser und Kleearten setzt auf dem Grünland im Frühjahr verspätet ein, da Luft und Wärme nur allmählich in den Boden kommen. Infolgedessen befriedigt auch der erste Schnitt nicht. Saure Gräser gewinnen die Oberhand. Stark auftretendes Wiesenschaumkraut, Sauerampfer und Moos zeigen beginnende Versäuerung des Bodens an. Sich in zunehmendem Maße ausbreitender Sumpfschachtelhalm deutet auf beginnende Versumpfung der Flächen hin. Die meisten Unkräuter haben einen sehr hohen Wasserbedarf. Durch Senkung des Grundwasserspiegels läßt sich also ein großer Teil der Unkräuter erfolgreich bekämpfen. Gleichzeitig gewinnen die weniger Feuchtigkeit beanspruchenden, guten Futterpflanzen die Oberhand.

Sauergräser enthalten viel schädliche Kieselsäure, wenig Mineralstoffe und Vitamine. Sie sind also weniger bekömmlich und besitzen außerdem nur geringe Schmackhaftigkeit. Mangelkrankheiten, wie Lecksucht, Sterilität sind häufig die Folge der Verfütterung von derartigem Heu, das auch sehr stark den Fettgehalt der Milch drückt.

Grundwasserstand

Für Wiesen genügt während der Wachstumszeit im allgemeinen ein Grundwasserstand von 50—70 cm, für Weiden von 60—100 cm unter der Bodenoberfläche (bei zu weichem Boden Gefahr der Verletzung der Grasnarbe durch den Tritt der Weidetiere), je nach Bodenart, Untergrund und Niederschlagsverhältnissen. Im großen ganzen soll der Grundwasserspiegel bei Wiesen auch im Hochsommer nicht tiefer als 70 cm und nicht höher als 50 cm liegen.

Andererseits darf aber durch eine zu starke Entwässerung nicht über das Ziel hinausgeschossen werden. Durch Einbau von Stauvorrichtungen in die Entwässerungsanlage kann einem zu starken Absinken des Grundwasserstandes im Sommer entgegengearbeitet werden. Das Ziel muß sein: Niedriger Grundwasserstand im Winter während der Wachstumsruhe, erhöhter im Sommer während der Vegetation.

Völlige Beseitigung stauender Nässe ist also Voraussetzung für das Gedeihen der Wiesengräser. Gut funktionierende Drainagen, freiliegende Drainageöffnungen, offene, regelmäßig geräumte und entkrautete Gräben sowie gute Vorflut, dies alles sollten selbstverständliche Begriffe für den fachkundigen Grünlandwirt sein. Leider kann man sich oft vom Gegenteil überzeugen.

Der Bauer soll das Wasser in der Hand haben, d. h. sowohl für rechtzeitigen Abfluß durch entsprechende Entwässerung, als auch in Trockenzeiten für Bewässerung (Stauvorrichtung, Berieselung usw.) Sorge tragen.

Wasserabfluß

Lassen es die Bodenverhältnisse zu, sollte die Entwässerung in Form von Tonröhren, Stangen-, Faschinen- oder Kastendrainage den offenen Gräben vorgezogen werden, da diese die Bearbeitung des Grünlandes erschweren. — Aber nicht nur das Räumen der Gräben, sondern auch deren Wasserabzug durch richtiges Gefälle und ausreichende, von Hindernissen freie Vorflut muß gewährleistet sein!

Brunnenkresse, Wasserehrenpreis und Süßgras, die am Ufer oder im Wasser selbst wachsen, sind Zeichen guten Wassers. Zeigt das Grabenwasser dagegen an seiner Oberfläche einen opalisierenden, ölartigen Überzug, oder setzt sich an der Grabensohle ein rötlicher Niederschlag ab, dann ist dies ein Zeichen, daß das Wasser für die Gräser ungesund wird, weil es keinen Abzug hat, sauerstoffarm geworden und mit Zersetzungsprodukten des Bodens angereichert ist. (Besonders bei Staugräben.) Es muß dann für raschen Abfluß des (zurückgehaltenen) Graben- und Bodenwassers Sorge getragen werden. Erforderlichenfalls ist auch der Grundwasserspiegel zu senken.

Grabenräumen

Das eigentliche Grabenräumen soll im Herbst, spätestens jedoch im Winter, bei offenem, frostfreiem Wetter durchgeführt werden. Vor Winter sind wenigstens alle Binnengräben zu räumen, damit das stehende, faulende Wasser entfernt wird, Luft in den Boden dringen kann, der Boden entsäuert wird und Regen und Schneeschmelzwasser sofort abfließen können. Hierbei ist die ursprüngliche Sohlenhöhe wieder herzustellen, sonst werden die Gräben mit der Zeit immer flacher, und die entwässernde Wirkung läßt nach. Verstopfte Drainagen reinigen, deren Ausläufe mit Schutzgittern versehen und mit starkem Pfahl oder Stein kennzeichnen. Durchlaßrohre für Brücken mindestens 60 cm unter Fahrbahn legen, um Schäden durch Radstöße zu vermeiden. Rohre tiefer als Grabensohle legen, damit Wasser auch bei niedrigem Stand schnell abfließt. Der Doppel- bzw. Mehrrohr-Durchlaß stellt sich bei gleicher Leistung teurer als der Einrohr-Durchlaß.

Wo erforderlich, ist der Graben nicht nur senkrecht nach unten abzustechen, sondern auch die Böschung wieder herzurichten, gegebenenfalls durch Neubefestigung mittels Faschinen und Grassoden oder durch Neuansaat. Keine steilen Böschungen, diese werden selten oder gar nicht gemäht und bilden Unkrautherde. Hohe Böschungen mit Böschungsabsatz versehen. Böschungen bald ansäen, sonst verunkrauten sie und bekommen keine feste Narbe (Abschwemmungsgefahr), namentlich bei stärkerem Gefälle. Wenn erforderlich, Sohle und Böschungen an gefährdeten Stellen mit Pflaster oder Packlage befestigen, Rohrdurchlässe mit geringem Gegengefälle verlegen. Pflasterstrecken am oberen und unteren Ende durch 70 cm tief reichende Pfahlreihe abschließen.

Selbst bei kleinsten Gräben Sohlenbreite nicht unter 30 cm herstellen, sonst wächst die Sohle zu schnell wieder zusammen.

Nach dem ersten Grasschnitt bzw. nach der Heuernte sind Auskrautungen mit Hilfe von Krautsense, Krautsäge, Krauthaken oder Auskrautungsmesser durchzuführen. Da jetzt alle Kräuter ausgetrieben haben, lassen sie sich gut mit der Wurzel restlos vernichten. — Stets von der Mündung zur Quelle, also gegen den Strom räumen, damit das geschnittene Kraut abschwimmt. (Eventuell maschinell räumen!)

Der Grabenauswurf darf nicht liegenbleiben, sondern muß sofort abgefahren und unter Kalkzusatz kompostiert werden. Andernfalls bildet sich allmählich ein Erdwall, der infolge Pressung des Bodens den Wasserabzug nach den Gräben hemmt und durch Unkrautwuchs zur Verschlechterung der Grasnarbe beiträgt.

Übersanden der Wiesen

Das Trockenlegen von nassen, weichgründigen Wiesen durch Überfahren mit Sand ist falsch und daher zwecklos. Durch die aufgebrachte Sanddecke wird die Bodenverdunstung herabgesetzt (je grobkörniger der Sand, um so mehr) und der Untergrund durch die Schwere des aufgebrachten Bodens noch mehr zusammengepreßt. Die Folge ist ein noch schlechterer Wasserabzug und völliger Luftabschluß des Wiesenbodens.

Nur bei einer Aufschütthöhe von etwa 40—60 cm lassen sich nasse Flächen allmählich ertragsfähig gestalten. Auch friert Moorboden dann nicht mehr hoch. Eine derartige Maßnahme ist aber bei größeren Flächen kaum durchführbar. Denn es würden hierfür je Hektar Fläche 4000—6000 cbm Sand erforderlich sein!

Dagegen setzt auf zur Trockenheit neigenden, humosen Böden, die zu stark entwässert wurden oder an sich zur Puffigkeit neigen, eine 5—15 cm starke Sanddecke die Wasserverdunstung herab, auch steigt das Wasser in dem durch das Gewicht des Sandes zusammengepreßten Boden leichter hoch. Gute Mielitz- und Rohrglanzwiesen sollten dagegen überhaupt nicht trockengelegt werden.

Die Unkräuter des Grünlandes

Häufig vorkommende Unkräuter

1. *Giftpflanzen und Pflanzen, die den Futterwert verringern*: Herbstzeitlose, Augentrost, Hahnenfuß, Sumpfdotterblumen, Sauerampfer, Schachtelhalm, Rasenschmiele.

2. *Pflanzen mit großen Blattrosetten, die am Boden liegen*: Gänseblümchen, Löwenzahn, Wegerich.

3. Hartstengelige und schwerverdauliche Pflanzen, die von den Tieren nicht aufgenommen werden: Ampferarten, Bärenklau, Binsen, Pestwurz, Wiesenkerbel, Borstengras, Honig- und Straußgräser.

4. Sonstige wertlose Pflanzen, wie z. B.: Ehrenpreis, Günsel, Klappertopf, Moose.

Moos-Beseitigung

Wiesen, die stark mit Moos durchsetzt sind, leiden meist nicht nur an stauender Nässe, sondern auch an unzureichender Nährstoffversorgung. Auch auf übermäßig genutzten oder stark beschatteten Flächen findet sich Moos ein. Weder durch scharfes Eggen (Vernichtung vieler nützlicher Pflanzen, Förderung der Verunkrautung) noch durch Ausstreuen von Kainit und Branntkalk läßt sich Moos auf die Dauer vernichten. Entwässerung und Kalkung versauerter Flächen sowie reichliche Zufuhr von Kompost und Stalldung sind die wesentlichen Maßnahmen, die zur Moosbeseitigung führen. Ferner zusätzlich Ausstreuen von 2 dz/ha Kalkstickstoff vor Beginn des Gräserwuchses auf den feuchten Bestand oder Spritzung von 20% Eisenvitriollösung (2000 l/ha) bei trokkenem Wetter.

Pflanzenbestand auf Hungerwiesen (S. 370)

Hungerwiesen zeichnen sich durch ihren Pflanzenbestand aus. Borstgras, Moos, Ruchgras, Zittergras sind deutliche Zeichen hierfür. Aber auch Gänseblümchen, Schafgarbe, Wiesenknopf und Wucherblume lieben nährstoffarme Böden und sind düngerfliehend. Weißklee auf Wiesen ist das Zeichen für Stickstoffmangel. Klappertopf, Löwenmaul und Mooshachel dagegen sind Pflanzen, die zu trocken gewordenes Moor besiedeln.

Unkrautbekämpfung

(Siehe auch S. 388)

Hederich-Kainit

Hederich-Kainit, 12—15% Reinkali enthaltend, in Gaben von 8—12 dz/ha ausgestreut, ist ein billiges, aber sehr wirksames Mittel zur Unkrautbekämpfung auf kleearmen Wiesen und Weiden. Während Wiesengräser, ähnlich wie Getreide, an ihrer Oberfläche mit einer Wachsschicht versehen sind, die das schädliche Eindringen stärkerer Salzlösungen in die Zellen verhindert, ist dies bei den Blattunkräutern nicht der Fall. Auch sind die meisten wertlosen Gräser behaart und dadurch der störenden Einwirkung des Hederich-Kainits ausgesetzt. (Siehe S. 111/112.)

Das Ausstreuen erfolgt entweder im Frühjahr beim ersten Ergrünen der Grasnarbe oder nach dem 1. Schnitt, je nachdem, ob es sich in der Hauptsache um Unkräuter des 1. oder 2. Schnittes handelt (wenn auf die taunassen Pflanzen kein Regen zu erwarten ist).

Öl- oder Kohldistel, Sumpfkratzdistel, Löwenzahn, Breitwegerich, Wucherblume, Gänseblümchen, wie alle Unkräuter mit rosettenförmigen Blattanlagen, werden auf diese Weise schnell und sicher beseitigt. Gleichzeitig wird durch die Düngerwirkung des im Hederich-Kainit enthaltenen Kalis der Kleewuchs gefördert, wie überhaupt Kainit wegen der günstigen Wirkung der Nebenbestandteile auf den Graswuchs für Grünland auf leichteren Böden und Moorböden bevorzugt Verwendung finden kann. Auch wirkt sich die Zufuhr von Kochsalz durch Kainit günstig für die Ernährung des Viehs aus.

Kalkstickstoff

Durch eine Düngung mit Kalkstickstoff werden bei richtiger Anwendung gleichzeitig viele Grünlandunkräuter wie Klappertopf, Gänseblümchen, Margueritenblume, Wiesenschaumkraut, Hahnenfuß, Löwenzahn, Wegerich, Ehrenpreis sowie Moose erfolgreich bekämpft.

Der beste Zeitpunkt zur Unkrautbekämpfung mit Kalkstickstoff ist Ende des Winters bzw. sehr zeitig im Frühjahr, während der Wachstumsruhe der Gräser. Man streut zu diesem Zweck etwa 200—250 kg/ha am besten ungeölten Kalkstickstoff auf die möglichst trockene Grasnarbe.

Wuchsstoffmittel
(Siehe S. 114)

Eine Unkrautbekämpfung kann auch mit Wuchsstoffmitteln — am besten MCPA-Präparate (S. 114) — erfolgen. Da hierbei Leguminosen geschädigt werden können, vorwiegend Unkrautnester behandeln.

Löwenzahn
(Siehe S. 388)

L ö w e n z a h n w i e s e n u n d - w e i d e n werden am besten kurz vor Beginn der Blüte des Löwenzahnes (wenn die Blütenknospe in der Rosette erscheint) mit 2—3 dz/ha Kalkstickstoff auf die taufeuchten Bestände bestreut. Durch Verätzen und Abtöten der Blätter werden die Pflanzen, deren Reservenährstoffe der Wurzel sich zu diesem Zeitpunkt fast ausschließlich in den oberirdischen Pflanzenteilen befinden, so geschwächt, daß sie von den schnellwachsenden Nutzgräsern unterdrückt werden und eingehen.

Bärenklau

B ä r e n k l a u hat trotz der starken Wurzelausbildung nur eine kurze, bis dreijährige Lebensdauer. Seine Vermehrung erfolgt ausschließlich durch Samen. B e k ä m p f u n g : Bei stärkerem Auftreten von Bärenklau hilft am besten die Anwendung einer schweren Wiesenwalze, besonders nach dem ersten Schnitt, Abmähen der Stengel zur Blütezeit (vor Samenreife) und volle Weide den Sommer hindurch.

Binsen

B i n s e n , deren pulverfeiner Samen bei Samenreife durch Wasser (Überschwemmung) oder vom Wind über weite Strecken verstreut wird, stehen überall an Gräben und Wasserstellen in sumpfigen Flächen. Sie machen sich also hauptsächlich auf schlecht durchlüfteten, dazu oftmals nassen Grünlandflächen breit (Walzen und Beweiden von zu nassem Boden), auf denen die guten Gräser und Kleearten infolge Luftmangels nicht gedeihen wollen. Binsen hindert dies an ihrem Wachstum nicht, da ihnen die fehlende Luft durch die hohlen, runden Blätter und Luftkanäle in die unterirdischen Stengelteile und Wurzeln zugeleitet wird. Die Verunkrautung des Grünlandes mit Binsen beginnt häufig von Grabenrändern aus.

B e k ä m p f u n g : Binsen werden durch Bestreuen der Binsenhorste nach dem Mähen mit chlorathaltigen Mitteln oder Hederich-Kainit restlos vernichtet. Gleichzeitig stauende Nässe beseitigen und Luftarmut des Bodens durch Zufuhr gareschaffender Mittel (Kalk, Kompost, Stallmist, Spreu, Kartoffelkraut und ähnlichen Humusstoffen) beheben.

Bei stärkerer Verunkrautung hilft am besten Abmähen der Binsen bei anhaltendem Regen (Landregen) mit der Sense oder ganz tiefgestelltem Grasmäher. Der in die aufgeschnittenen Blätter und Stengel eindringende Regen unterbindet die Atmung, und die Binsenhorste faulen aus. Diese Methode ist für vereinzelte Nachkömmlinge zu wiederholen, die man auch aushacken oder ausstechen kann (Verarbeitung der ausgestochenen Binsen an Ort und Stelle zu Kompost). Auch das Abmähen im Herbst oder Winter bei starkem Kahlfrost ist zu empfehlen. Anwendung wuchsstoffhaltiger Mittel (S. 114) am besten, wenn Binsen etwa 30 cm lang sind. 2—3 Wochen später mähen. Kurz vor der Spritzung reichlich Salpeterstickstoff streuen.

Herbstzeitlose. Enthält das in der Heilkunde verwendete Gift Colchicin (und zwar in Zwiebeln, Blättern und Samen), das bei den Tieren Durchfall und Kolik hervorruft. Das Gift ist auch in getrockneten Pflanzen, also Heu, wirksam. Erforderlichenfalls müssen schnell entsprechende Medikamente gegeben werden, um die Tiere am Leben zu erhalten. Nur das Schaf gilt als immun gegen den Giftstoff. **Herbstzeitlose**

Bekämpfung: Auf Wiesen 1. Schnitt mehrere Jahre sehr frühzeitig nehmen, um die Samenkapseln zu erfassen. Weiden einige Jahre lang früh besetzen (Ende April/Anfang Mai), am besten durch Schafe.

Einzelbekämpfung durch Ausstechen der Zwiebel und nachfolgendes Einstreuen einer Handvoll Kainit in das Stichloch. Auch Ausstreuen von 16 dz/ha Kainit und Thomasphosphat im Verhältnis 2:1 nach dem letzten Grasschnitt im Herbst kann empfohlen werden. Die Herbstzeitlose läßt sich auch durch Herausreißen Ende April / Anfang bis spätestens Mitte Mai sicher vernichten. Man muß tief anfassen, vorsichtig ziehen und tief unter der Erde über der alten Knolle abreißen. Notfalls im nächsten Jahr wiederholen.

Bekämpfung im Herbst zur Zeit der Blüte: Dreiseitiges Herausstechen eines Rasensodens um die Pflanze, Herumklappen des Sodens um die vierte Seite, Heraussammeln der bis reichlich faustgroß werdenden Zwiebelknolle, Zurückklappen des Sodens und festtreten. Knollen liegen nie tiefer als 20 cm unter Erdoberfläche.

Bei sehr starkem Auftreten der Pflanze, die im Frühjahr unzählige Samenkörner aus den reifen Kapseln der vorjährigen Blüten ausschüttet, mit 2, 4, 5 T-haltigen Wuchsstoffmitteln (S. 114) in der Zeit vom 1. bis 15. Mai (beim Schieben der Samenkapsel) spritzen. Vorher Blätter durch Überfahren mit Ringelwalze anquetschen. Behandlung im Herbst und folgendem Jahr wiederholen. Die Gräser werden nur vorübergehend geschädigt.

Heu von mit dem giftigen Sumpfschachtelhalm oder Duwock (Equisetum palustre) durchwachsenen Flächen kann, selbst wenn diese umgebrochen und neu angesät wurden und eine sonst vollwertige Süßgrasnarbe aufweisen, nur als Futter für Pferde, die derartiges Heu gut vertragen, dagegen niemals im Milchviehstall verwendet werden. Durchfälle, Vergiftungserscheinungen und Rückgang der Milch treten schon nach geringen Mengen auf! (Ackerschachtelhalm ist dagegen nicht giftig.) Auch Grünfutter als erste Frucht nach Umbruch derartiger Wiesen taugt aus gleichem Grund, selbst in eingesäuertem Zustande, für den Milchviehstand nicht. (Gänse fressen Duwock sehr gern.) **Sumpfschachtelhalm**

Bekämpfung: Entwässerung, Umbruch und Neuansaat führen meist nicht zur Vernichtung des Sumpfschachtelhalmes, da sich dessen Wurzelstöcke in wasserführenden Schichten bis zu 2 m Tiefe befinden. Von dort aus sendet er seine Triebe immer wieder nach oben.

Wirksam ist dagegen wiederholtes Walzen der betreffenden Grünlandfläche im späten Frühjahr, wenn der Sumpfschachtelhalm etwa finger- bis handlang ist, mit einer schweren Walze. Hierbei knicken die ziemlich spröden Halme um oder werden abgequetscht. (Am besten auf Weiden mit festen Böden durchführbar, auf den weicheren knicken die Duwocktriebe nur teilweise ab.) Zweckmäßig ist auch Walzen nach jedesmaligem Umtrieb. Wiesen gegebenenfalls vorübergehend beweiden, um das Walzen im späten Frühjahr zu ermöglichen. Der von der Walze abgeknickte Trieb schlägt nicht wieder aus. Die Walze muß doppelt, beim zweiten Mal gegen den Strich angewendet werden. (Stabwalzen mit ihren kantigen Stäben besonders geeignet.) Auch mehrmaliges Abschleppen mit einer Reifenschleppe führt zum Erfolg.

Dadurch sowie durch den wiederholten Grasschnitt, auch durch scharfes Beweiden bei frühzeitigem Auftrieb, werden die oberirdischen Teile immer wieder zerstört, so daß sie keine Reservestoffe bilden und den Wurzelstöcken zuführen können, die so geschwächt werden und allmählich absterben. Auch das Zerstören der grünen Triebe im Juni, Juli und Herbst ist zu empfehlen. — Wuchsstoffhaltige Mittel (S. 114) helfen bei voll entwickelter Pflanze — aber nicht nachhaltig.

Rasenschmiele

Rasenschmiele. Alle bisher angewandten Methoden sind weniger wirkungsvoll. Die Bekämpfung erfolgt durch Herausreißen kurz nach der Schneeschmelze, wenn die sonst im Boden so außerordentlich fest verankerte Rasenschmiele sehr lose wurzelt. Erforderlich ist, daß beim Herausreißen oder Abrupfen, wobei keine Triebe im Boden verbleiben dürfen, die wieder ausschlagen könnten, mit den äußersten Horstbüscheln begonnen wird, die gut unterzugreifen sind. Dann löst sich auch der scheinbar hartnäckigste Bült leicht aus der Erde.

Nach dem Entfernen der Rasenschmiele wird das Grünland, sobald es der Boden zuläßt, mit wertvollen Gräsern nachgesät und gewalzt.

Düngung

Allgemeines

Eine Heuernte von 40 dz/ha entzieht dem Boden ungefähr soviel Nährstoffe wie eine Getreideernte von 24 dz/ha Korn und 60 dz/ha Stroh. Stickstoff bzw. Jauche fördern den Graswuchs, namentlich der Obergräser; Kali, Phosphorsäure und Kalk den Kleewuchs und Wicken. Phosphorsäure und Kalk sind auch für die Knochenbildung der Weidetiere von größter Wichtigkeit. Kompost sowie gut verrotteter Stalldung kommen allen Pflanzenarten zugute.

Stickstoff

Stickstoffdünger hebt auf Hochmoor und Mineralboden den Heuertrag und ermöglicht einen höheren Weideauftrieb. Bei einem stickstoffreichen Niederungsmoor (Wiese und Weide) kommt man dagegen ohne besondere Stickstoffgaben aus.

Zu hoher Kleeanteil, der im Laufe der Zeit zu Bestandslücken und damit zur Verunkrautung des Bestandes führen kann, läßt sich durch reichliche Stickstoffgaben zurückdrängen. Einseitige Stickstoffgaben führen zur Unterdrückung des Kleewuchses und der wertvollen Untergräser (Licht und Luftmangel), fördern also die massenwüchsigen Obergräser und besonders den Unkrautwuchs.

Bei Handelsstickstoffgaben setzt das Graswachstum bereits bei 5° C Bodenwärme in 10 cm Tiefe ein, während vorhandene Mengen Bodenstickstoffes aus organischer Düngung erst bei 9° C Bodenwärme verwertbar werden. Bei beginnender Vegetation mit der noch geringeren Bodenwärme wirkt Handelsstickstoff also schneller, und derartige Wiesen und Weiden ergrünen eher.

Eine stärkere Stickstoffgabe im zeitigen Frühjahr ist auch deshalb richtig, weil der erste Schnitt die Haupternte bringt und spätere Gaben nach dem ersten Schnitt unsicher sind, da von der Sommerwitterung abhängig. Bei ausreichenden Niederschlägen übt ein im Juni—Juli auf die gemähte Wiese ausgestreuter Stickstoff-Dünger günstigen Einfluß auf Menge, Eiweiß-, Mineralstoff- und Vitamingehalt des Grummets aus.

Höhe der Stickstoffgaben: 2—4 dz/ha eines 20%igen Stickstoffdüngers, davon zwei Drittel im zeitigen Frühjahr, am besten in Form von Kalkammonsalpeter oder schwefelsaurem Ammoniak, und ein Drittel (möglichst in Form von Kalksalpeter) nach dem ersten Schnitt. Kalkstickstoff dagegen bereits Ende Winter auf die trockenen Pflanzen ausbringen, um Pflanzennarbe nicht zu schädigen. (Siehe Seite 358.)

Kali, Phosphorsäure

Kali und Phosphorsäure fördern den Wuchs der Schmetterlingsblütler, dadurch höherer Eiweiß-, Phosphat- und Kalkgehalt des Futters (Schmetterlingsblütler enthalten gegenüber den Gräsern fast doppelt soviel Kalk), auch bessere Schmackhaftigkeit. Phosphorsäure-Mangel des Heues ruft bei Rindern Unfruchtbarkeit usw. hervor! (S. 477.)

Besonders Moorböden sind von Natur aus arm an Kali und Phosphorsäure. Hochmoor fehlt außerdem Kalk. Gräser zeigen für Bodenkali besseres Aufschlußvermögen als Leguminosen (Klee, Wicken).

Höhe der Gaben: 2 bis 3 dz/ha 40—50% Kali, 40er Kalidüngesalz mit einem garantierten Gehalt von 25% handelsüblicher Kalimagnesia oder auf leichteren Böden (siehe S. 91 und S. 357) 9 dz/ha Kainit und 4—6 dz/ha eines Phosphatdüngers. — Zeit: Im Herbst oder Frühwinter bei trockenem Wetter. Mineraldünger niemals auf nasse Pflanzen streuen. (Ätzschäden schon bei starkem Tau.)

Kalk

Kalk: Grünland neigt infolge seiner geschlossenen Oberfläche und des dadurch bedingten erschwerten Eindringens von Luftsauerstoff mehr zur Versauerung als das Ackerland, so daß regelmäßige Kalkgaben erforderlich sind. Hinzu kommt, daß der den Tieren mit dem Futter zugeführte Kalk diesen in einer natürlichen, gesunden und leicht aufnehmbaren Form zur Verfügung steht.

Eine Kalkung ist daher alle 3—4 Jahre (aber nicht zu stark) vorzunehmen. Sie erfolgt entweder in Form von feinstgemahlenem, kohlensaurem Kalk, in Gaben von etwa 10—20 dz/ha (ausgestreuter Branntkalk verwandelt sich doch bald in solchen, ohne eine Lockerung des Bodens bewirken zu können). Besser ist es, auf 1 cbm Kompost 10—15 kg Branntkalk beim mehrmaligen Umstechen beizumischen und mit dem Aufbringen des Kompostes die Kalkdüngung des Grünlandes zu verbinden. Denn die meisten wertvollen Gräser lieben keine stark alkalische Bodenstimmung. Sie gedeihen am besten auf einem schwach sauren bis neutralen Boden (pH-Zahl 5,6—6,5). Hierauf ist besonders dann zu achten, wenn im Kalkjahr noch andere kalkhaltige Düngemittel gegeben werden, da sonst leicht des Guten zuviel getan und die Narbe auf längere Sicht verdorben werden kann. Das trifft besonders auf den von Natur aus kalkhaltigen Niederungsmoorböden zu! Niederungsmoor benötigt keinen Kalk.

Der günstigste Zeitpunkt zur Kalkung des Grünlandes ist vom Spätherbst bis zum zeitigen Frühjahr, zur Zeit der Wachstumsruhe, an schneefreien Tagen; notfalls auch nach dem 1. Schnitt.

Das Hervorquellen von buntschillerndem Wasser (Wiesengräben), das braunen Schlamm absetzt, kann als Zeichen für die Kalkarmut des Bodens angesehen werden.

Auf sauren, nassen Wiesen ist jede Düngung ohne Wirkung und daher nutzlos vertanes Geld.

Kompost, Stallmist

Kompost und Stallmist sind vornehmlich Bodenverbesserungsmittel (Gareerzeuger), deren Hauptwert in der Bodenbeschattung und Belebung der Bakterienwelt liegt, und erst in zweiter Linie Nährstoffträger. Das Düngerbedürfnis des Grünlandes wird in der Hauptsache durch mineralische Düngemittel gedeckt.

Daß die organische Düngung, und zwar in erster Linie Kompost, auf dem Grünland Wunder wirken kann, ist eine altbekannte Tatsache, der sich aber nur die wenigsten Landwirte bewußt sind. Guter Kompost läßt sich auf dem Grünland durch nichts voll ersetzen. Wer also seine Wiesen lieb hat, der pflegt seinen Komposthaufen! (Siehe auch unter „Kompost", Seite 66.) Die Dichte des Pflanzenbestandes bzw. der Schluß der Weidennarbe wird gehoben. Als einer der wesentlichsten Einflüsse des Kompostes wie auch des Stallmistes in bezug auf die Veränderung des Pflanzenbestandes ist die Förderung der sich für eine derartige Düngung besonders dankbar zeigenden Wiesenrispe anzusehen. Auch die Erhaltung anderer wertvoller Gräser, wie z. B. Wiesenschwingel, Lieschgras, Deutsches Weidelgras usw., wird dadurch günstig beeinflußt. Das Zeichen derartig gepflegter Grünlandflächen ist ihre ständige sattgrüne Färbung, auch im Winter.

Stärke der Gaben: 200—300 dz/ha Kompost, in zwei- bis dreijähriger Wiederholung, bzw. gut verrotteter Stallmist in kleinen Mengen von 100—120 dz/ha. Die organische Düngung soll bei Wiesen gegenüber den Weiden etwas reichlicher bemessen sein, da letztere durch den Kot und Harn der Tiere bereits zusätzlich gedüngt werden.

Zeitpunkt des Ausbringens: Im zeitigen Frühjahr oder besser nach dem 1. bis 2. Schnitt. — Wirtschaftsdünger und Abfallstoffe sollen einwachsen und nicht wieder abgerecht werden. (Schattengare und Humusanreicherung!) Daher ist im Frühjahr und Sommer möglichst kurzes Deckmaterial zu verwenden und dieses durch Abschleppen weiter zu verreiben (Fella-Egge oder Strauchschleppe — siehe S. 387 — sehr gut geeignet). Die Grasnarbe wächst sehr schnell über den ausgebreiteten Mist, sie „frißt" ihn auf. Die beste Zeit für die organische Düngung ist der Sommer. (Erhaltung der Bodenfeuchtigkeit sowie Schutz der flachliegenden Wurzeln der wertvollen Untergräser.)

Steht kein Kompost bzw. Stallmist zur Verfügung, kann Kartoffelkraut, Kurzstroh oder Spreu als Schutzdecke im Spätherbst oder auch nach dem ersten Schnitt in schleierartig dünner Schicht auf das Grünland gebracht werden.

Jauche

Jauche und Gülle. — Zeitpunkt des Ausfahrens: Am besten wird die Hälfte der vorgesehenen Jauchemenge im zeitigen Frühjahr, ein weiteres Viertel nach dem 1. Schnitt und der Rest später in mehreren Gaben verabreicht. Jauche, im Winter ausgefahren, ist in ihrer Wirkung gegenüber der im frühen Herbst, besonders aber der im zeitigen Frühjahr ausgebrachten, unterlegen. (Siehe S. 64.) Das gleiche trifft für Kompost und Stalldung zu. Die hierbei entstehenden Wagenspuren werden durch die günstige Bakterienwirkung um ein Vielfaches aufgewogen!

Besonders frostgefährdete Lagen sind beim Bejauchen im Frühjahr zu vermeiden, um den Austrieb der Gräser hier nicht vorzeitig anzuregen und durch Frost zu gefährden. Das Ausfahren soll auch nicht bei Sonnenschein und trockenem Wetter erfolgen, sonst treten, abgesehen von Stickstoffverlusten, Verbrennungsschäden auf, gegen die besonders die wertvollen Kleearten sehr empfindlich sind.

Höhe der Gaben: 10 000—20 000 l/ha, etwa alle 3 Jahre gegeben. Auf gleichmäßige Verteilung der Jauche ganz besonders achten! — Da Jauche wenig Phosphorsäure enthält, ist zusätzliches Streuen von etwa 3 dz/ha eines Phosphatdüngers erforderlich, sofern nicht Superjauche (S. 64) Verwendung findet. Einseitige Düngungsmaßnahmen mit Jauche und Gülle fördern die Verunkrautung der Grünlandflächen durch Bärenklau, Wiesenkerbel, Wilde Möhre usw., während der Kleewuchs zurückgeht. Daher nicht immer nur hofnahe Grünlandflächen bejauchen! (Siehe S. 352.)

Stallmist, Kompost und Jauche sollten in etwa 3jährigem Wechsel dem Grünland neben den üblichen Handelsdüngergaben zur Verfügung stehen. Pflanzenbestand, Bakterienleben und Bodengare werden durch eine derartige organische Düngung ganz erheblich verbessert!

Der Umbruch von Grünlandflächen

Nicht voreilig umbrechen

Soweit alte Narben ihrer Zusammensetzung nach überwiegend noch aus guten Gräsern und Leguminosen bestehen, wenn auch nur als Kümmerer, soll man mit dem Umbruch recht vorsichtig sein und nicht übereilt, sondern erst nach eingehender Bestandsprüfung dazu schreiten. Durch das Bedecken eines untätig gewordenen Grasbodens mit guter Komposterde als bestes Mittel, aber auch mit verrottetem Stalldung, Kartoffelkraut, Mietenstroh (30—50 dz/ha, auf dünne Verteilung achten!), Gerstenspreu und Rapsschoten, starker mineralischer Düngung, besonders mit Phosphorsäure und Regelung des Kalkzustandes werden die guten Gräser wieder zu kräftigem Wuchs angeregt und läßt sich meist die gewünschte Gare wiederherstellen! Außerdem wird durch das Bedecken die Narbe im Winter vor dem Erfrieren und im Sommer vor dem Ausbrennen geschützt. Sehr wichtig ist Regelung der Wasserverhältnisse und Wechsel der Nutzungsform (Mähweide — S. 391)!

Gegebenenfalls läßt sich ein Umbruch auch durch Einsaat von spätblühenden, guten Gräsern — in trockenen Lagen im Frühjahr, in feuchten Gebieten nach dem 1. Schnitt — in die vorher aufgeritzte und möglichst mit Kompost befahrene Oberfläche, mit nachfolgendem Eggen und Walzen vermeiden. Langsam wachsende Untergräser, wie z. B. die Wiesenrispe, sind hierfür nicht geeignet, dagegen Kammgras, Goldhafer, ferner alle großsamigen, schnell wachsenden Obergräser (Wiesenschwingel, Wiesenlieschgras, Knaulgras, Glatthafer), desgleichen alle Kleearten. Eine Neuansaat nach vorhergehendem Umbruch bzw. Wiederherstellung einer guten Grasnarbe ist stets mit gewissen Schwierigkeiten und einem Risiko verbunden.

Umbruchreife Flächen

In niederschlagsarmen Gebieten kann allerdings ein regelmäßiger Umbruch und Neuansaat in einem Turnus von 6—8 Jahren zweckmäßig sein. Auch wenn Rasenschmiele, Binsen und Seggen vorherrschen (bei zu geringer Bodenfeuchtigkeit empfiehlt sich zur Erzielung einer besseren Rente dauernde Ackernutzung nach dem Umbruch) oder bei fast reinen Borstgras- bzw. Honiggrasbeständen, muß zum Umbruch des Grünlandes geschritten werden. Schlagartige Entwässerung erfordert auf jeden Fall Neuaussaat, da die wasserliebenden Pflanzen absterben. Nasse Flächen sind bei der Neusaat stets erst zu entwässern!

Technik des Umbruches

Der Umbruch erfolgt am besten im Spätherbst (Oktober—Dezember), möglichst nach Abweidung der Grasnarbe. Dann zersetzt sich die Narbe über Winter und der Boden friert gut durch. — Es kann auch bereits nach dem 1. Grasschnitt bzw. Abtrieb im Juni umgebrochen werden. In diesem Fall wird unter Verwendung eines einfachen Gespannpfluges mit scharfen Scharen gepflügt (eine vorangegangene Scheibenegge erleichtert diese Arbeit wesentlich!) und anschließend mit schwerer Egge oder Kultivator bei trockenem Wetter kreuz und quer gearbeitet. Etwa 2 Monate später wird der Schlag nochmals sauber gepflügt.

Wiesenpflug

In allen anderen Fällen verwende man für den Umbruch einen Wiesenpflug mit seiner stärkeren Bauart (die Streichbleche haben eine stark gewundene Form und sind länger als die gewöhnlicher Pflüge), damit die Narbe vollständig nach unten kommt. Die alte, verunkrautete Grasnarbe muß vollkommen (um 180°) gewendet werden, so daß jeder Pflugbalken in die vorhergehende Furche zu liegen kommt, nicht aber schräg aneinandergelegt wird. Nur so läßt sich die alte Narbe völlig vernichten und ein Durchwachsen des alten Bestandes verhindern. Auch erleichtert dies die nachfolgenden Ackerarbeiten außerordentlich.

Der Wiesenpflug wird am besten mit einem scharfen Scheibensech ausgerüstet, das die feste und verfilzte Grasnarbe in Furchenbreite abschneidet. Ferner ist ein Vorschäler notwendig. Bei Pferdezug auf weichen Böden Pflug mit einer seitlichen Anspannungsvorrichtung versehen, damit beide Pferde auf der festen Narbe gehen können.

Pflugtiefe

Pflugtiefe 15—25 cm (auf Niederungsmoor 18—20 cm). Wenn auch zu vermeiden ist, daß roher Boden nach oben gebracht wird, so darf doch, besonders bei bald folgender Neuansaat, nicht zu flach gepflügt werden, da sonst Gefahr besteht, daß unerwünschte, zählebige Unkrautgräser und Unkräuter wieder durchgrünen und die unbedingt erforderliche Wurzeltiefe von 20—25 cm, infolge ungenügender Lockerung des Bodens, nicht erreicht wird. Anderseits hat eine zu tiefe Pflugfurche den Nachteil, daß die untergepflügte Grasnarbe infolge Luftmangel sich nicht zersetzt, sondern vertorft. — Der Boden darf beim Pflügen nicht zu naß sein und etwa glänzende Schwarten zeigen!

Die beiden ersten Furchenstreifen dürfen beim Anpflügen nicht gegeneinandergekippt werden, sondern sind entweder abzufahren und zu Kompost zu verarbeiten oder mit dem Spaten gut zu zerkleinern und auf die übrige Fläche, insbesondere die Ausstreichfurche, zu verteilen. Dadurch erhält man einen tadellos ebenen Schlag und wird einer Verunkrautung vorgebeugt.

Dann folgt, aber nur bei trockenem Wetter bzw. Boden, zur Beschleunigung des Verrottungsprozesses, die schwere Wiesenwalze (siehe S. 353) in Pflugrichtung, damit die umgewendeten Rasenstreifen fest angedrückt werden und keine Hohlräume entstehen, so daß der Umbruch glatt wie ein Tisch daliegt. Nur bei sehr strengen Böden bleibt der Umbruch besser in rauher Furche liegen, um eine zu starke Verdichtung des Bodens zu vermeiden. Auf den zur Lockerheit neigenden Moorböden ist jedoch stets zu walzen.

Den Abschluß der Herbstarbeiten bildet die Scheibenegge. Zu bevorzugen sind für Wiesenumbrüche Tellereggen mit möglichst großem Durchmesser des Scheibenrades, da hierdurch ein tiefer Schnitt erzielt wird. Bei dem ersten Arbeitsgang, der in Längsrichtung der Pflugsohle erfolgt, sind die Scheiben gerade einzustellen. Die weiteren Bearbeitungsgänge können dann mit schräggestellten Scheiben (besseres Angreifen), je nach Bodenzustand, schräg oder quer zur Pflugfurche erfolgen. Letzteres aber nur dann, wenn keine Rasensoden mehr herausgerissen werden. **Scheibenegge**

So bleibt der Umbruch über Winter liegen. Im zeitigen Frühjahr wird Dünger gestreut und gekalkt, dann findet ausschließlich die Scheibenegge Verwendung, 6—8 cm tief, damit die alte Narbe, die bereits zu verrotten beginnt, nicht berührt und wieder nach oben gebracht wird. Zunächst wird längs, dann quer zur Furche gearbeitet.

Acker-Zwischennutzung des Grünlandumbruches

Sofortige Neuanlage der Grünlandfläche auf dem gleichen Plan ist dann nicht zu empfehlen, wenn der Boden starke Strukturschäden aufweist (Verdichtung, Versauerung) oder sehr verarmt ist, auch bei starkem Wuchs hartnäckiger Unkräuter und schlechter Gräser. Dann ist es richtiger, zwei- bis dreijährigen Ackerbau einzuschalten, um das alte Grünland zu durchlüften, mit Nährstoffen anzureichern und die verlorengegangene Gare wieder herzustellen. Diese Zwischennutzung soll nicht zu lange (über drei Jahre) ausgedehnt werden, um die Humusbestände der stark durchwurzelten Grünlandnarbe nicht aufzubrauchen.

Moorböden, die zur Vermullung neigen, müssen nach dem am besten im Spätherbst erfolgten Umbruch nach entsprechender Bearbeitung im zeitigen Frühjahr (Ende März bis spätestens Ende April) sofort wieder neu angesät werden. Späterhin würde eine Neuansaat infolge zu starker Vermullung kaum noch Erfolg haben.

Auszusäende Fruchtarten

Für die ackerbauliche Zwischennutzung des Grünlandes nach dem Umbruch empfiehlt sich im 1. Jahr die Aussaat von Hafergemenge (60 kg Hafer oder 30 kg + 30 kg S. Roggen, 80 kg S. Gerste oder 100 kg S. Weizen) oder Lein. Ackerunkräuter sind im Grünland wenig enthalten, daher wenig Jätearbeit. Allerdings ist Lein gegen stauende Nässe empfindlich. — Im 2. Jahr folgt, je nach Bodenqualität, Roggen, Weizen oder Leguminosengemenge (z. B. 40 kg Sommerwicken, 40 kg Feldbohnen, 80 kg Erbsen und Peluschken, 60 kg blattreicher Hafer/ha) oder besser noch Hackfrucht in Stalldung, und zwar bei höher gelegenem, mehr trockenem Land Kartoffeln, andernfalls Rüben. Kartoffeln wachsen auf Moorboden zwar auch ohne Stalldung, doch sollte zur Humusanreicherung des künftigen Grünlandes auf eine kräftige Stallmistdüngung nicht verzichtet werden. Man wähle eine blattreiche Kartoffelsorte, damit wieder ausschlagende Teile der Grasnarbe unterdrückt werden. Bei Futterrüben sind der besseren Haltbarkeit wegen die gehaltsreichen Sorten, wie Ovana, Lanker, Lischower u. a. zu bevorzugen. Auch Hanf kann mit gutem Erfolg, und für die Neuansaat vorteilhaft, vor diese gestellt werden, gegebenenfalls durch zweimaligen Anbau. Doch darf der Grundwasserstand nicht höher als 60 cm sein, denn Hanf verträgt keine nassen Füße.

Nach schlechten Weiden empfiehlt sich zweimaliger Anbau von Hackfrucht, davon im zweiten Jahr Frühkartoffeln (mit Ausnahme spätfrostgefährdeter Moorböden, auf denen besser eine mittelfrühe Sorte zu verwenden ist), so daß noch im August die Grasaussaat möglich ist.

Nach Grünlandumbruch verlangen die Pflanzen in den ersten zwei Jahren infolge starker Humusanreicherung der teilweise schon viele Jahrzehnte liegenden Grasnarbe wenig und gar keinen Stickstoff (Lagergefahr, besonders bei Hafer). Reichlich gedüngte und sauber gepflegte Hackfrucht ist die beste Vorfrucht für eine Neuansaat.

Bei erstmaliger Grünlandaussaat sind Frühkartoffeln, Raps, Futtergemenge oder Wintergerste nach Raps günstige Vorfrüchte. In zweiter Linie nach Hackfrüchten gestellte Sommergerste oder Winterroggen.

Neuansaat

Aussaatzeit

Günstige Saatzeit für Dauerwiesen und -weiden von Ende Juli bis etwa 10. August, spätestens jedoch 20. August. (Die Gräser sind, biologisch gesehen, mehr Herbstkeimer als Frühjahrskeimer, die Unkräuter dagegen in erster Linie Fühjahrskeimer.) Derartige Spätsaaten sind der Frühjahrsaussaat, wegen der bei dieser bestehenden Verunkrautungsgefahr (auch Trockenheit), im allgemeinen vorzuziehen. Im Spätsommer fallen auch meist ausreichende Niederschläge (Tau, Nebel), und die feuchtkühle Herbstwitterung verhindert die nicht erwünschte vorzeitige Halmbildung der Gräser.

Sommersaaten (Ende Juli/Mitte August) sind besonders dann angebracht, wenn die Wiese im Herbst umgebrochen wurde und im nächsten Jahr wieder angesät werden soll. Das Land wird im Frühjahr am besten mit einem Hafer-Wickgemenge bestellt. Nach Aberntung des Grünfutters erfolgt die Ansaat des Dauergrünlandes.

Abgesehen von zur Vermullung neigenden Moorböden hat es sich oftmals bewährt, die Wiese nach dem 1. Schnitt umzupflügen und im gleichen Jahr, etwa 6 Wochen später, wieder einzusäen. Bei dieser Methode werden vor allen Dingen die ausdauernden Unkräuter, die um diese Zeit am anfälligsten sind, da sie sich beim Treiben von Blättern und Stengeln unterirdisch sehr erschöpft haben, weitgehend vernichtet. Außerdem kann der Umbruch auch auf feuchter gelegenen Grünlandflächen ohne Schwierigkeiten zur Zeit des niedrigsten Grundwasserstandes vorgenommen werden. Schließlich wird der Humusvorrat des Bodens durch eine ackerbauliche Zwischennutzung nicht angegriffen.

Die zeitige Frühjahrsaussaat wird zur Ausnutzung der Winterfeuchtigkeit am sichersten Ende März/Anfang April vorgenommen (die Gefahr des Erfrierens besteht nicht). Bei frühzeitiger Aussaat kann im Herbst noch ein guter Grasschnitt genommen werden oder ist vorsichtiges Überweiden im Herbst möglich. Mai-Juni-Saaten leiden oftmals unter Trockenheit. Daher empfiehlt sich eine Aussaat von etwa Mitte Mai bis Mitte Juli nur in Berglagen mit spätem Vegetationsbeginn.

Saatbett-vorbereitung

Nach dem Umbruch und Bearbeitung mit der Telleregge folgt die Pferdeegge, dann der Düngerstreuer. Nach dem Eineggen des Düngers walze man den Acker mit einfacher Ackerwalze an. Nun bleibt der Boden einige Wochen liegen. An die Oberfläche kommende Narbenreste sind unbedingt abzulesen, da diese bei der weiteren Bearbeitung des Bodens sehr störend wirken und bei der später erfolgenden Graseinsaat erhebliche Fehlstellen hervorrufen können. Aus gleichem Grund sind etwa vorhandene Bodenunebenheiten zu beseitigen. Saatbetthertichtung ähnlich der zur Zuckerrübenaussaat (abgelagerter Boden).

Düngung

Etwa 4 dz 40%iges Kali, gegebenenfalls zur Hälfte mit der doppelten Menge Kainit vermischt, 4—6 dz Thomasphosphat, 3—5 dz Rhenania-Phosphat oder Hyperphos (kalkreiche Böden Superphosphat) je ha.

Die Höhe der Kalkdüngung richtet sich nach der vorzunehmenden Bodenuntersuchung. Wurde diese nicht durchgeführt und der Kalk nicht bereits zur vorangegangenen Hackfrucht gegeben, empfiehlt sich für schwere Böden eine Gabe von 15 dz/ha Branntkalk und für leichte Böden eine solche von etwa 25 dz/ha kohlensaurem Kalk. — Niederungsmoor erfordert im allgemeinen keine Kalkbeigabe.

Stickstoff wird, mit Ausnahme vielleicht von Niederungsmoor, in Höhe von 1—2 dz/ha Kalkammonsalpeter bzw. schwefelsaurem Ammoniak kurz vor der Bestellung und gegebenenfalls nach Aberntung der Überfrucht verabreicht.

Technik der Aussaat

In der Regel kommt nur die für die Anfangsentwicklung sicherere und schnellere Reinsaat ohne Überfrucht in Frage. Soll bei Frühjahrssaaten eine Deckfrucht Verwendung finden (Schutz gegen Trockenheit, Kälte, Abschwemmung, Verwehungen, Bodenverkrustung), wird zur Grünfutternutzung am besten ein Gemenge von Hafer und Gerste mit 40 bis höchstens 60 kg/ha Aussaatmenge genommen. Lagergefahr muß durch dünne Saat und geringere Stickstoffgabe unbedingt vermieden werden! Bei Lagerbildung sofort mähen, sonst erstickt die Untersaat.

Gras- und Kleesämereien werden nicht zusammen eingedrillt, sondern breitwürfig in das bereits im Boden befindliche Getreide eingesät, und zwar möglichst am gleichen Tag. Die Überfrucht muß jedoch unbedingt zu Beginn des Schossens des Getreides (30—50 cm lang) gemäht und grün verfüttert oder eingesäuert werden. Man bedenke hierbei stets, daß die Neusaat die Hauptfrucht darstellt! Daher sollte die Überfrucht auch nie zum Reifwerden stehenbleiben. Am besten werden Deckfrüchte von sich schnell entwickelnden Gräsern, wie Weidelgras, Knaulgras, Glatthafer, Wiesenschwingel, vertragen.

Die Miteinsaat von 16—20 kg/ha Serradella wird von Freckmann empfohlen. Sie bietet den jungen Gräsern etwas Schutz und ermöglicht im Aussaatjahr einen guten Futterschnitt, ohne die Untersaat durch übermäßige Beschattung zu schädigen.

Saatmenge (S. 383)

Saatmenge: Als normale Saatmenge für Wiesen und Weiden kann bei einem Kleeanteil von 6—10 kg eine solche von 40—50 kg/ha angesehen werden. — Man darf die Saatmengen nicht zu knapp bemessen, denn Unkrautkeimlinge sind kräftiger als Graskeimlinge und überwuchern diese bei lückigem Bestand sehr schnell. Wichtig ist Beimischung von Kräutern (S. 381). Diese enthalten gewisse Wirk- und Bitterstoffe, die den Gesundheitszustand der Tiere und die Verdaulichkeit des Futters günstig beeinflussen.

Es ist nur bestes Saatgut zu verwenden und besonders auf Reinheit zu achten. Deutsche Herkünfte (Zuchtsorten und erst in zweiter Linie Landsorten) sind den ausländischen vorzuziehen. Es empfiehlt sich, keine fertigen Saatmischungen, sondern die benötigten Sämereien einzeln zu beziehen und Gras- und Kleesamen mit Hilfe einer Beiztrommel selbst zu mischen. (Grünlandfachmann hinzuziehen!)

Dauer der Keimfähigkeit von mindestens 70% (nach Hübner)

Art	
Wiesenfuchsschwanz Kammgras	2 Jahre
Wiesenlieschgras Glatthafer Wiesenrispe Deutsches Weidelgras Wiesenschwingel	4 Jahre
Welsches Weidelgras Gemeine Rispe	5 Jahre
Weißes Straußgras Knaulgras	6 Jahre

Keine Heubodensaat!

Heubodensaat ist völlig ungeeignet! Dadurch werden wertlose Gräser und Unkrautsamen, die den Hauptbestandteil der Heublumen bilden, wieder auf das Grünland gebracht. Denn hochwertige Grünlandpflanzen kommen im Gegensatz zu minderwertigen, oft frühreifenden Gräsern, bis zur Heuernte meist gar nicht zur Samenreife. Bei Untersuchungen wiesen derartige Heusamen günstigstenfalls nur bis 22% brauchbare Futterpflanzen auf! — Wichtig ist, daß zur Neuansaat von Wiesen andere Gräser und Kleearten zur Aussaat kommen als bei Anlage von Weiden!

Saattiefe

Saattiefe: Die Aussaat ist bei windstillem Wetter so flach wie möglich vorzunehmen, am besten breitwürfig mit der Hand auf den Ringelwalzstrich, dem eine leichte Glattwalze folgt. Das Saatbett muß daher feinkrümelig und in seiner obersten Schicht fest sein. Der Grassamen darf eher obenauf liegen, als daß er zu tief in den Boden kommt. Nur die groben Sämereien, wie Deutsches Weidelgras und Wiesenschwingel, wollen etwas tiefer in die Erde eingebracht sein. Diese werden am besten zuerst gesät und leicht eingeeggt. Quer dazu sät man dann die feinen Gras- und Kleesämereien, die nur angewalzt werden, so daß sie zum Teil noch obenauf liegen. Auf keinen Fall dürfen die feinen Gräser zu tief untergebracht werden, weil sie dann leicht faulen und die Narbe von Anfang an lückig wird.

Zur gleichmäßigen Aussaat Samen am besten mit der vierfachen Menge nicht zu trockenen Sandes vermischen. In trockenen Lagen und auf zur Verschlämmung neigenden Mineralböden findet vor der Saat statt der Walze eine leichte Saategge Verwendung. Anschließend folgt die Ringel- oder Cambridgewalze, also keine Glattwalze.

Breitsaat läßt sich auch mit dem Kettendüngerstreuer durchführen, der vor der Saat wie jede Drillmaschine abgedreht wird. (Maschine aber genügend übergreifen lassen.)

Drillmaschinensaat bewährt sich im allgemeinen nicht, da bei dem ungleichen Gewicht der Sämereien durch die auftretenden Stöße der Maschine eine Entmischung der Saat im Säkasten nicht zu vermeiden ist. Außerdem schließen sich die Drillreihen erst nach Jahren und macht sich infolgedessen das Unkraut schnell breit. Soll

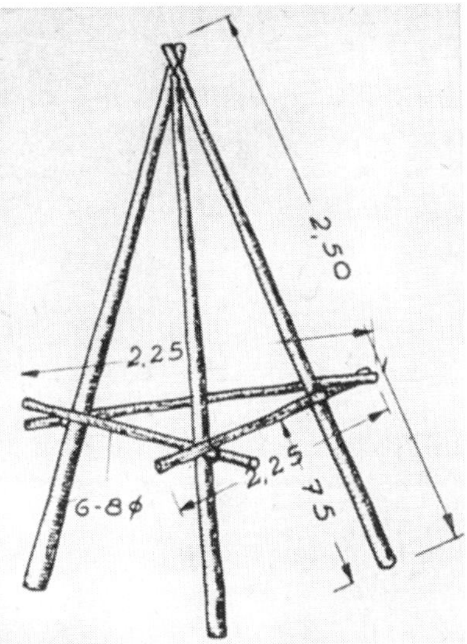

Dreibockreuter sind zwar schnell und billig herzustellen und arbeitsparend, eignen sich aber nur für sperriges Futter, wie Luzerne, Klee und Kleegras in gut vorgetrocknetem Zustand, nicht aber für Landsberger Gemenge und Wiesengras. Material: Geschälte Durchforstungsstangen, 6–8 cm stark, sowie einige Drahtbügel oder Ringe. Bedarf: 25 – 35 Gerüste / ha. Beachten: Gleichmäßig bepacken, so daß keine Mulden entstehen, in denen Wasser eindringen kann. In der Mitte des Reuters muß ein hohler Raum bleiben. Haube sorgfältig setzen, damit Niederschläge nicht eindringen können und der Wind die Kappe nicht abheben kann

Oben: Mehrere mit Luzerneheu bepackte **Dreibockreuter** sind mit einer Reuterschleppe an den Rand der Straße gezogen worden. Darunter: Reuterschleppe für einen Dreibockreuter

HEUERNTE II

Dreibockreuter – Heuhütten. Die Vorteile des Aufreuterns sind: Güteverbesserung des Erntegutes, Arbeitsersparnis und bessere Arbeitsverteilung. Das Heueinfahren kann erfolgen, wenn Zeit dafür ist, auch morgens im Tau. Heuhütten und Schrägwandreuter können auch zum Trocknen von Rübenblättern, Getreide, Lupinen usw. verwendet werden

Zu beachten ist: Der Reuter muß stets in der Hauptwindrichtung (meist West-Ost) aufgestellt werden. Er wird von unten nach oben bepackt, wobei das Futter nicht in glatten Lagen, sondern gut aufgeschüttelt lose aufzuhängen ist. Arbeitsbeschleunigend ist es, die Grünmassen mit dem Pferde-Schleppрrechen, Schwadenrechen oder dem Heuraffer in Reihen zusammenzuziehen. Sehr zweckmäßig ist, für Dreibockreuter und Heuhütten eine mit Kufen versehene Reuterschleppe zu verwenden, die an dem Futterschwad entlang gefahren wird

Links: **Steinacher Heuhütte,** die kleinste Form der Heuhütte. Die beiden Dachspitzen können ineinander gesteckt werden. Abstand der Querlatten bei 3 Latten 50 – 60 cm, bei 4 Querlatten 35 – 40 cm. Länge der Querlatten: unterste 1,70 m, darüber liegende 1,55, 1,40 und 0,90 m. Bedarf: 60 – 80 Gerüste / ha

Rechts: Sehr beliebt sind **Allgäuer Heuhütten.** Bestehen aus zwei leiterähnlichen Seitenteilen mit aufgenagelten, 2,5 – 3 m langen Querstangen. Diese werden gegeneinandergestellt und bepackt. Es genügt, wenn das Futter vor dem Aufbringen gut abgewelkt ist. Aufstellung parallel zur vorherrschenden Windrichtung! Material: Geschälte Durchforstungsstangen, 6 – 8 cm stark, und Nägel. Bedarf: 35 – 50 Gerüste / ha, je nach Länge der Querstangen

Aufgestellte **Stellheinze,** darunter eine zusammengeklappte

Allgäuer Heinze (im Vordergrund unbepackt) für niederschlagsreiche Gegenden. Besonders kleine Form aus 1,60 – 2 m langem, angespitztem Pfahl mit drei senkrecht zueinander angeordneten Sprossen (50 cm). Das Futter kann frisch auf den Reuter gebracht werden. Die Bepackung muß allseitig abgerundet sein, damit kein Wasser eindringen kann. Bedarf 1200 – 1500 Gerüste / ha

HEUERNTE III

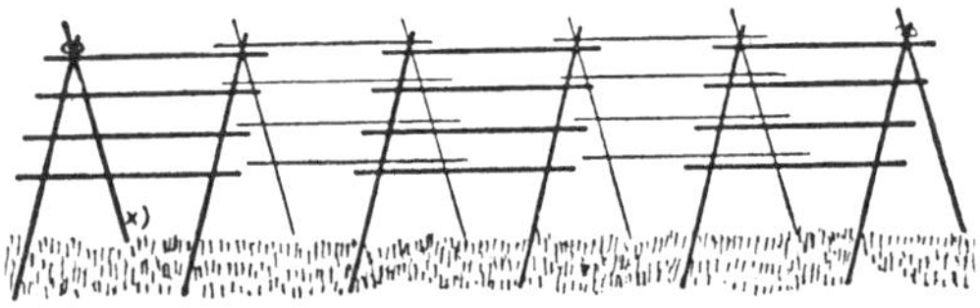

Beim **Schrägwandreuter,** einer Abart der Allgäuer Hütte, werden (ähnlich wie Schneezäune gegen Schneeverwehungen) die Gerüstteile in abwechselnder Richtung nebeneinander aufgestellt. Das erste und letzte Gerüst (x in der Abb.) erhält am Ende eine mit Ring versehene Stützstange. Intensive Durchlüftung und Sonnenbestrahlung! (Bild nach Dr. Christoph)

Heinzen in einer Talwiese im Hochgebirge

Rollenreuter. Kein Einschlagen der Pfähle, daher wesentliche Arbeitsersparnis (24 Prozent) gegenüber Schwedenreuter, auch beim Abreutern. Weniger Bröckelverluste. Draht 2,5 mm, ungeglüht. Länge mindestens 100 m, sonst zu hoher Materialaufwand. (Werkbild Draht-Bremer, Marktheidenfeld/Main)

Zwei Aufnahmen vom **Schwedenreuter** (Einzelheiten siehe Seite 37

die Drillmaschine benutzt werden, werden am besten die Röhren bzw. Tüten mit den Scharen abgenommen und mit etwa 30 cm Abstand unter dem Samenauslauf eine glatte, runde Holzstange oder ein mit Nägeln beschlagenes, schief angebrachtes Verteilungsbrett befestigt, auf die die Samen aufprallen und dann zur Seite spritzen.

Die schweren (zuerst aussäen) und leichten Sämereien werden also bei Breitsaat getrennt ausgesät. Zur gleichmäßigen Verteilung soll möglichst über Kreuz gesät werden.

Es gelten als schwere Sämereien:	**Leichte Sämereien:**
Rotklee	Deutsches Weidelgras (Engl. Raigras)
Schwedenklee (Bastardklee)	Welsches Weidelgras (Ital. Raigras)
Weißklee	Wiesenfuchsschwanz
Gelbklee	Glatthafer (Franz. Raigras)
Horn- und Sumpfschotenklee	Knaulgras
Wiesenlieschgras (Timothe)	Wiesenschwingel
Gem. Rispengras	Rotschwingel
Fruchtbares Rispengras	Wehrlose Trespe
Wiesenrispengras	Goldhafer
Kammgras	
Rohrglanzgras	
Weißes Straußgras (Fioringras)	

Bei eintretender Verkrustung nach der Saat findet die Stachel- oder Ringelwalze Verwendung, bei zu lockerem Boden die Glattwalze mit nachfolgender leichter Egge.

Pflegemaßnahmen (Siehe S. 398)

4—6 Wochen nach Aufgehen der Saaten ist, vornehmlich bei Frühsaaten, mit hochgestelltem (15—20 cm) Messerbalken des Grasmähers das Unkraut zu vernichten. Gleichzeitig soll dadurch zu frühes Schossen der Gräser vermieden werden, um deren Bestockung anzuregen und den Kleewuchs nicht zu beeinträchtigen. Auch mehrmalige Anwendung einer schweren Glattwalze bei geeigneten Feuchtigkeitsverhältnissen im Aussaatjahr, erstmalig nach Aberntung der Überfrucht, ist für ausreichende Bestockung der Gräser sehr zweckdienlich.

Im Spätsommer kann bei Frühsaat bereits ein Grasschnitt genommen werden, der am besten grün abgefüttert oder eingesäuert wird. Zur Heugewinnung eignet sich das junge Gras nicht.

Zweckmäßig ist statt des Schnittes auch vorsichtiges Überweiden durch Rinder, wodurch der Boden erneut befestigt wird und die Pflanzen zum Bestocken angeregt werden. Bei künftiger Weidenutzung empfiehlt sich *mehrmaliges Überweiden im Ansaatjahr.* (Pferde und Schafe sollten wegen ihres tiefen Bisses auf Neuansaaten nicht geweidet werden.) Siehe auch S. 395.

Der Bestand darf weder zu kurz noch zu lang in den Winter kommen. (Etwa 12—15 cm lang.) *Im folgenden Jahr* ist von einer Heunutzung auf jeden Fall abzusehen. Sonst gewinnen die frühzeitig schossenden Obergräser die Oberhand und unterdrücken die sich langsam ausbildenden Untergräser. Die Folge wäre eine Verunkrautung des Bestandes durch Löwenzahn, Storchschnabel, Bärenklau usw. *Das Gras soll daher im Laufe des ersten Hauptnutzungsjahres drei- bis viermal gemäht werden* und ausschließlich als Grün- oder Gärfutter Verwendung finden. Nur auf diese Weise werden die Obergräser zur Bestockung gezwungen, während sich die Untergräser ausreichend entwickeln können.

Hungerjahre

Auf den meisten Dauergrasflächen treten nach der Neuansaat, etwa vom 3. Jahr ab beginnend und im 4—6. Jahr besonders kraß hervortretend, die sogenannten Hungerjahre ein. Dann treten die meisten angesäten Grasformen zurück, und die bodenständigen, langlebigen Formen, welche von Natur aus in die vorliegenden Vegetationsbedingungen meist besser hineinpassen, bekommen die Oberhand. Infolgedessen lassen die Erträge erheblich nach. Dies ist in erster Linie auf erhöhten Nährstoff-, Wasser- und Humusverbrauch der Pflanzen zurückzuführen. In dieser kritischen Zeit, d. h. also in den Jahren nach der Neuansaat, muß der natürliche Graswuchs durch eine ausreichende Humusdüngung mit gutem Kompost bzw. Stalldung, auch Kartoffelkraut usw., neben entsprechenden, nicht einseitigen Mineraldüngergaben und den notwendigen Pflegemaßnahmen so gefördert werden, daß die ideale Naturberasung zustandekommt. Einmal Versäumtes läßt sich später nicht wieder einholen.

Auch wenn ein zu hoher Anteil kurzlebiger Gräser (z. B. Welsches Weidelgras) oder solcher mit zu rascher Anfangsentwicklung (z. B. Deutsches Weidelgras — Unterdrückung langsam wachsender Arten wie z. B. Wiesenrispe) und zuviel Obergräser in der Saatmischung Verwendung fanden, treten nach einigen Jahren Lücken im Bestand auf.

Schnitthäufigkeit der Wiesen

Die normale Mähnutzung beträgt zwei Schnitte. Günstige Wasser- und Nährstoffversorgung ermöglicht drei Schnitte. Berg- und Streuwiesen geben meist nur einen Schnitt, oft mit Nachweide, die auch bei zweischnittigen Wiesen angebracht ist. Öftere und frühzeitigere Nutzung (dreimaliger Schnitt — Ende Mai/Anfang Juni, Ende Juli und Anfang/Mitte September — oder zweimaliger Schnitt und Beweidung) geben durch rechtzeitige Belichtung und Verhinderung des Absamens früher Obergräser und Unkräuter den Untergräsern und tiefwachsenden Kleearten größere Ausdehnungsmöglichkeit. Dies ist aus nachfolgendem Beispiel zu ersehen:

Ertragsanteile in Prozent auf einer fast unkrautfreien, stark gedüngten Wiese **bei verschiedener Schnitthäufigkeit:**

Anzahl der Schnitte	Untergräser	Leguminosen	Obergräser
1	9	4	81
2	13	10	74
3	14	17	64

Auch eine Erhöhung des Eiweißertrages (sowie Vitamin- und Mineralstoffgehaltes) ist mit einer Vermehrung der Schnittzahl verbunden, wie mehrjährige Versuche zeigen:

Schnittzahl und Eiweißertrag:

Schnittzahl	dz/ha Heu	kg/ha Roheiweiß
2	79,4	686
3	76,0	797
4	66,6	862

Die Heuernte

Schnittzeitpunkt

Voraussetzung für Gewinnung eines eiweißreichen, leicht verdaulichen Rauhfutters ist die Wahl des richtigen Schnittzeitpunktes der Wiesen. Der erste Grasschnitt soll möglichst frühzeitig erfolgen, und zwar am besten in der Zeit vom Schossen bis zum Beginn der Blüte der massebildenden, guten Gräser. Durch eine zu späte Mahd wird die Eiweißernte gegenüber dem Schnitt vor der Blüte um fast die Hälfte und die Verdaulichkeit von etwa 70—80% auf 50—60% herabgedrückt. Auch der Mineralstoffgehalt geht zurück. Je älter das Gras bis zum Schnitt wird, um so mehr verliert es also an Futterwert!

„Mäh das Gras nach seiner Güte,
am besten bei Beginn der Blüte!"

Der richtige Zeitpunkt des Grasschnittes hängt, abgesehen von der Witterung, in erster Linie von dem Blühbeginn der am stärksten vertretenen wertvollen Gräser, wie Wiesenschwingel, Wiesenrispe usw. ab. Im allgemeinen wird dies Anfang bis spätestens Mitte Juni der Fall sein.

Bestände, in denen Wiesenfuchsschwanz und auch Knaulgras vorherrschen, sind schon Ende Mai schnittreif (im Gegensatz zu dem später blühenden Straußgras und Glatthafer), da diese Gräser bereits im Mai blühen. Gute Wiesenfuchsschwanzwiesen sind daher häufig dreischürig. Dann muß der erste Schnitt auf jeden Fall so zeitig erfolgen, daß das Grummet noch vor der Getreideernte geworben werden kann und der dritte Schnitt bzw. die Herbstweide gesichert ist.

Besonders wenn Untergräser vorherrschen, wird oft zu spät mit der Mahd begonnen, da das Hauptuntergras, die Wiesenrispe, verhältnismäßig spät blüht. Außerdem bildet sie mehr Blätter als Stengel, so daß die Blüte bei weitem nicht so ins Auge fällt, wie dies bei den Obergräsern der Fall ist. Allerdings verholzt Wiesenrispe verhältnismäßig spät, wird also nicht so schnell überständig.

Stark mit wolligem Honiggras durchsetzte (verunkrautete) Wiesen zeigen über dem Grasbestand einen rötlichen Schimmer. Das zur Horstbildung neigende Gras, welches zu den minderwertigen Gräsern gehört, blüht oft bereits Mitte Mai und gelangt dann schon frühzeitig zur Samenreife. Honiggraswiesen müssen daher unbedingt Ende Mai gemäht werden. Zu diesem Zeitpunkt ist das Gras noch nicht so verhärtet und hat einen verhältnismäßig hohen Eiweißgehalt.

Auch Wiesen mit hohem Anteil an Mannagras und Rohrglanzgras, die besonders schnell verholzen, müssen zeitig vor dem Blühen während des Rispenschiebens gemäht werden.

Saure Wiesen

Wiesen, die viel Sauergräser enthalten, müssen besonders zeitig geschnitten werden, weil derartige Gräser überhaupt nur in ganz jungem Zustand einen Futterwert haben. Während und nach der Blüte werden Sauergräser so hart, daß sie keinen Nährwert mehr besitzen.

Der Grasschnitt darf also nicht von dem Arbeitsanfall des Betriebes abhängig sein, sondern muß, wie bei der Getreideernte, erfolgen, sobald es der Wachstumszustand der Pflanze erfordert. Bei größeren Flächen nicht zu spät beginnen! Nur dann macht sich die für Düngung und Pflege der Wiesen aufgewendete Mühe bezahlt.

Besonders in trockenen Zeiten ist rechtzeitig mit der Heuernte zu beginnen, damit die infolge später Niederschläge inzwischen gebildeten neuen Triebe nicht abgemäht werden. Da diese Triebe noch sehr kurz sind, würden sie bei der Heuwerbung und damit auch dem zweiten

Schnitt verlorengehen. Abgesehen davon haben Gräser zur Zeit des Schossens den größten Wasserverbrauch. Je später also der Schnitt erfolgt, desto mehr Feuchtigkeit geht dem Boden, sehr zum Nachteil des Nachwuchses, verloren. Bei anhaltender Trockenheit ist auch kein Zuwachs mehr zu erwarten, und erfahrungsgemäß wird das Futter bei derartiger Witterung weniger statt mehr.

Bei spätem 1. Schnitt kommt der Nachwuchs in die Zeit der sommerlichen Hitze und Trockenheit. Dadurch fällt der 2. Schnitt sehr gering aus.

Rechtzeitiger Schnitt der Gräser vor der Blüte verbessert auch meist den Bestand durch Förderung der Untergräser. Schließlich werden bei frühzeitigem Schnitt viel Samenunkräuter rechtzeitig vernichtet, während bei spät einsetzender Mahd die frühreifenden Unkräuter, wie Wiesenkerbel und Sauerampfer, und minderwertige Gräser, wie Wolliges Honiggras, Ruchgras und Weiche Trespe, zur Samenreife und damit zur weiteren Ausbreitung gelangen.

Auf guten, wüchsigen Wiesen hat früher Schnitt noch den Vorteil, daß das Grummet noch vor der Getreideernte geborgen werden kann und ein dritter Schnitt bzw. eine entsprechend gute Herbstweide in Aussicht stehen.

Nährstoffgehalt von Wiesengras, zu verschiedenen Zeiten geschnitten

je Doppelzentner frisches Gras	verdauliches Eiweiß	Stärkeeinheiten
Wiesengras, vor der Blüte geschnitten . .	2,3 kg	104
Wiesengras, in der Blüte geschnitten . . .	2,2 kg	118
Wiesengras, Ende der Blüte geschnitten . .	2,1 kg	129
Wiesengras, überständig	1,2 kg	94

Versuche von Könekamp ergaben:

	Früher Schnitt (Ende Mai/Anf. Juni)	Später Schnitt (Ende Juni/Anf. Juli)
Heuertrag	40 dz/ha	60 dz/ha
Eiweißgehalt	6,5 %	2,5 %
Eiweißertrag	2,6 dz/ha	1,5 dz/ha

„Vor Johanni Heu,
Nach Johanni Streu.“

„Späte Mahd gibt Haufen Stolz,
Aber, Freund, du erntest Holz!“

Wenn größere Flächen zweischnittiger Wiesen zu ernten sind oder bei Mangel an Arbeitskräften, sollte mit dem 1. Schnitt bereits etwa ab 20. Mai begonnen und stets nur so viel gemäht werden, wie in 2 bis 3 Tagen geheut und eingefahren werden kann. Dadurch geringeres Ernterisiko, auch lassen sich kürzere Schönwetterperioden nutzen.

Grummeternte

Bei der Grummeternte spielt der Zeitpunkt des Mähens infolge des Zurücktretens blühender Halme keine wesentliche Rolle. Ausschlaggebend ist hier der Nachwuchs an Untergras, die Arbeitsverteilung und eine evtl. beabsichtigte Nachweide. Je günstiger die Witterungsaussichten sind, desto später kann der 2. Schnitt erfolgen (Mitte, spätestens Ende August), wobei allerdings zu berücksichtigen bleibt, daß die einwandfreie Trocknung von Woche zu Woche schwieriger wird (Herbstnebel). Früher 2. Schnitt ermöglicht gute Nachweide für Jungvieh und Schafe. Septemberschnitt am besten einsäuern.

Tiefe des Schnittes

Wichtig ist, vornehmlich beim 1. Schnitt, nicht zu tief zu mähen. Diese Gefahr besteht besonders bei Sensenmahd. Die Grasnarbe muß etwas Deckung behalten, sonst brennt die Sonne die Narbe zu sehr aus und treten Gareverluste ein. Bei höherer Stoppel (2 bis 3 cm lang) trocknet das gemähte Gras schneller, auch erholt sich die Wiese eher, und der 2. Schnitt ist desto lohnender. Tiefschnittbalken daher nicht geeignet.

Heutrocknung

Der Schwerpunkt der Heuwerbung liegt in den Trocknungsarbeiten, mit deren Hilfe der Feuchtigkeitsgehalt der Pflanzen von 75—85% auf 15—20% herabgedrückt wird.

Alljährlich gehen in der Landwirtschaft große Werte dadurch verloren, daß bei der Trocknung des geschnittenen Grases nicht mit der erforderlichen Sachkenntnis und Sorgfalt vorgegangen wird!

Es betragen die Verluste bei der Bodentrocknung durch:

Veratmung	10—15%	
Bearbeitung	10—20%	(Abbröckeln der feinen Blättchen durch Wenden usw.)
Regen	5%	(Auswaschungsverluste)
Nachgärung	5—10%	(Auf dem Heuboden)

Im günstigsten Fall entstehen also bei der Bodentrocknung etwa 20% Verluste. Im Durchschnitt sind es 30% und bei schlechter Ernte 50—60% und mehr des gesamten Nährwertes, je nach Dauer der Trocknung. Bei ungünstiger Witterung können Totalverluste eintreten!

Von größter Wichtigkeit ist, daß geschnittenes Gras nach dem Mähen keine Ruhe haben darf. Das Heu trocknet über der Harke! Diesen Grundsatz sollte ein jeder beherzigen und die Trockenstunden des Tages voll ausnutzen, besonders bei günstigem Wetter. Der Futterwert des gewonnenen Heues ist um so größer, je schneller das Gras trocknet und unter Dach kommt.

Frühmorgens mähen

Nach Möglichkeit muß das Gras bei Abtrocknen des Taues bereits geschnitten sein (mit Ausnahme von Gebieten mit hoher Luftfeuchtigkeit), was sich bei nicht zu großen Flächen auch meistens durchführen läßt. Es heißt also, bereits in den frühen Morgenstunden mähen und anschließend, auch wenn das Gras noch nicht völlig abgetrocknet ist, — da hier bereits der Trockenprozeß beginnt — sofort zu breiten. Bei Einsatz eines Schleppers (10 PS genügen) lassen sich Mähen und Zetten (Ausstreuen) in einem Arbeitsgang durchführen. Frisch gemähtes Gras am Schnittag alle 2—3 Stunden auflockern bzw. wenden, um Sonne und Wind recht viele Angriffsflächen zu bieten.

Abends in Schwaden

Um Tauverlusten vorzubeugen, soll Heu bereits am Abend des ersten Tages in Schwaden kommen (Heu ist außerordentlich hygrokopisch d. h. Feuchtigkeit aus der Luft anziehend). Betautes (und beregnetes) Heu nimmt eine graue Farbe an, es bleicht aus, auch treten durch Auslaugen bereits Nährstoffverluste ein, und von dem würzigen Duft geht viel verloren. Nicht betautes Heu wird auch schneller dürr.

Bei drohendem Schlechtwetter wird das Heu bereits am ersten Abend in kleine kugelförmige Häufchen mit kleiner Bodenfläche zusammengerollt. Frisch geschnittene Pflanzen atmen noch und dürfen daher nicht auf zu große Haufen gebracht werden, weil sonst der Atmungsprozeß — der so lange anhält, bis der Wassergehalt von 75—85 % auf wenigstens 40 % zurückgegangen ist — unterbrochen wird und Zersetzungserscheinungen auftreten.

Da aber jeder Atmungsvorgang Substanz- und Nährstoffverlust bedeutet, muß die Atmung der geschnittenen Pflanzen durch Wasserentzug so schnell wie möglich unterbunden werden.

Luftfeuchtigkeit

Allerdings hängt die Heubereitung selbst bei günstiger Witterung in hohem Maße von der Luftfeuchtigkeit, besonders während der Nacht, ab. Sonne und Wind allein genügen nicht, sondern die Luft muß das Zellwasser aufnehmen. Das kann sie selbst nur dann in ausreichendem Maße, wenn sie nicht bereits zu 80 % mit Wasserdampf gesättigt ist. — Besonders in Küstengebieten kann es richtiger sein, den Grasschnitt erst nach dem Abtrocknen des Taues vorzunehmen. Hier soll erst geheut werden, wenn weniger als 50 % Luftfeuchtigkeit vorhanden sind. — Jeder Betrieb mit größerer Grünlandfläche sollte einen Hygrometer aufstellen, der anzeigt, ob es richtig ist, zu heuen oder den Schwaden liegenzulassen.

Am 2. Tag

Am nächsten Tag sind die Schwaden bzw. Häufchen nach Abtrocknen des Taues sofort wieder auszubreiten und zu bearbeiten. Sehr trokkenes, bereits brüchiges Gras soll nur noch mit der Hand oder vorsichtig dem Schwadenwender (Abb. neben S. 129) bearbeitet werden, um Bröckelverluste möglichst zu vermeiden und nicht mit den Blatt- und Stengelteilen, den Trägern von Eiweiß und Mineralstoffen, die Wiese zu düngen. (Gabelwender schonen blattreiches Heu mehr als Trommelwender.)

Wenn günstige Witterung herrscht und es sich nicht um zu üppig gewachsenes Gras handelt — sehr jung geschnittenes Gras, solches von Rieselwiesen und auch Grummet braucht im allgemeinen etwas längere Trockenzeit —, kann das Heu unter Umständen schon am Nachmittag des zweiten Tages eingefahren werden.

Andernfalls wird es abends in größere Windhaufen gebracht und am folgenden Tag erneut bearbeitet.

Heureuter (siehe Abb. neben S. 368/369)

Die Trocknung auf Gerüsten (Heuhütten, Schwedenreutern usw.), die gegenüber der Bodentrocknung (Nährstoffverluste) erhebliche Vorteile bietet, ist bei unsicherem Wetter auf jeden Fall vorzuziehen. Das je nach der zu verwendenden Reuterart gegebenenfalls am Boden etwas vorgetrocknete Gras wird locker auf die Trockengerüste aufgehängt. Hier verbleibt es so lange, bis es völlig trocken ist. Bei Schlechtwetter kann dies, abgesehen von dem höheren Nährstoffgewinn, auch eine ganz erhebliche Arbeitsersparnis mit sich bringen. (Mehrmals wenden, ausstreuen, zusammenbringen.)

Mittels Bodentrocknung gewonnenes, stark verregnetes Heu wird in seinem Futterwert von gutem Futterstroh übertroffen. Daher sollte Bodentrocknung, besonders in niederschlagsreichen Gebieten, immer nur Notbehelf sein. Denn „Aufgereutert ist eingefahren“! Zumindest sollten in jedem Betrieb für ein Viertel der

Heuflächen Schwedenreuter vorhanden sein und für ein weiteres Viertel Heuhütten oder andere Gerüstarten. — Heinzen und Hütten erfordern zu ihrer Herstellung viel Holz.

Schwedenreuter haben geringen Materialbedarf und sind bedeutend leichter zu transportieren. Ihr Hauptvorteil ist, daß frisch gemähtes, selbst regennasses Futter sofort aufgehängt werden kann. Etwa 2,20 m lange Pfosten sind in Abständen von 1,5 bis 2,40 m tief einzuschlagen. Dann wird 60—70 cm über dem Boden der erste Draht gespannt, verankert und mit Futter bepackt. In Abständen von 25—35 cm folgen weitere 5 Drähte, von denen der oberste zum Schutz gegen das Abwehen der oberen Lage als Haltedraht dient, also nicht bepackt wird. Das Futter muß beim Auflegen gut durchgeschüttelt werden, damit alles kreuz und quer liegt. (Guter Luftdurchzug, auch bei anhaltend schlechtem Wetter keine Schimmelbildung.) Material: 6—8 cm dicke Durchforstungsstangen und weicher, verzinkter, 2 mm starker Draht, Nägel zum Auflegen der Drähte. Bedarf: 180—200 Pfähle, 2000 m Draht (ca. 30 kg) pro ha. Länge bis zu 50 m. Je länger, desto schwieriger die Verankerung. In besonders windigen Lagen in größeren Abständen Seitenstützen anbringen. Vorteilhafter ist der Rollenreuter, dessen Drähte durch Rollen auf- und abgespult werden (Abb. neben S. 369).

Schnurenreuter (anstelle von Draht imprägnierte Hanfschnüre) sind handlicher, daher für Einmann-Arbeit, kleinste Parzellen und auch für welliges Gelände geeignet. Länge 6—12 m.

Nährstoffverluste

Durchschnittliche Verluste an:		**Eiweiß**	**Stärkeeinh.**	**Vitamin**
bei Boden-Trocknung	je nach Wetter	30—40%	40—50%	mittel bis sehr hoch
Dreibock-Reuter und Pfahlheinze	je nach Wetter	28—35%	35—40%	gering bis mittel
Allgäuer Hütte	je nach Wetter	20—25%	35—40%	gering
Dünndraht(Schweden)-Reuter	je nach Wetter	14—15%	30—35%	gering
Künstliche Trocknung		5%	15%	gering
Gärfutter		5%	10%	sehr gering

Aufgereutertes Heu besitzt infolge der geringeren Einwirkungen der Sonnenstrahlen ein viel besseres Aroma und erleidet bei der anschließenden Lagerung auf dem Heuboden geringere Gärverluste als Heu bei Bodentrocknung.

Unterdach-Trocknung

Vorteilhaft ist Unterdachtrocknung (Abb. S. 353). Das gemähte Gras wird auf der Wiese maschinell breitgeworfen, zweimal gewendet (abends eingeschwadet), am 2. Tag nochmals gewendet und so vorgetrocknet am Nachmittag mit Hilfe des Grünfutterladers auf den Wagen gebracht. Da es noch 35—40% Wasser enthält, ist einfaches Aufstaken des zähen, halbtrockenen Futters ziemlich anstrengend. Besser ist Verwendung eines Feldhäckslers — 10—12 cm Schnittlänge — (Einsparung des Ladepersonals auf dem Wagen), so daß der Schlepperfahrer die ganze Ladearbeit allein bewältigen kann. Erforderlich sind entsprechende Aufbauten am Wagen aus Maschendraht, Holzrahmen o. ä.

Auf dem Hof wird das Erntegut mittels Gebläse in die Lagerräume befördert. Die endgültige Trocknung erfolgt durch Kaltluft oder um 3—6° angewärmte Luft, die mittels entsprechender Kanäle durch den Heustock geblasen wird und die überschüssige Wärme und Feuchtigkeit abführt. Stromverbrauch etwa 4—6 kW/dz Heu, je nach Feuchtigkeitsgehalt des Heues und Belüftungswetter. Die Heuernte läßt sich also ohne viel Handarbeit durchführen und bestes Qualitätsheu gewinnen. Bekannte Belüftungssysteme: Braunschweig und System Aulendorf.

Einfahren

Heu darf erst eingefahren werden, wenn es nicht mehr zäh ist und die einzelnen Halme (Halmknoten prüfen!) und Blätter zwischen den Fingern brechen. (Grüne Wische im Heu sind nicht so gefährlich wie nasse Wische!) Der Feuchtigkeitsgehalt von frisch eingefahrenem, gut getrocknetem Heu beläuft sich auf 15—20%. Nach Beendigung des 4—6 Wochen dauernden Gärprozesses verliert Heu weitere 4—10% Wasser und ist dann, frühestens 6—8 Wochen nach Einbringung, futterreif. Frisches, also noch nicht abgelagertes Heu, darf nur mit altem Heu oder Stroh vermischt gefüttert werden. Aufladen: Am besten mit Frontlader — Zusammenschieben der Schwaden und laden — Pick-up-Presse (Abb. neben S. 353) oder Feldhäcksler (Abb. neben S. 129). Der an den Wagen gehängte Fuderlader erfordert Mehrarbeit beim Heuverteilen auf dem Wagen. Abladen: Mit Greiferaufzug, Gebläse oder Höhenförderer.

Viehsalz-Zusatz

Um Schimmelbildung und Selbstentzündung bei zu früh eingefahrenem Heu (Wassergehalt über 22%) vorzubeugen, ist schichtweises Dazwischenstreuen von 1—2% Viehsalz auf dem Heuboden anzuraten. (Auf gleichmäßige Verteilung achten!) Salz zieht die Feuchtigkeit an sich, nimmt den Schimmelpilzen so die Lebensmöglichkeit und wirkt der Bildung von chemischen Vorgängen entgegen, die die Ursache hoher, zur Selbstentzündung führender Temperaturen sind. Auch wird nicht ganz einwandfrei geworbenes Heu schmackhafter. Die gleiche Maßnahme empfiehlt sich für Heu aus besonders üppig gewachsenem Gras, um den Mineralstoffgehalt zu verbessern.

Während der Gärung (Schwitzen), die bald nach der Einlagerung des Heues beginnt, soll der Heustock nicht betreten werden, da derartige Störungen leicht Schimmelbildung an einzelnen Halmen zur Folge haben, die sich späterhin beim Hantieren des Heues als unangenehmer Staub bemerkbar macht. — Bei der Gärung, die eine Verbesserung der Bekömmlichkeit des Heues bewirkt, entwickelt sich Wärme und Wasserdampf. Zu hohe Gärungstemperaturen drücken den Futterwert herab.

Die Temperatur festgestapelten Heues steigt infolge Atmung der Pflanzenzellen, in zweiter Linie durch Entwicklung winziger Lebewesen (Mikro-Organismen) in den ersten Wochen immer an, doch erwärmt sich gesundes Heu niemals über 50° C. Innerhalb der fünften bis zehnten Woche ist die Gefahr der Erwärmung am größten, bei nährstoffreichem Heu späterer Temperaturanstieg bis zu 15 Wochen. Um zu starker Erwärmung vorzubeugen, empfiehlt sich, nur 4—5 m hohe Stapel oder schmale Zwischenräume anzulegen, damit die Wärme seitlich entweichen kann. Ferner können Strohlagen zwischen das frisch eingefahrene Heu geschichtet werden. — Temperatur mit Thermometer (Heusonden) oder Eisenstange feststellen.

In der Scheune, auf der Erde, auf Stein- oder Betonfußboden gelagertes Heu erhält zum Schutze gegen Bodenfeuchtigkeit eine genügend starke Strohunterlage.

Ferner ist eine Strohabdeckung des Heustapels anzuraten. Dadurch wird das Anziehen von Feuchtigkeit aus der Luft unterbunden, das nach oben verdunstende Schwitzwasser aufgenommen, desgleichen die

Gräser I. Ranges

Deutsches Weidelgras
Lolium perenne

Wiesenschwingel
Festuca pratensis

Knaulgras
Dactylis glomerata

Wiesenrispengras
Poa pratensis

Glatthafer
Arrhenatherum elatius

Goldhafer
Trisetum flavescens

Gräser I. Ranges

Welsches Weidelgras
Lolium multiflorum

Weißes Straußgras (Fioringras)
Agrostis alba

Wiesenlieschgras
Phleum pratense

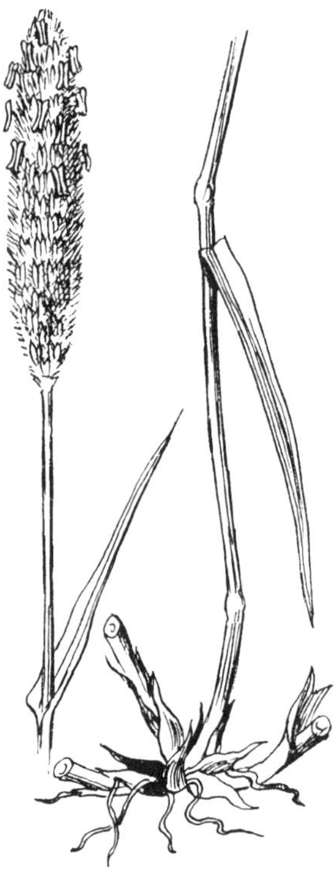

Wiesenfuchsschwanz
Alopecurus pratensis

Gemeines Rispengras
Poa trivialis

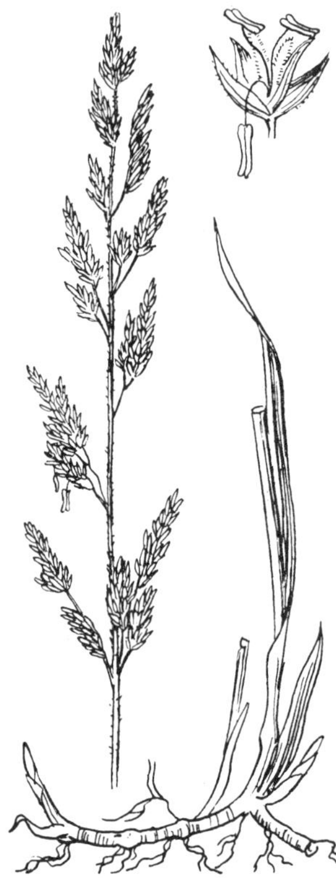

Rohrglanzgras
Phalaris arundinacea

Gräser
II. und III. Ranges

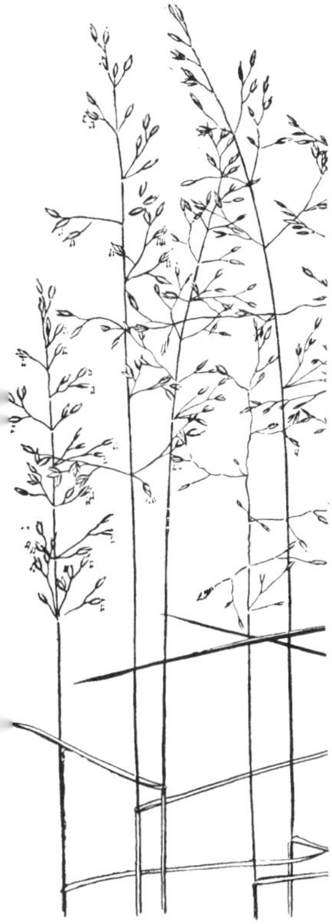

Hainrispe
Poa nemoralis

Wehrlose Trespe
Bromus inermis

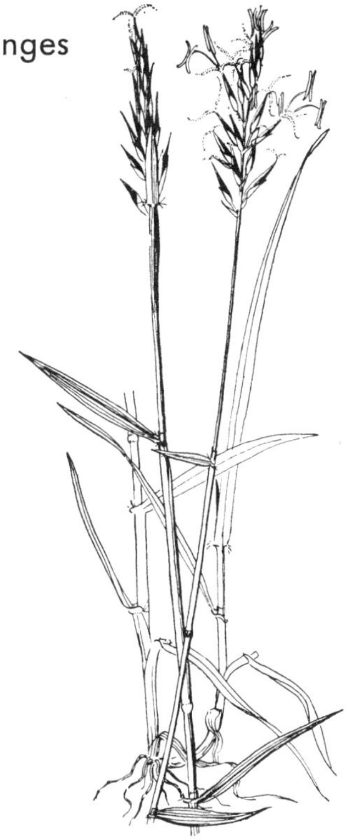

Ruchgras
Anthoxanthum odoratum

Kammgras
Cynosurus cristatus

Roter Schwingel
Festuca rubra

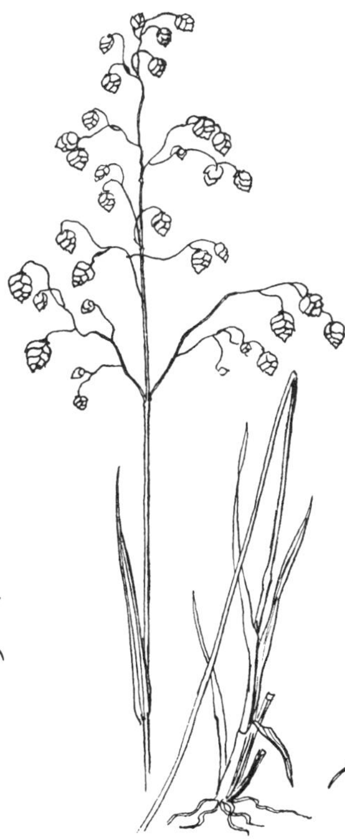

Zittergras
Briza media

Schafschwingel
Festuca ovina

Gräser ohne Wert - Unkräuter

Trifthafer (Wiesenhafer)
Trisetum flavescens pratense

Weiche Trespe
Bromus mollis

Steifes Borstgras
Nardus stricta

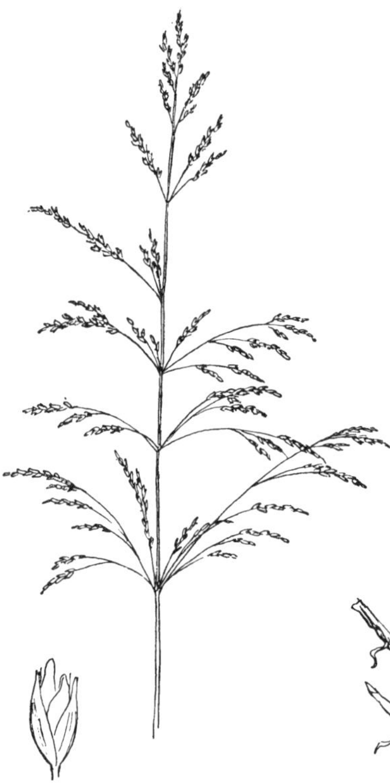

Rasenschmiele
Deschampsia caespitosa

Echte Quecke
Agropyron repens

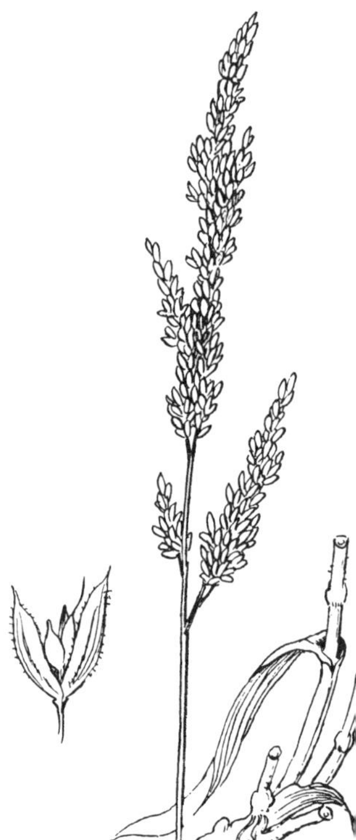

Wolliges Honiggras
Holcus lanatus

infolge der Temperaturunterschiede vom Dach tropfende Feuchtigkeit.

Selbstentzündung

Wenn noch grünes oder schlecht getrocknetes Heu eingelagert wird, nach neuerer Erfahrung auch trocken gewordenes Heu guter Qualität, (besonders empfindlich ist stark gedüngtes, nährstoffreichstes, vor der Blüte geschnittenes Heu), besteht Gefahr der Selbstentzündung. Auch bei zu dichter Lagerung und unzureichender Belüftung des Heustapels. Die Gärung verläuft nicht normal, und die Temperaturen steigen im Inneren des Heustockes bald auf 70 bis 100 Grad an, um schließlich bei 200 Grad und darüber ein offenes Feuer zu entfachen. Bei Temperaturen über 60—65° C (täglich 2mal messen) ist der Heustapel in Abständen von 1—2 m senkrecht anzubohren, bis fast unmittelbar über den Boden. Sinkt die Temperatur nicht oder steigt sie noch weiter an, meterbreiten Schacht ausheben. Bei über 70° C Gefahr der Selbstentzündung!

Wenn sich auf dem Heuboden ein brenzliger, auch nach frischem Brot riechender Gärgeruch bemerkbar macht und die Oberfläche muldenförmige Vertiefungen aufweist, ist höchste Gefahr im Verzuge. Jetzt beginnen die Heumassen im Inneren zu verkohlen und können jeden Augenblick zur Entzündung kommen. Man rufe sofort die Feuerwehr. Denn der überhitzte Heustapel darf nur unter Löschbereitschaft vorsichtig abgetragen werden. Hierbei ist jeder Luftzug zu vermeiden.

Nährstoffgehalt des Heues

Man bewahre das Heu getrennt nach Güte auf. Der Gehalt an verdaulichem Eiweiß schwankt bei Wiesenheu etwa zwischen 2,5 und 10,5%. Im Mittel beträgt er 5—6% (Kali 2%, Phosphorsäure 0,65%, Kalk 1%.) Grummet hat infolge des größeren Blattreichtums und des höheren Klee- und Untergrasanteils im allgemeinen einen höheren Nährwert als der erste Schnitt. (Heuverwertung siehe S. 406.)

Erträge

Mittlerer Ertrag: 200—300 dz/ha Grünmasse = 50—60 dz/ha Heu. Ausreichend gepflegte und gedüngte Wiesen bringen bei guten Bodenverhältnissen und entsprechendem Gräserbestand Durchschnittsernten von 100 dz/ha Heu, Spitzenerträge etwa 150 dz/ha!

Grassilage

Überschüssiges Weidegras und bei eintretender Schlechtwetterperiode vorhandene Grasbestände, insbesondere der Grummeternte, können eingesäuert werden. Auch bei der Silierung ist darauf zu achten, daß nur junges, also noch nicht in der Blüte stehendes Wiesengras in den Behälter kommt. Dann erübrigt sich im allgemeinen Häckselung, während ein Zusatz von z. B. 150 g Kofasil je dz als Sicherungsmittel zu empfehlen ist. Das Gärfutter gelingt um so leichter, je weniger Klee im Gras vorhanden ist. (Siehe unter „Gärfutter" S. 333.)

Beweiden von Wiesen
(Siehe auch unter „Mähweide" S. 390)

Während eine Verfütterung des Wiesengrases als Grünfutter im allgemeinen recht unwirtschaftlich ist, kann das Abhüten der Wiesen im zeitigen Frühjahr als sogenannte Vorweide, oder im Spätherbst nach dem zweiten Schnitt als Nachweide, sehr zweckmäßig sein. Das früh im Jahre auf die Wiesen gebrachte Vieh ist nach langer Stallhaltung nicht sehr wählerisch, frißt die frischen Triebe der Unkräuter vollständig ab und macht dadurch diesen Pflanzen, die nach Entleerung der Wurzelstöcke ganz auf die Assimilation der grünen Triebe und Blätter angewiesen sind, gründlich den Garaus. Besonders betroffen davon werden Löwenzahn, Hahnenfuß, Huflattich, Schlüsselblume, Kerbel und andere Wurzelunkräuter. Die Gräser werden durch den Biß nicht geschädigt, da sie erst später austreiben. Dagegen ergibt sich eine gute Bodenfestigkeit durch den Tritt der Tiere! Es erfolgt eine wesentlich bessere Bestockung, dadurch feinere Halme und Ausläuferbildung der

Gräser. Das Beweiden ist also in mehrfacher Hinsicht sehr zu empfehlen.

Sehr frühe Frühjahrsweide ist ohne fühlbare Wirkung auf den Heuertrag; eine Beweidung bis Anfang/Mitte April, je nach Witterung (besonders durch Schafe), beeinträchtigt den späteren Heuertrag so wenig, daß der Ausfall durch den Nutzen der Verdichtung der Grasnarbe und Förderung der Untergräser völlig ausgeglichen wird, insbesondere dann, wenn nach dem Überhüten eine Nachdüngung stattfindet. Erst das Beweiden bis in den Mai hinein schädigt die Obergräser und höher wachsenden Kleearten so stark, daß der Ertrag des ersten Schnittes wesentlich verringert wird. (Siehe auch S. 567.)

Auch zwischen dem ersten und dem zweiten Schnitt und noch im Herbst ist vorsichtiges Überhüten mit Schafen ohne Schaden für die Narbe möglich und anzuraten, trockene Wiesen vorausgesetzt (Leberegelgefahr). Dadurch wird die Entwicklung des Klees und der guten Gräser gefördert, während die gegen den Tritt und Verbiß der Tiere empfindlichen Unkräuter eingedämmt werden. Wiesen, die im Herbst regelmäßig beweidet werden, zeigen gegenüber nicht beweideten Flächen einen besseren Narbenschluß.

Wenn auch das Abmähen von nachgewachsenem Gras ohne Schaden für die Narbe bis kurz vor Eintritt des Frostes hinausgeschoben werden kann, so wirkt sich unmittelbar auf den Schnitt folgender Frost doch nachteilig für die Grasnarbe aus. Das Gras soll also nach der Mahd noch etwas Zeit zum Ausschieben haben.

Bei dem Abweiden schadet dagegen nachfolgender Frost nicht. Das mag daran liegen, daß beim Abbeißen durch das Vieh an den Pflanzen gegenüber dem Abmähen nur kleine Wunden entstehen. Das Beweiden der Wiesen kann daher mit Jungvieh oder Schafen bis Frostbeginn fortgesetzt werden.

Die Kenntnis der Gräser

Gras ist nicht gleich Gras! Jeder Bauer sollte in der Lage sein, seine Grünlandflächen gütemäßig zu beurteilen, d. h. also die einzelnen Gräser und Kleearten von einander unterscheiden zu können.

Wiesengräser

Man unterscheidet:

1. Obergräser, massenwüchsig, viel Stengel; Höhe 80 — 120 cm;
2. Untergräser, weniger Masse liefernd, mehr Blatt- als Stengelbildung; Höhe 40—60 cm;
3. Horstbildende Gräser, hohes Wachstum, stärker als Breitenentwicklung (vorwiegend Obergräser);
4. Ausläufertreibende Gräser, zahlreiche Seitentriebe (Teppich) bildend (vorwiegend Untergräser);
5. Nach Ertragsdauer: 1-, 2-, 3jährige und ausdauernde Gräser.

Obergräser vertragen im Gegensatz zu der Mehrzahl der Untergräser ständiges Beweiden und auch sehr häufigen Schnitt meist schlecht.

Die wichtigsten sehr guten und guten Obergräser sind:

Wiesenfuchsschwanz	Wiesenlieschgras (Timothegras)
Wiesenschwingel (Mittelgras)	Goldhafer (Mittelgras)
Knaulgras	Glatthafer

Ferner Rohrglanzgras und Mannagras, die Bestandsbildner der Mielitzwiesen (Oder-, Havel- und Elbewiesen).

Untergräser liefern auf Wiesen und Weiden infolge starker Blattentwicklung wertvolles, feines, nährstoffreiches Futter.

Die wichtigsten Untergräser sind:

Wiesenrispe	Kammgras
Rotschwingel	Gemeine Rispe
Deutsches Weidelgras	Fruchtbare Rispe oder
Weißes Straußgras (Fioringras)	Sumpfrispe (Mittelgras)

Gräser I. Ranges:

Deutsches Weidelgras (früher Engl. Raigras)	Wiesenlieschgras (Timothegras)
Wiesenschwingel	Welsches Weidelgras (früher Ital. Raigras)
Wiesenrispengras	Wiesenfuchsschwanz
Knaulgras	Gemeines Rispengras
Glatthafer (Hoher Wiesenhafer) (früher Franz. Raigras)	Goldhafer
	Weißes Straußgras (Fioringras)
Rohrglanzgras	Sumpfrispe

Englisches Raigras und Deutsches Weidelgras sowie Italienisches Raigras und Welsches Weidelgras ist zweierlei, desgleichen Französisches Raigras und Glatthafer, und zwar stehen fremde, unbekannte Naturformen der heimatlichen Form (Grassamenbau) und Hochzuchtform gegenüber.

G e m e i n e R i s p e: eignet sich für Wiesen und feuchte Ackerstellen.

W i e s e n r i s p e: ein sehr trockenwiderstandsfähiges Untergras. Es wird darin aber noch von dem R o t s c h w i n g e l mit seinen gewölbten und gerieften Blättern übertroffen. Je leichter der Boden und je trockener die Lage, um so stärker wird dieser daher in der Saatmischung zu verwenden sein. Während Wiesenrispe sehr dankbar für Mist, Kompost und Stickstoff ist, stellt Rotschwingel keine hohen Düngeransprüche. Er gedeiht also unter armen Verhältnissen und nutzt die Düngung sehr schlecht aus. Beide Gräser haben ziemlich feinen Samen und sind verhältnismäßig teuer.

W e i ß e s S t r a u ß g r a s, liebt feuchte bis nasse Lagen, spätblühend (Juli/Aug.), braucht 3—4 Jahre zur vollen Entwicklung. Sehr schmackhaft.

K n a u l g r a s: Frühblüher, ebenfalls für trockene Lagen geeignet. Verträgt Bodensäure verhältnismäßig gut. Reagiert stark auf Ammoniakstickstoff. Verholzt leicht, daher während des Schossens mähen.

W i e s e n l i e s c h g r a s, sehr spät blühend und Feuchtigkeit liebend, sowie das weniger anspruchsvolle W e l s c h e W e i d e l g r a s kommen in erster Linie für Ackerfutterbau zur Heuwerbung in Betracht. Das zweijährige Welsche Weidelgras, im zweiten Jahr nur zum Teil durchhaltend, ist, wie auch Wiesenlieschgras, für Aussaat auf Wiesen und Weiden nur als Füller geeignet, W e s t e r w o l d i s c h e s R a i g r a s dagegen nicht.

D e u t s c h e s W e i d e l g r a s, welches im Gegensatz zu den vorgenannten unbegrannt ist, kann zwar als Untergras für Weide-, aber nicht für Mähzwecke dienen. Es zählt im Gegensatz zu dem Englischen Raigras zu den guten Untergräsern und bevorzugt Weizen-, Rüben- und beste Gerstenböden. Seine Ansprüche an Wasser und Düngung sind hoch. Deutsches Weidelgras reagiert stark auf Mist, Jauche und Kompost. Bei guter Düngung bleibt es über Winter grün. (Weidelgräser siehe auch S. 292 / 293.)

Auch W i e s e n s c h w i n g e l, das wertvollste der Obergräser, liebt diese Bodenarten bei etwas höheren Wasseransprüchen und ist für organische und Handelsdüngergaben sehr dankbar. Wiesenschwingel ist als Obergras verhältnismäßig blattreich und verträgt den Tritt und Biß der Tiere sehr gut. Infolge später Blüte wird Wiesenschwingel nicht so leicht überständig, verholzt also nicht so schnell. Sehr schmackhaft, Vollertrag ab 2. bis 3. Jahr.

G l a t t h a f e r und W e h r l o s e T r e s p e kommen noch auf den leichteren Roggen-, Kartoffel-, Lupinenböden gut fort. Auf Bahndämmen ohne wesentliche Nährstoffzufuhr ist Glatthafer oftmals anzutreffen, wogegen er auf normal entwässertem Hochmoor und auch auf Niederungsmoor völlig versagt. Auch die Wehrlose Trespe fühlt sich auf Hoch- und Niederungsmoor nicht recht wohl. Sehr häufiges Beweiden verträgt Glatthafer, der im Frühjahr schnell austreibt und früh blüht, nicht. Besonders empfindlich gegen Beweiden ist Rohrglanzgras. Sehr ertragreich und wertvoll (gutes Pferdeheu), wenn Schnitt vor Rispenaustritt, später nur Streuwert.

Wiesenfuchsschwanz ist eines der wertvollsten Wiesenobergräser. Wiesenfuchsschwanzwiesen sind mit die beste Wiesenform und am ertragreichsten. Sie liefern in 2—3 Schnitten etwa 100 dz/ha gutes Heu und geben unter günstigen Verhältnissen auch vier Schnitte. Allerdings muß reichlich und zeitig (früher Austrieb) gedüngt werden, besonders mit Stickstoff und Kali, auch Kompost, und die Lage darf nicht zu trocken, sondern eher feucht sein (aber keine stauende Nässe). Wiesenfuchsschwanz wird vielfach auch Wassertimothe genannt, weil seine kolbenförmigen Scheinähren an die des Timothe erinnern und er deutlich seine Vorliebe für feuchte Standorte erkennen läßt. Da Wiesenfuchsschwanz schon im Mai blüht, müssen Bestände, in denen er vorherrscht, unbedingt zeitig gemäht werden. Andernfalls verholzt er rasch.

Gräser II. Ranges:

Echtes Mielitzgras
Behaarter Hafer
Kammgras
Versch.-blättr. Schwingel
Roter Schwingel
Verschiedene Trespenarten

Gräser III. Ranges:

Zittergras
Ruchgras
Rohrschwingel
Riesentrespe
Schafschwingel
Gem. Straußgras
Spätes Platthalmgras
Hain-Rispengras

Gräser ohne Wert bzw. als Unkraut anzusehen:

Gem. Windhalm
Hunds-Straußgras
Rasenförm. Schmiele
Wiesenhafer
Waldzwenke
Land-Schilf
Lanzettliches Schilf
Waldschilf
Strandhafer
Riesenschwingel
Wolliges Honiggras
Gefranztes Perlgras
Nickendes Perlgras
Einblütiges Perlgras
Steifes Borstgras
Böhmers Lieschgras
Gemeines Rohr
Weiche Trespe
Roggen-Trespe
Mäusegerste
Silbergras
Sandhalm
Rasenschmiele

Honiggras entwickelt sich besonders bei saurer Stickstoff-Düngung oft recht stark. Die Wiese gibt dann wohl Masse, doch ist Honiggras gehaltlos und wird wegen der sammetartigen, wolligen Behaarung vom Vieh im allgemeinen schlecht gefressen, besonders wenn dies sonst auf Leistung gefüttert wird. Bekämpfungsmaßnahmen: Einsatz schwerer Walzen zur Zerstörung des Polsterwuchses bzw. starker Weidebesatz und früher erster Schnitt, der das Aussamen des sehr früh blühenden Grases verhindert.

Wolliges Honiggras und Rasenschmiele sind horstbildende Gräser, die Bülten- bzw. Kampenbildung verursachen. Über Bekämpfung der Rasenschmiele siehe S. 360.

Gräser mit steifen, zähen und stark verkieselten Blättern (z. B. Borstgras und Schafschwingel) sind ein schlechtes Weidefutter.

Trockenwiderstandsfähige Gräser und Kleearten:

Rotschwingel, Wiesenrispe, Knaulgras, Wehrlose Trespe, Weißklee und Hornschotenklee.

Feuchtigkeitsliebende Gräser und Kleearten:

Wiesenfuchsschwanz	Sumpfrispengras
Wiesenschwingel	Rohrglanzgras
Wiesenlieschgras	Rohrschwingel
Weißes Straußgras	Sumpfschotenklee
Gemeines Rispengras	Flutendes Mannagras

Arten, die auch eine längere Überschwemmung leidlich überstehen:

Sumpfrispengras	Rohrschwingel
Weißes Straußgras	Flutendes Mannagras
Wiesenfuchsschwanz	

Bei mangelnden Vorflutverhältnissen empfiehlt sich die Einsaat von Rohrglanzgras und Beckmanngras (Beckmania) in die meist vorherrschenden Sauergräser (Seggen, Binsen, Hahnenfußgewächse) und vielleicht etwas Mannagras.

Kleearten

Kleearten

Weißklee	Sumpfschotenklee
Rotklee	Gelbklee (Hopfenluzerne)
Gehörnter Schotenklee	Schwedenklee (Bastardklee)

Weißklee und Hornschotenklee sind vornehmlich Weidepflanzen, Sumpfschotenklee ist dagegen eine Wiesenpflanze.

Wiesenkräuter
(Siehe S. 483)

1. **Gute Futterpflanzen:**

Kleine Bibernelle	Spitzwegerich	Skabiose
Kleiner Wiesenkopf	Frauenmantel	Becherblume

Aromatische Pflanzen:

Schafgarbe	Quendel	Minze
Kümmel	Dost	

Bitterstoffhaltige Pflanzen:

Rainfarn	Wegwarte	Gamander
Beifuß	Alant	Tausendgüldenkraut

2. **Weniger erwünschte Kräuter:**

Kreuzkraut	Ochsenzunge	Wiesenkerbel
Habichtskraut	Kälberkopf	Pastinak
Knöterich	Bärenklau	Wiesenmöhre
Labkraut		

3. **Wertlose und schädliche Kräuter:**

Färberginster	Sumpfläusekraut
Distel und Kratzdistelarten	Gänsefingerkraut
Dornige Hauhechel	Wasserpfeffer
Wiesensalbei	Ampferblätteriger Knöterich

Kräuterbeimischungen kg / ha (nach Stebler)

	Wiesen	Weiden
Kümmel	4 — 8	4 — 8
Schafgarbe	0,5 — 1	0,5 — 1
Kleiner Wiesenknopf	—	5 — 12
Kleine Bibernelle	—	4 — 6
Spitzwegerich	—	1

Minderwertige Pflanzen
(Siehe S. 483)

Als **Wasserpflanzen**

(Überwasserflora) und daher völlig minderwertige Gräser sind anzusprechen:

Schachtelhalm	Rohr	Pfeilkraut
Binsen	Schilf	Igelkolben
Segge	Kalmus	Froschlöffel

Giftpflanzen

Giftpflanzen:

Sumpfschachtelhalm	Herbstzeitlose
Scharfer Hahnenfuß (im Heu unschädlich)	Gottesgnadenkraut
Sturmhut	Roter Fingerhut
Betäubender Kälberkropf	Froschlöffel
Wasserschierling (sehr giftig)	Taumellolch
Gefleckter Schierling (weniger stark giftig)	Bingelkraut (Stinkrich)
Rebendolde	Wurmfarn
	Adlerfarn
	Wolfsmilch

Erwünschter Pflanzenbestand

Für Wiesen:	**Für Weiden:**
50—60 % Obergräser	20—30 % Obergräser
25—30 % Untergräser	50—60 % Untergräser
20—25 % Klee und Kräuter	20—30 % Klee und Kräuter

Auf Wiesen müssen also Obergräser vorherrschen, auf Weiden im allgemeinen Untergräser, die Tritt und Biß der Tiere besser vertragen.

Leguminosen (Klee, Wicken) und Kräuter enthalten die zwei- bis dreifache Menge an Mineralstoffen wie Gräser. Kräuter sind auch wertvolle Vitaminträger.

K l e e a n t e i l   n i c h t   z u   h o c h   w ä h l e n, da Klee durch seine tiefgehenden Wurzeln und auf der Oberfläche liegenden, breiten Blätter das Wachstum der Gräser sehr erschwert und, wenn Klee nach wenigen Jahren abstirbt, größere Lücken im Bestand hinterläßt. Außerdem befriedigt der Mengenertrag nicht, zumal bei der meist üblichen Bodentrocknung durch Abbröckeln der Leguminosenblätter hohe Verluste entstehen.

Anzahl der Arten

Bei Dauerwiesen und -weiden müssen zwecks Erreichung eines nachhaltig dichten Bestandes eine Anzahl verschiedener Grasarten zur Aussaat kommen, die um so größer sein muß, je wechselnder die Bodenverhältnisse sind. Je gleichmäßiger dagegen der Boden ist, um so geringer kann die Mannigfaltigkeit der Gräser sein. Für die meisten Verhältnisse reichen für Wiesen 8—10 und für Weiden 6—8 Arten aus.

Für die Anlagen von Wiesen kommen in Betracht

Sehr gute Gräser:

Wiesenschwingel (für Wiesen das beste Obergras)	Welsches Weidelgras
Wiesenfuchsschwanz	Wiesenrispengras

Gute Gräser:

Weißes Straußgras	Rotschwingel
Glatthafer	Rohrartiges Glanzgras
Goldhafer	Wiesenlieschgras
Gemeines Kammgras	Gemeines Rispengras
Rohrartiger Schwingel	

Für die Anlage von Weiden kommen in Betracht

Sehr gute Gräser:

Wiesenschwingel	Wiesenrispe
Deutsches Weidelgras	

Gute Gräser:

Weißes Straußgras	Kammgras
Glatthafer	Rotschwingel
Goldhafer	Wiesenlieschgras
Knaulgras	Gem. Rispengras

Wiesenrispe, Knaulgras, Kammgras und Rotschwingel sind insbesondere Weidegräser.

Weidepflanzen setzen sich vorwiegend zusammen aus:

a) Obergräsern: Wiesenschwingel, Wiesenlieschgras, für leichtere Böden auch Knaulgras.
b) Untergräsern: Wiesenrispe, Deutsches Weidelgras, Weißes Straußgras, Rotschwingel, Goldhafer.
c) Schmetterlingsblütlern: Weißklee, Schwedenklee, Hornklee, Sumpfschotenklee.
d) Kräutern: Kümmel, Spitzwegerich, Schafgarbe, kleiner Wiesenknopf, kleine Bibernelle.

Bei der Zusammenstellung von Saatmischungen müssen sowohl Bodenart wie auch Feuchtigkeitslage Berücksichtigung finden.

Saatgemische für Dauerwiesen (nach Petersen)

Pflanzenart:	Auszusäende Saatmenge in kg/ha (bei normalem Gebrauchswert) in der nassen Lage	in der feuchten Lage	in der frisch-feuchten Lage	in der frischen Lage
1. Füller *				
Wiesenlieschgras, Timothe (phleum pratense)	4	4	4	4
Welsches Weidelgras (Ital. Raigras) (lolium italicum)	2	2	2	2
Schwedenklee, Bastardklee (trifolium hybridum)	2	2	—	—
Rotklee (trifolium pratense)	—	—	2	2
2. Obergräser				
Rohrglanzgras, Mielitz (phalaris arundinacea)	5	—	—	—
Wiesenfuchsschwanz (alopecurus pratensis)	5	5	—	—
Wiesenschwingel (festuca pratensis)	15	20	15	—
Glatthafer (Franz. Raigras) (avena elatior)	—	—	5	15
Knaulgras (dactylis glomerata)	—	—	5	10
3. Untergräser				
Weißes Straußgras, Fioringras (agrostis alba)	6	4	—	—
Gemeine Rispe (poa trivialis)	4	2	—	—
Rotschwingel (festuca rubra)	—	2	2	2
Wiesenrispe (poa pratensis)	—	2	8	8
4. Kleearten				
Sumpfschotenklee (lotus uliginosus)	2	2	—	—
Hornschotenklee (lotus corniculatus)	—	—	2	2
Zusammen:	45	45	45	45

* Nicht ausdauernde Arten, welche einen schnelleren Bestandschluß bewirken und damit die Erträge in den ersten Jahren erhöhen.

Saatgemische für schattige Lagen (Obstgärten, Baumwiesen)

	kg/ha		kg/ha
Wiesenrispe	5	Goldhafer	1,5
Wiesenfuchsschwanz . . .	4	Rotklee	4
Glatthafer	9,5	Weißklee	0,5
Welsches Weidelgras . .	6	Hornschotenklee	1,5
Knaulgras	7	Gelbklee	0,5
Kammgras	1		
Gem. Rispengras	3,5	Zusammen	44

Saatgemische für Dauerweiden (nach Petersen)

Pflanzenart:	Auszusäende Saatmenge in kg/ha (bei normalem Gebrauchswert)						
	in der nassen Lage	in der feuchten Lage	in der frischfeuchten Lage		in der frischen Lage		
			Boden locker	Boden schwer	Boden locker	Boden fest	Boden Marsch
1. Kleearten							
Weißklee . . . . . . (trifolium repens)	8	8	8	8	8	8	8
Sumpfschotenklee . . . (lotus uliginosus)	2	2	—	—	—	—	—
Hornschotenklee . . . (lotus corniculatus)	—	—	2	—	2	—	—
Gelbklee . . . . (medicago lupulina)	—	—	—	2	—	2	2
2. Gräser							
Wiesenschwingel . . . (festuca pratensis)	20	20	10	10	2	2	2
Deutsches Weidelgras . (lolium perenne)	—	—	10	20	15	30	50
Wiesenrispe . . . . . . (poa pratensis)	—	4	10	2	15	2	2
Weißes Straußgras . . (agrostis alba)	10	6	4	2	—	—	—
Gemeine Rispe . . . . (poa trivialis)	8	6	—	—	—	—	—
Rotschwingel . . . . (festuca rubra)	—	2	2	2	4	2	—
Kammgras . . . . . . (cynosurus cristatus)	—	—	2	2	2	2	4
Goldhafer . . . . (avena flavescens)	—	—	—	—	—	—	—
Timothe . . . . (phleum pratense)	2	2	2	2	2	2	2
Knaulgras . . . . . . (dactylis glomerata)	—	—	—	—	—	—	—
Zusammen	50	50	50	50	50	50	70

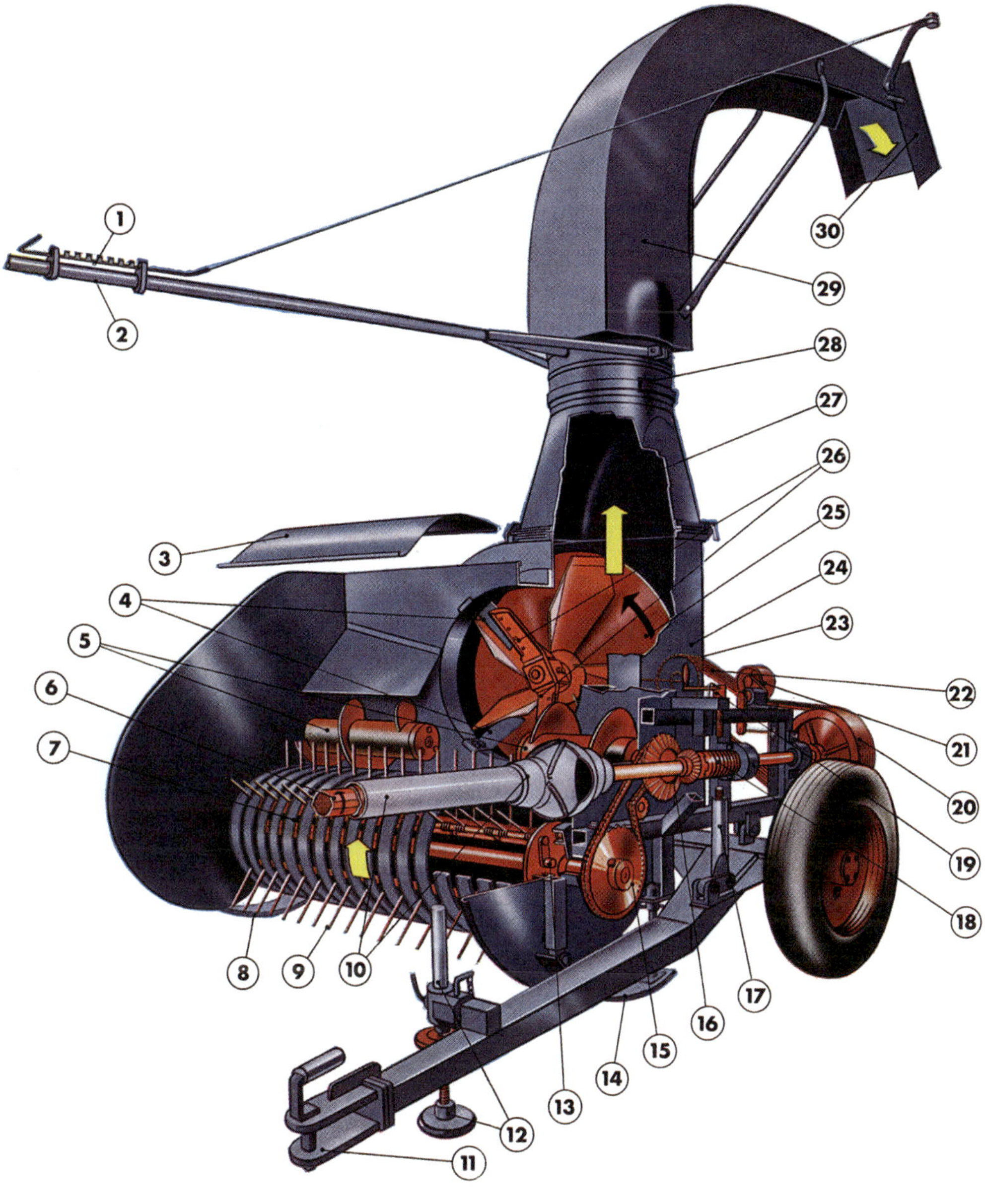

chneider „allfix". Siehe auch unter „Feldhäcksler" im Textteil. (Bild Karl Mengele & Söhne, Günzburg / Do.)

tellstange für Auswurfklappe
hebel
res Abdeckblech
wechselbare Messer (0–6 Stück)
ringerschnecken
enkwelle
-up-Trommel
tkufe (höhenverstellbar)
enstreifen der Pick-up-Trommel
ück)
nkwellenschutz

11 Deichselgabel
12 Deichselstütze (höhenverstellbar)
13 Lenker der Federzinken der Pick-up-Trommel
14 Gleitkufe (höhenverstellbar)
15 Antriebs-Kettenrad für Pick-up-Trommel
16 Kegelrad-Getriebe für Pick-up-Trommel und Zubringerschnecken
17 Höhenverstellung für Pick-up-Trommel
18 Rutschkupplung
19 Handkurbel zur Höhenverstellung der Pick-up-Trommel

20 Keilriemenscheibe mit Überhol-Kupplung
21 Spannrolle
22 Keilriemen (4 fach)
23 Wagen-Anhängekupplung (nicht sichtbar)
24 Gebläsegehäuse
25 Schaufelrad
26 Messerträger
27 Auswurf
28 Drehteil für den Auswurfkrümmer
29 Auswurfkrümmer
30 Auswurfklappe

Verteilen der Fladen mit „Fladenverteiler" zur Verhinderung von Geilstellen (siehe Seite 387) (Draht-Bremer)

Neuzeitliche Weideanlage. Anstelle von 2 großen Weideflächen werden 8 Koppeln angelegt. Die wirtschaftlichen Vorteile sind bedeutend! (s. Seite

DIE WEIDE I

Jauchefaß als Wasserwagen mit Selbsttränken f. Weiden ohne natürl. Wasserqu

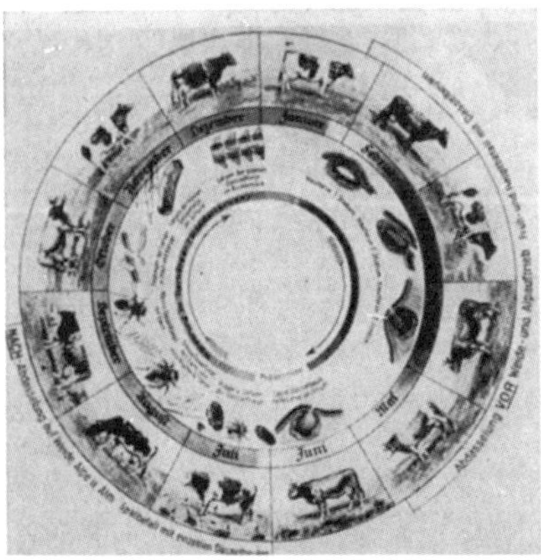

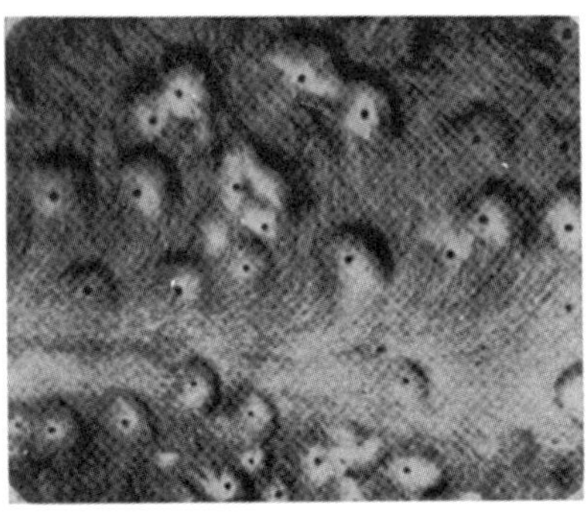

Bekämpfung der Dasselfliege. Larve der Dasselfliege ist eir fährlicher Schmarotzer des Ri Zu ihrer Bekämpfung ist jeder halter gesetzlich verpflichtet 393). Links oben: Entwicklun Dasselfliege im Tierkörper. De nere Kreis zeigt den Weg der im Körper des Wirtstieres, wi Seite 393 – 394 im einzelnen bes ben. Rechts oben: Dassel natürliche Größe 12–16 mm. L unten: Mit Dasselbeulen übe Rinderrücken. Rechts unten: Maden im Unterhautbindeg (Fleischseite). Die Hautsäcke aufgeschnitten, um die Larven bar zu machen. (4 Abb. von B dienst Marienfelde)

b) Die Weide

Die Weide schafft beim Jungvieh größere Breiten- und Tiefenmaße, kräftigere Muskeln und Sehnen. Sonnenlicht und Bewegung üben eine anregende Wirkung auf den Stoffwechsel und die Leistungsfähigkeit aus und sichern ein normales Geschlechtsleben. Durch den Weidegang werden die Tiere gesünder, kräftiger in ihrer Konstitution, auch lebhafter, nerviger, drahtiger. Der jährliche Nachschub im Milchviehstall, d. h. also die Jungviehaufzucht, kann bis zu etwa der Hälfte gegenüber Stallhaltung der Milchkühe eingeschränkt werden, da die Kühe 3—4 Jahre länger im Nutzen bleiben! (Das sogenannte Nichtaufnehmen oder Umrindern der Tiere tritt weniger oft in Erscheinung.) Darum heißt es auch mit Recht: „Der blaue Himmel ist der beste Stall." Die Weidehaltung ist also für alle Tierarten von größtem Nutzen! Sie schafft erst die Voraussetzung für eine erfolgreiche Viehzucht! **Allgemeines**

Eine gute Dauerweide läßt sich nur durch richtige Anlage auf den dafür bestgeeigneten Böden bei sorgfältiger Pflege erzielen. Schlecht gepflegte Weiden dagegen und solche in trockenen Lagen rentieren sich nicht. Hier ist der zusätzliche Anbau von Ackergrünfutter am Platze. Allerdings stellt die Weide nicht so hohe Ansprüche an die Feuchtigkeit wie die Wiese, da die Gräser erst zur Zeit des Schossens den größten Wasserverbrauch haben und Weidegräser bei rechtzeitigem Umtrieb ja dieses Entwicklungsstadium nie erreichen. Daher kann sich die Anlage von Weiden noch auf solchen Flächen lohnen, die als Wiese bereits zu trocken sind.

Wasserregelung

Andererseits muß auch auf der Weide für geregelte Wasserverhältnisse gesorgt werden. (Siehe S. 354/355). Auf feuchten oder gar nassen Weiden treten die Tiere durch die Narbe, die auch durch Bodenverdichtung beeinträchtigt wird. Das Wachstum der Gräser und Kleearten setzt infolgedessen im Frühjahr verspätet ein, da Luft und Wärme nicht in den Boden kommen. Saure Gräser gewinnen die Oberhand. Der Milchertrag geht zurück, denn „saure Gräser melken nicht!" — Vorhandene Gräben unbedingt einkoppeln!

Bei Neuanlage von Dauerweiden berücksichtige man die Hofnähe:

1. Wird auf dem betreffenden Ackerstück dann kein Schaden mehr durch Geflügel und Sperlinge angerichtet.
2. Ist bessere Beaufsichtigung des Viehs möglich.
3. Können die Tiere, wenn erforderlich (siehe Kurztagweide), jederzeit und ohne längeren Anmarsch (Milchverlust) aufgestallt werden.
4. Tritt Erleichterung bzw. Zeitersparnis beim Melken ein.

Düngung

Wirtschaftsdünger

Die organische Düngung während des Sommers zählt mit zu den wichtigsten Pflegemaßnahmen auf dem Dauergrünland. Gut verrotteter Stalldung sollte wenigstens alle zwei bis drei Jahre während der Wachstumszeit, in Gaben von 80—100 dz/ha, zur Anwendung kommen. Guter Kompost (200 dz/ha) erfüllt gleichen Zweck!

Da die Tiere den Nachwuchs frisch mit Stallmist abgedüngter Weiden nicht gern fressen, empfiehlt es sich, nur etwa ein Drittel jährlich mit Stalldung zu befahren. Den folgenden Schnitt einsäuern oder heuen.

Kompost soll niemals bei Frost ausgefahren werden, sondern im frühen Herbst oder zeitigen Frühjahr. Sehr zweckmäßig ist das Ausbringen nach dem ersten Weideumtrieb, besonders aber im Sommer, zum Schutz des gerade bei Weiden oftmals flachwurzelnden Pflanzenbestandes gegen Dürre. Vor dem ersten Auftrieb aufgebracht, wird das Gras vom Vieh auch weniger gern gefressen.

Jauche nach dem Abweiden ausfahren, jedoch nicht mehr als 10 000 bis höchstens 13 000 Liter/ha, auf 2 bis 4 Gaben im Laufe des Jahres verteilt, um Auswaschungsverluste und ungünstige Nebenwirkungen zu vermeiden. Dazu 3—4 dz/ha Phosphatdünger streuen, der sich bei Verwendung von Superjauche (S. 64) erübrigt. Daneben ist mineralische Stickstoffdüngung (Intensivweiden) erforderlich.

Mineraldünger

Von den mineralischen Düngemitteln kommt dem Stickstoff, 4—8 dz/ha Kalkammonsalpeter bzw. Kalksalpeter, eine erhöhte Bedeutung zu. Ohne diesen gibt es bei Mineralböden im allgemeinen keine annehmbaren Weideerträge. Der Stickstoffdüngung der Weiden ist in Anbetracht der erhöhten Nutzung ein noch größerer Wert beizumessen als derjenigen der Wiesen. Wenn die flüssigen Ausscheidungen der Weidetiere keine dunkleren Stellen in der Narbe mehr hervorrufen können, bzw. die Geilstellen sich nicht dunkler verfärben als die Umgebung, ist die Weidedüngung mit Handelsstickstoff ausreichend. Die für Stickstoffdüngung auf Mähweiden aufgewendeten Kosten bringen im Durchschnitt das Sechsfache wieder ein! Intensive Mähweiden (S. 391) und Portionsweiden (S. 390) sollen 8—10 dz/ha eines 20%igen Stickstoffdüngers in mehreren Teilgaben erhalten. — Unkrautbekämpfung mit Kalkstickstoff siehe Seite 388.

Zeitpunkt des Ausstreuens: Zur besseren Ausnutzung wird ein Drittel der vorgesehenen Stickstoffmenge, am besten als Kalkammonsalpeter, im zeitigen Frühjahr, und das übrige nach jedem Umtrieb, in leichtlöslicher Salpeterform, in 3—5 Gaben bis spätestens Ende Juli ausgestreut. (In ausgesprochen trockenen Sommern nur 3 Gaben verabreichen.) Um ätzende Verbrennungen des Wurzelwerkes zu vermeiden, darf der Stickstoff aber nicht erst ausgestreut werden, wenn die Grasnarbe völlig kahlgefressen ist.

Um einen frühen Austrieb zu ermöglichen, soll die erste Gabe sehr zeitig, schon etwa Anfang bis Mitte März, gegeben werden. Stickstoff ist im Frühjahr niemals in einer starken Gabe auszubringen, um den an sich im Mai schon naturgemäß gesteigerten Wachstumstrieb nicht noch durch starke Stickstoffgaben zu fördern und den Wuchs der Kleepflanzen und der Untergräser nicht zu unterdrücken.

Phosphatdünger: Gute Weiden bei intensiver Nutzung 6 bis 8 dz/ha, geringere Weiden 4—6 dz/ha. Niemals an Phosphorsäure sparen (S. 361)! Phosphate und Kali über Winter bis zeitigem Frühjahr ausbringen.

Kalidünger: Gute Weiden 3—4 dz/ha, geringere 2—3 dz/ha.

Für Intensivweiden eignet sich zur laufenden Ersatzdüngung Am-Sup-Ka-Volldünger mit mäßigem Kalianteil (siehe Grastetanie S. 396).

Ferner ausreichend (magnesiumhaltigen — S. 396) Kalk anwenden, am besten in Form von kalkreichem Kompost. Tiere, die auf regelmäßig gekalkten Weiden großgezogen sind, verfügen über guten Knochenbau und einwandfreie Figur. (Siehe auch unter „Düngung der Wiesen", S. 361.) Nur bei den von Natur aus kalkreichen, anmoorigen Böden ist hinsichtlich der Kalkgabe Vorsicht geboten.

Pflege der Weide

(siehe auch unter Wiesen S. 352)

Abschleppen

Weiden sind im Frühjahr grundsätzlich abzuschleppen. (Beseitigung der Maulwurfshaufen.) Hände weg von der Wiesenegge, die viele nützliche Gräser und Kleearten vernichtet! Das Eggen mit reißenden Geräten verträgt die Grasnarbe nicht und ist zu unterlassen. Auf lockeren Böden muß die Walze eingesetzt werden.

Zum Abschleppen der Weiden ist eine Strauchschleppe sehr geeignet. Diese läßt sich wie folgt herstellen: Starke, 3 m lange Dornenzweige werden auf 1,5 m voneinander entfernte, 3 m lange, 10 cm dicke Eichenbalken nebeneinander aufgenagelt. Die Balken sind miteinander durch drei Holz- oder Eisenschienen starr verbunden. Auf die Dornenzweige werden zwei weitere Balken mittels Mutterschrauben befestigt. Je länger die Dornen, desto besser greift die Schleppe an. (Abb. neben S. 352.)

Bedecken der Narbe mit Abfallstoffen

Da die Hauptmasse der Grünlandwurzeln nur 5—10 cm tief liegt, wo sich auch der größte Teil der Boden- und Dungnährstoffe befindet, wirkt sich schon eine mäßig lange Trockenheit ungünstig auf die Narbe aus. Daher ist das zu kurze Abweiden unbedingt zu vermeiden und sollen Weiden, möglichst nach dem ersten Umtrieb bzw. Mähschnitt, mit Kompost oder kurzem Stallmist abgedeckt werden. Ferner ist Kartoffelkraut (auch infolge seines hohen Kaligehaltes) eine geeignete Sommer- bzw. Winterdecke für Weideflächen, desgleichen Rapsschoten und unbrauchbar gewordene Spreu. Verunkrautung der Grünlandflächen durch die in der Spreu enthaltenen Unkrautsamen ist nicht zu befürchten, da es sich vorwiegend um Ackerunkräuter handelt, die vom Gras sehr bald unterdrückt werden bzw. nicht zur Entwicklung kommen. Bei Verwendung von Mietenstroh ist für einmalige Abdeckung mit einer Menge von 24—30 dz/ha zu rechnen. Das Gras wächst bald durch das Stroh durch. Letzteres stört das Beweiden nicht und verrottet allmählich. Bedecken der Grasnarbe nach dem Abweiden mit Wirtschaftsdünger bzw. Abfallstoffen, in erster Linie auf den Stellen, die das Vieh infolge größerer Schmackhaftigkeit der Gräser besonders kahlfrißt, trägt wesentlich zur Förderung des Garezustandes bei und ist oftmals (bei anhaltender Trockenheit) einer Bewässerung der Weiden gleichzusetzen! (Erhaltung der Bodenfeuchtigkeit.) — Auch die Beschattung durch Büsche und Bäume kann sich auf Weideflächen für den Wuchs der Grasnarbe, besonders in trockenen Jahren, recht günstig auswirken.

Verhinderung von Geilstellen

Je Stück Großvieh werden täglich etwa 1 qm Grasfläche mit Fladen bedeckt (10—12 Fladen). Daher ist es unbedingt erforderlich, daß diese Fladen nach jedem Umtrieb gebreitet werden, und zwar zur besseren Verteilung und damit nicht zuviel Fläche verschmiert wird, nicht in feuchtem, sondern in angetrocknetem Zustand — mit Fladenverteiler (Abb. neben S. 385), Drahtbesen (Fa. Wolf) oder Mistgabel. Bereits vorhandene Geilstellen sind unbedingt mit der Sense oder dem hochgestellten Mähbalken des Grasmähers abzumähen. (Auf größeren Flächen — auch zur Verteilung der Maulwurfshügel — Reifenschleppe oder Strauchegge verwenden. (Siehe Abb. neben Seite 352.)

Andernfalls muß, da Geilstellen von den Tieren gemieden werden, während einer Weideperiode wenigstens mit einem Verlust an Weidefläche von 400—600 qm je Stück Großvieh, also etwa 10—15% der Weidefläche, gerechnet werden. Oftmals bleiben dadurch sogar 20 bis 25% unbeweidet! Auch gewinnen durch diese Stellen Hochgräser durch Aussamen leicht die Oberhand. Auf die Weide gebrachte Junghennen besorgen das Fladenverteilen ebenfalls recht gut! Durch Fladenverteilen wird die Grasnarbe vermehrt mit Humusstoffen versorgt. Fladen sind Brutstätten für Fliegen! — Üppig entwickelte Geilstellen deuten auf Nährstoffmangel der Grasnarbe hin.

Stellen, die vom Vieh gemieden werden, sind gegebenenfalls morgens im Tau mit möglichst feinem Viehsalz zu bestreuen (40—50 g auf 1 qm Geilstelle.) Da die Tiere in ihrem Salzhunger aber dann oftmals nicht nur die oberirdischen Pflanzenteile abfressen, sondern die Pflanzen mit Wurzeln herausreißen, ist es zweckmäßiger, eine 10—15%ige Salzlösung auf die Geilstellen zu spritzen.

Grundsatz muß sein, jede Weidefläche schnell und sauber, aber nicht zu tief zu beweiden. Anschließend erfolgt Abmähen der Geilstellen, Verteilen der Fladen und evtl. Walzen, wenn (überhaupt) erforderlich.

Der gemeinsame Auftrieb von Rindern und Pferden usw. trägt wesentlich zur Verminderung von Geilstellen bei, da jede Tierart nur die von der eigenen Art verursachten Geilstellen meidet.

Unkrautbekämpfung (Siehe auch S. 357)

Weiden, auf denen der lichtbedürftige Löwenzahn überhandnimmt, sind wahrscheinlich zu stark und zu lange besetzt gewesen. Die Narbe ist also zu tief abgefressen oder weist infolge Nährstoffmangel einen zu dünnen Bestand auf. Auf überbeanspruchten Weiden macht sich besonders Weißklee breit, wenn nicht sogar armer Wildklee.

Eine durch zu scharfes Beweiden und die dadurch bedingte Überbeanspruchung an Nährstoffen erschöpfte, stark mit Löwenzahn und Gänseblümchen besetzte Weide kann ohne kostspieligen Umbruch durch eine kräftige Düngung wieder in Ordnung gebracht werden. Denn viele Wiesenkräuter, darunter auch Gänseblümchen, sind düngerfliehend und lieben nährstoffarme Böden.

Es wird empfohlen, im zeitigen Herbst 100—120 dz/ha gut verrotteten Stalldung oder 300 dz guten Kompost auszustreuen. Durch Bereicherung der Weidenarbe mit diesen Wirtschaftsdüngern wird die Dichte des Pflanzenbestandes bzw. der Schluß der Weidenarbe verbessert und wertvolle Gräser, wie z. B. Wiesenrispe, Wiesenschwingel usw. erhalten und gefördert. — Ferner bei trockenem Wetter über Winter 4—6 dz/ha Thomasphosphat verabreichen.

Im Frühjahr, etwa Anfang bis Mitte März, beim ersten Ergrünen der Grasnarbe, erhält die Weide 8—14 dz Hederichkainit oder 4—6 dz/ha ungeölten Kalkstickstoff, und zwar auf die taunassen Pflanzen an einem Tag, an dem kein Regen zu erwarten ist. Dadurch werden die Unkräuter mit rosettenförmigen Blattanlagen, wie Gänseblümchen, Löwenzahn usw., schnell und sicher beseitigt. Löwenzahn bietet mit seinen breiten, fleischigen Blättern dem Dünger besonders gute Angriffsflächen. (Siehe auch S. 111 und S. 358.)

Disteln und Brennesseln müssen wiederholt abgemäht werden. Brennesseln lassen sich wirksam durch Hedit, Rasikal, Florex und andere Unkrautvertilgungsmittel vernichten. (Auf die frischgeschnittenen Pflanzen streuen.) Wegen der scharfen, ätzenden Wirkung sind diese Mittel nur vorsichtig anzuwenden, um Schädigungen der Weidenarbe zu vermeiden.

Bekämpfung durch Wuchsstoffmittel: Disteln und Brennesseln kurz vor der Blüte abmähen, den Nachwuchs bei 20—30 cm bzw. 15—20 cm Höhe mit Wuchsstoffen behandeln, wie z. B. U 46, M 52, Hedonal. (Siehe S. 114.)

Stärkeres Auftreten von *Hahnenfuß* kann nur durch Beseitigung stauender Nässe wirkungsvoll bekämpft werden. Im späten Winter oder zeitigen Frühjahr, solange noch das Wachstum der Gräser ruht, erfolgt dann eine Gabe von etwa 2 dz/ha Kalkstickstoff.

Wintervorbereitung der Weiden

Weiden müssen sich vor Winter etwas erholen. (Die Gräser sollen noch im Herbst Gelegenheit haben, nächstjährige Triebe anzusetzen und im Wurzelstock Nährstoff aufzuspeichern.) Abgenagte Weiden können auswintern, diese müssen daher mit Kartoffelkraut, minderwertigem Stroh, Spreu oder Rapsschoten abgedeckt werden. Allerdings wird Mäusen dadurch gut Unterschlupfmöglichkeit über Winter geschaffen. *Gut gedüngte Wiesen und Weiden, die mit genügend langer Grasnarbe in den Winter kommen, brauchen keine unverrottete Schutzbedeckung!* Es ist daher sehr anzuraten, Weiden im Herbst Ruhe zu gönnen und dafür Wiesen zu beweiden. (Siehe auch S. 378.) Die Weide erholt sich dann schneller und dankt eine derartige Maßnahme mit besserem Austrieb im Frühjahr. Wichtig ist ferner, daß Kotfladen und Maulwurfshaufen verteilt bzw. eingeebnet werden.

Aussehen gesunder Grünlandflächen

Zeichen für gut gepflegte Grünlandflächen ist *ständig sattgrüne Färbung* auch im Winter. Geheimnis dieser immergrünen Weiden (gute Weiden erholen sich nach dem Beweiden rasch) ist regelmäßige Versorgung mit gut verrottetem Stallmist oder reifem Kompost während der Wachstumszeit und nicht im Winter. Derartig gepflegte Weiden zeichnen sich auch im Herbst durch ihren Eiweißgehalt aus.

Viehbesatz

Dauerweiden richtig besetzen! Bei zu schwachem Besatz werden von den Tieren die schmackhaften Untergräser und Kleearten bevorzugt. Dadurch kommen Obergräser leichter zur Samenreife und verbreiten sich vegetativ auch stärker. Zu starke Besetzung hat ungenügende Beschattung des Bodens zur Folge, so daß Unkräuter, wie Löwenzahn, Weiche Trespe, Jähriges Rispengras u. a. aussamen.

Besatzstärke

Mit *Besatzstärke* oder Tragfähigkeit der Weide wird die Anzahl der Großvieheinheiten (GV) bezeichnet, die auf 1 ha Weidefläche während der ganzen Weidezeit bei voller Sättigung gehalten werden können. Sie beträgt je nach Düngung und Wüchsigkeit bzw. Jahreszeit 2—4 GV/ha, im Mittel also 3 GV = 15 dz/ha (bei ungünstigen Wachstumsbedingungen über 33 a, bei mittleren W. 33—25 a, bei günstigen W. unter 25 a je GV). Im Frühjahr reicht infolge stärkeren Pflanzenwuchses eine kleinere Weidefläche aus, so daß überschüssiges Weidefutter eingesäuert werden sollte. Im Spätsommer müssen als Ausgleich für das nachlassende Wachstum der Gräser zusätzliche Weideflächen zur Verfügung stehen oder ist Beifütterung auf der Weide erforderlich (S. 390).

Besatzdichte B e s a t z d i c h t e ist das jeweilige Auftriebsgewicht je Einzelkoppel, d. h. also die Anzahl der Tiere (GV), die gleichzeitig auf einer Koppel weiden. (Im großen Durchschnitt 3—4 a/GV.) Anzustreben ist eine Besatzdichte von 500 dz = 100 GV auf 1 ha je Tag (1 a/Tier und Tag). Auf Portionsweiden können bis 1000 dz/ha erreicht werden.

Wenn man den Grasertrag im Mai gleich 100 setzt, so fällt er bei normalem Witterungsverlauf infolge Nachlassens der Wuchsfreudigkeit der Gräser etwa wie folgt (nach Münzinger und v. Babo):

April = 60; Mai = 100; Juni = 92; Juli = 79.

August = 58; September = 54; Oktober = 31.

Der Tierbestand muß also mit dem Fortschreiten der Weidezeit verringert bzw. die Besatzstärke der Jahreszeit entsprechend wie folgt angepaßt werden (oder Beifutter):

	Kuhzahl / ha	Jungvieh / ha
Von Beginn der Weidezeit bis Ende Juni	3—4	5—7
Juli bis Ende August	2,5—3,5	4—6
August bis Ende der Weidezeit	1,5—2	3—4

Standweide Die früher üblichen S t a n d w e i d e n, auf denen das Vieh bei wesentlich geringerer Besatzdichte während der ganzen Weideperiode auf meist sehr großen, nicht unterteilten Koppelflächen geweidet, und entweder gar nicht oder nur selten umgetrieben wurde, sollten heute in keiner Wirtschaft mehr anzutreffen sein. Diese Weidemethode bedeutet ungeheure Futterverschwendung (überständiges Gras, teilweise Überanstrengung der Narbe, Aussamen der Unkräuter usw.) und ermöglicht keine rentable Ausnutzung der Futterflächen. Sie ist auf jeden Fall u n w i r t s c h a f t l i c h und z u v e r w e r f e n !

Umtriebsweide Umtriebsweide ist das beste. Sie ermöglicht, den Tieren das Futter auf der Weide genauso zuzuteilen wie bei Stallfütterung!

Voraussetzung für Umtriebsweiden ist das Vorhandensein ausreichender Mengen guten Trinkwassers für das Weidevieh.

Für K ä l b e r werden je Kopf 1 a Fläche benötigt und müssen wenigstens 6 Einzelkoppeln zur Verfügung stehen.

Zahl der Koppeln Die Zahl der Koppeln ist auf mindestens 10—12, besser 16—18 und mehr (möglichst gleich groß) zu bemessen. Es müssen so viele Koppeln vorhanden sein, daß für jede zwischen dem 6—8maligen, 1—3tägigem Beweiden während der Vegetationszeit eine 2—6wöchige Ruhepause eingeschaltet werden kann. (Mai/Juni 14—21 Tage, Juli etwa 25 Tage, August 30—32 Tage, September 35—40 Tage.)

Die Weidefläche wird um so mehr ausgenutzt, je kleiner die einzelnen Koppeln sind. Wie sehr die Koppelgröße die Milchleistung beeinflußt, zeigt der nachstehende Versuch.

E s w u r d e n e r z i e l t (nach Koeppel):

Koppelgröße je Kuh in a		Milchertrag ltr/ha	%
groß	15—25	1750	100
mittel	8—10	2290	130
klein	4— 5	3423	194

Portionsweide (Rationsweide) Die P o r t i o n s w e i d e ist die verbesserte Umtriebsweide. V o r t e i l e : beste Futterausnutzung (besonders bei nur geringer Weidefläche), bessere Verwertung des Düngers — für den Acker fällt mehr Stallmist an — und Schonung der Weideflächen. Die Tiere erhalten täglich frisches Futter zugeteilt (50—100 qm je Kuh). Dadurch gleichmäßigeres Abgrasen der Weideflächen, so daß auch minderwertigere Gräser gefressen werden. Es entstehen keine Geilstellen, auch weniger Grasverluste durch Niedertreten, also geringerer Bedarf an Weidefläche. Besatzdichte 500 bis 1000 dz/ha. Weidegang nur nachts, besonders bei heißer Witterung, oder halbtags, auch stundenweise — vormittags und nachmittags je 2—3 Stunden. Also kurze Freßzeit, lange Ruhezeit. Mit Hilfe des Elektrozaunes (siehe S. 402) läßt sich durch tägliches Versetzen des Zaunes die erwünschte Futterzuteilung durchführen. Portionsweiden haben hohen Düngerbedarf (S. 386)!

Die Tiere nehmen auf der Weide nur das benötigte Eiweiß auf und fressen Kohlehydrate (Heu, Stroh, Kartoffeln, Trockenschnitzel usw.) im Stall. Gegebenenfalls sind nur Hochleistungstiere auszutreiben. Bei ungünstig zum Hof gelegenen Koppeln sollten einfache Weidestallungen für die zeitweilige Unterbringung der Tiere dienen.

Mähweide

Der größte Vorteil der Mähweide (ein Grasschnitt, der zweite Schnitt wird abgeweidet oder umgekehrt) liegt in ihrer besonders guten Ertragsleistung, auch auf geringeren Weideböden, welche die der Wiesen und Dauerweiden bei weitem übertrifft und in hohen Milchleistungen der Tiere ihren sichtbaren Ausdruck findet. Flächen, die immer nur beweidet werden, zeigen zunehmend eine Verunkrautung mit Löwenzahn, Wegerich, Gänseblümchen und Disteln. (Lückenausfüller für nach Trockenheit und scharfer Kälte entstehende Fehlstellen.) Andererseits können verunkrautete Wiesen durch wiederholtes Beweiden wieder in gute Grünlandflächen umgewandelt werden. Mit dem Abmähen und dem Nurbeweiden der einzelnen Koppeln ist in jedem Jahr abzuwechseln.

Das Beweiden erfolgt vor oder nach dem Schnitt. Die Nachbeweidung verlangt, daß der Schnitt bei Blühbeginn der Gräser erfolgt, nicht später, sonst erschöpft sich die Narbe und die Obergräser bleiben zurück.

Auf Mähweiden kann allerdings nur dann ein genügend großer Aufwuchs erwartet werden, wenn im Jahr mindestens 600 mm Regen, und zwar etwa die Hälfte in den Sommermonaten, fallen. Bei fehlenden Niederschlägen Bewässerung durchführen (siehe S. 36.)

Reine Fuchsschwanz- und Rohrglanzgraswiesen vertragen keine Beweidung. Auch feuchte oder gar nasse Wiesen sind für das Weiden nicht geeignet. (Beeinträchtigung der Grasnarbe durch Bodenverdichtung.) Wenn Koppeln nicht bis zum 1. Juni beweidet werden können oder bereits schossen, diese unbedingt mähen.

Tüdern

Das Vieh äst das Weidefutter nicht nur ab, sondern verlegt und vertritt es auch. Üppig entwickelte Klee-, Luzerne- und Kleegrasschläge werden daher besser abgetüdert, besonders auch bei sehr kleinen Parzellen. Hierzu ist eine 4—5 m lange Kette oder Strick mit Halfter zum Anbinden des Tieres und am besten ein etwa 30 cm langer eiserner Pflock zum Einschlagen in die Erde erforderlich. Tüderkette bzw. Strick müssen mit einem Ring bzw. 1—2 Wirbeln versehen sein, um ein Aufwickeln zu verhindern. Die Tiere werden so gezwungen, die erreichbare Umgebung der ihnen zugewiesenen Weidefläche gut abzugrasen.

Die einzelnen Standorte dürfen aber nicht zu dicht sein, um gegenseitiges Stoßen zu vermeiden. Durch abwechselndes Tüdern, einmal nach rechts und einmal nach links, werden die dazwischen stehenbleibenden Teile abgefressen. Bei sehr üppigem Futter wird der Pflock nicht in das Futter, sondern in die bereits abgefressene Fläche eingeschlagen, damit das Vieh nicht soviel zertritt. Getränkt wird entweder mittels einer Tonne, die zwischen je zwei Tieren steht, oder mit Hilfe eines zweimal täglich an den Reihen der Kühe entlangfahrenden Wasserwagens, an den ein kleiner Tränkwagen angehängt wird.

Der *Vorteil gegenüber der Weidehaltung* liegt darin, daß kein Futter zertreten wird und die Tiere eine gewisse Futterzuteilung entsprechend ihrer Leistung erhalten. Dazu wird mehrmals (3—5 mal) am Tage ein neues Stück Futterfläche zum Abfressen zugeteilt, dessen Größe sich je nach Leistung und Futterwuchs richtet. Selbstverständlich ist auch beim *Tüdern* auf einen rechtzeitigen Wechsel des Tüderplatzes zu achten, sofern es sich um Dauergrünlandflächen handelt. Kurz abgenagte Gräser erholen sich nur schwer. Daher ist das Tüdern auf geschlossene Futterbestände zu beschränken.

Der Weideauftrieb

Austrieb des Jungviehs

Die Weidezeit beginnt für *Jungvieh* im allgemeinen Mitte bis Ende April, in günstigen Lagen bereits Anfang April. *Meist wird die Weide zu spät besetzt.*

Über ein Jahr altes Jungvieh gehört 8 Tage vor der, spätestens zur Kirschblüte auf die Weide, sobald die Tiere die Grasspitzen erfassen können, damit die unerwünschte, sehr frühzeitig einsetzende Halm- und Samenbildung der Unkräuter sowie vorzeitiges Schossen der Obergräser vermieden wird. Ein frühzeitiger Verbiß der Gräser regt auch die Bestockung an, wodurch eine dichtere Narbe und damit auch mehr Blattmasse erzielt wird (Fohlenauftrieb siehe S. 420).

Daher: *Ein Tag früher die Weide besetzt, bedeutet eine Woche längere Weidemöglichkeit im Herbst*, d. h. also, je eher man die Weide im Frühjahr beschickt, um so später kann man sie im Herbst verlassen (160—200 Weidetage). Eine derartige Maßnahme wirkt sich für die Ertragshöhe günstig aus.

Durch frühzeitigen Auftrieb wird auch vermieden, daß ein Teil der Koppeln infolge des im Frühjahr besonders schnellen Graswuchses überständig wird. Wenn erforderlich, muß die eine oder andere Koppel zunächst mit zur Mähnutzung herangezogen werden.

Nur bei Stickstoffverknappung wähle man den ersten Auftrieb (des Jungviehs) nicht zu früh. (Gras in Fausthöhe.) Die Narbe hält dann über Sommer besser durch.

Austrieb der Kühe (S. 482)

Die *Kühe* folgen später (sonst stärkerer Milch- und Fettrückgang), wenn die mittleren Temperaturen bereits 10° C betragen, der Löwenzahn zu blühen anfängt (bei Beginn der Apfelblüte) und die Tiere schon mit vollem Maul fressen können, also nicht viel herumzulaufen brauchen. (Um den 1. Mai herum.) Bei der Kurztagweide (siehe oben) kann der Austrieb dagegen bereits etwa 14 Tage früher erfolgen.

Die Länge des Weidegrases soll für Kühe auf Umtriebsweiden etwa 20 cm Aufwuchshöhe, auf Portionsweiden 25—30 cm (Eiweiß-Stärke-Verhältnis 1:4,5—5) betragen. Bei erstmaligem Auftrieb im Frühjahr zur Verkürzung der Winterfütterungsperiode zeitiger.

Wechsel in der Früh- u. Spätnutzung

Im Frühjahr treiben zuerst die Obergräser; Klee und Untergräser folgen später. Die zuerst genutzten Koppeln lassen daher bei den Obergräsern, die erst später genutzten beim Klee und den Untergräsern zuerst nach. Daher soll mit der Früh- und Spätnutzung in jedem Jahr abgewechselt werden.

Vorbereitung für den Weidegang

Einige Zeit vor dem Austrieb sind, besonders bei warmen, dumpfen Ställen, Fenster und Türen im Stall zeitweise zu öffnen, um die Stalltemperatur allmählich zu senken. (Zugluft vermeiden.) Besser noch ist, den Tieren täglich etwas Auslauf auf die Dungstätte oder den Hof zu gewähren. Bis zum Austrieb ist noch reichlich Saftfutter (Rüben, rohe Kartoffeln oder Gärfutter, auch etwas Grünfutter, wie Futterrübsen und -raps oder Futterroggen) zu verabreichen, damit sich die Tiere bereits auf wasserreiche Nahrung umstellen. Schroffer Futterwechsel hat Durchfall, Gewichtsabnahme, Rückgang des Fettgehaltes der Milch und Weidetetanie — siehe S. 396 — zur Folge! (Vorverlegung der Weide in den Stall.) Kraftfuttergaben vorübergehend einschränken.

Versuche von Bünger ergaben, daß der Milchfettgehalt der Tiere, die in den letzten Wochen im Stall kein Saftfutter, sondern nur Trokkenfutter erhielten, mehr zurückging (um 1,06%) als dort, wo bis zum Austrieb Saftfutter gereicht wurde (0,32% Rückgang).

Mager oder fett zur Weide?

Jungvieh soll eher mager, jedenfalls in keinem fetten Zustand auf die Weide kommen. Bei knapper und billiger Winterstallfütterung sind die Zunahmen auf der Weide viel besser als bei reichlicher Fütterung. Derartige Tiere holen den Vorsprung der stark gefütterten, die nach dem Austrieb Gewichtseinbußen erleiden, bald ein. (Siehe S. 457.) Hier hat die alte Weideregel: „Mager zur Weide, fett von der Weide“ volle Berechtigung. Mager heißt aber nicht verhungert!, sonst brauchen die Tiere zuviel Zeit, um sich zu erholen. Kraftfuttergaben sind also beim Jungvieh bereits einige Wochen vor dem Austrieb einzustellen.
Milchvieh muß sich zur Zeit des Austriebes dagegen in einem guten Ernährungszustand befinden.

Abdasseln der Rinder vor Weideaustrieb

Jährlich entstehen der verarbeitenden Lederindustrie durch die Larve der Dasselfliege (Rinderbiesfliege) erhebliche Schäden. Aber auch die Milchleistung sinkt bei Auftreten von mehr als 20—30 Beulen je Tier, infolge verminderter Freßlust durch Schmerzen, um 10—15% (täglich 1,5—2 l Milch), und bei Jungvieh treten Entwicklungsstörungen ein. (10—30 kg weniger Gewichtszunahme während einer Weideperiode.)

Es gibt eine kleinere (12—13 mm lang) und eine größere (13—16 mm lang) Art der Dasselfliege. Die kleinere schwärmt hauptsächlich in den Monaten Mai bis Juli (Juni!) und kommt vorwiegend in Nord- und Mitteldeutschland vor. Die größere Fliege schwärmt dagegen, je nach Witterung, vom Mai bis in den Oktober (Juli!) hinein und ist stärker in Süddeutschland anzutreffen. Bevorzugt werden vor allem Gebiete mit ununterbrochenem Weidebetrieb (geschützte, feuchtwarme Lagen.)

Die sich meist nur im Umkreis von wenigen 100 m bewegende Dasselfliege, die äußerlich einer kleinen Hummel ähnlich ist (bräunliche Flügel, schwarze Beine, rotgelb behaartes hinteres Leibesende), besitzt verkümmerte Mundwerkzeuge, so daß sie mit ihnen weder stechen, saugen oder beißen, noch überhaupt Nahrung aufnehmen kann. Sie hat daher nur eine Lebensdauer von 3—5 Tagen. Das Weibchen legt etwa 500 Eier an den Haaren der unteren Körperpartien des Weideviehs ab, wobei die Beine bevorzugt werden. Die etwa nach vier Tagen ausschlüpfenden, winzig kleinen Larven bohren sich sofort in die Tierhaut ein und wandern durch das Unterhautgewebe 6—7 Monate und länger innerhalb des Tierkörpers.

Ab Mitte Februar bohren sich die herangewachsenen Larven in der Rücken- und Lendengegend des Rindes Atemlöcher durch die Haut und verkapseln sich. Infolge Entzündung und Schwellung entstehen zunächst kleine Knötchen, die allmählich zu walnußgroßen Beulen mit blutig-eitrigem Inhalt heranwachsen. Das bis zu $1/2$ cm weite Atemloch befindet sich an der Beule immer seitlich. Es wird mit dem Dornbesatz der letzten Leibesringe der Larve hergestellt. Daher sitzt in den gebohrten Hautöffnungen stets der Hinterleib mit den Ausmündungen der im ganzen Körper der Larve verzweigten Atmungsröhren. Durch diese Öffnung bietet sich also Gelegenheit, die Larve mittels chemischer Substanzen wirkungsvoll zu bekämpfen.

In den Monaten April bis Juli (die Larven der kleinen Dasselfliege wesentlich früher als die der großen) durchbohren die inzwischen ausgereiften 2—3 cm langen Larven das Atemloch und fallen, in der Regel in den frühen Morgenstunden, meistens wenn das Vieh ruht, zur Erde bzw. auf den Weideboden, wo sie sich unter Blättern oder Kuhfladen verpuppen. In 30—40 Tagen schlüpft dann die Fliege aus. In einem Rind können sich Hunderte von Larven entwickeln und durch die entstehenden Atem- bzw. Ausschlüpflöcher die Haut und damit das Leder bis zur Unverwendbarkeit entwerten.

Bekämpfung der Dassellarve

Jeder Viehhalter ist gesetzlich verpflichtet, im Frühjahr vor Weideauftrieb und während der Weidezeit auftretende Dassellarven zu töten. Bisher wurde zur Bekämpfung der Larven eine mehrmalige Einreibung der ganzen Rückenfläche der Rinder mit einem Derris-Präparat empfohlen. Dies geschah ab Februar, sobald sich die Dasselbeulen mit Atemlöchern ausbilden. Bei dieser Methode war unvermeidlich, daß ein großer Teil der bereits im Körper befindlichen Dassellarven zur vollen Entwicklung kam, also die Rinderhaut entwertete, ganz abgesehen von den Wachstumsstörungen der Tiere.

Derartige Schäden lassen sich bei Anwendung eines neuen, von den Bayer-Werken entwickelten Präparates „Neguvon“ vermeiden. Dieses wird in den Monaten Oktober bis Januar den Tieren innerlich in Form von Tabletten verabreicht. Nur bei jungen Milchkühen ist eine Waschbehandlung mit einer wäßrigen Lösung von „Neguvon“ erforderlich.

Kurz vor Austrieb sind noch lebende Larven herauszudrücken oder mit einer desinfizierten Häkelnadel aus der mit dieser Nadel angestochenen Beule herauszuziehen. Wenn das Abdasseln im Freien erfolgt, müssen die Larven sofort getötet werden, sonst schlüpfen nach der Verpuppung im Juli abermals Fliegen aus. Auch während der Weidezeit sind die Tiere laufend auf Dasselbeulen zu untersuchen. Bleibt das Vieh im Sommer im Stall, ist Abdasseln nicht erforderlich.

Klauenpflege

Die Klauenpflege ist besonders vor dem Austrieb nicht zu vergessen! Ein Weidetier legt auf der Futtersuche täglich etwa 4—8 km zurück. Oftmals ist es noch erheblich mehr! Der Klauenschnitt soll bereits 2—3 Wochen vor dem Austrieb durchgeführt werden, damit die Tiere beim Austreiben nicht lahmen. (Siehe auch S. 462.)

Technik des Viehauftriebs

Bei Rindern mit sehr spitzen Hörnern sind die Spitzen abzusägen, um gegenseitige Verletzungen auszuschalten („Enthornen" S. 456).

Milchkühe sollen möglichst nicht an einem kalten, regnerischen Tag erstmalig ausgetrieben werden. Sofern die Nächte noch sehr kalt sind, empfiehlt es sich, das Milchvieh abends in den Stall zu bringen und mit Heu oder Stroh abzufüttern, auch morgens vor dem Austrieb Rauhfutter zu reichen. Kleine Betriebe können die Tiere durch Auflegen von Decken gegen Kälte schützen. Derartige Maßnahmen dankt das Vieh mit entsprechender Milch- und Fettleistung!

Der Umtrieb der einzelnen Koppeln, die Voraussetzung für rationelle Bewirtschaftung der Weiden, soll in Abständen von 1—3 Tagen in Gruppen erfolgen und zwar:

1. Hochmelkende Kühe (über 15 Liter), auch Mutterstuten. Die Tiere sollen sich in kurzer Zeit satt fressen, ohne viel umherlaufen zu müssen.
2. Niedermelkende und trockenstehende Kühe sowie Mastvieh.
3. Jungvieh, Fohlen, Pferde, evtl. auch Schafe.

Fohlen bringen für Dauerweiden den besten Ausgleich durch Abfressen der Geilstellen. (Gemeinsamer Auftrieb von Pferden und Rindern.) Doch dürfen Fohlen und Pferde nicht mehr als 15%, Schafe nicht mehr als 5% am Gesamtauftriebsgewicht ausmachen.

Pferde allein verderben durch den Stoß der Hufe und sehr kurzen Verbiß stets eine Weide, weil sie immer auf derselben Stelle grasen. Der scharfe Verbiß der Tiere schädigt bei zu starkem Besatz die guten Gräser und Kleearten und fördert die Unkräuter, insbesondere die Wegericharten, Löwenzahn und Gänseblümchen. Dieses sogenannte „Totweiden" muß unter allen Umständen vermieden werden.

Weidegras soll in Trockenzeiten nie kürzer als bis auf eine etwa 5 cm hohe Stoppel abgefressen werden. Je kürzer Gras gehalten wird, zu einem um so flacheren Wurzelsystem neigt es. Tiefwurzelnde Gräser überstehen aber Trokkenperioden besser und benötigen weniger organischen Dünger

Schweine dagegen sind durch ihren festen Tritt und nicht zu tiefen Verbiß der Entwicklung einer guten Weidenarbe sehr dienlich. Sie verlangen aber ein besonders weiches, junges Futter und werden am besten auf eigens dazu angelegte Weiden getrieben. (Siehe S. 399.)

Die Futteraufnahme auf der Weide ist in den ersten Morgenstunden und am späten Abend, während der Dämmerung und Dunkelheit am größten. Eine Kuh benötigt etwa 6 Stunden, um den vollen Futterbedarf für einen Tag aufzunehmen. In der übrigen Zeit ruht sie.

Nach jedem Umtrieb Fladen verteilen und Geilstellen abmähen!

Beifütterung von stärkereichen Futtermitteln

Junge, eiweißreiche Grasweide erfordert im Frühjahr als Nährstoffausgleich die Beifütterung von stärkehaltigen Futtermitteln, wie gerissenes Futterstroh, Spreu oder geringwertiges Heu; zur Verbesserung der Schmackhaftigkeit mit verdünnter Melasse angefeuchtet. Ferner Haferschrot, und zwar 1—3 kg je Tier und Tag, je nach Milchleistung, dagegen keine Kleie. Das Beifutter muß vor allem rohfaserreich sein! Bei Zufütterung von Trockenschnitzeln zwar etwas mehr

Milch, aber verminderter Fettgehalt. Sehr geeignet ist Grassilage (4 bis 5 kg) oder 1,5—2 kg und mehr „DLG-Sommerbeifutter" mit Mineralstoffen und Spurenelementen, bereits einige Tage vor dem Austrieb gereicht. Andernfalls geht der in den ersten Tagen des Weideganges ansteigende Fettgehalt der Milch wieder stark zurück. Hierauf ist besonders dann zu achten, wenn in der letzten Zeit der Stallfütterung kein Saftfutter mehr, sondern nur Trockenfutter verabreicht wurde. In solchen Fällen ist es richtiger, zunächst nur halbe Tage auszutreiben.

Gras- oder Weidetetanie

Dadurch wird auch der Gras- oder Weidetetanie weitgehend vorgebeugt. Die Ursache dieser Krankheit, die meist in den ersten 8—14 Tagen nach dem Auftrieb und überwiegend auf Weiden mit jungem, üppigen Graswuchs auftritt, ist keine Eiweißvergiftung, sondern eine Störung des Mineralstoffgleichgewichtes der Tiere. Sie wird hervorgerufen einerseits durch ungenügende Versorgung mit Kalzium, Magnesium und Natrium, andererseits durch Kalianhäufung infolge starker Rübengaben im Winter. Abgesehen davon ist junges Grünfutter besonders kaliumreich, da die Kaliaufnahme der Pflanze ihrem Wachstum vorauseilt. Deshalb Milchviehweiden nicht einseitig mit übertrieben hohen Kali- und Stickstoffmengen düngen und richtig kalken. Zahlreiche Geilstellen auf einer Weide deuten immer auf ein Mißverhältnis von Kali und Kalk im Boden. — Für ausreichende Mineralstoffgaben an die Tiere im Winter ist zu sorgen.

Begünstigt wird die Krankheit durch plötzlichen Übergang von nährstoffarmem Rauhfutter zu saftigem Weidefutter. Daher ist eine vorbereitende Fütterung für den Weidegang (siehe S. 391) besonders wichtig. Desgleichen Gewöhnung der Tiere vor Austrieb an Sonnenbestrahlung durch Auslauf auf Dungstätte usw. — Ferner ist Zufütterung von melassiertem Stroh, Maissilage u. a. (siehe oben) zweckmäßig.

Auslösende Ursachen der Krankheit: ungünstige Witterungsverhältnisse (warme Tage, kalte Nächte, naßkaltes Wetter, plötzlicher Wetterumschlag). Erschrecken der Tiere, stärkere Beunruhigung beim Treiben, große Anstrengung, starke ungewohnte Sonnenbestrahlung. — Von der Krankheit befallen werden besonders sehr milchreiche und junge Kühe, namentlich bei Frühjahrskalbung. Ferner durch Krankheit (Seuchen) geschwächte Tiere und solche, die während der Trockenperiode unzureichend gefüttert wurden. — Weidetetanie zeigt sich besonders häufig in Betrieben mit Grünland auf Hochmoor und in Flachmoorgebieten und zwar vorwiegend in Norddeutschland.

Erste Anzeichen der Krankheit: Die Kühe lassen plötzlich in der Milchleistung nach und wollen nicht mehr fressen. Sie zeigen Lähmungserscheinungen, wie schwankenden, steifen Gang, steifen Rücken, Krämpfe in den Gliedern, Zittern der Muskulatur, ängstlich glotzenden Blick, Zähneknirschen, Schreckhaftigkeit, Niederbrechen und können sich schließlich nicht mehr erheben.

Bekämpfung

Bei ersten Anzeichen der Krankheit Tier sofort aufstallen oder an schattigen Ort bringen und Tierarzt rufen, der eine Kalzium-Magnesium-Lösung in die Blutbahn spritzt. Mit den Tieren ruhig umgehen. Bei starker Erregung Kopf des Tieres mit kaltem Wasser begießen. Vorwiegend Heu, Stroh und Trockenschnitzel unter Beigabe von magnesiumhaltigen Mineralstoffen füttern.

Es empfiehlt sich, auf der Weide, besonders im Frühjahr, zur ständigen Aufnahme in überdachten, breitflächigen Holzbehältern einen Leckbrei bereitzustellen, bestehend aus:

Mineralstoffversorgung auf der Weide (Abb. neben S. 400)

3 Eimer sauberer, nicht humoser, feuchter Lehm,
1/2 Eimer Viehsalz (Natriumchlorid),
1/2 Eimer Kalksteinmehl oder Schlämmkreide (kohlensaurer Kalk),
1/2 Eimer phosphorsauren Kalk oder Knochenmehl,
1/3 Eimer gekörnte Holzkohle.

Mit Wasser anfeuchten und gründlich durchkneten.

Einfacher ist Verabreichung der „DLG-Mineralstoffmischung III a".

S a l z h u n g e r der Weidetiere wird hervorgerufen durch junges Weidegras, das im allgemeinen einen verhältnismäßig hohen Kaliumgehalt hat, wodurch leicht ein Überschuß über den Bedarf entsteht. Dieser wird ausgeschieden, wobei gleichzeitig Natrium mitgerissen wird. Hierdurch erklärt sich der Salzhunger beim Weidevieh.

Trinkwasserbedarf (Siehe auch S. 463)

Ausreichendes und gutes T r i n k w a s s e r ist für den Weideerfolg ungemein wichtig. In trockenen Sommern ist der Trinkwasserbeschaffung auf spärlich bewachsenen Weideflächen besonderes Augenmerk zu schenken, da die Tiere bei ausreichender Wasserversorgung mit verhältnismäßig wenig Futter auskommen! Durst ist viel schwerer zu ertragen als Hunger! G u t e T r ä n k e i s t d i e h a l b e W e i d e !

T ä g l i c h e r W a s s e r b e d a r f : 30—50 l / Haupt Großvieh und mehr.

Frisches Quellwasser, Drainagewasser oder ein fließender Bach sind die besten Tränkgelegenheiten. Andernfalls kommen Abessinierbrunnen in Frage, Selbsttränke-Weidepumpen (Abb. neben S. 400) oder, wo die Möglichkeit dazu gegeben ist, ferngespeiste Wasserleitungen, damit das zeitraubende Wasserfahren unterbleibt. S t e h e n d e T ü m p e l s i n d z u v e r m e i d e n. (Lungenwürmer- und Leberegelgefahr.)

Die Tränkstellen sind im Winter auszumodern, die Zugänge mit Schotter oder Knüppeldamm zu befestigen, damit sie nicht verschlammen. Man lasse die Tiere durch ein Gitter hindurch saufen, damit sie nicht in das Wasser treten und dies verschmutzen.

Zufütterung im Sommer

Der in den Monaten Juli / August nachlassende Graswuchs läßt sich ohne wesentliche Milchverluste durch Zufütterung von eiweißreichem Gärfutter ausgleichen. Eine Beifütterung an Milchvieh ist zur vollen Ausnutzung der Laktationsperiode unbedingt wichtig. Anderenfalls sinkt die Milchleistung, die in der gleichen Laktationszeit nicht wieder aufgeholt werden kann, selbst wenn nachträglich wieder besseres Futter zur Verfügung steht! (Seite 432.)

Zur Vermeidung einer Beschädigung der Weidenarbe durch Trampelstellen ist auf einen ständigen, täglichen Futterplatzwechsel zu achten. (Auch beim Tränken aus dem Wasserwagen.)

Schutzhütten

Weidevieh, insbesondere Kälber, Ferkel und Lämmer, ist für einen schattigen Ort in der heißen Jahreszeit sehr dankbar. (Schutz gegen Bremsen, Sonnenglut, Wind und Gewitter.) Zu empfehlen ist das Pflanzen von schnell wachsenden Pappeln, die in den ersten Jahren durch Einzäunung geschützt werden müssen. Fehlen natürliche Schattenspender, wie Büsche und Bäume bzw. Baumgruppen, erfüllen nach allen Seiten offene (Luftzug, Insektenplage) Weideschuppen oder sogenannte Schattendächer diesen Zweck. (Stützpfähle mit Weicheindeckung — Stroh, Schilf, auch Reisig — als Dach, gleichzeitig Vogelschutz!)

Herbst-aufstallung

Auch S c h e u e r p f ä h l e sind notwendig. (In gewissen Zeitabständen desinfizieren bzw. kalken, um Hautkrankheiten zu vermeiden).

Durchschnittlich müssen Kühe und hochtragende Färsen vom 10. bis 15. September an nachts aufgestallt und zugefuttert werden. (Kalte Nächte haben einen Rückgang der Milch zur Folge.) Mitte bis Ende Oktober erfolgt der Abtrieb des Jungviehs. S p ä t e s t e r T e r m i n f ü r d e n A b t r i e b i s t d e r e r s t e R e i f !

Bei anhaltenden Regenfällen kann dies aber bereits früher erforderlich sein, da die Tiere dann leicht Durchfall bekommen, wodurch sie Gewichtseinbußen erleiden. Man bedenke auch, daß sich die Weiden vor Winter noch etwas erholen sollen. (Siehe S. 389.)

Abmähen von Geilstellen und Fladenverteilen nicht vergessen!

Milch- und Zuwachsleistung der Weide

Im Mittel sollen Milchkühe je Hektar Weide 4—5000 kg Milch geben. Geringe Weiden bringen nur 1400—2000 kg Milch, während auf den besten Fettviehweiden 9000—10 000 kg und mehr erzielt werden.

Einjähriges Jungvieh soll etwa 125 kg, zweijähriges Jungvieh 175 kg an Gewicht in einer Weideperiode zunehmen. Dies entspricht einem mittleren Zuwachs von 400—600 kg/ha.

Bei auf Weidemast gestellten jungen Ochsen wird je Weidesommer mit einer durchschnittlichen Zunahme von 150—200 kg Lebendgewicht gerechnet. (Auf reichlich gedüngten Umtriebsweiden 6—7 dz/ha!)

Leistungen an Stärkeeinheiten (nach Geith)	kg/ha
1. Arme Hüteweiden oder schlecht gepflegte Weiden in Trockengebieten	500— 800
2. Mittlere Weiden mit geringer Düngung und schlechter Bewirtschaftung	800—1200
3. Gute Weiden ohne Düngung mit unzureichender Koppelteilung	1200—1600
4. Koppelweiden ohne oder mit geringer Düngung . . .	1600—2400
5. Koppelweiden mit ausreichender Düngung	2400—3000
6. Koppelweiden mit ausreichender Düngung und vorzüglicher Pflege, auch Abwasserweiden	3000—5000
Höchstleistung bei Portionsweiden	6000—8000 kg und mehr!

Weidepension

Pension

Als Anhaltspunkte können gelten (je Weideperiode):

Einjähriges Jungvieh etwa 120 DM, tragende Rinder bis 150 DM. O d e r: 0,80—1,20 DM je kg Gewichtszunahme.

Die Anlage von Weiden

Allgemeines

Die Anlage von Weiden erfordert eine sorgfältige Vorbereitung des Ackers. In erster Linie müssen die Grundwasserverhältnisse in Ordnung sein. N a s s e W e i d e n t r a g e n m i n d e r w e r t i g e G r ä s e r. Näheres über Aussaat usw. siehe unter „Wiesen" S. 366—369.

Im A n s a a t j a h r kann entweder ein Grasschnitt oder ein Überweiden durch Rindvieh und Schweine erfolgen. Schafe und Pferde sind dafür im ersten Weidejahr nicht geeignet, da sie zu tief verbeißen und dadurch leicht die jungen Pflanzen schädigen. Sehr lockere Böden vertragen frühzeitiges Beweiden häufig nicht, während Mineralböden dafür dankbar sind. J e z e i t i g e r b e w e i d e t w i r d, d e s t o e h e r s c h l i e ß t s i c h d e r B e s t a n d ! (Siehe auch S. 369.)

Für Weiden, die leicht unter Trockenperioden zu leiden haben, ist die Bestandsvermehrung der Wiesenrispe und damit Schaffung einer dichten Weidenarbe von großer wirtschaftlicher Bedeutung.

Schmackhaftigkeit einzelner Gräser und Kleearten

Bei einem Versuch von Milchkühen bevorzugte Grasarten
(nach Brüggemann)

A m m e i s t e n b e g e h r t :

Wiesenlieschgras	Deutsches Weidelgras
Kammgras	Wiesenfuchsschwanz

D a g e g e n w e i t g e r i n g e r e A u f n a h m e b e i :

Knaulgras	Rohrglanzgras
Wiesenschwingel	Wiesenrispe
Glatthafer	

Von den Kleearten wurde noch nicht blühender Weißklee am liebsten genommen. Gelbklee, Schwedenklee und Hornschotenklee wurden gleich gut gefressen. (Siehe auch Seite 483.)

Schweineweide (Siehe auch Seite 541)

Für Schweineweiden (auch Geflügelweiden) sind W e i ß k l e e sowie die spätschossenden W i e s e n r i s p e und W i e s e n s c h w i n g e l in geeigneten Lagen als weiches, nährstoffreiches Futter zu verwenden. In zweiter Linie G e m e i n e R i s p e, D e u t s c h e s W e i d e l g r a s, R o t s c h w i n g e l und W e h r l o s e T r e s p e, dagegen keine härteren Gräser, wie z. B. Knaulgras.

A u s s a a t b e i s p i e l e (nach Liebenberg) j e h a :
(für mittlere Boden- und Feuchtigkeitsverhältnisse)

1. 6 kg Weißklee	2. 4 kg Weißklee
12 kg Wiesenrispengras	4 kg Gelbklee
20 kg Wiesenschwingel	2 kg Schwedenklee
14 kg Deutsches Weidelgras	2 kg Hornschotenklee
4 kg Rotschwingel (Ausläufer treibend)	12 kg Wiesenrispengras
	16 kg Wiesenschwingel
	16 kg Deutsches Weidelgras
	16 kg Rotschwingel (Ausläufer treibend)

Bestens geeignet sind auch R o t k l e e w e i d e n, die nährwertmäßig infolge ihres hohen Einweiß- und Kalkgehaltes den Dauerweiden stark überlegen sind und oft die besten Schweineweiden überhaupt abgeben. Allerdings sind sie als Ackerweiden nicht ausdauernd.

Auf nicht rotkleesicheren Böden kommt eine Beimischung von Luzerne und anderen Kleearten in Frage. Sehr geeignet ist ferner S e r r a d e l l a w e i d e, da Serradella wenig verholzt.

Auch eine reine Weißkleeweide, die, richtig angelegt und gepflegt, jahrzehntelang aushält — an den leicht bitteren Geschmack des Weißklees gewöhnen sich die Tiere mit der Zeit —, ist bei geeigneten Bodenverhältnissen sehr zu empfehlen, wie überhaupt der Kleeanteil bei Schweineweiden möglichst hoch zu wählen ist. Dann aber reichlich mit Phosphorsäure, Kali und Kalk düngen. Jauche und viel Stickstoff bringen den Klee bald zum Verschwinden und treiben die Gräser.

Die Weideeinzäunung

Hecken

Entweder werden lebende Hecken, sogenannte Knicks, wie in Holstein üblich, oder Drahtzäune angelegt, Holzzäune erfordern zuviel Unterhaltungskosten. Lebende Hecken bieten gleichzeitig Wind- und Vogelschutz, fördern die Tau- und Kohlensäurebildung, sind Bienenweiden und Holzlieferanten.*)

Auf ärmeren Böden für Anpflanzung geeignet: Schottische Zaunrose, Sanddorn, Brombeere, Mehlbeere, Traubenkirsche, Weichselkirsche, Eberesche, Sandbirke, Zitterpappel (Aspe).

Auf besseren Böden: Weißdorn, Schlehdorn, Haselnuß, Holunder, Himbeere, Hartriegel, Hainbuche, Fichte, Linde, Wildrosen, Weide, Schneeball.

Unter größeren Bäumen wachsen: Hainbuche, Liguster, Weißdorn.

Heckenpflanzen gut pflegen und in den ersten Jahren öfter kurz beschneiden. Bei sofortiger Inbetriebnahme der Weide wird in die lebende Hecke ein Drahtzaun gezogen, der allmählich einwächst.

Drahtzäune Koppelpfähle

Für die Einrichtung von Drahtzäunen sind, abgesehen von der Akazie, der wirtschaftlichsten Holzart für Weide- und Zaunpfähle überhaupt, Holzpfosten aus Eichenholz am dauerhaftesten. Erst in zweiter Linie kommen Weichhölzer, wie Lärche, Fichte und Kiefer in Frage. Auf gute Austrocknung des zu verwendenden Holzes ist zu achten. Auch müssen die Pfosten zur besseren Haltbarkeit entgegengesetzt der Wachstumsrichtung des ursprünglichen Stammes gesetzt werden. (Verminderung des Eindringens von Feuchtigkeit.)

Von größter Wichtigkeit für die Lebensdauer der Koppelpfähle ist das Imprägnieren derselben (mit Ausnahme von Akazienholz) und zwar entweder:

1. Durch Ankohlen, das zur Vermeidung von Rissen im Holz langsam vorgenommen werden muß. Allerdings macht dies die Oberfläche des Holzes porös, wodurch das Eindringen von Feuchtigkeit und Schädlingen in das Kernholz nicht gestört wird. Daher sollte von dem Ankohlen kein Gebrauch mehr gemacht werden.

2. Durch einfaches Eintauchen der völlig trockenen Pfähle in heißes Karbolineum (je nachdem, ob es sich um Hart- oder Weichholz handelt) etwa 48 Stunden lang oder 10—12 Tage in kaltes Karbolineum. Vorsicht, Karbolineum brennt leicht!

3. Eintauchen trockener, weißgeschälter Pfähle in Xylamon. Tränkdauer je nach Holzart etwa 6—12 Stunden.

4. Ebenso bewährt hat sich das Eintauchen der frisch geschlagenen, also noch grünen Pfähle in eine der käuflichen Imprägniersalzlösungen (Basilit U A, Osmol U A,

*) Siehe auch: Scheerer, Fruchttragende Hecken. 3. Auflage. 144 S. mit 31 Abb. DM 4.80. Siebeneicher Verlag.

DIE WEIDE II

müssen die Eckpfosten eines Weidezaunes ver-
ebt sein (ausführliche Anweisung siehe S. 401)

chts: Weidezaun aus Knotengitter. Die
krechten Versteifungen sind mit den Längs-
ihten ineinander und umeinander unverrück-
verknotet. (Werkbild Draht Bremer)

bsttränke-Weidepumpe (Utina). Das Tier drückt beim Vor-
ieben und Zurückziehen des Kopfes das Pendel vorwärts und
mpt dadurch Wasser in den Sauftrog. Eine Pumpe reicht für
Tiere. – Vorn Elektrozaun mit Batteriegerät und Drahttrommel

Einfache Weideschutzhütte (s. S. 397)

r Elektrozaun ist genau so betriebssicher wie ein Festzaun. (S. 402)

Überdachter Mineralstoffbehälter (S. 397)

Beispiele für Übergangsstiegen über die Umzäunung oder den Torverschluß einer Viehweide

DIE WEIDE III

Weidetore: Ein nach Art einer Eisenbahnschranke von unten nach oben zu öffnendes Weidetor. (Siehe Seite 403). D a r u n t e r : Kettentor

Drehkreuz für den Durchgang eines Koppelzaunes

Hydrasil U A usw.), die tief in das Holz eindringen. Die Pfosten müssen mehrere Tage in dieser Salzlösung stehen.

Die Imprägnierung der Pfosten muß 20 bis 30 cm über den Erdboden hinausragen. Luft, Feuchtigkeit und Bakterien wirken gerade an der obersten Schicht der Erdoberfläche zusammen, so daß der Pfahl an dieser Stelle besonders stark der Fäulnis ausgesetzt ist.

Nur für das Holz der Akazie (Robinie), der dauerhaftesten Holzart für Koppelpfähle, ist eine Imprägnierung überflüssig. Akazienpfähle können in grünem Zustand verwendet werden, wobei es zweckmäßig ist, die Rinde nicht zu entfernen, damit der oberirdische Teil nicht rissig wird. Solche Pfähle, die mit Rinde gesetzt wurden, waren noch nach 10 Jahren gut erhalten. Nur das Splintholz war morsch geworden. Letzteres ist aber ohne wesentlichen Nachteil für die Festigkeit des Pfahles, da die Akazie nur in wenigen äußeren Jahresringen (4—5) Splint bildet. Nach 25—30 Jahren ist die Standfestigkeit eines Akazienpfahles noch recht hoch. Dabei ist es unwesentlich, ob der Pfahl als Rundholz oder im gespaltenen Zustand in den Boden gesetzt wird.

Größenabmessungen:

Pfahlabstand: 4 m, bei Knotengitter 5—6 m
Pfahllänge: 1,70—2 m, davon 0,50—0,60 m im Boden
Pfahldurchmesser: 14—16 cm, bei Akazie und Eiche 10—14 cm
Äußerer Zaun: 4 Drähte - Innerer Zaun: 3 Drähte

	Äußerer Zaun:	Innerer Zaun:
Entfernung der Drähte vom Boden bzw. voneinander:	30 cm	40 cm
	60 cm	80 cm
	90 cm	120 cm
	120 cm	

Doppelt verzinkter Draht verhütet vorzeitiges Rosten.

Auf sorgfältiges Setzen der Eckverstrebungen und Torpfosten ist besonders zu achten, damit die Drahtspannung nicht nachläßt. (Siehe Bildtafel neben S. 400.) Die möglichst langen Krampen sind an den Pfählen nicht zu fest zu schlagen, sondern nur so weit, daß der Draht noch Spielraum hat, damit er im Sommer bei großer Hitze nachgespannt und über Winter gelockert werden kann. (Reißen bei Frost!) Krampen zur besseren Haltbarkeit etwas schräg einschlagen. Pfosten nicht mit Steinen festpacken, sonst größere Fäulnisgefahr.

Zäune aus Knotengitter (Draht-Bremer) mit ihrer höheren Lebensdauer sind denen aus Stacheldraht, an welchem sich die Tiere leicht verletzen, vorzuziehen. Zumindest sollen die beiden untersten Drähte aus glattem Draht bestehen. (Euter- und Sehnenverletzungen.)

Nur für Schweineweiden wird ausschließlich Stacheldraht bevorzugt, und zwar kommen auf der unteren Hälfte, 10 cm über dem Boden beginnend, in Abständen von zunächst 10, dann 15, 20 und 25 cm, 4 Drähte, die durch kleine Pfähle auf etwa 1 m Entfernung gestützt werden, während oben ein Draht mit dem üblichen Pfostenabstand von ca. 4 m den Abschluß bildet.

Auf das sorgfältige Entfernen herumliegender Krampen, Nägel und kleiner Drahtstücke ist stets zu achten, da diese leicht mit dem Futter von den Tieren aufgenommen werden und Erkrankungen (Fremdkörper) hervorrufen können.

Elektrozaun

V o r z ü g e : Einfachheit, Billigkeit, leichte und rasche Handhabung, Einsparung von Material und von Arbeitskräften zum Hüten, geringer Stromverbrauch, Betriebssicherheit. Das Handmähen an den Ecken und an den Zäunen entlang fällt bei versetzbaren Zäunen weg, bei denen sich auch die Pflegearbeiten leichter durchführen lassen. Die übliche Weideeinzäunung von z. B. 6 ha mit 12 Koppeln und rund 3000 lfd. m Draht (3—4drähtig) kostet mindestens 2000 DM. Die Elektroweideeinzäunung, ebenfalls 3000 m Zaunlänge, eindrähtig mit Holzpfählen, kostet dagegen nur etwa 500 DM. Der Elektrozaun hat sich als billige und sparsame Einzäunung, besonders für Portionsweiden (siehe S. 390), bestens bewährt. Ferner kommt vorübergehende Einzäunung von Klee- oder Zwischenfruchtflächen als sogenannte „fliegende Weide" in Frage.

Bei den oft verwendeten Netzanschlußgeräten beträgt der Stromverbrauch während der ganzen Weideperiode nur wenige kWh.

Die Stromzufuhr kann bei fehlender Starkstromleitung (entlegene Wiesen und Weiden, Ackerfutterschläge) auch aus einer Batterie erfolgen. Zweckmäßig ist Verwendung von Trockenbatterien, die keiner Wartung bedürfen und eine bis zwei Weideperioden durchhalten. Es gibt auch kombinierte Geräte für Netzstrom und Batterie.

Der Draht kann bei dem Elektrozaun frei enden. Ein geschlossener Stromkreis ist nicht erforderlich. Die Tiere werden durch die bei Berührung des Drahtes entstehenden Stromstöße abgeschreckt.

P f e r d e sind gegen die Stromstöße besonders empfindlich und vermeiden jede nochmalige Berührung mit dem Draht, R i n d e r reagieren nicht ganz so stark, während S c h w e i n e eine wiederholte Berührung des Drahtes versuchen und bei eintretender Stromstörung leicht ausbrechen. Das Vieh darf natürlich auf abgegraster Fläche nicht längere Zeit eingesperrt bleiben. Elektrozaun ist auch für Geflügel geeignet.

Voraussetzung für einwandfreies Funktionieren des Elektrozaunes ist gute Erdung und Verwendung guter Isolatoren. Namentlich bei feuchter Witterung haben fehlerhafte Isolatoren nur geringen elektrischen Widerstand. (Besonders wenn sie an Metallpfählen befestigt sind.)

Praktische Durchführung

Die zu beweidende Fläche wird bei Dauereinzäunung mit zwei verzinkten, weichgeglühten, etwa 2 mm starken Drähten umzogen. Es kann auch, gleichzeitig für Schwedenreuter zu verwendender, 2,5—3 mm starker Draht und Stacheldraht Verwendung finden. Für den Innenzaun sowie für versetzbare Einzäunungen genügt meist ein Draht.

P f o s t e n : Am billigsten sind selbstgefertigte, einfache 10—15 cm starke Holzpfähle (die mit einem schrägen Pfahl abzustützenden Eckpfosten etwas stärker). Für versetzbare Einzäunungen genügt im allgemeinen eine Pfahlstärke von 4—5 cm. Für häufiges, schnelles Versetzen sind verzinkte Eisenpfähle zweckmäßig, deren gabelartige Pfahlspitzen sich leicht mit dem Fuß in den Boden stoßen lassen.

P f o s t e n a b s t a n d : Für Dauereinzäunungen 10—15 m, für Innenzäune und versetzbare Einzäunungen etwa 20 m.

E n t f e r n u n g d e r D r ä h t e b e i D a u e r e i n z ä u n u n g : Jungvieh, Kälber, Schafe = 2 Drähte mit 60 und 100 cm Abstand vom Boden, bei Kühen und Pferden 1 Draht mit 80 cm Erdabstand.

V e r s e t z b a r e E i n z ä u n u n g : Es genügt ein Draht in 75 cm Höhe vom Erdboden. Bei Jungvieh besser 2 Drähte verwenden!

Für S c h w e i n e sind im allgemeinen zwei Drähte in 25 cm und 50 cm Höhe erforderlich, und zwar am besten Stacheldraht. — Für

H ü h n e r: 4 Drähte mit je 12 cm Abstand, 12 cm über dem Boden beginnend. — Das Gras unter den Drähten läßt sich mit Natriumchlorat o. ä. (s. S. 388) oder sehr starken Kalkstickstoffgaben vernichten.

Z u r I s o l i e r u n g d e s D r a h t e s, der zur Vermeidung einer Stromableitung vom Draht zum Boden, mit den Pfosten (auch mit Gras, Zweigen usw.) nicht in Berührung kommen darf, unzerbrechliche Kunststoff-Isolatoren verwenden. Diese leiten Regenwasser nach außen ab, verlieren also bei feuchter Witterung nicht an Isolierwirkung. Spezial-Isolatoren mit Schlitz und Keilisolatoren halten den Draht ohne Bindung. Für Wanderzäune Drahtschnüre (Drahtlitze) verwenden, die haltbarer, leichter und geschmeidiger als Eisendraht sind. Die Toröffnung hat isolierten Handgriff. — Z u r K o n t r o l l e der Stromzufuhr Grashalm an Zaundraht halten, Zaunprüfer verwenden oder Kontrollsignale einbauen. An Verkehrswegen in Abständen von 200 m sichtbares Warnschild „Vorsicht Elektrozaun!" anbringen!

Zur besseren Sicht des Drahtes, besonders nachts, Zaun mit hellgestrichenen Blechtäfelchen kenntlich machen. — Ausbrechertypen am Hornansatz Drahtbügel anlegen oder Drahtschlaufe um Hals legen, mit senkrecht nach oben stehendem, etwa 40 cm langem Draht. Ein kleines Gewicht unter dem Hals hält den Draht aufrechtstehend.

Weidetore

Als Koppeltore haben sich am besten etwa 4 m breite, von unten nach oben zu öffnende Schrankentore bewährt. Sie ähneln den Schranken an den Eisenbahnübergängen, sind billig und verhältnismäßig leicht selbst zu bauen. An dem Schlagbaum, dessen kurzes Ende zum Gewichtsausgleich mit Steinen beschwert wird (länglicher Holzkasten), werden statt der bei den Eisenbahnschranken verwendeten senkrechten Eisenstäbe zwei bis drei waagerechte, mit dem Schlagbaum durch Ketten oder Draht verbundene und daher bewegliche Holzstangen angebracht. Das Öffnen und Schließen derartiger Tore geht, im Gegensatz zu den oft anzutreffenden durchgeschobenen Stangen, schnell und leicht vor sich (siehe Bildtafel neben S. 401).

XIII.

Die Viehhaltung*)

Allgemeines

Die umfangreiche Veredelungswirtschaft läßt die Viehhaltung in einem gutgeleiteten bäuerlichen Betrieb gegenüber der Ackerwirtschaft in den Vordergrund treten. Hier wird die Roheinnahme aus der Viehwirtschaft die aus der Feldwirtschaft immer erheblich übersteigen. Ein bäuerlicher Betrieb, der nicht über die notwendige Veredelungswirtschaft verfügt, ist m e i s t f a l s c h a u f g e z o g e n u n d k a n n s i c h n i c h t v o l l r e n t i e r e n. Ein viehloser Betrieb verzichtet auf eine stetig fließende Einnahmequelle und auf Verwertung absoluter Futterstoffe (Rübenblatt, Stroh, Spreu). Er hat nur unter bestimmten Voraussetzungen seine Berechtigung (siehe Abschnitt „Betriebswirtschaft").

Zucht, Fütterung und Haltung sind in der Viehwirtschaft ausschlaggebend für den Erfolg!

* Fütterungstabellen dieses Abschnittes nach Prof. Bünger, soweit keine andere Quelle angegeben.

Die Verbesserung der Stallverhältnisse kann in vielen, vornehmlich bäuerlichen Betrieben als eine der wichtigsten Vorbedingungen für eine rentable Rindvieh- wie auch Schweinehaltung angesehen werden. Der Stall soll nicht übermäßig warm, aber trocken, luftig und hell sein. Schlechte und feuchtwarme Luft ist für die Tiere Gift! Jegliches Vieh gehört, besonders auch im Winter, so viel wie möglich ins Freie, damit der Körper den Einwirkungen der heilsamen ultravioletten Sonnenstrahlen ausgesetzt wird. Diese Strahlen gehen nicht durch gewöhnliches Fensterglas, werden also von diesen festgehalten. Dagegen durchdringen sie selbst dicke Wolkenschichten, sind also im Freien bei jedem Wetter, selbst bei trübem und regnerischem Wetter, wirksam. Licht, Luft und Bewegung sind in ihrer Wirkung den besten Futtermitteln gleichzusetzen. — Die Haltung von kranken und nicht entwicklungsfreudigen Tieren ist Futterverschwendung!

Stärke des Gesamt-Viehbestandes

Während in bäuerlichen Wirtschaften oftmals eine unzureichende Futtergrundlage bei unverhältnismäßig hohem Viehbestand anzutreffen ist, besteht im Großbetrieb mehr die Gefahr, den Viehbesatz im Verhältnis zum Ackerland und zur vorhandenen Futterfläche zu gering zu halten. Im großen Durchschnitt sollen auf 1 ha landwirtschaftliche Nutzfläche (Acker- und Grünland) Großvieheinheiten (500 kg = 1 GVE) entfallen:

in Betrieben mit hohem Anteil an

Getreidebau	Hackfruchtbau	Futterbau	Weide
0,5—0,75	0,75—1,0	1,0—1,5	1,5—2,0

Im allgemeinen ist der kleinere Betrieb der viehstärkere und der Großbetrieb der viehschwächere. Viehstarke Betriebe erreichen 1—3 GV/ha!

Unter normalen Futterverhältnissen muß die vorhandene Viehzahl zur Abdüngung von 1/3 der Ackerfläche in der Lage sein (200 dz/ha). Dies ist dann möglich, wenn bei vorwiegender Stallhaltung und Flachstall auf 1 Stück Großvieh etwa 2 ha landw. Nutzfläche entfallen und bei Weidegang den ganzen Sommer über etwa 1,75 ha landw. Nutzfl. Bei ungünstigen Futterverhältnissen werden nur 2/3 dieser Fläche gerechnet, während das restliche Drittel durch Gründüngung zu versorgen ist.

Allerdings ist die Stalldungerzeugung nicht allein von dem Viehbesatz abhängig, sondern auch von der Fütterung während der Winterzeit und von der Einstreu.

Umrechnungsschlüssel auf Großvieheinheiten

Einer Großvieheinheit (GV — etwa 500 kg Gewicht) **entsprechen:**

1	Pferd, mittelschwer	3—4	Sauen
2	Fohlen	4—6	Mastschweine
1	Zugochse	10—15	Läufer
1	Bulle	50	Ferkel
1	Milchkuh	10	Mutterschafe
1—2	Mastrinder	10	Mastschafe
2—3	Stück Jungvieh	15	Jährlinge
4	Kälber unter 1/2 Jahr	20	Lämmer od. jüng. Hammel

Die Leistung einer Viehherde muß im richtigen Verhältnis zu ihrem Aufwand stehen. Nicht die Leistung je Tier, sondern die Leistung je Futterfläche ist ausschlaggebend für die Wirtschaftlichkeit der Viehhaltung (S. 433). Futterplan aufstellen, Tierzahl den Futtervorräten anpassen, nicht umgekehrt!

Stärke der Anspannung

Unter durchschnittlichen Boden- und Klimaverhältnissen reichen Zugkrafteinheiten (ZK) aus:

Bei ungünstigen Verhältnissen	1 ZK	auf	7— 8	ha	landw. Nutzfläche.
Bei mittleren Verhältnissen	1 ZK	auf	8— 9	ha	landw. Nutzfläche.
Bei günstigen Verhältnissen	1 ZK	auf	9—12	ha	landw. Nutzfläche.
		(gute Feldlage, hoher Grünlandanteil)			

oder unter Berücksichtigung des Schleppereinsatzes:

a) in schlepperlosen Betrieben:	12 ZK je 100 ha L.N. = 1 Pferd auf 8,25 ha L.N.
b) in Betrieben mit eisenbereiften Schleppern:	8 ZK je 100 ha L.N. = 1 Pferd auf 12,5 ha L.N.
c) in Betrieben mit gummibereiften Schleppern:	5 ZK je 100 ha L.N. = 1 Pferd auf 20 ha L.N.

Hierbei gilt:

1 leichtes Pferd	= 0,8 ZK	1 Zugkuh	= 0,2 ZK
1 mittelschweres Pferd	= 1,0 ZK	1 Zugochse	= 0,5 ZK
1 schweres Pferd (Kaltblut)	= 1,2 ZK	1 Schlepper-Motor PS	= 0,2 ZK
		(Schlepperstärke s. S. 621)	

Verhältnis Schlepper : ZK bei verschiedenen Arbeitsleistungen:

Leichte Wirtschaftsfuhren und Heuernte	7,5 PS = 1 ZK
Normale landw. Arbeiten (Pflügen, Mähen)	5 PS = 1 ZK
Massen-Transporte über lange Strecken	2,5 PS = 1 ZK

Umfang der Kuhhaltung

Faustzahlen über den Umfang der Kuhhaltung:

für kleinbäuerl. und Kleinbetriebe	1 Kuh auf 2—4 ha L.N.
für mittlere Betriebe bei starkem Hackfruchtbau	1 Kuh auf 3—5 ha L.N.
für Großbetriebe mit Zuckerrübenanbau oder Brennerei	1 Kuh auf 3,75—6,25 L.N. (bei Schafhaltung 1 ha mehr)

Futterflächenbedarf

Futtermangel, in erster Linie auf Betrieben mit starker Viehhaltung anzutreffen, hat seine Ursache meist darin, daß der Betriebsleiter den Umfang des Futterbaues auf dem Acker möglichst gering hält, in der irrtümlichen Annahme, dadurch einen größeren Gewinn aus dem Ackerbau erzielen zu können. Der Bauer ist dann gezwungen, größere Mengen Streustroh zu verfüttern. Infolgedessen wird der Getreidebau auf Kosten des Hackfruchtbaues, sehr zum Schaden der Rentabilität der Wirtschaft, übermäßig ausgedehnt. (Zwischenfruchtbau, Luzerne auf den geeigneten Böden anbauen!)

Faustzahlen für den Futter- und Strohflächenbedarf:

Je Haupt Großvieh (GVE) werden im Rindviehstall benötigt:

Feldfutter und Weide	20—30 a
Heufläche (je Pferd 35 a)	25 a
Futterrübenfläche (Zuckerrüben als halbe Fläche gerechnet)	10 a
zusammen Futterfläche	55—65 a

Eine Herabsetzung der Rübenfläche auf 6 a kann erfolgen, wenn je Großvieh die Silage von 35—50 a Herbstzwischenfrüchten für den

Winter zur Verfügung steht. In Zuckerrübenwirtschaften, in denen sich ein zusätzlicher Anbau von Futterrüben erübrigt, ist eine intensive Ausnutzung der Zuckerrübenabfälle gewährleistet, wenn auf einen Großvieh-Wiederkäuer 25—30 a Rübenfläche entfallen.

Strohflächenbedarf

Futterstroh bei normaler Heufütterung:

	Strohanfall von	25—30 a Sommergetreide
Streustroh:	Strohanfall von	35—50 a Wintergetreide
	zusammen	60—80 a Getreidefläche

Stroh gehört im Rindviehstall unter und nicht in den Bauch! Es soll also in erster Linie zu Einstreuzwecken dienen und darüber hinaus nur wirklich gut eingebrachtes Futterstroh in mäßigen Gaben nebenher verabreicht werden. Bei Beachtung dieser Punkte wird auch der stärker viehhaltende, bäuerliche Betrieb stets über ausreichende Streustrohmengen verfügen.

Heuverwertung (Siehe S. 377)

Bestes Wiesenheu (Grummet) gehört dem wachsenden Jungvieh, Kälbern, Lämmern und Fohlen, ferner säugenden Schafen und säugenden Stuten. Dann folgen frisch melkende Kühe und tragendes Vieh, während das schlechtere Heu an Zugtiere, namentlich Ochsen, und an ausgewachsenes Mastvieh zu verabreichen ist. Klee- und Luzerneheu gehören in erster Linie in den Kuhstall.

Frisches Heu muß vorsichtig verfüttert werden. Bei Pferden und Kühen folgende Gefahren: stärkerer Schweißausbruch, fiebrige Magen- und Darmentzündungen, starke Blähungen und Koliken.

Heu verliert während längerer Lagerung an Vitaminen, Duft- und Wirkstoffen. Die Schmackhaftigkeit läßt nach, auch können infolge Staubwirkung bei den Tieren Katarrhe der Luftwege auftreten. Deshalb Heu nicht länger als 1½ Jahre aufbewahren.

Da jede Art der Heubereitung Kosten verursacht und der Aufwand für die Kau- und Verdauungsarbeit bei Heu größer als beim Grünfutter ist, unterlasse man zu Zeiten, in welchen Grünfutter zur Verfügung steht, jegliche Heufütterung. Andererseits sollte jedes überschüssige Grünfutter, sofern es die Witterung erlaubt, zu Heu gemacht werden und erst in zweiter Linie in den Gärfutterbehälter kommen.

Arbeitersparende Fütterungsmaßnahmen

1. Zweimalige Fütterung im Milchvieh- und Schweinestall. Nur Arbeitstiere sowie Kälber und Schweine unter 4 Monaten 3mal füttern.

2. Heu lang füttern.

3. Stroh nur für Pferde und Zugkühe häckseln. (Erleichterte Kauarbeit und schnellere Futteraufnahme. — Keine Erhöhung der Verdaulichkeit). Nur wenn beides im Gemisch mit Grünfutter verfüttert werden soll, Heu und Stroh häckseln. Bei Häckselfütterung besteht auch eine größere Gefahr der Aufnahme von Fremdkörpern.

4. Rüben ganz verfüttern. Nur schneiden, wenn sie mit Spreu gemischt verfüttert werden sollen.

5. Keine Wassersuppen verabfolgen (insbesondere bei Schweinen).

6. Eimerhalter an Kälberboxen.

7. Kartoffeln im Herbst auf Vorrat mit der Dämpfkolonne dämpfen und einsäuern.

8. Wasserleitung (Selbsttränke!); zumindest aber Rinne oder Rohr von der Hofpumpe zum Stall legen.

9. Günstige Lagerung des Rauhfutters und der Spreu (möglichst über dem Stallboden).

10. Heu und Stroh durch die Bodenluke (Abwurfschacht) über die Futterdiele abwerfen und nicht erst auf den Hof, wodurch auch wertvolle Blattteile verlorengehen.

11. Gummibereifte Futterkarren.

12. Rampen und Wanddurchbrüche anlegen.

Mineralstoffgehalt der Futtermittel

Phosphorsäurereiche Futtermittel:

Getreide, Futtermehl, Kleie, Hülsenfrüchte, Fisch-, Fleisch-, Knochenmehl, Malzkeime, Biertreber, Ölkuchen, Klee, Luzerne, gutes Wiesenheu.

Phosphorsäurearme Futtermittel:

Getreidestroh und -spreu, schlechtes Heu, Kartoffeln und Rüben, Rübenschnitzel, Kartoffelpülpe und Schlempe, Melasse, Maissilage.

Kalkreiche Futtermittel:

Klee, Luzerne, gute Wiesengräser bzw. deren Heu, Hülsenfruchtstroh und -spreu, Fisch-, Fleisch-, Knochenmehl.

Kalkarme Futtermittel:

Getreide, Futtermehle, Kleie, Hülsenfrüchte, Ölkuchen, Malzkeime, Getreidestroh und -spreu, schlechtes Heu, Wurzelfrüchte (Kartoffeln, Rüben), Schlempe, Silage, Melasse.

Phosphorsäure

Für alle Tiere lebensnotwendig (Knochenaufbau, Regulierung normaler Körperfunktionen). Phosphorsäuremangel führt zu Erkrankungen (S. 477/478) und Minderleistungen. Futterpflanzen reichlich mit Phosphorsäure düngen, phosphorreiche Mineralstoffe (mit DLG-Gütezeichen und mindestens 18% Phosphorsäure) verabreichen.

Futterkalk

Unentbehrliches Beifutter, das dem Vieh bei ausreichender Kalkung des Bodens über die Pflanze zugeführt wird. Auch Mineral-Stoffe (Blattin, Ramikal, Vitakalk u. a.) enthalten Kalk.

Mineralstoffgaben

Höhe der Mineralstoffgaben je Tier und Tag: Kälber 20—30 g, Jungvieh 50—100 g, Milchkühe 100—250 g, Pferde 50—100 g, Ferkel 10 g, Schweine 30—60 g, Schafe 20—40 g, Geflügel (20 Stück) 20—30 g.

Gutes Heu bietet die sicherste und ausgiebigste Quelle für die Vitamin- und Mineralstoffversorgung der Tiere, nicht aber Stroh, das, genau wie Getreide, Kleie und Hülsenfrüchte, den Säureüberschuß erhöht. Reichliche Fütterung guten Heues (Grünland-Schmetterlingsblütler enthalten nahezu dreimal soviel Kalk wie die Gräser) macht die Kalkbeigabe überflüssig (mit Ausnahme bei Rübenblättern und Gärfutter). Nur in trockenen Jahren gewonnenes Heu ist oft arm an Mineralstoffen (Kalk und Phosphorsäure), da es im Boden an genügend Feuchtigkeit zu ihrer Auflösung fehlt. Verregnetes Heu enthält infolge Auslaugung ebenfalls nur wenig Mineralstoffe.

Anzeichen von Mineralstoffmangel
(Siehe S. 477)

Im Stall: Fressen von Streustroh, Belecken der Wände, Krippen, Steine und Pfosten, Gier nach Harn (Jauchesaufen), Aufwühlen des Stallbodens durch Schweine und bei Hühnern Federnfressen, Legen von Fließeiern, langanhaltende Mauser, schlechte Schlupfergebnisse. — Auf der Weide: Benagen von Pfählen, Bäumen und Zweigen, Hunger nach grobstengeligen Kräutern. — Aufblähen der Kälber s. S. 450.

Viehsalz (Chlornatrium)

Salz fördert den Stoffwechsel, übermäßiger Salzgenuß reizt zu hoher Wasseraufnahme und bewirkt Durchfälle. Wurzelfrüchte und deren Abfälle, auch Heu von stark mit Kalisalzen gedüngten Wiesen, steigern das Salzbedürfnis der Tiere. Diese Futterstoffe enthalten reichlich Kali, bei dessen Umsetzung viel Kochsalz ausgeschieden wird. Bei fehlenden Salzgaben kommt es deshalb infolge von Natriummangel im Tierkörper zu Erkrankungen sowie Milch- und Fettrückgang (S. 396). Hühner vertragen kein Salz!

Weitere Angaben über Kalk- und Salzbeifutter siehe S. 478 sowie in den Abschnitten der Tierhaltung.

Freßpulver Sind in der Regel Bauernfang. Sie bestehen aus wohlriechenden und -schmeckenden Drogen (Anis, Fenchel, Kümmel usw.) und billigen Mineralien, wie Kalk, Kochsalz usw.

Antibiotika

Gewisse Mikroorganismen (Kleinlebewesen) und Schimmelpilze können Stoffe erzeugen, die Wachstum und Vermehrung anderer Mikroorganismen hemmen oder diese abzutöten vermögen. Diese Stoffe werden Antibiotika genannt. Sie dienen in der Medizin und Veterinärmedizin zur Bekämpfung von Infektionskrankheiten, wie z. B. Penicillin bei eitrigen Entzündungen.

In unserer Zeit werden Antibiotika auch in der Tierernährung verwendet, und zwar in erster Linie Aureomycin. Ferner Terramycin und, wenn auch von geringerer Bedeutung, Penicillin. Beste Wirkung bei Aufzucht von Kälbern, Lämmern, Ferkeln, Junggeflügel sowie in der Schweine- und Geflügelmast. Dagegen keine Wirkung beim ausgewachsenen Wiederkäuer und bei Legehennen. Antibiotische Stoffe enthalten außerdem meist Vitamin B 12.

Besonders wirksam sind Antibiotika bei Verfütterung an kümmernde oder zurückgebliebene Tiere (Ferkel), bei ungünstigen Futter- und Stallverhältnissen (nicht vollwertige Futterration — Mangel an tierischem Eiweiß). Antibiotika verbessern Futterverwertung und Zunahmen der Tiere, fördern Gesundheit, Widerstandskraft, Wachstum, vermindern Sterblichkeit. Bessere Ausnutzung von pflanzlichem Eiweiß (Ölkuchen, Extraktionsschrote usw.), so daß teilweise Einsparung von tierischem Eiweiß möglich.

Wirkung tritt schon im ersten Entwicklungsstadium der Tiere ein, daher Beifütterung frühzeitig beginnen. Kälber bis zur 8. Lebenswoche; Ferkel, sobald diese zu fressen anfangen, spätestens nach dem Absetzen; Mastschweine bis zur Schlachtreife; Küken in den ersten Lebenstagen bis zu 8 Wochen; Mastgeflügel bis zu 8—12 Wochen.

Kälber zeigen in den ersten 4 Wochen besonders gutes Wachstum. Wesentlich ist verringertes Auftreten von Durchfall. Ferner besseres Allgemeinbefinden der Tiere, niedrigere Aufzuchtkosten. Herabsetzung der Vollmilchgaben bei entsprechender Zufütterung ohne Gefahr möglich.

Bei Ferkeln weniger Kümmerer und Darmstörungen, geringere Anfälligkeit gegen Krankheiten (Ferkelgrippe usw.) und Durchfälle, also weniger Verluste. Kräftige Ferkel, ausgeglichenere Würfe, höhere Absatzgewichte. Mastschweine: bessere Futterverwertung und Zunahmen, dadurch Einsparung an Futter und Verkürzung der Mastzeit.

Bei Lämmern bessere Futterverwertung und Zunahmen sowie weniger Durchfälle.

Bei Geflügel (mit Ausnahme von Enten) geringere Aufzuchtverluste, gleichmäßigeres, beschleunigtes Wachstum, schnellere Befiederung, bessere Futterverwertung, Herabsetzung tierischer Eiweißgaben möglich. Mastgeflügel zeigt beschleunigte Zunahmen, also frühere Schlachtreife.

Antibiotika beeinflussen weder Fleisch- und Eierqualität noch Legeleistung und Schlupffähigkeit der Küken. Keine Nachteile für Befruchtung bzw. Fortpflanzung der Sauen.

Antibiotika werden im allgemeinen über ein Kraftfuttergemisch oder geeignete Beifuttermischung zugeführt, in der sie als Untermischung gut verteilt sind. Die entsprechende Dosierung wird im allgemeinen bei Verfütterung der empfohlenen Mengen des betreffenden Kraftfuttergemisches erreicht. Alle Kraftfuttergemische für Schweine, Kälber, Küken und Mastgeflügel können mit Antibiotika-Zusatz bezogen werden.

Körpertemperaturen

	Temperatur	Pulsschläge/Min.
Pferd	37,5—38,5°	28—40
Rind	38,5—39,5°	40—80
Schaf	38,0—40,5°	70—90
Schwein	38,0—40,0°	60—100
Huhn	41,5—43,0°	140—400

Junge Tiere haben im allgemeinen höhere Temperaturen als erwachsene Tiere (weibliche erwachsene mehr als männliche.) Desgleichen zeigen sich bei der Brunst, während der Verdauung, bei und kurz nach anstrengender Bewegung, bei fortgeschrittener Trächtigkeit, bei gemästeten Tieren und bei heißer Witterung höhere Temperaturen. — Die Körpertemperatur wird durch Einführen eines an einer Schnur befestigten Fieberthermometers in den Mastdarm gemessen.

Stalltemperaturen

In jeden Stall gehört zum Nachprüfen der Stallwärme ein Thermometer, das etwa 50 cm über dem Erdboden frei aufgehängt wird (in Kopfhöhe der Tiere).

Am meisten Wärme verträgt das Pferd, dann folgen Rind und Schwein, während Schafe höhere Temperaturen am wenigsten vertragen. Im allgemeinen sollen Ställe nur mäßig warm, aber trocken gehalten werden. Zu hohe Stalltemperaturen machen die Tiere schlapp, gegen Zugluft empfindlich, für Krankheiten empfänglicher (besonders bei feuchtwarmer Luft) und senken den Fettgehalt der Milch (siehe S. 446 und S. 462).

Höhe der Stalltemperaturen (Celsius)

Arbeitspferde	10—12	Grad	Jungvieh	5—10	Grad
Vollblüter und säugende Stuten	16—17	„	Kälber	8—10	„
Ältere Fohlen	6—10	„	Schafe	8—10	„
Milchkühe während der Melkperiode	10—12	„	Schafe nach der Schur und zur Lammzeit	15—16	„
Trockenstehende Kühe	14—15	„	Tragende Sauen	12—14	„
Mastvieh	12—14	„	Ferkelställe	13—18	„
			Mastschweine	15—20	„

Stalltafeln

Übersichtliche Stalltafeln sind im Kuh- und Schweinestall unentbehrlich. Größe der glatten, schwarz lackierten Tafeln etwa 40×60 cm. Kuhstalltafeln können doppelseitig beschriftet werden, wobei die Rückseite Angaben über Futtermengen u. a. enthält. Beschriftung am besten mit Mischung aus Schlämmkreide und Magermilch (Kreide ist weniger haltbar). Angaben zur besseren Übersichtlichkeit gekürzt vermerken. Auch käufliche, aufzuklebende Formulare sind verwendbar.

Die Tafeln sollen enthalten:

Kuhstall: Name, Stall- und Herdbuchnummer der Kuh, Vater- und Muttername sowie deren Herdbuchnummern. Alter, Milch- und Fettleistung in früheren Jahren, kurze Angabe über evtl. Krankheitsbefund. Wievielmal gekalbt, wann und von wem gedeckt, mit wieviel Sprüngen, voraussichtlicher Kalbetermin, Zeitpunkt des Trockenstellens, Milchfütterung des Kalbes.

Schweinestall: Name und Nummer der Sau, Abstammung, Eber, Alter, wie oft geferkelt. Deck- und voraussichtlicher Ferkeltermin, Ferkelzahl, Geburts- und Vierwochengewicht des Wurfes, Gewicht der Sau nach dem Abferkeln, nach 4 Wochen und beim Absetzen des Wurfes. — In Mastschweinebuchten werden die Gewichte und Zunahmen der Tiere innerhalb der etwa 10tägigen Wägung angeschrieben.

a) Die Pferdehaltung

Allgemeines

Das Pferd ist das teuerste lebende Inventarstück. (Je mehr die Tiere im Stall stehen (Kleinbetriebe), desto teurer wird ihre Haltung). Risiko und Verlustgefahr sind bei ihm verhältnismäßig groß. Das Pferdekonto ist neben dem Lohnkonto der höchste Ausgabenposten in fast allen schlepperlosen Betrieben.

Im Mittel frißt ein Pferd jährlich je nach Bodengüte den Ertrag von 1—1,75 ha Land auf. Der jährliche Futteraufwand für 2 Pferde bei mittelschwerer Arbeit entspricht einer Nährstoffmenge, mit der etwa 7000 l Milch erzeugt werden können! Daher muß ein Pferd jährlich wenigstens 1500—1800 produktive Arbeitsstunden leisten! (S. S. 620.)

Bei günstiger innerer (Feldlage) und äußerer (Bahnverbindung) Verkehrslage gehört auf 6—7,5 ha Betriebsgröße kein Pferd. (Ochsen- und Kuhanspannung.) (Stärke der Anspannung S. 405, Schlepperbesatz S. 621.) Vielfach werden zu schwere Pferde gehalten! Mehr Beachtung verdient das zugfeste, anspruchslose Kleinpferd! (Siehe unten.) — Grünfutter, Hackfrüchte und deren Erzeugnisse verbilligen die Pferdehaltung. Reine Haferfütterung ist zu teuer!

Pferderassen

a) Vollblut: Orientalisches Vollblut (Araber), Englisches Vollblut, Vollblut-Traber. — b) Warmblut: Ostpreuße, Hannoveraner (leichtes W.), Holsteiner, Oldenburger, Ostfriese, Zweibrücker, Württemberger, Rottaler (schweres W.). — c) Kaltblut: Rheinisch-deutsches K., Schleswiger K., Süddeutsches K. (Noriker, St. Märgener). — d) Kleinpferde: Haflinger, Norweg. Fjordpferd, Shetlandpony.

Kleinpferd

In kleineren Betrieben und dort, wo infolge motorischer Zugkraft Großpferde unwirtschaftlich sind, sollte das Kleinpferd, dessen Arbeitsleistung nicht zu unterschätzen ist, mehr Verwendung finden. (Stockmaß 120 cm bis 147,3 cm — unter 120 cm sind Ponys.) Diese Pferderasse ist genügsam im Futter, zäh, widerstandsfähig, langlebig, gängig, zuverlässig, ausdauernd und fruchtbar und infolgedessen in seiner Haltung verhältnismäßig billig. Es nimmt in der Hauptsache mit wirtschaftseigenen Futtermitteln, wie Kartoffeln (Kartoffelschalen), Rüben und Heu vorlieb. Während der arbeitsreichen Zeit erhalten die Tiere 2—3 kg Kraftfutter (Hafer, Troblako, Schnitzel, Weizenkleie) und reichlich Rauhfutter.

Zugochsen, Zugkühe (Siehe auch S. 494/495)

Ein Zugochsengespann stellt sich gegenüber einem Pferdegespann um wenigstens 1000 DM pro Jahr billiger! (Niedrigere Futter- und Pflegekosten, geringeres Verlustrisiko, höherer Verkaufserlös.) Allerdings sind Zugochsen während der heißen Jahreszeit nicht voll einsatzfähig, und ihre Haltung verteuert sich, wenn sie viel im Stall stehen. Für Betriebe unter 30 ha landw. Nutzfläche rentiert sich die Haltung von Arbeitsochsen nicht. Bei einer Wirtschaftsgröße bis etwa 7,5 ha stellen Zugkühe die billigste Arbeitskraft dar. (Siehe S. 495.)

Zeit der Anspannung

Zu frühes Anspannen, welches das Wachstum und die Entwicklung des jungen Tieres hemmt, ist unbedingt zu vermeiden. Kaltblüter können mit 2½ Jahren (das 4.—8. Lebensjahr sind die besten Nutzungsjahre), Warmblüter mit 3½ Jahren, zunächst nur schonend, zur Arbeit herangezogen werden. Bei kräftiger Entwicklung können Kaltblutfohlen allenfalls zweijährig, Warmblutfohlen dreijährig einige Stunden am Tage zu leichter Arbeit eingespannt werden. Aber: „Ein Jahr länger ein Fohlen, zehn Jahre länger ein Pferd!“

Andauernde, schwerste Zugarbeit darf nur ein Pferd verrichten, das abgezahnt hat! (Etwa 4½jährig.)

Ein Dreispännerzug (Tiere nebeneinander gespannt) leistet fast ebensoviel als viere lang (zwei an der Spitze).

Pferdegeschirr

Kummetgeschirre werden für schwere Lasten und bei hängigem Terrain bevorzugt. (Gewicht soll nicht zu schwer sein, 10 kg ohne und 12 kg mit Kissen.) Beim Kumt wird der Zug durch die ganze Schulterpartie ausgeübt

Das Sielengeschirr — das Tier zieht mittels des Brustblattes lediglich mit der Vorbrust — kommt mehr für den leichten Zug und in ebenerem Gelände in Frage.

Aufsatzzügel sind Tierquälerei. — Scheuklappen können bei richtiger Anbringung und bei nervösen Pferden gelegentlich vorteilhaft sein. Sonst sind sie abzulehnen. — Das Pferd muß sich bei der Arbeit richtig ins Geschirr legen, was es nur dann tut, wenn es keine Schmerzen infolge drückender oder scheuernder Geschirrteile empfindet. Pferde über Mittag abschirren! — Gepflegte Geschirre tragen zum Wohlbefinden der Tiere bei und ersparen teure Reparaturen.

Hufpflege

Zur Erhaltung der Gesundheit und Arbeitsleistung der Tiere — die zur Fortbewegung dienenden Füße sind der wichtigste Teil des Pferdes! — ist sorgfältige und sachgemäße Hufpflege erforderlich.

Dazu gehört tägliches Reinigen der Hufe von Schmutz und eingeklemmten Steinen. Von Zeit zu Zeit, namentlich im Sommer, ist gründliche Säuberung der Hufe mit Wasser und Bürste, anschließend hauchdünnes Einfetten mit einem guten, säurefreien Huffett notwendig. Übermäßiges Fetten fördert die Bildung von Schmutzkrusten. — Der gegen Nässe empfindliche Hornstrahl ist zum Schutz gegen Fäulnis ab und zu mit Holzteer zu bepinseln.

Hufbeschlag

Hufbeschlag ist ein notwendiges Übel, ohne das in den meisten Fällen nicht auszukommen ist. Er muß dort ausgeführt werden, wo bei Benutzung der Pferde auf harten Straßen infolge übermäßiger Abnutzung des Hufhornes Gefahr des Wundlaufens besteht oder wenn ein Pferd ohne Eisen nicht gehen kann, weil es z. B. Platthuf hat. Auf jeden Fall ist ein Beschlag erforderlich, wenn der Tragrand auszubrechen beginnt oder sich infolge zu starker Abnutzung Lahmheit einstellt, durch Quetschung der Huflederhaut verursacht. — Im übrigen lasse man, besonders in kleineren Betrieben, Pferde möglichst nicht nur hinten, sondern auch vorn unbeschlagen („barfuß") gehen.

Das Hufeisen darf nicht so lange auf dem Fuß belassen werden, bis es vollständig abgelaufen oder verlorengegangen ist (auf festen Sitz der Eisen achten), sondern muß nach etwa 6 Wochen abgenommen, und wenn noch verwendungsfähig, wieder aufgelegt werden, nachdem der Huf beschnitten ist. Ein Pferd mit richtig sitzendem Hufeisen braucht weniger Muskelkraft, leistet also mehr! — Jährlich etwa sechsmaliger Neubeschlag = 24 Eisen pro Pferd. (Gewicht eines mittleren Hufeisens etwa 1 kg.)

In den frostfreien Monaten sollen Pferde stets glatt (Eisen ohne Griffe und Stollen) beschlagen werden, um der Entstehung von Platthufen und Vollhufen vorzubeugen. (Besonders schädlich sind Griffe und Stollen an den Vordereisen.) Nur in sehr bergigem Gelände und bei Pferden, die dauernd im schweren Zug arbeiten müssen, können Griffe und Stollen während der ganzen Jahreszeit angebracht sein (bei letzterem nur an den Hintereisen). Niedrige Stollen schonen den Fuß, das Pferd geht sicherer. Auf glatten Asphaltstraßen Gummistollen verwenden, für harte Pflasterstraßen Hartring-, Hartstift- oder Widakstollen. Im übrigen beherzige man das Sprichwort: „Griff und Stollen braucht das Pferd im Winter, im Sommer gibt's der Pferdeschinder." — Hufiederkitteinlagen bzw. geflochtene Strohsohlen, vermittels Splinten oder besonderen Ösen am Hufeisen befestigt, verhüten Einballen von Schnee in die Hufsohle zur Winterzeit.

Zeigen sich an allen 4 Hufen eines Pferdes Ringe, die sich an gleicher Stelle um alle Hufe herumziehen und in der Hornwand liegen, handelt es sich um sogenannte Ernährungsringe, die nach Futterwechsel und dergleichen aufzutreten pflegen. Derartige Veränderungen im Horn können Besitzerwechsel oder ernsthafte längere Allgemeinerkrankung, z. B. an Druse, vermuten lassen.

Putzen der Pferde

Die Haut hat folgende wichtige Aufgaben zu erfüllen: 1. Gasaustausch des Körpers; 2. Ausscheidung der Abfallprodukte des Körpers; 3. Aufnahme bestimmter Stoffe.

Da die Hautporen infolge Abstoßens oberflächlicher Hautschichten, der Schuppen, wie auch des Ausschwitzens von Fetten und Salzen sowie durch Ablagerung von Staub und Schmutzteilchen, von außen her verstopft werden können, ist regelmäßiges Putzen des Pferdes sehr wichtig. Es trägt somit zum Wohlbefinden der Tiere wesentlich bei. Auch die Durchblutung der Haut wird durch das Putzen angeregt (Massage).

Pferde sind täglich, und zwar möglichst im Freien, zu putzen, zumindest aber bei geöffneten Stalltüren bzw. -fenstern.

„Gut geputzt ist halb gefüttert!"

Der aus Eisenblech bestehende Striegel dient lediglich zur Lokkerung der Hautschuppen durch vorsichtiges Überreiben der weniger empfindlichen Körperteile bzw. zum Auflockern stark verschmutzter und verklebter Stellen, im übrigen aber zum Reinigen der Kardätsche (Bürste), nicht zum Bearbeiten der empfindlichen Pferdehaut! Sonst werden die Tiere leicht störrisch und widersetzen sich dem Putzen überhaupt. Die Kardätsche ist nach etwa 10 Strichen durch Ziehen über den Striegel zu reinigen und dieser auf dem Erdboden bzw. der Stallgasse auszuklopfen. Ein wollener Lappen zum Abschluß der Reinigung macht das Haar schön glatt.

Stalltemperatur 10—12° C. Edle, feinhäutige Pferde und säugende Stuten lieben etwa 17° C. Ältere Fohlen sollen nicht in zu warmen Ställen untergebracht werden (6—10° C). — Wenn Pferde bei kaltem Wetter längere Zeit im Freien stehen müssen, lege man den Tieren eine Decke auf, nicht aber wenn sie in Bewegung sind. Wenn Pferde in erhitztem Zustand in einen kalten Stall kommen, werden sie mit einem trockenen Strohwisch abgerieben und ebenfalls eingedeckt. — Ein Pferd kann im Gegensatz zu anderen Haustieren im Stehen ruhen, da es die Muskeln dabei nicht anzustrengen braucht. Es kann also im Stehen schlafen.

Gebiß Die Zähne spielen im Hinblick auf den Ernährungszustand des Tieres eine wichtige Rolle. Sie bieten beim Pferd die Möglichkeit der Altersbestimmung. Man unterscheidet im Ober- wie im Unterkiefer Schneidezähne (Zangen-, Mittel- und Eckzähne), die zum Erfassen und Abreißen der pflanzlichen Nahrung dienen, sowie Backenzähne, welche die Nahrung zermahlen, und Hakenzähne.

Die Backenzähne des durchweg etwas breiteren Oberkiefers decken sich in ihren Kau- oder Reibeflächen seitlich nicht genau mit denen des Unterkiefers, ragen also etwas über die der Unterkieferzähne herüber. Da sie sich bei ihrer seitlichen Kaubewegung im Laufe des zunehmenden Alters nicht gleichmäßig abnutzen, entsteht bei den oberen Backenzähnen am äußeren Rand, bei den Unterkieferbackenzähnen am inneren Rand, ein scharfer Grad oder einige hervorragende Spitzen (Zahnspitzen oder Schieferzähne). Diese können zu Verletzungen der Backen- (oben) bzw. Zungenschleimhaut (unten) führen. Sie bewirken langsames, ungenügendes Kauen der Nahrung, Abmagerung und Kolik. (Tierärztliche Behandlung durch Abraspeln oder Abschleifen.)

Das *neugeborene Fohlen* ist meist im Besitz der vorderen 3 Backenzähne im Ober- und Unterkiefer. Auch die Milchzangen können bereits vorhanden sein. Andernfalls brechen diese innerhalb der ersten 10 Tage durch. Dann folgen die Milchmittelzähne im Alter von 2 bis 5 Wochen, während die Milcheckzähne erst in frühestens 5, spätestens 9 Monaten vorhanden sind. Die Milchschneidezähne haben eine auffallend weiße Farbe der Krone, auch ist diese von einem dünnen Hals deutlich abgesetzt.

Wechsel der Zangen mit	2½ Jahren
Wechsel der Mittelzähne mit	3½ Jahren
Wechsel der Eckzähne mit	4½ Jahren

Das ausgewachsene Pferd hat im Ober- und Unterkiefer je 6 Schneidezähne und je 12 Backenzähne. In der Lücke zwischen den Schneide- und Backenzähnen erscheinen bei den männlichen Tieren mit 4 Jahren oder im 5. Lebensjahr vier Hakenzähne. Das Gebiß des Hengstes bzw. Wallachs besitzt daher 40, das der Stute 36 Zähne. — Mit etwa 5 Jahren hat das Pferdegebiß seine endgültige Form erreicht.

Der bleibende Schneidezahn ist gelblich, sehr lang und keilartig geformt, d. h. seine Krone verjüngt sich zur Wurzel hin ohne Hals, der obere Teil ist etwas gebogen. Durch Abnutzung der Schneidezähne, wodurch eine veränderte Oberfläche entsteht, läßt sich das Alter der Tiere bis zum 8. Lebensjahr mit ziemlicher Sicherheit bestimmen.

Verschwinden der Kundengruben, die an den Schneidezähnen des Oberkiefers fast doppelt so tief sind wie an denen des

Unterkiefers (schwärzliche, 6—12 mm starke Vertiefungen mitten im Zahn):

bei den unteren Zangen mit	6 Jahren
bei den unteren Mittelzähnen mit	7 Jahren
bei den unteren Eckzähnen mit	8 Jahren
bei den oberen Zangen mit	9 Jahren
bei den oberen Mittelzähnen mit	10 Jahren
bei den oberen Eckzähnen mit	11 Jahren

Der Einbiß ist eine scharfe, hakenartige Ecke an der hinteren Kante der oberen Eckzähne, hervorgerufen durch die unvollkommene Abnutzung dieses Teiles. Er beginnt im 9. Lebensjahr und ist im Alter von 12 Jahren wieder verschwunden, kann aber vom 14. Jahr an wieder auftreten.

Mit zunehmendem Alter ändert sich infolge Abnutzung des Zahnes auch die Zahnform, die allerdings kein sicherer Anhaltspunkt für die Altersbestimmung ist.

Kauflächen:	queroval mit	6—12 Jahren
	rundlich mit	13—16 Jahren
	spitz dreieckig mit	16—19 Jahren
	verkehrt oval über	20 Jahre

Über 9 Jahre alte Pferde lassen sich auch oft daran erkennen, daß sich bei den Tieren in diesem Alter in den meisten Fällen an der oberen Ecke des unteren Augenlides eine Runzel bildet und jedes Jahr eine weitere Runzel hinzutritt. Aus der Anzahl dieser Runzeln ist also dann zu ersehen, um wieviel Jahre das Pferd älter als neun Jahre ist.

Vorn abgescheuerte Schneidezähne kennzeichnen den Krippensetzer, der, die Zähne auf die Krippen setzend, oft Luft schluckt und deshalb schlecht frißt. (Krippe unmittelbar auf dem Erdboden anbringen oder mittels einer Einhängevorrichtung herausnehmbar gestalten.)

Die Pferdezucht

Allgemeines

Pferdezucht kann nur dort betrieben werden, wo für die Aufzucht des jungen Tieres ausreichende Weidemöglichkeiten vorhanden sind und für die Winterfütterung genügend Rauhfutter zur Verfügung steht. Der Kaltblüter beansprucht keine so ausgedehnte Weidefläche wie der Warmblüter, auch kann bei ihm Hafer am ehesten durch andere Futtermittel, wie Zuckerschnitzel, Kartoffeln, Rüben usw. ersetzt werden. — In Anbetracht zunehmender Motorisierung in der Landwirtschaft Zucht nicht weiter ausdehnen, aber in der Qualität verbessern! Nur eingetragene Stuten dem Deckhengst zuführen.

Nur 50—60 % (Warmblut) der gedeckten Stuten bringen in Deutschland lebende Fohlen. Häufigste Ursachen dieser niedrigen Geburtenziffer: Erkrankung des Geschlechtsapparates sowie Fütterungs- und Haltungsfehler der Stuten. Verfohlen hat selten bakterielle Ursachen, sondern ist etwa 90 % auf innere Schwäche infolge ungenügender Fütterung sowie fehlerhafter Haltung zurückzuführen. — Etwa 50 % aller bis zu einem Jahr krepierenden Fohlen gehen an Fohlenlähme ein. Weitere Ursachen: Lebensschwäche, Lähme, Wurm- und Infektionskrankheiten (Druse).

Der Geschlechtstrieb tritt im Alter von 2 Jahren, gewöhnlich im Frühjahr, ein. (Bei Hengstfohlen mitunter schon vor Abschluß des ersten Lebensjahres.)

Das schwere Pferd wird frühestens mit $2\frac{1}{2}$, besser erst mit 3 Jahren, das leichtere mit dem 3. bis 4. Jahr zur Zucht verwendet. (Hengst wie Stute.) Zwischen dem 6. und 12. Lebensjahr liegen die besten Zuchtnutzungsjahre.

Die *Fortpflanzungsfähigkeit* erlischt beim Hengst mit dem 25. (Kaltblüter spätestens schon mit etwa 20 Jahren), bei kaltblütigen Stuten mit dem 18., bei warmblütigen mit dem 22. Jahr. Ältere, bisher güst gebliebene Stuten nehmen nur noch schwer auf.

Die Stuten sollen sich zur Zeit des Belegens, das meist im Frühjahr geschieht, in einem zwar guten, aber nicht fetten Zustand befinden. Weidegang wirkt sich auf den Eintritt der Brunst im allgemeinen günstig aus. Das höchst erreichbare Alter für Pferde beträgt 24—30 Jahre.

Zahl der Stuten je Hengst

Im allgemeinen werden dem Hengst bei einer 5 Monate währenden Deckzeit (günstig 15. Januar bis 1. April — aus wirtschaftlichen Erwägungen) reichlich 100 Zuchtstuten zum Belegen zugeteilt. (Bei 3monatiger Deckperiode 50 bis 80 Stuten.)

Erkennen der Rossigkeit

Häufiges Wiehern, eine gewisse Unruhe des Tieres, Drängen gegen andere Pferde, unregelmäßige Freßlust, Stute bleibt öfter stehen, öfteres Anstellen zum Harnlassen, Schwellung der Schamlippen, Klaffen der Wurflefzen, Rötung und Durchfeuchtung der Schleimhaut der Scheide sowie Heben des Schweifes und ruckweise Entleerung des gelblichweißen Brunstschleimes. Diese Erscheinungen machen sich bei Warmblutstuten meist deutlicher bemerkbar als beim Kaltblut.

Dauer der Rossigkeit

Etwa 5—9 Tage. Die Stute soll erst auf der Höhe der Rossigkeit, also am 3. oder 4. Tag, gedeckt werden, sobald der Hengst nicht mehr abgeschlagen wird. Gut ist es, die Tiere sich durch ein gegenseitiges Liebesspiel erst vorher beschnuppern zu lassen.

Nach dem Decken ist die Stute zur Beruhigung einige Zeit zu führen, nicht aber in scharfen Gang zu setzen. Durch heftiges Drängen wird leicht die Befruchtung verhindert. — Nach 9 Tagen, sicherer jedoch erst nach 3 bis 5 Wochen, am besten 23 Tage nach dem letzten Sprung, wird die Stute dem Hengst erneut vorgeführt.

Nach dem Fohlen stellt sich die Brunst bzw. Rossigkeit am 8.—11. Tag wieder ein und wiederholt sich, abgesehen von säugenden Stuten, bei Nichtbefruchtung etwa alle 23 Tage.

Erste Anzeichen der Trächtigkeit

Mit Hilfe der Harnprobe kann der Tierarzt die Trächtigkeit bereits von der 7. Woche an feststellen. Äußerlich ist diese erst nach 6 Monaten bemerkbar. (Fötusbewegungen morgens beim Tränken mit kaltem Wasser vor dem Fressen.) Bauchumfang nimmt zu, vermehrte Freßlust, die Tiere werden ruhiger, vorsichtiger, ermüden und schwitzen leichter.

Trächtigkeitsdauer

Reichlich 11 Monate = 48 Wochen. Bei Hengstfohlen meist etwas länger (etwa 1—2 Tage), bei frühreifen Schlägen (Kaltblut) und bei jungen, erstmals gebärenden Tieren etwas kürzere Zeit. (330 bis 350 Tage — äußerste Weite 305 und 420 Tage.)

Verfohlen

Beim Pferd häufig, gefährlich dafür der 3., 5. und 8. Trächtigkeitsmonat. Die Ursache können sowohl Haltungsfehler bei der Stute, Krankheit oder auch eine erbliche Veranlagung der Elterntiere sein. Stuten, die 2—3 Monate vor dem Abfohlen aufeutern, verfohlen meist oder bringen kränkliche Fohlen zur Welt, die bald eingehen. Tieren, die zur Verfohlung neigen, verabreiche man vorbeugend Weizenklee. *Das Fohlen ist nur nach mindestens 285 Tagen lebensfähig.*

Behandlung tragender Stuten

Tragende Stuten sind gegen Schläge, schnelles Reiten und Fahren zu schützen und in der letzten Zeit der Trächtigkeit nicht an die Deichsel zu spannen, besonders auf schlechten Wegen, oder zu schweren, anstrengenden Arbeiten heranzuziehen. Pflügen, eggen und leichte Wirtschaftsfuhren sind dagegen bis zum Abfohlen möglich und zweckmäßig.

Fütterung tragender Stuten

Kein blähendes und erhitztes Grünfutter, Klee, schlechtes Heu, noch Roggen und Hülsenfrüchte verabreichen, die beide stopfend wirken. Auch moorige und sumpfige Weiden vermeiden. Futterwechsel während dieser Zeit nur allmählich vornehmen. Man beuge Überfressen vor und verabreiche bei Verstopfungen kein Abführmittel, besser Klistiere. Tragende Stuten, die größerer Eiweißmengen bedürfen, erhalten keine Kartoffeln. Erhöhten Mineralstoffbedarf durch gutes Heu und Mineralstoffmischung (DLG IIIa) decken. (Die Fohlenaufzucht beginnt bereits im Mutterleib.) Im hochtragenden Zustand Massenfuttermittel (Hackfrüchte) einschränken. Kleine Mengen Saftfuttermittel (Möhren) wirken dagegen günstig auf die Verdauung. In den letzten 4—6 Wochen vorbeugend eine Wurmkur durchführen. 3—4 Wochen vor dem Abfohlen ist die zusätzliche Verfütterung von täglich 1½ kg eines Gemisches, bestehend aus Hafer, Weizenkleie und Leinkuchen, angebracht.

Vorbereitungen zur Geburt

Erstlingsstuten streicht man schon während der Trächtigkeit wiederholt am Euter, damit sie sich an die Berührung gewöhnen und das Fohlen nachher ungestört saugen lassen. Trächtigen Stuten sind etwa zwei Wochen vor dem Fohlen die Eisen abzunehmen und die Tiere bis zum Abfohlen in besonderen Einzelboxen unterzustellen. Diese sollen ruhig gelegen, hell sowie zugluftfrei sein und keine scharfen Ecken und Kanten aufweisen. Die Boxen müssen vor der Geburt gründlich gereinigt, mit Lysol desinfiziert und mit reiner trockener Streu versehen werden. Vor der Geburt ist die Stute am besten anzubinden, und zwar so, daß sie sich mit der Hinterhand nicht gegen die Wand legen kann. (Zu lange Schweife mit einer sauberen Binde einbinden.)

Anzeichen für das Herannahen der Geburt

Anschwellen des Euters; 8 Tage vor der Geburt Absonderung einer weißen, klebrigen Flüssigkeit („Harztropfen", die aus eingetrockneter Milch bestehen), die einige Tage vor dem Fohlen milchig erscheint. Bauch und Flanken vertiefen sich, Schleimabsonderung.

Die Geburt

Unmittelbar vor der Geburt wird die Stute unruhig, legt sich nieder, steht wieder auf, sieht sich ängstlich um und stellt sich zum Stallen. Vor und nach der in der Regel leicht verlaufenden Geburt (jede Hilfe möglichst vermeiden), welche meist im Liegen und in der Nacht (innerhalb 10—30 Minuten) erfolgt, After, Scheide und Euter mit lauwarmem Seifenwasser reinigen und mit 2%iger Lysollösung desinfizieren.

Nach der Geburt lasse man das Fohlen von der Stute ablecken oder reibe es mit einem Wollappen trocken. Der N a b e l s t r a n g s t u m p f des neugeborenen Tieres, der gewöhnlich nach der Geburt abreißt, soll unmittelbar danach mit Jodtinktur oder Lysol behandelt und täglich in ein Gläschen mit Jodtinktur oder Lysollösung getaucht werden, bis er restlos eintrocknet. Berühren mit den Fingern ist durchaus zu vermeiden (Gefahr der Übertragung von Bazillen — Fohlenlähme!). Bei starker Blutung Nabelende mit zwei Fingern längere Zeit zusammendrücken. Beim Abbinden dringen leicht Bazillen ein.

Die N a c h g e b u r t geht bald nach der Geburt ab — normal einige Minuten bis eine halbe Stunde danach. (Nachgeburt und Eihüllen vergraben oder verbrennen.) Da Stuten bei Zurückhalten der Nachgeburt für mehr als 24 Stunden fast ohne Ausnahme an mehr oder weniger schwerer Rehe erkranken, die unter Umständen einen tödlichen Verlauf nehmen kann, muß bald tierärztliche Hilfe zu Rate gezogen werden, wenn die Nachgeburt nicht innerhalb von 12 Stunden abgeht.

Nach dem Abfohlen erhält die Stute einen lauwarmen Kleie- oder Leinsamentrank. In den ersten Tagen nach der Geburt verabreiche man leichtverdauliche Futtermittel, wie Haferschrot, Weizenkleie, Leinmehl, Mohrrüben, Heu und etwas Grünfutter. Erst allmählich dann wieder zu der üblichen Fütterung übergehen.

Fütterung der säugenden Stute

Auf ausreichenden Eiweißgehalt des Futters ist zu achten, da andernfalls die Milchmenge verhältnismäßig schnell zurückgeht, worunter die Entwicklung des Fohlens leidet.

Die Tagesmilchleistung der Mutterstute schwankt von 8 bis etwa 25 kg. (Pferdemilch enthält etwa: 1% Fett, 2% Eiweiß, 6,5% Milchzucker.) Gesamtmenge während der Laktation 1100—1600 kg.

Futterration für ein 600 kg schweres Tier mit 15 kg Milchleistung:

1.	9 kg Hafer	2.	8 kg Hafer
	0,3 kg Bohnenschrot		5—6 kg bestes Heu
	6 kg Luzerneheu		3 kg Häcksel, etwas Rüben (Mohrrüben) bzw. Grünfutter
	3 kg Häcksel		

Aufzucht des Fohlens

Ernährung des neugeborenen Fohlens

Wichtig ist, daß das Fohlen bereits die zuerst abgesonderte Milch (Kolostralmilch) erhält, die mit wirksamen Schutzstoffen für das Tier angereichert ist und damit das Darmpech, das ist der bereits im Mutterleib angesammelte Kot des Jungen, abgeht. Andernfalls sind schwere Verdauungsstörungen die Folge. Vor dem Ansetzen des Fohlens an das gereinigte (3% Sodalösung oder ein mildes Desinfektionsmittel) Euter der Mutter sind, vornehmlich in den ersten Tagen, einige Strahlen Milch mit gründlich gewaschenen Händen in ein besonderes Gefäß zu melken. Der Kot muß ständig entfernt werden, und die beschmutzte Einstreu ist täglich durch frische zu ersetzen.

Künstliche Ernährung des Fohlens

Die Muttermilch reicht in den ersten 3—4 Lebenswochen zur Ernährung des Fohlens aus. Hat die Stute zu wenig Milch, auch bei künstlicher Ernährung, ist zusätzlich Kuhmilch (kuhwarm, nicht abgekocht) zu verabreichen. Da diese eiweiß- und fettreicher als Stutenmilch ist, dagegen weniger Milchzucker enthält, ist ein Zusatz von etwa ein Drittel Wasser und je Liter 20 g Zucker erforderlich. (Milch einer Kuh mit geringer Fettleistung verwenden.) Die ersten Tage und Wochen erhält das Fohlen alle 2—3 Stunden am Tage, nachts alle 3—4 Stunden je 1 Liter körperwarme Kuhmilch in obiger Zusammensetzung mit der Saugflasche verabreicht. Später können die Pausen verlängert (nur noch 4—5 Gaben) und die Milchmenge, je nach Entwicklungszustand des Fohlens, auf 10—15 Liter erhöht werden; Wasserzusatz allmählich fortlassen, dafür Magermilch, später Zusatz von gekochtem Haferschleim.

Die in der Regel 8—9 Tage nach dem Abfohlen bei der Stute eintretende Rosse ruft bei dem Fohlen einen leichten Durchfall hervor, der jedoch unschädlich ist und sich nach wenigen Tagen wieder verliert.

Behandlung des Fohlens

Bei schönem Wetter soll das Fohlen bereits einige Tage nach der Geburt mit der Mutter ins Freie kommen, wenn auch zunächst nur auf kurze Zeit. Wichtig ist, daß das junge Tier nicht zu viel herumsteht, sondern in Bewegung bleibt. Daher wird die Stute am besten etwas herumgeführt. Auch vor Nässe sind die jungen Tiere zu schützen, da Fohlenhaar schwer trocknet und dies Anlaß zu Erkältungen geben kann.

Fütterung des jungen Fohlens

2—3 Wochen nach dem Abfohlen kann die Mutter wieder zu leichter Arbeit verwendet werden. Man läßt aber in den ersten 6—8 Wochen alle 2—3 Stunden das Fohlen zu ihr, doch darf dieses nicht an der erhitzten Mutter säugen, noch zu hastig trinken. Zu lange Pausen zwischen den einzelnen Mahlzeiten sind also nachteilig. Das Fohlen kann nun bald frei neben der Mutter bei der Feldarbeit einherlaufen. Jede Weidemöglichkeit zusammen mit der Stute ist unbedingt auszunutzen.

Im Alter von 3—4 Wochen fängt das Fohlen allmählich zu fressen an. Man verabreiche etwas geschrotenen oder gequetschten Hafer (mit 0,5 kg täglich beginnend) und bestes, zartes Heu, in niedrig angebrachter Krippe (am besten auf der Erde stehend). Krippen und Raufen dürfen nicht zu hoch befestigt werden, sonst bekommt das Fohlen einen Senkrücken. Die Raufen für Rauhfutter sind so anzubringen, daß die Tiere beim Fressen den Kopf herunterhalten müssen. Dadurch wird die Entwicklung von Knochen und Muskeln an Hals, Brust und Rücken gefördert. Im umgekehrten Fall (Kopf in die Höhe) entstehen schlechte Rücken und nach unten herausgedrückte Hälse.

Je Lebensmonat werden neben feinem Heu täglich 0,5 kg gequetschter Hafer gerechnet. (Futteraufnahme im Alter von 8 Wochen etwa 1 kg Hafer und bis zum Absetzen 2—2,5 kg pro Tag.)

Mit 6—10 Wochen verliert das Fohlen die bei der Geburt mitgebrachten Flaum- oder Milchhaare, die dichter und wolliger und meist dunkler als die Deckhaare des erwachsenen Pferdes sind.

Säugezeit

Mindestens 4, besser 5—6 Monate. Das Absetzen des Fohlens soll nicht vor dem ersten Abhaaren erfolgen. *Muttermilch läßt sich durch kein Kraftfutter ersetzen!* Sie ist für das junge Tier die beste Nahrung und für den Betrieb die billigste Eiweißquelle.

Hufpflege

Das beste Pferd ist nicht mehr wert als sein schlechtester Huf! Die Tiere müssen an das Hochheben und Beklopfen der Hufe schon in der frühen Jugend gewöhnt werden. Im Alter von 4—6 Wochen beginnt die Hufpflege. Alle 5—6 Wochen sind die Trachten unter Verwendung von Hufmesser und Raspel zu beschneiden (bei Benützung des Haumessers würde das junge Tier zu sehr beunruhigt, und ist der Huf auf normales Wachstum zu untersuchen. Zu starkes Beschneiden des Strahles vermeiden.

Die Beseitigung oder *Verbesserung unregelmäßiger und fehlerhafter Beinstellungen* verspricht bei jungen Tieren mit noch weichen, nachgiebigen Gelenken den größten Erfolg. — Wenn Fohlen Bockhuf haben oder infolge Sehnenverkürzung nicht mehr durchtreten können, ist Beschlag erforderlich, auch wenn ein Fohlen den Huf an der Zehe zu stark abnutzt. In letzterem Falle genügt ein sogenanntes Halbmondeisen. — Trockene Ställe, trockenes, nicht zu weiches Stroh schützen vor Hufkrankheiten!

Wurmkur

Absatzfohlen müssen, auch wenn sie noch so gut aussehen, etwa 2—3 Wochen nach dem Absetzen ein „Wurmmittel" haben. Im Winter und später zweimal jährlich im Frühjahr und Herbst ist die Wurmkur zu wiederholen. (Etwa 94% der Absatzfohlen haben Spulwürmer!)

Trennung der Geschlechter

Die Geschlechtsreife kann bei Hengstfohlen so früh eintreten, daß eine Trennung der Geschlechter am besten schon bei oder kurz nach dem Absetzen vorzunehmen ist.

Fohlen müssen ruhig und liebevoll behandelt werden. Gütliches Zureden hilft bei Pferden sehr. Bösartige Pferde werden nicht geboren, sondern erzogen!

Pflege und Fütterung des Fohlens nach dem Absetzen

Mit dem Putzen ist möglichst frühzeitig zu beginnen, um die Tiere bald an den Umgang mit Menschen zu gewöhnen. Aus dem gleichen Grund empfiehlt es sich, dem Fohlen alsbald ein Halfter anzulegen. Je naturgemäßer die Fütterung, Haltung und Aufzucht ist, desto besser werden die Fohlen gedeihen. Die Qualität des Pferdes ist mehr abhängig von der Aufzucht (etwa 70%) als von der Paarung! Durch gute Fütterung kann auch ein mittelmäßiges Fohlen ein gutes Pferd werden.

Nach dem Absetzen sollen die Tiere auf eine gute Dauerweide kommen, wo sie auch über Nacht bleiben. (Möglichst Hofnähe.) Gute Weide ist die gesündeste, billigste und beste Haltungsart für Fohlen! Übergang zur Weidezeit allmählich vornehmen.

Hier erhalten sie täglich dreimal eine Kraftfutterbeigabe, bestehend aus einer Mischung von zwei Dritteln Haferschrot und einem Drittel Weizenkleie und Trockenschnitzeln und für Kaltblutfohlen wegen ihres raschen Wachstums (unter Eiweißzusatz) eine Mischung, bestehend aus: 60% Haferschrot, 20% Weizenkleie und trockene Zuckerschnitzel, 20% Eiweißfutter (Leinkuchen, Bohnen, Süßlupinen; von Leinkuchen bekommen die Tiere auch blankes Haar). Zur Erreichung tiefer, starkknochiger Figuren gibt man zweckmäßig außer Hafer auch anderes Korn einschließlich Trockenschnitzeln.

Bei schlechter Entwicklung erhalten die Tiere noch einige Wochen 10—15 Ltr. Magermilch täglich, die dicksauer sein kann. Für größere Saugfohlen und Absatzfohlen ist auch frische Molke ein gutes Futter. Sehr günstig wirkt sich regelmäßige Zugabe kleiner Mengen von Lebertran und Trockenhefe im ersten Lebensjahr aus (Vitaminzufuhr).

Die nach dem Absetzen neben guter Weide aufgenommene Kraftfuttermenge von 2—3 kg wird allmählich bis 4—5 kg je Tier und Tag gesteigert. Wo keine Magermilch oder Molke zusätzlich gegeben werden kann, ist, insbesondere bei den frühreifen, sich rascher entwickelnden Kaltblutfohlen, die Beimischung von etwa 15—20% Hülsenfruchtschrot zum Hafer zu empfehlen. Hengstfohlen schwerer Rassen, die zur Zucht vorgesehen sind, erhalten bis zu 6 kg Kraftfutter. Zu vermeiden sind aber zu hohe Eiweißgaben, die die Bildung von Gallen begünstigen.

Diese Kraftfuttermenge wird auch im ersten Winter bzw. zweiten Lebenshalbjahr verabreicht. Jetzt bekommen die Tiere an Stelle des Weidefutters bestes Luzerne- oder Kleeheu und 8—12 kg Rüben, insbesondere Möhren (siehe S. 427). Diese fördern die Tiefenentwicklung (Flankentiefe), namentlich in Verbindung mit gutem Luzerneheu. Kartoffeln gebe man dem größere Eiweißmengen bedürftigen Fohlen nicht. Zweckmäßig sind im Winter täglich 20 g kohlensaurer Kalk, 10 g Salz (Salzleckstein) und etwas Holzkohle.

Futterration für 3/4—1 Jahr alte Fohlen für den Winter:

4 kg Kraftfuttergemisch (Hafer mit etwas Hülsenfruchtschrot)	8—12 kg Möhren od. Futterrüben
	2 kg Spreu oder Häcksel
	4 kg Luzerne- oder Kleeheu

Das Kraftfutter kann sich auch zusammensetzen aus: 60% Hafer, 10% Gerste, 10% Erbsenschrot, 10% Trockenblatt, 10% Zuckerschnitzeln.

Absatzfohlen sollen auf jeden Fall nur gequetschtes Korn erhalten, um ihnen anfänglich die Kauarbeit zu erleichtern und um zu erreichen, daß sie genügend Korn aufnehmen.

Da das Fohlen im ersten Lebensjahr den größeren Teil seiner Entwicklung durchmacht, wobei das Kaltblut die schnellere Wachstumsintensität zeigt, ist auf ausreichende Ernährung und Pflege während dieser Zeit, besonders bei den frühreifen Kaltblutfohlen, zu achten!

Kastration

Die nicht zur Zucht bestimmten Hengstfohlen werden erst mit 1½ bis 2 Jahren (am besten im Frühjahr) zum Wallach geschnitten (kastriert), damit sich Brust und Vorhand kräftig entwickeln.

Fütterung der Fohlen im 2. Lebensjahr

Im 2. Lebensjahr kommt das Fohlen auf guter, nährstoffreicher Weide ohne besondere Kraftfutterbeigabe aus. Geringwertige oder nasse Weiden sind ungeeignet. Wichtig ist frühzeitiger Auftrieb, „sobald die ersten Grasspitzen die Hufkrone decken".

Tiere auf den Weidegang durch allmähliche Kürzung der Kraftfutterbeigaben einige Wochen vor dem Austreiben vorbereiten, dafür mehr Heu und Hackfrüchte verabreichen. In den ersten Wochen zur Vermeidung von Durchfall infolge reichlicher Aufnahme des jungen eiweißreichen Grases und als Nährstoffausgleich noch etwas Heu, Futterstroh oder Rübenschnitzel geben.

Täglicher Weidegrasverzehr etwa:

1jährige Kaltblutfohlen	25—35 kg
1½jährige Kaltblutfohlen	35—40 kg
2jährige Kaltblutfohlen	40—50 kg

Im 2. Lebensjahr sind die Tiere möglichst bis zum Spätherbst auf der Weide zu lassen. Sobald das Futter knapp wird, muß entsprechend zugefüttert werden. (Weidezeit im zweiten Jahr wenigstens 6 Monate.)

Von der Verfütterung zu großer Kraftfuttermengen im zweiten Winter ist abzusehen, da sich zu eiweißreiche Ernährung ungünstig auf den Körperbau der Tiere auswirkt und starkes Treiben einen unerwünschten frühzeitigen Abschluß der Gesamtentwicklung zur Folge hat. Das Überköten und die Entstehung von Gallen ist fast immer auf zu hohe Eiweißgaben zurückzuführen!

Je nach Rasse und Zustand erhalten Fohlen 6—8 kg gutes (!) Heu, 15—20 kg Rüben (Möhren), aber keine Zuckerrüben, von denen die Tiere leicht dicke Beine bekommen, etwa 2 kg Kraftfutter (80% Hafer und Gerste und 20% Leguminosenschrot), 2 kg Spreu (Häcksel).

Kaltblüter können einen Teil des Kraftfutters durch Zuckerschnitzel, Melasseschnitzel, Kartoffelflocken usw. ersetzt bekommen. Hierbei jedoch auf genügend Eiweiß in der Gesamtration achten. — Heu von Pferdekoppeln nicht an Fohlen und Mutterstuten verfüttern (Wurmgefahr).

Fütterung der Fohlen im 3. Lebensjahr

Im 3. Lebensjahr ist die Fütterung ähnlich wie im zweiten, d. h. also Weidegang ohne Beifutter, mit Ausnahme der zur Zucht bestimmten Hengste, die reichlicher zu ernähren sind. Im Winter ist dann neben Rüben und Heu, je nach Entwicklungszustand, wieder etwas Kraftfutter zu geben.

Futterbedarf

	Fohlen im 1. Jahr dz	Fohlen im 2. u. 3. Jahr zus. dz
Kraftfutter	10—12	8—10
Heu	8	30
Rüben	etwas Möhren	80

Über Winter werden Fohlen am besten in Laufställen untergebracht, in denen sie sich frei bewegen können. Ein Fohlenstall soll hell, luftig und, namentlich für ältere Fohlen, nicht zu warm sein. Zugluft und Feuchtigkeit auf jeden Fall vermeiden. Schuppen oder leerstehende Scheunen, gegebenenfalls mit einer Zwischendecke aus Stangen und Stroh, sind völlig ausreichend. Ein sich bildender dicker Haarpelz bietet ausreichenden Kälteschutz, und die so gehaltenen Fohlen bleiben gesund und widerstandsfähig. Im Pferdestall sind Fohlen meist zu warm untergebracht. Auch im Winter müssen die Tiere bei schönem Wetter genügend Bewegung in frischer Luft durch Auslauf haben. **Unterbringung der Fohlen im Winter**

Geburtsgewicht: 35 bis 70 kg. Gewichtszunahme in den ersten 3 Monaten etwa 87 kg. Mit dem Abschluß des ersten Lebensjahres soll das Fohlen rund zwei Drittel des endgültigen Körpergewichts von 550 bis 750 kg = 350 bis 450 kg erreichen. Mit nahezu 2 Jahren wiegt das Fohlen 310—385 kg und mit 3 Jahren 400—500 kg, je nach Rasse oder Schlag. **Gewichtsnormen**

Fütterung der Arbeitspferde

Die Erzeugung von Körperkraft wird am zweckmäßigsten und billigsten aus Kohlehydraten (Stärke, Zucker) bestritten. Das Arbeitspferd benötigt daher kein besonders eiweißreiches Futter (Eiweiß-Stärkeverhältnis 1:10). **Allgemeines**

Für Wagen- und Reitpferde, von denen Leistungen in rascher Gangart verlangt werden, ist Hafer das geeignetste Futtermittel. Es enthält in ziemlich hohem Maß anregend wirkendes, leicht lösliches Fett. Alle sonstigen landwirtschaftlichen Arbeitspferde, sowohl Kalt- als auch Warmblut, können zumindest einen Teil der Haferration durch anderes Futtergetreide usw. ersetzt erhalten. Dadurch lassen sich die hohen Futterkosten der Pferdehaltung wesentlich senken. Bringt doch Hafer auf der Flächeneinheit erheblich geringere Erträge als viele andere Futterpflanzen. Zu beachten ist aber, daß Temperament und Arbeitsleistung unter einer nicht ganz richtigen Zusammensetzung des Futters leiden.

Pferde sollen niemals mehr Fleisch haben, als daß man beim leichten Überstreichen die Rippen fühlt. Anderseits benötigen heruntergekommene Pferde viel Futter, bis sie wieder voll leistungsfähig sind. Daher Überanstrengung der Tiere vermeiden. Bei zu erwartender erhöhter Arbeitsleistung Futterzulage bereits 1—2 Wochen vorher geben.

Der einfache Magen ist im Verhältnis zur Körpergröße klein (etwa 15 Ltr. Fassungsvermögen), der Darmkanal etwa zehnmal länger (20 bis 25 m) als die Entfernung vom Maul bis zum After. Das Pferd besitzt also einen viel kleineren Magen als die Kuh. Es kann nicht auf Vorrat fressen und damit einen Tag durchgehend arbeiten. Es braucht daher 3 Mahlzeiten am Tage. Ferner kann der Mageninhalt nicht wie bei anderen Tieren durch Erbrechen entleert werden, da der Mageneingang durch einen Schließmuskel gebildet wird, der das aufgenommene Futter nicht wieder in die Speiseröhre zurückläßt. Aus gleichem Grunde können Pferde nicht rülpsen, so daß beim Pferd auffallend häufig Darmgase aus dem After abgehen. Es sind also möglichst konzentrierte Futtermittel zu verabreichen. Weniger geeignet sind blähende und stark voluminöse Futtermittel, besonders bei schwer arbeitenden Tieren. Maßzuhalten ist auch mit sehr wäßrigem Futter, z. B. ganz jungem **Verdauung**

Grünfutter und Schlempe (Kaltblüter sind hierin weniger empfindlich als Warmblüter).

Der Kot des gesunden Tieres soll geballt, trocken und glanzlos sein und keinen unangenehmen Geruch haben. Darin enthaltene ganze Haferkörner sind ein Zeichen von Verdauungsstörungen bzw. fehlerhafter Fütterung. Im Durchschnitt werden täglich 10—15 kg Kot und 4—5 Ltr. Harn ausgeschieden. (Bei nur zeitweisem Stallaufenthalt.)

Wasserbedarf

Pferde sind gegen Durst empfindlicher als gegen Hunger. Bei starkem Durst fressen sie schlecht oder auch gar nicht. Ein ruhendes Pferd säuft bei Trockenfutter täglich 20—30 Ltr., ein arbeitendes 35—45 Ltr., und zwar mehr nachmittags.

Das Tränken hat stets vor der Fütterung und nicht unmittelbar danach zu erfolgen, sonst wird bei der Kleinheit des Magens dieser leicht überlastet und ein Teil der Körner unverdaut in den Darm gespült, was Koliken begünstigt! Letzteres trifft insbesondere für Grünfutter zu: Darum: „Erst das Tränken, dann das Futtern, umgekehrt ist's wie bei Muttern."

Erhitzte Pferde dürfen erst nach Abkühlung getränkt werden und zwar am besten mit etwas abgestandenem Wasser (auch im Winter). Gegebenenfalls ist etwas Heu auf den Tränkeimer zu legen, um zu hastiges Saufen zu vermeiden. Es empfiehlt sich auch, erhitzten Pferden in der warmen Jahreszeit zunächst einige Runkeln, Möhren oder sonstiges Saftfutter zu geben, dann kommen die Speicheldrüsen besser in Tätigkeit und das Körnerfutter rutscht besser.

Das Wasser muß von einwandfreier Beschaffenheit sein. (Man soll nie Wasser trinken, das Pferde verschmähen. Dem Pferd kann man unbedingt vertrauen, nicht aber dem Hund, der jedes, auch noch so verseuchte Wasser nimmt, wenn er durstig ist.)

Futtertechnik

Den Arbeitspferden ist unbedingt genügend Zeit zum Fressen zu lassen. Am Morgen ist 2 Stunden vor Beginn der Arbeit zu füttern. Schwer arbeitende Gespanne müssen 2 Stunden Mittagspause haben. Dies gilt besonders bei Eintritt der wärmeren Jahreszeit. Sofortiges Anspannen nach dem Füttern ist zu vermeiden.

Die Hauptmahlzeit erfolgt am Abend, da die Tiere während der Nacht die beste Zeit zur Verdauung haben. In der Mittagspause ist das Geschirr abzunehmen.

Das Körnerfutter wird in 2—3 Teilen gegeben, damit besonders gierig fressende und futterneidische Pferde nicht das ganze Futter auf einmal hinunterschlingen und dabei Futter verstreuen. Häckselfutter soll nur in kleinen Mengen vorgelegt werden. Häcksel zieht die Feuchtigkeit der von den Pferden ausgeatmeten Luft an, wird warm, verliert dadurch an Schmackhaftigkeit und setzt die Freßlust der Tiere herab. Daher müssen vor jedem erneuten Futtereinschütten noch in der Krippe befindliche Häckselreste stets entfernt werden. Das Pferd ist auch gegen alles verdorbene, verschmutzte oder sonstwie gesundheitsschädliche Futter sehr empfindlich.

Kleine grüne Kügelchen in der Krippe, die aus zusammengedrehten Heuteilchen bestehen, sind das Zeichen für ein schadhaftes Gebiß des Pferdes. (Siehe S. 413.) Tierarzt zu Rate ziehen.

Häcksel

Die meisten Pferde sterben an Kolik, deren Ursache in der Mehrzahl der Fälle in einer unzweckmäßigen Häckselfütterung zu suchen ist. Das beste Vorbeugungsmittel ist neben mäßigen

Häckselgaben (nicht über 3 kg täglich) reichlich gesundes Heu. Stroh soll nicht kürzer als 2½, besser 3 cm lang gehäckselt werden (daumengliedlang), damit die Tiere es vor dem Verschlucken intensiv kauen und genügend einspeicheln, wodurch auch die Verdaulichkeit erhöht wird. Andernfalls besteht infolge Zusammenballens der Futtermasse Verstopfungsgefahr. Je kürzer der verabreichte Häcksel, desto mehr heile Körner finden sich im Pferdedung wieder. Daher das Sprichwort: „Kurzer Häcksel macht magere Pferde, aber fette Sperlinge!"

Häcksel aus Weizenstroh ist infolge seiner harten Beschaffenheit kolikfördernd, und es können sehr hartnäckige Fälle auftreten. D a h e r n u r R o g g e n s t r o h v e r w e n d e n. Häcksel kann in der Pferdefütterung gut durch Weizenspreu (möglichst gesiebt — Fremdkörper!) oder Rapsschalen ersetzt werden. (G e q u e t s c h t e s F u t t e r k o r n erfordert keine Häckselbeigaben, bei ganzen Körnern ist eine Handvoll Häcksel zweckmäßig, aber nicht unbedingt erforderlich.

Wenn zu dem gequetschten Korn Melasse oder Trockenschnitzel gegeben werden, reicht die Menge zum Füllen des Magens in den kurzen Futterzeiten aus; bei längeren Futterzeiten ist Heu oder Haferstroh aufzustecken. A l s o k e i n H ä c k s e l, a b e r g e q u e t s c h t e s K o r n u n d r e i c h l i c h R a u h f u t t e r. Mit letzterem soll das Pferd die Kauwerkzeuge üben, nicht an gesundheitsschädlichem Häcksel.

Hackfrüchte

Als Zu- und Füllfutter kommt auch sauberes Rübenblatt in gewissen Mengen in Frage, ferner die sehr bekömmlichen Runkeln oder besser noch Möhren. Sämtliche Hackfrüchte, auch Kartoffeln, sind nur in sauberem Zustand und zerkleinert zu verabreichen und, um zu hastiges Schlucken zu vermeiden und das Tier zum Kauen anzuregen, mit 4—5 cm langem Häcksel zu vermischen. U n g e s c h n i t t e n e W u r z e l f r ü c h t e erfordern vom Pferd unnötigen Energieaufwand, auch stellen sich leicht Kaubeschwerden ein.

In arbeitsreichen Zeiten sollten Pferde kein Füll- oder Ballastfutter erhalten, wie z. B. gedämpfte Kartoffeln, die dem Tier zwar ein gutes Aussehen verleihen, es aber stark schwitzen lassen.

Trockenfütterung

Trockenfütterung zwingt das Tier dazu, länger zu kauen und mehr einzuspeicheln. Den Tieren muß dann zwar etwas mehr Zeit zum Fressen gelassen werden, so daß das Körnerfutter bei gemischter Fütterung am besten abends gegeben wird, sie sind aber im allgemeinen ausdauernder als „naß" gefütterte Pferde. Diese haben bei entsprechenden Futtermengen wohl ein gutes Aussehen, fallen aber bei schwerer Arbeit schneller ab. D a s F u t t e r d a r f a l s o h ö c h s t e n s s c h w a c h a n g e f e u c h t e t w e r d e n, um das Wegpusten das Häcksels zu verhindern.

Bei Grünfütterung Körner vor dieser (½ bis 1 Stunde) geben, weil die Körner sonst leicht unverdaut abgehen. Das gleiche trifft für größere Heugaben zu, die, unmittelbar nach dem Körnerfutter gereicht, dieses aus dem Magen verdrängen, bevor es voll verdaut ist.

Ganze oder gequetschte Körner

Q u e t s c h e n (nicht Schroten) d e s K o r n s i s t i m m e r z u e m p f e h l e n! Man gewinnt durch bessere Ausnutzung des gequetschten Kornes mindestens 1—1½ Pfund je Pferd und Tag, erleichtert jungen Tieren beim Zahnwechsel und alten Pferden, deren Zähne stumpf geworden sind, das Kauen und eine bessere Verdauung. An untersuchten Pferdeäpfeln zeigt sich immer wieder, wieviel ganze Körner unverdaut ausgeschieden werden!

Kolikverhütende Mittel

1. Mäßige Häckselgaben (nicht über 3 kg täglich).
2. Kein Weizenstroh, sondern nur gesundes Roggenstroh zum Häckseln verwenden. (Länge mindestens $2^1/_2$ cm, besser nicht unter 3 cm.)
3. Stets vor dem Füttern tränken.
4. Nur sauber gewaschene Hackfrüchte verabreichen (Sandkolik!)
5. Melassefuttermittel sind kolikverhütend, da leicht abführend.
6. Regelmäßige Beigabe von Trockenschnitzeln.
7. Als sicherstes Vorbeugungsmittel gilt eine starke Gabe von gesundem Heu (auch vor jeder Grünfütterung), so daß die Tiere nicht im nassen oder verdorbenen Streustroh herumfressen.
8. An Sonn- und Feiertagen die Tiere eher zu knapp als zu reichlich füttern und vor allem keine Extrarationen geben.
9. Jeden Futterwechsel allmählich, im Verlauf von mehreren Tagen, vornehmen.
10. Den Pferden wenigstens einmal im Jahr ein Wurmmittel geben, da Koliken vielfach durch Wurmbefall hervorgerufen werden.
11. Zur Vermeidung einer Erkältungskolik die Tiere bei kaltem Wetter nicht lange in durchnäßtem oder erhitztem Zustand stehen lassen (trockenreiben, zudecken — siehe S. 413).
12. Kein sehr kaltes Wasser, bereiftes oder gefrorenes Futter reichen.

Kolik-Behandlung

Verstopfungskolik: Pferden nichts zu fressen geben, vor allem kein Häcksel. Wasser darf gereicht werden. Reichlich einstreuen. Prießnitzumschläge, Stroh-Massage des Hinterleibs mit Terpentinöl und Spiritus, zu gleichen Teilen vermengt. Klistiere mit lauwarmem Wasser. Erkältungskolik: warme Bauchwickel anlegen.

Mittel gegen Durchfall

Durchfallserscheinungen werden mit pulverisierter Eichenrinde schnell und billig behoben. (Je Pferd und Mahlzeit ein Eßlöffel voll auf das Futter schütten.) Oder mit geröstetem Hafer.

Verschlag

Verschlag: Von Kreuzverschlag werden bevorzugt gutgenährte Tiere (in der Hauptsache Kaltblutpferde) nach längerer Stallruhe und Temperaturwechsel befallen. Erste Anzeichen: Steifer Gang, Schweißausbruch. Sofort in den nächsten Stall und Tierarzt rufen!

Vorbeugende Maßnahmen

An Ruhetagen möglichst keine zuckerhaltigen Futtermittel (Zuckerrüben, Melasse usw.) verabreichen. Bei mehrtägiger Stallruhe Pferde täglich im Trab bewegen, Fenster und Türen offenhalten, dazu nur die halbe Futterration geben, mit wenig Eiweiß und Stroh statt Heu. Erfahrene Pferdehalter reichen den Pferden am ersten Arbeitstag nach längerer Ruhe früh Weizenkleie mit einem Eßlöffel Kochsalz.

Nach Ehrenberg erübrigt sich zusätzliche Bewegung der Tiere, wenn $^1/_2$ Tag vor bis zum Morgen des Ruhetages nur die halbe Kraftfuttergabe und Stroh statt Heu gereicht werden.

Nährstoffbedarf eines 600 kg schweren Pferdes je Tag (nach Richter):

	Verdaul. Eiweiß g	Stärkeeinheiten	Trockenmasse kg
leichte Arbeitsleistung	500	5000	12—15
mittlere „	650	6000	12—15
schwere „	850	7500	12—15
sehr schwere „	950	9000	12—15

Tagesfutterbedarf bei gewöhnlicher Arbeit und reiner Haferfütterung:

	Hafer	Häcksel	Heu	Stroh
leichtes Pferd	3 kg	3 kg	5 kg	3 kg
mittelschweres Pferd	5 kg	3 kg	5 kg	3 kg
schweres Pferd	8 kg	3 kg	5 kg	3 kg

Allerdings ist die H^3-Fütterung (Hafer, Heu, Häcksel) unwirtschaftlich und in heutiger Zeit nicht mehr zu vertreten! (Je 15 dz Hafer u. Heu/Jahr!)

Futtermittel-austausch

1 kg Hafer kann in der Pferdefütterung ersetzt werden durch:

		Höchstgabe je Tag und Kopf
3,5 kg	rohe Kartoffeln	15—20 kg
4 „	frisch gedämpfte oder eingesäuerte Kartoffeln	25 „
0,8 „	Kartoffelflocken	7 „
15—16 „	Kartoffelschlempe	20 „
1 „	getrocknete Kartoffelpülpe	4 „
4 „	zerkleinerte rohe Zuckerrüben	25 „
5 „	gehaltsreiche Futterrüben	25 „
7,5 „	Massenrunkelrüben	40 „
6 „	Möhren	20 „
11 „	Kohlrüben	20 „
12 „	Wasser- oder Stoppelrüben	15 „
5—6 „	frisches Zuckerrübenblatt	20 „
1 „	getrocknete Rübenblätter	6 „
1 „	Trockenschnitzel	3 „
1 „	Zuckerschnitzel	4 „
1 „	Melassemischfuttermittel	4—5 „
6—7 „	Gärfutter von eiweißreichen Pflanzen	20 „
7—8 „	Gärfutter von weniger eiweißreichen Pflanzen	20 „
5 „	Luzerne	40 „
6 „	Wickroggen	30 „
0,75 „	Körnermais	7 „

Beschreibung der einzelnen Futtermittel

Getreide

H a f e r : für Pferde das zuträglichste und einfachste Futter (siehe auch S. 421). Allerdings liegt sein Nährwert etwa 20% unter dem der anderen Kornarten. Hafer neuer Ernte muß entsprechend abgelagert sein. Frischverfütterung kann Kolikerscheinungen oder sogar das Auftreten von Rehe (Hufverschlag) zur Folge haben. Zumindest ermüden und schwitzen die Tiere schnell.

W e i z e n : kein schlechtes Pferdefutter (ähnlich Gerste), aber zu teuer.

R o g g e n : Die Hälfte der Kraftfutterration kann aus Roggenschrot bestehen. Auf gute Vermischung mit Häcksel und allmählichen Übergang achten. Vorsicht mit nach der Ernte frisch gedroschenem Roggen (Kolikgefahr!). Diesen unbedingt einen Tag vor dem Verfüttern, nach vorherigem Aufkochen, über Nacht auf warmer Herdplatte aufquellen.

G e r s t e : kann bis zur Hälfte an Stelle der Haferration treten. Einseitige Fütterung mit Gerste verleiht den Pferden zwar ein gutes Aussehen, beeinträchtigt aber Energie und Ausdauer der Tiere. F r i s c h e G e r s t e ist noch g e f ä h r l i c h e r als frischer Hafer. Gerste leicht quetschen.

W e i z e n k l e i e : wirkt abführend, regt aber in kleinen Mengen von 1—2 kg die Verdauung an! Trocken oder leicht angefeuchtet geben.

R o g g e n k l e i e : weniger geeignet, doch sind mäßige Gaben möglich. — Kleie wird in kochendem Wasser überbrüht und nach dem Abkühlen dem Kraftfutter zugesetzt. Kleiereste säuern in den Futterkrippen schnell!

M a i s : leicht verdaulich, Futterwert liegt über Gerste und Weizen. Da eiweißarm, Heugabe verstärken. Mittelfein schroten. 1,5 kg ersetzen 2 kg Hafer. Mais kann $^2/_3$ der Körnermenge ausmachen. In zu großen Mengen verabreicht, werden Pferde leicht fett, schwitzen übermäßig und lassen in ihrer Arbeitsleistung nach. Zur Maisfütterung allmählich übergehen.

Hülsenfrüchte

Maiskolbenschrot: nur bei absolut schimmelfreier Ware verfüttern. Im Stärkewert entspricht es etwa dem Hafer.

Hülsenfrüchte: wirken leicht blähend und durch Bitterstoffgehalt stopfend.

Ackerbohnen: bekömmlichste Hülsenfrucht, da nicht so bitter und deshalb weniger blähend und verstopfend. Möglichst nur an angestrengt arbeitende Tiere größerer Rassen, höchstens bis zur Hälfte der sonst üblichen Körnergabe (3 kg) verabreichen. (Zuchthengst: Anregung des Geschlechtstriebes und Förderung der Samenerzeugung.)

Erbsen, Wicken, Süßlupinen: an schwere Pferde bis 1,5 kg je Tier und Tag. (Wicken sind weniger geeignet, da bitter und ungern aufgenommen.)

Rübenschnitzel

Trockenschnitzel: werden am besten gut angefeuchtet verfüttert; Mengen über 0,5 kg je Mahlzeit vorher in etwa der gleichen Wassermenge einquellen. (20 g Salz zur Geschmacksverbesserung empfohlen.) — Weit besser eignen sich die vollwertigen Zuckerschnitzel als Pferdebeifutter. Sie sind in ungeschrotenem Zustand ebenfalls vorher einzuquellen. Einweichbehälter täglich reinigen. Schnitzelreste gären leicht!

Futterbeispiel (nach Richter):

Zuckerschnitzel . . .	4 kg	Wiesenheu	5 kg
Hafer	2,5 kg	Futterstroh	3 kg
Spreu, Häcksel . . .	3 kg		

Frische Rüben(Naß-)schnitzel: können bei schwacher Arbeit mit 10—15 kg je Tag verfüttert werden, erfordern aber Beigabe von eiweißreichem Heu, Hülsenfruchtschrot u. a.

Melasse

Grüne Melasse: wirkt geschmackverbessernd und günstig für die Verdauung. Der hohe Salz- und Zuckergehalt wirkt leicht abführend und vermindert dadurch die Kolikgefahr. Saubere Krippen (Fliegengefahr).

Tägliche Gaben von 1,5 bis 2 kg und bei Melassemischfuttermitteln, die etwa 50% Melasse enthalten (Trockenschnitzel-, Biertreber-, Weizenkleiemelasse usw.), die doppelte Ration, können verabreicht werden. Bei gleichzeitig starker Rübenfütterung tritt leicht Durchfall ein.

Trockenblatt

Getrocknete Rübenblätter: schmutzfrei — oder vor der Trocknung gründlich gewaschen — bilden ebenfalls einen sehr guten Haferersatz und haben kolikverhütende Wirkung. Bei angestellten Versuchen wurde Hafer bis zur Hälfte durch getrocknete Rübenblätter ohne zusätzliche eiweißhaltige Futtermittel ersetzt. Trockenblatt vor der Verfütterung leicht anfeuchten. (50 kg Trockenblatt ersetzen nährstoffmäßig etwa 30 kg Gerste.)

Futterbeispiel:	Art der Arbeit		
	leicht	mittel	schwer
Trockenblatt	4	5	4
Zucker- bzw. Melasseschnitzel .	1	1	1,5
Kartoffelflocken	—	—	1,5
Hafer	1,5	1,5	1,5
Wiesenheu	2	2	3
Futterstroh	3	2	—
Häcksel	3	3	3

Kartoffelflocken

Kartoffelflocken: mäßig anfeuchten; diese können mindestens 1/3 des Körnerfutters ersetzen (5 kg). Krippen sauberhalten!

Schlempe

Kartoffelschlempe: muß frisch und noch warm sein, auch auf saubere Krippen achten! Über 20 l Tagesgabe nicht hinausgehen.

Getrocknete Schlempe, Malzkeime, Biertreber und Mahlabfälle: können gewichtsmäßig bis zur Hälfte die Haferration ersetzen. Geringe Mengen Malzkeime sind auch für Fohlen sehr gedeihlich, leicht verdaulich und phosphorreich. Bei mehr als 2 kg pro Kopf treten infolge des Amidgehaltes bei jungen Tieren leicht Verdauungsstörungen auf.

Kartoffeln

Kartoffeln: Erprobtes Ersatzfuttermittel für Hafer, in rohem, gedämpftem, eingesäuertem (10—20 kg/Kopf) oder getrocknetem

(4—5 kg/Kopf) Zustand. Nur vollkommen gesunde, keimfreie, nicht ergrünte und sauber gewaschene Kartoffeln (Sandkolik!) verwenden, dann vertragen Pferde auch rohe, zerkleinerte Kartoffeln sehr gut.

Am zweckmäßigsten werden Kartoffeln morgens und abends, Körnerfutter dagegen mittags verabreicht. Etwa 5 kg gutes Wiesenheu je Tier und Tag sind bei der Kartoffelfütterung zur Ergänzung des Eiweißbedarfs erforderlich, gegebenenfalls auch eiweißreiches Hülsenfruchtstroh (andernfalls macht sich bei den Tieren sehr bald starkes Schwitzen bemerkbar). Ferner 100 g Mineralgemisch (1/3 Schlämmkreide, 1/2 phosphorsaurer Kalk, 1/6 Viehsalz) oder Ramikal.

Das Dämpfen muß täglich erfolgen, da angesäuertes Futter schädlich ist. Um zu hastiges Fressen der gedämpften und zerdrückten wie auch der eingesäuerten Kartoffeln zu vermeiden, sind diese, mäßig angefeuchtet, mit 4—5 cm langem Roggenstrohhäcksel (nicht Spreu, Hafer- oder Gerstenstrohhäcksel) zu vermischen. Dadurch erfolgt besseres Durchkauen und langsames Abschlucken des Futters.

Futterbeispiele

		Art der Arbeit				
		leicht		mittel		schwer
		a)	b)	a)	b)	
Kartoffeln	kg	8	12	10	15	12
Hafer	kg	2	—	3	—	4
Wiesenheu	kg	3	5	4	8	5
Futterstroh	kg	4	3	3	1	1
Häcksel	kg	3	3	3	3	3

Futteranweisung nach Weißermel: 60 kg gedämpfte oder bis zu 15 kg Trockenkartoffeln auf 1000 kg Lebendgewicht je Tag, gleichzeitig nur Rauhfutter (Wiesenheu und Strohhäcksel) verfüttern. Kartoffeln nach dem Dämpfen sofort in eine etwa 2/3 mit Wasser gefüllte Tonne schütten. Vor der Verfütterung durch Rühren gut mit Wasser vermischen, dann auf sauberes, gesundes Roggenstrohhäcksel schütten und mit dem Häcksel vermengen.

Futterrüben

Futterrüben (möglichst nur Gehaltsrüben), werden am besten bei schwacher Leistung in den Wintermonaten verabfolgt. Die Runkelrübe ist als Pferdefutter der Kohlrübe überlegen. Zerkleinerung der Rüben empfiehlt sich stets. Das fehlende Eiweiß ist durch Beifütterung von 6—8 kg gutem Wiesenheu zu ergänzen und das schon bei der Kartoffelfütterung erwähnte Mineralgemisch zu verabreichen.

Tragenden Stuten nicht mehr als 15—20 kg Rüben pro Tag geben.

Tagesration für ein etwa 600 kg schweres Pferd (kg):

	Art der Arbeit				
	leicht		mittel		schwer
	a)	b)	a)	b)	
Runkeln	20	—	15	—	15
Gehaltsrüben	—	25	—	25	—
Hafer	4	—	6	2,5	8,5
Hülsenfruchtschrot	—	—	—	0,5	—
Häcksel	3	3	3	3	3
Wiesenheu	5	5	5	5	5
Hülsenfruchtstroh	—	—	—	2	—

Futtermöhren

Futtermöhren: Etwa gleicher Nährwert wie Gehaltsrüben, leicht verdaulich. Sie haben eine diätetische und leicht abführende

Wirkung und sind ein gutes Mittel gegen Druse, Wurm- und Darmkrankheiten der Pferde. Die Tiere bekommen glattes, glänzendes Haar, auch wird der Haarwechsel gefördert. Mohrrüben sind besonders auch für Fohlen sehr geeignet. Arbeitspferde erhalten 15—20 kg täglich. Tragenden Stuten sind nur kleine Mengen zuträglich. (Gefahr des Verfohlens.) Mohrrüben werden unzerkleinert verfüttert.

Zuckerrüben

Zuckerrüben: Bei gutem Heu als Grundfutter lassen sich ohne weiteres 3 kg Hafer durch etwa 10 kg sauber gewaschene und zerkleinerte Zuckerrüben (sehr eiweißarm), mit Häcksel vermischt, ersetzen. Bei vollständigem Austausch werden bei schwerer Arbeit neben 6—8 kg gutem Wiesenheu etwa 25 kg Zuckerrüben benötigt. (Höchstgabe für schwere Arbeitspferde.)

Zu starke Verfütterung von zuckerhaltigen Futtermitteln begünstigt das Schwitzen und durchfallähnliche Erscheinungen und fördert die Neigung zum Verschlag (auch Hufrehe). Besonders an Ruhetagen ist anzuraten, die Verfütterung von Zuckerrüben einzuschränken oder besser ganz einzustellen. (Siehe S. 424.)

Futterbeispiele

Futterbeispiele:

	Art der Arbeit			
	leicht		mittel	
	a)	b)	a)	b)
Zuckerrüben	8 kg	15 kg	12 kg	20 kg
Hafer	2 „	—	2 „	—
Hülsenfruchtschrot	—	—	1/2—1 „	1 „
Trockenblatt	—	1 „	—	1,5 „
Häcksel	2 „	3 „	2 „	3 „
Luzerneheu	—	5 „	—	5 „
Wiesenheu	5 „	—	5 „	—
Hülsenfruchtstroh	—	2 „	—	—
Futterstroh	2 „	—	2 „	—

Da auch die Zuckerrübe wenig Kalk und Phosphorsäure enthält, empfiehlt sich bei Verfütterung von weniger gutem Heu eine tägliche Zugabe von 100 g Mineralgemisch, wie bei Kartoffeln.

Zuckerrübenblätter

Zuckerrübenköpfe und -blätter (am besten gewaschen und geschnitzelt) werden bis zu 20 kg von den Pferden aufgenommen und können einen Teil der Haferration ersetzen. Bei starker Zugleistung fehlendes Eiweiß durch gutes Wiesenheu oder andere eiweißreiche Futtermittel ergänzen.

Futterbeispiel

Zuckerrübenblatt	20 kg	Wiesenheu	5—6 kg
Hafer — Gerste	3 kg	Spreu, Häcksel, satt Futterstroh	
Zuckerrübenschnitzel oder Kartoffelflocken	2 kg		

Gärfutter

Einwandfreie, zerkleinerte Silage von blattreichen Pflanzen kann bei Stallruhe und leichter Arbeit unter Zugabe von Beifuttermitteln in Mengen von 15—20 kg verabreicht werden.

Grünfutter

Grünfutter: Möglichst frisch verfüttern. Welkes, erhitztes, auf Haufen liegendes Grünfutter ist schädlich und kann schwere Verdauungsstörungen hervorrufen. Bei Grünfutter muß unbedingt vor dem Füttern getränkt werden. Körner sind $^1/_2$—1 Stunde vor der Grünfütterung zu verabreichen, weil die Körner sonst leicht unverdaut wieder abgehen. Grünfutter wird in jungem Zustand je Tier und Tag in Mengen von 80—110 kg, in älterem Zustand in Mengen von 50—60 kg aufgenommen. (Etwas älteres Futter ist besser geeignet als ganz junges.) Die Gaben sind jedoch auf 30—50 kg Tagesration, je nach Arbeitsleistung und Futterart, zu beschränken, um Eiweißverschwendung und Eiweißüberfütterung zu vermeiden. Bei übermäßigen Grünfuttergaben werden die Tiere leicht zu fett, und bei zuviel Eiweiß schwitzen sie unnötig. Sehr junges, wasserreiches Grünfutter wird zur Vermeidung von Kolik und Durchfällen am besten mit 4—5 cm langem Strohhäcksel vermischt.

Geeignetes Grünfutter ist Luzerne, Kleegras, Süßlupine, Esparsette, Wiesengras sowie Mengfutter von Wicken, Erbsen und Hafer. Dieses darf mit Rücksicht auf den hohen Eiweißgehalt aber nicht bis zur Sättigung gereicht werden, sondern ist durch eiweißarme Futtermittel (Trockenschnitzel, Kartoffelflocken, Kartoffeln) zu ergänzen.

70 kg Luzerne oder junges Gemenge enthalten die doppelte Menge, Rotklee und Kleegras 70% der benötigten Eiweißration! Durch Beifütterung von Futterstroh, Trockenschnitzeln, Kartoffelflocken oder Kartoffeln läßt sich hier bei gleichzeitiger Senkung der Grünfuttermengen ein Ausgleich schaffen.

Bei reiner Luzernefütterung in sehr jungem Zustand können Vergiftungserscheinungen (Gelbfärbung der Schleimhäute usw.) auftreten. Besonders in nassen, sonnenarmen Sommern ist hierin große Vorsicht geboten! (Kolik, Kreuzverschlag). — Reiner Schwedenklee ist kein geeignetes Grünfutter. (Siehe S. 289.)

Futterration für ein 650 kg schweres Pferd (nach Richter):

1. 40 kg Klee oder Kleegras
   1,5 kg Kartoffelflocken oder Zuckerschnitzel — satt Futterstroh und Spreu

2. 25 kg Luzerne
   2 kg Zuckerschnitzel
   2 kg Kartoffelflocken — satt Futterstroh und Spreu

3. 35 kg Wicken-Peluschkengemenge
   2 kg Kartoffelflocken
   1,5 kg Zuckerschnitzel — satt Futterstroh und Spreu

Wiesengras: ist mit einem Eiweiß : Stärkeverhältnis von 1:6—7 ein recht brauchbares Grünfutter, besonders wenn ein reichlicher Anteil von Leguminosen enthalten ist, und sollte daher stärker als bisher zur Pferdefütterung herangezogen werden. Arbeitspferde kommen mit 30—50 kg täglich, je nach leichter bis schwerer Arbeit, und Futterstroh ohne Beifutter aus. (Wiesengras aber täglich frisch mähen!)

Weide

Eine gute Pferdeweide muß trocken (Entwicklung dauerhafter Hufe, guter Muskelkraft und entsprechender Gang) und mit guten Gräsern bestanden sein. Frisches, gesundes Wasser und eine Schutzhütte gegen starke Sonnenhitze sind erforderlich. Da Pferde allein die Weide verderben, weil sie immer auf derselben Stelle grasen (siehe auch S. 395), lasse man die Tiere zwischen der Kuhherde gehen. Futteraufnahme eines mittelstarken Tieres etwa 70—80 kg täglich. — Während arbeitsärmerer Zeit, auch über Sonntag, sind die Pferde in einen Grasgarten oder auf die Weide zu treiben. Das erspart Futter und die Tiere bleiben leistungsfähiger.

Rauhfutter

W i e s e n h e u : ist absolutes Pferdefutter mit gutem Eiweiß-Stärke-Verhältnis. Grasreiches, eiweißärmeres Heu ist mit Leguminosen durchsetztem Heu vorzuziehen! Den Pferden gebe man nicht das beste Heu, das in erster Linie dem wachsenden Jungvieh gehört. Pferde verwerten das Heu von sauren Wiesen usw. noch verhältnismäßig gut, sofern es sonst einwandfrei ist. Bei Heumangel empfiehlt sich das Häckseln des Heues zusammen mit Stroh. Dann geht auch weniger verloren durch Abbröckeln der feinen, wertvollen Blatteilchen. Bei Verfütterung von frischem, noch nicht abgelagertem Heu ist Vorsicht geboten (Verdauungsstörungen). Klee- und Luzerneheu gehören in den Kuhstall!

F u t t e r s t r o h : ist den Pferden zum Durchfressen über Nacht und an Ruhetagen zu reichen. Dadurch vertreiben sich die Tiere auch die Langeweile, die Ursache von mancherlei Untugenden. Das Stroh muß von guter Beschaffenheit sein. Haferstroh ist für Pferde besser geeignet als Gerstenstroh. In größeren Mengen gegebenes Hülsenfruchtstroh wirkt verstopfend, daher mit Haferstroh vermischen, das etwas abführend wirkt. Am besten ist Pferdebohnenstroh geeignet (s. S. 349).

Giftige Pflanzen

Folgende Pflanzen sind für Pferde giftig:

Akazie	Goldregen (besonders die Samen)	Gottesgnadenkraut
Eibe oder Taxus!		Tollkirsche
Herbstzeitlose	Gem. Froschlöffel	Wiesenschaumkraut
Schachtelhalm	Hahnenfuß (besonders der scharfe H.)	Rizinus
Schierling		Wasserpfeffer
Bingelkraut	Kälberkropf	Mondbohnen
Fingerhut	Nieswurz	Platterbsen
Buchsbaum	Schöllkraut	Kornrade (Samen)
Oleander	Sumpfdotterblume	Kichererbsen

Besonders giftig sind für Pferde die Akazie, deren Rinde, und die Eibe, von denen schon die kleinsten Mengen tödlich wirken können. Die Nadeln der Eibe enthalten ein tödliches Gift, während die Beeren harmlos sind. Schachtelhalm ist für Pferde nur in grünem Zustand giftig. Als Heu schadet er den Tieren nicht. Ebenfalls giftig für Pferde ist Nachtschatten.

Gewährmängel

G e s e t z l i c h e H a u p t m ä n g e l, für die beim Verkauf stillschweigend Haftung übernommen werden muß:

1. D ä m p f i g k e i t (Atembeschwerden, durch Herz oder Lunge hervorgerufen). Abnorm beschleunigte Atmung nach Bewegung.
2. D u m m k o l l e r (unheilbare Gehirnkrankheit, bei der das Bewußtsein des Pferdes herabgesetzt ist). Blöder, abgestumpfter Eindruck.
3. K e h l k o p f p f e i f e n (Atemstörung, verursacht durch einen chronischen und unheilbaren Krankheitszustand des Kehlkopfes oder der Luftröhre). Häufige Folgeerscheinung der Druse.
4. K o p p e n (Abschlucken von Luft — Kolikgefahr — Krippensetzer Aufsetzen der Schneidezähne auf dem Krippenrand usw. (siehe S. 414, Luftkopper = die Luft wird ohne Aufsetzen eingezogen).
5. P e r i o d i s c h e A u g e n e n t z ü n d u n g (Mondblindheit, Erblindungsgefahr). Entzündliche Veränderungen des inneren Auges.

6. R ä u d e (Juckreiz, Haarausfall, durch Milben hervorgerufen).
7. R o t z (Veränderungen in der Nase, den Lungen oder auch an der Haut). Nicht mit der harmloseren Druse zu verwechseln.

Pferdestall (siehe auch Abschnitt „Stallbaugrundsätze")

S t a l l h ö h e : Besatz bis zu 10 Pferden 2,80—3,10 m; Besatz von 10—30 Pferden 3,40—3,70 m.

P f e r d e s t a n d : B r e i t e : 1,50—1,75 m, je nach Pferderasse; L ä n g e : 2,5—3 m; G e f ä l l e : 4—5 cm auf 1 m.

S t a l l g a n g : Bei einseitiger Aufstellung einschließlich Jaucherinne 2,00—2,50 m breit. — S t a l l f e n s t e r möglichst im Rücken der Tiere anbringen, damit das Licht nicht blendet, da das Pferd sehr empfindliche Augen hat. Länger wirkende, direkte Sonnenbestrahlung kann zum Erblinden der Tiere führen. Anstrich der Fenster mit Kalkmilch unter Zusatz von Wäscheblau, gleichzeitig zum Schutz gegen Fliegen, ist zweckmäßig. Ställe dürfen aber auch nicht zu dunkel sein, da Pferde sonst leicht scheu und furchtsam werden und das Augenlicht ebenfalls leidet. Zweckmäßig sind auch Fensterläden (siehe S. 629).

Die Fensterbrüstung soll mindestens 2,20 m hoch liegen, da kalte Lufteinstrahlungen bei unter den Fenstern stehenden Tieren leicht Nierenerkrankungen hervorrufen können.

S t a l l f u ß b o d e n : Siehe ausführlich S. 630. — S t a l l k r i p p e n : Steinkrippen mit Innenwulst, die das Hinausschieben des Futters verhindern, sind zu bevorzugen. Da das Pferd ein Weidetier ist, das Futter also am liebsten von der Erde aufnimmt, sind hohe Krippen unzweckmäßig. Durch die tiefe, natürliche Haltung werden die Gedärme angespannt und arbeiten dadurch besser. Einfache, auf den Boden gestellte Holzkrippen (4—6 cm dicke, gehobelte Kieferbohlen, deren Kanten zum Schutz gegen Benagen mit Bandeisen eingefaßt sind), die im Profil der Kopfform des Pferdes entsprechen, genügen vollkommen. Um Fäulnis zu vermeiden, werden die Holzkrippen am besten auf in den Boden eingelassene Holzpfähle allseitig frei aufgestellt. Dauerhafter und besser zu reinigen sind glasierte Steinzeugkrippen mit halbkreisförmigem Querschnitt und einem Durchmesser von 0,35—0,40 m oder gußeiserne, dauerhaft emaillierte Krippen. Die Höhe des Krippentisches soll 0,80 bis höchstens 0,90 m nicht überschreiten und eher zu niedrig als zu hoch sein. Allerdings dürfen die Tiere mit den Vorderfußwurzelgelenken nicht an die untere Krippenkante stoßen.

H e u r a u f e n : Desgleichen sind hochliegende Rauhfutterraufen (Leiterraufen wie Korbraufen), die durch herabfallende Staub- und Streuteilchen leicht Augenkrankheiten verursachen, unzweckmäßig. Rauhfutter wird den Tieren am besten in seitlich auf dem Krippentisch aufsitzenden Raufen gereicht. Zweckmäßiger sind seitlich in den Krippentisch versenkte Raufen, deren Oberkante mit dem Krippentisch abschließt. Wird dagegen das Heu den Tieren direkt vor die Füße geworfen, gehen wertvolle Blätterteile verloren.

S t a l l t ü r e n sollen zweiflügelig, wenigstens 1,50 m breit und 2,20—2,50 m hoch sein. Bewegliche Rollen aus Holz, in etwa 1,20—1,50 m Höhe an den Türen angebracht, schützen die Tiere vor Beschädigung, besonders der Hüften, beim Heraus- und Hereinziehen. Die Türen sollen nach außen aufschlagen und entgegengesetzt der Wetterseite liegen.

b) Die Rindviehhaltung

Allgemeines

Welche Bedeutung die Rindviehhaltung in der Landwirtschaft hat, ergibt sich aus der Tatsache, daß etwa 28% aller Einnahmen des Bauern aus der Milch und weitere etwa 17% aus Rindviehverkäufen fließen. Bei Kleinbetrieben bis zu 5 ha machen die Milcheinnahmen sogar bis zu 55% der Gesamteinnahmen aus. Daher bildet die Rentabilität der Milchviehhaltung das Rückgrat der bäuerlichen Wirtschaft! — Die wichtigste Voraussetzung für einen leistungsfähigen Stall liegt in der Person des Viehpflegers bzw. Melkermeisters. Von seinen Fähigkeiten und seinem Interesse hängt jeder Erfolg ab. Ein guter Viehpfleger ist daher nie zu teuer!

Entscheidend für die Entwicklung einer Milchkuh ist die Kälberaufzucht in den ersten 6 Monaten. Was an dem jungen Tier in dieser Zeit versäumt wird, bringt kein späterer Aufwand wieder ein! (Das neugeborene Kalb verdoppelt sein Geburtsgewicht innerhalb 40—45 Tagen.) Ein in der Entwicklungsperiode schlecht gehaltenes und genährtes Rind wird niemals eine gute Milchkuh, selbst wenn es die beste Abstammung hat! Man vergesse nie, daß das Kalb von heute die Kuh von morgen ist.

Die größten Futteransprüche stellt die Milchkuh 4 Wochen vor bis etwa 4 Wochen nach dem Kalben. Einmal Versäumtes läßt sich in der gleichen Laktationsperiode nicht wieder einholen. Das während dieser Zeit zu höchsten Leistungen fähige Tier verlangt also hinsichtlich der Futterzuteilung, besonders während der Frischmelkperiode, die größte Aufmerksamkeit. Futtermangel bei frischmelkenden Tieren wirkt sich sehr nachteilig aus, da einmal abgesunkene Leistungen selbst mit bestem Futter nicht wieder auf die alte Höhe gebracht werden können. Daher ist auf günstigsten Abkalbetermin zu achten, der dann gegeben ist, wenn dem Betrieb ausreichende Futtermengen zur Verfügung stehen!

Die leider sehr oft völlig unzulängliche Sommerfütterung gehört zu den Hauptfehlern der oftmals so wenig leistungsfähigen bäuerlichen Milchviehhaltung! Magere Kühe sind teure Kühe!

Ursachen schlechter Milchleistung

Geringe Milchleistungen sind im allgemeinen auf eine unzureichende und falsche Fütterung zurückzuführen. Nicht die Leistungsfähigkeit bzw. Anlage einer Milchkuh, sondern in erster Linie das Futter beeinflußt den Milchertrag. Wichtig ist ferner die Wahl des richtigen Kalbezeitpunktes, das rechtzeitige, aber auch nicht zu lange Trockenstehen, Vorbereitungsfutter vor dem Kalben und ein rechtzeitiges Wiederzulasssen nach dem Kalben.

Voraussetzungen für die Wirtschaftlichkeit einer Milchviehhaltung:

1. müssen mindestens 3000 kg Milch/Kuh und Jahr mit wirtschaftseigenem Futter erzeugt werden;
2. muß eine Milchleistung von mindestens 4000 kg/Kuh erzielt werden;
3. dürfen die Futterkosten nicht 60 v. H. der Leistung überschreiten.

Anzustreben ist für Niederungskühe eine Durchschnittsleistung von 5000 kg/Kuh und Jahr. Kraftfuttermittel bevorzugen, die den Fettgehalt der Milch günstig beeinflussen (S. 469).

a) H ö h e n v i e h (Höhenschläge): Höhenfleckvieh, graubraunes, einfarbig gelbes und rotes Höhenvieh, Pinzgauer, Vorderwälder, Hinterwälder; b) N i e d e r u n g s v i e h (Tieflandschläge): Schwarzbuntes und rotbuntes Niederungsvieh, Angler, Shorthorn. **Rinderrassen**

Zuchtbulle

Die Erbmasse einer Herde setzt sich in der Hauptsache aus den Beiträgen der letzten vier gehaltenen Vatertiere zusammen. Da die Lebensdauer der Kühe durchschnittlich höher ist als die der Bullen, sollen männliche Kälber nur von Kühen mit hohem Lebensalter und guter Milchleistung für Zuchtzwecke aufgestellt werden. Der Bulle vererbt zumindestens 80% das Euter seiner Mutter.

Im allgemeinen tritt die Geschlechtsreife des männlichen Tieres mit 9—12 Monaten ein. (Gewicht 320—400 kg.) Ein Bulle darf erstmalig im Alter von 1—1¼ Jahren, etwa 5 dz schwer, beschränkt zur Zucht benutzt werden. Erst mit 2 Jahren ist das Tier voll zuchttauglich und kann dann 60—100 Kühe bei täglich zweimaligem bis ausnahmsweise viermaligem Sprung in der Deckzeit zugewiesen erhalten (120—140 Sprünge), wobei die höhere Zahl für eine gleichmäßig über das ganze Jahr verteilte Deckzeit gilt. (Jungbullen täglich ein- bis höchstens zweimal.) Bei guter Abstammung und Vererbung kann der Bulle 8—9 Jahre und länger zur Zucht benutzt werden. (Bei Inzuchtgefahr Austausch nach 2—3 Jahren. Siehe auch S. 459/460 „Bullenhaltung und Fütterung“.)

Förderung der Decklust und Fruchtbarkeit

Hafer (auch Keimhafer in Mengen von 3 kg täglich), Hanfsamen und rohe Eier fördern Decklust und Fruchtbarkeit, Roggen dagegen vermindert die Decklust!

Etwa 2—3% der Bullen sind unfruchtbar infolge schlechter Haltung, Fütterung oder Erbanlage.

Künstliche Besamung

Um die Eigenschaften eines züchterisch wertvollen Bullen auf eine möglichst große Zahl von Nachkommen zu vererben und auch zur Seuchenbekämpfung, gewinnt die künstliche Besamung immer mehr an Bedeutung. Denn mit einem Bullen können durch diese Besamungsmethode wenigstens zehnmal soviel Tiere befruchtet werden, wie bei der normalen Deckbullenhaltung. Für die Durchführung dieser Fernbesamung stehen neben besonders ausgebildeten Tierärzten Besamungstechniker zur Verfügung.

Zuchtfärse

Da diejenigen Kühe die höchste Leistung aufweisen, welche mit 27 bis 31 Monaten das erste Mal kalben, sollen Färsen erstmalig im Alter von 1½ Jahren bis 2 Jahren, etwa 4—4,5 dz schwer, gedeckt werden, sobald der Wechsel der Zangen (die mittelsten beiden Schneidezähne) vollzogen ist. (Das Jungvieh soll beim Belegen ca. 70 bis 80% des Körpergewichtes haben, welches als durchschnittliches Endgewicht angestrebt wird.) Tiere, die zu früh zugelassen wurden, müssen zur besseren Entwicklung nach dem ersten Abkalben längere Zeit ungedeckt bleiben. Erstlingskälber sind genausogut wie solche späterer Geburten zur Zucht verwendungsfähig. Es bestehen also keine Unterschiede hinsichtlich Fruchtbarkeit, Milchleistung usw. Man weiß nur noch nichts über die spätere Leistung der Mütter.

Gewicht der Milchkuh

Das Z u c h t z i e l soll für den kleinbäuerlichen bis mittelgroßen Betrieb e i n e e t w a 5 — 6,5 d z s c h w e r e M i l c h k u h sein. Die leichtere Kuh ist der schwereren hinsichtlich der Wirtschaftlichkeit des Futterverbrauchs oftmals überlegen. J e l e i s t u n g s f ä h i g e r aber die Rasse, um so rentabler sind die schwereren Tiere, besonders auf schwerem Boden.

Kalbetermin

Beste Abkalbezeit November—Dezember (äußerste Weite Oktober bis Mitte Februar), da die Kälber dann im Mai auf die Weide gebracht werden können und die Kühe bei Weideaustrieb bzw. Grünfutter noch einmal „Frischmelke" werden, der Jahresmilchertrag also entsprechend höher ist (500—1000 kg). Auch zeigen Kühe, die erst kurz vor dem Weideaustrieb im Frühjahr frisch abgekalbt haben, in den ersten Wochen des Weideganges eine etwas stärkere und länger anhaltende Senkung des Fettgehaltes. Nur bei schwacher Winterstallfütterung verdienen die Monate Februar bis April als Abkalbetermine den Vorzug.

Im Spätherbst und Vorwinter geborene Kälber gedeihen bei guter Fütterung und Haltung am besten und sind daher den Frühjahrs- und Sommerkälbern in der Zuchttauglichkeit bedeutend überlegen! Auch verbilligt sich die Aufzucht. Bester Decktermin Ende Januar—Mitte Februar.

Ausgesprochen ungünstig zum Abkalben im allgemeinen die Monate Juli und August (Futtermangel — dadurch geringerer Jahresmilchertrag — und für Kälber Hitze und Fliegen). Die Kalbezeit ist also von weitgehendem Einfluß auf die Rentabilität der Milchviehhaltung.

Brunst

Die Brünstigkeit bzw. das Rindern (bei Jungtieren erstmalig bereits im Alter von 6—9 Monaten einsetzend) machen sich durch Unruhe und Brüllen der Tiere, Absonderung von klarem Schleim aus der Scheide, Aufspringen auf andere Tiere und Dulden des Aufspringens durch andere Kühe bemerkbar. Diese Anzeichen treten bei älteren Tieren sowie in der kälteren Jahreszeit meist nicht so heftig in Erscheinung.

Brunstdauer: 24—36 Stunden. Brünstige Tiere nicht sofort, sondern erst 20—25 Stunden nach Beginn der Brunst decken. Bei Tieren, die schwer aufnehmen, zwei Sprünge mit etwa 10 Stunden Abstand durchführen. Auch wenn die Brunst nach erfolgter Paarung nach 6—8 Stunden noch nicht aufhört, ist ein zweiter Sprung angebracht.

Förderung der Brunst

Zur Förderung der Brünstigkeit gibt man der Kuh bzw. Färse die Milch von einem anderen brünstigen Tier oder reicht Hanfsamen, gerösteten Hafer mit Salz, Hafer- und Gemengeschrot, Roggen, Weizenkleie oder rohe Kartoffeln, desgleichen hilft Aufstellung des weiblichen Tieres im Stall neben dem Bullen.

Ein in der Praxis ebenfalls erprobtes Mittel: 5 kg Hafer werden mit 1/2 kg Kochsalz und 4—5 Händen voll von Fichtenjungtrieben gemischt. Das Ganze bleibt, mit Wasser angerührt, etwa 24 Stunden stehen. Dann werden täglich des Morgens 2 Handvoll gefüttert. — Bewährt hat sich zuweilen die Anwendung von Hormonpräparaten, die vom Tierarzt eingespritzt werden. Zu empfehlen ist öfterer Futterwechsel (Grünfutter, Silage und mineralstoffreiche Nahrung). Man gewähre frischmelkenden Kühen, bis sie wieder tragend werden, einige Stunden Auslauf. Diese tägliche Bewegung wirkt sich auf die Fruchtbarkeit und insbesondere das rechtzeitige Wiederaufnehmen der Tiere günstig aus. Die ständige Haltung der Tiere in schlechter, feuchtwarmer Stalluft ohne genügenden Lichteinfall ist mit die Hauptursache, die zur Unfruchtbarkeit führt. (Die Ställe müssen also hell, luftig und trocken sein.) Daher tritt die Brunst auf der Weide schneller ein (meist innerhalb der ersten 20

Tage nach Beginn des Weideganges im Frühjahr). **Weideauslauf ist das beste Mittel zur Bekämpfung des Nichtaufnehmens der Rinder!** Erst in zweiter Linie sind Fütterungsfehler Schuld daran, sowie Erkrankung der inneren Organe.

Rindern nach dem Kalben

24—42 Tage.

Übergangene oder nicht trächtig gewordene Tiere rindern nach 21 bis 28 Tagen erneut. Der günstigste Zeitpunkt für die Milchleistung der Tiere ist der, wenn die Kühe bereits beim ersten Rindern nach dem Abkalben wieder gedeckt werden. Nur bei schonungsbedürftigen Milchkühen, bei Erstlingskühen und bei Tieren mit hoher Milchleistung sollte das Wiederzulassen erst nach 8—12 Wochen erfolgen, sofern sich die Tiere nicht in besonders gutem Futterzustand befinden. Andererseits versäume man diesen Zeitpunkt nicht und gebe auch auf stille Brunsterscheinungen acht, da die Befruchtung nach dem Kalben in dieser Periode am leichtesten eintritt.

Bald wieder belegte Tiere sind den später zugelassenen Kühen in der Jahresmilchleistung im allgemeinen überlegen. Denn die Frucht braucht in den ersten Wochen nur wenig Nahrung zu ihrer Entwicklung, behindert also die Milchkuh in ihrer Leistung nicht. Allerdings kann sich ein zu frühes Zulassen ungünstig auf die Gesundheit der Kühe und ihrer Nachzucht auswirken.

Umrindern

Tiere, die häufig umrindern (tuberkuloseverdächtig), erhalten eine weniger nahrhafte Kost und Glaubersalz. Zugkühe spannt man öfter an. Oftmals hilft auch eine Scheidenausspülung, etwa 2 Stunden vor dem Deckakt, mit einer Lösung von 1 Eßlöffel doppelkohlensaurem Natron auf 3 Liter abgekochtes, 37⁰ C warmes Wasser. Dadurch wird die Säure des Brunstschleimes beseitigt, die den Samen abtötet.

Ursachen des Umrinderns (Fruchtbarkeitsstörungen, Sterilität) können auch sein: Organische Fehler, wie Zysten, gelbe Körper oder ein Gebärmutterkatarrh, Infektion infolge Unsauberkeit bei der Geburt (S. 439), Verschmutzung von Rübenblatt und Silage, Eiweißmangel, zu wenig Phosphorsäure im mineralischen Beifutter (S. 477), karotinarmes Futter, übermäßige Schlempegaben, Bazillus Bang (S. 436).

Trächtigkeitsdauer

Im Mittel 284 Tage = 40½ Wochen = 9½ Monate. (Äußerste Weite 240—321 Tage.) Bullenkälber werden 1—2 Tage länger getragen als Kuhkälber. Erstlingskühe haben meist eine etwa 2 Tage kürzere Trächtigkeitsdauer als Tiere, die bereits mehrmals gekalbt haben. Auch Zwillinge werden kürzer ausgetragen.

Anzeichen der Trächtigkeit

Nach etwa 5 Monaten können die Bewegungen des Kalbes durch Auflegen und Andrücken der Hand an der rechten Flanke am Bauch vor dem Euter gefühlt oder der Herzschlag der Frucht (120—150 je Minute) mit dem an die Flanke angelegten Ohr gehört werden (am besten nach dem Tränken wahrnehmbar). Ferner ist eine tierärztliche Untersuchung durch den Mastdarm vom 2.—3. Monat an möglich.

Äußerlich erkennbares Trächtigkeitsmerkmal nach Dr. Baumgärtner: Die Scham des Rindes schwillt nach dem Deckakt so weit ab, daß die Schwellung nach etwa 4 Wochen beendet ist. Von der 4. Woche an treten bei tragenden Tieren kleine Querfalten auf der Oberfläche der Scham auf. Sie sind deutlich erkennbar regelmäßig von der 6. Woche an und gewöhnlich am deutlichsten in der 7.—8. Woche. Sie verschwinden nach etwa $4^1/_2$—5 Monaten Trächtigkeit. Bei Kalbinnen treten diese Erscheinungen deutlicher und früher auf.

Verkalben

Zu reichliche Rüben- und Rauhfuttergaben, die zu stark auf die Gebärmutter drücken, zu schneller Übergang von Trockenfütterung zur Grünfütterung, verdorbenes (schlechtes Gärfutter) oder gefrorenes Futter, zu heißes Futter (Schlempe), Kälte, übermäßige Anstrengung, Schlagen, Stoßen usw., können eine Frühgeburt hervorrufen. Ursache kann aber ebenso der Bazillus Bang (seuchenhaftes Verkalben) sowie die Trichomonadenseuche sein. Sofern Verdacht auf letztere besteht, sofort den Tierarzt zu Rate ziehen!

Abortus-Bang-Infektion (Brucellose)

Eine Geschlechtskrankheit, die weniger durch den Geschlechtsakt übertragen wird als durch: Aufnahme mit dem Futter, gegenseitiges Belecken, Reiben und Schwanzwedeln der Tiere, Übertragen der von kranken Tieren mit der Nachgeburt ausgeschiedenen Erreger durch das Stallpersonal (durch Füße und Hände, Kehren mit dem Besen usw.).

Die meisten Verkalbungen erfolgen im 6.—8. Monat der Trächtigkeit. Tritt das Verkalben vor 230 Tagen nach dem Zulassen ein, kommt die Frucht tot zur Welt. Tritt das Verkalben nach 230 Tagen der Trächtigkeit ein, kann das Kalb, wenn auch nicht zuchttauglich, am Leben bleiben. Ofmals gehen die Tiere aber an Durchfall ein.

Ausmerzen der erkrankten Tiere führt zu keinem Erfolg und ist zu kostspielig. Gegenmaßnahmen: die Tiere durchseuchen lassen, bis sie immun sind, und währenddem keine Neueinstellungen vornehmen. Alle Jungtiere sind im Alter von 5—9 Monaten mit Lebendkulturen zu impfen. Diese früher umstrittene Maßnahme ist jetzt behördlich empfohlen. Impfung hochtragender Tiere ist zwecklos; bei tragenden Tieren ist der Erfolg wesentlich geringer. Kühe, die verkalbten, dürfen frühestens nach 6 Monaten wieder gedeckt werden. Als Desinfektionsmittel ist Formalin (10 g auf 1 l Wasser), Chlorkalk oder Ätznatron (20 g auf 1 l Wasser) geeignet.

Auch Pferde können sich infizieren und an der Genickbeule erkranken. — Durch Genuß von roher Milch (auch beim Abnehmen der Nachgeburt usw.) besteht für den Menschen Ansteckungsgefahr. (Wechselfieber, rheuma- und gichtähnliche Schmerzen, Hodenentzündung.)

Trichomonaden-Seuche

Ansteckende Gebärmutter- und Scheidenentzündung ist dagegen eine reine Geschlechtskrankheit (Ansteckung fast ausschließlich durch den Deckakt). Die sich in der Gebärmutter lange Zeit lebensfähig haltenden Erreger treten kurz vor Einsetzen der Brunst in den Scheidenraum über. Die Tiere verkalben bereits im 2.—3. Monat, so daß das Ausstoßen der Frucht infolge ihrer geringen Größe oftmals gar nicht wahrgenommen wird.

Bekämpfung: Durch Spülungen der Scheide und Einspritzungen läßt sich diese Krankheit verhältnismäßig schnell beheben, während davon befallene Bullen meist nur schwer heilbar sind, infolge der schwierigen Behandlung der Vorhaut und Rute. Von Trichomonadenseuche befallene Bullen dürfen daher nicht mehr zum Decken verwendet werden. Die Seuche ist anzeigepflichtig. — Hier schafft die künstliche Besamung wesentliche Abhilfe.

Das Trockenstellen

Höchstleistungen an Milch und als Zuchttier können von einer Kuh nur dann erwartet werden, wenn das Tier vor der neuen Melkperiode ausreichende Mengen Nährstoffreserven im Körper ansammeln kann. Das geschieht durch das Trockenstellen (Urlaubszeit) der Kühe. Die Tiere müssen aber während dieser Zeit so reichlich gefüttert werden, daß sie in möglichst gutem Futterzustand zum Kalben kommen.

Bei knapper Fütterung muß die Trockenzeit länger bemessen sein als bei reichlicher Fütterung. Im allgemeinen genügen 8 Wochen, doch sollten Erstlingskühe und Tiere mit über 4000 kg Jahresleistung eher noch etwas länger trockenstehen. *Längere Trockenzeit beeinflußt auch das Lebensalter der Kühe günstig.*

Vorbereitung zum Trockenstellen

3—4 Tage vor Beginn des Trockenstellens wird alles milchtreibende und wasserreiche Futter ausgeschaltet und durch geringeres ersetzt (schlechtere Weide usw.). Dies ist besonders bei Kühen mit noch annähernd 10 Liter Tagesleistung erforderlich. Die Tiere müssen trotzdem satt gefüttert werden. Noch dreimal gemolkene Kühe werden zunächst auf zweimaliges Melken umgestellt. So vorbereitet, läßt sich das Trokkenstellen, *aber nur bei gesunden Eutern!* (es dürfen keine Flocken in der Milch sein, sonst bleibt das durch die Galterreger zerstörte Euterviertel nach dem Abkalben güst), normalerweise innerhalb von 3 Tagen nach der Methode „Kraftborn“ von Prof. Richter durchführen (bis zu 16 Liter Milchleistung). Bei dem vielfach üblichen, wochenlangen, einmaligen Melken dagegen stellt sich die Kuh darauf ein und versiegt die Milch nur sehr langsam, oftmals auch gar nicht.

Regeln für das Trockenstehenlassen

1. *Tag*: Alles Futter weg, das milchtreibend wirkt, wie Kraftfutter, Saftfutter, Heu. Im Sommer wenig Grünfutter, magere Weide. Notfalls auch das Wasser kürzen oder für einen Tag entziehen. (Wickenschrot und Stroh beschleunigen das Trockenstellen.) Zweimal melken.

2. *Tag*: Futter wie am ersten Tag, einmal melken, und zwar früh, da evtl. über Nacht Bakterien ins Euter einwanderten. Das Überspringen einer Melkzeit ist notwendig, um eine Störung im gleichmäßigen Ablauf der Milchabsonderung zu bewirken. Frühmorgens ist die Möglichkeit, daß Erreger von Euterentzündungen eindringen, geringer, da sich die Kuh meist nicht so schnell niederlegt und das Lager sauber ist. Inzwischen haben sich die Striche bereits gut verschlossen, so daß die Bakterien weniger schnell eindringen können.

3. *Tag*: Futter wie bisher, einmal melken, und zwar wieder früh. Vor dem letzten Melken sind die Striche zu waschen, auch darf nicht naß gemolken werden. Es ist sorgfältig auszumelken, und die Strichöffnungen sind mit 1%iger Borsalbe (auch Eintauchen der Striche in einen Eierbecher mit Leinöl), Melkfett mit Osmaronzusatz oder ungesalzenem Schweineschmalz zu verschließen (zwecks Vermeidung des Eindringens von Keimen in das Euter). Die Kuh steht trocken, und das Euter wird nicht wieder angerührt. (Gleiche Methode, wie bei den Sauen — die nach Fortnahme der Ferkel auch auf einen Ruck trocken stehenbleiben —, schon immer angewandt.)

Selbstverständlich sammelt sich nach dem letztmaligen Melken wieder Milch im Euter, so daß dies nach dem Trockenstellen vorübergehend prall und straff sein kann, ohne jedoch die Größe des Euters einer frischmelkenden Kuh zu erreichen. 4—8 Tage später hat sich aber dann bei einem gesunden Euter die Rückbildung der Milch vollzogen, und das Euter ist schlaff und leer.

Ist ein Euter beim Trockenstellen entzündet oder zeigen sich Flokken in der Milch, müssen sofort, und zwar täglich, das oder die erkrankten Euterviertel mehrmals wieder gemolken werden, bis die Entzündung behoben ist bzw. sich keine Flocken mehr zeigen. Ein krankes Euter kommt um so schneller wieder in Ordnung, je öfter es gemolken wird. Im übrigen muß jede Kuh beim Trockenstellen individuell behandelt werden; eine Kuh läßt sich leichter, die andere schwerer trockenstellen.

Fütterung und Haltung hochtragender Tiere

Für die Leistung der Milchkühe ist der Entwicklungszustand der Färsen beim ersten Abkalben ausschlaggebend. Werden diese in den letzten 8 Wochen der Trächtigkeit nicht ausreichend mit etwa 50 kg Kraftfutter vorbereitet, rindern sie nach dem ersten Abkalben häufig erst 4—6 Monate danach. Weizen- und Roggenkleie sind wegen des hohen Phosphorsäuregehaltes besonders geeignet, auch Haferschrot. Leinmehl bzw. geschrotener, abgekochter Leinsamen erleichtern das Abgehen der Nachgeburt nach dem Kalben.

Kühe mit zu erwartender guter Leistung erhalten, etwa 2 Wochen nach dem Trockenstehen beginnend und allmählich von 2 kg auf 6 kg täglich ansteigend, ungefähr 100 kg Kraftfutter bis zum Kalben als Vorbereitungsfutter. (Leinkuchen, Weizenkleie und Haferschrot zu gleichen Teilen.) Eiweißarmes Futter allein genügt also nicht.

Ein derartiger Futteraufwand macht sich immer bezahlt, denn die Tiere geben das, was sie in den letzten Wochen vor dem Kalben aufgefressen haben, in der neuen Melkperiode (Laktationszeit), also nicht nur kurz nach dem Kalben, in mehrfacher Menge an Milch wieder! Die Höhe des Milchertrages in der kommenden Laktationsperiode wird weitgehend durch den Futterzustand, in dem sich eine Kuh während des Abkalbens befindet, beeinflußt. In schlechtem Futterzustand abkalbende Kühe können keine Höchstleistungen bringen!

Abgesehen davon sind trockenstehende Kühe auch mit Rücksicht auf das im Wachstum begriffene Kalb ausreichend zu füttern. Denn die Aufzucht des Kalbes fängt bereits im Mutterleib an (in den letzten 2 Monaten der Trächtigkeit nimmt das Kalb um etwa 70% seines Geburtsgewichtes zu). Das Futter muß mineralstoffreich sein. (Gutes Heu + 150 g Mineralstoffmischung, die 18% Phosphorsäure enthält, je Tier und Tag.) Denn für die Entwicklung des Kalbes im Mutterleib werden der Kuh etwa 400 g Kalk entzogen! Während des Trockenstehens schlecht ernährte Kühe werden vorzeitig untauglich!

Schwere Kälber und Geburten haben nichts mit guter Fütterung zu tun. Wenn dies der Fall wäre, müßte die Geburt bei Stute, Sau und Schaf oftmals ganz schwer verlaufen. Kühe bis zu etwa 4000 kg Jahresleistung erhalten das Futter wie bei 10—15 kg täglicher Milchleistung, sehr milchreiche Tiere entsprechend mehr.

Im Körperzustand heruntergekommenen Tieren verabfolge man zusätzlich Getreideschrot, Trockenschnitzel oder Kartoffelflocken. Sehr eiweißhaltige Kraftfuttermittel sind dagegen überflüssig.

Hochtragende Kühe dürfen keine zu starken Rüben- und Rauhfuttergaben erhalten! (Beschwerden für Kuh und Kalb, Gefahr des Verkalbens.) Denn die heranwachsende Frucht beengt den Futteraufnahmeraum des Tieres sehr. (Bis 20 kg Gehaltsrüben täglich.)

8—10 Tage vor dem Abkalben wird alles Futter vermieden, das stopfend wirkt (Hülsenfruchtschrot, Roggen- und Gerstenspreu). Sehr zweckmäßig ist die Verabreichung von etwas gekochtem Leinsamen, Runkelrüben oder Grünfutter. Verstopfung kann die Ursache von Milchfieber sein und das Nichtabgehen der Nachgeburt zur Folge haben. Auch erschwert Verstopfung die Geburt. Aus den gleichen Gründen wird in den letzten 2—3 Tagen kein Kraftfutter mehr gereicht.

Die Bewegung ist der beste Geburtshelfer! (Bei Erstlingskühen besonders wichtig.) Daher kalben Weidetiere am leichtesten, in zweiter Linie Anspannkühe, während die meisten Schwergeburten Stalltiere aufweisen. Auslauf und Bewegung in frischer Luft sind also für hochtragende Kühe, auch im Winter, von größter Wichtigkeit!

Die Geburt

Anzeichen der Geburt

In den letzten Tagen fallen die Beckenbänder der Kuh ein, das Euter vergrößert sich. (Das Eutern der Kuh erfolgt nicht durch Milchbildung, sondern durch Neubildung von Zellen.) Wenn hochtragende Kühe eine Körpertemperatur von weniger als 39° C aufweisen, kalben sie innerhalb von 24 Stunden. Wenn eine Kuh dagegen abends 39° C und mehr Körpertemperatur hat, kalbt sie in der darauffolgenden Nacht nicht.

Etwa 2—6 Stunden vor der Geburt beginnen die Geburtswehen. Das Hinterteil und das Euter sind vor der Geburt möglichst mit lauwarmem Seifenwasser oder Desinfektionsmitteln und einer Bürste gründlich zu reinigen, wie überhaupt für größte Sauberkeit des Abkalbestandes (besser Abkalbestalles) Sorge zu tragen ist. Bei erforderlichen Eingriffen sind auch Hände und Arme sowie Stricke und andere Hilfsmittel zu desinfizieren. Dadurch wird viel Unfruchtbarkeit bei den Tieren verhütet!

Geburt

Die Geburt soll möglichst allein vonstatten gehen. Normalerweise darf sie sich über 2—3 Stunden hinziehen. Eingreifen ist nur dann erforderlich, wenn sich das Junge offensichtlich in anormaler Lage befindet oder die Kuh ein besonders enges Becken hat. Auf jeden Fall ist, was leider sehr häufig geschieht, ein zu frühes Eingreifen zu vermeiden. Wie die Erfahrung lehrt, bleibt die Nachgeburt in erster Linie bei den Tieren hängen, bei denen der Geburtsvorgang durch vorzeitiges Eingreifen des Viehpflegers abgekürzt wurde. Infolge dieser Voreiligkeit können die Wehen nicht zur vollen Entfaltung kommen und treten auch nur sehr schwach ein.

Bei der Geburt erscheint zuerst der Kopf des Kalbes, auf den Vorderfüßen ruhend (Geburtsgewicht normal 35—40 kg; Bullenkälber sind im Vergleich zu Färsenkälbern etwa 10% schwerer).

Zwillingsgeburten treten zumeist bei älteren Tieren und besonders in günstigen Futterjahren auf. Bei ungleich geschlechtlichen Zwillingen ist das weibliche Tier infolge Verkümmerung der Geschlechtsorgane meist unfruchtbar (90%), das männliche Tier dagegen zur Zucht geeignet. Im Durchschnitt fallen auf 52 männliche 50 weibliche Kälber.

Nabeldesinfektion

Der Nabelstrang des neugeborenen Kalbes reißt meist bei der Geburt ab. Andernfalls ist er etwa handbreit von der Bauchwand durchzureißen. Schnittstellen heilen schlechter als Reißstellen. Bei letzteren verschließen sich die durchtrennten Nabelgefäße durch Zusammenziehen und Einrollen der Gefäßwände, ziehen sich zurück und werden durch die sogenannte Nabelstrangscheide verdeckt. Dieser günstige Vorgang bleibt beim Durchschneiden mit der Schere aus.

Der Nabel wird mehrere Male ausgestreift, dann werden einige Tropfen Jod hineingeträufelt. Jod ist besser als Holzteer, weil es den Schleimhäuten das Wasser entzieht und daher den Nabel viel schneller zum Eintrocknen bringt. Normalerweise soll dieser nach 10—14 Tagen abfallen. Stark blutende Nabel werden mit sauberem Faden abgebunden.

Kälber erhalten nach der Geburt zweckmäßig eine kleine Salzprise auf die Zunge, um durch den Geschmackanreiz das Tier zum selbständigen Ausschleimen anzuregen. Eine etwa 20 Minuten dauernde Massage mit einer trockenen Bürste, nach dem Abwischen des ärgsten Schleimes mit einem Strohwisch, regt den Blutkreislauf und die Hautatmung des Kalbes nach der Geburt bestens an. Andernfalls läßt man das Tier durch die Mutterkuh ablecken, ohne es aber mit Salz oder Kleie zu bestreuen, was für das Neugeborene nur von Nachteil ist. Die Kleie wird durch das Lecken zum Teil in das Fell eingerieben, setzt sich vor die Hautporen des Kalbes und behindert die Hautatmung. Durch das Salzbestreuen wird leicht eine Erkältung des Kalbes hervorgerufen.

Achtzugeben ist darauf, daß beim Belecken des Kalbes durch das Muttertier die Nabelschnur nicht abgerissen wird. Nach dem Kalben soll die Kuh bald wieder aufstehen.

Nachgeburt

Nach Abgang der Nachgeburt (6—8 Stunden) ist das Muttertier sowie der Standplatz mit einer desinfizierenden Lösung gründlich zu reinigen und sauber einzustreuen. Mit dem vollständigen Ausmelken der Kühe ist nach dem Abkalben wenigstens so lange zu warten, bis die Nachgeburt weg ist (6—8 Stunden). Auch die doppelte bis dreifache Zeit schadet dem Tier nicht, selbst wenn das Euter noch so voll ist. Sofortiges Ausmelken kann das Sitzenbleiben der Nachgeburt begünstigen, die vielfach erst nach 1—2 Tagen, ohne Schaden für die Tiere, ausgestoßen wird.

Vom 3. Tage an fängt die Nachgeburt an zu faulen. Dann ziehe man auf jeden Fall den Tierarzt zu Rate. Die zur Verhütung der Fäulnis meist eingelegte Tierkohle (2—3 Stück) wirkt nur fäulniswidrig und hat auf das Abgehen der Nachgeburt keinen Einfluß. Ausspülen mit einer schwach desinfizierenden Flüssigkeit (handwarm) darf erst nach Abgang der Nachgeburt erfolgen, wobei darauf zu achten ist, daß die Flüssigkeit wieder aus der Gebärmutter entfernt wird.

Um das Abgehen der Nachgeburt zu erleichtern, ist es ratsam, Kühen, von denen man weiß, daß die Nachgeburt schlecht abgeht, etwa 14 Tage vor dem Kalben morgens und abends eine Handvoll Leinmehl zu geben. Das kräftigt das Tier, und die Wehen werden heftiger. Auch Kalkmangel kann das Sitzenbleiben der Nachgeburt verursachen.

Kalbefieber

Sofortiges vollständiges Ausmelken nach der Geburt des Kalbes kann die Ursache von Milch- und Kalbefieber sein. Daher sollen die Tiere zunächst nicht rein ausgemolken, sondern die Milchmenge erst allmählich gesteigert werden. Kalbefieber entsteht durch eine Mineralstoffwechselstörung (oft durch Vitamin-D-Mangel verursacht) mit Absinken des Kalziumspiegels im Blut. Dadurch kommt es zu einem Mißverhältnis von Kalzium, das die Erkrankung auslöst.

Die meisten Erkrankungen treten im Alter von 5—10 Jahren auf, wenn die Tiere bereits mehrmals gekalbt haben. Sehr guter Ernährungszustand, zu üppige Fütterung mit Kraftfutter während des Trockenstehens und kurz vor dem Abkalben sowie Mineralstoffmangel und Verstopfung begünstigen die Erkrankung.

Zur Vorbeuge sollen die Kühe vor dem Abkalben täglich bewegt werden. Kraftfutter muß weitgehendst eingeschränkt, jedoch gutes Rauhfutter ausreichend gefüttert werden. Während des Trockenstehens sind täglich je Tier 150 g einer Mineralstoffmischung mit DLG-Gütezeichen zu verabreichen, die 18% Phosphorsäure enthält.

Krankheitserscheinungen: Die befallenen Tiere zeigen keine Freßlust, werden unruhig, treten immer häufiger vor und zurück, haben kalte Ohren und Hörner sowie trüben Blick, legen und erheben sich bald wieder, um schließlich umzufallen oder nicht mehr aufstehen zu können (Blutleere im Gehirn). Fieber haben die Tiere nicht.

Gegenmittel: Ist schnelle tierärztliche Hilfe zur Stelle, kann das Tier durch Verabreichung einer Magnesium-Kalzium-Infusion unmittelbar nach dem Kalben gerettet werden. Andernfalls seien empfohlen: Starker Bohnenkaffee und Einpumpen von Luft in das rein ausgemolkene Euter. (Gegebenenfalls mit einer Federspule Luft in das Euter blasen. Die Striche mit weißem Faden zubinden, damit sich die Luft einige Stunden im Euter hält.)

Sehr bewährt hat es sich, besonders wenn die Tiere nicht mehr aufstehen können, den Rücken der betreffenden Kuh mit einem nassen Sack zu bedecken, der in lauwarmes Wasser getaucht und vor dem Auflegen etwas ausgedrückt wurde. Darauf kommt ein zweiter, trockener Sack. Nun fährt man mit einem heißen Bügeleisen langsam auf dem Rücken hin und her. Die sich hierdurch auf der Haut bildenden Dämpfe regen den Blutkreislauf an. Ist der Sack trocken, wird er wieder naß gemacht. Auch muß ständig ein warmes Bügeleisen zur Hand sein. Nach etwa $^1/_2$—$1^1/_2$ Stunden wird sich das Tier wieder erheben, und es ist dann die größte Gefahr vorüber.

Fütterung nach der Geburt

Kühe erhalten nach der Geburt am besten einen warmen Trank aus Weizenkleie, Haferschrot, Ölkuchenmehl mit einer Prise Salz. Das wirkt sich auf das Wohlbefinden der Tiere günstig aus und regt die Milchabsonderung an. Auch in den ersten Tagen nach dem Abkalben sollen die Kühe nur leicht verdauliches Futter erhalten (Weizenklee, Leinkuchenmehl). Die innere Reinigung der Kuh wird durch eine tägliche Beigabe von 50 g Glaubersalz innerhalb der ersten 3 Wochen nach dem Kalben günstig beeinflußt.

Die Tiere, besonders Erstlingskühe, sollen sich in der ersten Zeit nach der Geburt viel bewegen können. Dadurch bleibt der ganze Rücken gespannt und werden Limenfelder (hoher Schwanzansatz) vermieden.

Milchleistung Eine Milchkuh erreicht spätestens 6—7 Wochen nach dem Kalben die Höchstleistung der Milchergiebigkeit. Dauer der Milchzeit (Laktationsperiode) etwa 300 Tage.

1. — 40. Tag nach dem Kalben Milchmenge ansteigend, Fettgehalt etwas gedrückt.

40. — 120. Tag Milch- und Fettmenge etwa gleichbleibend.

120. — 150. Tag Milchmenge langsam sinkend, Fettgehalt langsam steigend.

Nach diesem Zeitpunkt Milchmenge stärker fallend, Fettgehalt stärker ansteigend. Im allgemeinen sind die ersten 180 Tage der Laktation für die Höhe der Jahresmilchleistung einer Kuh entscheidend.

Das Melken

Wie oft melken? Bei Tieren über 30 Liter Tagesleistung ist dreimaliges Melken angebracht, desgleichen wenn schwächliche oder kranke Kälber vorhanden sind. Auch für Kalbinnen mit schlechter Euterbildung trifft dies zu.

Tiere unter 30 kg Milchleistung sollten nach der Biestmilchperiode nur zweimal gemolken werden. Hierfür sprechen betriebs- und arbeitswirtschaftliche Überlegungen. Besonders zeitraubend und umständlich ist dreimaliges Melken bei Weidebetrieben und Verwendung der Melkmaschine (Reinigung und Desinfektion). Der Mehrertrag an Milch bei dreimaligem Melken beläuft sich im Höchstfall auf 10 %. Dieser wird meist teuer erkauft infolge zusätzlicher Belastung der Bäuerin (während der Mittagszeit, auch sonntags), Familienangehöriger oder des Berufsmelkers. Dadurch oft schlechtes Ausmelken und mangelhafte Reinigung der Geräte. Außerdem besteht im Sommer Gefahr des Sauerwerdens der Mittagsmilch, die Kühlung erfordert ebenfalls zusätzliche Arbeit. Bei dreimaligem Melken sind die betreffenden Kühe des Morgens zuerst und am Abend zuletzt zu melken.

Grundregeln für das Melken Wichtig ist das pünktliche Einhalten der Melkzeiten. Zeitunterschiede von mehr als 15 Minuten von Tag zu Tag haben unweigerlich einen Abfall der Milchleistung zur Folge. Auch der Abstand zwischen den einzelnen Melkzeiten soll möglichst gleichmäßig verteilt liegen.

Die Tiere reagieren am besten beim Melken, wenn sie mit Futter vollgestopft, also restlos gesättigt sind und wiederkauen. Das läßt sich beim Abendmelken ohne weiteres durchführen. Morgens werden die Tiere am besten vor dem Füttern gemolken. Vermeide das Füttern, Ausmisten, Streu zubereiten oder Putzen sowohl kurz vor oder während des Melkens (Staubentwicklung). Die Kuh muß sich vollkommen auf die Milchbildung konzentrieren können und durch nichts abgelenkt werden (Einfluß auf die Milchmenge). Auch auf der Weide hört die Kuh beim Melken mit dem Fressen auf und starrt halbschläfrig vor sich hin.

Im Stall muß unbedingt Ruhe herrschen, damit die Tiere nicht abgelenkt werden. Jede rohe und laute Behandlung, besonders während des Melkens (Schlagen, Erschrecken, Anschreien), sowie Anwesenheit von fremden Personen oder Hunden übt auf die Milch- und Fettabsonderung nachteilige Wirkung aus. Je schonender, sanftmütiger und freundlicher die Kuh behandelt wird, um so gleichmäßiger und stärker schießt die Milch in das Euter ein. Besonders Tiere mit hoher Milchleistung reagieren auf grobe Behandlung durch sofortigen Milchrückgang!

Melkgeräte

Zum Melken gehören saubere Hände und Arme, saubere Kleidung sowie saubere Kopfbedeckung! (Melkkittel mit kurzen Ärmeln — die Unterarme sollen frei sein — oder eine den Körper umschließende Melkschürze.) Anschnallbare, einbeinige Melkschemel verhindern Beschmutzen der Hände. Andernfalls muß der Melkschemel mindestens wöchentlich einmal gescheuert werden. Bewährt haben sich als Melkgeräte Eimer aus verzinntem Eisenblech. Hölzerne, emaillierte oder verzinkte Gefäße sind dagegen nicht geeignet. Ovale Melkeimer sind runden vorzuziehen. Ein Griff am Boden des Eimers verhütet Beschmutzen der Hände des Melkers beim Ausgießen der Milch. Eimer und Kannen müssen sauber sein!

Von welcher Seite melken

Im allgemeinen werden Kühe von der rechten Seite gemolken. Doch kann dies auch von der linken Seite geschehen. Da sich die Kühe daran gewöhnen, von einer bestimmten Seite gemolken zu werden, sollte die angewandte Methode stets beibehalten werden.

Die Technik des Melkens

Setze dich so unter die Kuh, daß die Außenseite des linken Kniegelenkes mit dem rechten Sprunggelenk der Kuh Fühlung hat, um Milchverluste durch plötzliche Bewegung der Kuh zu vermeiden. Vermeide das Anlehnen des Kopfes an die Flanke der Kuh, da hierdurch leicht Schmutzteile vom Tierkörper abgescheuert werden, die dann in den Melkeimer fallen. Die Fingernägel des Melkers sollen kurz geschnitten sein. Nicht mit besonders kalten Händen melken oder das Euter mit kaltem Tuch berühren, da dies die Milchabsonderung der Kuh ungünstig beeinflußt. Das gleiche trifft zu, wenn man sehr gute Milchkühe kurz vor dem Melken viel kaltes Wasser saufen läßt, wodurch sich das Euter stark abkühlt. Auch das Reißen an den langen Haaren, wenn die Kuh an den Zitzen herum lange Haare hat, die beim Melken mit angefaßt werden, verringert den Milchertrag. Diese sind daher zu entfernen. — Melkeimer direkt unter das Euter stellen, um Schiefziehen der Milchzisterne und der Zitzen zu verhüten.

Melkfett

Es darf nicht naß, d. h. mit angefeuchteten Händen, gemolken werden, da hierdurch leicht Euterkrankheiten übertragen werden, auch tritt durch den am Euter aufgeweichten Schmutz Verunreinigung der Milch ein. Man verwende desinfizierendes, in geschlossenem Gefäß aufbewahrtes Melkfett oder Melkemulsion in Spritzflasche, wodurch Melken erleichtert wird, wunde Striche abheilen, Haut- und Schmutzteilchen am Euter sowie an Händen haften bleiben. (Daher auch Unterarme einfetten.) Das Euter wird geschmeidig, und die Tiere fühlen sich wohler und stehen beim Melken ruhiger. Die meisten Melkfette haben durch das in ihnen befindliche Osmaron B stark keimtötende Wirkung.

Zurückhalten der Milch durch die Kuh

Wenn die Kuh die Milch zurückhält und Zureden, Streicheln und Kraulen am Schwanz nicht hilft, wird folgende Methode empfohlen: Man nehme eine Fahrradpumpe und führe den Schlauch in die Scheide ein. Die Schamlippen werden mit der Hand zugehalten, um das Entweichen der Luft zu verhindern, die nunmehr langsam eingepumpt wird. Gleichzeitig mit dem Lufteinpumpen muß das Melken erfolgen. Das Einpumpen der Luft muß natürlich vorsichtig und ohne Beunruhigung des Tieres geschehen und darf nicht übertrieben werden. Es soll lediglich ein Reiz entstehen, der den anderen Reiz, der das Zurückhalten der Milch verursacht, aufhebt, die Kuh also ablenkt.

Die richtige Methode des Melkens

Für das Euter ist das beste Melkverfahren das Faustmelken (Vollhandmelken, Fausten) d. h. das Melken mit der ganzen Hand. Dieses paßt sich der Saugwirkung des Kalbes am meisten an.

Das Knebeln sollte nur bei besonders schwermelkenden Kühen mit sehr kurzen Strichen gelegentlich angewendet werden; es führt zu Quetschungen im Gewebe der Zitzenwand. Beim Knebeln wird mit eingeschlagenem Daumen durch Druck des äußeren Daumengelenkes gegen den Mittelfinger gemolken. Der Zeigefinger ist vom Strich entfernt zu halten und dient nur als Halt beim Hochgreifen an der Austrittsstelle des Striches aus dem Euter.

Das Strippen oder Streifmelken kommt dagegen höchstens bei ganz kurzen Strichen (Schafen oder jungen Ziegen) als Notbehelf in Frage, da hierdurch leicht Zerrungen und Quetschungen im Gewebe der Zitze entstehen. (Siehe Bildtafel neben S. 448.)

Prüfung der ersten Milchstrahlen

Die ersten Milchstrahlen sollen möglichst in eine schwarz emaillierte Vormelkschale gemolken und geprüft werden, ob die Milch normal beschaffen ist (Flockenbildung, wässeriges Aussehen usw.). Auf keinen Fall dürfen die ersten Milchstrahlen, welche meistens reich an Bakterien sind (die während der Ruhezeit der Tiere in die Striche eindrangen), in die Streu gemolken werden!

Reinigung des Euters

Vor Beginn des eigentlichen Melkens wird das Euter und seine Umgebung mit einem trockenen Lappen oder frischem Strohwisch gründlich gereinigt. Saubere Euter sind unerläßliche Vorbedingung zur Gewinnung sauberer Milch und nicht allein das Seihtuch bzw. der Milchfilter, die feinste Schmutzteilchen und Bakterien nicht zurückhalten. Der Melkeimer darf während der Reinigung nicht unter oder hinter die Kuh gestellt werden, um Verunreinigung zu vermeiden.

Anrüsten

Dann erfolgt das Anrüsten (Durchwalken) des Euters, das eine Durchblutung desselben bezweckt und nicht nur auf die Höhe des Milchertrages, sondern auch auf den Fettgehalt der Milch wesentlichen Einfluß ausübt. Ohne Anrüsten gibt die Kuh weniger Milch! Die intensive, jedoch zarte Massage des ganzen Euters führt zu einer Straffung desselben, insbesondere auch der Zitzen, die Milch „schießt" ein. Nach dem Anrüsten soll sich das Euter also voll und straff anfühlen.

Durch leichte Massage des Euters mit einem feuchten, gut ausgewundenen, auf 50 bis 55° angewärmten Tuch von etwa 30 Sekunden Dauer bzw. durch eine Euterwaschung mit warmem Wasser (+ 40° C) etwa eine Minute vor dem Melken, kann der Reiz, den das feucht-warme Kälbermaul auslöst, nachgeahmt werden. Fast alle Kühe reagieren darauf im Milch- und Fettertrag günstig, wenn sie nicht durch Störungen oder Erregtheit abgelenkt werden. Eutererkältungen durch Warmwasserwaschungen sind bei kaltem Wetter nicht zu befürchten.

Angerüstete Euter müssen nach dem Einschießen der Milch sofort und schnell innerhalb 5—6 Minuten ausgemolken werden, nämlich während der Wirkungsdauer des den Milchausfluß auslösenden Hormones. Sonst gehen Milchmenge und Fettgehalt infolge der vorzeitigen Hormonzerstörung zurück. Daher darf man z. B. beim Maschinenmelken nicht mehrere Kühe auf Vorrat anrüsten, sondern muß die Melkbecher unmittelbar nach dem Anrüsten ansetzen.

Fehlerhaft ist auch das plötzliche Unterbrechen des Milchaktes, was bei den Tieren Unbehagen und dadurch Störungen in der Milchabsonderung hervorruft.

Das Melken soll also zügig erfolgen, d. h. der Milchstrom darf nicht unterbrochen werden, und es müssen fortwährend starke, lange Milchstrahlen fließen. Schnelles (aber nicht hastiges) Melken ergibt mehr und fettreichere Milch und gewährleistet, auf die Dauer gesehen, eutergesunde Tiere. Wenn der gefüllte Melkeimer *viel Schaum* aufweist, dann ist das *ein Zeichen, daß flott gemolken wurde*. Nur bei Kühen im fortgeschrittenen Laktationsstadium mit geringerer Milchleistung wirkt sich langsameres Melken weniger nachteilig aus.

Welche Euterviertel zuerst melken?

Beim Melken soll zur Verhütung der Bildung von Stufen- bzw. Etageneutern mit den beiden von Natur aus schwächer entwickelten Eutervierteln begonnen werden. Dies sind meist die vorderen bzw. Bauchstriche. (Etwa 40% Milch enthaltend gegenüber etwa 60% bei den hinteren Strichen.) Diese werden aber nicht gleich vollständig leer gemolken, sondern später nochmals nachgemolken. Man wechselt hiermit so lange, bis das Euter leer ist.

Nachmelken

Auch beim *Nachmelken* (Reinmelken) ist eine intensive Bearbeitung der einzelnen Euterviertel erforderlich (sanftes Durchkneten und Durchwalken, ähnlich wie das Stoßen des Kalbes). Gleichzeitig wird die restliche, in der Drüsenmasse befindliche Milch, bekanntlich die fettreichste, durch Ausstreichen nach unten und außen befördert. Bei Kühen, die erstmalig gekalbt haben, ist auf das vollständige Ausmelken ganz besonders zu achten, um die Entwicklung des Euters und die Steigerung der Leistung zu fördern. *Schlechtes Ausmelken* verursacht auch, abgesehen von einer geringeren Fettausbeute, Euterkrankheiten und hat einen Rückgang der Milchleistung zur Folge. (10 bis 100 ccm Milch wurden beim Nachmelken gelegentlich eines Wettbewerbes festgestellt!) Da die Drüsenmasse des Euters milchbildend ist, schrumpft ein drüsenreiches, also milchreiches Euter nach dem Melken vollkommen zusammen. — Die letzten Milchtropfen von den Strichspitzen abschließend mit dem Handrücken der rechten Hand abwischen. (Keimverhütende Maßnahme.)

Melkleistung

Als normale Melkleistung gilt etwa 1 l je Minute. Ein guter Melker kann je Stunde 7—8 milchreiche oder 10 und mehr milcharme Kühe ausmelken. Berufsmelker melken bis zu 20 Kühe täglich.

Melkmaschine

Bei der *Melkmaschine* erfolgt der Melkvorgang mit Hilfe von Melkbechern, die durch Vakuum am Euter haften und unter Anwendung von Pulswellen (Saug- und Unterbrecherakt). Bei dem sogenannten Schnellpuls- und dem Kurzzeitverfahren wird die Melkdauer etwas verkürzt, so daß eine Person mit der Bedienung einer Maschine voll ausgelastet ist. Diese Verfahren erfordern besondere Sorgfalt. Automatische Absauganlagen bieten arbeitswirtschaftliche Vorteile (Abb. neben Seite 449).

Vorteile der Melkmaschine

1. Wesentliche Kraftersparnis (80—85%). Bei größeren Kuhbeständen auch Gewinn an Arbeitszeit. Bei kleineren Betrieben entspricht der Zeitaufwand einschließlich Reinigung der Maschine etwa dem des Handmelkens. — Säubern, Anrüsten und Nachmelken des Euters bleibt aber nach wie vor Handarbeit (auch zur Euterkontrolle)!
2. Die Melkmaschine liefert saubere, hygienisch einwandfreie Milch.
3. Weitgehende Schonung des Euters.

Im Gegensatz zum Handmelken saugt die Melkmaschine die Milch an und ahmt somit den Saugvorgang beim Kalb nach. — Nur eutergesunde Kühe dürfen mit der Maschine gemolken werden (Ansteckungsgefahr bei gelbem Galt!) — Bei dreimaligem Melken muß das Mittagsmelken unbedingt auch mit der Maschine erfolgen. Melkbecher sofort nach Anrüsten in richtiger Reihenfolge ansetzen: Becher links hinten, links vorn, rechts vorn, rechts hinten. Wichtig ist das rechtzeitige Abnehmen der Melkbecher. Sonst wird die Schleimhaut der Striche verletzt, der Milchzulauf behindert, und die Kuh empfindet Schmerzen. Anschließend sofortiges kurzes Nachmelken von Hand! Melkeimer nie zu vollmelken, sonst gelangt Milch in die Vakuumrohrleitung und verschmutzt diese.

Melkleistung der Maschine: 1 Mann mit 2 Einzelmelkgefäßen (für kleinere und mittlere Betriebe zu empfehlen) oder einem Doppelmelker kann je Stunde 11—14 Kühe ausmelken. Durchschnittsgemelk einer Kuh je Minute 1,2—2 kg, je nach Milchleistung des Tieres.

Reinigen und Desinfizieren der Melkmaschine

Nach jeder Melkzeit sofort Melkbecher und Milchschläuche mit lauwarmem Wasser (25° C) durchspülen. Reinigungslösung (0,5%ige P_3-asepto-Lösung) in einem Eimer mit 40—50° C warmem Wasser ansetzen und bei angestellter Pumpe durch die Zitzenbecher und Milchschläuche in den Melkeimer saugen. Diesen mit der Lösung noch ausbürsten. Anschließend Melkgeräte mit keimtötender Lösung desinfizieren. Melkbecher und Schläuche von dem Desinfektionsgerät aus mit 0,5%iger P_3-asepto-Lösung bis zum Überlaufen füllen. Diese bleibt bis zum nächsten Melken im aufgehängten Melkzeug. Sie wird dann abgelassen, anschließend können sofort die Melkbecher angesetzt werden. — Alle 8 Tage Melkmaschine vollständig zerlegen und gründlich säubern. Mindestens jährlich einmal Gummischläuche und Zitzengummi erneuern.

Anzuraten ist auf jeden Fall vor Kauf einer Melkmaschine die Teilnahme an einem Melkmaschinenlehrgang!

Beeinflussung des Fettgehaltes

Der Fettgehalt der Milch ist im allgemeinen um so höher, je kürzer die vorangegangene Melkpause war. Daher hat bei dreimaligem Melken die Mittagsmilch die höchsten, die Morgenmilch dagegen die niedrigsten Fettprozente. Versuche ergaben folgende Unterschiede im Fettgehalt: Mittag 3,75%, Abend 3,10%, Morgen 2,80% Fett.

Die Höhe des Fettgehaltes hängt ab: von der Rasse, der Veranlagung des Einzeltieres, dem Stand der Laktation, d. h. ob Frisch- oder Altmelke (bei ersterem in der Regel am niedrigsten), dem Gesundheitszustand, der Haltung und Fütterung der Tiere (siehe S. 469). Bei andauernd schlechtem Futter, sehr wässerigen Futtermitteln und bei Mineralstoffmangel nimmt der Fettgehalt auf jeden Fall ab. Auch bei Auftreten der Brunst sinkt er. Weiteren Einfluß haben gutes oder schlechtes Melken (bis 0,8% Unterschied), Stalltemperatur (S. 462) und Witterung. Bei Hitze sinkt der Fettgehalt, bei Kälte steigt er.

Milch von altmelkenden Kühen mit nicht mehr als etwa 2 l Milchleistung hat abweichende, z. T. der Kolostralmilch ähnliche Beschaffenheit (gelblich-bräunliche Farbe, salziger Geschmack). Obwohl fetthaltiger als normale Milch, ist Ausbuttern wegen der kleinen Fettkügelchen kaum oder gar nicht möglich.

Euterentzündung

Durch häufiges Ausmelken erkrankter Euterviertel (alle 2—3 Stunden) ist bei frischen Fällen eine beginnende Euterentzündung zu beseitigen. Euterkranke Kühe sind stets zuletzt zu melken (Ansteckungsgefahr). Eutererkrankungen werden durch verschmutzte, dunkle und schlecht gelüftete Ställe, mangelhafte Einstreu,

Unsauberkeit der Tiere, ungenügendes Ausmelken sowie verdorbene Futtermittel begünstigt.

Gelber Galt (eitrige Euterentzündung)

Das erste Anzeichen von an gelbem Galt (Streptokokken - Mastitis) erkrankten Strichen ist ein bitterer Salzgeschmack der Milch, auch sind die ersten Strahlen flockig, wässerig. Später treten Verhärtungen im Euter ein und die Milch versiegt. Ältere Kühe sind gegen Streptokokkeninfektionen viel empfindlicher als jüngere Tiere. Eine Steigerung der Eiweißkonzentration im Futter führt zum Ansteigen des Galtbefalls, eine Senkung zum Abklingen.

B e k ä m p f u n g : Mit Hilfe von Antibiotika (Penicillin usw.), die in Salbenform in den kranken Strich eingeführt werden, läßt sich die Krankheit, besonders im Anfangsstadium, erfolgreich behandeln. Daher Tierarzt bald zu Rate ziehen. Da Gelber Galt durch die Hände des Melkers auf gesunde Tiere übertragen wird, erkrankte Tiere von den gesunden trennen, nur von Hand und stets zuletzt, aber gründlich ausmelken.

Milchbehandlung nach dem Melken (Abbildung neben S. 449)

Nach dem Melken muß die Milch gleich aus dem Stall entfernt werden, da sie leicht den Stallgeruch annimmt und, um Sauerwerden zu verhüten, auf mindestens 12° heruntergekühlt (Milchkühler) bzw. kühl gestellt werden (in fließendes Wasser oder in einem kühlen Raum in Wasser stellen und dieses einige Male erneuern). Bei diesen einfacheren Verfahren ist eine Milchkühlung nur bis auf 2° C über Wassertemperatur möglich. E r s t n a c h v o l l s t ä n d i g e r A b k ü h l u n g d a r f d e r K a n n e n d e c k e l g e s c h l o s s e n w e r d e n , der solange nur schräg aufgesetzt wird, damit die beim Melken mitgerissenen Luftteilchen entweichen können und die Milch nicht erstickt. Besser ist ein Lüftungsdeckel, damit weder Schmutz noch Fliegen hineinfallen. Gute Kühlwirkung haben Kannenaufsatzkühler mit Rührwerk. Hohe Wassertemperaturen oder Wassermangel erfordern elektrische Kühlanlage.

Milch von zwei Gemelken darf nur zusammengegossen werden, nachdem sie tief gekühlt ist. A l s o n i c h t f r i s c h g e m o l k e n e u n d b e r e i t s a b g e k ü h l t e M i l c h v e r m i s c h e n , sonst hält sich die Milch nicht und wird sauer. Beim Transport zur Molkerei Kannen in der warmen Jahreszeit mit feuchten Säcken, Planen usw. bedecken.

S e i h t ü c h e r sind nach Gebrauch zunächst mit kaltem Wasser zu reinigen. In heißem Wasser würden die Eiweißstoffe im Gewebe gerinnen und sich dann nicht mehr entfernen lassen. Anschließend Reinigung mit heißem Sodawasser, dann wird kalt nachgespült und an der Luft getrocknet. Die gute Filterwirkung des Flanellstoffes geht durch das Auswaschen aber bald verloren. Wesentlich einfacher und sauberer ist Verwendung von W a t t e f i l t e r n. Diese liegen zwischen 2 Siebeinsätzen und werden nach einmaligem Gebrauch verbrannt (nicht wegwerfen), nachdem etwa 50 l Milch durchgelaufen sind. Filter nicht auf Kanne aufschlagen (zum schnelleren Durchlaufen), sonst heben sich Sieb- und Wattescheiben und lassen Schmutzteile durch.

Ursachen der Milchsäuerung

Die Milchsäuerung entsteht durch die überall vorkommenden Milchsäurebakterien, die den Milchzucker in Milchsäure umsetzen. Die Milch gerinnt, wird sauer und schließlich dick. — Milchsäurebakterien gedeihen besonders bei Körpertemperaturen, gehen bei Temperaturen über 50° C zugrunde und können sich unter 12° C nicht entwickeln.

Dicksaure Magermilch, Molke und Buttermilch sind stark mit Milchsäurebakterien angereichert. Im Schweinemagen und -darm werden diese nicht abgetötet, sondern gelangen, stark vermehrt, mit dem Kot in den Auslauf der Tiere bzw. auf den Dunghaufen, wo sie durch Sonne und Wind ihre Weiterverbreitung finden. (1 kg Schweinekot enthält von einigen zehntausend bis zu mehreren Milliarden Milchsäurebakterien, Kuhkot dagegen nur einige tausend.)

Die Übertragung dieser Bakterien, selbst aus 100 m vom Kuhstall entfernt gelegenen Schweineställen, auf die frischgemolkene Milch durch Luft ist daher keine Seltenheit. — Milchgeräte und Kannen sind daher nach täglich gründlicher Reinigung an einem sonnigen, staubfreien Platz, möglichst weit von den Stallungen, mit der Öffnung nach unten aufzuhängen. — Saubere, helle, gutbelüftete Ställe sind wesentliche Voraussetzungen zur Gewinnung einwandfreier Milch!

Kalkarme Milch wird durch besondere Kleinlebewesen leicht zur sogenannten Labgärung gebracht. Diese vorzeitige, süße Gerinnung der Milch ist wegen ihres raschen Auftretens besonders unangenehm. Daher ist auf kalkreiche Futterstoffe zu achten und sind besonders auch Wiesen und Weiden ausreichend zu kalken.

Butterausbeute

Zur Gewinnung von 1 kg Butter werden etwa benötigt:

Bei einem Fettgehalt von:	Milch	Bei einem Fettgehalt von:	Milch
2,5%	35 l	3,5%	25 l
3 %	29 l	4 %	22 l

Liter oder kg?

Vollmilch hat ein spezifisches Gewicht von 1,03. 1 Liter sind also 1,03 kg (1030 g; Magermilch 1034 g; Molke 1026 g).

10 Liter = 10,3 kg
50 Liter = 51,5 kg
100 Liter = 103 kg usw.

Kälberaufzucht

Kälberfütterung

Die Kälberaufzucht in den ersten Lebensmonaten ist für die Entwicklung und künftige Leistung einer Milchkuh von ausschlaggebender Bedeutung. Während dieser Zeit Versäumtes läßt sich später nicht wieder aufholen. Je größer die Aufwendungen innerhalb des ersten Lebensjahres sind, um so mehr kann im zweiten Lebensjahr eingespart werden! Das junge Tier besitzt sehr viel Wachstumsenergie und verwertet das Futter zu seiner Ausbildung besonders gut. *Gutgenährte Kälber mit glattem Fell und glänzendem Haar zeigen, daß der Stall in Ordnung ist.*

Ein Kalb, das in den ersten Wochen und Monaten mangelhaft gepflegt, schlecht untergebracht sowie ungenügend oder falsch gefüttert wird, kann niemals eine gute Milchkuh werden!

Nur tränken, nicht saugen lassen!

Kälber sind sofort nach der Geburt abzusetzen und aus dem Eimer zu tränken. *Man sollte die Tiere auf keinen Fall saugen lassen*, da hierbei jegliche Kontrolle über die Milchmenge, die das Tier zu sich nimmt, fehlt, und die Kälber, besonders bei milchreichen Kühen, mehr Milch verbrauchen, als zu einer guten Entwicklung notwendig ist. Die Tiere übersaufen sich leicht, und dann entsteht Durchfall.

Bei der Saugmethode gewöhnen sich die Tiere infolge der überreichlichen Milchmengen auch zu spät an festes Futter, was für die wei-

DAS MELKEN

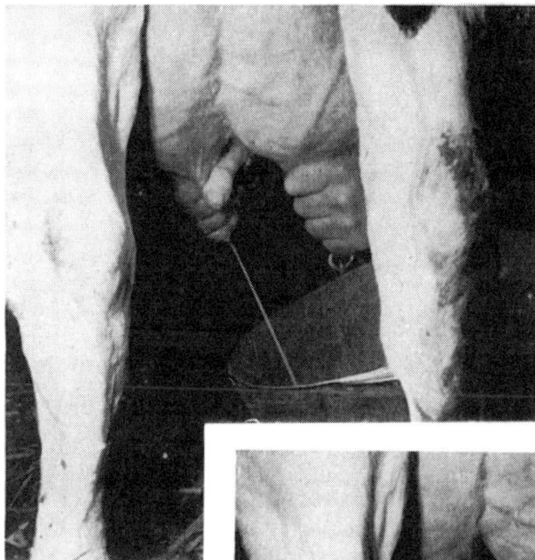

Rechts: Fausten = bestes Melkverfahren (Melken mit der ganzen Hand)

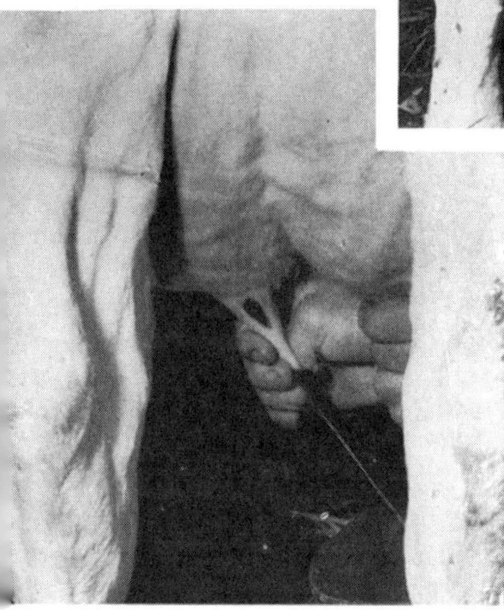

Knebeln, nur bei besonders schwermelkenden Kühen mit sehr kurzen Strichen gelegentlich anzuwenden. (Melken mit eingeschlagenem Daumen durch Druck des äußeren Daumengelenkes gegen den Mittelfinger)

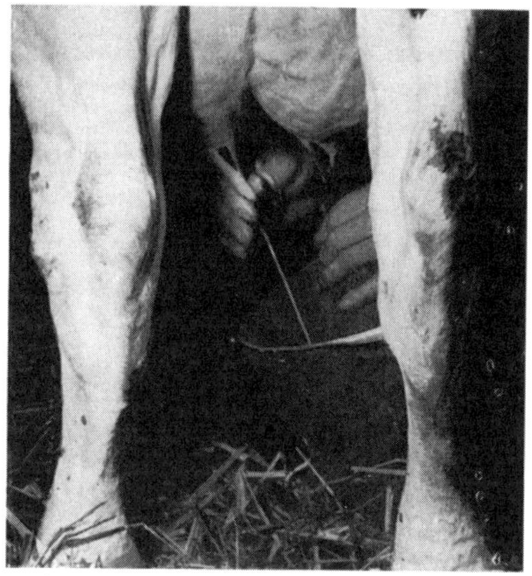

Strippen, kommt höchstens bei ganz kurzen Strichen (Schafen oder jungen Ziegen) als Notbehelf in Frage

Prüfung der ersten Milchstrahlen in Kontrollschale mit schwarzem Boden (Seite 444)

Nachmelken des rechten hinteren Euterviertels (Einzelheiten über wirtschaftl. u. gesundheitl. Bedeutung s. S. 445)

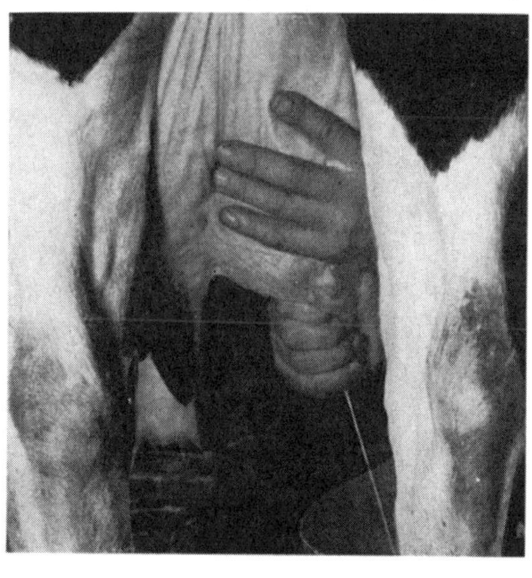

Kannen-Milchkühlung Elkabo „Rotador". Bewirkt schnelle Abkühlung der Milch durch drehende Bewegung der in Kühlwasser hängenden Kannen mit Hilfe eines Elektromotors, ohne Zuhilfenahme von Rührern oder sonstigen zu reinigenden Gegenständen

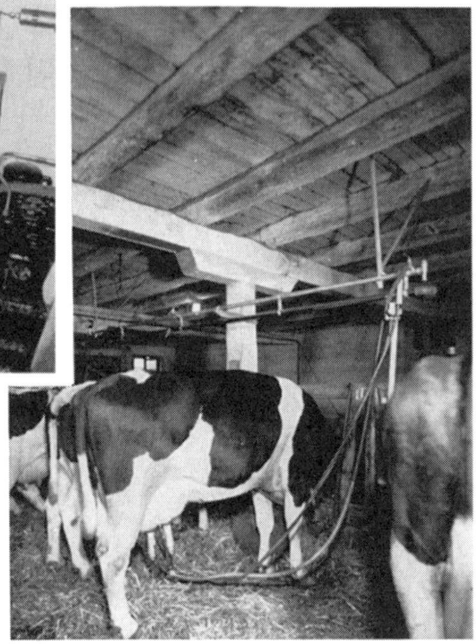

Rechts: Eimerlose Absaug-Melkanlage im Anbindestall (Werkfoto ACfa-Laval)

Abstemmen der zu langen Klauen. Darunter links: Mit dem Stoßmesser (Klauenhobel) wird die Sohle der Klauen beschnitten. Rechts: Richtig beschnittene Klauen

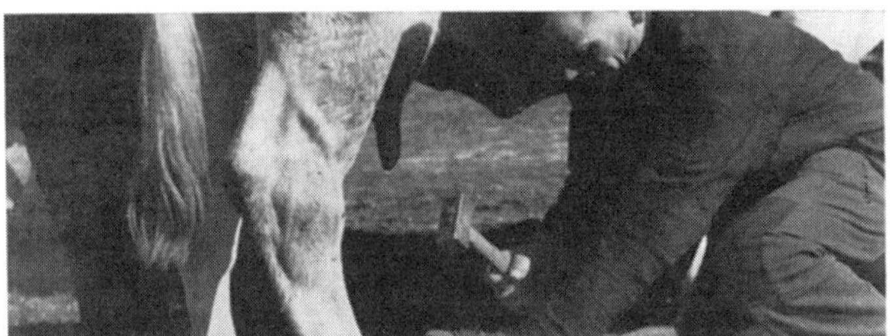

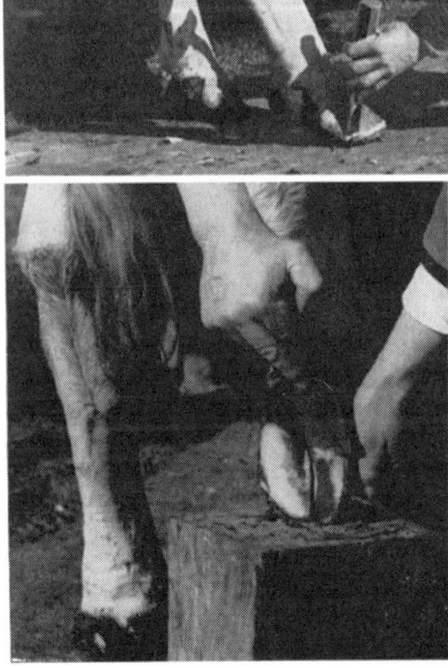

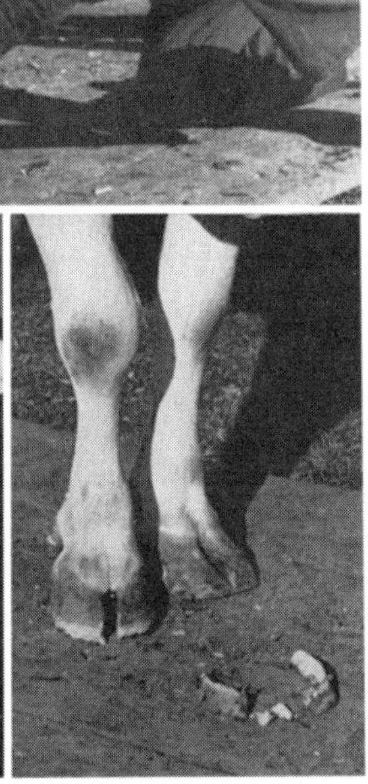

Arbeitserleichterung durch Aufhängen des Trä
eimers bei der Kälberfütterung (siehe Seite 4

tere Entwicklung nachteilig ist. Ferner ist die Gefahr der Übertragung von Krankheitskeimen auf das junge Tier beim Saugenlassen sehr groß. Auch vergißt die Kuh das Kalb schneller, wenn es gleich nach der Geburt entfernt wird und läßt sich eine Wachstumsstörung des Kalbes durch späteres Absetzen vermeiden. Gutes Handmelken ergibt auch bessere Euterformen. Das Saugenlassen ist also auf jeden Fall unwirtschaftlich und hat einen durchschnittlichen Milchverlust von etwa 500 l pro Kuh im Jahr zur Folge!

Um eine zu große Beunruhigung der Kuh beim Absetzen zu vermeiden, sofern das Kalb aus irgendwelchem Grund an der Mutter gesaugt hat, befestige man den Strick, mit dem das Kalb solange angebunden war, in unmittelbarer Nähe der brüllenden Kuh. Das Tier wird den nach seinem Jungen riechenden Strick fürsorglich beschnüffeln und behüten und sich meist bald beruhigen.

Das Kalb gewöhnt sich schnell an das Saufen aus dem (Metall-) Eimer, wenn man es zunächst an einem Finger saugen läßt, den man in die Milch hält. Dabei soll der Tränkeimer bis zur Gewöhnung nicht auf die Erde gestellt, sondern etwas hochgehalten werden, damit das Tier den Kopf nur wenig herunterzubeugen braucht (das Kuheuter befindet sich für das Neugeborene auch nicht auf der Erde).

Wann erstmalig tränken?

Das Kalb erhält die erste Milch (Biest- oder Kolostralmilch) oft erst dann, wenn die Nachgeburt abgegangen ist, also 6—8 Stunden nach der Geburt. Es schadet zwar nichts, wenn das Neugeborene die ersten 20—24 Stunden ohne Nahrung ist. Bis dahin wird das im Magen befindliche Fruchtwasser verdaut. Da aber der Mineralstoff- und Vitamingehalt der Kolostralmilch nach dem Abkalben sehr rasch sinkt (S. 450), soll das erstmalige Tränken des Kalbes, unabhängig vom Abgang der Nachgeburt, bereits 1 bis spätestens 2 Stunden nach der Geburt erfolgen (S. 440/441).

Biest- oder Kolostralmilch enthält unmittelbar nach dem Kalben etwa: 20% Eiweiß, davon 16% besonders leicht verdaulich, ferner 1,2% Mineralstoffe. Normalmilch enthält dagegen nur: 3,6% Eiweiß und 0,7% Mineralstoffe. — Die erste Milch also auf jeden Fall dem neugeborenen Tier geben (abführende Wirkung zur Lösung des Darmpeches und Schutzstoffe gegen bakterielle Infektionen).

Verwertung überschüssiger Biestmilch

Überschüssige Biestmilch kann an ältere Kälber, Kühe und ältere Mastschweine verfüttert werden. Sie wirkt schwach abführend, fördert aber die Gesundheit der Tiere. Biestmilch läßt sich bei sauberer Gewinnung auch im Haushalt verwenden. Der Eiweißgehalt von 1 l entspricht demjenigen von etwa 20 Eiern! Daher bester Ei-Ersatz.

Biestmilch ist nach 3 Tagen als Trinkmilch, nach 5 Tagen zur Butterherstellung und nach 10 Tagen zur Käsebereitung verwendbar. Die Veränderung zur Normalmilch erfolgt bei Erstlingskühen und Tieren mit niedrigeren Leistungen weniger schnell als bei milchergiebigen.

Entstehung von Durchfall

Kälber sollen wenigstens 2—3 Wochen nach der Geburt die Milch der eigenen Mutter erhalten (Ansteckungs- und Heilungsschutz gegen ansteckende Durchfälle und spezifische Vorteile), und zwar möglichst blutwarm (37° C), zumindest aber nicht unter 25° C, da sonst leicht Durchfall und Koliken eintreten und die Tiere in der Entwicklung zurückbleiben. 75% aller Kälberdurchfälle sind auf die Verabreichung zu kalter Milch zurückzuführen.

Bevor die Milch im Labmagen verdaut wird, muß sie geronnen sein. Die Labgerinnungszeit aber ist je nach der Milchtemperatur ganz verschieden.

Die Milch gerinnt bei:

37° C in 4 Minuten	25° C in 12 Minuten
35° C in 5 Minuten	20° C in 34 Minuten
30° C in 8 Minuten	15° C in 346 Minuten,
	also erst in etwa 6 Stunden.

Solange aber hält sich die Milch nicht im Labmagen auf. Die Folge davon ist, daß die Milch ungeronnen und unverdaut in den Dünndarm übertritt, wo sie wie ein Fremdkörper wirkt, der schnellstens ausgestoßen wird. So entsteht Durchfall. Da Milch für kleinere Kälber das einzige Nahrungsmittel ist, bedeutet Durchfall einen völligen Nahrungsentzug, so daß die Tiere bei anhaltendem Durchfall bald an Entkräftung zugrunde gehen.

Kälbermilch wird daher in den ersten 2 Wochen am besten direkt in den Tränkeimer gemolken, zumindest aber der Eimer mit der darin befindlichen Milch in heißem Wasser vorgewärmt.

Man kann aber auch, ohne Nachteil für das Kalb, einen Zusatz von heißem Wasser bis zu 1/2 l vornehmen. Das haben Versuche von Comberg einwandfrei ergeben. Danach genügt eine Milchtemperatur von 25° C (aber nicht darunter!). — Wichtig ist auch, daß der Tränkeimer sauber ist.

Wie oft tränken?

Getränkt wird am ersten Tag viermal, um dem Kalb möglichst viel von der sich schon innerhalb von 6 Stunden in ihrer Zusammensetzung rasch ändernden Biestmilch zuzuführen (S. 449). Vom zweiten Lebenstag an genügt zur Arbeitsentlastung täglich zweimaliges Tränken (mit Ausnahme von sehr schwachen Kälbern). Es treten keine Entwicklungsstörungen ein, das haben ausreichende Versuche bewiesen.

Mittel gegen Durchfall

Wenn im Kälberstall Durchfall auftritt, sind neben einer Heilbehandlung der erkrankten Tiere mit Tannalbin bzw. Thürpil für den ganzen Stall je Liter Milch 2—3 Tropfen Kreolin hinzuzufügen und den kranken Tieren 1—2 rohe Eier (mit der Schale im Maul zerdrücken), zu verabreichen. Oder Haferschleim mit etwas geschabter Kreide geben oder 25—50 g pulverisierte Holzkohle + 50—100 g Schlämmkreide je Tier und Tag. Zu empfehlen ist ferner die Verabreichung von Kamillentee, dem gemahlener Leinsamen zugesetzt wird. Das Ganze muß aber mindestens 1/2 Stunde auf warmer Herdplatte ziehen und wiederholt umgerührt werden. Man lasse die Tiere auf jeden Fall ein bis zwei Mahlzeiten fasten, eventuell noch länger. Milchentzug ist das beste Heilmittel! Zu lange anhaltende Durchfälle werden leicht chronisch. Sehr wirksam sind Kraftfuttergemische mit Antibiotika-Zusatz (S. 408).

Mittel gegen Aufblähen

Man verabreiche Leinöl mehrmals am Tage. Ferner gebe man einige Tage ein rohes Ei als Beifutter. Ursache kann Mineralstoffmangel sein (S. 407). Trockenfutter (Leinmehl, Haferschrot und Weizenkleie zu gleichen Teilen) täglich 1 Eßlöffel DLG-Mineralstoffmischung IIIa beimengen. Wenn Kalb noch kein festes Futter frißt, Mineralstoffe zweimal täglich mit Milch verabreichen. Oder 1—2% Kochsalzwasser, 1—3 Teelöffel Karlsbader Salz, 1—2 Teelöffel Schlämmkreide mit Kamillen- oder Fencheltee. Auch Lactina hilft oft. Tritt keine Besserung ein, Kalb zum Schlachten verkaufen, da nicht zur Aufzucht geeignet (Kümmererwuchs).

Marienseer Tränkschema für weibliche Zuchtkälber
(300 Liter Vollmilch und 600 Liter Magermilch)

Höhe der Milchgaben

Lebenswoche	Vollmilch tägl. kg	Magermilch tägl. kg
1.	bis 6	—
2.	6	—
3.—4.	6	3
5.—8.	3	6
9.—12.	2	6
13.—14.	—	6
15.—21.	—	3

(Bullenkälber erhalten etwa 500 Liter Vollmilch und 500 Liter Magermilch. Allmählicher Übergang zur Magermilch mit 7 bis 8 Wochen. Bis zur 12. Woche täglich 3 Liter Vollmilch geben.)

Für Kälber genügt fettärmere (Morgen-) Milch. Fette Zuchtkälber sind empfindlicher als Kälber, die normale Milchmengen erhalten. „Wenn ein Kalb genug gesoffen hat, hat es schon zuviel gesoffen!"

Das Kalb erhält die Muttermilch unter Zusatz von 2 g Kochsalz je Liter. Dadurch wird die Nährstoffausbeute der Milch erhöht. Muttermilch auf jeden Fall 2—3 Wochen lang geben, Vollmilch mindestens bis zur 10. Lebenswoche, wegen der besonderen spezifischen Wirkung des arteigenen Fettes der Vollmilch (Vitamin A)!

Beim Ersatz der Vollmilch durch Magermilch wird dem Tier kein Eiweiß entzogen, da Magermilch etwa gleichen Eiweißgehalt wie Vollmilch hat.

Es enthalten:	Fett	Eiweiß	Milchzucker	Mineralstoffe
Vollmilch	3,5%	3,6%	4,6%	0,75%
Magermilch	0,05%	3,7%	4,7%	0,8%

Allerdings gehen der Magermilch mit dem Fettentzug auch die Vitamine A und D verloren, die auf das Wachstum und die spätere Widerstandsfähigkeit der Tiere gegen Krankheiten aller Art Einfluß haben.

Vollmilcharme Kälberaufzucht

Vollmilch läßt sich erheblich einsparen durch:

a) Verfütterung von frischer oder dicksaurer Magermilch unter Zusatz aufgewerteter Trockenmagermilch. Diese wurde mit den bei der Entrahmung der Milch entzogenen, lebensnotwendigen Vitaminen A und D sowie Fetten angereichert und ist auch mit Antibiotikazusatz (S. 408) im Handel. Bewährt hat sich zum Beispiel:

Verfütterung von Magermilch (900 l) und „Kal-Bi-Phosphoral" (6,3 kg). In der 1. bis 3. Woche Vollmilch (65 l), ab 2. Woche bis 16. Lebenswoche Magermilch und täglich 60 g „Kal-Bi-Phosphoral". Ab 3. Woche zusätzlich „DLG-Kälbernährmehl" zur beliebigen Aufnahme und zartes Heu.

b) Ausschließliche Verfütterung aufgewerteter Trockenmagermilch. Dieses Verfahren erleichtert die Tbc-freie Aufzucht. Bekannt ist z. B. „Satro-Trockenmilch 8", von der 120 g in 1 l Wasser aufgelöst und den Kälbern in der 2. Lebenswoche bis zu 7 l und ab 3. bis 7. Woche bis zu 9 Liter täglich verabreicht werden. Dann allmählicher Ersatz durch Magermilchpulver (ohne Fett), ab 13. Lebenswoche nur noch Magermilch. Die Tiere erhalten also nur in den ersten 7 Tagen Mutter-(Biest-) milch. Ab 3. Woche zusätzlich „DLG-Kälberaufzuchtfutter" zur beliebigen Aufnahme und zartes Heu.

c) Verfütterung von „Kodruna“, einem Drüsennährstoff. 1. Woche Muttermilch, ab 2. Woche täglich 2 l Vollmilch, dazu Magermilch und 5 g bis 30 g (9. bis 12. Woche) täglich ansteigend „Kodruna“, der Milch beigemengt. Kälbernährmehl und Heu wie b).

Vollmilcharme Aufzucht erfordert besonders gewissenhafte Wartung und Pflege der Kälber! Fütterungsanweisungen der Hersteller einzelner Nährmehle beachten. Kälbermast siehe Seite 491/492.

Bei fehlender Magermilch muß der allmähliche Ersatz der Vollmilch (etwa 400 l) durch Wasser unter entsprechender Beigabe von eiweißreichem Kraftfutter erfolgen. Zu empfehlen ist „DLG-Kälbernährmehl“, von der 2. bis 3. Lebenswoche an bis zur Höchstmenge von 1—1,5 kg pro Tag. Entweder in trockener Form (grob) oder als Tränke (fein), 1 kg in 10 l Wasser. — Steht dagegen ausreichend entrahmte Milch zur Verfügung, wird eine Fütterung mit täglich etwa 6 Liter Magermilch bis zu etwa 1/2 Jahr (auch bei Weidetieren) empfohlen, da hierdurch die weitere Entwicklung der Tiere sehr gefördert wird.

Süße oder saure Milch

Vollmilch soll nur süß verabreicht werden, Magermilch dagegen im dicksauren Zustand, sofern nicht wirklich einwandfreie, frische Magermilch zur Verfügung steht. Angesäuerte Milch ruft schwere Verdauungsstörungen, wie Durchfall usw., hervor. Dicksaure Milch, die ja bereits geronnen ist, kann kalt verfüttert werden. Sie wird am besten in Holz- oder Steingutbehältern aufbewahrt, nicht aber in verzinnten bzw. Zinkkannen, die von der Säure angegriffen werden, wodurch Vergiftungserscheinungen auftreten können. Kurz vor dem Verfüttern kann süße Vollmilch mit dicksaurer Magermilch usw. zusammengegossen werden. Das Säuren der in der Molkerei erhitzten Milch (die Säureerreger sind durch die Erhitzung abgetötet) wird durch geringen Zusatz von Buttermilch oder dicksaurer Milch vom Vortag beschleunigt.

Buttermilch und Frischmolke

Bewährt hat sich Verfütterung von Buttermilch (allmählicher Übergang von der fünften Lebenswoche an) und in zweiter Linie von Frischmolke, an Zuchtkälber an Stelle von Magermilch. Buttermilch übt gute, diätetische Wirkung auf den Organismus des jungen Tieres aus und auf Knochenbildung sowie Straffheit der Gelenke. (Siehe S. 528.)

Es enthalten:	Fett	Eiweiß
Buttermilch	0,3%	3,7%
Molke, süße	0,2%	0,8%
Molke, saure	0,2%	0,9%

Beginn der Heufütterung

Mit 2—3 Wochen fangen Kälber an, Heu zu knabbern (bestes, zartes Wiesenheu mit gutem Aroma vorlegen, Klee- und Luzerneheu für die Milchkühe aufheben). Ein dreiwöchiges Tier frißt etwa 1/4 kg täglich, vorausgesetzt, daß die Tiere nicht übermäßig Milch erhalten. Durch frühzeitige Heuaufnahme kommen die noch unentwickelten Vormägen frühzeitig zur Entwicklung. Das ist für die spätere Futteraufnahme von großer Bedeutung! (Klee führt bei Kälbern leicht zu Blähungen.)

Beginn der Schrotfütterung

Ab der 3. Woche wird, mit kleinen Mengen beginnend, ein Gemisch je 1/2 Hafer- und Gerstenschrot verabreicht, dem nach weiteren 2—3 Wochen etwa 1/3 angefeuchtete Trockenschnitzel, gegebenenfalls auch trockene Kartoffelflocken und etwas Weizenkleie, beizumengen sind. Dazu Mineralstoffutter DLG IIIa.

Bewährt hat sich DLG-Kälberaufzuchtfutter. Darin sind bereits Mineralstoffe enthalten.

Zorn empfiehlt bei etwas höheren Milchgaben (350 Liter Vollmilch + 600 Liter Magermilch) ein Gemisch aus: 50 Teile Haferschrot, 14 Teile Gerstenschrot, 20 Teile Leinkuchenmehl, 14 Teile Trockenschnitzel, 1 Teil kohlensauren + phosphorsauren Kalk, 1 Teil Viehsalz.

Zweckmäßige Kälberkraftfuttermittel

L e i n k u c h e n : enthält besonders hochwertiges Eiweiß, besitzt hohen Fettgehalt, ist sehr bekömmlich und stark wachstumsanregend (die Tiere bekommen blankes Haar) und soll Bestandteil jeder Kälberfuttermischung sein.

Das gleiche gilt für geschrotenen L e i n s a m e n (ganze Körner bleiben unverdaut). Infolge hohen Fettgehaltes und leichter Verdaulichkeit von bester diätetischer Wirkung, besonders für schwache Kälber, sowie während der Übergangsperiode zur Magermilchfütterung. Gequetschter Leinsamen verdirbt schnell! Höchstgabe 250 g je Tag, da sonst leicht Durchfall eintritt. (Aufgekocht verabreichen.) 1 Ltr. Vollmilch wird durch 1 Ltr. Magermilch unter Zugabe von 50 g abgekochtem Leinsamen ersetzt.

H a f e r : sehr bekömmlich, begünstigt Höhenwachstum. Anteil bis 60%. Hochbeinige Tiere erhalten besser G e r s t e.

F i s c h m e h l : Muskel- und Knochenbildner, Anteil bis 25%, wird von den Tieren nach Gewöhnung sehr gern gefressen.

T r o b l a k o : Trockenblatt (S. 472) wird dem Schrot ohne vorheriges Einquellen trocken beigemischt. Futterration für 5—7 Monate alte Kälber: 4—5 kg Rüben, 1—1,5 kg Troblako, 0,5 kg Getreideschrot, satt Heu.

T r o c k e n h e f e : besitzt sehr hohen Gehalt an leichtverdaulichem Eiweiß. (Bierhefe z. B. enthält 43% verdauliches Eiweiß.)

T r o c k e n s c h n i t z e l : können 25—30% in der Futtermischung enthalten sein.

K a r t o f f e l f l o c k e n : lassen sich in jeder Futtermischung bis zu etwa 15% verwenden.

B o h n e n : wirken stopfend (auch E r b s e n), in großen Mengen blähend. Zusammen mit Weizenkleie füttern. Bohnen werden nicht von allen Tieren roh vertragen, dann kochen, worunter allerdings die Verdaulichkeit des Eiweißes leidet. Anteil bis 40%.

P e l u s c h k e n : ebenfalls geeignet. — Das Eiweiß der Hülsenfrüchte ist nicht so gut verdaulich wie das im Leinkuchenmehl.

K l e i e : schwerer verdaulich, für kleine Kälber wenig geeignet. Im übrigen kommt nur Weizenkleie in Frage, die leicht abführend wirkt.

M a l z k e i m e : wegen des engen Nährstoffgehaltes, der leichten Verdaulichkeit und des Phosphorsäuregehaltes sehr gedeihlich für Kälber (auch Fohlen und Lämmer). In größeren Mengen (mehr als 2 kg/Kopf) verursachen sie infolge des beträchtlichen Amidgehaltes bei jungen Tieren Verdauungsstörungen; je heller und sandfreier, desto bekömmlicher.

Kraftfutter grundsätzlich trocken geben, S c h r o t a u f b r ü h e n s o w i e M e h l - u n d K l e i e t r ä n k e n , a u c h m i t M i l c h , s i n d f a l s c h (Verdauungsstörungen). — Kälber sollen das ihnen gereichte Futter von einer Mahlzeit zur anderen restlos verzehren.

Kraftfutter nach Milchentwöhnung

Beim A u f h ö r e n der V o l l m i l c h g a b e n erhalten Kuhkälber Kraftfutter in steigenden Mengen von 1—1,5 kg je Kopf, Jungbullen bis 3 kg. (Bei Stallfütterung in den Wintermonaten bis zu 1 Jahr, bei Bullen auf jeden Fall bis zu 1 Jahr Kraftfutter geben.)

Im Alter von einem Monat erscheinen die vorderen Mahlzähne, tritt der Pansen in Funktion und beginnt das Wiederkäuen, so daß Gras und Heu jetzt schon gut verwertet werden können.

Die vollständige Umstellung auf festes Futter und Wasser erfolgt mit 5—6 Monaten bei einem Gewicht von 160—180 kg.

Ein halbjähriges Tier frißt etwa 2 kg Heu, 1,5 kg Kraftfutter, 5—6 kg Futterrüben, Grünfutter oder Weide täglich.

Kraftfuttermischung

Kraftfuttermischungen ab 5. Lebensmonat (in Prozenten):

	a	b	c	d
Haferschrot	49	34	25	33
Weizenkleie	—	—	—	33
Trockenschnitzel	—	—	25	—
extrah. Leinsaatschrot	49	—	48	—
extrah. Sojaschrot	—	—	—	32
Bohnenschrot	—	64	—	—
Mineralstoff-Futter (DLG III a)	2	2	2	2

Futterrüben

Die vitaminreiche Möhre ist das wertvollste Saftfutter für Kälber. Es steht in seiner Eignung dem Weidegras gleich! Danach kommen Gehaltsrunkeln. Kohlrüben (Wruken, Steckrüben) gehören in den Rindermagen.

Bereits mit etwa 8 Wochen fressen die Kälber feingeschnitzelte Möhren. Im Alter von 3—4 Monaten erhalten die Tiere dann schon einige wenige, walnußgroße Stückchen Möhren oder Gehaltsfutterrunkeln. Von 5—6 Monaten ab, bei Bullenkälbern vom 6.—7. Monat ab, kann die verabreichte Menge allmählich auf 4 kg Möhren oder 5—6 kg Gehaltsrunkeln je Kopf und Tag gesteigert werden.

Rübenblätter sind als Saftfutter für Kälber ungeeignet. Jungvieh soll Rübenblatt immer nur $^1/_2$—$^3/_4$ satt bekommen, dazu als Beifutter mittleres Wiesenheu. Für ältere Tiere genügt gutes Futterstroh.

Kälberauslauf

Freier Auslauf auf dem Hof oder sonstigem sonnigem Tummelplatz, mehrstündlich bereits ab 3. Lebenstag, ist für die Gesunderhaltung der Kälber sehr wesentlich! (Auch im Winter!) Viel Bewegung veranlaßt die Tiere auch zu größerer Futteraufnahme, wodurch die Verdauungsorgane frühzeitig geweitet werden und für später eine gute Verwertung von großen Mengen wirtschaftseigener Futtermittel gewährleistet ist. Kälber dürfen keine Gelegenheit haben, aus Regenpfützen, Gräben usw. zu saufen, wodurch Durchfall hervorgerufen wird. (Siehe S. 457.) Auch sind die Tiere gegen zu starke Sonnenstrahlen zu schützen, soweit sie nicht nach Belieben den Stall aufsuchen können.

Kälberweide

Eine gesunde Jungviehaufzucht ist ohne Koppel nicht möglich. Wachsende Tiere brauchen, mehr noch als ausgewachsene, Licht und Luft zu ihrem Gedeihen! (Trockene Weiden bevorzugen!) Auch gut begraste Kälbergärten, in welche die Tiere im frühen Alter von etwa 2 Monaten täglich gebracht werden, damit sie allmählich das Grasen lernen, sind geeignet. Vom Januar an geborene Kälber sollen gleich den im Spätherbst bis Dezember geborenen zu Beginn der Weidezeit (Anfang bis Mitte Mai), spätestens jedoch nach einem halben Jahr, auf eine möglichst nahe, geschützte, mit ausreichenden Mineralstoffen gedüngte Weide kommen. Das Kalb soll im ersten

Jahr richtig grasen lernen, muß aber bis zum 9. Monat, Zuchtbullen bis zu 1 Jahr, 1— 2 kg Kraftfutter und etwas Heu erhalten.

Junges Weidegras hat für Kälber noch stärker treibende Wirkung als für ausgewachsene Tiere. Infolgedessen ist es zweckmäßig, Kälber bis zu einem Jahr nachts in den Stall zu holen, damit sie Heu zufressen können. Auf jeden Fall den Tieren Gelegenheit zur Heuaufnahme geben. Dadurch werden Durchfallerscheinungen wesentlich verringert.

Ein 9 Monate altes Kalb kann bereits so weit entwickelt sein, daß es sich auf guter Weide ohne zusätzliches Beifutter ernährt. Auf jeden Fall müssen die Tiere mit einem Jahr soweit sein! (Täglicher Nährstoffbedarf im Mittel 2500 St. E. und 450 g verdauliches Eiweiß.) Je jünger die Kälber sind, um so zeitiger müssen sie im Herbst aufgestallt werden. Naßkalte Herbstnächte bringen leicht Rückschläge bei den Tieren.

Grünfutter Kälber unter 6 Monaten sollen kein oder nur wenig Grünfutter erhalten. Besondere Vorsicht ist bei Zuchtbullenkälbern geboten, die Grünfutter frühestens ab 7.—8. Monat erhalten dürfen, da sie sonst leicht dicke Bäuche und schlechte Rücken bekommen.

Stroh, Häcksel Aus dem gleichen Grund dürfen die Tiere frühestens ab dem 8. Lebensmonat, besser erst nach einem Jahr (besonders Zuchtbullen) Stroh und Häcksel in kleinen Gaben erhalten.

Silage Gute Silage kann ab dem 7. Monat, zunächst mit 5—6 kg je Tier und Tag beginnend, verabreicht werden.

Futterbeispiele

Fütterungsbeispiel für ³/₄—1 Jahr alte Tiere (in kg):

(Stallfütterung im Winter)

Gewicht: 250—300 kg, Tageszunahme: 600 g (tägl. Nährstoffmenge: ververdaul. Eiweiß 450 g, Stärkeeinheiten 2500)

	a	b	c	d	e	f
sehr gutes Wiesenheu	—	—	2	—	2	2
gutes Wiesenheu	3	4	—	2	—	—
mittl. Wiesenheu	—	—	4	—	—	—
Gehaltsrüben	—	5	—	—	—	—
Runkeln	—	—	5	5	10 mit Spreu	—
Gärfutter	—	—	—	—	—	8
Haferschrot	2	—	—	—	0,75	1
Hafer / Bohnen	—	1,5	0,5	—	—	—
Hafer / Gerste / Bohnen	—	—	—	2	—	—
Trockenschnitzel	—	—	—	—	—	0,5
Leinkuchen	—	—	—	—	0,5	—
Molke	10	—	—	5	—	—

Im Alter von einem Jahr (etwa 3 dz schwer) verzehren die Tiere 4—5 kg Heu.

Futterbedarf Für die Aufzucht des Kalbes werden im 1. Jahr neben den vorgenannten Milchmengen 2—2½ dz Kraftfutter benötigt und in den beiden ersten Lebensjahren rund 16 dz Heu (dazu entsprechende Rübenmengen).

Kälberstall Kälber sollen nach der Geburt sofort aus dem Kuhstall entfernt und in einem besonderen, trockenen, sauberen und hellen Stall untergebracht werden, der vor jedem Neubesatz gründlich mit Kalkmilch usw. desinfiziert wird. Die meist zu warme und feuchte Kuhstall-Luft ist den Tieren sehr schädlich (Ansteckungsgefahr). Ein Kalb ist bei der Geburt meist tuberkulosefrei!

In der ersten Zeit sperrt man die Tiere in Einzelbuchten, damit sie sich durch Säugen nicht gegenseitig belästigen, was zu Nabelbrüchen, Nabelinfektion und Haarballenbildung im Magen führen kann. Die Tiere dürfen nicht angebunden werden, sondern müssen frei herumspringen können, damit sich Herz, Lunge sowie Muskeln entsprechend entwickeln und die Sehnen und Bänder Festigkeit erlangen.

Höhe der Boxenwände nicht unter 1,30 m, damit die Tiere den Kopf nicht darüber wegstecken können, was leicht zu Linienfehlern führt (Senkrücken) Die Wandungen (Latten) der Einzelboxen, Größe 2×1,5 m, sollen zwischen den einzelnen Planken eine knappe Handbreit Zwischenraum haben, damit die schwere, schlechte Luft, die über dem Boden steht, abziehen und von allen Seiten frische Luft eindringen kann. (Es läßt sich auch starker Maschendraht verwenden.)

In den ersten Lebenswochen sollen Kälber grundsätzlich aus einem am Boden stehenden Eimer fressen bzw. saufen (natürliche Freßhaltung). Keine Heuraufen verwenden! Hochgestellte Futterbehälter bringen leicht Schwächen in der Linie zur Ausbildung (Senkrücken). Eimerhalter an den Kälberboxen erleichtern das Tränken. (Bildtafel neben S. 449 u. S. 464.) Milch nicht in die Krippe gießen, da etwaige Milchreste säuern und Durchfall hervorrufen können.

Kälberkrippen sollen so angebracht sein, daß die Tiere beim Fressen den Rücken leicht spannen müssen, dürfen also weder zu hoch noch zu niedrig sein. Auf Dunganfall achten! Die Tiere sollen beim Fressen vorn eher leicht erhöht als zu niedrig stehen.

Putzen und Klauenpflege

Wiederholtes Putzen ist auch bei Kälbern angebracht. Desgleichen ab 1/2 Lebensjahr und dann alle sechs Monate Klauenpflege treiben und nötigenfalls Klauen beschneiden. Gliedmaßen und Klauen entwickeln sich einwandfrei nur auf hartem Boden. Es empfiehlt sich deshalb (besonders bei Zuchtbullenkälbern!), nur den hinteren Teil des Jungviehstalles einzustreuen und denselben durch einen Balken abzuteilen. Dann stehen die Tiere beim Fressen auf Pflaster.

Stalltemperatur

Normal 10—14° C, doch schaden Temperaturen von 5—6° C nicht, wenn Zugluft vermieden wird und der Stall trocken ist. Kälber gehören frühzeitig in helle, luftige Laufställe, wo sie beliebigen Auslauf ins Freie haben, auch winters. Winterweide ist für Jungvieh sehr wertvoll. Guternährte, in Kälte aufgezogene Tiere wachsen schneller!

Enthornung

Bei Haltung in Lauf- bzw. Offenställen zweckmäßig, um Schäden durch Stoßen angriffslustiger Tiere zu vermeiden. Enthornen geschieht am besten bei 1—4 Wochen alten Kälbern, entweder durch Bestreichen der Hornknospen mit Ätznatron bzw. Kalistift, mit geschärftem Stahlrohr oder mit elektrischem Brennapparat (Utina). Bei älteren Tieren durch Abbinden des Hornes mit 5 mm starken Spezialgummiringen.

Kastration

Bullenkälber können im Alter von 6—8 Wochen durch Aufschneiden des Hodensackes und Entfernen der Hoden kastriert werden. Besser ist eine unblutige Kastration mit der „Burdizzozange" durch Quetschung der Samenstränge ohne Hautverletzung im Alter von etwa 8 Monaten, spätestens mit 9—12 Monaten. Je älter die Tiere, desto mehr nehmen sie männlichen, je jünger, um so mehr weiblichen Charakter an.

Trennung der Geschlechter

Muß im Alter von etwa 4 Monaten erfolgen. (Gutgefütterte Kuhkälber fangen schon mit 6—9 Monaten zu rindern an.) — Jungbullen sollen von etwa 8 Monaten ab, spätestens jedoch nach 1 Jahr, getrennt untergebracht werden.

Fütterung im 2. Lebensjahr

Die Hauptentwicklung des Rindes ist mit dem 1. Lebensjahr abgeschlossen. Im 2. Lebensjahr muß die Futterration der weiblichen Tiere daher knapper bemessen werden, um Verfettung vorzubeugen (Zuwachs nur 1—1,5 dz). Sie können sich jetzt auf der Weide ohne Beifutter ernähren und auch im Winter bei ausreichenden Heu- und Saftfuttergaben ohne Kraftfutter auskommen. Älteres Jungvieh soll also während der Winterfütterung nur so viel Futter erhalten, daß es weiter wächst und an Gewicht mäßig zunimmt. Bei vergleichenden Versuchen zwischen Tieren mit und ohne Kraftfutterzugaben über Winter haben die Tiere ohne Kraftfutter diejenigen mit Kraftfutter in der anschließenden Weidezeit in der Gewichtszunahme überholt. Gesamtzunahme bei der Kraftfuttergruppe 179,5 kg gegen 189,5 kg ohne Kraftfutter.

Im Alter von $1^1/_2$—$2^1/_2$ Jahren kann an Heu gespart werden, auch hinsichtlich der Qualität, wenn es auch nicht zu schlecht sein darf. Jungbullen erhalten noch 1—2 kg Getreideschrot mit einem Anteil an Erbsen und Bohnenschrot oder Ölkuchen.

Wichtig ist ausreichende Bewegung im Freien und im Winter in Laufställen. Die Tiere dürfen auf keinen Fall schon fest angebunden werden, wie es leider so oft geschieht!

Fütterungsbeispiele für 1—2 Jahre alte Tiere (in kg):
(Stallfütterung im Winter)

Gewicht: 380—420 kg, Tageszunahme 400—500 g (tägl. Nährstoffbedarf: verdaul. Eiweiß 400 g, Stärkeeinheiten 3000)

	a	b	c	d	e	f	g
gutes Wiesenheu	3	—	1	—	—	—	—
mittl. Wiesenheu	—	6	—	3	7	3	6
Stroh, satt	3	1	3	3	4	3	3
Spreu	—	—	2	1	—	—	—
Gehaltsrüben	—	—	20	25	—	10	—
Runkeln	—	—	—	—	—	—	15
Kohlrüben	—	—	—	—	8	—	—
Rüben / Gärfutter	—	15	—	—	—	—	—
Gärfutter	15	—	10	—	—	—	—
Sauerblatt	—	—	—	—	—	10	—

Fütterung im 3. Lebensjahr

Im 3. Lebensjahr steigt der Bedarf an Stärkeeinh. bei etwa gleichbleibendem Eiweißbedarf. Die Fütterung bleibt, abgesehen von dem steigenden Futterbedarf, grundsätzlich die gleiche.

Fütterungsbeispiele für 2—3 Jahre alte Tiere (in kg):
(Stallfütterung im Winter)

Gewicht: 480—520 kg, Tageszunahme: 300 g (tägl. Nährstoffbedarf: verdaul. Eiweiß 350 g, Stärkeeinheiten 3500)

	a	b	c	d	e	f	g	h	i
mittl. Wiesenheu	—	—	6	—	3	7	3	—	3—5
geringes „	—	—	—	—	—	—	—	6	—
Kleeheu	3	4	—	—	—	—	—	—	satt
Stroh, satt	7	6	3	4	4	6	5	3	Stroh
Spreu	—	—	—	2	—	—	—	—	—
Gehaltsrüben	—	—	20	30	—	8	10	—	—
Runkeln	20	20	—	—	—	—	—	20	15—20
Gärfutter	—	—	—	15	—	—	—	—	od. 10—15
Sauerblatt	—	—	—	—	30	—	10	—	

Flüssigkeitsbedarf

Flüssigkeitsmengen sollen Kälbern bis zu einem Jahr zugeteilt werden, auch bei Weidegang. Auf eine Kälberweide gehört also keine offene Tränke (Gräben usw.). Andernfalls saufen die Tiere fast regelmäßig zuviel Wasser, sie bekommen Hängebäuche, Senkrücken usw. Auch Durchfall stellt sich ein, was unvollkommene Ausnutzung der Nährstoffe und damit schlechte Entwicklung der Kälber zur Folge hat. (Siehe S. 454.) Daher sind Selbsttränken für die Tiere ungeeignet.

Normen:			
	$^1/_4$jährige Kälber	= 10 l	täglich
	$^1/_2$—1jährige Tiere	= 12 l	täglich
	2jährige Tiere	= 15 l	täglich

Mineralsalz

Jungvieh erhält pro Kopf und Tag steigende Gaben von 40—100 g folgender Mineralstoffmischung: 50% phosphorsauren Kalk, 33% kohlensauren Kalk und 17% Viehsalz. Sehr zu empfehlen für Jungrinder sind DLG-Mineralstoffgemische, bis zu 100 g je Tier und Tag. Ferner Blattin bzw. Ramikal.

Gewichtsnormen

Normal entwickelte Tiere sollen im 1. Lebensjahr etwa folgende Gewichte aufweisen: (Geburtsgewicht 35—40 kg)

Alter	Bullenkälber	Kuhkälber
3 Monate	125 kg	100—110 kg
6 Monate	230 kg	175—200 kg
9 Monate	320 kg	230—240 kg
12 Monate	400 kg	275—300 kg

Im Alter von 18 bis 20 Monaten, also wenn die Tiere annähernd deckfähig sind, soll das Jungrind ein Gewicht von 375 bis 400 kg erreicht haben. Gutentwickelte Tiere wiegen mehr. Auf keinen Fall soll das Gewicht wesentlich darunter liegen!

Die Zunahmen des weiblichen Tieres sollen bei einem Geburtsgewicht von 37 kg betragen:

			Lebendgewicht
im 1. Jahr	260 kg	= rd. 50% des Endgewichts	= 275—300 kg
im 2. Jahr	160 kg	= rd. 30% des Endgewichts	= 450 kg
im 3. Jahr	90 kg	= rd. 17% des Endgewichts	= 550 kg
im 4. Jahr	15 kg	= rd. 3% des Endgewichts	= 560 kg

Im 1. Lebensjahr vollziehen sich also rd. 50% des Gesamtwachstums, während sich die restlichen 50% auf weitere 2—2½ Jahre verteilen.

Mittel gegen Läuse

Sofern die Tiere von Läusen befallen sind, was häufig vorkommt und die Entwicklung und Gewichtszunahme stark beeinträchtigen kann, werden sie am besten mit käuflichen Mitteln behandelt (z. B. Jacutin flüssig, Multocid usw.). Öl, das die Hautporen verklebt, ist weniger zu empfehlen, auch reines Petroleum nicht. Dagegen empfiehlt sich mindestens zweimaliges Waschen in Abständen von etwa 8—10 Tagen mit einem Gemisch von einem Teil Petroleum und 4—5 Teilen Spiritus. Auch Bespritzen mit 1%iger Esso-Viehschutz-Lösung möglich. — Gegebenenfalls ist Scheren der am meisten befallenen Stellen, wie Hals und Widerrist, vor der eigentlichen Behandlung angebracht. Putzzeug und Standplatz gründlich desinfizieren.

Stallgröße, Futterkrippen

Damit die Jungrinder sich genügend bewegen können, sollen Laufställe etwa 4—6 qm/Tier Fläche aufweisen (je nach Alter der Rinder). Sehr zweckmäßig ist es, wenn für die Tiere eine freie Auslaufmöglichkeit vom Stall aus besteht. — Älteres Jungvieh soll wie das Kalb nur aus tiefliegenden Krippen fressen.

Besatzstärke des Jungviehbestandes

Der Jungviehbestand soll bei eigener Aufzucht 50—60% der vorhandenen Kuhzahl entsprechen. Bei zahlenmäßig zu geringer Jungviehaufzucht wird der Bauer oft dazu verleitet, mangelhafte Kühe unverdient lange im Stall zu halten. Aus gleichem Grunde wird auch das zur Aufzucht nicht geeignete Jungvieh unzureichend ausgemerzt.

Grundsatz auf bäuerlichen Betrieben muß also sein, die Nachzucht so reichlich zu bemessen, daß, da man die Nutzungsdauer der Kühe nicht länger als 5 Jahre annehmen kann, bei einem Bestand von 10 Kühen jährlich mindestens 2 tragende Färsen eingestellt werden. Folglich sind jährlich 2—3 Kälber anzusetzen.

Der durchschnittliche Jahresbestand einer aus 10 Kühen bestehenden Herde soll mithin betragen:

10 Kühe	2 einjährige Färsen
2 tragende Färsen	1—2 Saugkälber
2 zweijährige Färsen	

Also 6 Stück Jungvieh ohne Kälber.

Da ein zu reichlicher Jungviehbestand von vornherein die Rente des Kuhstalles auffrißt (siehe S. 487), sollten nur die besten und gesündesten Kälber der besten Leistungskühe angesetzt und auf das sorgfältigste und reichlichste aufgezogen werden.

Deckbullenhaltung

Allgemeines

Eine Milchkuh vererbt sich normalerweise im Jahr einmal, ein Bulle dagegen 60—100mal und bei künstlicher Besamung mindestens 600 bis 1000mal. Dabei vererben sich die guten und die schlechten Anlagen des Vatertieres. Gute Futterverwertung sowie die Abstammung von leistungsfähigen Kühen mit hohem Fettgehalt, hoher Fruchtbarkeit und Lebenskraft spielen daher eine bedeutende Rolle. Nicht umsonst heißt es: „Der Bulle ist die halbe Herde." Ein minderwertiger Bulle kann unter Umständen die ganze Aufbauarbeit einer Herde zunichte machen! Sich gut vererbende Bullen sollen bei zweckmäßiger Fütterung und Haltung mindestens 4—6 Jahre zuchttauglich bleiben.

Da ein Bulle mit 4 Jahren abgedeckt hat, wenn er als Jährling zur Aufstellung gelangt ist (ein Vater soll nicht seine Töchter belegen), sollten gute Zuchtbullen an andere Betriebe bzw. Gemeinden verkauft bzw. vertauscht und nicht geschlachtet werden.

Für schwere Bullen oder auch bei sehr kleinen Kühen wird am besten ein Deckständer mit verstellbarer Brücke eingerichtet. Bullen, die das ganze Jahr über ausreichend Bewegung haben und deren Hinterbeine und Sprunggelenke kräftig entwickelt sind, decken aber auch bei höherem Gewicht meist noch gut.

Unterbringung und Pflege

Bullen jeden Alters sind grundsätzlich unangebunden in festen, geräumigen (16—20 qm groß) und hellen Gitterboxen zu halten, nicht aber in Boxen, die keine freie Sicht in den Stallraum gewähren, da die Tiere sonst leicht bösartig werden.

Noch schlechter ist der Standstall, also das Angekettetsein, es sei denn, daß der Bulle sich täglich wenigstens 2—3 Stunden kräftig bewegen kann.

95% aller bösartigen Bullen werden durch verkehrte Haltung (dauernde Stallhaltung) und Behandlung bösartig.

Das *Anspannen der Bullen* (täglich 1—2 Stunden) schon in jungen Jahren zu leichter Arbeit ist sehr zu empfehlen. Die Tiere bleiben gutartig, werden nicht so schwerfällig und springen daher besser. Sie werden am besten im Alter von 1½ Jahren mittels Stirnjoch oder Schultergeschirr (Dreipolsterkummet) langsam an das Ziehen gewöhnt. Im Sommer ist Auslauf sehr zweckmäßig. Bullen lassen sich auch auf Koppeln oder Ackerfutterschlägen gut tüdern. (Siehe S. 391.)

Die Klauen sind regelmäßig zweimal im Jahr zu beschneiden. Deckträgheit der Bullen hat oft in schlechter Klauenpflege ihre Ursache, da den Tieren die große Belastung der Hinterbeine beim Deckakt starke Schmerzen bereitet. Legen sich die Tiere dann mit ganzem Gewicht auf die Kuh, können sie diese schwer schädigen oder beim Ausweichen der Kuh selbst zu Schaden kommen.

Das *Einziehen eines Nasenringes spätestens im Alter von 2 Jahren* erleichtert den Umgang auch mit bösartigen und älteren Tieren. Dabei darf aber zum Führen nur eine feste Stange benutzt werden. Nur mit dieser hat man Gewalt über den Bullen.

Unmittelbar nach der Fütterung sind die Bullen in der Regel deckunlustig.

Fütterung

Ein Bulle frißt ebensoviel wie 1½ Kühe mit zusammen etwa 5000 kg Milchleistung! — Zuchtbullen sollen nie übermäßig fett sein, sonst leiden Fruchtbarkeit und Lebensdauer. Die Tiere können neben Heu, Hafer, Gersten- und Leguminosenschrot (Bohnen und Erbsen), Trockenblatt und Malzkeime, auch geringe Mengen Ölkuchen sowie Kleie erhalten. (Im 1. und 2. Deckjahr täglich insgesamt 2—6 kg.) Jede Kraftfuttermischung soll bis *zur Hälfte aus Haferschrot* bestehen. Dadurch wird die Deckfreudigkeit günstig beeinflußt.

Bei Stallfütterung eiweiß- und vitaminreiches Futter reichen. (Heu und Rüben im Winter, Grünfutter im Sommer.) *Pferdebohneneiweiß* für Zuchtbullen besonders geeignet. Es hat gleiche Wirkung wie Fischmehleiweiß. Auch Erbsenschrot wirkt günstig (Beigabe insgesamt 10—25% im Kraftfuttergemisch). Sehr wertvoll ist Magermilch, besonders im Winter. — Ferner 100 g Futterkalk täglich.

Nicht zuviel Wasser reichen (in der warmen Jahreszeit genügen 60—80 l), sonst schwemmen die Tiere auf.

Größere Gaben Grünfutter, Sauerfutter (möglichst überhaupt nicht), Rüben, wässerige Fabrikabfälle (Schlempe usw.) und Stroh sind nicht geeignet.

Futterhöchstmengen:

	Rüben	Heu
Jüngere Bullen	15 kg	5 kg
Ältere Bullen	25 kg	10 kg

Futterration für einen etwa 800 kg schweren Bullen bei zweimaligem Decken täglich:

Heu	8 kg	Magermilch	5—6 kg
Haferschrot	2,5 kg	Mohrrüben	6 kg
Kraftfutter (Hülsenfrüchte)	3 kg	Knochenmehl	0,05 kg

Haltung und Pflege der Milchkühe

Gebiß des Rindes

Das Rind besitzt wie alle Wiederkäuer im Oberkiefer keine Schneidezähne. Bei der Geburt sind 4—6 oder bereits alle 8 Milchschneidezähne im Unterkiefer vorhanden. 12 Milchbackenzähne im Ober- und Unterkiefer sind ebenfalls bereits durchgebrochen oder erscheinen in den ersten Lebenstagen.

Zahnwechsel: Im Durchschnitt sind mit 2 Jahren 2 große Schneidezähne (die sogenannten Zangen), mit 3 Jahren 4, mit 3½ Jahren 6 und mit 4—4½ Jahren 8 Schneidezähne vorhanden (das Rind hat geschoben). Diese bleibenden Schneidezähne, die wesentlich größer als die Milchzähne sind, werden auch Schaufeln genannt. Auf jeder Seite des Ober- und Unterkiefers befinden sich 6 Backenzähne, insgesamt 24 Stück. Das ausgewachsene Rind besitzt also 32 Zähne.

Im späteren Alter werden die Zähne allmählich locker und fallen aus.

Altersbestimmung (Hörner)

Bei Milchkühen bilden sich infolge der Trächtigkeit Ringe an den Hörnern. Im Alter von 2½—3 Jahren, je nach dem ersten Abkalben, zeigt sich der erste Hornring. Aus der Anzahl dieser Ringe läßt sich also unter Zuzählung von 2—3 Jahren das ungefähre Alter errechnen.

Milchzeichen

Als Anhaltspunkte, wenn auch nur bedingt zuverlässig, sind zu werten: Hervortretende Milchadern bei gleichzeitig großen Milchlöchern, nicht zu tief herabhängendes, sich weich anfühlendes, fein behaartes Euter, kein Kugeleuter. Ein gutes Milcheuter schrumpft nach dem Melken schlaff und faltig zusammen, im Gegensatz zum sogenannten „Fleischeuter". Die Haut des Tieres soll weich, fein und elastisch sein und sich leicht vom Körper abheben lassen (feine und viele Hautfalten am Hals). Weite Zwischenräume der Rippen, besonders zwischen den letzten beiden. Dünner Schwanz mit einer unter das Sprunggelenk reichenden Quaste. — Dünnes Horn und überzählige Striche sind dagegen bedeutungslos. Auch der „Milchspiegel" (Fläche zwischen Hinterschenkel, Scham und Euter) ist zur Beurteilung nicht geeignet!

Haarwechsel

Der Haarwechsel erfolgt jährlich bei kräftiger Ernährung und gesunder Haltung. Bei Masttieren bereits im Januar/Februar, bei Zuchttieren im März/April, dagegen bei schlechtgehaltenen und kranken Tieren erst im Mai. Erkrankungen der Atmungs- und Verdauungsorgane treten zur Zeit des Haarwechsels besonders leicht in Erscheinung. Durch Krankheit geschwächten Tieren hilft die Verabreichung von gekochtem und gequetschtem Leinsamen zur Beschleunigung des Haarwechsels.

Putzen der Kühe

Durch Putzen der Tiere werden Blutgefäße und Drüsen der Haut und somit die Hautatmung, die ebenso wichtig ist wie die Lungenatmung, angeregt. Denn die Haut ist nicht nur Schutz-, sondern auch Ausscheidungsorgan für schädliche Schlacken aus dem Körper. Durch Putzen wird die Verdauung durch eine intensive Tätigkeit der Verdauungsnerven gefördert. Auf der Weide ist Putzen nicht erforderlich, da dort der Wechsel zwischen Sonnenschein, Regen und Wind die Hauttätigkeit anregt, auch geht der Haarwechsel rascher vor sich.

Das tägliche Putzen der Kühe, das im Durchschnitt 6—8% Mehrertrag an Milch ergibt und auch den Fettgehalt günstig beeinflußt, sollte daher ebenso selbstverständlich sein wie für das Pferd. Sauber gehaltene Kühe können infolge der verbesserten Hautatmung und des dadurch bedingten größeren Stoffwechsels bis zu 600 l Milch jährlich mehr leisten. Bei einem Versuch mit 8 Kühen ergaben die geputzten Kühe gegenüber den ungeputzten innerhalb von 10 Tagen 202 kg = rund 25 l je Kuh (2,5 l pro Tag) mehr an Milch!

Mangelhafte Reinlichkeit begünstigt auch Auftreten von Hautparasiten, wie Läuse, Zecken, Milben, Haarlinge, die das Vieh beunruhigen und quälen. (Mit 1%iger Esso-Viehschutz-Lösung bespritzen.)

Zum Putzen der Kühe Striegel und Bürste mit harten Borsten verwenden. Beim Striegeln, das nur zur Entfernung des festen Schmutzes dient, der mit der Bürste nicht abgeht, ist wegen Hautverletzungen Vorsicht geboten. Auf keinen Fall darf verhärteter Kot mit dem Striegel abgerissen werden, sondern ist unbedingt mit warmem Wasser aufzuweichen und abzuwaschen, um Hautschäden zu vermeiden. Bei regelmäßigem, täglichem Putzen erübrigt sich Anwendung des Striegels überhaupt. Streu vorsichtig zubereiten (Staubentwicklung).

Mit Läusen befallene Tiere müssen zuletzt, und zwar mit einem besonderen Putzzeug, geputzt werden. Putzzeug nach jedesmaligem Gebrauch mit Lysol- oder Kreolinlösung desinfizieren. (Siehe S. 458.)

An Räude oder Flechte erkrankte Tiere dürfen, um eine Ausbreitung dieser Krankheiten auf den ganzen Körper zu vermeiden, nicht geputzt werden. Kühe mit langen Haaren sind zweckmäßigerweise an den Schenkeln und an der Bauchseite in der Umgebung des Euters zu scheren. Beim Putzen der Tiere unbedingt auf Stallruhe achten! (Elektrische Viehputzgeräte im Handel.)

Klauenpflege (Abb. neben S. 449)

Kühe, die kaum stehen können, weil ihre Klauen schon mehr den Gondeln einer Jahrmarktluftschaukel gleichen (Schnabelschuhe) und unter großen Schmerzen leiden, gehen in der Milchleistung zurück (besonders sehr milchergiebige Tiere) und lassen sich sehr schlecht melken. Der Allgäuer sagt sehr mit Recht: „Jeder lahme Fuß kostet täglich 1 l Milch." Bei Muttermundkrampf oder bei Gebärmutterverdrehung kann schlechte Klauenpflege die Ursache sein.

Bei reiner Stallhaltung wächst die Klaue jeden Monat etwa 1 cm. Daher ist jährlich zweimaliges Beschneiden der Klauen erforderlich, und zwar am besten im Frühjahr (2—3 Wochen vor Weideaustrieb, damit die Tiere nicht lahmen) und Herbst. Dabei wird gleichzeitig geprüft, ob Steinchen oder andere Fremdkörper in die Klaue eingedrungen sind, die mitunter erst nach einiger Zeit zur Entzündung führen. Ein auffallender Rückgang der Milch ist oftmals darauf zurückzuführen.

Beim Klauenschneiden empfiehlt es sich, an einem Hinterfuß zu beginnen, da sich die Rinder wegen der Weichheit des Klauenhorns an den Hinterfüßen ruhiger verhalten; dann folgt der Vorderfuß der gleichen Seite. Durch das Stehen im feuchten Kot ist das Horn an den Hinterfüßen meistens weicher. Bei störrischen Tieren hilft leichtes Klopfen auf die Hörner mit kurzem Holzstück. Ruhe, Geduld bewahren!

Nach dem Ausschneiden sind die Klauen mit Lysolwasser zu waschen, besonders der Klauenspalt, und dann mit warmem Holzteer einzupinseln. — Die Klauen hochtragender Tiere dürfen zwecks Vermeidung jeglicher Aufregung der Tiere vor dem Kalben nicht beschnitten werden.

Milchviehstalltemperatur

Bei melkenden, besonders bei milchreichen Kühen, genügen 10 bis 12° C, da sich die Eigenwärmeregulierung des Tieres günstig auswirkt. Der Stall muß aber trocken sein (10 Kühe geben täglich 72 l Wasser an die Stalluft ab!). Daher in der kälteren Jahreszeit nicht zuviel Wasser zum Reinigen verwenden. Bei feuchter Luft müssen die Temperaturen um etwa 2⁰ höher liegen. Auch trockenstehende und güste Tiere verlangen höhere Temperaturen (14—15° C). Zugluft vermeiden (Stallentlüftung siehe S. 627). Nach dänischen Versuchen beträgt die beste Stallwärme, um die Fettprozente konstant zu halten, 11° C.

Stalltemperaturen sollen 20 — 50 cm über dem Stallpflaster, in welcher Höhe sich die Tiere einen großen Teil des Tages aufhalten, gemessen werden. Dort ist die Temperatur niedriger als in Kopfhöhe des Menschen.

Der Stall soll fliegenfrei sein. In einem solchen lieferten die Kühe im Vergleich zu einem normal mit Fliegen befallenen Stall 0,7 bis 1 l Milch mehr pro Tag! (Siehe auch S. 608.)

Besonderer Wert ist auf helle, saubere Ställe mit zweckentsprechenden Temperaturen und nicht beengtem Standraum dann zu legen, wenn die Tiere das ganze Jahr über im Stall verbringen müssen, also keinen Auslauf haben.

Auslauf

Nicht nur im Sommer (bei Stallhaltung), sondern auch über Winter ist die täglich 1—2stündige Bewegung der Kühe auf eingezäunter Dungstätte usw. für ihre Gesundheit sehr vorteilhaft. Durch die Einwirkung der Strahlen der Wintersonne, die eine wesentlich stärkere bakterientötende Wirkung ausüben als die Sonnenstrahlen im Sommer, läßt sich die Tuberkulose erfolgreich bekämpfen. Der Geschlechtstrieb wird angeregt, so daß die Tiere leichter aufnehmen, auch das Abkalben geht leichter. — An sonnigen Wintertagen sollten Stalltüren und Fenster stets einige Zeit geöffnet werden.

Arbeitsaufwand

Im Milchviehstall entfallen im bäuerlichen Betrieb bei Stallhaltung von den aufgewendeten Arbeiten etwa: 53% auf Melken, 10% auf Ausmisten, 27% auf Füttern, 6% auf Einstreuen und 4% auf Putzen.

Ein Liter Milch ist im großen Durchschnitt mit 5—6 Pf Melkerlohn belastet.

Fütterung der Milchkühe

Allgemeines

Das Rind besitzt gleich dem Schaf und der Ziege als Wiederkäuer 4 Magenabteilungen und zwar: 1. Pansen, 2. Haube oder Netz, 3. Blättermagen oder Psalter, 4. Labmagen. Die zunächst im Maul grob zerkleinerte Nahrung wird eingespeichelt und gelangt nach dem Abschlucken in den Pansen, wo mit Hilfe von Bakterien die Vorbereitung für die Verdauung erfolgt. In der Ruhezeit kaut die Kuh wieder, wobei die Nahrung vom Pansen in Bissenform wieder ins Maul wandert und dort gut zermahlen und eingespeichelt wird. Die weitere Verdauungsarbeit übernimmt nun die Haube, dann der Blättermagen und schließlich der Labmagen. Durch das kurze und nur oberflächliche Kauen bei der Nahrungsaufnahme schlucken Wiederkäuer leicht Fremdkörper mit ab, die im Netzmagen verbleiben (tierärztlicher Eingriff möglich).

Wiederkauen: drei- bis viermal normal in 24 Stunden. Beginn: etwa 1—1½ Stunden nach dem Füttern. Dauer: etwa ½ bis ¾ Stunde. — Der Pansen eines erwachsenen Rindes faßt etwa 100 l.

Kotbeschaffenheit: In 24 Stunden setzt eine gesunde Kuh etwa zwölfmal ihren Kot ab. Dieser soll steifbreiig sein.

Tränkwasser (Siehe auch S. 397)

Durst ist schwerer zu ertragen als Hunger! Ausreichendes und gutes Tränkwasser ist, besonders für den Weideerfolg, ungemein wichtig.

Selbst in trockenen Sommern und auf spärlich bewachsenen Weideflächen kommen die Tiere bei ausreichender Wasserversorgung mit verhältnismäßig wenig Futter aus. Für die Ausnutzung der Weidenahrung und die Leistungen der Weidetiere ist die Tränke von ausschlaggebender Bedeutung!

Gutes Wasser ist die halbe Weide! Mangel an Wasser führt zu schweren Störungen im Wohlbefinden. Dies trifft besonders für junge, noch im Wachstum befindliche Tiere zu, die bereits durch eine sehr mäßige Wasserentziehung bzw. unregelmäßige Wasserversorgung in ihrer Entwicklung geschädigt werden.

Gutes Tränkwasser soll farb- und geruchlos sein und einen erfrischenden Geschmack besitzen. Abgestandenes, muffig riechendes, fauliges, schmutzig - grünes Wasser aus Tümpeln, kleinen Teichen und kleinen Gräben ohne Wasserbewegung ist als Tränkwasser ungeeignet, vor allem auch dann, wenn die Tiere hineintreten, den Schlamm aufrühren und es noch durch Kot und Harn verunreinigen. (Gefahr der Verseuchung mit Leberegeln, Lungenwürmern, Spulwürmern und anderen Eingeweideparasiten). Daher sollten unbedingt durch Abzäunung geeignete Tränkstellen geschaffen werden.

Längere Zeit in Bleirohren gestandenes Wasser kann giftig sein, muß also abgelassen werden.

Geeignet ist, abgesehen von Leitungs- und Quellwasser, Wasser aus Seen und Bächen in wenig besiedelten Gebieten, auch das etwas fade schmeckende Regenwasser, sofern es in gemauerten und wasserdichten Behältern gesammelt wird. Wasser aus Flüssen ist nur dann geeignet, wenn keine Zuflüsse aus Kanalisation, Fabrikanlagen usw. bestehen.

Normale Wassertemperatur etwa 10 °C. Im Winter soll das Wasser Stalltemperatur haben. Kalte Tränke vermindert die Milchmenge! Die Verdauung leidet, und es können bei Aufnahmen von eiskaltem Wasser sogar Erkrankungen der Organe sowie Frühgeburten eintreten. Warme Tränke dagegen wirkt auf die Verdauungsorgane erschlaffend.

Um Aufblähen zu vermeiden, vor dem Füttern tränken, mit Ausnahme von Grünfutter, Rübenblatt, Schlempe und hohen Silagegaben (sowie bei Selbsttränke).

Zwischen abends 5 und morgens 5 Uhr, vornehmlich in den Morgenstunden, nehmen die Kühe das meiste Wasser auf. Können die Tiere ihren Bedarf nach Belieben stillen (Selbsttränke), säuft eine Kuh etwa 20- bis 30mal am Tage kleine Portionen. Diese sind ihrem Körper zuträglicher, als wenn das Tier bei nur zwei- bis dreimaligem Tränken große, oftmals schlecht temperierte Flüssigkeitsmengen auf einmal aufnehmen muß. Dadurch wird auch die Milchleistung ungünstig beeinflußt. Kühe, denen Wasser zu jeder Zeit ausreichend zur Verfügung steht, geben 3—4 % mehr Milch!

Die Witterung beeinflußt den Wasserbedarf der Tiere erheblich (sonnenheiße Tage gegenüber kühlen Regentagen, Luftfeuchtigkeit), auch ist die Beschaffenheit des Futters von Einfluß auf den Wasserbedarf. Halbtrockenes und holzig gewordenes Futter erfordert mehr Tränkwasser als junges, saftiges Futter.

Der Wasserbedarf der einzelnen Tiere ist ebenfalls verschieden. Jungtiere brauchen verhältnismäßig mehr Tränkwasser als ältere,

Langstand

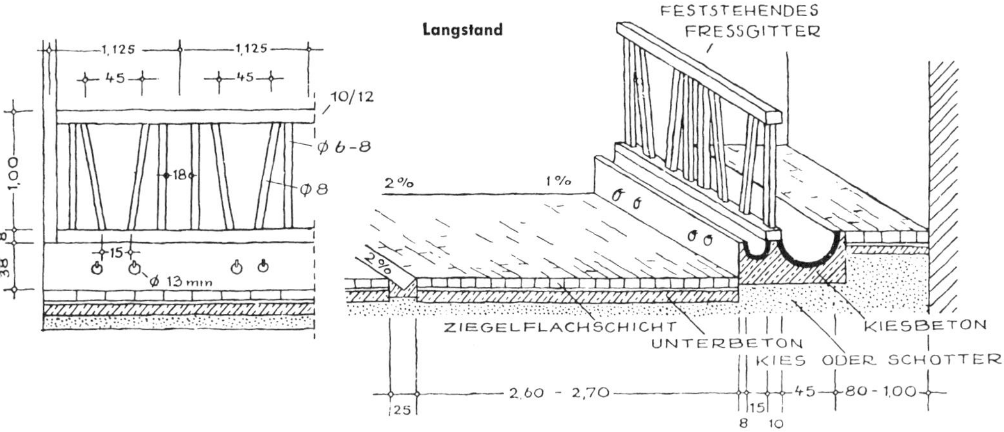

Mittellangstand

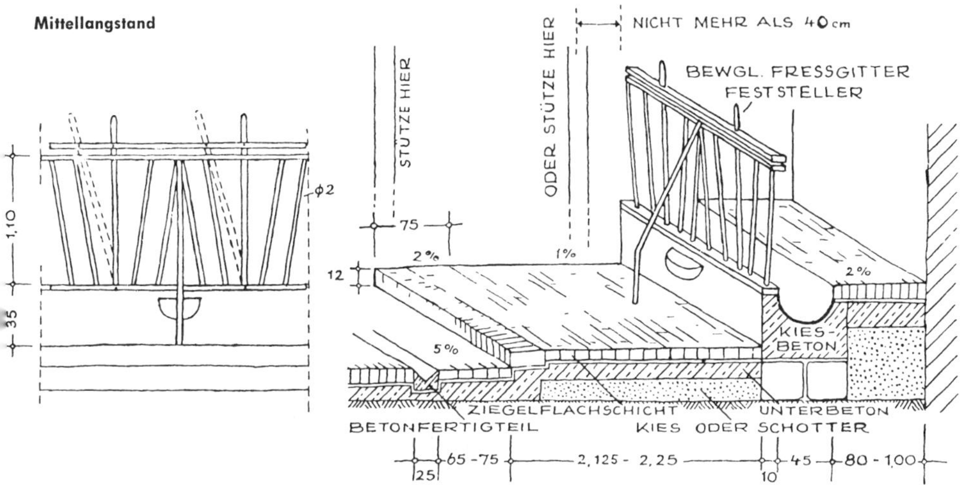

Kurzstand

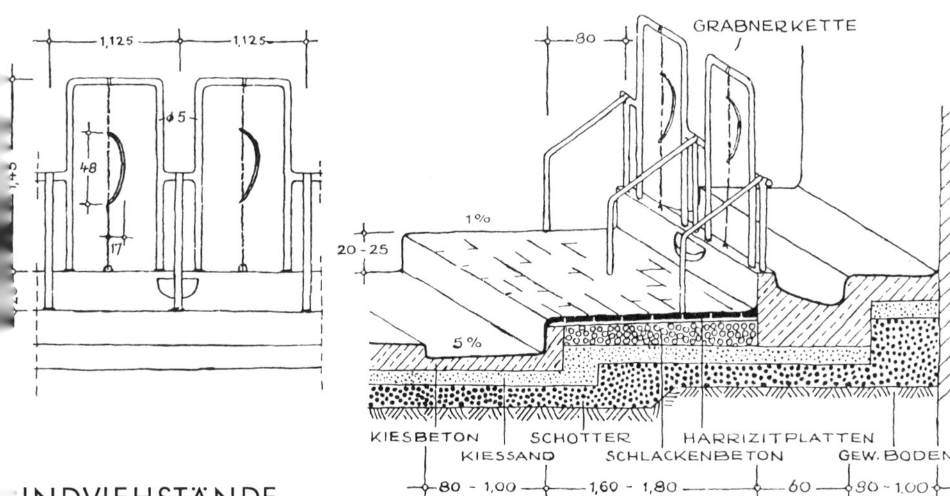

INDVIEHSTÄNDE

'eitere Einzelheiten siehe Seite 491. Zusammengestellt von Prof. Dr. Ing. Erbs

Reinigung des Getreides

(Lanz-Mähdrescher MD 18 S). Liefert durch drei Reinigungen und außerordentlich große Schüttler- und Siebflächen marktfertige Frucht

1. Reinigung

Kurzstroh, nicht ausgedroschene Ähren und der größte Teil der Spreu wird durch die Druckwindreinigung mit doppelter Windverstellung entfernt. Nicht ausgedroschene Ähren gelangen wieder zur Dreschtrommel zurück.

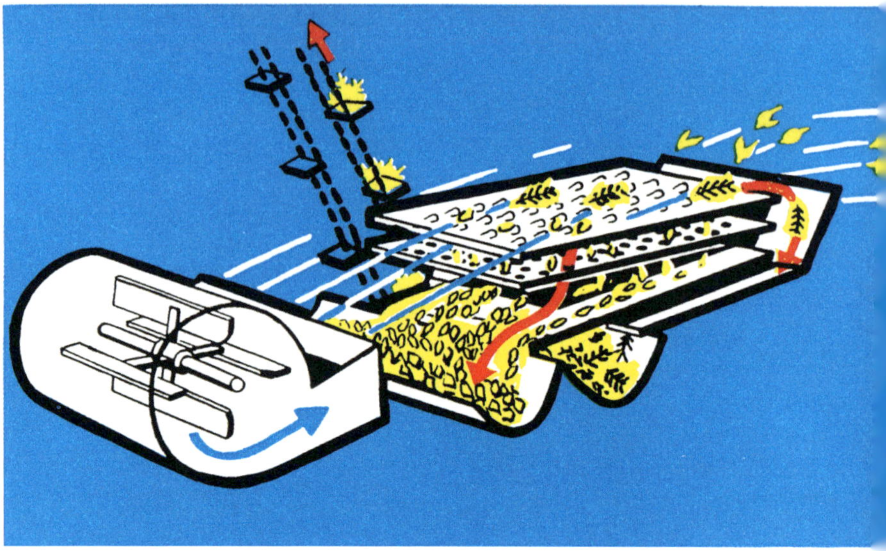

2. Reinigung

Der Saugwind der 2. Reinigung nimmt die restliche Spreu usw. ab. Das Reinigungsgut wird durch ein endloses Drahtnetz unter dem Saugrüssel der Saugwindreinigung vorbeigeführt. Das gleichmäßige Vorbeifließen garantiert Absaugen auch der letzten Spreuteile selbst am Hang.

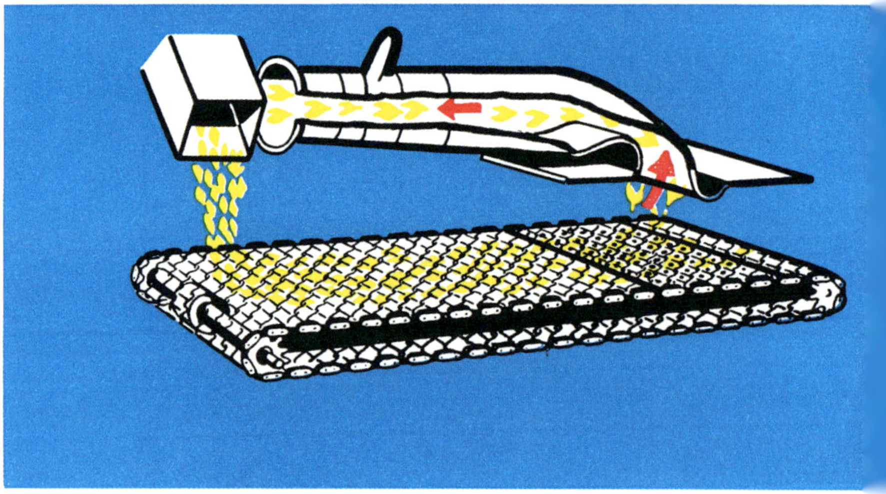

3. Reinigung

Das Drahtnetz führt das Korn ebenso zwangsläufig über die ganze Fläche des Unkraut- und Wechselsiebes und sichert dadurch einwandfreie Hangarbeit.

Milchtiere mehr als Masttiere, während Arbeitstiere im allgemeinen mit noch weniger Wasser auskommen.

Täglicher Flüssigkeitsbedarf

Milch besteht zu 87—88% aus Wasser! Eine Kuh, die 20 l Milch gibt, braucht also allein hierfür 17 l Wasser.

Ein trockenstehendes Rind	30—40 l
Ein frischmelkendes Rind	50—80 l
Weidevieh	30—50 l und mehr

Futterregeln

1. Die Krippen müssen stets saubergehalten werden. Vor jedem Füttern sind noch vorhandene Futterreste (Rübenblatt, erdige Bestandteile, Schlempereste usw.) gründlich zu entfernen.

2. Bei fehlender Selbsttränke beginnt die Fütterung mit dem Tränken. Dann folgt Kraftfutter (stets trocken gegeben), anschließend das eigentliche Füllfutter, wie Rüben, Gärfutter und zuletzt Heu und gegebenenfalls Stroh. Ausnahmen: Grünfutter, Rübenblatt, Schlempe und hohe Silagegaben vor dem Tränken geben, damit die Kühe nicht zuviel Wasser aufnehmen. Übriggebliebenes Tränkwasser wieder ablassen!

3. Der Wiederkäuer kommt mit zweimaliger Fütterung aus, wie in den meisten größeren Betrieben gehandhabt. Auf pünktliches Einhalten der Fütterungszeiten besonders achten. (Überfressen.)

4. Futterrüben können, mit Ausnahme bei Tieren im Zahnwechsel und bei alten Kühen, ganz verfüttert werden. Rüben, wie auch Blätter, müssen aber sauber sein. (Durchfall — Futtervergeudung!)

5. Das Futter muß stets von einwandfreier Beschaffenheit sein (nicht verschmutzt, angefroren, verschimmelt usw.). Beregnetes und altes Heu läßt sich durch Überstreuen mit etwas Viehsalz oder Melasse schmackhafter machen. Häckseln des Heues erübrigt sich.

6. Roggen- und Gerstenspreu, die wegen der Grannen ungern gefressen werden, vermischt man am besten mit geschnittenen Rüben oder Schlempe. (Siehe auch S. 350.)

7. Futterrationen, die aus mehreren Futterstoffen bestehen (Mischfutter), werden im allgemeinen in größeren Mengen aufgenommen als bei einseitiger Fütterung. Man suche also durch abwechslungsreiches Futter die Freßlust der Tiere zu erhöhen. Zum Beispiel morgens Rüben und abends Silofutter. — Das Verhältnis von Rauh- und Saftfutter soll 1:5 bis 6 betragen. — Sehr eiweißreiche Futtermittel, insbesondere junges Grünfutter, sind mit genügend stärkereichen Futterstoffen zu verabreichen. Dies gilt besonders für Klee und Luzerne.

8. Übergang vom Trockenfutter zu Grün- bzw. Saftfutter allmählich vollziehen. (Verdauungsstörungen. Siehe S. 393.)

9. Frischmelkende Kühe dürfen niemals unter Futtermangel leiden. Die Tiere sollen, solange die Milch nach dem Kalben ansteigt, stets für 2—4 kg Milch mehr an Nährstoffen im Futter erhalten, als sie für die augenblickliche Leistung benötigen. Sobald Milchkurve nicht mehr steigt, nur noch für tatsächliche Tagesmilchleistung Kraftfutter geben. Höhere Gaben machen sich dann nicht mehr bezahlt.

10. Der Einfluß des Futters kommt im allgemeinen erst nach 10—14 Tagen in der Milchleistung zur vollen Wirkung. Nur geschrotener Leinsamen wirkt bereits nach 2—3 Tagen.

11. Erstlingskühe müssen, da sie noch wachsen, unabhängig von ihrer Milchleistung, eine Kraftfutterzulage bzw. höhere Mengen

an Wirtschaftsfuttermitteln erhalten. (Das Wachstum einer Kuh kann erst mit dem vierten Lebensjahr als abgeschlossen gelten.) Anderseits sollen diese Tiere zur Erreichung einer hohen Lebens- und Nutzungsdauer in den ersten beiden Kalbeperioden hinsichtlich ihrer Milchleistung nicht übermäßig hochgetrieben werden. Sterken, die nach dem ersten Kalben bei einseitiger Fütterung sehr große Mengen Kraftfutter erhalten, versagen in den darauffolgenden Milchzeiten.

12. Einzelfütterung (Krippenunterteilung), zumindest aber Gruppenfütterung, ist stets anzuraten. Die hierdurch bedingte Mehrarbeit macht sich durch Futtereinsparung bzw. höhere Leistung der Tiere rasch bezahlt!

13. Im Milchviehstall herrsche zu gewissen Stunden des Tages unbedingt Ruhe. Selbst der Viehfütterer soll zu dieser Zeit den Stall möglichst nicht betreten. Aber auch während des Fütterns, Ausmistens, Putzens und Melkens vermeide man jeden unnötigen Lärm im Stall.

Eiweiß- und Stärkebedarf

Erhaltungsfutter

	täglich
Für leichtere Kühe bis 500 kg Gewicht	250 g verd. Roheiweiß 2500 Stärkeeinheiten
Für schwerere Kühe über 500 kg Gewicht	300 g verd. Roheiweiß 3000 Stärkeeinheiten

Stärkeeinheit (früherer Ausdruck Stärkewert — 1 St.W. = 1000 St.-Einheiten) entspricht dem Futterwert von 1 g reiner (verdauliche) Stärke.

Das heißt also, daß z. B. 1000 g sehr gutes Wiesenheu mit 374 Stärkeeinheiten den gleichen Nutzeffekt haben würden wie 374 g reine Stärke.

Zur Sättigung müssen im Tagesfutter 4—5 kg Ballast enthalten sein.

Zur Erzeugung von 1 l Milch sind erforderlich: Etwa 55 g verd. Roheiweiß und 250 Stärkeeinh. (bei 3,5% Fettgehalt).

Im Durchschnitt werden mit 1 l Milch 35 g Eiweiß ausgeschieden. Allerdings ist zu berücksichtigen, daß eine fettreiche Milch mehr Eiweiß und Stärkeeinheiten zu ihrer Erzeugung erfordert als eine fettärmere Milch, so daß z. B. bei 4% Fettgehalt je 1 kg Milch etwa 60 g Eiweiß und 275 Stärkeeinheiten benötigt werden. Das gleiche trifft für sehr hohe Milchleistungen zu.

Verhältnis Eiweiß : Stärkeeinheiten

Das Verhältnis Eiweiß : Stärkeeinheiten soll bei frischmelkenden Kühen etwa 1:5 betragen und mit sinkender Milchleistung auf 1:6 bis 1:7 zurückgehen. (Siehe nachstehende „Futterwerttabelle der DLG".)

Nährstoffbedarf bei verschiedenen Leistungen

	Gewicht 550 kg	verd. Eiweiß g	Stärke-einheiten	Verhältnis Eiweiß : Stärkeeinheiten
Für Erhaltung		300	3000	1 : 10
„ „	+ 5 kg Milch	575	4250	1 : 7,4
„ „	+10 kg Milch	850	5500	1 : 6,5
„ „	+15 kg Milch	1125	6750	1 : 6,0
„ „	+20 kg Milch	1400	8000	1 : 5,7
„ „	+25 kg Milch	1675	9250	1 : 5,5
„ „	+30 kg Milch	1950	10 500	1 : 5,4

Eiweißmangel wirkt sich nicht nur auf die Milchleistung, sondern bei längerer Dauer auch auf die Gesundheit des Tieres nachteilig aus. Eiweiß hat in jedem Futtermittel andere Zusammensetzung. Daher Eiweiß nicht einseitig, sondern vielseitig füttern.

Eiweißüberschuß im Futter drückt den Fettgehalt. Zu viel Eiweiß wird im Tierkörper nicht als Baustoff, sondern als Brennstoff benutzt. Überschuß an Eiweiß besteht in Grünfuttermitteln wie: Luzerne, Klee, Serradella, Süßlupinen, Wickgemenge, Landsberger Gemenge, Raps, Rübsen, gute Umtriebsweide usw. Diese Futtermittel haben ein Eiweiß-Stärkeeinh.-Verhältnis von 1:3 bis 1:4. Deshalb erfordern sie unbedingt eine Beigabe von stärkehaltigen Futtermitteln, wie Trockenschnitzel, Kartoffelflocken, Heu, Stroh usw. Wer das nicht tut, verschwendet Eiweiß und — sein Geld! Auch Mais und Sonnenblumen, bei denen der Gehalt an Stärkeeinh. überwiegt, können als Ausgleich verabreicht werden (gegebenenfalls als Gärfutter). Eiweiß-Stärkeeinh.-Verhältnis dieser Futterstoffe etwa 1:9 bis 1:11.

Rübenblatt und Stoppelrüben haben zwar ein günstiges Eiweiß-Stärkeeinh.-Verhältnis von 1:4 bis 1:6, rufen jedoch, in großen Mengen verabreicht, Verdauungsstörungen hervor.

Übermäßige Verfütterung an Stärkeeinheiten verursacht einen Milchrückgang und Verfettung der Tiere, zu wenig Stärkeeinheiten wirken sich ebenfalls hemmend auf die tierischen Leistungen, namentlich die Höhe des Fettgehaltes aus.

Wirtschaftseigenes Futter

Das wichtigste Futter für Kühe ist das Grundfutter, bestehend aus wirtschaftseigenen Futtermitteln, wie Weidegras, Grünfutter, Rüben, Silage, Heu, Spreu, Stroh usw. Es muß angestrebt werden, daß das Grundfutter für eine Milchproduktion von mindestens 10—12 l, besser 15 l je Kuh/Tag, ausreicht. Nur dann aber macht sich bei höheren Milchleistungen auch eine entsprechende Kraftfutterbeigabe bezahlt und bleiben die Tiere gesund und fruchtbar. Das Grundfutter muß auf jeden Fall aus dem Betrieb kommen, nur das Zusatzfutter darf zugekauft werden. Grundregel für die Winterfütterung: 5 kg Heu + 50 kg Saftfutter. Stärkehaltige Futtermittel, im eigenen Betrieb gewonnen, sind wesentlich billiger als Stärkeeinheiten im gekauften Kraftfutter. Dagegen stellt sich verdauliches Eiweiß durch Zukauf von Kraftfutter in der Regel billiger als das im Betrieb gewonnene.

Das kg Stärkeeinheit wird nach Blohm unter gleichartigen Ertragsverhältnissen am teuersten im Heu, sehr teuer in der Futterrübe, wesentlich billiger in der Silage und am billigsten auf der Sommerweide erzeugt.

Tagesration für 10 l Milchleistung:

30 kg Futterrüben	3 kg Klee- oder Luzerneheu
5 kg gutes Wiesenheu	3 kg Futterstroh

Tagesration für 12 l Milchleistung:

10 kg Gärfutter	8 kg Heu
25 kg Rüben mit Spreu	3 kg Futterstroh

Tagesration für 15 l Milchleistung:

20 kg Sauerblatt	5 kg bestes Klee- oder Wiesenheu
12 kg Gehaltsrüben	4—5 kg Spreu und Futterstroh

15 kg Gärfutter	5 kg Wiesenheu
30 kg Futterrüben	3 kg Klee- oder Luzerneheu
	2 kg Futterstroh

Für jede weiteren 2 l Milch 1 kg Kraftfuttergemisch verabreichen. (50% Trockenschnitzel, 25% Weizenkleie, 25% Ölkuchen.)

Tagesration für 18—20 l Milchleistung

20 kg eiweißreiches Gärfutter oder 30 kg Gehaltsfutterrüben	15 kg bestes Wiesenheu (in ausgesprochenen Grünlandbetrieben)

Rauhfutter (Stroh, Spreu S 348)

Ausreichende Heugaben sind Voraussetzung für Dauerleistungen im Kuhstall! Dies trifft besonders bei Verabreichung stärkerer Gärfuttermengen zu. Im Winter bildet gutes Heu die Grundlage der Milchviehfütterung. Tägliche Mindestmenge 3—5 kg gutes Heu für 500 kg (6—10 dz/GVE jährlich). Je weniger, desto besser muß das Heu sein. Heusattfütterung (über 15 kg) nicht zweckmäßig. Zur besseren Futterwirkung die verschiedenen Heuarten abwechselnd reichen, z. B. morgens Wiesenheu, abends Luzerne- oder Kleeheu. Langdauernde, einseitige Luzerne- oder Rotkleeheu- (auch Rotklee-)fütterung führt zu Fruchtbarkeitsstörungen!

Beschreibung der einzelnen Futtermittel

Kraftfutter (Siehe auch S. 452/453)

Kraftfutter macht sich erst bezahlt, wenn die Tiere mit Grundfutter, wie Rüben, Gärfutter und Heu, bis zur Sättigung vollgestopft sind! Eiweißfutter darf immer nur letzter Aufwand sein! — Durch eine Kraftfutterzulage von 1 kg sollen jedesmal mindestens 2 l, von hochwertigeren und besseren Kraftfuttermitteln 3 Liter Milch mehr erzeugt werden. Kraftfutter soll sich zur besseren Ausnutzung stets aus mehreren Futtermitteln zusammensetzen! Zweckmäßig ist die Verwendung von DLG-Kraftfuttergemischen für Milchvieh (S. 471)! Mischfutter in Brockenform hat sich nicht bewährt.

Getreide

Hafer: ist als zusätzliches Milchviehfutter geeignet und hat von den Körnerfrüchten den günstigsten Einfluß auf die Milchergiebigkeit, z. B. im Gemisch mit Weizenkleie, ergibt aber, in größeren Mengen verabreicht, weiche Butterqualität und senkt den Fettgehalt der Milch.

Gerste: wirkt fettsteigernd und ist, wenn sie überhaupt als Milchviehfutter Verwendung finden soll, dem Roggen und Weizen vorzuziehen.

Mais: kein geeignetes Milchviehfutter, da er den Fettgehalt der Milch senkt und der Butter ebenfalls eine weiche Beschaffenheit erteilt.

Kleie

Weizenkleie: besonders geeignet als Milchfutter, infolge der diätetischen Wirkung, ist in der Milchviehfütterung der Roggenkleie überlegen. (100 kg Gerstenschrot lassen sich beim Milchvieh durch 125 kg Weizenkleie ersetzen.) Weizenkleie wirkt leicht abführend.

Roggenkleie: bewirkt hartes Butterfett; sie eignet sich mehr als Mastfutter. — Der Gehalt an verdaulichem Eiweiß ist bei Weizen- und Roggenkleie um durchschnittlich 2% höher als bei den Körnern.

Hülsenfrüchte

Hülsenfrüchte: (Süßlupinen — besonders eiweißreich — Ackerbohnen, Erbsen, Peluschken, Wicken) haben in kleineren Gaben eine günstige Wirkung auf den Milchertrag (harte Butter). In größeren Mengen führen sie dagegen zur Verstopfung und bei Erbsen- und Wickenschrot zur Minderung des Milchertrages. Man verfüttere daher nicht mehr als höchstens 3 kg je Kopf und Tag und schrote diese Hülsenfrüchte wegen Aufblähungsgefahr stets gut. Süßlupinen werden mit Hafer abwechselnd geschrotet, damit die Walzen nicht verschmieren. (Siehe auch S. 162.)

Trockenhefe

Trockenhefe: Hochverdauliches Eiweißfuttermittel, kann in der Milchviehfütterung bis zu 2 kg pro Tier und Tag verabreicht werden (Siehe auch S. 531).

Fischmehl

Fischmehl, gutes Dorsch- und Fleischmehl: sind als Eiweißfutter für Jungvieh besser geeignet als für Kühe, können aber in Mengen von 0,5—1 kg dem Kraftfutter beigemengt werden.

Fettsteigernd wirken (bis zu 0,5%)

Einfluß auf den Fettgehalt

Gerste, Hafer, Weizenkleie, Leinsamen, Palmkern- und Kokoskuchen (nicht aber extrahiertes Palmkernschrot und Kokosschrot) und in geringem Maße Leinkuchen, Baumwollsaatmehl, Wicken und Erbsen. Dänische Versuche ergaben bei erhöhter Zufütterung von Kokoskuchen eine fettsteigernde Wirkung nur während der ersten Zeit der Laktation.

Es sind 1,5—2 kg je Tier und Tag erforderlich. Höhere Mengen haben keine größere Wirkung, die sich in der Regel nach 7 Tagen einstellt. Im allgemeinen lohnen nur frischmelkende und Tiere mit hoher Milchleistung Beifütterung von Palmkern- bzw. Kokoskuchen. Auch muß das Tier eine entsprechende Veranlagung besitzen und dürfen die Kuchen nicht so stark entfettet sein.

Ferner: Gutes Heu, insbesondere Klee- und Luzerneheu, Grünfutter jeglicher Art in nicht zu großen Mengen, frisches Zuckerrübenblatt, nicht zu junge trockene Weide, Möhren, Zuckerrüben, Kohlrüben.

Es senken den Fettgehalt:

Maisschrot, Maizenafutter, Zuckerschnitzel, Mohn-, Leindotter- und Sesamkuchen (dagegen extrahiertes Mohnschrot nicht oder doch kaum!), Sojaschrot, Reisfuttermehl, Fischmehl und in geringem Maß (etwa 0,1 %) auch Senfsaatrückstände und Sonnenblumenkuchen, eingesäuerte, gedämpfte Kartoffeln, Heu von sauren Wiesen.

Ferner wirken ungünstig auf den Fettgehalt:

1. Sehr wässeriges Futter, längere Zeit verabreicht und bei Fehlen von genügend Rauhfutter als Ausgleich (z. B. sehr wasserreiches, junges Weidegras, sehr große Mengen Grünfutter, Futterrüben und frische Schnitzel, Kartoffel- und Maisschlempe, Pülpe).
2. Sehr kalte und gefrorene Futtermittel.
3. Futtergaben mit starkem Überschuß an Eiweiß und Mangel an Stärkeeinheiten, da Milch meist weniger aus dem Futterfett als aus den Kohlehydraten der Futterration entsteht. (Absinken des Fettgehaltes bei Weideauftrieb im Frühjahr, sofern nicht gleichzeitig eine Zugabe von stärkehaltigen Futtermitteln, wie Haferschrot usw. erfolgt. — Siehe Seite 395.)
4. Im mageren Zustand gibt die Kuh im allgemeinen eine fettärmere Milch.

Weiches, gelbes Butterfett rufen hervor:

Einfluß auf die Butterqualität

Junges Grünfutter, bes. Rotklee, junge Weide, Hafer, Mais sowie Maispräparate, Weizenkleie, Lein-, Mohn-, Raps-, Sesam- und Sonnenblumenkuchen sowie Extraktionsschrote, Bohnen-, Erbsenschrot und Reisfuttermehl, Kartoffeln, Schlempe, Melasse.

Hartes, weißes Butterfett ergeben:

Haferstroh, überständiges Gras, Heu bei spätem Schnitt, Grünmais, auch als Sauerfutter, Rüben, insbesondere Kohlrüben, Rübenblätter, Trockenschnitzel, Roggenkleie, Babassukuchen, Kokos- und Palmkernkuchen.

Verstopfend wirken:

Einfluß auf die Verdauung

Roggenkleie, Erbsen, Baumwollsaatmehl, Palmkernkuchen.

Abführend wirken:

Weizenkleie, Lein- und Sesamkuchen.

Gute Haltbarkeit besitzen:

Haltbarkeit

Sonnenblumen-, Lein-, Palmkernblumen.

Schlechte Haltbarkeit:

Baumwollsaatmehl-, Erdnuß-, Kokos-, Mohn-, Raps-, Senf-, Sesamkuchen.

Ölkuchen

Baumwollsaatmehl: (aus ungeschälten Samen 17%, aus geschälten Samen bis 38% verdauliches Eiweiß) hat neben der Milchwirkung auch eine gute Mastwirkung und ist daher für Abmelkställe besonders geeignet. Da Begünstigung des Verkalbens möglich, an hochtragende Kühe nicht verabreichen, auch nicht an Kälberkühe. Höchstgabe 1 kg / Tier und Tag. Sonst auch geschmackliche Beeinflussung von Milch und Butter.

Erdnußkuchen: die Farbe der besten Erdnußkuchen ist fast weiß, Geruch nußartig, süßlich, die Farbe des haarfreien Erdnußmehls grauweiß. Verdorbene Erdnußrückstände haben eine gelbliche bis bräunliche Farbe und einen scharfen, ranzigen Geruch und Geschmack. Erdnußkuchen und Erdnußkuchenmehl gehören zu den bekömmlichsten Ölkuchen und enthalten 39—44% verdauliches Eiweiß.

Leinkuchen: hat braune Farbe und ist an den glänzend braunen Schalenteilen zu erkennen: Verdorbene Kuchen haben gelbliche bis bräunliche Farbe und einen scharfen, ranzigen Geruch. Als bestes Kälberfutter sollte Leinkuchen im Milchviehstall erst in zweiter Linie Verwendung finden.

Mohnkuchen: ist dunkelgrau bis schwarz. Er wirkt im Gegensatz zu Mohnextraktionsschrot stark senkend auf den Fettgehalt der Milch (auch gesundheitliche Störungen, wie Verkalben usw. möglich) und ist daher mehr als Mastfutter geeignet. (Verdaul. Eiweiß 28%.)

Raps- und Rübsenkuchen: haben grünlich-bräunliche Farbe mit starkem, jedoch nicht unangenehmem Geruch und enthalten 23% verdauliches Eiweiß. Sie sind um so wertvoller, je heller grüngelblich sie gefärbt sind, weil diese Kuchen gegenüber braunen Kuchen, die vor dem Pressen stärker erhitzt werden, mehr fettlösliche Eiweißstoffe besitzen. Raps- und Rübsenkuchen verursachen, in Wasser eingeweicht und als Getränk verabreicht, gesundheitliche Störungen und bei trächtigen Kühen Fehlgeburten (Senfölbildung). Daher stets trocken, 2—3 kg je Tier und Tag, und möglichst im Gemisch mit anderen Futtermitteln (Kleie und Trockenschnitzel) verabreichen. Höhere Gaben verursachen scharf schmeckende Milch und Butter. Auf den Fettgehalt haben Raps- und Rübsenkuchen keine Einwirkung. — Rapsschrot wird jetzt in Deutschland nur noch im Extraktionsverfahren verarbeitet (siehe nächste Seite oben).

Senfkuchen: werden vom Vieh wegen des starken Senfölgehaltes nicht gern gefressen und wirken sich auf Milch und Butter und auf den Gesundheitszustand der Tiere ungünstig aus.

Sonnenblumenkuchen: mit etwa 33% verdaulichem, nicht ganz hochwertigem Eiweiß, gehören zu den haltbarsten Ölkuchen und sind sehr hart. Kein zu hoher Schalenanteil erwünscht (Anteil in Kraftfuttermischungen bis zu 30%).

Kokos- und Palmkernkuchen: besitzen mit 17 bzw. 13% nur einen geringen Eiweißgehalt, doch haben sie im Gegensatz zu den Extraktionsschroten eine fettsteigernde Wirkung.

Extraktions-schrot

Die Entfettung der öl- und fetthaltigen Samen und Früchte erfolgt entweder durch Auspressen (Ölkuchen) oder durch Extraktion mit fettlöslichen Stoffen (Extraktionsschrot), wodurch eine größere Fettausbeute erzielt wird. Ölkuchen enthalten noch 3—12% Fett, Extraktionsschrote dagegen nur noch bis 1% Fett. Extraktionsschrote üben keine Sonderwirkung auf den Fettgehalt der Milch aus!

Extraktionsschrote kommen wie folgt in den Handel:

Extrahiertes Rapsschrot: (rd. 30% verdaul. Eiweiß). Enthält (im Gegensatz zu Rapskuchen) nur Spuren von Senföl, daher für Milchkühe (Mastrinder, Schweine und Schafe) ein brauchbares und preisgünstiges Kraftfutter (1—2 kg je Kopf und Tag).

Extrahiertes Leinschrot: (etwa 30,5 % verdauliches Eiweiß). In der diätetischen Wirkung (Schleimstoffe) dem Leinkuchen unterlegen.

Extrahiertes Mohnsaatschrot: (29,5 % verdaul. Eiweiß). Gutes Milchviehfutter. Der Fettgehalt wird im Gegensatz zu der Verfütterung von Mohnkuchen nicht oder nur unwesentlich gesenkt.

Extrahiertes Hanfschrot: (etwa 23% verdauliches Eiweiß). Eignet sich mehr für Mastvieh als für Milchvieh. Gelegentliche Gesundheitsstörungen durch narkotisch wirkende Stoffe festgestellt. (Verwerfen.)

Extrahiertes Sonnenblumenschrot, entschälte Kerne: etwa 35% verdauliches Eiweiß.

Extrahiertes Senfsaatschrot: (Senfsaatrückstände), mit etwa 32% verdaul. Eiweiß, wird von den Kühen gern gefressen, sofern man das gelbliche Schrot mit anderen Futtermitteln wie Mengkornschrot, Haferschrot, Trockenschnitzeln usw. vermischt und trocken verfüttert. Unvermischt nehmen es die Tiere nur zögernd auf. Der Fettgehalt wird nur wenig herabgedrückt. Tagesgabe bis 3 kg je Kuh.

Bei Reinverfütterung von Senfextraktionsschrot ist Entbitterung erforderlich. Zu diesem Zweck muß dieses Futtermittel in Wasser eingeweicht werden, das mindestens 20 cm über dem Futter stehen und öfter umgerührt werden muß. Die Bitterstoffe werden ähnlich wie bei der Entbitterung der Lupine an das Wasser abgegeben. Das Wasser ist alle 4—5 Std. zu wechseln. Wenn das Wasser klar ist, sind die Bitterstoffe verschwunden. Senfschrot wird auf diese Weise in 4 Tagen entbittert. In Frage kommt auch die Entbitterung durch gemeinsame Einsäuerung von Senfsaatextraktionsschrot mit Wruken (siehe S. 344).

Sojaextraktionsschrot (38—42 % verdaul. Eiweiß). Ein hochverdauliches und sehr eiweißreiches Futter.

Extrahiertes Palmkernschrot (13—14 % verdaul. Eiweiß). Übt infolge starker Entfettung im Gegensatz zu Palmkernkuchen auf den Fettgehalt der Milch keine steigernde Wirkung mehr aus.

Extrahiertes Kokosschrot (etwa 18% verdaul. Eiweiß). Ebenfalls ohne Wirkung auf den Fettgehalt der Milch.

Kraftfuttermischungen

DLG-Kraftfuttergemische

1 kg enthält	Eiweiß für kg Milch	Stärkeeinheiten für kg Milch
DLG-Milchviehfutter I (16% Rohprotein)	2—2,5	2—2,5
DLG-Milchviehfutter II (20% Rohprotein)	3	2—2,5
DLG-Milchviehfutter III (25% Rohprotein)	bis zu 4	2—2,5
DLG-Milchviehfutter IV (32% Rohprotein)	etwa 5	2—2,5

Trocken-
grünfutter

Trockengrünfutter: hochwertiges, vitaminreiches Kraftfutter, wirkt günstig auf Brunst, Abkalben und Gesundheit der Kälber. Eiweißgehalt etwa 12—19%. 1 kg reicht für Erzeugung von 2 kg Milch. Tagesgabe 1—3 kg (am besten in Form von gepreßten Würfeln).

Hackfrüchte und deren Nebenprodukte

Zuckerrüben-
schnitzel

Naßschnitzel (Diffusionsschnitzel): hochverdaulich; entweder frisch verfüttern oder aber, da schlechte Haltbarkeit und fade schmekkend, zur längeren Aufbewahrung mit eiweißreichem Futter einsäuern (siehe S. 327). Sehr geeignet sind frische Naßschnitzel zur Verfütterung an Mastvieh und Zugochsen in Gaben bis 35 kg pro Kopf und Tag. Milchvieh erhält nur bis 20 kg.

Hochtragende und frischmelkende Kühe sowie Jungvieh erhalten besser keine Naßschnitzel, die im übrigen arm an knochenbildenden Mineralstoffen sind, so daß eine Beigabe von Futterkalk und Viehsalz erforderlich ist. Zu große Gaben verursachen Durchfall und Milchrückgang und beeinflussen die Milchqualität. Bisweilen treten auch schwere Erkrankungen auf.

Trockenschnitzel: ein gut bekömmliches und auf die Verdauung günstig wirkendes, allerdings eiweißarmes Beifutter (auch mineralstoff- und vitaminarm). Infolge ihrer guten Haltbarkeit bieten sie vielseitige Verwendungsmöglichkeit. Zur besseren Futterverwertung ist Einquellen im gleichen bis doppelten Gewicht an Wasser erforderlich. Trockenschnitzel werden vom Milchvieh gut verwertet. Milchkühe und auch Mastrinder erhalten täglich 3—5 kg, 3/4—1 Jahr altes Jungvieh 0,5 kg je Tag.

Trockenschnitzel finden im Frühjahr beim Weideaustrieb der Milchkühe beste Verwendung. Die junge, eiweißreiche Grasweide erfordert als Nährstoffausgleich bzw. zur guten Ausnutzung des Weidefutters Beifütterung von stärkehaltigen Futtermitteln. Andernfalls geht auch der in den ersten Tagen des Weideganges ansteigende Fettgehalt der Milch stark zurück. Daher sind 1—4 kg Trockenschnitzel pro Tier und Tag, je nach Milchleistung, während der ersten 4—6 Wochen, besonders für frischmelkende Kühe, sehr zweckmäßig. (Siehe S. 395.)

Steffenschnitzel: oder Brühschnitzel mit etwa 18% Zuckergehalt sowie die vollwertigen Zuckerschnitzel (60—65% Zucker enthaltend) werden, wie alle zuckerhaltigen Futtermittel, am rationellsten durch Pferd oder Schwein ausgenutzt, da diese nur einen einhöhligen Magen besitzen. Im Pansen der Wiederkäuer entstehen dagegen infolge der leichten Verdaulichkeit des Zuckers Gärungsverluste, wodurch die Wirkung um 25—30% herabgesetzt wird.

Trockenblatt

Troblako: (künstlich getrocknetes Zuckerrübenblatt) mit 7,2% verdaul. Eiweiß und 491 Stärkeeinheiten sowie etwa 10% Mineralstoffgehalt, ist praktisch schmutz- und sandfrei, da das Grünblatt vor der Trocknung gewaschen wird, und unbeschränkt haltbar. (Aufbewahrung in trockenen Räumen auf Böden mit Holzunterlage.) Verfütterung kann sowohl an Rindvieh, Pferde, Schweine, Schafe als auch in gewissem Umfang an Geflügel erfolgen. Das von Milchvieh gern gefressene, eiweißreiche Futter, das vollen Kraftfutterersatz darstellt und auch Vitamin A enthält, wird dem Grundfutter trocken beigemengt. 1 kg Trockenblatt entspricht etwa 10 kg Rüben.

Zuckerrübenmelasse

M e l a s s e : enthält 20—23% Wasser und 48—50% Zucker, dagegen nur wenig Eiweiß. Sie ist ein sehr billiger Stärkeeinh.-Träger und besonders reich an Salzen (8—11%), die bei größeren Gaben abführend wirken. Die Tagesgaben sollen pro Tier, mit 0,5 kg beginnend, 3 kg nicht überschreiten. Bei Verfütterung von reiner Melasse wird diese mit Wasser verdünnt und als Tränke verabreicht. Andernfalls kommen Melassemischfuttermittel in Frage (Weizenkleie-, Biertreber-, Trockenschnitzelmelasse) oder Melasse mit geringwertigem, gehäckseltem Rauhfutter vermischen. Dieses wird dadurch schmackhafter und nährstoffreicher.

Zuckerrübenblatt

Mit keinem Futtermittel wird derartige Verschwendung getrieben wie mit Rübenblatt! Die an Kühe pro Tag verfütterte Menge an sauberem, ungewaschenem Zuckerrübenblatt soll 50 kg pro Kopf a u f k e i n e n F a l l überschreiten, um übermäßiges Laxieren (Durchfall) der Tiere sowie Eiweißverschwendung zu vermeiden und die Aufnahme des notwendigen Rauhfutters zu ermöglichen. Sattfütterung mit Rübenblatt ist gesundheitsschädlich und leistungsmindernd!

Bei einigermaßen sauberem Blatt reicht z. B. das Eiweiß bei 60 kg Blattfütterung für eine Milchleistung von 17 Liter, während Stärkeeinh. für höchstens 10—12 l vorhanden sind, so daß letztere in Form von 6 — 7 kg Sommerhalmstroh oder auch 3 — 4 kg Heu beigefüttert werden müssen, damit Milchleistung und Fettgehalt befriedigen (auch aus gesundheitlichen Gründen). Manche Kühe vermögen bis zu 150 kg Frischblatt je Tag aufzunehmen. Die darin enthaltenen Nährstoffe reichen für 30 l Milch aus!

Die Tiere sollen also nur so viel Rübenblatt erhalten, daß sie ohne wesentliche Beigabe von durchfallverhütenden Mitteln wohlgeformte Fladen machen. Als Gärfutter leisten Rübenblätter im Winter und zur Überbrückung von Futternotzeiten während des Sommers gute Dienste.

Wenn ein Tier Durchfall hat, durchwandert das Futter den Darm zu schnell und wird daher schlecht ausgenutzt. Das trifft für die Nähr- wie für die Mineralstoffe zu. Infolgedessen entsteht leicht die gefürchtete und größte Schäden anrichtende Knochenweiche. (Sowohl bei der Verfütterung von frischem als auch bei eingesäuertem Rübenblatt.) Durchfall hat stets ein Absinken der Milchmenge zur Folge (etwa 1 l je Tier und Tag), während der Fettgehalt dadurch nicht beeinflußt wird.

Durchfall bedeutet Futterverschwendung! Es werden viele Nährstoffe, auch Kalk, schneller ausgeschieden, also nicht genügend ausgenutzt. (Knochenweiche entsteht durch Durchfall, nicht durch Oxalsäure der Blätter.) Daher Blattmenge je Tag und Kopf auf 40—50 kg beschränken und nur so lange frisch verfüttern, wie Rüben geköpft werden. Vor Blattfütterung Heu (je 10 kg Rübenblatt 1 kg Heu) reichen, um Durchfall vorzubeugen.

F r i s c h m e l k e n d e K ü h e erhalten, solange die Milch noch ansteigt, besser keine oder nur wenig Rübenblätter, da Durchfall zu dieser Zeit sich sehr ungünstig auf die weitere Milchbildung auswirkt.

Ursache des Durchfalles

Die Ursache des Durchfalles bei der Rübenblattfütterung sind vor allem Bakterien, die in der am Blatt anhaftenden Erde enthalten sind und bei Verfütterung von schmutzigem Rübenblatt eine Reizung der Schleimhäute im Magen und Darm hervorrufen. Bei 15% Schmutzgehalt z. B. nimmt die Kuh mit einem täglichen Verzehr von 50 kg Rübenblatt allein 7—8 kg Erde auf! Daher sollte auf s a u b e r e G ewinnung des Rübenblattes durch das Pommritzer Ernteverfahren (siehe S. 252) ganz besonderer Wert gelegt werden, damit der Schmutzgehalt der Blätter 0,5 % nicht übersteigt.

Zweckmäßig ist es, Rübenblatt beim Abladen auf dem Hof über einen schräg gestellten Rost zu werfen (noch besser ist ein Schüttelrost) und zum Hereinschaffen in die Krippen Karren mit Roststäben zu verwenden.

Waschen des Rübenblattes

Bei sehr schmutzig gewordenen Blättern ist Waschen anzuraten. Nachteilig ist allerdings, abgesehen von der hiermit verbundenen Mehrarbeit, daß die Blätter beim Waschen einen Teil des Wassers aufsaugen und ein weiterer Teil desselben äußerlich an ihnen haften bleibt. Infolgedessen steigt das Gewicht oft um 20% des Frischblattgewichtes und darüber hinaus, so daß das gewaschene Blatt gegenüber dem ungewaschenen gewöhnlich einen geringeren Nährstoffgehalt aufweist, wenn auch mit 1—3 % tatsächlicher Nährstoffauswaschung so gut wie nichts von dem ursprünglich vorhanden gewesenen Stärkewert verlorengeht. Je wasserreicher nun ein Futtermittel ist, desto mehr Körperwärme muß das Tier erzeugen, um das erwärmte Wasser durch die Nieren zu treiben und dann wieder körperwarm auszuscheiden. Um so weniger Eiweiß und Stärkewerte bleiben dann aber für die Milcherzeugung übrig. Da schon das ungewaschene Rübenblatt nur 15 % Trockenmasse enthält, sollte man also dieses durch das Waschen eintretende, nachteilige Verdünnen des Futters durch saubere Gewinnung des Blattes zu vermeiden suchen.

Der Übergang zur Blattfütterung soll allmählich erfolgen, beginnend mit etwa 10 kg Tagesgabe.

Beifütterung von Rüben oder Trockenschnitzeln

Es empfiehlt sich, Rübenblätter nicht allein, sondern zusammen mit Runkelrüben zu verfüttern. Das in den Rüben enthaltene Pektin wirkt stopfend, außerdem ergänzen sich die Nährstoffe besser, da das Blatt sehr eiweißreich ist und im Verhältnis dazu wenig Stärke hat. An Stelle von Runkelrüben können auch Trockenschnitzel treten.

Es ist also falsch, im Herbst nur Rübenblätter und im Winter nur Rüben oder nur Gärfutter zu verabreichen, sondern richtiger ist die gemischte Fütterung. Leistung und Gesundheitszustand der Tiere werden dadurch sehr günstig beeinflußt.

Futterbeispiele

a) Beifütterung von Runkelrüben

Milchleistung kg	5	10	15	20
Rübenblatt kg	40	30	40	50
Runkelrüben kg	—	20	30	30
mittl. Wiesenheu kg	—	2	4	6
Sommerhalmstroh kg	6	5	2	—

b) Beifütterung von Trockenschnitzeln

Milchleistung kg	5	10	15	20
Rübenblatt kg	40	50	50	50
Trockenschnitzel kg	—	1	2	2
DLG-Milchviehfutter II	—	—	—	1
mittl. Wiesenheu kg	—	1	5	6
Sommerhalmstroh kg	6	5	—	—

Mineralstoffe zu Rübenblatt

Da der hohe Wasser- und niedrige Rohfasergehalt der Blätter Gesundheit, Leistung und Milchqualität infolge des eintretenden Durchfalls ungünstig beeinflußt, muß die Futterration genügend Rauhfutter (etwa 1 kg Heu je 10 kg Blatt) enthalten. Ferner 200 g Mineralstoffmischung mit 18% Phosphorsäure, z. B. DLG IIIa. Schlämmkreide zu verfüttern ist nach neueren Untersuchungen falsch, da Schlämmkreide keinen Phosphor enthält und Calciummangel auch bei der Rübenblattfütterung im Futter nicht nachzuweisen ist. Bei höheren Milchleistungen ist eine Kraftfutterzulage erforderlich, wie z. B. DLG-Milchviehfutter I oder II, das je 1 kg Nährstoffe für etwa 2,5 bzw. 3 kg Milch enthält. Kraftfutter, Trockenschnitzel, Heu und Mineralstoffe vor Verabreichung des Rübenblattes geben.

Beendigung der Frischblattfütterung

Wenn sich die ersten stärkeren Fröste zeigen, beende man die Frischblattfütterung, da das Blatt in den auf dem Felde liegenden kleinen Haufen allmählich verrottet und so erheblich an Wert einbüßt (siehe S. 254). Welkes Blatt, das durch Veratmung Nährstoffverluste erlitten hat, vermindert Milchmenge und Fettgehalt. Am besten Blattfütterung nur so lange durchführen, wie Rüben geköpft werden.

Spätestens bis zum Frostbeginn muß das gesamte Rübenblatt vom Felde verschwunden sein, da Gärfutter aus angefrorenen Rübenblättern ebenfalls einen Leistungsrückgang zur Folge hat.

Im Nährwert entsprechen:

	=	200 kg Futterrübenblatt mit Kopf
200 kg Zuckerrübenblatt	=	300 kg Futterrübenblatt ohne Kopf
	=	50 kg Wiesenheu

Zuckerrüben-anbaufläche

Für 1 Haupt Großvieh (1 Kuh oder 2 Stück Jungvieh) werden etwa 25 a Zuckerrübenfläche gerechnet. Bei größerem Zuckerrübenbau tritt leicht Futterverschwendung ein, bei geringerer Fläche müssen zusätzlich Runkelrüben bzw. Gehaltsrunkeln angebaut werden. Als grobe Faustzahl gilt, daß zur auskömmlichen Sommerfütterung etwa 2mal soviel Blatt eingesäuert werden muß, als im Spätherbst an den gleichen Viehbestand grün verfüttert wurde.

Zuckerrüben

Reine Zuckerrüben: werden am besten zusammen mit Runkelrüben verfüttert und zwar im Verhältnis $^2/_3$: $^1/_3$. Bei einer üblichen Gabe von 40 kg Futterrüben pro Kopf und Tag werden also 20 kg Futterrüben und 15 kg Zuckerrüben verabfolgt. Bei zu hohen Zuckerrübengaben (über 20 kg) kann es leicht vorkommen, daß die Freßlust der Tiere nachläßt. Die Zuckerrüben müssen klein geschnitzelt werden, dann fressen sie die Tiere gern.

Bei den verhältnismäßig hohen Rübenpreisen ist eine Verfütterung von Zuckerrüben allerdings kaum wirtschaftlich, zumal das Rind zukkerhaltige Futtermittel nur unvollkommen verwertet (siehe S. 472).

Runkelrüben

Gehaltsrüben: sind den Massenrüben vorzuziehen. Im Futterwert entsprechen etwa: 17 kg Zuckerrüben = 34 kg Gehaltsrüben = 50 kg Massenrüben. Weniger arbeitsaufwendig ist Gärfuttermais!

Mittlere Gaben an Milchkühe: 25—30 kg Gehaltsrüben bzw. 35—40 kg Massenrüben. Es empfiehlt sich, reichlich Spreu (Kaff) beizufüttern, die sehr gut auf die Leistung wirkt und ein guter Mineralstoffersatz ist. — Zu starke, einseitige Rübenfütterung ist den Tieren auf die Dauer nicht zuträglich. Am besten täglich eine Mahlzeit Rüben und eine Mahlzeit Gärfutter verabreichen. Gesamtmenge an Saftfutter pro Kopf und Tag nicht mehr als 40 kg, bei sehr schweren Kühen 50 kg. (Sonst Überanstrengung des Tierkörpers.) Anbaufläche: 8—12,5 a je Kuh (S. 405).

Kohlrüben (Wruken)

Höherer Futterwert gegenüber Runkelrüben, auch arbeitswirtschaftliche Vorteile (bei der Ernte), aber begrenzte Haltbarkeit. Höchstmenge 30—40 kg je Kuh und Tag. Vor Verfütterung zerkleinern. (Siehe S. 267.) Über die Verfütterung von Stoppelrüben siehe S. 273.

Mohrrüben

Mohrrüben: gutes, milchtreibendes Futter (bis zu 30 kg täglich). Auch die Verfütterung von Mohrrübenkraut in nicht zu großen Mengen (etwa 7,5 kg pro Tag) kommt in Frage. Es kommt im Nährwert mit 1,4% verdaul. Eiweiß Zuckerrübenblatt fast gleich (S. 254).

Gärfutter (Siehe S. 342)

Einwandfreies Gärfutter kann bis zu 30 kg je Kuh und Tag verabreicht werden. (Auf 6 kg Gärfutter 1 kg Heu.) Höhere Gärfuttermengen (40 kg) sind möglich, wenn bestes Heu verabreicht wird. Zur Verhütung von schädlichen Nebenwirkungen und für das Lebensalter der Tiere vorteilhaft, empfiehlt sich bei größeren Gärfuttermengen Zufütterung von Runkelrüben. (Siehe Seite 342.) Das beste Gärfutter für Milchkühe ist Maisgärfutter, das sich bedeutend günstiger auswirkt als Rübenblattgärfutter. Sehr gut ist Gärfutter aus Landsberger oder Roggen-Wickgemenge, Hülsenfruchtgemenge usw. Wichtig ist Beigabe von 150—250 g (je nach Futtermenge) einer Mineralstoffmischung pro Kuh und Tag! Schlechtes Sauerfutter kann die Ursache des Verkalbens sein.

Für jede Kuh sollen wenigstens 5—6 cbm Gärfutterbehälter zur Verfügung stehen. Jeder cbm enthält etwa 7,5 dz Gärfutter. (Siehe S. 331).

Kartoffeln

Rohe Kartoffeln: ein sehr milchtreibendes Futter, können in täglichen Gaben von 12—15 kg je Kopf verabreicht werden. (Höchstgabe 20 kg, andernfalls sind Verdauungsstörungen, insbesondere Durchfall, zu befürchten.) Zerkleinern ist nicht erforderlich, aber Ruhe im Stall, damit die Tiere nicht erschrecken (bei plötzlichem Herantreten an einzelne Stände) und sich dadurch verschlucken (Aufblähgefahr, S. 488).

Gedämpfte Kartoffeln: wirken mehr auf Mast, für Milchvieh haben sie in eingesäuertem Zustand eine günstigere Wirkung, wenn auch rohe Kartoffeln auf den Milchertrag und Fettgehalt am wirksamsten sind. Allerdings ist die Nährstoffausnutzung der Kartoffel durch Kühe schlechter als durch Schweine.

In der Praxis hat es sich bestens bewährt, wenn Futterrüben und rohe Kartoffeln bzw. Sauerblatt und Sauerkartoffeln abwechselnd morgens und abends gegeben werden. Da rohe Kartoffeln stark reizend auf die Magenschleimhäute wirken, sollten andere Futtermittel, die ebenfalls einen Reiz auf die Verdauungsorgane ausüben, wie z. B. Gärfutter, Melasse, Rapskuchen usw., möglichst nicht gleichzeitig verabreicht werden, wenigstens nicht in zu großen Mengen.

Zu beachten ist, daß Kartoffeln sehr eiweiß- und mineralstoffarm sind. — Rüben und Kartoffeln sind vor der Verfütterung stets zu säubern.

Sollen größere Mengen Spreu (Kaff) mit verwertet werden, ist Schnitzeln der Hackfrüchte anzuraten. Diese werden dann mit Spreu vermischt, und zwar so, daß das Abendfutter bereits morgens und das Morgenfutter am Abend vorher fertig gemischt wird, damit die Spreu den austretenden Pflanzensaft aufnimmt.

Schlempe

Kartoffelschlempe: in erster Linie für Abmelkwirtschaften, weniger für Zuchtbetriebe geeignet. Kühe sollen nicht über 40 kg täglich bekommen, unter Beigabe von 5—6 kg Heu, 4—5 kg Spreu und etwa 50 g Schlämmkreide. (Eine Kuh nimmt bestenfalls täglich 70—80 kg Schlempe auf. Nutzbringend und ihrem

Körper zuträglich verwertet sie dagegen höchstens 50 kg!) Zuchttiere erhalten nur 30 kg, über 1 Jahr altes Jungvieh bis 20—25 kg täglich.

Im Übermaß gereicht, wirkt Kartoffelschlempe erschlaffend auf die Verdauungsorgane und verweichlicht den Organismus, zumal sie nur in möglichst heißem Zustand (60—70° C) verfüttert werden darf. Auch kann leicht Schlempemauke und Durchfall hervorgerufen werden. Auf saubere Krippen achten! Kalte Schlempe säuert sehr schnell und ist für den Organismus dann schädlich. Bei trächtigen Kühen ist mit Schlempe Vorsicht geboten (Verkalben), mehr als 20 kg täglich sollten nicht gegeben werden. (Schlempeanfall: 50 kg Kartoffeln ergeben 67,5 Liter Schlempe.)

Die verhältnismäßig eiweißreiche Schlempe nicht mit eiweißreichem Heu verfüttern. Geeignetes Beifutter: Rüben, Rübenblatt (frisch oder eingesäuert) oder Gärfutter, insgesamt bis zu 40 kg je Tier und Tag, ferner Trockenschnitzel.

Pülpe

Kartoffelpülpe: fällt bei Gewinnung von Stärke aus Kartoffeln an. (100 kg Kartoffeln ergeben etwa 70 kg Pülperückstand mit 86—90% Wasser.) Sie enthält zwar noch etwas Stärkemehl, aber kein verdauliches Eiweiß, ist also reines Kohlehydratfuttermittel. Gehalt an Mineralbestandteilen sehr gering. Kartoffelpülpe besteht in der Hauptsache nur aus Schalen und Fasern der Kartoffel. Es ist eine gelbliche bis bräunliche, fade schmeckende, sehr rohfaserreiche Futtermasse, die nur zu etwa 62% verdaulich ist. — Für Jungvieh ist Kartoffelpülpe nicht geeignet. Milchkühe sollen nicht mehr als 10—20 kg pro Tag erhalten. Schon bei Mengen über 10 kg leidet die Butterqualität. — Kartoffelpülpe kann durch Einsäuern und auch Trocknen für längere Zeit haltbar gemacht werden. Einsäuern erfolgt durch Einstampfen in den Behälter wie bei gedämpften Kartoffeln. Das Gärfutter hat einen angenehmen Obstgeruch und wird vom Vieh gern gefressen (10—15 kg pro Kopf).

Trockenpülpe: enthält noch 10—14% Wasser. Höhere Gaben als 1 kg pro Tag sollen Milchkühe nicht erhalten.

Kartoffelpülpe wird am besten an Mastrinder verabreicht, und zwar bis 25 kg in frischem oder bis 3 kg in getrocknetem Zustand pro Kopf und Tag. — Frische Pülpe säuert bald!

Biertreber

Treber: sind Rückstände, die bei der Herstellung von Bierwürze anfallen. Sie bestehen aus Spelzen und Schalen des Malzes sowie aus den nicht gelösten Teilen des inneren Kornes. Frische Treber enthalten 3,8% und getrocknete Treber 13,8% verdaul. Eiweiß.

Biertreber sind in frischem, eingesäuertem (10—15 kg je Kuh, mit Spreu oder Häcksel vermischen) und in getrocknetem Zustande (3 kg je Kuh) gutes Milchvieh- und Mastfutter, das von den Tieren gern gefressen wird. Frische Treber sollen höchstens drei Tage aufbewahrt werden, da sie leicht in Zersetzung übergehen und dann erhebliche Verdauungsbeschwerden bei den Tieren hervorrufen.

Malzkeime

Malzkeime: ebenfalls Abfälle der Bierbrauereien mit 18,2% verdaul. Eiweiß. Milchkühe und Mastvieh erhalten bis zu 3 kg pro Kopf und Tag in eingeweichtem Zustand. Nicht an Kälberkühe, da bei Kälbern sonst Durchfall eintritt. Aufbewahrung: luftige, trockene Böden.

Mineralstoffe
(Siehe S. 407)

Schlechtes Aufnehmen der Kühe (Sterilität), besonders durch Phosphorsäuremangel verursacht, Umrindern, Hängenbleiben der Nachgeburt, die Geburt schwächlicher Kälber, Totgeburten, Kälbersterben, Weidetetanie, Sommerlecksucht können in zu mineral- und vitaminarmer Ernährung ihre Ursache haben. Ferner sind nachlassende Decklust der Vatertiere und schlechte Befruchtungsergebnisse oft auf Mineralstoffmangel zurückzuführen. Ebenso die Anfälligkeit für Infektionskrankheiten, wie seuchenhaftes Verkalben, Maul- und Klauenseuche und Tuberkulose. Knochenbrüche, Knochenweiche, Verkrümmungen und Verdickungen an den Gelenken sind ebenfalls eine Folge unzureichender Mineralstoffzufuhr bei jungen Tieren (die sich nicht mehr oder nur noch schwer erheben können). Mineralstoffmangel beeinflußt auch den Fettgehalt der Milch ungünstig. Etwa 400 g Kalk werden dem Muttertier allein durch das werdende Kalb entzogen! Mit jedem Liter Milch scheidet die Kuh etwa 1,6 g Kalk, 1,8 g Kali, 1 g Natrium und 2,3 g Phosphorsäure aus. Bei Kalkmangel zehrt das Tier aus seinem eigenen Kalkvorrat. Frischmelkende Kühe vermögen keine Höchstleistungen zu erzielen. Häufig fehlt besonders Phosphorsäure!

Höhe der Mineralstoffgaben

Gutes Luzerne- oder Kleeheu deckt im allgemeinen den Mineralstoffbedarf der Milchkühe. Auch bei Grünfütterung, vor allem mit Luzerne, erübrigt sich größtenteils die Beigabe von Mineralsalzen. Über Mineralstoffgaben zu Rübenblatt siehe S. 475, zu Gärfutter S. 476, zu Schlempe S. 476, für trockenstehende Kühe S. 438, zur Weide S. 396/397.

Fütterungsbeispiele

Für Betriebe mit mäßiger Heu- und Futterrübengrundlage:

Milchleistung kg	bis	5	10	15	20
Mittleres Wiesenheu	kg	3	4	6	7
Futterrüben	kg	20	25	25	30
Stroh und Spreu	kg	8	6	4	2
Kraftfuttermischung	kg	1	2	3,5	5

(Hafer- oder Mengkornschrot und extrahiertes Rapsschrot im Verhältnis 2:1)

Für Betriebe mit reichlichen Heumengen, aber unzureichenden Saftfuttervorräten:

Milchleistung kg	bis	5	10	15	20
Geringes Wiesenheu	kg	15	—	—	—
Mittleres Wiesenheu	kg	—	15	—	—
Sehr gutes Wiesenheu	kg	—	—	12	15
Futterrüben	kg	10	10	10	10
Trockenschnitzel	kg	—	—	2	3

Bei ausreichenden Heu- und Rübenbeständen:

Milchleistung kg	bis	5	10	15	20
Mittleres Wiesenheu	kg	6	8	10	10
Futterrüben	kg	30	40	40	40
Stroh und Spreu	kg	5	2	—	—
Kraftfuttermischung	kg	—	—	1,5	3

(Hafer- und Rapsschrot 1 : 1)

Für Betriebe mit ausreichenden Gärfuttermengen:

Milchleistung kg		bis 5	10	15	15	20
a) Gutes Klee- oder Luzerneheu .	kg	—	—	3	8	8
Mittleres Wiesenheu	kg	5	6	5	—	—
Eiweißreiches Gärfutter	kg	10	20	20	30	20
Futterrüben	kg	10	20	30	—	30
Trockenschnitzel	kg	—	—	—	1,5	2
Haferstroh	kg	—	—	—	3	—
Stroh und Spreu	kg	6	3	1	—	—

Milchleistung kg	bis	5	10	15	20
b) Gutes Klee- und Luzerneheu .	kg	5	7	8	8
Eiweißreiches Gärfutter . . .	kg	10	15	20	30
Trockenschnitzel od. Trockenblatt	kg	1	2	3,5	5
Stroh und Spreu	kg	6	4	2	—

Milchleistung kg	bis	5	10	12	15	20
c) Gutes Kleeheu	kg	5	7	8	8	8
Maisgärfutter	kg	15	25	30	30	30
Stroh und Spreu	kg	8	4	2	2	2
Kraftfuttermischung	kg	—	—	—	$1\frac{1}{4}$	$3\frac{1}{4}$

(Extrahiertes Rapsschrot und Hafer- oder Mengkornschrot 1:3)

Markstammkohl (unzerkleinert verfüttern):

Milchleistung kg	bis	10	15	15	20	20
Markstammkohl	kg	25	35	30	35	40
Futterrüben	kg	20	30	20	40	20
Mittleres Wiesenheu	kg	3	3	3	—	—
Haferstroh	kg	5	3	3	—	3
Gutes Rotkleeheu	kg	—	—	—	5	5

Allerdings ist bei länger als zwei Wochen andauernder Verfütterung größerer Mengen Markstammkohl wie auch anderer Kohlarten in frischem bzw. eingesäuertem Zustand bei Kühen Auftreten von Kohlanämie zu befürchten, so daß es in diesem Fall ratsam ist, die tägliche Menge auf 30 kg Grünfütterung = etwa 25 kg Gärfutter zu beschränken. (Siehe S. 301.)

Kartoffelschlempe:

Milchleistung kg	bis	5	10	15	18
a) Kartoffelschlempe	kg	20	30	40	40
Mittleres Wiesenheu	kg	5	5	5	5
Künstl. getrockn. Süßlupinenheu	kg	1	2	3	3
Gehaltsrüben	kg	10	15	20	30
Stroh und Spreu	kg	6	4	2	—

4—5 kg rohe Kartoffeln oder 1 kg Kartoffelflocken oder 1 kg Trockenschnitzel *zusätzlich* ergeben eine Milchleistung von 20 Litern.

Milchleistung kg	bis	5	10	15
b) Kartoffelschlempe	kg	20	30	40
Mittleres Wiesenheu	kg	5	6	6
Eiweißgärfutter	kg	10	15	20
Gehaltsrüben	kg	—	10	15
Stroh und Spreu	kg	5	4	2

(Bei eiweißreichem Leguminosenheu kann die Gärfuttergabe um 5 kg gekürzt werden.)

Sofern Kühe Luzerneheu wegen seiner Stengeligkeit ungern aufnehmen, ist Häckselung anzuraten.

Grünfutter

Anzustreben ist eine jährliche Grünfutterperiode von 200 Tagen (1. Mai bis 15. November) und in klimatisch günstiger Lage eine solche von etwa 225 Tagen (20. April bis 30. November). Dadurch läßt sich die Winterfütterung auf 165 bzw. 140 Tage abkürzen. — Grünfutter möglichst frisch verfüttern, sonst leidet die Schmackhaftigkeit.

Das erste junge Grünfutter im Frühjahr (Raps, Rübsen, Wiesengras usw.) wird, um jede Eiweißverschwendung zu vermeiden, am besten mit Stroh zusammen gehäckselt, zumindest aber unter Beigabe von stärkehaltigen Futtermitteln, wie Rüben, Kartoffeln, Trockenschnitzeln, mittleres Wiesenheu oder Futterstroh, verabreicht.

Futterbeispiel:	10	15	18 l Milch
Futterraps oder -rübsen	20	30	40 kg
Trockenschnitzel	2	2	1 kg
Gehalts-Futterrüben	10	10	10 kg
Wiesenheu	6	7	8 kg
Stroh und Spreu	bis zur Sättigung.		

10 kg Rüben können durch 1 kg Trockenschnitzel ersetzt werden. Mengen über 2 kg Trockenschnitzel sind vorher einzuquellen.

Im Durchschnitt reichen 30—40 kg Grünfutter als Erhaltungsfutter aus, bei kleineren Kühen (4—5 dz) genügt diese Menge schon zur Erzeugung von 1—2 kg Milch. Werden täglich 50—70 kg Grünfutter gegeben, können 12—13 kg Milch und mit 70—80 kg 15—25 kg Milch erzeugt werden (je nach Futterbeschaffenheit). Eine Kuh vermag bei ausschließlicher Grünfütterung bis 60 kg und bei sehr jungem Futter bis 100 kg täglich zu verzehren.

Wird R o t k l e e in sehr jungem Zustand gefüttert, kann die Milchkuh infolge des sehr niedrigen Ballastgehaltes so große Mengen aufnehmen (etwa 80 kg/Tag), daß neben dem Erhaltungsbedarf das Eiweiß zur Erzeugung von 35 kg Milch ausreicht. In der Knospe bis zur vollen Sättigung verabreicht, deckt die Pflanze den Nährstoffbedarf für 25 kg Milch. (Fruchtbarkeitsstörungen durch einseitige Fütterung, S. 468.)

Von in voller Blüte stehendem Klee vermag die Milchkuh nur so viel aufzunehmen, daß damit der Nährstoffbedarf zur Erzeugung von 12 kg Milch gedeckt wird.

Je nach Leistung der Tiere also stärkehaltige Futtermittel, wie Rüben, Kartoffeln, Trockenschnitzel, Grünmais usw. zufüttern, bei sehr hohen Leistungen Beigabe von eiweißreichem Kraftfutter.

Futterbeispiele für:

a) j u n g e r K l e e:

Milchleistung	kg	bis 5	5—10	10—15	15—20
junger Klee bzw. junges Grünfutter . . .	kg	25	25	40	50
d a z u					
Trockenschnitzel	kg	2	3	3	4
Wiesenheu	kg	—	—	2	3
Sommerhalmstroh	kg	6	6	2	—
o d e r d a z u					
Mais-Gärfutter oder Rübenblattgärfutter	kg	10	15	15	20
Wiesenheu	kg	—	—	2	3
Sommerhalmstroh	kg	6	6	2	—

b) ä l t e r e r K l e e:

Milchleistung	kg	bis 5	5—10	10—15	15—20
Älterer Klee bzw. älteres Grünfutter . . .	kg	30	40	60	60

dazu					
Trockenschnitzel	kg	—	1	1	2
Haferschrot	kg	—	—	—	1
Sommerhalmstroh	kg	6	4	—	—
oder dazu					
Mais-Gärfutter oder					
Rübenblattgärfutter	kg	10	15	15	20
Sommerhalmstroh	kg	4	—	—	—

c) Herbstgrünfutter (Stoppelklee, Süßlupine, Serradella, weißer Senf):

Milchleistung	kg	bis 5	5—10	10—15	15—20	
Grünfutter	kg	25	35	40	50	60
dazu						
Runkelrüben	kg	15	20	30	30	25
Trockenschnitzel	kg	—	—	—	1	—
Wiesenheu	kg	—	—	3	3	3
Sommerhalmstroh	kg	6	6	2	—	—
oder dazu						
Gehaltsrüben	kg	10	15	20	30	20
Wiesenheu	kg	—	—	3	3	3
Sommerhalmstroh	kg	6	6	2	—	—
oder dazu						
Trockenschnitzel	kg	2	2,5	3	5	3
Wiesenheu	kg	—	—	—	3	3
Sommerhalmstroh	kg	6	6	6	—	—

Auf Stoppelkleeweide im Herbst treibe man die Tiere nicht hungrig, sondern reiche im Stall ein ballastreiches Vorfutter, wie Heu, Stroh usw. Auch bei Tau und Befall mit Mehltau ist Vorsicht am Platze, weil Rinder leicht aufblähen (nicht gegen den Wind hüten). Mittel gegen das Aufblähen siehe S. 488.

Mit sehr junger Luzerne nimmt die Kuh, wenn ihr das Futter nicht zugeteilt wird, Eiweiß für 35 kg Milch auf, während die Stärkeeinheiten nur für etwa 15 kg ausreichen.

Satt Luzerne vor der Blüte liefert Eiweißmengen für 20 kg Milch, dagegen reichen die Stärkeeinheiten nur für 10 kg aus. Insbesondere bei Luzerne müssen also in ausreichendem Maße stärkereiche Futtermittel beigegeben werden, sonst „milcht" sie nicht.

Milchkühe mit einer Durchschnittsleistung von 10 kg Milch erhalten daher nur eine Luzerne-Grünfuttergabe von täglich 30—35 kg und als Beifutter 3 kg Trockenschnitzel oder Melasse und satt Futterstroh.

Im übrigen rufen sehr große Luzernemengen leicht einen bitteren Geschmack der Milch und Milchprodukte hervor.

Futterbeispiele (nach Richter):

		Junge grüne Luzerne „vor der Blüte"					
Milchleistung .	kg	5	9	12	16	20	24
junge grüne Luzerne . . .	kg	15	20	25	30	35	45
grüner Mais oder Sauerblatt . .	kg	10	15	20	22	25	10

oder		oder	oder	oder	oder	oder	oder
Trockenblatt . .	kg	2	3	$4^1/_2$	5	$5^1/_2$	2
Trockenschnitzel	kg	$1^1/_2$	2	2	3	4	4
Getreideschrot .	kg	—	—	—	—	—	2
Futterstrohhäcksel	kg	6	4	3	1	—	—

Mit Süßlupinenfutter und mittleren Heugaben lassen sich leicht 15 kg Milch erzeugen. (Gegebenenfalls auch Beifütterung von Grünmais, Rüben usw., da Süßlupinen sehr eiweißreich!) Bei angestellten Versuchen verzehrten Kühe von junger, noch nicht in Blüte stehender Süßlupine 170—200 kg. Die hierin enthaltene Eiweißmenge würde zur Erzeugung von über 40 kg Milch ausreichen! Lupinen, die im unteren Drittel bereits Schoten angesetzt hatten, im oberen Teil aber noch blühten, wurden in Tagesmengen von 118 kg aufgenommen. Die dabei verzehrte Eiweißmenge reicht zur Erzeugung von 25 kg Milch aus. — Süßlupinen sind aber auch als Gärfutter sehr geeignet.

Futterbeispiel für 15 kg Milchleistung:

Süßlupinengärfutter	20 kg
Runkelrüben	20 kg
Gutes Wiesenheu	8 kg
Haferstroh	2 kg

Bitterlupinen lassen sich dagegen nur als Gärfutter verwenden, da die Tiere das Grünfutter, auch im Gemenge, nicht annehmen. Sie wirken aber stark verstopfend. Höchstgabe 20 kg je Kopf und Tag bei gleichzeitiger Zufütterung von Futterrüben. — Grünwicken nach dem Hülsenansatz drücken auf den Milchertrag.

Weidegang (S. 385, 389—398)

Eine gute Dauerweide bietet die sicherste Gewähr für die Gesunderhaltung der Tiere. Je nach der Veranlagung erreichen die Tiere auf guten Weiden etwa 40 bis 80 Bissen in der Minute. Zur Zucht sind namentlich in Weidebetrieben Tiere zu bevorzugen, die rasch und dabei sauber grasen, d. h. also das Gras kurz halten und auf der Wiese nicht viel umherlaufen. Tiere, die lange herumlaufen, ehe sie fressen, also sehr wählerisch sind, verwerten auch das aufgenommene Futter nicht gut. Kleinere Kühe mit etwa 20 kg Milchleistung verwerten Weidegras im allgemeinen besser, da sie lebhafter sind als große Tiere und ihre Futteransprüche auf guter Weide befriedigen können.

Die Länge des Weidegrases soll für Kühe je nach Art der Weide etwa 20 bis 30 cm betragen (siehe S. 392). Milchkühe sollen wenigstens 6—8 Wochen Weidegang im Herbst auf Stoppelsaaten oder Wiesen nach dem 2. Schnitt haben.

In der Frühweidezeit (Mai/Juni) frißt eine Kuh etwa 80 bis 120 kg Gras täglich. 100 kg Gras enthalten Nährstoffmengen, die im Eiweiß für 55 kg und in den Stärkeeinh. für 46 kg Milch ausreichen, so daß also entsprechende Futtermittel, wie Stroh, geringes Heu, Kartoffelflocken, Trockenschnitzel (besonders angebracht) oder dergleichen als Ausgleich zugefüttert werden müssen (siehe auch S. 395).

Bei der Sommerweide (Juli/August) wird eine tägliche Grasmenge von etwa 76 kg je Kopf verzehrt, die Nährstoffmengen für 27 kg Milch enthält.

Auf der *Spätweide* (September/Oktober) liegt die Sättigungsmenge bei rd. 54 kg Gras. Diese Nährstoffmengen reichen nur für rd. 14 kg Milch aus.

Überständiges Gras wird nur in Mengen bis 62 kg je Kopf und Tag verzehrt. Diese Nährstoffmenge reicht im Eiweiß für 12 kg und in den Stärkeeinheiten für 24 kg Milch aus.

Einen besonders guten Einfluß auf die Milchmenge üben Wiesenschwingel, Knaulgras, Timothe und fruchtbare Rispe aus. An zweiter Stelle stehen Glatthafer (französisches Raigras), Wiesenrispe, Rotschwingel und Wiesenfuchsschwanz. — Schafgarbe wirkt Magen- und Darmerkrankungen entgegen, Kümmel, Fenchel, Enzian, Bitterklee, Tausendgüldenkraut fördern die Bekömmlichkeit des Futters. Der Kleine Wiesenknopf begünstigt mit seinen Aromastoffen Verdauung und Wachstum. Kräuter sind den Gräsern im Eiweißgehalt überlegen. (S. 381.)

Giftig sind: Herbstzeitlose, Sumpfdotterblume, gefleckter Schierling, Wasserschierling, scharfer Hahnenfuß, schwarzer Nachtschatten, Sumpfschachtelhalm, betäubender Kälberkropf und Jakobkreuzkraut. Die Herbstzeitlose behält ihre gefährliche Wirkung auch im Heu.

Auf den Milchertrag drücken Schachtelhalm, Augentrost sowie die Sauergräser. Knötericharten, Klappertopf, Ochsenzunge, Ringelkraut, Wachtelweizen, Wasserliesch geben der Milch eine bläuliche, Binsen, Seggen, Schachtelhalm, Labkraut und Hahnenfuß eine rötliche Färbung. Durch Verfütterung von Disteln und Sauerampfer gerinnt die Milch leicht, während Sauergräser und Rasenschmiele die Schleimhäute der Tiere verletzen.

Über *Gras- oder Weidetetanie* siehe S. 396.

Futternormen

Eine Kuh verbraucht bei Weidegang und 200 bis 220 Stallfütterungstagen (Mitte Oktober / Anfang Mai) zusätzlich: je Tag etwa 5 kg Heu, 5 kg Stroh, 30—50 kg Saftfutter, davon bis zur Hälfte Sauerfutter. Insgesamt also pro Jahr:

40—50 dz Futterrüben	5—6 cbm Gärfutter
10 dz Heu	4—5 dz Kraftfutter
10 dz Futterstroh	

(50 % Trockenschnitzel, 25 % Weizenkleie, 25 % Ölkuchen). Steht keine Weide zur Verfügung, erhöht sich die Futtermenge um 100 dz Grünfutter.

Winterfütterung bei fehlendem Gärfutter

Durchschnittlicher Heu- und Futterrübenverbrauch:

je Kuh	12,5 dz Heu	70 dz Rüben
je tragende Färse	10 dz Heu	40 dz Rüben
je 1—2jähr. Jungvieh	7,5 dz Heu	20 dz Rüben
je 1/4—1jähr. Jungvieh	7,5 dz Heu	15 dz Rüben
je Saugkalb	1 dz Heu	

Bei einem Ertrag von 50 dz Heu/ha und 600 dz Rüben/ha werden für 10 Milchkühe einschl. Nachzucht (siehe S. 459) zur Sicherstellung der Winterfütterung 3,4 ha Wiese, Klee- und Luzernefläche zur Heugewinnung und 1,4 ha Rüben benötigt.

Milcherzeugungswerte

Die in der nachstehenden Tabelle angeführten Milcherzeugungswerte (nach Prof. Bünger) besagen, für wieviel kg Milch 1 oder 10 kg der einzelnen Futtermittel Eiweiß oder Stärkeeinheiten liefern.

I. Saftfutter

1. Grünfutter

	verdaul. Roheiweiß für kg Milch	Stärkeeinh. für kg Milch
10 kg Weidegras, gute Umtriebsweide	5,5	4,6
10 kg Weidegras, gewöhnliches	3,6	5,2
10 kg Wiesengras, überständig	2,0	4,2
10 kg Rotklee, vor der Blüte	5,5	4,0
10 kg Rotklee, Beginn der Blüte	4,4	4,0
10 kg Rotklee im Abblühen	3,6	4,2
10 kg Stoppelklee	5,5	4,0
10 kg Inkarnatklee, in der Blüte	4,0	4,0
10 kg Kleegras, in der Blüte	3,6	4,4
10 kg Luzerne, vor der Blüte	7,2	3,7
10 kg Luzerne, in der Blüte	5,5	4,0
10 kg Serradella, Beginn der Blüte	4,0	3.2
10 kg Süßlupine, Beginn der Blüte	4,0	2,6
10 kg Wickgemenge	3,6	3,2
10 kg Roggen-Zottelwicke	3,6	3,6
10 kg Landsberger Gemenge	4,5	3,7
10 kg Weißer Senf, Beginn der Blüte	3,0	2,8
10 kg Markstammkohl	3,6	3,6
10 kg Futterroggen, kurz vor dem Schossen	3,6	4,8
10 kg Futterraps	3,6	2,8
10 kg Mais	2,0	4,0
10 kg Sonnenblumen	1,3	3,0
10 kg Runkelrübenblatt	2,9	2.4
10 kg Kohlrübenblatt	2,9	2,2
10 kg Zuckerrübenblatt mit Köpfen	3,0	3,1

2. Gärfutter

	verdaul. Roheiweiß für kg Milch	Stärkeeinh. für kg Milch
10 kg Weidegras	4,0	4,2
10 kg Wiesengras	2,9	3,9
10 kg Futterroggen	2,5	3,5
10 kg Mais, siloreif	2,2	4,0
10 kg Rotklee, Beginn der Blüte	4,4	3.6
10 kg Stoppelklee	3,6	3.4
10 kg Kleegras in der Blüte	4,0	3,7
10 kg Luzerne in der Blüte	5,5	3,8
10 kg Süßlupine, abgeblüht, Schotenansatz	4,4	3,5
10 kg Serradella	4,7	3,2
10 kg Wickgemenge	4,5	3,6
10 kg Roggen-Zottelwicke	3,3	3,6
10 kg Landsberger Gemenge	3,5	3,6
10 kg Senf, Beginn der Blüte	2,7	2,4
10 kg Runkelrübenblatt, Sauergrube	3,3	2,8
10 kg Runkelrübenblatt, Silo	3,0	2,6
10 kg Kohlrübenblatt, Silo	3,5	3,7
10 kg Zuckerrübenblatt, Sauergrube	2,7	3.6
10 kg Zuckerrübenblatt, Silo	3,0	4,0

3. Wurzel- und Knollengewächse

	verdaul. Roheiweiß für kg Milch	Stärkeeinh. für kg Milch
10 kg Runkelrüben, Massenrüben	1,5	2,6
10 kg Runkelrüben, Gehaltsrüben	1,3	3,4
10 kg Kohlrüben	1,8	3,1
10 kg Stoppelrüben	1.3	2.0
10 kg Mohrrüben	1,6	3,3
10 kg Zuckerrüben	1,5	5,8
10 kg Kartoffeln	2,2	7,0
1 kg Kartoffelflocken	0,6	3,0

II. Rauhfutter

1. Heu

	verdaul. Roheiweiß für kg Milch	Stärkeeinh. für kg Milch
1 kg Wiesenheu, gering	0,7	1,0
1 kg Wiesenheu, mittel	1,0	1,3
1 kg Wiesenheu, sehr gut	1,5	1,6
1 kg Wiesenheu, 2. Schnitt (Grummet)	1,8	1,4
1 kg Gras-Samenheu	0.3	0.8
1 kg Rotkleeheu, gut	1,4	1,3

(Fortsetzung siehe Seite 485 linke Spalte)

	verdaul. Roheiweiß für kg Milch	Stärkeeinh. für kg Milch
1 kg Luzerneheu vor der Blüte	2,2	1,2
1 kg Luzerneheu in der Blüte	1,8	1,0
1 kg Kleegrasheu in der Blüte	1,2	1,2
1 kg Wickgemengeheu in der Blüte	2,0	1,2
1 kg Landsberger Gemengeheu	2,0	1,4

2. Stroh und Spreu

1 kg Hafer- oder Sommergerstenstroh	0,2	0,7
1 kg Wintergerstenstroh	0,1	0,6
1 kg Weizenstroh	0,1	0,5
1 kg Roggenstroh	0,1	0,6
1 kg Maisstroh	0,3	0,8
1 kg Erbsen- oder Wickstroh	0,8	0,7
1 kg Haferspreu	0,3	1,0
1 kg Gersten- oder Roggenspreu	0,1	0,8
1 kg Weizenspreu	0,2	0.8

III. Körnerfutter

1 kg Futtergerste	1,4	2,8
1 kg Hafer	1,5	2,4
1 kg Mais	1,3	3,2
1 kg Ackerbohnen	4,0	2,7
1 kg Erbsen, Peluschken	3,6	2,8
1 kg gelbe Süßlupinen	6,7	2,6

IV. Gewerbliche Abfälle

1. Abfälle der Müllerei

1 kg Weizen- oder Roggenkleie	2,2	1.8
1 kg Gerstenkleie	1,6	2,1
1 kg Haferkleie	1,0	1.8

2. Abfälle der Stärkefabrikation

10 kg Kartoffelpülpe, frisch	—	3,8
1 kg Kartoffelpülpe, getrocknet	—	2,2

3. Zuckerrübenbau und Zuckerfabrikation

	verdaul. Roheiweiß für kg Milch	Stärkeeinh. für kg Milch
10 kg **Zuckerrübenschnitzel, frisch**	0,9	2,4
10 kg Zuckerrübenschnitzel, abgepreßt	1,4	4,4
1 kg Trockenschnitzel	0,9	2,1
1 kg Steffenschnitzel	0,7	2,4
1 kg vollwertige Zuckerrübenschnitzel	0,3	2,4
1 kg Melasse	0,9	1,9
1 kg Trockenblatt, gewaschen	1,1	2,0
1 kg Melasseschnitzel	0,9	2,2

4. Abfälle der Gärungsgewerbe

10 kg Biertreber, frisch	7,0	5,1
1 kg Biertreber, getrocknet	3,0	1,9
1 kg Malzkeime	3,4	1,7
10 kg Getreideschlempe, frisch	2,0	1,6
10 kg Kartoffelschlempe, frisch	1,3	1,3
1 kg Getreideschlempe, getrocknet	2,4	1,9
1 kg Kartoffelschlempe, getrocknet	2,4	1,6
1 kg Trockenhefe	8,2	2,7

5. Abfälle der Ölgewinnung

1 kg Baumwollsaatmehl, geschält	6,9	2,9
1 kg Erdnußkuchen	8,2	3,1
1 kg extrahiertes Erdnußkuchenschrot	9,5	2,8
1 kg Hanfkuchen	4,0	1,8
1 kg extrahiertes Hanfschrot	4,5	1,3
1 kg Kokoskuchen	3,0	3,1
1 kg extrahiertes Kokoskuchenschrot	3,0	2,7
1 kg Leinkuchen	4,8	2,8
1 kg extrahiertes Leinsaatschrot	5,5	2,5
1 kg extrahiertes Mohnsaatschrot	5,6	1,7
1 kg Palmkernkuchen	2,5	3,0
1 kg extrahiertes Palmkernschrot	2,5	2,6
1 kg Rapskuchen	5,0	2,4
1 kg extrahiertes Rapsschrot	5,2	2,3
1 kg extrahiertes Senfsaatschrot	6,5	2,5
1 kg extrahiertes Sojaschrot	7,7	2,9
1 kg Sonnenblumenkuchen, geschält	5,8	2,8
1 kg extrah. Sonnenblumenschrot, ungeschält	3,0	0,8

„Eine Kuh, die sich kann laben,
ist besser als zwei, die Hunger haben.“

und:

„Eine Kuh, die viel frißt,
gibt viel Milch und auch viel Mist.“

Lieber zwei Kühe im Futter gut, als drei schlecht halten, denn die Kuh milcht durch den Hals! Es ist also richtiger, eine kleinere Herde mit guter Fütterung und reichlicher Einstreu zu halten als eine größere Herde bei zeitweise schlechter Fütterung und geringer Einstreu.

Nicht der volle Stall macht den Wert einer Milchviehhaltung aus, sondern allein seine Leistung! (Die geringere Düngermenge wird durch bessere Qualität sowie vermehrte Einstreu ausgeglichen.)

Milcherzeugungskosten u. Leistungen

Erhaltungskosten je Kuh	Erhaltungskostenanteil je Kilogramm Milch in Pfennigen bei einer Jahresleistung von:						
	3000 kg	3500 kg	4000 kg	4500 kg	5000 kg	5500 kg	6000 kg
300 DM	10	8,5	7,5	6,6	6	5,4	5
350 DM	12	10	8,7	7,7	7	6,3	5,8
400 DM	13,3	11	10	8,8	8	7,2	6,6

Vom Futtereiweiß setzt die 2000-Liter-Kuh nur etwa 50%, die 3000-Liter-Kuh 60% und die 4000-Liter-Kuh fast 70% in Milchleistung um; von Stärkeeinheiten die 2000-Liter-Kuh nur 33%, die 3000-Liter-Kuh 40% und die 4000-Liter-Kuh rd. 50%. Infolge des gleichen Jahresbedarfs an Erhaltungsfutter bei jeder Kuh erfordert daher die Erzeugung von 1 Liter Milch an Gesamtfutter (Erhaltungs- und Leistungsfutter):

	Eiweiß	Stärkeeinheiten
bei der 2000-l-Kuh	105 g	750
bei der 3000-l-Kuh	90 g	580
bei der 4000-l-Kuh	80 g	500

Die Berechnung des Erhaltungsfutters erfolgt auf gleicher Grundlage. Die für eine mittlere Milchkuh hierfür benötigte Eiweißmenge entspricht etwa 5 kg Milchleistung, die zur Erhaltung erforderlichen Stärkeeinheiten 12 kg Milchleistung. Zur Sättigung sind im Tagesfutter 4—5 kg Ballast erforderlich.

Dieses Schaubild zeigt eindeutig, wie notwendig es ist, Tiere mit besonders hoher Milch- und Fettleistung und eine Verbesserung der Erbanlagen durch planmäßige Züchtung herauszubilden!

Höhe der Milchleistung des Betriebes

Die Marktleistung an Milch soll 100 kg je ha landw. Nutzfläche überschreiten. (Täglicher Milchanfall in Klein- bis Mittelbetrieben 300 bis 400% der vorhandenen ha landw. Nutzfläche.) Am rentabelsten ist die Kuh, die von der geringsten Futterfläche relativ am meisten Milch gibt.

Wie alt sollen Kühe werden?

Das Durchschnittsalter der Kühe beträgt im allgemeinen nur 5 bis 6 Jahre, während die Leistungen, je nach Rasse, bis zu 8—10 Jahren steigerungsfähig sind. „Die Kuh wächst in die Milch.“

Im allgemeinen erzielt die Milchkuh erst nach dem 6. bis 7. Kalb ihre Höchstleistung, wie folgendes Beispiel zeigt:

Milchleistung einer Kuh in den verschiedenen Altersstadien vom 1. bis 10. Kalb

	kg Milch	% Fett	kg Butter	Verhältniszahl
nach dem 1. Kalb	2805	4,15	130,0	100
„ „ 2. „	3352	4,09	153,6	118
„ „ 3. „	3776	4,05	171,2	131
„ „ 4. „	4087	4,01	183,4	141
„ „ 5. „	4295	3,99	191,8	147
„ „ 6. „	4409	3,97	195,8	150
„ „ 7. „	4441	3,95	196,2	151
„ „ 8. „	4400	3,94	193,9	149
„ „ 9. „	4296	3,93	188,8	145
„ „ 10. „	4139	3,92	181,4	139

Gegenüber Kühen mit nur 3 Kälbern Lebensleistung brauchen bei Kühen mit einer solchen von 8 Kälbern auch mindestens 50% weniger an Jungvieh aufgezogen zu werden! Mit dem Futter, das eine Färse verzehrt, bis sie den ersten Tropfen Milch gibt, lassen sich 4000—5000 l Milch erzeugen! Jede Kuh soll daher wenigstens die Aufzuchtkosten tilgen. (Etwa 1600.- DM.) Das dauert ebensolange, wie sie von der eigenen Geburt bis zum ersten Kalb gebraucht hat. Erst dann beginnt also die echte Leistung.

Milchleistung und Futterverbrauch je nach Lebensdauer der Milchkuh:

Wenn Kuh alt ist:	geleistet insgesamt kg Milch	Verbraucht insges. Futtereinheiten	Je verbrauchte F.-E. geleistete kg Milch
3½ Jahre	2805	5730	0,49
4½ „	6157	8710	0,71
5½ „	9933	11870	0,84
6½ „	14020	15140	0,93
7½ „	18315	18500	0,99
8½ „	22724	21910	1,04
9½ „	27165	25330	1,07
10½ „	31565	28740	1,10
11½ „	35861	32100	1,12
12½ „	40000	35390	1,13

Anzustreben ist also die langlebige, fruchtbare und leistungsfähige Kuh, die wenigstens 10—12 Jahre, besser 12—15 Jahre alt wird. (Die Hauptursache des Abganges der Milchkühe ist die Sterilität, ferner Tuberkulose und seuchenhaftes Verkalben.)

Bei Ankauf von Vatertieren sollte sehr auf die Lebensdauer der Mutter geachtet werden!

Untersuchung auf Trächtigkeit

Viermal jährlich sollte die Herde von einem Tierarzt auf Trächtigkeit untersucht werden.

Wie man Rinder zum Niederlegen bringt

Man legt um die Hörner des Rindes ein mit einer Schlaufe versehenes, etwa 10 m langes Seil, führt es nach hinten und schlingt es dabei je einmal kurz hinter der Schulter um die Brust und vor den Hüften um den Bauch. Nun zieht man an dem Seil waagerecht nach hinten, und das Tier wird sich ruhig und vorsichtig hinlegen.

Krankheiten

Es können hier nur die wichtigsten Krankheiten behandelt werden. (Siehe auch S. 393, 396, 435, 436, 440, 441, 446, 449/50.) Es wird auf das im Siebeneicher Verlag erschienene Werk Zipperlen „Praktischer Haustierarzt" (14. Auflage 1960) verwiesen.

Abführmittel

A b f ü h r m i t t e l : 500—1000 g Glaubersalz in 1 l Leinschleim oder Kamillentee auflösen und den Tieren eingeben.

Aufblähen der Rinder

Ursache ist eine an Faserstoffen zu arme Nahrung. Ohne den Reiz der Faserstoffe hören die Tiere zu rülpsen auf, so daß die im Magen angesammelten Gase nicht ausgestoßen werden. (Atemnot, Erstickungsgefahr.) Weitere Ursachen: erhitztes, taunasses oder bereiftes Futter.

Da Leguminosen, besonders Rotklee, arm an Faserstoffen sind, ist Verfütterung von Leguminosen und Gras zu gleichen Teilen anzuraten (Kleegrasgemenge). Die ebenfalls faserstoffarmen Kartoffeln und Rüben, die besonders heftige Gärungen hervorrufen, dürfen vor dem Austrieb nicht verabreicht werden. Auch Tränken unmittelbar nach dem Weiden vermeiden! Mineralstoffgaben (150 g täglich) beugen Blähsucht vor.

Mittel gegen Aufblähen (Siehe auch S. 481)

1. Die Tiere erhalten vorbeugend vor Austrieb etwas Sauerfutter oder Rauhfutter. Sie sollen weder nüchtern noch durstig ausgetrieben werden. Ferner taunasse Kleeschläge meiden.

2. Aufgeblähte Tiere werden sehr reichlich mit kaltem Wasser begossen (je wärmer die Witterung, desto mehr Wasser), und zwar der ganze Körper, einschließlich Hals, Schultern und Hinterteil! Anschließend reiben zwei oder besser vier Personen den g a n z e n Körper kräftig mit Stroh. Wenn erforderlich, nach kurzer Zeit wiederholen. Kräftiges Reiben wichtig! Begießen in der Sonne besonders wirksam.

3. Einführen einer 60—80 cm langen, glatten Kette in den Schlund. Die Kette wird am Knebel festgehalten und langsam hin- und hergezogen, wodurch die Kühe zu schlucken und zu rülpsen anfangen.

4. In einer zu ¾ mit Wasser gefüllten Flasche wird ein etwa doppelt walnußgroßes Stück Branntkalk restlos gelöst. Dieses Kalkwasser wird dem Tier vorsichtig eingegeben.

5. S e h r b e w ä h r t hat sich: in einer voll Milch gemolkenen Weißweinflasche wird ein Teelöffel konzentrierte Salzsäure gut durchgeschüttelt. Darauf dem aufgeblähten Tier die Mischung voll eingeben.

Wenn im Schlund Kartoffeln oder Rübenteile steckenbleiben und es zum Aufblähen kommt: Fremdkörper durch äußeres Streichen der betreffenden Stelle an der linken Halsseite vorsichtig zurückdrängen. Notfalls Schlundrohr verwenden (Vorsicht!), besser Tierarzt rufen.

N i e m a l s a u f g e b l ä h t e T i e r e i n E i l e n a c h H a u s e t r e i b e n , da durch hastiges Treiben die Entwicklung der Gase begünstigt wird. Bei Lebensgefahr Pansenstich mit Trokar zwischen letzter Rippe und Hüfte nach vorn unten, Richtung rechtes Vorderknie.

Fremdkörper

A n z e i c h e n : Häufig unterbrochene Futteraufnahme, vermindertes Wiederkauen, Aufblähen, Tiere stöhnen, stehen oft mit gekrümmten Rücken da, Fieber, Milchrückgang, beschleunigte Atmung, Abmagerung.

B e h a n d l u n g : Rind vorn auf Pritsche höher stellen, kein Futter, Leinsamenschleim verabreichen, Tierarzt rufen, der Fremdkörper meist operativ entfernen kann.

Gebärmuttervorfall

Anzeichen: Hervortreten des Tragsackes durch die Scheide nach außen. Die meist dunkelrot gefärbte Gebärmutter hängt oft bis zum Sprunggelenk herab.

Behandlung: Vorfall von anhaftendem Schmutz reinigen, in sauberes Leinentuch betten und versuchen, die Gebärmutter wieder in die Beckenhöhle zurückzuschieben. Tier hinten höherstellen und Vorfallbandage anlegen. Gelingt Behandlung nicht, sofort Tierarzt rufen.

Kühe, die an Scheidenvorfall leiden, im letzten Drittel der Trächtigkeit vorsorglich hinten etwa 25 cm höher stellen.

Maul- und Klauenseuche

Von der Ansteckung bis zum Ausbruch der Krankheit vergehen beim Rind meist 3—6 Tage. Erste Anzeichen: Die Tiere fiebern, fressen schlecht und zeigen starken Speichelausfluß aus dem Maul (Schmatzen). Nach 1—2 Tagen bildet sich am Maul und an den Klauen ein Bläschenausschlag, der auch auf das Euter übergreifen kann. Die Blasen brechen auf und sondern eine weißgelbe Flüssigkeit ab. Die Krankheit ist für die Tiere äußerst schmerzhaft, sie hören mit Fressen auf, liegen viel und lassen in der Milchleistung sehr nach. Die Verluste betragen im Durchschnitt etwa 10—20% des erkrankten Bestandes.

Bekämpfung: Erreger der Krankheit ist ein Virus, der sich nach Ausbruch der Seuche durch keine Medikamente bekämpfen läßt. Wirksam ist Schutzimpfung mit Vakzine (bis 9 Monate anhaltend).

Weitere Schutzmaßnahmen: Kein Viehzukauf, äußerste Beschränkung des Personenverkehrs in Hof und Stall auf die Tierpfleger, da die Seuche sehr leicht durch Mensch (Hände, Kleidung, Schuhwerk) und Tier (Pferdehufe) oder Gegenstände (Stallgeräte, Milchkannen, Futtersäcke, Dung, Jauche) übertragbar ist. Auch Hunde, Katzen, Geflügel, Ratten, Mäuse, Vögel und Wild können die Krankheit verschleppen. Beim Verlassen des Stalles soll das Personal Oberkleidung und Schuhwerk wechseln.

Desinfektion des Stalles mit 1% Natronlösung (auf 1 l Wasser 10 g Ätznatron, sehr giftig!). Auslegen von Säcken oder Matten, die mit 1%iger Natronlösung getränkt sind, vor den Hof- und Stalleingängen. Seuchenmatte durch Bretterkasten oder Steine begrenzen, 15—20 cm dick mit Torfmull oder Sägemehl anfüllen. Breite wenigstens 4 m, damit jedes Fahrzeug bequem darüberfahren kann.

Maßnahmen nach Ausbruch der Seuche

In erster Linie Anwendung von schmerzlindernden Mitteln:

1. Reichliche, trockene, weiche Einstreu. Häufig Kot entfernen.

2. Den erkrankten Tieren ist während dieser Zeit kein rauhes, hartes, stengeliges Futter oder Spreu zu verabreichen. Man gebe, je nach der Jahreszeit, kurzgeschnittenes Grünfutter, zartes Heu, Gärfutter, zerkleinerte Rüben und Kartoffeln, auch gedämpfte Kartoffeln, sauber gewaschene Rübenblätter, gut eingeweichte Trockenschnitzel, Mehl- und Kleiesuppen, Leinmehl usw

Getränkt wird mit frischem, einwandfreiem Wasser (nicht zuviel — Herzüberlastung), evtl. unter Zusatz von etwas Essig oder doppeltkohlensaurem Natron. Ferner kann die Maulhöhle des öfteren mit 2—3% Kaliumpermanganat mittels Irrigator-Schlauch gespült werden. Auf keinen Fall darf Salz in die erkrankte Maulhöhle eingeführt werden. Dadurch würden sich die Schmerzen noch verschlimmern!

Sehr wichtig ist sorgfältige Euter- und Klauenpflege. Euter schonend, aber regelmäßig gründlich ausmelken. Erkrankte Zitzen vor dem

Melken in schwacher, lauwarmer Seifenlösung baden. Dann dünne Lebertranschicht aufstreichen. Klauen mit warmem Seifenwasser reinigen, beschneiden und nach Abtrocknen mit Zinkoxydlebertranpaste bestreichen. Dann Verband anlegen und mit Holzteer bestreichen. Dadurch wasserdichte Imprägnierung. Verband kann bis zur Heilung liegenbleiben.

Die Seuche ist anzeigepflichtig!

Panaritium

Diese ansteckende Krankheit tritt überwiegend an den Hinterfüßen auf (Lahmen der Tiere). Sie besteht in einer Entzündung des Unterhautzellengewebes am Klauensaum, im Klauenspalt und an den Ballen. Sie wird durch Eindringen von Schmutzbakterien in kleine Verletzungen (Gehen auf steinigen Wegen, hartes Streumaterial) hervorgerufen und durch mangelhafte Klauenpflege begünstigt. (Auch Folgeerscheinung der Maul- und Klauenseuche.) Aufweichen der Haut infolge durchnäßter Streu (besonders bei reichlicher Verfütterung von Rübenblättern oder Schlempe) leistet dem sogenannten Stallpanaritium Vorschub (Schlempemauke).

Wichtig ist daher trockener Standplatz und saubere, trockene Streu. Gleichzeitig wird eine gründliche Reinigung der Klauen mit heißem Seifenwasser, Persil oder Soda vorgenommen und nach erfolgter Abtrocknung und Salbenbehandlung ein Klauenverband angelegt.

Tuberkulose

Erreger sind Bazillen, die Lunge, Gebärmutter, Euter, Darm u. a. befallen. Ansteckung: Von Tier zu Tier durch Anhusten (Futtertisch), Kot, Harn, Milch (Kälber), Tb-kranke Hühner (lungenkranke Menschen). Begünstigt wird die Krankheit durch dunkle, feuchte Ställe, Unterernährung, Mangel an Eiweiß, Mineralstoffen, Vitaminen, besonders bei milchreichen Tieren.

Anzeichen: Husten, Abmagerung, glanzloses Haar, anhaltender Durchfall, knotige Verdickungen im Euter, Umrindern, Scheidenausfluß. Tuberkulinhautprobe durchführen!

Vorbeugung: Helle, trockene Ställe, Auslauf, Weide, Kälber nicht im Kuhstall aufziehen, nur mit Milch von Tb-freien Kühen und pasteurisierter Magermilch tränken. Hühner vom Kuhstall fernhalten. Krankheitsverdächtige Tiere in besonderem Raum aufstellen, Stall gründlich reinigen und mit 3%igem Formalin desinfizieren. Anschluß an staatliches Tuberkulose-Bekämpfungsverfahren.

Stall-desinfektion

Ein- bis zweimal im Jahr (am besten, wenn die Rinder auf der Weide sind) sollte der Rindviehstall gründlich mit anschließender Desinfektion gereinigt werden. Die Reinigung darf aber nicht nur oberflächlich, sondern muß unter Verwendung einer möglichst heißen Sodalösung (3 kg Soda auf 100 l Wasser) sorgfältig vorgenommen werden. Krippen, Raufen und besonders den Stallboden nicht vergessen!

Zur nachfolgenden Desinfektion eignet sich Kalk oder Chlorkalk, im Verhältnis 1:10 mit Wasser vermischt. Haben im Stall Seuchen geherrscht (Verkalben, Kälberruhr usw.), werden Fußboden und Geräte mit 3—5%iger Lysol- oder 2%iger Natronlösung bearbeitet. — Zur Bekämpfung der Tuberkulose-Bazillen hilft weder Kalkmilch noch Natronlösung. Hier ist Formalin (3%ige Lösung) das zuverlässigste und billigste Desinfektionsmittel. Ähnlich wirkt eine 3%ige Rohchloraminlösung. Der Desinfektion muß eine gründliche Stallreinigung vorausgehen, um unwirksame Verbindungen der genannten Mittel mit Ammoniak zu verhindern. Niedere Temperaturen setzen die Wirkung der Desinfektionsmittel herab, daher Stalldesinfektion möglichst im Sommer vornehmen.

Kuhstallbau (Siehe S. 625 u. Abb. neben S. 465)

Standbreite: 1,25 m
Standlänge: 2,10 m } Mittellangstand!

Krippenhöhe: 25—40 cm. — Bei nur 25 cm Höhe der Oberkante des Troges über Standfläche frißt das Tier aus dem natürlichen Stand wie auf der Weide. Dann muß aber ein verschiebbares Freßgitter vorhanden sein, damit die Tiere nicht zu weit vortreten.

Stallhöhe: 2,60—2,80 bei 10—12 Stück Großvieh; darüber 2,80 bis 3,20 m. Geeignetste Decke im Rindviehstall = Holzdecke mit Lehmschlag.

Stalltür: zweiflügelig, lichte Größe 1,30×2,20 m, Tür nach außen aufschlagend.

Tiefstall: Je Kuh 7 qm Lauffläche.

Rauhfutterraum über dem Stall: 40 cbm je Haupt Großvieh (Heu 20—22 cbm), bei Weidegang 30 cbm. Tiefstall 20% mehr.

Zur Inneneinrichtung des Kuhstalles gehört unbedingt ein Handwaschbecken sowie Wasserzapfstellen für eine Schlauchleitung zum Spülen der Stallgänge und Jaucherinnen.

Die Kälbermast

Kälbermast erfordert wenig Kapital und Arbeit. Sie läßt sich ohne bauliche Investierungen durchführen und bringt schnellen Geldumsatz. Umstellung auf Kälbermast ist leicht möglich. Einzelbuchten (1 × 1,30 m), gute Einstreu, trockenes Lager. Buchten nach jedem Wechsel desinfizieren. Anfangsgewicht für Mastkälber soll nicht unter 40 kg liegen. Tiere regelmäßig wiegen. Kälber, die schlecht zunehmen, absondern.

a) Kombinierte Vollmilch-Magermilchmast, mit der sich Schlachtwertklasse „B" erzielen läßt. Vollmilch: 1. Woche bis 6 l, 2. Woche 6 l, 3. Woche 4 l, 4. bis 6. Woche 2 l, 7. bis 10. Woche 1 l täglich. Magermilch: 2. Woche 2 l, 3. Woche 6 l, 4. bis 10. Woche von 11 l allmählich bis auf 18 l täglich ansteigend. Gesamtverbrauch bis zu 100 kg Endgewicht etwa 160 l Vollmilch und 800 l Magermilch, tägliche Zunahmen etwa 900 g. In den Wintermonaten Vitamin-A- und D-Präparate zufüttern. Mast sehr wirtschaftlich, Dauer etwa 10 Wochen.

b) Frischmagermilch durch mit Vitamin A und D angereicherte Trockenmagermilch aufwerten (S. 451). Verbrauch etwa 120 l Vollmilch, 550—600 l Magermilch, 25—30 kg aufgewertete Trockenmagermilch. Tägliche Zunahme etwa 900 g. Mastdauer etwa 10 Wochen. Schlachtwertklasse „B", unter Umständen „A".

Vollmilcharme Kälbermast

c) Ausschließlich aufgewertetes Trockenmagermilchpulver verwenden, z. B. „Satro-Trockenmilch 25". 1. Lebenswoche Vollmilch (30 l), 2. bis 8. Woche „Satro" (etwa 70 kg). Mastdauer rund 8 Wochen, Endgewicht 100 kg. Es läßt sich Schlachtwertklasse „A" erzielen.

d) Verfütterung von „Kodruna" (S. 451).

Bei Verabreichung anderer Stoffe, wie Heu und Stroh, verliert das Fleisch an Wohlgeschmack und büßt seine helle Farbe ein. Daher Milch-Mastkälbern außerhalb der Futterzeiten gutsitzende, nicht zu weitmaschige Maulkörbe anlegen. Kein zusätzliches Futter! Während der 1. Lebenswoche 3mal, später 2mal tränken.

Vollmilchmast Bei heutigen Milchpreisen unwirtschaftlich. Sie erfordert bei 7- bis 8wöchentlicher Mastdauer und Tageszunahme von 1000—1200 g etwa 600 kg Milch (10 kg Vollmilch = 1 kg Lebendgewichtszunahme). Erzielt wird Schlachtwertklasse „A“.

Die Rindermast

Bullen sind in der Jungtiermast am futterdankbarsten, während bei Färsen und Ochsen eine bessere Schlachtware erzielt wird. Die Ochsenmast ist wegen der größeren Ruhe kastrierter Tiere zwar bequemer, erfordert aber erheblich mehr Futterkosten.

Die Jungbullenmast ist wegen des günstigen Fleischwuchses am vorteilhaftesten. Es wird ein Endgewicht von rd. 500 kg nach 1½jähriger Mastzeit unter Verwertung billiger wirtschaftseigener Futtermittel angestrebt.

Jungrindermast oder Milcherzeugung? Für die Mast kommen nur junge, vollfleischige Rinder in Frage; ältere Rinder setzen zuviel Fett an, das vom Verbraucher abgelehnt und deshalb schlechter bezahlt wird. Bei der Jungrindermast lassen sich drei Methoden unterscheiden: 1. die Mast einjähriger Wurstbullen; 2. die Mast von 1½jährigem und 3. die Mast von zweijährigem Jungvieh.

Jungrindermast erfordert weniger Arbeit als Milchviehhaltung!

Bei den genannten drei Formen der Jungrindermast fällt die Hauptarbeit, nämlich Aufzucht und Endmast, in den Winter bzw. in den Spätherbst, während für Fütterung und Haltung der Mastrinder im Sommer nur wenig Arbeit erforderlich ist. Bei der Mast von 1½jährigem Jungvieh kann man bei einem Endgewicht von 400 kg etwa 2,5 Tiere auf ein Stück Großvieh rechnen, wofür 63 Arbeitsstunden gebraucht werden. Im Vergleich zur Kuhhaltung bedeutet dies eine Verminderung des Arbeitsaufwands von 65% beim Handmelken und 50% beim Maschinenmelken. Bei der Jungrindermast ist die Verwertung möglichst großer Mengen von voluminösem Wirtschaftsfutter anzustreben, weil sich die Wirtschaftlichkeit dadurch verbessern läßt. Die Mast der 1½- und zweijährigen Jungrinder verdient deshalb den Vorzug. Der Anteil des Grundfutters am Gesamtfutter kann bei 1½jährigen Rindern auf 75—80%, bei zweijährigen sogar auf 85—90% veranschlagt werden, während er bei einjährigen Rindern nur 60—65% beträgt.

Rentabilitätsvergleich zwischen Milcherzeugung und Rindermast:

Bei einer Milchleistung von 3000 Liter je Kuh und Jahr und einem Preis von 30 Pfg. je l Milch ist die Mast von Jungtieren schon bei einem Preis von 170 DM je 100 kg Fleisch überlegen. Steigt die Milchleistung auf 4200 l je Kuh und Jahr bei gleichem Preis, so sind Fleischpreise von 180 bis 190 DM je 100 kg erforderlich. Eine Milchleistung von über 5500 l je Kuh und Jahr ist der Mast auch dann überlegen, wenn Fleischpreise von 200 bis 210 DM je 100 kg erzielt werden.

Der Fleischzuwachs beträgt bei Mastkälbern 80%, bei Jungrindern 60%, bei älteren Tieren nur 10%. Bei ausgewachsenen Rindern handelt es sich also um eine Fettmast, die sich mit kohlehydratreichen Futtermitteln unter Beigabe von wenig Eiweiß durchführen läßt.

Zugochsen sollen spätestens mit 6—8 Jahren auf Mast gestellt werden. Je jünger die Tiere sind, desto leichter mästen sie sich.

Da die Tiere zu Beginn der Mast stärker zunehmen als gegen Ende, stellt sich die *letzte Ausmast* im Futter *teurer* und macht sich nur bei entsprechenden Preisen für vollausgemästete Tiere bezahlt.

Ausgewachsene Rinder lohnen eine Mast nur in gesundem Zustand. (Breite, tiefe Tiere.)

Stallmast

Es wird zwischen *Stallmast* und *Weidemast* unterschieden. Die *Stallmast* beginnt entweder:

a) mit dem 5. Lebensmonat der etwa 125 kg schweren Tiere und endet nach 9 Monaten Dauer mit etwa 400 kg Gewicht im Alter von 13 Monaten. Durchschnittliche Tageszunahme 950—1000 g.

Die Saftfutteraufnahme ist verhältnismäßig gering, so daß mehr Kraftfutter benötigt wird. Die Heugabe ist auf 1 kg je Kopf und Tag zu beschränken. Größere Heumengen mindern die Saftfutteraufnahme und erhöhen damit den Kraftfutterbedarf. Geeignete Futtermittel: Silage, Heu, Getreideschrot, Trockenschnitzel, extrahiertes Soja- und Rapsschrot. Dazu täglich je Kopf 50—100 g DLG-Mineralstoffmischung, vitaminiert.

b) Die Tiere werden nach einer *Vormastzeit* vom 5.—12. Lebensmonat (125—280 kg Gewicht) und einer *Mast* vom 13.—18. Lebensmonat im Alter von 1½ Jahren etwa 500 kg schwer verkauft.

Dieses Mastverfahren ermöglicht die Verwertung größerer Saftfuttermengen. Während der *Vormast* werden die Tiere knapp gefüttert, aber ausreichend mit Eiweiß versorgt. Tageszunahme etwa 600 g.

Geeignete Futtermittel: Silage, Grünfutter, Heu, Haferschrot, Trockenschnitzel, DLG-Mineralstoffmischung, vitaminiert. Ist Weidegang möglich, werden zusätzlich Getreideschrot (im 1. Weidemonat), Trockenschnitzel und DLG-Mineralstoffmischung gereicht.

Während der Mast (280—500 kg) sind die unter a) genannten Futtermittel zu verabfolgen. Durchschnittliche Tageszunahme 1200 g.

Weidemast

a) *Herbstkälber*

Die Tiere sind im Frühjahr erst aufzutreiben, wenn die Nächte warm werden. Sie erhalten im 1. *Weidesommer* gleiches Futter wie Tiere in der „Vormastzeit“ (siehe unter „Stallmast“), mit einem Beifutter von 1,5—2 kg Kraftfutter. Bei guten Zunahmen können die Tiere bereits im Herbst — etwa 1 Jahr alt — von der Weide zum Schlachten verkauft werden.

Wenn genügend Saftfutter vorhanden ist, lohnt sich eine *Ausmast nach Weideabtrieb*, wie bei „Stallmast“ (280—500 kg) beschrieben.

Soll die *Endmast* erst im 2. *Weidesommer* erfolgen, erhalten die Tiere über Winter nur etwas Heu und Silage, so daß Tageszunahmen von wenigstens 500 g erreicht werden. Im 2. *Sommer* sind dann ohne Beifutter auf guter Weide täglich 1000 bis 1200 g Zunahme je Tier zu erwarten.

b) *Frühjahrskälber*

Die Tiere kommen mit dem 5. *Lebensmonat* auf die Weide. Sie erhalten ein Beifutter, das je nach Alter aus Getreideschrot, Trockenschnitzel, extrahiertem Soja- und Rapsschrot sowie DLG-Mineralstoffmischung besteht.

Im 1. *Winter* nach Weideabtrieb werden Getreideschrot, Heu,

Silage und DLG-Mineralstoffmischung in ausreichender Menge verabfolgt. Im 2. Weidesommer (frühzeitiger Austrieb, kein Beifutter) betragen die Tageszunahmen 900—1000 g. Wird eine volle Ausmast auf der Weide nicht erreicht, erfolgt die Endmast wie unter „Stallmast" b) beschrieben.

Wichtig für alle Weidetiere ist die rechtzeitige Bekämpfung von Dasselfliegen, Leberegeln und Lungenwürmern, sauberes Tränkwasser und eine ständige Versorgung mit Mineralstoffen. (Siehe Merkblatt der DLG Nr. 29 „Jungrindermast".)

Pflege der Masttiere

Achte darauf, daß im Stall außerhalb der Futterzeiten größte Ruhe herrscht, denn „Ruhe und Rast ist die halbe Mast!"

Stalltemperatur: Etwa 12° C, keinesfalls über 15° C. Bei hohen Mastrationen erzeugen die Tiere fast doppelt soviel Wärme als bei Erhaltungsfutter, deren Abgabe an die Außenluft bei hohen Stalltemperaturen auf Schwierigkeiten stößt. Die Tiere fressen dann schlecht und nehmen viel Wasser auf. Aus diesem Grunde kann sich, besonders im Sommer, Scheren der Masttiere als vorteilhaft erweisen.

Mastvieh ist unter allen Umständen regelmäßig zu putzen. Auch ist für bequemes Lager durch reichliche Einstreu zu sorgen. Der Nährstoffverbrauch beim Stehen des Rindes ist um fast ein Drittel höher als beim Liegen! — Wichtig für erfolgreiche Mast sind ferner: helle, ausreichend belüftete Ställe, saubere Krippen, pünktliches Füttern in kleinen Rationen, kein Futterwechsel.

Schlachtverluste

Die Schlachtverluste — Haut, Kopf, Füße, Organe, Eingeweide, Euter, Blut (auf 100 kg Schlachtgewicht 5—6 kg) usw. betragen (nach Zorn):

	Ochsen %	Bullen %	Färsen %	Kühe %
fett	45	45	45	48
mittelfett	48	48	48	51
mäßig genährt	52	51	51	58
schlecht genährt	—	—	—	58

Haltung und Fütterung der Zugochsen

Haltung

Ochsen mit ihrem gleichmäßig ruhigen Zug sind vor allem für Betriebe mit nassen Wiesen und moorigem Land geeignet, da sie in feuchten Boden nicht so tief eintreten wie Pferde. (Bei Paarhufern spreizen sich die Klauen beim Eintreten in zu weichen Boden.) Hartgefrorene Wege, auch Steinpflaster, sind möglichst zu meiden, damit sich die Tiere nicht wundlaufen. Andernfalls ist Beschlag aller 8 Klauen erforderlich.

Mit spätestens acht Jahren muß der Ochse ausgemerzt werden, weil er sich sonst zu schlecht mästet. Bis dahin wächst er im Gegensatz zum Pferd ins Geld und nimmt während der Stallruhe bzw. arbeitsärmeren Zeit mit wirtschaftseigenem Futter vorlieb. Auch ist er hinsichtlich Krankheiten nicht so empfindlich wie das Pferd. Anderseits können beim Zugochsen nur etwa 1500 Arbeitsstunden im Jahr als Höchstmaß angenommen werden. Auch leidet der Ochse unter Hitze wesentlich mehr als das Pferd, fällt also oft gerade in den größten Arbeitsspitzen aus.

Werden Zugochsen selbst gezogen, sind diese erst mit acht Monaten zu kastrieren. Dadurch wird der Knochenbau der Tiere kräftiger.

Das Anspannen erfolgt im Alter von etwa 2 Jahren, und zwar

am besten mittels des Stirnjoches. Zwischen dem vierten und achten Lebensjahr besitzt der Ochse die größte Zugdienstfähigkeit.

Stalltemperatur für Arbeitstiere etwa 12° C. — Ein Mann kann täglich 16—20 Zugochsen versorgen.

Fütterung

Die Erzeugung von Körperkraft wird am zweckmäßigsten und billigsten aus Kohlehydraten (Stärke, Zucker) bestritten. Das arbeitende Tier, Rind wie Pferd, benötigt also kein besonders eiweißreiches Futter. Die kohlehydratreichen, hochverdaulichen Futtermittel, wie Rüben und Rübenabfälle, müssen daher bei Arbeitsochsen und Arbeitskühen verstärkt werden. Allerdings wird die Verdauung und Ausnutzung des Futters bei einseitiger Fütterung mit Kohlehydraten und ungenügendem Eiweißgehalt der Nahrung beeinträchtigt.

Tagesfuttergaben bei Stallruhe (in kg):

	a	b	c
Heu	3	3	—
Stroh und Spreu	7	7	10
Futterrüben	30	—	—
Gärfutter, Sauerblatt	—	20	25

Ballastreiche und sehr voluminöse Futtermittel belasten den Körper und erfordern auch längere Zeiten für die Futteraufnahme und das Wiederkauen. Sehr wasserreiche Futtermittel wirken erschlaffend. Bei schwerer, ganztägiger Arbeit sind daher die Gaben an Stroh, Rüben, ganz jungem Grünfutter oder sehr saftigem Gärfutter herabzusetzen. Dafür leichtverdauliche, stärkewertreiche Futtermittel zulegen. Eiweißreiches Grünfutter und Gärfutter ist allein kein ausreichendes Futter für schwer arbeitende Tiere. Es hat im Verhältnis zum Eiweiß zu wenig Stärkewerte und muß daher auf alle Fälle durch stärkewertreiche Futtermittel wie Trockenschnitzel, Kartoffelflocken oder Getreideschrot ergänzt werden. Bei leichter, nicht ganztägiger Arbeit reicht gutes Rauhfutter aus, bei schwerer Arbeit jedoch nicht.

Ganztägig arbeitende Ochsen erhalten in der Mittagszeit bei mindestens zwei- bis dreistündiger Pause (Zeit zum Wiederkauen, Ruhe während der größten Tageshitze im Sommer) hauptsächlich konzentriertes Futter, wie Kraftfutter, etwas Grünfutter, Gärfutter oder etwas Heu. Zum Abend werden Hackfrüchte, Sauerfutter, auch minderwertige Futtermittel und vor allen Dingen der größere Teil des Rauhfutters in stärkeren Gaben verabreicht.

Futterbeispiele (in kg):

	leichtere Arbeit			mittl. Arbeit			schwere Arbeit		
	a	b	c	a	b	c	a	b	c
Heu	5	2	2	5	2	2	5	2	2
Stroh und Spreu	6	6	6	5	5	5	5	5	4—5
Futterrüben	40	20	—	—	—	—	—	—	—
Gehaltsrüben	—	—	—	30	30	—	30	20	—
Gärfutter, Sauerblatt	—	20	20	—	30	30	—	30	40
Trockenschnitzel	—	—	1	—	—	2	—	—	3
Futtergetreide	—	—	—	1	—	1,5	3	1,5	2
Kleie	—	—	—	—	—	—	2	—	—
Hülsenfruchtschrot	—	—	—	1,5	—	—	—	—	—

(Zugochsen gibt man besser Roggen- als Weizenkleie.)

Haltung und Fütterung der Arbeitskühe

Haltung

Durch die Bewegung der Kühe im Freien wird die Tätigkeit der Geschlechtsorgane günstig beeinflußt (leichteres Wiederaufnehmen nach dem Abkalben, geringerer Prozentsatz von Unfruchtbarkeit), auch tritt Tuberkulose weniger oft in Erscheinung. Besonders bei sehr schlechten Stallverhältnissen kann Bewegung in frischer Luft, Licht und Sonne den Tieren nur förderlich sein. Die Tiere kalben leichter ab, und Schwergeburten gehören zur Seltenheit. Die Tiere sind auch etwas langlebiger.

In manchen Gegenden mit Hanglagen kam auf die Kuh als Zugtier nicht verzichtet werden. Hier versagt jedes andere Zugmittel.

Das Anlernen der Tiere zum Ziehen erfolgt am besten im Alter von etwa 2 Jahren. Zu jung angespannte Färsen können sich nicht entsprechend entwickeln, altern schneller und sind schon mit 5—6 Jahren verbraucht. Nutzungsdauer sonst bis zum 7. Lebensjahr.

Man lasse möglichst in der arbeitsärmeren Zeit abkalben, um die Milchleistung besser auszunutzen (November—Dezember bzw. Mai). — Etwa 2 Monate vor dem Kalben dürfen Kühe nicht mehr zum schweren Zug verwendet werden. Die Tiere können bis Ende des 8. Trächtigkeitsmonats noch leichte Arbeit verrichten, sind aber in den letzten Wochen nicht mehr an den Wagen zu spannen (notfalls auf die rechte Seite spannen). Nach dem Kalben sollen Zugkühe 3—4 Wochen Schonung haben.

Auf pflegliche, liebevolle Behandlung und richtige Anschirrung ist zu achten. Die beste Anspannungsart ist die des Schulterzuggeschirrs (Kummetgeschirr), und zwar das bewegliche und gewichtmäßig verhältnismäßig leichte, verstellbare, unten geöffnete Dreipolsterkummet, durch welches die Kraftübertragung von der ganzen Schulter aus erfolgt.

Der Klauenpflege ist durch sachgemäßes Beschneiden besondere Aufmerksamkeit zu widmen. Bei größeren Chaussee- oder Pflasterwegstrecken, besonders aber bei Kühen mit weichen Sohlen, müssen wenigstens die vier äußeren Klauen beschlagen werden.

Bevor die Kuh eingespannt wird, Euter gründlich ausmelken.

Leichte, nur auf etwa halbe Tage sich erstreckende Arbeit und schonende Behandlung der Arbeitskühe vermindert die Milchleistung kaum. Daher sind auch bei Zugkühen Milchleistungen von 4000 kg und mehr pro Jahr keine Seltenheit. Bei ganztägiger Arbeit, die allerdings einen größeren Leistungsabfall (bis zu etwa 20%) bedingt, ist eine möglichst dreistündige Mittagspause zum Wiederkauen einzuschalten. Da der Mageninhalt auf die Lunge drückt, ist die Zugkuh kurz nach dem Füttern am wenigsten leistungsfähig.

Zu bevorzugen sind leichtere Feldarbeiten auf hofnahen Feldern und kurze Wegstrecken. Weite Anmarschwege, namentlich auf festen Straßen, sind den Tieren nicht zuträglich. Aber auch schlechte Straßen vermindern die Zugleistung des Rindes erheblich. Bei großer Hitze und schwülem Wetter, gegen das Rinder sehr empfindlich sind, ausreichende Pausen einlegen. Übermüdung der Tiere auf jeden Fall vermeiden!

Die schwerste Arbeit ist das Pflügen und Eggen. Auch hierbei sind entsprechende Pausen einzuschalten, wie überhaupt schwerer Zug bei Kühen zu vermeiden ist (beim Pflügen möglichst schmale

Furche nehmen). Ein Gespann von zwei Kühen kann auf leichterem Boden bei Halbtagsarbeit täglich ein siebentel bis ein sechstel Hektar auf ungefähr 18 cm Tiefe pflügen.

Am Wagen ermüden die Tiere selten so stark wie hinter Pflug und Egge, weil gewöhnlich in der einen Richtung leer gefahren wird.

Auf ebener Straße zieht jede Kuh ohne Anstrengung eine Last, die ihrem eigenen Körpergewicht entspricht. Bei Steigungen bis 12% lade man nicht mehr auf den Wagen, als die Hälfte des Lebendgewichts der Kuh ausmacht. Das Eigengewicht eines Zweispänner-Wagens soll bei einer äußersten Tragfähigkeit von 15 dz nicht mehr wie 4 dz betragen. Auch auf die Verwendung entsprechend leicht gebauter Ackergeräte ist zu achten.

Fütterung

Bei angestrengter, anhaltender Arbeit und langen Märschen müssen zur Vermeidung einer stärkeren Minderung des Milchertrages entsprechende Zulagen an stärkewertreichem Futter (neben dem bisherigen Milchleistungsfutter), wie 1—3 kg Futtergetreideschrot, Kleie, Trockenschnitzel usw. gereicht werden. Rauhfuttergaben etwas einschränken!

c) Die Schweinehaltung

Allgemeines

Schweinehaltung ist die Sparkasse des Betriebes. Die rasche Entwicklung der Schweine bedingt den raschesten Kapitalumsatz von allen Nutztieren. In bäuerlichen Betrieben, die sich intensiv mit Schweinehaltung befassen, entfallen oftmals mehr als 50% der gesamten Einnahmen auf den Verkauf von Mastschweinen. Anzustreben ist die Erzeugung von 1 dz Schweinefleisch Lebendgewicht je ha und Jahr und wirtschaftseigene Ferkelaufzucht.

In der Vorkriegszeit fanden in den bäuerlichen Betrieben zwei Drittel der Kartoffelernte im Schweinestall Verwendung. Heute wird die Kartoffel, vornehmlich in der Mast, mit gutem Erfolg weitgehend durch die Zucker- bzw. Gehaltsrübe ersetzt.

Es können erzeugt werden (nach Kaßnitz):

Futterart	Ertrag dz/ha	Schweinefleisch dz/ha
1 ha Getreide	30	6,5
1 ha Kartoffeln	230	12,5
1 ha Zuckerrüben	320	15,0 + 3000 Liter Milch aus dem Blatt
1 ha Gehaltsrüben	650	16,5 + 2000 Liter Milch aus dem Blatt

Die Rindermast ergibt in dem Veredelungsprodukt nur etwa 7,5% der Nährstoffe des Futters, die Kälbermast 10%, die Milcherzeugung etwa 25%, während die Mast des Schweines in Fett und Fleisch 32% des aufgewendeten Ernährungsmaterials zurückbringt.

Auf keinem Gebiet der landwirtschaftlichen Tierhaltung werden so viele Fehler gemacht wie in der Schweinehaltung. Eine der wesentlichsten Voraussetzungen für erfolgreiche Schweinehaltung und -zucht ist ein ordentlicher, erfahrener Schweinewärter, der mit Lust, Liebe und viel Interesse die Tiere pflegt und füttert, sowie ein guter Zuchtstall. Denn es ist erwiesen, daß auch Schweine bei guter Pflege besser gedeihen und sich durch Frohwüchsigkeit und entsprechende Gewichtszunahmen während der Mast auszeichnen. Tiere in Einzelhaltung z. B., die durch tägliches Bürsten und wiederholtes Waschen bei sauberer Streu und warmem, trockenem Stall eine besonders gute Pflege erhielten, zeigten gegenüber solchen aus gleichen Würfen bei der üblichen Haltung eine wesentlich bessere Entwicklung. Der Ausspruch: „Nur der Mensch macht das Schwein zum Schwein" hat also seine Berechtigung!

Die häufigsten Fehler in der Schweinezucht, namentlich in kleinbäuerlichen Betrieben, sind: zu frühes Decken der Sauen, zu zeitiges Absetzen der Ferkel, Eiweißmangel bei der Mast und schlechte Ställe!

Schweinerassen

Deutsches weißes Edelschwein	Schwäbisch-Hällisches Schwein
Deutsches veredeltes Landschwein	Angler-Sattelschwein
Schwarzweißes Landschwein in Hannover-Braunschweig (Weideschwein)	Cornwall-Schwein
	Berkshire-Schwein
	Rotbuntes Schwein

Auswahl der Zuchttiere

Zuchttiere nehme man möglichst aus Frühjahrswürfen, die in Anbetracht der günstigen Witterungsverhältnisse und bei Grünfütterung der Sau, wodurch die Milchabsonderung der Milch angeregt wird, die besten sind. Die Tiere wachsen der Sonne entgegen!

Durch Bevorzugung rumpftiefer Eber, die in der Regel etwas schwerer als die weiblichen Tiere sein sollen, gelingt es, Tiere mit guter Futterausnutzung zu züchten. Eber mit feinem weiblichem Kopf sind oft schlechte Befruchter.

Sauen mit breit entwickeltem Hinterteil sind zu bevorzugen. Auch müssen die Tiere ein ruhiges Temperament besitzen und nicht schwer und unbehilflich sein.

Zuchttiere (Eber und Sau), die man niemals vom 1. Wurf, der stets schwächer als die folgenden ist, wähle, sollen wenigstens 12, besser 14 gleichmäßige, gut entwickelte Striche (Zitzen) haben, da die Fruchtbarkeit gegenüber den Tieren, die nur 10 Striche aufweisen, um 30% höher liegt. Sauen, welche beim 1. und 2. Wurf weniger als 6 Junge geboren haben, schließe man mit ihren Nachkommen rücksichtslos von der Weiterzucht aus, weil sie auch fernerhin nicht genügend fruchtbar sein werden.

Fruchtbarkeit

Fruchtbarkeit wird von männlichen und weiblichen Tieren vererbt. Zwar hängt die tatsächlich erreichte Wurfstärke ausschließlich von der Anlage der Sau ab, während die Fruchtbarkeit des Ebers nach der Fruchtbarkeit seiner Töchter zu beurteilen ist. Die Frühjahrsmonate April bis Mai haben auf die Fruchtbarkeit im Gegensatz zu dem Monat November einen auffallend günstigen Einfluß. Das Schwäbisch-Hällische Schwein besitzt von den Schweinerassen die größte Fruchtbarkeit (durchschnittliche Zitzenzahl 13,6 gegenüber nur 12,5 beim veredelten Landschwein).

Zuchteber

Der Eber soll frühestens vom 10. Monat an, zunächst nur schonend, zur Zucht benutzt werden. (Der Geschlechtstrieb erwacht schon mit $2^1/_2$—3 Monaten.) Überanstrengung führt zu schlechter Befruchtung und Entwicklungshemmung. Die volle Geschlechtsreife erhält das Tier erst mit etwa 12 Monaten. Es darf bei täglich nicht mehr als 1 bis höchstens 2 Sprüngen, in Abständen von 6—8 Stunden, jährlich 40 bis 50 Sauen decken. Bei zu frühzeitiger und zu anstrengender Verwendung läßt die Zuchttauglichkeit bald nach. (Bei vorübergehend stärkerer Beanspruchung müssen die Tiere eine Zulage von gequetschtem Hafer und Fischmehl erhalten.)

Zwischen dem 2. und 5. Lebensjahr weist das Tier die größte Leistungsfähigkeit auf. Gut vererbende Eber können bis etwa zu 8 Jahren zur Zucht verwendet werden. Allerdings mästen sich alte Eber schwer. Alterserscheinungen: Runzeln am Rüssel.

Zuchtsau

Ein Zuchtschwein sollte erstmalig, möglichst im frühen Winter, im Alter von 9—10 Monaten, 100—110 kg schwer (Mindestalter 8 Monate, nicht unter 100 kg schwer), zum Eber gebracht werden. Die Erstlingssau wiegt dann beim Abferkeln etwa 150 kg und nach dem 2. Wurf 175 kg. Bei zu früh zugelassenen Sauen ist das Becken noch sehr eng, so daß es zu Geburtsschwierigkeiten kommen kann. Schwächere Tiere sind daher erst mit 10—12 Monaten zu belegen.

Das Durchschnittsalter der Sau soll 40—42 Monate = etwa $3^1/_2$ Jahre betragen, da der 4. bis 6. Wurf die beste Leistung, auch hinsichtlich der Milchergiebigkeit, bringt. Es ist also falsch, von guten Sauen nur ein bis zwei Würfe zu nehmen, um sie dann auf Mast zu stellen. (Größte Leistungsfähigkeit im Alter von 2—4 Jahren.) Die ersten 3 Würfe einer Sau sind die schwächsten, und mehr als 8, höchstens einmal 10 gut ausgeglichene Würfe sind von einer Sau durchschnittlich nicht zu erwarten. Mit dem 7.—8. Jahr werden die Tiere, hauptsächlich infolge Schwerfälligkeit, meist zuchtuntauglich. Anderseits soll eine gute Zuchtsau so lange gehalten werden, wie sie gute Würfe bringt, selbst wenn sie zehn Jahre alt wird!

Für eine rentable Schweinezucht sind jährlich 2 Würfe mit durchschnittlich 16—18 großgezogenen Ferkeln erforderlich. Von den geborenen Tieren gehen im großen Durchschnitt 20—25% ein. Wichtig ist, nur Sauen mit ruhigem, gutartigem Temperament und guten Muttereigenschaften zur Zucht zu verwenden und phlegmatische und überfütterte Tiere von der Zucht auszuschließen. Anzustreben sind je Wurf 10 Ferkel.

Alterserscheinung: Tief herabhängender Bauch.

Günstige Decktermine

Für Mastschweinverkauf: Febr.—Mai, Aug.—Nov. Bis zum die besten Ferkelpreise gezahlt werden, während im Herbst (Oktober/November) bei meist starkem Ferkelangebot ein Preistiefstand eintritt.

Für Mastschweinverkauf: Feb., Mai, Aug., Nov. Bis zum fertigen Schlachtschwein vergehen ab Zulassung 11 Monate — 4 Monate Trächtigkeit, 2 Monate Säugezeit (bis 15 kg), 5 Monate Mast. Die Tiere kommen also im Frühjahr, Spätsommer und frühen Herbst zu jahreszeitlich höchsten Preisen zum Verkauf.

Jungsauen erstmalig am besten in der 2. Jahreshälfte zulassen.

Letztes Decken einer Sau im Frühherbst vornehmen. Das Tier wird dann im nächsten August schlachtreif.

Die im Frühjahr geborenen Ferkel sind zur Aufzucht am geeignetsten. Die nicht zur Zucht vorgesehenen

Tiere werden am besten mit Grünfutter angefüttert und anschließend gemästet, während man die im August anfallenden Ferkel nach Möglichkeit als solche sofort verkauft.

Nicht zur Zucht geeignete Sauen sind spätestens nach dem 2. Abferkeln, also Mitte bis Ende September, fett zu machen und nach etwa zweimonatiger Mastperiode zu verkaufen. Dafür werden dann die im März geborenen Jungsauen im November/Dezember gedeckt.

Rauschen

Brunsterscheinungen zeigen sich bei 2—3jährigen Sauen meist stärker als bei Erstlingen und älteren Tieren. Sie machen sich durch Freßunlust, Rötung der Scheide, gelegentliches Aufspringen auf andere Schweine bemerkbar. Auch verhalten sich die Tiere beim Drücken auf dem Rücken im allgemeinen ruhig.

Die Brunst wiederholt sich bei Nichtbefruchtung alle 3 Wochen. Eine Sau, die verworfen hat oder deren Ferkel kurz nach der Geburt verendeten, rauscht oft bereits nach 8—10 Tagen wieder. Sonst tritt die Brunst etwa 6—8 Wochen nach der Geburt, während des Säugens nach 39 Tagen sowie 9 Tage nach dem Absetzen ein.

Werden einer Sau in der 6.—8. Woche 2 Ferkel abgesetzt (am besten die kräftigsten), trocknen die von diesen Ferkeln angesogenen Zitzen ein; das Rauschen erfolgt darauf ebenso schnell, als wenn der ganze Wurf abgesetzt worden wäre. Dadurch kann der Termin des nächsten Ferkelns beschleunigt werden.

Eine säugende Sau kann ohne Nachteil für die Ferkel zum Eber geführt werden. Bereits 3—4 Wochen nach dem Abferkeln rauschende Sauen sollten allerdings noch nicht wieder gedeckt werden, um die Tiere nicht zu überanstrengen. Auch werden dann meist nur kleine Würfe erzielt.

Das Rauschen hat bei Schlachttieren Einfluß auf Qualität bzw. Haltbarkeit des Fleisches und verursacht Gewichtsabnahmen. (Siehe S. 540.)

Förderung der Brünstigkeit

Das Rauschen der Sau (bei Jungtieren schon mit 4—5 Monaten einsetzend) wird durch Beigaben von Pfeffer, Ingwer, Kümmel, Senfsamen, angekeimtem Hafer oder Weizen, rohen Kartoffeln, gestoßenem Hanfsamen, Wacholderbeeren und Terpentinöl begünstigt. Es tritt dadurch vermehrte Blutfülle der Geschlechtsorgane und somit eine Steigerung ihrer Tätigkeit ein. Besonders wichtig ist ausreichende Bewegung der Zuchtsauen im Freien (Weidegang) und nicht zu mastige Ernährung. (Andernfalls auch Begünstigung der stillen Brunst.)

Es empfiehlt sich, Sauen, die nicht rauschen, mit einer eben gedeckten Sau zusammenzubringen. Bewährt hat sich ferner, die Sau in den Eberstall zu bringen und sie täglich ein- bis zweimal mit dem Eber laufen zu lassen. Wenn die Sau nicht zu stark abgemagert ist oder sich im Haarwechsel befindet, tritt das Rauschen meist nach 5—7 Tagen ein.

Brunstdauer: 2—3 Tage, bei Nichtbefruchtung bis 5 Tage.

Decken

Das Decken soll nie am ersten Tag, sondern erst am zweiten Tag, d. h. 24—30 Stunden nach den ersten Brunsterscheinungen, vorgenommen werden (größte Zahl befruchtungsfähiger Eier vorhanden), da der Eiabgang erst 24—36 Stunden nach Brunstbeginn erfolgt, die Spermien (Samenfäden) des männlichen Tieres aber nur etwa 24 Stunden lebensfähig sind. Bei zu frühem Decken kann ein zweiter Sprung am nächsten Tag, der im andern Fall überflüssig ist, die Fruchtbarkeit erhöhen.

Die Begattungsdauer liegt beim Schwein zwischen 10 Minuten bis etwa $^1/_2$ Stunde.

Im großen Durchschnitt ferkeln etwa 95%—98% der gedeckten Sauen ab. Die Aufzuchtverluste betragen dagegen etwa 20—25% aller Tiere bis zum Läuferstadium, oft auch darüber! (Im Winter 50—60%, im Sommer z. T. nur 1—1,5%.) Schweinehütten bevorzugen! (S. S. 547.)

Trächtigkeitsdauer

Im Mittel 115 Tage = rd. 3 Monate, 3 Wochen, 3 Tage (äußerste Weite 106 und 128 Tage). Wildschwein 130 Tage.

Anzeichen der Trächtigkeit

6—8 Wochen nach erfolgter Befruchtung nimmt der Bauch an Umfang zu, die Zitzen erfahren eine kleine Anschwellung, das Tier wird träger, auch macht sich der trächtige Fruchthalter beim Befühlen der beiden Bauchwände mit den flachen Händen oftmals bemerkbar.

Verwerfen

Das Verwerfen kann hervorgerufen werden durch blähendes, laxierendes, gefrorenes, saures, schimmeliges Futter, große Gaben Schlempe und Melasse, Kartoffelkeime (Solanin), Mutterkorn, Heringslake, Seifenwasser, schnelles Treiben, Schläge, schwache Konstitution durch Stallhaltung bzw. Seuche. Tiere, die verworfen haben, sind auf jeden Fall gesondert unterzubringen. Die Bucht ist gründlich zu desinfizieren.

Frühgeburten

Frühgeburten, 10—15 Tage vor Ablauf der Trächtigkeit, ergeben lebensfähige Ferkel, wenn der Stall reichlich warm ist und die Mutter genügend Milch hat.

Stalltemperatur für tragende Sauen 12—14° C.

Fütterung der tragenden Sau

Täglich dreimaliges Füttern ist zur Vermeidung einer zu großen Anfüllung des Verdauungsschlauches angebracht. Sauen dürfen nicht zu fett gefüttert werden! Stets für ausreichende Bewegung sorgen! (Bewegung ist der beste Geburtshelfer!) Zweckmäßige Ernährung der Sau während der Tragezeit steigert die Geburtsgewichte, übertrieben reichliche Fütterung, die zum Fettansatz bei der Sau führt, hemmt dagegen die Entwicklung der Ferkel (fette Sauen bringen überwiegend schwache Ferkel zur Welt) und erschwert die Geburt. Auch versagen die Tiere dann oftmals infolge Verfettung des Drüsengewebes in der Milchleistung. (Eiweißbedarf im Gewicht von 200 kg etwa 200 g täglich.)

Die Ferkel entwickeln sich im Mutterleib zunächst sehr langsam, und zwar in den ersten $^2/_3$ der Trächtigkeitsperiode zu etwa 50% und im letzten $^1/_3$ die anderen 50%, so daß also erst in den letzten vier Wochen, in welchem der Wurf sein Gewicht erheblich vergrößert, ein stärkerer Nährstoffbedarf der Sau besteht.

Niedertragende Sauen: im Winter Futterrüben (10—12 kg), zerkleinert mit Spreu vermengt, oder 5—8 kg Gärfutter und täglich 0,5 kg Schrot und Kleie. Normal entwickelte Zuchtsauen brauchen keine oder nur wenig gedämpfte Kartoffeln, die ihnen nur in geringen Gaben zuträglich sind, da sie leicht mästen. (Das Schwein hat die Fähigkeit, aus der Stärke der Kartoffeln in reichem Maße Fett zu bilden.) Nur sehr magere Sauen erhalten statt Rüben 8 kg gedämpfte Kartoffeln pro Tag. Die *Verluste in der Schweinezucht* sind größtenteils auf reine und daher zu mastige Kartoffelfütterung zurückzuführen.

Beifütterung von Heublumensamen an Zuchtsauen, die in der ersten Hälfte der Tragezeit Rüben erhalten, erspart hier weiteres Zusatzfutter. Auch die Spreu von Luzerne, Klee, Serradella, Hafer oder Weizen kann Verwendung finden. Eine Beimischung von 10% Luzerneheumehl zum Futter für trächtige Sauen trägt dazu bei, daß die Anzahl der aufgezogenen Ferkel je Wurf erhöht wird. (Spreu usw. nicht kochen, sondern roh verabreichen.) Schrot soll 100 g Eiweißfutter enthalten.

An Stelle des Schrotes können im Winter täglich 10—15 Ltr. Frischmolke gegeben werden, welche den tragenden Sauen sehr bekömmlich ist. (Über Molkenfütterung siehe S. 528/529.)

Zur Vorbeuge gegen Mangelkrankheiten der Ferkel (Schorf, Grind) tragenden und säugenden Sauen über Winter täglich 20 g Eisenvitriol, gepulvert und trocken in zwei Gaben über das Futter streuen.

Weidegang (Siehe auch S. 541)

Weidegang bzw. Tüdern — letzteres ist auch mit Schweinen sehr gut möglich (siehe S. 542) — soll mit tragenden Sauen bis eine Woche vor dem Abferkeln durchgeführt werden. Im Sommer und Herbst ist die Kleegras-, Getreidestoppel-, Kartoffeln- und Rübenblattweide für die niedertragende Sau das Gegebene.

Grünfutter (Siehe Seite 514, 516)

Bei fehlendem Weidegang über Sommer ist Verabreichung von Grünfutter an tragende Sauen unerläßlich! Während Jungsauen bis zum 2. Wurf täglich 0,5—1 kg Kraftfutter erhalten (z. B. DLG-Ergänzungsfutter für Ferkel und für Sauen), erübrigt sich derartiges Beifutter zu Grünfutter oder Weidegang für ältere, tragende Sauen. Diese fressen im Sommer etwa 15 kg Grünfutter täglich.

Da Schweine an die Verdaulichkeit der Futtermittel hohe Ansprüche stellen (siehe S. 519), ist älteres, bereits verholztes Grünfutter, bei dessen Verwendung eingekaute, priemartige Rückstände im Trog verbleiben, nicht geeignet. Die Tiere haben auch zu früh das Gefühl der Sättigung und hören auf zu fressen, ohne daß sie genügend Nährstoffe aufgenommen haben. Grünfutter bei Stallfütterung kurz gehäckselt verabreichen. Es ist täglich frisch zu mähen und nicht zu lange in Haufen liegen zu lassen, damit es sich nicht erwärmt und dadurch an Nährwert und Schmackhaftigkeit verliert. Nicht gehäckseltes Futter auf Raufen stecken.

Gegen Ende der Trächtigkeit, d. h. 3—4 Wochen vor der Geburt, erhält die hochtragende Sau dann das Futter, das ihr auch zur Säugezeit zur Verfügung steht, und zwar Grundfutter aus Rüben (besonders auch 0,5—1 kg Mohrrüben) und Kartoffeln bzw. Grünfutter oder Weide (auch gutes Gärfutter) und 1—2 kg eines eiweißreichen Kraftfutters (letzteres vornehmlich zur Ausbildung des Fötus). Das Geburtsgewicht der Ferkel wird durch eiweißreiche Kraftfutterzulagen an die Sau in den letzten drei Wochen der Trächtigkeit oftmals erhöht. Werden grüne Luzerne oder junger Klee bis zur Sättigung gereicht, kann bei hochtragenden Sauen 50% des Eiweißfutters im Beifutter weggelassen werden. Ein Teil muß aber tierischer Herkunft sein (sonst gibt es leicht totgeborene Ferkel).

Die Kraftfuttermischung besteht am besten aus Hafer-Gerstenschrot und Weizenkleie zu gleichen Teilen + 150 g Fischmehl + 20 g Schlämmkreide oder 300 g DLG-Eiweiß-Konzentrat täglich.

Bei Schrotknappheit kann die Hälfte der Kraftfuttergabe, also 500 g, durch die vierfache Menge Kartoffeln ersetzt werden. Sofern ausreichend Magermilch zur Verfügung steht, können 100 g Fischmehl und 1 Ltr. Magermilch gegeben werden. Besser ist es aber, die Milch dem jungen Mastschwein zu geben, zumal Milchgaben verweichlichen, was bei den Zuchtsauen unerwünscht ist. Bei verringerter Fischmehlgabe müssen weitere 20 g als phosphorsaurer Kalk gegeben werden.

Das Kraftfutter kann auch bestehen aus:

30% vollwertigen Zuckerschnitzeln
35% Gemenge (halb Gerste, halb Hafer)
20% Weizenkleie
9% Fischmehl
5% Trockenhefe
1% Schlämmkreide

Bewährt hat sich ferner „DLG-Fertigfutter für Sauen und Ferkel", 2 kg je Tag.

2—3 Tage vor und nach dem Abferkeln erhält die Sau etwas schwächere und eiweißärmere Futtergaben in Suppenform (Weizenkleie, Haferschrot und Leinsamen), um der Gefahr des Milchfiebers vorzubeugen. Auch erschwert eine starke Füllung des Darmes den Geburtsvorgang. Sauen mit steifem oder verhärtetem Kot erhalten 4—5 Tage vor dem Abferkeltermin je Mahlzeit 1 Eßlöffel Glaubersalz, um Verstopfungen während dieser Zeit zu vermeiden.

Vorbereitung zur Geburt

3—4 Wochen vor dem Ferkeln werden die Sauen abgesondert und in helle, genügend große Einzelbuchten gebracht, in denen sie abferkeln sollen. (Größe 2×2,75 m.) Mastställe sind hierfür nicht geeignet. Kuhställe, besonders im Winter nur, wenn in diesen keine feuchte Luft vorhanden ist. Buchten möglichst nicht an die Außenwand legen.

Das Anbringen von waagerechten, kräftigen Schutzstangen aus Kant- oder Rundholz mit Hilfe von Eisenwinkeln an den drei Buchtwänden in 20—30 cm Höhe und 15 cm Entfernung von der Wand kann zweckmäßig sein, um Totdrücken, besonders durch schwerfällige Sauen, zu verhüten. (Siehe Abb. 2 neben S. 512.)

An Stelle der Stangen lassen sich auch etwa 30 cm breite, starke Bretter verwenden, unter denen sich die Ferkel gern in das Stroh kuscheln.

Um die Stalluft trockenzuhalten, sollen die Fenster an der windgeschützten Seite des Zuchtstalles, selbst bei großer Kälte, mehrmals am Tage geöffnet werden. Auch das Bestreuen des Futterganges mit Branntkalk trägt zur Trockenhaltung der Stalluft bei. Weiter ist für reichliche Einstreu und bei sehr kalten Ställen auch für Überdecken der Abferkelbucht mit Strohballen Sorge zu tragen; desgleichen achte man auf einen warmen Fußboden. (Gegebenenfalls Holzpritsche von 15 bis 20 cm Höhe anfertigen.) Ferkelkrankheiten! (Siehe auch S. 511.)

Vor der Geburt ist das Muttertier am Hinterteil und besonders am Gesäuge gründlich zu reinigen. — Der Sau gebe man als Lager zum Abferkeln kurzgeschnittenes, gesundes, nicht verschimmeltes, trokkenes Weizenstroh in reichlicher Menge, auch Rapsschalen (S. 174). In den ersten fünf Lebenswochen soll das Streustroh in Abferkelbuchten nicht länger als 10 bis höchstens 20 cm sein, um Erdrücken der Tiere zu vermeiden. Bei Roggen- und Gerstenstroh Strahlenpilzgefahr, auch Haferstroh nicht geeignet, desgleichen Häcksel bzw. Spreu, die leicht an den Zitzen festkleben und Beschwerden bei Ferkeln verursachen.

Das Muttertier muß ständig durch Auslauf Bewegung haben! Die Tiere bleiben gesünder, und die zur Welt kommenden Ferkel sind meist kräftiger und widerstandsfähiger. Bei Schweinen mit ausschließlicher Stallhaltung ist der Geburtsvorgang oftmals erschwert. — Man behandle die Sauen in der letzten Zeit vor dem Abferkeln besonders ruhig, damit sie zutraulich werden, und kraule sie auch am Gesäuge, so daß sie sich hinlegen und so bereits für das Säugegeschäft vorbereitet werden.

Stalltemperatur

Die Temperatur soll in Abferkelställen 15—18° C betragen, in ausreichend trockenen Ställen kann sie auch darunter liegen, jedoch nicht unter 13 Grad C. Darauf achten, daß keine Bodenkälte herrscht!

Abferkelbuchten sollen nach der Benutzung mit heißem Sodawasser und einem Desinfektionsmittel ausgescheuert werden und dann möglichst eine Zeitlang leer stehen.

Geburt

Einige Tage vor der Geburt schwellen Wurf und Gesäuge an, und aus den Zitzen läßt sich die Kolostralmilch ausdrücken. Die Tiere werden unruhig, verkriechen sich in die Streu und setzen öfter Kot und Harn ab bzw. machen Anstalten hierzu. Einige Stunden vor der Geburt bereitet sich die Sau ihr Geburtslager vor, sie trägt mit der Schnauze Stroh zusammen und baut ein Nest.

Die Geburt des ersten Ferkels verursacht die meisten Schmerzen. Das Ferkel kommt bei normaler Lage mit dem zwischen den Vorderfüßen ruhenden Kopf zur Welt. (Stall nachts beleuchten.) Die Geburt dauert etwa 2—6 Stunden, kann sich aber auch, besonders bei toten Ferkeln, die größtenteils erst gegen Ende des Geburtsaktes ausgetrieben werden, bis zu 12—18 Stunden hinziehen. Die einzelnen Jungen kommen in Abständen von etwa 2—10, bisweilen auch 20 Minuten und länger zur Welt.

Der Nabelstrang, der gewöhnlich von selbst abreißt (andernfalls mindestens drei Finger breit vom Nabel abreißen bzw. quetschen, aber nicht schneiden — siehe S. 440), ist mit Holzteer oder Jodtinktur zu desinfizieren (Eingang für verschiedene Krankheitserreger). Die ankommenden Ferkel sind vom Schleim und anhaftenden Eihäuten am Maul zu befreien und in nicht zu warmen Ställen mit sauberem Strohwisch abzureiben. Im übrigen überlasse man die Sauen sich selbst und störe den Geburtsakt nicht durch vorzeitiges Eingreifen.

Die Nachgeburt, welche z. T. während, z. T. unmittelbar nach der Geburt abgeht, muß verbrannt oder tief vergraben werden. Frißt die Sau sie auf, so kann hierdurch das Ferkelauffressen einzelner Sauen begünstigt werden (Fütterungsfehler — Mineralstoffmangel usw.).

Milchfieber

Anzeichen der fieberlos verlaufenden Krankheit: große Mattigkeit und Zittern des Tieres mit beschleunigtem Atem, Teilnahmslosigkeit, Bewußtseinsstörungen, verminderter Freßlust und vermehrtem Durst. Die Milchbildung hört auf, die Sau liegt viel auf dem Bauch anstatt auf der Seite. Milchfieber kann durch Erkältung oder zu reichliche Futteraufnahme kurz vor oder meist 2—5 Tage nach der Geburt eintreten, aber auch auf Mangel an Bewegung zurückzuführen sein.

Gegenmaßnahmen: Bei Anzeichen der Krankheit, auch wenn das Gesäuge heiß und hart wird, ist es in Zwischenräumen von 1/2 Stunde mit kaltem Wasser oder mit Wasser und Arnikatinktur zu gleichen Teilen abzuwaschen und zwischendurch zu massieren. Anschließend soll sich die Sau an einem zugfreien Ort (Stallgasse usw.) ruhig bewegen. Auch auf Entleerung des Darmes und der Blase ist zu achten, gegebenenfalls sind Klistiere anzuwenden. Ferner verabreiche man rohe Äpfel oder verdünnte Arnikatinktur (1 Teelöffel auf 1 Tasse Wasser). Die

Futtergaben sind sehr einzuschränken, vor allem dürfen keine eiweißreichen Futtermittel gegeben werden. Der zu Rate gezogene Tierarzt wird als Gegenmittel bei Milchfieber Kalzium-Magnesium-Lösungen einspritzen und der Sau ein Herzmittel verabreichen.

Ferkel-Aufzucht

Während der ersten 4—5 Tage werden die Ferkel zur Vermeidung von Verlusten vielfach durch Unterbringung in einem mit weichem Heu warm ausgepolsterten und mit einem Sack zugedeckten Korb geschützt, dessen Grundfläche aber so groß sein muß, daß alle Ferkel nebeneinander ausgestreckt liegen können, damit kein Tier erstickt. Die Ferkel werden dann von 5—6 Uhr früh bis 10 Uhr abends alle 2—3 Stunden zum Saugen angesetzt. (Die Sau lockt die Tiere alle $^3/_4$ bis $1^1/_2$ Stunden, wenn sie bei ihr liegen.) Allerdings geht dadurch ein Teil der natürlichen Eutermassage durch die Ferkel verloren, was sich im allgemeinen nachteilig auf die Milchergiebigkeit auswirkt.

Bei ruhigen Sauen lasse man daher die Ferkel bereits während der Geburt saugen und bei genügender Aufsicht auch nach der Geburt bei der Sau. Stall in den ersten Tagen nachts beleuchten, sobald die Ferkel bei der Mutter bleiben. Besser ist die Verwendung von Infrarotstrahler (siehe unten). Auf jeden Fall macht sich die Zeit, die für die Überwachung der Geburt und der ersten Lebenstage der Ferkel aufgewendet wird, stets bezahlt!

Abferkelkasten

Bewährt hat sich, besonders bei alten, schweren Sauen, die Verwendung eines Abferkelkastens in der Sauenbucht. In diesem wird das Muttertier in den ersten Tagen untergebracht, so daß die Ferkel saugen können, ohne Gefahr zu laufen, erdrückt zu werden. Länge des mit Latten verschlagenen Kastens etwa 1,70 m, Höhe 1 m, oben 50 cm und unten 70 cm breit. Es bleibt ein 23 cm breiter Zwischenraum zwischen den untersten Seitenstangen und dem Kastenboden frei. Material am besten das leichtere Nadelholz.

Gesunde Ferkel zeigen eine rosige, glatte Haut.

Ferkelkiste

Neugeborene Ferkel sind sehr wärmebedürftig (dünne Behaarung, fehlende Fettschicht), so daß die Anlage einer „Ferkelkiste" innerhalb der Abferkelbucht sehr anzuraten ist. Die Tierchen kriechen durch ein kleines Schlüpfloch, durch das sie einige Male hineingeschoben sind, in ihre mit Heu und Stroh ausgestopften Kisten und liegen immer warm. Kiste durch einige kräftige Stangen vor Beschädigung durch die Sau schützen. — Guter Wärmeschutz: Infrarotstrahler, der zunächst 50 cm, später 60—70 cm hoch über den Boden gehängt wird und 3—4 Wochen lang durchgehend brennt. (S. 588, Abbildung neben S. 512.) So lassen sich auch im Winter ohne größere Verluste Ferkel aufziehen.

Infrarotstrahler

Abkneifen der Zähne

Zur Beruhigung der Sau bzw. um Verletzungen des Gesäuges und Verluste durch Erdrücken vorzubeugen, hat sich das vorsichtige Abkneifen der acht spitzen Eck- und Hakenzähne, mit denen die Ferkel zur Welt kommen, kurz nach der Geburt bewährt. Späterhin wird Totdrücken junger Ferkel dadurch weitgehend verhindert, daß man die Sau kurze Zeit vor und nach dem Füttern von den Ferkeln getrennt hält, und zwar so, daß es der Sau möglich ist, im Freien abzumisten. Dadurch bleibt auch das Lager rein und trocken.

Für unbedingte R u h e i m A b f e r k e l s t a l l ist Sorge zu tragen, damit die Sau nicht mehr als unbedingt nötig aufspringt.

Es dürfen nicht mehr Ferkel bei der Mutter bleiben, als Z i t z e n vorhanden sind. Die von den einzelnen Tierchen gewählten Zitzen werden nach einigen Tagen ständig beibehalten. Die vorderen Zitzen geben meist mehr Milch als die hinteren, daher sind die schwächeren Ferkel nach vorn zu legen. Die schwächsten und überzähligen Tiere entweder töten oder einer anderen Sau mit kleineren Würfen unterschieben. Hierbei auf gleichen Geruch durch Zusammenlegen der neu hinzukommenden Ferkel mit den vorhandenen achten. Außerdem Nase der Sau mit Branntwein, Petroleum, Holzteer, Anisöl (mit gleicher Menge Speiseöl vermischen) oder anderem scharf riechenden Stoff betupfen.

10—14 Tage nach der Geburt sollen die Ferkel, sofern es die Witterung erlaubt (auch im Winter), mit der Mutter täglich einige Stunden ins Freie.

Die am ersten Tag abgesonderte Biestmilch, die abführende Wirkung besitzt, hat einen Fettgehalt von 7,5—9,6% und 15—16% Eiweißgehalt.

Milchergiebigkeit der Sau

Säugende Sauen produzieren je nach Ferkelzahl im Durchschnitt täglich 6—8 l Milch (6—7% Fett, 6,25—7,2% Eiweiß, 3,1% Milchzucker), während einer acht- bis zehnwöchigen Säugezeit also im Durchschnitt 300—400 l. Eiweißreiche Fütterung beeinflußt die Milchmenge günstig.

Der Nährstoffgehalt eines Liters entspricht dem von etwa 2 l Kuhmilch (3,5% Fett, 3,6% Eiweiß, 4,6% Milchzucker), so daß eine Muttersau bei einem gewichtsmäßigen Vergleich mit einer mittelleistungsfähigen Milchkuh (15—20 l) das Doppelte wie diese an Milch täglich produziert! Zur Erzeugung von 1 kg Ferkelgewichtszuwachs sind etwa 3,3 kg Muttermilch in den ersten 4 Lebenswochen der Ferkel erforderlich (solange noch kein Beifutter aufgenommen wird). Die Milchabsonderung der Sau steigt bis zur 3.—4. Woche an und fällt dann allmählich ab. Daher Ferkel möglichst frühzeitig beifüttern.

Ferkelfütterung

Angesäuertes Futter ruft leicht schwere Verdauungsstörungen bei den Tieren hervor. Daher verabreiche man niemals zuviel Futter auf einmal. Die Tröge müssen von einer Mahlzeit zur anderen immer blank gefressen sein. D i e e r s t e n z w e i L e b e n s m o n a t e s i n d d i e g e f ä h r l i c h s t e Z e i t f ü r d i e S c h w e i n e ! — Zur Futteraufnahme sind am besten verzinnte Ferkeltröge oder solche aus Steingut geeignet (gute Reinigungsmöglichkeit), Holztröge müssen durch Ausscheuern sehr saubergehalten werden. — Magermilch am besten in Holztrögen aufbewahren (Zinkgefäße — Vergiftungsgefahr!). Sehr zweckmäßig und arbeitssparend sind T r o c k e n f u t t e r a u t o m a t e n !

Ein vom Futtergang leicht zugänglicher, getrennter Futterplatz für Sau und Ferkel ist unbedingt erforderlich. Am besten ist es, wenn zwischen zwei Sauenbuchten eine Ferkelbucht (1,25 m×1,50 m) eingerichtet wird, in welche die Tierchen jederzeit durch ein mit Schieber verschließbares Schlupfloch gelangen können. (S. Bild 1 neben S. 512.)

Ferkelbalkon (siehe Bild neben S. 512)

Bei Raummangel empfiehlt sich, einen sogenannten Ferkelbalkon über der Sauenbucht einzurichten, der, an der vorderen Buchtwand angebracht, das Futtern vom Gang aus ermöglicht, ohne daß die Bucht betreten wird. (Hierdurch lassen sich auch mehr Sauen in einem Stall unterbringen und bleibt dieser dadurch wärmer.) Das hinaufführende, 30 cm breite Brett, welches nach Art der Hühnerleiter durch Aufnageln von Querleisten das Ausrutschen der Ferkel verhindert und ziemlich steil sein kann, wird von den Tieren schnell gefunden. Diese Treppe wird an der seitlichen Buchtenwand angebracht und an der freien Seite mit einer etwa 10 cm hohen Leiste versehen oder besser noch mit Latten überdacht, damit die Sau nicht den Aufstieg versucht. Ein Schieber oberhalb der Treppe am Balkon hält die Ferkel bei der Futterbereitung ab. Die Höhe des Balkons richtet sich nach der Höhe der Buchtenwand. 1—1,20 m sind am bequemsten. Die 40—45 cm breite und 1,20—1,50 m lange Plattform wird mit 30—35 cm hohen Dachlatten oder getrennten Stangen unter Verwendung von kräftigem, feinmaschigem, verzinktem Draht umbaut, damit die Tiere nicht durchschlüpfen bzw. herunterfallen können, aber zu sehen sind und genügend Licht erhalten. Man lege den Balkon auch möglichst so an, daß durch die Stallfenster Südsonne kommt. Der Bau muß so stabil sein, daß er ein Gewicht von 10—12 Ferkeln, also etwa 1,50—2 dz, trägt!

Auch der Stallgang kann als Futterplatz dienen, muß im Winter aber zur Verhütung von Erkältungen mit Stroh überstreut werden, sofern es sich um Zementboden handelt.

Mineralstoffgaben

Zur Verhütung der Bleichsucht (Anämie) und zwecks besserer Futterausnutzung erhalten Ferkel zweckmäßig ab dem 3. bis 4. Tag bis zu reichlich 2 Wochen täglich einen Teelöffel 2%iger Eisenvitriollösung. (Namentlich bei fehlendem Auslauf.) Zur Vermeidung von Vitamin- und Mineralstoffmangel, eine häufige Ursache des Jauchesaufens der Ferkel (Schweine leiden auch an zuviel Magensäure), sollen die Tiere im Sommer Grünfutter und im Winter Möhren erhalten. Ferner Lehmerde, Teichschlamm, frische Rasenstücke, Holzasche, Holzkohle, Braunkohlengrus, zerbröckelte Steinkohle, Ziegelgrus, Kreide und Kalkstaub zur beliebigen Aufnahme. Dadurch wird die Säure basiert und Durchfall vermieden. — Möhren haben sich als Ferkelfutter besonders bewährt.

Futterbeispiele

Mit 2—3 Wochen müssen gutentwickelte Ferkel, die sich bis dahin ausschließlich von der Muttermilch ernährten, zu fressen anfangen. Dies gelingt aber nur bei reichlicher Bewegung der Ferkel im Auslauf. Da Ferkel im ersten Entwicklungsstadium im Gegensatz zu älteren Tieren das Futter nicht schlingen, sondern noch kauen, und zur Ausbildung der Kaumuskulatur sowie zum Anreiz der Speicheldrüsen, erhalten die Tiere zunächst ganze Getreidekörner, wie Gerste oder Weizen (den die Tiere lieber fressen) oder geschälten, ganzkörnigen Mais.

Von der 4. Woche ab wird dreimal täglich ein Gemisch verabreicht, bestehend aus 70% Gerstenschrot, 20% gesiebtem Haferschrot, 8% Trockenhefe, 2% Schlämmkreide. Das Schrot kann mit etwas Wasser oder dicksaurer Magermilch zu einer krümeligen Masse angefeuchtet werden (nicht suppig verabreichen!). Mehliges Schrot nehmen die Tiere nicht so gern wie grobgeschrotenes. Bewährt hat sich DLG-Ergänzungsfutter für Ferkel und für Sauen, evtl. mit Antibiotikazusatz.

Ab der 5. Lebenswoche können geringe Mengen gedämpfte oder Sauerkartoffeln, auch Kartoffelflocken und Maisschrot gegeben werden, ferner Möhren oder zartes Grünfutter. Die Eiweißmenge wird allmählich auf 15—20% erhöht, besonders im Winter und bei steigenden Kartoffelgaben. Das Eiweißfutter kann zu etwa $^2/_3$ aus Fischmehl und $^1/_3$ aus Trockenhefe bestehen. Letzteres ist für Ferkel sehr geeignet. In Frage kommt auch DLG-Eiweißkonzentrat.

Weitere Futtermischungen:

a) 54% Gerstenschrot	b) 40% Gerstenschrot
30% Haferschrot	40% Kartoffelflocken
10% Fischmehl	12% Fischmehl
4% Trockenhefe	6% Trockenhefe
2% Schlämmkreide	2% Schlämmkreide

Je 1 kg des Futtergemisches wird mit ½ Liter Wasser, gegebenenfalls Magermilch, zu einer krümeligen Masse angefeuchtet und bis zur Sättigung gereicht. Das Futter kann auch ganz trocken verabreicht werden, soll aber auf keinen Fall breiig oder suppig sein, sonst werden die Tiere aufgeschwemmt und dickbäuchig und die Kauwerkzeuge nicht genügend ausgebildet.

Sofern als Tränke etwas Magermilch verabreicht wird, am besten dicksauer, in steigenden Mengen von ¼ Liter im Alter von 4 Wochen bis 1 Liter beim Absetzen je Ferkel, kann das tierische Eiweiß auf 6% (im Winter 10%) der obigen Mischung ermäßigt werden. Allerdings werden Ferkel im allgemeinen nicht so schwammig und dick, sondern kerniger, wenn sie nicht zuviel Magermilch erhalten. Daher sollte man über 1 Liter nicht hinausgehen. Zu eiweißreiche Ernährung kann die Ursache von Ferkelgrind (Schorf) sein (siehe auch S. 511), vielfach auch zur Blutarmut oder tödlichen Leberschädigungen führen. Vollmilch gehört nicht in den Ferkeltrog, da sie zu teuer ist und besser der menschlichen Ernährung dient. Süße und dicksaure Magermilch haben gleichen Futterwert.

Frisches Tränkwasser soll den Ferkeln stets gereicht werden, auch wenn sie etwas Mager- oder Buttermilch erhalten.

Durch Beigabe von etwas Zucker oder Lebertran wird die Freßlust angeregt, feingekörnte Holzkohle wirkt Darmerkrankungen entgegen. Schwer im Magen liegendes Blutmehl, größere Mengen Erbsen- oder Bohnenschrot, gemahlener, nicht entschälter Hafer sowie Weizenkleie (zu rohfaserreich) sind für die Ferkel schlecht verdaulich, angesäuerte, noch nicht dicksaure Milch, nicht einwandfreies Getreideschrot und mit Erde behaftete Kartoffeln unbekömmlich.

Zu empfehlen sind ferner „DLG-Fertigfutter für Sauen und Ferkel“ sowie „DLG-Ferkelaufzuchtfutter“, die von jedem Futtermittelhändler zu beziehen sind. Diese Kraftfuttergemische, die es auch in gekörnter Form gibt, werden den Ferkeln von der 2.—3. Lebenswoche an in einem besonderen Trog zur beliebigen Aufnahme gereicht.

Trockenfutterverzehr

Durchschnittliche Tagesaufnahme anfänglich 100—200 g, dann steigend auf 300—400 g je Tier, im Alter von 8 Wochen auf 750 g und mit 9—10 Wochen auf 1 kg. Bis zum Alter von 10 Wochen beträgt der Gesamttrockenfutterverzehr etwa 25 kg.

Ferkelgewicht

Ein gutes Durchschnittsferkel wiegt nach der Geburt ca. 1,2 kg (1 bis 1,5 kg). Wesentlich leichtere Tiere sind schwer aufzuziehen. Durchschnittliches Geburtsgewicht eines Wurfes 12—15 kg.

Kleinere Würfe ergeben meist höhere Ferkelgewichte als große Würfe, auch weisen Ferkel von alten Sauen höhere Geburtsgewichte auf als Ferkel von Jungsauen. Ferner sind männliche Ferkel stets schwerer als gleichaltrige weibliche. Durchschnittlich die knappe Hälfte aller geborenen Ferkel sind weibliche Tiere.

Gesunde Ferkel müssen ihr Geburtsgewicht in den ersten 10 Lebenstagen verdoppeln, d. h. täglich rund 120 g zunehmen, in den folgenden Wochen 250 g und beim Absetzen mit 8 Wochen 300—350 g. (Durchschnittliche Zunahme in den ersten drei Lebensmonaten 250—300 g.) In 4 Wochen ist das Körpergewicht etwa verfünffacht. Ein Wurf von 10 Ferkeln nimmt in den ersten 3 Wochen, in denen er vollständig von der Mutter lebt, täglich etwa $1^1/_2$ kg zu.

Im Oktober — Januar geborene Ferkel weisen gegenüber den im Februar — September geborenen meist eine geringere Zunahme auf. (Vierwochengewicht etwa 10%, Absatzgewicht etwa 15% niedriger.)

Ausgemerzt sollen Ferkel werden,

die bei der Geburt weniger als 800 g wiegen	
nach 1 Woche noch nicht 1,2 kg wiegen	(bei einem schwächeren
nach 2 Wochen noch nicht 1,6 kg wiegen	Wurf liegt die Grenze
nach 4 Wochen nur 2,5 kg wiegen	bei etwa 700 g, bei durch-
nach 6 Wochen nur 4,5 kg wiegen	weg starken Tieren bei
nach 7 Wochen erst 5,5 kg wiegen	900 g)

Die Aufzucht und Mast von zurückgebliebenen Tieren, sogenannten Kümmerern, macht sich nie bezahlt! Derartige Tiere sind rücksichtslos auszumerzen. Sie bilden eine Gefahr für die anderen Tiere, da sie anfälliger für Krankheiten sind, und vererben bei späterer Zuchtbenutzung ihre kümmerliche Konstitution auch auf die Nachzucht. Kümmerer sind erst 1—2 Monate später schlachtreif!

Im Durchschnitt des Wurfes soll das Gewicht eines Ferkels nach 4 Wochen 5—6 kg (möglichst über 5,5 kg, anzustreben sind 7,5 kg!) und nach 8—10 Wochen beim Absetzen 15—20 kg betragen.

Ferkel, die nach 4 Wochen nicht ein Durchschnittsgewicht von 5 kg aufweisen, lohnen die Mast nicht. Der Wurf soll also bei einer Zahl von 8—10 Stück ein Vierwochengewicht von 50—60 kg haben. Mindest-Vierwochengewicht von Zuchtferkeln 5,5 kg. Wenn ein Wurf von reichlich 8 aufgezogenen Ferkeln ein Vierwochengewicht von 55 kg hat, ist das Ergebnis recht befriedigend. Etwa 80% der Ferkel sollen nach 4 Wochen noch am Leben sein. Das 6-Wochen-Wurfgewicht soll 80 kg, das 8-Wochen-Wurfgewicht 120 kg betragen (15 kg je Ferkel).

Ein normales Ferkel soll also ungefähr wiegen:

Bei der Geburt					1,1—1,3	kg
Im Alter	von	4	Wochen		5,5—6	„
„	„	„	6	„	9 —10	„
„	„	„	8	„	15 —16	„
„	„	„	10	„	19 —20	„
„	„	„	12	„	23 —25	„

Zu erreichen ist ein:	4-Wochen-Gewicht von			7,5	kg
	8- „	„	„	20	„
	10- „	„	„	25	„
	12- „	„	„	30	„
	12- „	„	„	20	„
	(bei Berkshire- und Weideschweinen)				
	14—16- „	„	„	35	„

Absetzen der Ferkel

4 Wochen alte Ferkel leben überwiegend noch von der Muttermilch und sollten daher auf keinen Fall schon abgesetzt werden.

6 Wochen alte Ferkel können notfalls zum Verkauf abgegeben werden, sofern die Tiere frühzeitig an die Aufnahme von fremdem Futter gewöhnt wurden. (Kommt in erster Linie für noch schwach entwickelte Erstlingssauen in Frage.)

8 Wochen alte Ferkel können, sofern zur Mast vorgesehen, abgesetzt werden. (Die schwächsten Tiere gegebenenfalls etwas länger saugen lassen.)

10 Wochen alte Ferkel finden vornehmlich in der Zucht Verwendung und sollten keineswegs vor dieser Zeit abgesetzt werden.

Die Mutter ist der beste Futtertrog der Ferkel, wie nachstehendes Beispiel zeigt:

Zur Erreichung von 100 kg Lebendgewicht wurden benötigt:

nach 4-wöchiger Entwöhnung (Ferkelgewicht 7,35 kg)	Futtertage: 209
nach 6-wöchiger Entwöhnung (Ferkelgewicht 9,3 kg)	Futtertage: 192
nach 10-wöchiger Entwöhnung (Ferkelgewicht 18 kg)	Futtertage: 183

Je besser also die Tiere im Augenblick des Absetzens entwickelt sind, um so schneller erfolgt nachher die Gewichtszunahme.

Trotz nachlassender Säugeleistung enthält die Muttermilch für die Entwicklung der jungen Tiere so wichtige Stoffe, daß sich selbst eine geringere Milchmenge noch sehr vorteilhaft auswirkt. Die Ausnutzung des Ferkelfutters während der Säugezeit ist also besonders gut!

Während die mittlere Milchaufnahme bei guten Sauen in der 4. Lebenswoche pro Ferkel und Tag etwa 450 g und in der 6. Woche 300 bis 400 g beträgt, nehmen die jungen Tierchen selbst in der 8.—10. Lebenswoche noch 150—250 g Muttermilch täglich zu sich. Nach einer alten Regel soll allerdings eine Zuchtsau ihre Würfe so frohwüchsig produzieren, daß die Ferkel nach 8 Wochen beim Säugen keinen Platz mehr haben und zu diesem Zeitpunkt abgesetzt werden müssen.

Kastration (Verschneiden)

Das Kastrieren der zur Mast vorgesehenen männlichen Ferkel wird am besten im Alter von 4—5 Wochen (also während der Säugezeit!) vorgenommen. Ausbildung feinerer Knochen und Fleischfasern sowie größere Anlage zur Fettentwicklung; die Tiere werden ruhiger und können mit weiblichen Tieren zusammen gemästet werden. In diesem Alter überstehen die Tiere den Eingriff am leichtesten und sind bereits nach 6—8 Tagen wieder verheilt.

Das Kastrieren der weiblichen Tiere ist nicht erforderlich. Versuche ergaben einwandfrei, daß die Kastration im allgemeinen keine wesentlichen Vorteile bei der Mast weiblicher Tiere bringt. (Siehe auch S. 540.) Nur wenn diese schwerer ausgemästet werden sollen, kann eine Kastration angebracht sein.

Tätowieren

Das Tätowieren der zur Zucht bestimmten Ferkel erfolgt am zweckmäßigsten im Alter von 6—8 Wochen mittels einer Tätowierzange auf die äußere Ohrmuschel mit quergestellten Zahlen (dadurch von oben lesbar). Bei schwarzen Schweinen wird die Kennzeichnung bald nach der Geburt durch Ohrkerbe vorgenommen. (Ohrmarken werden leicht herausgerissen, sind also nicht zu empfehlen.)

Ferkelkrankheiten

Ferkelgrippe

Ferkelgrippe ist eine sehr gefürchtete, durch gegenseitiges Anhusten und Berühren der Ferkel ansteckende Krankheit. Sie tritt hauptsächlich im Herbst und Winter in massiven, also ungesunden Ställen auf, es fallen ihr zahlreiche Ferkel zum Opfer. Die ersten Anzeichen treten meistens im Alter von 3 Wochen auf, doch können auch noch 4 Monate alte Läufer befallen werden.

Krankheitsmerkmale: Die Tiere haben verminderte Freßlust, fiebern, zeigen Atembeschwerden (auch erhöhte Atmung), Hautausschlag, Darmkatarrh und verkriechen sich in die Streu. Die Haut verfärbt sich grau und wird schorfig (stark juckender, borkenähnlicher Ausschlag.) Beim Umhertreiben oder plötzlichem Aufspringen schlagen erkrankte Tiere mit den Flanken und zeigen schmerzhaftes Husten. Sie bleiben in ihrer Entwicklung zurück, kümmern und gehen oftmals an Lungenentzündung ein. (Katarrhliche Entzündung der Lungenspitzenlappen.)

Bekämpfung: Wirkungsvollen Impfstoff gibt es bisher nicht. Da es sich um eine sehr ansteckende Krankheit handelt, dürfen Saug- und Absatzferkel keinen gemeinsamen Auslauf haben. Die einzelnen Sauen mit ihren Würfen gut voneinander trennen, desgleichen Läufer bis zu einem Lebensalter von 4—5 Monaten. Da die von kranken Tieren ausgehusteten Krankheitskeime vor Erreichung von 1,5 m Entfernung zu Boden sinken, genügt im allgemeinen ein Zwischenraum von etwa 1,50 m zwischen den einzelnen Buchten bzw. Ausläufen. — Abferkelställe sind regelmäßig mit Branntkalk abzuspritzen, damit die Krankheitserreger der Grippe vernichtet werden.

Sauen, die diese Krankheit selbst einmal durchgemacht haben, können den Ansteckungsstoff noch ausscheiden, dürfen also nicht zur Zucht benutzt werden. Huster und Kümmerer, die in erster Linie als Anstekkungsquelle in Frage kommen, sind von den übrigen Tieren getrennt zu halten. Auf keinen Fall dürfen kranke Tiere zwischen den gesunden herumlaufen. Neuerworbene Tiere sind etwa 4 Wochen von den übrigen Schweinen zu trennen.

Bei ersten Anzeichen der Krankheit je Ferkel täglich 1 Teelöffel 2,5%iger Eisenvitriollösung (2,5 g Eisenvitriol auf 1 l Wasser) geben.

Ferner empfiehlt es sich, den Ferkeln vorbeugend gegen Ferkelgrippe Wiesenerde zu verabreichen, und zwar von Niederungswiesen, die durch natürliche Wasserführung mit aufgelösten Mineralien gut versorgt sind. Auch ältere Schweine sollten im Stall oder Auslauf stets Gelegenheit zur Aufnahme mineralstoffreicher Erde haben. (Siehe S. 507.) Vollwertig gefütterte Tiere sind weniger anfällig!

Auch zu starke Eiweißfütterung kann die Ursache von Ferkelruß usw. sein. Dann muß an Stelle des bisher verfütterten Eiweißes (Fischmehl, Kuhmilch) Luzernemehl, Kleemehl oder Heumehl gegeben werden, notfalls Heublumen mit etwas Melasse und Kartoffeln vermengt.

Aufzuchtkrankheiten, insbesondere Ferkelgrippe, werden weniger durch niedrige Temperaturen als durch erhöhten Feuchtigkeitsgehalt (naßkalt) des Stalles hervorgerufen. Mit Feuchtigkeit gesättigte Luft (Tropfenbildung an der Stalldecke) überträgt viele Krankheitskeime, trockene Luft dagegen nicht. Daher Kuhställe meist keine geeigneten Abferkelställe. Auch gegen Zugluft sind die Tiere kaum empfindlich, daher bei trockener, nicht zu kalter Witterung Fenster und Türen auflassen, damit Licht, Luft und Sonne hereinkommen. Sehr zu empfehlen ist Aufzucht in mit Auslauf versehenen „Schweinehütten". (S. 547). Erreger der Grippe (Virus) hält sich jahrelang in Ställen!

Zweckmäßige Einstreu

Von großer Wichtigkeit ist auch, daß kein feuchtes, muffiges oder schimmeliges, sondern nur bestes, trockenes Streustroh verwendet und dieses täglich morgens und abends erneuert wird. Haferstroh ist zur Einstreu im Schweinestall nicht geeignet, da die Tiere dadurch ein unansehnliches Äußeres bekommen. Oftmals wollen die Ferkel nur deshalb nicht gedeihen, weil Einstreufehler gemacht werden.

Beseitigung der Stallfeuchtigkeit

Zur Verminderung der Stallfeuchtigkeit ist gemahlener Branntkalk auf den Stallgang zu streuen, der die Feuchtigkeit aus der Luft anzieht. (3 kg Branntkalk nehmen 1 l Wasser auf.) Kalk entfernen, sobald er breiig wird. Der Stall ist während der kalten Jahreszeit trocken zu reinigen, Gänge und Fenster dürfen nicht mit Wasser gescheuert werden! Eine jährlich im Frühjahr und Herbst stattfindende gründliche Reinigung der Ställe mit anschließender Desinfektion gibt mit die Gewähr für einen gesunden Aufenthalt der Tiere.

Kalte, nasse Stallwände bis zu 1 m Höhe mit Schalbrettern abschlagen. Massive Stalldecken durch dicke Spreu- und Strohauflagen gegen Außenkälte schützen. In zu hohen Ställen eine Zwischendecke aus Ballenstroh einziehen und von unten mit Lehm bewerfen. (Siehe Abb. neben S. 513.) 1,90—2 m Stallhöhe ausreichend. Bei sehr strenger Kälte Stangen oder Horden direkt auf die Buchten legen und darauf reichlich Stroh packen. Ferner nur eine Eingangstür benutzen und alle übrigen gut mit Stroh versetzen. Auch Fensterläden und ein Vorbau (Windfang) vor der Eingangstür sind für kalte Winter sehr zweckmäßig. (Siehe Abb. neben S. 592.)

Ferkeldurchfall (siehe S. 507)

Gegen Ferkeldurchfall, dessen Ursache angesäuertes Futter der Ferkel oder verdorbenes Futter der Sau, aber auch feuchte Ställe und kalte Fußböden sein kann, bewährt sich die Zufütterung von körniger Holzkohle oder kleiner Gaben von getrockneten und zerstoßenen Heidelbeeren (Blaubeeren). In erster Linie Fütterung der Muttersau ändern. Eiweißfutter abziehen, stopfendes Haferschrot, Erbsen- oder Bohnenschrot oder geröstete Eicheln verabfolgen. Besonders wirksam sind Kraftfuttergemische mit Antibiotika-Zusatz (S. 408).

Fütterung der säugenden Sau

Bei mittleren Würfen und Sauengewichten von 150—200 kg sind etwa 500 g verd. Eiweiß und 3500 Stärkeeinheiten pro Tier und Tag erforderlich. Eiweißmangel führt zu erheblichen Gewichtsverlusten!

Die ersten 3 Tage nach dem Abferkeln soll die Sau nur leichtverdauliches Futter erhalten, wie Buttermilch und Schrot (45% Hafer- und 45% Gerstenschrot, 10% Eiweiß, auch Weizenkleie und Leinsamen), und zwar in suppiger Form (Eiweiß ist der wichtigste Bestandteil der Buttermilch), sowie Grünfutter bzw. Rüben (Mohrrüben).

Sauen dürfen 2—3 Tage vor und in den ersten Tagen nach der Geburt nicht überfüttert werden, da infolge zu konzentrierter Milch leicht Ferkelverluste oder Milchfieber des Muttertieres eintreten können.

Schnittbild des Mähdreschers „Combi". (Werkbild Ködel & Böhm, Lauingen / Bayern)

1 Rechenhaspel
2 Kupplung für Dreschwerk
3 Handkraftheber zur Schnitthöhenverstellung
4 Fahrhebel (stufenlose Geschwindigkeitsregelung)
5 Ölbadluftfilter mit Staubvorabschneider
6 Kühler
7 Mercedes-Diesel-Motor
8 Haspel-Verstellhebel
9 Fußhebel zum Senken des Schneidtisches
10 Lenkrad
11 Amaturenkasten
12 Einlegehaspel
13 Fußbremse
14 Gashebel
15 Starterbatterie
16 Körnerelevator
17 Gangschalthebel
18 Dreschkorb
19 Dreschtrommel
20 Strohumlenkhaspel
21 rotierender Sortierzylinder
22 Hordenschüttler
23 Spritztuch
24 Zubringerrechen
25 Preßkolben
26 Bindenadel
27 Absackplattform
28 Kurzstrohsieb
29 Reinigungssieb
30 Rückführschnecke für unausgedroschene Ähren
31 Körnerschnecke
32 Windleit- und Windstärken-Regulierblech
33 Windhaspel
34 Zuführelevator
35 Einzugsschnecke
36 Schneidwerk
37 Ährenheber

AUFZUCHT DER FERKEL

Ferkel kommen aus dem Nest. Seitliche Sch stangen schützen vor dem Erdrücktwerden (zelheiten über Anbringung, Maße siehe S.

Neben der Sauenbucht befindet sich eine Ferkelbucht, in die die kleinen Tiere jederzeit durch ein mit Schieber verschließbares Schlupfloch gelangen und in dem sie ihr Beifutter verzehren können (Anordnung, Größe siehe Seite 506)

Einfaches „Ferkelnest" als Unterschlupf Schutz gegen Kälte und Erdrücktwerden (auch „Ferkelkiste", Seite 505)

Der Ferkelbalkon bedeutet Platzersparnis im Zuchtschweinestall (siehe S. 506)

In kalten Ställen kann die Ferkelaufzucht im ter durch einen Infrarotstrahler wesentlich bessert werden (s. S. 505 u. Hühneraufzucht, S

Erhaltungsfutter für säugende Sauen: Grünfutter bzw. Rüben. Auch eiweißreiche Silage möglich, sofern diese bereits einige Wochen vor dem Ferkeln gereicht wurde.

Je Ferkel werden der säugenden Sau 1/2 kg Getreideschrot mit 10 bis 15% Eiweißfutterzusatz oder entsprechend Magermilch verabreicht. Bei 10 Ferkeln also täglich 5 kg Schrot und 6—8 kg Magermilch zugeben, ferner 50—60 g DLG-Mineralstoffmischung IIa.

Weitere Futterbeispiele:

1. Am 1. Tag nach dem Ferkeln erhält die Sau 1 kg, am 2. Tag 2 kg, am 3. Tag 3 kg Weizenkleie und Haferschrot oder von dem gewohnten Kraftfuttergemisch (1/3 Gersten-, 1/3 Haferschrot, 1/3 Kleie) in zweimaliger Gabe in lauwarmem Wasser aufgerührt, dazu Tränkwasser nach Belieben. Erst vom 4. Tage wird das übliche Grundfutter wieder verabreicht, dazu Kraftfutter, und zwar je Ferkel 300—400 g und bis 1 l Magermilch. Sofern keine Milch zur Verfügung steht, gebe man je Ferkel 400 g eines Gemisches von 90% Getreide und Kleie wie oben und 10% Fisch-, Blut-, Fleisch-, Tierkörpermehl.

2. Grundfutter aus rohen, zerkleinerten Futterrüben, gehäckseltem Markstammkohl, Zuckerrübenblatt, rohfaserarmem Gärfutter, etwas Kartoffeln, im Sommer junges Grünfutter oder Weide. Kraftfutter: DLG-Fertigfutter für Sauen und Ferkel, 400—500 g je Ferkel und Tag in suppiger Form. Höchstgabe 5 kg.

3. Grundfutter wie unter 2, wirtschaftseigenes Getreideschrot und Magermilch.

	Kraftfutter (ohne Eiweißfutter-zusatz)	Magermilch bei Grünfutter Ltr	Magermilch bei Rüben Ltr
bei 4— 5 Ferkeln	3	4	5,5
bei 6— 7 Ferkeln	3,5	5	6
bei 8— 9 Ferkeln	4	5,5	6,5
bei 10—11 Ferkeln	4,5	6	7
über 12 Ferkel	5	7	8

Frisches, reines Wasser soll stets nach Belieben zur Verfügung stehen. (Ausreichende Tränke ist von Einfluß auf die Milchergiebigkeit der Sauen. Daher Kraftfutter statt in dickbreiiger Form am besten als Suppe geben.)

Kuhmilch ist in der Ferkelaufzucht entbehrlich und zu teuer; als Ersatzfutter für Sauenmilch, wenn die Sau eingeht oder die Milchabsonderung nach schwerer Krankheit aufhört, ist Kuhmilch nur bedingt tauglich (am besten in Verbindung mit Haferschleim). Richtiger ist es, die Ferkel einer anderen Sau unterzuschieben. (Siehe S. 506.)

Rüben sollen an säugende Sauen nicht in zu großen Mengen verabreicht werden, da Ferkel dann die Muttermilch schlecht vertragen. Mäßige Gaben, insbesondere Mohrrüben, erzeugen dagegen eine für Ferkel nicht zu fettreiche, bekömmliche Milch, Kartoffeln hingegen eine fettreiche, dicke Milch. Nach Aufnahme letzterer sind die Tiere oft schläfrig und träge und werden leicht von der Sau erdrückt. Sie tanzen im Gegensatz zu gesunden Tieren nicht am 2. und 3. Tag, ihre Hautfarbe ist nicht rosig durchschimmernd, sondern bleich (käsig-weiß).

Milchtreibende Futtermittel

Bei zu geringer Milchabsonderung, deren Ursache Verfettung der Sau infolge zu mastiger Ernährung sein kann, gebe man junges Gras, grünen Klee, Wickhafer, Runkel-, Zucker- und Mohrrüben. Insbesondere reiche man Tränke von Gerstenschrot, feingesiebtes Haferschrot, Maisschrot oder Leinkuchen, auch geschrotetes Malz, gemengt mit Roggen- oder Weizenkleie, mit abgerahmter oder Buttermilch, mit wenigen gekochten Kartoffeln in lauwarmem Zustand. Ferner mische man Fenchelsamenpulver unter das Futter und massiere das Gesäuge täglich zweimal mit einem in Branntwein getauchten Wollappen leicht, dazu bei gutem Wetter Bewegung im Freien.

Bewährt hat sich das folgende Mittel: Man gebe auf jedes Futter 1 bis 2 Eßlöffel voll eines Gemisches aus: 1 Teil Fenchel, 1 Teil Kümmel, 1 Teil Wacholderbeeren, 2 Teile doppeltkohlensaures Natron, 2 Teile Kochsalz.

Zu empfehlen ist, Sauen mit voraussichtlich schlechter Milchleistung etwa 14 Tage vor dem Abferkeln, ansteigend 1—2 kg rohe, geriebene Kartoffeln mit einem Eßlöffel Kochsalz zu verabreichen. Dadurch wird die Tätigkeit der Milchdrüsen angeregt. Nach dem Ferkeln dürfen aber keine rohen Kartoffeln mehr gegeben werden, sonst bekommen die Ferkel Durchfall.

Auf keinen Fall angesäuertes Futter, größere Mengen Molke, Biertreber und Kartoffelbranntweinschlempe verabreichen. Auch die Zusammensetzung des Futters während der Säugezeit nicht verändern! (Durchfallgefahr für Ferkel).

Im Schweinezuchtstall soll unbedingt Ruhe herrschen, da jede Aufregung der Muttersau nachteilig auf Milchmenge und Milchzusammensetzung wirkt!

Weide
(Siehe auch Seite 541)

In den ersten Tagen kommt Weidegang für die säugende Sau kaum in Frage, es sei denn, daß die Weide in unmittelbarer Nähe des Stalles liegt. Dann können sich bei schönem Wetter auch die Ferkel dort tummeln. Sonst ist den jungen Tieren anderweitig Bewegung zu verschaffen (trockene Ausläufe!). Von der 3. Woche an kann die Sau bereits einen halben Tag ohne Beisein der Ferkel auf eine hofnahe Weide gebracht werden.

Grünfutter
(Siehe S. 502 und 516)

Sofern keine Weidemöglichkeit besteht, wird im Sommer als Grundfutter junges, gehäckseltes Grünfutter bis zur Sättigung gereicht. (Aufnahme pro Kopf und Tag etwa 8 kg). Am besten geeignet ist junger Rotklee, der von Schweinen lieber als Luzerne gefressen wird, ferner Serradella, Getreide-, Wickengemenge, Rübenblatt, Markstammkohl und ähnliche rohe, saftige, blattreiche Grünfutterpflanzen. Süßlupinen lassen sich grün bis zum Schotenansatz verfüttern, weil sie dann noch sehr saftreich sind. Auch junge Disteln, Melden und Brennesseln werden von den Tieren gern gefressen und sind infolge ihres Nährwertes und der leichten Verdaulichkeit ein wertvolles Beifutter.

Feingeschnittene oder durch die *Musmühle* gedrehte *Brennesseln* sind, mit dicksaurer Magermilch und Kleie vermischt, ein sehr gesundes und bekömmliches Futter für Ferkel. Die beim Vereinzeln anfallenden *Rübenpflänzchen* bilden ebenfalls ein schmackhaftes, eiweißhaltiges Schweinefutter. Comfrey hat mittleren Futterwert. Diese blattreiche Pflanze, die von den Schweinen gern gefressen wird, verholzt zwar nicht so leicht und ist hochverdaulich, gehört aber nicht zu den eiweißreichen Pflanzen. Das Grünfutter soll möglichst zerkleinert gereicht werden. Es kann regennaß sein.

Im Winter werden gewaschene und zerkleinerte Futterrüben mit etwas Streu vermengt verabfolgt; sofern vorhanden auch Futterkohl. Gefrorene Rüben sind zu dämpfen und das zuckerhaltige Dämpfwasser mit zu verfüttern. Andernfalls gebe man 6 bis 8 kg gedämpfte Kartoffeln im Gemisch mit Luzerne- oder Kleespreu. Sehr wertvoll ist das vitaminreiche Luzerneheumehl, durch dessen Beigabe das Winterfutter beinahe den Wert des sommerlichen Weideganges erhält.

Futterbedarf

Der Futterbedarf einer Sau bei der Aufzucht von rd. 15 Ferkeln im Jahr beträgt bis zum Absetzen:

5 —6	dz Getreide (Schrot und Kleie),	10 dz Kartoffeln,
0,5—0,7	dz Fischmehl,	20 dz Rüben und Grünfutter

Gewichtsverluste der Sau

Die Gewichtsabnahme der Sau während der Säugezeit soll 10—15 kg möglichst nicht überschreiten, daher muß die Sau gut, besonders eiweißreich, gefüttert werden. (Gewichtsabnahme bis zur vierten Säugewoche etwa 25 kg, dann allmähliche Gewichtszunahme.) Nur schlechte Milchsauen nehmen während der Säugezeit zu. Sauen, die bei kümmernden Würfen fett werden, sind von der Weiterzucht auszuschließen.

Läuferstadium

Allgemeines

Nach dem Absetzen ist den Tieren noch 3—4 Wochen gleiches Futter wie zur Säugezeit zu geben. Dann werden die zur Schnellmast bestimmten Tiere auf Mast gestellt (Endgewicht 100—110 kg) und auch eine Trennung der zur Wirtschaftsmast mit Vorbereitungsfutter vorgesehenen Tiere (Endgewicht etwa 150 kg) und der Zuchtläufer durchgeführt. Letztere erhalten viel Grünes mit wenig mastigem Futter, die Wirtschaftsmastläufer dagegen mehr voluminöses Futter zur Weitung der Verdauungsorgane. Es soll in dieser Zeit nur das Wachstum der Tiere gefördert werden. Daher ist auch für ausreichende Bewegung Sorge zu tragen (täglicher Auslauf). Während des Sommers können die Tiere öfter mit Wasser begossen werden, am besten sollte während der heißen Jahreszeit irgendeine Badegelegenheit vorhanden sein.

Fütterung der Absatzferkel

Absatzferkel müssen neben der Weide bzw. dem Grünfutter täglich noch 0,75—1 kg Kraftfutter erhalten, sonst bleiben sie in der Entwicklung zurück. Die Gewichtszunahmen sollen 300—400 g je Tier und Tag betragen (2—3 kg je Woche).

Geeignetes Futter für Absatzferkel:

Hafer-, Gersten-, Maisschrot, Weizenkleie.
Leinkuchen, späterhin auch Hülsenfrüchte (nicht kochen).
Fisch- und Fleischmehl, Trockenhefe, Eiweißkonzentrat.
Mager- und Buttermilch.

Pflanzliche Eiweiße (Süßlupinen, Ackerbohnen) allein genügen für wachsende Tiere nicht. Bis zu 50 kg Lebendgewicht sind stets 100 g, bei höherem Gewicht 50 g tierisches Eiweißfutter beizumengen. (S. S. 527.)

Futterbeispiele:

1.	2.	3.
60% Getreideschrot	40% Getreideschrot	65% ged. Kartoffeln
24% Weizenkleie	44% Kartoffelflocken	10% Getreideschrot
10% Fischmehl	10% Fischmehl	10% Weizenkleie
5% Trockenhefe	5% Trockenhefe	8% Fischmehl
1% Schlämmkreide	1% Schlämmkreide	6% Trockenhefe
		1% Schlämmkreide

Bis zur 16. Lebenswoche ist täglich dreimal zu füttern, von diesem Zeitpunkt an genügen zwei Mahlzeiten.

Geschlechtertrennung

Im Alter von 14—15 Wochen erfolgt Trennung der zur Zucht vorgesehenen Tiere nach Geschlechtern (Eberläufer zeigen bei frühreifen Rassen bereits mit 2½—3 Monaten, junge Sauen mit 4—5 Monaten den erwachenden Geschlechtstrieb.) Bei guter Ernährung und Pflege werden die Eber mit 4—5 Monaten geschlechtsreif, sonst jedoch erst mit 6—7 Monaten, weibliche Tiere mit 5—6 Monaten.

Zuchtläufer

Erhaltungsfutter wie bei ausgewachsenen Zuchtschweinen. Im Sommer Weide- und Grünfutter, im Winter die verschiedenen Rübenarten, mit Kleehäcksel, leguminoser bzw. anderer Spreu (Weizenspreu), gemischt. Luzerneheumehl, aber auch Heubodenabfälle, die wichtige Vitamine enthalten, sind ebenfalls ein gutes Beifutter für Jungtiere! Vorteilhaft ist ein Gemisch aus rohen Rüben und gedämpften Kartoffeln, während Kartoffeln allein infolge ihrer mästenden Eigenschaft für Zuchttiere wenig zuträglich sind.

Außer diesem Grundfutter ist ab der 14. Lebenswoche ein eiweiß- und mineralstoffreiches Beifutter zu geben (0,75 bis 1 kg täglich), welches folgendermaßen zusammengesetzt sein kann:

1.	2.	3.
89% Gerstenschrot	60% Haferschrot	45% Gerstenschrot
10% Fischmehl	29% Gerstenschrot	44% Zuckerschnitzel bzw. Kartoffelflocken
1% Kalk	10% Fischmehl	10% Fischmehl
	1% Kalk	1% Kalk

An Stelle von Fischmehl kann täglich Magermilch gereicht werden (100 g Fischmehl = 1½ l Magermilch).

Bei allen Mischungen können Fischmehl und Kalk durch DLG-Eiweißkonzentrat (5 Gewichtsteile Schrot und 1 Gewichtsteil Eiweißkonzentrat) ersetzt werden.

Grünfutter
(Siehe S. 502 und S. 514)

Schweine dürfen nur junges, eiweißreiches Grünfutter erhalten, wie jungen Rotklee oder Luzerne, Serradella, Getreide-Wickengemenge, Markstammkohl, Süßlupinen, Stoppelklee usw. Auch Brennesseln, junge Disteln, Melden und andere Unkräuter können im Schweinestall Verwendung finden, desgl. Rübenblatt. Grünfutter ist reich an Vitaminen und Mineralstoffen und ein sehr gutes Vorbereitungsfutter für die Mast. Es wird bei Stallfütterung am besten gehäckselt.

Zuchtferkel und nicht auf Schnellmast gestellte Ferkel nehmen in dieser Zeit täglich 300—400 g zu (monatlich 10—12 kg). **Tägliche Zunahmen**

Mastläufer (Schnellmast und Wirtschaftsmast) siehe Seite 534, 537.

Zuchteberhaltung und -fütterung

Eberläufer

Eberläufer sind im Gegensatz zu weiblichen Zuchttieren reichlicher zu ernähren. Sie dürfen aber ebenfalls keine fettansetzenden Futtermittel erhalten. Auch stärkere Gaben voluminöser und wasserreicher Futterstoffe sind nicht geeignet.

Jungeber im Alter von 6—7 Monaten erhalten:

Jungeber

Im Winter geschnitzelte Rüben und Möhren mit Spreu, auch etwas Kartoffeln; im Sommer gehäckseltes Grünfutter, Rotklee, Luzerne, Serradella, Süßlupinen usw. oder Weide bis zur Sättigung, dazu 1,5—2 kg Schrot (3/4 Hafer und 1/4 Gerste) und 200 g Fischmehl oder 3 Liter Magermilch. Ferner 20—30 g einer Mineralstoffmischung.

Tägliche Zunahme etwa 500 g (monatlich 12—15 kg).

Gewicht am Ende des 6. Monats	etwa	80 kg
„ „ „ „ 7. „	„	100 kg
„ „ „ „ 8. „	„	120 kg
„ mit 12 — 15 Monaten	„	160 kg (fast 45% des Endgew.)

Im 2. Jahr beläuft sich die tägliche Zunahme auf nur 300 g, wodurch weitere 30% des Endgewichtes erzielt werden. — Im 3. Jahr brauchen sich die täglichen Zunahmen nur noch auf 150—200 g zu belaufen, damit die letzten 25% bis zum Endgewicht erreicht werden. Mit etwa 3 Jahren ist der Zuchteber (auch die Zuchtsau) ausgewachsen.

Ein Jungeber muß *frische Luft, Licht und Bewegung haben*, sonst kann er sich nicht befriedigend entwickeln (keine dunkle, massiv gebaute, mit Zement gepflasterte Bucht). Zur Vermeidung jeder Aufregung und Ansteckung ist *Einzelhaltung* erforderlich.

Deckeber

Die Fütterung bei Zuchtbenutzung ist, wie angegeben, beizubehalten. Je nach Futterzustand und Beanspruchung werden bis 1 kg Kraftfutter zugelegt oder etwas abgezogen. Ältere, ausgewachsene Eber kommen oftmals schon mit 1 kg Kraftfutter aus. (Wenigstens 50% Haferschrot, bei Grünfutter 10% Eiweißfutter, bei Rüben Anteil auf 15% erhöhen, davon möglichst etwas Magermilch.) Im Winter etwas zartes Gärfutter reichen. Kartoffeln scheiden als zu mastiges Futter aus, desgleichen sehr wasserreiche Futterstoffe, wie Molke, Pülpe usw. Bewegung nie vergessen (getrennter, nicht zu kleiner Auslauf!), ausschließliche Stallhaltung ist falsch. Die Tiere dürfen nicht zu schwerfällig werden, sonst decken sie schlecht und werden vorzeitig zuchtuntauglich.

Beim älteren Eber ist auch auf ständige Haut- und Klauenpflege zu achten. Überhandnehmen von Hautparasiten wird durch Einreiben von gut warmem Öl, Petroleum oder Waschen mit Seifenwasser verhindert. Die Körperoberfläche der Läuse bezieht sich dadurch mit einer dünnen Fettschicht, so daß die Atemlöcher verstopfen und die Läuse ersticken. Die Behandlung ist nach 8 Tagen zu wiederholen, um die inzwischen ausgeschlüpfte Brut ebenfalls zu vernichten. Sehr wirksam sind chemische Mittel. (1%ige Esso-Viehschutz-Lösung, Jacutin.)

Ferner ist darauf zu achten, daß das Gangwerk und die Decksicherheit durch überwachsene Schuhe nicht beeinträchtigt wird. (Eber mit einem Strick um den Oberkiefer fesseln und an einen festen Pfahl anbinden, dann die Zehen auf einer hölzernen Unterlage mit Meißel und Raspel von dem überflüssigen Horn befreien.)

Kastration (Binneneber)

Wenn bei einem Jungeber ein, seltener beide Hoden in der Bauchhöhle liegen (Binneneber), darf man sich nicht mit der Entfernung des sichtbaren Hodens begnügen, sondern muß den in der Bauchhöhle liegenden Hoden durch einen Schnitt an der Bauchseite entfernen (Kastration ähnlich wie bei den weiblichen Ferkeln). Die Veranlagung zur Binnenebrigkeit ist erblich! Also sind Sauen oder Eber, von denen öfter derartige Tiere fallen, auszumerzen. (Wenn das Fleisch bei der Kochprobe einen unangenehmen Harn- oder Geschlechtsgeruch hat, kommt es auf die Freibank. Die Tiere können auch erfolgreich decken und beunruhigen während der Mast die übrigen Buchtinsassen.) Über 6 Monate alte Eber dürfen nur nach Betäubung vom Tierarzt kastriert werden.

Jungsauenfütterung

Im Frühjahr geborene Jungsauen sollen im darauffolgenden Winter neben Futterrüben 1—1,5 kg Kraftfutter erhalten (Hafer-Gerstenschrot), dazu etwas Fischmehl und in den ersten Monaten etwas Magermilch.

Futterbeispiel:

Rüben oder Grünes bzw. Weidegang satt, dazu:

Im Lebensmonat:	Haferschrot kg	Fischmehl kg	Magermilch Liter	Schlämmkreide g	Durchschnittsgewicht am Ende des Monats: kg
3.	0,9	0,1	1	20	25—30
4. Gemengeschrot	0,9—1,2 (Hafer, Gerste)	0,1	1	20	40
5.	1,5	0,15	—	20	50—55
6.	1,5	0,15	—	20	65
7.	1,5	0,15	—	20	70—75
8.	1,5	0,15	—	20	90
9.	1,5	0,15	—	20	95—100

Jungsauen, die ihre Entwicklung noch nicht abgeschlossen haben, erhalten das für den 9. Lebensmonat genannte Futter auch weiterhin.

Der Erhaltungsbedarf von ausgewachsenen, nicht tragenden Sauen von rd. 200 kg Gewicht liegt bei 1000—1500 Stärkeeinheiten mit 150 g verdaulichem Eiweiß (2 kg Gerste).

Gewichtsnormen für Zuchtsauen

Eine Zuchtsau nimmt im ersten Jahr täglich 300—400 g zu. (Monatlich 10 kg.)

Gewicht	am	Ende	des	2.	Lebensmonats	20 kg
„	„	„	„	3.	„	30 kg
„	„	„	„	12.	„	120—150 kg

Damit sind 50% der Gesamtzunahme von 250 kg erreicht. Nach dem 2. Wurf soll das Muttertier ein Gewicht von 175 kg aufweisen. Im 2. und 3. Jahr nimmt es weitere je 25% zu, so daß eine Zuchtsau im Alter von drei Jahren mit 250 kg Endgewicht ausgewachsen ist.

Gebiß des Schweines

Bei der Geburt sind 4 Haken- und 4 Milchzähne vorhanden. Mit etwa 12 Wochen ist das Milchgebiß mit 28 Zähnen vollständig. Die Hakenzähne (Hauer) sind beim Eber, besonders im Unterkiefer, stärker entwickelt. (Durchbruchzeiten der bleibenden Hauer 9 Monate.) — Der Zahnwechsel des Milchgebisses beginnt mit 7—8 Monaten. Mit etwa 20 Monaten ist das vollständige Gebiß mit insgesamt 44 Zähnen, nämlich 12 Schneide-, 4 Haken- sowie 28 Backenzähnen, auf Ober- und Unterkiefer gleichmäßig verteilt, ausgebildet.

Kennzeichen des gesunden Schweines

Normale Körpertemperatur durchschnittlich 39° C.

Zahl der Atemzüge in der Minute 15—20 (Flankenbewegung). Gesunde Schweine haben einen lebhaften, munteren Blick. Der Schwanz ist gekringelt. Kranke Tiere verkriechen sich gern in die Streu. Die Haut soll rosaschimmernd, gut durchblutet und nicht blaß, pergamentartig und verkrustet sein. — Harte, trockene Haut und rauhes, glanzloses Haar deuten auf Stoffwechsel- und Ernährungsstörungen hin.

Tränen der Augenwinkel (oft sind die Tiere demzufolge schmutzig in den Augenwinkeln) ist ein Zeichen für Mißbildung der Knochen.

Bei Husten besteht Verdacht auf Lungenkrankheit (Ferkelgrippe). Siehe S. 511.

Zu eiweiß- und mineralstoffreiche Jugendernährung hat unerwünschte Kopfverkürzung zur Folge (Beeinträchtigung der Futteraufnahme, Einspeichelung und Zerkleinerung und damit schlechte Ausnutzung voluminöser Futtermittel). Schmaler Schädel ist ein Zeichen langsamer Entwicklung. — Sehr unruhige und bösartige Tiere sind zur Zucht nicht geeignet. —

Verdauung

Das Schwein kann als Allesfresser sowohl vegetarische wie animalische Futterstoffe verwerten. Der einhöhlige Magen hat beim mittelgroßen, ausgewachsenen Schwein ein Fassungsvermögen von ungefähr 7½ Liter. Die Länge des Darmes beträgt etwa das 15fache der Körperlänge (beim Wiederkäuer das 22- bis 28fache). Kotausscheidungen 1 bis 3 kg, Harnabgang 2—6 l täglich.

Der Wiederkäuer kaut die Nahrung gründlich durch, das gefräßige Schwein schlingt diese, nur wenig zerkleinert, herunter. Flüssigkeiten werden einfach aufgesaugt. Infolge der weiten Mundöffnung müssen die Tiere das Maul sehr tief eintauchen. Wenn der Flüssigkeitsspiegel nicht bis über die Mundwinkel hinausreicht, entsteht durch das Miteindringen von Luft das Schlürfen oder Schmatzen.

Da die Möglichkeit einer bakteriellen Verdauung der Nahrungsmittel nicht besteht (das Schwein verdaut wie alle Tiere mit einhöhligem Magen (Pferd) nur mit Hilfe der Verdauungssäfte und nicht zusätzlich mechanisch und biologisch, wie die Wiederkäuer), sind in der Schweinefütterung nur hochverdauliche, rohfaserarme Futterstoffe zu verwenden (u. a. Kartoffeln, Rüben und Mais), die bei Mastschweinen zu 80%, bei Zuchtschweinen etwas darunter verdaulich sein müssen. (Heu und Stroh in ungemahlenem Zustand daher wertlos.) Wiederkäuerfutter ist durchschnittlich zu 65% verdaulich. Aus dem gleichen Grund wirkt Weide mit zarten, weichen Gräsern und Kleearten stets günstiger als

Grünfutter. Luzerne, Rotklee und Serradella sind z. B. nur vor der Blüte im Schweinestall verwendbar, die weniger verholzende Süßlupine auch noch im späteren Stadium. Tiere im Pummeltyp stellen an die Verdaulichkeit des Futters besonders hohe Ansprüche.

Zur Verbilligung der Schweinehaltung unter Ausnutzung wirtschaftseigener Futtermittel ergeben sich folgende Möglichkeiten:

1. Die Verfütterung von Grünfutter und Weidegang.
2. Teilweiser Ersatz der Kartoffeln durch Futter-, Zucker- und Kohlrüben (auch Möhren).
3. Gemeinsame Einsäuerung von Kartoffeln und Grünfutter.
4. Einsatz wirtschaftseigener Eiweißfutterstoffe.

Die Futterkosten sollen in der Schweinemast nicht mehr als 70% der Gesamterzeugungskosten ausmachen.

Mastfuttermittel

Getreide

Von den Getreidearten am besten als Mastfutter geeignet sind Futtermittel, deren Verdaulichkeit zumindest 80% beträgt, und zwar: Gerste mit 82% und Mais mit 91% Verdaulichkeit.

Gerste ist ein sehr bekömmliches, weniger auf Ausdauer und Energie als auf Körperfülle hinwirkendes Schweinefuttermittel, das ausgezeichnetes Fleisch und Speck liefert. Gerste fein schroten!

Mais hat höheren Futterwert, auch Eiweißgehalt als Gerste, ergibt jedoch, allein verabreicht, infolge seines hohen Fettgehaltes weiche Speckqualität und schmieriges Fleisch. Daher Mais am besten im Gemisch mit Gerste als fetthärtendes Futter je zur Hälfte verfüttern, jedoch nicht bis zum Abschluß, sondern bis 6—8 Wochen vor Beendigung der Mast, da der Speck sonst gelblich und schmierig wird. Feingemahlener Mais wird vom Schwein um 7—8% besser ausgenutzt als grobgeschrotener!

Mais läßt sich in der Schweinemast auch in Form von Maiskolbenschrot sehr gut verwenden (Spindelanteil 10%).

Roggen, der festen, kernigen Speck liefert, ist für Fütterungszwecke durchaus geeignet, während die Verfütterung von Weizen schon des hohen Preises wegen kaum in Frage kommen dürfte. In der Hackfruchtmast kann der Getreideanteil ausschließlich aus Roggen bestehen, in der Getreidemast bis zu 50%. (Für Ferkel und Zuchtsauen bis zu 30% der Futterration möglich.) Muffiger Roggen ruft leicht Gesundheitsstörungen hervor (verstärkte Mineralstoffbeigabe!).

Hafer, dessen Futterwert bei der Schweinemast rd. 20% unter dem der Gerste liegt (120 kg Hafer = 100 kg Gerste), ist wegen seines hohen Holzfaser- bzw. Ballastgehaltes in der Schnellmast wenig geeignet und soll hier höchstens 20% des Getreideschrotes ausmachen. Am besten läßt sich Hafer infolge der hohen Verdaulichkeit der Kartoffel an Stelle von Gerste bei der Kartoffelmast verwenden. Je älter Mastschweine werden, desto mehr muß Hafer durch Gerste ersetzt werden. Für Zuchtschweine (säugende Sauen und Eber) ist er aber ein ausgezeichnetes Futter und wegen seines Phosphorsäuregehaltes besonders wertvoll für Jungtiere. (Bis zu 50% des Kraftfutters kann aus Hafer bestehen.) Für Ferkel gesiebtes Haferschrot.

Milokorn, eine Hirsesaat, enthält 7,5% verdaul. Eiweiß und 732 Stärkeeinh. Es kommt in seiner Nährwirkung dem Mais etwa gleich und wird am besten feingeschroten verabreicht. Bei Grobeinstellung der Mühle bleiben die kleinen Körner ungebrochen und gehen dann unverdaut durch den Magen. Als alleiniges Getreidemastfutter ist Milokorn wenig geeignet, da Wachstum und Gewichtszunahmen der Tiere dann ungünstig beeinflußt werden und leicht Mangelerscheinungen auftreten können, wie z. B. Schorf.

Buchweizen (Heidekorn) entspricht in seinem Nährstoffgehalt etwa dem Hafer, ist jedoch fettärmer. Er ist nur als Beifutter geeignet. Bei größeren Mengen, auch grüner Pflanzen, treten leicht Krankheitserscheinungen auf, wie Hautausschlag, Schwellungen der Gliedmaßen und des Kopfes, Schwindelanfälle, Krämpfe. Magermilch beifüttern.

Kleie

Der Wert der Kleie richtet sich nach dem Ausmahlungsgrad des Getreides. Da Roggenkleie einen sehr hohen Ballastgehalt hat (1000 g Kl. = 278 g B. gegenüber nur 158 g Ballast bei Gerste), sollte nicht über eine Menge von 1 kg je Tier und Tag hinausgegangen werden. Auch ist Zufütterung von ballastarmen Futtermitteln, wie Grünfutter, Rüben, Kartoffeln, Molke usw. erforderlich! Kleie hat nur einen Verdauungswert von 66%, Kartoffel dagegen einen solchen von 94%.

In der Kartoffelmast hat sich daher die Zugabe von Kleie (Gersten- und Roggenkleie, letztere ist der Weizenkleie als Mastfutter vorzuziehen), deren Futterwert allerdings noch unter dem des Hafers liegt, als günstig erwiesen. Dadurch wird das Beifutter verbilligt.

Roggen- und insbesondere Weizenkleie kommen gegebenenfalls auch für säugende Sauen und die Jungtieraufzucht in Frage. (Eiweißreicher als die Körner, auch phosphorreich.)

Grundsätzlich gehört die Kleie allerdings wegen ihres hohen Rohfasergehalts in den Kuhstall und das Getreideschrot in den Schweinestall.

Hülsenfrüchte
(Siehe auch Seite 532)

Süßlupinen, Bohnen und insbesondere Erbsen sind gute Mastfuttermittel. (Bitterlupinen wirken giftig und führen Krämpfe und den Tod der Tiere herbei.) Das Eiweiß der Erbse ist biologisch bedeutend hochwertiger als das der Bohne. Hülsenfrüchte erzeugen einen festen, kernigen Speck und festes Fleisch. Bei starker, einseitiger Fütterung mit Hülsenfruchtschrot werden junge Schweine aber leicht steif, auch treten Verdauungsstörungen bzw. Verstopfungen auf (an Mastschweine täglich bis 1/2 kg je Kopf).

Bohnen enthalten im Reifezustand einen ähnlichen Bitterstoff bzw. Giftstoff wie Bitterlupinen und müssen daher vor dem Verfüttern gedämpft werden, sonst rufen sie Durchfall und Verdauungsstörungen hervor. Also am besten im trockenen Zustand schroten und dann dämpfen oder aber erst dämpfen und dann quetschen bzw. zerkleinern.

Körner schroten

Getreide- wie auch Leguminosenkörner zwecks besserer Verdauung unbedingt fein schroten (aber nicht staubfein), da zu grobes Schrot weniger gut ausgenutzt wird. (Schweine verschlingen ihr Futter, ohne es viel zu kauen.) Kochen bzw. Dämpfen oder Überbrühen des Schrotes ist zwecklos (mit Ausnahme von Bohnen) und setzt besonders bei Hülsenfrüchten die Verdaulichkeit des Eiweißes herab. Auch werden dadurch lebenswichtige Vitamine zerstört.

Da Süßlupinen die Walzen der Schrotmühle zu sehr verschmieren, werden sie am besten mit Gerste und Hafer abwechselnd geschroten.

Fett- und Speckqualität

Es erzeugen festen Speck und harten Talg: Roggen, Gerste, Erbsen, Bohnen, Linsen sowie Kartoffeln und Rüben.

Es erzeugen weicheres bis öliges Körperfett: Hafer, Mais, Weizenkleie, Fischfuttermehl, Raps-, Lein- und Sonnenblumensaatkuchen sowie Reisfuttermehl. (Auch für Wiederkäuer zutreffend, siehe S. 469.)

Darüber hinaus fördert bei Schweinen ein warmer Stall die Festigkeit des Speckes.

Rübenschnitzel

Vollwertige Zuckerschnitzel (60—65% Zuckergehalt) sind in der Schweinemast am besten geeignet, und zwar in angefeuchtetem Zustand. Vorheriges Einquellen nicht erforderlich (auch geringere Futteraufnahme), es genügt Anfeuchten mit dem anderen Futter im Trog. Schnitzel dürfen aber nicht zu grob sein (mahlen).

Bei Schweinen bis zu 50 kg Lebendgewicht soll die Tagesgabe 0,5 kg nicht übersteigen (mit Getreideschrot vermischen). Bei über 50 kg schweren Tieren lassen sich vollwertige Zuckerschnitzel bei der Kartoffelmast an Stelle von Getreideschrot verwenden. Schnitzel können aber auch statt gedämpfter Rüben als Hauptfutter gereicht werden.

Futterbeispiel (nach Richter):

650 g Futtergetreide und Kleie
350 g Eiweißfutter oder $4^1/_2$ l Magermilch
20 g Mineralstoffmischung
Vollwertige Zuckerschnitzel bis zur Sättigung (i. D. 1,8 kg)

Als Beifutter sind Vollschnitzel auch für hochtragende, säugende Sauen, Ferkel und Läuferschweine geeignet.

Steffenschnitzel (Brühschnitzel) mit nur etwa 18% Zuckergehalt können bei der reinen Getreidemast etwa 30% des Getreideschrotes ersetzen. Bei höheren Gaben leidet die Futterverwertung.

Trockenschnitzel sind kein Schweinefutter.

Naßschnitzel hochverdaulich und als Mastfutter geeignet, auch in eingesäuertem Zustand (3—4 kg / Tier / Tag). Am besten mit Kartoffeln im Verhältnis 1:1 verabreichen, bei Erhöhung der Eiweißfuttergabe von 250 auf 300 g Eiweißkonzentrat.

Troblako

Künstlich getrocknetes Zuckerrübenblatt, siehe Seite 472 und 535.

Trockengrünfutter

Karotin- und mineralstoffreich, gemahlen in der Hackfruchtmast bis zu 400 g / Tier / Tag an Stelle von Getreideschrot zu verwenden.

Kartoffelflocken

Als Mastfutter in Verbindung mit Getreideschrot bestens geeignet. Bei starker Verfütterung Spreu oder Häcksel beimengen, da hochverdaulich (95%), also ballastarm (Verdauungsstörungen).

Kartoffelpülpe

Zur Hackfruchtmast kann Kartoffelpülpe als Beifutter gegeben werden. Pülpe hat etwa die gleiche Bedeutung wie andere wirtschaftseigene Füllfuttermittel, z. B. Rüben mit Spreu im Winter oder Grünfutter im Sommer. Naßpülpe wird aber nur in eingesäuertem Zustande gefressen, wobei 1 kg = 0,5 kg Kartoffeln ersetzt. 1 kg Trockenpülpe entspricht etwa 3 kg Kartoffeln. (Siehe auch S. 477.)

Schlempe

Mastschweine erhalten auf 100 kg bis höchstens 4 Liter täglich, dazu Kartoffeln und 1 kg Beifutter. Größere Mengen sind nicht wirtschaftlich, da die Gewichtszunahmen dann nicht befriedigen. 4—5 kg entsprechen dem Futterwert von etwa 1 kg Gerste.

Biertreber Frische Biertreber können in der Mast, und zwar 1—1,2 kg je 50 kg Lebendgewicht und Tag, verabreicht werden. Getrocknete Treber sind wegen ihres hohen Rohfasergehaltes in der Schweinefütterung nur nach Entspelzung geeignet. (Siehe auch S. 477.)

Küchenabfälle Küchenabfälle, die auf jeden Fall gedämpft werden müssen — das fetthaltige Dämpfwasser wird mit verabreicht — sind wegen der oftmals darin enthaltenen Fremdkörper am besten nur an Mastschweine zu verfüttern. Da das Schwein, besonders wenn es sehr hungrig ist, das Futter herunterschlingt, besteht leicht die Gefahr der Aufnahme von Fremdkörpern und ist deshalb größte Vorsicht geboten. Obstrückstände (Trester) werden von Rindern besser verwertet.

Futterbeispiel:	Küchenabfälle	Fischmehl	Zunahme
pro Tag	ca. 8 kg	150 g	440 g
230 Tage	1800 kg	34 kg	100 kg

Tägliche Gaben von 0,5 kg Kartoffelflocken oder Zuckerrübenschnitzeln tragen zur weiteren Gewichtsverbesserung bei. Zu empfehlen ist auch folgende Kraftfuttermischung: 42% Gerstenschrot, 42% Milokorn, 16% Fischmehl (1 kg je Tier und Tag). Durchschnittliche Zunahme 550 g.

Küchenabfälle können auch eingesäuert werden. Eine Verfütterung rentiert sich im allgemeinen nur so lange, wie ihr Preis um etwa 50% unter dem von Futterkartoffeln liegt.

Kartoffeln Die Gesamtverdaulichkeit der Kartoffeln beträgt beim Schwein 94%. Da die Kartoffel auch sehr bekömmlich und schmackhaft ist und ein biologisch hochwertiges Eiweiß enthält, gilt sie als bestes Futtermittel in der Schweinehaltung, besonders in der Schweinemast. Physiologisch verwertet das Schwein die Kartoffel um 40% besser als das Rind.

Kartoffeln sollten den Schweinen nur gedämpft (nicht gekocht) verabreicht werden. Durch das Kochen findet gegenüber dem Dämpfen eine unliebsame Anreicherung des Futters mit Wasser und eine Auslaugung von Nährstoffen statt.

Rohe Kartoffeln (auch in gemustem Zustand) verfüttern ist unwirtschaftlich! (höchstens an Zuchtschweine und zur Mast bestimmte Läufer). Sie werden von den Schweinen schon wegen ihres etwas bitteren Geschmackes weniger gut gefressen und auch erheblich schlechter verdaut. Die Zunahmen verschlechtern sich um etwa 25%, außerdem wird die Mastdauer um ca. 50 Tage verlängert. Im Durchschnitt kann man mit einer Verzögerung von 36% rechnen.

In eingesäuertem Zustand ist der Futterwert roher Kartoffeln zwar höher, erreicht aber nicht annähernd den Wert von gedämpften bzw. gedämpft eingesäuerten Kartoffeln.

Durch das Dämpfen werden die Stärkekörner der Kartoffeln in den gequellten oder verkleisterten Zustand überführt und hierdurch den Einwirkungen der Verdauungssäfte leichter zugänglich gemacht. Das Dämpfen der (stets unzerkleinerten!) Kartoffeln erfordert zwar etwas mehr Feuerungsmaterial (siehe S. 347). Gedämpfte Kartoffeln sind aber ein besonders gutes Futter für Mastschweine (4 kg Futterkartoffeln haben den Futterwert von etwa 1 kg Gerste). Bei reichlicher Kartoffelfütterung kann die Kornmenge von 1 kg auf 3/4 kg täglich gesenkt werden, ohne daß der tägliche Gewichtszuwachs nennenswert sinkt. Bei knapper Kartoffelfütterung muß die tägliche Kornmenge dagegen auf 1 1/2 kg je Schwein erhöht werden.

Das Quetschen der Kartoffeln ist überflüssig, sofern diese wirklich gar gedämpft sind, worauf stets geachtet werden sollte. Es genügt dann sofortiges, einfaches Zerstampfen.

Silage von gedämpften Kartoffeln hat bei der Schweinefütterung den gleichen Wert wie frisch gedämpfte Kartoffeln! Im Frühjahr ist der Futterwert von Kartoffelsilage gegenüber dem von frischgedämpften Kartoffeln sogar höher. Denn die über Winter eingelagerten Kartoffeln verlieren nicht nur erheblich an Gewicht, sondern auch an Stärke (siehe S. 234). Für den Masterfolg ist aber der Stärkegehalt der Kartoffeln entscheidend! Das zeigt folgender Versuch:

Stärkegehalt entscheidend!

Für 100 kg Zuwachs wurden bei 4 Kartoffelsorten mit unterschiedlichem Stärkegehalt von 11,7—15,7% bei Schweinen in der Gewichtsklasse von 50—100 kg benötigt: Stärkearme Sorten 11,86 dz, stärkereiche dagegen nur 9,77 dz Kartoffeln.

Zur Vermeidung von Einlagerungsverlusten sollten die bis zur nächsten Ernte erforderlichen Futterkartoffeln also auf jeden Fall schon im Herbst eingesäuert werden. (Siehe S. 345.)

Häufiger Wechsel der Kartoffelsorten während einer Mastperiode hat Störungen in der Freßlust zur Folge, da sich die Tiere immer erst wieder an den veränderten Geschmack gewöhnen müssen.

Kartoffelkeime, die das schädliche Solanin enthalten und daher Entzündungen der Verdauungsorgane hervorrufen können, dürfen nicht mitverfüttert werden (siehe auch S. 236).

Gefrorene Kartoffeln werden vor dem Dämpfen 1 Stunde in frischem Wasser aufgetaut. Wegen der geringen Haltbarkeit müssen sie dann baldmöglichst gedämpft werden. Im Nährwert kommen sie nichtgefrorenen Kartoffeln gleich. — Kartoffeln sind reich an Stärke, dagegen arm an Eiweiß und Kalk. Das ist besonders bei jungen, wachsenden Schweinen zu beachten.

Rüben

Rüben sind zu 90% verdaulich. Sie können mit Ausnahme von Kohlrüben roh verabreicht werden. Zuckerrüben und Gehaltsrüben sind breiartig zu zerkleinern (Musmühle), Massenrüben (weniger geeignet) nur zu schnitzeln. Nicht auf Vorrat musen. Der leichtlösliche Zucker der Rübe geht sehr schnell in Gärung über und ruft Verdauungsstörungen hervor.

Das Futter kann bis zu 50% aus Zuckerrüben bestehen, ohne daß die Mastzeit dadurch merklich verlängert wird. Ein Gemisch aus je 50 Teilen Zuckerrüben und gedämpften Kartoffeln bringt also fast gleichen Masterfolg wie reine Kartoffelmast. Mit Futtermengen von 500 g Getreideschrot, 250 g Eiweiß oder $3^1/_2$ l Magermilch, dazu 2 kg Kartoffeln und satt rohe Zuckerrüben lassen sich bei Schweinen von 40 kg Gewicht ab 650 g Tageszunahme erreichen.

Zuckerrübenverzehr etwa:

bei 50 kg Gewicht	2,6 kg	bei 70 kg Gewicht	5,3 kg
bei 60 kg Gewicht	4,1 kg	bei 80 kg Gewicht	6,2 kg

Wenn größere Rübenmengen verfüttert werden, insbesondere wenn keine Feinstzerkleinerungsmühle verfügbar ist, vornehmlich bei reiner Zuckerrübenmast, empfiehlt sich das Dämpfen der Rüben, um den Tieren die Kauarbeit zu erleichtern und damit die Futterverwertung zu verbessern. (Die Futterwirkung liegt um ein Geringes über der der rohen Zuckerrüben.) Das zuckerhaltige Dämpfwasser wird dann mit verfüttert. Allerdings erfordert das Dämpfen gegenüber den Kartoffeln einen um mindestens ein Drittel höheren Aufwand an Feuerung. (Da Zuckerrüben längere Zeit zum Garwerden benötigen, können sie nicht mit Kartoffeln zusammen gedämpft werden.)

Sofern Zuckerrüben oder gehaltsreiche Futterrüben als Hauptfutter gereicht werden, sind täglich 500 g Getreideschrot und 300 g Eiweiß als Beifutter zu geben (Rüben enthalten nur den dritten Teil der Eiweißmenge wie Kartoffeln!). Das Eiweißfutter soll bestehen aus: 300 g Eiweißkonzentrat oder 4 l Milch oder besser noch 200 g Eiweißkonzentrat und 2 l Magermilch, da ein Teil des Eiweißzuschusses bei starker Rübenfütterung in Form von Milch gegeben werden soll, um befriedigende Zunahmen zu erreichen.

Die reine Zuckerrübenmast der Läuferschweine sollte jedoch nicht unter einem Gewicht von 40 kg (über 5 Monate alt), besser noch 60—70 kg, erfolgen. Bei jüngeren Tieren treten Erkrankungen, wie Rachitis, Hautausschläge, Durchfälle, Kümmern usw. auf. Dagegen treten diese Krankheitsformen bei gemischter Verfütterung von Zuckerrüben mit fein zerkleinerten Gehaltsrüben oder besser noch mit Runkelrüben weniger in Erscheinung. Sie lassen sich ganz vermeiden, wenn frisch gedämpfte oder eingesäuerte Kartoffeln im Verhältnis 1:1 mit zerkleinerten Zuckerrüben gegeben werden. Rübenmus kann auch an säugende Zuchtsauen verfüttert werden.

Zuckerrüben sollen nicht kalt, sondern temperiert gegeben werden, auch ist bei starken Zuckerrübengaben dreimaliges Füttern anzuraten. Ferner für reichliche und gute Einstreu sorgen und auf gute Be- und Entlüftung des Schweinestalles achten.

5 kg Zuckerrüben entsprechen dem Futterwert von 1 kg Gerste.

Der Futterwert der Zuckerrübe nimmt im Laufe der Wintermonate allmählich ab (bis Ende Februar um 20%), daher sind rohe Zuckerrüben während der Herbstmonate und Anfang des Winters zu verfüttern und ist dann erst mit stärkeren Kartoffelgaben zu beginnen.

Runkelrüben (Massenrüben) sind zur Schweinemast weniger geeignet. Je gehaltsreicher sie sind, desto mehr kommen sie in der Mastwirkung den Zuckerrüben gleich. Da weicher als diese, werden Gehaltsrüben roh besser als Zuckerrüben gefressen.

$^1/_2$ gedämpfte Kartoffeln, $^1/_2$ rohe, feingeschnitzelte Ovanarüben bis zur Sättigung verabreicht, dazu 500 g Getreideschrot und 250 g Eiweißfutter oder $3^1/_2$ l Magermilch, ergeben eine nur um 7—10% niedrigere Tageszunahme als bei ausschließlicher Verfütterung von Kartoffeln.

Kohlrüben (Wruken oder Steckrüben) sind gedämpft im Verhältnis 1:1 mit frischen oder eingesäuerten, gedämpften Kartoffeln zu verfüttern oder Mischeinsäuerung von Kohlrüben und Kartoffeln 1:1. Dazu Getreideschrot, Fischmehl und Kalkgemische. Rüben sorgfältig reinigen und täglich frisch zubereiten.

240 kg Massenrüben, 200 kg Futtermöhren, 180 kg Gehaltsrüben bzw. Kohlrüben oder 125 kg Zuckerrüben können 100 kg gedämpfte Kartoffeln in der Mast ersetzen.

Gärfutter (Siehe auch Seite 343)

Besser jedoch ist das Einsäuern der Rüben im Herbst, und zwar entweder zusammen mit Rübenblatt oder jungem, eiweißreichem Grünfutter wie Süßlupinen usw., alles feinzerkleinert im Verhältnis 3:1.

Werden beim Einsäuern noch 10% Schrot hinzugefügt, ergibt sich ein bewährtes Futtergemisch.

Desgleichen können gedämpfte Kartoffeln sehr gut in abwechselnden Schichten mit rohen, geschnittenen oder auch gedämpften Massenrüben oder Wruken in einem Verhältnis von 2:1 eingesäuert werden. Durch derartiges Gemisch lassen sich gleiche Zunahmen erzielen wie mit reinen Kartoffeln (keine Zucker- und Gehaltsrüben! S. 343).

Alleinige Einsäuerung der rohen, feinzerkleinerten Rüben empfiehlt sich dagegen nicht, da die Schweine das ziemlich saure Futter nicht besonders gern fressen. Dann sind zumindest die Rübenblätter schichtweise mit einzusäuern. Nehring empfiehlt als besonders gut ein Gemisch von 60% Zuckerrüben, 30% Zuckerrübenblatt, 10% Getreideschrot.

Der Übergang zur Verfütterung von Gärfutter darf nur allmählich erfolgen.

Grünfutter (Siehe auch S. 514, 516)

Grünfutter erhalten Mastschweine nur während der Mastvorbereitung. Grünfutter allein verabreicht ist kein Mastfuttermittel, doch lassen sich bei gemeinsamer Einsäuerung von Kartoffeln mit Grünfutter die Kartoffeln strecken. Zu empfehlen ist ein Gemisch von 3—4 Teilen Kartoffeln mit 1 Teil Grünfutter. Die Zunahmen betragen bei einem Beifutter von 500 g Getreideschrot und 3 l Magermilch oder 150 g Fischmehl wenigstens 500 g täglich.

Auch die Einsäuerung von Kartoffeln mit jungem Grünfutter und Rübenblatt im Verhältnis 2:4:1 hat sich bewährt. Auf saubere Gewinnung des Rübenblattes ist zu achten! Trockengrünfutter S. 472, S. 532.

Eiweißfuttermittel

Grundsätzliches zur Eiweißfütterung

Die Eiweißfrage ist in der Schweinefütterung von ausschlaggebender Bedeutung. Bei Eiweißmangel werden die übrigen Futtermittel nur unzureichend ausgenutzt. Das junge Schwein bleibt im Wachstum zurück, die Mast verzögert sich infolge zu geringer Gewichtszunahmen, und die Schweinehaltung wird unrentabel! Es ist also eher eine Kartoffelmast ohne Getreideschrot möglich, nicht aber ohne Eiweißfutter! Eiweißmangel kann auch die Ursache des Herztodes der Schweine sein!

Da das Schwein im Gegensatz zu den Wiederkäuern die Amide nicht verwerten kann, darf bei Futterberechnungen nicht wie beim Wiederkäuer das verdauliche Roheiweiß, sondern nur das verdauliche Reineiweiß in Rechnung gesetzt werden.

Junge, wachsende Schweine benötigen einen prozentual größeren Anteil an Eiweiß im Futter als ältere, ausgewachsene. Junge Schweine setzen viel Fleisch, aber kein Fett an. Das Eiweiß des Fleisches kann aber nur aus Futtereiweiß gebildet werden. Mangelt es an letzterem, bleiben die Tiere in der Entwicklung zurück und zeigen nur geringe Zunahmen. Nach Richter beträgt der Mehraufwand an Gesamtnährstoff 25%, sofern täglich 75 g des Bedarfes an verd. Eiweiß fehlen. Ausgewachsene Schweine hingegen setzen vorwiegend Fett an. Dieses kann aus Stärke gebildet werden, so daß diese Tiere einen wesentlich geringeren Eiweißbedarf haben. (Siehe auch S. 491/492.)

Das trifft besonders für ältere, ausgewachsene Schweine wie von der Zucht ausgeschiedene Sauen und kastrierte Eber zu. Da mit den großen Mengen des verabreichten Grundfutters bereits erhebliche Mengen Eiweiß gegeben werden, kann auch aus diesem Grunde die Höhe des Eiweißfutters bei älteren Schweinen geringer sein als bei der Intensivmast junger Schweine. 1 kg Kartoffeln enthält z. B. 9 g biologisch hochwertiges Eiweiß, so daß bei 8 kg Kartoffelverzehr eines 80 kg schweren Schweines bereits rund 70 g Eiweiß aufgenommen werden. 1 kg Futtergerste enthält 66 g eines, allerdings für wachsende Schweine biologisch nicht vollwertigen, Eiweißes, das durch tierisches Eiweiß ergänzt werden muß. Junge Schweine benötigen zur Mast etwa 230 bis 250 g Eiweiß täglich, ältere Läuferschweine 220 g. (Bis etwa 2 kg Kraftfuttergaben 12% Eiweißanteil wählen, bei größerem Schrotverzehr genügen dann 5%.)

Tierisches Eiweiß ist biologisch vollwertig, Pflanzeneiweiß dagegen nur in wenigen Fällen. Kartoffel- und Hafereiweiß ist besonders hochwertig und erreicht fast den Wert tierischer Eiweißstoffe. Ganz besonders trifft dies für Trockenhefe zu! Es folgen die Ölsaatrückstände, das übrige Getreide, die gelbe Süßlupine und an letzter Stelle die anderen Leguminosen. Da in rein pflanzlicher Nahrung nicht alle lebenswichtigen Aminosäuren enthalten sind, kann der Eiweißaufbau, d. h. die Fleischbildung, nicht bestmöglich erfolgen. Die jungen Tiere wachsen daher bei Verabreichung von pflanzlichen Eiweißstoffen langsamer.

Pflanzliches Eiweiß genügt also nicht für wachsende Tiere, wohl aber für ausgewachsene über 80 bis 90 kg. Erstere sollen bis 75 kg Lebendgewicht stets 100 g, später 50 g tierisches Eiweißfutter erhalten. Tragende und säugende Sauen können ihren Eiweißbedarf fast ganz mit pflanzlichem Eiweiß decken. Trotzdem empfehlen sich bei hochtragenden Ferkelsauen Gaben von vitamin- und mineralstoffreichem tierischem Eiweiß, wie Fischmehl und Trockenhefe.

Folgende Eiweißstoffe stehen zur Verfügung:

1. Abfälle der Milchverarbeitung (Magermilch, Buttermilch, Molke)
2. Sonstige tierische Eiweißfutterstoffe (Fischmehl, Fleischmehl, Blutmehl, Tierkörpermehl)
3. Hülsenfrüchte
4. Ölsaatenrückstände (Extraktionsschrote)
5. Junges, eiweißreiches Grünfutter
6. Klee- und Luzernespreu.

Magermilch

In keinem Nahrungs- und Futtermittel sind die notwendigen Nährsalze in so vollkommener Form enthalten wie in der Milch! Magermilch (3,6% Eiweiß, 0,02% Fett), das hochwertigste Eiweißfuttermittel (enthält auch phosphorsauren Kalk), wird am besten in dicksaurem Zustand, niemals aber ansauer (schwere Durchfälle, besonders bei jungen Tieren) und zur Verhütung von Verdauungsstörungen nur blutwarm, zumindest stallwarm verabreicht, und zwar vor der Mahlzeit als Tränke. Sie sollte rd. 20% vom Gesamtfutter ausmachen. Auf einer Mindestgabe von 1,5 l besser 3 l Magermilch oder gleichwertigem tierischen Eiweißfutter beruht der wirtschaftliche Erfolg der Schweinemast! Ab 75 kg Gewicht kann dieses Futter auch durch 50 g Fisch-, Blut-, Fleischmehl usw. und 200—300 g Süßlupinenschrot oder 400—500 g Bohnen-, Erbsen-, Wicken- oder Peluschkenschrot ersetzt werden.

Wird Grünfutter gegeben, genügen 2 l Magermilch als Eiweißgabe. Werden mehr als 2 l Magermilch je Tier und Tag gereicht, sind täglich 20 g Mineralstoffe mit 12% Phosphorsäure beizufüttern.

Die Milchsäuerung darf nur in Gefäßen aus Holz, Steingut oder Ton erfolgen. Zinkgefäße werden von der Säure angegriffen (Vergiftungserscheinungen durch Zinksäure!).

100 kg dicksaure Magermilch können durch 9 kg Trockenmagermilchpulver als alleiniges Eiweißfutter ersetzt werden. Auflösen des Magermilchpulvers in Wasser ist nicht erforderlich.

Buttermilch Hat infolge ihres, wenn auch geringen, Fettgehaltes von 0,5—0,7% etwas höheren Futterwert als Magermilch und ist sehr bekömmlich (3,6% Eiweiß). Bei ausschließlicher Verfütterung (Vitamin-A- und D-Mangel) entsprechende DLG-Mineralstoffmischung zugeben.

1 Liter Magermilch oder Buttermilch kann ersetzt werden durch:

50 g Fleischmehl, Blutmehl
60 g Fischmehl, Tierkörpermehl
75 g Eiweißkonzentrat, Trockenhefe
100 g Süßlupinenschrot
150 g Bohnen-, Erbsen-, Peluschkenschrot
4 l Molke

Höchstgaben an Mager- oder Buttermilch bei Fortfall anderer Eiweißfuttergaben:

je säugende Sau: 5 l
je Saugferkel in der 5.—8. Lebenswoche: 1/4—3/4 l
je Absatzferkel und Läuferschwein: 1 l
je Mastschwein in der Jugendmast: 3 l
je Mastschwein in der Spätmast: 1 1/2 l

Molke Die bei Quark- und Käsezubereitung anfallende Molke (0,7% verdauliches Eiweiß, 4,6% Milchzucker und 0,2% Fett) findet in der Schweinemast (auch für Sauen, größere Zuchtläufer und Kälber, Jungbullen, Milchkühe, Fohlen sowie Hühner geeignet) ihre beste Verwendung. Die Nährsalze der Milch bleiben beim Verkäsen der Milch in der Molke (dem Käsewasser) zurück, die auch noch das wasserlösliche Milcheiweiß, Milchvitamine und Milchzucker enthält. Das Eiweiß-Stärkeverhältnis der Molke entspricht mit etwa 1:7 ungefähr dem Nährstoffbedarf eines wachsenden Mastschweines. Molke ist im Gegensatz zu Magermilch kein ausgesprochenes Eiweißfutter, aber ein ausgezeichnetes Beifutter in der Schweinemast. Selbst kleine Mengen wirken auf die Zunahmen günstig!

10 l Frischmolke enthalten etwa 70 g hochwertiges Eiweiß und 480 Stärkeeinheiten, darunter — besonders wichtig! — mindestens 400 g Milchzucker; außerdem noch Milchsalze.

Es entsprechen:
4 l Molke = 1 l Magermilch
6 l Molke = 100 g Fischmehl oder Eiweißkonzentrat bzw. 200 g Hülsenfruchtschrot
12 l Molke = 1 kg Futtergerste.

SCHWEINEBUCHTEN

Tiefbucht

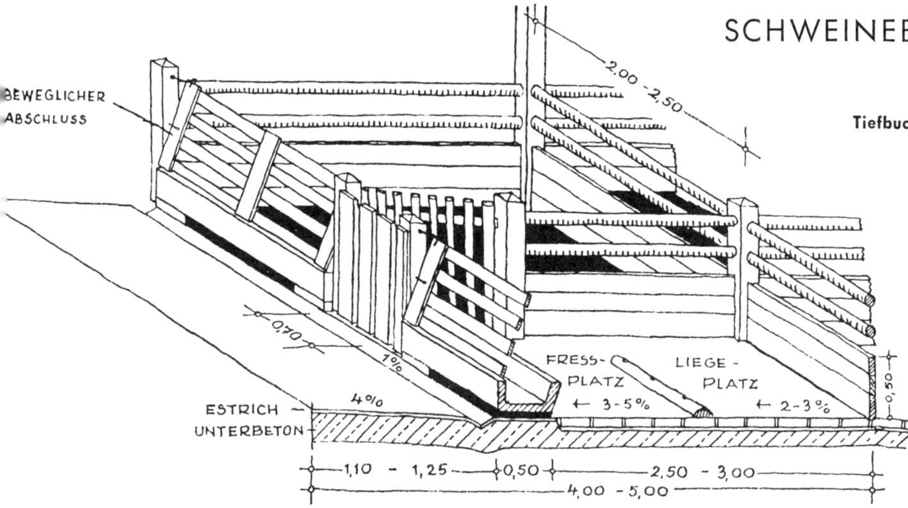

Dänische Bucht

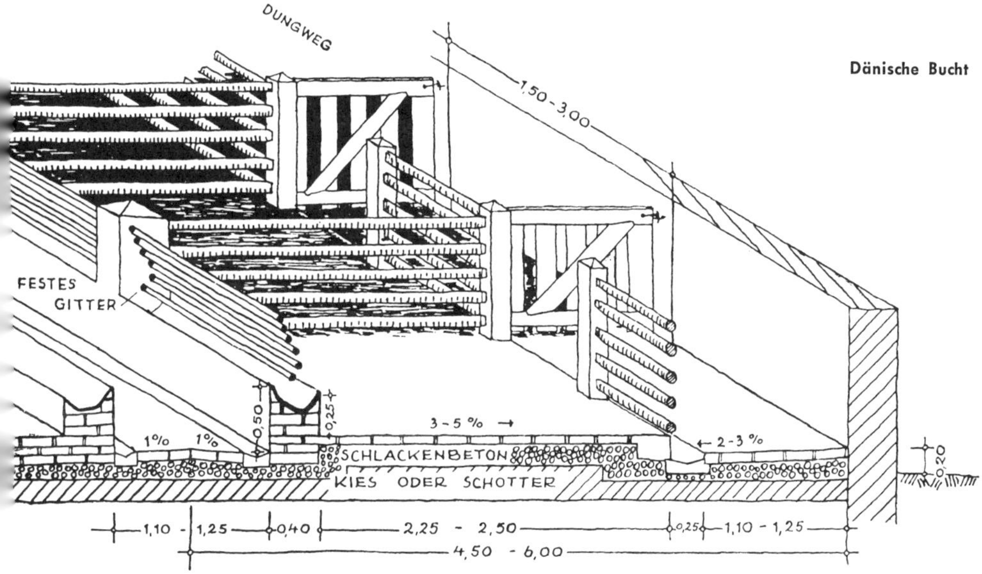

Langbucht

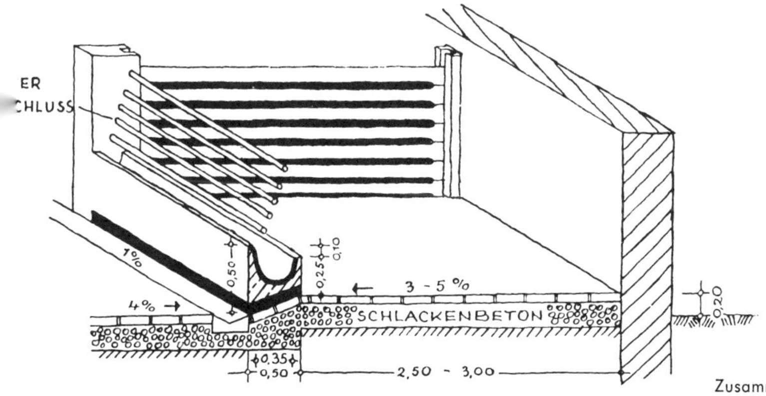

Zusammengestellt von Prof. Dr. Ing. Erbs

Schwenkklappen mit einfach zu bedienender Einstellvorrichtung über Schweinetrögen

Arbeitsparende Trogausbildung ohne Schv
gitter, mit festem Trogaufsatz aus Holz,
Wolff. (Troglänge, Material siehe Seite

SCHWEINESTÄLLE UND -HÜTTEN

Trennwände aus senkrecht stehenden aufgetrennten, geschälten Kieferstangen. Sie werden von den Schweinen nicht angefressen. (S. S. 546)

Den Zuchtsauen und Ferkeln wird im Auslauf Grünfutter gereicht. Ausläuf
am Stall betoniert, weiter ab können die Tiere wühlen. (Siehe Seite 547)

Offenstall auf dem Esso-Hof „Dethlingen". Ausmisten mit dem Frontlader. (Esso-Bild)

Halboffenstall mit Futterdurchfahrt und deckenlastiger
Strohlagerung in einer früheren Scheune des Unimog
„Murghof". (S. 639)

Frische Süß- oder Labmolke (aus der Verkäsung süßer Milch) ist etwas höher zu bewerten als Sauer- oder Quarkmolke (aus der Verkäsung saurer Milch), bei der der Milchzucker zu etwa 70% in Milchsäure umgewandelt ist. Saure Molke wirkt laxierend. **Frischmolke**

Molke wird am besten als Frischmolke verfüttert (bis zu etwa 2 Pfg. pro Liter wirtschaftlich) und darf besonders im Sommer nicht zu alt werden. Während mäßig saure Molke noch verfüttert werden kann, ist lange abgestandene, bereits in Gärung übergegangene Molke (Blasenbildung) für die Tiere schädlich. Molkebehälter (nur Holz- oder Steingefäße!) müssen daher stets saubergehalten werden. Im Winter Molke in lauwarmem Zustand verabreichen.

Bei der Molkenfütterung soll pro Mahlzeit wenig, aber so oft wie möglich gefüttert werden, d. h. 4—5mal am Tage. Bei zu großen Pausen zwischen den einzelnen Mahlzeiten schlingen und stopfen die Schweine sich voll. Dadurch kann Durchfall entstehen, und das Futter wird schlecht ausgenutzt. Normaler Kot ist bei Molkenmast sehr dünnbreiig, daher täglich zweimal einstreuen oder an Stelle von Stroh für die Lagerstätte der Tiere Lattenroste verwenden. Besonders im Winter auf trockene Ställe achten! Buchten nicht zu stark belegen.

Molke und Schrot bzw. Kartoffeln sind getrennt zu verabreichen. (Immer nur etwas zu steifem Brei anrühren, aber vor jeder Mahlzeit frisch, damit kein Futterverlust durch Gärung entsteht.) Am besten wird also aus zwei Trögen gefüttert, von denen der eine für Molke zur beliebigen Aufnahme, auch zwischen den Mahlzeiten, dient. Besteht diese Möglichkeit nicht, wird erst Molke und anschließend das feste Futter gegeben. Der Übergang zur Molkenfütterung ist allmählich, mit langsam steigenden Mengen, vorzunehmen.

Läuferschweine sollen zu Beginn der Molkenmast mindestens 35 bis 40 kg wiegen. Jüngere Tiere (bis zu 60 kg Lebendgewicht) erhalten, solange sie noch nicht 10 l Molke täglich aufnehmen, 150 g Fischmehl oder Eiweißkonzentrat, 250 g Süßlupinenschrot oder 400 g Bohnenschrot zusätzlich. Bei einem Molkenverzehr von 10—15 l werden 100 g Fischmehl oder Eiweißkonzentrat, 150 g Süßlupinenschrot oder 250 g Bohnenschrot verabreicht. Molkengaben über 15 l erfordern kein zusätzliches Eiweißfutter mehr, aber Beigabe von Mineralstoffen.

Bei älteren Tieren ist nur dann Eiweißbeifütterung erforderlich, wenn weniger als 10 l Molke gereicht werden. Größere Schweine von 60 kg Gewicht an verzehren täglich 15 bis 20 l, von 80 kg an 25 bis 30 l (je nach Außentemperatur, im Sommer mehr als im Winter).

Wird Molke als Hauptfutter gegeben, und zwar soviel die Schweine aufnehmen, muß mindestens 3/4 kg, besser 1 kg und bei Schweinen ab etwa 75 kg Gewicht 1,5 kg Getreideschrot (Hafer und Gerste im Gemisch) oder anderes festes Beifutter mit verabreicht werden.

In Frage kommen ferner Roggenkleie, Kartoffelflocken, vollwertige Zuckerrübenschnitzel. Auch etwas junges Grünfutter, im Winter als Silage, bildet gute Zukost in der Molkenmast. Das Schrot wird nicht angefeuchtet (höchstens ein wenig mit Molke zu Krümelfutter), dazu in einem Sondertrog süße Molke nach Belieben. Kartoffeln sind des hohen Wassergehaltes wegen (etwa 75%) bei größeren Molkegaben nicht angebracht. Beifütterung von gekörnter Holzkohle zweckmäßig.

2—3 Wochen vor dem Schlachten wird zur Verbesserung der Fleischqualität die Molkengabe auf 8—10 l täglich eingeschränkt und dafür Kartoffeln oder mehr Schrot verabreicht.

Stehen nur geringe Molkenmengen zur Verfügung, gebe man: Hauptfutter: Satt Kartoffeln bzw. Rüben oder Kartoffeln und Rüben. Zufutter: ½ kg Schrot und 8 l Molke oder ¾ kg Schrot und 10—12 l Molke.

Weitere Futterbeispiele (neben satt Kartoffeln):

Molke (Ltr.)	8—10	8—10	8—10	10—15	10—15	10—15	15—20
	g	g	g	g	g	g	g
Fischmehl oder Eiweißkonzentrat	150	—	—	100	—	—	—
Süßlupinenschrot	—	250	—	—	150	—	—
Bohnenschrot	—	400	400	—	—	250	—
Getreideschrot	—	—	—	—	—	—	1 kg

Dickmolke

In eingedicktem Zustande (1 : 4) lassen sich mit Molke besonders gute Zunahmen erzielen. Bei der Verfütterung wird die eine halbfeste Masse bildende Dickmolke im Verhältnis 1:1 mit Wasser verdünnt. Läufer mit 70 kg Gewicht aufgestellt, nehmen außer 3 kg Dickmolke noch 3,2 kg Kartoffeln, 0,5 kg Schrot + 0,1 kg Fischmehl auf (Fischmehl nur in der ersten Zeit, auch wenn weniger als 2 kg Dickmolke verabreicht werden). Durchschnittliche Zunahme 830 g pro Tag.

Für 100 kg Zuwachs werden benötigt etwa:

Kartoffeln	Dickmolke	Schrot	Fischmehl
kg	kg	kg	kg
400	492	63	12,6

1 kg Dickmolke enthält etwa 60—70 g verdauliches Eiweiß und 400 bis 500 Stärkeeinh. Durch Säuern der Molke vor dem Eindicken wird Dickmolke haltbar gemacht.

Trockenmolke

Trockenmolke hat fast gleichen Nährwert wie Futtergerste. 1 kg Trockenmolke ersetzt 14 l Frischmolke. 1 kg Trockenmolke enthält 9,4 g verd. Eiweiß- und 588 Stärkeeinh. Im allgemeinen ist Frischmolke wirtschaftlicher als Trocken- bzw. Dickmolke. In der Hackfruchtmast ist Beigabe von 0,5 kg Trockenmolke je Tier und Tag zweckmäßig. Damit läßt sich ein erheblicher Teil des Getreideschrotes ersetzen. Mehr als 800 g sind aber nicht anzuraten, sonst leidet die Futterverwertung. Bei Verabreichung von Trockenmolke haben die Tiere infolge Konzentration der Milchsalze höheren Tränkwasserbedarf.

Wenn der Bezug von Frischmolke ohne weiteres auch transportmäßig möglich ist, ist diese gegenüber der Trockenmolke stets zu bevorzugen. Abgesehen von dem günstigeren Preis der Frischmolke sind in dieser wertvolle Milchvitamine enthalten, die bei dem Trockenprozeß mehr oder weniger verlorengehen dürften. — Bei ausgesprochener Molkenmast belaufen sich die täglichen Zunahmen im Winter auf etwa 500 g und im Sommer bis zu 600 g. Allerdings lassen sich hierbei keine Speckschweine, sondern nur Fleischschweine erzielen.

Fischmehl, Fleischmehl, Blutmehl

An zweiter Stelle der Eiweißfuttermittel stehen Fisch-, Fleisch- und Blutmehl. Fischmehl (verdaul. Eiweißgehalt ca. 50%) ist reich an phosphorsaurem Kalk (normal 25%) und deshalb besonders wertvoll. Die fett- (2—3%) und salzärmsten (bis 4%) Fischmehle sind zu bevorzugen, weil sie am eiweißreichsten sind und größere Salzgaben (über 2 g/kg Lebendgewicht) schaden. Schweine, die reichlich Salz aufnehmen, gehen ein, sofern sie nicht gleichzeitig ausreichend Gelegenheit zur Tränke haben. Am besten sind die fettarmen (2—3%) Dorschmehle. Fettreiche Fischmehle (10—20%) geben Fleisch und Fett bei Verabreichung von über 100 g je Tier und Tag einen Trangeschmack, auch werden derartige Fischmehle leicht ranzig und verderben. Daher ist mit dem Verfüttern von fettreichem Fisch- oder Heringsmehl etwa 4 Wochen vor dem Schlachten aufzuhören. Fleisch- und Blutmehl enthalten 64 bzw. 70% verdaul. Eiweiß.

Eiweiß-konzentrat

Gemisch von Fisch-, Fleisch-, Blut- und Tierkörpermehl, Knochenschrot und pflanzlichen Eiweißfuttermitteln, wie Trockenhefe, extrahiertem Sojaschrot usw., Süßlupinenschrot, Trockengrünfutter sowie Mineralstoffe. Als vollwertiges Eiweißfuttermittel (45—50% verdaul. Eiweiß enthaltend) ist DLG-Eiweißkonzentrat für die Schweinemast besonders geeignet. Etwa 250 g decken den täglichen Eiweißbedarf eines Mastschweines bei der Schnellmast von etwa 20—110 kg Gewicht.

Trockenhefe

Trockenhefe (meist in Form von Bierhefe), ein hellbräunliches Mehl mit leicht bitterem Geschmack, ist für die Schweinemast ein besonders hochwertiges und leichtverdauliches, pflanzliches Eiweißfuttermittel, aber sehr teuer. Sie enthält 43% verdauliches Eiweiß. Daher ist Trockenhefe den Eiweißfuttermitteln tierischer Herkunft gleichzusetzen. In großen Mengen verabreicht, wirkt getrocknete Bierhefe abführend. Frische Bierhefe kann Verdauungsstörungen hervorrufen und wird daher besser aufgekocht verfüttert. Zu bevorzugen ist getrocknete Bierhefe. Diese ist auch als Eiweißfutter für Saugferkel, säugende Sauen und Küken bestens geeignet. (Im Gemisch mit tierischem Eiweiß.)

Futterhefe wird auch aus Kartoffeln, Holzzucker oder der billigeren Sulfitablauge gewonnen. Trockenhefe darf nicht gekocht werden, sonst leidet der Futterwert. Sie ist nicht unbegrenzt haltbar, sondern zersetzt sich bei feuchter Lagerung und Witterung.

Ölkuchen

Ölkuchen gebrochen und in Wasser aufgelöst (auch in Form von Extraktionsschrot) sind wegen ihrer schleimigen Beschaffenheit für kranke Tiere besonders geeignet. Leinkuchen ist für alle wachsenden und Milch gebenden Tiere ein sehr gutes Kraft- und Eiweißfutter, von dem Schweine eine sehr saubere, klare Haut bekommen. Auch Sojaschrot und Erdnußkuchen werden von Schweinen gut gefressen. Baumwollsaatmehl ist für Schweine nicht geeignet, da es vielfach tödliche Erkrankungen der Tiere hervorruft. Im übrigen werden Ölkuchen vom Rind besser ausgenutzt.

Rapsschrot

Die Verfütterung von extrahiertem Rapsschrot ist sowohl an Zuchtsauen als auch an wachsende Jungschweine und Mastschweine möglich. Ferkel werden zweckmäßigerweise nicht mit Rapsrückständen gefüttert, die erst von Schweinen über 40 kg vertragen werden. Für Zuchtsauen kommen Tagesgaben bis 400 g, für Mastschweine von 100 g bis höchstens

150 g in Frage. Die Zugabe von kleinen Mengen Magermilch als Tränke trägt zur Verbesserung des Masterfolges erheblich bei.

Es enthalten verdauliches Eiweiß:

Hülsenfrüchte (Siehe auch S. 521)

Süßlupinenkörner, gelbe	37%	Erbsen	20%
Süßlupinenkörner, blaue	27%	Peluschken	20%
Ackerbohnen	22%	Wicken	20%

Süßlupinenschrot kann bei der Schweinemast den Eiweißbedarf der Tiere decken, wenn 20—25% tierisches Eiweiß zugefüttert wird. Auch für säugende Sauen und Ferkel läßt sich ein Teil des Eiweißfutters durch Süßlupinenschrot ersetzen.

Grünfutter (S. 502, 514, 516)

Das Eiweiß von jungem Grünfutter wird vom Schwein zu 70 bis 75% ausgenutzt und somit wesentlich besser verwertet als das Erbsen- oder Bohnenschrot-Eiweiß. Weidegang ist der Verfütterung von Grünfutter im Stall vorzuziehen. Junges Grünfutter enthält etwa 2—2,5% verdaul. Eiweiß, Getreide 6—9% Eiweiß, während Kartoffeln und Rüben mit 1,0 bzw. 0,6% eiweißarm sind. Bei der Schnellmast ist Beigabe von Grünfutter nicht zweckmäßig. (Trockengrünfutter S. 472.)

Klee-Luzernespreu

Wertvolles Eiweißfuttermittel, enthält außerdem Karotin (Vorstufe für Vitamin A) und Mineralstoffe. 1 kg trockene Luzerneblättchen (Heuboden) enthält etwa 78 g verdauliches Eiweiß, also reichlich soviel wie 2 l Magermilch! Getrocknete Luzerneblätter, auch Kleespreu, sind gutes Beifutter für die Rübenmast. (Bis zu 200 g je Tier und Tag.)

Sämtliche Eiweißfuttermittel, außer Bohnen (siehe S. 521), dürfen nicht gekocht werden (Zerstörung wertvoller Stoffe), sondern sind dem übrigen Futter trocken beizumischen.

Futterkalk (S. 407)

Fischmehl, Getreidekörner und Hülsenfrüchte sind reich an phosphorsaurem Kalk und decken annähernd den täglichen Kalkbedarf des wachsenden Schweines. Bei Verfütterung von Fischmehl, Getreide- bzw. Hülsenfruchtschrot genügt daher eine Beigabe von 1—2% kohlensaurem Kalk in Form von Schlämmkreide oder dem billigeren Kalksteinmehl. — Auch tägliche Gaben von zwei Handvoll Klee-, Serradella- oder Luzerneblättern decken den Kalkbedarf eines Schweines. (Nicht kochen bzw. überbrühen, sondern roh verabreichen.)

Andernfalls sind, besonders bei Verfütterung von Hackfrüchten und deren Abfallprodukten sowie Molken, zur Vermeidung von Knochenerkrankungen folgende Tagesgaben an phosphorsaurem + kohlensaurem Kalk oder DLG-Mineralstoffmischung IIa erforderlich:

Ferkel	5 g	Mastschwein	25 g
Absatzferkel	10 g	Sauen	50 g
Läuferschwein	20 g		

Bei Verfütterung von Eiweißkonzentrat oder eines DLG-Fertigfutters erübrigt sich bei Schweinen Beigabe einer Mineralstoffmischung.

Wasserbedarf

Täglich bis zu 10—15 Liter. Der Wasserbedarf richtet sich nach dem Wassergehalt des aufgenommenen Futters und der Außentemperatur. Die Tränke, ob Wasser, Milch oder Molke, ist stets vor Futterzuteilung zu geben (Wasser etwa ½ Stunde vor der Mahlzeit), sofern den Tieren nicht ständig Wassertröge zur Verfügung stehen, was aber nicht unbedingt erforderlich ist. Arbeitserleichternd sind Selbsttränkebecken (S. 546).

Die Mast

Futterzeiten

Täglich zweimaliges Füttern ist einer dreimaligen Fütterung schon wegen der damit verbundenen Stallruhe, insbesondere bei Mastschweinen, unbedingt vorzuziehen. („Ruh und Rast ist die halbe Mast.“) Nur bei starken Zuckerrübengaben, bei Verabreichung von Molke und sofern viel Grünes gereicht wird, empfiehlt sich dreimaliges Füttern, desgleichen bei jungen Schweinen unter 4 Monaten.

Sonntagsfütterung kann zur Arbeitsentlastung zumindest bei Getreidemast (S. 537) ohne Nachteile für Gewichtszunahme und Futterverwertung der Mastschweine ganz ausfallen. Bei übrigen Mastmethoden genügt einmalige Sonntagsfütterung, und zwar morgens. (Entlastung des Darmes begünstigt Freßlust an übrigen Tagen.) In beiden Fällen nach dem Füttern Tröge mit Wasser füllen, Stalltüren bis Montagmorgen fest verschließen. Rationen nicht erhöhen!

Trockenfütterung

Wichtig ist Trockenfütterung (Breiform). Diese sollte gegenüber der veralteten Methode der Naßfütterung (Suppenform), insbesondere bei der Mast, selbstverständlich sein. Flüssiges Futter schlingt das Schwein, ohne es zu kauen und einzuspeicheln, herunter, so daß es schlecht ausgenutzt wird. Suppenartige Fütterung ruft bei Zuchttieren weichen Rücken und Hängebauch hervor, die Eingeweide erschlaffen, und die Tiere sind nicht so widerstandsfähig. Spülwasser mit einer Handvoll Futtermehl ist weder für Zucht- noch für Mastschweine geeignet! Je weniger Wasser das Futter enthält, desto reiner und trockener bleiben auch Ställe und Lagerstätten der Tiere.

Schweinefutter soll also in dickbreiig-krümeliger Form gegeben werden. Der gut durchknetete Futterbrei, der nur so viel angefeuchtet wird, daß die Mehlbestandteile des Schrotfutters nicht fortgeblasen werden, muß so dick sein, daß eine Schaufel im Eimer stehenbleibt. — Nur bei säugenden Sauen, die mit der Milch viel Flüssigkeit absondern, wird eine Ausnahme gemacht, desgleichen bei Fütterung größerer Mengen Frischmolke (vornehmlich an Mastschweine), die aber getrennt vom Kraftfutter gereicht wird.

Kalt füttern

Falsch ist auch Anwärmen des Futters sowie Kochen oder Überbrühen des Kraftfutters mit heißem Wasser. Durch Aufbrühen wird eine bessere Verdaulichkeit nicht erreicht. Selbst im Winter wird kaltes Futter genauso gut verwertet! Man spart Arbeit und Feuerungsmaterial, außerdem hat es den Vorteil, daß, auch wenn der Trog erst nach Stunden leer gefressen wird, sich das Futter in Geschmack und Beschaffenheit nicht verändert, also auch die Futteraufnahme besser ist.

Futtermenge

Um übermäßigen Fettansatz bei Fleischschweinen zu vermeiden, sollen über 50 kg schwere Tiere zugeteilte Futtermengen erhalten. Bei Getreidemast auf „blankem Trog“ füttern, d. h. die Ration soll in etwa 20 Minuten verzehrt sein. Bei Kartoffelmast ist das Grundfutter (je nach Stärkegehalt der Kartoffeln) auf 8—9% des jeweiligen Lebendgewichtes zu beschränken. Nur bei überwiegender Rübenfütterung kann auf volle Sättigung gefüttert werden.

Vermengen des Grundfutters mit dem Kraftfutter nicht erforderlich (arbeitsersparend). — Sauen und Mastschweine niemals gleichartig füttern. — Futterwechsel nur allmählich vornehmen. Schroffe Übergänge von einem Futter zum andern beeinträchtigen die Freßlust der Tiere. — Futterzeiten genau einhalten!

Stall-temperatur

Die meist unruhigen Läuferschweine gehören nicht in den Maststall! Für magere Futterschweine soll die Temperatur 15—17° betragen, kann jedoch in ausreichend trockenen Ställen auch darunter liegen. Mastschweine fühlen sich bei 11—13° C am wohlsten und zeigen hier die beste Futterverwertung. Zuviel Wärme verringert die Freßlust. — An heißen Sommertagen Stallgänge mit Wasser besprengen sowie Dung täglich entfernen. (Vorbeuge gegen Rotlauf und Wurmerkrankungen.)

Probewiegen

Zur Vermeidung von Fütterungsfehlern und zur Ausschaltung schlechter Futterverwerter ist zehntägiges Probewiegen, morgens, nüchtern, erforderlich. (Stallwaage mit Schiebegewichten empfohlen!)

Fleischmast (Schnellmast)

Grundsätzliches

Die Mast junger, wachsender Schweine mit hohem Fleischanteil verbraucht die geringsten Nährstoffmengen, da 1 kg reiner Fettzuwachs 9500 Kalorien erfordert gegenüber nur 1352 Kalorien für 1 kg reinen Fleischzuwachs. (Futterverbrauch unter 4 kg je kg Zuwachs erwünscht!)

Mit zunehmendem Alter steigt nicht nur die Fettbildung, sondern auch der absolute Grundfutterbedarf. (Mageres Fleisch enthält nur etwa 2% Fett, fettes Fleisch dagegen bis zu 30%, und zwar befindet sich das Fett beim lebenden Tier in flüssiger Form, während es nach dem Tode durch Gerinnen fest wird.) Daher wird die Futterverwertung, bezogen auf den Gewichtszustand, mit fortschreitendem Alter immer ungünstiger, die Schlußmast also teurer. Es sollten also für die Fettmast (150 kg und darüber) nur Tiere mit entsprechender Frohwüchsigkeit und guter Futterverwertung genommen werden.

Bei der Schnellmast werden die Tiere bereits im Alter von 10—12 Wochen mit 20—25 kg Lebendgewicht zur Mast aufgestellt und mit hochverdaulichem Kohlehydratfutter und ausreichenden Eiweißmengen unter Ausnutzung der schnellen Jugendentwicklung in 4—5 Monaten schlachtreif gemacht. Die Tiere sind dann im Alter von 6—7 Monaten, 100—110 kg schwer, schlachtreif. Derartige Fleischschweine mit nur geringem Fettanteil werden in heutiger Zeit vom Markt bevorzugt gewünscht.

Die Futterverwertung liegt in diesem Fall recht günstig, sofern konzentriertes, hochverdauliches Futter und genügend verdaul. Eiweiß, täglich etwa 250 g, gereicht werden. Die Läuferung mit Grünfutter oder Weide fällt größtenteils weg. Zur Schnellmast sind leichtfutterige, schnellwüchsige und frühreife Schweine am besten geeignet. Anzustrebender Futterverbrauch: 3,0—3,2 kg je kg Zuwachs.

Höheres Endgewicht als bis etwa 120 kg rentiert sich bei Schnellmast nicht. Dann müssen die Tiere vor Aufstellung zur Mast unbedingt eine Vorbereitungszeit durchmachen (Wirtschaftsmast).

Kartoffel-schnellmast

Die Tiere erhalten ab etwa 20 kg bis zu einem Endgewicht von 110 kg täglich 1 kg Kraftfutter aus 750 g Getreideschrot einschl. 1/4 Anteil Kleie (am besten Roggenkleie) und 250 g Eiweißfutter. Dazu Kartoffeln bis zur Sättigung. Bei sehr stärkereichen Kartoffeln läßt sich auch mit einem Anteil von 500 g Getreideschrot und Kleie und 250 g Eiweißfutter guter Fütterungserfolg erzielen.

Bei fehlendem wirtschaftseigenem Getreide ist DLG-Schweinemastbeifutter für die Hackfruchtmast in gleicher Menge zu empfehlen.

Die Eiweißfutterration (Fischmehl usw.) kann durch 3,5 kg Magermilch und 50 g Eiweißfutter ersetzt werden. Ferner täglich 20 g kohlensauren Kalk beifüttern.

Ein bewährtes Eiweißfuttermittel ist das DLG-Eiweißkonzentrat. Es enthält sowohl tierisches als auch pflanzliches Eiweiß sowie 5 % Mineralstoffe, so daß sich Beifütterung von kohlensaurem Kalk erübrigt.

Kartoffelverzehr in den verschiedenen Mastabschnitten

(je Tier und Tag neben 1 kg Beifutter).

Gewichtsklasse	Kartoffeln	Gewichtsklasse	Kartoffeln
20— 30 kg	1,8 kg	60— 70 kg	6,5 kg
30— 40 kg	2,8 kg	70— 80 kg	7,5 kg
40— 50 kg	4 kg	80—100 kg	8,7 kg
50— 60 kg	5,5 kg	über 100 kg	10 kg

(Für 100 kg Zuwachs werden 110 kg Schrot und Kleie, 38 g Eiweißfutter und 10 dz Kartoffeln — bei 16% Stärkegehalt — benötigt. Nur bei jüngeren Läufern gehe man über 1,5 l Magermilch unter Zufütterung von 100 g Fischmehl oder Konzentrat nicht hinaus, da die Tiere sonst nicht genügend Kartoffeln fressen.

Die täglichen Gewichtszunahmen beginnen mit etwa 450 g bei 25 kg Mastläufergewicht und betragen bei 80 kg Gewicht etwa 700 g. Sie sollen sich im Durchschnitt der Mastperiode auf etwa 650 g belaufen. Die Tiere müssen (bei starken Eiweißgaben) im Alter von 6½ Monaten etwa 110 kg wiegen, mit 7 Monaten 115 kg (vollfleischig, aber fettarm).

Infolge der hohen Verdaulichkeit der Kartoffeln (94%) kann das Zufutterschrot in der Kartoffelmast restlos aus Haferschrot oder mit der Spindel geschrotetem Mais bestehen. Auch die verschiedenen Kleiearten lassen sich hier mit Erfolg verwenden. (Siehe S. 521.)

Das Getreideschrot läßt sich bei gleichem Masterfolg auch durch ein Gemisch von Kartoffelflocken und vollwertigen Zuckerrübenschnitzeln (1:1) bei geringer Erhöhung des Eiweißfutters ersetzen. Das in der Kartoffelmast in gewissen Mengen ebenfalls zu verwendende Luzerneheumehl (bestenfalls 500 g je Tier und Tag, sonst leidet die Gesamtfutteraufnahme) und getrocknetes Zuckerrübenblatt ermöglichen die Einsparung gleicher Mengen Getreideschrot (bei getrocknetem Zuckerrübenblatt gegebenenfalls das gesamte Schrotfutter), nicht aber eine wesentliche Senkung des Eiweißfutters.

Futterbeispiele:

Satt Kartoffeln, dazu je Tier und Tag (g):

Schrotzufutter	a) Schweine unter 80 kg Gewicht				
Getreideschrot	—	500	600	500	200
Kartoffelflocken	350	—	—	—	—
Zuckerrübenschnitzel	350	—	—	—	—
Luzernemehl	—	300	—	—	—
Trockenblatt	—	—	300	—	300
Eiweißbeifutter					
Eiweißkonzentrat	300	200	100	250	150
Magermilch	—	—	1,5	—	2

Schrotzufutter	b) Schweine über 80 kg Gewicht				
Getreideschrot	—	350	300	500	—
Kartoffelflocken	375	—	—	—	—
Zuckerrübenschnitzel	375	—	—	—	—
Luzernemehl	—	500	500	—	—
Trockenblatt	—	—	—	—	500
Eiweißbeifutter					
Eiweißkonzentrat	250	150	—	200	—
Magermilch	—	—	2	—	3,5

Reine Kartoffelmast

Auch eine Mast ohne Getreide, bei Schrotmangel nur mit Kartoffeln und Eiweißbeifutter, ist möglich, wenn auch infolge etwas geringeren Kartoffelverzehrs die Zunahmen niedriger bleiben. Eine derartige Mast empfiehlt sich erst bei etwas größeren Schweinen, frühestens von 50 bis 60 kg, besser jedoch erst von 80 kg Gewicht ab. Die Tiere sollen bis zu diesem Zeitpunkt 500 g Getreideschrot + 250 g Eiweißfutter bzw. 150 g + 1,5 Liter Magermilch erhalten. Die Eiweißgaben müssen dann auf 300 g Fischmehl, Eiweißkonzentrat oder 4—5 l Magermilch bzw. 150 g Eiweißfutter und 2 l Magermilch erhöht werden, um das mit dem Schrotfutter wegfallende Eiweiß zu ersetzen. Auch muß man die mit dem Schrot wegfallenden Ballaststoffe durch Beifütterung einer geringen Menge Spreu oder Heuhäcksel ausgleichen, um Durchfall zu vermeiden. Das Verfahren ist jedoch *nur bei stärkereichen Kartoffeln zu empfehlen.*

Kartoffel-Rübenmast (Siehe auch S. 524)

Die Kartoffeln können ohne wesentliche Verringerung der Zunahmen zur Hälfte durch Zucker-, Gehalts-, Mohrrüben oder Kohlrüben ersetzt werden. *Tageszunahmen* von etwa 650 g bei einem Anfangsgewicht von 35—50 kg und einem Endgewicht von 110—120 kg sind zu erreichen. (Zerkleinerte Gehalts- oder Zuckerrüben, letztere in Breiform mit gedämpften Kartoffeln im Verhältnis 1:1 mischen, dazu 100 g Fischmehl bzw. 150 g Eiweißkonzentrat und 1½—2 l Magermilch sowie 500 g Gerstenschrot.) Rüben enthalten weniger Eiweiß als Kartoffeln, so daß bei höherem Anteil der Rüben das Eiweißfutter um 50 g je Tier und Tag zu erhöhen ist. — Die geringere Zunahme wird durch die verbilligte Mast reichlich ausgeglichen.

Rübenblatt- bzw. Grünfuttermast

Die im Gemisch eingesäuerten Futterstoffe (siehe S. 343) stellen ein sehr brauchbares, eiweißreiches Mastfutter dar. Nach Nehring wurden folgende Ergebnisse erzielt:

Gärfutter aus	Zunahmen tägl.
reinen Kartoffeln	777 g
Kartoffeln — Zuckerrübenblatt 3:1 . . .	626 g
1:1 . . .	606 g
1:3 . . .	504 g

Nehring empfiehlt daher:

an jüngere Tiere ein Gemisch von Kartoffeln : Blatt von 1:1,5—2, an ältere Tiere ein Gemisch von Kartoffeln : Blatt von 1:1, dazu 100 g eines tierischen Eiweißfuttermittels oder 2 l Magermilch bzw. 1 l Magermilch und 100 g Süßlupinenschrot.

Getreidemast

Bei der Getreidemast soll der Schweinepreis etwa das 7fache des Getreidepreises betragen. Die Mastzeit ist gegenüber der Mast mit Hackfrüchten etwas kürzer. Es wird kein Feuerungsmaterial benötigt und Arbeit gespart (Dämpfen, Silage usw.).

Futterbeispiel (nach Schmidt)

Getreide-intensivmast

Im 1. Drittel der Mast 1,5 kg Schrot + 4 l Magermilch
im 2. Drittel der Mast 2,5 kg Schrot + 3 l Magermilch
im 3. Drittel der Mast 3,5 kg Schrot + 2 l Magermilch
oder anderes Eiweißfutter und 10—20 g Schlämmkreide täglich.

Futterverbrauch für 100 kg Zuwachs: 350—400 kg Gerste, 30 kg Eiweißbeifutter bzw. 450 l Magermilch. — Tägliche Zunahme 650 g und mehr. Schlachtreife mit 6—7 Monaten Lebenszeit im Gewicht von etwa 110 kg.

Das Getreide kann teilweise durch Kartoffelflocken (bis 40%), Zuckerrübenschnitzel (bis 20%) usw. ersetzt werden. Verwendung der schwerverdaulichen Kleie ist nur zu einem geringen Prozentsatz (5—10%) bei hohem Anteil des Schrotgemisches an hochverdaulichem Mais anzuraten, da andernfalls die Verdaulichkeit des Futters unter 80% sinken würde, was eine wesentlich schlechtere Futterverwertung zur Folge hätte. Da Mais aber weichen Speck und schmieriges Fleisch erzeugt, darf der Anteil am Gemisch 50% nicht übersteigen. Andernfalls muß Mais 6—8 Wochen vor Beendigung der Mast durch Gerste ersetzt werden. (Siehe S. 520.)

Bei Verfütterung von DLG-Grundstandard für die Getreidemast erhalten die Tiere davon bis 1,5 kg täglich und sobald größere Futtermengen aufgenommen werden (mit etwa 35 kg Gewicht) zusätzlich wirtschaftseigenes Getreideschrot bis zur Sättigung. Bei hochwertigem Getreide — z. B. ausschließlich gutes Gerstenschrot — kann das Standardfutter ab 50 kg Lebendgewicht auf 1 kg täglich gesenkt werden (zur Eiweiß- und Kostenersparnis).

Fettmast (Wirtschaftsmast)

Vorbereitung der Läufer

Von der 14. Lebenswoche ab ist eine 2 bis 3 Monate lange Läuferzeit einzuschalten (mindestens bis zu einem Gewicht von 50 kg, besser 60 bis 70 kg). Die Tiere erhalten während dieser Zeit ein mehr voluminöses Futter zur Weitung von Magen und Darm, und zwar im Sommer Weide oder junges, gehäckseltes Grünfutter, insbesondere Rotklee (Weidegang bis zu einem Alter von 5—6 Monaten), und im Winter Rüben mit Spreu in Mengen von 6—7½ kg täglich, dazu etwa das gleiche Beifutter wie für Zuchtläufer (1 kg). Während dieser sogenannten Vorbereitungszeit sollen die Tiere so billig wie irgend möglich ernährt werden, damit die Mast durch die verlängerte Haltungszeit nicht unnötig verteuert wird. Auf keinen Fall darf ein zu mastiges Futter gereicht werden, sonst gelingt es nicht, die Tiere so lange bei guter Freßlust zu halten, bis sie das erwünschte Endgewicht von etwa 150 kg erreicht haben. Daher sollen Schweine, die bei etwa 110 kg Gewicht erheblich mit der Freßlust nachlassen, baldmöglichst abgestoßen werden. Sonst wird die Endmast zu teuer.

Vorteilhaft ist es, zur Mast vorgesehene Läuferferkel nach dem Absetzen bis zu einem Alter von etwa 4 Monaten täglich wenigstens ½ l, besser jedoch 1—2 l Magermilch oder Buttermilch pro Kopf zu verabreichen. Diese Tiere entwickeln sich um so frohwüchsiger und erreichen gegenüber den ohne Milch aufgezogenen oftmals schon wochenlang früher die Schlachtreife. Allerdings ist es nicht zweckmäßig, diese Milch als alleiniges Eiweißfutter zu geben (3 l Magermilch würden den Eiweißbedarf decken). Daher gehe man nicht über 2 l Tagesgabe hinaus und reiche nebenher noch etwa 100 g Fischmehl usw. Erhalten die Tiere in den Sommermonaten junges Grünfutter, so genügt 1 l Magermilch und 50 g anderes Eiweißfutter neben entsprechenden Schrotgaben vollkommen. Bei guter Weide oder ausreichenden Mengen jungen Grünfutters kann die Eiweißgabe evtl. fortfallen. 300 bis 400 g tägliche Zunahme müssen erreicht werden, sonst dauert die Vormast zu lange, und der Kraftfutterverbrauch wird zu hoch. (Wichtig ist gute Beschaffenheit von Grünfutter und Rüben, auch müssen ausreichende Mengen zur Verfügung stehen.)

Diese Läuferperiode dauert 2—4 Monate, je nachdem, wie schwer das schlachtreife Fettschwein gewünscht wird.

Bei der Mast von Fettschweinen werden die Tiere also erst nach einer Vorbereitungszeit im Alter von 5—6 Monaten zur Mast angesetzt, um dann auf etwa 150 kg Endgewicht gebracht zu werden (mehr Fett und Speck).

Vom 6. Monat an beginnt die sogenannte Halbmast. (Vorbereitung zur Mast.) Es genügen etwa 4 kg Rüben, 4 kg Kartoffeln, 1 kg Kraftfutter (200 g Eiweiß sowie 0,5—0,75 kg Kleie). Die Tiere sollen während dieser Zeit hauptsächlich Fleisch bilden. Daher dürfen nicht ausschließlich Kartoffeln gefüttert werden, sonst werden die Schweine zu schnell fett und fressen dann schlecht.

Die Haupt- oder Vollmast beginnt vom 7. Monat an bei 70—80 kg Gewicht. Jetzt kann zur reinen Kartoffelmast übergegangen werden. Die Tiere verzehren etwa 6—7 kg und bei steigender Futteraufnahme bis 10 kg Kartoffeln täglich. Das Schrotfutter kann aus 1 kg Gerste und 1 kg Roggenkleie bestehen. Bis zu 100 kg Gewicht müssen wenigstens 200 g verdaul. Eiweiß im täglichen Futter enthalten sein, davon ein Teil tierisches Eiweiß. Bei über 100 kg Gewicht kann die Höhe des Eiweißbeifutters geringer sein als bei der Intensivmast junger Schweine, weil mit den großen Mengen des verabreichten Grundfutters bereits viel Eiweiß gegeben wird. Da überwiegend Fettzuwachs und nur geringer Fleischansatz erfolgt, genügt rein pflanzliches Eiweiß. Dauer der Vollmast etwa 2 Monate.

Weitere Futterbeispiele (in g):

a) neben satt Kartoffeln:	**Schweine unt. 100 kg Gew.**							
Getreideschrot	800	700	500	300	—	300	300	—
Kartoffelflocken	—	—	—	—	400	—	—	—
Zuckerrübenschnitzel . . .	—	—	—	—	400	—	—	—
Trockenblatt	—	—	—	—	—	500	—	—
Luzernemehl	—	—	—	500	—	—	500	—
Eiweißkonzentrat	200	100	250	—	—	250	200	350
Süßlupinenschrot	—	—	—	—	200	—	—	—
Bohnen- od. Erbsenschrot .	—	200	—	—	—	—	—	—
Magermilch (ltr)	—	—	—	3	2	—	—	—
	Schweine üb. 100 kg Gew.							
Getreideschrot	900	900	500	300	—	350	400	—
Kartoffelflocken	—	—	—	—	425	—	—	—
Zuckerrübenschnitzel . . .	—	—	—	—	425	—	—	—

Trockenblatt	—	—	—	—	—	500	—	—
Luzernemehl	—	—	—	500	—	—	500	—
Eiweißkonzentrat	100	100	150	—	—	150	100	250
Süßlupinenschrot	—	—	—	—	150	—	—	—
Bohnen- oder Erbsenschrot . . .	—	—	—	—	—	—	—	—
Magermilch (Ltr.)	—	—	—	1,5	1,5	—	—	—

b) neben Kartoffeln und rohen Rüben satt (1 : 1):

	Schweine unt. 100 kg Gew.					**Schweine üb. 100 kg Gew.**				
Getreideschrot	750	700	625	750	750	850	800	750	750	900
Eiweißkonzentrat . . .	250	150	175	150	150	150	100	100	—	100
Süßlupinenschrot . . .	—	150	—	—	—	—	100	—	—	—
Bohnen- oder Erbsenschrot	—	—	200	—	—	—	—	150	—	—
Magermilch (Ltr.) . . .	—	—	—	2	2	—	—	—	2,5	0,5

c) neben Zuckerrüben satt:

	Schweine über 100 kg Gewicht									
Getreideschrot	700	650	500	750	750	800	800	650	750	900
Eiweißkonzentrat . . .	300	200	200	150	150	200	100	100	—	100
Süßlupinenschrot . . .	—	200	—	—	—	—	100	—	—	—
Bohnen- oder Erbsenschrot	—	—	300	—	—	—	—	250	—	—
Magermilch (Ltr.) . . .	—	—	—	2	2	—	—	—	3	1,5

Bei Mastschweinen im 6.—9. Lebensmonat erzielt man mit $^1/_2$ kg Getreideschrot, $^1/_2$—1 kg getrockneten Zuckerrübenschnitzeln, 200 g Eiweißfutter pro Kopf und Tag, Kartoffel-Zuckerrübensilage oder $^1/_2$ Kartoffeln, $^1/_2$ Zuckerrübenmus bis zur Sättigung, pro Woche 4 bis $4^1/_2$ kg Zunahme. Diese kann sich bis auf 5 kg erhöhen, wenn täglich noch 10 Liter Molke pro Kopf gegeben werden.

Molkenmast siehe S. 528—530.

Ausgemerzte Sauen im Alter von 2 Jahren und darüber erhalten an Mastfutter: 20 kg Kartoffeln, auch Rüben, Rübenblatt, Grünfutter; 1 kg Kraftfutter (60% Weizenkleie und 40% Hülsenfruchtschrot). Weizenkleie läßt sich durch Klee- und Luzerneblätter ersetzen. Fehlt Kraftfutter, genügen 100 g Eiweißfutter.

Tägliche Zunahmen von 700—900 g im Mastabschnitt von 100 bis 150 kg sind bei Tieren, die eine Vorbereitungszeit durchgemacht haben, zu erreichen, so daß ein 150 kg schweres Fettschwein etwa 10 Monate alt ist.

Vorteile der Fettschweinmast gegenüber der Erzeugung leichter Fleischschweine:

1. Verwertung von ballastreichem Wirtschaftsfutter.
2. Verbrauch geringer Mengen Eiweißfutter je Gewichtseinheit.
3. Geringerer Ferkelbedarf (wichtig bei hohen Ferkelpreisen).
4. Erzeugung einer wertvollen Schlachtware (Dauerware).

Nachteile: Die Fettmast erfordert gegenüber der Fleischmast je Kilogramm Zuwachs mehr Nährstoffe als die Fleischmast. Dadurch wird die Schlachtware verteuert.

Es werden benötigt je kg Zuwachs:

Gewichtsspanne:	Gerste:
30—100 kg	3,4—4 kg
70—150 kg	5 kg

Bei einem 100-kg-Schwein werden mit 1 dz Getreide 7 kg Fett und 25,2 kg Fleisch erzeugt. Bei einem 150-kg-Schwein werden dagegen mit 1 dz Getreide nur 6 kg Fett und 17,8 kg Fleisch erzeugt.

Die täglichen Zunahmen, welche sich je nach der Fütterungsart auf 700—900 g belaufen sollen, liegen bei reiner bzw. überwiegend reiner Rübenfütterung zwischen 400 und 600 g.

Bei gesundem und entwicklungskräftigem Ferkelmaterial muß sich bei zweckmäßiger Futterzusammensetzung und gesunden Stallverhältnissen etwa folgender Zuwachs erreichen lassen:

Gew. im 10-Wochen-Alter	20 kg	Gew. im 6-Monate-Alter	85 kg
Gew. im 3-Monate-Alter	28 kg	Gew. im 7-Monate-Alter	105 kg
Gew. im 4-Monate-Alter	42 kg	Gew. im 8-Monate-Alter	130 kg
Gew. im 5-Monate-Alter	60 kg	Gew. im 10-Monate-Alter	150 kg

Vom Absetzen eines ca. 20 kg schweren Läuferschweines bis zur Beendigung der Mast werden folgende Futtermengen benötigt:

a) Schnellmast, 100—120 kg Lebendgewicht

1,1—1,2 dz Getreideschrot und Kleie, 35—40 kg Fischmehl oder 490 bis 560 l Magermilch, 10—12 dz Kartoffeln; ohne Getreideschrot 50 kg Eiweißfutter, 13,5 dz Kartoffeln

oder

½ dz Gerstenschrot
1 dz Maiskolbenschrot } oder 1,5 dz Gerstenschrot
30 kg Süßlupinen- oder Bohnenschrot
300 l Magermilch oder 20 kg Fischmehl
10 dz halb Sauerkartoffeln und halb Zuckerrübenmus (Brei)

b) Fettmast, 150 kg Lebendgewicht und mehr

1,8—1,9 dz Getreideschrot und Kleie
70—80 kg Fischmehl
2 dz Futterrüben (während der Vorbereitungszeit)
15—18 dz Kartoffeln

Altsauen-Kastration

Das Kastrieren von Altsauen, die zur Mast aufgestellt werden sollen, ist nur bei ungewöhnlich langem Rauschen erforderlich bzw. bei krankhaftem Dauerrauschen. Die bessere Gewichtszunahme nach der Kastration ist, unter Berücksichtigung des infolge der Operation entstehenden Gewichtsverlustes (zeitweilig geringere Futteraufnahme), nicht so wesentlich. Hinzu kommt das Risiko der Operation, die komplizierter ist als das Kastrieren männlicher Tiere. Die Kastration darf nur nach Betäubung von einem Tierarzt ausgeführt werden.

Günstigste Zeit zum Schweineschlachten

Am besten zwischen 2 und 5 Uhr morgens. Dann zeigen die Tiere die geringste Lebenstätigkeit. Sind sie dagegen aufgeregt, wird die Haltbarkeit des Fleisches durch die Bildung von Körpersäuren beeinträchtigt. „Zwanzig Stunden Ruhe vor dem Schlachten bekommt dem Schwein und dem Schinken am besten" (altes westfälisches Sprichwort). Sauen nicht während der Brunst schlachten, da geringere Haltbarkeit der Schlachtware infolge schlechteren Ausblutens (keine Dauerware).

Rotlauf

Erreger ist der Rotlaufbazillus, der nur unter bestimmten Umständen aktiv wird: Veranlagung der Tiere, Hitze, Gewitter, feuchtwarmes Wetter, Witterungsumschläge, plötzlicher Futterwechsel (z. B. frische Kartoffeln oder Getreide), Fütterungsfehler (Mineralsalzmangel, keine oder unzureichende Tränke usw.), Wurmbefall, Verstopfung,

Transporte, schlecht gelüftete, enge, sehr warme Ställe im Sommer. Rotlauf befällt in erster Linie Schweine im Alter von über 3 Monaten bis zu 1 Jahr. Der Bazillus, der im Gegensatz zur Maul- und Klauenseuche nur in engbegrenzten Gebieten, vorwiegend im Sommer, auftritt, kann im Erdboden und Wasser monate- und jahrelang lebensfähig bleiben. Er findet sich auch im Körper gesunder Schweine, ohne daß diese an Rotlauf erkranken.

Die ersten Anzeichen der Krankheit treten in der Regel 2 bis 5 Tage nach der Infektion auf: geringe Freßlust, Mattigkeit, Lähmungserscheinungen, Schwanken im Kreuz, hängender Schwanz, Verstopfung. Die Körpertemperatur steigt schnell auf 42—43° C an. Nach 1—2 Tagen färbt sich die Haut rötlich, und es entwickeln sich hinter den Ohren, am Hals, an der Unterbrust, am Bauch und an der Innenfläche der Hinterbeine unregelmäßige, hellrote Flecke, die später blaurot werden. Bei ungünstigem Verlauf verenden die Tiere nach 2—3 Tagen. Etwa 40—60% der erkrankten Schweine sterben oder müssen notgeschlachtet werden.

Bekämpfung: Einzig wirksam ist zweimalige Schutzimpfung im zeitigen Frühjahr (7—8 Monate Impfschutz). Auch erkrankte Tiere können bei den ersten Anzeichen von Rotlauf noch mit Erfolg geimpft werden. — Nicht impfen: Ferkel unter 3 Monate, säugende Sauen und solche in der 2. Hälfte der Trächtigkeit.

Herztod

Anzeichen: Die Tiere, namentlich Mastschweine, fallen bei voller Gesundheit nach geringen Aufregungen beim Füttern, Stallmisten, Treiben, Aufladen, oft laut aufschreiend, plötzlich tot um oder verenden, meist unter krampfartigen Zuckungen, in wenigen Minuten.

Als Hauptursache der Krankheit ist Eiweißmangel anzusehen: Überwiegende Kartoffelfütterung bei nur geringen Schrotgaben, Fehlen von jeglichem Eiweiß, Mineralstoffmangel, ausschließliche Stallhaltung. Es ist weder Vererbung der Krankheit anzunehmen, noch besteht Anfälligkeit bestimmter Rassen. Vorbeugend: Neben Kartoffeln pflanzl. und tierisches Eiweiß füttern, Auslauf zum Wühlen oder Rasenerde und Teichschlamm in Stallecke geben.

Schweineweide

Allgemeines

Wer viel weidet, erspart Tierarzt und Medikamente und verhütet die Kinderkrankheiten der Schweine. Er erhält abgehärtete Tiere mit kräftigen Lungen und Muskeln und kann Futter sparen. Grünfutter und Weidegang müssen vom zeitigen Frühjahr an die Futtergrundlage der Schweine bilden!

Die Tiere werden zweckmäßig bereits einige Zeit vor dem Weideaustrieb im Frühjahr durch Unterbringung in Ausläufen abgehärtet. 4—5tägiger Umtrieb ist auch auf Schweineweiden anzuraten.

Geeignete Weideflächen

Rotklee, Wiesen, Koppeln und ausschließlich für diese Zwecke angelegte Schweineweiden (siehe S. 399) in nicht zu großer Entfernung vom Wirtschaftshof; aber keine sumpfigen Flächen, z. B. Teich- und Bachufer (Leberegelgefahr). Über Vorteile der Portionsweide S. 390.

Geeignet sind auch Obstgärten. Hier fressen die Schweine Würmer, schädliche Insekten und die madigen Falläpfel. Obstbäume sind gegen das Scheuern und Wühlen der Tiere zu schützen. Da Obstbäume Schweinekot auf die Dauer nicht vertragen, ist von vieljähriger Weidenutzung abzuraten.

Bei fehlender Weidegelegenheit soll zumindest ein möglichst an den Stall angrenzender, stets sauberzuhaltender Auslauf vorhanden sein, in dem sich die Tiere nach Belieben tummeln können.

Grünfutterschläge, wie z. B. Serradella, Süßlupinen, Ackerspörgel, auch Stoppelklee sowie Getreide-, Hülsenfrucht-, Kartoffel- und Rübenstoppel, ferner Buchen- und Eichenwaldungen lassen sich durch Schweine sehr gut ausnutzen, wenn die Tiere gehütet werden oder ein Elektrozaun Verwendung findet. (Das Schwein sammelt genauso gut wie das Schaf die liegengebliebenen Ähren usw. auf.) Bei der Nachlese von Kartoffeln und Rüben bedarf es allerdings der Zulage von etwas eiweißhaltigem Futter. Gersten- und Roggenschläge lasse man am besten in den frühen Morgenstunden nachweiden, wenn die lästigen Grannen vom Tau noch aufgeweicht sind. (Säugende Sauen sollen wegen der Strahlenpilzgefahr für das Gesäuge nicht auf Roggen- oder Gerstenstoppeln getrieben werden.) Auch Luzerne ist zur vorübergehenden Nutzung als Schweineweide geeignet, da Schweine die Luzerne nicht so kurz verbeißen. Rotklee- und Luzerneweiden unterteilt man in kleine Parzellen, damit nicht zuviel Futter zertreten wird. (Elektrozaun — siehe S. 402.)

Zum Hüten eignen sich alle an regelmäßige Bewegung gewöhnten Muttersauen und Jungschweine über 25 kg. Ältere Zuchtsauen müssen noch im Besitz der vorderen Schneidezähne sein. Die Schweine dürfen keine Rüsselringe tragen, damit sie auf den Ackerstoppeln wühlen können. Der Schweinehirt braucht keine vollwertige Arbeitskraft zu sein (ältere Schulkinder und nicht voll arbeitsfähige Personen).

Tüdern
(Siehe auch S. 391)

Schweine lassen sich mit Hilfe zweier Ledergurte um Brust und Hals, an denen eine etwa 3 m lange Kette mit Wirbel befestigt ist, auch sehr gut tüdern! Die Tiere gewöhnen sich sehr schnell daran.

Auswahl der Weidetiere

Weidegang soll durchgeführt werden:

1. Mit Ferkeln. Diese können bereits im Alter von 3—4 Wochen zusammen mit der Mutter bei günstiger Witterung auf eine dem Hof nahegelegene Weide gehen. Täglich anfangs 3 Stunden, später zweimal 3 Stunden. Die Sau kann auch getüdert werden. (Beifutter!)
2. Mit tragenden Sauen bis eine Woche vor dem Abferkeln.
3. Mit Zuchtläufern.
4. Mit Mastläufern bis zum Alter von 5—6 Monaten (50—75 kg).

Besatzstärke

Im allgemeinen können auf einem ha guter Gras- oder Kleeweide (am besten Rotklee) 20—30, auf bester Weide sogar bis 40 ausgewachsene Schweine, von April bis September ohne Beifutter ernährt werden (vornehmlich ältere Eber und ausgewachsene, niedertragende Sauen). Jüngere Läufer (ab 25 kg Gewicht), Erstlings-, hochtragende und säugende Sauen müssen noch Zufutter erhalten, während niedertragende und güste Sauen auf einer gutgepflegten Weide ihren Futterbedarf vollkommen decken können, wenn sie morgens und abends je 2—3 Stunden Weidegang haben. Diese Zeit genügt, längeres Verweilen verleitet nur zum Aufwühlen der kostbaren Weidenarbe. Wochenzunahme bis 1 kg bei etwa 15 kg Tagesverzehr an Grünfutter.

Koppelzahl

Bei kleinerem Bestand ist eine 3—4malige, bei größerem eine 6—8-malige Unterteilung zweckmäßig. (20—30 mittelgroße Schweine = 1 ha Weide mit 8 Parzellen zu je 12,5 a.) Je ausgewachsenes Schwein werden auf Dauerweiden 4—5 a gerechnet, für Läuferschweine etwa 3 a im

Durchschnitt einer Weideperiode. Auf einer Fläche von 0,25 ha Weide lassen sich im Vorsommer 4 Sauen und 15—20 Läufer vollständig ernähren, wenn diese Weide in 3—4 Koppeln unterteilt und in regelrechtem Umtrieb genutzt wird. (Siehe Elektrozaun S. 402.)

Zeitpunkt des Austreibens

Zu oder spätestens kurz nach Beginn der Kirschblüte (Mitte bis Ende April). Gras darf für Schweine nicht länger als etwa fausthoch sein, da es sonst zu hart wird und die Tiere es dann nicht mehr verwerten können! Daher ist überständiges Futter (Geilstellen) der abgeweideten Koppeln stets nachzumähen, auch um die Bildung von Samentrieben zu verhindern. Überständige Koppeln sind zu heuen.

Besonders wichtig ist ferner regelmäßige Stickstoffdüngung der Weiden, damit recht zartes, eiweißreiches Gras nachwächst. Ausreichende Kali- und Phosphorsäuregaben dürfen nicht vergessen werden, sonst verschwindet der Klee! (Siehe S. 386.) Phosphorsäure- und Kalkgaben erzeugen mineralstoffreiches Futter!

Die beste Weidezeit, namentlich bei heißer Witterung, ist auch für das Schwein frühmorgens und am Spätnachmittag (je etwa 2 Stunden). (Bei entlegenen Weiden Mittagsruhe am schattigen Ort.) Vor und nach dem Austrieb muß getränkt werden.

Verhütung des Wühlens (Ringeln, Wühlkoppeln)

Das Schwein hat einen sehr gut ausgebildeten Geruchssinn, daher spüren die Tiere unter der Erdoberfläche befindliche Schädlinge, Kartoffeln usw. leicht auf und fangen dann zu wühlen an. Schweine müssen nüchtern auf die Weide getrieben werden, damit sie nicht gleich zu wühlen beginnen. Ferner ist die Beigabe von etwas Steinkohle oder Futterkalk zweckmäßig.

Das Wühlen läßt sich durch Einziehen eines Drahtringes am oberen Rand der Rüsselscheibe (Ringeln) verhindern. Wenn die Wunden hart vernarbt sind, müssen gegebenenfalls weitere Ringe eingezogen werden. Daher haben die Rüssel älterer Weideschweine oft einen ganzen Kranz von Ringen. Zu beachten ist, daß die Ringe etwas Spielraum haben. Im übrigen lasse man die Tiere nur so lange auf der Weide, bis sie sich sattgefressen haben. (Mehrmals 1—2 Stunden täglich.)

Zweckmäßig ist die Anlage von Wühlkoppeln neben den Dauerweiden, in die die Schweine nach 1—1½stündiger Weidedauer getrieben werden. Zu vermeiden ist das Weiden nach starken Regengüssen, da die Schweine infolge der nach dem Regen hochkommenden Würmer schwer vom Wühlen abzubringen sind.

Weidetechnik

Den Weg vom Stall zur Weide wähle man genügend lang, damit sich die Schweine schon während des Austreibens entleeren und die Weidenarbe nicht unnötig beschmutzen. Große Märsche vertragen die Tiere aber nicht.

Da das Schwein mehr schattigen, kühlen Aufenthalt liebt, sind einige schattenspendende Bäume (kleine Schutzhütte) erwünscht. Ferner richte man einige Scheuerpfähle ein: 2 mit Querholz verbundene Pfähle, 1 m und 1,50 m lang, etwa 60 cm tief eingraben. Aus der Erde ragende Pfähle ebenfalls mit Querholz verbinden. Zur Not genügen einige größere Feldsteine als Scheuergelegenheit. Scheuerbalken sollen ab und zu gekalkt werden, damit kein Ungeziefer übertragen wird.

Ferner soll den Tieren, besonders nach dem Weiden, Gelegenheit zum Einsuhlen gegeben werden, damit die Sonne die Haut nicht zu sehr verbrennen kann (auch bessere Durchblutung der Haut — natürliche Massage — Befreiung von Hautparasiten). Für ausreichende Tränkgelegenheit sorgen.

Zunahme auf der Weide

An Zunahmen werden gerechnet: Läuferschweine bis 60—70 kg Gewicht = 250—400 g je Kopf und Tag. Für wachsende Schweine je ha Gewichtszunahme von 400 kg und darüber.

Schweineställe

(Siehe auch Abschnitt „Stallbau")

Lage des Stalles

Zuchtställe sollen möglichst in Ostwestrichtung stehen, so daß eine Langfront nach Süden gerichtet ist und die Buchten sowie getrennte Ausläufe nach Süden liegen. Diese werden am besten mit schnellwachsenden Robusta-Pappeln bepflanzt; das gibt ausreichenden Schutz gegen Westwinde und stärkere Sonnenstrahlen und verleiht dem Ganzen ein freundliches, sauberes Aussehen.

Der Mastschweinestall kann dagegen in Nordsüdrichtung stehen, um im Sommer eine zu starke Erwärmung durch Sonnenstrahlen zu vermeiden, was die Freßlust der Tiere beeinträchtigt. Zwischen Futterküche und Stall soll noch ein Raum liegen, damit der Wasserdampf des Futterdämpfers nicht in den Stall dringt.

Geflügel gehört nicht in den Schweinestall, da Tuberkulose vom Geflügel leicht auf das Schwein übertragen wird.

Baumaterial

Das Schwein will einen von unten, oben und den Seiten trockenen Stall haben, der im Winter warm und im Sommer kühl bleibt. Gegen feuchte Stallungen sind die Tiere besonders empfindlich. Holzhütten sind im Sommer kühl und im Winter warm. Bei Strohhütten liegen die Verhältnisse ähnlich.

Im massiven Stall kann man dagegen im Sommer große Hitzegrade und im Winter niedrige Temperaturen beobachten.

Massives Baumaterial eignet sich daher nicht zum Bau von Schweineställen! Ebenso sind Fußböden aus Zement, Holz oder Lehm zu verwerfen; desgleichen gemauerte Trennwände.

Vorhandene Stein- und Betonställe sollen nur als Mastställe dienen. Ist dies nicht ohne weiteres möglich, wird auf bereits vorhandene Zementfußböden Bretterdielung gelegt (aber nur in diesem Fall!). Dadurch bleibt der Boden warm und trocken. Die an beiden Enden unterhalb mit einer Leiste zusammengehaltenen Bretter werden mit kleinen Fugen längs dem Gefälle verlegt, damit die Jauche abfließen kann.

Auch eine 10—15 cm erhöhte Holzpritsche am Buchtenende bietet ein stets sauberes und warmes Lager. Durch eine innere Vermauerung der Wände mit einem porösen Baustoff läßt sich eine weitere Verbesserung derartiger Ställe erreichen. Massive Buchtenwände sind durch Trennwände aus Holzstangen zu ersetzen. Bei nassem Untergrund ist die gesamte Stallfläche zu drainieren.

Bevorzugt ist Löschkalkmörtel zu verwenden, der im Gegensatz zu Zementmörtel die Stallfeuchtigkeit verringert. Die Wände sind dann trocken und auch wärmer.

Schutz der Außenmauer gegen Nässe: Gute Isolierung gegen Grundwasser, ausreichende Dachüberstände gegen Regen.

38 cm dicke Ziegelwände oder 1 Stein Ziegel, 25 cm Lehm, innen Holz. Besser noch sind doppelwandige (Durchmesser 30—50 cm) Holzwände, hergestellt aus Rundhölzern, innen waagerecht verschalt und außen mit waagerechter oder senkrechter Stülpschalung verkleidet. Zur Ausfüllung des Zwischenraumes finden Kiefernnadeln, Gerstenkaff, auch im Gemisch mit Lehm, Verwendung. Gerstenspreu meiden Ratten und Mäuse, die auch durch Beigabe von Glaswolle oder Glasscherben zur Füllung oder dadurch abgehalten werden, daß auf der Innenseite unterhalb der Verschalung ein 50 cm breites, engmaschiges Drahtgeflecht angebracht wird. Teerfreie Pappe, bis zu 1 m Höhe auf der Innenseite befestigt, verhindert Zugluft. **Außenwände**

Für den Bau von Stalldecken sind unporöse Stoffe wie Ziegelsteine, Beton usw. nicht geeignet. Eine steingewölbte Decke ist feucht und tropft im Winter. Es kommt also in erster Linie eine Holzdecke mit Lehmstrich in Frage. Nur sehr gut ausgetrocknetes Holz verwenden! Der Lehm mit sehr viel Strohzusatz zur besseren Warmhaltung ist über und nicht zwischen den Balken aufzubringen. (Möglichst in der wärmeren Jahreszeit.) — Sehr geeignet, aber teurer ist auch eine Bimshohlstein- bzw. Tonhohlsteindecke. **Stalldecke**

1,90—2,00 m, nur bei größeren, stärker besetzten Ställen bis 2,25 m. **Stallhöhe**

Die Belichtungsfläche soll $^1/_{12}$ bis $^1/_{15}$ der Stallgrundfläche betragen. Hierbei soll die Möglichkeit der Sonneneinstrahlung gegeben sein. Beim Einbau der Fenster ist daher die Südseite zu bevorzugen. Die Buchten für Muttersauen mit Ferkeln müssen unbedingt nach Süden liegen. Ohne Sonnenlicht ist aber auch die Mast von Schweinen erheblich länger, d. h. also, die Tiere brauchen ohne Sonne wesentlich mehr Erhaltungs- und Produktionsfutter. Fenster sind hoch einzubauen (am besten in Form eines liegenden Rechtecks), also möglichst dicht unter der Stalldecke. Dadurch wird eine zu starke Abkühlung in der unteren Stallhälfte vermieden, und das Licht kann tief in den Stall einfallen. In Gegenden mit besonders rauhem Klima Doppelfenster wählen und Fensterläden anbringen. (Siehe S. 629.) **Fenster**

Sehr wichtig sind gesunde, warmhaltende Fußböden, zumal das Schwein als einziges Haustier in Bodennähe lebt und die meiste Zeit auf dem Boden liegend verbringt. **Fußboden**

Ein geeigneter, trockener und warmer Fußboden läßt sich wie folgt herstellen:

1. Stallfußboden zur Abhaltung von Tagewässern 25—30 cm über den Erdboden legen.

2. Auf den gewachsenen Boden 30—40 cm Koks-, Steinkohlenschlacke oder — weniger gut (S. 630) — kleingebrochenen Ziegelschotter auffahren.

3. Darüber 6 cm Magerbeton (Mischungsverhältnis 1:8).

4. Darauf eine Lage starke Teerpappe, mit Asphalt bekleidet oder zweimal mit Siloanstrichmittel isoliert, insbesondere auch zur Trennung des Fußbodens vom Fundament der Stallwände.

5. Es folgt eine 5 cm starke Schicht ausgeglühter Sand.

6. Dann kommt eine Lage flachkant verlegter, verfugter Ziegelsteine (keine Klinker, da zu kalt und glatt). Längsfuge nach dem Gang zu.

7. Die Oberfläche dieses Fußbodens muß nach der Jaucherinne zu ein Gefälle von 3—5 cm auf 100 cm haben. (Gefälle nicht zum Trog hin

legen, am besten diagonal durch die Bucht nach der Buchtentür. Die Tiere misten dann gern dort ab.)

Kot- und Liegeplatz

Der Lagerplatz soll möglichst nicht bis an die Außenwand reichen (Kälteeinwirkung). Daher ist der mit Klapptüren versehene Kotgang am besten zwischen Außenwand und Liegeplatz einzurichten (dänische Aufstallung). Dadurch auch bessere Belichtung der Liegestätte. (Siehe Abb. neben S. 528.) Auf jeden Fall sind Kot- und Liegeplatz getrennt zu halten. Dies läßt sich dadurch erreichen, daß die Bucht durch einen waagerechten, etwa 15 cm starken Balken in einen größeren Liegeplatz und einen kleineren vorderen Futter- und Mistplatz geteilt wird.

Buchten

Buchtenwände: Richtige Ventilation bedeutet im Schweinestall 25—30 % Futterersparnis! Schlechte, verbrauchte, insbesondere kohlensäurehaltige Luft lagert in Tierhöhe, nicht in Kopfhöhe des Menschen. Deshalb sind Buchtenwände nicht massiv, sondern aus Rundholz (Durchforstungsstangen) oder aufgetrennten Nadelholzstangen (⌀ 12 cm) mit 6—8 cm Zwischenräumen herzustellen, in denen die Luft zirkulieren kann. Es genügt zur guten Übersichtlichkeit der Buchten 1 m bis 1.10 m Höhe. Zweckmäßig ist Verwendung von eichenen Rundholzstangen, zumindest für den unteren Teil der Buchtenwände, da Schweine Eiche (auch Erle und Lärche) nicht gern annagen. Oder geschälte, aufgetrennte Kiefernstangen nicht quer, sondern senkrecht, etwa 1 m lang, an 2 Querbalken befestigen (siehe Abb. neben S. 529). Als Pfosten werden der guten Haltbarkeit wegen Rundhölzer aus Akazie oder Eiche bevorzugt. Buchtentür (Höhe 0.90 cm, Breite 0.70 cm) zur besseren Durchlüftung aus 60 cm breiten Holzlatten anfertigen. Besonders dauerhaft und leicht zu reinigen sind Buchtenwände aus Stahlrohr oder verzinktem Drahtgeflecht (Abb. neben S. 513).

Eine unter der Buchtentrennwand im Fußboden hochkant gestellte Ziegelreihe ermöglicht die Trennung von Jauche und Einstreu zwischen den einzelnen Buchten und vermindert somit die Ansteckungsgefahr.

Größe der Buchten:

a) Abferkelstall: 2,5 × 2,5 m
   Absatzferkel: 0,50 — 0,70 qm je Tier
   Läufer: 0,70 — 1,00 qm je Tier
b) Maststall: 3 Schweine = 3—4 qm; 10 Mastschweine = 15 qm.

Troglänge:

1 Läuferschwein	30 cm	1 ausgewachsene Sau	50—60 cm
1 Mastschwein . . .	40—50 cm	1 säugende Sau . .	70 cm

Es sind nur Futtertröge aus gebranntem Ton mit glasierter Oberfläche und 40 cm oberer Weite sowie 25 cm Tiefe zu verwenden, da diese dauerhaft und leicht zu reinigen sind. Selbsttränkebecken ersparen Arbeit. In eine Ecke montiert, reicht ein Becken für 2 Buchten.

Stallgang

Der Stallgang wird am besten mit hartgebrannten Ziegelsteinen gepflastert. Betonbelag ist ungeeignet, da zu kalt und für die Tiere auch zu leicht glatt und schlüpfrig. Breite des Stallganges etwa 1,50 m, so daß man, zwei Eimer bequem tragend, durch den Futtergang gehen kann. Vertiefter Stallgang (Krippe in Kniehöhe) erleichtert das Füttern.

Stalltüren

Stalltüren: Zur besseren Wärmehaltung empfiehlt es sich, Doppelstalltüren zu verwenden, die mit einer Isolierschicht aus Torfstreu versehen sind und nach außen aufschlagen sollen. Im Sommer genügen einfache Türen, deren Oberteil zur Luftverbesserung des Stalles für sich geöffnet werden kann, ohne daß Zugluft entsteht.

Über Entlüftung siehe S. 627.

Auslauf Zuchtställe sind stets mit abgetrennten, nach Süden liegenden Ausläufen zu versehen, zu denen die Tiere von ihren Buchten durch eine Auslaufklappe zum beliebigen Aufenthalt ins Freie gelangen können.

Stallboden Der Schweinestallboden soll den Streustrohbedarf für etwa vier Monate aufnehmen können und daher bei einem Jahresbedarf von ca. 3,6 dz (täglich 1—2 kg) je Schwein eine Strohmenge von 1,2 dz je Schwein enthalten. Der Raumbedarf für diese Menge von 1,2 dz stellt sich bei loser Strohlagerung auf etwa 2,7 cbm.

Schweinehütten

(siehe Abb. neben S. 529 und neben S. 560)

Allgemeines Die Haltung von Zuchtschweinen in Einzelhütten aus Holz oder Preßstrohballen hat sich sehr bewährt. Die Tiere bleiben gesünder und entwickeln sich besser, auch treten Aufzuchtkrankheiten und Ferkelverluste weniger auf. Jeder Schweinehalter sollte dieser natürlichen Aufzuchtmethode mehr Beachtung schenken. In Betrieben, die infolge schlechter Stallverhältnisse unter Ferkelgrippe zu leiden haben, ist Hüttenhaltung der Schweine unentbehrlich. Weitere Vorteile sind der wesentlich geringere Strohverbrauch, da die Tiere nicht in die Hütte misten. Dadurch fällt auch das tägliche Ausmisten fort.

In Frage kommen sowohl Eber, güste bzw. niedertragende Sauen und Zuchtläufer als auch hochtragende Sauen, die in den Hütten abferkeln und während der Säugezeit mit den Ferkeln draußen bleiben. Sämtliche Tiere können im Sommer und Winter in den Hütten bleiben, die für die kältere Jahreszeit entsprechenden Wärmeschutz und reichliche Einstreu erhalten. Schweine wie auch Rinder sind gegen Kälte im Freien weniger empfindlich als im Stall. Aufzuchthütten müssen für die einzelnen Sauen mit ihren Würfen gut voneinander getrennte Ausläufe erhalten (Ferkelgrippe!), siehe S. 511.

Schweinehütten haben zwar keine so große Lebensdauer wie massive oder Holzställe, erfordern aber wesentlich geringere Baukosten.

Lage Als Standplatz für die Hütten eignet sich am besten etwas hängiges Gelände mit leichtem, durchlässigem Boden, damit die Ausläufe bei Regenwetter nicht zu stark verschmutzen. (Nötigenfalls drainieren!) Weiterhin zu beachten: kurze, auch bei schlechtem Wetter mit der Schubkarre befahrbare Futter- und Mistwege. Sonnenschutz durch Bäume ist zweckmäßig, da das Schwein den Halbschatten bevorzugt. Die Hütte soll aber nicht durch Bäume beschattet werden, sonst verfault das Strohdach bald. Sonne und Wind müssen ungehinderten Zutritt haben. Bei Sommerhütten soll der Eingang nach Osten liegen.

Auslauf Hütten stets mit genügend großem Auslauf versehen (25 qm je Zuchttier), den die Tiere nach Belieben aufsuchen können. Jährlich 1—2 Mal sollte die obere Bodenschicht abgefahren und wieder mit Sand aufgefüllt werden. — Sehr zweckmäßig sind Wechselausläufe, besonders für Ferkel, von denen der eine angesät wird bzw. ausruht. Ferkelausläufe sollen von Sauen nicht benutzt werden! In niederschlagsreichen Gegenden mit schwerem Boden Ausläufe drainieren oder besser wenigstens einen Teil mit Ziegelflachschicht befestigen. Einwandfreie Ausläufe sind Voraussetzung für die Hüttenhaltung.

Bauanweisung

Für Primitivhütten genügen 40—50 cm dicke, durch ein Holzgerüst aus kräftigen Stangen gehaltene Strohwände (Preßstrohballen, am besten aus Rapsstroh), die auf einem einfachen Fundament mit darüberliegender Teerpappe gesetzt werden, damit sie gegen Bodennässe geschützt sind und nicht von unten her faulen. Bei Verwendung von losem Stroh für die Umwandung werden zusätzlich Pfähle eingeschlagen, zwischen die eine Strohschicht gelegt wird. Eine etwa 1 m hohe Bretterverschalung im Innern der Hütte verhindert, daß die Schweine das Stroh herausziehen. Zumindest werden zum Schutz der Seitenwände gegen das Scheuern der Tiere an den Rundpfosten einige Stangen übereinandergenagelt. Die Strohballen können zum Schutz gegen das Befressen auch mit Lehm verputzt oder vierteljährlich einmal mit Karbolineum bespritzt werden (gleichzeitig Schutz gegen Ungeziefer usw.). Die in die Erde eingelassenen Enden der Pfosten werden mit Karbolineum oder anderweitig imprägniert. (Siehe S. 400.)

Das Dach wird aus Stangenholz errichtet und mit Langstroh oder Schilf sorgfältig abgedeckt. Dadurch werden große Temperaturschwankungen in der Hütte vermieden, wie z. B. bei einfachen Pappdächern.

Innere Höhe: 110—130 cm, je nach Größe der Tiere. Damit die Hütten auch im Winter warm genug sind, soll die Grundfläche nur so groß sein, daß sie von den liegenden Tieren fast bedeckt wird. Dann misten die Tiere auch nicht so leicht in der Hütte ab. Die Belichtung des Hütteninnern ist unwesentlich, im Gegensatz zu festen Stallgebäuden. Nur in Abferkelhütten empfiehlt sich Einbau eines etwa 50×60 cm großen Fensters, das mit verschließbarem Fensterladen versehen wird.

Fußboden

Damit das Lager stets warm bleibt und keine Feuchtigkeit von unten eindringt, ist es zweckmäßig, den Erdboden in der Hütte 15—20 cm tief auszuheben und mit Schlacke oder grobem Kies auszufüllen. Darüber werden Schalbretter oder eine Holzpritsche befestigt, damit die Schweine nicht zu wühlen anfangen. Obenauf kommt eine dicke Strohlage. Im Winter muß reichlich eingestreut werden, damit sich die Tiere in das Stroh einwühlen können und trocken und warm liegen.

Für den Eingang der Hütte genügt für ausgewachsene Schweine eine 110×60 cm große Öffnung. Eine darüber befindliche Klappe erleichtert den Zugang für den Viehpfleger.

In Abferkelställen empfiehlt sich, zur besseren Warmhaltung im Winter, eine in der oberen und unteren Hälfte geteilte Tür anzubringen.

Gefüttert wird draußen im Auslauf. Nur für Ferkel ist in der Hütte ein Beifutterplatz einzurichten. Der Futtertrog kommt an das der Hütte gegenüberliegende Ende des Auslaufes. Der Futterplatz ist zu befestigen und etwas erhöht anzulegen, damit die Tiere den Mist nicht in die Krippe wühlen.

Schweinehütten können natürlich unter Verwendung von entsprechendem Baumaterial auch dauerhafter hergestellt werden. In der wärmeren Jahreszeit lassen sich Zuchttiere, mit Ausnahme der Ferkelsauen, aber auch sehr gut in einfachsten offenen Hütten unterbringen, die nur ein Dach und auf der Wetterseite eine gegen Regen schützende Strohwand aufweisen, so daß stets frische Luft durchstreicht.

Zu erwähnen sind noch auf Kufen oder Rädern ruhende, transportable Schweinehütten. Ihr Vorteil besteht darin, daß der Auslauf öfter gewechselt werden kann. Sie sind daher als Abferkelhütten besonders geeignet.

d) Die Schafhaltung

Allgemeines

„Wo eine Kuh hungern muß, werden noch 10 Schafe satt!" lautet eine alte Bauernregel.

Das Schaf ist das am billigsten zu ernährende landwirtschaftliche Nutztier, das auch den wertvollsten Dung liefert (Nährstoffgehalt des Schafdunges siehe S. 47) und Krankheiten am wenigsten ausgesetzt ist. Das Schaf ist der billigste Düngererzeuger! Schafe beanspruchen für sich die geringste Futterfläche, weil sie, wie kein anderes Vieh, die ganze Fläche des Betriebes beweiden und mit ihrem flinken, spitzen Maul jedes Futter nachsammeln bzw. aus rohfaserreichen Futterstoffen die nährstoffreichsten Teile heraussuchen können.

Das Schaf ist der Pfennigsammler unter den Haustieren! „Die Bienen und die Schafe ernähr'n den Herrn im Schlafe." Das Schaf trägt aber auch durch seine „goldene Klaue" ganz erheblich zur Vernichtung von tierischen und pflanzlichen Schädlingen, wie Insekten, Feldmäusen, Kleekrebs, Unkräutern usw. bei. Denn der Tritt eines Schafes entspricht einer Walzwirkung von 35—40 dz Gewicht! (Für Pflege des Grünlandes und der Wintersaaten von besonderer Bedeutung.) Das Schaf ist der beste Queckenvertilger! „Das Schaf hat eine goldene Klaue, ein eisernes Maul und einen papiernen Magen."

Das Schaf ist ein ausgesprochenes Weidetier. Mutterschafe gehen meistens 8—9 Monate auf die Weide. Ein tüchtiger Schäfer bleibt unter normalen Witterungsverhältnissen im Jahr oft nur 60—80 Tage mit seiner Herde im Stall und trägt dadurch wesentlich zur Verbilligung der Schafhaltung bei.

Einen großen Teil des Jahres lebt die Mutterschafherde nahezu kostenlos und zwar durch:

1. Vorweide auf den Wiesen bis Anfang April.
2. Kurzes Nachhüten der geheuten Wiesen, des Kleeschlages oder der Umtriebskoppeln.
3. Nachhüten der Raps- und Getreidestoppeln (bei Aussaat von Klee in Wintergerste gleich mit sehr schöner Grünweide). Verzehr eines Tieres pro Tag $2^1/_2$—3 kg Getreide.
4. Nachhüten der reichlichst gedeckten Kartoffel- und Rübenstoppeln, oft auch noch von Zwischenfrucht- bzw. Gründüngungsschlägen. (Juli—Dezember, je nach Eintreten des Frostwetters.)
5. Winterweide auf Winter-Zwischenfrucht, Wiesen und gutentwickelten Wintersaaten an trockenen Tagen.

Schafhaltung rentiert sich nur dort, wo über den größten Teil des Jahres genügend absolutes Schaffutter zur Verfügung steht. Die Zahl der gehaltenen Schafe ist also von dem vorhandenen absoluten Schaffutter abhängig.

Die Futtergrundlage im bäuerlichen Betrieb reicht im großen Durchschnitt zur Haltung von einem Schaf je ha landw. Nutzfläche aus. Auf größeren Betrieben findet die weidende Schafherde bei etwa 2,5 ha

Nutzfläche je Mutter mit säugendem Lamm ausreichend Nahrung. Auf 5 ha Grünland kann zusätzlich ein Mutterschaf mit Lamm ernährt werden, ohne daß dadurch dem anderen Vieh Futter entzogen wird.

Unter Ausnutzung der Wegeränder und Waldweiden kann man mit 10 a Kleegrasweide auf Acker mittlerer Güte je Haupt Großvieh auskommen (10 Böcke, 10 Muttern, 10 Mastschafe, 15 Jährlinge oder 20 Lämmer).

Zuckerrübenbau schafft die Voraussetzung für eine starke Schafhaltung, zumal das Schaf von allen landwirtschaftlichen Nutztieren am besten in der Lage ist, bei Stallhaltung Zuckerrübenblätter ohne gesundheitlichen Schaden zu verwerten. Schafhaltung ist also auch in intensiven Ackerbaubetrieben angebracht. (Abb. neben S· 561.)

Zur Winterfütterung dienen im Schafstall überwiegend wirtschaftseigene Futtermittel.

Je mehr Heu zur Verfügung steht, desto mehr kann an Kraftfutter gespart werden. Heu ist für Lämmer unentbehrlich, säugende Mutterschafe müssen ebenfalls ausreichende Mengen erhalten. Jedes Muttertier muß jährlich mindestens 1 Lamm bringen, die Voraussetzung rentabler Schafhaltung! - Das Schaf kann einen Stall haben, aber es muß eine Weide haben. Kälte spielt bei den Tieren absolut keine Rolle, wenn die Herde durch ein Dach gegen Regen und durch Strohwände oder Bretterverschlag gegen Zugluft geschützt ist.

Die Wollerzeugung steht bei den Schafen an wichtiger Stelle, wenn auch die Haupteinnahmen einer Schäferei aus dem Fleischverkauf kommen. (Gesamteinnahme: Wolle $^1/_3$, Fleisch $^2/_3$.)

Rassen

Die Schafrassen werden unterteilt in: 1. Merinofleischschafe. — 2. Merino-Landschafe (früher Württemberger — sehr robust, daher besonders für Wanderherden geeignet). — 3. Fleischschafe (schwarz- und weißköpfige). — 4. Landschafe (Leine-, Röhn-, Milchschafe, Heidschnukken, Karakulschafe, Deutsche Bergschafe, Bentheimer Schafe).

Je besser der Boden, desto frühreifere Rassen können gewählt werden, deren körperliche Entwicklung einen besonders frühzeitigen Abschluß findet. Frühreife Tiere werden auf ein kleineres Fassungsvermögen von Herz und Lunge gezüchtet und vertragen daher staubige Triften auf leichten Böden weniger gut als spätreife. Auf leichteren Böden und in trockeneren Gegenden wächst eine feinere Wolle als auf schweren Böden, in feuchten Niederungen und im Gebirge. Daher wird man z. B. an der Küste, in den Marschen und feuchten Gebirgstälern keine feinwolligen Merinos, sondern gröbere Landschafe vorziehen.

Nachwuchsstärke

In der Schäferei muß ein vierjähriger Umtrieb stattfinden. Der normale Verlust darf bei richtiger Verjüngung nur 1—2% betragen (Muttern und alle über ein Jahr alten Tiere). Für eine Herde von 300 Muttern werden also 75 weibliche Lämmer jährlich als Nachschub benötigt.

Als Lämmer werden alle Tiere von der Geburt bis zum Alter von einem Jahr gerechnet. Als Jährlinge bezeichnet man 1—$1^1/_2$jährige Schafe (Zutreter). Bracken heißen Tiere, die infolge Zuchtuntauglichkeit ausgemerzt werden.

Arbeitskräftebedarf

Die Haltung eines guten Schäfers macht sich erst bezahlt, wenn die Herde einen Umfang von mindestens 150 Mutterschafen, besser aber 200 Tieren hat. Eine eigene Schafherde kommt daher für kleinere Betriebe kaum in Frage. (Gemeinschafts- bzw. Genossenschaftshaltung.)

Ein fleißiger Schäfer kann mit seiner Frau oder einem tüchtigen Lehrburschen eine Herde von 200 Muttern nebst den dazugehörigen Lämmern und Hammeln hüten und betreuen. Bei 250 Muttern wird ein zweiter, bei 350 Muttern der dritte Lehrling erforderlich. Bei drei Hilfskräften soll eine ausgelernte Kraft, also ein Gehilfe, gehalten werden. Für 300—350 Mutterschafe mit den dazugehörigen Jahrgängen rechnet man im allgemeinen einen Schafmeister mit Knecht. Im Winter während der Lammzeit eine Hilfe.

Die Zucht des Schafes

Zuchtbock (Siehe auch S. 559)

Der im Alter von etwa 1½ Jahren erstmalig zur Zucht zu verwendende Bock kann in einer Deckperiode bei täglich 3—5 Sprüngen 60 bis höchstens 80 Muttern belegen. Die höhere Zahl gilt für den Sprung aus der Hand, d. h. wenn der Sprung kontrolliert wird. Beim wilden Sprung, der jedoch nicht mehr angewandt werden sollte, bleibt der Bock Tag und Nacht in der Herde. Jährlingsböcke sollen im ersten Jahr höchstens 40 Schafe decken. Ein guter Zuchtbock kann entgegen der durchschnittlichen Nutzung von nur 3—4 Jahren bis zu 8 Deckzeiten Verwendung finden. Der Bock ist die halbe Herde!

Vor dem Deckakt sollen die Tiere weder getränkt noch mit reichlich Heu gefüttert werden, um Überlastung der Verdauungsorgane zu vermeiden. Dagegen ist etwas Kraftfutter angebracht. Hinterher erst nach Ablauf von etwa 1 Stunde Wasser geben. Deckfaule Böcke können als Zufutter reichlich Eiweißfutter (täglich ¼ Pfund Lupinen) oder Roggenschrot erhalten. (Mit bockenden Schafen zusammensperren oder Schleim aus der Scheide eines bockenden Schafes an die Nase schmieren.) Gedeckte Schafe werden durch ein Farbzeichen kenntlich gemacht.

Suchbock

Auf je 150 Schafe wird zum Herausfinden der brünstigen Tiere ein Suchbock gerechnet (eigene Aufzucht), dem durch Vorbinden einer Schürze die Ausführung des Sprunges verhindert wird. Nach der Deckzeit werden diese Tiere zusammen mit den abgedeckten Zuchtböcken zur Futterersparnis baldmöglichst verkauft.

Mutterschaf

Beim Schaf tritt die Brunst gewöhnlich im Alter von 8—10 Monaten das erste Mal ein. Frühreife Rassen (weißköpfige Fleischschafe und ostfriesische Milchschafe) werden bereits mit etwa 8 Monaten zum Bock gebracht. Bei den übrigen Rassen sollen die Tiere erstmalig im Alter von 1½ Jahren, normale Entwicklung vorausgesetzt, 50—60 kg schwer, belegt werden (nur bei Futtermangel und spätreifen Rassen erst mit 2½ Jahren — Zeitschafe). Ein Mutterschaf soll vom 2. bis 5. Lebensjahr viermal Lämmer bringen. Im Alter von 4 Jahren hat das Tier den Höhepunkt seiner Leistung erreicht. Dann nimmt die Leistung allmählich ab, auch in der Wolle.

Mit 6 Jahren wird das Mutterschaf ausgemerzt, da es dann noch im Vollbesitz seiner Zähne ist und sich mit verhältnismäßig wenig Futter aufmästen läßt, im Gegensatz zu 1—2 Jahre älteren Tieren, deren Zähne schon schlecht sind und die im Wollertrag nachlassen.

Zeitpunkt der Lammung

Man unterscheidet:

	Paarung:	Lammzeit:
Frühjahrslammung	Oktober—November	März—April
Sommerlammung	Januar—Februar	Juni—Juli
Herbstlammung	April—Mai	September—Oktober
Winterlammung	Juli—August	Dezember—Januar

Jede Schäferei muß durch eine passende Lammzeit so eingerichtet sein, daß für die Mutterschafe möglichst wenig Kraftfutter benötigt wird, die Tiere also mit geringem Geldaufwand in die Lage versetzt werden, ausreichende Milchmengen zu erzeugen. Die Lammzeit muß daher in einem Zeitabschnitt liegen, in welchem dem Betrieb die größten Mengen an Schaffutter zufallen und die Mutterherde infolgedessen auch in allerbester Futterbeschaffenheit ist.

Herbstlammung

Bei der sehr verbreiteten Herbstlammung sind die genannten günstigen Voraussetzungen meist gegeben. Es fällt zu dieser Jahreszeit reichlich Futter an, vornehmlich in Rübenwirtschaften, und zwar oft bis in den Dezember hinein, so daß sich Kraftfuttergaben während der Lammzeit erübrigen. Auch für den Schäfer ist dies, rein arbeitstechnisch gesehen, vorteilhaft, da Winterstallfütterung und Lammzeit nicht zusammenfallen. Die Herbstlammung ist also hinsichtlich der Wirtschaftlichkeit der Lämmeraufzucht die vorteilhafteste. Nachteilig ist, daß die Tiere im Frühjahr oft schlecht bocken.

Frühjahrslammung

Die Frühjahrslammung (bei Landschafrassen häufig) ist die billigste Lammzeit (die Tiere finden auf der Weide genügend Eiweißfutter), jedoch nur durchführbar, wenn genügend gute Weide zur Verfügung steht, die auch in der Trockenzeit Mai-Juni durchhält. (Möglichst in Hofnähe, da die jungen Lämmer keine weiten Märsche vertragen.) Ferner sind die Mutterschafe im Winter ausreichend zu ernähren, damit sie in gutem Futterzustand ablammen. Zweckmäßig ist es, zu Anfang des Winters das weniger gute Heu sowie mehr Rüben, gegen Ende des Winters das bessere Heu und mehr Sauerblatt zu verabreichen.

Sommerlammung

Die Sommerlammung ist ungünstig und nur noch wenig gebräuchlich. Die Tiere bocken infolge des meist nicht sehr reichlichen Winterfutters schlecht. Auch während der Lammzeit fehlt es oft an Futter, und später erfordern die Lämmer zuviel Beifutter.

Winterlammung

Die Winterlammung ist eine teure Lammzeit, da die Mutterschafe während der Säugeperiode ohne zusätzliches Eiweißfutter meist nicht auskommen. Diese Lammzeit erfordert daher die größten Kraftfuttermengen, es sei denn, daß gutes Heu reichlich zur Verfügung steht. Auch für den Schäfer ist sie arbeitsmäßig eine Belastung. Allerdings bocken die Tiere meist schneller bei der Stoppelweide und kommen meist auch mehr Zwillingslämmer zur Welt als bei der Herbstlammung.

In Erwägung zu ziehen ist bei der Wahl der Lammzeit auch der Dunganfall, der bei der Frühjahrslammung am geringsten und bei der Herbstlammung am höchsten ist. In erster Linie wird man also der Herbstlammung den Vorzug geben, bei der in der Regel auch starke Lämmer geboren werden, während gegen Ende des Winters Geburtsgewichte und Entwicklung der Lämmer nachlassen.

Zwillinge

Eine Schafherde soll mehr als 100% Lämmer aufziehen (auf 100 Muttertiere 120—160 Lämmer), sonst ist sie nicht auf der Höhe. Die Anlage,

Zwillinge zu gebären, ist erblich, daher sollte jede, auch schwächere Zwillingszibbe aufgezogen werden. (In Stammherden auch Zwillingsböcke, die bevorzugt gekauft werden.) Intensives Bocken und vor allem ein guter Futterzustand der Muttertiere zur Zeit des Deckaktes begünstigen Zwillingsgeburten. Im allgemeinen fallen bei der Frühjahrslammung mehr Zwillinge als bei der Herbstlammung.

Erkennen der Brunst

Öfteres Urinlassen, Freßunlust, Rötung und Schwellung der Scheide, blutige Schleimabsonderung. Die Tiere laufen unruhig umher, blöken viel, wedeln mit dem Schwanz und sind beim Berühren empfindlich.

Begünstigung der Brunst

Wenn Mutterschafe nur schwer und langsam brünstig werden, sollen die Tiere gekeimten Roggen erhalten bzw. auf Roggenstoppeln getrieben werden, da der Roggen auf die Geschlechtstätigkeit außerordentlich anregend wirkt. Das gleiche trifft für jungen Klee zu. In Kleinbetrieben Fütterung von Sellerieblättern und -wurzeln sowie Petersilie oder 125 g Sauerteig, alle 2 Stunden geben.

Ferner ist die verstärkte Fütterung von eiweißreichem Kraftfutter in Form eines sogenannten „Eiweißstoßes“ anzuraten. Der Stall soll im Sommer während des Nachts gut gelüftet werden oder die Tiere bleiben im Pferch. Schließlich kann sich eine Verdunkelung der Stallfenster besonders im Frühjahr und Sommer günstig auf die Brunst auswirken. Alle Maßnahmen einige Wochen vor der Bockzeit durchführen.

S c h a f e b o c k e n u m s o b e s s e r, j e m e h r F u t t e r z u r V e r f ü g u n g s t e h t. Die Tiere werden sicherer befruchtet und bringen um so mehr Zwillinge hervor, in je besserem Futterzustand sie sich zur Zeit des Deckaktes befinden. (Blutüberfülle bei der Brunst in den Eierstöcken, wodurch oftmals zwei Eier abgestoßen werden.)

G ü s t e S c h a f e — die Ursachen können verschieden sein — sind unbedingt sofort auszumerzen, sobald sie als solche einwandfrei erkannt werden (normal 5—10% des Bestandes).

Die P a a r u n g soll wegen der Ausgeglichenheit der Lämmer und damit sich Aufzucht und Haltung rentieren, möglichst nicht länger als 5—6 Wochen, höchstens aber 8 Wochen dauern. Je gleichaltriger, desto gleichmäßiger werden die Lämmer.

Brunstdauer

24—36 Stunden, bei Nichtbefruchtung Wiederholung nach 2 bis spätestens 3 Wochen. Nach der Geburt bei nicht säugenden Schafen nach 3—4 Wochen, bei säugenden nach 185 Tagen. Zur Erhöhung der Fruchtbarkeit kann ein Doppelsprung zweckmäßig sein. Dann wird das Schaf 12 Stunden nach dem ersten Sprung nachgedeckt (Brunsthöhe 14. bis 20. Stunde der Brunstdauer).

Trächtigkeitsdauer

Etwa 150 Tage = 5 Monate (äußerste Weite 145 und 158 Tage). Erfolgt die Geburt bereits vor dem 130. Tag, ist die Frucht nicht lebensfähig.

Anzeichen der Trächtigkeit

Die Tiere werden ruhiger und schwitzen leicht. Der Bauchumfang nimmt in den letzten 6—7 Wochen der Trächtigkeit zu. Durch leichtes Eindrücken der linken Bauchseite, besonders am Morgen vor Fütterungsbeginn, lassen sich Bewegungen der Leibesfrucht wahrnehmen.

Fütterung und Pflege tragender Mutterschafe

Futterbeispiele für niedertragende Schafe von etwa 60 kg Gewicht:

	kg	kg	kg	kg
Wiesenheu	0,5	—	0,5	0,125
Sommerhalmstroh	—	—	1,0	1,3 (satt)
Hülsenfruchtstroh	1,0	1,5	—	—
Spreu	0,25	0,25	0,25	0,25
Futterrüben	2,0	—	—	—

	kg	kg	kg	kg
Gehaltsrüben	—	2,0	—	—
Sauerblatt	—	—	1,0	1,0
Trockenschnitzel	—	—	0,1	0,15

Bei Winter- und Frühjahrslammung (reine Stallfütterung) erhalten Mutterschafe neben einem Grundfutter von 2 kg Futterrüben, 0,75 kg gutem Heu und 0,75 kg Sommerhalmstroh folgende Kraftfuttermenge täglich:

10 Teile Haferschrot
10 Teile Weizenkleie
5 Teile Süßlupinenschrot

und zwar während der ersten Hälfte der Tragezeit 150 g, während der zweiten Hälfte der Tragezeit 400 g täglich.

Bei Vorhandensein von frischem Rübenblatt oder eiweißreichem Gärfutter an Stelle von Runkelrüben kann die Kraftfuttergabe für das niedertragende Tier ganz fortfallen und die Ration in der zweiten Hälfte der Tragezeit um wenigstens 50% gekürzt werden.

Herbstlammung: Mutterschafe sollen etwa 4 Wochen vor Beginn der Lammzeit ca 1/4 Pfund Kraftfutter pro Kopf und Tag erhalten. Dadurch wird die Ausbildung des Lammes und die spätere Milchleistung der Mutter gefördert. Bei guter Weide erübrigt sich das Zufutter.

Hochtragende Schafe dürfen nicht auf gefrorenen Kartoffel- und Rübenblattweiden gehütet werden. Auch Verfütterung von reichlich Schlempe ist schädlich. Ferner zur Verhütung des Verlammens jedes Drängen der Tiere beim Füttern und Austreiben aus dem Stall, Hetze mit Hunden, Grabenspringen usw. vermeiden. — Wichtig ist, zur Verhütung von Lämmerseuchen oder Erkrankungen der Mütter, den Dung vor der Lammzeit aus dem Stall zu fahren und ihn während der Lammzeit wöchentlich ein- bis zweimal mit 3% Kreolinlösung zu überbrausen.

Stalltemperatur zur Lammzeit 15—16° C.

Geburt

Anzeichen der Geburt: Anschwellen der Scheide und des Euters, Schleimabsonderung; unmittelbar zuvor werden die Tiere unruhig, scharren mit den Vorderfüßen, Drängen zum Urinlassen, auch schießt die Milch in das Euter ein.

Bei der Geburt, die in den meisten Fällen normal verläuft und kein Eingreifen des Schäfers erfordert, erscheinen beim liegenden Schaf nach der Wasserblase, die meistens zerreißt, die Vorderbeine des Lammes, auf denen der Kopf ruht. Jedes voreilige Eingreifen ist zu vermeiden. Nicht selten kommen die Lämmer auf der Weide zur Welt, da das Muttertier bis zum letzten Tag mit ausgetrieben wird.

Nabelpflege

Der Nabel reißt meist allein ab, sonst ist er 10 cm unter dem Bauch abzubinden und dann abzureißen; nicht abschneiden (siehe S. 440).

Anstatt Jod kann als Desinfektionsmittel zur Nabelpflege Sepsotinktur und Holzteer verwendet werden. Mit ersterem wird der Nabel unmittelbar nach der Geburt gründlich beträufelt und später mit Holzteer bestrichen. (Holzteer hält Ratten vom Benagen des Nabels ab.)

Die Nachgeburt wird etwa 2 Stunden nach beendeter Geburt ausgestoßen.

Geburtsgewicht: 4—4,5 kg bei Merinofleischschafrassen.

Für die Kennzeichnung von Mutterschaf und Lamm können den Lämmern zunächst Holztäfelchen, etwa in Größe einer Streichholzschachtel, mit Bindfaden um den Hals gebunden werden. Besser ist es, Mutterschafen und den dazugehörigen Lämmern Farbnummern aufzudrücken, die rechtzeitig nachgestempelt werden müssen, sobald der Farbstoff nachläßt (was meist der Fall ist). Zum Zeichnen dürfen nur öl- und teerfreie, niemals beständige Farben verwendet werden. Am besten eignen sich Tätowierstifte oder ein Gemisch von Frankfurter Schwarz mit Terpentin (kein Holzteer, der sich nicht wieder aus der Wolle entfernen läßt!). Öl- und Teerzeichen machen die Wolle minderwertig.

Kennzeichnung von Mutter und Lamm

Nach der Lammung bleiben die Mütter einen Tag im Stall, dann gehen sie wieder auf die Weide, das Lamm bleibt zurück.

Milchergiebigkeit des Mutterschafes

Tägliche Milchleistung bei Fleischwollschafen:

Zu Beginn der Laktation	1,5 kg
am Ende der Laktation	0,4 kg

Gesamtmenge 60—70 kg, bei Müttern mit Zwillingen 100—110 kg. Milchschafe geben jährlich neben der Säugezeit noch 400—500 kg Milch in 6—7 Monaten (Spitzenleistung 1000 kg und mehr).

Schafmilch ist erheblich fett- und eiweißreicher als Kuhmilch.

	Schafmilch	Kuhmilch
Eiweißgehalt	5—7%	3,6%
Fettgehalt	6—8%	3,5%

Infolgedessen erhöhter Nährstoffbedarf zur Erzeugung von 1 kg Milch!

Gegen Ende der Laktation können die Fettprozente beim Milchschaf auf 11 bis 12 und mehr Prozent ansteigen.

Aufzucht der Lämmer

Fütterung junger Lämmer

Ein Lamm ist in den ersten Wochen nach der Geburt noch kein Wiederkäuer. Zu diesem Zeitpunkt ist der Labmagen der größte und der Pansen nur als kleines Säckchen angedeutet. Daher soll nur konzentriertes und leichtverdauliches Futter gegeben werden.

Im Alter von 2—3 Wochen fangen Lämmer zu fressen an. Sie erhalten bestes, zartes Wiesenheu (wenn Luzerneheu, weniger eiweißreiches Beifutter geben) und später etwas Hafer, zunächst gequetscht, von der 5. Lebenswoche ab ganzkörnig.

Im Alter von etwa 4 Wochen können auch geringe Mengen gemahlener Leinkuchen im Gemisch mit etwas Kleie, ganz wenig Sojaschrot und etwas Süßlupinenschrot gegeben werden, dazu etwas angefeuchtete Trockenschnitzel (nicht mehr als die Hälfte der Kraftfuttermenge).

Die Tiere müssen dann täglich schon 50 g Kraftfutter aufnehmen, im Alter von 6 Wochen 150—200 g, mit ca. 8 Wochen etwas 250 g (+ 300 g Heu) und beim Absetzen mit 16 Wochen 300 g Kraftfutter und 500 g Heu. Infolge Nachlassens der Muttermilch in der zweiten Hälfte der Säugezeit ist die Hafergabe nicht weiter zu steigern, sondern etwas eiweißreicheres Futter, wie Süßlupinenschrot oder Leinmehl, zuzufüttern.

Futtermischung für Sauglämmer:
(neben bestem Heu als Grundfutter)

	%	%	%	%	%	%
Hafer	75	50	60	75	50	60
Trockenschnitzel	—	—	—	—	—	10
Kartoffelflocken	—	—	—	—	20	—
Süßlupinenschrot	25	—	—	—	30	—
Bohnenschrot	—	50	40	—	—	—
Leinkuchen	—	—	—	25	—	—
Rapskuchen	—	—	—	—	—	30

(tägl. Gaben bis zu 300 g)

Hafer läßt sich zum Teil durch Gersten- oder Maisschrot und Malzkeime ersetzen. Von der 10. Lebenswoche an können Möhren, Futterrüben (allmählich bis 2 kg ansteigend), Mais- bzw. Rübenblattsilage (bis zu 1 kg je Tier und Tag) oder 200—300 g gequollene Trockenschnitzel verabreicht werden.

Kalk- und Salzgemische im Verhältnis 1:10 oder Salzlecksteine + 5 g Kalk je Tier und Tag nicht vergessen!

Das Lamm soll in ca. 20 Tagen sein Gewicht verdoppeln. Es wächst im ersten Monat am stärksten und hat seine Hauptwachstumszeit mit dem Eintritt der Geschlechtsreife im Alter von 7—9 Monaten abgeschlossen. Daher ist auf reichliche Jugendernährung des Tieres, besonders durch Muttermilch, zu achten. Einmal Versäumtes läßt sich später nicht nachholen. Lämmer dürfen in den ersten Lebensmonaten noch nicht bei der Mutter mitfressen. Das viel zu schwere und oft zu wasserhaltige Futter (Futterrüben, Kartoffeln, Stroh usw.) neben der Muttermilch erzeugt in Anbetracht des noch unausgebildeten Pansens Verdauungsstörungen (Durchfälle). Auch rufen zuviel Wasser und größere Mengen Wurzelfrüchte bei Lämmern dicke Bäuche (Wasserbauch) hervor und hemmen die Entwicklung.

Wenn Lämmer zu fressen anfangen, sind sie also täglich für einige Zeit von der Mutter zu trennen. Dadurch auch Schonung der Mutter sowie bessere Futteraufnahme der Lämmer.

Lämmer sind täglich drei- bis viermal zu füttern. Auf frische Luft und ausreichende Bewegung der jungen Tiere achten.

Krepierte Lämmer sind sofort aus dem Stall zu entfernen. Im Stall dürfen weder Felle aufgehängt noch Schlachtungen vorgenommen werden (Brutstätte für Bakterien).

Kastration und Beschneiden der Schwänze

Die Kastration der nicht zur Zucht bestimmten Lämmer (bessere Gewichtszunahmen) erfolgt möglichst an frostfreien Tagen, im Alter von 2—3 Wochen. Je früher das „Verhämmeln" erfolgt, desto wohlschmekkenderes Fleisch und feinere Wolle werden erzielt. Saubere Hände und Instrumente sowie entsprechende Desinfektion der Operationsstelle sind erforderlich, desgleichen reine, staubfreie Einstreu. Die Kastration kann auch unblutig durch Abbinden mittels Gummiringen (Bierflaschen- oder Fahrradventilgummi geeignet) bzw. durch eine Kastrierzange („Burdizzozange") vorgenommen werden.

Gleichzeitig sind den Muttern und Bocklämmern zur Erleichterung des Deckaktes und besseren Unterscheidung von den Hammeln mittels scharfem Messer oder Zange die Schwänze auf 3—4 Schwanzwurzelglieder zu kürzen, so daß gerade noch die Scheide bedeckt wird. Das Kürzen der Schwänze kann ebenfalls mittels Gummiringen, also unblutig, erfolgen. — Wenn Lämmer während der Säugezeit bereits gemästet und nach dem Absetzen als Mastlämmer verkauft werden, erübrigt sich das Kastrieren.

Tätowieren

Im Alter von 2—3 Monaten (nicht früher, da die Ohren noch zu klein sind) werden den Lämmern auf der Innenfläche der Ohren mittels einer Tätowierzange Nummern eingedrückt, und damit diese gut zu erkennen sind, mit einer Tätowierfarbe eingerieben. Tiere mit dunklen Ohren erhalten Ohrmarken.

Trennung der Lämmer

Männliche und weibliche Schaflämmer werden am besten im Alter von 5 Monaten getrennt.

Zeitpunkt des Absetzens der Lämmer

Das Absetzen soll allmählich erfolgen, und zwar im Alter von 14, besser erst 16 Wochen bei einem Gewicht von etwa 25—30 kg. M u t t e r m i l c h l ä ß t s i c h d u r c h k e i n a n d e r e s N a h r u n g s m i t t e l e r s e t z e n ! — Das Mutterschaf erhält in dieser Zeit weniger Futter, damit die Milchabsonderung bald aufhört. Nach dem Absetzen müssen sehr straffe Euter ausgemolken werden.

Futterverbrauch

Futterbedarf der Lämmer bis zum Absetzen

25 kg Kraftfutter		18 kg Kraftfutter
12,5 kg Trockenschnitzel	oder	18 kg Trockenschnitzel
20 kg Heu		20 kg Heu

Fütterung der Zuchtlämmer

Nach dem Absetzen erhalten die zur Zucht vorgesehenen Tiere Kraftfuttergaben von 150—200 g Futtergetreide + Kleie, 5 g Kalk und Salz sowie 200 g Trockenschnitzel in steigenden Mengen. Desgleichen kann etwas gutes Gärfutter (Mais und Zuckerrübenblatt) an besonders kräftig entwickelte Tiere schon von der 10. Lebenswoche ab verabreicht werden. Ferner wird gutes Heu, Spreu und Stroh gegeben.

Zuchtlämmer sind spätestens im Mai auf die Weide zu bringen, und zwar möglichst getrennt von den alten Schafen, damit sie von diesen nicht abgedrängt werden. Bei vorübergehendem Weidemangel und Grünfütterung im Stall ist auf ausreichende Bewegung der jungen Tiere zu achten.

Die b e s t e n W e i d e n m ü s s e n f ü r d i e L ä m m e r vorgesehen werden. Vor dem Austreiben, besonders während der Übergangszeit, ist stets erst Trockenfutter und Kraftfutter im Stall zu geben. Die Tiere erhalten je nach Entwicklungszustand und Weide täglich etwa die Hälfte der obigen Kraftfuttermengen, die nur bei sehr guter Weide fortfallen. Die W a c h s t u m s p e r i o d e d e s L a m m e s muß unbedingt durch reichliches Füttern ausgenutzt werden (billigste Futterweise!).

Zuchtlämmer müssen also das ganze erste Lebensjahr, außer während der Getreidestoppelweide, Kraftfutter erhalten. Man hört mit dem Tage auf, an welchem dem neugeborenen Jahrgang seine ersten Körnergaben verabreicht werden.

Gewichtsnormen

Lämmer nehmen in ihrer ersten Lebenszeit etwa $^1/_4$ kg pro Tag zu. Weibliche Zuchtlämmer sollen nach dem Absetzen einen monatlichen Gewichtszuwachs von zunächst 4 kg und später von 3 kg haben (130 bzw. 100 g täglich). Bei Mastlämmern beträgt der Zuwachs durchschnittlich 175—200 g je Tag. Zuchttiere sollen beim Absetzen im Alter von etwa 4 Monaten ein Gewicht von mindestens 25 kg haben, mit 6 Monaten 40 kg und mit 9 Monaten 50 kg wiegen.

Nachfrage nach Zuchtschafen ist vornehmlich im Mai, zu Beginn der Weideperiode, vorhanden.

Fütterung der noch nicht zuchtfähigen Böcke

Die Kraftfuttergaben an zur Zucht bestimmte Böcke sollen sich im 2. Lebenshalbjahr auf etwa 750 g und nach Erreichung eines Jahres auf ca 1 kg pro Kopf und Tag belaufen. Ein Teil dieser Kraftfuttergaben soll aus Hafer bestehen und bei noch im Wachstum befindlichen Böcken aus etwas Hülsenfruchtschrot.

Lammschur

Lämmer sollen spätestens im Alter von 5—6 Monaten zum ersten Mal geschoren werden. Die Tiere entwickeln sich dann besser.

Fütterung des säugenden Mutterschafes

Als Erhaltungsfutter benötigen Schafe:

Bei 50 kg Lebendgewicht 50 g verdaul. Eiweiß und 450 Stärkeeinh.
Bei 60 kg Lebendgewicht 55 g verdaul. Eiweiß und 500 Stärkeeinh.

Produktionsbedarf / kg Milch

70 g verdauliches Eiweiß
325—350 Stärkeeinheiten

Gesamtnährstoffbedarf je Tier und Tag:

	Verdaul. Eiweiß	Stärkeeinh.
1 Lamm säugend	120 g	800
2 Lämmer säugend	160 g	1000

Mutterschafe müssen also während der Säugezeit gut gefüttert werden, damit sie möglichst viel und gute Milch geben. Dadurch wird die Anfangsentwicklung der Lämmer ganz wesentlich gefördert und kann bei diesen späterhin viel Kraftfutter eingespart werden.

Daher ist den Muttertieren vor allem genügend Saftfutter in Form von Futterrüben oder besser noch Rübenblättern oder eiweißreicher Silage zu geben. Zu diesen letztgenannten, milchtreibenden Futtermitteln gehören auch Kohlrüben, Mohrrüben sowie Kartoffeln. Rüben erhalten die Muttern täglich bis 2 kg, Kartoffeln in dieser Menge jedoch nur, wenn keine anderen Wurzelfrüchte zugefüttert werden. Andernfalls beläuft sich die Höchstmenge auf 1 kg. Gärfutter muß schon einige Wochen vor und nicht erst plötzlich während der Säugezeit verabreicht werden. Auch darf es nicht ausschließlich, sondern stets nur zusätzlich zu den übrigen Futtermitteln, wie Rüben usw., gegeben werden.

Die Herbstlammung erfordert bei ausreichender Stoppel- und Herbstweide für säugende Mutterschafe kein weiteres Beifutter. Allerdings empfiehlt es sich, den Muttern in den ersten drei bis vier Tagen nach dem Lammen reichlich Luzerneheu vorzulegen. Tiere mit Zwillingen werden gegebenenfalls eine entsprechende Kraftfutterzulage erhalten müssen.

Während der Winterlammzeit können säugende Mutterschafe bei täglichen Futtergaben von 2,5 kg Rübenblatt oder 2,5 bis 3 kg eiweißreichem Gärfutter und 1 kg bestem Heu ebenfalls ohne Kraftfutter auskommen.

Weitere Futterbeispiele für säugende Mutterschafe mit 1 Lamm:

	g	g	g	g	g	g
Haferschrot	250	300	150	150	—	—
Süßlupinenschrot	250	—	—	—	—	—
Trockenschnitzel	—	100	—	—	400	—
Sauerblatt	—	—	—	—	2000	—
Eiweißreiches Gärfutter	—	—	2000	—	—	—
Frisches Rübenblatt	—	—	—	—	—	4000

	g	g	g	g	g	g
Gehaltsrüben	2000	2000	—	—	—	—
Futterrüben	—	—	2000	2000	—	—
Spreu	250	250	250	250	250	250
Wiesenheu	250	500	1000	500	—	1000
Luzerneheu	—	—	—	—	1000	—
Sommerhalmstroh	1000	1000	500	—	500	500
Hülsenfruchtstroh	—	—	—	1000	—	—

An Stelle von Haferschrot können Mischungen aus Kleie, Malzkeimen, Trockenblatt usw. treten, auch kann das Süßlupinenschrot durch die 1½fache Menge Bohnen- oder Erbsenschrot ersetzt werden.

Zwillingsmütter sowie Erstlingsmütter, die sich noch im Wachstum befinden, sind etwas reichlicher zu füttern.

Sobald Lämmer größere Mengen Heu und Kraftfutter aufnehmen, kann das Kraftfutter den Muttern allmählich entzogen werden und nach beendeter Säugeperiode ganz fortfallen (mit Ausnahme bei sehr heruntergekommenen Tieren), damit auch die Milch schneller versiegt.

Pflege und Fütterung der Zuchtböcke

Zuchtböcke gehören in einen hellen, luftigen Stall mit angrenzendem Auslauf, den sie nach Belieben aufsuchen können. Um eine gute Ausbildung der Beine und Klauen zu gewährleisten, soll der Boden des Auslaufes hart sein und nicht eingestreut werden.

Bei Unterbringung der Tiere im Mutterstall sollen die Böcke nicht nur durch Horden, sondern durch eine geschlossene Bretterwand von den Muttern getrennt sein, um gegenseitige Beunruhigung zu vermeiden.

Die Klauen der Böcke sind bei ausschließlicher Stallhaltung (für die Gesundheit der Tiere sehr nachteilig!) und der dadurch fehlenden natürlichen Abnutzung jährlich drei- bis viermal, vor allem 2 bis 3 Wochen vor dem Decken, zu verschneiden. Bei den auf Weide gehenden Tieren genügt einmaliges Verschneiden wenigstens 14 Tage vor dem Frühjahrsaustrieb. Mangelnde Klauenpflege führt zur Deckträgheit der Böcke. Tiere vor der Deckzeit unbedingt scheren.

Ballastreiche Futtermittel, wie Futterrüben, Kartoffeln, Sauerblatt, Schlempe usw., sind nur in mäßigen Gaben zu verabreichen, desgleichen Mais und Gerste, sonst bekommen die Böcke zuviel Leib und werden deckfaul, besonders bei fehlender Bewegung.

Zuchtböcke erhalten das ganze Jahr über Kraftfutter, und zwar am besten Hafer in täglichen Gaben von ¾ bis 1 Pfund mit etwa 25% Anteil an eiweißreichem Hülsenfruchtschrot. 2—3 Wochen vor Beginn der Deckzeit bis zu deren Ende wird die Ration allmählich auf 1½ Pfund gesteigert, dazu als Eiweißgabe ½ Pfund Erbsen, Bohnen, Lupinen oder Ölkuchen gegeben, einschließlich etwas tierischem Eiweiß, das die Befruchtungsfähigkeit erhöht. Durch das eiweißreiche Futter wird die Zahl der Umbocker und der güsten Schafe verringert.

Ferner erhalten die Böcke täglich 1—1,5 kg gutes Heu, am besten Luzerneheu, und 1—1½ kg Wurzelfrüchte. Im Sommer verabreiche man ½—¾ Pfund Trockenschnitzel (während der Deckperiode 1 kg täglich), mäßig angefeuchtet und mit Kaff vermengt, junges Grünfutter und wenn möglich Weidegang.

Bei fehlender Weide wird je nach Jahreszeit Grünfutter, Zuckerrüben-, Futterrübenblatt oder gutes Gärfutter zusätzlich gegeben (von letzteren beiden aber nicht mehr als 1½ kg je Tag). — Häufiger Futterwechsel beugt Mangelerkrankungen der Böcke, die oft zum Tode führen, vor (bleiche Haut, Abmagerung, tränende Augen). Gegenmittel: sofortiger Futterwechsel, Grünfutter oder Sauerblatt und Weidegang.

Neu angekaufte Böcke erhalten in der ersten Zeit täglich 1 kg Kraftfutter. Erst allmählich an knapperes Futter gewöhnen.

Die Böcke werden täglich zweimal gefüttert, aber nicht unmittelbar vor dem Decken, da sie dann leicht deckunlustig sind. Frisches, einwandfreies Trinkwasser (2—3 l genügen in der warmen Jahreszeit) sowie Salzlecksteine + 5 g Kalk täglich dürfen nicht fehlen.

Alle Suchböcke und abgedeckte Zuchtböcke sind sofort, gegebenenfalls nach kurzer Mast, an den Fleischer zu verkaufen.

Lämmermast

Verwertung der zuchtuntauglichen Lämmer: Bei der Lämmermast verzinst sich das Futterkapital so hoch wie bei keinem anderen Zweig der Tierhaltung! Darum auf keinen Fall für billiges Geld magere Lämmer zum Mästen bzw. als Hauslämmer verkaufen!

Auf reichliche, abwechslungsreiche Fütterung und frisches Trinkwasser bei der Mast achten. Mastlämmer müssen alle 7—10 Tage regelmäßig gewogen werden, um festzustellen, ob richtig gefüttert wird. — 3—4 Wochen vor dem Verkauf an den Fleischer Tiere scheren, ältere Schafe zu Beginn der Mast (besonders in den Sommermonaten).

Mastlämmer werden am besten zur Zeit der grünen Bohnen mit etwa 40 kg Gewicht bezahlt. — Bei Herbst- und Wintermast wird man dagegen möglichst schwere Lämmer mästen. Die Tiere müssen sofort verkauft werden, wenn sie bei gutem Futter nicht mehr genug zunehmen.

Bei Fettlämmern soll die Schlußmast möglichst verkürzt werden, damit die günstige Entwicklung, welche die Tiere durch die so lange erhaltene Muttermilch gehabt haben, nicht unterbrochen wird.

Schnellmast (Milchlämmer-Mast)

Man unterscheidet Schnellmast und Wirtschaftsmast. Schnellmast ist hauptsächlich für Betriebe mit Herbst- und Winterlammung angebracht. Die Lämmer erhalten infolge des guten Futterzustandes der Mutter ausreichende Milchmengen und kommen infolgedessen mit geringen Kraftfuttergaben aus. Die Tiere müssen frühzeitig an die Aufnahme fester Futterstoffe, wie Rüben, gutes Heu usw., gewöhnt werden. (Zu wasserreiche Futtermittel, wie Schlempe und Sauerfutter, sind für die Schnellmast nicht geeignet.) Es genügen dann 250 g Kraftfutter täglich (Schrot, Ölkuchen, Lupinen), das unter Berücksichtigung der Muttermilch nur 10% verdauliches Eiweiß enthält.

Es muß also auf einen guten Futterzustand der Muttern zu Beginn der Lammzeit größter Wert gelegt werden! Die Mastzeit ist dann mit dem Absetzen nach etwa 4 Monaten beendet. Gewicht der Tiere ca. 40 kg, Kraftfutterbedarf nur etwa 30 kg. Allerdings muß der Schäfer sehr sorgfältig füttern, die Tiere sehr genau beobachten (alle 7—10 Tage Probewiegen einiger Tiere!) und dem erhöhten Futterbedarf sofort Rechnung tragen (tägliche Zunahmen etwa 300 g!). — Im Dezember/Januar geborene Lämmer müssen spätestens im Juni schlachtreif sein.

·hweinepilz nach Wolff. Winterfest, bietet bei einem Durch-
esser von 6 m Raum für 30 Mastschweine oder 15 tragende
·uen. (Hygienische und wirtschaftliche Bedeutung siehe S. 547)

Dachkonstruktion zum Schweinepilz, mit elektrischer Innenbeleuchtung, unter Verwendung eines alten Wagenrades. Das Dach wird mit einer spitzen Strohhaube bedeckt.

SCHWEINEHÜTTEN

ıchkonstruktion bei der Criewener Hütte, ab-
deckt mit Spreu, Kartoffelkraut oder Rapsstroh
gen Temperaturschwankungen. (Siehe S. 548)

Criewener Hütte, aus Strohballen winterfest, kann mit Lehm abgeputzt werden. Für Eber, Sauen, Läufer und Mastschweine geeignet. (Einzelheiten über Bauweise, Material siehe Seite 548)

"-Hütte nach Wolff, zur Ferkelzucht, auch auf
fen. (Über transportable Hütten siehe S. 549)

Einfache Sommerhütte zur Ferkelaufzucht nach Wolff. Pultdach mit Stroh, Rohr oder Dachpappe. (Siehe Seite 547/548)

Verlegung der Rohre geschieht am besten durch 2–3 Leute. Die leichten Stahlrohre werden durch die „MSK-Kupplung" (Mannesmann-Schnell-Kupplung) fest verbunden. Bis 16 atü drucksicher

Kleine Regner in Verbandsaufstellung bringen den klein mittelbäuerlichen Betrieben durch die Langsamberegnu beitswirtschaftliche Vorteile. (Wirtschaftlichkeit siehe Se

BEREGNUNG

Mit dem MR-Düngerlöser können kleine Düngermengen öfter gegeben werden

Beregnung eines Kartoffelfeldes (Seite 36/37)

Güldner 16 PS m. Perrot-Beregn

Da längere Beregnungsdauer erforderlich, kann der Mannesmann-Schwachregner MR 20 für eine Regengabe von 20 mm bis zu 10 Stunden in Tätigkeit bleiben. (Siehe Seite 36/37)

Mannesmann-Schlepperpumpe, geeignet für jeden Schleppertyp (hier Antrie Porsche-Diesel). Es entfällt Anschaffung eines besonderen Motors, auch besse nutzung des Schleppers nach der Arbeitszeit. Als vollbewegliche Anlage beson Wasserentnahme aus Bach, Fluß oder Kanal geeignet. Kraftbedarf 7–35 PS, menge 10–120 cbm/h. (Mannesmann-Regner, Düsseldorf)

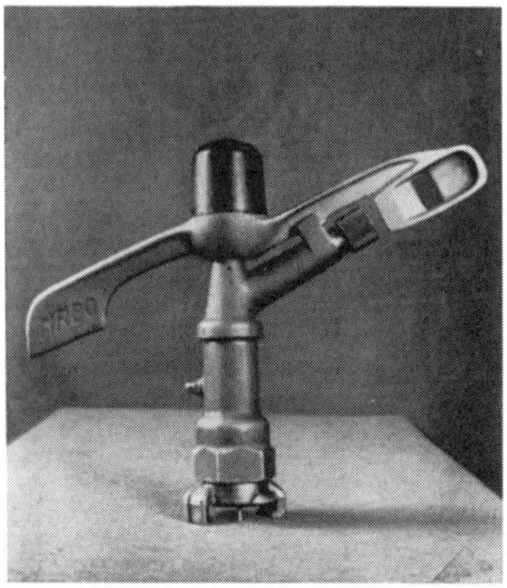

Die Lämmer werden bereits im letzten Monat der Säugezeit kräftiger ernährt und nach dem Absetzen etwa 3 Monate vorwiegend mit wirtschaftseigenem Futter (Heu, Kartoffeln, Sauerblatt, Trockenschnitzel) gemästet. Als Kraftfutter sind Hülsenfrüchte, Rapsschrot oder „DLG-Milchviehfutter II bzw III" geeignet. Schlachtreife im Alter von 6—7 Monaten, etwa 50 kg schwer. — Junge, vollfleischige Milchmast- und Absatzlämmer sind sehr gefragt! **(Absatz-Lämmer-Mast)**

Bei der Wirtschaftsmast werden im Gegensatz zur Schnellmast größere Wollmengen, und zwar 3—4 kg Schmutzwolle je Tier, gewonnen (3/4—1 Jahr alt). Die Lämmer (Herbst- und Winterlammung) erhalten über Sommer auf der Weide kein Beifutter. Tägliche Zunahme 70—100 g. Beim Verlassen der Weide im Herbst werden die 40—45 kg schweren Tiere entweder verkauft oder kurze Zeit im Stall mit wirtschaftseigenen Futtermitteln fertig gemästet (50—55 kg schwer). Wirtschaftsmastlämmer sind gegenüber den Schnellmastlämmern in der Qualität nicht so gut, auch sind die Haltungs- und Futterkosten höher, doch können diese Nachteile durch den Mehrerlös der Wolle (2—3 kg) und das höhere Schlachtgewicht wieder ausgeglichen werden. **Wirtschaftsmast**

Futterbeispiele:

	g	g	g	g
Haferschrot	100	200	200	200
Kleie	150	—	—	—
Kartoffelflocken	—	300	—	—
Bohnenschrot	—	—	—	100
frisches Rübenblatt	200	—	—	—
Gehaltsrüben	200	—	—	300
Sauerblatt	—	200	—	—
gedämpfte Kartoffeln	—	—	200	—
Wiesenheu	500	500	500	—
Luzerne- oder Kleeheu	—	—	—	500
Sommerhalmstroh	500	250	500	500
Spreu	250	250	250	250

An Stelle von Hackfrüchten können Trockenschnitzel oder Kartoffelflocken Verwendung finden und zwar wird 1 kg Futterrüben durch 120 g Trockenschnitzel und 1 kg Kartoffeln durch 250 g Kartoffelflocken ersetzt.

Futterbedarf bei der Mast 3/4- bis 1jähriger Hammel (Winterstallmast): (Gewicht 40—50 kg)

Bei der Stallmast werden fast ausschließlich Wirtschaftsfuttermittel, wie Rüben, gedämpfte Kartoffeln, Kartoffelschlempe, Sauerblatt und Gärfutter verwendet. Auch hier können, wie oben angegeben, an die Stelle von Hackfrüchten Trockenschnitzel oder Kartoffelflocken treten.

Futterbeispiele (nach Richter):

a)		b)	
250 g	Wiesenheu (mittel)	250 g	Kleeheu
5 kg	Gärfutter (Zuckerrübenblatt oder Mais)	2500 g	Kartoffeln, gedämpft
1 kg	Kartoffeln, roh	200 g	Spreu
150 g	Spreu	200 g	Kleie + Futtergetreide
200 g	Kleie + Futtergetreide	100 g	Bohnen oder Lupinen

Je 10 g Mineralstoffe und satt (1/2 kg) Futterstroh.

Die Mast älterer Schafe (ausgemerzte Zuchtschafe, ältere Hammel) erfolgt in der Regel auf der Weide. Besondere Kraftfuttergaben erübrigen sich bei diesen ausgewachsenen Tieren, die im wesentlichen nur noch Fett ansetzen. 1½—3jährige Hammel liefern das schmackhafteste Fleisch und den größten Fettansatz in kürzester Zeit.

Schlachtgewicht

Schlachtgewicht in % des Lebendgewichtes:
(nach Altenkirch)

junge Mastlämmer . . .	50%	ältere Masthammel . .	50%
beste Mastlämmer . . .	55%	ältere Masttiere	48%
mittlere Mastlämmer . .	52%	geringes Schafvieh . . .	40%

Pflege und Fütterung des Schafes

Klauenpflege

Sorgfältige, frühzeitig einsetzende Pflege der Klauen, insbesondere regelmäßiges Beschneiden 2—3 Wochen vor dem Frühjahrsaustrieb, ist sehr wichtig. Wenn die Tiere nicht mehr auf der eigentlichen Hornsohle, sondern auf dem hornigen Ballen stehen, haben sie Schmerzen beim Gehen und kommen im Futterzustand herunter. Vernachlässigung der Klauenpflege kann zu der gefürchteten Moderhinke führen, eine ansteckende, sehr schmerzhafte Klauenseuche der Schafe. Es bildet sich an den Klauen übelriechender Eiter und Ausfluß. Befallene Tiere lahmen mehr oder weniger stark. — Heilbehandlung: Klauen fortlaufend ausschneiden und behandeln mit feingepulvertem Kupfervitriol, Bepinseln mit Gemisch aus Terpentinöl und Lysol, mit Jodtinktur u. a. — Beim Klauenbeschneiden Schaf in sitzende Stellung bringen, Kopf zwischen die Beine klemmen. Beschneiden nicht im Stall vornehmen (Ansteckung). Abgeschnittene Klauenteile verbrennen.

Gebiß des Schafes

Ein ausgewachsenes Schaf hat 32 Zähne, und zwar 8 Schneidezähne im Unterkiefer (im Oberkiefer keine) und 24 Backenzähne, davon je 6 auf beiden Seiten der Ober- und Unterkiefer. Bei der Geburt sind die innersten Schneidezähne (Zangen) bereits durchgebrochen, oder sie erscheinen in der ersten Lebenswoche. Im Alter von 4 Wochen sind alle 8 Schneidezähne vorhanden.

Der Wechsel der Schneidezähne erfolgt:

	im Alter von Monaten
Zangen	12—18 (zweischauflig)
innere Mittelzähne . . .	18—24 (vierschauflig)
äußere Mittelzähne . . .	27—33 (sechsschauflig)
Eckzähne	36—42 (achtschauflig)

Aus dem Wechsel der Schneidezähne läßt sich also das ungefähre Alter der Tiere feststellen. Frühreifere Rassen wechseln eher.

Die ersten zwei Paar Backenzähne erscheinen im Alter von 10—14 Tagen, sofern sie bei der Geburt nicht schon da waren, ein weiteres Paar mit etwa 3 Wochen. Die ersten 3 Paar Backenzähne werden im Alter von 1¼—2 Jahren gewechselt, die mit 3—20 Monaten erscheinenden, bleibenden Backenzähne dagegen nicht. Für die Altersbestimmung kommen die bleibenden Backenzähne weniger in Frage.

Der Zahnwechsel und damit auch das Wachstum des Schafes ist mit spätestens 4 Jahren beendet (bei guter Ernährung und frühreifen Rassen früher, bei schlechter Ernährung später). — Nach dieser Zeit läßt sich das Alter nicht mehr so genau ermitteln. Je älter ein Tier ist, um so länger, schmaler und spitzer werden die Schneidezähne.

Mit 6—7 Jahren fängt das Schaf an, die Schneidezähne zu verlieren. Ein Schaf mit losen Eckzähnen muß unbedingt ausgemerzt werden, es sind dann alle übrigen Zähne lose, da die Eckzähne zuletzt gewechselt werden. Die Tiere fressen schlecht, besonders auf der Weide.

Kennzeichen des gesunden Schafes

Die Haut eines gesunden Schafes ist weich, elastisch, mit rosaroter Färbung. Auch die Schleimhäute müssen diese Färbung aufweisen, die bei kranken Tieren blaß und gelblich ist.

Verdauung

Beim ausgewachsenen Schaf ist der Pansen der größte der vier Magen (Pansen, Haube, Blätter- und Labmagen), beim Lamm dagegen der Labmagen. — Das Wiederkauen erfolgt nur einseitig rechts oder links in einem Zeitraum von 40—50 Minuten. — Der pillenförmige Kot ist von dunkelgrüner Farbe, der Harn klar, hellgelb und dünnflüssig (tägliche Harnabsonderung 1—1,5 l, Kotanfall etwa 1 kg).

Der Darm des Schafes hat etwa das 26fache der Körperlänge. Daher vergehen etwa 3—4 Tage, bis das unverdaute Futter im Kot abgeht. Hackfrüchte, die einen Verdauungsaufwand von 30% erfordern, dürfen niemals in größeren Gaben als 2—3 kg / Tag und Kopf verabreicht werden. Schlempe ist unverdünnt und mit Spreu und Häcksel vermengt zu geben. Schafe gedeihen also am besten, wenn ihnen in der Hauptsache Trockenfutter gereicht wird (Kraftfutter niemals in Form von Tränke verabreichen), Wurzel- und Knollenfrüchte (Schlempe, Pülpe usw.) dagegen nur als Nebenfutter gegeben werden. Je ärmer ein Futter an Rohfaser ist, um so vollkommener wird es verdaut.

Eiweiß wird hauptsächlich zur Muskelfleischbildung und Milcherzeugung gebraucht, während Masttiere mehr Stärkewerte benötigen. Ausgewachsene Tiere setzen bei steigenden Eiweißgaben im Futter kein Fleisch an im Gegensatz zu jungen, wachsenden Tieren. Daher müssen junge Tiere eiweißreicheres Futter haben als ausgewachsene.

Junge Tiere sowie Masthammel müssen im Gegensatz zu älteren Schafen, die täglich nur zweimal satt gefüttert werden sollen, und zwar sowohl beim Weidegang als auch bei der Stallfütterung, öfter kleinere Futtermengen vorgesetzt bekommen. Der Magen wird dann nicht überlastet und das Futter besser ausgenutzt. Einseitige Fütterung ist zu vermeiden, also möglichst mehrere Futtermittel gleichzeitig verabreichen, weil dadurch die Freßlust gesteigert wird. Gesundes Stroh soll nur über die Raufen zur Einstreu gelangen.

Jeder Futterwechsel ist nur allmählich vorzunehmen. Futterzeiten pünktlich einhalten. Überhungern führt zu Überfressen der Tiere.

Wasserbedarf

Das Schaf kommt als ehemaliges Steppentier mit sehr wenig Wasser aus (1,5 —3 l täglich). Den Wasserbedarf sollen die Tiere nach Belieben durch frisches Trinkwasser decken, nicht aber dadurch, daß sie gezwungen sind, viel wasserhaltige Futtermittel aufzunehmen.

Das Tränken soll im Sommer morgens vor dem Austreiben in ausreichendem Maße erfolgen, da Wasserlöcher mit stehendem Wasser gefährlich sind (auf der Weide am besten fließendes Wasser).

Abends in erhitztem Zustand oder nach längerm Marsch sowie nach Stoppel- oder Kleeweide darf nicht getränkt werden, auch nach Körnerweide nicht, da das Getreide quillt und der Magen platzt. Im übrigen soll den Tieren im Stall stets frisches Wasser zur Verfügung stehen, dann kommt auch kein Übersaufen vor (auf 100 Schafe ein

Mineralstoffbedarf

Wassertrog von etwa 4 m Länge). Auch im Winter benötigt das Schaf entgegen einer viel verbreiteten Ansicht täglich ausreichend Wasser.

Das Schaf stellt an den Mineralstoffgehalt des Futters von allen Haustieren die höchsten Ansprüche, und zwar in erster Linie an Kalksalze, die den vierten Teil des Wollgewichtes bei ungewaschener Wolle ausmachen. Das Schurgewicht wird also durch ausreichende Kalk- und Salzgaben günstig beeinflußt. In extrem trockenen oder extrem nassen Jahren kann der Mineralstoffbedarf auf das Dreifache steigen. Wollefressen und Belecken von Wänden und Eisenteilen sind Anzeichen des Salzhungers.

Eine Mischung von 40 Teilen Lehm, 15 Teilen fein gekörnter Holzkohle, 15 Teilen Schlämmkreide und 25 Teilen Salz sollte den Tieren stets zur Verfügung stehen. (Kalk- und Salzgemisch im Verhältnis 1:2 oder Salzlecksteine + 5 g Kalk täglich.)

Normaler Kalkbedarf pro Kopf und Jahr 1½ kg, Salzbedarf 3 kg (täglich etwa 10 g Salz + 5 g Kalk).

Futtermittel

Getreide

Getreidekörner werden vom Schaf besser verwertet als vom Rind.

Hafer: am bekömmlichsten (sehr leicht verdaulich) und am schmackhaftesten von allen Körnerarten; vor allem für junge Tiere sehr wertvoll. — Gerste: steht an zweiter Stelle. — Weizen und Roggen: kommen infolge ihres Preises für den Schafstall nicht in Frage. Von letzterem dürfte nicht mehr als ¼ kg je Tier und Tag gegeben werden (Verstopfungsgefahr). — Mais: für Masthammel und Mastmerzschafe sehr gut geeignet, nicht aber für Zuchtböcke.

Kleie

Kleie: nur trocken in kleinen Gaben und im Gemisch mit anderen Futtermitteln zu reichen (eiweißreicher als die Körner, auch phosphorreich).

Hülsenfrüchte

Süßlupinen: das wichtigste, beste und billigste Kraftfutter für Schafe.

Bitterlupinen: die sich durch 24—36 stündiges Wässern entbittern lassen, können in etwas abgetrocknetem Zustande (bessere Aufnahme, Körner sind sonst zu glatt) im Gemisch mit anderem Futter oder Spreu verabreicht werden. Größere Gaben von ¾—1 Pfund sind nur an Masttiere zu geben. Säugende Muttern erhalten bis zu ½ Pfund, Lämmer entsprechend weniger.

Erbsen, Bohnen, Peluschken, Wicken sollen nur in Futtermischungen verwendet werden. Lämmer und säugende Muttern erhalten bis ¼ Pfund, Mastschafe bis ½ Pfund, Lämmer entsprechend weniger.

Ölkuchen

Rapsschrot, extrahiert: hochtragende, säugende und Mastschafe bis zu 150 g je Tier/Tag. Säugende Lämmer bis zu 25% der Beifuttermischung. — Sojaschrot, Erdnuß-, Sesam- und Leinkuchen: sind gute Futtermittel, letztere aber reichlich teuer. — Sonnenblumen- und Mohnkuchen: sind nur in kleinen Gaben an Mastschafe zu verabreichen. — Baumwollsaatmehl: darf höchstens an Mastschafe in Mengen von ¼ Pfund gegeben werden. — Sämtliche Ölkuchen trocken verfüttern.

Rübenschnitzel

Zuckerschnitzel und getrocknete Zuckerrüben: sind für alle Wiederkäuer im Nährwert nicht höher als einfache Trockenschnitzel zu bewerten, da im Wiederkäuermagen aller Zucker vergoren wird. Zuckerhaltige Futtermittel gehören also nicht in den Schafstall. — Trockenschnitzel: eiweißarm und daher kein Kraftfutter, aber gut bekömmliches und auf die Verdauung günstig wirkendes Beifutter. Sie können in etwas angefeuchtetem, gerade aufgequollenem Zustande (nicht zu naß) in größeren Mengen (300—500 g je Tier und Tag) gegeben werden. Kleine Gaben sind trocken unter das Kraftfutter zu mischen, während größere Gaben mit den zerkleinerten Wurzelfrüchten vermengt werden.

Nasse Rübenschnitzel: sollen an säugende Muttern nicht mehr als 1 kg gegeben werden (hoher Wassergehalt). Mastschafe können bis zu 2 kg je Kopf und Tag erhalten, für Mastlämmer besonders geeignet.

Malzkeime

Malzkeime: können bis $^{1}/_{4}$ kg, aber nur trocken, im Futtergemisch für säugende Mutterschafe enthalten sein. Wegen des engen Nährstoffgehaltes, der leichten Verdaulichkeit und des Phosphorsäuregehaltes sind Malzkeime auch für Lämmer sehr gedeihlich. In größeren Mengen verursachen sie infolge des beträchtlichen Amidgehaltes bei jungen Tieren Verdauungsstörungen. Je heller und sandfreier, desto bekömmlicher sind sie.

Frische Biertreber: säugende Muttern 1,5—2 kg, Mastlämmer 1—3 kg.

Fischmehl

Blut- und Fischfuttermehl: soll nur in kleinen Mengen (10 bis 20 g täglich) gegeben werden. Fischmehl fördert den Appetit und ist vor allem für die Lämmermast in geringen Gaben geeignet. (Fleischfuttermehl wird von den Schafen nicht gefressen.)

Trockenhefe

Sehr eiweiß- und vitaminreich und besonders für Lämmer geeignet.

Schlempe

3—4 l an Mastschafe und, sofern größere Mengen zur Verfügung stehen, in zweiter Linie erst an Mutterschafe (2—3 l), ist in nicht zu heißem Zustand unverdünnt zu geben. Über die Schlempe wird in die Tröge Spreu (Kaff) gestreut, damit die Tiere nicht so hastig saufen und sich das Vlies nicht beschmutzen. Zusätzlich dürfen keine Kartoffeln oder Rüben gegeben werden, dagegen reichlich Trockenfutter, vor allem Stroh. Auch auf ausreichende Kalk- und Salzgaben achten. Bei reichlicher Schlempefütterung neigen die Schafe zum Wollefressen. — Saubere Tröge!

Pülpe

Ebenfalls mehr für Mastschafe geeignet (geringer Nährwert). Sie wird als Frischpülpe (bis 3 kg) oder als Trockenpülpe (0,5 kg) gegeben. (S. S. 477.)

Gärfutter

Gutes Gärfutter: kann an alle Schafe verabreicht werden (1—2 kg, Mastschafe bis 3 kg). Kalk und Salz sowie reichlich Stroh geben. Lämmer können nach dem Absetzen, besonders kräftig entwickelte Tiere schon von der 8.—10. Woche ab, etwas Gärfutter erhalten (Mais, Zuckerrübenblatt). Säugende Mutterschafe müssen Gärfutter schon vor der Säugezeit bekommen und nicht erst plötzlich während der Säugeperiode.

Silage aus Mais, Sonnenblumen oder Rübenblatt ersetzt nur kohlehydratreiche Futtermittel. Dagegen läßt sich aus Stoppelklee, Luzerne Wicken- und Peluschkengemenge, Süßlupinen, Landsberger Gemenge usw. ein sehr eiweißreiches Gärfutter gewinnen, das als Kraftfutter dient. Zur besseren Ausnutzung erfordert derartige Silage eine Beigabe von kohlehydrathaltigen Futtermitteln, wie Trockenschnitzeln oder Rüben.

Rüben, Kartoffeln

Runkelrüben, Kohlrüben (Wruken), Mohrrüben (2—3 kg pro Kopf und Tag) und rohe Kartoffeln (1—1,5 kg): wirken milchtreibend. Runkelrüben sind mit Ausnahme der Gehaltsrunkeln wasserreicher als Kohlrüben. (Keine weißen Wruken, sondern nur gelbe Wruken pflanzen. Der hohe Kaligehalt der ersteren bindet das Kochsalz im Blute. Bei geringen Heugaben tritt dadurch Bleichsucht und Blutwässerigkeit ein.) Je mehr Heu und gutes Futterstroh zur Verfügung steht, um so größer kann auch die Gabe an Wurzelfrüchten sein.

Rübenblätter

Zuckerrüben- und Runkelrübenblätter: wirken ebenfalls milchtreibend (Schlämmkreide nicht vergessen).

Beeren der Eberesche

Die reifen, ziemlich mehligen, roten Früchte der Eberesche werden von Schafen in frischem und gekochtem Zustande gern gefressen; gutes Ergänzungsfutter.

Kartoffelkraut: schwer verdaulich und infolge seines Solaningehaltes grün kein Schaffutter. In getrocknetem Zustand (S. 238) geeignet.

Heu

Gutes Wiesenheu (möglichst Grummet): erhalten vor allem die Lämmer, für welche Kleeheu erst in zweiter Linie und nur in kleinen Mengen nach dem Wiesenheu in Frage kommt. — Kleeheu: darf niemals einseitig in zu großen Mengen an Schafe verfüttert werden, da es immer etwas erhitzend wirkt und die Tiere zu größerer Wasseraufnahme veranlaßt. — Luzerneheu: ist besonders für Lämmer sehr geeignet (in zweiter Linie für säugende Muttertiere) und selbst bestem Wiesenheu vorzuziehen. — Je mehr Heu zur Verfügung steht, desto weniger Kraftfutter wird benötigt (mittlere Heugaben pro Kopf und Tag 0,5 kg).

Futterstroh

Hafer- und Weizenstroh: findet im Schafstall gegenüber Roggen- und Gerstenstroh (Verunreinigung der Wolle durch Grannen) bevorzugt Verwendung. Beim Stroh sind die oberen Halmteile in der Nähe der Ähre die wertvollsten. Das Stroh wird nach dem Füttern des Abends zum Durchfressen in die Raufen gesteckt und der Rest am nächsten Morgen verstreut, d. h. es wird nur über die Raufe gestreut. Wo die Möglichkeit besteht, sollte sämtliches Streustroh für die Wirtschaft erst von den Schafen durchgefressen werden. Gesamtstrohbedarf etwa 2,5 kg je Kopf und Tag einschließlich 1/4 kg Streustroh.

Hülsenfruchtstroh: soll nicht in größeren Mengen verfuttert werden (wirkt erhitzend und oft auch verstopfend), sondern stets abwechselnd mit Getreidestroh. Erbsen-, Bohnen-, Gemengestroh und besonders Süßlupinenstroh wird von den Schafen am besten verwertet.

Spreu

Die Spreu von Getreide, Hülsenfrüchten und Rübensamen findet im Schafstall, vermischt mit Wurzelfrüchten bzw. Gärfutter oder Schlempe, gute Verwendung. Weizen- und Haferspreu ist der Roggen- und Gerstenspreu vorzuziehen. Noch wertvoller sind die Hülsen der Bohnen, Erbsen, Wicken und Lupinen. Entrebbelte, zerkleinerte Maiskolben sowie Rapsschalen bilden ebenfalls brauchbares Schaffutter. (Siehe S. 350.)

Grünfutter

Grünfutterbedarf bei Sommerstallfütterung: 5 bis 6 kg je Schaf und Tag (+ 0,5 kg Stroh).

Zubereitung des Futters

Einweichen, Kochen oder Dämpfen der Futtermittel kommt mit Ausnahme von Bitterlupinen nicht in Betracht. Bei reichlichen Kraftfuttergaben ist säugenden Schafen als erstes stets das Trockenfutter zu geben (zur besseren Verdauung). Sonst wird dieses mit den Wurzelfrüchten vermischt, wie das auch bei Mastlämmern geschehen soll, um eine gleichmäßige Verteilung zu ermöglichen.

Hafer in ganzen Körnern verfüttern und nur an Lämmer in den ersten 2—3 Wochen gequetscht verabreichen. Gerste (Roggen), Mais und Hülsenfrüchte schroten bzw. quetschen.

Rüben und rohe Kartoffeln sind von anhaftendem Schmutz zu befreien und stets zu zerkleinern, um sie mit anderen Futtermitteln mischen zu können. Dadurch wird das Steckenbleiben im Schlund der Tiere vermieden (auch bessere Verdauung gewährleistet). Nach dem Zerkleinern sind vor allem die Rüben sofort reichlich mit Spreu zu vermischen, damit kein Saft verlorengeht.

Getrennte Fütterung

Bei der Fütterung werden die Schafe entsprechend ihren Leistungen in Gruppen eingeteilt, d. h. also nichttragende (Jährlinge), noch nicht gelammte, abgelammte, säugende Muttertiere mit einem Lamm und solche mit zwei Lämmern voneinander getrennt.

Die Weide

Die Rentabilität der Schafhaltung hängt im wesentlichen davon ab, alle vorhandenen Weidemöglichkeiten auszunutzen, soweit diese nicht für andere Tierarten in Frage kommen. Das Schaf soll also in erster Linie mit wirtschaftseigenen Futtermitteln ernährt werden, die dem Betrieb ohne Schafhaltung verlorengehen würden.

(Siehe nächste Seite.) Welche Futterkosten sich durch Weidegang einsparen lassen, ergibt nachstehende Rechnung:

Kosten pro Weidetag und Schaf im Höchstfall 0,04 DM; eine Herde von 200 Tieren = 8.— DM pro Tag.

Kosten bei Stallfütterung (Grundfutter) pro Tag und Schaf 0,15 DM; eine Herde von 200 Tieren = 30.— DM.

Ersparnis bei Weidegang pro Tag 22.— DM!

Der Schäfer muß die Hütetechnik beherrschen und mit Hilfe seiner Hunde in der Lage sein, jede vorhandene Weidemöglichkeit auf das beste auszunutzen. Die Absatzlämmer sollen auf der Weide wachsen und die Mutterherde fleischig in den Winterstall gehen.

Die Anlage einer Dauerweide ist nur in solchem Umfang gerechtfertigt, wie sie zur Überbrückung der im Vorsommer auftretenden Futter- bzw. Weideschwierigkeiten unbedingt benötigt wird. Die Wirtschaftlichkeit der Schafhaltung ist in Frage gestellt, wenn große Ackerschläge als Schafweide liegenbleiben!

Frühjahrsweide

Möglichst zeitige Frühjahrsweide bleibt anzustreben, selbst wenn sich die Tiere draußen noch nicht sattfressen können (Eiweißergänzung und Vitaminzufuhr). Der Übergang zur Weide darf nur allmählich und unter Beigabe von Trockenfutter erfolgen.

Im allgemeinen beginnt Anfang bis Mitte April der Weidegang der Muttern und Jährlinge auf Wiesen und Weiden (zunächst nur einige Stunden täglich), während die Lämmer 8—14 Tage später ausgetrieben werden. Durch den Tritt des Schafes erfolgt eine Festigung des Bodens, der außerdem mit Dung angereichert wird. Der Verbiß der jungen Pflanzen bewirkt eine stärkere Bestockung und somit eine Verbesserung der Grasnarbe. Selbstverständlich darf das Beweiden der Grünlandflächen, vor allem der Wiesen, nicht zu lange ausgedehnt werden (etwa bis 1. Mai, bevor die Halmbildung der Gräser beginnt). Werden Mähweiden durch Schafe zu intensiv beweidet, entwickeln sich die Obergräser zu gering und zu spät, auch entstehen Rasenschmielehorste, da dieses minderwertige Gras von Schafen gemieden wird. (Viehkoppeln über Sommer zeitweise vorsichtig überhüten.) (Siehe S. 377.)

Leberegel

Feuchte, ebenso regennasse, tief gelegene Weiden sowie solche, die zeitweise unter Wasser stehen, wegen Gefahr der Aufnahme von schädlichen Parasiten (Magen-, Darm-, Lungenwürmern und insbesondere Leberegeln) unbedingt meiden. Desgleichen Heu von derartigen Grünlandflächen nicht verfüttern, sofern es nicht etwa zwei Monate abgelagert ist. — Vorbeugungsmittel gegen Leberegel: Kupferlecksteine. Erkrankte Tiere bedürfen tierärztlicher Behandlung mit entsprechenden Wurmmitteln. Nasse Grünlandflächen drainieren, auf Weiden einwandfreie Tränkstellen schaffen. Zur Vernichtung der Zwergschlammschnecke als Zwischenwirt des Leberegels — eine Übertragung des Schädlings von Schaf zu Schaf gibt es nicht — feuchte Wiesen und Weiden, auch kleine Gewässer, mit 20—30 dz/ha Hederich-Kainit oder 10 dz/ha frisch gelöschten Kalk bestreuen. Auch 1—2% Kupfersulfatlösung geeignet, ferner 20 g Kupfervitriollösung je cbm Wasser über Gräben und Tümpel mit Gießkanne ausbringen. — Beste Schneckenvertilger sind auf Weiden gehaltene Laufenten!

Zu meiden sind auch Wiesen und Weiden, die mit schädlichen Pflanzen (Riedgräsern, Binsen, Schachtelhalm, Hahnenfuß, gefleckter Schierling, Herbstzeitlose, Nachtschattengewächsen) stärker besetzt sind.

Anzuraten ist das kurzfristige, leichte Überhüten gutbestandener Herbstsaaten über Winter bis zum zeitigen Frühjahr (unter Umständen bis ins letzte Aprildrittel) mit weit auseinandergezogener Herde. Der vielfach hochgefrorene Boden wird dabei im Frühjahr gefestigt und die Saaten zu verstärkter Bestockung angeregt. Beweidete Saaten sind standfester und bringen oft $^1/_2$—$1^1/_2$ dz/ha Mehrertrag! Auch Raps kann bis etwa Anfang März sehr vorsichtig überhütet werden. Selbstverständlich darf der Acker nur bei trockenem Wetter betreten werden.

Als Sicherheitsventil ist die Anlage von Winterweide (Johannisroggen mit Inkarnatklee) angebracht. Notfalls muß den Schafen auch ein kleiner Teil des Kleeschlages vorbehalten bleiben.

Absolutes Schaffutter (Abb. neben S. 561)

Absolutes Schaffutter (Wegeränder, Graben- und Waldweiden, Obstplantagen, Sportplätze, Ödflächen oder sonstige Parzellen, die wegen steiler Lage, Bodenschwierigkeiten (steinig) oder zu geringen Graswuchses eine andere Nutzung nicht lohnen) ist unbedingt so lange wie irgend möglich zu schonen. Diese Reserve muß dann zur Verfügung stehen, wenn kein anderes Futter mehr vorhanden ist (meist im Vorsommer bis zu Beginn der Stoppelweide). Wegeränder sollen pfleglich behandelt und insbesondere von Steinhaufen freigehalten werden. Das Wegehüten erfordert große Aufmerksamkeit und stellt an den Schäfer und seine Hunde größte Ansprüche.

Anfang Juli beginnt die erste Stoppelweide, mit dem Hüten zwischen den weitgestellten Mandeln der Raps- und Wintergerstenschläge. Damit hört die Weidenot auf. Anschließend folgen die übrigen Getreideschläge, dann die Kartoffel- und Rübenblattweide, Stoppelklee, Gründung- bzw. sonstige Futterschläge bis weit in den Dezember hinein.

Das Austreiben der Schafe

Was vor dem Austreiben zu beachten ist

Die Tiere sind vor dem Austreiben hochzujagen, damit sie im Stall noch abmisten. Desgleichen ist vor dem Austreiben stets mit klarem Wasser in sauberen Trögen zu tränken, da Pfützen und Wasserlöcher mit stehendem Wasser wegen Aufnahme von Darmparasiten gefährlich sind. Kommen die Schafe in den Stall zurück, darf erst nach Abkühlung der Tiere getränkt werden!

Um zu gieriges Fressen zu vermeiden, lege man vor dem Austreiben etwas Stroh vor. Besonders bei nassem Wetter gebe man den Schafen morgens vor dem Austreiben gesundes Heu oder Sommerhalmstroh. Durch die Verdauung des Rauhfutters bildet sich im Magen Salzsäure, die auf der Weide etwa aufgenommene Schädlinge, wie Leberegel, Lungenwürmer, Band- und Magenwürmer usw. abtötet.

Sehr zweckmäßig ist bei Klee- bzw. Stoppelweide, Schafen vor dem Austreiben ein Morgenfutter zu geben, das neben Rauhfutter aus einer leicht angefeuchteten Trockenschnitzelmenge von $^1/_4$ kg je Kopf besteht. Die aufgenommenen Schnitzel pflegen beim ersten Kauakt nur wenig eingespeichelt zu werden, infolgedessen quellen sie im Pansen nach, und es entsteht auf diese Weise ein leichtes Sättigungsgefühl. Da also das erste Hungergefühl gemildert ist, fallen die auf Stoppel-, Rübenblatt- oder Kartoffelfelder getriebenen Tiere nicht so gierig über das Weidefutter her und überfressen sich nicht.

K r a n k e T i e r e bleiben im Stall zurück.

H ü t e h u n d e sind rechtzeitig aus dem Zwinger zu lassen, damit sie sich kurz auslaufen und die Hütearbeit nicht gestört wird. Zum Wegehüten gehören unbedingt Hunde.

Regeln für das Austreiben

Normale Hütungszeit von morgens $8^1/_2$ bis abends 7 Uhr. Betaute Weiden rufen Durchfall hervor, bereifte Weiden Darmkrankheiten. Auch bei Nebel darf des Morgens nicht ausgetrieben werden. Während der Mittagshitze sind die Tiere in den Stall zu bringen. Bei entfernt gelegenen Weideflächen ist ein schattiger Platz aufzusuchen.

O b e r s t e r G r u n d s a t z beim Hüten sei Ruhe! — Kleine R e g e n s c h a u e r schaden den Schafen nichts, desgleichen gelegentliches Hüten im Regen, wenn die Tiere gesund und daran gewöhnt sind. Damit aber die Wolle nicht leidet, dürfen die Tiere nicht im Stall abtrocknen, sondern in frischer Luft (keine pralle Sonne). An Regentagen ist im Stall zu füttern.

Nach Regen meide man frische S t o p p e l w e i d e (starke Durchfälle mit Gehirnreizungen, die meist zum Tode führen) und suche zunächst die Höhen auf. Besonders gefährlich sind bei Stoppelweide auch frische Roggen- und Weizenkörner in gekeimtem Zustand. Bei Körnerweide darf abends nicht getränkt werden, weil das Getreide quillt und der Magen platzt. Weideflächen mit Ausfallgetreide (Schälacker) sind während der Kartoffel- und Rübenblattweide zu meiden.

Schafe lieben eine kurze, feste, kernige, mit Gras durchwachsene Kleenarbe. R e i n e K l e e b e s t ä n d e s i n d g e f ä h r l i c h, besonders an heißen und schwülen Sommertagen, weil der dann bereits abgewelkte Klee schneller in Gärung übergeht und Gase entwickelt. Durch starke Gase kann das Zwerchfell platzen und infolge des Eindringens der Gase in die Atmungsorgane Erstickungstod eintreten.

Auch bei Luzerne-, Raps- und Hederichhütung besteht B l ä h s u c h t g e f a h r, desgleichen, wenn unmittelbar nach der Stoppelweide auf Klee gehütet wird. Man beobachte die Tiere daher gut und gewöhne sie erst allmählich an derartiges Futter. Nach starken Nachtfrösten sind alle Weideflächen bezüglich der Trommelsucht viel ungefährlicher.

Mittel gegen das Aufblähen der Schafe

Strohband oder Holzknebel in das Maul einbinden, Kopf des Tieres zwischen die Beine nehmen und den Bauch des Schafes, besonders die linke Seite, mit Fäusten abtrommeln (Pauken).

Als letztes Mittel ist der Pansenstich mit dem Trokar, notfalls einem sauberen Messer, vorzunehmen, und zwar in die linke Bauchseite, etwa eine Handbreit vom Rücken und eine Handbreit von der Hüfte in Richtung auf das rechte Vorderbein. Die Tiere müssen dann vorübergehend im Stall bleiben und nur etwas Heu und Kraftfutter (Hafer) erhalten, nicht aber zu wasserreiche und voluminöse Futtermittel.

M i t H a n d e l s d ü n g e r b e s t r e u t e F l ä c h e n müssen bis zum Auftreten starker Regenfälle auf jeden Fall gemieden werden (Vergiftungserscheinungen). W e g e m i t P f l a u m e n b ä u m e n s i n d g e f ä h r l i c h (Blausäurevergiftung).

W a l d g r ä s e r sind in schattigen Lagen (schmale Waldwege) wenig nahrhaft und können nur als Erhaltungsfutter dienen. Die Tiere fressen lieber trockenes, sonnenbeschienenes Gras auf größeren Lichtungen, vor allem von Kahlschlägen. Auf diesen sowie reinen Nadelwaldbeständen richten die Tiere keinen Schaden an.

Schafbremse

In den Monaten Juni/September ist die Schwärmzeit der Schafbremse, die (vorwiegend in der heißen Mittagszeit und auf Weiden mit viel Buschwerk) ihre Eier in die Nähe der Nase oder an den Vorderkörper der Schafe legt und durch die daraus schlüpfenden und in die Nase kriechenden Larven die sogenannte falsche Drehkrankheit hervorruft. Daher sollte in diesen Weidemonaten während heißer Tage, vor allem in der Mittagszeit, möglichst nicht im oder am Walde gehütet werden.

Sehr staubige Feldwege sind zu vermeiden. (Der in der Wolle sich festsetzende Staub zerreißt diese durch die Bewegungen der Tiere und macht die Wolle mürbe und brüchig.) Disteln und Kletten müssen auf Wegen und Weiden ausgestochen werden. Vor der Schur soll vor allem feinere Wolle nicht durch Regen naß werden. (Regen schadet zwar nicht, macht die Wolle aber unansehnlich.)

Buchweizenausschlag

Weiße Schafe dürfen auf Buchweizenfelder nie bei hellem Sonnenschein, sondern nur am Abend oder trüben, kühlen Tagen getrieben werden, da sonst leicht der infolge des Sonnenlichtes auftretende Buchweizenausschlag entsteht (Rötung, Schwellung, Juckreiz von Gesicht, Ohren, Augenlider, Kehle und Hals — Lichtkrankheit). Aus gleichem Grunde Buchweizenkörner und Buchweizenstroh nur im Stall verabreichen. Das Austreiben danach darf dann aber ebenfalls nur am Abend oder bei trüben Tagen erfolgen. (Siehe auch S. 349.)

Beim Überhüten der Rübenweizenschläge bzw. Kartoffelroggenschläge im Herbst, d. h. also nach der Getreideaussaat, ist darauf zu achten, daß die Schafe quer zu den Drillreihen über den Getreideschlag getrieben werden, damit sie nicht in den Radspuren entlanglaufen.

Mutterschafe, d. h. sowohl güste wie niedertragende Tiere, erhalten während der Weidezeit kein Kraftfutter (nur bei knapper Weide evtl. kurz vor Beginn der Deckzeit.)

Im Spätherbst im guten Futterzustand aufgestallte Jährlinge und Hammel lassen sich mit gutem Hülsenfruchtstroh, mäßigen Rübenmengen (besonders auch Kohlrüben) oder Sauerblatt und reichlich gesundem Weizen- oder Haferstroh über Winter gut durchhalten.

Gegebenenfalls erhalten Jährlinge an Kraftfutter bis $^1/_3$ Pfund Süßlupinen (insgesamt 20—25 kg).

Auslauf

Auch im Winter sollen Schafe sich bei schönem Wetter in einem am Stall gelegenen Auslauf bewegen können. Dieser wird mit reichlich Stroh versehen und dient gleichzeitig als Abtreibebucht. Im Sommer sollen die Tiere vor dem Weideaustrieb zum Abmisten unbedingt kurz in diesen Auslauf kommen, damit unterwegs möglichst wenig von dem wertvollen Dung verlorengeht.

Zur Förderung ihrer Gesundheit und zur Bekämpfung der Bleichsucht ist es zweckmäßig, Schafen im Winter grünes Kiefernreisig vorzulegen (am besten im Auslauf). Die Tiere fressen Nadeln und Rinde gern.

Das Pferchen der Schafe

Allgemeines

Das Pferchen (Hordenschlag) wird hauptsächlich in Süd-, West- und Mitteldeutschland betrieben. Es ist besonders vorteilhaft für hängiges

Gelände, für weit entfernt liegende oder infolge größerer Höhenunterschiede bzw. schlechter Wege schwer erreichbare Flächen. Weitere Vorteile des Pferchens sind die Ersparnisse an Arbeitszeit und Kosten für die Dungausfuhr und das Dungbreiten sowie Stroheinsparung. Die Düngung des Ackers erfolgt unmittelbar durch Kot und Harn, so daß keine Nährstoffverluste wie beim Dungfahren oder Treiben der Schafe entstehen, vorausgesetzt, daß der Pferch sofort eingeschält oder mit dem Krümmer oder der Scheibenegge eingebracht wird.

Durch den festen Tritt der Schafe werden Mäuse, Engerlinge, Drahtwürmer usw. sowie Unkräuter vernichtet. Grobwollige Landschafrassen können bis zu 220—250 Nächte draußen bleiben, feinwollige Rassen (Merinos) bis zu etwa 100 Pferchnächte. Pferchen ist auf allen Bodenarten möglich. Es kann mit und ohne Stroh erfolgen. Man unterscheidet zwei Arten des Pferchens:

Pfercharten

1. Den Standpferch. Düngererzeugung durch Einstreu. Strohverwertung in unmittelbarer Nähe von Feldscheunen oder Strohmieten.

2. Den beweglichen Pferch. Düngererzeugung ohne Einstreu. Die auf dem abzudüngenden Feld aufgeschlagenen Hürden werden in einer Nacht ein- oder auch mehrmals versetzt (je Schaf 1 qm Raum). — (Auf Rädern beweglicher Schafpferch s. Abb. neben S. 561.) Pferchen mit Elektrozaun: 1 Draht mit 15 cm Bodenabstand genügt. Nur bei temperamentvollen Herden 2. Draht in 80 cm Höhe ziehen.

Mit 300 Schafen lassen sich in einer Pferchnacht etwa 500 qm abdüngen bzw. 1 ha in 20 Nächten.

Düngerwert

Der Düngerwert einer Pferchnacht ist je ha mit etwa 60 kg N (70% als Harnstickstoff mit 88% Löslichkeit), 17 kg P_2O_5 und 50 kg K_2O zu veranschlagen. Pferchdünger wirkt im ersten Jahr etwa doppelt so stark wie Stallmist! (Körperwärme und Ausdünstungen der Schafe begünstigen die Entwicklung der Bodenbakterien.)

1 Schaf erzeugt in einer Nacht 1,25 kg Dung. 300 Schafe erzeugen in der Weidezeit in 100 Tagen im Höchstfall 600 dz Mist. Bei einer Düngergabe von 200 dz/ha können damit 3 ha abgedüngt werden. Im Pferchbetrieb lassen sich mit gleicher Herde in 100 Tagen 5 ha abdüngen.

Welche Früchte eignen sich für den Pferchbetrieb?

Hackfrüchte und Gemüse sind in erster Linie für eine Pferchdüngung geeignet. Kartoffelschläge, die im Frühjahr gepfercht werden (auch Kopfdüngung möglich), können fast den doppelten Ertrag bringen. Zu Getreide, namentlich Winterweizen, kann das Pferchen vor der Saat oder auf den Kopf erfolgen. Zur Verminderung der Lagergefahr muß in einer Pferchnacht 2—3mal umgeschlagen werden.

Grünland kann ebenfalls für den Pferchbetrieb herangezogen werden. Die hierbei erzielte Leistung beträgt etwa das Doppelte gegenüber einer schwachen Stallmistdüngung. Die pferchende Schafherde ersetzt eine Wiesenwalze (bessere Bestockung)! Nach dem Pferch wird Grünland mittels Strauchegge (siehe Seite 352) abgeschleppt bzw. der Dung in die Narbe eingerieben.

Zum Pferchen werden folgende Geräte benötigt:

Geräte

Hürden: 3,50—4 m lang, 1—1,20 m hoch.

Pfähle: 1,5 m lang, oben gegen das Splittern beim Einschlagen mit Eisenring, unten mit Eisenspitze versehen.

Stützgabeln: Für hängiges Gelände zum Abstützen der Hürden.

Holzschlegel: Zum Einrammen der Pfähle.

K r i n g e l: Aus Weiden oder Draht geflochtene Ringe, mit denen die Hürden an den Pfählen befestigt werden.

H o l z t r ö g e: Zum Tränken und zur Verabreichung von Mineralstoffsalzen.

P f e r c h k a r r e n: Als Unterkunft für den Schäfer.

Die Schafwolle

Wollpflege vor der Schur

Je besser Wolle vor der Schur gepflegt, je sachgemäßer sie bei und nach der Schur behandelt wird, um so höher ist ihr V e r k a u f s w e r t. Da Wolle durch Stallhaltung, besonders durch zu warme und feuchte Ställe, ungünstig beeinflußt wird (übermäßige Schweißbildung), ist die Stallhaltung auf das Notwendigste zu begrenzen (höchstens 120 Tage im Jahr). Die Winterstallhaltung soll sich auf nur 2—3 Monate beschränken.

Einmal verdorbene Wolle bleibt unansehnlich. Daher sind beim Einstreuen und Beschicken der Raufen mit Rauhfutter die Tiere abzutreiben oder besser noch aus dem Stall zu entfernen. Auf keinen Fall darf über den Kopf gefüttert werden (Verunreinigung der Wolle durch herabfallende Halmteile, Spreu und Blätter). Stets auf reichliche, saubere Einstreu achten! Schafe dürfen niemals auf dem blanken Mist liegen. Roggen- und Gerstenstroh sollte wegen der Grannen, die sich in der Wolle festsetzen (verfilzen), im Schafstall möglichst nicht verwendet werden, a u f k e i n e n F a l l Gerstenstroh in der letzten Woche vor der Schur. Fehlende Sprossen in den Raufen sofort ersetzen, damit die Schafe mit dem Kopf nicht in die Raufen können und die Wolle verschmutzen. Ferner darauf achten, daß keine Zwischendecke durch Aufschütten von Stroh über lose Stangen geschaffen wird, da Vögel, Ratten und Mäuse darin arbeiten und durch das ständige Herunterrieseln von Strohteilchen eine starke Verunreinigung der Wolle eintritt.

Zur Erreichung eines hohen Schurgewichtes muß die Nahrung neben großen Kalk- und Salzgaben so eiweißreich wie möglich gestaltet werden. Bei sehr knapper Ernährung sinkt der Wollertrag.

Wolleigenschaft

Auf einer dicken, fest am Körper anliegenden Haut wächst eine kurze, schweißige Wolle (schwerfutterige Tiere), auf einer feineren, sehr elastischen Haut wächst eine lange, weniger schweißige Wolle (leichtfutterige Tiere).

Schulter, Rücken und Seiten des Tieres weisen die feinste Wolle auf, während Kopf, Hals und Keulen gröbere Wolle haben. Die S t a p e l t i e f e, d. h. Länge der Wolle wird auf dem Tierkörper eine Handbreit links des Widerristes auf der Schulter auf den halben Zentimeter genau gemessen. Vollschürige Wolle hat eine Mindestlänge von 6 cm, bei Fleischschafen eine solche von mindestens 8 cm und bei den Landschafen von mindestens 15 cm. Je feiner die Wolle, um so kürzer ist sie, je gröber, um so länger.

Eine der wichtigsten Eigenschaften des Wollhaares ist die F e i n h e i t, die im Durchmesser der Wolle zum Ausdruck kommt. Je kleiner der Durchmesser, um so feiner das Wollhaar.

Merinofleischschafe haben eine feine Wolle (Typ AB), Fleischschafe eine gröbere Wolle (Typ BC) und Landschafe eine grobe Wolle (Typ CD).

Jährlinge haben gröbere Wolle als ältere Schafe. Desgleichen ist die Wolle der Böcke gröber als die weiblicher Tiere. Durch Kastrieren der Bocklämmer (je früher, desto besser) wird Verfeinerung der Wolle erzielt.

Auf leichterem Boden und in trockenem, warmem Klima wächst eine feinere Wolle als auf schweren Böden, in feuchten Lagen und Gebirgen. Besonders grob ist die Wolle im Seeklima. — Auch Fütterung und Haltung der Schafe haben Einfluß auf die Feinheit der Wolle.

Die Wolle soll möglichst weißschweißig sein und nicht gelb oder rotschweißig (feuchte, wenig gelüftete Ställe im Winter). Daher soll die Stalluft im Winter vor allem vor der Schur immer trocken und frisch sein. — Je dichter der Haarstand, um so größer der Wollertrag und um so weniger vermag die Wolle zu verschmutzen.

Schur

Zu bevorzugen ist bei allen über ein Jahr alten Schafen einmalige Schur. Zweimalige Schur ergibt nur etwa 1/4 Pfund pro Jahr Mehrgewicht an Wolle und wird durch die doppelten Schurkosten sowie durch den Mindererlös aus der Wolle — für 1/2jährige Wolle werden 25% weniger gezahlt — nicht ausgeglichen. Sehr geeignet zur Schur sind die Monate April/Mai, wenn sich die Wolle nach Weidebeginn gekräftigt hat, besonders bei Herbstlammung (Mitte Mai, nach beendetem Decken).

Bei der Winterlammzeit soll die Schur außer in sehr leicht gebauten, kalten Ställen kurz vor der Lammzeit liegen, nicht dagegen im Frühjahr, da die Schafe zu dieser Zeit abgesäugt sind und die Wolle daher nicht vollwertig ist. Auch bei der Frühjahrslammung schert man die Tiere unmittelbar vor der Ablammung, nicht aber während oder unmittelbar nach der Säugezeit, nach der sich die Wolle erst wieder kräftigen muß.

Lämmer sollen zur besseren Entwicklung spätestens im Alter von 5—6 Monaten zum ersten Mal geschoren werden, Mastlämmer 3—4 Wochen vor dem Verkauf. — Zuchtböcke sind ein- bis zweimal zu scheren, und zwar vor der Deckzeit (und im Spätherbst).

Masttiere verwerten das Futter im kahlgeschorenen Zustand besser und nehmen auch besser zu. (Ältere Schafe sind zu Beginn der Mast zu scheren, jüngere Tiere 3—4 Wochen vor dem Verkauf.)

Die Schur wird mit der elektrischen Schermaschine (40—50 Schafe/Person und Tag) oder mit der Handschere (20—30 Schafe/Person/Tag) durchgeführt. Sie hat nüchtern zu erfolgen; 12 Stunden vorher darf weder Wasser noch Futter verabfolgt werden (Darmverschlingungsgefahr), auch muß die Wolle völlig trocken sein. Verunreinigung der Wolle während der Schur muß durch Auslegen von Planen vermieden werden. Die Tiere werden am besten am rechten Hinterbein oder auch an der Flanke gegriffen. Als erstes müssen die Locken herausgeschoren werden. (Wollteile an Kopf, Beinen und evtl. auch der oft verzwirnte Bauch — etwa 10—15% der Gesamtwolle.)

Nach erfolgter Schur werden die einzelnen, zusammenhängenden Vliese ausgeschüttelt und dann auf einem besonderen Sortiertisch von noch anhaftenden Schmutzteilchen gereinigt, die gröberen Wollteile entfernt und das Schurgewicht einschl. Locken festgestellt. Anschließend dürfen die Vliese nicht sofort in Säcke verstaut werden, sondern müssen, je nach Feuchtigkeitsgehalt und Witterung bei der Schur, etwa 3—8 Tage an einem luftigen Ort, mit der Innenseite nach außen zusammengerollt, gelagert werden, damit die Wolle genügend auslüften kann. (Gefahr der Selbsterhitzung, Gelb- und Brüchigwerden der Wolle.) Nach der Lagerung werden die einzelnen Wollsorten getrennt gesackt. Man unterscheidet Mutter-, Jährlings-, Hammel-, Lamm- und Bockwolle.

Scherwunden sind sofort mit Jodtinktur oder Holzteer zu behandeln, um Infektionen durch Fliegen zu vermeiden und damit beim Gerben der Haut keine Löcher entstehen.

Nach der Schafschur ist etwas Futter zuzulegen (die Tiere frieren leicht, größerer Wärmeverbrauch), auch sind die Schafe vor Zugluft, Nässe und prallem Sonnenschein zu schützen.

Rendement

Rendement bedeutet die Menge reiner Wolle eines Vlieses, die nach der Fabrikwäsche, also nach Entfernen von Wasser, Schmutz und Fettschweiß, verbleibt. Bei der Trocknung wird die Wolle auf einen Feuchtigkeitsgehalt von 17% gebracht. Wenn also z. B. eine Wolle ein Rendement von 35% hat, so ergibt sich daraus, daß 50 kg ungewaschene Wolle eine Reinwollsubstanz von 17,5 kg besitzt (also einschließlich 8,5 kg Feuchtigkeitsgehalt). Merinofleischschafe haben ein Rendement von etwa 30—40%, grobwollige Fleischschafe und Landschafe im allgemeinen ein solches von 40—70% (grobe Wolle enthält wenig Fettschweiß). Wolle wird heute nur noch als Schmutzwolle abgeliefert.

Wollertrag

Ein Schaf produziert etwa 3—6 kg ungewaschene = 0,8—2 kg gewaschene Wolle jährlich (Waschverlust 20—80%). Böcke und alte Hammel geben einen höheren Wollertrag als säugende Mütter und Lämmer.

Baden der Schafe (Abb. neben S. 576)

Wenn Schafe an Räude erkrankt oder stark von Zecken (Tecken) oder Haarlingen (Sandläuse) befallen sind, empfiehlt sich, die Tiere bald nach der Schur unter Zusatz eines parasitentötenden Mittels nach ärztlicher Verordnung zu baden. Diese Arbeit wird durch die in den letzten Jahren eingeführten Schafbadewagen wesentlich erleichtert.

Hütehunde

Die Ausbildung erfolgt am besten, sobald der junge Hund die Milchzähne verloren hat. Fütterung zweimal täglich, wobei die Hauptmahlzeit, besonders bei Fleischgaben, am Abend erfolgt. Werden die Tiere bereits am Morgen zu reichlich gefüttert, sind sie tagsüber zur Arbeit unlustig. Knochen stets nach der Mahlzeit geben, sonst wird das übrige Futter nicht aufgefressen. In Milch und Fleischbrühe eingebrocktes Roggen- oder Gerstenbrot ist ein ausgezeichnetes Futter. Frisches, sauberes Wasser darf nicht fehlen.

Hütehunde dürfen zur Vermeidung der Aufnahme von Hundewürmern durch die Schafe (Ursache der Drehkrankheit) weder im Stall noch auf der Futterdiele geduldet werden. Im Frühjahr und Herbst müssen die Hunde eine Bandwurmkur durchmachen. Während dieser Zeit sind sie angebunden zu halten und muß der Kot vernichtet werden. Zur Ungezieferbekämpfung sollten die Tiere im Sommer öfter in Kreolin- oder Lysolwasser gebadet werden (1 Eßlöffel auf 1 Eimer lauwarmes Wasser).

Stalltemperatur

Im allgemeinen 8—10° C, nach der Schur und zur Lammzeit dagegen 15—16° C. Eine etwas kühlere, aber trockene Luft ist den Tieren zuträglicher als zu warme, feuchte Luft, die auch die Wolle ungünstig beeinflußt. Kühl gehaltene Schafe verzehren zwar mehr Futter, geben aber auch mehr Wolle.

Das Milchschaf

Milchschafe sind ausgesprochene Weidetiere, die nur dort mit Erfolg gehalten werden können, wo genügend nährstoffreiche Dauerweide vorhanden ist. Auf geringwertigen Weideflächen versagen die Muttertiere vollkommen. Lämmer bzw. Jungschafe aus Ostfriesland, dem Heimatgebiet der Milchschafe, gewöhnen sich im Binnenland besser ein als ältere Schafe. Milchschafe geben jährlich 500—700 kg und mehr Milch (7% Fett), im Binnenklima bei bester Ernährung 400 bis 500 kg. Ferner 3—5 kg Wolle mit hohem Reinwollgehalt. — Das Ostfriesische Milchschaf ist ein Einzelgänger. Es sollen nur einzelne oder wenige Tiere (2—4) zusammen gehalten (im Heimatgebiet 4—8) werden. Bei Herdenhaltung lassen Fruchtbarkeit und Milchleistung stark nach. Außerdem wirkt sich der Befall mit Magen-, Darm- und Lungenwürmern besonders ungünstig aus.

Als Stall genügt ein einfacher, gutgelüfteter Holzstall, der mit einem regendichten Dach versehen ist und auch im Winter eine obere Temperatur von 8—10° C nicht überschreiten soll (säugende Mütter etwa 12° C). Auf keinen Fall sind zur Unterbringung der Tiere massive, meist viel zu warme Großviehställe geeignet.

Das sehr raschwüchsige Schaf, das ein Geburtsgewicht von 4,5—5,5 kg hat und bis etwa 100 kg schwer wird, kann bereits mit 6, besser jedoch erst mit 8 Monaten zur Zucht benutzt werden. In der Regel werden zwei, öfter auch drei und vier Lämmer geworfen. Jungschafe bringen meist nur ein Lamm. (Gewicht bei erstmaliger Zuchtbenutzung 55—60 kg.)

Nach dem Absetzen der Lämmer kann die tägliche Milchmenge 3 bis 5 kg betragen. Die Milchleistung steigert sich nach der zweiten Lammung und erreicht bei der vierten Lammung ihren Höhepunkt.

Deckzeit: Mitte September bis November (auch für Jungtiere).

Trächtigkeitsdauer: Beim Milchschaf im Durchschnitt 142 Tage. 5—6 Wochen vor dem Lammen ist das Tier auf jeden Fall trockenzustellen.

Geburt: Siehe S. 554. Unmittelbar nach der Geburt erhält das Mutterschaf eine warme Leinsamen- oder Weizenschalensuppe.

Lämmeraufzucht

Die Lämmer bleiben entweder acht Wochen bei der Mutter (das Absetzen ist allmählich vorzunehmen) oder werden wie bei der Kälberaufzucht nach der Geburt sofort aus einem Gefäß getränkt. Letztere Methode ist im allgemeinen wirtschaftlicher. Nur bei Erstlingsmuttern lasse man die Lämmer saugen, da die Entwicklung des Euters durch das Saugen der Lämmer gefördert wird.

Die Tiere müssen auf jeden Fall bis zur 12. Lebenswoche Vollmilch oder entrahmte Milch mit Ölkuchen erhalten. Man beginnt mit ½ l täglich und steigert allmählich auf 2 l. Zur Vermeidung von Maulgrind und sonstigen Hautentzündungen ist das Maul des Lammes nach dem Tränken stets mit einem sauberen Tuch abzutrocknen.

Die Lämmer erhalten als Beifutter am besten gutes Heu und etwas Haferschrot. Auch gutgereinigte Mohrrüben sind ihnen sehr bekömmlich, dagegen rohe Kartoffeln nicht. — Die tägliche Gewichtszunahme beträgt etwa 200 g.

Nach dem Absetzen erhalten die Tiere dasselbe Futter wie die Mutterschafe mit etwas erhöhter Kraftfutterration (s. auch S. 557).

Da Milchschaflämmer bereits mit etwa 5 Monaten zu bocken anfangen, erfolgt die Geschlechtertrennung schon mit $3^{1}/_{2}$ Monaten.

Melken

Die Striche sind meist sehr kurz, so daß man beim Melken das Euter mitgreifen muß (Melkzeit etwa 3 Minuten je Tier). Das seitliche Melken, ähnlich wie bei der Ziege, ist wegen der Gefahr des Urinierens der Schafe vorzuziehen. Beim Melken Euter mit weichem Lappen säubern. Schafmilch rahmt schwerer auf als Kuh- und Ziegenmilch, auch säuert sie nicht so leicht. (12—16 l Schafmilch = 1 kg Butter, 10 l = etwa 1 kg Schafkäse.) — Die Milchleistung dauert etwa 6 Monate. Wenn das Milchschaf gedeckt ist, läßt die Milchergiebigkeit bald nach.

Fütterung der Milchschafe

Weidegang (Siehe auch S. 566)

Es wurde bereits darauf hingewiesen, daß Milchschafe nur auf nährstoffreicher Weide gute Leistungen vollbringen. Geflügelausläufe und überschattete Obstgärten sind keine vollwertigen Weiden, sondern nur als Ausläufe zu betrachten.

Die Weide muß trocken sein (Leberegelseuchengefahr). Bereifte Weiden rufen Darmkrankheiten hervor. — Sehr geeignet sind Kleeweiden. Vor dem Austrieb ist Trockenfutter zu verabreichen, am besten Heu oder gutes Futterstroh, um Aufblähen oder Durchfall zu vermeiden.

Milchschafe entweder frei laufen lassen (verstellbare Pferche), auch mit Pferden und Rindern zusammen, oder tüdern (s. S. 391).

Gräben mit stehendem oder Pfützen mit fauligem Wasser sind eine Gefahrenquelle für die Gesundheit der Schafe. Daher ist stets für gutes Trinkwasser zu sorgen. — Auch bei Weidegang ist eine Kraftfuttergabe erforderlich.

Futterbeispiele bei Weidegang (nach Altenkirch):

Tägliche Milchmenge	bei sehr guter bis guter Weide		bei mittlerer bis geringer Weide	
	Hafer	Kleie	Hafer	Kleie
kg	g	g	g	g
0 — 1,5	—	—	100	—
1,5 — 2,0	100	—	100	200
2,0 — 3,0	200	100	300	200
3,0 und mehr	300	200	450	250

Stallfütterung (S. 564)

Milchschafe sollen auch im Winter unbedingt Auslauf haben. Kälte und Schnee schaden den Tieren nichts. Beginn der reinen Stallfütterung, sobald das Futter im Herbst sehr schlecht wird.

Behandlung des Schafdungs

Schafmist ist infolge der geringen Harnausscheidungen der Tiere trocken und heiß. Bei größerer Ansammlung im Stall, besonders im Sommer, sind die unteren Schichten verschimmelt und verstaubt und infolgedessen weniger wertvoll für den Acker. Es ist daher zweckmäßig, Schafmist durch Übersprengen oder durch Anfeuchten mittels eines Schlauches mit Wasser (etwa 12 l/qm und Woche) güte- und auch mengenmäßig zu verbessern. (Keine Jauche verwenden, sonst Stickstoffverluste.) Nach dem Bewässern ist frisch einzustreuen, dann liegen die Tiere völlig trocken. Die Stalluft wird frei von Ammoniakdunst, auch soll das Auftreten der Lämmerlähme dann nachlassen. Wichtig ist weiterhin das öftere Versetzen der Futterraufen (etwa alle 8 Tage), um eine möglichst gleichmäßige Beschaffenheit des Dunges zu erzielen und damit die Tröge der Raufen nicht zu faulen beginnen.

ımtansicht einer motorisierten Schafwäsche bei der Arbeit

:hts: Im Vordergrund die gewaschenen Schafe, die hier noch zum Ab-
fen stehen, damit die teure Badeflüssigkeit ins Bad zurückfließen kann.
r Mitte das Bad, weiter hinten werden weitere Mutterschafe hineingeführt

HAFHALTUNG

die Zuchtböcke müssen sich der Prozedur des Badens unterziehen. Wäh-
von den Mutterschafen 6–8 Tiere auf einmal gebadet werden können,
ı von den großen Böcken nur 2–3 Platz. (Allgemeines siehe Seite 574)

Rechts: Zweckmäßige Entlüftung im Schafstall

Standardschlepper. (Güldner „Burgund", 25 PS)

1 Vorderes Zugmaul
2 Pendel-Vorderachse
3 Batterie, auf Gummi federnd gelagert
4 Luftfilter
5 Lichtmaschine
6 3-Zylinder-Güldnermotor
7 Kurbelwelle mit mehrfacher, verschleißfester Lagerung
8 Nockenwelle mit Ventilstoßstange
9 Ventile, darunter Kolben mit verchromtem oberen Kolbenring
10 Im Schwungrad eingegossene Lüfterlamellen (zwangsläufige „System-Güldner"-Luftkühlung)
11 Zweiteilige Kupplung: An der Motorseite auf Vollwelle wirkend (Fahrwerk) - 2. Kupplung auf Hohlwelle wirkend (Zapfwelle)
12 Treibstofftank
13 Leichtgängige Lenkung durch günstige Übersetzung
14 Handhebel-Drehzahlverstellung
15 Schalthebel für Gangwahl
16 Schalthebel für Gruppenwahl
17 Handhebel-Feststellbremse
18 Verstellbare Sitzfederung
19 12-Gang-Getriebe
20 Anschlußstelle des Mähwerk-Antriebs, an die Motorzapfwelle schaltbar
21 Zapfwelle mit 3 Funktionen: Motorzapfwelle 546 U min, Motorzapfwelle 1092 U min, Wegzapfwelle
22 Differential mit selbsttätig ausrückender Sperre
23 Kraftheberblock mit Hubzylinder
24 Kraftheber-Hubarme
25 Verstellgabel (und Kurbelrahmen) zum Dreipunkt-Gestänge
26 Untere Lenker des Dreipunktgestänges
27 Drehbares, gefedertes Zugmaul hinten (höhenverstellbar)
28 Hochklappbarer Beifahrersitz für 2 Personen
29 Handgriffe für Beifahrer
30 Fußstützen für Beifahrer, klappbar

Stalldung jährlich zweimal, und zwar im Frühjahr und Herbst, ausfahren. Danach Stallfußboden und Stallwände unter Zusatz von 5% Kreolin o. ä. scharf auskalken und auch Stallgeräte nach vorheriger gründlicher Reinigung mit Kreolin usw. desinfizieren.

Der Schafstall

Stallbau (Siehe auch Abschnitt Stallbau)

Ein guter Schafstall soll eine trockene, etwas erhöhte Lage haben und mit einer Hauptfront gegen die Mittagsseite liegen. Vor dem Stall soll sich ein freier, trockener Auslauf befinden.

Das Schaf ist das luftbedürftigste aller Haustiere, daher ist auf hohe Ställe mit vielen und großen Fenstern wie auch Türen zu achten, zumal der Schafdung in der Regel 5—6 Monate liegenbleibt. (Auch wegen der starken Ausdünstungen der Tiere.) Der Stall kann kalt sein, wenn er nur trocken ist. Feuchte Wärme vertragen die Tiere nicht. Die Wolle wird naß, auch besteht die Gefahr von Krankheitsübertragungen. Daher sind weder Kuhställe noch Schweineställe zur Unterbringung von Schafen geeignet. Sehr gut lassen sich leere Scheunenfächer verwenden. Hühner sind wegen der Verunreinigung der Wolle von Schafställen fernzuhalten. Auch Ziegen und Schafe sollen nicht zusammen untergebracht werden.

Stallgröße:

Mutterschaf ohne Lamm .	0,80—1,00 qm	Bock . .	1,75—2,00 qm
Mutterschaf mit Lamm . .	1,20—1,50 qm	Jährling .	0,70—0,80 qm
Absatzlamm	0,40—0,50 qm	Hammel .	0,60—0,80 qm

Einschließlich Raum für die Raufen werden durchschnittlich je Schaf $2^1/_4$ qm gerechnet (ein Mutterschaf mit Lamm 3 qm, Lämmer $1^1/_2$—2 qm).

Stallhöhe: 4—5 m, auf keinen Fall unter 3,5 m, weil sich die Höhe durch die allmähliche Dunganhäufung um $^1/_2$ bis $^3/_4$ m vermindert.

Fußboden: besteht entweder aus Backsteinpflaster oder einfachem Lehmschlag bzw. Tennenfußboden. Geeignet ist auch unbefestigter Sandboden, etwa 30 cm stark, der wegen der Gefahr der Verseuchung durch Bakterien möglichst nach jedem Entmisten zu erneuern ist. Auf jeden Fall muß der Fußboden rein und trocken sein (für Wolle und Gesundheit.)

Einstreu: Bei Stallfütterung werden auf ein ausgewachsenes Schaf täglich $^1/_3$ bis $^1/_2$ Pfund Stroh zur Einstreu gerechnet.

Stalldecke: Diese muß so beschaffen sein, daß kein Stalldunst durch die Decke in das darüber lagernde Futter dringen und kein Staub auf die Tiere fallen kann (dichte Holzdecke).

Fensterfläche: soll $^1/_{20}$ der Stallgrundfläche betragen. Fenstergröße: 1 qm, Höhe über dem Fußboden 2,5 m.

Stalltore: 3—4 m breit, 3,5—4 m hoch, nach außen schlagend. Die Torflügel sind zu unterteilen, so daß die obere Hälfte für sich geöffnet werden kann. Im Sommer sind Lattentore zu verwenden.

Raufenlänge: 1 Lamm = 20 cm, 1 Jährling = 0,30 cm, 1 Schaf oder Hammel = 40—45 cm, 1 Bock = 0,50 cm. Gesamtlänge nicht über 3,5—4 m.

Raufenhöhe: 1,5 m, für Lämmer etwas niedriger. Raufen sollen möglichst steil sein, damit die Wolle nicht verschmutzt. Gegebenenfalls sind an den oberen Holmen Wollschutzbretter anzubringen. Die Raufengiebel müssen ebenfalls vergittert sein.

Der Futtertrog muß so breit sein wie die beiden oberen Holme, damit alle durch die Sprossen fallenden Heu- und Strohteilchen vom Trog aufgefangen werden.

Zur Verwendung kommen Doppelraufen oder einfache Wandraufen. In einer kleinen Schäferei, welche nur von einem Mann bedient wird, sind zwecks besserer Handhabung (auch zur Verhütung des Drängens für trächtige Schafe sehr zweckmäßig) statt der langen Raufen runde zu verwenden. Wegen der großen Haltbarkeit empfiehlt sich bei Raufen die Verwendung von Drahtsprossen (Abstand 10—12 cm). — Zwischen den einzelnen Raufen ist genügend Raum zu lassen, damit sich die Schafe beim Füttern nicht drängen.

Hürden in Längen von 1—5 m dienen zur Trennung der Schafe nach Altersklassen beim Lammen und Füttern. Sie werden an in den Boden eingeschlagenen Holzpfählen befestigt. Bequemer sind versetzbare Hürdenständer (1,25 m hoch, 0,25 m breit, 0,80 m lang, 5 cm Bohlenstärke), die leichtes Auf- und Zuziehen der Hürden ermöglichen.

Sammelbuchten für Lämmer (80—100 Tiere) sollen möglichst in unmittelbarer Nähe der Stalltüren sein, damit die Tiere bei gutem Wetter bequem in die Ausläufe oder auf den Hof können.

Zur Unterbringung der erforderlichen Medikamente, wie Eutersalbe, Glaubersalz, Holzteer, Jodtinktur, Kalkwasser, Kamala, Kreolin, Kupfervitriol, Methylenblau, Spiritus, Watte usw. dient ein Wandschrank, der am besten in der Futterkammer angebracht wird. Auf die Brüstung der Stallfenster gehören keine Arzneiflaschen usw.

e) Die Hühnerhaltung

Allgemeines

Das Huhn verlangt wie alle übrigen Nutztiere eine rationelle Fütterung. Das Huhn legt durch den Schnabel! Die Winterlegefähigkeit ist weniger von der Kälte als von der Fütterungsart abhängig!

Anzustreben sind durchschnittlich mindestens 180 bis 200 Eier pro Tier und Jahr (möglichst viel Wintereier), und zwar durch:

1. Richtige Fütterung; 2. sachgemäße Haltung und Pflege in sauberen Ställen; 3. Verjüngung der Bestände; 4. Verwendung leistungsfähiger Tiere aus Frühbruten (Januar/Februar) anerkannter Zuchten.

Hennen mit geringer Legeleistung, sogenannte „Mistkratzer", machen die Hühnerhaltung unrentabel und müssen bald geschlachtet werden. Auch das Eigewicht spielt eine Rolle. Hennen, die zu kleine Eier legen, sind rechtzeitig auszumerzen, keinesfalls aber zur Weiterzucht zu benutzen. Das Eigewicht vererbt sich auf die Töchter. Hähne, deren Mütter niedrige Eigewichte aufweisen, können die ganze Zucht verderben! (siehe auch S. 582.) — Hühner sollen ruhig und zutraulich sein. Scheu ist die Folge unsachgemäßer Behandlung!

Besatzstärke

Das heutige Bestreben geht dahin, die Hühnerhaltung auch im bäuerlichen Betrieb als selbständigen Betriebszweig mit einer Hennenzahl von mindestens 200—600 Stück zu führen. Nur dann läßt sich eine wirkliche Rente erzielen. Bei noch größerem Bestand machen sich Spezialkräfte bezahlt. Also entweder kein Huhn, d. h. Eierzukauf für den Haushalt, oder Intensivhaltung einer größeren Herde (laufende Einnahmen).

a) Leichte Rassen

(gute Futtersucher, für ausgedehnte Ausläufe dankbar).

Anerkannte Wirtschaftsrassen

1. Weiße Leghorn (in Deutschland am stärksten verbreitet). Gewicht ausgewachsener Hennen: 1,5—2,5 kg, Hähne 2—3 kg. Legeleistung in gutgeführten Zuchten 200—300 Eier je Huhn (Spitzenerträge über 300 St. je Huhn im Jahr!). Eierschalenfarbe weiß.

Ansprüche an Pflege und Stallverhältnisse ziemlich hoch, großer Freiauslauf ist gut, aber bei Intensivhaltung nicht erforderlich. Keine Brutlust vorhanden, Fleischleistung verhältnismäßig gering. Die Legetätigkeit setzt gegenüber den farbigen Rassen im allgemeinen 3—4 Wochen früher ein. Es kann mit einer Mehrleistung von 50—100 Eiern je Tier und Jahr gerechnet werden, beste Pflege vorausgesetzt. Andernfalls versagen Leghorns eher als z. B. Italiener.

2. Rebhuhnfarbige Italiener. Gewicht ausgewachsener Hennen: 1,75—2,25 kg, Hähne 2—2,5 kg. Legeleistung fast so hoch wie bei Weißen Leghorns, die allerdings etwas bessere Winterleger sind (Schalenfarbe weiß). Im übrigen etwas widerstandsfähiger, auch Ansprüche an Haltung und Pflege nicht ganz so hoch wie bei Leghorns, deren Küken dagegen etwas früher reif sind. Ferner läßt sich das Geschlecht der Italiener bereits am Eintagsküken (Daunenfärbung) mit weitgehender Sicherheit erkennen. (Hähnchen: schwarze „Krönchen" auf dem Kopf, Hennenküken: breiter, schwarz-dunkler Streifen, vom Kopf bis zum Ende des Rückens durchgehend. Ferner scharf gezeichneter dunkler Augenstrich, der seitlich am Kopf vom Auge bis zum Hinterkopf führt.) Italiener neigen besonders zum Federpicken.

3. Kennfarbige Italiener. Kreuzung von Deutschen Sperberhennen mit rebhuhnfarbigen Italienerhähnen. Vorteil: Sicheres Erkennen des Geschlechtes der Eintagsküken. Hähnchenküken wesentlich heller, maus- bis silbergrau gefärbt mit rötlichem Rückenflaum, Hennenküken braun. Leistung und Körpergewicht ähnlich wie bei rebhuhnfarbigen Italienern.

Die verbreitete Meinung, daß farbige Hühner dem Raubvogel nicht so leicht zum Opfer fallen, trifft nicht zu. Raubvögel reagieren nicht auf die Farbe, sondern auf die Bewegung der Tiere (z. B. kleine, graue Maus).

b) Mittelschwere Rassen

Größere Futterverbraucher gegenüber leichten Rassen, die auch bessere Futtersucher sind und daher Freifutter besser ausnutzen.

1. Rote Rhodeländer (sehr gutes Wirtschaftshuhn!), besonders für Klein- und Mittelbetriebe geeignet. Gewicht ausgewachsener Hennen: 2—3 kg, Hähne 2,5—3,5 kg. Neben guter Legetätigkeit, besonders im Winter — Schalenfarbe bräunlich — liefern die Tiere verhältnismäßig viel und zartes, schmackhaftes Fleisch. Zur Erzielung guter Legeleistung Rhodeländer in nicht zu großen Beständen halten. Für Ausläufe genügen niedrige, bis 1 m hohe Zäune, die von den Tieren nicht überflogen werden (im Gegensatz zu leichten Rassen weniger flüchtig). Als Glucken für Brutzwecke sind Rhodeländer gut geeignet

(auch sehr gute Mütter). Die gegen Witterungseinflüsse wenig empfindlichen Küken lassen sich leicht aufziehen und sind verhältnismäßig frühreif. (Junghennen fangen mit 6 Monaten an zu legen.)

2. New Hampshire (braunrot gefärbt), sehr leistungsfähige, frühreife Rasse. Gewicht ausgewachsener Hennen: 2,5—3 kg, Hähne 3,5 kg. (Eischale bräunlich.) Die Tiere sind recht widerstandsfähig und frohwüchsig, daher gute Eignung zur Hähnchenmast. Legeleistung ähnlich dem Leghorn, zwar etwas höherer Futterverbrauch, aber höheres Schlachtgewicht und bessere Fleischqualität. Möglichst einjähriger Umtrieb (S. 592), im 2. Jahr oft stärkerer Leistungsabfall (Verfettung).

3. Helle Sussex (Gefiederkleid vorwiegend weiß, Schwanz schwarz, seine Deckfedern schwarz umrandet, Halsfedern weisen schwarze Schaftstriche auf). Gewicht ausgewachsener Hennen: 2,5—3 kg, Hähne 3—3,5 kg. Die Tiere ergeben gute Nutzung im Ei- und Fleischertrag (Schalenfarbe gelb bis gelbbraun). Besondere Kennzeichen: Gute Glucken, sichere Brüter, leichte Aufzucht, sehr mastfähig.

4. Blausperber (schwarzblaue Sperberung), frohwüchsig, leichtfutterig (Eischale gelb bis hellbraun), noch mehr Masthuhntyp wie Hampshire. Gewicht: Henne 2,5 — 3 kg, Hahn 3,5 — 4 kg. Da im 2. Jahr Neigung zum Fettansatz, einjährigen Umtrieb (S. 592) vorziehen. Haltung überwiegend in kleineren, bäuerlichen Betrieben.

5. Hybridhühner: Entstehen durch Kreuzung zweier aus Inzuchtlinien gezüchteten Stämme, z. B. Weiße Leghorn × Leghorn oder Weiße Leghorn × Rhodeländer. Hybridhühner weisen gegenüber anderen Rassen eine weit höhere Legeleistung auf. Ihre Leistungsfähigkeit überträgt sich jedoch nicht mehr mit Sicherheit auf die Nachkommen, sondern spaltet nach der Erbregel wieder auf. Zur Zeit bekannte Hybridhühner sind z. B. Hy-Line (Amerika) und Bovans (Holland). Auch im Bundesgebiet gibt es bereits Zuchten, die Lege-Hybriden und Mast-Hybriden züchten (z. B. Ka-Line, Heißdorf-Nelson).

Schwere Rassen, wie Brahma und Cockin, eignen sich nicht für die wirtschaftliche Hühnerhaltung.

Das Zwerghuhn

Das früher nur aus Liebhaberei gehaltene Zwerghuhn sollte im bäuerlichen Betrieb mehr Eingang finden. Die Tiere verzehren etwa 30% weniger Futter als große Hühner und begnügen sich mit beschränktem Raum (kleine Ausläufe, Hausgärten — 1 qm/Huhn). In einem Stall lassen sich fast doppelt soviel Tiere unterbringen wie große Hühner. Haushaltabfälle mit Getreide bilden gute Futtergrundlage. Zwerghühner werden nur etwa 800—1000 g schwer, Eigewicht durchschnittlich 35 g, manchmal sogar 50 g. (Zwerg-Welsumer.) Gute Legeleistung. Küken in den ersten 4—5 Lebenswochen etwas empfindlich. — Rassen: das sehr flugtüchtige Italienerhuhn, Zwerg-Wyandotten, Zwerg-Rhodeländer und Zwerg-Welsumer mit besonders guter Legeleistung und hohem Eigewicht.

Zuchtmaterial

Hähne sind nur im 1. und 2. Lebensjahr als unbedingt zuchtsicher anzusehen. Für leichte Rassen ein- bis zweijährige Tiere verwenden, für mittelschwere einjährige Hähne. Älter als 3 Jahre soll ein Hahn nicht werden. Zuchthähne nur aus bis März geschlüpften Küken aufziehen.

Als Zuchthennen sind nur gesunde, zwei- oder dreijährige Tiere zu verwenden, die in Gebrauchszuchten eine Legeleistung von mindestens 150 Eiern aufweisen. Die Fähigkeit, Eier mit guten Schlupfergebnissen zu erzeugen, ist erblich.

Brutzeit

Nur Frühbruten (Januar/Februar) und Normalbruten (März/April) rentieren sich bei Hühnern, die hauptsächlich Legezwecken dienen sollen. Da Hühner oft erst im Juni, also viel zu spät brüten, sollte man auf jeden Fall Kunstbruten bevorzugen!

Hühner aus Spätbruten (Mai) lassen sich in der Regel schwer aufziehen und legen auch meist nicht vor Winter (Februar/März). Im Mai fangen sie bereits wieder zu glucken an und gehen frühzeitig in die Mauser. Bei größeren Hühnerbeständen ist die Heranzucht von Frühbruten und Normalbruten für einen gleichbleibenden Eieranfall zweckmäßig (fester Kundenkreis). Die Tiere legen dann bereits in den Monaten der höchsten Eierpreise (August bis Dezember).

Bei richtiger Haltung setzt der Legebeginn normalerweise mit 5 bis 6 Monaten ein.

Zu empfehlen ist Ankauf von sortierten Eintagsküken (künstliche Aufzucht vollzieht sich gegenüber natürlicher in kurzem Zeitraum und ergibt ebenso lebenskräftige Küken) aus einer einwandfreien Zucht. Arbeit und Geldaufwand lohnen sich nur bei gesunden Tieren mit entsprechender Abstammung! Billige, vom Händler angebotene Marktware führt meist zu Enttäuschungen (Gefahr der Einschleppung der weißen Kükenruhr). In Betrieben, die sich nicht mit genügender Sorgfalt der Kükenaufzucht widmen können, kommt auch der Zukauf von etwa 8 Wochen alten Junghennen in Frage. Man hat hierbei den Vorteil, nur Hennen und keine Hähne zu erhalten. Natürlich bedürfen auch diese Tiere noch entsprechender Pflege.

Erkennen der Geschlechter bei Küken

Das Geschlecht der Küken kann schon nach dem Schlupf festgestellt werden. 1. Bei kennfarbigen Italienern (S. 579) oder Plymouth-Rocks.

2. Nach der japanischen Methode durch Untersuchung der Kloake (After), wobei mit mehr als 90% Sicherheit Hennen und mit 95% Sicherheit Hähne festgestellt werden. Diese Methode ist sehr verbreitet.

3. Mit dem Kükensortiergerät „Sortisex“. Durch Einführen einer Sonde durch die Kloake in den Mastdarm lassen sich durch die dünne Darmwand die Geschlechtsteile (Hoden oder Eierstock) erkennen.

Die Naturbrut

Wieviel Hennen auf einen Hahn

Bei schweren und halbschweren Rassen kommt auf 8—12 Hennen, bei leichten Rassen auf 15 Hennen ein 1—2jähriger Hahn. Mehr Hähne zu halten, hat für die Befruchtung, die 85—95 % betragen soll, keinerlei günstigen Einfluß. Im Gegenteil kann es durch häufiges Treten zu Rückenverletzungen bei den Hennen kommen. Wird keine Zucht betrieben, erübrigt sich ein Hahn. (Unbefruchtete Eier sind haltbarer.)

Anlage des Brutnestes

Der Brutraum soll zu ebener Erde liegen (Hühnerstall, Stallboden oder Hauskeller), erschütterungsfrei, ruhig, luftig und halbdunkel sein. Ratten und sonstiges Ungeziefer unbedingt fernhalten. Es sollen möglichst nicht mehr als zwei, höchstens 3—4 Bruthennen in einem Raum gesetzt werden (Unruhe und Streit um die Nester).

Das Brutnest soll eine flache Mulde bilden, damit die Eier flach nebeneinanderliegen und nicht übereinanderrollen, wodurch sie leicht zerbrechen. Das Nest wird am besten viereckig, durch eine doppelte Reihe (12—16) Ziegelsteine begrenzt (jeweils zwei Steine flach übereinander), angelegt und mit Heu und Stroh oder feiner Holzwolle ausgepolstert, wobei ein breiter Strohzopf als fester Rand dient. Darunter kommt eine frischgestochene, feuchte Rasenplatte zur Frischhaltung (Feuchtigkeitsregler für die Bruteier), mit der Grasnarbe nach unten. Geeignet sind auch feuchter Sand oder Torf. (Abb. neben S. 592.)

Nest und Glucke vor dem Setzen und im Laufe der Brut 2—3mal mit Insektenpulver oder Schwefelblüte gründlich einstäuben, damit die Glucke während des Brütens nicht von Ungeziefer geplagt wird, sich nicht vom Nest erhebt und die Eier erkalten läßt. Unter Ungeziefer, das sich infolge der Brutwärme viel stärker als sonst vermehrt, würden auch Küken gleich nach dem Schlupf sehr zu leiden haben. Besonders gründlich unter den Flügeln und dem Schwanz einstäuben.

Brutnester sind wegen der Ungeziefergefahr nur einmal zu benützen und dann zu verbrennen.

Anzeichen für das Glucken der Henne

Der Bruttrieb macht sich bei Hühnern dadurch bemerkbar, daß die Tiere das Legenest nicht mehr verlassen wollen, die Federn sträuben und dabei glucksende Laute von sich geben. Eine Glucke darf aber nicht eher gesetzt werden, bevor sie nicht mit dem Legen aufgehört hat. Das ist besonders bei leichten Rassen wichtig, da diese sehr selten lange brütig sind, wenn sie auch oft glucken.

Die Tiere werden zur Probe erst an einem Abend auf angewärmte Porzellaneier oder angewärmte Kartoffeln gesetzt und ein Korb darüber gestülpt, damit sie das Nest nicht eigenmächtig verlassen. Erst nach zwei Tagen, wenn die Glucke festsitzt, werden die Bruteier untergelegt. M i t K a l k b e i n e n b e h a f t e t e G l u c k e n scheiden für Brutzwecke aus, da Krätzemilben leicht auf Küken übertragen werden.

Sehr gut eignen sich P u t e n z u m B r ü t e n (Zwangsbrut). Diese müssen aber bis Mitte, spätestens Ende Februar gesetzt werden, bevor der Legetrieb in der Pute rege geworden ist. Wenn sich die Kehllappen röten und der Hahn mit Treten beginnt, ist es zu spät.

Die Tiere werden zunächst ebenfalls auf angewärmte Porzellaneier gesetzt und mit einem niedrigen, beschwerten Korb derart bedeckt, daß sie, ohne mit dem Kopf behindert zu sein, in sitzender Stellung verbleiben müssen. Vom 2. Tag ab wird die Pute zur Fütterung täglich für etwa 20 Minuten vom Nest gehoben. Währenddem entleert sich das Tier auch. Nach etwa 5 bis höchstens 10 Tagen, wenn die Pute Brütelust zeigt und ihr Nest allein wieder aufsucht, werden die Bruteier untergelegt. Puten müssen in der Regel zur Fütterung täglich vom Nest gehoben werden, andernfalls besteht die G e f a h r , d a ß d i e T i e r e v e r h u n g e r n ! Wenn nötig, sind sie durch Füttern aus der Hand zur Futteraufnahme zu zwingen. Gesunde, kräftige Puten können bei guter Pflege zweimal hintereinander brüten.

Nährstoffgehalt des Eies

Das Ei enthält 73 Gewichts-% Wasser. Zusammensetzung: 30 bis 31% Dotter, 58—59% Eiklar und 11% Schale. — Tendenz zum Legen kleinerer Eier besteht bei: hohen Legeleistungen, schlechtgelüfteten, heißen Ställen, Wassermangel, Wurmbefall (siehe S. 578).

Bruteier

Erwünscht ist glatte, feste Schale ohne Wülste, Kalkauflagerungen oder dünne Stellen. Gewicht je nach Rasse 55—65 g. Zu kleine Eier ergeben kümmerliche Küken, zu große meist schlechten Schlupf. Eier, bei denen die Luftblase nicht am stumpfen Ende liegt und solche mit Sprüngen oder Blutflecken ebenfalls ausschließen (durchleuchten), desgleichen übermäßig spitze oder runde Eier.

Verschmutzte Bruteier bilden Gefahr für Küken, die infolge Verstopfung der Poren im Ei leicht ersticken. Beschmutzte Eier werden vor der Einlage mit lauwarmem Wasser vorsichtig abgewaschen (nicht reiben). Die ersten 2—4 Eier nach Legebeginn bzw. nach der Mauser sind für die Brut nicht geeignet (schlechte Befruchtung).

Bruteier sollen nicht älter als 10 Tage sein (je frischer und gleichaltriger, desto besser und gleichmäßiger der Schlupf!). Küken aus alten Eiern schlüpfen später als aus frischen! Während diese bei Versuchen eine Brutfähigkeit von etwa 88% aufwiesen, hatten 15 Tage alte Eier noch 70% und 3 Wochen alte nur noch 16% Brutfähigkeit.

Frische Eier sinken in einer 12%igen Kochsalzlösung — 120 g Salz auf 1 l Wasser — auf den Boden des Gefäßes; alte, beschädigte, auch zum Einlegen untaugliche, schweben oder schwimmen auf der Oberfläche. Diese sind also bald zu verbrauchen. — Das rohe Ei wackelt hin und her, das gekochte Ei kreiselt, wenn man es in drehende Bewegung setzt.

Bruteier sollen in einem zug- und frostfreien, nicht zu trockenen Raum bei etwa 10° C, flach liegend aufbewahrt werden (nicht hochstehend, wie z. B. im Eierständer), damit sich der Dotter nicht verlagert. Temperaturen unter + 4° C können bereits eine tödliche Schwächung des Keimes hervorrufen. Auch direkte Sonnenbestrahlung ist zu vermeiden. Die Eier werden täglich, spätestens alle zwei Tage, einmal um ihre Längsachse gewendet (mit Bleistift kennzeichnen).

Bruteier, die einen Transport hinter sich haben, müssen vor ihrer Verwendung 24 Stunden ruhig lagern. — Da die Schale brauner Eier nicht so porös und härter ist (späterer Schlupf) als die von weißen Eiern, sollen weiß- und braunschalige Eier nicht zusammen in ein Brutnest kommen.

Wieviel Bruteier je Glucke?

Zahl der unterzulegenden Eier: Bei einer Glucke je nach Größe des Tieres etwa 12 Hühnereier, bei einer Pute etwa 20.

Es dürfen nicht mehr Eier untergelegt werden, wie das Bruttier mit seinem Körper bequem bedecken kann.

Schieren oder Durchleuchten

Am 6. oder 7. Tag durchleuchte man die Eier an einem dunklen Ort, indem man jedes Ei in der hohlen Hand gegen eine brennende Lampe oder Taschenlampe mit Aufsatz hält. Klare, helle und Ringeier, das sind unbefruchtete, können dann noch ohne weiteres in der Küche verwendet werden. Am 14.—15. Tag wird erneut durchleuchtet. Abgestorbene Eier kommen in das Schweine- oder Hundefutter. — Statt des Durchleuchtens kann die Schwemmprobe vorgenommen werden. Eier in 35—40° C warmes Wasser legen. Eier mit abgestorbenen Keimen sinken nach unten, die mit lebenden schwimmen und bewegen sich ruckartig. Die guten Eier werden nicht abgewischt (Poren verkleben) und alsbald wieder der Glucke (mit flach untergeschobener Hand) untergelegt. Vom 3.—15 Bruttag sind die Eier besonders vorsichtig zu behandeln. Das erforderliche Wenden der Eier besorgt die brütende Henne mehrmals am Tage, wobei sie gleichzeitig die kühler liegenden Randeier in die Mitte und die dort liegenden an den Rand schiebt.

Fütterung der Glucke

Das Futter der Glucke besteht aus Körnern und frischem Wasser, und zwar am besten aus Gerste, denn diese braucht die längste Zeit, um verdaut zu werden. In Frage kommen auch Mais und geringer Weizen, während Hafer den Zuchttrieb reizt. Weichfutter vermeide man, da dieses zu schnell verdaut wird und die Eier dann zu sehr verschmutzen. Gefüttert wird nur einmal am Tag, aber stets zur gleichen Zeit. Hierzu wird die Glucke 10—20 Minuten vom Nest entfernt. Das Tier entleert sich und kann auch ein Staubbad nehmen. Die Gewichtsabnahme der Glucke während der Brutzeit beträgt 14% bis zu 33%.

Brutdauer

21 Tage. Bereits am 19. Tag können die Hühnerküken zu picken beginnen und am 22. Tag die letzten ausschlüpfen (je nach Alter der Eier). Bei künstlicher Brut gleiche Brutdauer.

Nach dem Schlupf werden die Schalen entfernt, die Küken einzeln fortgenommen und in einen warmen, gepolsterten, mit Federn oder Häcksel versehenen Korb in die Nähe eines Ofens gebracht. Erst wenn alle Küken geschlüpft sind, kommen sie gemeinsam unter die Glucke. Beim Schlupf sollte man dem Küken niemals helfen. Ist es nicht kräftig genug, sich aus der Schale herauszupicken, kümmert es auch später.

Ausgeschlüpfte Küken wiegen etwa 66% des Bruteies (bei z. B. 60 g Eigewicht = 39—40 g).

Schlupfergebnis

Bei der natürlichen Brut rechnet man mit einem Schlupfergebnis von etwa 70% (80% sehr gut), bei der künstlichen Brut mit 65% der eingelegten Eier. Die Fähigkeit, Eier mit guten Schlupfergebnissen zu erzeugen, ist erblich.

Rechnet man bei 100 Küken einen Verlust von 20%, so sind von den verbleibenden 80 Tieren etwa 40 Hennen.

Sofern jährlich mehr als 30 Junghennen (gleich etwa 75 Küken) aufgezogen werden sollen, empfiehlt sich auf jeden Fall der Kauf von Küken oder auch Junghennen.

Beseitigung der Brutlust

1. Glucke in einen aus Latten genagelten Kasten oder einen Drahtkäfig stecken und diesen an einer derben Schnur freischwebend an einer geschützten Stelle im Hof aufhängen, so daß die Luft an die Bauchseite des Tieres herankommt (Entzug der Brutwärme). Reichlich Futter und Wasser dürfen darin nicht fehlen. Meist kann man dem Tier in dem luftigen, schaukelnden Gelaß schon nach 2—3 Tagen das Glucken abgewöhnen, besonders wenn in unmittelbarer Nähe Hühner sind.

2. Unterbringung der Glucke in einen kleinen, hellen Raum ohne Einstreu und möglichst mit Zementfußboden. Über Nacht kann das Tier mit den übrigen Hühnern zusammenbleiben.

Natürliche Aufzucht von Küken

Unterbringung der Glucke und Küken

Glucke und Küken dürfen niemals zusammen mit den Legehennen in einem Stall untergebracht werden, sonst werden die Küken sofort von Ungeziefer befallen (Federlinge, Hühnerflöhe, Milben usw.) und bleiben in der Entwicklung zurück. Aus gleichem Grunde muß die Glucke, solange sie die Küken führt, unbedingt frei von Ungeziefer sein. Auch mehrere Glucken gehören wegen ihrer Unverträglichkeit nicht zusammen in einen Raum.

Als Stallraum wird für je 15 bis 20 Küken 1 qm Bodenfläche benötigt. Sehr geeignet sind kleine, transportable Gluckenhäuschen mit abnehmbarem Dach, die in einem Grasgarten aufgestellt werden (Grundfläche 100×60 cm, Höhe vorn 60 cm, hinten 40 cm). Tür und Fenster (25×25 cm) befinden sich an der Vorderseite. Häuschen öfter versetzen, damit der Boden nicht verseucht. (Siehe Abb. neben S. 592.)

Einstreu im Kükenstall: trockener, staubfreier Sand, darüber Häcksel oder Weizenspreu. Alle 3 Tage Spreu erneuern.

Die Glucke darf das teure Kükenfutter nicht mitfressen. Die Tierchen müssen also einen besonderen Futterplatz bzw. Auslauf erhalten. — Eine Hühnerglucke kann, je nach Rasse und Jahreszeit, 15—20, eine Pute 25—30 Küken führen. Im Alter von 6—8 Wochen werden die Küken von ihrer Mutter getrennt.

Leichte und schwere Rassen getrennt aufziehen, sonst bleiben letztere zurück. Jede Altersklasse für sich aufziehen, sonst leiden die jüngeren Tiere. Hähnchen so früh wie möglich von den Hennenküken trennen.

Grundsätzliches zur Kükenfütterung

Ein Küken braucht nach dem Schlupf: 1. Ruhe, 2. Wärme, 3. Wasser, 4. vom zweiten Tag ab Kükengrütze, 5. und später zartes Grün. Wärme ist einer der wichtigsten Faktoren in der Kükenaufzucht!

Trinkgefäße stelle man etwas erhöht auf Ziegelsteine o. ä., damit die Tierchen zum Trinken etwas springen müssen. Derartige Bewegung ist ihrer Gesundheit sehr dienlich und verhindert von Anfang an die Unart des Federfressens (S. 601) und Zehenpickens. Frischgeschlüpften Küken und denen aus Brutanstalten bezogenen wird das Schnäbelchen in lauwarmes Wasser gesteckt. — In den ersten Tagen verwende man flache Näpfe, worin ein Stein liegt, damit die Küken nicht ertrinken, oder stürzte einen mit Wasser oder Dickmilch gefüllten Blumentopf (nach Verschluß des kleinen Abzugsloches mit einem Korken) bzw. Büchse oder Einweckglas umgekehrt in einen etwas größeren Untersatz, so daß eine schmale Tränkrinne bleibt. Ein zwischen Topf und Untersatz gelegtes Stückchen Holz bewirkt das Nachfließen der Flüssigkeit. Zu diesem Zweck kann man den Topfrand auch (mittels Schleifstein) mit einer Einkerbung versehen. (Später automat. Tränken.)

Das Futter wird auf saubere Brettchen gestreut (20×40 cm), die von 2—3 cm hohen, schräggestellten Leisten umgeben sind (für 20 Küken = 50 cm Länge), um Herausscharren und Vergeuden des Futters zu vermeiden. Später benutze man kleine Futtertröge aus Holz oder Blech. Kükentröge mit Drahtbügel verhindern ein Verschmutzen des Futters. Die Futtertröge müssen mit den Küken mitwachsen.

Um Küken zum Fressen anzuregen, ahmt man das Locken der Glukken durch Klopfen mit dem Finger in der Nähe des Futters nach. Zum Trinken einigen Tierchen die Schnäbel in die Tränke stecken.

Laut piepende Küken frieren und drücken sich zusammen, während Küken, die sich behaglich fühlen, leise zwitschernde Töne von sich geben.

Küken sollen immer etwas hungrig sein, das hält sie in Bewegung, die ihnen für ihre Gesundheit dienlich ist. Überfütterung führt zu mancherlei Darmstörungen. Schwache und krankheitsverdächtige Tiere, die mit gekrümmter Körperhaltung und struppigem Gefieder in den Ecken hocken, werden zur Vermeidung von Ansteckung am besten sofort getötet und verbrannt.

Fütterung

In den ersten 24 bis 36 Stunden bedürfen die Tierchen keiner Ernährung, da sie während der Entwicklung von dem Inhalt des Dottersacks leben und den letzten Rest vor dem Ausschlüpfen eingesogen haben. Daher überstehen Eintags-Küken längeren Transport. — Frisch geschlüpften und aus Brutanstalten bezogenen Küken Schnäbelchen in lauwarme Milch stecken, dann Köpfchen heben.

In den ersten 5 Tagen gebe man entweder: Mehlfreies Grützfutter (Hafer-, Gersten-, Mais- und Weizengrütze), dazu geschälte Hirse oder Weizen, Mais, Gerste und Buchweizen, grob geschrotet (Tagesverzehr etwa 4 g). Auch eine Handvoll grobe, beste, schwere Weizenkleie, Haferflocken oder abgesiebtes Haferschrot können darunter vermengt werden (kein aufgeweichtes Brot, gekochte Eier). Besonders an kalten, stürmischen Tagen gebe man einen Teil des Körnerfutters als Haferflocken. Hafer macht die Küken lustig. Ungeeignet ist mehliges sowie kleinkörniges (Grieß-)Futter. Ferner zur beliebigen Aufnahme Kükengrit und feinen Muschelkalk geben. Futter trocken reichen. „Handelsmischfutter" enthält alle nötigen Bestandteile (S. 587)!

Frisches, nicht zu kaltes Trinkwasser geben. Zur Vorbeuge gegen Darmkrankheiten in der ersten Zeit auf 1 Liter Wasser 3 g Eisenvitriol oder 1/10 g Chinosol zusetzen. Auch frische (oder dicksaure) Magermilch oder Buttermilch kann (zur Vorbeugung gegen weiße Kükenruhr) gegeben werden (am besten in Tongefäßen).

Das Futter, welches von 6—18 Uhr zweistündlich gereicht wird, muß in den ersten Tagen stets innerhalb 15—20 Minuten aufgefressen sein. Sonst werden die Tiere leicht wählerisch und vergeuden zu viel.

Futterbeispiel vom 6. Tage ab (Tagesverzehr etwa 11 g je Küken):

1.	52 Teile	Weizen-, Hafer-, Gersten-, Maisschrot	2.	37 Teile	Kartoffelflocken
	25 „	Weizenkleie		25 „	Getreideschrot
	20 „	Eiweißfutter		15 „	Zuckerschnitzelschrot
	3 „	Futterkalk		20 „	Eiweißfutter
				3 „	Futterkalk

Alles mit Magermilch feuchtkrümelig (nicht naß) anrühren. Dazu feingewiegtes Grünfutter (junge Brennesseln, Löwenzahn, Salat, Spinat, Gras, Disteln, Klee, Luzerne). Salat in größeren Mengen erzeugt Durchfall. Frühbruten erhalten als Grünfutterersatz geriebene gelbe Mohrrüben, Vitaminpräparate und Keimhafer. Zu diesem Zweck Hafer in flache Kisten säen. Wenn die grünen Blättchen etwa 10 cm lang sind, können Küken das junge Grün abpicken.

Steht den Küken ständig etwas Mager- oder Buttermilch als Tränke zur Verfügung, die auch dicksauer sein kann, aber niemals angesäuert, kann das Eiweißfutter in Mischung 1 auf 15 Teile herabgesetzt und die Schrotmischung entsprechend erhöht werden. Bei ausschließlicher Verabreichung von Magermilch kann das tierische Eiweiß in beiden Mischungen ganz fortgelassen werden. Dann ist erforderlich:

Für 100 Küken in der ersten Woche je Tag 2 l } Magermilch
in der fünften Woche je Tag 3½ l }

(Dicksaure Milch in Emaille-, Ton- oder Steingutgefäßen füttern, niemals aus Zinkblechgefäßen — Vergiftungserscheinungen!)

Von der 2. Woche an genügen täglich 5 Futterzeiten. — Im Alter von 4 Wochen kann zur Futterersparnis mit der Zufütterung von gedämpften Kartoffeln begonnen werden. Zunächst etwa 10 g je Tier und Tag, um Durchfall zu vermeiden, allmählich auf 30 g ansteigend. Jetzt genügen 4 Mahlzeiten am Tage.

Futterbeispiel ab der 6. Lebenswoche: (Tagesverzehr etwa 23 g)

1.			2.		
50	Teile	Weizenkleie	40	Teile	Getreideschrot
10	„	Gerstenschrot	30	„	Weizenkleie
10	„	Haferschrot	10	„	Kartoffelflocken
10	„	Maisschrot	15	„	Fischmehl
15	„	Fischmehl	5	„	Fleischmehl
5	„	Trockenhefe			

Mit Grünfutter feuchtkrümelig verabreichen. — Abends erhalten die Tiere kleinen Weizen, geschälten Hafer oder grobes Maisschrot.

Bei der „kombinierten" Fütterungsmethode erhalten Küken 3mal täglich Kükengrütze und zur beliebigen Aufnahme Kükenaufzuchtmehl.

Küken-Alleinfutter

Bedeutend arbeitssparender und daher jeder anderen Fütterungsmethode unbedingt vorzuziehen ist Verabreichung von käuflichem Alleinfutter (siehe auch S. 597). Dieses enthält alle für Küken lebensnotwendigen Futterstoffe und wird in mehliger oder gekörnter Form bereits vom 1. Lebenstag an zur beliebigen Aufnahme gereicht. Also kein Grütz- oder Mehlfutter zusätzlich geben, aber feingewiegtes Grün (siehe oben), Grit und Wasser.

Dieses Kükenalleinfutter (am besten in gepreßter Form — gekörnt) wird bis zur 6.—8. Lebenswoche gereicht. Es ist nicht wesentlich teurer als das obengenannte Grützfutter, bietet aber so erhebliche Vorteile (Arbeitsentlastung, bessere und sicherere Aufzuchtergebnisse), daß jede Art der Geflügelhaltung hiervon Gebrauch machen sollte. Zu empfehlen ist Kükenalleinfutter mit Antibiotika- und Vitaminzusätzen.

Futterverbrauch je Küken in 4 Wochen ca. 500 g, 6 Wochen ca. 1000 g, in 8 Wochen etwa 1800 g.

Von der 8. Woche ab erfolgt die Fütterung wie bei älteren Hühnern, und zwar 3mal täglich. Die Tiere sind dem Kükenalter entwachsen und kommen jetzt in das Junghennenalter (bis zum Legebeginn). Auch hier ist Verabreichung von Junghennen-Alleinfutter (in Mehlform oder gekörnt) zur beliebigen Aufnahme bis zum 5. Lebensmonat arbeitssparender.

Künstliche Aufzucht von Küken

(siehe Abb. neben S. 592)

Bis zu 45 Tagen werden die aus Brutanstalten bezogenen Kunstbruten in gesonderten, heizbaren Kükenräumen (10 bis höchstens 15 Küken/qm Stallbodenfläche) mit abgeschlossenem Auslauf gehalten.

Künstliche Glucke

Raumtemperatur in der 1. Woche 20 Grad C, unter der Wärmequelle (Glucke) in Kükenhöhe 30—32° C, bei frischer Luft und genügend Lichteinfall. Allmählich wird die Temperatur unter der Glucke gesenkt, und zwar von der 2. Woche ab wöchentlich um je 2° C bis auf etwa 23° C in der 4. Woche. Es genügt dann eine Stalltemperatur von 18° C. Größere Temperaturschwankungen unbedingt vermeiden! In überheizten Räumen verweichlichen die Tiere. Wenn Küken eifrig scharren oder behaglich ruhen und dabei hin und wieder leise singende Töne vernehmen lassen, fühlen sie sich wohl, nicht aber, wenn sie nach Luft japsen oder piepsen.

Heizglucke (2—3 Tage vor Eintreffen der Küken anheizen, damit der Boden genügend durchwärmt) in den ersten Tagen im Abstand von 1 m mit einem ungefähr 50 cm hohen, engmaschigen Draht oder Pappring (Schutz gegen Zugluft) umstellen; dadurch wird verhindert, daß sich die Küken zu weit von der Glucke entfernen und nicht zurückfinden.

Erforderliche Heizung für die Aufzucht von 100 Küken unter einer Grudeglucke, 70×70 cm groß: 1—1,5 dz Grudekoks. Unter einer großen Schirmglucke für 300—350 Küken = 4—6 dz Briketts. Elektrische Aufzuchtgeräte haben bei gleicher Kükenzahl einen Stromverbrauch von 750—1000 kWh. (Weniger Arbeit, gleichmäßige Temp.)

Als Wärmequelle läßt sich auch ein Infrarotstrahler verwenden (rotstrahlende Glühbirne — nur in vorschriftsmäßigem Schutzgehäuse anbringen!). Die etwa 50 cm über dem Stallfußboden aufgehängte Lampe reicht für die Aufzucht von 100 Küken aus (Stromverbrauch 250 Watt/Std.). Die Tag und Nacht dem Licht ausgesetzten Küken entwickeln sich ausgezeichnet. Ein zusätzlicher Schirm (Unterschlupf) oder Wärmequelle erübrigt sich. (Siehe Abb. neben S. 592.)

Infrarotstrahlen regen den Blut-Kreislauf an und erhöhen die Abwehrkraft gegen Krankheitskeime (z. B. weiße und rote Kükenruhr).

Bei Aufzucht einer kleinen Anzahl Küken genügt eine einfache Wärmeflasche als Glucke. Diese wird in eine entsprechend große Kiste auf ein Latten- oder Drahtgestell gebracht, so daß die Küken bequem darunterkriechen können, und je nach Außentemperatur 4—6mal am Tage mit kochendem Wasser gefüllt. Zur Erhaltung der Wärme wird die Flasche mit einem wollenen Lappen mehrfach umwickelt. Für genügende Luftzirkulation sorgen.

Von der 7. oder 8. Woche, je nach Außentemperatur und Jahreszeit, ist keine Wärmequelle mehr erforderlich.

Aufzucht der Küken auf Pferdemist

Bestbewährte Methode: Die Einstreu wird während der Aufzucht von 8 Wochen bei normal besetztem Stall nicht gewechselt, so daß die Küken bei gleichbleibender Bodenwärme ohne jeden Bodenzug und Staubentwicklung aufwachsen. Brikett- oder Grudeglucke werden, wie üblich, auf eine 50×50 cm große Betonplatte aufgestellt. (1/2 Tag vor Kükenankunft heizen.) Bei normaler Außentemperatur wird aber an Heizmaterial gespart.

Ausführung: Ställe mit Holzfußböden erhalten eine Isolierung aus Teerpappe, damit das Holz nicht verfault. Man kann den Boden zusätzlich auch mit einer Schicht trockenen Sandes bedecken und darüber dann die Pappe legen. — 10 Tage vor Besetzung des Aufzuchtstalles wird der möglichst frische Pferdemist eingebracht, damit sich die richtige Wärme von 30—32° C (in Kopfhöhe der Küken gemessen) entwickelt. Über den 20—25 cm hohen Mist kommt eine dünne Schicht Häcksel, die wöchentlich erneuert wird. Torfstreu weniger geeignet (Verdauungsstörungen, Verstopfung der Atemwege). Für 100 Küken werden etwa 12—15 dz Dung benötigt.

Batteriehaltung (Siehe Abb. neben S. 592)

Vorteile: Vorbeuge gegen Krankheiten, arbeitserleichternd. Die Aufzuchtbatterie (3—4 Etagen übereinander) besteht aus verzinktem Eisenblech, Fußboden aus Drahtgewebe (1 cm Maschenweite). Der Kot fällt in die herausziehbare Kotschublade aus Blech oder Hartfaserplatten. Futtertrog und Tränke sind an der Vorderfront außen angebracht, mit der Kante nach innen zeigend, so daß kein Futter herausgeschleudert oder beschmutzt werden kann. Die Etagen sind einzeln herausziehbar. Heizung erfolgt durch elektrische Wärmeplatten. Die Batterie läßt sich nach erfolgter Aufzucht auseinandernehmen. Am besten bewährt haben sich mit Preßpappe usw. verkleidete Dunkelbatterien. — Am 1. Tag Papier auf den Drahtboden legen. Die Tiere laufen besser und sind wärmer. Nur Trockenfutter (gekörnt) verabreichen, sonst zu großes Gedränge. Sand oder Grit beigeben. Nach 2—3 Wochen kommen die Tiere ins Freilandheim. Masthähnchen bleiben während der ganzen Mastperiode in der Batterie.

Einstreu für Küken

Unter der künstlichen Glucke eine hohe, trockene Sandschicht. Im übrigen Stallraum wird der Sand 2—3 cm hoch mit einwandfreiem Häcksel oder Weizenspreu bedeckt. Die Einstreu unter der Glucke ist in den ersten zwei Wochen täglich und im ganzen Raum jeden 3. Tag zu erneuern. (Dadurch wird Ansteckungsgefahr vorgebeugt.) Später genügt wöchentlich zweimalige Reinigung. — Arbeitsersparnis: Jutesäcke oder aufgeschnittene Papiersäcke (Kükenwindel) in den ersten Tagen unter die Heizglucke legen und wieder entfernen, sobald die Windel beschmutzt ist. Torfstreu ist weniger geeignet (siehe Seite 588).

Kükenbühne

Ein Lattensitzrost, der Küken ab 3. Lebenswoche als Schlafplatz dienen soll (kein Zusammendrängen, Erdrücken, Erkälten — S. 606).

Kükenauslauf

Nach etwa 14 Tagen dürfen die Küken bei günstiger Witterung in den Auslauf. Es schadet aber nichts, wenn sie erst nach 8 Wochen herauskommen; bei Frühbruten sogar zweckmäßig. (Wechselauslauf in einem Grasgarten.) Ausläufe ohne Bäume, Sträucher oder natürliche Hecken müssen durch Aufstellen von Stroh- oder Schilfmatten, Brettern usw. Sonnen- und Windschutz erhalten. Küken dürfen nie in taufeuchte Ausläufe! Die Kükenweide soll nicht von großen Hühnern belaufen werden oder vorher als ständiger Hühnerauslauf gedient haben. (Siehe auch S. 598.)

Auslauffläche

Je Küken 2 qm, wenn den Tieren nach 8 Wochen unbeschränkter Auslauf zur Verfügung steht (Weide, Koppel). Sonst werden bis zur Legereife etwa 20 qm Auslauf benötigt. Küken und halberwachsene Tiere lasse man nicht zwischen den alten Tieren laufen.

Gegen Kükenräuber aus der Luft, wie Krähen, Elstern und sonstiges Flugwild, werden in den Ausläufen sogenannte „Blinker" aus Weißblech oder Spiegelscheiben so angebracht, daß sie im Winde spielen (siehe auch S. 609).

Junghennen-Fütterung

Die Tiere erhalten ab der 9. Lebenswoche entweder kombiniertes Futter oder Alleinfutter. Frühbruten (bis Ende Februar) dürfen nicht getrieben werden, damit sie nicht vorzeitig, bevor sie vollständig ausgewachsen sind, zu legen anfangen. Die Folgen wären kleine Eier, kleine Hennen, stärkere Anfälligkeit gegen Krankheiten, zu frühes Mausern. Bei der kombinierten Fütterung werden Körner zur beliebigen Aufnahme gereicht, während das eiweißreiche Junghennenmehl zugeteilt wird, um die Entwicklung zu bremsen.

Normalbruten (März/April) erhalten entweder Alleinfutter (mehlig oder gekörnt) oder Junghennenmehl zur beliebigen Aufnahme sowie morgens und abends Körner (bis zu 40—50 g je Tier ansteigend).

Spätbruten (Maischlupf) müssen viel Junghennenmehl haben, aber weniger Körner. Die Tiere bedürfen besonderer Pflege. Grüne Ausläufe mit genügend Schatten gegen heiße Witterung fördern die Entwicklung. — Frisches Wasser und Grit nicht vergessen!

Zu Beginn der Legereife erhalten Junghennen vollwertiges

Legemehl (Verzehr 50—80 g täglich), dazu abends 50—60 g Körner (Hafer, Weizen, Mais). Bei Alleinfutter werden nur Tränke, Grit und Muschelschalen gereicht. Abends auf volle Kröpfe achten.

Futtermenge

1. Woche	**40 g je Küken**	13. Woche	520 g je Küken
2. „	100 g „ „	14. „	525 g „ „
3. „	130 g „ „	15. „	530 g „ „
4. „	170 g „ „	16. „	530 g „ „
5. „	200 g „ „	17. „	535 g „ „
6. „	250 g „ „	18. „	535 g „ „
7. „	325 g „ „	19. „	540 g „ „
8. „	365 g „ „	20. „	570 g „ „
9. „	400 g „ „	21. „	600 g „ „
10. „	440 g „ „	22. „	650 g „ „
11. „	470 g „ „	23. „	700 g „ „
12. „	495 g „ „	24. „	700 g „ „
Insgesamt:	3 385 g „ „		10 320 g „ „

Futterverbrauch bis zur Legereife etwa 11 kg — einschließlich normaler Verluste 12,5 kg.

Selbstverständlich ist der Futterverbrauch auch von der Rasse, der Futterqualität, dem Freifutter (Auslauf, Stoppelweide), dem Geschlecht sowie der Jahreszeit abhängt. (Obige Angaben für leichte Rassen.)

Das Mindestgewicht leichter Rassen soll betragen:

mit 8 Wochen	450 g	mit 14 Wochen	900 g
mit 10 Wochen	550 g	mit 16 Wochen	1000 g
mit 12 Wochen	800 g		

Schwere Rassen jeweils 100 g mehr. Im Gewicht darunter liegende Tiere sind nicht zur Zucht geeignet und auf jeden Fall auszumerzen.

Gewichtsnormen

Alter	g	Alter	g
1. Woche	50—60	14. Woche	1080—1470
2. „	95—120	16. „	1220—1700
4. „	180—240	18. „	1330—1910
6. „	350—410	20. „	1420—2060
8. „	560—650	22. „	1500—2180
10. „	760—930	24. „	1580—2300
12. „	920—1120	26. „	1650—2400

Die niederen Zahlen gelten für leichte Rassen, die höheren Zahlen für mittelschwere Rassen.

Trennung der Geschlechter

Die Trennung der Hähnchen von den Junghennen soll im Alter von 5—6 Wochen (sobald das Geschlecht zu erkennen ist), spätestens in der 7. bis 8. Woche erfolgen, damit letztere von den Hähnchen nicht belästigt, vom Futter weggedrängt werden und in ihrer Entwicklung zurückbleiben.

Unterbringung der Junghennen (Siehe Abb. neben S. 592)

Das junge Geflügel wird möglichst früh (6—8 Wochen) daran gewöhnt, auf Sitzstangen (keine runden, siehe S. 606) zu übernachten. 8 Tiere werden auf das laufende Meter Sitzstange und 4—5 Tiere je qm Scharraum gerechnet. Sitzstangen eher zu breit als zu schmal wählen!

Junghühner dürfen erst zu Legebeginn *mit alten Hühnern in einen Stall* gebracht werden; sonst werden sie vom Futter abgedrängt und bleiben im Wachstum zurück.

Der *Junggeflügelstall* braucht nur dichte Wände und ein gutes Dach. Fenster sind nicht nötig, die ganze Vorderfront soll aus festem Drahtgeflecht bestehen. Hier werden die Tiere bis zur Legereife abgehärtet. Zu enge, warme Räume bringen Entwicklungsstörungen.

Sehr anzuraten ist die Unterbringung in Hühnerwagen oder transportablen Hütten, die auf Viehweiden und Getreidestoppeln gefahren werden (siehe S. 598). Dann genügt Beifutter mit etwa 10 Teilen Eiweiß und des Abends eine geringe Körnergabe, die sich auf Stoppelweide mit Ausfallgetreide erübrigt. Abends Kontrolle der Kröpfe!

Hähnchenmast

Hähnchen werden in einem gesonderten Stall gemästet. Beschränkter Auslauf fördert die Zunahmen. Damit sich die Mast rentiert, dürfen Hähnchen nicht älter als 10 bis höchstens 12 Wochen werden (0,75 bis 1 kg schwer). Beste Verwertung von Tieren leichterer Rassen mit 8 bis 10 Wochen etwa 650—750 g schwer. (In den letzten Jahren größere Nachfrage nach höheren Schlachtgewichten.) Frühbruten lassen sich im Gegensatz zu Spätbruten leichter verkaufen. Zu empfehlen ist das Kapaunisieren der unbetäubten Hähnchen durch operative Hodenentfernung (hormonale Behandlung ist gesetzlich verboten). Die Tiere geben zarteres Fleisch, mehr Fett und verwerten das Futter besser. Kapaunisierte Hähnchen können mit den Hühnern zusammen gehalten werden. Sie krähen und treten nicht mehr. — Vor dem Schlachten lasse man die Tiere etwa 12 Stunden hungern, aber nicht dürsten. — Futterverbrauch bei Intensivmast für Erzeugung von 1 kg Lebendgewicht etwa 3—3,5 kg. Anzustreben sind 2,5 kg unter Verwendung eigens auf Mast gezüchteter Hühnerrassen (Hybriden, S. 580).

Futtermischungen von der 4. Woche ab (nach R. Römer):

a) 35% Maisschrot — 20% Weizenkleie
35% Gerstenschrot — 10% Fischmehl
Zur beliebigen Aufnahme: Mager- oder Buttermilch, erstere auch dicksauer.

b) 20% Maisschrot — 10% Fleischmehl
30% Gerstenschrot — dazu gehäckseltes Grünfutter
30% Haferschrot — (Salat, Spinat, Brennesseln, Möhren usw.) und Wasser.
10% Fischmehl

Zusätzlich Holzkohle und Grit. Gefüttert wird am Tage alle 3 Stunden.

Beste Masterfolge bei geringem Arbeitsaufwand lassen sich mit gepreßtem „Alleinfutter“ erzielen. Die Tiere erhalten vom 1. bis 14. Lebenstag „Geflügelmast-Starterfutter“ und anschließend bis zum Mastende „Geflügelmast-Alleinfutter“ zur beliebigen Aufnahme (im Fachhandel erhältlich). Ferner frisches Trinkwasser und Grit.

Ringe, Flügelmarken

Die Beringung (farbige Zelluloid- oder Aluminiumringe mit eingeprägter Nummer und Jahreszahl, jährlich andere Farben wählen oder Ringe abwechselnd um den linken und rechten Lauf legen) der Junghennen muß in der 7.—10. Lebenswoche erfolgen, da sich die Ringe sonst nicht mehr über das Fußgelenk streifen lassen. (Notfalls Läufe mit Seife einreiben). Beim Beringen hintere Zehe vorsichtig nach hinten umbiegen. Auch farbige, evtl. mit Nummern versehene Flügelmarken, die leichter zu erkennen, aber erheblich teurer sind, können verwendet werden. (Für spätere Fallnesterkontrolle. Geschlossene Fußringe preisgünstig durch Geflügelzuchtberater beziehen.)

Legereife

Die Legereife tritt bei den leichten Rassen etwa 5 Monate nach dem Schlupf, bei einem Hennengewicht von 1450—1500 g, bei den mittelschweren dagegen 4 Wochen später (Gewicht 2400 g) ein. Die Tiere sollen mit 6 bzw. 7 Monaten voll legen.

Bestands-erneuerung (Umtrieb)

Älter als 2 Jahre darf kein Huhn werden, da die Legeleistung im 2. Jahr gegenüber derjenigen im 1. Jahr bereits um etwa 20—25% niedriger liegt und im 3. Jahr um weitere etwa 20% fällt (bei z. B. 150 Eier im 1. Jahr, 115 Eier im 2. Jahr, 90 Eier im 3. Jahr). Die Legeleistung sinkt also mit zunehmendem Alter der Tiere, besonders in den Wintermonaten (65 Eier im 1., 27 im 2., 12 im 3. Winter).

Nur Junghennen legen in den frühen Herbst- und Wintermonaten, Althennen mausern während dieser Zeit. Die Rentabilität der Hühnerhaltung hängt aber von einer möglichst hohen Eierzahl in den Herbst- und Wintermonaten ab, wenn die höchsten Eierpreise gezahlt werden. Eine hohe Legeleistung zur Zeit der Eierschwemme (März bis Juni) vermag dagegen keinen Ausgleich zu schaffen. Daher ist der einjährige Umtrieb anzustreben, dessen Vorteil auch in der Erzielung eines höheren Verkaufserlöses für junges Schlachtgeflügel liegt. Bei Frühbrut verlängerter einjähriger Umtrieb (ohne Mauser) möglich.

Zweijährige Hennen werden vor der 2. Mauser geschlachtet, um nicht unnötige Fresser im Stall zu haben, und durch die nachwachsenden Junghennen ersetzt.

Bei einem Bestand von 50 Hennen sollten jährlich 30 Junghennen (8 Wochen alt) aufgezogen werden (75 Eintagsküken). Nur dann ist die erforderliche Verjüngung des Bestandes gewährleistet, der sich aus 2/3 Junghühnern und 1/3 Althühnern zusammensetzen soll.

Sortieren (Selektieren)

Hühner in Abständen von etwa 12 Wochen nach äußeren Merkmalen „sortieren" — am besten durch geprüften Hennensortierer — um schlechte Hennen rechtzeitig auszumerzen. Vorteil: Futterersparnis, eine bessere Schlachtqualität und weniger Tierverluste!

Die Fütterung der Legehennen

Hühner sind Frühaufsteher, daher müssen die Ställe im Sommer spätestens mit Sonnenaufgang geöffnet werden.

Stall-beleuchtung

Zur Förderung der Legetätigkeit infolge erhöhter Futteraufnahme wird empfohlen, von Mitte September bis Ende Februar ab 3—4 Uhr morgens bis zur Tageshelle künstliche Beleuchtung einzuschalten, so daß sich der Freßtag der Hühner auch im Winter auf 12—14 Stunden ausdehnt. Für 50 Hühner genügt eine mit Reflektor versehene 40-Watt-Lampe, 1,80—1,90 m über dem Stallboden aufgehängt, oder Leuchtstoffröhren. Stall gut beleuchten, vor allem Sitzstangen, Futtertröge, Trinkgefäße und den größten Teil des Fußbodens, sonst bleiben die Tiere auf den Stangen sitzen. Wenn nötig, mehrere kleine Lampen verwenden. Wasser und Futter muß den Tieren schon morgens ausreichend zur Verfügung stehen, sonst nützt die Beleuchtung nichts!

Künstliche Beleuchtung hat zwar auf die Jahresleistung der Hühner nur geringen Einfluß, doch wird die Legetätigkeit dadurch mehr in die Wintermonate verlegt, so daß in dieser Zeit die höheren Eierpreise ausgenutzt werden können. Hühner mit geringerer Leistung reagieren auf Beleuchtung mehr als gute Legehennen, desgleichen leichte Rassen mehr als schwere. (Schockbeleuchtung mit 1000-Watt-Lampe möglich.)

Trinkwasser-bedarf

Der größte Trinkwasserbedarf ist am Morgen nach Verlassen der Sitzstangen und am Abend nach der Körnergabe vor dem Auffliegen zur Nachtruhe. — Täglicher Wasserbedarf: im Durchschnitt 5 Legehennen = reichlich 1 Liter.

AUFZUCHT DER KÜKEN

frarotlampe erleichtert die Kükenaufzucht.
cm, später 50–60 cm, über dem Fußboden
ufgehängt. (S. 588.) (Werkfoto Osram)

Elektrisch beheizte Aufzuchtbatterien für Küken bis zu sechs Wochen (siehe S. 588)

rünfutterraufe: 2 drahtbespannte Holzrahmen,
rch Scharniere verbunden. Zwischen beiden
ahmen Grünfutter, Gemüseabfälle usw. Ein
erabhängender Draht befestigt und verschließt
en Rahmen (S. 596)

Arbeitsparende Futterautomaten („Muskator") aus verzinktem Stahlblech, die wöchentlich nur 2–3 Mal zu füllen sind. (Foto Bergisches Kraftfutterwerk)

neres eines Freilandkükenheimes mit automatischer Tränke.
s Einstreu eine dicke Schicht Häcksel (siehe Seite 588)

Freilandheim für die Aufzucht von 200 Küken mit Brikettheizung (siehe Seite 585)

Aufzuchtstall mit Grude- oder Brikettheizung, auf Rollen

Versetzbarer Aufzuchtstall auf Kufen (2 Fotos Hartmann)

UNTERBRINGUNG DER JUNGHENNEN

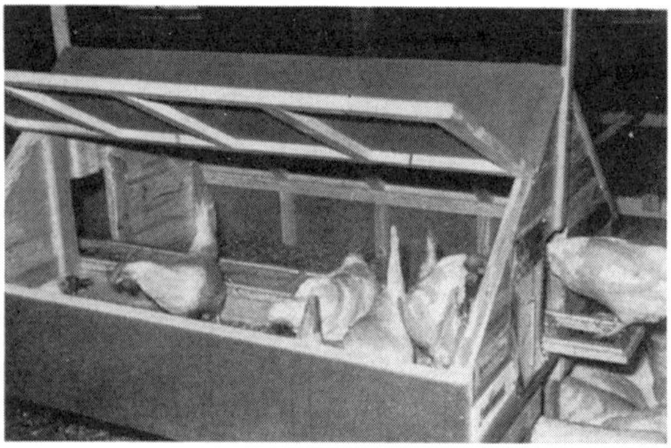

Das Gemeinschaftsnest wird von Hühnern gern aufgesucht. Das aufklappbare Dach erleichtert die Eierentnahme. (S. 605)

Junghennenstall mit aufklappbaren Fenstern; dadurch Durchlüftung gewährleistet (Foto: Hartmann)

Weidestall für Junghühner. Nachdem das untere Brett herausgenommen ist, kann der drahtbespannte Holzrahmen unter den Sitzstangen herausgezogen werden (S. 590)

Inneres des Stalles (siehe linkes Bild). Durch den Masche fällt der Kot hindurch, die Tiere verunreinigen sich ni ihrem eigenen Kot

ine Scheune eingebauter Hühnerstall mit großen Fenstern

In einen Schuppen eingebauter Hühnerstall

HÜHNERSTALL HÜHNERWAGEN

zu ebener Erde liegende Brutnest soll eine flache Mulde bil-, damit die Eier nicht übereinander rollen. Ziegelsteine be-nzen das Nest. Heu oder weiches Stroh dienen zur Polsterung. unter kommt eine frisch gestochene, feuchte Rasenplatte zur chhaltung der Eier, mit der Grasnarbe nach unten (s. S. 582)

Wirkungsvoller Windschutz vor dem Schlupfloch (siehe S. 605)

einem alten Feuerwehrauto selbstgebauter Hühnerwagen. Fenster sind mit feinmaschigem Draht verspannt

Unter Verwendung eines alten Wagengestelles erbauter Hühnerwagen (siehe Seite 598)

Futtertröge sollen erhöht aufgestellt werden, um das Herausscharren und eine Verunreinigung des Futters durch Einstreu zu vermeiden. Eine bewegliche Rolle über dem Futtertrog verhindert das Aufsitzen der Hühner, die beim Fressen auf einer Lauflatte stehen (S. 606)

Ein an der Decke dicht über dem Boden mit Draht aufge
Futtertrog. Daneben ein Kraftfutterbehälter mit Deckel
Maßnahmen, der Mäuse- und Rattengefahr zu begegn
Schwebetrögen können die auf dem Fußboden stehenden
bequem fressen, ohne das Futter zu beschmutzen. (Siehe

HÜHNERSTALL INNEN-EINRICHTUNG

Links: Die Ansitzstangen vor den Legenestern sind heruntergelassen und erleichtern so den Tieren den Zugang zu den Nestern (s. S. 605)

Rechts: Strohmatten vor den Stallfenstern halten im Winter den Stall wärmer (siehe Seite 599). Sie werden nachts heruntergelassen

Die Kotgrube erspart Arbeit, da sie nur in größeren Zeitabständen ger
werden braucht. Den oberen Abschluß bildet ein mit Maschendraht bes
hochklappbarer Holzrahmen. (Seite 606)

Ein Ei enthält 73 Gewichts-% Wasser. Daher muß den Hühnern ständig frisches Trinkwasser in sauberen Ton- oder Emaillegefäßen zur Verfügung stehen (auch bei Weidegang). Dumpfes, schlechtes Wasser läßt das Ei schlecht schmecken! Bei stärkerem Frost muß täglich mehrmals heißes Wasser in die Trinkgefäße geschüttet werden. Sonst genügt im Winter verschlagenes Wasser, damit die Tiere nicht verweichlichen. Im Sommer ist das Wasser im Schatten aufzustellen und öfter zu erneuern. Die Trinkgefäße sollen so eingerichtet sein, daß die Kehllappen der Tiere beim Trinken nicht in das Wasser eintauchen. (Frostschäden, S. 602.) Arbeitssparend: Automatische und Tropftränken (Wasserleitung).

Fütterungszeiten

Das erste Futter ist des Morgens so früh wie möglich zu geben. Sofern ein Futterautomat vorhanden ist (Trockenfutter), bleibt dieser des Nachts offen, so daß die Tiere den Tisch beim Hellwerden bereits gedeckt finden. Der Automat bleibt dann auch tagsüber zur beliebigen Futterentnahme geöffnet, abgesehen von der Jahreszeit, wo die Hühner draußen Naturfutter finden. Dann wird der Automat zeitweise geschlossen.

Feuchtkrümeliges Weichfutter wird am besten morgens und mittags gereicht, Körner dagegen nur kurz vor dem Schlafengehen zur Sättigung über Nacht. Nur bei ausschließlicher Mehlfütterung Körner je zur Hälfte morgens und abends als Scharrfutter geben.

Futtermenge

Ausschlaggebend für die Höhe der Zufütterung der Tiere ist: 1. Die Menge des anfallenden Freifutters; 2. die Legeleistung; 3. die Rasse bzw. das Körpergewicht.

Ein 2 kg schweres Huhn benötigt täglich etwa 40—60 g Grünfutter (im Winter Rüben, Gärfutter, Grünkohl usw.) sowie 100—120 g Körner- und Weichfutter. Während der Auslaufzeit werden je legende Henne 100—120 g Zufutter gerechnet. 60—80 g der benötigten Menge von insgesamt 160—180 g dürfte das Tier bei gutem, reichlichen Freiauslauf selbst suchen. Täglicher Verzehr einer guten Leghenne bei ausschließlicher Stallhaltung ca. 80 g Legemehl und 50 g Körner.

Grobe Faustzahl:: Je Ei etwa 10 Pfennige Futterkosten.

Zubereitung des Futters

Sämtliches Futter gut zerkleinern, damit es die Tiere schlucken können. Futterbrocken (Kartoffelstücke, Brotrinde und sonstige Küchenabfälle) verwertet das Huhn schlecht, es geht dabei viel verloren. Grünfutter muß ebenfalls gut zerstampft werden, sofern es nicht in Drahtkörben usw. gereicht oder in Büscheln aufgehängt wird (siehe S. 595). Rüben werden etwas erhöht auf Nägel aufgespießt. Das Schroten des Getreides beeinflußt die Verdauung des Huhnes nur unwesentlich.

Fütterungsarten

Man unterscheidet zwei Fütterungsarten:

a) Die gemischte (kombinierte) Fütterung, d. h. Körner und eiweißhaltiges Mehlfutter (Legemehl).

b) die Alleinfütterung (mehlig oder gekörnt).

Während letztere, die teuere Fütterungsweise, wegen der einfachen Handhabung vielfach in größeren Betrieben gebräuchlich ist, verdient die gemischte Fütterung schon wegen der Getreideersparnis für die Mehrzahl der mittelgroßen und kleineren Hühnerhaltungen den Vorzug. Besonders letztere sollen die Küchenabfälle als Weichfutter restlos verwerten. Wichtig ist genügend hoher Anteil an Mehlfutter, das hochwertiges Eiweiß und andere für die Leistung entscheidende Nähr- und Wirkstoffe enthalten muß. Daher nicht übermäßig Körner füttern.

a) Die gemischte Fütterung

Körner

1. Körnerfutter: Reihenfolge der von Hühnern am liebsten gefressenen Körner: Weizen, Mais, Hafer, Sommergerste. Wintergerste wird wegen ihrer harten Schalen weniger gern gefressen. Man verabreiche möglichst ein Gemisch aus Weizen, Mais, Hafer und Sommergerste (am besten zu gleichen Teilen), etwa 50 g je Tier und Tag (mittelschwere Rassen 60 g).

Körner abends geben. Dann hat das Huhn über Nacht genügend Zeit, das schwerverdauliche Futter zu zersetzen. Die zunächst in den Kropf gelangenden Körner werden über Nacht verdaut. Bei Aufnahme von z. B. 60 g Gerste bleibt diese etwa 18 Stunden im Kropf, eine gleiche Menge Weizen 14 Stunden, Weichfutter dagegen eine viel kürzere Zeit. Wird Körnerfutter bereits vormittags gereicht, macht es die Tiere unlustig zu fleißiger Scharbeit. Daher: „Körner gib' am Abend spät, bevor die Henne schlafen geht."

Der Körnermais wirkt wärmeerzeugend und eignet sich besonders als Winterfutter. Dagegen soll der Anteil an Mais während der Sommerzeit nicht zu hoch sein, da die Tiere sonst sehr leicht glucken. Bei Mais- und Weizenfütterung werden die Hühner leicht fett, besonders wenn das Futter zu eiweißarm ist. Ausschließliche Weizenfütterung ist auch zu teuer.

Hafer, an den sich die Tiere wegen der Spelzen erst gewöhnen müssen, übt günstige Wirkung auf Gesundheit, Befruchtungs- und Schlupfergebnis, aber auch auf die Legeleistung (früherer Legebeginn) aus. Hafer am besten im Gemisch verfüttern. Gelbhafer (spelzenärmer) bevorzugen.

Roggenkörner werden nur ungern aufgenommen (besser in Wasser aufgequollen). In der Mischung für Legehennen kann aber 10—15% Roggen in Schrotform enthalten sein. Frischer Roggen ruft leicht Verdauungsstörungen hervor. Für Küken und Junghennen ist Roggen völlig ungeeignet.

Weizenkleie, als Beifutter gut geeignet, soll 20 Prozent des Bestandteiles am Getreidemischfutter nicht überschreiten.

Kartoffelflocken werden von Hühnern gern gefressen. Im Trokkenmischfutter oder feuchtkrümelig im Weichfutter verabreichen. Legemehl kann bis zu 30 Prozent Kartoffelflocken enthalten.

Eiweiß

2. Mehlfutter: hat in erster Linie den Zweck, das fehlende Eiweiß zuzuführen. Ohne ausreichende Eiweißmengen keine hohen Legeleistungen! (Ein 55 g schweres Ei enthält etwa 7 g Eiweiß!) Hühner, die nur Körner, aber kein Eiweißfutter bekommen, decken mit dem im Getreide enthaltenen Eiweiß nur etwa den Eiweißbedarf, den sie zur eigenen Erhaltung benötigen. Die Tiere fangen dann erst im Frühjahr zu legen an, wenn sie die für die Eierbildung benötigten Eiweißmengen in Form von Würmern, Insekten und Grünem im Freien finden. Ohne Eiweißbeifutter keine Wintereier!

Man rechnet bei Winterfütterung je Tier und Tag 15—20 g verd. Eiweiß, im Sommer bei Frei-Auslauf bzw. Grünfutter genügen 8—10 g. Eiweiß ist in einer Mischung von tierischem und pflanzlichem Eiweiß zu verabreichen. (Am besten $^{2}/_{3}$ tierisches und $^{1}/_{3}$ pflanzliches Eiweiß, mindestens aber je $^{1}/_{2}$.)

Tierische Eiweißfuttermittel: Fisch-, Fleisch- und Blutmehl, ferner Butter- und Magermilch (1 l auf 8 Hühner, bei unbeschränktem Auslauf auf 10 Hühner), letztere am besten dicksauer oder in Form von Quark (angesäuerte Milch ist schädlich!). Magermilch fördert Wachstum, Befiederung und Gesundheit des Geflügels. Günstige Beeinflussung von Legeleistung, Eigewicht, Befruchtung und Schlupf. $1^{1}/_{2}$ l Magermilch ersetzen 100 g Fischmehl. — Pflanzliche Eiweißstoffe: Trockenhefe (besonders wertvoll), Ölsaatrückstände, Süßlupine, Erbse, Peluschke. Bohnen sind dagegen schwer verdaulich.

Sehr zu empfehlen ist Verwendung von käuflichem E i w e i ß k o n z e n t r a t (20 %). Dieses enthält auch Mineralstoffe und Vitamine (S. 531).

Außer Eiweiß enthält das zur beliebigen Aufnahme bereitgestellte Trokkenmischfutter Getreideschrot. Ferner wird in besonderen Behältern zur beliebigen Aufnahme Muschelschalenschrot und feinkörnige Holzkohle bereitgestellt. Letztere fördert die Verdauung und beugt Durchfall vor.

Futterkalk

K a l k ist für den Tierkörper und zur Erzielung fester Eierschalen unbedingt nötig. Ein 55 g schweres Ei z. B. enthält etwa 6 g Schale, die überwiegend aus kohlensaurem Kalk besteht. Das Kalkbedürfnis eines nicht legenden Huhnes beträgt je kg Körpergewicht und Tag etwa 1 g.

Die im Legemehl und Alleinfutter enthaltene Mineralstoffmischung reicht zur vollen Bedarfsdeckung eines Huhnes nicht aus. Bei Mineralstoffmangel der Hennen gehen Küken oft an Mangelerscheinungen ein (verkrümmte Zehen). Daher werden den Hühnern in besonderen Behältern zusätzlich Muschelschalen und Grit (Steinchen) zur beliebigen Aufnahme zur Verfügung gestellt. Muschelschalen enthalten Kalzium und Phosphor. 50 kg reichen für 50 Hennen etwa 10 Monate aus.

Grit

Grit (unverdauliche Steinchen) ist besonders im Winter wichtig, wenn die Tiere keinen oder nur wenig Auslauf haben. Durch die im Magen mahlenden Steinchen, die die beim Huhn fehlenden Zähne ersetzen, wird eine bessere Futterausnutzung der Körner erreicht. Aufnahme je Tier und Tag etwa 1 g Grit. Als Geflügelgrit ist am besten grober Kies geeignet, feiner Sand dagegen nicht. Käufliche Gritkörnchen für Küken sollen 2 mm und für ausgewachsene Tiere 6 mm Korngröße nicht überschreiten.

Weichfutter

3. **Weichfutter:** wird feuchtkrümelig, mit etwas Trockenfutter vermischt, verabreicht und zwar vormittags. 50 g Kartoffeln, mit Mager- oder Buttermilch angemengt, sind je Tier und Tag ausreichend. Kartoffeln werden von Hühnern gern gefressen. Da sie aber etwa 75% Wasser enthalten, sollte eine Tagesmenge von 40 g bis höchstens 50 g je Huhn nicht überschritten werden. Kartoffelkeime, die den Giftstoff Solanin enthalten, sind zu entfernen. Steht im Sommer genügend Grünauslauf zur Verfügung, ist Einsparung an Weich- und Eiweißfutter möglich. Grünfutterersatz im Winter siehe nächste Seite.

Weichfutter darf nur in sauberen Trögen verabreicht werden. Zur Vermeidung des Säuerns im Sommer und des Gefrierens im Winter (anwärmen) darf nicht mehr in die Futtertröge geschüttet werden, als innerhalb spätestens einer Stunde gefressen wird. Auch w i r d d i e F r e ß l u s t d e r T i e r e a n g e r e g t, wenn sie eine Zeitlang vor leeren Trögen stehen.

Kartoffeln können frisch gedämpft und gut gequetscht, eingesäuert oder in Form von Kartoffelflocken mit Schrot, Kleie und Eiweißbeigabe verabreicht werden. Da größere einseitige Mengen Kartoffelfutter leicht zur Verfettung der Hühner führen, sind die angegebenen Gewichtsteile nicht wesentlich zu überschreiten und ist eine Eiweißgabe von mindestens 10 g täglich je Huhn zu verabreichen. Kartoffeln sind auch mineralstoffarm. Die Kartoffelfütterung an Hühner ist sehr arbeitsaufwendig und daher nur in kleinem Familienbetrieb zu empfehlen.

Grünfutter

Sehr zu empfehlen ist es, sofern den Tieren nicht ein guter Auslauf zur Verfügung steht, unter das Weichfutter täglich je Huhn bis zu 25 g gehäckseltes junges Grünfutter zu mengen (Kleegras, Luzerne, Süßlupinen, Brennesseln!). Grünfutter enthält viel Vitamine, Wirkstoffe und Mineralien. Sehr gut läßt sich Grünzeug auch in Büscheln oder aus weitmaschigen Drahtraufen bzw. Drahtkörben verfüttern, die 30 bis 40 cm über dem Erdboden so anzubringen sind, daß die Hühner danach hüpfen müssen (gesunde Bewegung). Lose Grashalme verstopfen leicht den Hühnerkropf. Zum Zerkleinern ist der Muser geeignet.

Futterbeispiele (je Huhn und Tag)

1. 50 g Kartoffeln
   20 g Getreideschrot
   1/8 l Magermilch
   2 g Futterkalk
2. 40 g Kartoffeln
   15 g Getreideschrot u. Kleie
   10 g Fischmehl o. ä.
   10 g Süßlupinenschrot
   2 g Futterkalk
3. 40 Teile Getreideschrot
   20 „ Weizenkleie
   20 „ Kartoffelflocken
   10 „ Fischmehl
   3 „ Futterkalk
4. 50 g Kartoffeln
   15 g Weizenkleie
   15 g Roggenschrot
   12 g Fischmehl
   5 g Luzernemehl (Luzerne-, Klee- oder Serradellaspreu)
   2 g Futterkalk
5. 45 Teile Getreideschrot
   35 „ Zuckerschnitzelschrot
   20 „ Weizenkleie
   10 „ Fischmehl
   3 „ Futterkalk

(Futtermischung 5: je Tier und Tag 50 g Kartoffeln.)
Alle Mischungen können an Stelle von Fischmehl, Süßlupinenschrot und Futterkalk VWD-Eiweißkonzentrat enthalten.

Ferner je Fütterung zusätzlich abends 50 g Körner.

Futterverbrauch: Je Huhn und Jahr 30 kg Getreide, 6—7 kg Eiweißfutter + 15 kg Kartoffeln.

Zu Empfehlen ist VDW-Legemehl mit Gütezeichen + Körner.

Im Winter kommen als Grünfutterersatz in Frage:

Grünfutterersatz

Grünkohl, Markstammkohl, Möhren (!), Kohlrüben, Runkel- und Zuckerrüben, auch feingehacktes Gärfutter von Luzerne, Kleegras oder Mais (Tagesmenge 35—40 g je Huhn). Ferner Luzerneheumehl oder Luzerne-, Klee- und Serradellaspreu, sonstige Heuabfälle, vor der Blüte geschnittene, also junge Brennesseln in gutgetrocknetem Zustand. Auch diese Futtermittel können, soweit erforderlich, mit dem Weichfutter vermengt, verabreicht werden. Rüben gegebenenfalls ganz auf ein mit starken, vorn abgestumpften Nägeln versehenes Brett stecken. Brett etwas erhöht anbringen, damit die Hühner danach springen müssen. Grünkohl und Markstammkohl im Stall an Draht aufhängen oder weitmaschige Drahtkörbe verwenden (Abb. neben S. 608). Abfälle niemals in Ställe und Ausläufe breitwerfen (Futterverluste).

Eidotterfarbe

Die erwünschte dunkelgelbe Eidotterfarbe, die die Bildung des Vitamins A begünstigt (höherer Nährwert des Eies), wird durch Verfütterung von Mohrrüben, gelbem Mais, Klee, Luzerne, Grünkohl und insbesondere Markstammkohl (Silage) erreicht, während Runkelrüben keinen Einfluß auf die Dotterfärbung haben. Rote Rüben dagegen färben, aber nicht so kräftig. Zu helle Eidotter sind ein Zeichen dafür, daß die Fütterung den natürlichen Bedürfnissen der Hühner nicht voll entspricht.

Trockenfütterung

Diese leicht und bequem durchzuführende Futtermethode — Schrote und Legemehle stehen den Hühnern zur ständigen, beliebigen Aufnahme in Futterautomaten bereit — ist für größere landwirtschaftliche Betriebe und Zuchtanstalten sehr zu empfehlen. Es wird viel Arbeit gespart, auch kann Trockenfutter weder säuern noch gefrieren. Die höheren Futterkosten werden durch bessere Leistungen bei rationeller Hühnerhaltung ausgeglichen.

Futterzusammenstellung bei ausschließlicher Trockenfütterung

1. 20 Teile	Haferschrot	2. 20 Teile	Kartoffelflocken
20 „	Gerstenschrot	20 „	Haferschrot
15 „	Maisschrot	15 „	Gerstenschrot
20 „	Weizenkleie	20 „	Weizenkleie
10 „	Fischmehl	10 „	Fischmehl
10 „	Fleischmehl	10 „	Fleischmehl
5 „	Knochenschrot	5 „	Futterkalk

Bei der 2. Mischung kann Getreideschrot zur reichlichen Hälfte (20—25 Teile) durch Zuckerschnitzelschrot ersetzt werden. Ersatz von Fisch-, Fleischmehl, Knochenschrot, Futterkalk durch 20 bis 25 Teile Eiweißkonzentrat möglich. Trockenfutter möglichst fein schroten, sonst picken Hühner das grobe Schrot heraus und verfetten dann leicht.

Futterverbrauch: Je nach Jahreszeit und dem vorhandenen Freifutter 40—80 g/Huhn und Tag. Außerdem erhalten die Tiere täglich 50 bis 60 g Körner, morgens (aber nur bei Trockenfütterung) und abends je zur Hälfte als Scharrfutter verabreicht.

b) Die Alleinfütterung

Eine neuere, arbeitsparende Fütterungsart ist die Verabreichung von käuflichem Alleinfutter, zur beliebigen Aufnahme. Dieses enthält alle notwendigen Nährstoffe einschließlich Eiweiß und wird auch in gekörnter (gepreßter) Form geliefert. Dadurch keine Verluste, die bei Mehlfutter durch Verstreuen leicht entstehen. Nur Tröge oder Futterautomaten verwenden. Auf die Erde gestreut, zerfällt gekörntes Alleinfutter bei Regen oder Feuchtigkeit. Körnerfutter wird nicht gereicht, aber Grit, Muschelschalen, Holzkohle und frische Tränke. Daneben etwas Grünfutter, Möhren usw. Verbrauch 100—130 g Alleinfutter je Tier und Tag. Fehlt Auslauf, Möhren oder Grünes reichen.

Hühner-Auslauf (Siehe auch S. 589)

Die Aufzucht des Hühnernachwuchses ist weitgehend von einem guten, ausreichenden Auslauf abhängig. Bewegung erhält die Tiere gesund und leistungsfähig! Zu bevorzugen ist wasserdurchlässiger, lehmiger Sand- oder sandiger Lehmboden, der sich rasch erwärmt und schnell trocknet; hoher Grundwasserstand wegen Krankheiten unerwünscht. Sehr brauchbare Ausläufe sind Obstgärten. Die Auslauffläche soll pro Tier mindestens 10 qm betragen. Besser ist die doppelte Fläche oder freier Auslauf (Viehkoppeln besonders geeignet). In baumlosen Ausläufen sind Schutzdächer erforderlich. (Siehe S. 599.) — Die beste Weide muß den Junghennen vorbehalten bleiben.

Bei beschränkten Raumverhältnissen bewährt sich Wechselauslauf (Fläche durch einen Zaun teilen). Diese Ruhepause ist für das Wachstum der Gräser sehr wichtig! Oder alle 6—8 Jahre Auslauf im Herbst umbrechen, 1—2 Jahre landwirtschaftlich nutzen. — Überkotete Ausläufe sind gefährlich! Die quadratische Form ist am vorteilhaftesten (höchstens doppelt so lang wie breit), da die Hennen dann auch bei größeren Flächen in die äußersten Ecken gehen und die Zaunherstellung billiger ist.

Höhe des Zaunes für leichte Rassen 2 m, schwere Rassen 1,5 m, „Nichtflieger" 1 m (S. 598 oben). Man verwende verzinktes, sechseckiges

Drahtgeflecht mit 50—60 mm Maschenweite und 1,2—2 mm Drahtstärke. Kükenaufzucht: 25 mm bzw. 0,8 mm. (Elektrozaun Seite 403.)

Mittel gegen Überfliegen von Zäunen

1.) Anlegen von Flügelklammern an einen Flügel des Huhns. — 2.) An den Zaunpfählen schräg nach innen ringsherum Latten anbringen, die mit 3—4 dünnen Drähten in je 10 cm Abstand zu verbinden sind. 3.) Kauf von Eintagsküken, denen das äußerste Glied eines Flügels amputiert wurde. Für diese sogenannten „Nichtflieger" genügt 1 m hoher Zaun. — Beschneiden eines wieder nachwachsenden Flügels weniger gut.

Grasmischung für Ausläufe, berechnet auf 1000 qm Fläche
(auf Gräser einheimischer Herkunft achten)

a) für leichte Böden (schwach lehmige Sand- und Schotterböden):

Wiesenrispe	1800 g
Ausläufertreibende Rotschwingel	1500 g
Deutsches Weidelgras	800 g
Weißklee	450 g
Hornschotenklee oder Gelbklee	450 g

b) für mittlere Böden (sandiger Lehm — lehmiger Sand):

Wiesenrispe	1800 g
Ausläufertreibender Rotschwingel	700 g
Deutsches Weidelgras	1200 g
Gemeine Rispe	500 g
Weißklee	300 g
Hornschotenklee	500 g

c) für schwere Lehmböden:

Wiesenrispe	1200 g
Ausläufertreibender Rotschwingel	600 g
Deutsches Weidelgras	1800 g
Weißes Straußgras	1000 g
Weißklee	100 g
Hornschotenklee	300 g

Nach Auflaufen Gras mehrmals mähen und anschließend walzen, damit es sich gut bestockt. Neuansaat erst nach 6—12 Monaten durch Hühner nutzen (Kratzschäden). Zunächst Großvieh oder Schafe auftreiben. Auch späterhin sind diese zur Förderung der erwünschten zarten Untergräser regelmäßig mit aufzutreiben, sonst bilden sich mit der Zeit auf jeder Hühnerweide vermehrt Obergräser. (S. auch S. 369, 393.)

Hühnerwagen (Abb. neben S. 592)

Jung- und Althühner sollten — aber getrennt! — auf jeden Fall mittels leicht gebauter Hühnerwagen, Kufenställen oder tragbarer Häuschen in Obst- und Grasgärten, auf Viehweiden, Stoppelfelder (aber nicht einseitig Roggenstoppeln, da Hühner Roggenkörner nur ungern aufnehmen) und sonstige Ländereien gebracht werden (Fuchsgefahr beseitigen!). Es wird viel Futter gespart, die Legeleistung der Hühner steigt, die Tiere bleiben gesund und vertilgen eine Unmenge von Engerlingen, Drahtwürmern, Käfern, Mäusen, Rübenblattwanzen usw. Deshalb sollen Hühner auch beim Pflügen und bei den Vorarbeiten und Frühjahrs- und Herbstbestellung mit auf das Feld genommen werden.

Auf Viehweiden (Federn schaden Großvieh nicht) am besten in Abständen von 50 bis 70 m für etwa 100 Tiere je einen Hühnerwagen aufstellen. Geflügel findet in den Untergräsern, die durch den festen Tritt des Großviehes im Wuchs gefördert werden, neben Würmern und

Insekten vorzügliche Nahrung vor. Bei zu eiweißreichem Freifutter ist entsprechende Zufütterung von stärkehaltigen Futtermitteln (Körnern) erforderlich. Trinkwasser darf auf der Weide nicht fehlen.

Da sich das Huhn im allgemeinen nicht weiter als 80—100 m vom Wagen bzw. Stall entfernt, ist öfterer Platzwechsel vorzunehmen. (Aber nur des Abends, wenn die Hühner in der Unterkunft sind, sonst finden die Tiere oftmals nicht wieder dahin zurück.) Fenster zum Schutz gegen Raubzeug mit engmaschigem, starkem Drahtgeflecht bespannen. Legenester können in oder unter dem Wagen angebracht werden, der wöchentlich mindestens einmal gründlich zu reinigen ist.

Als Schattenspender genügt im allgemeinen der Hühnerwagen. Sonst errichte man Spitzdächer mit einer Grundfläche von 1,50×1,30 m und einer Höhe von 1,30 m, die mit Tragstangen versehen sind. Die Dächer werden mit Strohmatten oder Schilf abgedeckt und dienen gleichzeitig als Unterschlupf bei Regen.

Die Futtereinsparung beträgt bei gutberasten Wiesen und Weiden $^1/_{10}$ bis $^1/_4$, bei Gerste- und Haferstoppeln etwa $^1/_3$ und bei Weizenstoppeln $^3/_4$ bis $^4/_5$ des Gesamtnährstoffbedarfes. (Etwa 4—5% der Getreideernte = 1—1,5 dz Körner je ha bleiben auf dem Felde liegen!)

Stoppelfelder verlangen im allgemeinen eiweißhaltiges Beifutter, Wiesen und Weiden zweimalige Körnerbeigabe. Bei abendlich durchzuführenden Kontrollen müssen Junghennen einen prallgefüllten Kropf haben. Bereits im Morgengrauen sollen die Tiere ihren Stall verlassen können, um das zu dieser Zeit besonders reichlich vorhandene Eiweiß in Form von Würmern und Insekten voll ausnutzen zu können.

Pflegemaßnahmen im Sommer

Bei großer Hitze zeigt das Huhn wenig Lust zum Fressen und Legen. Daher sorge man durch Entlüftung der Ställe, Behängen der Fenster mit Strohmatten oder Decken, die öfter mit Wasser besprengt werden, Maschendraht-Türen, Sandeinstreu (mit Wasser übersprühen), häufigen Trinkwasserwechsel und Schattengewährung im Auslauf, für Abkühlung. Gefüttert wird am besten feuchtes Weichfutter, dazu mehrmals täglich feingehäckseltes, kühles Grünfutter, auch bei grünem Auslauf. Freßtröge besonders sauberhalten! Ställe im Sommer nicht zu stark besetzen. Kot täglich entfernen.

Pflegemaßnahmen im Winter

Bei Beginn der kalten Jahreszeit: Türen mit Stroh abpolstern. Bei freistehenden, zugigen, namentlich einwandigen Ställen Außenwände an der Nord- und Windseite mit Stroh oder Schilf abdecken, das mit Draht oder Fichtenstangen befestigt wird. Bei einfachen Dächern Stroh-(Schilf-)lagen mittels Leisten oder Draht an den Dachsparren befestigen. Türen erhalten Schwellenbretter. Vor dem Schlupfloch Windschutzkästen anbringen, um den Stall vor Zugluft zu schützen.

Bei sehr strenger Kälte: im Stallinnern an Fenstern und Türen Strohmatten befestigen und nachts herunterlassen, Zwischendecken einziehen, bei Unterbesetzung des Stalles Schlafabteilung durch Vorhänge verkleinern. (Siehe Abb. neben S. 593.)

Bei sonnigem Wetter sollen die Tiere auch im Winter stets ins Freie. Wenn Schnee liegt, einen Platz schneefrei machen und etwas Stroh oder Spreu mit einigen Körnern streuen, um die Scharrtätigkeit anzuregen.

Bei anhaltend schlechter Witterung: in einer Scheune oder anderem geschützten Raum kurzes Stroh, Hafer- oder Weizenspreu ausstreuen und darunter ab und zu eine Handvoll Körner werfen. Die Tiere scharren und kratzen im Stroh herum und erkälten sich nicht. „Hühner müssen warme Füße haben, sonst legen sie nicht!"

Staubbad Wesentlich für das Wohlbefinden der Tiere (Ungezieferbekämpfung)! Eine große, flache Kiste wird in einer Stallecke (im Winter) oder außerhalb des Stalles an wind- und regengeschütztem, trockenem, *sonnigem* Platz aufgestellt. In diese Kiste kommt eine Mischung aus feinem, trockenem Sand, feiner Holz- oder Kohlenasche (Braunkohlenasche schmiert), Staubkalk, Tabakstaub und einer Handvoll Insektenpulver (Jacutin, Multocid). Das Staubbad muß immer reichlich gefüllt sein.

Einstreu Ist wöchentlich zu erneuern, im Winter eine handhohe Einlage geschnittenes (Hafer-)Stroh, grannenlose Spreu oder Torf, worin die Hühner scharren können, im Sommer Sand oder Torf. Vorteilhaft ist *Tiefstreu* aus Strohhäcksel, Spreu, Torf, Hobelspäne, die, im Frühjahr oder Sommer angesetzt, ein Jahr liegenbleibt. Streu wird wöchentlich ein- bis zweimal mit Dunggabel aufgelockert und gegebenenfalls etwas nachgestreut. Wichtig ist ein gutdurchlüfteter Stall

Mauser Die Mauser fällt überwiegend in den August. Junghennen aus April-Schlupf mausern im September, sehr gute Hennen erst im Spätherbst und nur für kurze Dauer. In der Mauser, die gewöhnlich mit einer Legepause verbunden ist, wird das gesamte Federkleid für den Winter erneuert. (Mitunter innerhalb von 2—3 Tagen.) Dies entzieht den Tieren viel Kräfte. *Zur Beschleunigung der Mauser* Hennen währenddem nicht knapper und eiweißärmer füttern. (Gute Futtermittel: Mais, Weizen, Sonnenblumenkerne, Leinsamen, Hanf. Vitaminstoß ins Trinkwasser, Tiere vor Zugluft und Nässe besonders schützen, weil ihr eigener Schutz unzureichend ist. — *Die Vollmauser dauert im Durchschnitt 3 Monate.* Bereits im Vorsommer mit der Mauser beginnende Hennen werden am besten ausgemerzt (schlechte Leger).

Zwangsmauser Damit die Hühner nicht zu spät mausern (Eieranfall im Herbst erwünscht, kalte Witterung), kann man die Tiere zur *Zwangsmauser* treiben: Stallwechsel, scharfe Futterumstellung (Fortfall des eiweißreichen Legefutters, reine Körnerfütterung), Entzug des Trinkwassers für 1 Tag. Hennen im 2. Legejahr sollten erst im Spätherbst mit der Mauser beginnen. Die Tiere werden dann sofort geschlachtet.

Merkmale guter Legehennen Weiche, geschmeidige Haut. Verblaßte Pigmentfarbe an Beinen, Ohrenscheiben, Augenringen, Schnabel (infolge viel abgegebenem Eidotter). Schmaler, ausdrucksvoller, rassiger Kopf, kräftig gekrümmter Schnabel, von ständiger Futtersuche, wie auch Zehennägel, stumpf. Feurige vorstehende Augen. Sehr fleißige Futtersucher, lebhaft.

Merkmale schlechter Legehennen Festanliegende, zähe Haut, intensive Beinfarbe im Frühjahr oder Sommer. Plumper Kopf mit mehr oder weniger wulstartigen Gesichtspartien, in denen das Auge durch überstehenden Fleischansatz nur klein wirkt. Schlechtentwickelte, blaßrote Kämme und Kehllappen. Die Tiere hocken morgens lange, abends beizeiten auf den Sitzstangen.

Krankheiten

Krankheitserscheinungen: Blasser Kamm, hängende Flügel, struppiges Aussehen, die Tiere sondern sich von den anderen ab. Das beste Stärkungsmittel für Geflügel ist *stete Bewegung*. Man gebe nie sauer gewordene, verschimmelte oder sonst verdorbene Abfälle. Alle Trinkgeschirre sind peinlich sauberzuhalten.

Federfressen (Haltungsfehler)

Federzupfen kommt meist vom müßigen Herumstehen in engem Auslauf, übersetzten oder zu warmen Kükenställen, schneller Sättigung bei Verabreichung von Preßfutter an Küken. Abhilfe: Futterwechsel (Mehl- statt Preßfutter, Grünfutter), gut gelüftete Ställe, reichliche Einstreu von Spreu und Häcksel, mit einigen Körnern vermischt. Bei zu trockener Stalluft Einstreu öfter schwach mit Wasser überbrausen. Angepickte Körperstellen sofort mit Holzteer bestreichen.

Kalkbeine

Keine Alterserscheinung, entstehen durch Fußkrätze- oder Räudemilben, die sich unter die Schuppen der Beine bohren und ihre Exkremente rückwärts ablagern. Diese ergeben die grauweißen Borken. Kalkbeinmilben rufen bei Hühnern heftigen Juckreiz hervor.

Behandlung: Abweichen der Borken durch 24stündige Auflage von Schmierseife oder Einpinseln mit Glycerin, um an die tief sitzenden Milben heranzukommen, dann vorsichtiges Abwaschen in warmem Wasser und Einreiben mit Öl oder Vaseline. Stall entmilben!

Milben, Federlinge, Flöhe

Blutmilben (rote Vogelmilbe), Federlinge (fälschlich meist Läuse genannt), die sich besonders unterhalb des Afters aufhalten, und Hühnerflöhe müssen durch Einstäuben der Tiere mit DDT-haltigem Insektenpulver (Jacutin, Multocid usw.), sowie Sauberhalten der Ställe energisch bekämpft werden. Die besonders gefährlichen, in Ritzen der Stallwände und Geräte sich aufhaltenden Blutmilben, die auch Krankheiten übertragen können, suchen die Tiere nur nachts auf und peinigen diese, besonders Junghühner, oft zu Tode.

Hühnerflöhe, die Hühner meist am Kamm und in der Augengegend stechen und sich bes. bei Einstreu von Sägemehl aus Hartholz einfinden, lassen sich auch durch Einstreuen von Superphosphat auf die Streu erfolgreich bekämpfen (auf 100 Hühner bei Streuwechsel 1—2 kg). Da die Flöhe ihre Eier in den Hühnerkot legen, wo sie sich in kurzer Zeit zu neuen Lebewesen entwickeln, ist der Hühnerkot und der verschmutzte Nestinhalt täglich in eine Tonne unter Wasser zu bringen. Nach etwa 14 Tagen hört die Flohplage bestimmt auf.

Stalldesinfektion

Zur Ungezieferbekämpfung Ställe gründlich reinigen und zweimal im Jahr desinfizieren: Sitzstangen, Kotbretter und alle Holzteile des Stalles einschließlich Tröge, Legenester und Fußboden mit heißer 2%iger Natron- oder Sodalauge bzw. Roh-Multisept oder Korsyl-Bacillollösung abscheuern. Sitzstangen und -auflagen mit Lötlampe mit Breitbrenner abbrennen. Alle Ritzen, Fugen und sonstigen Unterschlupfmöglichkeiten für Ungeziefer beseitigen!

Anschließend Ställe mit Kalkmilch unter Zusatz von etwa 5% Chlorkalk oder 2% Kreolin bzw. Lysol ausweißen. Niemals auf den alten Schmutz kalken, sondern diesen erst mit Schrubber und Bürste restlos entfernen. Kalk (gelöschter Branntkalk) besitzt außerordentlich große Desinfektionskraft! Das gleiche trifft für Karbolineum zu, das nicht nur Milben, Fliegen usw. fernhält, sondern auch Holz widerstandsfähig macht. Empfohlen wird ferner zur Ungezieferbekämpfung Einstreuen von staubförmiger Kohlenasche im Geflügelstall (auch düngerverbessernd) sowie Staubbad (S. 600).

Schnupfen, Röcheln

Gegen Schnupfen (Nasenausfluß, beschmutztes Gefieder) und Röcheln (nachts) Trinkwasser Chinosol (1 g auf 5—10 l) zusetzen. Alle kranken Tiere von den gesunden trennen. Keine feuchtkalten Ställe! Verdacht auf Diphterie und Hühnerpest!

Kokzidiose (Rote Kükenruhr)

Es erkranken besonders ältere Küken (2—8 Wochen). Die Tiere sind matt, teilnahmslos und struppig im Gefieder. Der Kot ist zum Teil gerötet von Blutspuren. Todesfälle können bis zu 100% betragen. Die Krankheit ist sehr ansteckend.

Bekämpfung: Alle kranken Küken töten und verbrennen. Chemische Mittel, wie Eleudron, Kokpullan usw. anwenden. Eleudron wird z. B. beim Auftreten der ersten Krankheitserscheinungen 3—5 Tage lang als Tränke verabreicht und zwar 2—4 Teelöffel auf 1 Liter Wasser oder Buttermilch. Nach der Kur Stall gründlich reinigen und entseuchen. Auslauf um Stall und Futterplätze tief umgraben. In gefährdeten Beständen jeden 2. Tag Kot und Einstreu entfernen.

Vorbeugend: Jungtiere stets von Althennen getrennt halten. Trockene Ausläufe vor dem Stall und um die Tränke herum. Wechselweiden, Boden 1—2 Jahre ruhen lassen. Futter- und Tränkgeräte oft und gründlich mit kochender Sodalösung scheuern. Wenig Eiweiß und Kleie, mehr stärkehaltige Futtermittel (Weizen - Hafergrütze) + Mineralstoffe und vitaminreiches Grünfutter. Futtermittel verwenden, die Antikokzidiose-Mittel enthalten. Küken in Batterien aufziehen. Zur Kräftigung Vitaminstoß in das Trinkwasser geben.

Weiße Kükenruhr (Pullorumseuche)

Es erkranken besonders Eintagsküken und Küken bis zum Alter von 4 Wochen. Weißer Durchfall, Mattigkeit, Hängenlassen der Flügel sind erste Anzeichen der Krankheit, die meist tödlich verläuft.

Bekämpfung: Gleiche Maßnahmen wie bei Kokzidiose. Keine Schiereier an Küken (Übertragungsmöglichkeit). In Zuchtbetrieben periodische Blutuntersuchung (auch der Hähne), wenigstens 1mal im Jahr, um die Keimträger festzustellen und Eiinfektion zu verhüten.

Bei Tieren von blutuntersuchten Elterntieren (Pullorumprobe) tritt diese Krankheit kaum in Erscheinung.

Wurmbefall

Zur Vorbeuge gegen Wurmbefall (Band- und Spulwürmer) empfiehlt es sich, Hühnern im Frühjahr des Morgens mit dem Weichfutter fast breiartig zerkleinerte (geschoßte) Zwiebeln (auch Kürbiskerne) zu verabreichen. Wurmbefall: Medikamente anwenden.

Frostschäden

Frostschäden an Kämmen oder Kehllappen: Abreiben dieser Teile mit Schnee oder eiskaltem Wasser und Behandlung mit säurefreier Vaseline oder guter Frostsalbe. Dann Abwaschen mit schwacher Alaunlösung und Einpinseln mit Jodkolodium oder Mischung aus gleichen Teilen Glyzerin, Terpentinöl, Kampferspiritus und Jodtinktur. Frostschäden sind für die Tiere schmerzhaft und beeinträchtigen die Legetätigkeit. Bei Hähnen treten Fruchtbarkeitsstörungen auf. Tiere mit Frostschäden nicht in zu warme Räume bringen.

Vorbeugungsmaßnahmen: Bei stärker einsetzender Kälte Kamm und Kehllappen mit Öl oder Vaseline einfetten (massieren). Aufstellen von verengten Tränkrinnen, unter Umständen durch Einlegen passend zugeschnittener Hölzer. Trinkgefäße bei Frost niemals im Freien aufstellen. Keine dunstigen, feuchten Ställe.

Fließeier

Fließeier (Eier ohne Schale): werden durch kalkarme oder einseitig zusammengesetzte Nahrung hervorgerufen (Aufnahme von viel Regenwürmern, Insekten, insbesondere Libellen, Garnelenschrot) und besonders im Frühjahr zur Zeit der Eierhöchsterzeugung sowie im Herbst gelegt. (Bei Junghennen häufiger als bei alten Hennen).

Gegenmittel: Futterwechsel, keine mastige, intensive Fütterung. Oft ist die Ursache auch auf Erkrankung des Eierstockes und namentlich des Eileiters zurückzuführen oder Befall des Eileiters mit Saugwürmern. Windeier - Eier ohne Dotter: Wenn eine Henne häufig derartige Eier legt, wird das Tier am besten abgeschlachtet.

Desinfektionsmatten

Zum Schutz von Übertragung von Krankheiten und Seuchen durch den Menschen ist das Auslegen von Desinfektionsmatten vor den Eingängen der Ställe dringend anzuraten!

Bei seuchenhaft auftretenden Krankheiten unbedingt Tierarzt zu Rate ziehen! Anzeigepflichtig: Geflügelcholera und Geflügelpest.

Wie faßt man ein Huhn an?

Das Tier wird von oben an den Flügeln gefaßt, und zwar mit der linken Hand knapp am Körper, die Handflächen nach dem Schwanz gerichtet. Getragen werden Hühner unter dem Arm, die Beine mit der Hand gefaßt, das Brustbein auf der Handfläche ruhend.

Schlachten der Hühner

Die Tiere sollen 12—24 Stunden vor dem Schlachten hungern, damit Kropf und Därme leer sind, deren Inhalt sonst leicht in Gärung übergeht. Darunter leidet die Haltbarkeit des Fleisches. Wasser kann verabreicht werden. Das Greifen, besonders der vollausgemästeten Tiere, muß vorsichtig erfolgen, um das druckempfindliche Fleisch nicht durch blutunterlaufene Stellen oder blaue Flecke in seiner Güte zu mindern.

Das Schlachten erfolgt mittels Kehlschnitt, Ohrscheibenstich oder Schnabelstich, nach vorheriger Bestäubung durch kräftigen Schlag mit einer Holzkeule quer über den Kopf. Beim Schlachtgeflügel müssen Kopf und Beine auf jeden Fall am Tier verbleiben!

Beim Kehlschnitt werden beide Halsschlagadern sowie die Luftröhre bei straff gespannter Kehle durchschnitten. Es ist die einfachste Schlachtart, die aber eine verhältnismäßig große Schnittwunde hinterläßt. Der Kehlschnitt sollte daher nur bei Hühnern angewendet werden, die für den Eigenverbrauch bestimmt sind.

Beim Ohrstich wird das sehr scharfe, spitze Messer (am besten zweischneidig) entweder direkt durch das Ohr oder unmittelbar hinter den Kieferknochen mit kräftigem Stich durch den Hals geführt und dabei mit Druck nach unten beide Halsschlagadern zerschnitten.

Bei dem etwas schwieriger auszuführenden Schnabelstich wird der Kopf mit der linken Hand unter gleichzeitigem Öffnen des Schnabels leicht nach hinten gezogen. Dann werden beide Halsschlagadern von innen tief unter der Zunge mittels Schlachtschere oder zweischneidigem Messer durchschnitten. Zur Sicherheit erfolgt unmittelbar darauf ein Stich durch die Gaumenspalte in das Gehirn, der den sofortigen Tod des Tieres zur Folge hat. Eine äußere Schnittwunde entsteht also bei dieser Schlachtart nicht.

Wichtig ist, daß die Tiere mit nach unten gehängtem Kopf richtig ausbluten, da das Fleisch sonst unansehnlich und minderwertig ist. Blut von gesunden Schlachttieren wird in einem Gefäß aufgefangen, mit Kleie vermischt und den Hühnern, gegebenenfalls nach vorheriger Trocknung im Backofen, als Eiweißfutter verabreicht. Blut ist sehr eiweißreich und soll auf keinen Fall weggegossen werden. Noch während des Ausblutens wird mit Rupfen begonnen, da sich die Federn um so leichter entfernen lassen, je wärmer das Tier ist. In größeren Betrieben lohnt sich die Anschaffung einer Rupfmaschine.

Hühnerstall

(siehe auch Abschnitt „Stallbau“)

Allgemeines Licht, Luft, Wärme, Trockenheit und hinreichend Platz sind unerläßliche Grundbedingungen für einen Hühnerstall. Durch richtige Be- und Entlüftung des Stalles kann man in der kalten Jahreszeit bis 25% Futter ersparen und die Legetätigkeit zugleich erhöhen. Windgeschützte Lagen bevorzugen. Stall aber nicht im Schatten hoher Gebäude errichten. Das Huhn gehört niemals in den Kuhstall oder Schweinestall!

Stallgröße *Stallgröße*: 1 cbm Luftraum je Henne. Berechnung nach qm (3 Hennen 1 qm Stallbodenfläche) überholt. Entscheidend ist der Luftraum! Überfüllte Ställe begünstigen Krankheiten.

Alle Stallecken ausrunden, um Schmutz und Ungeziefer zu bekämpfen. Wichtig ist Trockenheit vor den Ställen durch saubere, frisch aufgefüllte Sand(Kies-)wege. (Oder Lattenroste verwenden.)

Baumaterial Als *Baustoff* hat sich am besten Holz bewährt. Doppelwände sind vorzuziehen, nicht nur für den Schlafraum. Die Legeleistung der Hühner wird im kalten Winter, selbst bei klimatisch begünstigter Lage, bei einfachen, einwandigen Holzställen mit großen Fenstern zu sehr herabgedrückt. Zwischenraum mit Glaswolle ausfüllen, die zuvor mit Milbenschutzmittel bespritzt wird. (Siehe S. 545.) — In zweiter Linie Außenwände aus Bimshohlblocksteinen herstellen und außen verputzen. — Die Stalltemperatur darf nicht unter 0 Grad sinken (am Boden gemessen!). Evtl. Ausbau vorhandener Gebäude (kostensparend). In Frage kommen leerstehende Scheunen, Schuppen, Ställe, Dachböden.

Außenwände von Holzställen zum Schutz gegen Witterungseinflüsse mit Karbolineum oder Xylamon (auch farbig zu haben) streichen. Innenanstrich nicht mit Ölfarbe (Schwitzwasserbildung, dadurch feuchtkalte Luft), sondern mit Kalkmilch (siehe Abschnitt „Stallbau“).

Stalldach Für kleinere Ställe genügt ein unter den Holzsparren mit Brettern verschaltes und verzinktes Stahldachpfannen-, Well-Eternit -oder -Fulgurit gedecktes *Pultdach*. Höhe vorn 2,25 m, hinten 1,70 m. Ein ziegelgedecktes *Satteldach* ist zwar teurer, isoliert aber besser gegen Außentemperaturen. Deckenhöhe 2 m bis 2,20 m.

Fußboden Man verwende Ziegelhohlsteine oder lege auf Koks, Schlacke und Sand normale Ziegelsteine. Auch Koksschlackenbeton ist zu empfehlen, und zwar wird auf eine Schicht von 20 cm Asche eine Lage Magerbeton von 8—10 cm gebracht. Mischungsverhältnis: 1 Teil Zement und 10 Teile Asche. Darüber kommt ein dünner Zementbestrich von etwa 3 cm Stärke, aus 1 Teil Zement und 3 Teilen Sand. Ein derartiger Fußboden bietet guten *Schutz gegen Raubzeug und Ratten*.

Billiger, wärmehaltender Lehmfußboden: Auf eine 15—20 cm starke Unterlage aus grober Koksschlacke oder Schotter kommt in mehreren Lagen eine 10—12 cm hohe Lehmschicht, gestampft und zum Schluß geglättet. Unterste Lehmschicht gegen Eindringen von Ratten stark mit kleinen, spitzen Glasscherben vermengen oder engmaschigen (20 mm), verzinkten Draht auslegen und an den Wänden etwa 15 cm hochziehen.

Fenster Das Huhn ist ein *lichtbedürftiges Haustier*. Daher soll mindestens die Hälfte der Stallvorderfront aus großen Fenstern bestehen. Die Fenster sollen 60—100 cm über dem Fußboden beginnen (bei tieferem Fensteransatz Bruchgefahr, Verschmutzung, Zugluft). Man rechnet heute 1 qm Fenster auf 10 qm Stallbodenfläche. Bei mehr Fenstern im Winter zu starke Wärmeverluste und im Sommer zu starke Erwärmung.

Fenster sowie Fensterfront sind nach Süden oder Südosten zu richten. (Besonders für Sonneneinfall im Winter wichtig!) Zur Stallentlüftung müssen Fenster herausnehmbar oder im oberen Drittel nach außen aufklappbar sein. Auch Schiebefenster lassen sich verwenden. Kleinere Scheiben (25×25 cm) wegen geringerer Bruchgefahr bevorzugen. Die *Einglasung* der unteren Fensterhälfte soll mit Leisten erfolgen, da die Hühner den Kitt auspicken. Um Beschädigung der Scheiben und Verletzung der Hühner beim Auffliegen gegen die Fenster zu vermeiden, sind diese von innen stets mit einem auf einfachem Holzrahmen befestigten Maschendraht zu schützen. — Fenster müssen *regelmäßig geputzt werden*, besonders im Winter, damit die wenigen Strahlen der Wintersonne den Hühnern voll zugute kommen.

Entlüftung

Das Huhn benötigt viel sauerstoffreiche Luft. 100 Hühner atmen täglich etwa 13 kg Wasser(-dampf) aus! — Unter der Stalldecke verschließbare Lüftungsklappen anbringen, die von außen mit engmaschigem Draht zu bespannen sind. Klappen nur bei sehr strenger Kälte zeitweise schließen. Besser wirken eingebaute Luftschächte (siehe S. 626).

Scharraum, Schlafraum

Getrennter Tages- und Schlafraum hat zu große Temperaturunterschiede. Daher kombinierten Stall mit Schlafecke bevorzugen.

Schlupflöcher

Größe: 20 cm breit, 30 cm hoch (wenn größer, können Diebe leicht durchkriechen), mit vom Stallinnern zu betätigenden, klappbarem Türchen oder Schieber versehen; gegebenenfalls Windschutz mit seitlichem Eingang anbringen. (Siehe Abb. neben S. 592.) Lage möglichst nach Süden (Fensterfront), sonst Zugluft bei geöffneten Fenstern.

Legenester (Abb. neben S. 593)

Auf 2 Hühner kommt ein Fallennest oder auf 3 ein offenes Nest (Größe 35×35×35 cm, Aufflugstange mit 20 cm Abstand zum Nest). In größeren Betrieben können 3—4 bzw. 5—6 Hennen gerechnet werden. Zu bevorzugen ist rechteckige Grundform. Für Zuchtbetriebe sind Fallennester, bei denen die Tiere das Nest freiwillig betreten, aber nicht wieder verlassen können, zur Legekontrolle unentbehrlich.

Damit die Tiere nicht in den Nestern übernachten, wähle man aufklappbare Aufflugstangen. Legekästen werden oberseitig stark abgeschrägt, damit sich die Hühner nicht darauf setzen. Nester in Reihen neben- und übereinander anordnen (3 Reihen übereinander ist die Höchstzahl). Nester sind erhöht, 40—50 cm über dem Stallfußboden, vom Fenster abgewandt, an einem möglichst *dunklen*, ruhigen Platz anzubringen. Hühner wollen außerdem zum Legen tiefe Nester haben, in denen sie kaum zu sehen sind (bestes Mittel gegen Eierverlegen).

Gemeinschaftsnest (Familiennest) (Abb. nach S. 592)

Nicht unterteilter, kasten- oder hüttenförmiger (wenn zweiseitig), halbdunkler Nestraum, der von mehreren Hühnern gleichzeitig benutzt werden kann. 1,5 qm Nestfläche für 100 Hühner. Nestboden aus engmaschigem Draht, darüber etwa 15 cm hohe Häckselschicht.

Vorteil: Saubere Eier, einfache Bedienung durch aufklappbaren Deckel des abgeschrägten Daches, wesentliche Arbeitserleichterung!

Nester sind sauberzuhalten. Nur dann gibt es saubere Eier. Neststroh (am besten weiches, kurzgeschnittenes, oder Kokos-Nestmatten) alle 14 Tage erneuern und dabei Ungezieferbekämpfung nicht vergessen! Eier täglich aus dem Nest nehmen, um Beschmutzen, Zerbrechen, Anbrüten, Geruchs- und Geschmacksbeeinträchtigung zu vermeiden. Eier nicht abwaschen, da sonst die natürliche Schutzschleimhaut abgeht, die Poren der Schale verschlossen werden und die Haltbarkeit des Eies leidet. Kleine Schmutzflecke mit Aluminiumwolle vorsichtig abreiben. — Beim Versand zur Erhöhung der Bruchsicherheit Eier stets mit der Spitze nach unten packen.

Sitzstangen (Siehe Abb. neben S. 593)

5—6 Hühner benötigen 1 m Sitzstange. Stärke 6 cm breit, 5 cm hoch, Kanten oben etwas abflachen. Runde Sitzstangen sind unzweckmäßig, da sie den Hühnern nicht bequem sind und Rundstangen Schwundrisse bekommen, in denen sich Milben festsetzen.

Keine zu schmalen Sitzstangen verwenden! Diese zwingen die Tiere dazu, sich krampfhaft festzuhalten, was sie nicht mögen. Hühner liegen nicht auf den Zehen, Beinen bzw. Füßen, sondern am liebsten auf der vollen unteren Körperhälfte, um von der regen Scharrtätigkeit auszuruhen. Zu schmale Sitzstangen rufen außerdem bei Jungtieren leicht Verkrümmungen des weichen Brustbeines hervor.

Höhe über dem Boden: 100—120 cm, bei schweren Hühnern nur 50—60 cm. Abstand der Stangen voneinander 35 cm, von der Wand 30 cm. Sitzstangen sind zur besseren Reinigungsmöglichkeit auf eine Aufhängevorrichtung (Bretter usw.) nur lose aufzulegen, also nicht festzunageln und auf den Auflagestellen zur Vorbeuge gegen Milbenbefall des öfteren mit Petroleum oder Karbolineum zu bestreichen. — Damit die Tiere nicht um den höchsten Platz streiten und sich nicht gegenseitig beschmutzen, alle Stangen in gleicher Höhe anbringen.

Kükenbühne

20 cm hohe Sitzroste mit leicht ansteigendem Laufgitter. Latten 2,5 cm breit, Abstand 3 cm. Erleichtert Sitzstangengewöhnung (S. 589).

Kotbretter, Kotkasten

Zum Auffangen des Hühnerkotes sind 30 cm unter den Sitzstangen herausnehmbare Kotbretter anzubringen (durch Zinkblechauflage bessere Haltbarkeit). Dadurch wird Verunreinigung des Stallbodens vermieden, so daß die Tiere nicht in ihrem eigenen Kot scharren. Sehr zweckmäßig ist Bestreuen der Kotbretter mit Sand oder besser mit Torfmull. Zur besseren, möglichst täglichen Reinigung sollen die einzelnen Bretter von hinten nach vorn verlaufen und etwas Gefälle nach dem Stallgang haben. 5—10 cm unterhalb der Sitzstangen Drahtgeflecht anbringen, damit die Tiere mit dem Kot nicht in Berührung kommen. Am besten Kotkasten, der als oberen Abschluß einen mit Maschendraht bespannten, hochklappbaren Holzrahmen erhält. Der zur Ammoniak-Bindung wiederholt mit Superphosphat (S. 54) bestreute Kot braucht dann nur in größeren Zeitabständen entfernt zu werden.

Futtertröge (Siehe Abb. neben S. 592 und S. 609)

Für Trockenfutter keine offenen Tröge benutzen, weil die Tiere zuviel Futter herauswerfen. Bei Verwendung von Futterautomaten (mindestens 40 cm über dem Boden erhöht aufstellen und mit Lauflatte versehen) kommen, sofern diese einseitig sind, auf 1 m Freßfläche 30 Hühner. Eine über dem Automaten angebrachte Drehrolle verhindert das Auffliegen der Tiere.

Für Weichfutter in offenen, 12—15 cm hohen Holztrögen werden bei doppelseitiger Benutzung für 15—20 Hennen 1 m Trogfläche benötigt (handliche Troglänge). Etwa 2 cm breite, an der Innenseite der Tröge angebrachte Hemmleisten verhindern Herausschleudern des Futters. — Wegen Mäuse- und Rattengefahr (auch mehr Scharraum) soll im Hühnerstall nichts auf dem Boden stehen. Bewährt haben sich von der Stalldecke bis 10 cm über dem Erdboden schwebende, runde Metalltröge. Tränken: Stülptränken, automatische und Tropftränken.

XIV.

Allgemeine Ungeziefer- und Schädlingsbekämpfung

Rund 18% aller Erzeugnisse des Pflanzenbaues werden jährlich durch Schädlinge und Krankheiten vernichtet, davon etwa die Hälfte durch Vorratsschädlinge!

Drahtwürmer

Auf Wiesenumbruch und mehrjährigen Futterschlägen, also in lokkerem, vor allem saurem, anmoorigem Boden findet sich oftmals die gelbe bis braungelbliche, schwarzköpfige, harthäutige Larve des Schnellkäfers, wegen ihrer wurmähnlichen, bis 3 cm langen Gestalt Drahtwurm genannt. Bei Hafer, Kartoffeln (Ausbohren der Knollen) und Rüben, besonders nach Grünlandumbruch, sowie bei Salatpflanzen treten durch Fraß der Drahtwürmer erhebliche Schäden auf. Ähnlich wie bei Fritfliegenbefall vergilben bei Getreide die Herzblätter und sterben ab, da Wurzeln und Bestockungsknoten meist pinselartig zerfasert werden. Salat welkt und geht ein, Rüben und Kartoffeln erfahren eine Qualitätsminderung. Der größte Schaden tritt bei trockenem Wetter ein, während der Drahtwurm bei nasser Witterung tiefer im Boden lebt. Drahtwürmer haben eine 3—5jährige Entwicklung. Im Juli verpuppen sie sich, ab Ende Juli erscheint der Käfer.

Bekämpfung: Anbau widerstandsfähiger, wenig anfälliger Pflanzen, wie weißer Senf, Meerrettich, Stoppelrüben. In zweiter Linie: Bohnen, Erbsen, Wicken, Peluschken, Flachs, Klee, Luzerne. Besonders gefährdet sind dagegen: Kartoffeln, Hafer, Futterrüben, Raps. — Anwendung chemischer Bekämpfungsmittel (Berührungsgifte): Bestens bewährt hat sich 10—20 cm tiefes Einarbeiten in den Boden von Streumitteln bzw. Streukonzentraten auf Lindan-Aldrin-Heptachlor-Basis. Konzentrate müssen jeweils im Verhältnis 1:10 mit Mineraldünger oder trockenem Sand gründlich und gleichmäßig durchmischt werden. Bei Anbau von geschmacksempfindlichen Früchten (Kartoffeln, Wurzelgemüse) keine Lindan-Mittel verwenden.

Wo junge, heranwachsende Kulturen nur gegen Fraßschäden geschützt werden sollen, reicht Saatgutpuderung (in Beiztrommel) mit einem der anerkannten Mittel (Hortex-, Verindal-, Aldrin-Saatgutpuder u. a.) bzw. ein kombiniertes Trockenbeizmittel (S. 19) aus.

Durch Ausstreuen von etwa 3—4 dz/ha ungeöltem Kalkstickstoff, 6 — 8 dz/ha Hederich - Kainit (auch beides im Gemisch) oder 14 bis 20 dz/ha Branntkalk vor der Aussaat läßt sich der Drahtwurm vorübergehend in tiefere Bodenschichten vertreiben. (Dünger gut einarbeiten!) Vernichtet wird er hierdurch ebenfalls nicht.

Der Austrieb von Hühnern mittels Hühnerwagen gehört ebenfalls zu den wirksamen Bekämpfungsmaßnahmen.

Natürliche Feinde des Drahtwurmes: Maulwurf, Igel, Spitzmaus und alle insektenfressenden Vögel, die während der Pflegearbeit große Mengen dieses Schädlings vertilgen.

Engerlinge (Maikäfer)

Die alljährlich zur Frühjahrszeit auftretenden Maikäfer richten durch Fraß an dem Laub der Obst- und Waldbäume beträchtlichen Schaden an. Viel gefräßiger jedoch als der Käfer ist seine weißliche, weichhäutige, meist gekrümmte Larve, der Engerling, der durch Wurzelfraß an den Pflanzen in Garten, Feld und Wald ganz erhebliche Zerstörungen verursacht. Den größten Schaden richtet der Engerling im 2. und besonders im 3. Lebensjahr an. Je nach Klima ist die Entwicklung der Larve mit dem 3. bzw. 4. Jahr abgeschlossen. Dann verpuppt sie sich, und der nach 1—2 Monaten ausschlüpfende, weibliche Käfer erscheint im nächsten Frühjahr (Ende April / Anfang Mai) an der Erdoberfläche und beginnt von neuem mit der Eiablage. Alle 3—4 Jahre tritt der Maikäfer besonders stark auf („Maikäfer-Flugjahr").

Der Engerling benagt die Wurzeln sämtlicher Kulturpflanzen. Feinere Wurzeln werden abgebissen, kräftigere ihrer Rinde beraubt. Die ausgewachsenen Engerlinge benagen auch Holz.

Bekämpfung: Bewährte Streumittel sind Lindan-, Aldrin- und Heptachlor-Präparate. Diese werden bis 15—20 cm tief eingearbeitet. Zur Vernichtung einjähriger Engerlinge 50—75 kg/ha, bei älteren Engerlingen 100 kg/ha. Außerdem gibt es Streukonzentrate (5—7,5 kg/ha bzw. 10 kg/ha) und Mineraldünger in Kombination mit Bodeninsektiziden-Wirkstoffen. Am wirtschaftlichsten ist die Bekämpfung im Maikäfer-Flugjahr, weil man dann mit wesentlich geringeren Aufwandmengen auskommt.

Besonders zu empfehlen ist es, Hühner während der Bodenbearbeitung mit dem Hühnerwagen aufs Feld zu bringen. Auch Schweine können eingetrieben werden. — Das Einsammeln der Engerlinge hinter dem Pflug durch Schulkinder (Prämien für angelieferte Mengen!) sollte ebenfalls durchgeführt werden. Da die von Engerlingen befallenen Kulturen meist reihen- bzw. platzweise welken oder sich verfärben und absterben, kann das jahrelang durchgeführte Nachsuchen dieser Flächen erfolgreich sein.

Besonders wichtig ist der Schutz der natürlichen Feinde: Stare, Krähen, besonders Saatkrähen, Dohlen und Möwen. Die einzelnen Gespanne in möglichst weiten Abständen voneinander arbeiten lassen, um den Vögeln Gelegenheit zur reichlichen Vertilgung dieser Schädlinge zu geben.

Bewährt hat sich weiterhin: nach dem Schlüpfen ist der Engerling zunächst (bis zur ersten Häutung Anfang September) sehr empfindlich. Man fährt daher im Maikäfer-Flugjahr nach der Ernte mehrere Mal kreuz und quer mit der schweren Scheibenegge über den Acker oder grubbert bzw. eggt nach dem Schälen wiederholt. — Auf Wiesen werden Engerlinge durch Überwalzen mit der schweren Walze abgetötet, besonders bei weichem Boden. — Durch Auftreiben von Schafen erreicht man den gleichen Zweck.

Wichtig ist natürlich auch die Bekämpfung des Maikäfers durch Abschütteln von den Bäumen in den Morgenstunden und Einsammeln. Die mit heißem Wasser abgetöteten Käfer können als Hühner-, Schweine- oder Karpfenfutter oder zur Kompostierung (Kalkbeigabe) Verwendung finden.

Fliegen

Versuche ergaben, daß der Milchausfall durch Fliegenbelästigung je Kuh und Tag 10—14% betragen kann, im Durchschnitt 6%. Bei Mast- und Jungvieh kann die Beunruhigung durch Fliegen je Rind einen Fleischverlust von 19—32 kg im Jahr verursachen. Beim Pferd entspricht der Mehrverbrauch an Kräften 1/2 kg Hafer je Tier und Tag. Die Fliegen übertragen aber auch Krankheiten und Seuchen. Die Nachkommenschaft einer Fliege kann in einem Jahr 500 Millionen und darüber betragen! Die Fliege legt Strecken von 3 km zurück.

Vorbeugende Maßnahmen zur Fliegenbekämpfung

1. Beseitigung der Brutstätten durch Sauberkeit in Haus, Stall und Hof. Verdeckte Speisen (Gazeglocke, Fliegenschrank). In der Küche Gazefenster einsetzen. Fensterscheiben in der Speisekammer mit blauem Papier bekleben oder mit Kalkmilch und Wäscheblau anstreichen. Blaues Licht vertragen Fliegen nicht. Verdeckte Müllkästen und Aborte, Stapeldung (Vernichtung der Brut durch natürliche Zersetzungswärme).

2. Einstreu von Superphosphat im Stall, und zwar 1/2—1 kg je Großvieh und Tag nach dem Ausmisten. Die wasserlösliche Phosphorsäure und der Gips des Superphosphates binden das frei werdende Ammoniak. Dadurch geringere Stickstoffverluste, Verbesserung der Stalluft und weniger Fliegenzuzug. Ferner vernichtet die aus dem Superphosphat sich lösende Phosphorsäure Fliegeneier und -maden.

3. Da Fliegen ihre Eier vornehmlich an den Strohhalmen des Stallmistes ablegen, empfiehlt es sich, die Dungstätte täglich bei trockenem Wetter mit einigen Handvoll pulvertrockenem Hederichkainit gründlich und gleichmäßig einzustäuben (am besten frühmorgens, dann bleibt Kainit an dem feuchten Miststroh besser haften). Die entstehende Salzlösung zersetzt Fliegen und Brut. Gießmittel gegen Fliegenmaden: Tugon-Fliegentod.

4. Vernichtung einzelner Stubenfliegen im Spätherbst. Den Winter überlebende Fliegen tragen etwa 200 befruchtete Eier!

5. Stallfenster offenhalten, damit Schwalben ein- und ausfliegen können. Fliegen sind auch gegen Zugluft empfindlich.

6. Verstärkter Vogelschutz durch Schaffung von Nistgelegenheiten.

7. Natürliche Feinde der Fliege: Schwalbe, Rotkehlchen, Fliegenschnäpper, Frosch, Spinne, Eidechse, Fledermaus.

Bekämpfungsmittel

Es gibt Sprüh- und Verneblungsmittel, Fliegenteller, Fliegenkugeln, Fliegenstreifen, Räuchermittel und insektizide Anstrichfarben (Hansin L, Imälux Binderfarbe und Mischbinderf., Wiedotox-Schutzf. auch gegen resistente [widerstandsfähige] Fliegen). Die Bekämpfung erstreckt sich in erster Linie auf Viehställe, Aborte, Küchen und Wohnräume. Zur Fliegenbekämpfung in Wohnräumen, Küchen usw. sind im Handel leicht zu handhabende gebrauchsfertige Sprühdosen erhältlich (Multocid-Sprüher, Oko-Sprühdose, Jacutin-Zerstäuber).

Anwendung erfolgt am besten April/Mai, gegebenenfalls im Sommer wiederholen. Versuche zeigten, daß einmalige, intensive Anwendung im Frühjahr ausreichend sein kann, um stärkerer Fliegenplage Herr zu werden. Sollten Fliegen durch wiederholte Verwendung dieser Mittel widerstandsfähig geworden sein, Präparate mit anderen Wirkstoffen (geringgiftige Phosphorsäureester) z. B. Exodin-Fliegentod, Basudin-Fliegentod anwenden. Diese haben etwas geringere Wirkungsdauer.

Zum Verräuchern: Jacutin, Domutan, OKO, meist in Tablettenform u. a. Gute Sofortwirkung, aber keine längere Wirkungsdauer. Räuchermittel auf feuerfeste Unterlage stellen.

Schutz der Tiere

1. Haustiere, insbesondere Pferde, wasche man mit kaltem Tee, hergestellt aus frischen Walnußblättern oder Schafgarbe und kochendem Wasser, mittels Schwamm oder Lappen ab und wiederhole dies nach einigen Tagen. Bei Verwendung von Essig statt Wasser schützt einmalige Waschung etwa 14 Tage.

2. Tiere alle 4 Wochen mit 1%igem Esso-Viehschutz abspritzen.

Krähen, Elstern, Stare, Amseln

Durch Aufhängen und Schwebenlassen eines künstlichen Habichts von einer Stange herab an einem Draht über dem Baum läßt sich dieser gegen das Einfallen von Staren und Amseln auf 15 m Umkreis wirksam schützen. Über Geflügelausläufen und Saatfeldern, in einigen Metern Höhe aufgehängt, werden Krähen und Elstern im

Umkreis von etwa 50 m abgeschreckt. Hin und wieder ist der Ort der Aufhängung zu wechseln. Je leichter die Scheuche, um so beweglicher ist sie im Wind (Herstellung aus Blech, einfarbig graubraun anstreichen).

Die Verwendung einer „B a u m k a t z e“ hat sich ebenfalls bewährt. Man stopft ein altes Hasen-, Kaninchen-, Katzen- oder Hundefell von möglichst auffallender, schwarzweißer Farbe aus. Das Fell wird im Baume in Stammnähe so befestigt, daß es beim Anflug der Vögel von oben nicht gesehen werden kann. Die Tiere sollen die Baumkatze erst bemerken, wenn sie in den Baum einfliegen. Durch die gute Schreckwirkung werden auch benachbarte Bäume vor Vogelfraß geschützt.

Kornkäfer

Der rötlich- bis schwarzbraune R ü s s e l k ä f e r ist 3—5 mm lang. Er hält sich in Getreideresten und Ritzen und Winkeln des Speichers auf und bevorzugt Weizen, Roggen und Sommergerste. Der auf dem Getreideboden überwinternde Käfer beginnt ab 5° C zu fressen und über 12° C mit der Eiablage (2—3 Bruten jährlich). Das Käferweibchen legt 100—200 Eier in die zuvor mit dem spitzen Rüssel angebohrten Getreidekörner, und zwar in jedes Korn eins. Die nach wenigen Tagen ausschlüpfende Larve frißt das Korn aus und verpuppt sich in der leeren Kornhülle, während der ausgewachsene Käfer das Korn von außen benagt. Vom Käfer befallene Körner schwimmen im Wasser oben und lassen, aufgeschnitten, die Larve mittels Lupe erkennen. Bei starkem Befall sacken die Getreidehaufen mehr oder weniger zusammen und werden warm und muffig. Getreideverlust 20—30% und mehr.

Kornmotte

Die bis 10 mm langen, gelblich-weißen Räupchen mit hellbraunem Kopf der K o r n m o t t e, die vor allem bei Nacht auf dem Speicher umherfliegt und selbst keinerlei Nahrung zu sich nimmt, fressen ebenfalls an Getreidekörnern, zwischen die das Weibchen etwa 100 Eier legt. Aus den Eiern schlüpfen die Raupen. Sie fressen die Körner (bevorzugt Roggen, in zweiter Linie Weizen) von außen an und verspinnen sie durch Seidenfäden miteinander und mit ihrem krümeligen Kot. Bei starkem Befall können große Klumpen im Getreide entstehen.

B e k ä m p f u n g : Peinliche Sauberkeit auf dem Speicher, Entfernung aller Getreidereste aus Ecken, Winkeln und Ritzen, Verschmieren derselben mit Fugenkitt, Gips oder Zement. Fleißiges Lüften des Speichers und häufiges Umschaufeln des Getreides, Trockenheit im Lagerraum. Feuchtigkeit und Wärme fördern die Entwicklung der Schädlinge. Säcke mit kochendem Wasser übergießen oder im Backofen auf 80° C für 1 Stunde erhitzen. Bei stärkerem Befall helfen durchgreifend nur chemische Stäube- oder Spritzmittel bzw. Vergasung.

Einfach anzuwendende E i n s t ä u b e m i t t e l (gleichzeitig Umschaufeln) mit guter Nachwirkung sind für Getreide und Kornboden Dusturan- und Hora-Kornkäferpuder (100 g auf 100 kg Getreide bzw. 2 kg je 100 qm Fläche). Kräftiger Staubbelag erforderlich, so daß Fußspuren auf dem Boden deutlich sichtbar werden. Getreide vor dem Verbrauch gründlich reinigen und nur im Gemisch mit unbehandeltem Getreide in kleinen Mengen verfüttern.

Leere Speicher können auch mit Spritzmitteln behandelt werden. Es empfiehlt sich, hierfür Präparate mit guter Sofort- und langer Dauerwirkung zu verwenden, wie z. B. Lindan- + DDT-Mittel. Lagerndes Brotgetreide in größeren Mengen wird durch V e r g a s u n g behandelt, um V e r s c h m u t z u n g durch flüssige oder staubförmige Präparate zu vermeiden.

Maulwurfsgrillen oder Werren

1. Ausgraben der Nester, indem man mit dem Finger die flach unter der Erdoberfläche verlaufenden Gänge bis zu der Stelle verfolgt, in der sie nach unten in das Nest abbiegen. Dieses hebt man dann mit dem Spaten aus.

2. In die Gänge Wasser, dann altes Schmieröl und nochmals Wasser gießen. Dann beschmieren sich die Schädlinge und ersticken.

3. Etwa alle 5 m Eingraben von Fangtöpfen (Blumentöpfe, deren Abzuglöcher verstopft werden oder größere Konservenbüchsen).

4. Abends, möglichst an warmen Tagen, auf regenfeuchtem oder mit Wasser angefeuchtetem Boden Chlordan-, Fluor- und Aldrin-Ködermittel ausstreuen, 20—30 kg/ha.

Feldmaus

Eine Feldmaus (kurzer Schwanz, kleine Ohren) frißt zwar täglich nur 3—4 g, doch zerstört sie das Mehrfache durch Wühlen, Zernagen usw. Feldmäuse leben in bis 50 cm tiefen Erdbauen mit 4—6 Gängen und mehreren Vorratskammern. Leichte Sand- und schwere Tonböden werden gemieden. Die Tiere vermehren sich sehr schnell (bis zu 6 Würfen im Jahr mit je 8 Jungen, die noch im gleichen Jahr selber Nachkommen erzeugen können).

Bekämpfung

1. Vorwiegend wird im Handel befindliches Giftgetreide, wie Delicia, Lelio-Giftkörner u. a. verwendet. Der Verbrauch richtet sich nach der Befallstärke. Im Durchschnitt können je Hektar 1—2 kg gerechnet werden. Tägliche Arbeitsleistung je Person etwa 2—3 ha.

Es ist gesetzlich verboten, Giftgetreide frei (breitwürfig) auf den Acker auszustreuen, um die freilebende Tierwelt nicht zu gefährden. Entweder werden die Giftkörner mittels Legeröhren bzw. -flinten tief in die Mauselöcher gestreut, je Loch = 5 — 10 Körner (notfalls mit einem Blechlöffel), oder es werden Drainagerohre verwendet, am besten 3 Rohre sternförmig aneinanderlegen, die mit Stroh, Kartoffelkraut oder Reisig abzudecken sind. Einen Tag vor dem Auslegen des Giftgetreides werden möglichst alle Mauselöcher zugetreten oder zugewalzt (Kostenersparnis). In die am folgenden Tage wieder offenen Löcher wird nun das Giftgetreide gelegt. Jetzt dürfen diese offenen Mauselöcher aber nicht zugetreten werden, da die Feldmaus offene Gänge liebt und die zugetretenen Löcher wieder öffnen und dabei das Giftgetreide mit an die Oberfläche werfen würde. Wegränder, Böschungen und Dämme dürfen nicht vergessen werden, weil meist von dort aus der Zuzug der Mäuse erfolgt. — Der Giftstoff zersetzt sich im Körper der Mäuse sehr schnell, so daß mäusefressende Tiere nach Aufnahme von vergifteten Mäusen keinen Schaden erleiden.

2. Bei stärkerem Auftreten von Feldmäusen auf größeren, besonderen Flächen wird es zweckmäßig sein, Fühlung mit dem zuständigen Pflanzenschutzamt zu nehmen, wenn eventuell Spezialpräparate auf der Wirkstoffgrundlage von Endrin-Aldrin, Endrin und Toxaphen gespritzt werden sollen.

3. Mieten, Scheunen und Vorratslager sind durch steilwandige Fanggräben von 30—40 cm Tiefe und 20—25 cm Breite, deren Sohle etwa 10 cm breiter als die oberen Ränder ist, zu sichern.

4. Natürliche Feinde: Mäusebussard, Turmfalke, Raubwürger, sämtliche Eulenarten, Krähen, Fuchs, Iltis, Hermelin, Wiesel, Dachs, Igel, Spitzmäuse. Vor allem die Hauskatze, die im Herbst auf den Feldern und Wiesen beim „Wildern“ fast ausschließlich von Feldmäusen lebt.

5. Mäusebussarde sind mit die größten Feinde der Feldmäuse. Ihr Mageninhalt besteht vorwiegend aus Mäusen. Daher empfiehlt es sich sehr, besonders auf Kleeäckern, Sitzstangen bzw. Raubvogelkrücken aufzustellen, von denen der Bussard die Mäuse beobachten und fangen kann. Höhe des Pfahles 2 m über dem Erdboden, mit 20—30 cm langem Querholz.

Hausmaus

Die Hausmaus (langer Schwanz, große Ohren) wirft 4—6 mal im Jahr 4—6, selten 8 Junge. Ein Paar Hausmäuse mit seinen Nachkommen verzehrt jährlich etwa 2 dz Getreide, und die Nachkommenschaft kann im gleichen Zeitraum auf etwa 500 Stück anwachsen!

Bekämpfung der Hausmaus

1. In erster Linie durch Katzen!

2. Aufstellen von Wasser-(Turm-)fallen und Schlagfallen.

3. Aus einem Eimer wird der Tragebügel herausgenommen und statt dessen ein fester Draht von einer Öse zur anderen gespannt (30—40 cm lang). Auf diesen mit Speck beschmierten Draht lassen sich etwa 6 leere Nähgarnrollen lose aufstecken. Der Eimer wird etwa 20 cm hoch mit Wasser gefüllt und bis an den oberen Rand in den Getreidehaufen oder anderswo versteckt. Die Mäuse erreichen kaum die zweite sich bei der Berührung drehende Nähgarnrolle und fallen ins Wasser.

4. In den Getreidehaufen wird eine Weinflasche, enthaltend ein Stückchen Speck, schräg bis zum Halsrand gestellt. Die hineingekrochenen Mäuse können nicht mehr heraus Sie werden in Wasser getötet.

5. Auslegen von Giftkörnern oder Cumarin-Präparaten (siehe unten).

Ratten

Ratten übertragen Krankheiten des Menschen und der Haustiere, sie fressen täglich etwa 50 g, also im Jahr rd. 20 kg, benagen Baumaterial usw. Ein Weibchen wirft im Jahr 6—7 mal 8—10 Junge!

Bekämpfung: wenn die Haltung von Katzen und Hunden nicht genügt, sind Schlagbügelfallen aufzustellen, Giftköder auszulegen und bei sehr starkem Auftreten die Baue bzw. Ställe mittels Räucherpatronen auszuräuchern. Jegliches Gerümpel in Boden und Keller ist zu entfernen. Kellerfenster sind mit engem Maschendraht zu versehen, Abflußlöcher vergittern, undichte Türen dichten, schadhafte Fenster und Dächer ausbessern, Rattenlöcher mit Glasscheiben und Zement verschmieren sowie dichtschließende Behälter für Abfälle verwenden.

Die meist angewandte Bekämpfungsmethode ist das Auslegen von Giftködern. (Giftköder nicht mit Raucherhänden berühren, Handschuhe verwenden!) Es werden am besten mehrere Kisten in Größe 40×30×20 cm angefertigt. Die Längswände bestehen aus Latten, und zwar läßt man zum Einschlüpfen der Tiere unter der obersten Latte einen Zwischenraum von etwa 35 mm. In die Kiste wird ein Konservenglasdeckel oder flacher Blechdeckel mit zwei Eßlöffel Weizenmehl, mit Giftpulver vermischt, gestellt. Verweigern die mißtrauischen Ratten die Futteraufnahme, wird zunächst eine unvergiftete Lockspeise ausgelegt, z. B. frisches Gebäck, Abfälle von geräuchertem Fisch, rohem oder gekochtem Fleisch, angeteigtes Mehl, Getreideschrot. Erst nach Gewöhnung in einigen Tagen wird die Lockspeise vergiftet. Giftbrocken können von Ratten und Mäusen verschleppt werden, vergiftetes Mehl nicht. Bei einer unten geschlossenen Kiste kann bei deren Versetzen niemals etwas von der Giftmischung verschüttet werden.

Sehr wirksam sind blutgerinnungshemmende Cumarin-Präparate (Actosin, Cumarax, Tomorin usw.), die als Streupulver und Ködermittel angewendet werden. Laufwege und Rattenlöcher mit

Streumittel behandeln, außerdem auf Futterplätzen Köder auslegen. Die an Fell und Pfoten hängenbleibenden Präparate werden von den Tieren abgeleckt und rufen nach wiederholter Aufnahme Tod durch innere Verblutung hervor. Da weder Geschmacksbeeinträchtigung bzw. Fraßabschreckung noch Schmerzeffekte eintreten, gehen die Tiere unauffällig ein, so daß andere Ratten nicht gewarnt werden. Die absolut sichere Wirkung tritt mit dem 3. Tag ein und kann sich bis zu 10 oder 14 Tagen hinziehen. Für Haustiere wie auch Menschen sind Cumarin-Präparate ziemlich ungefährlich. Außerdem läßt sich durch in Apotheken erhältliche Vitamin-K-Tabletten die Gerinnfähigkeit des Blutes bald wieder herstellen.

Schutz der natürlichen Feinde wie Iltis, Marder, Wiesel, besonders auch der Schleiereule, und Katzenhaltung!

Schnecken

Die Ackerschnecke ist nackt, d. h. ohne Schneckenhaus, hellbraun, etwa 3—6 cm lang. Feuchte Jahre begünstigen ihre Ausbreitung.

Schadbild: junge Saat, besonders Roggen, zeigt unregelmäßig durchlöcherte Blätter.

Bekämpfung: Da die Schnecke zur Fortbewegung große Mengen Schleim absondert, ist Feuchtigkeit lebensnotwendig. Infolgedessen lassen sich alle ätzenden Stoffe, die eine starke Schleimentleerung bewirken, gut zur Vernichtung der Tiere anwenden. An einem windstillen Morgen vor Sonnenaufgang, wenn sich die Schnekken noch nicht in die Schlupfwinkel zurückgezogen haben, wird der befallene Acker in Abständen von 15—20 Minuten 2—3 mal hintereinander mit feinem Branntkalk (3—4,5 dz/ha), Hederichkainit 4,5 bis 6 dz/ha) oder Kalkstickstoff (1—1,5 dz/ha) bestreut (letztere beide auch im Gemisch). Auf kleinen Flächen: fangen durch Auslegen von kleinen Brettern, Dachziegeln, Kohlblättern, da sich die Schnecken gern darunter verbergen. Bei Futtersuche legen sie oft weite Strecken zurück.

Die Kellerschnecke ist ebenfalls nackt, grau, 12—15 cm lang. Die Tiere fressen, meist nachts, an Kartoffeln, Gemüse und Obst und richten, da sie gefräßig sind und sich stark vermehren, oft erheblichen Schaden an. Bekämpfung: Ähnlich wie bei der Ackerschnecke durch Ausstreuen ätzender Stoffe (auch Viehsalz) auf den Kellerfußboden mehrmals in Abständen von 1—2 Stunden. — Alle Verstecke im Keller beseitigen, Löcher und Mauerrisse verschmieren. — Fangen durch Aufstellen flacher Schalen, die mit abgestandenem Bier gefüllt sind, für das die Schnecken eine Vorliebe haben. — In vorübergehend leeren Kellern werden sie mit Ködern, z. B. in Scheiben geschnittenen Möhren, Salatblättern, Äpfeln u. a. angelockt und vernichtet. — Auslegen von Metaldehyd-Ködern, vor allen Dingen Schneckenkornpräparaten, z. B. Helocid, Pro-Limax.

Natürliche Feinde: Kröte, Frosch, Igel, Spitzmaus, Krähe, Rebhuhn, Taube, Ente und besonders auch Hühner.

Sperling

Haus- und Feldsperlinge richten in der Landwirtschaft, im Obst- und Gartenbau großen Schaden an! Die größten Verluste entstehen, wenn Spatzen kurz vor der Ernte in das reife Getreide einfallen. Man rechnet mit einem Jahresverbrauch von wenigtens 2,5 kg Getreidekörnern je Sperling. Nur 20 Spatzen je Gehöft vernichten somit 50 kg Getreide im Jahr! Dagegen ist der durch das Vertilgen von schädlichen Insekten angerichtete Nutzen der Sperlinge gering. Jungspatzen z. B. werden nur in den ersten 4 Tagen mit Insekten gefüttert.

Sperlinge brüten 3—4 mal jährlich je 4—6 Eier aus. Diese sind auf hellem Grund meist schwarzbraun bis aschgrau gesprenkelt. Spatzennester sind im Gegensatz zu denen anderer heimischer Vögel halbkugelig überdacht, aus Gras und Strohhalmen gebaut, die Nestmulde meist mit Federn ausgepolstert.

B e k ä m p f u n g : Ausnehmen der Nester während der Brütezeit, also von Mitte April bis Ende August in Abständen von 3—4 Wochen. — V e r n i c h t e n d e r N e s t e r , Abdichten der Einfluglöcher an den Dächern und Mauerspalten. — S c h a f f u n g k ü n s t l i c h e r N i s t g e l e g e n h e i t e n für Sperlinge in Form von Holzkästen mit herausnehmbaren Vorderwänden oder Blumentöpfen mit erweiterten Bodenlöchern. Diese sind an leicht erreichbaren Stellen wie Haus- und Stallwänden aufzuhängen, und zwar möglichst schon im Herbst oder Winter. Die künstlichen Nistgelegenheiten werden während der Brütezeit in Abständen von 3—4 Wochen von den Eigelegen bzw. der Sperlingsbrut befreit. Auch lassen sich darin schlafende Spatzen abfangen. — Fangen unter Getreidesieben oder mit automatischen Spatzenfallen. — Grünweizenmethode nur nach Anweisung des Pflanzenschutzamtes.

XV.

Gebrauch und Pflege von Maschinen und Geräten

Kein Berufsstand geht mit seinen technischen Einrichtungen so nachlässig um wie die Landwirtschaft. Nicht durch Gebrauch, sondern durch mangelnde Pflege und Unachtsamkeit entstehen die größten Maschinenschäden. Rost und Fäulnis belasten das Maschinenkonto außerordentlich!

Jede Maschine bzw. Gerät gehört nach Gebrauch, gut gereinigt von Dünger-, Saatgut- und Bodenresten und abgeschmiert bzw. eingefettet (blanke Teile), sofort wieder unter Dach. Dies trifft besonders nach beendeter Herbstarbeit zu. Auf dem Felde überwinternde Maschinen und Geräte kennzeichnen nachlässige Betriebsleiter! Als Reinigungsmittel kommen altes Öl oder Petroleum in Frage. Erforderliche Reparaturen sind baldmöglichst vorzunehmen oder in Auftrag zu geben.

N a c h B e e n d i g u n g d e r P f l u g a r b e i t e n sind alle blankgescheuerten Teile des Pfluges (Schar, Streichblech, Vorschäler) mit einem Rostverhütungsmittel zu versehen (S. 615). Altöl nicht geeignet, da es Säure enthält, die Metall-Oberfläche und Lack angreift. Zum Einfetten der Radlager werden die Räder abgenommen und von den Achsen und Buchsen das alte verharzte Fett mit Drahtbürste und Dieselkraftstoff entfernt. Ausgelaufene Buchsen ersetzen. Auch Grubberschare, Spaten, Schaufeln, Handhacken, Maschinenhackmesser usw. nach Gebrauch mit Rostschutzöl einsprühen oder anstreichen (S. 615).

Pflugschar

P f l u g s c h a r e regelmäßig schärfen, auf Unter- und Seitengriff richten sowie härten. Stumpfe Schare fördern Pflugsohlenbildung, erhöhen den Zugkraftbedarf, bewirken unsicheren Gang und schlechtes Eindringen des Pflugkörpers in den Boden. (Abb. neben S. 12.)

Düngerstreuer nach Gebrauch auseinandernehmen. Sämtliche Teile, auch innere des Kastens, gründlich mit warmem Sodawasser reinigen (50 g Soda / 1 l Wasser). Alle mit Dünger in Berührung gekommenen Bauteile aus Stahl, Guß usw. einfetten, bei längerer Ruhepause mit einem Rostanstrich versehen (siehe unten). Düngerstreukette zum Reinigen einige Tage in Petroleum, Molke oder Schweinejauche legen. Danach, getrocknet, durch heißes Ölbad ziehen oder leicht mit Eisenlack streichen. Im letzteren Fall Eisenglieder ölen. Mischung aus Schmieröl und Graphit besonders zum Einfetten der Kette geeignet. Sehr breite Maschinen während der Ruhezeit aufbocken, damit der Kasten sich nicht verzieht. **Düngerstreuer**

Drillmaschine: Saatkasten mit Gänseflügel und Fahrradpumpe reinigen. Abgenutzte Drillschare auf Schleifstein schleifen oder erneuern! Seitliches Spiel der Scharhebel beheben. **Drillmaschine**

Getreidebinder: darauf achten, daß Knotermaul und Nadel nicht rosten, weil sonst Bindegarn leicht reißt. Daher Knoter jeden Abend nach dem Mähen mit Fett leicht bestreichen. Bindertücher zur Arbeit straff, aber nicht einseitig, spannen. Abends entspannen, gegen Regen und Tau mit Garben abdecken. Gummitücher sind gegen Nässe unempfindlich. **Getreidebinder**

Maschine nach Getreideernte gründlich mit einem wirksamen Rostschutzöl einsprühen oder anstreichen. Gleichzeitig alle Lager nochmals mit Fettpresse durchschmieren, um das alte, verharzte Fett herauszupressen und Rostansatz an blankgelaufenen Teilen zu vermeiden. — Stumpfe, schartige, zu weit abgeschliffene Mähmesser ersetzen. Beim Nachschleifen darauf achten, daß der Winkel an der Spitze und der Winkel des Schliffs jeder Klinge erhalten bleibt. Lockere Klingen festnieten. Fingerspitzen sollen scharf sein, evtl. nachschleifen oder feilen.

Motor-Schleifgeräte vorsichtig anwenden. Infolge hoher Umlaufgeschwindigkeit besteht Gefahr, daß die Klingen zu heiß werden und blau anlaufen. Ein Zeichen für eine Strukturveränderung des Stahles, der spröde wird und beim Mähen ausbricht.

Mit heißem Wasser + P_3, Pril u. a. reinigen, mit klarem Wasser gut nachspülen. Nach Wuchsstoffen (Holzbehälter meiden) besonders sorgfältig reinigen. Auf 100 Liter Reinigungswasser 100 g Aktivkohle zusetzen, über Nacht im Behälter lassen, dann einen Teil der Lösung verspritzen. Gummiteile vor allem nach Obstbaumkarbolineum und Baumspritzmitteln reinigen. Geräte vor Frost schützen. Gebrauchsanweisung beachten! **Pflanzenschutzgeräte**

Beizapparate, Drillmaschinen usw., deren Metallteile mit gebeiztem Saatgut in Berührung kommen, sofern erforderlich, mit neuem Farbanstrich versehen, da Beizmittel auf Eisenteile rostfördernd wirken. **Rostverhütung**

Die Lebensdauer von Maschinen und Geräten wird durch guten Schutzanstrich der Eisenteile oder besser Spritzung (Flitspritze, Sprühpistole) mit Rostschutzmitteln, wie z. B. Esso-Rust-Ban oder farbenfroher Deckfarbe wesentlich erhöht. Gedeckte Farben sind zwar haltbarer als grelle, doch läßt sich durch doppelte Grundierung die Haltbarkeit des Anstrichs mit hellen Farben verbessern.

Wichtig ist, die zu streichenden Eisenteile, auch bei Verwendung von Rostschutzmitteln, gründlich durch Drahtbürste, Feile oder Abbrennen mittels Lötlampe von jedem Rostansatz zu befreien, bis sie metallisch blank geworden sind. Auf verrostetem Eisen nützt Farbanstrich nichts, denn Eisen rostet unter Farbe weiter, bildet Blasen, und Farbkruste fällt bald wieder ab. Sicherer und müheloser ist Verwendung rostbindender Farben. Diese dringen, nach oberflächlicher Rostentfernung aufgetragen, in Risse und Poren des Metalls ein, durchtränken den Rost völlig und kapseln ihn luftdicht ab, so daß Weiterrosten verhindert wird. Der auf rostbindende Farben aufgetragene Ölfarbenanstrich trägt zur Verlängerung der Rostschutzwirkung auf viele Jahre bei.

Holzanstrich

Holz wird durch Ölfarbanstrich haltbar gemacht. Holz muß aber vor dem Anstrich wenigtens lufttrocken sein, damit das Öl genügend tief eindringen kann. Daher wird für den ersten Anstrich ein Gemisch aus Firnis und Terpentinöl verwendet, und erst der 2. und 3. Anstrich erfolgt mit Ölfarbe. Alte Farbe läßt sich mit Salmiak oder einem Abbeizmittel entfernen. Reste von Ölfarbe und Fensterkitt in geschlossenen Büchsen unter Wasser aufbewahren. Ölfarbenpinsel nach Gebrauch mit Terpentinöl auswaschen. Hart gewordene Pinsel lassen sich durch mehrstündiges Kochen in Sodawasser aufweichen.

Holzräderanstrich

Holzspeichen, Felgen und Naben erreichen durch einen Anstrich mit Steinkohlenteer eine große Lebensdauer. Auch Holzteer ist geeignet. Karbolineum dagegen macht die Räder infolge seines hohen Fettgehaltes, der in das Gestemmte der Nabe eindringt, in kurzer Zeit bocklose.

Aufbocken von Wagen und Maschinen

Luftbereifte Wagen und Maschinen müssen, soweit sie über Winter nicht gebraucht werden, unter allen Umständen aufgebockt werden, um die Gummireifen zu entlasten. Die leicht rostansetzenden Felgen werden darauf — nach Abmontieren der Decke — mittels Drahtbürste entrostet und dann mit besonderem Felgenlack gestrichen.

Eisenbereifte Maschinen und Geräte werden am besten auf untergelegte Holzbohlen aufgefahren, da durch Berührung der Räder mit feuchter Erde Rost- und Fäulnisbildung gefördert wird.

Maschinenschuppen (Siehe auch S. 639)

Ordnung im Maschinenschuppen! Alte Maschinen raus, neue rein und nicht umgekehrt. Entrümpelung von unbrauchbaren Maschinen. Unterbringung soll derart erfolgen, daß Maschinen in der Reihenfolge, wie sie in der nächsten Saison gebraucht werden, im Schuppen zu stehen kommen. Dann ist späterhin, zur Zeit des erhöhten Arbeitsanfalls, kein Verschieben einzelner Geräte erforderlich.

Zum Schutz gegen Staub und Federvieh bei seitlich offenen Unterstellräumen Abdecken der Maschinen durch Planen oder Säcke.

Schlösser

Schlösser sind durch öfteres Ölen mittels Feder oder kleinem Pinsel vor Rostansatz sowie schlechtem Schließen bzw. Öffnen zu schützen. Bei Vorhängeschlössern ist das Schlüsselloch stets nach innen zu kehren, um Regen abzuhalten. Ferner empfiehlt sich Anbringen eines kleinen Schutzdaches aus altem Leder oder einem Stück Gummi, das mit zwei kleinen Nägeln über dem Schloß befestigt wird.

Schrauben

Einrosten von Schraubengewinden wird durch Anstrich mit Holz- oder Steinkohlenteer vor Befestigung der Mutter verhindert. Dann lassen sich die Muttern noch nach Jahren mit Hilfe eines Schraubenschlüssels mühelos wieder lösen. Gleichzeitig wird dadurch das Selbstlockern der Muttern vermieden. — Lockere Eggenzinken lassen sich leicht festschrauben, wenn man die Köpfe einen Tag vorher mit Petroleum begießt.

…eiser-Häckseldrescher. Zeichnet sich durch guten Ausdrusch, beste Reinigung
…l Sortierung sowie geringen Körnerbruch aus. Zur Bedienung ist nur 1 Mann
…orderlich – alles andere geschieht mechanisch und pneumatisch. (Werkbild
…iser, Göppingen)

DRESCHMASCHINE

…erschnitt durch eine größere Dreschmaschine. Wartung und Pflege siehe S 617. (Werkbild Ködel & Böhm, Lauingen, Bayern)

Claas-Selbstfahrer SF – mit Korntank als Einmann-Maschine. (Werkfoto Claas, Harsewinkel)

Selbstfahrender Mähdrescher „Favorit" (56-PS-Dieselmotor, breite 2.55 m) beim Mähen von Lagergetreide. Schnitthöh pelwelle und Fahrgeschwindigkeit werden stufenlos, hyd reguliert. (Werkfoto Ködel & Böhm, Lauingen/Bayern)

MÄHDRESCHER

Claas „Junior" Kleinmähdrescher, 1,65 m Schnittbreite, mit Strohpresse und Lagerfruchtmäheinrichtung, Leistung 25 Ztr. Korn/Std. und mehr. Auch für Standdrusch geeignet. Antrieb kann mit 25-PS-Zapfwellenschlepper erfolgen

Fahr-selbstfahrender Kleinmähdrescher MDL. 1,80 m A breite. Porsche-Benzin-Motor 39 PS. (Werkfoto Maschiner Fahr AG., Gottmadingen)

Lanz-Mähdrescher MD 18 S, der selbstfahrende Mähdrescher für kleinere Betriebe. 30-PS-Dieselmotor. Arbeitsbreite (Frontschnitt) 1,90 m; Leistung: 18 dz Körner/Std. (Werkfoto Lanz)

Selbstfahrender Lanz-Mähdrescher (Werkb. Lanz, Ma

Köla-Mähdrescher GM 4. Beim Pick-up-Dreschen von Erbsen. Bei einigen Fruchtarten, bei Getreide mit viel Unterwuchs wie Klee und Unkraut, ist es oft zweckmäßig, das Getreide zunächst auf Schwad zu legen und erst nach dem Abtrocknen im Pick-up-Verfahren aufzunehmen und zu dreschen. (Werkfoto Ködel & Böhm)

›mag R 35 (35 PS) mit Gitterrädern Grabenfräse

SCHLEPPER MIT ANBAUGERÄTEN I

Schwadmäher: 2,4 m Arbeitsbreite, Parallelhaspel und ›doabteiler beim Mähen von lagerndem Weizen, mit 17-PS-Schlepper. Getreide wird in Binderreife mit 15–20 cm Stop- ›he in Schwaden gemäht und auf 80 cm Breite zwischen der ›perspur abgelegt. Die Ähren trocknen schnell

Fahr-Feldhäcksler mit Pick-up-Vorrichtung bei Aufnahme eines Weizenschwades, gezogen von 32-PS-Fahr-Schlepper mit unabhängiger Zapfwelle und Kriechgang. Anschließend Häckseldrusch auf dem Hof. (2 Werkbilder Fahr AG, Gottmadingen/Baden)

Einachsanhänger mit Triebachse. Große Wendigkeit, leicht- ›, weil durch Verlegen eines Teils des Ladegutes nach vorne ›e Zugkraft des Schleppers. Daher auch schwieriges Ge- › mit schweren Lasten befahrbar (S. 620)

Winkeldrehpflug. Ein bewährter Dreipunkt-Anbaupflug. Leistet gute Arbeit, ist einfach zu bedienen und einzustellen und wirkt günstig belastend auf das Landrad. (Werkfoto McCormick)

SCHLEPPER
MIT ANBAUGERÄTEN

12-PS-Fendt-Geräteträger F 12 GT beim
und Eggen in einem Arbeitsgang. Die
ten Hinterrad deutlich erkennbaren Gi
tragen zur Verminderung des Bodendr

Unimog beim Düngerstreuen. Schnelles Nachfüllen durch Mitführen des Streugutes (Werkbild)

Triebachser mit einer Achse in bergigem Ge
lände. Durch den „Vierradantrieb" erhöht sic
die Zugkraft des Schleppers wesentlich. Er schaff
Steigungen bis 36% und bewegt sich sicher i
schlammigstem Boden (S. 620)

„Hakorette". 2,5-PS-Universal-Gerät. Die zweistufige Keilriemenschaltung erlaubt Einsatz zum Pflügen, Mähen, Fahren, Hacken mit 70–250 U/min. und gezogenen Werkzeugen. Außerdem als Stationärantrieb geeignet. (Werkfoto Hako, Oldesloe/Holstein)

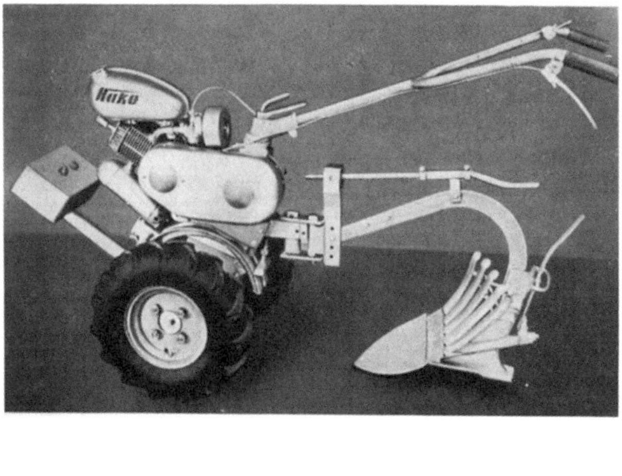

Holder 10-PS-Diesel-Einachsschlepper mit Zapfwell
mähwerk beim Grasmähen. Arbeitsbr. 1,2 m. (Werk

Frostschutz Bei Einsetzen der Frostperiode sind die entbehrlichen Wasserleitungen bzw. Wasserbehälter abzulassen. Alle übrigen Leitungen und frostgefährdeten Einrichtungen werden mit Strohseilen oder anderem geeigneten Material isoliert. Wassergekühlte Motoren müssen im Kühler mit einem Frostschutzmittel versehen werden. Andernfalls ist das Kühlwasser nach Gebrauch des Motors stets abzulassen.

Stalldungstreuer Mist läßt sich in jeder Stärke (auch als Kopfdünger) schleierförmig ausstreuen, so daß weniger aber öfter gedüngt werden kann (bessere Düngerwirkung). Antrieb durch Zapfwelle, Tragfähigkeit 2—4 t. Als Vielzweckfahrzeug lohnen sich Stalldungstreuer auch für kleinere Betriebe. Er dient nach Abnahme der Streuvorrichtung zum Transport von Hackfrüchten, Grünfutter usw. Der Rollboden o. ä. kann zum Entladen dieser Massengüter verwendet werden. Die Triebachse erhöht die Zugkraft des Schleppers. (Abbildung neben Seite 64.)

Vorteile des gummibereiften Wagens Der luftbereifte Ackerwagen transportiert im Vergleich zum eisenbereiften Wagen die gleiche Last mit halber Zugkraft. Zu bevorzugen sind möglichst tiefe und damit arbeitserleichternde Plattformwagen in Form von Universal-Wagen, die als Plattformwagen, Erntewagen, Langholzwagen und Stalldungstreuer gleich gut verwendbar sind.

Bindegarnverbrauch

a) beim Mähen: Getreide 4 kg/ha, Hanf, Raps 3,5 kg/ha.

b) beim Dreschen: Etwa 1 kg/Stunde.

Getreideeinsacken ohne fremde Hilfe Ein möglichst großer Eimer, dessen Boden abgetrennt ist und dessen Kanten flach gefeilt sind, wird in den leeren Sack gestellt. Man zieht den gefüllten Eimer jeweils nach oben, bis der ganze Sack gefüllt ist.

Wartung und Pflege der Dreschmaschine (Abb. neben S. 616)

Aufstellen Beim Dreschen Motoren bzw. Trecker stets im Freien und zwar so aufstellen, daß der Wind Funken und Auspuffgase vom Dreschgut und von der Dreschmaschine wegtreibt. Die Strohpresse darf niemals zwischen Antriebs- und Dreschmaschine stehen (nicht rückwärts dreschen!). Rings um die Antriebsmaschine muß der Boden von allen brennbaren Stoffen (Stroh, Spreu) frei sein.

Zur Vermeidung von Spannungen und Brüchen im Gestell (Siebböden und Federn werden ungleichmäßig beansprucht) muß die Dreschmaschine in ihrer Länge und Breite in der Waage stehen und auf festem Boden bzw. 3—4 cm starken Bohlen mit Holzklötzen festgekeilt werden. Hierbei sollen die Räder den Boden bzw. die Bohlen nicht berühren, sondern von den Feststellklötzen schwingungsfrei getragen werden.

Riemen Bei Riemenscheiben scharfe Stellen und Kanten abflachen (erhöhter Riemenverschleiß). Riemen müssen richtige Spannung haben, sonst arbeitet die Maschine nicht richtig und sauber genug. Zu straffe Riemen beanspruchen die Lager zu sehr, zu schlappe Riemen ziehen nicht richtig durch. Wenn sich Riemen verzogen haben, rutschen sie leicht von den Scheiben. Das gleiche ist der Fall, wenn die Scheiben nicht fluchten. Zur Erhöhung der Griffigkeit dürfen Treibriemen nur mit gutem Riemenwachs, nicht aber mit Kolophonium, eingerieben werden, weil sie dadurch spröde und brüchig werden.

Riemen nach beendeter Dreschzeit mit lauwarmem Wasser abwaschen, nach Entfernung der angesetzten Kruste mit einer Spachtel. Dann an der Luft trocknen, Lederriemen an der Außenseite mit Lederfett oder Rindertalg gleichmäßig bestreichen und sämtliche Riemen zusammengerollt in einer trockenen Kammer aufbewahren.

Schmieren Damit sich um die Wellen der Dreschmaschine Fettwulste bilden, die ein Eindringen von Schmutz in die Lager verhindern, empfiehlt es sich, etwas reichlich zu schmieren, bis das frische, noch nicht mit Staub durchsetzte Fett beginnt, aus den Lagerstellen herauszutreten. Es darf nicht abgewischt werden, da dieser Fettkragen hervorragenden Schutz gegen Eindringen von Staub und Feuchtigkeit bietet.

Schüttler Die Schüttler-Drehzahl, die zur Vermeidung von Körnerverlusten sehr wichtig ist und gewöhnlich am Schüttlerende angeschrieben steht, schwankt zwischen 190 und 210 Umdrehungen pro Minute. Zur Überprüfung wird die Anzahl der Schüttlerstöße je Minute mit Hilfe einer Taschenuhr gezählt. Die Bewegung des Schüttlers hin und zurück entspricht einer Umdrehung der Schüttlerwelle. Diese Kontrolle ist bei Belastung durchzuführen! Im Leerlauf sind es etwa 7—12 Stöße mehr. Darauf achten, daß die Schüttler-Lagerschrauben fest sind. Wichtig ist, daß stets gleichmäßig und nicht stoßweise eingelegt wird.

Korbeinstellung Einstellung des Korbes am Einlauf weit, am Auslauf eng!

Die Korbeinstellung muß auf beiden Seiten gleichmäßig und so eng sein, daß alle Ähren restlos ausgedroschen werden. Zu enge Korbstellung ergibt Körnerbruch und kostet viel Kraft.

Sind die scharfen Kanten der Dreschleisten durch den natürlichen Verschleiß abgerundet, müssen die Korbschienen vom Fachmann nachgehobelt werden. Auch die Schlagleisten der Trommel müssen immer scharf und gleichmäßig sein.

Siebe Wahl der Siebe. In der 1. Reinigung sollen die Siebe mit der engsten Lochung genommen werden, damit möglichst viel Spreuteile abgesiebt und der Elevator sowie die kleinere 2. Reinigung entlastet werden. In der 2. Reinigung wird die Sieblochung größer gewählt und möglichst wenig Druckwind eingestellt, der sonst die Körner wieder in die Maschine zurückbläst, wodurch es zum Körnerkreislauf und Überlastung des Elevators kommt. Neuzeitliche Dreschmaschinen leisten einwandfreie Arbeit mit nur einem Siebkasten. Auch ein Körnerkreislauf ist dabei unmöglich.

Entgranner Saat- und Braugerste sollen möglichst schwach entgrannt werden, so daß am Korn noch kurze Grannenspitzen bleiben, also Trommel weit einstellen. Zu scharfe Entgrannung verursacht Körnerbruch und kostet viel Kraft, dadurch fällt auch leicht der Riemen herunter.

Eine günstige Vorentgrannung läßt sich dadurch erreichen, daß der obere Raum hinter dem Dreschkorb mit Stroh ausgefüllt wird. Dadurch können die ausgedroschenen Körner nicht durch den Korb fallen, sondern werden über die Kanten der Korbleisten weitergefördert und dabei entgrannt. Dieses Ausfüttern hinter dem Korb darf jedoch nicht übertrieben werden, weil sonst zu viele Körner auf den Schüttler gelangen, die dieser nicht herausholt. Das Ausfüttern von 5—6 Korbleisten genügt daher. Beim Ausfüttern dürfen die Öffnungen irgendwelcher Windführungen aus der 2. Reinigung nicht verstopft werden. Nach Beendigung des Gerstendrusches ist diese behelfsmäßige Vorentgrannung wieder zu entfernen, weil sonst der Korb die ausgedroschenen Körner nicht ausscheiden kann.

Entgrannerleisten müssen stets gleichmäßigen Abstand von der Welle haben, sonst ist die Entgrannung unsauber. Der leicht verschmutzende Entgranner ist oft zu reinigen.

Sortierzylinder

Während des Betriebes darf der Sortierzylinder niemals von weit auf eng gestellt werden, sonst verbiegen sich die Drähte des Zylinders durch die eingeklemmten Körner, und der Sortierer arbeitet nicht mehr einwandfrei. Die Dreschmaschine muß also immer erst leerlaufen.

Behebung von Störungen beim Drusch

Trommelwickeln wird durch langes und feuchtes Getreide hervorgerufen oder wenn der Wind in den Langstrohauslauf bläst. Abhilfe: Strohklappe so hoch ziehen, daß eine Stauung des ausgeworfenen Dreschgutes verhindert wird. Das Kornfangtuch darf nicht schwer auf dem Strohbelag des Schüttlers liegen, da sonst der Strohtransport gehemmt wird. Das Wickelbrett muß ganz dicht an die Trommel herangehen, so daß nur ein Spalt von etwa 5 mm verbleibt. Der Zwischenraum am Einlegebrett beträgt etwa 7 mm.

Bei zerrissenen und fehlenden oder nicht tief genug hängenden Kornfangtüchern fliegen die Körner viel zu weit auf den Schüttler und gehen, im Langstroh versteckt, als Verlust aus der Maschine.

Die Strohfangklappe muß entsprechend der Strohmasse verstellbar sein. Sie soll das aus dem Korbauslauf herausgeschleuderte Stroh so bald als möglich bremsen und auf den Anfang des Schüttlers ablegen, damit der ganze Schüttler ausgenutzt wird.

Wenn der Schüttelbelag schadhaft ist (Fehlen oder Bruch einiger Förderleisten), fällt zuviel Kurzstroh und auch Langstroh hindurch. Dadurch kann es auf dem Wege vom Rücklaufboden zum Kurzstrohsieb zur Verstopfung kommen.

Zerquetschte Körner entstehen beim Drusch von zu feuchtem oder im Schwitzen befindlichen Getreide. — Spreu zwischen den Körnern deutet auf zu schwache Windeinstellung hin. — Körner in der Spreu sind Zeichen für zu starke Windeinstellung. — Ähren mit Körnern im Stroh sind auf eine zu weite Stellung des Korbes zurückzuführen. — Die Dresch- bzw. Kornverluste sollen nicht mehr als 0,5—1% betragen. Oft liegen sie aber wesentlich darüber!

Die Dreschmaschine ist über Nacht im Freien gut abzudecken.

Der Schlepper

Überlegungen vor dem Schlepperkauf

a) Welche Kosten verursacht der Schlepper? (Kaufpreis, Tilgung, Verzinsung, Versicherung, laufende Betriebskosten.) Diese betragen nach Schaefer-Kehnert (1957) ohne Wartung:

Jährlicher Einsatz:	1000 Std.	1400 Std.
18 PS-Schlepper	2,70 DM/Std.	2,61 DM/Std.
24 PS-Schlepper	3,23 DM/Std.	3,11 DM/Std.
35 PS-Schlepper	4,30 DM/Std.	4,14 DM/Std.

b) Wieviel Betriebsstunden werden jährlich anfallen?

c) Welche technischen Voraussetzungen muß der Schlepper mitbringen? (Schlepperstärke, Luft- oder Wasserkühlung, Kriechgang, Bereifung usw.)

d) Welche zusätzlichen Maschinen und Geräte sind für einen rationellen Einsatz des Schleppers erforderlich? (Siehe „Zusatzgeräte".)

e) Welche Betriebsumstellungen sind notwendig?

Die bei einem Schlepperkauf abzuschaffenden Pferde sollen durch Nutzvieh (Milchkühe) ersetzt werden. Ferner soll die Hauptfutterfläche eingeschränkt und der Zwischenfruchtbau ausgedehnt werden.

Vor Kauf eines Schleppers ist Teilnahme an einem Schlepperkursus (Deula-Schulen) dringend anzuraten. Die Kosten lohnen sich immer!

Zusatzgeräte

Nach dem Schlepperkauf sind folgende z. T. Anbau-Geräte dringend erforderlich, deren Anschaffungskosten nicht unerheblich sind!

1. Luftbereifte Ackerwagen, möglichst zwei; 2. Mähvorrichtung (Anbaumähbalken); 3. Schlepperpflug mit Schäleinsatz (in kleineren Betrieben auf jeden Fall Winkeldrehpflug; siehe S. 624); 4. Grubber oder Scheibenegge; 5. Schwere und leichte Eggen (Notzon-Egge, Rollegge); 6. Hack- und Häufelgeräte; 7. Evtl. Kartoffelroder; 8. Hydraulischer Kraftheber zum Heben und Senken der Arbeitsgeräte; 9. Spurlockerer für schwere Böden; 10. Frontlader.

Diese Geräte sind wesentlich für den wirtschaftlichen Schleppereinsatz! Die vorhandenen Gespanngeräte sind für den Schlepper nur verwendbar nach entsprechendem Umbau. Werden eisenbereifte Wagen oder Gespannpflüge mit dem Schlepper gekoppelt, können Kraft und Geschwindigkeit des Motors nicht ausgenutzt werden, abgesehen auch von dem höheren Verschleiß der Geräte, die einer solchen Dauerbeanspruchung nicht gewachsen sind. (Beim Pflügen mit Pferdepflug wird auch zusätzlich 1 Mann benötigt.)

Vor Anschaffung eines Schleppers ist der Kauf eines luftbereiften Wagens unbedingt erforderlich. Etwa 50% aller Gespannarbeiten sind Transportarbeiten!

Ladegewicht des Wagens

Für kleinere Schlepper bis etwa 15 PS ist der 2-Tonnen-Wagen zweckmäßig. Für stärkere Schlepper kommt der 3-Tonnen-Wagen in Frage. Vorteile des leichteren Wagens sind, daß der Schlepper im aufgeweichten Rübenacker eher durchkommt als mit schwerem Wagen und ein später zugekaufter Wagen bei fester Fahrbahn angehängt werden kann. Zur Holzabfuhr sind 2-Tonnen-Wagen allerdings weniger geeignet, weil sie leicht überladen werden. Kippvorrichtungen sind sehr teuer, auch liegt die Pritsche sehr hoch. Anderseits ergeben sich beim Abladen von Grünfutter, besonders aber von Kartoffeln und Rüben, erhebliche Vorteile. Trotzdem wird die Kippvorrichtung oft viel zu selten benutzt, so daß sich die Mehrausgabe nicht immer bezahlt macht. Ackerwagen mit Zapfwellenantrieb (vollautomatische Triebachs-Anhänger) erhöhen die Zugkraft des Schleppers, besonders bei der Rübenabfuhr auf aufgeweichtem Acker, wesentlich. (Abb. nach S. 616.)

Schlepperbesatz

Schlepperbesatz für einen vollmotorisierten Betrieb unter normalen wirtschaftlichen Verhältnissen (nach von Rosen):

Betriebsgröße ha LN	Anzahl der Schlepper	Schleppertyp *)	ungefähre Motorleistung d. einzelnen Schleppers PS
bis 10	1	T (oder G)	15—18
bis 15	1	G (oder T)	18—25
bis 20	1	T	25—28
bis 30	2	T	25
		+G	13—18
bis 60	3	T	40
		+T	25
		+G	13
bis 100	4	T	40
		+2 T	25
		+G	18

+) T = Traktor, G = Geräteträger

Ausschlaggebend ist nicht allein die Größe der zu bearbeitenden Fläche, sondern auch die Produktion des Betriebes. Alle regelmäßig vorkommenden Arbeiten sollen fristgerecht erledigt werden können.

Entgegen früherer Tendenz bevorzugen heute auch kleinere Betriebe Schlepperstärken zwischen 18 und 24 PS. Der Grund ist in der erweiterten Anwendung der Zapfwelle bei zunehmender Mechanisierung und Vollmotorisierung zu suchen. Ein stärkerer Schlepper erledigt alle Arbeitsgänge schneller und schlagkräftiger, ein besonders für hügeliges Gelände und niederschlagsreiche Gebiete nicht zu unterschätzender Vorteil. Stärkere Schlepper ersetzen oftmals einen Aufbaumotor. Außerdem bewahrt eine Kraftreserve den Schleppermotor vor Überlastung, erhöht also seine Lebensdauer. Die Anschaffungskosten für einen größeren Schlepper sind zwar höhere, die Betriebskosten (Brennstoff, Bedienung usw.) — auf die Arbeitsleistung bezogen — dagegen nicht. Bei hoher Einsatz-Stundenzahl wird also der stärkere Schlepper vorzuziehen sein.

Man unterscheidet Standardschlepper, Tragschlepper und Geräteträger.

Standardschlepper

Der meist in Blockbauweise ausgeführte Standardschlepper ist die Maschine für Grünlandwirtschaften und für den größeren Betrieb als Zweitschlepper bei schweren Zug- und Transportarbeiten. Mit Hilfe der Hydraulik ist auch bei dieser Schleppertype heute fast überwiegend Einmannarbeit mit den hinten angebauten oder aufgesattelten Geräten möglich.

Tragschlepper

Eine bevorzugte Stellung nimmt der mit langem Radstand und viel Bodenfreiheit versehene Tragschlepper ein. (Die Arbeitsgeräte werden unterm Bauch angesteckt.) Er ermöglicht „Ein-Mann-Bedienung“ bei der Bestellung und der Hackfruchtpflege. Zwischen den Achsen die Drillmaschine, an der Hydraulik die Egge usw. — so lassen sich mehrere Arbeiten gleichzeitig ausführen. Kartoffel- und Rübenhackgeräte liegen im Blickfeld des Fahrers, so daß er sie auch bei engem Reihenabstand fehlerlos steuern kann. Ein moderner Schlepper trägt seine Geräte, die im übrigen schnell ausgetauscht werden können (geringe Rüstzeit).

Über die Zapfwelle werden Kartoffel- und Rübenroder, Mähdrescher, Feldhäcksler, Stalldungstreuer und andere Maschinen angetrieben. Frontlader als bestes und billigstes Ladegerät (für Stallmist, Grün- und Gärfutter, Rüben, Rübenblatt, Heu usw.), Mähwerk sowie Anbaupflug ergänzen die vielseitigen Verwendungsmöglichkeiten der Tragschlepper (und der Standardschlepper).

Geräteträger

Die Vorteile der Ein-Mann-Bedienung — volle Sicht auf vor und im Rahmen befestigte, leicht an- und abzubauende Geräte — sowie Zusammenfassung mehrerer Arbeitsgänge in einem, bietet auch der Geräteträger mit jetzt meist stärker (18—28 PS) ausgerüstetem Motor. Die Spurweite ist verstellbar. Mit kippbarer Ladepritsche versehen (Tragfähigkeit etwa 7,5 dz) lassen sich viel Kleintransporte ohne Anhänger durchführen. Die zusätzliche Belastungsmöglichkeit verringert die Rutschgefahr auf schmierigem Boden (z. B. Abfahren der Zuckerrüben vom aufgeweichten Feld). Sicheres Arbeiten am Hang.

Einachsschlepper

Der wendige Einachsschlepper (2,5—13 PS) ist weit verbreitet und hat in Kleinbetrieben oft zur Vollmotorisierung geführt. Er läßt sich vielseitig verwenden: zum Pflügen, Eggen, Grubbern, Hacken,

Mähen (bes. bei stark hängigem Gelände), zum Transportieren usw. Größere Betriebe hacken mit bis 5 PS starken Einachsern. Bei über 300 Arbeitsstunden/Jahr ist der Dieselmotor wirtschaftlicher als der in der Anschaffung billigere, im Betrieb aber teurere Benzinmotor.

Zapfwelle

Sie wird vom Schleppermotor in Drehung versetzt und dient zum Antrieb von Anhänge- und Anbaugeräten mittels Gelenkwelle. Es werden unterschieden:

1. G e t r i e b e - Z a p f w e l l e (kupplungsabhängige Z.), arbeitet nur bei eingerückter Fahrkupplung und hat gleiche Drehzahl wie der Motor, ist also nicht von der Fahrgeschwindigkeit bzw. vom eingeschalteten Gang abhängig. Daher arbeitet das Mähwerk eines Zapfwellenbinders auch bei langsamer Fahrt bergan oder im Lagergetreide gleichmäßig weiter, so daß weniger Störungen auftreten.

2. M o t o r - Z a p f w e l l e (kupplungsunabhängige Z.), arbeitet auch bei ausgerückter Fahrkupplung, so daß z. B. Verstopfungen des Mähdreschers durch Laufenlassen der Druschvorrichtung bei stillstehendem Schlepper behoben werden können.

3. W e g - Z a p f w e l l e (gangabhängige Z.), arbeitet nur, wenn der Schlepper fährt, und zwar je nach dessen Geschwindigkeit langsamer oder schneller. Ihre Drehzahl ist also vom eingeschalteten Gang abhängig. Verwendung für Triebachsanhänger, Düngerstreuer, Drillmaschine, Spritzgeräte. Bei manchen Schleppern ist die Weg-Zapfwelle auf Getriebe-Zapfwelle umschaltbar.

Zur Vermeidung von Unfällen gehört an jeden Ackerschlepper mit Zapfwelle ein vorschriftsmäßiger Zapfwellenschutz.

Schlepper-Bereifung

Wenn Schlepper nur als Zugmaschine — also nicht für Pflegearbeiten — verwendet wird, möglichst breite, großvolumige Reifen mit großen Auflageflächen wählen. Sie besitzen größere Zug- und Tragfähigkeit, wie dies z. B. bei Belastung der Hinterachse des Schleppers durch Anbaupflug, Stallmiststreuer oder Triebachsanhänger erforderlich ist. Schmale Reifen verursachen infolge stärkeren Schlupfes höhere Brennstoffkosten (längere Arbeitszeit) und haben geringere Lebensdauer. Auch entstehen leicht Schäden durch Bodendruck und zu tiefe Fahrspuren. Soll ein Schlepper auch zum Hacken eingesetzt werden, muß die Reifenbreite auf 8 bis höchstens 9 Zoll beschränkt bleiben. Im allgemeinen werden offene Reifenprofile bevorzugt. Sie greifen auf schmierenden Böden besser und reinigen sich selbst gut.

Die R e i f e n g r ö ß e wird mit 2 Zahlen in englischen Zoll (1 Zoll = 25,4 mm) ausgedrückt, welche die äußerste Breite des aufgepumpten Reifens sowie den Innendurchmesser desselben angeben, z. B. 8×20 = 20,3 cm Reifenbreite × 50,8 cm Felgendurchmesser.

R e i f e n e m p f e h l u n g d e s K T L f ü r A c k e r s c h l e p p e r :

Schlepperleistung in PS	für Hackschlepper	für Zugschlepper
bis 12	7—30 AS	8—24 AS
	od. 8—28 AS	od. 8—28 AS
12—14	7—30 AS	9—24 AS
15—18	8—32 AS	10—28 AS
19—24	9—32 AS	10—28 AS
	od. 9—36 AS	
25—30	9—36 AS	11—28 AS
über 30	—	11—28 AS
		11—36 AS
		13—30 AS

Gleitschutz-Ketten

Zur Vermeidung der Rutschgefahr bei ton- und lehmhaltigen Böden nach Regenfällen, auf feuchten Wiesenwegen, vereisten Straßen usw. empfiehlt sich die Verwendung von Gleitschutz-Ketten. Bewährt haben sich Universal-Ketten aus Stahlgliedern, die für die verschiedenartigsten Verhältnisse verwendbar sind und deren Benutzung auf öffentlichen Wegen gestattet ist. Bei stark abschüssigen und rutschigen Straßen sollten, wenn mit Anhänger gefahren wird, auch die gebremsten Räder des Anhängers mit Ketten versehen werden. Die Zugkraftverbesserung durch Gleitschutzketten ist oft recht erheblich! — Spurketten auf den gelenkten Vorderrädern des Schleppers vergrößern auf vereister Straße die Lenkfähigkeit.

Erhöhung der Zugkraft

Eine wesentliche Verbesserung der Zugkraftübertragung und damit zugleich der Motorleistung durch Verminderung des Bodenschlupfes, bei Abfahren von Rüben oder Kartoffeln von feuchten Äckern, Tiefpflügen usw. (dadurch auch höhere Lebensdauer der Reifen) ist wie folgt möglich: Verwendung von Reifen mit hohen, offenen Profilen, Hochstollenreifen, Gleitschutzketten (s. oben), Anbringung von Zusatzgewichten an den Schlepperrädern und durch Wasserfüllung der Hinterräder-Reifen. Bei Wasserfüllung Hinterräder hochwinden, Luft ablassen und Wasser durch besonderes Ventil mit Entlüftung einlassen. Wenn keine Wasserleitung vorhanden, deren Druck vollauf genügt, Druckpumpe oder Feuerspritze verwenden. Bei Frostgefahr dem Wasser Frostschutzmittel zusetzen.

Achsdruckerhöhung des Schleppers durch Wasserfüllung bis zum doppelten Betrag möglich. Die Wassermenge im Reifen (je nach Reifengröße 36—173 kg) kann beliebig verändert werden. — Auch Gitterräder (S. 14) erhöhen die Zugkraft.

Kraftheber u. Aufhängung der Geräte

Damit Anbaugeräte verschiedener Fabrikate zum Schlepper passen, sollte der Schlepper mit Kraftheber und genormter Dreipunkt-Aufhängung ausgerüstet sein.

Die Dreipunkthydraulik bietet erhebliche Vorteile: Sämtliche am Schlepper angebauten Geräte, wie Pflug, Grubber, Düngerstreuer, Drillmaschine und Hackgeräte lassen sich mühelos vom Fahrersitz ausheben und senken. Mit dem hydraulischen Kraftheber werden auch Mähwerk, Frontlader und Kippanhänger bedient. Der Fahrer kann mit Anbaugeräten vom Hof zum Acker fahren und alle Arbeiten bei kurzen Wendezeiten und mit schmalem Vorgewende durchführen. Der stärkere Druck der Anbaugeräte auf die Triebräder des Schleppers erhöht seine Zugkraft. Frauen und schwächere Personen können mit der leicht zu bedienenden Hydraulik arbeiten, ein für kleinbäuerliche Betriebe wesentlicher Vorteil. Anbaugeräte sind preisgünstiger als Anhängegeräte. Ein Schlepper sollte daher stets mit hydraulischem Kraftheber gekauft werden!

Pflugsysteme

Der Beetpflug wendet nur nach einer Seite. Der Kehr- oder Wendepflug pflügt aber in der gleichen Furche hin und zurück. Es gibt also keine Ausstreichfurchen und Mittelrücken, und die dadurch oftmals bedingten Mindererträge infolge Verunkrautung, Wasserschäden usw. werden vermieden. Man erspart das An- und Auspflügen, auch entsteht geringerer Leerlauf an den Vorgewenden gegenüber dem Beetpflug, und das Grenzpflügen macht weniger Schwierigkeiten. Ein weiterer Vorteil ist, daß beim etappenweisen Pflügen, wie z. B. Mistunterbringen oder Grünfutterernte, der Pflug bald folgen kann, ohne eine Beetbreite abzuwarten. Ferner kann bei hängigem Gelände der Boden stets nach oben gepflügt werden.

Kehr- und Wendepflüge haben links und rechts wendende Pflugkörper. Schlepperkehrpflüge für Dreipunkt-Aufhängung gibt es in Form von 1—3scharigen Anbaupflügen als Volldrehpflug, Winkeldrehpflug und Wechselpflug. Beim Wechsel- und Winkeldrehpflug wird ein Teil des Anbaupfluggewichtes auf das Landrad des Schleppers verlagert. Beim Volldrehpflug kann dies durch eine besondere Regelvorrichtung (Anti-Schlupf, Pilot usw.) bewirkt werden. — Der Schlepper-Anhängebeetpflug leistet sauberste Arbeit, verlangt aber große Anwand und arbeitet nur nach einer Seite. Der Schlepper-Anbaupflug ist bei kleinen Feldern vorteilhafter. Er hinterläßt nur ein schmales Vorgewende und kann bei Hindernissen während der Arbeit leicht ausgehoben oder zurückgestoßen werden. Auch belastet er die Triebräder des Schleppers. Der Winkeldrehpflug löste den Anbauwechselpflug ab (Abb. neben S. 616/617).

An jedem Pflug ist ein Ausleger anzubringen, an dem Zusatzgeräte, wie Egge, Schleppe, Ringelwalze, Notzonegge oder Untergrundpacker befestigt werden können (Arbeitsersparnis).

Desgleichen ist das Koppeln von mehreren Arbeitsgeräten anzuraten (2 Eggen, 2 Schleppen, 2 Walzen, 2 Grubber oder Kombinationen).

Schlepperpflege

Ein Schlepper erfordert bei 12 000 Betriebsstunden etwa 50 % der Anschaffungskosten für Reparaturen, bei guter Pflege dagegen nur 20—30 %. Daher Betriebsanleitung gründlich lesen und alle Pflegemaßnahmen regelmäßig und sorgfältig durchführen!

Schlepper mindestens einmal wöchentlich gründlich mit Wasser und Bürste reinigen. Am besten Fahrgestell und Räder mit Wasserschlauch abspritzen, besonders auch von unten. Es darf aber kein Wasser in die Einspritzpumpe, Lichtmaschine oder Bremsen geraten. Auch Lampen und Winker vor Wasser schützen. Anschließend mit Rostschutzöl absprühen. Den öligen Schmutz von Motor und Getriebegehäuse mit Dieselkraftstoff abpinseln. Lack dagegen wird bei Behandlung mit Dieselkraftstoff blind. Beim Reinigen auf lose Schrauben und schadhafte Teile achten.

Kühlwasserkontrolle nicht vergessen. Kein kaltes Wasser in überhitzten Motor nachfüllen. — Frostgefahr beachten. — Ventilatorriemen muß genügend Spannung haben. — Luftfilter wöchentlich reinigen und neu mit Öl benetzen. Bei Filter mit Ölbad genügt im allgemeinen monatlicher Wechsel des verbrauchten Öles. — Wenn Steuerung zuviel toten Gang hat, Gelenkbolzen erneuern.

Ölwechsel

Täglich Ölstand im Kurbelgehäuse prüfen. Beim Nachfüllen darf Ölstand nicht über den oberen Strich des Peilstabes hinausgehen.

Ölwechsel des Kurbelgehäuses nach etwa 100 Betriebsstunden und zwar nur bei betriebswarmem Motor vornehmen, damit schädliche Fremdstoffe mit abfließen. Mit dünnflüssigem Motorenöl einige Minuten im Leerlauf durchspülen. Schalt- und Ausgleichsgetriebe sowie Einspritzpumpe nach etwa 100 Betriebsstunden auf Ölstand prüfen.

Abschmieren

Fahrgestell des Schleppers täglich gründlich abschmieren! Den aus den Lagerstellen austretenden Fettkragen nicht abwischen. Er verhin-

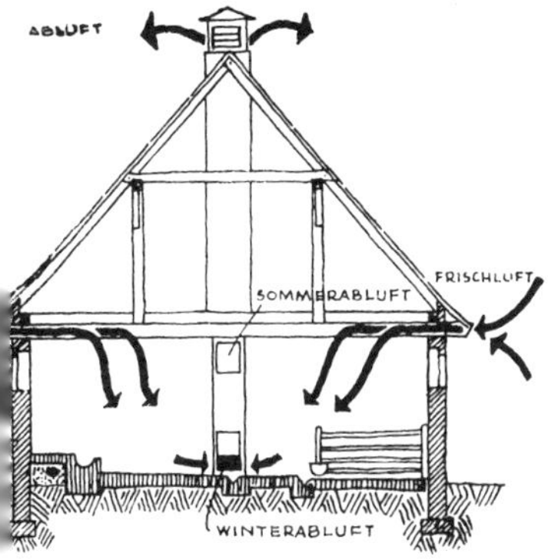

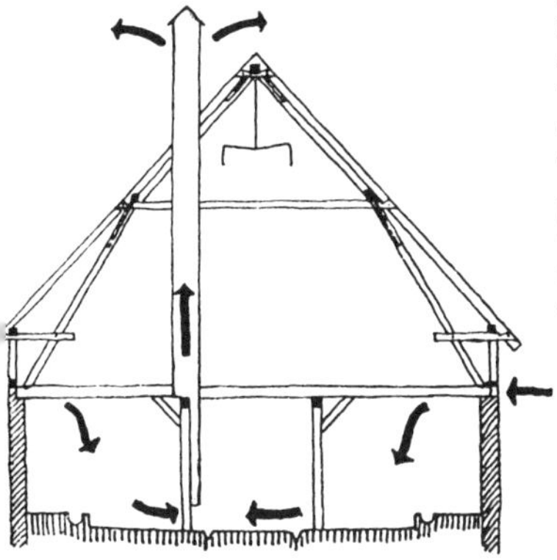

BE- UND ENTLÜFTUNG

P r i n z i p : Kalte Frischluft fällt von der Decke herab, verbrauchte, spez. schwere Luft und Mistausdünstungen werden vom Boden abgesogen. Regelung des Luftstromes durch Drosselklappen. Zugluft daher unbedingt vermeiden, ebenso das immerwährende Anströmen kalter Luft gegen dieselben Tiere.

K o n s t r u k t i v e s : Sämtliche Stallfenster erhalten Kippflügel. Fenstersohlbänke haben dauernden Lüftungsschlitz. Zuführung der Frischluft am besten durch Kanäle, die zwischen den Deckenbalken angeordnet werden. Zwischen Fugen und Deckenschalung fällt Zugluft herab, jedoch erst in mindestens 1 m Entfernung von der Außenwand. Abluftschächte aus Mauerwerk oder Holzfachwerk, aber bestens gegen Abkühlung geschützt. (Isolierung durch Heraklith-Verkleidung oder Ausfüllung mit Dämmstoffen.) Sicherung gegen ansammelnde Feuchtigkeit. Lage der regulierbaren Abluftöffnungen 30 cm über dem Fußboden (Winterabluft) sowie unter der Decke (nur für Sommerabluft). Auf dem Dach Entlüfter-Aufbauten. Kombination von Lüftungsschacht und Futterschlot unratsam, da erforderliche Dichtung der Einwurfklappe nicht gewährleistet und Raufutter verdirbt. Zwecks guter Stalldurchlüftung die Buchtenwände nicht zu dicht auf dem Boden aufsitzend konstruieren, damit sie nicht die Luftströmung behindern. (Keine Massiv- oder Bretterwände.) Siehe erste Abbildung links.

Die zweite Abbildung zeigt Beispiel für seitliche Hochführung der Entlüftung. Vorteile: 1. In der Regel einfaches Herunterführen in den Stallraum. 2. Dachkonstruktionshölzer werden kaum durchschnitten. 3. Anordnung eines Greifers wird nicht behindert.

Weitere, ausführliche Einzelheiten siehe Seite 635.

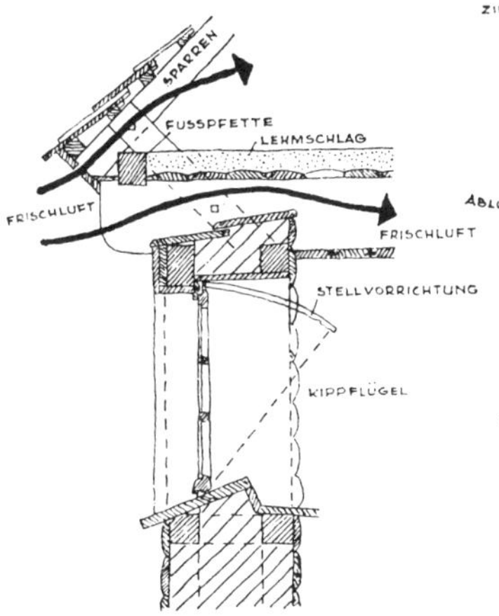

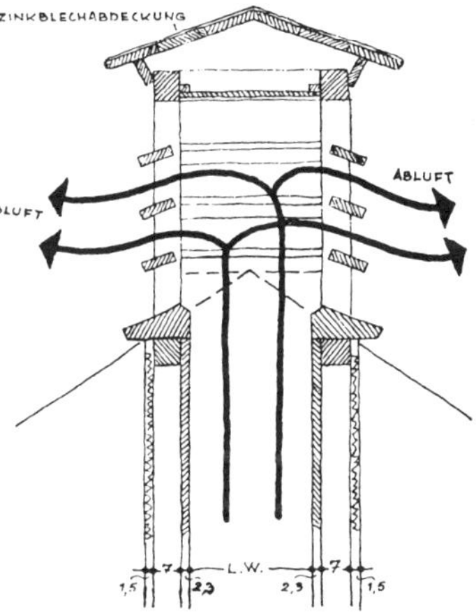

Bestimmung der Abluftschachtgrößen

ahl ßvieh	Schachthöhe 4 m	6 m	8 m	
8	42	43	40	lichte Weite
6	48	40	40	
4	59	55	50	

h t s : Schnitt zur Frischluft-Zuführung und lheiten eines Saugkopfes.

h t s u n t e n : Frischluft muß gleichmäßig en Stall gelangen. Die Balkenfelder sind ildung von Zuluftkanälen durch Fortlassen Stakung und Durchbruch der Außenwand geeignet. Zwecks besserer Vorwärmung die aber erst in 1 m Entfernung von der Außen- aus den Kanälen treten lassen. Drossel- en sind vor allem zur besseren Anpassung Luftzufuhr an den auf das Gebäude drük- en Wind erforderlich. (Windabgewendete muß stets verschlossen sein!) Wichtig ist Reinigungsmöglichkeit dieser Kanäle und Sicherung gegen Eindringen von Vögeln Ungeziefer (Gazeverschluß).

Zusammengestellt von Prof. Dr.-Ing. Erbs

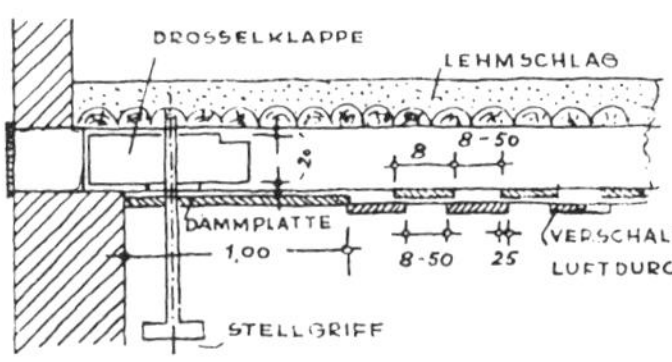

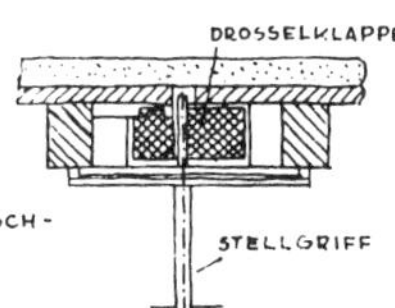

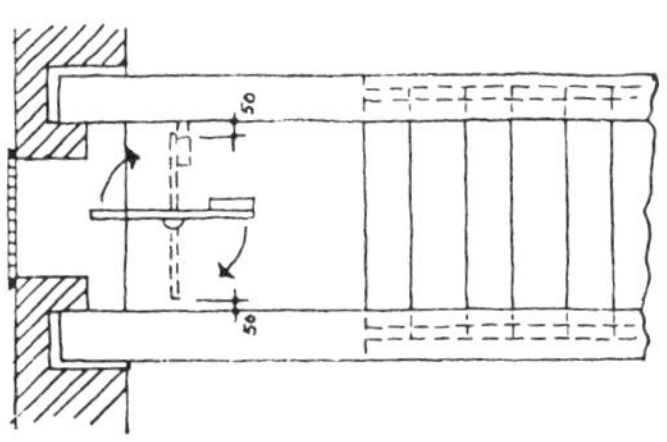

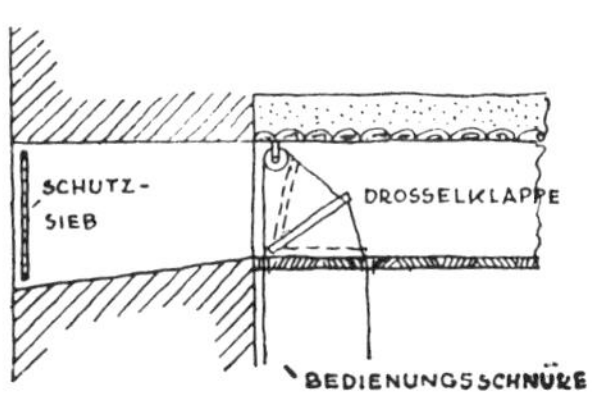

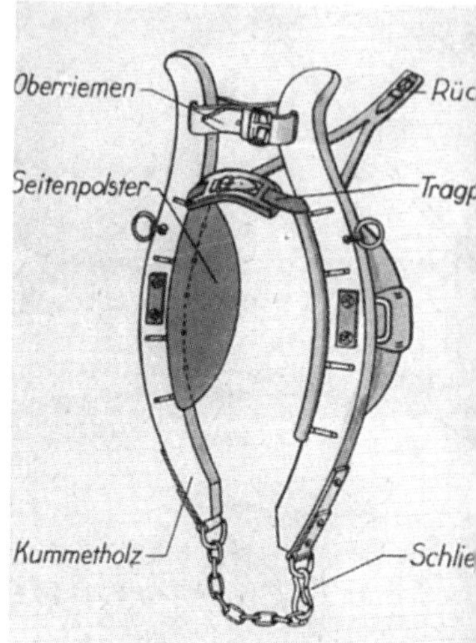

Dreipolsterkummet. (Einzelheiten siehe S

VIEHHALTUNG

Quergeteilte Stalltür, unten $^3/_5$, oben $^2/_5$ der Türhöhe. (Einzelheiten siehe S. 637)

Stallfenster ohne Rahmen und ohne Eisenteile, die leicht zu öffnen und zu schließen sind. (Nähere Ausführungen s. S. 636)

Kälber-Ecke im Stall mit V Oberlicht (l i n k s). Inne eines Rinderstalles mit ((r e c h t s). (2 Aufnahme Wagner, Rendsburg)

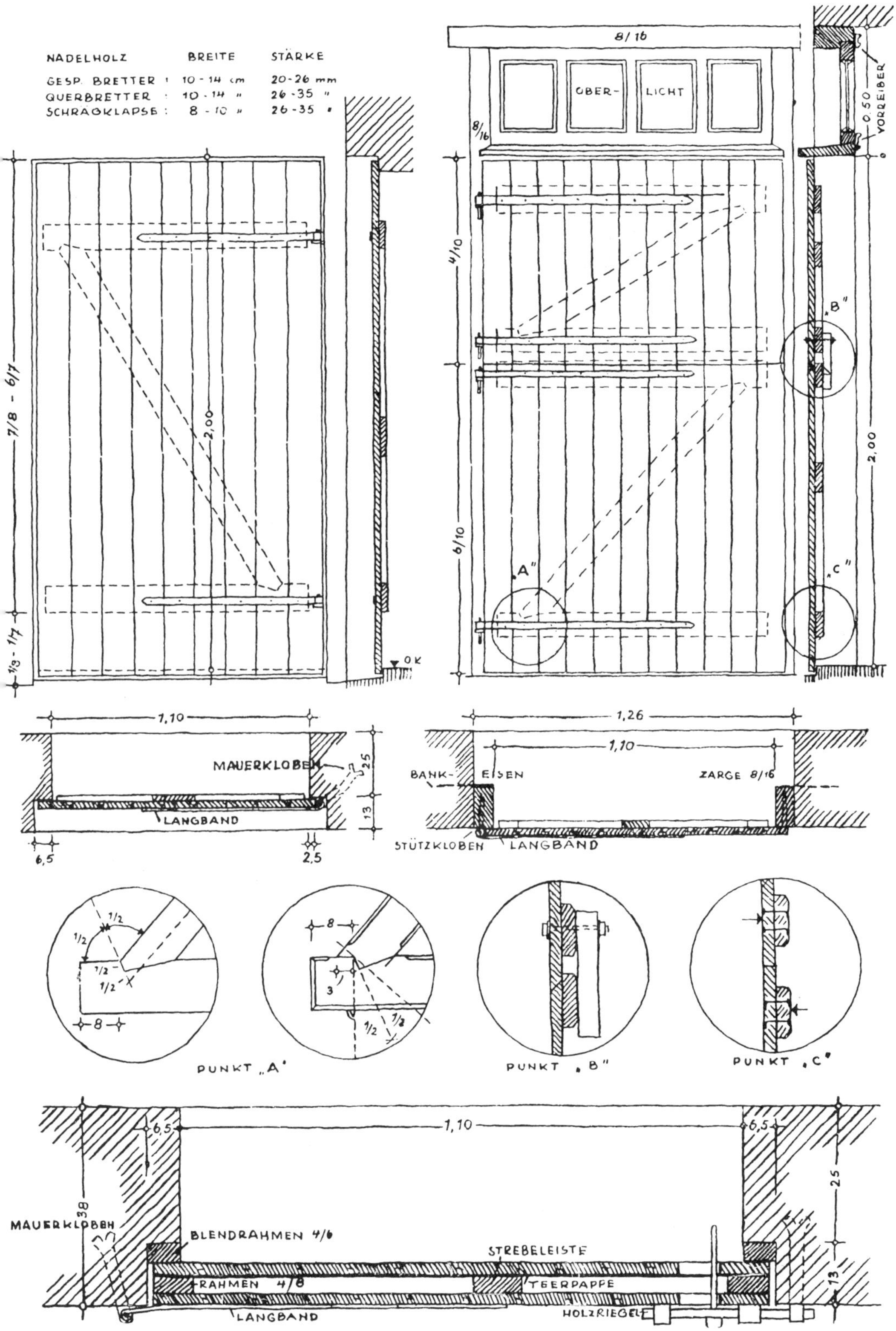

STALLTÜREN

Oben: Einflüglige Stalltür mit Querschnitt (links) und halbgeteilte Stalltür mit Querschnitt (rechts). Darunter Einzelheiten zur halbgeteilten Stalltür. Unten: Beispiel für Ausführung der Tür mit zwei Brettlagen zum Zweck erhöhter Wärmedichtung. Ausfüllung des Luftraumes mit Dämmstoffen (siehe S. 637). Zusammengestellt und bearbeitet von Prof. Dr.-Ing. Erbs

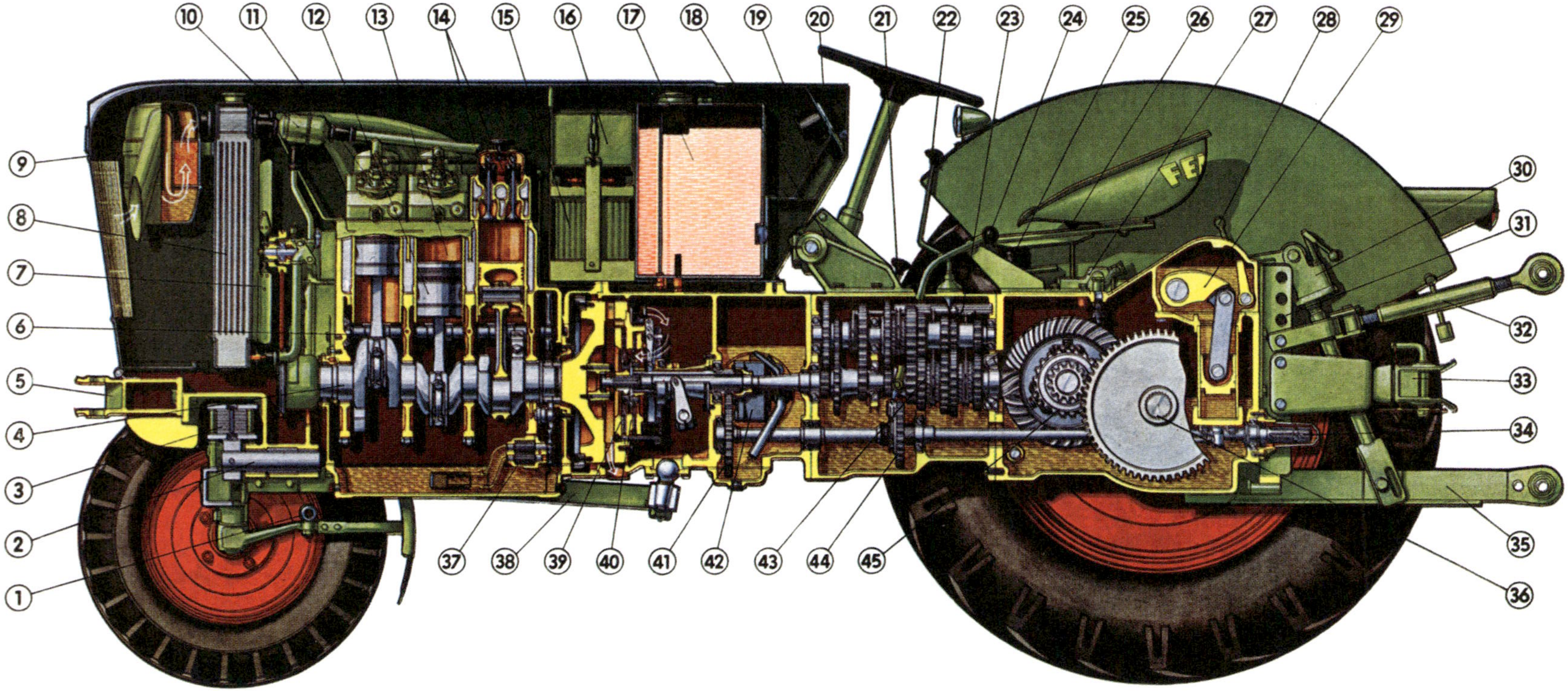

Standardschlepper. (Fendt „Favorit" 40/46 PS)

1 Spurstange
2 Vorderachs-Pendelbolzen
3 Vorderachsfederung
4 Kurbelwelle
5 Anhängevorrichtung vorn
6 Nockenwelle
7 Ventilator
8 Kühler
9 Ölbad-Luftfilter
10 Zweikreis-Thermostat
11 Düsenhalter mit Düse
12 Kolben
13 Zylinderbuchse
14 Ein- und Auslaßventil
15 Batterie
16 Werkzeugkasten
17 Kraftstoffbehälter
18 Gemmer-Lenkung
19 Fach für Fahrzeugpapiere
20 Armaturenbrett
21 Gruppenschaltung
22 Gangschaltung
23 Schaltelemente (schemat.)
24 Zapfwellenschaltung
25 Sitzfederung (verstellbar)
26 Hydraulik-Schalthebel
27 Hydraulik-Steuerventil
28 Straßensperre
29 Kraftheber, eingebaut
30 Hubstrebenverstellung
31 Anschlußrahmen
32 Oberer Lenker
33 Anhängekupplung
34 Zapfwelle
35 Unterer Lenker
36 Steckachse
37 Pumpe f. Druckumlaufschmierung
38 Vorderachsabstützung
39 Fahrkupplung } Tornado-Duplex-kupplung
40 Zapfwellenkupplung } Tornado-Duplex-kupplung
41 Motorzapfwelle (einschließlich Antrieb für Hydraulikpumpe und Mähwerk)
42 Hydraulikpumpe
43 Halbsynchrongetriebe (Stiftschaltung)
44 Wegzapfwelle
45 Ausgleichgetriebe

dert Eindringen von Wasser und Staub. — Wasserpumpe nur mit hitze- und wasserbeständigem Spezial-Schmiermittel abschmieren. — Schmiermittel in geschlossenen Behältern aufbewahren! Zum Abschmieren geschlossene Ölkannen und Fettpressen mit sauberem Mundstück verwenden. Vorher Schmiernippel reinigen. Sorgfältige Schmierung gewährleistet ruhigen und störungsfreien Lauf der Maschine!

Batteriepflege

Sämtliche Metallteile der Batterie müssen stets gut eingefettet sein. Säureflüssigkeit alle 3—4 Wochen überprüfen. Sie soll die Platten der Zellen reichlich bedecken. Andernfalls destilliertes Wasser nachgießen. (Kein Leitungs- oder Regenwasser!) Wenn die Platten über die Flüssigkeit hinausragen, wird die Batterie schwächer und verliert an Lebensdauer! Es darf kein Schmutz in die Zellen gelangen. Verschlußstopfen müssen stets fest eingeschraubt sein. Für verlorengegangene Stopfen keine Flaschenkorken verwenden, sonst können die in den Zellen sich bildenden Gase nicht entweichen. — Mit Hilfe eines „Aräometers" (kleine Glasröhre mit Schwimmer) kann der Ladezustand der Batterie ermittelt werden. Bei 1,285 Säuredichte ist die Batterie voll aufgeladen, bei 1,18 bis 1,14 ist sie entladen.

Kraftstoff

Kraftstoff-Faß im unteren Drittel mit Ablaßhahn versehen. Faß nicht zum Schlepper rollen, sonst wird der Bodensatz aufgewirbelt. Erst nach Setzen des Treibstoffes diesen entnehmen. Evtl. nochmals filtrieren. Beim Tanken aus dem Faß darf das Saugrohr nicht bis auf den Boden gehen. Die Pumpe muß feststehend im Faß befestigt sein, damit der Schmutz beim Füllen nicht aufgerührt wird. Schraube an Unterseite des Fasses ermöglicht, verunreinigte Kraftstoffrückstände abzulassen. Kannen, Eimer und Trichter peinlich sauber halten. So werden Einspritzpumpe und Einspritzdüse nicht angegriffen und Störungen in der Kraftstoffzufuhr vermieden.

Auspuffgase

Bei schwarzen, qualmenden Gasen (infolge unverbrauchtem Kraftstoff) erhält der Motor entweder zuviel Kraftstoff oder zuwenig Luft. *Abhilfe*: Einspritzpumpe nachstellen, Luftfilter reinigen. Zu fettes Kraftstoffgemisch kann, abgesehen von erhöhtem Kraftstoffverbrauch und ungenügender Motorleistung, infolge Verrußung und Ablagerung von Verbrennungsrückständen im Öl, Auspuff oder in den Ventilsitzen zu Motorstörungen führen.

Reifenpflege

Regelmäßig Reifendecke prüfen, ob Steine, Nägel oder andere Fremdkörper sich in den Gummireifen eingeklemmt haben.

Überhöhter Reifenverschleiß entsteht durch: Scharfes Bremsen und Anfahren, zuviel Schlupf auf fester, rauher Fahrbahn, Anfahren an Bordkanten usw., Berührung mit Öl, welches Gummi chemisch angreift. Unsachgemäße Montage. Stets vorgeschriebenen Luftdruck einhalten. Zuwenig Luft zerstört den Reifen, zuviel Luft schadet dem Fahrzeug. (Auch mehr Bodenschlupf!) Bei längeren Straßenfahrten sind 1,5—2 atü erforderlich. (Geringerer Laufflächenverschleiß, Vermeidung des Durchschlagens bei höherer Geschwindigkeit in Schlaglöchern usw.) Nur auf dem Acker ist zur besseren Ausnutzung der Zugkraft der niedrigste zulässige Luftdruck von 0,8 atü vorteilhaft (siehe Gitterräder S. 14). Daher stets Druckprüfer (und motorische Reifenpumpe) mitführen, der auf $^1/_{10}$ atü genau anzeigt. Luftreifen nicht überlasten.

Wichtig ist richtiger Sturz und richtige Vorspur der Räder, damit diese nicht radieren. Bei Frost nicht in ausgefahrenen Gleisen fahren.

Gleitschutzketten auf Luftreifen (mit Ausnahme von Universalketten) sofort abnehmen, wenn Schlepper vom Acker auf die Straße fährt oder Straße schnee- und eisfrei wird. Überlastung der Reifen durch Überladen von Fahrzeugen verkürzt ihre Lebensdauer. Zur Reifenpflege gehört Entrosten, Ausbeulen und Neuanstrich der Felgen. (Siehe S. 616.)

Betriebsstundenzähler

Die Überwachung der geleisteten Arbeitszeit ist für die Pflege des Schleppers, wie Ölwechsel, Abschmieren usw., von größter Wichtigkeit. Die pünktliche Einhaltung der Pflegemaßnahmen wird durch einen automatischen Betriebsstundenzähler wesentlich erleitert. Das gleiche trifft für die ordnungsmäßige Verrechnung bei gemeinschaftlicher Schlepperbenutzung und beim Lohneinsatz von Schleppern zu. Der Zähler läßt sich auch nachträglich in jeden Schlepper einbauen. Er wird entweder an die Lichtmaschine angeschlossen und zählt die Zeitstunden, sobald der Motor läuft. Eine zweite, etwas teure Art zählt die Motorumdrehungen bzw. Motorbelastungsstunden und wird auf die mittlere Umdrehungszahl des Schleppermotors eingestellt. Antrieb erfolgt mechanisch von der Lichtmaschine durch Reibrolle und biegsame Welle.

Mähdrusch

Vorteile

Mähen und Dreschen in einem Arbeitsgang mit nur 1—2 Personen Bedienung, d. h. Arbeitsersparnis und Arbeitserleichterung, besonders für Betriebe mit viel Getreide und wenig Hackfrucht. Getreide kann auf dem Halm voll ausreifen (Mehrgewicht, bessere Keimfähigkeit, vermindertes Wetterrisiko). Rascher Schnitt nach regnerischem Wetter, da auf dem Halm schneller abtrocknend. Weniger Kornverluste, auch bei Lagerfrucht, da das auf dem Fördertuch liegende Korn nicht verlorengehen kann wie beim Binder, sondern sofort der Dreschtrommel zugeführt wird. Mehrernte durch Ertragszuwachs und Verlustminderung gegenüber Bindermahd durchschnittlich etwa 5%. Ersparnis an Bindegarn (4 kg/ha) und Scheunenraum, der, soweit vorhanden, für andere Zwecke (Kartoffel-, Rübenlagerung, Laufstall usw.) Verwendung finden kann. Ausgedroschenes Stroh beansprucht weniger Platz als Getreidegarben. Es kann auch eher im Freien (Mieten) gelagert werden, oder soweit entbehrlich, gehäckselt auf dem Feld bleiben (Strohdüngung S. 56). Eine wesentlich stärkere Verunkrautung des Ackers durch Mähdrusch ist kaum zu befürchten.

Nachteile

Infolge der um etwa 10 Tage späteren Mähdruschernte können — abgesehen von Untersaaten — nur schnellwüchsige, spätsaatverträgliche Stoppelfrüchte angebaut werden (Senf, S.-Raps, Ölrettich). Bei weniger günstigem Erntewetter oder zu frühem Schnitt muß eine Nachtrocknung des vom Halm gedroschenen Getreides erfolgen. Das Korn ist erst mit einem Wassergehalt von etwa 14% lagerfähig. Daher gehört zum Mähdrusch die Trocknung (S. 631). Andernfalls muß unter Umständen ein mit Preisabzügen verbundener Sofortverkauf des Getreides erfolgen. (Beim Schwaddrusch Körner nicht zu feucht.)

Überlegungen vor Kauf eines Mähdreschers

Erfordern die bisherigen Erntemaschinen unbedingt einen Ersatz? Selbst für guterhaltene Getreidebinder und Dreschmaschinen lassen sich in heutiger Zeit nur mäßige Preise erzielen. Lohnt sich der hohe Kapitalaufwand eines Mähdreschers, oder ist gemeinschaftlicher Mähdrusch bzw. Lohndrusch vorzuziehen? Die dadurch möglichen Unbequemlichkeiten bei der Ernte wiegen die höheren Anschaffungskosten eines betriebseigenen Mähdreschers bei nur beschränktem Anbau von Halmfrüchten ohne weiteres auf. Voraussetzung für einen wirtschaftlichen Einsatz des Eigen-Mähdreschers ist eine Erntefläche von wenigstens 20 ha und eine Mindestparzellengröße der einzelnen Feldstücke von 40 bis 50 a.

Leistung eines Mähdreschers

Bei 120—160 cm Arbeitsbreite 2,5—3,5 ha, bei 210—250 cm Arbeitsbreite 4—6 ha/Tag. Bei größerer Breite entsprechend mehr. Leistung eines Mähdreschers in einer Ernteperiode je nach Witterungsverhältnissen zwischen etwa 100 und 250 Mähdrescherstunden. Mittlere Einsatzzeit von 10—19 Uhr.

Kosten des Mähdrusches/ha: Einschließlich Korn- und Strohbergung bei 4 Fuß Schnittbreite etwa 80—115 DM, bei 7—8 Fuß 70—100 DM.

Es gibt drei verschiedene Bauarten:

a) Zapfwellengetriebener Mähdrescher. Dieser ist in der Anschaffung und im Betrieb am billigsten. Seine Leistung ist gegenüber b) und c) um 8—10% niedriger. Erforderliche Schlepperstärke 25—30 PS.

b) Zapfwellengetriebener Mähdrescher mit Aufbaumotor. Erforderliche Schlepperstärke 15—25 PS.

c) Selbstfahrer-Mähdrescher, kann unabhängig von vorhandenen Schleppern eingesetzt werden, für Lagerfrucht besonders geeignet. (Ausgestattet mit Aufbaumotoren von ca. 30—70 PS.)

Die unter b) und c) genannten Mähdrescher leisten zwar 8—10% mehr, sind aber auch entsprechend teurer in der Anschaffung (totes Motorkapital für 11 Monate!). Selbstfahrende Mähdrescher kommen in erster Linie für größere Betriebe oder für Gemeinschafts- oder Lohneinsatz in Frage. Da sie jetzt auch in kleineren Größen gebaut werden, sind Betriebe mit nur einem Schlepper zunehmend am Selbstfahrer-Mähdrescher interessiert, um den Schlepper für andere Arbeiten freizubekommen. Außerdem kann der Selbstfahrer auch auf kleinen Flächen eingesetzt werden. — Für kleinere Flächen (und Kleinmähdrescher) sind Benzinmotoren vorzuziehen. Der höhere Preis des Dieselmotors wird erst nach vielen Jahren durch die niedrigeren Betriebskosten wieder ausgeglichen. Mähdrescher werden, je nach Wunsch mit Anbaupresse, Strohschneider oder Zerreißer und Pick-up-Vorrichtung geliefert.

Einsatz und Arbeitsweise des Mähdreschers

1. Mähdrusch in stehendem Getreide oder Lagergetreide. Anmähen erübrigt sich, auch bei Maschinen ohne Frontschnitt. Es wird in das stehende Getreide hineingefahren und beim Zurückmähen der zunächst niedergewalzte Streifen mit einer Lagerfruchthebeeinrichtung wieder aufgenommen.

Zeitpunkt: Unbedingt die Totreife des Getreides abwarten (S. 24), nicht früher! Niemals die Nerven verlieren. Ein Wassergehalt des Kornes unter 16% ist am günstigsten, dann erübrigt sich künstliche Nachtrocknung. Bei über 20% Kornfeuchte arbeitet der Mähdrescher nicht mehr einwandfrei. Daher auch nicht zu früh am Morgen und zu spät am Abend mähdreschen (10—19 Uhr). Nicht ausgereifte Halme sowie Unkrautbesatz erhöhen die Feuchtigkeit des Kornes. Je länger die Stoppeln, desto geringer sind unerwünschte Beimengungen. Das Korn nimmt während des Druschvorganges aus dem Stroh (und Unkraut), dessen Feuchtigkeit beim Drusch noch 30—60% beträgt, herausgepreßtes Wasser zusätzlich auf (0,4—4%). Je höher nun die Stoppeln, um so geringer diese Feuchtigkeitsabgabe, zumal der Wassergehalt im oberen Halmteil niedriger ist.

2. Hockendrusch bei ausfallempfindlichen Pflanzen (Ölfrüchte, Rübensamen, Klee und Gemüsesämereien). Der Mähdrescher mit zusätzlicher Einlege- oder Aufnahme-Vorrichtung (ohne Mähmesser) fährt von Stiege zu Stiege. Flächenleistung 25—30% niedriger als bei reinem Mähdrusch.

3. Schwaddrusch (Pick-up-Drusch) von vorgetrocknetem Erntegut (Hafer, Hülsenfrüchte u. a.) oder ungleichmäßig abreifenden Früchten, z. B. Rübensamen, Ölfrüchte, Rispengräser, stark verunkrautetem Getreide oder bei üppig gewachsener Kleeuntersaat. Bei diesem Verfahren wird die Frucht mit dem Binder, dessen Knüpfapparat stillgelegt wurde oder einem besonderen, leistungsfähigeren, nicht über 8 Fuß breitem Schwadmäher — zur Zeit der Binderreife (S. 24/25) — auf 15—20 cm Stoppellänge geschnitten. Zu lange Stoppeln neigen, besonders bei Gerste und Hafer, zum Umknicken. Die dachziegelartig übereinanderliegenden Ähren trocknen schneller und gründlicher ab als in Hocken stehendes Getreide. Sie werden — je nach Witterung — nach einigen Tagen vom Mähdrescher, dessen Mähmesser durch eine Aufnehmetrommel ersetzt ist, aus dem Schwad aufgenommen und gedroschen. Das Korn ist sofort lagerfähig. Selbst nach einem Regen trocknet der Schwad schnell ab, sofern er nicht in eine Radspur gelegt wurde (umgeknickte Stoppeln), so daß sich Wenden erübrigt (vermindertes Ernterisiko bei ungünstiger Witterung).

Schwaddrusch ist früher möglich als Mähdrusch (Zwischenfruchtbau!), auch höhere Flächenleistung. Bei unsicherer Witterung ist es allerdings richtiger, den Schwadmäher etwas später, d. h. bei vorgeschrittener Binderreife oder kurz vor Erreichung der Druschreife des Getreides, einzusetzen. Dadurch Herabminderung des Ernterisikos.

4. Standdrusch: Einfacheres und schnelleres Aufstellen des Mähdreschers als bei jeder Dreschmaschine. (Leistung etwa 50 % der Mähdruschleistung.) Daher erübrigt sich meist nebenher eine Dreschmaschine.

Kornbergung: Erfolgt durch Säcke oder Körnertank (Bunker). Sackbergung erfordert mehr Zeit (40%) und Arbeitsaufwand (80%). Säcke entweder von der Maschine in Abständen auf bereitstehenden Wagen umladen (16% Zeitverlust) oder während der Fahrt an bestimmten Stellen abwerfen (kein Aufenthalt). Körnertank (sacklose Kornbergung), besonders handarbeitsparend, wird am Feldrand mittels Körnerschnecke in Tankwagen entleert und dieser auf dem Hof durch Kippen entladen.

Spreu (Kaff) bergung: Zusätzliche Belastung, die meist in keinem Verhältnis zum Wert des Erntegutes steht. Spreu einfach aufs Feld blasen, wenn das Getreide nicht zu sehr verunkrautet ist. Soll Spreu geborgen werden, geschieht dies mit Hilfe von Säcken.

Strohbergung: a) mit Anbaupresse. Bei stärkerem Unkrautanteil und Schlechtwetterlage Strohballen klein und lose pressen. Zum Nachtrocknen evtl. Ballen in Doppelreihen aufstellen (große Schälfläche), da Stroh noch 30—60% Wasser enthält. Zum Aufladen Gabel (von Hand) oder Frontlader verwenden. — b) ohne Presse (etwa 15% höhere Leistung des Mähdreschers!). Stroh lose in Schwad ablegen, besonders bei sehr schlechten Wetteraussichten und bei hohem Untersaat- oder Unkrautanteil. Zum Aufladen (je 2 Schwaden zusammenschlagen) Heu-Lader, Pick-up-Presse oder Feldhäcksler verwenden. Abladen mit Gebläsehäcksler, Höhenförderer, Greiferbzw. Futteraufzug, Förderbänder oder Gebläse. — c) Stroh mit Strohschneider nach Drusch sofort aufs Feld häckseln (Strohdüngung S. 56), oder Strohzerreißer verwenden und unterpflügen. Aus arbeitswirtschaftlichen Gründen möglichst hohen Strohanteil auf dem Felde lassen, daher Kurzstandaufstellung in Mähdruschbetrieben ratsam.

Feldhäcksler

Vorteile

Vielseitige Verwendungsmöglichkeit, zum Grünfutterholen (Frischverfütterung oder Silage — hervorragende Eignung für die Silomaisernte!), zur Heu- und Getreideernte, Bergung von Stroh hinter dem Mähdrescher und von Rübenblatt. Stationär zum Füllen von Silos und zum Strohhäckseln hinter der Dreschmaschine. Erhebliche Einsparung an Arbeitskräften, da eine Person mit dem Feldhäcksler ohne Hilfe landwirtschaftliche Massengüter aufladen kann. Sein Einsatz ist auch in Hanglagen möglich. Der Feldhäcksler läßt sich also vom Frühjahr bis zum Herbst bei der Ernte sämtlicher oberirdischer Früchte einsetzen, so daß er auch in mittleren und kleineren, besonders viehstarken Betrieben wirtschaftlich sein kann. In Anbetracht des hohen Leistungsbedarfes des Feldhäckslers ist bei kleinerer Nutzfläche die Einschaltung eines Lohnunternehmens für bestimmte Arbeiten (Getreide- und Silomaisernte) in Erwägung zu ziehen.

Der Einsatz des Feldhäckslers erfordert gewisse Betriebsumstellungen. Arbeitsmäßig vorteilhaft ist z. B. Einschränkung des Futterrübenanbaues und der Heugewinnung zugunsten verstärkter Silagebereitung.

Nachteile

Wesentlicher Nachteil des Feldhäckslers ist der zur Zeit noch hohe Leistungsbedarf. Für den Antrieb zur Feldarbeit in der Ebene ist ein Schlepper von mindestens 25 PS (besser 30 PS) erforderlich. Auf hängigem Gelände sollte ein 35—45 PS starker Schlepper zur Verfügung stehen. (Alle Schlepper möglichst mit Kriechgang und Motor-Zapfwelle ausrüsten.) Mähen, Häckseln, Laden und Zug bedingen diesen hohen Kraftbedarf. Eine Notlösung wäre die Verminderung der Arbeitsbreite und des Ladegewichtes bei Grüngut, die aber geringere Flächenleistung zur Folge hätte. — Bei stationärem Einsatz genügen 10—20 PS.

Arbeitsweise

Größere Betriebe werden im Fließverfahren arbeiten. Diese Methode erfordert 2 Schlepper, 3—4 Häckselwagen (je nach Feldlage) sowie 3—4 Arbeitskräfte und 2 Schlepperfahrer. Im absätzigen Verfahren, der Einmannmethode, werden Laden, zum Hof fahren und Abladen des Erntegutes von einer Person mit 1 Schlepper und 1 Häckselwagen durchgeführt (Wechselwagen erfordert eine 2. Arbeitskraft auf dem Hof, die nicht voll ausgenutzt wird).

Vorteilhaft für mittlere und kleinere Betriebe ist der seitlich am Schlepper anzuhängende Feldhäcksler. Bei dieser Konstruktion wird der Häckselwagen direkt vom Schlepper gezogen, so daß die Zuglänge verhältnismäßig kurz bleibt. Im Gegensatz zu der bisher meist üblichen Anordnung Schlepper — Häcksler — Wagen. Diese beansprucht viel Vorgewende, so daß nur größere Feldstücke rationell beerntet werden können. Durch die seitliche Anhängung liegen alle wesentlichen Teile des Feldhäckslers im Blickfeld des Schlepperfahrers, so daß dieser Überwachung und Einstellung vom Schleppersitz leicht durchführen kann. Auch Bewegungen im Rückwärtsgang sind möglich.

Häcksellänge: Bei Stroh und Getreide 20—50 mm zweckmäßig, da größere Längen zuviel Häcksel-Lagerraum erfordern. Dürrheu soll dagegen auf 50—150 mm gehäckselt werden, damit nicht zuviel Blattteile verloren gehen. Welk- oder Halbheu zur Unterdachtrocknung gleiche Länge (bessere Belüftung) aber hoher Leistungsbedarf des Feldhäckslers und des Ablade-Fördergebläses. Grünfutter lang, für Silage mittellang bis lang, Mais und Sonnenblumen sehr kurz, Rübenblatt möglichst unzerschnitten.

Die großräumigen Transportwagen für Häckselgut sollen wenigstens 30 dz bzw. 30 cbm Fassungsvermögen besitzen. Sie werden daher mit häcksel- und körnerdichten Rahmenaufbauten versehen, unter Verwendung von Maschendraht, Planen, Hartfaserplatten o. ä. (Verlängerung der Plattform bis 6,50 m, ausklappbare Bordwände, hochklappbares Dach.) Je nach Feldlage sind etwa 3—4 Wagen erforderlich. Das Entladen auf dem Hof erfolgt zweckmäßig durch Kippvorrichtungen, Roll- oder Kratzböden. Wo solche Einrichtungen fehlen, abziehen des Häckselgutes mit Netz, Plane, Abzugsrechen, Abladegetriebe mit Schubwand. Einbansen durch Gebläse. Futtertisch im Viehstall bei Grünfütterung für Schlepper und Wagen befahrbar (ab 2 m) einrichten. Für Gärfutterbereitung Fahrsilo bevorzugen (S. 326).

Für die Ernte von Grün- oder Silomais muß bei über 2,5 m hohen Beständen die Pick-up-Trommel des Feldhäckslers durch eine einreihige Spezialvorrichtung (Maisgebiß oder Maisvorsatz) ersetzt werden.

Bei der Getreideernte hat sich das Schwad-Feldhäckseln bewährt. Das mit dem Schwadmäher in der Binderreife (S. 24/25) gemähte Getreide (siehe Schwaddrusch S. 627) wird mit einem Feldhäcksler aufgenommen (Arbeitsleistung 1 ha in 2 Std.), auf den angehängten Wagen geblasen und hierbei schon fast 100prozentig ausgedroschen. Die Trennung des Korn-Spreu-Häckselgemisches erfolgt mit Hilfe einer auf Häckseldrusch umgestellten Dreschmaschine. Umstellung meist ohne größeren Kostenaufwand durch einige Änderungen an den Sieben möglich. Fließarbeit erfordert aber ein Abladegebläse.

Künstliche Nachtrocknung des Getreides entfällt im allgemeinen beim Schwad-Feldhäckseln. Weitere Vorteile dieses Verfahrens: Einsaat von Stoppelfrüchten ist früher möglich als beim Mähdrusch.

Einsatz des Feldhäckslers mit Mähwerk in stehendes Getreide (Weizen und Roggen am besten geeignet) erfordert — wie beim Mähdrusch — oft künstliche Nachtrocknung.

Betriebe mit stärkerem Rübenanbau können den Feldhäcksler zur sauberen Bergung des frischen Rübenblattes, zum Einsäuern oder zur Frischverfütterung verwenden. Die Blattaufnahme erfolgt nur aus dem Längsschwad mit Hilfe der Pick-up-Trommel. Es ist nur der Schlepperfahrer erforderlich. Voraussetzung: Trockenes Wetter (Verschmutzung), Reduzierung der Häckselmesserzahl (möglichst grober Häcksel) und Verwendung eines Fahrsilos. Beim Hochsilo würde das bereits gehäckselte Rübenblatt durch das Wurfgebläse zu sehr (musartig) zerkleinert und stärkerer Saftverlust eintreten. Derartiges Futter fressen die Tiere nicht gern.

Leistung des Feldhäckslers: Grünfutter etwa 100—125 dz/Std., Heu und Stroh 20—35 dz/Std. In einer Ernteperiode beim

Schwad-Feldhäckseln je nach Witterung etwa 170—300 Einsatzstunden. Ein 8-Fuß-Schwadmäher schafft in der Stunde 0,4—0,7 ha.

Getreidetrocknung

Getreide ist erst bei einem Feuchtigkeitsgehalt von etwa 14 % lagerfähig. Daher erfordert Erntedrusch (Mähdrusch u. a.) oftmals künstliche Trocknung des Kornes. Es gibt folgende Möglichkeiten: Entweder Sofortverkauf des nicht lagerfähigen Getreides mit entsprechenden Preisabzügen, Lohntrocknung (etwa 2 DM / dz!) oder Trocknung im eigenen Betrieb (meist vorteilhafter), wie nachstehend beschrieben:

1. Trocknung mit klimatisierter Luft (Belüftungstrocknung).

Bei dieser Trocknungsart wird die Luft mit einer rel. Feuchtigkeit von etwa 65% durch das Getreide geblasen. Da nur bei gutem Wetter und tagsüber die Luft eine solche Trockenheit aufweist, ist es notwendig, diesen Zustand bei schlechtem Wetter und nachts durch Anwärmung der Luft herzustellen. Als Faustregel gilt, daß eine Temperaturerhöhung um 1° C die relative Luftfeuchtigkeit um 5% senkt. Ein Anwärmen um 5° C reicht in allen Fällen aus. Im Gebläse wird die Trockenluft durch die Abwärme des Motors und durch die Luftreibung bereits um 1° C erwärmt. Die darüber hinaus notwendige Wärme kann z. B. durch Flüssiggas oder Elektrizität zugeführt werden. Derartige Anlagen sind verhältnismäßig billig, verursachen aber höhere Betriebskosten. Sie sind vornehmlich für kleinere Betriebe zu empfehlen oder in Gebieten, in denen ein trockeneres Klima herrscht (Luftanwärmung nur nachts nötig, Nachtstrom!). In allen anderen Fällen sollte die Luft durch Koks- oder Ölfeuerung erwärmt werden. Die Trocknungsanlage läßt sich auch in vielen kleineren Betrieben an eine vorhandene Warmwasserheizung (Herdkessel) anschließen. Die Anschaffungskosten sind in diesem Fall niedrig, wenn die erforderliche Warmwasserzu- und ableitung kurz (bis rund 30 m) ist.

a) Trocknung auf Flachspeichern (Schüttböden).

Bei diesem einfachen Verfahren wird die Trocknungsluft mit einem Gebläse senkrecht durch das Getreide geblasen. Zur besseren Raumausnutzung (höhere Schüttung) und um einzelne Getreidesorten voneinander zu trennen, ist ein Unterteilen des Speichers mit luftdichten Querwänden aus genuteten Brettern oder Hartfaserplatten zweckmäßig. Speicherdecke eventuell verstärken. Belastung: Bei 1 m Schütthöhe 800 kg/qm, bei 2 m Schütthöhe 1600 kg/qm. Entleerung möglichst in darunterliegendes Stockwerk durch Öffnungen in der Decke. Die Luftführung in das Getreide erfolgt durch leicht zu verlegende, am Boden des Lagerraumes verlaufende Holz- oder Blechkanäle bzw. Röhren, die mit Schlitzen versehen sind. Die Luft kann auch unter Siebböden geleitet werden.

Bei der Anschaffung des Gebläses muß man von der Größe der Trocknungsfläche und der Schütthöhe des Getreides ausgehen. Für Schütthöhen bis zu 1,4 m reicht ein billigeres Axialgebläse aus. Soll noch höher geschüttet werden (bis zu 2 m), so ist der Einbau eines Radialgebläses ratsam. Außerdem sind die Gebläse in ihrer Förderleistung so auszuwählen, daß je cbm Getreide mindestens 300 cbm Luft je Stunde durchgesetzt werden. Fällt sehr feuchtes Getreide an (höher als 22%), so muß die Trocknung nach 6 Tagen beendet sein. In diesem Fall sollte man niedrig schütten und viel Luft durchblasen.

b) Trocknung in H o c h s i l o s.

Derartige Silos sind rund oder vieleckig, 4—8 m hoch, mit großem Fassungsvermögen (100—300 dz). Hier wird die Luft durch ein in der Mitte des Silos verlaufendes, gelochtes oder geschlitztes Zentralrohr waagerecht von innen nach außen durch das Getreide geblasen. (Luftführung bei Querbelüftung von Silowand zur gegenüberliegenden Wand). Das Rohr wird je nach Füllhöhe mit einem Kolben abgedichtet. Die Behälter haben einen luftdurchlassenden Außenmantel aus engmaschigem Drahtgewebe, geschlitzten Blechen, gelochten Hartfaserplatten oder jalousieartig zusammengefügten Brettern. Wenn die Entleerung mit einer Körnerschnecke erfolgt, genügt ebenerdige Aufstellung der Behälter. Auslauftrichter mit Gestellen unter dem Silo verteuern die Anlage und erschweren die Durchlüftung. Das Beschicken kann mit einem Becherwerk oder Körnergebläse erfolgen, eventuell über trichterförmige Auffangmulde (Körnersumpf), die Schnellentleerung aus Wagen oder Säcken ermöglicht. Derartige Belüftungssilos sind nur in größeren Betrieben mit über 20 ha Getreideanbaufläche wirtschaftlich.

Bei der Trocknung mit klimatisierter Luft läßt sich durch ein Hygrometer, das auf die Getreideoberfläche aufgelegt (Schüttboden) oder am Silomantel außen aufgehängt wird, das Ende des Trocknungsvorganges feststellen. Das Instrument zeigt dann nicht mehr 90, sondern etwa 70% relative Feuchte an.

In vielen Fällen wird die Luft weitaus höher als hier angegeben erwärmt. Man kann so zwar schneller trocknen, kann aber andererseits den Endpunkt der Trocknung nur schwer feststellen und erhält sehr ungleichmäßig getrocknetes Getreide, das zum Ausgleich der Feuchtigkeit gut durchmischt werden muß (M i s c h u n g s t r o c k n u n g).

Planung

In mittleren und kleineren Betrieben sind größere Investierungen für hofeigene Trocknung nicht angebracht. Die Belüftungstrocknung ist jedoch meist wirtschaftlich tragbar, wenn hierfür einfache Geräte gewählt werden (z. B. ohne teure Trichteruntergestelle, möglichst Eigenbau oder vorgefertigte Bauelemente). Dreimalige Füllung während der Ernte ist möglich; daher soll die Behältertrocknung etwa ein Drittel der Getreidernte aufnehmen. Raumbedarf: 6,5 dz = 1 cbm Getreide. Zweckmäßig wird der belüftbare Raum in drei Einzelbehälter aufgeteilt (leichtes Befüllen und Entleeren). Dauer der Trocknung etwa 6—10 Tage, Betriebskosten 0,40 bis 0,80 DM/dz Getreide. Die Kosten für das Trocknungszubehör (Luftverteilersystem, Gebläse und Heizgerät) sollten 50.— DM je cbm Getreide und ebenso die Kosten für den cbm Lagerraum 50.— DM nicht übersteigen. Für kleinere Betriebe kann eine Anlage zweckmäßig sein, die gemeinschaftlich genutzt wird.

2. T r o c k n u n g mit W a r m - (o d e r H e i ß -) L u f t. Dieses Verfahren wenden Lagerhäuser und Mühlen häufig an. Warmlufttrockner arbeiten als Durchlauf- oder Satz-(Partien-)trockner mit automatischen Umwälzeinrichtungen (Trommel-, Darren- oder Schachttrockner). Sie ermöglichen Schnelltrocknung des Getreides bei hoher Leistung, erfordern aber höhere Anlage- und Betriebskosten. Es gibt auch fahrbare Anlagen. Warmlufttrockner müssen (im Gegensatz zu Belüftungstrocknern) besonders sorgfältig bedient werden. Sie kommen nur für größere landwirtschaftliche Betriebe in Frage.

XVI.

Allgemeine Stallbaugrundsätze

Allgemeines

Gesunde Ställe sind eine wesentliche Voraussetzung für erfolgreiche Viehhaltung. Gute Leistungen des Viehs sind nur in guten Stallungen zu erwarten!

Die Ställe müssen vor allen Dingen hell, gut be- und entlüftet und trocken sein. Feuchte, warme Luft ist Bazillenträgerin und verweichlicht die Tiere. Sie beeinträchtigt die Hautatmung und erhöht die Anfälligkeit für Krankheiten. (Ställe, in denen Spinnen ihre Gewebe ziehen, zeugen von für das Vieh gesunder Trockenheit.) Da ein Steinstall mit noch so guter Entlüftung einem Holzstall in gesundheitlicher Hinsicht niemals gleichkommt, werden Jungtiere am besten in einem Holzstall aufgezogen.

Hauptfehler schlechter Stallungen:

1. feuchte und kalte Wände
2. kalte Stallfußböden
3. ungenügende Belichtung
4. mangelhafte Be- und Entlüftung (muffig, Zugluft)
5. gemeinsame Unterbringung der verschiedenen Tierarten in einem Stallraum.

Neuzeitliche Bauweise

Die in den letzten Jahren entwickelten neuen Bauformen ermöglichen gegenüber der früheren massiven Bauweise Einsparung von Material und Lohnkosten und sind arbeitswirtschaftlich wesentlich vorteilhafter. So entstand z. B. der Hallentyp, eine stützenlose, freitragende Halle mit Längsdurchfahrt, eingebauten Ställen und erdlastiger Lagerung von Vorräten in Stallnähe. Diese „Stallscheune“ ist ein Allzweckraum ohne kostspielige Deckenkonstruktion, zum Unterstellen von Wagen, Maschinen und Geräten, zur Lagerung von Düngemitteln und anderen Gebrauchsgütern bestimmt. Weiterer Vorteil: Der Hallenbau kann, wenn freistehend, späterhin erweitert oder im Innenraum verändert werden.

Bei der „Skelettbauweise“ brauchen die Wände keine Deckenlast zu tragen. Diese Aufgabe übernehmen Stützen, Unterzüge und andere Bauteile. Daher genügen als Wandverkleidung leichte, großflächige Baustoffe. Für Ställe werden bevorzugt wärmedämmende Stoffe verwendet.

Baumaterial

Geeignete poröse Baustoffe, die im Winter die Kälte und im Sommer die Hitze aus dem Stallinnern fernhalten, sind: Ziegelsteine, Leichtbeton, Bims, Tuffstein, Lehm und Holz. Leichte Baustoffe lassen geringere Wandstärken zu als schwere. Je mehr Poren sie enthalten (Lufteinschlüsse), desto größer ist ihr Wärmeschutzvermögen. Naß und kalt sind fast alle Wände aus Beton, Bruchsteinen, Natursteinen (außer Tuffstein) und aus Klinkern. Sie werden mit Bimssteinen hintermauert und isoliert bzw. durch eine Ziegelsteinverblendung oder Einfügen von sog. Luftzellen wärmedämmend gemacht. In der unteren Stallhälfte sind jedoch auf jeden Fall Ziegelsteine vorzuziehen, so daß also nicht die ganze Höhe mit Bimsstein oder sonstigen leichten Baustoffen auszuführen ist. Das Holzwerk, namentlich auch das Dachholz, ist durch chemische Mittel (Xylamon-Anstrich usw.) gegen Wurmfraß, Hausbock usw. zu schützen.

Die waagerechte Isolierschicht der Wände muß bei Neubauten so hoch über das Gelände gelegt werden, daß das Spritzwasser bei Schlagregen und das Traufwasser nicht oberhalb der Isolierschicht die Mauer durchnäßt, also etwa 40 cm hoch. Die Isolierung besteht aus Bitumen- oder Teerpappe, deren Stöße 10 cm überdeckt werden.

Ziegelsteinbedarf: Für 1 cbm Mauer = 400 Ziegel.

Stallwände (außen)

Sollen grundsätzlich nur in Kalkmörtel gemauert und aus 38 cm starkem Ziegelmauerwerk hergestellt werden. Hohlwände dagegen haben sich nicht bewährt. (Gefahr des Wasserniederschlages in den Hohlschichten wegen des hohen Feuchtigkeitsgehaltes der Stalluft.)

Stallhöhe

Stallhöhe:	Pferdeställe	2,80—3,70 m	je nach Besatz
	Rindviehställe	2,60—3,20 m	
	Schweineställe	1,90—2,25 m	
	Schafställe	4,00—5,00 m	
	Hühnerställe	1,70—2,00 m	

Der Stall soll nie höher als notwendig sein, weil sonst in der kälteren Jahreszeit der Futteraufwand steigt.

Stalldach

Wird zwischen Großviehstall und Dach ein Speicherraum gebaut, der über 20° Neigung aufweist, kommen als Abdeckmaterial auch Dachziegel aus Ton oder Zement in Betracht. Wenn große Bergeräume für Rauhfutter über oder neben dem Stallteil zu errichten sind, werden zur Dach- (und Wand-)Verkleidung verzinkte Stahldachpfannen oder Wellasbestplatten bevorzugt. Bei diesen großflächigen Bauelementen mit niedrigem Quadratmetergewicht genügen leichtere und weniger kostenaufwendige Unterkonstruktionen, als bei Ziegeldächern erforderlich sind. Stahldachpfannen oder Wellasbestplatten sind auch als Dach-Decke geeignet, wenn unter den Bindern und Pfetten Wärmedämmplatten aus Stein- oder Glaswolle aufgebracht werden.

Dachüberstand

Ausreichende Dachüberstände bieten einen guten Schutz für das Mauerwerk und bei 3 bis 5 m Überhang auch die Unterstellmöglichkeit für Erntewagen.

Traufpflaster

Ein Traufpflaster, mindestens aber eine Anböschung des Erdreichs gegen die Außenmauer des Stalles, sollte bei keinem Gebäude fehlen. Es muß normal eine Breite von 1 m mit einem vom Gebäude abweisenden Gefälle von 15 cm erhalten und ist so herzustellen, daß das Wasser tatsächlich abfließt und nicht in den Fugen der Pflasterung sitzen bleibt. Ein Traufpflaster verhindert weiterhin das Eindringen von Mäusen und Maulwürfen zum Gebäude hin und schafft auf kleineren, ungepflasterten Höfen mit geschlossener Hoflage auch bei Schmutzwetter einen trockenen Gang zu den einzelnen Gebäuden.

Regenwasser dringt auch dann leicht in Ställe ein, wenn der Stallfußboden mit dem Außengelände auf einer Höhe oder gar noch tiefer liegt. Daher soll der Stallfußboden möglichst 20 bis 30 cm über dem anschließenden Gelände angelegt werden. Dadurch wird auch der Stallmisttransport erleichtert und das für die Jaucherinne zur Grube erforderliche Gefälle geschaffen.

Bewährt haben sich Holzdecken, die besonders wärmehaltend sind. Ferner Ziegelhohlsteindecken und Decken aus Leichtbetonsteinen. Betondecken bleiben nur bei sachgemäßer Be- und Entlüftung trocken. **Stalldecke**

Wichtig ist, die Stalldecke von oben durch Lehmschlag (evtl. Lehm mit Häcksel gemischt), zumindest aber durch Heu- und Strohauflage wärmehaltend zu gestalten. Zur Vermeidung von Schwitzwasserbildung muß die Decke im Winter mit einer etwa 1 m hohen Rauhfutterschicht versehen werden.

Be- und Entlüftung (Abb. neben S. 624)

Die L u f t z u f u h r muß durch unter der Stalldecke befindliche, von Außenwand zu Außenwand reichende Holzkanäle mit Luftverteilungsschlitzen erfolgen. Diese Kanäle werden im Stallinnern bis zu 1 m von der Außenwand dicht verschalt, danach, beginnend mit 8 mm breiten Luftschlitzen, in zunehmend größeren Abständen bis zu 2,5 cm, zum anderen Kanalende wieder auf 8 mm zurückgehend. Durch diese Zwischenräume wird in das Stallinnere ständig vorgewärmte Frischluft in ausreichender Menge zugeführt. Man verwendet dazu 2,5 cm starke, gut imprägnierte Bretter. — Durch im Innern etwa 10 cm von der Außenwand anzubringende Klappen oder Schieber läßt sich der Luftzustrom bei stärkerem Windanfall regulieren. Kanalöffnungen an der Wand mit engmaschigem Draht gegen Ungeziefer sichern.

Die E n t l ü f t u n g erfolgt dagegen durch die bis 30 cm über den Stallfußboden herunterführenden (Tiefschachtentlüftung) und anderseits über das Dach bis mindestens 50 cm Firsthöhe (damit keine Beeinträchtigung der Auftriebskraft in dem Abluftschacht durch vom Wind erzeugten Luftwirbel erfolgt) hinausragenden, senkrechten Abluftschächte. Diese müssen im Dachraum doppelwandig und zwischen der Doppelwandung wärmetechnisch gut mit Gerstenspreu, Torfmull, Sägemehl oder Glaswolle isoliert sein, da sonst die kalte, im Bodenraum befindliche Luft die Abluft nicht fördert, sondern hindert und sich im Schacht Schwitzwasser bildet. Im Stallinnern genügt einfache Umwandung. Der Schachtquerschnitt soll je nach Viehzahl 35×35 cm bis 100×100 cm betragen. Als oberer Wetterschutzabschluß des Luftschachtes dient eine allseitig abgeschrägte Holz- oder Blechhaube.

A u s g e s p a r t e L ö c h e r i n d e r W a n d bzw. eingelassene Dränrohre, desgl. auch oben an der Decke beginnende Dunstschlote sind völlig ungeeignet! Durch die Tiefentlüftung dagegen wird die verbrauchte schwere Stalluft dort abgesaugt, wo sie entsteht, also unmittelbar über dem Fußboden. Die bisher üblichen Abzugsschlote, welche unmittelbar unter der Stalldecke enden, haben den Nachteil, daß sie die sehr erwünschte warme und daher leichtere Luft, die unmittelbar unter der Stalldecke lagert, absaugen, während anderseits die schwere kohlensäurehaltige, schlechte Luft über der Düngerlage stehenbleibt.

Luftabfuhrschächte werden bei nicht zu großen Ställen am besten an beiden Giebeln angebracht, damit sie die Stallarbeiten nicht behindern.

Sehr wirksam ist eine Zwangslüftung mit elektr. Ventilatoren in Form von Saug- oder Drucklüfter (geringer Stromverbrauch).

F r i s c h l u f t b e d a r f : Die Lüftungseinrichtung soll so bemessen sein, daß je 500 kg Lebendgewicht in der Stunde 100 cbm Frischluft zugeführt wird.

D i e b e s t e B e - u n d E n t l ü f t u n g ist aber, Fenster und Türen im Sommer Tag und Nacht offen zu lassen und auch im Winter für ausreichende Lüftung zu sorgen. (Offenstall! S. 639.)

Fenster (Abb. nach S. 624)

Sonnenlicht tötet Keime und Bakterien, fördert die Bildung der roten Blutkörperchen, beschleunigt den Stoffwechsel, erhöht die Atmungsfähigkeit und das Wohlbefinden der Tiere. Licht ist also ein wichtiges, natürliches Desinfektionsmittel!

Die Stallfensterfläche soll daher möglichst $^1/_{12}$—$^1/_{15}$, zumindest aber $^1/_{20}$ (in Gegenden mit sehr kalten Wintern) der Grundfläche des Stallgebäudes betragen (in Holland bis zu einem Zehntel anzutreffen) und bei Hühnerställen möglichst $^1/_5$ bis $^1/_{10}$. Oder je Großvieheinheit 0,5 qm Gesamtfensterfläche. Zur Errechnung der Glasfläche ist den lichten Maueröffnungen bei Holzfenstern ein Zuschlag von 20% und bei eisernen Fenstern ein solcher von 10% hinzuzurechnen. Auf ausreichende Fensterfläche ist bei Zuchtställen mehr als bei Mastställen und bei solchen, in denen die Tiere viel Auslauf haben (Pferde. Jungvieh), Rechnung zu tragen. „Kommt Sonne nicht in deinen Stall, bringt krankes Vieh dich bald zu Fall!"

Die Hauptfront soll möglichst nach Süden liegen, und die Süd- und Ostseiten des Stalles müssen mehr Fenster als die West- und besonders Nordseiten erhalten.

Bei Stallfenstern, ganz besonders bei solchen in dicken Mauern, ist des besseren Lichteinfalles wegen an allen vier Seiten eine Schräge nach innen von mindestens 30° wichtig! (Wandseiten brechen.) Aus dem gleichen Grunde sollen Fenster hoch eingebaut werden, d. h. dicht unter der Decke liegen, damit das Licht bzw. die Sonnenstrahlen tief in den Stall einfallen können, eine starke Abkühlung in der unteren Stallhälfte vermieden und auch eine bessere Entlüftung erreicht wird. Daher soll die Fensterbrüstung im oberen Wanddrittel liegen. (Bei Rindviehställen möglichst nicht unter 1,40 m, bei Schweineställen möglichst nicht unter 1,20 m, vom Stallfußboden gemessen.) Dann werden auch die Tiere im Winter nicht von der einströmenden Kaltluft unmittelbar getroffen. Die Stallfenster müssen also meistens breiter als hoch sein.

Zur Vermeidung von Zugluft und damit die Frischluft erst nach oben geführt wird und dann etwas vorgewärmt in den Stall gelangt, sollen sich Stallfenster stets nach innen und oben öffnen lassen und auch Blenden an den Seiten den Einfall kalter Luft verringern.

An Außenwänden und Fenstern sind wegen der Erkältungsgefahr nach Möglichkeit keine Tiere anzubinden. Hier lassen sich zweckmäßigerweise Futter- und Düngergänge legen oder Außenwand isolieren.

Man wähle Kippflügelfenster aus Stahl oder Holz (am besten Lärchen- oder Kiefernholz). Holzfenster sind in gewissen Zeitabständen zu streichen. Unverzinkte Stahlfenster sind vor Gebrauch mit Mennige und zwei Farbanstrichen zu versehen. Feuerverzinkte Stahlfenster in Abständen von etwa 5 Jahren mit Spezialfarben streichen. Fenster aus Stahl können in das noch feuchte Mauerwerk eingesetzt werden.

Auch rahmenlose Drahtglasfenster haben sich bewährt. Allerdings beträgt die Lichtdurchlässigkeit der letzteren nur etwa 70—50% derjenigen von reinem Fensterglas. Drahtglasfenster müssen also entsprechend größer sein. Sie sind durchaus bruchsicher. Bei Betonrahmenfenstern verhindern aufgezogene Gummipolster eine Beschädigung beim Andrücken der Scheibe.

Da Kitt von der Stalluft leicht angegriffen und zerstört wird, soll der Kittfalz beim Einsetzen der Scheiben nach außen kommen.

In jedem Fall ist ein 4—5 cm hoher Schlitz zum Ablaufen des Schwitzwassers (Stallfenster schwitzen leicht) zwischen äußerer Fensterbrüstung und dem Fenster offen zu lassen, wodurch das Schwitzwasser nach außen abgeleitet wird. — Stallfenster stets sauberhalten!

Sehr zweckmäßig ist die Verwendung von Oberlicht, das entweder durch ein Fensterband im First einfällt oder durch Wellglasplatten, die in der Dachschräge in die Asbestzementbedachung verlegt sind. (Siehe Abb. nach S. 624.) Dann kann der Stall gegebenenfalls fensterlos sein.

Beleuchtung

Saubere Lampen und Leuchten erhöhen die Lichtwirkung! Da der überwiegende Teil der Stallarbeiten im Winter während der Dunkelheit verrichtet wird, sollten zur künstlichen Beleuchtung neuzeitliche Leuchtstoffröhren angebracht werden (geringerer Stromverbrauch als bei Glühlampen, größere Lebensdauer, keine scharfen Schlagschatten, weniger Blendung). Bei einer 15-Watt-Lampe wird nur halbe Arbeit verrichtet!

Anstrich der Stallwände

Stallwände sollen möglichst hell gestrichen und wenigstens einmal im Jahr weiß getüncht werden (zur Fliegenbekämpfung etwas Gesarol, 2%ige Esso-Viehschutz-Lösung — auf 50 l Kalkmilch 1 l oder Alaun beimischen), damit die Lichtstrahlen vielfach zurückgeworfen werden und eine bessere Lichtwirkung erzielt wird. Vor dem Anstrich Stallwände gründlich reinigen (siehe S. 490 und S. 601).

Beim Weißen äußerer Stallflächen empfiehlt sich zur Erhöhung der Haftfähigkeit und Wetterbeständigkeit ein Zusatz von Magermilch. Beim Weißen innerer Holzflächen zur Erhöhung der Haltfähigkeit auf 100 l Kalkmilch 3 l Wasserglas zusetzen. Fenster gleich nach dem Weißen putzen. Später lassen sich Kalkspritzer nur schwer entfernen.

Stalltüren (Abb. nach S. 624)

Größenabmessungen: Innentüren: 1 m breit, 2 m hoch
Außentüren: 1,25 m breit, 2,20 m hoch

Bei größeren Ställen mit mehr als 10 Stück Großvieh in einem Raum Breite auf 1,50 m erweitern.

Quergeteilte Stalltüren (unten $^3/_5$ und oben $^2/_5$ der Türhöhe, um die Türklinken genügend hoch anbringen zu können und Kleintieren den Zugang zu verwehren), von denen die obere Hälfte, besonders in der wärmeren Jahreszeit, Tag und Nacht offenbleiben kann (Befestigung durch Haken an der Außenwand), ohne daß Zugluft entsteht, sind sehr zweckmäßig. Auch ein über Sommer abnehmbarer, mit Krampen und Ösen befestigter Lattenrahmen ist verwendbar. Im Winter halten Doppeltüren mit Pappeinlage oder solche mit einer auf die Türleisten aufgenagelten zweiten Holzschalung, unter Ausfüllung des Zwischenraumes mit Torfstreu oder Gerstenkaff, die Kälte zurück und schützen gegen Zugluft.

Ritzen zwischen Türverschalung und Stallwänden sind durch Strohflechten, die an den Rand der Tür genagelt werden, auszufüllen. Auf die Türschwelle ist zum Abdichten eine Strohrolle zu legen. Stalltüren sollen stets nach außen aufgehen, damit die bei Gefahr nach außen drängenden Tiere schnell ins Freie können.

Stalltür-Verschluß

Das Kastenschloß ist weniger gut für Stalltüren geeignet, da es meist in kürzester Zeit verrostet und unbrauchbar wird. Dagegen ist die Stalltürklinke als Verschluß sehr gut geeignet, da diese bei Zuwerfen der Tür selbsttätig einschnappt und sich von beiden Seiten gut betätigen läßt. Das Verschließen erfolgt durch Anbringen eines Vorhängeschlosses.

Stallfußboden (Siehe auch S. 545 u. S. 604)

Kalt sind Fußböden aus Kopfsteinen, Beton oder Zement und Klinkerpflaster. Aber auch Ziegel- und selbst Holzpflaster bleiben kalt, wenn diese unmittelbar auf gewachsenem Boden liegen. Ziegelsteine sind auch zu weich und saugen sich zu schnell mit Jauche voll.

Ein Stallfußboden, der gegen Bodenkälte schützt, wird wie folgt hergestellt: Über eine 25 cm starke, festgestampfte Packung von Schlacke bzw. grober Asche (Kälteschutz) — weniger gut ist Ziegelsteinschlag — wird eine 10 cm starke Mager- bzw. Leichtbetonschicht verlegt (1 Teil Zement, 10 Teile Sand), die mit doppelter Isolierpappe gegen Erdfeuchtigkeit isoliert wird. Darüber kommt der eigentliche Stallfußboden von flachgelegten Hartbranntziegeln in einer 3 cm starken Sandschicht (nur bei Pferdeställen hochkant stellen). Abschließend wird mit Asphalt oder Zementmörtel (nicht mit Zement) verfugt.

Bei bereits vorhandenen Zementfußböden läßt sich durch Auflage einer Holzpritsche aus Kiefernrundhölzern (einmal aufgeschnitten) ein trockenes und warmes Lager schaffen. Dies kommt besonders für Schweineställe in Frage. — Für Pferde Holzpflaster zweckmäßig.

Fußböden in Futter- und Mistgängen werden am besten in Beton ausgeführt. Zur Vermeidung der Rutschgefahr ist Feinbetonschicht nicht zu glätten, sondern nur rauh abzuziehen. Ecken sind zur besseren Sauberhaltung mit Beton auszurunden.

Jaucherinne (Siehe S. 63)

Offene Jaucherinnen sind, mit Ausnahme in Zuchtschweineställen, den geschlossenen wegen der besseren Reinigungsmöglichkeit vorzuziehen. Keine Pflastersteine, sondern glasierte Klinker (Pferdeställe), Tonschalen oder besser geglätteten Beton verwenden. Gefälle 2—2,5 cm/lfd. Meter, bei Schweinebuchten 3—5 cm.

Jauche muß schnell abfließen, damit möglichst wenig Verluste durch Verdunsten entstehen und die Stalluft wenig verunreinigt wird. Bei dreieckiger Querschnittsform ergibt sich eine erhöhte Fließgeschwindigkeit. Bei größeren Ställen in Stallmitte Sinkschacht einbauen, der mit Jauchegrube durch Tonrohrleitung verbunden ist.

Futterkrippen

Als Futterkrippen am besten glasierte Tonkrippen (Steinzeug) verwenden. Holz- oder Zementkrippen sind weniger geeignet. Auf jeden Fall müssen die Krippen leicht zu reinigen sein (glattwandig, durchlaufend, mit leichtem Gefälle) und keine scharfen Winkel und Ecken aufweisen. Länge je Großvieh 60 cm, nicht zu hoch anbringen.

Offenstall (Freiluftstall)

Eine Stallform, bei der mindestens eine, meist nach Süden gelegene, windgeschützte Seitenwand offenbleibt und den Rindern vielfach Auslaufmöglichkeit bietet.

Vorteile: Gesunde, robuste, Tbc-freie Aufzucht und Haltung der Tiere, wesentlich geringerer Arbeitsaufwand durch Wegfall der täglichen Ausmist-, Stallreinigungs- und Putzarbeit (S. 463). Kein Jauchefahren, bessere Dungqualität (S. 54), niedrigere Baukosten, keine Entlüftungsprobleme. Leichter erkennbares Rindern, leichteres Kalben der Kühe (Bewegung).

Nachteile: Höherer Streustrohverbrauch (10—12 kg/Kuh/Tag — S. 49), 5—10% höhere Nährstoffaufnahme, bei Frost Verabreichung von Saftfutter schwierig, Einzelfütterung schwerer durchführbar. Offen-(Schuppen-)ställe sind besonders für Jungvieh (ab 6 Monate) geeignet.

Milchviehhaltung ist möglich, wenn Kühe enthornt, heizbarer Melkraum und Abkalbestall vorhanden sind. (Selbsttränke mit elektrischer Heizung.)

Bei Übergang vom warmen Anbindestall zum Offenstall Tiere entsprechend vorbereiten! Am besten Vieh nach sommerlichem Weidegang zum Herbst in Freiluftstall bringen. Der Tierkörper schützt sich gegen Kälte durch dichteren Haarwuchs und stärkere Fetteinlagerungen im Unterhautbindegewebe.

Anbinde-Offenstall (Kaltstall)

Bei dieser Haltungsart stehen die Tiere angebunden in einem Stall, dessen Wände mit offenen Durchbrüchen versehen sind. Beim Kaltstall sind Türen und Fenster des Massivstalles ständig geöffnet. Offene Anbindeställe beanspruchen wenig Raum (beengte Hoflage) und haben geringeren Strohbedarf, doch sind die Tiere leicht dem Zug ausgesetzt.

Oftmals läßt sich durch Umbau nicht mehr benötigter Scheunen (Mähdrusch) ein Offenstall mit verhältnismäßig geringen Mitteln einrichten.

Je schlechter die Stallverhältnisse eines Betriebes sind, um so größer dürften — auch beim Milchvieh — die mit der Offenstallhaltung verbundenen Vorteile sein. Entscheidend für diese Aufstellungsart wird stets die persönliche Einstellung des Betriebsleiters sein. Daher werden sich auch in Zukunft Anhänger und Gegner dieser Haltungsformen gegenüberstehen.

Weitere Angaben über Stallbau siehe:

1. Pferdehaltung S. 431; 2. Rindviehhaltung S. 491; 3. Schafhaltung S. 577; 4. Schweinehaltung S. 544; 5. Hühnerhaltung S. 603.

XVII.

Betriebswirtschaft und Betriebsorganisation

Zur erfolgreichen Führung eines landwirtschaftlichen Betriebes gehört nicht nur die Fähigkeit, hohe Erträge aus Ackerbau und Viehhaltung zu erzielen. Denn ein Betrieb mit hohem Rohertrag (S. 646) kann mit Verlust arbeiten. Entscheidend ist der Reinertrag, d. h. der nach Abzug sämtlicher Unkosten verbleibende Überschuß eines schuldenfrei gedachten Betriebes.

Reinertrag

Hierbei bleiben unberücksichtigt: Ausgaben, die der Besitzer für sich und seine Familie tätigt, Altenteil, Hypothekenzinsen, Pacht. Ferner betriebsfremde Einnahmen (Nebenverdienste des Besitzers u. a.).

Als Betriebseinnahme dagegen werden verbucht: Die vom Besitzer und seiner Familie entnommenen Naturalien und Mietwert der Wohnung. Mehr- oder Minderwert des Inventars und der Vorräte am Jahresabschluß gegenüber dem Jahresanfang werden den Einnahmen bzw. Ausgaben zugerechnet. Ein für den Betriebsleiter und seinen mitarbeitenden Familienangehörigen angemessener Lohnbetrag sowie Tilgungskosten für Gebäude und größere Maschinen sind ebenfalls als Ausgaben zu verbuchen.

Allerdings können sich bei Festsetzung der Lohnansprüche des mehr oder weniger fähigen Betriebsleiters Schwierigkeiten ergeben. Unberücksichtigt bleibt auch eine eventuelle Wirtschaftserschwernis infolge größerer Verschuldung des Betriebes. (Oft wird der Wirtschaftsablauf nicht von den betriebswirtschaftlichen Notwendigkeiten, sondern von den Wechselverbindlichkeiten bestimmt!) Daher ist die Bezeichnung „Reinertrag" ein sehr dehnbarer Begriff.

Buchführung

Jeder Betrieb sollte genau über Einnahmen und Ausgaben Buch führen, d. h. alle Wirtschaftsvorgänge rechnungsmäßig erfassen. Buchführung soll Aufschluß über den Betriebserfolg geben und auf etwaige Mängel in der Wirtschaftsführung sowie auf die Rentabilität einzelner Betriebszweige hinweisen. Daher ist eine schnelle Auswertung der Bücher nach Jahresabschluß unbedingt erforderlich. Wichtig ist ein Betriebsvoranschlag, der von Zeit zu Zeit an Hand der Rückberichte zu korrigieren ist. Buchführung ist auch dort vorteilhaft, wo sie steuerlich nicht vorgeschrieben ist, denn sie erzieht zum betriebswirtschaftlichen Denken. *)

Betriebserfolg

Der Betriebserfolg (Rohüberschuß) wird durch verschiedene Faktoren beeinflußt (Klima, Boden, Grünlandanteil, Betriebsart, Anbauverhältnis, Besatz an lebendem und totem Inventar, bauliche Anlagen). Entscheidend ist die Fähigkeit des Betriebsleiters, sich den gegebenen Verhältnissen anzupassen und die vorhandenen Betriebsmittel bestmöglich einzusetzen. Die Betriebsführung muß also beweglich und anpassungsfähig sein. Kaufmännisches Denken (marktwirtschaftliche Überlegungen) sind heute wichtiger denn je. Die Erzeugung von Qualitätsware bringt bessere Preise. Dazu gehört auch eine entsprechende Marktaufbereitung, um den gesteigerten Ansprüchen der Verbraucher Rechnung zu tragen.

Klima und Boden sind zwar unabänderlich, können aber in ihren Auswirkungen im positiven Sinn durch technische und biologische Maßnahmen beeinflußt werden. Zum Beispiel: Beregnung in Trokkengebieten, Entwässerung bei stauender Nässe, Humusanreicherung armer oder sehr schwerer Böden mit Hilfe von Stallmist, Gründüngung sowie viel Wurzelmasse bildenden Gräsern u. a.

Ertragssteigernd wirken sich eine zweckmäßige, wohldurchdachte Fruchtfolge sowie Düngungsmaßnahmen aus, die eine ausreichende Versorgung der Pflanzen mit allen notwendigen Nährstoffen gewährleisten. Richtige Düngung bringt auch Qualitätsverbesserungen. Mineraldünger ist das beste und billigste Betriebsmittel mit großer Wirkung, besonders bei hochwertigen Früchten. Fortschrittliche Betriebe haben einen Düngeraufwand von 180—200 DM/ha, intensiv bewirtschaftete Zuckerrübenbetriebe 250 DM/ha. Als Norm für den Düngeraufwand gelten 10—12% der Betriebsausgaben. Frühbezug (Stoppeldüngung) und Waggonbezug sind preisbegünstigt.

Viehschwache Betriebe müssen fehlenden Stallmist durch verstärkte Gründüngung ersetzen. Durch Anbau von Kleegrasgemenge wird viel wertvolle Wurzelmasse gebildet.

Viehlose Wirtschaftsweise

Soll viehlos gewirtschaftet werden — eine bei steigenden Löhnen und dem Mangel an Melkpersonal immer mehr in den Vordergrund tretende Frage — muß die Bodenfruchtbarkeit durch Grün- und Strohdüngung, Anbau von Gras- oder Kleegrasgemenge sowie humusschonenden Früchten erhalten werden. Kartoffeln und Zuckerrüben sind Humuszehrer! Ihr Anbau ist daher einzuschränken. An Stelle von

*) Es wird auf das im **Siebeneicher Verlag** erschienene Formularwerk von Rhodovi „Erzeugungskosten" verwiesen.

Zuckerrüben kann Raps treten, die am leichtesten zu erntende „Hackfrucht“ für schweren Boden. Raps schließt mit seiner kräftigen Pfahlwurzel den Boden auf und hinterläßt ihn infolge guter Beschattung in bestem Garezustand. Das Getreidestroh kann in gehäckseltem Zustand hinter dem Mähdrescher liegen bleiben (Seite 56). In guten Ackerbaulagen — sehr leichte Böden sind nicht geeignet — ist eine viehlose Wirtschaftsweise durchaus möglich. Allerdings muß der Betriebsleiter besonders befähigt sein, da er ohne laufende Einnahmen wirtschaften muß und der Stallmist fehlt. Bei Umstellung Vieherlös auf die Bank bringen — als Reserve. Keine unüberlegten Käufe (Maschinen) vornehmen! In Betrieben mit Zuckerrübenanbau empfiehlt es sich, zur Verwertung der Blatternte über Winter Rindvieh zu halten, da Zukkerrübenblatt im Rindviehstall die beste Verwertung findet. Mit Abstand folgt der Verkauf von Troblako (S. 472), während das Unterpflügen des Blattes die geringste Rente (Düngerwert) ergibt.

Die Bodenbearbeitung hat ebenfalls großen Einfluß auf die Ernteerträge. Das trifft sowohl für sachgemäßes Pflügen als auch für eine genügend sorgfältige Vorbereitung des Saatbettes zu. (Bessere Nährstoffausnutzung durch die Pflanzenwurzeln.) Fehler und Mängel in der Bodenbearbeitung lassen sich nicht durch stärkere (Stickstoff-) Düngung ausgleichen! Auch Sortenwahl, Beschaffenheit des Saatgutes und Saatenpflege (Bodenlüftung, Unkraut- und Schädlingsbekämpfung usw.) beeinflussen die Erntehöhe.

Viehbesatz

Die Größe des Viehbestandes richtet sich in erster Linie nach den vorhandenen Futterflächen bzw. deren Ertragsmöglichkeit sowie nach der Nutzungsform. Entscheidend für den Betriebserfolg ist eine hohe Futterflächenleistung! Diese soll im Durchschnitt etwa 1500 DM/ha betragen. Eine Intensivierung der Futterfläche, insbesondere durch sachgemäße, reichliche Düngung, bringt für den bäuerlichen Betrieb mit geringstem Kapitalaufwand den raschesten finanziellen Erfolg! Die notwendige Steigerung der Flächenproduktivität ist nur in Verbindung mit einem höheren Viehbesatz zu erreichen. In Betrieben bis 20 ha mit ausreichenden Arbeitskräften liegt der Schwerpunkt bei der Milchviehhaltung, während größere Betriebe weniger arbeitsaufwendige Formen, wie Mast und Aufzucht, bevorzugen.

Viehstarke Betriebe müssen zu jeder Jahreszeit genügend Futteranfall haben (Futterplan aufstellen). Hier ist Gärfutter zum Ausgleich (über Winter) und als Reserve für futterknappe Zeiten nicht zu entbehren (6—8 cbm/GV). Zuckerrüben liefern wertvolles Blatt, das bei größeren Anbauflächen nicht durch übermäßige Frischverfütterung verschwendet werden soll. Höchstmenge pro Kuh und Tag 50 kg. Alles übrige einsäuern.

Dem Futterzwischenfruchtbau ist größte Beachtung zu schenken. Er ermöglicht eine Einschränkung des Hauptfutterbaues zugunsten von Verkaufsfrüchten und fördert die Bodenfruchtbarkeit (Beschattungsgare). Sein Anteil an der Ackerfläche soll etwa 30% betragen.

Verkürzung der Winterfutterzeit durch Herbstweide auf Wiesen, Stoppelklee und Luzerne (im letzten Nutzungsjahr), Rübenfrischblattverwertung, Zwischenfruchtbau (Markstammkohl, Lihoraps, Stoppelrübe, Winterraps und -rübsen, Grünroggen) sowie frühzeitiger Weideaustrieb verbessert die Rentabilität der

Milchviehhaltung. Das gleiche trifft für langlebige, leistungsfähige Tiere zu (S. 487). Je höher der Gesamtmilchertrag einer Kuh ist, um so mehr sinken die Aufzuchtkosten je Liter Milch. Hauptursache der vorzeitigen Abgänge im Kuhstall sind Unfruchtbarkeit, Tuberkulose, seuchenhaftes Verkalben und Eutererkrankungen (Gelber Galt).

Hohe Einnahmen aus dem Viehstall setzen voraus, daß die Tiere bei guter Pflege und Haltung vollwertig ernährt werden, wobei der Eiweißfrage besondere Bedeutung zukommt.

Grünlandnutzung

Verbesserte Grünlandnutzung: Wiesen und Weiden werden oft sehr stiefmütterlich behandelt! Düngung und Pflege mehr Beachtung schenken, zeitiger Grasschnitt, Heutrocknung beschleunigen, günstiges Wetter voll ausnutzen. Reuter- und Unterdachtrocknung bevorzugen, Bodentrocknung ist stets risikovoll. Verregnetes Heu hat nur geringen Futterwert!

Weiden ausreichend unterteilen, Portionsweide einführen, die bei guter Düngung 6000—8000 kg/ha Milch bringen soll. Die Weide-Roherträge schwanken zwischen 700 und 2000 DM/ha. In intensiv bewirtschafteten Zuckerrübenbetrieben werden etwa 2200 DM/ha erzielt! — Grünlandflächen, die ackerbauliche Nutzung zulassen, umbrechen (Feldfutterbau verstärken), sofern nicht besondere Umstände (hoher Grundwasserstand, hängige Lage, Arbeitskräftemangel u. a.) dagegen sprechen. Dadurch auch Verbesserung der Fruchtfolge. Feldfutter hinterläßt viel Wurzelrückstände.

Arbeitskräfte

Gute Arbeitskräfte durch entsprechende Bezahlung, gute Werkswohnungen, Eigenheime und geregelte Freizeit halten. Anreiz zur Landarbeit bieten gute Löhne, Sicherheit des Arbeitsplatzes, arbeits- und sozialrechtliche Gleichstellung mit anderen Berufsgruppen. Arbeiter zum denkenden Mitarbeiter erziehen und so an dem Betrieb interessieren.

AK-Besatz

Der Besatz an Arbeitskräften soll im richtigen Verhältnis zur Betriebsleistung stehen. Anzustreben ist eine hohe Arbeitsproduktivität (bei normalem Anbauverhältnis (S. 646) 6 bis höchstens 10 Arbeitskräfte je 100 ha LN). Das erfordert arbeitssparende Maßnahmen, besonders in der Innenwirtschaft bäuerlicher Betriebe (einschließlich Hauswirtschaft!). Hier ist der Arbeitsaufwand infolge des meist starken Viehbesatzes besonders hoch.

Arbeitssparende Maßnahmen

Da Stallarbeiten (Fütterung, Pflege, Misten) etwa 70 — 75 % der gesamten Hofarbeiten beanspruchen, ist auf vereinfachte Fütterung und Verkürzung der Transportwege besonderer Wert zu legen (siehe Seite 406).

100 m tägliche Wegeeinsparung ergeben im Jahr 36,5 km verkürzten Arbeitsgang! Also weniger Kraftanstrengung und Zeitgewinn. Das läßt sich erreichen durch: Zweimalige Fütterung (Rinder und Mastschweine), auch Kälber ab 2. Lebenstag nur zweimal tränken. Wasserleitung ist selbstverständlich, dabei möglichst viele, arbeitswirtschaftlich günstig gelegene Zapfstellen in den einzelnen Wirtschaftsgebäuden anlegen. Selbsttränke, auch im Schweine- und Hühnerstall. — Warmwasseranlage! (Elektro- oder gasbeheizte Geräte oder solche für feste Brennstoffe.)

Mauerdurchbrüche von Stall zu Stall, zur Scheune usw., gerade Futter- und Mistwege, Höhenunterschiede nicht durch transporterschwerende Treppen, sondern durch Anlage schiefer Ebene überwinden. Dann lassen sich gummibereifte Karren und Lastenroller für alle Zwecke verwenden.

Lagerung von Heu, Stroh und Spreu an (erdlastig) oder über (dekkenlastig) dem Verbrauchsort. Abwurfschächte erleichtern die Entnahme vom Stallboden. Alle Massenfuttermittel (Grünfutter, Rüben, Silage) in Nähe der Krippe so lagern, daß Zwischentransport vermieden wird. Gärfutterbehälter in unmittelbarer Stallnähe aufstellen.

Anlage von Rampen für den An- und Abtransport, Tieflaufställe, Entmistungsanlagen (Abb. Seite 48). Stallmiststapel soll von allen Seiten zu erreichen sein. Ställe mit breitem Futtergang können mittels Schlepper und Frontlader, der Ladepritsche des Geräteträgers sowie eines mit Rollboden versehenen Wagens ohne Handarbeit mit Grünfutter beschickt werden.

Ferner: Rüben im Kuhstall unzerkleinert verabreichen, Heu und Stroh lang füttern. Absperrbare Freßgitter, niedrige Futterkrippen bzw. Futtertische (weniger Hubarbeit), Eimerhalter an Kälberboxen, Kurzzeitmelkmaschine.

Schweinestall: Durchlaufende Tröge (für mehrere Buchten), schwenkbare Troggitter, vertiefte Futtergänge. Mastschweine sonntags nur einmal (morgens) füttern, ausreichend tränken, dann Stall verschließen (Ruhe!) bis Montag früh (Seite 533). Futterkartoffeln (stärkereiche! — Seite 345) mittels Dämpfkolonne im Herbst einsäuern. Getreidemast unter Verwendung von Futterautomaten — die auch für Ferkel sehr zweckmäßig sind — bis zu einem Gewicht von etwa 50 kg (Seite 533) ist bedeutend weniger arbeitsaufwendig!

Geflügel: Futterautomaten, Schwebetröge, gekörntes Alleinfutter (zumindest für Küken), automatische Wassertränke. Gemeinschaftsnest (Seite 605).

Automatisch arbeitende Schrotmühlen (billiger Nachtstrom), transportabler Kurbelmotor, zweckmäßiges Handwerkszeug u. a. erleichtern und beschleunigen den täglichen Arbeitsablauf.

Arbeitserleichternd ist auch gutes Licht in allen Wirtschaftsgebäuden einschließlich Hofraum. Große, saubere Stallfenster, Leuchtstofflampen (sehr helles, blendungs- und schlagschattenfreies Licht, sparsam, lange Lebensdauer). Gutes Licht ist die halbe Arbeit und vermindert die Unfallgefahr (Seite 637).

Rationell arbeiten heißt auch Ordnung halten (jedes Gerät an seinen Ort). Jeden Ballast entfernen (Maschinenschuppen entrümpeln!).

Feldarbeiten lassen sich wie folgt beschleunigen: Wenige, aber ausreichend große Schläge, vereinfachter Anbauplan. Kopplung von mehreren Geräten (Pflug oder Grubber mit Egge, Schleppe, Walze oder Untergrundpacker) sowie Verwendung eines Tragschleppers oder Geräteträgers. Dadurch auch weniger Bodendruckschäden als bei mehreren Arbeitsvorgängen. Der Krümler vermag das Saatbett in einem Arbeitsgang herzurichten. Er kann ferner zum Einarbeiten von Mist und Handelsdünger in die Oberkrume als auch auf mittleren und leichten Böden zum Schälen der Getreidestoppel Verwendung finden. Auch der „Kombi-Krümler“ erspart Zeit und Arbeitskräfte.

Zweinährstoff- und Voll-Dünger, Verwendung des Schleuderdüngerstreuers (Abb. neben Seite 49), des Zweisortendüngerstreuers oder des Düngerstreuers „Spitzenreiter“ beschleunigen und vereinfachen die Düngung wesentlich (Seite 104). Das gleiche trifft für den Stallmiststreuer zu.

Je nach Betriebsgröße und Anbauverhältnis lassen sich mit Hilfe von Sä-, Lege- und Pflanzmaschinen die Bestellungsarbeiten schneller durchführen. Wesentliche Arbeitsersparnis bietet Monogermsaat bei Zuckerrüben. Bei der Heu-, Getreide- und Hackfruchternte steht eine Vielzahl von Maschinen und Geräten zur Verfügung, welche die Arbeit erleichtern und beschleunigen. Dazu gehören der Feldhäcksler, das Gebläse auf dem Hof (auch bessere Ausnutzung des Bergeraumes) und Wagen mit Kippvorrichtungen. Erntedrusch bevorzugen!

Maschinenkäufe

Aber keine unüberlegten Maschinenkäufe vornehmen. Unausgelastete Maschinen (besonders für Getreide- und Hackfruchternte) nicht kaufen, sondern vom Nachbarn ausleihen, Maschinengemeinschaft bzw. -genossenschaft oder Lohnarbeiten durchführen lassen. Das sollte man in Kleinbetrieben besonders beachten! Die durchschnittliche Belastung eines Betriebes mit Maschinenkapital beläuft sich auf 1500—2000 DM/ha (hochmechanisierte Höfe 2500 DM/ha LN und mehr)! Daher vor und bei Mechanisierung genügend Überlegungen anstellen. Keine ausgefallenen Fabrikate kaufen, deren Ersatzteilbeschaffung Schwierigkeiten bereiten könnte. Bei Schleppern z. B. spielt der Kundendienst eine wesentliche Rolle. Pflegliche Behandlung von Maschinen und Geräten (Anstrich, schmieren, rechtzeitig reparieren, in Schuppen unterstellen).

Betriebsrichtung

Die Betriebsrichtung hat wesentlichen Einfluß auf die Intensität der Bewirtschaftung. Je nach den Bodenverhältnissen kommen, abgesehen von stärkerem Getreidebau, Kartoffeln oder Zuckerrüben bevorzugt zum Anbau. In Stadtnähe herrscht meist Gemüsebau vor.

Während der Hackfruchtanteil (einschließlich Gemüse) in intensiv geleiteten Betrieben 30—35% des Ackers und mehr beträgt, ist er in ausgesprochenen Grünlandwirtschaften ohne Bedeutung. Hier wird die geringe Ackerfläche zur Deckung des hohen Strohbedarfes überwiegend mit Getreide bestellt. Etwas Saftfutter (Rüben) für die Wintermonate (in der Hauptsache aber in Form von Grassilage) und Kartoffeln für den eigenen Bedarf ergeben nur geringen Hackfruchtanteil. Der Milchviehbesatz ist entsprechend hoch. Schweine werden mit Getreide gemästet. Die Einnahmen kommen bis zu 90% und darüber aus dem Viehstall.

Oft ist die Fähigkeit des Betriebsleiters entscheidend für die einzuschlagende Betriebsrichtung.

Betriebsvereinfachung

Anzustreben ist eine Betriebsvereinfachung bzw. Spezialisierung, damit die wenigen Betriebszweige leistungsstark und voll mechanisiert werden können. Bei zu kleinem Umfang eines Betriebszweiges übersteigen die Produktionskosten vielfach die Einnahmen. Maschineneinsatz lohnt sich nur bei entsprechender Flächennutzung, so daß z. B. Betriebe mittlerer Größe nur Kartoffeln oder Zuckerrüben anbauen sollten. Getreideanbau auf wenige Arten und Sorten beschränken. Größere einheitliche Partien werden besser bezahlt (z. B. Braugerste). Also Vereinfachung des Anbauverhältnisses anstreben.

Das gleiche gilt für die Viehhaltung. Es ist besser, statt einer gemischten Rindvieh-, Schweine- und Geflügelwirtschaft (je nach Art des anfallenden Futters) nur Milchviehhaltung bzw. Rinder- oder Schweinemast oder Geflügelhaltung in größerem Umfange zu betreiben und sich die hierfür notwendigen Spezialkenntnisse anzueignen. Unter Berücksichtigung der jeweiligen, örtlich verschiedenen Marktverhältnisse lassen sich dadurch meist wesentlich höhere Gewinne erzielen. Daher kann das mit der Betriebsvereinfachung und Betriebsspezialisierung verbundene Risiko ohne weiteres in Kauf genommen werden.

Schwerpunkte können z. B. bilden: Getreide-Kartoffeln-Schweinemast oder Getreide-Zuckerrüben-Milchviehhaltung. Anbau von Braugerste in geeigneten Lagen ausdehnen. Inlanderzeugung deckt den Bedarf nicht!

Fruchtfolge

Wichtig ist eine geregelte, wohldurchdachte Fruchtfolge. Sie hat wesentlichen Anteil am Ernteertrag! Jede Frucht hat eine beste Vorfrucht! Das Überhandnehmen von Unkräutern und tierischen Schädlingen ist meist die Folge einer falschen Fruchtfolge. Sehr starker Getreidebau geht stets auf Kosten des Ertrages. Hackfrüchte erfordern zwar viel Handarbeit, bringen aber den höchsten Geldrohertrag. Dieser ist im Vergleich zu Getreide mit nur etwa 1200 DM/ha bei Kartoffeln mit rd. 2500 DM/ha und bei Zuckerrüben einschließlich Blatt sogar mit etwa 3000 DM/ha zu veranschlagen.

Wenn Hackfrüchte, Hülsen- und Ölfrüchte, Futter- und Faserpflanzen, die (bei gutem Stand) alle bodenverbessernd wirken, im richtigen Verhältnis neben Getreide zum Anbau kommen, lassen sich Gareschäden vermeiden und Dünger einsparen. Besondere Beachtung verdient der Doppelfruchtwechsel (Seite 45)!

Kleegras mit seinen vielen Wurzelrückständen verbessert den Humusgehalt des Bodens sehr. Daher ist sein Anbau besonders in viehschwachen Betrieben und bei extremen Bodenverhältnissen zu empfehlen. Es lohnt sich sehr, über eine richtige Anbauplanung nachzudenken! Fruchtfolgefehler lassen sich nicht wegdüngen!

Anbauverhältnis

Das Anbauverhältnis richtet sich nach Klima, Boden, Viehbestand, vorhandenen Arbeits- und Zugkräften, Absatzmöglichkeiten und Verkehrslage. Unter normalen Verhältnissen können etwa entfallen auf die Ackerfläche: 50% Getreide (2/3 Winterung), 4—5% Hülsenfrucht, 3—4% Ölfrucht und Faserpflanzen, 25—30% Hackfrucht, 10 bis 15% Feldfutterbau (je nach Grünlandanteil).

Rindviehhaltung

Jungviehaufzucht hat den Vorteil, daß keine Seuchen durch Zukauf von Milchkühen eingeschleppt werden, daß nicht plötzlich hohe Ausgaben durch Zukauf für eine Milchkuh entstehen, wobei auch ungewiß ist, ob das Tier in seiner Leistung später befriedigt. Es müssen aber genügend gute Weiden vorhanden sein.

Abmelkwirtschaften betreiben keine eigene Aufzucht. Hier steht die Milchgewinnung im Vordergrund. Der Bestand wird laufend, sobald eine Kuh abgemolken ist (unter 10 Liter Tagesleistung), durch Zukauf hochtragender oder frischmelkender Tiere ergänzt. (Hochtragende Kühe sind im Frühjahr meist etwas niedriger im Preis als im Herbst.) Stallhaltung herrscht vor. Eine Rente läßt sich nur bei günstigen Milchpreisen (Stadtnähe, Direktverkauf an Verbraucher) erzielen. Außerdem darf die Preisdifferenz zwischen Nutzvieh und Schlachtvieh nicht zu groß sein. Daher werden die Tiere meist in gemästetem Zustande verkauft. Auch die Futtermittelkosten (in erster Linie Kraftfutter) spielen eine Rolle. Der ständige Zukauf von Tieren erhöht die Gefahr einer Seucheneinschleppung. Diese ist bei dem sogenannten Durchhaltebetrieb weniger groß. Hier werden milchreiche Kühe wiederholt zugelassen, die Kälber aber nicht aufgezogen. Die Erneuerung des Bestandes erfolgt also in längeren Zeitabschnitten. — Wichtig ist, daß das (wirtschaftseigene) Grundfutter zur Erzeugung von mindestens 10 Liter Milch je Kuh und Tag ausreicht (Seite 467)! Produktionskosten senken, Kalbetermin beachten (Seite 434)!

Rindermast

Mangel an Arbeitskräften führt zur Einschränkung der Milchviehhaltung und Übergang zur Jungrindermast (Seite 492). Futterdankbare Tiere sowie gute und stabile Schlachtviehpreise sind Voraussetzungen für eine Rentabilität dieser Betriebsform. Es lassen sich mit der gleichen Nährstoffmenge, mit der 4000 kg Milch erzeugt werden, bei der Jungrindermast 500 kg Lebendgewicht produzieren. In kleinbäuerlichen Betrieben mit überschüssiger Arbeitskraft ist die arbeitsintensive Milchviehhaltung der arbeitsextensiveren Rindermast so lange überlegen, wie der Preis je kg Lebendgewicht Rind etwa das Siebenfache des Milchpreises nicht wesentlich übersteigt.

Schnellmast spart Erhaltungsfutter. Eine recht abwechslungsreiche Fütterung fördert die Freßlust der Tiere. Durch zehntägiges Probewiegen lassen sich Fütterungsfehler vermeiden und schlechte Futterverwerter rechtzeitig ausscheiden.

Kälbermast lohnt sich nur mit gesunden, kräftigen Tieren. Ausschließliche Vollmilchmast wirft selten eine Rente ab. Wirtschaftlicher ist die kombinierte Vollmilch-Magermilchmast und die Mast mit aufgewerteter Magermilch. Die besten Mastkälberpreise werden von etwa Mitte April bis Anfang/Mitte Juni erzielt.

Schweinezucht und Mast

Schweinezucht setzt gute Stallverhältnisse (Schweinehütten, Seite 547), Weidemöglichkeit der Tiere sowie eine glückliche Hand des Züchters voraus. Trächtigkeit und Säugezeit entscheiden über spätere Mastleistung. Daher Zuchtsauen ausreichend ernähren, nicht zu früh zulassen (100—110 kg schwer), Decktermine beachten! Anzustreben sind jährlich 17—18 großgezogene Ferkel je Sau. Ferkel brauchen Licht, Luft, Wärme, trockenes Lager und mindestens 8wöchige Säugezeit.

Durch rationelle Fütterung Erzeugungskosten senken! Ausreichende Eiweißgaben ($\varnothing$ 250 g/Tag) sowie leichtfuttrige Tiere beschleunigen die Mast des heute bevorzugten, etwa 100 kg schweren Fleischschweines. Getreidemast (Seite 536) erfordert geringeren Arbeitsaufwand als Kartoffelmast, die nur mit stärkereichen Sorten betrieben werden soll (Seite 524).

Schafhaltung

Schafhaltung ist nur dann lohnend, wenn ausreichend absolutes Schaffutter zur Verfügung steht und auch genutzt wird, also Futter, das nicht vom Rind verwertbar ist (Ödländereien, Graben-, Wegeränder, Stoppelweide usw.). Außerdem muß ein gutes Ablammergebnis erzielt werden. Beides erfordert einen tüchtigen, umsichtigen Schäfer, der sich aber erst bei einem Herdenumfang von 170—180 Muttern mit Nachzucht bezahlt macht. Daher ist neben Einzelhaltung (z. B. Ostfriesisches Milchschaf) die Gemeinde- oder Genossenschaftsschäferei sowie die Wanderschäferei in Gebieten mit vorherrschendem Kleinbesitz verbreitet.

Besondere Vorteile der Schafhaltung: Erzeugung eines hochwertigen Stallmistes, Schädlingsbekämpfung durch Tritt und Verbiß der Tiere sowie Festigung des Ackers beim Überhüten von Wintersaaten. Von den Gesamteinnahmen entfallen etwa $^2/_3$ auf Fleisch- und $^1/_3$ auf Wollenutzen.

Die H ü h n e r h a l t u n g kann im landwirtschaftlichen Betrieb nur dann eine Rente abwerfen, wenn leistungsfähige Tiere richtig gefüttert werden, saubere zweckmäßige Ställe vorhanden sind und ein- bis höchstens zweijähriger Umtrieb erfolgt. Am besten ist Küken- oder Junghennenzukauf; letzterer erspart das Aufzuchtrisiko. Nur Früh- und Normalbruten (Seite 580) liefern teure Herbst- und Wintereier. „Alleinfütterung" ist zwar teurer, aber weniger mühevoll. Küken sollten stets „Alleinfutter" erhalten (Seite 587)! Junghennen brauchen viel Auslauf, den ältere Tiere entbehren können (ausschließliche Stallhaltung, im intensiven Ablegebetrieb auf Tiefstreu (Seite 600). Ein Hühnerwagen macht sich nicht nur für Jung-, sondern auch für Legehennen bezahlt. Am besten rentiert sich ein größerer Bestand als selbständiger Betriebszweig (200 Hühner und mehr). **Hühnerhaltung**

Die S t ä r k e d e r Z u g k r a f t richtet sich nach der Betriebsgröße, den Boden- und Geländeverhältnissen, der Betriebsrichtung sowie nach der Verkehrslage. Um den Wirtschaftshof arrondierte Felder sind am günstigsten. T i e r i s c h e Z u g k r ä f t e weichen selbst auf kleineren Betrieben immer mehr der Motorkraft, da der Mangel an Arbeitskräften eine fortschreitende Motorisierung bedingt. Selbstverständlich ist es mit dem Kauf eines Schleppers allein nicht getan. Seine Anschaffungskosten erhöhen sich um die notwendigen Anbaugeräte Seite 620), gummibereifte Wagen (am besten 2 zu je 2—3 Tonnen) usw. Diese Umstellung erfordert im bäuerlichen Betrieb etwa 1000 DM/ha LN an Maschineninvestitionen. **Zugkraft**

Selbst wenn ein Betrieb die erforderlichen Geldmittel ohne Schwierigkeiten aufbringen kann, muß er sich zu einer Änderung der bisherigen Wirtschaftsweise entschließen. Die höheren Betriebskosten und Amortisationsbeträge (Seite 620) erfordern eine Intensivierung der Wirtschaftsweise. Die Arbeitsstunde eines voll ausgenutzten Arbeitspferdes (2000—2300 Std./Jahr) kostet etwa 0,60 DM, die eines 25-PS-Schleppers bei 1000 Std. Jahresarbeit etwa 3,30 DM. Ausnutzung der stärkeren Zugkraft durch bessere Bodenkultur und Anbauverfahren, Minderung der Ernteverluste, Einsparung von menschlicher Arbeitskraft (geringes Lohnkonto) usw. sind unerläßlich. Die bei einem Schlepperkauf frei werdenden Pferde sind durch Nutz- oder Schlachtvieh zu ersetzen. Der Zwischenfrucht-Futterbau ist auszudehnen und die Hauptfrucht-Futterfläche auf 0,50—0,35 ha/GV zu verringern. Die eingesparte Futterfläche soll mit Verkaufs-(Hack-)früchten bestellt werden. Es genügt also nicht, die Pferde nur gegen den Motor einzutauschen!

Ein Betrieb mit 2 Pferden soll zur Vollmotorisierung übergehen, also die Pferde abschaffen. Sonst bringt der Schlepper nur Sorge und vermindertes Einkommen, aber keine Produktionssteigerung. Schlepper nicht zu schwach wählen. In bäuerlichen Betrieben mittlerer Größe (20—30 ha LN) sind bei ebenem Gelände und keinen extremen Böden 25—28 PS erforderlich. In Kleinbetrieben etwa 15—18 PS (Seite 621).

Bei Errichtung neuer Wirtschaftsgebäude sind gründliche Überlegungen für eine zweckmäßige, möglichst einfache Bauweise erforderlich, wie sie zum Beispiel der stützenlose, frei überspannte Hallenbau bietet. Massive Wirtschaftsgebäude erfordern einen zu hohen Kapitalaufwand. Jungvieh gedeiht in offenen Laufställen am besten. Die durch sommerlichen Weidegang genügend abgehärteten Tiere entwickeln sich **Gebäude** in derartigen Offenställen (Abb. S. 529) besser als in geschlossenen Räumen. Es entfällt das tägliche Ausmisten und die Stallreinigungsarbeit. Nachteilig ist der größere Einstreu- und Platzbedarf. Allerdings wird ein hochwertiger Mist gewonnen. Bei Einbaumöglichkeit in vorhandene Gebäude entstehen geringe Baukosten. Schweinehütten (S. 547) erleichtern die Aufzucht.

Die vielfach vorhandenen unzweckmäßigen Ställe erfordern einen besonders hohen Arbeitsaufwand. Oft steht das Vieh in dunklen, feucht-kalten Ställen mit unzureichender Entlüftung. Hier lassen sich bauliche Verbesserungen vielfach ohne große Kosten durchführen.

Ein Kartoffellagerhaus bietet hinsichtlich Arbeitsaufwand usw. erhebliche Vorteile (S. 235)!

Sehr wichtig sind ausreichende Unterstellräume für Maschinen und Geräte. Hier ist jede Sparsamkeit falsch am Platz. Rost und Fäulnis belasten das Maschinenkonto oft sehr (S. 614)!

Erfolgreich wirtschaften heißt mit alten Gewohnheiten brechen und sich die wissenschaftlichen Erkenntnisse und die praktischen Erfahrungen erfolgreich geleiteter Betriebe zunutze machen. Kopfarbeit geht vor Handarbeit. Erst denken und überlegen — dann handeln!

XVIII.

Das Wetter

Barometer

Steigt das Barometer und ist nicht allzu schlechtes Wetter, so kann man mit freundlicher Witterung rechnen. Fällt das Barometer rasch bei bewölktem Himmel, ist dem Wetter gegenüber Vorsicht geboten.

Rasches, tiefes Fallen deutet auf Sturm und vorübergehende Niederschläge; schnelles und hohes Steigen auf kurze Aufheiterung; langsames Fallen auf Landregen; langsames Steigen auf anhaltend gutes Wetter. Größere unregelmäßige Schwankungen bringen veränderliches Wetter.

Vorherbestimmung von Nachtfrost

Ein Glasthermometer (Badethermometer) mit unverhüllter Glaskugel wird im Schatten frei in Augenhöhe aufgehängt, die Kugel mit einem dünnen Gaze- oder Mull-Läppchen mehrfach umwickelt und jeden Tag zwischen 14 und 15 Uhr frisch angefeuchtet. Nach 15—20 Minuten wird die Temperatur abgelesen, die infolge der eingetretenen Verdunstungskälte immer weniger als die Freilufttemperatur beträgt. (Man kann das angefeuchtete Thermometer auch einige Minuten in Kopfhöhe schwenken.)

Von dieser Temperatur werden 7° Reaumur bzw. 8,5° Celsius abgezogen. Dann ist der „Taupunkt" festgelegt, über den hinaus die Abkühlung nicht stattfinden kann. Dieser sogenannte Taupunkt ist also der sichere tiefste Kältepunkt der kommenden Nacht. Zum Beispiel: 5° R = Minus 2° R in der folgenden Nacht usw.

Regen

1 mm Regen = 1 Liter Wasser / qm

Längst nicht alle Wolken lassen auf herannahenden Regen schließen. Darum sprechen wir auch von sogenannten „Regenwolken" (Nimbusstratus), im Gegensatz zu anderen, die als „Schönwetterwolken" (Kumulus) bezeichnet werden. Aber auch mit den grauen Regenwolken geht man nie ganz sicher. Oft ist der Himmel tagelang bewölkt, ohne daß ein Tropfen zur Erde fällt.

In großen Tropfen fallender Regen kommt aus honen Wolken; feiner Regen aus niedrig ziehenden, die sich meist nicht sehr schnell bewegen (länger anhaltender Regen).

Regenfälle sind immer von der Lufttemperatur abhängig. Die Luft kann nur eine ganz bestimmte Menge an Wasserdampf in Gas-, also unsichtbarer Form, aufnehmen, und zwar um so mehr, je wärmer es ist. Bei einem bestimmten Punkt — man nennt ihn den „Taupunkt" — ist die Luft mit Wasser „gesättigt" und verweigert dann eine weitere Wasseraufnahme.

Bei 0° C vermag 1 cbm Luft 4,8 g Wasserdampf als unsichtbares Gas aufzunehmen. Die Luft ist „gesättigt", ihre relative Feuchtigkeit beträgt 100%. Bei z. B. 2,4 g Wasserdampf und gleicher Temperatur beträgt die relative Feuchtigkeit 50%. Die „relative Feuchtigkeit" wird also aus Temperatur und Taupunkt berechnet.

Sie ändert sich mit den Temperaturschwankungen, auch wenn keine Änderung der vorhandenen Luftfeuchtigkeit eintritt. Die „relative" Feuchtigkeit zeigt an, wieviel Prozent derjenigen Feuchtigkeitsmenge in der Luft vorhanden ist, mit der diese bei der herrschenden Temperatur voll gesättigt wäre. Je geringer die relative Luftfeuchtigkeit ist, um so stärker verdunsten Pflanzen und Boden Feuchtigkeit und umgekehrt. Hohe relative Luftfeuchtigkeit bildet die Grundlage für Bewölkungszunahme (auch Nebelbildung) und baldige Niederschläge.

Sobald warme Luft mit viel Wasserdampf sich abkühlt, muß sie einen Teil der Wassertröpfchen entlassen. Diese Tröpfchen nähern sich, zu Wolken zusammengeballt, der Erde. Gelangen sie auf ihrem Wege wieder in wärmere Luftschichten, die Feuchtigkeit aufnehmen können, so löst sich die Wolke auf; (bei 10° C vermag Luft reichlich 9 g, bei 20° reichlich 17 g, bei 30° über 30 g Wasserdampf je cbm aufzunehmen). Bleibt die Abkühlung bestehen oder sinkt die Temperatur noch weiter ab, so kommt es zu Regenfällen.

Wenn der Taupunkt unter dem Gefrierpunkt liegt, besteht bei klarem Wetter mit starker Ausstrahlung Nachtfrostgefahr. Liegt er über 16° C, ruft der in der Luft vorhandene, überschüssige Wasserdampf einen Zustand hervor, den der Mensch als „Schwüle" empfindet.

Nebel

Auf den gleichen Zusammenhängen beruht z. B. der im Herbst häufig auftretende Bodennebel. Der vom Sommer noch warme Boden verdunstet Wasser. Der gasförmige Wasserdampf gelangt jedoch über dem Boden sofort in eine kühlere Luftschicht, die die Feuchtigkeit nicht in sich aufnehmen kann, sondern sie in feinen Wassertröpfchen ausscheidet — der Nebel ist da. (Genauso entsteht an kalten Tagen der sichtbare Hauch vor unserem Munde.) Wälder, Seen und Flüsse bewirken Morgen- und Abendnebel.

Anzeichen für schönes Wetter: Nebel über Wiese und Fluß am Abend. — Zur Erde fallender Nebel. — Der Tag beginnt nebelgrau. — Dichter Morgennebel im Herbst. — Schönes Wetter folgt auf Regen, wenn sich während des Regens Nebel in den Tälern sammelt, die Berggipfel aber hell bleiben.

Anzeichen für schlechtes Wetter: In die Höhe steigender Nebel. — Langgezogene Nebelstreifen.

Tau und Reif T a u entsteht, wenn Wasserdampf, der immer in der Luft vorhanden ist, in kleinen Tröpfchen auf den durch nächtliche Ausstrahlung abgekühlten Flächen abgelagert wird. R e i f ist gefrorener Tau. Unter dem eisigen Hauch des Nachtfrostes erstarren die Tautröpfchen zu Eis und es entsteht Reif. — Bei einem über Nacht wolkenlos bleibenden Himmel strahlt die Erde mehr Wärme aus als bei bedecktem Himmel Dadurch entwickelt sich mehr Tau. Entsprechend folgt im Winter klares Wetter auf starken Reif. Wenn es des Morgens (nach Regen) gereift hat, f o l g t s p ä t e s t e n s a m 3. T a g R e g e n.

Hagel Besteht aus festem Eis (aus Regen gebildet). Er tritt fast ausschließlich in der Zeit von Mitte Mai bis Mitte August, und zwar nur in Begleitung von Gewitter-Erscheinungen (Blitz und Donner) in fast immer engbegrenzten Gebieten, also strichweise, auf. Meist dauert Hagelwetter, das stets aus westlicher Richtung kommt (SW, W oder NW) nur einige Minuten, selten eine Viertelstunde.

Graupeln G r a u p e l n entstehen aus Schneeflocken und sind infolgedessen leichter und weicher. Im April ist Graupelwetter eine häufige Erscheinung. Nennenswerte Schäden durch Graupeln treten kaum ein.

Wind W e s t - u n d N o r d w e s t w i n d e bringen meist Regen, Westwind bringt im Sommer Abkühlung und Regen, im Winter aber Erwärmung und Schlackerschnee. O s t w i n d kündigt im Winter kalte, trockene Tage an, im Sommer heiße und trockene Tage. N o r d w i n d bringt kalte und rauhe Temperatur. S ü d w i n d im Frühling ist warm, weshalb man dann auch von Tauwind spricht.

Beginnt der Wind morgens zeitig, so hält er meist nicht lange an. Mit beständigem Wetter ist zu rechnen, wenn der „Tagwind“ erst gegen Mittag auffrischt und gegen Abend wieder erlischt. Dagegen ist ein von früh morgens bis spät abends wehender Wind das Zeichen für das Vorhandensein einer Wetterstörung.

Kommt im Gebirge abends der Wind von den Höhen in die Täler, bleibt das Wetter gut. — Wälder, Seen und Flüsse bewirken Berg- und Talwinde. Sturm wird durch große Luftdruckunterschiede hervorgerufen.

Wolken Wolken sind Ansammlungen von feinen Wassertröpfchen in der Luft. Liegen sie am Boden auf, spricht man von Nebel. Ihre Entstehung hängt von Temperatur und Wassergehalt der Luft ab.

Aus Form und Zeit des Auftretens der Wolken lassen sich sehr wesentliche Schlüsse auf das künftige Wetter ziehen.

H a u f e n w o l k e n (Kumulus) sind mächtige weiße Wolken in 2—3 km Höhe, mit scharfen, gebuchteten Rändern und meist gerader Unterkante. — S c h i c h t w o l k e n (Stratus) sind graue, dicht aneinandergereihte Wolkenwellen bis zu 3 km Höhe, die gleichmäßig den ganzen Himmel überziehen.

S c h ä f c h e n w o l k e n, bei denen man grobe (Alto-cumuli) und feine (Cirro-cumuli) unterscheidet, gleichen den vielen Rücken einer dichtgedrängten Schafherde bzw. sehen wie lauter große Wattebausche aus. Sie bewegen sich in 3—6 km Höhe.

F e d e r w o l k e n (Zirren) heißen jene zarten, feingefiederten, silberigweißen Wölkchen bzw. Wolkenfetzen, die in 10 km Höhe manchmal sehr schnell den Himmel verschleiern. Sie bestehen aus Eisnadeln.

Getrennte, ballenförmige, weiße Wolken (H a u f e n w o l k e n) bringen keinen Regen. Desgleichen sind kleine einzelne Haufenwolken (Schönwetterwolken), die in den späten Vormittagsstunden sich zu formen beginnen, meist nachmittags über den blauen Himmel ziehen und sich gegen Abend infolge Nachlassens der Sonneneinstrahlung und Wärmeabgabe des Erdbodens wieder auflösen, Zeichen für die Beständigkeit des heiteren Wetters. Ihnen entsprechen, namentlich im Winter, die Haufenschichtwolken, die manchmal als graue, dichte „Steppdecke" den Himmel überziehen und ebenfalls keine Wetterverschlechterung anzeigen. Während kleine, zartgetönte, wollige Wolken schönes Wetter künden, verheißen große, dunkelfarbige Wolken mit scharfen Rändern stets Regen.

Schleier- (Cirro-stratus) und schichtartig ausgebildete, graue Wolken bringen Niederschläge. — Schäfchenwolken, die schnell aus Westen heranziehen, bringen bestimmt Regen. Sonst sind sie im allgemeinen günstig. — Federwolken, die höchsten Wolken, künden einen Wetterumschlag an, wenn sie aus Westen oder Südwesten kommen, da sie einem Tiefdruck vorauseilen. Je rascher sie ziehen, um so schneller wird sich das Wetter ändern. Federwolken aus Osten sind Zeichen für die Beständigkeit des heiteren Wetters. Federwolken morgens am Westhimmel deuten auf Regen, solche am Abend im Osten auf gutes Wetter. Lange Federwolken künden Wind an.

Wenn die Richtung des Windes mit der Richtung der oberen Wolken übereinstimmt, tritt immer eine Besserung des Wetters ein. Ziehen die Wolken dem Wind entgegen, gibt es am andern Tage Regen. — Auch wenn abends viele kleine, schwarze Wolken am Himmel sind, ist mit schlechtem Wetter zu rechnen.

Gewitter

Ein Gewitter entsteht, wenn bei drückender Schwüle sich zuerst eine große Kumulus- oder Haufenwolke bildet, unten graublau, oben glänzend weiß, die, weiter anwachsend, sich immer höhertürmt.

Wärmegewitter entstehen nur im Sommer bei großer Hitze, Wirbelgewitter dagegen auch im Winter. Letztere befinden sich meist in Begleitung von barometrischen Tiefs und treten meist an deren Südostrand, der Kältefront, auf.

Gewitter-Anzeichen

Ein Gewitter ist zu erwarten, wenn die Sonne „sticht", es drückend schwül ist und Haufenwolken schon am frühen Morgen bei schwüler Luft auftreten. (Durch den hohen Feuchtigkeitsgehalt der Luft wird die Verdunstung des menschlichen Körpers stark behindert und ein Gefühl der Schwüle hervorgerufen.)

Solange die Kuppen der Wolken runde, volle Formen haben, besteht keine Gefahr. Umgekehrt dagegen, wenn ein seidig weißlicher Dunstschleier den Himmel bedeckt und die scharfen, runden Umrisse der oberen Kuppen des Wolkengebirges verflachen und weiße, faserige Wolkenfetzen von dort seitlich wegfließen.

Donnert es direkt oder einige Sekunden nach dem Aufzucken des Blitzes, ist das Gewitter sehr nahe. Hört man den Donner erst 10 Sekunden oder später nach dem Blitz, ist das Gewitter weiter entfernt. Der Donner ist bis zu 25 km Entfernung vernehmbar. Gewitterfronten erstrecken sich oft über mehrere 100 km.

Gewitter-Schutzbäume

Die Begründung dafür, daß bestimmte Baumarten Gewitter-Schutzbäume sind, ist wissenschaftlich noch nicht voll geklärt. Es spricht viel dafür, daß Bäume mit rauher, rissiger Rinde (Nadelhölzer, vor allem einzelstehende, ferner Pappeln, Akazien, Birnbäume) am meisten durch Blitzschlag gefährdet sind, weil der Gewitterregen die Rinde nicht schnell genug benetzt und diese Bäume den Blitz schlecht ableiten.

Nach der Statistik kommen unter je 1000 Eichen und Buchen auf 52 vom Blitz getroffene Eichen nur 1 beschädigte Buche. Hainbuchen werden laut Statistik niemals vom Blitz getroffen.

Die Wirkung eines Blitzes erstreckt sich wenigstens auf 20 m im Umkreis. Die Schutzbäume müssen sich also außerhalb dieser „Bannmeile" befinden. Da aber bei einem Gewitter jeder über die Umgebung hinausragende Baum (hochragende Pyramidenpappeln, Randbäume) oder Gegenstand (Metallpfähle, Schornsteine, auf der Schulter getragene Heugabel!) eine Gefahr für den bedeutet, der sich darunter aufhält (insbesondere auf Bergkuppen), ist besondere Vorsicht am Platze.

Auf freiem Feld empfiehlt es sich, bei einem schweren Gewitter möglichst in einer Geländevertiefung mit geschlossenen Beinen auf dem Erdboden zu sitzen oder in Hockstellung zu gehen. Nicht Schutz in Heuhaufen, Getreidestiegen, Feldscheunen, einzelstehenden Bäumen oder Baumgruppen suchen! Teiche, Bachufer (mit Weidenbeständen) und Brücken unbedingt meiden. In Buschgehölzen, Dickichten und Schonungen ist die Möglichkeit eines Blitzeinschlages viel geringer als im Hochwald.

Gummibereifte Fahrzeuge (Schlepper, Motorrad, Fahrrad usw.) schützen nicht gegen Blitzgefahr, dagegen bieten Kraftfahrzeuge mit Metallkarosserie den Insassen guten Schutz. Bei stärkerem Gewitter soll sich der Schlepperfahrer wenigstens 30—40 m von seinem Fahrzeug entfernen. — Im Haus bei heftigem Gewitter Fenster schließen, keine Wasserleitung benutzen, deren Handgriff aus Metall besteht.

Mond und Wetter

Die weitverbreitete Ansicht, daß der Mondwechsel einen Witterungswechsel zur Folge hat, ist umstritten.

Anzeichen für schönes Wetter

Wetterregeln

Klarer, wolkenloser Sonnenuntergang oder solcher hinter silbern geränderten Haufenwolken. — Schönes gelbliches Abendrot (wenn die Atmosphäre trocken und staubig ist, läßt sie das Rot der Sonnenstrahlen besser durch als das Blau). — Abendkühle. — Wenig sichtbare Sterne, weiß schimmernde, leuchtende Milchstraße des Nachts. — Regen einige Stunden vor Sonnenaufgang und Regen am zeitigen Morgen (Altweibertanz), beide nur von kurzer Dauer. — Des Morgens lang anhaltender Tau. — Verschleierte, schlechte Fernsicht.

Anzeichen für schlechtes Wetter

Schönes, starkes Morgenrot (durch Feuchtigkeit hervorgerufene Brechung des Sonnenlichtes). Der Wasserdampf, der die Luft erfüllt und rötet, verdichtet sich zu Regen. — Ungewöhnlich klare Fernsicht. (Weitentfernte Gegenstände sind deutlich erkennbar, ferne Berge erscheinen näher, weil frisch einströmende Kaltluft gute Sicht bringt, aber auch Schauerwolken bildet.) „Je weiter man sieht, desto näher der Regen." — Blaßblauer Himmel. — Die Sonne „sticht" (hohe Luftfeuchtigkeit bei kräftiger Erwärmung). Die Sonne geht bleich unter, „zieht Wasser" bzw. Sonnenuntergang hinter schiefergrauer Wolkenbank. — Der Mond hat einen Hof (hohe Luftfeuchtigkeit). — Türen, Fenster und Schubladen klemmen. — Pfützen und Kanäle strömen schlechten Geruch aus. — Stallmist riecht besonders kräftig. (Die Luftdruckminderung treibt die Gase aus Poren und Flüssigkeiten, in denen sie bei schönem Wetter der Luftdruck hielt.) — Ferne Geräusche (Glocken, Kirchturmuhren und Eisenbahnen) sind deutlich zu hören (gute Schallübertragung).

Literaturhinweis

Roemer: Probleme u. Fernziele der dt. Feldwirtschaft, Bln 49
Priebe: Landarbeit heute u. morgen, Bln 55
Blohm: Angew. landw. Betriebslehre, Stgt 47
Ries: Betriebslehre der dt. bäuerl. Familienwirtschaft, Stgt 47
Ries: Arbeit i. d. Landwirtschaft, Stgt 51
Pflug u. Feder: Betriebswirtschaftliche Begriffe f. d. landw. Buchführung u. Beratung, Beuel-Bonn 59
Blohm: Prakt. Wirtschaftsführung im ostd. Bauernhof, Bln 39
Ruhr-Stickstoff: Faustzahlen für die Landwirtschaft, Bochum 57
Roemer, Scheffer: Grundriß d. Ackerbaulehre, Bln 49
Halle: Großbetrieb u. Kleinbetrieb, Hann. 46
Beinert, Sauerlandt: Der wirtschaftseigene Dünger, Bln 51
Schmitt: Vom Segen der Düngung, Ffm 58
Selke: Die Düngung im Rahmen des Wiederaufbaues, Bln 51
Howard: Mein landw. Testament, Bln 48
Könemann: Neuzeitl. Kompostbereitung, Bln 47
Rohde: Prakt. Kompostbereitung, Bln 51
Kalkdienst: Düngekalk-Leitfaden, Köln 51
Eichinger: Unkrautpflanzen d. kalkarmen Ackerbodens, Bln 27
Wehsarg: Ackerkräuter, Bln 54
Schmidt: Landw. Pflanzenschutz, Bln 52
Biolog. Zentralanstalt: Anleitg. z. Erkennung u. Bekämpfung d. wichtig. Schädigungen d. Kulturpflanzen, Bln 53
Maier-Bode, Heddergott: Taschenbuch des Pflanzenarztes, Hiltrup 59
Braun, Riehm: Krankheiten und Schädlinge der Kulturpflanzen, Bln 57
Buß, Lieber: Deutscher Mais, Bln 37
Heuser: Anbau von Körnermais, Bln 43
Troll: Süßlupinenernten, Bln 50
Schneider: Raps u. Rübsen i. Urteil der Praxis, Bln 40
Conin: Verb. Arbeitsverf. i. Raps- u. Rübsenbau, Bln 43
Schneider: Kraftfutter aus eigener Scholle, Bln 41
Koch: Gespinstpflanzenanbau, Bln 42
Siebeneick, Höppner: Kartoffelatlas, Hbg. 50/59
Opitz: Kartoffelbau, Bln 49
Klapp: Kartoffelbau, Stgt 50
Schleusener: Neuzeitlicher Kartoffelanbau, Ffm 59
Friebe: Treibkartoffelbau, Bln 50
Nicolaisen: Anbau v. Futterhackfrüchten, Bln 44
Könekamp: Luzernebau auf leichterem Boden, Bln 38
Klapp: Futterbau, Bln 43
Heuser: Anbau der Luzerne, Bln 32
Deichmann: Mehr wirtschaftseigenes Futter durch Zwischenfruchtfutterbau, Bln 35
Tiemann: Zwischenfruchtbau, Bln 40
Tiemann, Rohe: Bau u. Beschickg. v. Silos, Bln 43
Jörissen: Gärfutterbereitg. i. Strohbehälter Bln 48
Nehring: Gärfutterbereitg. einfach und leicht, Bln 49
v. La Roche, Poelt: Mehr u. besseres Gärfutter, Mchn 58
Deutsche Landw. Gesellschaft: Gärfutterbereitung, Ffm 52
Bischoff, Joris: Aufbewahrung u. Einsäuerung von Kartoffeln, Bln 39
Lüdecke: Zuckerrübenbau, Bln 53
Gericke: Düngung der Zuckerrübe, Hann. 51
Sommerkamp, Kallmeyer: Zuckerrübenernte, Bln 41
Geith: Neuzeitl. Weidewirtschaft, Bln 37
Zorn: Das Grünland, Bln 43
Bleichert: Erfolgr. Grünlandwirtschaft, Bln 51
Staehler: Erfolgreiche Mähweidewirtschaft, Mchn 56
Klapp: Taschenbuch der Gräser, Bln 57
Petersen: Die Gräser . . ., Bln 49
Kellner, Fingerling: Grundzüge d. Fütterungslehre, Bln 43
Nehring: Lehrbuch der Tierernährung und Futtermittelkunde, Radebeul 50
DLG: Futterwerttabellen, Ffm 1955
Münzberg: Futterfibel, Ffm 1950
Bünger: Leitfaden d. Viehfütterung, Bln 48
Richter: Praktische Viehfütterung, Stgt 1957
Schmidt, von Patow, Kliesch: Züchtung, Ernährung u. Haltung der landw. Haustiere, Bln 56 u. 57
Sanders: Wirtschaftliche Rindermast, Ffm 59
Vogel: Pferdezucht, Bln 49
Uppenborn: Pferdezucht u. -haltung Offenb. 51
Ohl: ABC der Kälberaufzucht, Radebeul 50
Meyer, Lüthge: Schweinezucht, Stgt 49
Schmidt, Kliesch, Goerttler: Lehrbuch der Schweinezucht, Bln 45
Zorn: Schweinezucht, Stgt 54
Weber: Lehrbuch f. Schäfer u. Schafhalter, Bln 48
Telschow: Schäferei-Taschenkalender, Hann. 25
Oppermann: Krankheiten u. Fütterungsschäden bei Schafen, Bln 49
Zipperlen: Haustierarzt, 14. A., Bln 60
R. Römer: Nutzbr. Geflügelwirtschaft, Stgt 49
Fangauf: Geflügelfibel, Radebeul 50
Alberti: Hühnerhaltung auf neuen Wegen, Ffm 58
Blancke, Mantel: Geflügelzucht, Stgt 52
Cords-Parchim: Zahlen u. Maße für den Landbaumeister, Bln 47
Oelmann: Grundlagen f. d. neuzeitl. Stallbau, Radebeul 51
Ries: Mehr Leistung mit weniger Mühe, Stgt. 53
Zeitschrift: Dir hilft die Landmaschine, Wolfratshausen 50—56

Stichwortverzeichnis

Die fettgedruckte Seitenziffer gibt an, daß das betreffende Thema auf dieser Seite am ausführlichsten behandelt wird.